[美]
Stanley B. Lippman
Josée Lajoie 著
Barbara E. Moo

（第5版）

C++ 中文版
Primer

王刚　杨巨峰 译

叶劲峰　李云　刘未鹏
陈梓瀚　侯凤林 审校

电子工业出版社
Publishing House of Electronics Industry
北京·BEIJING

内 容 简 介

这本久负盛名的C++经典教程，时隔八年之久，终于迎来史无前例的重大升级。除令全球无数程序员从中受益，甚至为之迷醉的——C++大师Stanley B. Lippman的丰富实践经验，C++标准委员会原负责人Josée Lajoie对C++标准的深入理解，以及C++先驱Barbara E. Moo在C++教学方面的真知灼见外，更是基于全新的C++11标准进行了全面而彻底的内容更新。非常难能可贵的是，书中所有示例均全部采用C++11标准改写，这在经典升级版中极其罕见——充分体现了C++语言的重大进展及其全面实践。书中丰富的教学辅助内容、醒目的知识点提示，以及精心组织的编程示范，让这本书在C++领域的权威地位更加不可动摇。无论是初学者入门，或是中高级程序员提升使用，本书均为不容置疑的首选。

Authorized translation from the English language edition, entitled C++ Primer, 5E, 9780321714114 by STANLEY B. LIPPMAN; JOSEE LAJOIE; BARBARA E. MOO, published by Pearson Education, Inc., publishing as Addison-Wesley Professional, Copyright©2013 Pearson Education, Inc.

All rights reserved. No part of this book may be reproduced or transmitted in any form or by any means, electronic or mechanical, including photocopying, recording or by any information storage retrieval system, without permission from Pearson Education, Inc.

CHINESE SIMPLIFIED language edition published by PEARSON EDUCATION ASIA LTD., and PUBLISHING HOUSE OF ELECTRONICS INDUSTRY Copyright ©2013

本书简体中文版专有出版权由Pearson Education培生教育出版亚洲有限公司授予电子工业出版社。未经出版者预先书面许可，不得以任何方式复制或抄袭本书的任何部分。

本书简体中文版贴有Pearson Education培生教育出版集团激光防伪标签，无标签者不得销售。

版权贸易合同登记号 图字：01-2013-2487

图书在版编目（CIP）数据

C++ Primer中文版：第5版 ／（美）李普曼（Lippman,S.B.），（美）拉乔伊（Lajoie,J.），（美）默（Moo,B.E.）著；王刚，杨巨峰译．—北京：电子工业出版社，2013.9
书名原文：C++ Primer, 5E
ISBN 978-7-121-15535-2

Ⅰ．①C… Ⅱ．①李… ②拉… ③默… ④王… ⑤杨… Ⅲ．①C语言－程序设计 Ⅳ．①TP312

中国版本图书馆CIP数据核字（2013）第169583号

策划编辑：张春雨
责任编辑：刘 舫
印　　刷：北京雁林吉兆印刷有限公司
装　　订：北京雁林吉兆印刷有限公司
出版发行：电子工业出版社
　　　　　北京市海淀区万寿路173信箱　邮编：100036
开　　本：787×1092　1/16　　　印张：54　字数：1521千字
版　　次：2013年9月第1版
印　　次：2024年9月第39次印刷
定　　价：128.00元

凡所购买电子工业出版社图书有缺损问题，请向购买书店调换。若书店售缺，请与本社发行部联系，联系及邮购电话：（010）88254888，88258888。

质量投诉请发邮件至 zlts@phei.com.cn，盗版侵权举报请发邮件至 dbqq@phei.com.cn。

本书咨询联系方式：010-51260888-819，faq@phei.com.cn。

推荐序 1

C++一直是我最为钟情的程序设计语言，我曾经在有些场合下提到"C++正在成为一门完美的程序设计语言"。从 C++标准 1998 年版本到 2011 年版本的变化，基本上印证了我的这一提法。原来版本中来不及引入的内容，以及语言机制中发现的一些缺陷，都在新版本中得以弥补和发展。比如新版标准中引入了无序容器，以弥补原版标准中对 hash 容器的缺漏；新版标准支持移动构造函数和移动赋值运算符，以减小特定场景下对象拷贝的性能开销。新版标准不仅在语法上增加了大量特性，而且在标准库里也引入大量设施，使得标准库对于 C++语言的重要性远超从前。

"完美的程序设计语言"，听起来很好，但代价是语言变得越来越复杂。从一个完善的类型系统或者一门程序设计语言的角度来看，新版本的 C++标准是一个里程碑，但是，从 C++学习者和使用者角度来看这未必是好事。语言的复杂性导致学习难度增加，学习周期变长；C++程序员写出好程序的门槛也相应提高。这差不多正是 C++语言这几年的现状。我相信，随着计算机科学技术的发展，这种状况未来还会加剧。即便如此，我仍然乐于看到 C++语言走向完美。

我与《C++ Primer》这本书的缘分从第 3 版开始，2001 年有机会将其翻译成中文版本。当时，我使用 C++已将近十年，通过这本书才第一次全面地梳理了实践中积累起来的 C++知识。本书第 3 版是对 1998 版标准的全面诠释，我相信至今无出其右者。时隔 12 年以后，这本书第 5 版出版，虽然叙述风格跟第 3 版完全不同，但它在内容上全面顾及到 2011 版 C++标准。第 5 版之于 2011 版标准，如同第 3 版之于 1998 版标准，必将成为经典的学习读本。

阅读这本书可以全面了解 2011 版本 C++标准的内容。以三位作者在 C++语言发展历程中的经历，本书的权威性自不容置疑：既有编译器的开发和实践，又参与 C++标准的制定，再加上丰富的 C++教学经历。如果说本书第 3 版是针对 C++语言的特性和设计思想来展开讲述，那么，第 5 版则更加像一本学习教程，由浅入深，并结合大量代码实例来讲述 C++语法和标准库。此外，由于本书的全面性，读者也可以将本书当作参考书，以备随时查阅。

本书在讲解的时候，常常会提到"编译器会如何如何"，学习语言的一个境界是把自己想象成编译器，这种要求对于一般的程序设计语言可能太高了，但是对于学习 C 和 C++语言是最理想的方法。像编译器一样来思考和理解 C++语言，如果暂时做不到，也不要紧，当有了一定的编写程序经验以后，在"揣摩"编译器行为的过程中可逐渐掌握 C++语法特性。因此，本书值得阅读多遍，每多读一遍，就会加深理解。可能是考虑到篇幅的原因，本书很多地方没有展开来透彻地讲解。我相信，作者们已经在深度和广度上做了较为理想的折中。

本书的另一个特色是将 C++的语法和标准库融为一体来介绍。C++标准库本身就是 C++语法的最佳样例，其中包含不少 C++高级特性的指导性用法。在我的程序设计经历中，有些 C++语言特性（比如虚拟继承），我只在标准库中看到过实用做法。本书贯穿始终融合了 C++标准库的知识和用法，这符合新版本 C++标准的发展和变化，也符合现代软件开发现状。

最后，结合我在工程实践中使用和倡导 C++语言的经验，我想提一个关于学习和使用 C++语言的"两面性"观点。如前所述，C++语言正在走向完美，所以，C++语言值得学习（甚至研究），这些知识可以成为一切编程的基础。然而，在实践中，不必全面地使用 C++语言的各种特性，而应根据工程项目的实际情况，适当取舍（譬如动态类型信息、虚拟继承、异常等特性的使用很值得商榷）。通常只鼓励使用 C++语言的一个子集就够了，一个值得学习和参考的例子是 Google 发布的 Google C++ Style Guide。尽管在工程中只使用 C++的子集，但全面地学习 C++语言仍然是必要的，毕竟 C++语言是一个整体，并且 C++标准库自身全面地使用了 C++语言的各种特性。我自己在过去多年的实践中就一直恪守着这种两面的做法。

很幸运，我有机会在本书正式出版以前读到中文翻译版，译文通顺，术语规范。作为经典权威之作的最新版本，本书值得拥有。

潘爱民

2013 年 8 月于杭州

推荐序 2

C++11 标准公布之后，C++社群出现了久违的热情，有人甚至叫出"C++的复兴"。指望 C++回到 20 世纪 90 年代中期那样的地位显然是昧于大势的奢望，但是 C++经历了这么多年的打磨与起伏，其在工业界的地位已经非常稳固，在很多领域里已经是不可取代也没必要被取代的统治者。新标准的出现能够大大提升 C++开发的效率和质量，因此赢得欢呼也是情理之中。在这种氛围之下，编译器实现的速度也令人惊喜。短短两年时间，从开源的 GCC、LLVM 到专有的 Visual C++和 Intel C++，对于新标准的追踪之快，覆盖之全，与当年 C++98 标准颁布之后迟迟不能落地的窘境相比，可谓对比强烈。当年是热情的开发者反复敦促厂商实现完整标准而不得，为此沮丧无奈，那种心情，至今记忆犹新。时过境迁，今天是编译器实现远远冲在前面，开发者倒是大大地落在了后面。

时至今日，能够基本了解 C++11 标准的程序员恐怕不多，而能够以新的 C++风格开发实践的人更是凤毛麟角。因此，今天的 C++开发者面临的一个重要任务就是快速掌握新的 C++风格和工具。

而说到教授"正宗的"C++11 编程风格，《C++ Primer（第 5 版）》如同它之前的版本一样，扮演着法定教科书的角色。

一种优秀的编程语言，一定要对于计算这件事情实现一个完整和自洽的抽象。十几年来编程语言领域的竞争，除却实现质量之外，基本上是在比拼抽象的设计。而 C 语言之所以四十年长盛不衰，根本在于它对于现代计算机提供了一个底层的高级抽象：凡是比它低的抽象都过于简陋，凡是比它高的抽象都可以用 C 语言构造出来。C++成功的根本原因，恰恰是因为它虽然试图提供一些高级的抽象机制，但是其根基与 C 在同一层面。正因为如此，每当你需要走下去直接与硬件对话时，C++成为 C 之外唯一有效率的选择。我的一个朋友在进行了多年的大型系统软件开发之后，不无感慨地说，C++最大的力量不在于其抽象，恰恰在于其不抽象。

话虽然如此，但是 C++之所以脱离 C 而存在，毕竟还是因为其强大的抽象能力。Bjarne Stroustrup 曾经总结说，C++同时支持 4 种不同的编程风格：C 风格、基于对象、面向对象和泛型。事实上，把微软的 COM 也算进来的话，还可以加上一种"基于组件"的风格。这么多的风格共存于一种语言，就是其强大抽象机制的证明。但是，在 C++11 以前，C++的抽象可以说存在若干缺陷，其中最严重的是缺少自动内存管理和对象级别的消息发送机制。今天看来，C++98 只能说是特定历史条件造成的半成品，无论是从语言机制，还是标准库完备程度来说，可以说都存在明显的、不容忽略的缺陷。其直接后果，就是优雅性的缺失和效率的降低。我本人在十年前曾经与当时中国 C++社群中不少杰出的人物交流探讨，试图从 C++98 中剪裁出一个小巧、优雅的、自成一体的子集，希望至少在日常编程中，能够在这个子集之内可以写出与当时的 Java 和 C#同样干净明晰的代码。为此我们尝试了各种古怪的模板技巧，并且到处寻找有启发的代码和经验来构造这个语言子集，结果并不理想，甚至可以说是令人非常失望。后来我在我的博客中发表过好几篇文章，探讨所谓的 C++风格问题，其实就是说，C++不支持简洁明快的面向对象风格，大家还不如回到基于对象甚至 C 语言的风格，最多加点模板，省一点代码量。非要面向对象的话，就必须依赖像 Qt 或者 MFC 那样的基础设施才可以。

C++11 出来之后，增强的语言机制和大为完善的标准库，为 C++语言的编程风格带来了革命性的变化。如果能够纯熟地运用 C++11 的新特征、新机制，那么就能够形成一种简洁优雅的 C++编程风格，以比以前更高的效率、更好的质量进行软件开发。对于这种新的风格，我认为"直觉、自然"是最佳的描述。也就是说，解决任何问题不必拘泥于什么笼盖一切的编程思想，也不再沉溺于各种古怪的模板技巧中无法自拔，而是能够根据那个问题本身采用最自然、最符合直觉的方式。C++有自己的一套思维方式，比如容器、算法、作为概念抽象的对象等，很大程度上这套思维方式确实是合乎直觉的。只有到了 C++11 这一代，C++语言的高级抽象才基本完备，这样一种风格才可能真正落实。因此可以说 C++11 对于 C++98 而言，不是一次简单的升级，而是一次本质的跃升。

学习新的 C++风格，并不是轻而易举的事情。即便对于以前已经精通 C++的人来说，熟练掌握 rvalue reference、move 语义，了解 unique_ptr、shared_ptr 和 weak_ptr 的完整用法，明智地使用 function/bind 和 lambda 机制，学习 C++ Concurrency 的新技术，都绝非一朝一夕之功。对于那些初学者来说，这件事情更不简单。

本书无论对于初学者还是提高者，都是最经典的教科全书。一直以来，它的特点就是完整而详细，基本上关于语言本身的问题，都可以在这本书里得到解决。而本书的另一个重要优点，就是其完全基于新的编程风格编写，所有的例子和讲解都遵循 C++11 标准所体现出来的思路和风格进行，如果能够踏下心来认真学习和练习，那么就能"一次到位"地掌握 C++11，尽管可能会比较慢。有经验的 C++开发者阅读这本书当然不用从头到尾，选择自己关心的内容学习 C++11 的新特性就可以，是快速提升自身能力的捷径。

差不多十年前，我提出一个观点，每一个具体的技术领域，只需要读四五本书就够了。以前的 C++是个例外，因为语言设计有缺陷，所以要读很多书才知道如何绕过缺陷。现在的 C++11 完全可以了，大家读四五本书就可以达到合格的水平，这恰恰是语言进步的体现。

本书是这四五本中的一本，而且是"教程+参考书"，扛梁之作，初学者的不二法门。另一本是《C++标准程序库》，对于 C++熟手来说更为快捷。Scott Meyers 的 *Effective C++* 永远是学习 C++者必读的，只不过这本书的第 4 版不知道什么时候出来。Anthony Williams 的 *C++ Concurrency in Action* 是学习用标准 C++开发并发程序的最佳选择。国内的作品，我则高度推荐陈硕的《Linux 多线程服务端编程》。这本书的名字赶跑了不少潜在的读者，所以我要特别说明一下。这本书是 C++开发的高水平作品，与其说是教你怎么用 C++写服务端开发，不如说是教你如何以服务端开发为例子提升 C++开发水平。前面几本书都是谈标准 C++自己的事情，碰到像 iostream 这样失败的标准组件也不得不硬着头皮介绍。而这本书是接地气的实践结晶，告诉你面对具体问题时应怎样权衡，C++里什么好用，什么不好用，为什么，等等。

今天的 C++学习者是非常幸运的，可以在 C++11 这个基础上大步向前，不必再因为那些语言的缺陷和过度的技巧而烦恼。大家静下心来认真读几本书，可以打下很好的基础。

孟岩

2013 年 8 月于北京

推荐序 3

拥抱变化，沐浴新知

C++ Primer, 5e 书评

C++强大的生命力从何而来

  最近的 5 年，编程语言的发展可谓是进入了井喷时期，每年都会诞生超过 50 种新的编程语言。但是 C++语言却始终在编程语言排行榜中位居前三，并不时地挑战榜首。C++为何具有如此强大的生命力？首先，这和它背靠着 C 语言这种"标准通用汇编"是分不开的，C++是作为一种"高级的 C"而存在的，它始终可以看作是一种 C 语言的简写法，任何一句 C++都有着深刻的 C 语言背景，可以直接落实为 C 语言，进而落实为任何一种计算机最底层的机器码。这一点，是任何解释型语言都做不到的，因而在效率上它们无法和 C++比拼。另一方面，C++又有着强大的抽象能力，它以奇妙的方式融合着 5 种编程范型（paradigm），即面向过程、基于对象、面向对象、泛型和函数式，在将所有范型的优点提炼并发挥到极致的同时，又不拘泥于其中的任何一种。C++语言是彻底的拿来主义和实用主义，因而它不会在"是否应该提供单根结构以保持面向对象的纯洁性"这样的问题上纠缠不清，它只会考查每一种语言特性将落实为怎样的编译结果，哪种编译结果符合"不为用不到的特性付出成本"、"与现存代码可以兼容"等若干简明的规则，这种语言特性就按照哪种方式来定义和实现。现有的编程语言中，没有哪种可以在灵活性和效率的平衡上能达到 C++的高度。同时，C++语言不是某个公司的产品，它的设计和标准化是由一个独立工作的委员会进行的，人们没有必要担心有一天 C++会被某个公司控制起来，并为使用它而付出高昂的商业成本——这正是 Java 语言目前面临的问题，自从 Sun 公司被 Oracle 公司收购以后，对于它的商业化和许可变更的担心就一直成为采用 Java 语言作为产品核心的所有公司挥之不去的阴影。C++语言可以有各种各样的商业编译器或专有领域编译器，但是由开源社区积极维护的免费编译器，始终都唾手可得。这一切，加上 C++与时俱进的实现更新、配套完善的标准跟进，都使得 C++语言的生命力长盛不衰。

C++ Primer，C++程序员的编程圣经

  对于 C++程序员来说，最权威的语言定义来源自然是 C++语言标准文档。虽然 C++的标准已经尽可能地提高可读性，但是作为语言标准，它的主要作用是给出无二义性的语言特性定义，为编译器的实现提供技术指导，因而它的主体必然是高度形式化的，它提供的例子也是服务于阐明语言特性的技术目标这个核心目的，往往又短又难懂，并且很难从中了解到语言特性应该如何运用。所以，对于普通读者来说，直接阅读标准文档并不可取，选用一本技术权威，同时又亲切易懂的教科书，是必不可少的。

  C++语言的教科书汗牛充栋，其中值得大力推荐的可真不少。比如 C++之父的《C++语言的设计和演化》、《C++程序设计语言》、《C++程序设计原理与实践》，再比如 Scott Meyers 的 *Effective C++* 三部曲、Herb Sutter 的 *Effective C++* 三部曲，还有 Stephen C.

Dewhurst 的《C++语言 99 个常见编程错误》和 Andrei Alexandrescu 的《C++设计新思维》等，这些都是一流的 C++语言参考书。不过，如果说要选一本教科书能够很好地引领 C++程序员入门，并且能够在 C++程序员成长的各个阶段都能够提供到位的技术指导和权威信息的话，那么就要首推 Stanley B. Lippman 等合著的这本 *C++ Primer* 了，它也被全球的 C++程序员誉为"编程圣经"。

英语单词 primer 的意思是"启蒙读本、入门书"，但是，如同《算法导论》可不仅仅是算法入门教科书这么简单一样，*C++ Primer* 的深度和广度也远远不止入门级的教科书范围。之所以起这个名字，主要是出于以下几点考虑：首先，全书的内容深入浅出，绝对让从来没有了解过 C++语言的初学者也能很容易地通过阅读这本书，实现"零知识上手"；其次，全书的组织方式十分适用于自学，对于单个语言特性如 constexpr 关键字、抽象基类等，书中有详尽的讲解、配套的示例和练习题。而对于重要的主题，如异常处理、智能指针等，又会把涉及的语言特性串起来使读者明白它们之间的联系，和相关的习惯用法；再次，这是一本"全面的教科书"，百分之百地覆盖了 C++语言的全部特性。和以专题为线索的教科书不同，*C++ Primer* 是以让读者掌握 C++的全貌为目标的，所以它既可以循序渐进地阅读学习，又可以在遇到疑难问题的时候提供解惑，更可以兴之所至地任意打开一页读上一段，都能够做到开卷有益。另一方面，*C++ Primer* 又是着眼于语言应用的，它和 Bjarne Stroustrup 的《C++程序设计语言》的区别也正是在这里。它不仅要教会读者"识字"，更要教会读者"写作"。如果说《C++程序设计语言》更像是一本原理指南，那么 *C++ Primer* 则是一本应用手册。原理固然重要，但 90%的读者在 90%的时间里更关心的还是怎么解决手头的问题，这也正是 *C++ Primer* 为何能够牢牢地抓住 C++程序员的第一需求，深受读者喜爱的根本原因。最后，*C++ Primer* 非常与时俱进，每一次主要的语言标准修订都会伴随着一次全书改版，这使得读者总是能在第一时间获取语言新特性的权威知识，而不必苦苦地在互联网的技术论坛里翻阅各种论战帖子，还要自己一遍遍地做实验，或是去啃标准文档的硬骨头。这一切，都使 *C++ Primer* 无可争议地成为 C++程序员心目中的"编程圣经"。

读 *C++ Primer, 5e*，学 C++11 标准

C++11 标准可以说是近 20 年来 C++语言标准最剧烈的一次修订，远远比前两次修订变动要大。因而，在 C++语言标准委员会内部的讨论，以及在 C++语言的社区和应用业界引发的震动和影响也极为深远。

为什么这样讲呢？因为在这一次修订中，对于 C++语言的核心部分做了相当大的改动。什么是一门语言的核心部分呢？就是指一门语言不需要任何库（包括标准库）支持的那部分。只要是一个符合标准的 C++语言的编译器，无论运行在什么硬件和操作系统上，只要程序员使用的是 C++语言，就应该可以使用的那部分语言特性。比如，基本类型和量化饰词、基本语句如 if 和 for、函数声明语法、外部连接指示等，这些就属于语言核心。而像 STL 提供的标准容器如 vector 和 map、标准算法如 find 和 sort 等就不属于语言核心。由于语言核心涉及程序设计的根本，对于这部分的变更必然会立刻影响到一切未来的代码，并衍生出一系列可预见或未预见的习惯用法（或扭曲用法），所以会特别谨慎。此次对于这部分的变更动作相当大，主要目的有若干个，一是强化静态类型推导，比如 C++11 标准变更了 auto 关键字的语义，引入了 decltype 关键字等，这些措施利用了既存的变量和函数返回值的类型，一方面增加了程序设计的弹性，一方面避免了书写不必要的类型防止可能的错误，而引入了 constexpr 关键字则进一步地将常量性的范围从单个变量扩展到了单次运算，这将使得一大批既有的代码通过简单的修改而带来可观的编译期

优化；二是支持函数式程序设计的语法，比如引入了 λ 表达式、引入了尾式函数声明语法、增加了 for 语句的冒号语法进行指定范围遍历等，这些使得从函数式语言切换过来的程序员能够很容易地习惯 C++ 这门新语言，也给予了把 C++ 作为第一门或唯一工作语言来学习的程序员以全新的方式书写原本易错的复杂声明和返回值赋值的机会；三是将构造、析构和赋值过程中的可能错误加以防范，尤其是临时对象生命期相关的错误，为此 C++11 标准引入了右值引用（&& 饰词）、默认和禁用构造函数等；四是增加了对于面向对象范型中的一些一直未能涵盖之内容的补充，如允许继承而来的构造函数、引入表达禁止继承的 final 关键字、引入 override 关键字来支持派生类函数重写等。可以肯定的是，之前一大批为了和 C++ 语言的不足之处而斗争的习惯用法将逐渐消失，而学习和消化新的语言特性形成新的习惯用法将是今后数年 C++ 语言社区的一大任务。

当然，C++11 对于标准库、STL 和泛型的扩充也绝对不可小觑，但这些变更主要是为了配合语言核心的变更。比如，为支持右值引用带来的对象所有权的流转，引入了 move 算法——这在数学意义上也是对于代数完备性的一个有力补充，更不用说由此带来的可观存储效率的提升了。还有新引入的三种智能指针和四种无序关联容器、字符串和数值类型互相转换的工具函数，以及新引入的若干针对标准容器的小改进，如顺序容器的常量起始和终止迭代器以及可以直接插入值而不必再构造临时变量的 emplace 函数族，等等。这一切都说明：尽管据 Bjarne Stroustrup 本人的说法，C++11 可以"几乎百分之百地兼容已有的 C++ 代码"，但是 C++ 语言已经今非昔比，几乎是一种全新语言了。我们非常需要拥抱变化，使自己适应 C++ 的崭新时代。

那么，如何搭上 C++ 新时代的快车呢？一个最有效率的答案就是：阅读 *C++ Primer, 5e*。它的作者们选择了一条最难走的路——改写上一版的每一段话、每一段示例代码，在全新的甚至是未来的背景下，为我们展示 C++ 应该是什么，应该怎样应用。这样打磨过的新版，仿佛一块美玉，从中看不到玉匠加工玉璞的呕心沥血，好似浑然天成——C++ 语言其实从来就应该是这样，迟早会变成这样，社区和标准化委员会的心血不会白费，它们必将融入语言本身，为信息工业时代注入强大的最佳实践之力。Stanley B. Lippman、Josée Lajoie、Barbara E. Moo 这几位使用 C++ 语言的说书人，他们的名字应该被铭记。读读 *C++ Primer, 5e* 吧，这里面有 C++11 的一切，甚至更多。

高博

首席软件工程师

EMC 中国卓越研发集团

前言

难以计数的程序员已经通过旧版的 *C++ Primer* 学会了 C++语言。而在这段时间中，C++本身又已成熟了许多：语言本身的关注点和程序设计社区的关注点都已大大开阔，已经从主要关注机器效率转变为更多地关注编程效率。

2011 年，C++标准委员会发布了 ISO C++标准的一个重要修订版。此修订版是 C++进化过程中的最新一步，延续了前几个版本对编程效率的强调。新标准的主要目标是：

- 使语言更为统一，更易于教学。
- 使标准库更简单、安全、使用更高效。
- 使编写高效率的抽象和库变得更简单。

因此，在这个版本的 *C++ Primer* 中，我们进行了彻底的修改，使用了最新的 C++标准，即 C++11。为了了解新标准是如何全面影响 C++语言的，你可以看一下 **XXIII** 页至 **XXV** 页的新特性列表，其中列出了哪些章节涉及了 C++的新特性。

新标准增加的一些特性是具有普适性的，例如用于类型推断的 auto。这些新特性使本书中的代码更易于阅读和理解。程序（以及程序员！）可以忽略类型的细节，从而更容易集中精力于程序逻辑上来。其他一些新特性，例如智能指针和允许移动的容器，允许我们编写更为复杂的类，而又不必与错综复杂的资源管理做斗争。因此，在本书中开始讲授如何编写自己的类，会比第 4 版简单得多。旧标准中阻挡在我们前进路上的很多细节，你我都不必再担心了。

对于本书中涉及新标准定义的新特性的那些部分，我们都已用一个特殊的图标标记出来了。我们希望这些提示标记对那些已经熟悉 C++语言核心内容的读者是有帮助的，可以帮助他们决定将注意力投向哪里。对于那些可能尚不支持所有新特性的编译器，我们还希望这些图标能有助于解释这类编译器所给出的编译错误信息。这是因为虽然本书中几乎所有例子都已经用最新版本的 GNU 编译器编译通过，但我们知道一些读者可能尚未将编译器更新到最新版本。虽然新标准增加了大量新功能，但核心 C++语言并未变化，这构成了本书的大部分内容。读者可以借助这些图标来判断哪些功能可能还没有被自己的编译器所支持。

`C++ 11`

为什么选择这本书？

现代 C++语言可以看作是三部分组成的：

- 低级语言，大部分继承自 C 语言。
- 现代高级语言特性，允许我们定义自己的类型以及组织大规模程序和系统。
- 标准库，它利用高级特性来提供有用的数据结构和算法。

大多数 C++教材按照语言进化的顺序来组织其内容。首先讲授 C++的 C 子集，然后将 C++中更为抽象的一些特性作为高级话题在书的最后进行介绍。这种方式存在两个问题：读者会陷入那些继承自低级程序设计的细节，从而由于挫折感而放弃；读者被强加学习一些坏习惯，随后又需要忘记这些内容。

我们采用一种相反的方法：从一开始就介绍一些语言特性，能让程序员忽略那些继承自低级程序设计的细节。例如，在介绍和使用内置的算术和数组类型时，我们还连同介绍和使用标准库中的类型 string 和 vector。使用这些类型的程序更易写、易理解且更少出错。

太多时候，标准库被当作一种"高级"话题来讲授。很多教材不使用标准库，而是使用基于字符数组指针和动态内存管理的低级程序设计技术。让使用这种低级技术的程序正确运行，要比编写相应的使用标准库的 C++ 代码困难得多。

贯穿全书，我们都在强调好的风格：我们想帮助读者直接养成好的习惯，而不是在获得很多很复杂的知识后再去忘掉那些坏习惯。我们特别强调那些棘手的问题，并对常见的错误想法和陷阱提出警告。

我们还注意解释规则背后的基本原理——使读者不仅知其然，还能知其所以然。我们相信，通过体会程序的工作原理，读者会更快地巩固对语言的理解。

虽然你不必为了学习本书而掌握 C 语言，但我们还是假定你了解足够多的程序设计知识，了解至少一门现代分程序结构语言，知道如何用这门语言编写、编译以及运行程序。特别是，我们假定你已经使用过变量，编写、调用过函数，也使用过编译器。

第 5 版变化的内容

这一版 *C++ Primer* 的新特点是用边栏图标来帮助引导读者。C++是一种庞大的编程语言，它提供了一些为特定程序设计问题定制的功能。其中一些功能对大型项目团队有很重要的意义，但对于小型项目开发可能并无必要。因此，并非每个程序员都需要了解每种语言特性的所有细节。我们加入这些边栏图标来帮助读者弄清哪些内容可以随后再学习，而哪些主题是更为重要的。

 对于包含 C++语言基础内容的章节，我们用一个小人正在读书的图标加以标记。用这个图标标记的那些章节，涵盖了构成语言核心部分的主题。每个人都应该阅读并理解这些章节的内容。

 对于那些涉及高级主题或特殊目的主题的章节，我们也进行了标记。在首次阅读时，这些章节可以跳过或快速浏览。我们用一叠书的图标标记这些章节，指出在这些地方，你可以放心地放下书本。快速浏览这些章节可能是一个好主意，这样你就可以知道有这些特性存在。但在真正需要在自己的程序中使用这些特性之前，没有必要花费时间仔细学习这些主题。

 为了进一步引导读者的注意力，我们还用放大镜图标标记了特别复杂的概念。我们希望读者对有这种标记的章节能多花费一些时间彻底理解其中的内容。在这些章节中，至少有一些，其主题的重要性可能不是那么明显；但我们认为，你会发现这些章节涉及的主题对理解 C++语言原来至关重要。

交叉引用的广泛使用，是本书采用的另外一种阅读帮助。我们希望这些引用能帮助读者容易地翻阅书中的内容，同时还能在后面的例子涉及到前面的内容时容易地跳回到前面。

没有改变的是，*C++ Primer* 仍是一本清晰、正确、全面的 C++入门教材。我们通过给出一系列复杂度逐步增加的例子来讲授这门语言，这些例子说明了语言特性，展示了如何充分用好 C++语言。

本书的结构

我们首先在第 I 部分和第 II 部分中介绍了 C++ 语言和标准库的基础内容。这两部分包含的内容足够你编写出有意义的程序，而不是只能写一些玩具程序。大部分程序员基本上都需要掌握本书这两部分所包含的所有内容。

除了讲授 C++ 的基础内容，第 I 部分和第 II 部分还有另外一个重要目的：通过使用标准库中定义的抽象设施，使你更加适应高级程序设计技术。标准库设施本身是一组抽象数据类型，通常用 C++ 编写。用来设计标准库的，就是任何 C++ 程序员都可以使用的用来构造类的那些语言特性。我们讲授 C++ 语言的一个经验是，在先学习了使用设计良好的抽象类型后，读者会发现理解如何构造自己的类型更容易了。

只有在经过全面的标准库使用训练，并编写了各种标准库所支持的抽象程序后，我们才真正进入到那些允许你编写自己的抽象类型的 C++ 特性中去。本书的第 III 部分和第 IV 部分介绍了如何编写类的形式的抽象类型。第 III 部分包含基础内容，第 IV 部分介绍更专门的语言特性。

在第 III 部分中，我们将介绍拷贝控制问题，以及其他一些使类能像内置类型一样容易使用的技术。类是面向对象编程和泛型编程的基础，第 III 部分也会介绍这些内容。第 IV 部分是 *C++ Primer* 的结束部分，它介绍了一些在组织大型复杂系统时非常有用的语言特性。此外，我们将在附录 A 中总结标准库算法。

读者帮助

本书的每一章均以一个总结和一个术语表结束，两者一起扼要回顾了这一章的大部分学习重点。读者应该将这些部分作为个人备忘录：如果你不理解某个术语，可以重新学习这一章的相应部分。

在本书中我们还使用了其他一些学习辅助：

* 重要的术语用**黑体**显示，我们假定读者已经熟悉的重要术语用楷体显示。每个术语都会列在章末尾的术语表中。
* 贯穿全书，我们用灰底衬托的方式来提醒读者需要注意的重要部分，对常见的陷阱提出警告，建议好的程序设计习惯，以及提供一般性的使用提示。
* 为了更好地理解语言特性间和概念间的联系，我们提供大量向前的和向后的交叉引用。
* 对重要的概念和 C++ 新程序员常常觉得困难的主题，我们提供边栏讨论。
* 学习任何程序设计语言都需要编写程序。为此，贯穿全书我们提供大量程序示例。扩展示例的源码可从下面的网址获得：

  http://www.informit.com/title/0321714113

* 正文中切口处以 "▭▷" 形式标注的页码为英文原版书中的页码，便于读者与英文原版书进行对照阅读。

关于编译器的注意事项

在撰写本书时（2012 年 7 月），编译器提供商正在努力工作，升级编译器以匹配最新的 ISO 标准。我们使用最多的编译器是 GNU 编译器 4.7.0。本书中只有一小部分特性在此编译器中尚未实现：继承构造函数、成员函数的引用限定符以及正则表达式库。

致谢

我们要特别感谢标准委员会几位现任和前任委员：Dave Abrahams、Andy Koenig、Stephan T. Lavavej、Jason Merrill、John Spicer 和 Herb Sutter 在准备本书的过程中提供的帮助。在理解新标准的一些更微妙之处，他们为我们提供了宝贵的帮助。我们还要感谢很多致力于升级 GNU 编译器以实现新标准的人们。

与旧版 *C++ Primer* 中一样，我们要感谢 Bjarne Stroustrup 不知疲倦地为 C++ 工作以及他和作者长时间的友谊。我们还要感谢 Alex Stepanov 的非凡洞察力，催生了标准库核心的容器和算法。最后，我们要感谢 C++ 标准委员会的所有委员，感谢他们这么多年来在净化、精炼和改进 C++ 语言方面的辛苦工作。

我们衷心感谢审稿人：Marshall Clow、Jon Kalb、Nevin Liber、Dr. C. L. Tondo、Daveed Vandevoorde 和 Steve Vinoski，他们建设性的意见帮助我们对全书做出了大大小小的改进。

最后，我们要感谢 Addison-Wesley 公司的优秀员工，他们指导了本书的整个出版过程：Peter Gordon，我们的编辑，他给了我们动力再次修改 *C++ Primer*；Kim Boedigheimer，保证了一切按计划进行；Barbara Wood，她在编辑过程中找到了大量编辑错误；还有 Elizabeth Ryan，很高兴再次和她共同工作，她指导我们完成了整个设计和生产流程。

读者服务

微信扫码回复：15535

- 加入本书读者交流群，与更多读者互动
- 获取博文视点学院在线课程、电子书 20 元代金券
- 获取免费增值资源
- 获取精选书单推荐

目录

C++11 的新特性

第 1 章
开始

内容

本章介绍 C++的大部分基础内容：类型、变量、表达式、语句及函数。在这个过程中，我们会简要介绍如何编译及运行程序。

在学习完本章并认真完成练习之后，你将具备编写、编译及运行简单程序的能力。后续章节将假定你已掌握本章中介绍的语言特性，并将更详细地解释这些特性。

学习一门新的程序设计语言的最好方法就是练习编写程序。在本章中，我们将编写一个程序来解决简单的书店问题。

我们的书店保存所有销售记录的档案，每条记录保存了某本书的一次销售的信息（一册或多册）。每条记录包含三个数据项：

```
0-201-70353-X    4    24.99
```

第一项是书的 ISBN 号（国际标准书号，一本书的唯一标识），第二项是售出的册数，最后一项是书的单价。有时，书店老板需要查询此档案，计算每本书的销售量、销售额及平均售价。

为了编写这个程序，我们需要使用若干 C++ 的基本特性。而且，我们需要了解如何编译及运行程序。

虽然我们还没有编写这个程序，但显然它必须

- 定义变量
- 进行输入和输出
- 使用数据结构保存数据
- 检测两条记录是否有相同的 ISBN
- 包含一个循环来处理销售档案中的每条记录

我们首先介绍如何用 C++ 来解决这些子问题，然后编写书店程序。

1.1 编写一个简单的 C++ 程序

每个 C++ 程序都包含一个或多个函数（function），其中一个必须命名为 **main**。操作系统通过调用 main 来运行 C++ 程序。下面是一个非常简单的 main 函数，它什么也不干，只是返回给操作系统一个值：

```
int main()
{
    return 0;
}
```

一个函数的定义包含四部分：返回类型（return type）、函数名（function name）、一个括号包围的形参列表（parameter list，允许为空）以及函数体（function body）。虽然 main 函数在某种程度上比较特殊，但其定义与其他函数是一样的。

在本例中，main 的形参列表是空的（() 中什么也没有）。6.2.5 节（第 196 页）将会讨论 main 的其他形参类型。

main 函数的返回类型必须为 int，即整数类型。int 类型是一种**内置类型**（built-in type），即语言自身定义的类型。

函数定义的最后一部分是函数体，它是一个以左**花括号**（curly brace）开始，以右花括号结束的语句块（block of statements）：

```
{
    return 0;
}
```

这个语句块中唯一的一条语句是 return，它结束函数的执行。在本例中，return

还会向调用者返回一个值。当 return 语句包括一个值时，此返回值的类型必须与函数的返回类型相容。在本例中，main 的返回类型是 int，而返回值 0 的确是一个 int 类型的值。

 请注意，return 语句末尾的分号。在 C++中，大多数 C++语句以分号表示结束。它们很容易被忽略，但如果忘记了写分号，就会导致莫名其妙的编译错误。

在大多数系统中，main 的返回值被用来指示状态。返回值 0 表明成功，非 0 的返回值的含义由系统定义，通常用来指出错误类型。

> **重要概念：类型**
>
> 类型是程序设计最基本的概念之一，在本书中我们会反复遇到它。一种类型不仅定义了数据元素的内容，还定义了这类数据上可以进行的运算。
>
> 程序所处理的数据都保存在变量中，而每个变量都有自己的类型。如果一个名为 v 的变量的类型为 T，我们通常说 "v 具有类型 T"，或等价的，"v 是一个 T 类型变量"。

1.1.1 编译、运行程序

编写好程序后，我们就需要编译它。如何编译程序依赖于你使用的操作系统和编译器。你所使用的特定编译器的相关使用细节，请查阅参考手册或询问经验丰富的同事。

很多 PC 机上的编译器都具备集成开发环境（Integrated Developed Environment，IDE），将编译器与其他程序创建和分析工具包装在一起。在开发大型程序时，这类集成环境可能是非常有用的工具，但需要一些时间来学习如何高效地使用它们。学习如何使用这类开发环境已经超出了本书的范围。

大部分编译器，包括集成 IDE 的编译器，都会提供一个命令行界面。除非你已经了解 IDE，否则你会觉得借助命令行界面开始学习 C++还是很容易的。这种学习方式的好处是，可以先将精力集中于 C++语言本身（而不是一些开发工具），而且，一旦你掌握了语言，IDE 通常是很容易学习的。

程序源文件命名约定

无论你使用命令行界面或者 IDE，大多数编译器都要求程序源码存储在一个或多个文件中。程序文件通常被称为源文件（source file）。在大多数系统中，源文件的名字以一个 4 后缀为结尾，后缀是由一个句点后接一个或多个字符组成的。后缀告诉系统这个文件是一个 C++程序。不同编译器使用不同的后缀命名约定，最常见的包括.cc、.cxx、.cpp、.cp 及.C。

从命令行运行编译器

如果我们正在使用命令行界面，那么通常是在一个控制台窗口内（例如 UNIX 系统中的外壳程序窗口或者 Windows 系统中的命令提示符窗口）编译程序。假定我们的 main 程序保存在文件 prog1.cc 中，可以用如下命令来编译它

```
$ CC prog1.cc
```

其中，CC 是编译器程序的名字，$是系统提示符。编译器生成一个可执行文件。Windows 系统会将这个可执行文件命名为 prog1.exe。UNIX 系统中的编译器通常将可执行文件命名为 a.out。

为了在 Windows 系统中运行一个可执行文件，我们需要提供可执行文件的文件名，可

以忽略其扩展名 .exe：

> **$ prog1**

在一些系统中，即使文件就在当前目录或文件夹中，你也必须显式指出文件的位置。在此情况下，我们可以键入

> **$.\prog1**

"." 后跟一个反斜线指出该文件在当前目录中。

为了在 UNIX 系统中运行一个可执行文件，我们需要使用全文件名，包括文件扩展名：

> **$ a.out**

如果需要指定文件位置，需要用一个 "." 后跟一个斜线来指出可执行文件位于当前目录中。

> **$ ./a.out**

访问 main 的返回值的方法依赖于系统。在 UNIX 和 Windows 系统中，执行完一个程序后，都可以通过 echo 命令获得其返回值。

在 UNIX 系统中，通过如下命令获得状态：

> **$ echo $?**

在 Windows 系统中查看状态可键入：

> **$ echo %ERRORLEVEL%**

---

5 ▷ **运行 GNU 或微软编译器**

在不同操作和编译器系统中，运行 C++ 编译器的命令也各不相同。最常用的编译器是 GNU 编译器和微软 Visual Studio 编译器。默认情况下，运行 GNU 编译器的命令是 g++：

> **$ g++ -o prog1 prog1.cc**

此处，$ 是系统提示符。-o prog1 是编译器参数，指定了可执行文件的文件名。在不同的操作系统中，此命令生成一个名为 prog1 或 prog1.exe 的可执行文件。在 UNIX 系统中，可执行文件没有后缀；在 Windows 系统中，后缀为 .exe。如果省略了 -o prog1 参数，在 UNIX 系统中编译器会生成一个名为 a.out 的可执行文件，在 Windows 系统中则会生成一个名为 a.exe 的可执行文件（注意：根据使用的 GNU 编译器的版本，你可能需要指定 -std=c++0x 参数来打开对 C++11 的支持）。

运行微软 Visual Studio 2010 编译器的命令为 cl：

> **C:\Users\me\Programs> cl /EHsc prog1.cpp**

此处，C:\Users\me\Programs> 是系统提示符，\Users\me\Programs 是当前目录名（即当前文件夹）。命令 cl 调用编译器，/EHsc 是编译器选项，用来打开标准异常处理。微软编译器会自动生成一个可执行文件，其名字与第一个源文件名对应。可执行文件的文件名与源文件名相同，后缀为 .exe。在此例中，可执行文件的文件名为 prog1.exe。

编译器通常都包含一些选项，能对有问题的程序结构发出警告。打开这些选项通常是一个好习惯。我们习惯在 GNU 编译器中使用 -Wall 选项，在微软编译器中则使用 /W4。

更详细的信息请查阅你使用的编译器的参考手册。

练习 1.1：查阅你使用的编译器的文档，确定它所使用的文件命名约定。编译并运行第 2 页的 main 程序。

练习 1.2：改写程序，让它返回-1。返回值-1 通常被当作程序错误的标识。重新编译并运行你的程序，观察你的系统如何处理 main 返回的错误标识。

1.2 初识输入输出

C++语言并未定义任何输入输出（IO）语句，取而代之，包含了一个全面的**标准库**（standard library）来提供 IO 机制（以及很多其他设施）。对于很多用途，包括本书中的示例来说，我们只需了解 IO 库中一部分基本概念和操作。

本书中的很多示例都使用了 **iostream** 库。iostream 库包含两个基础类型 **istream** 和 **ostream**，分别表示输入流和输出流。一个流就是一个字符序列，是从 IO 设备读出或写入 IO 设备的。术语"流"（stream）想要表达的是，随着时间的推移，字符是顺序生成或消耗的。

标准输入输出对象

标准库定义了 4 个 IO 对象。为了处理输入，我们使用一个名为 **cin**（发音为 see-in）的 istream 类型的对象。这个对象也被称为**标准输入**（standard input）。对于输出，我们使用一个名为 **cout**（发音为 see-out）的 ostream 类型的对象。此对象也被称为**标准输出**（standard output）。标准库还定义了其他两个 ostream 对象，名为 **cerr** 和 **clog**（发音分别为 see-err 和 see-log）。我们通常用 cerr 来输出警告和错误消息，因此它也被称为**标准错误**（standard error）。而 clog 用来输出程序运行时的一般性信息。

系统通常将程序所运行的窗口与这些对象关联起来。因此，当我们读取 cin，数据将从程序正在运行的窗口读入，当我们向 cout、cerr 和 clog 写入数据时，将会写到同一个窗口。

一个使用 IO 库的程序

在书店程序中，我们需要将多条记录合并成单一的汇总记录。作为一个相关的，但更简单的问题，我们先来看一下如何将两个数相加。通过使用 IO 库，我们可以扩展 main 程序，使之能提示用户输入两个数，然后输出它们的和：

```cpp
#include <iostream>
int main()
{
    std::cout << "Enter two numbers:" << std::endl;
    int v1 = 0, v2 = 0;
    std::cin >> v1 >> v2;
    std::cout << "The sum of " << v1 << " and " << v2
              << " is " << v1 + v2 << std::endl;
    return 0;
}
```

这个程序开始时在用户屏幕打印

```
Enter two numbers:
```

然后等待用户输入。如果用户键入

```
3 7
```

然后键入一个回车，则程序产生如下输出：

```
The sum of 3 and 7 is 10
```

程序的第一行

```
#include <iostream>
```

告诉编译器我们想要使用 iostream 库。尖括号中的名字（本例中是 iostream）指出了一个**头文件**（header）。每个使用标准库设施的程序都必须包含相关的头文件。#include 指令和头文件的名字必须写在同一行中。通常情况下，#include 指令必须出现在所有函数之外。我们一般将一个程序的所有#include 指令都放在源文件的开始位置。

7

向流写入数据

main 的函数体的第一条语句执行了一个**表达式**（expression）。在 C++中，一个表达式产生一个计算结果，它由一个或多个运算对象和（通常是）一个运算符组成。这条语句中的表达式使用了**输出运算符**（**<<**）在标准输出上打印消息：

```
std::cout << "Enter two numbers:" << std::endl;
```

<<运算符接受两个运算对象：左侧的运算对象必须是一个 ostream 对象，右侧的运算对象是要打印的值。此运算符将给定的值写到给定的 ostream 对象中。输出运算符的计算结果就是其左侧运算对象。即，计算结果就是我们写入给定值的那个 ostream 对象。

我们的输出语句使用了两次<<运算符。因为此运算符返回其左侧的运算对象，因此第一个运算符的结果成为了第二个运算符的左侧运算对象。这样，我们就可以将输出请求连接起来。因此，我们的表达式等价于

```
(std::cout << "Enter two numbers:") << std::endl;
```

链中每个运算符的左侧运算对象都是相同的，在本例中是 std::cout。我们也可以用两条语句生成相同的输出：

```
std::cout << "Enter two numbers:";
std::cout << std::endl;
```

第一个输出运算符给用户打印一条消息。这个消息是一个**字符串字面值常量**（string literal），是用一对双引号包围的字符序列。在双引号之间的文本被打印到标准输出。

第二个运算符打印 endl，这是一个被称为**操纵符**（manipulator）的特殊值。写入 endl 的效果是结束当前行，并将与设备关联的缓冲区（buffer）中的内容刷到设备中。缓冲刷新操作可以保证到目前为止程序所产生的所有输出都真正写入输出流中，而不是仅停留在内存中等待写入流。

 程序员常常在调试时添加打印语句。这类语句应该保证“一直”刷新流。否则，如果程序崩溃，输出可能还留在缓冲区中，从而导致关于程序崩溃位置的错误推断。

使用标准库中的名字

细心的读者可能会注意到这个程序使用了 std::cout 和 std::endl，而不是直接的 cout 和 endl。前缀 std::指出名字 cout 和 endl 是定义在名为 **std** 的**命名空间**（namespace）中的。命名空间可以帮助我们避免不经意的名字定义冲突，以及使用库中相同名字导致的冲突。标准库定义的所有名字都在命名空间 std 中。

◁ 8

通过命名空间使用标准库有一个副作用：当使用标准库中的一个名字时，必须显式说明我们想使用来自命名空间 std 中的名字。例如，需要写出 std::cout，通过使用**作用域运算符**（::）来指出我们想使用定义在命名空间 std 中的名字 cout。3.1 节（第 74 页）将给出一个更简单的访问标准库中名字的方法。

从流读取数据

在提示用户输入数据之后，接下来我们希望读入用户的输入。首先定义两个名为 v1 和 v2 的变量（variable）来保存输入：

```
int v1 = 0, v2 = 0;
```

我们将这两个变量定义为 int 类型，int 是一种内置类型，用来表示整数。还将它们*初始化*（initialize）为 0。初始化一个变量，就是在变量创建的同时为它赋予一个值。

下一条语句是

```
std::cin >> v1 >> v2;
```

它读入输入数据。**输入运算符**（**>>**）与输出运算符类似，它接受一个 istream 作为其左侧运算对象，接受一个对象作为其右侧运算对象。它从给定的 istream 读入数据，并存入给定对象中。与输出运算符类似，输入运算符返回其左侧运算对象作为其计算结果。因此，此表达式等价于

```
(std::cin >> v1) >> v2;
```

由于此运算符返回其左侧运算对象，因此我们可以将一系列输入请求合并到单一语句中。本例中的输入操作从 std::cin 读入两个值，并将第一个值存入 v1，将第二个值存入 v2。换句话说，它与下面两条语句的执行结果是一样的

```
std::cin >> v1;
std::cin >> v2;
```

完成程序

剩下的就是打印计算结果了：

```
std::cout << "The sum of " << v1 << " and " << v2
          << " is " << v1 + v2 << std::endl;
```

这条语句虽然比提示用户输入的打印语句更长，但原理上是一样的，它将每个运算对象打印在标准输出上。本例一个有意思的地方在于，运算对象并不都是相同类型的值。某些运算对象是字符串字面值常量，例如"The sum of "。其他运算对象则是 int 值，如 v1、v2 以及算术表达式 v1+v2 的计算结果。标准库定义了不同版本的输入输出运算符，来处理这些不同类型的运算对象。

1.2 节练习

练习 1.3：编写程序，在标准输出上打印 Hello, World。

练习 1.4：我们的程序使用加法运算符 + 来将两个数相加。编写程序使用乘法运算符 *，来打印两个数的积。

练习 1.5：我们将所有输出操作放在一条很长的语句中。重写程序，将每个运算对象的打印操作放在一条独立的语句中。

练习 1.6：解释下面程序片段是否合法。

```
std::cout << "The sum of " << v1;
            << " and " << v2;
            << " is " << v1 + v2 << std::endl;
```

如果程序是合法的，它输出什么？如果程序不合法，原因何在？应该如何修正？

1.3　注释简介

在程序变得更复杂之前，我们应该了解一下 C++ 是如何处理注释（comments）的。注释可以帮助人类读者理解程序。注释通常用于概述算法，确定变量的用途，或者解释晦涩难懂的代码段。编译器会忽略注释，因此注释对程序的行为或性能不会有任何影响。

虽然编译器会忽略注释，但读者并不会。即使系统文档的其他部分已经过时，程序员也倾向于相信注释的内容是正确可信的。因此，错误的注释比完全没有注释更糟糕，因为它会误导读者。因此，当你修改代码时，不要忘记同时更新注释！

C++ 中注释的种类

C++ 中有两种注释：单行注释和界定符对注释。单行注释以双斜线（//）开始，以换行符结束。当前行双斜线右侧的所有内容都会被编译器忽略，这种注释可以包含任何文本，包括额外的双斜线。

另一种注释使用继承自 C 语言的两个界定符（/* 和 */）。这种注释以 /* 开始，以 */ 结束，可以包含除 */ 外的任意内容，包括换行符。编译器将落在 /* 和 */ 之间的所有内容都当作注释。

注释界定符可以放置于任何允许放置制表符、空格符或换行符的地方。注释界定符可以跨越程序中的多行，但这并不是必须的。当注释界定符跨越多行时，最好能显式指出其内部的程序行都属于多行注释的一部分。我们所采用的风格是，注释内的每行都以一个星号开头，从而指出整个范围都是多行注释的一部分。

程序中通常同时包含两种形式的注释。注释界定符对通常用于多行解释，而双斜线注释常用于半行和单行附注。

```
#include <iostream>
/*
 * 简单主函数：
 * 读取两个数，求它们的和
 */
int main()
{
```

```
        // 提示用户输入两个数
        std::cout << "Enter two numbers:" << std::endl;
        int v1 = 0, v2 = 0;        // 保存我们读入的输入数据的变量
        std::cin >> v1 >> v2;      // 读取输入数据
        std::cout << "The sum of " << v1 << " and " << v2
                  << " is " << v1 + v2 << std::endl;
        return 0;
    }
```

 在本书中，我们用楷体来突出显示注释。在实际程序中，注释文本的显示形式是否区别于程序代码文本的显示，依赖于你所使用的程序设计环境是否提供这一特性。

注释界定符不能嵌套

界定符对形式的注释是以/*开始，以*/结束的。因此，一个注释不能嵌套在另一个注释之内。编译器对这类问题所给出的错误信息可能是难以理解、令人迷惑的。例如，在你的系统中编译下面的程序，就会产生错误：

```
/*
 * 注释对/* */不能嵌套。
 * "不能嵌套"几个字会被认为是源码,
 * 像剩余程序一样处理
 */
int main()
{
    return 0;
}
```

我们通常需要在调试期间注释掉一些代码。由于这些代码可能包含界定符对形式的注释，因此可能导致注释嵌套错误，因此最好的方式是用单行注释方式注释掉代码段的每一行。

```
// /*
// * 单行注释中的任何内容都会被忽略
// * 包括嵌套的注释对也一样会被忽略
// */
```

1.3 节练习 11

练习1.7：编译一个包含不正确的嵌套注释的程序，观察编译器返回的错误信息。

练习1.8：指出下列哪些输出语句是合法的（如果有的话）：

```
std::cout << "/*";
std::cout << "*/";
std::cout << /* "*/" */;
std::cout << /* "*/" /* "/*" */;
```

预测编译这些语句会产生什么样的结果，实际编译这些语句来验证你的答案（编写一个小程序，每次将上述一条语句作为其主体），改正每个编译错误。

1.4　控制流

语句一般是顺序执行的：语句块的第一条语句首先执行，然后是第二条语句，依此类推。当然，少数程序，包括我们解决书店问题的程序，都可以写成只有顺序执行的形式。但程序设计语言提供了多种不同的控制流语句，允许我们写出更为复杂的执行路径。

1.4.1　while 语句

while 语句反复执行一段代码，直至给定条件为假为止。我们可以用 while 语句编写一段程序，求 1 到 10 这 10 个数之和：

```cpp
#include <iostream>
int main()
{
    int sum = 0, val = 1;
    // 只要 val 的值小于等于 10，while 循环就会持续执行
    while (val <= 10) {
        sum += val;  // 将 sum + val 赋予 sum
        ++val;       // 将 val 加 1
    }
    std::cout << "Sum of 1 to 10 inclusive is "
              << sum << std::endl;
    return 0;
}
```

我们编译并执行这个程序，它会打印出

Sum of 1 to 10 inclusive is 55

与之前的例子一样，我们首先包含头文件 iostream，然后定义 main。在 main 中我们定义两个 int 变量：sum 用来保存和；val 用来表示从 1 到 10 的每个数。我们将 sum 的初值设置为 0，val 从 1 开始。

这个程序的新内容是 while 语句。while 语句的形式为

> 12 >

while (*condition*)
　　statement

while 语句的执行过程是交替地检测 *condition* 条件和执行关联的语句 *statement*，直至 *condition* 为假时停止。所谓**条件**（condition）就是一个产生真或假的结果的表达式。只要 *condition* 为真，*statement* 就会被执行。当执行完 *statement*，会再次检测 *condition*。如果 *condition* 仍为真，*statement* 再次被执行。while 语句持续地交替检测 *condition* 和执行 *statement*，直至 *condition* 为假为止。

在本程序中，while 语句是这样的

```cpp
// 只要 val 的值小于等于 10，while 循环就会持续执行
while (val <= 10) {
    sum += val;  // 将 sum + val 赋予 sum
    ++val;       // 将 val 加 1
}
```

条件中使用了**小于等于运算符**（**<=**）来比较 val 的当前值和 10。只要 val 小于等于 10，条件即为真。如果条件为真，就执行 while 循环体。在本例中，循环体是由两条语句组

成的语句块：

```
    {
        sum += val;      // 将 sum + val 赋予 sum
        ++val;           // 将 val 加 1
    }
```

所谓语句块（block），就是用花括号包围的零条或多条语句的序列。语句块也是语句的一种，在任何要求使用语句的地方都可以使用语句块。在本例中，语句块的第一条语句使用了**复合赋值运算符**（**+=**）。此运算符将其右侧的运算对象加到左侧运算对象上，将结果保存到左侧运算对象中。它本质上与一个加法结合一个赋值（assignment）是相同的：

```
    sum = sum + val; // 将 sum + val 赋予 sum
```

因此，语句块中第一条语句将 val 的值加到当前和 sum 上，并将结果保存在 sum 中。

下一条语句

```
    ++val; // 将 val 加 1
```

使用**前缀递增运算符**（++）。递增运算符将运算对象的值增加 1。++val 等价于 val=val+1。

执行完 while 循环体后，循环会再次对条件进行求值。如果 val 的值（现在已经增加了）仍然小于等于 10，则 while 的循环体会再次执行。循环连续检测条件、执行循环体，直至 val 不再小于等于 10 为止。

一旦 val 大于 10，程序跳出 while 循环，继续执行 while 之后的语句。在本例中，继续执行打印输出语句，然后执行 return 语句完成 main 程序。

1.4.1 节练习

> **练习 1.9**：编写程序，使用 while 循环将 50 到 100 的整数相加。
>
> **练习 1.10**：除了++运算符将运算对象的值增加 1 之外，还有一个递减运算符（—）实现将值减少 1。编写程序，使用递减运算符在循环中按递减顺序打印出 10 到 0 之间的整数。
>
> **练习 1.11**：编写程序，提示用户输入两个整数，打印出这两个整数所指定的范围内的所有整数。

1.4.2　for 语句

在我们的 while 循环例子中，使用了变量 val 来控制循环执行次数。我们在循环条件中检测 val 的值，在 while 循环体中将 val 递增。

这种在循环条件中检测变量、在循环体中递增变量的模式使用非常频繁，以至于 C++ 语言专门定义了第二种循环语句——**for 语句**，来简化符合这种模式的语句。可以用 for 语句来重写从 1 加到 10 的程序：

```cpp
#include <iostream>
int main()
{
    int sum = 0;
    // 从 1 加到 10
    for (int val = 1; val <= 10; ++val)
```

```
        sum += val; // 等价于 sum = sum + val
    std::cout << "Sum of 1 to 10 inclusive is "
              << sum << std::endl;
    return 0;
}
```

与之前一样，我们定义了变量 sum，并将其初始化为 0。在此版本中，val 的定义是 for
语句的一部分：

```
for (int val = 1; val <= 10; ++val)
    sum += val;
```

每个 for 语句都包含两部分：循环头和循环体。循环头控制循环体的执行次数，它由三
部分组成：一个初始化语句（*init-statement*）、一个循环条件（*condition*）以及一个表达式
（*expression*）。在本例中，初始化语句为

```
int val = 1
```

它定义了一个名为 val 的 int 型对象，并为其赋初值 1。变量 val 仅在 for 循环内部存
在，在循环结束之后是不能使用的。初始化语句只在 for 循环入口处执行一次。循环条
件

```
val <= 10
```

比较 val 的值和 10。循环体每次执行前都会先检查循环条件。只要 val 小于等于 10，
就会执行 for 循环体。表达式在 for 循环体之后执行。在本例中，表达式

```
++val
```

使用前缀递增运算符将 val 的值增加 1。执行完表达式后，for 语句重新检测循环条件。
如果 val 的新值仍然小于等于 10，就再次执行 for 循环体。执行完循环体后，再次将
val 的值增加 1。循环持续这一过程直至循环条件为假。

在此循环中，for 循环体执行加法

```
sum += val; // 等价于 sum = sum + val
```

简要重述一下 for 循环的总体执行流程：

1. 创建变量 val，将其初始化为 1。

2. 检测 val 是否小于等于 10。若检测成功，执行 for 循环体。若失败，退出循环，
   继续执行 for 循环体之后的第一条语句。

3. 将 val 的值增加 1。

4. 重复第 2 步中的条件检测，只要条件为真就继续执行剩余步骤。

1.4.2 节练习

练习 1.12： 下面的 for 循环完成了什么功能？sum 的终值是多少？

```
int sum = 0;
for (int i = -100; i <= 100; ++i)
    sum += i;
```

练习 1.13： 使用 for 循环重做 1.4.1 节中的所有练习（第 11 页）。

> **练习 1.14**：对比 `for` 循环和 `while` 循环，两种形式的优缺点各是什么？
>
> **练习 1.15**：编写程序，包含第 14 页"再探编译"中讨论的常见错误。熟悉编译器生成的错误信息。

1.4.3 读取数量不定的输入数据

在前一节中，我们编写程序实现了 1 到 10 这 10 个整数求和。扩展此程序一个很自然的方向是实现对用户输入的一组数求和。在这种情况下，我们预先不知道要对多少个数求和，这就需要不断读取数据直至没有新的输入为止：

```cpp
#include <iostream>
int main()
{
    int sum = 0, value = 0;
    // 读取数据直到遇到文件尾，计算所有读入的值的和
    while (std::cin >> value)
        sum += value; // 等价于 sum = sum + value
    std::cout << "Sum is: " << sum << std::endl;
    return 0;
}
```

如果我们输入

```
3 4 5 6
```

则程序会输出

```
Sum is: 18
```

`main` 的首行定义了两个名为 `sum` 和 `value` 的 `int` 变量，均初始化为 0。我们使用 `value` 保存用户输入的每个数，数据读取操作是在 `while` 的循环条件中完成的：

```cpp
while (std::cin >> value)
```

`while` 循环条件的求值就是执行表达式

```cpp
std::cin >> value
```

此表达式从标准输入读取下一个数，保存在 `value` 中。输入运算符（参见 1.2 节，第 7 页）返回其左侧运算对象，在本例中是 `std::cin`。因此，此循环条件实际上检测的是 `std::cin`。

当我们使用一个 `istream` 对象作为条件时，其效果是检测流的状态。如果流是有效的，即流未遇到错误，那么检测成功。当遇到文件结束符（end-of-file），或遇到一个无效输入时（例如读入的值不是一个整数），`istream` 对象的状态会变为无效。处于无效状态的 `istream` 对象会使条件变为假。

因此，我们的 `while` 循环会一直执行直至遇到文件结束符（或输入错误）。`while` 循环体使用复合赋值运算符将当前值加到 `sum` 上。一旦条件失败，`while` 循环将会结束。我们将执行下一条语句，打印 `sum` 的值和一个 `endl`。

从键盘输入文件结束符

　　当从键盘向程序输入数据时，对于如何指出文件结束，不同操作系统有不同的约定。在 Windows 系统中，输入文件结束符的方法是敲 Ctrl+Z（按住 Ctrl 键的同时按 Z 键），然后按 Enter 或 Return 键。在 UNIX 系统中，包括 Mac OS X 系统中，文件结束符输入是用 Ctrl+D。

16

再探编译

　　编译器的一部分工作是寻找程序文本中的错误。编译器没有能力检查一个程序是否按照其作者的意图工作，但可以检查形式（form）上的错误。下面列出了一些最常见的编译器可以检查出的错误。

语法错误（syntax error）：程序员犯了 C++语言文法上的错误。下面程序展示了一些常见的语法错误；每条注释描述了下一行中语句存在的错误：

```cpp
// 错误：main 的参数列表漏掉了
int main ( {
    // 错误：endl 后使用了冒号而非分号
    std::cout << "Read each file." << std::endl:
    // 错误：字符串字面常量的两侧漏掉了引号
    std::cout << Update master. << std::endl;
    // 错误：漏掉了第二个输出运算符
    std::cout << "Write new master." std::endl;
    // 错误：return 语句漏掉了分号
    return 0
}
```

类型错误（type error）：C++中每个数据项都有其类型。例如，10 的类型是 int（或者更通俗地说，"10 是一个 int 型数据"）。单词"hello"，包括两侧的双引号标记，则是一个字符串字面值常量。一个类型错误的例子是，向一个期望参数为 int 的函数传递了一个字符串字面值常量。

声明错误（declaration error）：C++程序中的每个名字都要先声明后使用。名字声明失败通常会导致一条错误信息。两种常见的声明错误是：对来自标准库的名字忘记使用 std::、标识符名字拼写错误：

```cpp
#include <iostream>
int main()
{
    int v1 = 0, v2 = 0;
    std::cin >> v >> v2; // 错误：使用了"v"而非"v1"
    // 错误：cout 未定义；应该是 std::cout
    cout << v1 + v2 << std::endl;
    return 0;
}
```

　　错误信息通常包含一个行号和一条简短描述，描述了编译器认为的我们所犯的错误。按照报告的顺序来逐个修正错误，是一种好习惯。因为一个单个错误常常会具有传递效应，导致编译器在其后报告比实际数量多得多的错误信息。另一个好习惯是在每修正一个错误后就立即重新编译代码，或者最多是修正了一小部分明显的错误后就重新编译。这就是所谓的"编辑-编译-调试"（edit-compile-debug）周期。

1.4.3 节练习

17

练习 1.16：编写程序，从 cin 读取一组数，输出其和。

1.4.4 if 语句

与大多数语言一样，C++ 也提供了 **if 语句** 来支持条件执行。我们可以用 if 语句写一个程序，来统计在输入中每个值连续出现了多少次：

```cpp
#include <iostream>
int main()
{
    // currVal 是我们正在统计的数；我们将读入的新值存入 val
    int currVal = 0, val = 0;
    // 读取第一个数，并确保确实有数据可以处理
    if (std::cin >> currVal) {
        int cnt = 1;                    // 保存我们正在处理的当前值的个数
        while (std::cin >> val) {  // 读取剩余的数
            if (val == currVal)     // 如果值相同
                ++cnt;                 // 将 cnt 加 1
            else {                      // 否则，打印前一个值的个数
                std::cout << currVal << " occurs "
                          << cnt << " times" << std::endl;
                currVal = val;      // 记住新值
                cnt = 1;             // 重置计数器
            }
        } // while 循环在这里结束
        // 记住打印文件中最后一个值的个数
        std::cout << currVal << " occurs "
                  << cnt << " times" << std::endl;
    } // 最外层的 if 语句在这里结束
    return 0;
}
```

如果我们输入如下内容：

```
42 42 42 42 42 55 55 62 100 100 100
```

则输出应该是：

```
42 occurs 5 times
55 occurs 2 times
62 occurs 1 times
100 occurs 3 times
```

有了之前多个程序的基础，你对这个程序中的大部分代码应该比较熟悉了。程序以两个变量 val 和 currVal 的定义开始：currVal 记录我们正在统计出现次数的那个数；val 则保存从输入读取的每个数。与之前的程序相比，新的内容就是两个 if 语句。第一条 if 语句

18 >

```
if (std::cin >> currVal) {
    // ...
} //最外层的if语句在这里结束
```

保证输入不为空。与 while 语句类似，if 也对一个条件进行求值。第一条 if 语句的条件是读取一个数值存入 currVal 中。如果读取成功，则条件为真，我们继续执行条件之后的语句块。该语句块以左花括号开始，以 return 语句之前的右花括号结束。

如果需要统计出现次数的值，我们就定义 cnt，用来统计每个数值连续出现的次数。与上一小节的程序类似，我们用一个 while 循环反复从标准输入读取整数。

while 的循环体是一个语句块，它包含了第二条 if 语句：

```
if (val == currVal)              // 如果值相同
    ++cnt;                       // 将 cnt 加 1
else {                           // 否则，打印前一个值的个数
    std::cout << currVal << " occurs "
              << cnt << " times" << std::endl;
    currVal = val;               // 记住新值
    cnt = 1;                     // 重置计数器
}
```

这条 if 语句中的条件使用了**相等运算符**（==）来检测 val 是否等于 currVal。如果是，我们执行紧跟在条件之后的语句。这条语句将 cnt 增加 1，表明我们再次看到了 currVal。

如果条件为假，即 val 不等于 currVal，则执行 else 之后的语句。这条语句是一个由一条输出语句和两条赋值语句组成的语句块。输出语句打印我们刚刚统计完的值的出现次数。赋值语句将 cnt 重置为 1，将 currVal 重置为刚刚读入的值 val。

C++用=进行赋值，用==作为相等运算符。两个运算符都可以出现在条件中。一个常见的错误是想在条件中使用==（相等判断），却误用了=。

1.4.4 节练习

练习 1.17：如果输入的所有值都是相等的，本节的程序会输出什么？如果没有重复值，输出又会是怎样的？

练习 1.18：编译并运行本节的程序，给它输入全都相等的值。再次运行程序，输入没有重复的值。

练习 1.19：修改你为 1.4.1 节练习 1.11（第 11 页）所编写的程序（打印一个范围内的数），使其能处理用户输入的第一个数比第二个数小的情况。

19 >

关键概念：C++程序的缩进和格式

C++程序很大程度上是格式自由的，也就是说，我们在哪里放置花括号、缩进、注释以及换行符通常不会影响程序的语义。例如，花括号表示 main 函数体的开始，它可以放在 main 的同一行中；也可以像我们所做的那样，放在下一行的起始位置；还可以放在我们喜欢的其他任何位置。唯一的要求是左花括号必须是 main 的形参列表后第一个非空、非注释的字符。

虽然很大程度上可以按照自己的意愿自由地设定程序的格式，但我们所做的选择会影响程序的可读性。例如，我们可以将整个 main 函数写在很长的单行内，虽然这样是合乎语法的，但会非常难读。

关于 C/C++ 的正确格式的辩论是无休止的。我们的信条是，不存在唯一正确的风格，但保持一致性是非常重要的。例如，大多数程序员都对程序的组成部分设置恰当的缩进，就像我们在之前的例子中对 main 函数中的语句和循环体所做的那样。对于作为函数界定符的花括号，我们习惯将其放在单独一行中。我们还习惯对复合 IO 表达式设置缩进，以使输入输出运算符排列整齐。其他一些缩进约定也都会令越来越复杂的程序更加清晰易读。

我们要牢记一件重要的事情：其他可能的程序格式总是存在的。当你要选择一种格式风格时，思考一下它会对程序的可读性和易理解性有什么影响，而一旦选择了一种风格，就要坚持使用。

1.5 类简介

在解决书店程序之前，我们还需要了解的唯一一个 C++ 特性，就是如何定义一个数据结构（data structure）来表示销售数据。在 C++ 中，我们通过定义一个**类**（class）来定义自己的数据结构。一个类定义了一个类型，以及与其关联的一组操作。类机制是 C++ 最重要的特性之一。实际上，C++ 最初的一个设计焦点就是能定义使用上像内置类型一样自然的**类类型**（class type）。

在本节中，我们将介绍一个在编写书店程序中会用到的简单的类。当我们在后续章节中学习了更多关于类型、表达式、语句和函数的知识后，会真正实现这个类。

为了使用类，我们需要了解三件事情：

- 类名是什么？
- 它是在哪里定义的？
- 它支持什么操作？

对于书店程序来说，我们假定类名为 Sales_item，头文件 Sales_item.h 中已经定义了这个类。

如前所见，为了使用标准库设施，我们必须包含相关的头文件。类似的，我们也需要使用头文件来访问为自己的应用程序所定义的类。习惯上，头文件根据其中定义的类的名字来命名。我们通常使用 .h 作为头文件的后缀，但也有一些程序员习惯用 .H、.hpp 或 .hxx。标准库头文件通常不带后缀。编译器一般不关心头文件名的形式，但有的 IDE 对此有特定要求。20

1.5.1 Sales_item 类

Sales_item 类的作用是表示一本书的总销售额、售出册数和平均售价。我们现在不关心这些数据如何存储、如何计算。为了使用一个类，我们不必关心它是如何实现的，只需知道类对象可以执行什么操作。

每个类实际上都定义了一个新的类型，其类型名就是类名。因此，我们的 Sales_item 类定义了一个名为 Sales_item 的类型。与内置类型一样，我们可以定义类类型的变量。当我们写下如下语句

```
Sales_item item;
```

是想表达 item 是一个 Sales_item 类型的对象。我们通常将"一个 Sales_item 类型的对象"简单说成"一个 Sales_item 对象",或更简单的"一个 Sales_item"。

除了可以定义 Sales_item 类型的变量之外,我们还可以:

- 调用一个名为 isbn 的函数从一个 Sales_item 对象中提取 ISBN 书号。
- 用输入运算符(>>)和输出运算符(<<)读、写 Sales_item 类型的对象。
- 用赋值运算符(=)将一个 Sales_item 对象的值赋予另一个 Sales_item 对象。
- 用加法运算符(+)将两个 Sales_item 对象相加。两个对象必须表示同一本书(相同的 ISBN)。加法结果是一个新的 Sales_item 对象,其 ISBN 与两个运算对象相同,而其总销售额和售出册数则是两个运算对象的对应值之和。
- 使用复合赋值运算符(+=)将一个 Sales_item 对象加到另一个对象上。

> **关键概念:类定义了行为**
>
> 　　当你读这些程序时,一件要牢记的重要事情是,类 Sales_item 的作者定义了类对象可以执行的所有动作。即,Sales_item 类定义了创建一个 Sales_item 对象时会发生什么事情,以及对 Sales_item 对象进行赋值、加法或输入输出运算时会发生什么事情。
>
> 　　一般而言,类的作者决定了类类型对象上可以使用的所有操作。当前,我们所知道的可以在 Sales_item 对象上执行的全部操作就是本节所列出的那些操作。

21> **读写 Sales_item**

既然已经知道可以对 Sales_item 对象执行哪些操作,我们现在就可以编写使用类的程序了。例如,下面的程序从标准输入读入数据,存入一个 Sales_item 对象中,然后将 Sales_item 的内容写回到标准输出:

```cpp
#include <iostream>
#include "Sales_item.h"
int main()
{
    Sales_item book;
    // 读入 ISBN 号、售出的册数以及销售价格
    std::cin >> book;
    // 写入 ISBN、售出的册数、总销售额和平均价格
    std::cout << book << std::endl;
    return 0;
}
```

如果输入:

```
0-201-70353-X 4 24.99
```

则输出为:

```
0-201-70353-X 4 99.96 24.99
```

输入表示我们以每本 24.99 美元的价格售出了 4 册书,而输出告诉我们总售出册数为 4,总销售额为 99.96 美元,而每册书的平均销售价格为 24.99 美元。

此程序以两个#include 指令开始,其中一个使用了新的形式。包含来自标准库的头

文件时，也应该用尖括号（< >）包围头文件名。对于不属于标准库的头文件，则用双引号（""）包围。

在 main 中我们定义了一个名为 book 的对象，用来保存从标准输入读取出的数据。下一条语句读取数据存入对象中，第三条语句将对象打印到标准输出上并打印一个 endl。

Sales_item 对象的加法

下面是一个更有意思的例子，将两个 Sales_item 对象相加：

```cpp
#include <iostream>
#include "Sales_item.h"
int main()
{
    Sales_item item1, item2;
    std::cin >> item1 >> item2;              // 读取一对交易记录
    std::cout << item1 + item2 << std::endl; // 打印它们的和
    return 0;
}
```

如果输入如下内容：

```
0-201-78345-X 3 20.00
0-201-78345-X 2 25.00
```

则输出为：

```
0-201-78345-X 5 110 22
```

此程序开始包含了 Sales_item 和 iostream 两个头文件。然后定义了两个 Sales_item 对象来保存销售记录。我们从标准输入读取数据，存入两个对象之中。输出表达式完成加法运算并打印结果。

值得注意的是，此程序看起来与第 5 页的程序非常相似：读取两个输入数据并输出它们的和。造成如此相似的原因是，我们只不过将运算对象从两个整数变为两个 Sales_item 而已，但读取与打印和的运算方式没有发生任何变化。两个程序的另一个不同之处是，"和"的概念是完全不一样的。对于 int，我们计算传统意义上的和——两个数值的算术加法结果。对于 Sales_item 对象，我们用了一个全新的"和"的概念——两个 Sales_item 对象的成员对应相加的结果。

使用文件重定向

当你测试程序时，反复从键盘敲入这些销售记录作为程序的输入，是非常乏味的。大多数操作系统支持文件重定向，这种机制允许我们将标准输入和标准输出与命名文件关联起来：

```
$ addItems <infile >outfile
```

假定$是操作系统提示符，我们的加法程序已经编译为名为 addItems.exe 的可执行文件（在 UNIX 中是 addItems），则上述命令会从一个名为 infile 的文件读取销售记录，并将输出结果写入到一个名为 outfile 的文件中，两个文件都位于当前目录中。

练习 1.20：在网站 http://www.informit.com/title/0321714113 上，第 1 章的代码目录中包含了头文件 Sales_item.h。将它拷贝到你自己的工作目录中。用它编写一个程序，读取一组书籍销售记录，将每条记录打印到标准输出上。

练习 1.21：编写程序，读取两个 ISBN 相同的 Sales_item 对象，输出它们的和。

练习 1.22：编写程序，读取多个具有相同 ISBN 的销售记录，输出所有记录的和。

23> ## 1.5.2   初识成员函数

将两个 Sales_item 对象相加的程序首先应该检查两个对象是否具有相同的 ISBN。方法如下：

```
#include <iostream>
#include "Sales_item.h"
int main()
{
    Sales_item item1, item2;
    std::cin >> item1 >> item2;
    // 首先检查 item1 和 item2 是否表示相同的书
    if (item1.isbn() == item2.isbn()) {
        std::cout << item1 + item2 << std::endl;
        return 0;    // 表示成功
    } else {
    std::cerr << "Data must refer to same ISBN"
                << std::endl;
    return -1;        // 表示失败
    }
}
```

此程序与上一版本的差别是 if 语句及其 else 分支。即使不了解这个 if 语句的检测条件，我们也很容易理解这个程序在干什么。如果条件成立，如上一版本一样，程序打印计算结果，并返回 0，表明成功。如果条件失败，我们执行跟在 else 之后的语句块，打印一条错误信息，并返回一个错误标识。

什么是成员函数？

这个 if 语句的检测条件

```
item1.isbn() == item2.isbn()
```

调用名为 isbn 的**成员函数**（member function）。成员函数是定义为类的一部分的函数，有时也被称为**方法**（method）。

我们通常以一个类对象的名义来调用成员函数。例如，上面相等表达式左侧运算对象的第一部分

```
item1.isbn()
```

使用**点运算符**（.）来表达我们需要"名为 item1 的对象的 isbn 成员"。点运算符只能用于类类型的对象。其左侧运算对象必须是一个类类型的对象，右侧运算对象必须是该类型的一个成员名，运算结果为右侧运算对象指定的成员。

当用点运算符访问一个成员函数时，通常我们是想（效果也确实是）调用该函数。我们使用**调用运算符**（()）来调用一个函数。调用运算符是一对圆括号，里面放置实参（argument）列表（可能为空）。成员函数 isbn 并不接受参数。因此

```
item1.isbn()
```

调用名为 item1 的对象的成员函数 isbn，此函数返回 item1 中保存的 ISBN 书号。 ◁ 24

在这个 if 条件中，相等运算符的右侧运算对象也是这样执行的——它返回保存在 item2 中的 ISBN 书号。如果 ISBN 相同，条件为真，否则为假。

1.5.2 节练习

练习 1.23：编写程序，读取多条销售记录，并统计每个 ISBN（每本书）有几条销售记录。

练习 1.24：输入表示多个 ISBN 的多条销售记录来测试上一个程序，每个 ISBN 的记录应该聚在一起。

1.6 书店程序

现在我们已经准备好完成书店程序了。我们需要从一个文件中读取销售记录，生成每本书的销售报告，显示售出册数、总销售额和平均售价。我们假定每个 ISBN 书号的所有销售记录在文件中是聚在一起保存的。

我们的程序会将每个 ISBN 的所有数据合并起来，存入名为 total 的变量中。我们使用另一个名为 trans 的变量保存读取的每条销售记录。如果 trans 和 total 指向相同的 ISBN，我们会更新 total 的值。否则，我们会打印 total 的值，并将其重置为刚刚读取的数据（trans）：

```cpp
#include <iostream>
#include "Sales_item.h"
int main()
{
    Sales_item total; // 保存和的变量
    // 读入第一条交易记录，并确保有数据可以处理
    if (std::cin >> total) {
        Sales_item trans;        // 保存下一条交易记录的变量
        // 读入并处理剩余交易记录
        while (std::cin >> trans) {
            // 如果我们仍在处理相同的书
            if (total.isbn() == trans.isbn())
                total += trans;  // 更新总销售额
            else {
                // 打印前一本书的结果
                std::cout << total << std::endl;
                total = trans;   // total 现在表示下一本书的销售额
            }
        }
        std::cout << total << std::endl; // 打印最后一本书的结果
    } else {
```

25 ▷

```
        //没有输入! 警告读者
        std::cerr << "No data?!" << std::endl;
        return -1; // 表示失败
    }
    return 0;
}
```

　　这是到目前为止我们看到的最复杂的程序了，但它所使用的都是我们已经见过的语言特性。

　　与往常一样，首先包含要使用的头文件：来自标准库的 iostream 和自己定义的 Sales_item.h。在 main 中，我们定义了一个名为 total 的变量，用来保存一个给定的 ISBN 的数据之和。我们首先读取第一条销售记录，存入 total 中，并检测这次读取操作是否成功。如果读取失败，则意味着没有任何销售记录，于是直接跳到最外层的 else 分支，打印一条警告信息，告诉用户没有输入。

　　假定已经成功读取了一条销售记录，我们继续执行最外层 if 之后的语句块。这个语句块首先定义一个名为 trans 的对象，它保存读取的销售记录。接下来的 while 语句将读取剩下的所有销售记录。与我们之前的程序一样，while 条件是一个从标准输入读取值的操作。在本例中，我们读取一个 Sales_item 对象，存入 trans 中。只要读取成功，就执行 while 循环体。

　　while 的循环体是一个单个的 if 语句，它检查 ISBN 是否相等。如果相等，使用复合赋值运算符将 trans 加到 total 中。如果 ISBN 不等，我们打印保存在 total 中的值，并将其重置为 trans 的值。在执行完 if 语句后，返回到 while 的循环条件，读取下一条销售记录，如此反复，直至所有销售记录都处理完。

　　当 while 语句终止时，total 保存着文件中最后一个 ISBN 的数据。我们在语句块的最后一条语句中打印这最后一个 ISBN 的 total 值，至此最外层 if 语句就结束了。

1.6 节练习

练习 1.25：借助网站上的 Sales_item.h 头文件，编译并运行本节给出的书店程序。

小结

26

本章介绍了足够多的 C++语言的知识，以使你能够编译、运行简单的 C++程序。我们看到了如何定义一个 main 函数，它是操作系统执行你的程序的调用入口。我们还看到了如何定义变量，如何进行输入输出，以及如何编写 if、for 和 while 语句。本章最后介绍了 C++中最基本的特性——类。在本章中，我们看到了，对于其他人定义的一个类，我们应该如何创建、使用其对象。在后续章节中，我们将介绍如何定义自己的类。

术语表

参数（实参，argument）向函数传递的值。

赋值（assignment）抹去一个对象的当前值，用一个新值取代之。

程序块（block）零条或多条语句的序列，用花括号包围。

缓冲区（buffer）一个存储区域，用于保存数据。IO 设施通常将输入（或输出）数据保存在一个缓冲区中，读写缓冲区的动作与程序中的动作是无关的。我们可以显式地刷新输出缓冲，以便强制将缓冲区中的数据写入输出设备。默认情况下，读 cin 会刷新 cout；程序非正常终止时也会刷新 cout。

内置类型（built-in type）由语言定义的类型，如 int。

Cerr 一个 ostream 对象，关联到标准错误，通常写入到与标准输出相同的设备。默认情况下，写到 cerr 的数据是不缓冲的。cerr 通常用于输出错误信息或其他不属于程序正常逻辑的输出内容。

字符串字面值常量（character string literal）术语 string literal 的另一种叫法。

cin 一个 istream 对象，用来从标准输入读取数据。

类（class）一种用于定义自己的数据结构及其相关操作的机制。类是 C++中最基本的特性之一。标准库类型中，如 istream 和 ostream 都是类。

类类型（class type）类定义的类型。类名即为类型名。

clog 一个 ostream 对象，关联到标准错误。默认情况下，写到 clog 的数据是被缓冲的。clog 通常用于报告程序的执行信息，存入一个日志文件中。

注释（comment）被编译器忽略的程序文本。C++有两种类型的注释：单行注释和界定符对注释。单行注释以//开始，从//到行尾的所有内容都是注释。界定符对注释以/*开始，其后的所有内容都是注释，直至遇到*/为止。

条件（condition）求值结果为真或假的表达式。通常用值 0 表示假，用非零值表示真。

cout 一个 ostream 对象，用于将数据写入标准输出。通常用于程序的正常输出内容。

花括号（curly brace）花括号用于划定程序块边界。左花括号（{）为程序块开始，右花括号（}）为结束。

数据结构（data structure）数据及其上所允许的操作的一种逻辑组合。

编辑-编译-调试（edit-compile-debug）使程序能正确执行的开发过程。

文件结束符（end-of-file）系统特定的标识，指出文件中无更多数据了。

表达式（expression）最小的计算单元。27一个表达式包含一个或多个运算对象，通常还包含一个或多个运算符。表达式求值会产生一个结果。例如，假设 i 和 j 是 int 对象，则 i+j 是一个表达式，它产生两个

int 值的和。

for 语句（for statement）迭代语句，提供重复执行能力。通常用来将一个计算反复执行指定次数。

函数（function）具名的计算单元。

函数体（function body）语句块，定义了函数所执行的动作。

函数名（function name）函数为人所知的名字，也用来进行函数调用。

头文件（header）使类或其他名字的定义可被多个程序使用的一种机制。程序通过 #include 指令使用头文件。

if 语句（if statement）根据一个特定条件的值进行条件执行的语句。如果条件为真，执行 if 语句体。否则，执行 else 语句体（如果存在的话）。

初始化（initialize）在一个对象创建的时候赋予它一个值。

iostream 头文件，提供了面向流的输入输出的标准库类型。

istream 提供了面向流的输入的库类型。

库类型（library type）标准库定义的类型，28> 如 istream。

main 操作系统执行一个 C++程序时所调用的函数。每个程序必须有且只有一个命名为 main 的函数。

操纵符（manipulator）对象，如 std::endl，在读写流的时候用来"操纵"流本身。

成员函数（member function）类定义的操作。通常通过调用成员函数来操作特定对象。

方法（method）成员函数的同义术语。

命名空间（namespace）将库定义的名字放在一个单一位置的机制。命名空间可以帮助避免不经意的名字冲突。C++标准库定义的名字在命名空间 std 中。

ostream 标准库类型，提供面向流的输出。

形参列表（parameter list）函数定义的一部分，指出调用函数时可以使用什么样的实参，可能为空列表。

返回类型（return type）函数返回值的类型。

源文件（source file）包含 C++程序的文件。

标准错误（standard error）输出流，用于报告错误。标准输出和标准错误通常关联到程序执行所在的窗口。

标准输入（standard input）输入流，通常与程序执行所在窗口相关联。

标准库（standard library）一个类型和函数的集合，每个 C++编译器都必须支持。标准库提供了支持 IO 操作的类型。C++程序员倾向于用"库"指代整个标准库，还倾向于用库类型表示标准库的特定部分，例如用"iostream 库"表示标准库中定义 IO 类的部分。

标准输出（standard output）输出流，通常与程序执行所在窗口相关联。

语句（statement）程序的一部分，指定了当程序执行时进行什么动作。一个表达式接一个分号就是一条语句；其他类型的语句包括语句块、if 语句、for 语句和 while 语句，所有这些语句内都包含其他语句。

std 标准库所使用的命名空间。std::cout 表示我们要使用定义在命名空间 std 中的名字 cout。

字符串常量（string literal）零或多个字符组成的序列，用双引号包围（"a string literal"）。

未初始化的变量（uninitialized variable）未赋予初值的变量。类类型的变量如果未指定初值，则按类定义指定的方式进行初始化。定义在函数内部的内置类型变量默认是不初始化的，除非有显式的初始化语句。试图使用一个未初始化变量的值是错误的。未初始化变量是 bug 的常见成因。

变量（variable）具名对象。

while 语句（while statement）迭代语句，提供重复执行直至一个特定条件为假的机制。循环体会执行零次或多次，依赖于循环条件求值结果。

()运算符（() operator）调用运算符。跟随在函数名之后的一对括号"()"，起到调用函数的效果。传递给函数的实参放置在括号内。

++运算符（++ operator）递增运算符。将运算对象的值加 1，++i 等价于 i=i+1。

+=运算符（+= operator）复合赋值运算符，将右侧运算对象加到左侧运算对象上；a+=b 等价于 a=a+b。

.运算符（. operator）点运算符。左侧运算对象必须是一个类类型对象，右侧运算对象必须是此对象的一个成员的名字。运算结果即为该对象的这个成员。

::运算符（:: operator）作用域运算符。其用处之一是访问命名空间中的名字。例如，std::cout 表示命名空间 std 中的名字 cout。

=运算符（= operator）将右侧运算对象的值赋予左侧运算对象所表示的对象。

—运算符（— operator）递减运算符。将运算对象的值减 1，--i 等价于 i=i-1。

<<运算符（<< operator）输出运算符。将右侧运算对象的值写到左侧运算对象表示的输出流：cout << "hi"表示将 hi 写到标准输出。输出运算符可以连接：cout << "hi" << "bye"表示将输出 hibye。

>>运算符（>> operator）输入运算符。从左侧运算对象所指定的输入流读取数据，存入右侧运算对象中：cin >> i 表示从标准输入读取下一个值，存入 i 中。输入运算符可以连接：cin >> i >> j 表示先读取一个值存入 i，再读取一个值存入 j。

#include 头文件包含指令，使头文件中代码可被程序使用。

==运算符（== operator）相等运算符。检测左侧运算对象是否等于右侧运算对象。

!=运算符（!= operator）不等运算符。检测左侧运算对象是否不等于右侧运算对象。

<=运算符（<= operator）小于等于运算符。检测左侧运算对象是否小于等于右侧运算对象。

<运算符（< operator）小于运算符。检测左侧运算对象是否小于右侧运算对象。

>=运算符（>= operator）大于等于运算符。检测左侧运算对象是否大于等于右侧运算对象。

>运算符（> operator）大于运算符。检测左侧运算对象是否大于右侧运算对象。

第 I 部分
C++基础

内容

任何常用的编程语言都具备一组公共的语法特征，不同语言仅在特征的细节上有所区别。要想学习并掌握一种编程语言，理解其语法特征的实现细节是第一步。最基本的特征包括：

- 整型、字符型等内置类型
- 变量，用来为对象命名
- 表达式和语句，用于操纵上述数据类型的具体值
- if 或 while 等控制结构，这些结构允许我们有选择地执行一些语句或者重复地执行一些语句
- 函数，用于定义可供随时调用的计算单元

大多数编程语言通过两种方式来进一步补充其基本特征：一是赋予程序员自定义数据类型的权利，从而实现对语言的扩展；二是将一些有用的功能封装成库函数提供给程序员。

30

　　与大多数编程语言一样，C++的对象类型决定了能对该对象进行的操作，一条表达式是否合法依赖于其中参与运算的对象的类型。一些语言，如 Smalltalk 和 Python 等，在程序运行时检查数据类型；与之相反，C++是一种静态数据类型语言，它的类型检查发生在编译时。因此，编译器必须知道程序中每一个变量对应的数据类型。

　　C++提供了一组内置数据类型、相应的运算符以及为数不多的几种程序流控制语句，这些元素共同构成了 C++语言的基本形态。以这些元素为基础，我们可以编写出规模庞大、结构复杂、用于解决实际问题的软件系统。仅就 C++的基本形态来说，它是一种简单的编程语言，其强大的能力显示于它对程序员自定义数据结构的支持。这种支持作用巨大，显而易见的一个事实是，C++语言的缔造者无须洞悉所有程序员的要求，而程序员恰好可以通过自主定义新的数据结构来使语言满足他们各自的需求。

　　C++中最重要的语法特征应该就是类了，通过它，程序员可以定义自己的数据类型。为了与 C++的内置类型区别开来，它们通常被称为"类类型（class type）"。在一些编程语言中，程序员自定义的新类型仅能包含数据成员；另外一些语言，比如 C++，则允许新类型中既包含数据成员，也包含函数成员。C++语言主要的一个设计目标就是让程序员自定义的数据类型像内置类型一样好用。基于此，标准 C++库实现了丰富的类和函数。

　　本书第 I 部分的主题是学习 C++语言的基础知识，这也是掌握 C++语言的第一步。第 2 章详述内置类型，并初步介绍了自定义数据类型的方法。第 3 章介绍了两种最基本的数据类型：字符串和向量。C++和许多编程语言所共有的一种底层数据结构——数组也在本章有所提及。接下来，第 4~6 章依次介绍了表达式、语句和函数。作为第 I 部分的最后一章，第 7 章描述了如何构建我们自己的类，完成这一任务需要综合运用之前各章所介绍的知识。

第 2 章
变量和基本类型

内容

数据类型是程序的基础：它告诉我们数据的意义以及我们能在数据上执行的操作。

C++语言支持广泛的数据类型。它定义了几种基本内置类型（如字符、整型、浮点数等），同时也为程序员提供了自定义数据类型的机制。基于此，C++标准库定义了一些更加复杂的数据类型，比如可变长字符串和向量等。本章将主要讲述内置类型，并带领大家初步了解 C++ 语言是如何支持更复杂数据类型的。

32 > 　　　数据类型决定了程序中数据和操作的意义。如下所示的语句是一个简单示例：

```
i = i + j;
```

其含义依赖于 i 和 j 的数据类型。如果 i 和 j 都是整型数，那么这条语句执行的就是最普通的加法运算。然而，如果 i 和 j 是 Sales_item 类型的数据（参见 1.5.1 节，第 17 页），则上述语句把这两个对象的成分相加。

2.1　基本内置类型

　　　C++定义了一套包括**算术类型**（arithmetic type）和**空类型**（void）在内的基本数据类型。其中算术类型包含了字符、整型数、布尔值和浮点数。空类型不对应具体的值，仅用于一些特殊的场合，例如最常见的是，当函数不返回任何值时使用空类型作为返回类型。

2.1.1　算术类型

　　　算术类型分为两类：**整型**（integral type，包括字符和布尔类型在内）和浮点型。

　　　算术类型的尺寸（也就是该类型数据所占的比特数）在不同机器上有所差别。表 2.1 列出了 C++标准规定的尺寸的最小值，同时允许编译器赋予这些类型更大的尺寸。某一类型所占的比特数不同，它所能表示的数据范围也不一样。

表 2.1：C++：算术类型		
类型	含义	最小尺寸
bool	布尔类型	未定义
char	字符	8 位
wchar_t	宽字符	16 位
char16_t	Unicode 字符	16 位
char32_t	Unicode 字符	32 位
short	短整型	16 位
int	整型	16 位
long	长整型	32 位
long long	长整型	64 位
float	单精度浮点数	6 位有效数字
double	双精度浮点数	10 位有效数字
long double	扩展精度浮点数	10 位有效数字

　　　布尔类型（bool）的取值是真（true）或者假（false）。

　　　C++提供了几种字符类型，其中多数支持国际化。基本的字符类型是 char，一个 char 的空间应确保可以存放机器基本字符集中任意字符对应的数字值。也就是说，一个 char 的大小和一个机器字节一样。

33 > 　　　其他字符类型用于扩展字符集，如 wchar_t、char16_t、char32_t。wchar_t 类型用于确保可以存放机器最大扩展字符集中的任意一个字符，类型 char16_t 和 char32_t 则为 Unicode 字符集服务（Unicode 是用于表示所有自然语言中字符的标准）。

　　　除字符和布尔类型之外，其他整型用于表示（可能）不同尺寸的整数。C++语言规定一个 int 至少和一个 short 一样大，一个 long 至少和一个 int 一样大，一个 long long

至少和一个 long 一样大。其中，数据类型 long long 是在 C++11 中新定义的。 C++ 11

内置类型的机器实现

计算机以比特序列存储数据，每个比特非 0 即 1，例如：

00011011011100010110010000111011 ...

大多数计算机以 2 的整数次幂个比特作为块来处理内存，可寻址的最小内存块称为"字节（byte）"，存储的基本单元称为"字（word）"，它通常由几个字节组成。在 C++ 语言中，一个字节要至少能容纳机器基本字符集中的字符。大多数机器的字节由 8 比特构成，字则由 32 或 64 比特构成，也就是 4 或 8 字节。

大多数计算机将内存中的每个字节与一个数字（被称为"地址（address）"）关联起来，在一个字节为 8 比特、字为 32 比特的机器上，我们可能看到一个字的内存区域如下所示：

736424	0	0	1	1	1	0	1	1
736425	0	0	0	1	1	0	1	1
736426	0	1	1	1	0	0	0	1
736427	0	1	1	0	0	1	0	0

其中，左侧是字节的地址，右侧是字节中 8 比特的具体内容。

我们能够使用某个地址来表示从这个地址开始的大小不同的比特串，例如，我们可能会说地址 736424 的那个字或者地址 736427 的那个字节。为了赋予内存中某个地址明确的含义，必须首先知道存储在该地址的数据的类型。类型决定了数据所占的比特数以及该如何解释这些比特的内容。

如果位置 736424 处的对象类型是 float，并且该机器中 float 以 32 比特存储，那么我们就能知道这个对象的内容占满了整个字。这个 float 数的实际值依赖于该机器是如何存储浮点数的。或者如果位置 736424 处的对象类型是 unsigned char，并且该机器使用 ISO-Latin-1 字符集，则该位置处的字节表示一个分号。

浮点型可表示单精度、双精度和扩展精度值。C++ 标准指定了一个浮点数有效位数的最小值，然而大多数编译器都实现了更高的精度。通常，float 以 1 个字（32 比特）来表示，double 以 2 个字（64 比特）来表示，long double 以 3 或 4 个字（96 或 128 比特）来表示。一般来说，类型 float 和 double 分别有 7 和 16 个有效位；类型 long double 则常常被用于有特殊浮点需求的硬件，它的具体实现不同，精度也各不相同。 ◁ 34

带符号类型和无符号类型

除去布尔型和扩展的字符型之外，其他整型可以划分为**带符号的**（signed）和**无符号的**（unsigned）两种。带符号类型可以表示正数、负数或 0，无符号类型则仅能表示大于等于 0 的值。

类型 int、short、long 和 long long 都是带符号的，通过在这些类型名前添加 unsigned 就可以得到无符号类型，例如 unsigned long。类型 unsigned int 可以缩写为 unsigned。

与其他整型不同，字符型被分为了三种：char、signed char 和 unsigned char。

特别需要注意的是：类型 char 和类型 signed char 并不一样。尽管字符型有三种，但是字符的表现形式却只有两种：带符号的和无符号的。类型 char 实际上会表现为上述两种形式中的一种，具体是哪种由编译器决定。

无符号类型中所有比特都用来存储值，例如，8 比特的 unsigned char 可以表示 0 至 255 区间内的值。

C++标准并没有规定带符号类型应如何表示，但是约定了在表示范围内正值和负值的量应该平衡。因此，8 比特的 signed char 理论上应该可以表示-127 至 127 区间内的值，大多数现代计算机将实际的表示范围定为-128 至 127。

建议：如何选择类型

和 C 语言一样，C++的设计准则之一也是尽可能地接近硬件。C++的算术类型必须满足各种硬件特质，所以它们常常显得繁杂而令人不知所措。事实上，大多数程序员能够（也应该）对数据类型的使用做出限定从而简化选择的过程。以下是选择类型的一些经验准则：

- 当明确知晓数值不可能为负时，选用无符号类型。
- 使用 int 执行整数运算。在实际应用中，short 常常显得太小而 long 一般和 int 有一样的尺寸。如果你的数值超过了 int 的表示范围，选用 long long。
- 在算术表达式中不要使用 char 或 bool，只有在存放字符或布尔值时才使用它们。因为类型 char 在一些机器上是有符号的，而在另一些机器上又是无符号的，所以如果使用 char 进行运算特别容易出问题。如果你需要使用一个不大的整数，那么明确指定它的类型是 signed char 或者 unsigned char。
- 执行浮点数运算选用 double，这是因为 float 通常精度不够而且双精度浮点数和单精度浮点数的计算代价相差无几。事实上，对于某些机器来说，双精度运算甚至比单精度还快。long double 提供的精度在一般情况下是没有必要的，况且它带来的运行时消耗也不容忽视。

35

2.1.1 节练习

练习 2.1：类型 int、long、long long 和 short 的区别是什么？无符号类型和带符号类型的区别是什么？float 和 double 的区别是什么？

练习 2.2：计算按揭贷款时，对于利率、本金和付款分别应选择何种数据类型？说明你的理由。

2.1.2　类型转换

对象的类型定义了对象能包含的数据和能参与的运算，其中一种运算被大多数类型支持，就是将对象从一种给定的类型**转换**（convert）为另一种相关类型。

当在程序的某处我们使用了一种类型而其实对象应该取另一种类型时，程序会自动进行类型转换，在 4.11 节（第 141 页）中我们将对类型转换做更详细的介绍。此处，有必要说明当给某种类型的对象强行赋了另一种类型的值时，到底会发生什么。

当我们像下面这样把一种算术类型的值赋给另外一种类型时：

```
bool b = 42;                // b 为真
```

```
int i = b;              // i 的值为 1
i = 3.14;               // i 的值为 3
double pi = i;          // pi 的值为 3.0
unsigned char c = -1;   // 假设 char 占 8 比特，c 的值为 255
signed char c2 = 256;   // 假设 char 占 8 比特，c2 的值是未定义的
```

类型所能表示的值的范围决定了转换的过程：

- 当我们把一个非布尔类型的算术值赋给布尔类型时，初始值为 0 则结果为 false，否则结果为 true。

- 当我们把一个布尔值赋给非布尔类型时，初始值为 false 则结果为 0，初始值为 true 则结果为 1。

- 当我们把一个浮点数赋给整数类型时，进行了近似处理。结果值将仅保留浮点数中小数点之前的部分。

- 当我们把一个整数值赋给浮点类型时，小数部分记为 0。如果该整数所占的空间超过了浮点类型的容量，精度可能有损失。

- 当我们赋给无符号类型一个超出它表示范围的值时，结果是初始值对无符号类型表示数值总数取模后的余数。例如，8 比特大小的 unsigned char 可以表示 0 至 255 区间内的值，如果我们赋了一个区间以外的值，则实际的结果是该值对 256 取模后所得的余数。因此，把 -1 赋给 8 比特大小的 unsigned char 所得的结果是 255。

- 当我们赋给带符号类型一个超出它表示范围的值时，结果是**未定义的**（undefined）。此时，程序可能继续工作、可能崩溃，也可能生成垃圾数据。

建议：避免无法预知和依赖于实现环境的行为   ◁ 36

　　无法预知的行为源于编译器无须（有时是不能）检测的错误。即使代码编译通过了，如果程序执行了一条未定义的表达式，仍有可能产生错误。

　　不幸的是，在某些情况和/或某些编译器下，含有无法预知行为的程序也能正确执行。但是我们却无法保证同样一个程序在别的编译器下能正常工作，甚至已经编译通过的代码再次执行也可能会出错。此外，也不能认为这样的程序对一组输入有效，对另一组输入就一定有效。

　　程序也应该尽量避免依赖于实现环境的行为。如果我们把 int 的尺寸看成是一个确定不变的已知值，那么这样的程序就称作不可移植的（nonportable）。当程序移植到别的机器上后，依赖于实现环境的程序就可能发生错误。要从过去的代码中定位这类错误可不是一件轻松愉快的工作。

　　当在程序的某处使用了一种算术类型的值而其实所需的是另一种类型的值时，编译器同样会执行上述的类型转换。例如，如果我们使用了一个非布尔值作为条件（参见 1.4.1 节，第 10 页），那么它会被自动地转换成布尔值，这一做法和把非布尔值赋给布尔变量时的操作完全一样：

```
int i = 42;
if (i)                  // if 条件的值将为 true
    i = 0;
```

如果 i 的值为 0，则条件的值为 false；i 的所有其他取值（非 0）都将使条件为 true。

以此类推，如果我们把一个布尔值用在算术表达式里，则它的取值非 0 即 1，所以一般不宜在算术表达式里使用布尔值。

含有无符号类型的表达式

尽管我们不会故意给无符号对象赋一个负值，却可能（特别容易）写出这么做的代码。例如，当一个算术表达式中既有无符号数又有 int 值时，那个 int 值就会转换成无符号数。把 int 转换成无符号数的过程和把 int 直接赋给无符号变量一样：

```
unsigned u = 10;
int i = -42;
std::cout << i + i << std::endl; // 输出-84
std::cout << u + i << std::endl; // 如果int占32位，输出4294967264
```

在第一个输出表达式里，两个（负）整数相加并得到了期望的结果。在第二个输出表达式里，相加前首先把整数-42 转换成无符号数。把负数转换成无符号数类似于直接给无符号数赋一个负值，结果等于这个负数加上无符号数的模。

当从无符号数中减去一个值时，不管这个值是不是无符号数，我们都必须确保结果不能是一个负值：

37 >
```
unsigned u1 = 42, u2 = 10;
std::cout << u1 - u2 << std::endl; // 正确：输出32
std::cout << u2 - u1 << std::endl; // 正确：不过，结果是取模后的值
```

无符号数不会小于 0 这一事实同样关系到循环的写法。例如，在 1.4.1 节的练习（第 11 页）中需要写一个循环，通过控制变量递减的方式把从 10 到 0 的数字降序输出。这个循环可能类似于下面的形式：

```
for (int i = 10; i >= 0; --i)
    std::cout << i << std::endl;
```

可能你会觉得反正也不打算输出负数，可以用无符号数来重写这个循环。然而，这个不经意的改变却意味着死循环：

```
// 错误：变量u永远也不会小于0，循环条件一直成立
for (unsigned u = 10; u >= 0; --u)
    std::cout << u << std::endl;
```

来看看当 u 等于 0 时发生了什么，这次迭代输出 0，然后继续执行 for 语句里的表达式。表达式--u 从 u 当中减去 1，得到的结果-1 并不满足无符号数的要求，此时像所有表示范围之外的其他数字一样，-1 被自动地转换成一个合法的无符号数。假设 int 类型占 32 位，则当 u 等于 0 时，--u 的结果将会是 4294967295。

一种解决的办法是，用 while 语句来代替 for 语句，因为前者让我们能够在输出变量之前（而非之后）先减去 1：

```
unsigned u = 11; // 确定要输出的最大数，从比它大1的数开始
while (u > 0){
    --u;            // 先减1，这样最后一次迭代时就会输出0
    std::cout << u << std::endl;
}
```

改写后的循环先执行对循环控制变量减 1 的操作，这样最后一次迭代时，进入循环的 u 值为 11。此时将其减 1，则这次迭代输出的数就是 0；下一次再检验循环条件时，u 的值等

于 0 而无法再进入循环。因为我们要先做减 1 的操作，所以初始化 u 的值应该比要输出的最大值大 1。这里，u 初始化为 11，输出的最大数是 10。

提示：切勿混用带符号类型和无符号类型

如果表达式里既有带符号类型又有无符号类型，当带符号类型取值为负时会出现异常结果，这是因为带符号数会自动地转换成无符号数。例如，在一个形如 a*b 的式子中，如果 a = −1，b = 1，而且 a 和 b 都是 int，则表达式的值显然为−1。然而，如果 a 是 int，而 b 是 unsigned，则结果须视在当前机器上 int 所占位数而定。在我们的环境里，结果是 4294967295。

2.1.2 节练习 ⟨38⟩

练习 2.3：读程序写结果。

```cpp
unsigned u = 10, u2 = 42;
std::cout << u2 - u << std::endl;
std::cout << u - u2 << std::endl;

int i = 10, i2 = 42;
std::cout << i2 -i<< std::endl;
std::cout << i - i2<< std::endl;
std::cout << i - u<< std::endl;
std::cout << u - i<< std::endl;
```

练习 2.4：编写程序检查你的估计是否正确，如果不正确，请仔细研读本节直到弄明白问题所在。

2.1.3 字面值常量

一个形如 42 的值被称作**字面值常量**（literal），这样的值一望而知。每个字面值常量都对应一种数据类型，字面值常量的形式和值决定了它的数据类型。

整型和浮点型字面值

我们可以将整型字面值写作十进制数、八进制数或十六进制数的形式。以 0 开头的整数代表八进制数，以 0x 或 0X 开头的代表十六进制数。例如，我们能用下面的任意一种形式来表示数值20：

    20 /* 十进制 */   024 /* 八进制 */   0x14 /* 十六进制 */

整型字面值具体的数据类型由它的值和符号决定。默认情况下，十进制字面值是带符号数，八进制和十六进制字面值既可能是带符号的也可能是无符号的。十进制字面值的类型是 int、long 和 long long 中尺寸最小的那个（例如，三者当中最小是 int），当然前提是这种类型要能容纳下当前的值。八进制和十六进制字面值的类型是能容纳其数值的 int、unsigned int、long、unsigned long、long long 和 unsigned long long 中的尺寸最小者。如果一个字面值连与之关联的最大的数据类型都放不下，将产生错误。类型 short 没有对应的字面值。在表 2.2（第 37 页）中，我们将以后缀代表相应的字面值类型。

尽管整型字面值可以存储在带符号数据类型中，但严格来说，十进制字面值不会是负

数。如果我们使用了一个形如−42 的负十进制字面值，那个负号并不在字面值之内，它的
作用仅仅是对字面值取负值而已。

浮点型字面值表现为一个小数或以科学计数法表示的指数，其中指数部分用 E 或 e 标识：

```
3.14159    3.14159E0     0.      0e0      .001
```

39 默认的，浮点型字面值是一个 double，我们可以使用表 2.2（第 37 页）中的后缀来表示
其他浮点型。

字符和字符串字面值

由单引号括起来的一个字符称为 char 型字面值，双引号括起来的零个或多个字符则
构成字符串型字面值。

```
'a'      // 字符字面值
"Hello World!"  // 字符串字面值
```

字符串字面值的类型实际上是由常量字符构成的数组（array），该类型将在 3.5.4 节（第
109 页）介绍。编译器在每个字符串的结尾处添加一个空字符（'\0'），因此，字符串字
面值的实际长度要比它的内容多 1。例如，字面值'A'表示的就是单独的字符 A，而字符
串"A"则代表了一个字符的数组，该数组包含两个字符：一个是字母 A、另一个是空字符。

如果两个字符串字面值位置紧邻且仅由空格、缩进和换行符分隔，则它们实际上是一
个整体。当书写的字符串字面值比较长，写在一行里不太合适时，就可以采取分开书写的
方式：

```
// 分多行书写的字符串字面值
std::cout << "a really, really long string literal "
             "that spans two lines" << std::endl;
```

转义序列

有两类字符程序员不能直接使用：一类是**不可打印**（nonprintable）的字符，如退格或
其他控制字符，因为它们没有可视的图符；另一类是在 C++语言中有特殊含义的字符（单
引号、双引号、问号、反斜线）。在这些情况下需要用到**转义序列**（escape sequence），转
义序列均以反斜线作为开始，C++语言规定的转义序列包括：

换行符	\n	横向制表符	\t	报警（响铃）符	\a
纵向制表符	\v	退格符	\b	双引号	\"
反斜线	\\	问号	\?	单引号	\'
回车符	\r	进纸符	\f		

在程序中，上述转义序列被当作一个字符使用：

```
std::cout << '\n';           // 转到新一行
std::cout << "\tHi!\n";      // 输出一个制表符，输出"Hi!"，转到新一行
```

我们也可以使用泛化的转义序列，其形式是\x 后紧跟 1 个或多个十六进制数字，或者\后
紧跟 1 个、2 个或 3 个八进制数字，其中数字部分表示的是字符对应的数值。假设使用的
是 Latin-1 字符集，以下是一些示例：

```
\7 （响铃）   \12 （换行符）     \40（空格）
\0 （空字符）  \115（字符 M）     \x4d （字符 M）
```

40 我们可以像使用普通字符那样使用 C++语言定义的转义序列：

```
std::cout << "Hi \x4dO\115!\n"; //输出 Hi MOM!，转到新一行
```

```
std::cout << '\115' << '\n';        //输出 M, 转到新一行
```

注意，如果反斜线\后面跟着的八进制数字超过 3 个，只有前 3 个数字与\构成转义序列。例如，"\1234"表示 2 个字符，即八进制数 123 对应的字符以及字符 4。相反，\x 要用到后面跟着的所有数字，例如，"\x1234"表示一个 16 位的字符，该字符由这 4 个十六进制数所对应的比特唯一确定。因为大多数机器的 char 型数据占 8 位，所以以上面这个例子可能会报错。一般来说，超过 8 位的十六进制字符都是与表 2.2 中某个前缀作为开头的扩展字符集一起使用的。

指定字面值的类型

通过添加如表 2.2 中所列的前缀和后缀，可以改变整型、浮点型和字符型字面值的默认类型。

```
L'a'            // 宽字符型字面值，类型是 wchar_t
u8"hi!"         // utf-8 字符串字面值（utf-8 用 8 位编码一个 Unicode 字符）
42ULL           // 无符号整型字面值，类型是 unsigned long long
1E-3F           // 单精度浮点型字面值，类型是 float
3.14159L        // 扩展精度浮点型字面值，类型是 long double
```

 当使用一个长整型字面值时，请使用大写字母 L 来标记，因为小写字母 l 和数字 1 太容易混淆了。

表 2.2：指定字面值的类型		
字符和字符串字面值		
前缀	含义	类型
u	Unicode 16 字符	char16_t
U	Unicode 32 字符	char32_t
L	宽字符	wchar_t
u8	UTF-8（仅用于字符串字面常量）	char
整型字面值		**浮点型字面值**	
后缀	最小匹配类型	后缀	类型
u or U	unsigned	f 或 F	float
l or L	long	l 或 L	long double
ll or LL	long long		

对于一个整型字面值来说，我们能分别指定它是否带符号以及占用多少空间。如果后缀中有 U，则该字面值属于无符号类型，也就是说，以 U 为后缀的十进制数、八进制数或十六进制数都将从 unsigned int、unsigned long 和 unsigned long long 中选择能匹配的空间最小的一个作为其数据类型。如果后缀中有 L，则字面值的类型至少是 long；如果后缀中有 LL，则字面值的类型将是 long long 和 unsigned long long 中的一种。显然我们可以将 U 与 L 或 LL 合在一起使用。例如，以 UL 为后缀的字面值的数据类型将 41 根据具体数值情况或者取 unsigned long，或者取 unsigned long long。

布尔字面值和指针字面值

true 和 false 是布尔类型的字面值：

```
bool test = false;
```

nullptr 是指针字面值，2.3.2 节（第 47 页）将有更多关于指针和指针字面值的介绍。

2.1.3 节练习

练习 2.5： 指出下述字面值的数据类型并说明每一组内几种字面值的区别：

(a) 'a', L'a', "a", L"a"
(b) 10, 10u, 10L, 10uL, 012, 0xC
(c) 3.14, 3.14f, 3.14L
(d) 10, 10u, 10., 10e-2

练习 2.6： 下面两组定义是否有区别，如果有，请叙述之：

```
int month = 9, day = 7;
int month = 09, day = 07;
```

练习 2.7： 下述字面值表示何种含义？它们各自的数据类型是什么？

(a) "Who goes with F\145rgus?\012"
(b) 3.14e1L   (c) 1024f   (d) 3.14L

练习 2.8： 请利用转义序列编写一段程序，要求先输出 2M，然后转到新一行。修改程序使其先输出 2，然后输出制表符，再输出 M，最后转到新一行。

2.2 变量

变量提供一个具名的、可供程序操作的存储空间。C++ 中的每个变量都有其数据类型，数据类型决定着变量所占内存空间的大小和布局方式、该空间能存储的值的范围，以及变量能参与的运算。对 C++ 程序员来说，"变量（variable）"和"对象（object）"一般可以互换使用。

2.2.1 变量定义

变量定义的基本形式是：首先是**类型说明符**（type specifier），随后紧跟由一个或多个变量名组成的列表，其中变量名以逗号分隔，最后以分号结束。列表中每个变量名的类型都由类型说明符指定，定义时还可以为一个或多个变量赋初值：

42 >

```
int sum = 0, value,  // sum、value 和 units_sold 都是 int
    units_sold = 0;   // sum 和 units_sold 初值为 0
Sales_item item;       // item 的类型是 Sales_item（参见 1.5.1 节，第 17 页）
// string 是一种库类型，表示一个可变长的字符序列
std::string book("0-201-78345-X");//book 通过一个 string 字面值初始化
```

book 的定义用到了库类型 std::string，像 iostream（参见 1.2 节，第 6 页）一样，string 也是在命名空间 std 中定义的，我们将在第 3 章中对 string 类型做更详细的介绍。眼下，只需了解 string 是一种表示可变长字符序列的数据类型就可以了。C++库提供了几种初始化 string 对象的方法，其中一种是把字面值拷贝给 string 对象（参见 2.1.3 节，第 36 页），因此在上例中，book 被初始化为 0-201-78345-X。

术语：何为对象?

C++程序员们在很多场合都会使用对象（object）这个名词。通常情况下，对象是指一块能存储数据并具有某种类型的内存空间。

一些人仅在与类有关的场景下才使用"对象"这个词。另一些人则已把命名的对象和未命名的对象区分开来，他们把命名了的对象叫做变量。还有一些人把对象和值区分开来，其中对象指能被程序修改的数据，而值（value）指只读的数据。

本书遵循大多数人的习惯用法，即认为对象是具有某种数据类型的内存空间。我们在使用对象这个词时，并不严格区分是类还是内置类型，也不区分是否命名或是否只读。

初始值

当对象在创建时获得了一个特定的值，我们说这个对象被**初始化**（initialized）了。用于初始化变量的值可以是任意复杂的表达式。当一次定义了两个或多个变量时，对象的名字随着定义也就马上可以使用了。因此在同一条定义语句中，可以用先定义的变量值去初始化后定义的其他变量。

```
//正确：price 先被定义并赋值，随后被用于初始化 discount
double price = 109.99, discount = price * 0.16;
//正确：调用函数 applyDiscount，然后用函数的返回值初始化 salePrice
double salePrice = applyDiscount(price, discount);
```

在 C++语言中，初始化是一个异常复杂的问题，我们也将反复讨论这个问题。很多程序员对于用等号=来初始化变量的方式倍感困惑，这种方式容易让人认为初始化是赋值的一种。事实上在 C++语言中，初始化和赋值是两个完全不同的操作。然而在很多编程语言中二者的区别几乎可以忽略不计，即使在 C++语言中有时这种区别也无关紧要，所以人们特别容易把二者混为一谈。需要强调的是，这个概念至关重要，我们也将在后面不止一次提及这一点。◁ 43

初始化不是赋值，初始化的含义是创建变量时赋予其一个初始值，而赋值的含义是把对象的当前值擦除，而以一个新值来替代。

列表初始化

C++语言定义了初始化的好几种不同形式，这也是初始化问题复杂性的一个体现。例如，要想定义一个名为 units_sold 的 int 变量并初始化为 0，以下的 4 条语句都可以做到这一点：

```
int units_sold = 0;
int units_sold = {0};
int units_sold{0};
int units_sold(0);
```

作为 C++11 新标准的一部分，用花括号来初始化变量得到了全面应用，而在此之前，这种初始化的形式仅在某些受限的场合下才能使用。出于 3.3.1 节（第 88 页）将要介绍的原因，这种初始化的形式被称为**列表初始化**（list initialization）。现在，无论是初始化对象还是某些时候为对象赋新值，都可以使用这样一组由花括号括起来的初始值了。 `C++ 11`

当用于内置类型的变量时，这种初始化形式有一个重要特点：如果我们使用列表初始化且初始值存在丢失信息的风险，则编译器将报错：

```
long double ld = 3.1415926536;
int a{ld}, b = {ld};      // 错误：转换未执行，因为存在丢失信息的危险
int c(ld), d = ld;        // 正确：转换执行，且确实丢失了部分值
```

使用 long double 的值初始化 int 变量时可能丢失数据，所以编译器拒绝了 a 和 b 的初始化请求。其中，至少 ld 的小数部分会丢失掉，而且 int 也可能存不下 ld 的整数部分。

刚刚所介绍的看起来无关紧要，毕竟我们不会故意用 long double 的值去初始化 int 变量。然而，像第 16 章介绍的一样，这种初始化有可能在不经意间发生。我们将在 3.2.1 节（第 76 页）和 3.3.1 节（第 88 页）对列表初始化做更多介绍。

默认初始化

如果定义变量时没有指定初值，则变量被**默认初始化**（default initialized），此时变量被赋予了"默认值"。默认值到底是什么由变量类型决定，同时定义变量的位置也会对此有影响。

如果是内置类型的变量未被显式初始化，它的值由定义的位置决定。定义于任何函数体之外的变量被初始化为 0。然而如 6.1.1 节（第 185 页）所示，一种例外情况是，定义在函数体内部的内置类型变量将**不被初始化**（uninitialized）。一个未被初始化的内置类型变量的值是未定义的（参见 2.1.2 节，第 33 页），如果试图拷贝或以其他形式访问此类值将引发错误。

每个类各自决定其初始化对象的方式。而且，是否允许不经初始化就定义对象也由类自己决定。如果类允许这种行为，它将决定对象的初始值到底是什么。

绝大多数类都支持无须显式初始化而定义对象，这样的类提供了一个合适的默认值。例如，以刚刚所见为例，string 类规定如果没有指定初值则生成一个空串：

```
std::string empty;   // empty 非显式地初始化为一个空串
Sales_item item;     // 被默认初始化的 Sales_item 对象
```

一些类要求每个对象都显式初始化，此时如果创建了一个该类的对象而未对其做明确的初始化操作，将引发错误。

> Note　定义于函数体内的内置类型的对象如果没有初始化，则其值未定义。类的对象如果没有显式地初始化，则其值由类确定。

2.2.1 节练习

练习 2.9：解释下列定义的含义。对于非法的定义，请说明错在何处并将其改正。

(a) std::cin >> int input_value;　　　(b) int i = { 3.14 };
(c) double salary = wage = 9999.99;　(d) int i = 3.14;

练习 2.10：下列变量的初值分别是什么？

```
std::string global_str;
int global_int;
int main()
{
    int local_int;
    std::string local_str;
}
```

提示：未初始化变量引发运行时故障

未初始化的变量含有一个不确定的值，使用未初始化变量的值是一种错误的编程行为并且很难调试。尽管大多数编译器都能对一部分使用未初始化变量的行为提出警告，但严格来说，编译器并未被要求检查此类错误。

使用未初始化的变量将带来无法预计的后果。有时我们足够幸运，一访问此类对象程序就崩溃并报错，此时只要找到崩溃的位置就很容易发现变量没被初始化的问题。另外一些时候，程序会一直执行完并产生错误的结果。更糟糕的情况是，程序结果时对时错、无法把握。而且，往无关的位置添加代码还会导致我们误以为程序对了，其实结果仍旧有错。

建议初始化每一个内置类型的变量。虽然并非必须这么做，但如果我们不能确保初始化后程序安全，那么这么做不失为一种简单可靠的方法。

2.2.2 变量声明和定义的关系

为了允许把程序拆分成多个逻辑部分来编写，C++语言支持分离式编译（separate compilation）机制，该机制允许将程序分割为若干个文件，每个文件可被独立编译。

如果将程序分为多个文件，则需要有在文件间共享代码的方法。例如，一个文件的代码可能需要使用另一个文件中定义的变量。一个实际的例子是 std::cout 和 std::cin，它们定义于标准库，却能被我们写的程序使用。

为了支持分离式编译，C++语言将声明和定义区分开来。**声明**（declaration）使得名字为程序所知，一个文件如果想使用别处定义的名字则必须包含对那个名字的声明。而**定义**（definition）负责创建与名字关联的实体。

变量声明规定了变量的类型和名字，在这一点上定义与之相同。但是除此之外，定义还申请存储空间，也可能会为变量赋一个初始值。

如果想声明一个变量而非定义它，就在变量名前添加关键字 extern，而且不要显式地初始化变量：

```
extern int i;    // 声明i而非定义i
int j;           // 声明并定义j
```

任何包含了显式初始化的声明即成为定义。我们能给由 extern 关键字标记的变量赋一个初始值，但是这么做也就抵消了 extern 的作用。extern 语句如果包含初始值就不再是声明，而变成定义了：

```
extern double pi = 3.1416; // 定义
```

在函数体内部，如果试图初始化一个由 extern 关键字标记的变量，将引发错误。

变量能且只能被定义一次，但是可以被多次声明。

声明和定义的区别看起来也许微不足道，但实际上却非常重要。如果要在多个文件中使用同一个变量，就必须将声明和定义分离。此时，变量的定义必须出现在且只能出现在一个文件中，而其他用到该变量的文件必须对其进行声明，却绝对不能重复定义。

关于 C++语言对分离式编译的支持我们将在 2.6.3 节（第 67 页）和 6.1.3 节（第 186 46

页）中做更详细的介绍。

练习 2.11：指出下面的语句是声明还是定义：

(a) `extern int ix = 1024;`

(b) `int iy;`

(c) `extern int iz;`

关键概念：静态类型

    C++是一种静态类型（statically typed）语言，其含义是在编译阶段检查类型。其中，检查类型的过程称为类型检查（type checking）。

    我们已经知道，对象的类型决定了对象所能参与的运算。在 C++语言中，编译器负责检查数据类型是否支持要执行的运算，如果试图执行类型不支持的运算，编译器将报错并且不会生成可执行文件。

    程序越复杂，静态类型检查越有助于发现问题。然而，前提是编译器必须知道每一个实体对象的类型，这就要求我们在使用某个变量之前必须声明其类型。

2.2.3　标识符

    C++的标识符（identifier）由字母、数字和下画线组成，其中必须以字母或下画线开头。标识符的长度没有限制，但是对大小写字母敏感：

```
// 定义 4 个不同的 int 变量
int somename, someName, SomeName, SOMENAME;
```

    如表 2.3 和表 2.4 所示，C++语言保留了一些名字供语言本身使用，这些名字不能被用作标识符。

    同时，C++也为标准库保留了一些名字。用户自定义的标识符中不能连续出现两个下画线，也不能以下画线紧连大写字母开头。此外，定义在函数体外的标识符不能以下画线开头。

变量命名规范

    变量命名有许多约定俗成的规范，下面的这些规范能有效提高程序的可读性：

47 >

- 标识符要能体现实际含义。
- 变量名一般用小写字母，如 `index`，不要使用 `Index` 或 `INDEX`。
- 用户自定义的类名一般以大写字母开头，如 `Sales_item`。
- 如果标识符由多个单词组成，则单词间应有明显区分，如 `student_loan` 或 `studentLoan`，不要使用 `studentloan`。

对于命名规范来说，若能坚持，必将有效。

表 2.3：C++关键字				
alignas	continue	friend	register	true
alignof	decltype	goto	reinterpret_cast	try
asm	default	if	return	typedef
auto	delete	inline	short	typeid
bool	do	int	signed	typename
break	double	long	sizeof	union
case	dynamic_cast	mutable	static	unsigned
catch	else	namespace	static_assert	using
char	enum	new	static_cast	virtual
char16_t	explicit	noexcept	struct	void
char32_t	export	nullptr	switch	volatile
class	extern	operator	template	wchar_t
const	false	private	this	while
constexpr	float	protected	thread_local	
const_cast	for	public	throw	

表 2.4：C++操作符替代名					
and	bitand	compl	not_eq	or_eq	xor_eq
and_eq	bitor	not	or	xor	

2.2.3 节练习

练习 2.12： 请指出下面的名字中哪些是非法的？

(a) int double = 3.14;   (b) int _;
(c) int catch-22;   (d) int 1_or_2 = 1;
(e) double Double = 3.14;

2.2.4 名字的作用域

不论是在程序的什么位置，使用到的每个名字都会指向一个特定的实体：变量、函数、48
类型等。然而，同一个名字如果出现在程序的不同位置，也可能指向的是不同实体。

作用域（scope）是程序的一部分，在其中名字有其特定的含义。C++语言中大多数作用域都以花括号分隔。

同一个名字在不同的作用域中可能指向不同的实体。名字的有效区域始于名字的声明语句，以声明语句所在的作用域末端为结束。

一个典型的示例来自于 1.4.2 节（第 11 页）的程序：

```cpp
#include <iostream>
int main()
{
    int sum = 0;
    // sum 用于存放从 1 到 10 所有数的和
    for (int val = 1; val <= 10; ++val)
        sum += val; // 等价于 sum = sum + val
```

```
        std::cout << "Sum of 1 to 10 inclusive is "
                  << sum << std::endl;
        return 0;
    }
```

这段程序定义了 3 个名字：main、sum 和 val，同时使用了命名空间名字 std，该空间提供了 2 个名字 cout 和 endl 供程序使用。

名字 main 定义于所有花括号之外，它和其他大多数定义在函数体之外的名字一样拥有**全局作用域**（global scope）。一旦声明之后，全局作用域内的名字在整个程序的范围内都可使用。名字 sum 定义于 main 函数所限定的作用域之内，从声明 sum 开始直到 main 函数结束为止都可以访问它，但是出了 main 函数所在的块就无法访问了，因此说变量 sum 拥有**块作用域**（block scope）。名字 val 定义于 for 语句内，在 for 语句之内可以访问 val，但是在 main 函数的其他部分就不能访问它了。

> **建议：当你第一次使用变量时再定义它**
>
> 　　一般来说，在对象第一次被使用的地方附近定义它是一种好的选择，因为这样做有助于更容易地找到变量的定义。更重要的是，当变量的定义与它第一次被使用的地方很近时，我们也会赋给它一个比较合理的初始值。

嵌套的作用域

作用域能彼此包含，被包含（或者说被嵌套）的作用域称为**内层作用域**（inner scope），包含着别的作用域的作用域称为**外层作用域**（outer scope）。

作用域中一旦声明了某个名字，它所嵌套着的所有作用域中都能访问该名字。同时，允许在内层作用域中重新定义外层作用域已有的名字：

```
#include <iostream>
// 该程序仅用于说明：函数内部不宜定义与全局变量同名的新变量
int reused = 42; // reused 拥有全局作用域
int main()
{
    int unique = 0; // unique 拥有块作用域
    // 输出#1：使用全局变量 reused;输出 42 0
    std::cout << reused << " " << unique << std::endl;
    int reused = 0; // 新建局部变量 reused, 覆盖了全局变量 reused
    // 输出#2：使用局部变量 reused; 输出 0 0
    std::cout << reused << " " << unique << std::endl;
    // 输出#3：显式地访问全局变量 reused; 输出 42 0
    std::cout << ::reused << " " << unique << std::endl;
    return 0;
}
```

输出#1 出现在局部变量 reused 定义之前，因此这条语句使用全局作用域中定义的名字 reused，输出 42 0。输出#2 发生在局部变量 reused 定义之后，此时局部变量 reused **正在作用域内**（in scope），因此第二条输出语句使用的是局部变量 reused 而非全局变量，输出 0 0。输出#3 使用作用域操作符（参见 1.2 节，第 7 页）来覆盖默认的作用域规则，因为全局作用域本身并没有名字，所以当作用域操作符的左侧为空时，向全局作用域发出请求获取作用域操作符右侧名字对应的变量。结果是，第三条输出语句使用全局变量 reused，输出 42 0。

如果函数有可能用到某全局变量，则不宜再定义一个同名的局部变量。

2.2.4 节练习

练习 2.13：下面程序中 j 的值是多少？

```
int i = 42;
int main()
{
    int i = 100;
    int j = i;
}
```

练习 2.14：下面的程序合法吗？如果合法，它将输出什么？

```
int i = 100, sum = 0;
for (int i = 0; i != 10; ++i)
    sum += i;
std::cout << i << " " << sum << std::endl;
```

2.3 复合类型

复合类型（compound type）是指基于其他类型定义的类型。C++语言有几种复合类型，〈50〉本章将介绍其中的两种：引用和指针。

与我们已经掌握的变量声明相比，定义复合类型的变量要复杂很多。2.2 节（第 38 页）提到，一条简单的声明语句由一个数据类型和紧随其后的一个变量名列表组成。其实更通用的描述是，一条声明语句由一个**基本数据类型**（base type）和紧随其后的一个**声明符**（declarator）列表组成。每个声明符命名了一个变量并指定该变量为与基本数据类型有关的某种类型。

目前为止，我们所接触的声明语句中，声明符其实就是变量名，此时变量的类型也就是声明的基本数据类型。其实还可能有更复杂的声明符，它基于基本数据类型得到更复杂的类型，并把它指定给变量。

2.3.1 引用

 C++11 中新增了一种引用：所谓的"右值引用（rvalue reference）"，我们将在 13.6.1 节（第 471 页）做更详细的介绍。这种引用主要用于内置类。严格来说，当我们使用术语"引用（reference）"时，指的其实是"左值引用（lvalue reference）"。

引用（reference）为对象起了另外一个名字，引用类型引用（refers to）另外一种类型。通过将声明符写成&d 的形式来定义引用类型，其中 d 是声明的变量名：

```
int ival = 1024;
int &refVal = ival;      // refVal 指向 ival（是 ival 的另一个名字）
int &refVal2;            // 报错：引用必须被初始化
```

一般在初始化变量时，初始值会被拷贝到新建的对象中。然而定义引用时，程序把引用和它的初始值**绑定**（bind）在一起，而不是将初始值拷贝给引用。一旦初始化完成，引用将和它的初始值对象一直绑定在一起。因为无法令引用重新绑定到另外一个对象，因此引用必须初始化。

 引用即别名

> Note　引用并非对象，相反的，它只是为一个已经存在的对象所起的另外一个名字。

定义了一个引用之后，对其进行的所有操作都是在与之绑定的对象上进行的：

```
refVal = 2;        // 把 2 赋给 refVal 指向的对象，此处即是赋给了 ival
int ii = refVal; // 与 ii = ival 执行结果一样
```

51 > 为引用赋值，实际上是把值赋给了与引用绑定的对象。获取引用的值，实际上是获取了与引用绑定的对象的值。同理，以引用作为初始值，实际上是以与引用绑定的对象作为初始值：

```
// 正确：refVal3 绑定到了那个与 refVal 绑定的对象上，这里就是绑定到 ival 上
int &refVal3 = refVal;
// 利用与 refVal 绑定的对象的值初始化变量 i
int i = refVal; // 正确：i 被初始化为 ival 的值
```

因为引用本身不是一个对象，所以不能定义引用的引用。

引用的定义

允许在一条语句中定义多个引用，其中每个引用标识符都必须以符号&开头：

```
int i = 1024, i2 = 2048; // i 和 i2 都是 int
int &r = i, r2 = i2;       // r 是一个引用，与 i 绑定在一起，r2 是 int
int i3 = 1024, &ri = i3; // i3 是 int，ri 是一个引用，与 i3 绑定在一起
int &r3 = i3, &r4 = i2;  // r3 和 r4 都是引用
```

除了 2.4.1 节（第 55 页）和 15.2.3 节（第 534 页）将要介绍的两种例外情况，其他所有引用的类型都要和与之绑定的对象严格匹配。而且，引用只能绑定在对象上，而不能与字面值或某个表达式的计算结果绑定在一起，相关原因将在 2.4.1 节详述：

```
int &refVal4 = 10;        // 错误：引用类型的初始值必须是一个对象
double dval = 3.14;
int &refVal5 = dval;      // 错误：此处引用类型的初始值必须是 int 型对象
```

2.3.1 节练习

练习 2.15：下面的哪个定义是不合法的？为什么？

 (a) int ival = 1.01; (b) int &rval1 = 1.01;
 (c) int &rval2 = ival; (d) int &rval3;

练习 2.16：考查下面的所有赋值然后回答：哪些赋值是不合法的？为什么？哪些赋值是合法的？它们执行了什么样的操作？

 int i = 0, &r1 = i; double d = 0, &r2 = d;
 (a) r2 = 3.14159; (b) r2 = r1;
 (c) i = r2;   (d) r1 = d;

练习 2.17：执行下面的代码段将输出什么结果？

```
int i, &ri = i;
i = 5; ri = 10;
std::cout << i << " " << ri << std::endl;
```

2.3.2 指针

指针（pointer）是"指向（point to）"另外一种类型的复合类型。与引用类似，指针也实现了对其他对象的间接访问。然而指针与引用相比又有很多不同点。其一，指针本身就是一个对象，允许对指针赋值和拷贝，而且在指针的生命周期内它可以先后指向几个不同的对象。其二，指针无须在定义时赋初值。和其他内置类型一样，在块作用域内定义的指针如果没有被初始化，也将拥有一个不确定的值。

 指针通常难以理解，即使是有经验的程序员也常常因为调试指针引发的错误而被备受折磨。

定义指针类型的方法将声明符写成*d 的形式，其中 d 是变量名。如果在一条语句中定义了几个指针变量，每个变量前面都必须有符号*：

```
int *ip1, *ip2;   // ip1 和 ip2 都是指向 int 型对象的指针
double dp, *dp2;  // dp2 是指向 double 型对象的指针，dp 是 double 型对象
```

获取对象的地址

指针存放某个对象的地址，要想获取该地址，需要使用**取地址符**（操作符&）：

```
int ival = 42;
int *p = &ival; // p 存放变量 ival 的地址，或者说 p 是指向变量 ival 的指针
```

第二条语句把 p 定义为一个指向 int 的指针，随后初始化 p 令其指向名为 ival 的 int 对象。因为引用不是对象，没有实际地址，所以不能定义指向引用的指针。

除了 2.4.2 节（第 56 页）和 15.2.3 节（第 534 页）将要介绍的两种例外情况，其他所有指针的类型都要和它所指向的对象严格匹配：

```
double dval;
double *pd = &dval;  // 正确：初始值是 double 型对象的地址
double *pd2 = pd;    // 正确：初始值是指向 double 对象的指针

int *pi = pd;        // 错误：指针 pi 的类型和 pd 的类型不匹配
pi = &dval;          // 错误：试图把 double 型对象的地址赋给 int 型指针
```

因为在声明语句中指针的类型实际上被用于指定它所指向对象的类型，所以二者必须匹配。如果指针指向了一个其他类型的对象，对该对象的操作将发生错误。

指针值

指针的值（即地址）应属下列 4 种状态之一：

1. 指向一个对象。
2. 指向紧邻对象所占空间的下一个位置。
3. 空指针，意味着指针没有指向任何对象。
4. 无效指针，也就是上述情况之外的其他值。

53 > 试图拷贝或以其他方式访问无效指针的值都将引发错误。编译器并不负责检查此类错误，这一点和试图使用未经初始化的变量是一样的。访问无效指针的后果无法预计，因此程序员必须清楚任意给定的指针是否有效。

尽管第 2 种和第 3 种形式的指针是有效的，但其使用同样受到限制。显然这些指针没有指向任何具体对象，所以试图访问此类指针（假定的）对象的行为不被允许。如果这样做了，后果也无法预计。

利用指针访问对象

如果指针指向了一个对象，则允许使用**解引用符**（操作符*）来访问该对象：

```
int ival = 42;
int *p = &ival;   // p 存放着变量 ival 的地址，或者说 p 是指向变量 ival 的指针
cout << *p;        // 由符号*得到指针 p 所指的对象，输出 42
```

对指针解引用会得出所指的对象，因此如果给解引用的结果赋值，实际上也就是给指针所指的对象赋值：

```
*p = 0;            // 由符号*得到指针 p 所指的对象，即可经由 p 为变量 ival 赋值
cout << *p;  // 输出 0
```

如上述程序所示，为 *p 赋值实际上是为 p 所指的对象赋值。

 解引用操作仅适用于那些确实指向了某个对象的有效指针。

关键概念：某些符号有多重含义

像 & 和 * 这样的符号，既能用作表达式里的运算符，也能作为声明的一部分出现，符号的上下文决定了符号的意义：

```
int i = 42;
int &r = i;        // &紧随类型名出现，因此是声明的一部分，r 是一个引用
int *p;            // *紧随类型名出现，因此是声明的一部分，p 是一个指针
p = &i;            // &出现在表达式中，是一个取地址符
*p = i;            // *出现在表达式中，是一个解引用符
int &r2 = *p;      // &是声明的一部分，*是一个解引用符
```

在声明语句中，& 和 * 用于组成复合类型；在表达式中，它们的角色又转变成运算符。在不同场景下出现的虽然是同一个符号，但是由于含义截然不同，所以我们完全可以把它当作不同的符号来看待。

空指针

空指针（null pointer）不指向任何对象，在试图使用一个指针之前代码可以首先检查它是否为空。以下列出几个生成空指针的方法：

54 >
```
int *p1 = nullptr;        // 等价于 int *p1 = 0;
int *p2 = 0;              // 直接将 p2 初始化为字面常量 0
// 需要首先#include cstdlib
int *p3 = NULL;           // 等价于 int *p3 = 0;
```

C++ 11 得到空指针最直接的办法就是用字面值 **nullptr** 来初始化指针，这也是 C++11 新标准刚刚引入的一种方法。nullptr 是一种特殊类型的字面值，它可以被转换成（参见 2.1.2 节，

第 32 页）任意其他的指针类型。另一种办法就如对 p2 的定义一样，也可以通过将指针初始化为字面值 0 来生成空指针。

过去的程序还会用到一个名为 NULL 的**预处理变量**（preprocessor variable）来给指针赋值，这个变量在头文件 cstdlib 中定义，它的值就是 0。

2.6.3 节（第 68 页）将稍微介绍一点关于预处理器的知识，现在只要知道预处理器是运行于编译过程之前的一段程序就可以了。预处理变量不属于命名空间 std，它由预处理器负责管理，因此我们可以直接使用预处理变量而无须在前面加上 std::。

当用到一个预处理变量时，预处理器会自动地将它替换为实际值，因此用 NULL 初始化指针和用 0 初始化指针是一样的。在新标准下，现在的 C++ 程序最好使用 nullptr，同时尽量避免使用 NULL。

把 int 变量直接赋给指针是错误的操作，即使 int 变量的值恰好等于 0 也不行。

```
int zero = 0;
pi = zero;          // 错误：不能把 int 变量直接赋给指针
```

> **建议：初始化所有指针**
>
> 使用未经初始化的指针是引发运行时错误的一大原因。
>
> 和其他变量一样，访问未经初始化的指针所引发的后果也是无法预计的。通常这一行为将造成程序崩溃，而且一旦崩溃，要想定位到出错位置将是特别棘手的问题。
>
> 在大多数编译器环境下，如果使用了未经初始化的指针，则该指针所占内存空间的当前内容将被看作一个地址值。访问该指针，相当于去访问一个本不存在的位置上的本不存在的对象。糟糕的是，如果指针所占内存空间中恰好有内容，而这些内容又被当作了某个地址，我们就很难分清它到底是合法的还是非法的了。
>
> 因此建议初始化所有的指针，并且在可能的情况下，尽量等定义了对象之后再定义指向它的指针。如果实在不清楚指针应该指向何处，就把它初始化为 nullptr 或者 0，这样程序就能检测并知道它没有指向任何具体的对象了。

赋值和指针

指针和引用都能提供对其他对象的间接访问，然而在具体实现细节上二者有很大不同，其中最重要的一点就是引用本身并非一个对象。一旦定义了引用，就无法令其再绑定到另外的对象，之后每次使用这个引用都是访问它最初绑定的那个对象。

指针和它存放的地址之间就没有这种限制了。和其他任何变量（只要不是引用）一样，给指针赋值就是令它存放一个新的地址，从而指向一个新的对象：

```
int i = 42;
int *pi = 0;        // pi 被初始化，但没有指向任何对象
int *pi2 = &i;      // pi2 被初始化，存有 i 的地址
int *pi3;           // 如果 pi3 定义于块内，则 pi3 的值是无法确定的

pi3 = pi2;          // pi3 和 pi2 指向同一个对象 i
pi2 = 0;            // 现在 pi2 不指向任何对象了
```

有时候要想搞清楚一条赋值语句到底是改变了指针的值还是改变了指针所指对象的值不太容易，最好的办法就是记住赋值永远改变的是等号左侧的对象。当写出如下语句时，

```
pi = &ival;         // pi 的值被改变，现在 pi 指向了 ival
```

意思是为 pi 赋一个新的值，也就是改变了那个存放在 pi 内的地址值。相反的，如果写出如下语句，

```
    *pi = 0;                    // ival 的值被改变，指针 pi 并没有改变
```

则*pi（也就是指针 pi 指向的那个对象）发生改变。

其他指针操作

只要指针拥有一个合法值，就能将它用在条件表达式中。和采用算术值作为条件（参见 2.1.2 节，第 32 页）遵循的规则类似，如果指针的值是 0，条件取 false：

```
    int ival = 1024;
    int *pi = 0;                // pi 合法，是一个空指针
    int *pi2 = &ival;           // pi2 是一个合法的指针，存放着 ival 的地址
    if (pi)                     // pi 的值是 0，因此条件的值是 false
        // ...
    if (pi2)                    // pi2 指向 ival，因此它的值不是 0，条件的值是 true
        // ...
```

任何非 0 指针对应的条件值都是 true。

对于两个类型相同的合法指针，可以用相等操作符（==）或不相等操作符（!=）来比较它们，比较的结果是布尔类型。如果两个指针存放的地址值相同，则它们相等；反之它们不相等。这里两个指针存放的地址值相同（两个指针相等）有三种可能：它们都为空、都指向同一个对象，或者都指向了同一个对象的下一地址。需要注意的是，一个指针指向某对象，同时另一个指针指向另外对象的下一地址，此时也有可能出现这两个指针值相同的情况，即指针相等。

因为上述操作要用到指针的值，所以不论是作为条件出现还是参与比较运算，都必须使用合法指针，使用非法指针作为条件或进行比较都会引发不可预计的后果。

3.5.3 节（第 105 页）将介绍更多关于指针的操作。

56 ### void* 指针

void*是一种特殊的指针类型，可用于存放任意对象的地址。一个 void*指针存放着一个地址，这一点和其他指针类似。不同的是，我们对该地址中到底是个什么类型的对象并不了解：

```
    double obj = 3.14, *pd = &obj;
                        // 正确：void*能存放任意类型对象的地址
    void *pv = &obj;    // obj 可以是任意类型的对象
    pv = pd;            // pv 可以存放任意类型的指针
```

利用 void*指针能做的事儿比较有限：拿它和别的指针比较、作为函数的输入或输出，或者赋给另外一个 void*指针。不能直接操作 void*指针所指的对象，因为我们并不知道这个对象到底是什么类型，也就无法确定能在这个对象上做哪些操作。

概括说来，以 void*的视角来看内存空间也就仅仅是内存空间，没办法访问内存空间中所存的对象，关于这点将在 19.1.1 节（第 726 页）有更详细的介绍，4.11.3 节（第 144 页）将讲述获取 void*指针所存地址的方法。

练习 2.18：编写代码分别更改指针的值以及指针所指对象的值。

练习 2.19：说明指针和引用的主要区别。

练习 2.20：请叙述下面这段代码的作用。

```
int i = 42;
int *p1 = &i;
*p1 = *p1 * *p1;
```

练习 2.21：请解释下述定义。在这些定义中有非法的吗？如果有，为什么？

```
int i = 0;
(a) double* dp = &i;  (b) int *ip = i;  (c) int *p = &i;
```

练习 2.22：假设 p 是一个 int 型指针，请说明下述代码的含义。

```
if (p) // ...
if (*p) // ...
```

练习 2.23：给定指针 p，你能知道它是否指向了一个合法的对象吗？如果能，叙述判断的思路；如果不能，也请说明原因。

练习 2.24：在下面这段代码中为什么 p 合法而 lp 非法？

```
int i = 42;        void *p = &i;        long *lp = &i;
```

2.3.3　理解复合类型的声明

　　如前所述，变量的定义包括一个基本数据类型（base type）和一组声明符。在同一条 57
定义语句中，虽然基本数据类型只有一个，但是声明符的形式却可以不同。也就是说，一
条定义语句可能定义出不同类型的变量：

```
// i是一个 int 型的数，p是一个 int 型指针，r是一个 int 型引用
int i = 1024, *p = &i, &r = i;
```

 很多程序员容易迷惑于基本数据类型和类型修饰符的关系，其实后者不过是声明符的一部分罢了。

定义多个变量

　　经常有一种观点会误以为，在定义语句中，类型修饰符（*或&）作用于本次定义的全部变量。造成这种错误看法的原因有很多，其中之一是我们可以把空格写在类型修饰符和变量名中间：

```
int* p;          // 合法但是容易产生误导
```

我们说这种写法可能产生误导是因为 int*放在一起好像是这条语句中所有变量共同的类型一样。其实恰恰相反，基本数据类型是 int 而非 int*。*仅仅是修饰了 p 而已，对该声明语句中的其他变量，它并不产生任何作用：

```
int* p1, p2;     // p1是指向 int 的指针，p2是 int
```

　　涉及指针或引用的声明，一般有两种写法。第一种把修饰符和变量标识符写在一起：

```
int *p1, *p2; // p1 和 p2 都是指向 int 的指针
```

这种形式着重强调变量具有的复合类型。第二种把修饰符和类型名写在一起，并且每条语句只定义一个变量：

```
int* p1;        // p1 是指向 int 的指针
int* p2;        // p2 是指向 int 的指针
```

这种形式着重强调本次声明定义了一种复合类型。

 上述两种定义指针或引用的不同方法没有孰对孰错之分，关键是选择并坚持其中的一种写法，不要总是变来变去。

本书采用第一种写法，将*（或是&）与变量名连在一起。

指向指针的指针

一般来说，声明符中修饰符的个数并没有限制。当有多个修饰符连写在一起时，按照其逻辑关系详加解释即可。以指针为例，指针是内存中的对象，像其他对象一样也有自己的地址，因此允许把指针的地址再存放到另一个指针当中。

通过*的个数可以区分指针的级别。也就是说，**表示指向指针的指针，***表示指向指针的指针的指针，以此类推：

```
int ival = 1024;
int *pi = &ival; // pi 指向一个 int 型的数
int **ppi = &pi; // ppi 指向一个 int 型的指针
```

此处 pi 是指向 int 型数的指针，而 ppi 是指向 int 型指针的指针，下图描述了它们之间的关系。

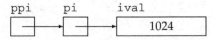

解引用 int 型指针会得到一个 int 型的数，同样，解引用指向指针的指针会得到一个指针。此时为了访问最原始的那个对象，需要对指针的指针做两次解引用：

```
cout << "The value of ival\n"
     << "direct value: " << ival << "\n"
     << "indirect value: " << *pi << "\n"
     << "doubly indirect value: " << **ppi
     << endl;
```

该程序使用三种不同的方式输出了变量 ival 的值：第一种直接输出；第二种通过 int 型指针 pi 输出；第三种两次解引用 ppi，取得 ival 的值。

指向指针的引用

引用本身不是一个对象，因此不能定义指向引用的指针。但指针是对象，所以存在对指针的引用：

```
int i = 42;
int *p;         // p 是一个 int 型指针
int *&r = p;    // r 是一个对指针 p 的引用

r = &i;         // r 引用了一个指针，因此给 r 赋值&i 就是令 p 指向 i
*r = 0;         // 解引用 r 得到 i，也就是 p 指向的对象，将 i 的值改为 0
```

要理解 r 的类型到底是什么，最简单的办法是从右向左阅读 r 的定义。离变量名最近的符号（此例中是 &r 的符号 &）对变量的类型有最直接的影响，因此 r 是一个引用。声明符的其余部分用以确定 r 引用的类型是什么，此例中的符号 * 说明 r 引用的是一个指针。最后，声明的基本数据类型部分指出 r 引用的是一个 int 指针。

 面对一条比较复杂的指针或引用的声明语句时，从右向左阅读有助于弄清楚它的真实含义。

2.3.3 节练习 59

练习 2.25：说明下列变量的类型和值。

(a) int* ip,i, &r = i; (b) int i, *ip = 0; (c) int* ip, ip2;

2.4　const 限定符

有时我们希望定义这样一种变量，它的值不能被改变。例如，用一个变量来表示缓冲区的大小。使用变量的好处是当我们觉得缓冲区大小不再合适时，很容易对其进行调整。另一方面，也应随时警惕防止程序一不小心改变了这个值。为了满足这一要求，可以用关键字 **const** 对变量的类型加以限定：

```
const int bufSize = 512;        // 输入缓冲区大小
```

这样就把 bufSize 定义成了一个常量。任何试图为 bufSize 赋值的行为都将引发错误：

```
bufSize = 512;                  // 错误：试图向 const 对象写值
```

因为 const 对象一旦创建后其值就不能再改变，所以 const 对象必须初始化。一如既往，初始值可以是任意复杂的表达式：

```
const int i = get_size();       // 正确：运行时初始化
const int j = 42;               // 正确：编译时初始化
const int k;                    // 错误：k 是一个未经初始化的常量
```

初始化和 const

正如之前反复提到的，对象的类型决定了其上的操作。与非 const 类型所能参与的操作相比，const 类型的对象能完成其中大部分，但也不是所有的操作都适合。主要的限制就是只能在 const 类型的对象上执行不改变其内容的操作。例如，const int 和普通的 int 一样都能参与算术运算，也都能转换成一个布尔值，等等。

在不改变 const 对象的操作中还有一种是初始化，如果利用一个对象去初始化另外一个对象，则它们是不是 const 都无关紧要：

```
int i = 42;
const int ci = i;               // 正确：i 的值被拷贝给了 ci
int j = ci;                     // 正确：ci 的值被拷贝给了 j
```

尽管 ci 是整型常量，但无论如何 ci 中的值还是一个整型数。ci 的常量特征仅仅在执行改变 ci 的操作时才会发挥作用。当用 ci 去初始化 j 时，根本无须在意 ci 是不是一个常量。拷贝一个对象的值并不会改变它，一旦拷贝完成，新的对象就和原来的对象没什么关系了。

> 60

默认状态下，const 对象仅在文件内有效

当以编译时初始化的方式定义一个 const 对象时，就如对 bufSize 的定义一样：

```
const int bufSize = 512; // 输入缓冲区大小
```

编译器将在编译过程中把用到该变量的地方都替换成对应的值。也就是说，编译器会找到代码中所有用到 bufSize 的地方，然后用 512 替换。

为了执行上述替换，编译器必须知道变量的初始值。如果程序包含多个文件，则每个用了 const 对象的文件都必须得能访问到它的初始值才行。要做到这一点，就必须在每一个用到变量的文件中都有它的定义（参见 2.2.2 节，第 41 页）。为了支持这一用法，同时避免对同一变量的重复定义，默认情况下，const 对象被设定为仅在文件内有效。当多个文件中出现了同名的 const 变量时，其实等同于在不同文件中分别定义了独立的变量。

某些时候有这样一种 const 变量，它的初始值不是一个常量表达式，但又确实有必要在文件间共享。这种情况下，我们不希望编译器为每个文件分别生成独立的变量。相反，我们想让这类 const 对象像其他（非常量）对象一样工作，也就是说，只在一个文件中定义 const，而在其他多个文件中声明并使用它。

解决的办法，对于 const 变量不管是声明还是定义都添加 extern 关键字，这样只需定义一次就可以了：

```
// file_1.cc 定义并初始化了一个常量，该常量能被其他文件访问
extern const int bufSize = fcn();
// file_1.h 头文件
extern const int bufSize; // 与 file_1.cc 中定义的 bufSize 是同一个
```

如上述程序所示，file_1.cc 定义并初始化了 bufSize。因为这条语句包含了初始值，所以它（显然）是一次定义。然而，因为 bufSize 是一个常量，必须用 extern 加以限定使其被其他文件使用。

file_1.h 头文件中的声明也由 extern 做了限定，其作用是指明 bufSize 并非本文件所独有，它的定义将在别处出现。

> 如果想在多个文件之间共享 const 对象，必须在变量的定义之前添加 extern 关键字。

2.4 节练习

练习 2.26：下面哪些句子是合法的？如果有不合法的句子，请说明为什么？

(a) const int buf;	(b) int cnt = 0;
(c) const int sz = cnt;	(d) ++cnt; ++sz;

2.4.1　const 的引用

> 61

可以把引用绑定到 const 对象上，就像绑定到其他对象上一样，我们称之为**对常量的引用**（reference to const）。与普通引用不同的是，对常量的引用不能被用作修改它所绑定的对象：

```
const int ci = 1024;
const int &r1 = ci;  // 正确：引用及其对应的对象都是常量
```

```
r1 = 42;              // 错误：r1 是对常量的引用
int &r2 = ci;         // 错误：试图让一个非常量引用指向一个常量对象
```

因为不允许直接为 ci 赋值，当然也就不能通过引用去改变 ci。因此，对 r2 的初始化是错误的。假设该初始化合法，则可以通过 r2 来改变它引用对象的值，这显然是不正确的。

术语：常量引用是对 const 的引用

　　C++程序员们经常把词组"对 const 的引用"简称为"常量引用"，这一简称还是挺靠谱的，不过前提是你得时刻记得这就是个简称而已。

　　严格来说，并不存在常量引用。因为引用不是一个对象，所以我们没法让引用本身恒定不变。事实上，由于 C++语言并不允许随意改变引用所绑定的对象，所以从这层意义上理解所有的引用又都算是常量。引用的对象是常量还是非常量可以决定其所能参与的操作，却无论如何都不会影响到引用和对象的绑定关系本身。

初始化和对 const 的引用

　　2.3.1 节（第 46 页）提到，引用的类型必须与其所引用对象的类型一致，但是有两个例外。第一种例外情况就是在初始化常量引用时允许用任意表达式作为初始值，只要该表达式的结果能转换成（参见 2.1.2 节，第 32 页）引用的类型即可。尤其，允许为一个常量引用绑定非常量的对象、字面值，甚至是个一般表达式：

```
int i = 42;
const int &r1 = i;        // 允许将 const int&绑定到一个普通 int 对象上
const int &r2 = 42;       // 正确：r2 是一个常量引用
const int &r3 = r1 * 2;   // 正确：r3 是一个常量引用
int &r4 = r1 * 2;         // 错误：r4 是一个普通的非常量引用
```

要想理解这种例外情况的原因，最简单的办法是弄清楚当一个常量引用被绑定到另外一种类型上时到底发生了什么：

```
double dval = 3.14;
const int &ri = dval;
```

此处 ri 引用了一个 int 型的数。对 ri 的操作应该是整数运算，但 dval 却是一个双精度浮点数而非整数。因此为了确保让 ri 绑定一个整数，编译器把上述代码变成了如下形式：

```
const int temp = dval;    // 由双精度浮点数生成一个临时的整型常量
const int &ri = temp;     // 让 ri 绑定这个临时量
```

62

在这种情况下，ri 绑定了一个**临时量**（temporary）对象。所谓临时量对象就是当编译器需要一个空间来暂存表达式的求值结果时临时创建的一个未命名的对象。C++程序员们常常把临时量对象简称为临时量。

　　接下来探讨当 ri 不是常量时，如果执行了类似于上面的初始化过程将带来什么样的后果。如果 ri 不是常量，就允许对 ri 赋值，这样就会改变 ri 所引用对象的值。注意，此时绑定的对象是一个临时量而非 dval。程序员既然让 ri 引用 dval，就肯定想通过 ri 改变 dval 的值，否则干什么要给 ri 赋值呢？如此看来，既然大家基本上不会想着把引用绑定到临时量上，C++语言也就把这种行为归为非法。

对 const 的引用可能引用一个并非 const 的对象

必须认识到，常量引用仅对引用可参与的操作做出了限定，对于引用的对象本身是不是一个常量未作限定。因为对象也可能是个非常量，所以允许通过其他途径改变它的值：

```
int i = 42;
int &r1 = i;             // 引用 ri 绑定对象 i
const int &r2 = i;       // r2 也绑定对象 i，但是不允许通过 r2 修改 i 的值
r1 = 0;                  // r1 并非常量，i 的值修改为 0
r2 = 0;                  // 错误：r2 是一个常量引用
```

r2 绑定（非常量）整数 i 是合法的行为。然而，不允许通过 r2 修改 i 的值。尽管如此，i 的值仍然允许通过其他途径修改，既可以直接给 i 赋值，也可以通过像 r1 一样绑定到 i 的其他引用来修改。

 2.4.2　指针和 const

与引用一样，也可以令指针指向常量或非常量。类似于常量引用（参见 2.4.1 节，第 54 页），**指向常量的指针**（pointer to const）不能用于改变其所指对象的值。要想存放常量对象的地址，只能使用指向常量的指针：

```
const double pi = 3.14;       // pi 是个常量，它的值不能改变
double *ptr = &pi;            // 错误：ptr 是一个普通指针
const double *cptr = &pi;     // 正确：cptr 可以指向一个双精度常量
*cptr = 42;                   // 错误：不能给*cptr 赋值
```

2.3.2 节（第 47 页）提到，指针的类型必须与其所指对象的类型一致，但是有两个例外。第一种例外情况是允许令一个指向常量的指针指向一个非常量对象：

```
double dval = 3.14;          // dval 是一个双精度浮点数，它的值可以改变
cptr = &dval;                // 正确：但是不能通过 cptr 改变 dval 的值
```

63 > 和常量引用一样，指向常量的指针也没有规定其所指的对象必须是一个常量。所谓指向常量的指针仅仅要求不能通过该指针改变对象的值，而没有规定那个对象的值不能通过其他途径改变。

> **Tip** 试试这样想吧：所谓指向常量的指针或引用，不过是指针或引用"自以为是"罢了，它们觉得自己指向了常量，所以自觉地不去改变所指对象的值。

const 指针

指针是对象而引用不是，因此就像其他对象类型一样，允许把指针本身定为常量。**常量指针**（const pointer）必须初始化，而且一旦初始化完成，则它的值（也就是存放在指针中的那个地址）就不能再改变了。把*放在 const 关键字之前用以说明指针是一个常量，这样的书写形式隐含着一层意味，即不变的是指针本身的值而非指向的那个值：

```
int errNumb = 0;
int *const curErr = &errNumb;     // curErr 将一直指向 errNumb
const double pi = 3.14159;
const double *const pip = &pi;    // pip 是一个指向常量对象的常量指针
```

如同 2.3.3 节（第 52 页）所讲的，要想弄清楚这些声明的含义最行之有效的办法是从右向左阅读。此例中，离 curErr 最近的符号是 const，意味着 curErr 本身是一个常量对象，对象的类型由声明符的其余部分确定。声明符中的下一个符号是*，意思是 curErr

是一个常量指针。最后，该声明语句的基本数据类型部分确定了常量指针指向的是一个 int 对象。与之相似，我们也能推断出，pip 是一个常量指针，它指向的对象是一个双精度浮点型常量。

指针本身是一个常量并不意味着不能通过指针修改其所指对象的值，能否这样做完全依赖于所指对象的类型。例如，pip 是一个指向常量的常量指针，则不论是 pip 所指的对象值还是 pip 自己存储的那个地址都不能改变。相反的，curErr 指向的是一个一般的非常量整数，那么就完全可以用 curErr 去修改 errNumb 的值：

```
*pip = 2.72;        // 错误：pip 是一个指向常量的指针
                    // 如果 curErr 所指的对象（也就是 errNumb）的值不为 0
if (*curErr) {
    errorHandler();
    *curErr = 0;    // 正确：把 curErr 所指的对象的值重置
}
```

2.4.2 节练习

练习 2.27：下面的哪些初始化是合法的？请说明原因。

(a) int i = -1, &r = 0;   (b) int *const p2 = &i2;
(c) const int i = -1, &r = 0;   (d) const int *const p3 = &i2;
(e) const int *p1 = &i2;   (f) const int &const r2;
(g) const int i2 = i, &r = i;

练习 2.28：说明下面的这些定义是什么意思，挑出其中不合法的。

(a) int i, *const cp;   (b) int *p1, *const p2;
(c) const int ic, &r = ic;   (d) const int *const p3;
(e) const int *p;

练习 2.29：假设已有上一个练习中定义的那些变量，则下面的哪些语句是合法的？请说明原因。

(a) i = ic;   (b) p1 = p3;
(c) p1 = ⁣   (d) p3 = ⁣
(e) p2 = p1;   (f) ic = *p3;

2.4.3 顶层 const

如前所述，指针本身是一个对象，它又可以指向另外一个对象。因此，指针本身是不是常量以及指针所指的是不是一个常量就是两个相互独立的问题。用名词**顶层 const**（top-level const）表示指针本身是个常量，而用名词**底层 const**（low-level const）表示指针所指的对象是一个常量。 64

更一般的，顶层 const 可以表示任意的对象是常量，这一点对任何数据类型都适用，如算术类型、类、指针等。底层 const 则与指针和引用等复合类型的基本类型部分有关。比较特殊的是，指针类型既可以是顶层 const 也可以是底层 const，这一点和其他类型相比区别明显：

```
int i = 0;
int *const p1 = &i;       // 不能改变 p1 的值，这是一个顶层 const
const int ci = 42;        // 不能改变 ci 的值，这是一个顶层 const
const int *p2 = &ci;      // 允许改变 p2 的值，这是一个底层 const
```

```
const int *const p3 = p2;  // 靠右的 const 是顶层 const，靠左的是底层 const
const int &r = ci;          // 用于声明引用的 const 都是底层 const
```

当执行对象的拷贝操作时，常量是顶层 const 还是底层 const 区别明显。其中，顶层 const 不受什么影响：

```
i = ci;     // 正确：拷贝 ci 的值，ci 是一个顶层 const，对此操作无影响
p2 = p3;    // 正确：p2 和 p3 指向的对象类型相同，p3 顶层 const 的部分不影响
```

执行拷贝操作并不会改变被拷贝对象的值，因此，拷入和拷出的对象是否是常量都没什么影响。

另一方面，底层 const 的限制却不能忽视。当执行对象的拷贝操作时，拷入和拷出的对象必须具有相同的底层 const 资格，或者两个对象的数据类型必须能够转换。一般来说，非常量可以转换成常量，反之则不行：

```
int *p = p3;         // 错误：p3 包含底层 const 的定义，而 p 没有
p2 = p3;             // 正确：p2 和 p3 都是底层 const
p2 = &i;             // 正确：int*能转换成 const int*
int &r = ci;         // 错误：普通的 int&不能绑定到 int 常量上
const int &r2 = i;   // 正确：const int&可以绑定到一个普通 int 上
```

p3 既是顶层 const 也是底层 const，拷贝 p3 时可以不在乎它是一个顶层 const，但是必须清楚它指向的对象得是一个常量。因此，不能用 p3 去初始化 p，因为 p 指向的是一个普通的（非常量）整数。另一方面，p3 的值可以赋给 p2，是因为这两个指针都是底层 const，尽管 p3 同时也是一个常量指针（顶层 const），仅就这次赋值而言不会有什么影响。

2.4.3 节练习

练习 2.30：对于下面的这些语句，请说明对象被声明成了顶层 const 还是底层 const？

```
const int v2 = 0;      int v1 = v2;
int *p1 = &v1, &r1 = v1;
const int *p2 = &v2, *const p3 = &i, &r2 = v2;
```

练习 2.31：假设已有上一个练习中所做的那些声明，则下面的哪些语句是合法的？请说明顶层 const 和底层 const 在每个例子中有何体现。

```
r1 = v2;
p1 = p2; p2 = p1;
p1 = p3; p2 = p3;
```

2.4.4　constexpr 和常量表达式

常量表达式（const expression）是指值不会改变并且在编译过程就能得到计算结果的表达式。显然，字面值属于常量表达式，用常量表达式初始化的 const 对象也是常量表达式。后面将会提到，C++语言中有几种情况下是要用到常量表达式的。

一个对象（或表达式）是不是常量表达式由它的数据类型和初始值共同决定，例如：

```
const int max_files = 20;         // max_files 是常量表达式
const int limit = max_files + 1;  // limit 是常量表达式
int staff_size = 27;              // staff_size 不是常量表达式
```

```
const int sz = get_size();         // sz 不是常量表达式
```

尽管 staff_size 的初始值是个字面值常量，但由于它的数据类型只是一个普通 int 而非 const int，所以它不属于常量表达式。另一方面，尽管 sz 本身是一个常量，但它的具体值直到运行时才能获取到，所以也不是常量表达式。

constexpr 变量

在一个复杂系统中，很难（几乎肯定不能）分辨一个初始值到底是不是常量表达式。66 当然可以定义一个 const 变量并把它的初始值设为我们认为的某个常量表达式，但在实际使用时，尽管要求如此却常常发现初始值并非常量表达式的情况。可以这么说，在此种情况下，对象的定义和使用根本就是两回事儿。

C++11 新标准规定，允许将变量声明为 **constexpr** 类型以便由编译器来验证变量的 值是否是一个常量表达式。声明为 constexpr 的变量一定是一个常量，而且必须用常量表达式初始化：

```
constexpr int mf = 20;          // 20 是常量表达式
constexpr int limit = mf + 1;   // mf + 1 是常量表达式
constexpr int sz = size();      // 只有当 size 是一个 constexpr 函数时
                                // 才是一条正确的声明语句
```

尽管不能使用普通函数作为 constexpr 变量的初始值，但是正如 6.5.2 节（第 214 页）将要介绍的，新标准允许定义一种特殊的 constexpr 函数。这种函数应该足够简单以使得编译时就可以计算其结果，这样就能用 constexpr 函数去初始化 constexpr 变量了。

 一般来说，如果你认定变量是一个常量表达式，那就把它声明成 constexpr 类型。

字面值类型

常量表达式的值需要在编译时就得到计算，因此对声明 constexpr 时用到的类型必须有所限制。因为这些类型一般比较简单，值也显而易见、容易得到，就把它们称为"字面值类型"（literal type）。

到目前为止接触过的数据类型中，算术类型、引用和指针都属于字面值类型。自定义类 Sales_item、IO 库、string 类型则不属于字面值类型，也就不能被定义成 constexpr。其他一些字面值类型将在 7.5.6 节（第 267 页）和 19.3 节（第 736 页）介绍。

尽管指针和引用都能定义成 constexpr，但它们的初始值却受到严格限制。一个 constexpr 指针的初始值必须是 nullptr 或者 0，或者是存储于某个固定地址中的对象。

6.1.1 节（第 184 页）将要提到，函数体内定义的变量一般来说并非存放在固定地址中，因此 constexpr 指针不能指向这样的变量。相反的，定义于所有函数体之外的对象其地址固定不变，能用来初始化 constexpr 指针。同样是在 6.1.1 节（第 185 页）中还将提到，允许函数定义一类有效范围超出函数本身的变量，这类变量和定义在函数体之外的变量一样也有固定地址。因此，constexpr 引用能绑定到这样的变量上，constexpr 指针也能指向这样的变量。

指针和 constexpr

67

必须明确一点，在 constexpr 声明中如果定义了一个指针，限定符 constexpr 仅对指针有效，与指针所指的对象无关：

```
const int *p = nullptr;      // p 是一个指向整型常量的指针
constexpr int *q = nullptr;  // q 是一个指向整数的常量指针
```

p 和 q 的类型相差甚远，p 是一个指向常量的指针，而 q 是一个常量指针，其中的关键在于 constexpr 把它所定义的对象置为了顶层 const（参见 2.4.3 节，第 57 页）。

与其他常量指针类似，constexpr 指针既可以指向常量也可以指向一个非常量：

```
constexpr int *np = nullptr; // np 是一个指向整数的常量指针，其值为空
int j = 0;
constexpr int i = 42;        // i 的类型是整型常量
// i 和 j 都必须定义在函数体之外
constexpr const int *p = &i; // p 是常量指针，指向整型常量 i
constexpr int *p1 = &j;      // p1 是常量指针，指向整数 j
```

2.4.4 节练习

> **练习 2.32：** 下面的代码是否合法？如果非法，请设法将其修改正确。
>
> ```
> int null = 0, *p = null;
> ```

2.5　处理类型

随着程序越来越复杂，程序中用到的类型也越来越复杂，这种复杂性体现在两个方面。一是一些类型难于"拼写"，它们的名字既难记又容易写错，还无法明确体现其真实目的和含义。二是有时候根本搞不清到底需要的类型是什么，程序员不得不回过头去从程序的上下文中寻求帮助。

2.5.1　类型别名

类型别名（type alias）是一个名字，它是某种类型的同义词。使用类型别名有很多好处，它让复杂的类型名字变得简单明了、易于理解和使用，还有助于程序员清楚地知道使用该类型的真实目的。

有两种方法可用于定义类型别名。传统的方法是使用关键字 **typedef**：

```
typedef double wages;    //wages 是 double 的同义词
typedef wages base, *p;  //base 是 double 的同义词，p 是 double* 的同义词
```

其中，关键字 typedef 作为声明语句中的基本数据类型（参见 2.3 节，第 45 页）的一部分出现。含有 typedef 的声明语句定义的不再是变量而是类型别名。和以前的声明语句一样，这里的声明符也可以包含类型修饰，从而也能由基本数据类型构造出复合类型来。

新标准规定了一种新的方法，使用**别名声明**（alias declaration）来定义类型的别名：

```
using SI = Sales_item;   // SI 是 Sales_item 的同义词
```

这种方法用关键字 using 作为别名声明的开始，其后紧跟别名和等号，其作用是把等号左侧的名字规定成等号右侧类型的别名。

类型别名和类型的名字等价，只要是类型的名字能出现的地方，就能使用类型别名：

```
wages hourly, weekly;        // 等价于 double hourly、weekly；
```

```
SI item;                        // 等价于 Sales_item item
```

指针、常量和类型别名

如果某个类型别名指代的是复合类型或常量，那么把它用到声明语句里就会产生意想不到的后果。例如下面的声明语句用到了类型 pstring，它实际上是类型 char* 的别名：

```
typedef char *pstring;
const pstring cstr = 0;  // cstr 是指向 char 的常量指针
const pstring *ps;       // ps 是一个指针，它的对象是指向 char 的常量指针
```

上述两条声明语句的基本数据类型都是 const pstring，和过去一样，const 是对给定类型的修饰。pstring 实际上是指向 char 的指针，因此，const pstring 就是指向 char 的常量指针，而非指向常量字符的指针。

遇到一条使用了类型别名的声明语句时，人们往往会错误地尝试把类型别名替换成它本来的样子，以理解该语句的含义：

```
const char *cstr = 0;    // 是对 const pstring cstr 的错误理解
```

再强调一遍：这种理解是错误的。声明语句中用到 pstring 时，其基本数据类型是指针。可是用 char* 重写了声明语句后，数据类型就变成了 char，* 成为了声明符的一部分。这样改写的结果是，const char 成了基本数据类型。前后两种声明含义截然不同，前者声明了一个指向 char 的常量指针，改写后的形式则声明了一个指向 const char 的指针。

2.5.2 auto 类型说明符

编程时常常需要把表达式的值赋给变量，这就要求在声明变量的时候清楚地知道表达式的类型。然而要做到这一点并非那么容易，有时甚至根本做不到。为了解决这个问题，C++11 新标准引入了 **auto** 类型说明符，用它就能让编译器替我们去分析表达式所属的类型。和原来那些只对应一种特定类型的说明符（比如 double）不同，auto 让编译器通过初始值来推算变量的类型。显然，auto 定义的变量必须有初始值：

C++
11
69

```
// 由 val1 和 val2 相加的结果可以推断出 item 的类型
auto item = val1 + val2; // item 初始化为 val1 和 val2 相加的结果
```

此处编译器将根据 val1 和 val2 相加的结果来推断 item 的类型。如果 val1 和 val2 是类 Sales_item（参见 1.5 节，第 17 页）的对象，则 item 的类型就是 Sales_item；如果这两个变量的类型是 double，则 item 的类型就是 double，以此类推。

使用 auto 也能在一条语句中声明多个变量。因为一条声明语句只能有一个基本数据类型，所以该语句中所有变量的初始基本数据类型都必须一样：

```
auto i = 0, *p = &i;      // 正确：i 是整数、p 是整型指针
auto sz = 0, pi = 3.14;   // 错误：sz 和 pi 的类型不一致
```

复合类型、常量和 auto

编译器推断出来的 auto 类型有时候和初始值的类型并不完全一样，编译器会适当地改变结果类型使其更符合初始化规则。

首先，正如我们所熟知的，使用引用其实是使用引用的对象，特别是当引用被用作初始值时，真正参与初始化的其实是引用对象的值。此时编译器以引用对象的类型作为 auto 的类型：

```
int i = 0, &r = i;
auto a = r;                    // a是一个整数（r是i的别名，而i是一个整数）
```

其次，auto 一般会忽略掉顶层 const（参见 2.4.3 节，第 57 页），同时底层 const 则会保留下来，比如当初始值是一个指向常量的指针时：

```
const int ci = i, &cr = ci;
auto b = ci;    // b是一个整数（ci的顶层const特性被忽略掉了）
auto c = cr;    // c是一个整数（cr是ci的别名，ci本身是一个顶层const）
auto d = &i;    // d是一个整型指针（整数的地址就是指向整数的指针）
auto e = &ci;   // e是一个指向整数常量的指针（对常量对象取地址是一种底层const）
```

如果希望推断出的 auto 类型是一个顶层 const，需要明确指出：

```
const auto f = ci;           // ci的推演类型是int，f是const int
```

还可以将引用的类型设为 auto，此时原来的初始化规则仍然适用：

```
auto &g = ci;                // g是一个整型常量引用，绑定到ci
auto &h = 42;                // 错误：不能为非常量引用绑定字面值
const auto &j = 42;          // 正确：可以为常量引用绑定字面值
```

> 70

设置一个类型为 auto 的引用时，初始值中的顶层常量属性仍然保留。和往常一样，如果我们给初始值绑定一个引用，则此时的常量就不是顶层常量了。

要在一条语句中定义多个变量，切记，符号&和*只从属于某个声明符，而非基本数据类型的一部分，因此初始值必须是同一种类型：

```
auto k = ci, l = i;          // k是整数，l是整型引用
auto &m = ci, *p = &ci;      // m是对整型常量的引用，p是指向整型常量的指针
// 错误：i的类型是int而&ci的类型是const int
auto &n = i, *p2 = &ci;
```

2.5.2 节练习

练习 2.33：利用本节定义的变量，判断下列语句的运行结果。

```
a = 42; b = 42; c = 42;
d = 42; e = 42; g = 42;
```

练习 2.34：基于上一个练习中的变量和语句编写一段程序，输出赋值前后变量的内容，你刚才的推断正确吗？如果不对，请反复研读本节的示例直到你明白错在何处为止。

练习 2.35：判断下列定义推断出的类型是什么，然后编写程序进行验证。

```
const int i = 42;
auto j = i; const auto &k = i; auto *p = &i;
const auto j2 = i, &k2 = i;
```

2.5.3 decltype 类型指示符

有时会遇到这种情况：希望从表达式的类型推断出要定义的变量的类型，但是不想用该表达式的值初始化变量。为了满足这一要求，C++11 新标准引入了第二种类型说明符 **decltype**，它的作用是选择并返回操作数的数据类型。在此过程中，编译器分析表达式并得到它的类型，却不实际计算表达式的值：

```
decltype(f()) sum = x;       // sum的类型就是函数f的返回类型
```

编译器并不实际调用函数 f，而是使用当调用发生时 f 的返回值类型作为 sum 的类型。换句话说，编译器为 sum 指定的类型是什么呢？就是假如 f 被调用的话将会返回的那个类型。

decltype 处理顶层 const 和引用的方式与 auto 有些许不同。如果 decltype 使用的表达式是一个变量，则 decltype 返回该变量的类型（包括顶层 const 和引用在内）：

```
const int ci = 0, &cj = ci;
decltype(ci) x = 0;       // x 的类型是 const int
decltype(cj) y = x;       // y 的类型是 const int&，y 绑定到变量 x
decltype(cj) z;           // 错误：z 是一个引用，必须初始化
```

因为 cj 是一个引用，decltype(cj) 的结果就是引用类型，因此作为引用的 z 必须被初始化。

需要指出的是，引用从来都作为其所指对象的同义词出现，只有用在 decltype 处是一个例外。

decltype 和引用

如果 decltype 使用的表达式不是一个变量，则 decltype 返回表达式结果对应的类型。如 4.1.1 节（第 120 页）将要介绍的，有些表达式将向 decltype 返回一个引用类型。一般来说当这种情况发生时，意味着该表达式的结果对象能作为一条赋值语句的左值：

```
// decltype 的结果可以是引用类型
int i = 42, *p = &i, &r = i;
decltype(r + 0) b;   // 正确：加法的结果是 int，因此 b 是一个（未初始化的）int
decltype(*p) c;      // 错误：c 是 int&，必须初始化
```

因为 r 是一个引用，因此 decltype(r) 的结果是引用类型。如果想让结果类型是 r 所指的类型，可以把 r 作为表达式的一部分，如 r+0，显然这个表达式的结果将是一个具体值而非一个引用。

另一方面，如果表达式的内容是解引用操作，则 decltype 将得到引用类型。正如我们所熟悉的那样，解引用指针可以得到指针所指的对象，而且还能给这个对象赋值。因此，decltype(*p) 的结果类型就是 int&，而非 int。

decltype 和 auto 的另一处重要区别是，decltype 的结果类型与表达式形式密切相关。有一种情况需要特别注意：对于 decltype 所用的表达式来说，如果变量名加上了一对括号，则得到的类型与不加括号时会有不同。如果 decltype 使用的是一个不加括号的变量，则得到的结果就是该变量的类型；如果给变量加上了一层或多层括号，编译器就会把它当成是一个表达式。变量是一种可以作为赋值语句左值的特殊表达式，所以这样的 decltype 就会得到引用类型：

```
// decltype 的表达式如果是加上了括号的变量，结果将是引用
decltype((i)) d;     // 错误：d 是 int&，必须初始化
decltype(i) e;       // 正确：e 是一个（未初始化的）int
```

切记：decltype((*variable*))（注意是双层括号）的结果永远是引用，而 decltype(*variable*) 结果只有当 *variable* 本身就是一个引用时才是引用。

2.5.3 节练习

练习 2.36：关于下面的代码，请指出每一个变量的类型以及程序结束时它们各自的值。

```
int a = 3, b = 4;
decltype(a) c = a;
decltype((b)) d = a;
++c;
++d;
```

练习 2.37：赋值是会产生引用的一类典型表达式，引用的类型就是左值的类型。也就是说，如果 i 是 int，则表达式 i=x 的类型是 int&。根据这一特点，请指出下面的代码中每一个变量的类型和值。

```
int a = 3, b = 4;
decltype(a) c = a;
decltype(a = b) d = a;
```

练习 2.38：说明由 decltype 指定类型和由 auto 指定类型有何区别。请举出一个例子，decltype 指定的类型与 auto 指定的类型一样；再举一个例子，decltype 指定的类型与 auto 指定的类型不一样。

2.6 自定义数据结构

从最基本的层面理解，数据结构是把一组相关的数据元素组织起来然后使用它们的策略和方法。举一个例子，我们的 Sales_item 类把书本的 ISBN 编号、售出量及销售收入等数据组织在了一起，并且提供诸如 isbn 函数、>>、<<、+、+=等运算在内的一系列操作，Sales_item 类就是一个数据结构。

C++语言允许用户以类的形式自定义数据类型，而库类型 string、istream、ostream 等也都是以类的形式定义的，就像第 1 章的 Sales_item 类型一样。C++语言对类的支持甚多，事实上本书的第Ⅲ部分和第Ⅳ部分都将大篇幅地介绍与类有关的知识。尽管 Sales_item 类非常简单，但是要想给出它的完整定义可在第 14 章介绍自定义运算符之后。

2.6.1 定义 Sales_data 类型

尽管我们还写不出完整的 Sales_item 类，但是可以尝试着把那些数据元素组织到一起形成一个简单点儿的类。初步的想法是用户能直接访问其中的数据元素，也能实现一些基本的操作。

既然我们筹划的这个数据结构不带有任何运算功能，不妨把它命名为 Sales_data 以示与 Sales_item 的区别。Sales_data 初步定义如下：

```
struct Sales_data {
    std::string bookNo;
    unsigned units_sold = 0;
    double revenue = 0.0;
};
```

我们的类以关键字 **struct** 开始，紧跟着类名和类体（其中类体部分可以为空）。类体由花括号包围形成了一个新的作用域（参见 2.2.4 节，第 43 页）。类内部定义的名字必须唯一，但是可以与类外部定义的名字重复。

类体右侧的表示结束的花括号后必须写一个分号，这是因为类体后面可以紧跟变量名以示对该类型对象的定义，所以分号必不可少：

```
struct Sales_data { /* ... */ } accum, trans, *salesptr;
// 与上一条语句等价，但可能更好一些
struct Sales_data { /* ... */ };
Sales_data accum, trans, *salesptr;
```

分号表示声明符（通常为空）的结束。一般来说，最好不要把对象的定义和类的定义放在一起。这么做无异于把两种不同实体的定义混在了一条语句里，一会儿定义类，一会儿又定义变量，显然这是一种不被建议的行为。

 很多新手程序员经常忘了在类定义的最后加上分号。

类数据成员

类体定义类的**成员**，我们的类只有**数据成员**（data member）。类的数据成员定义了类的对象的具体内容，每个对象有自己的一份数据成员拷贝。修改一个对象的数据成员，不会影响其他 Sales_data 的对象。

定义数据成员的方法和定义普通变量一样：首先说明一个基本类型，随后紧跟一个或多个声明符。我们的类有 3 个数据成员：一个名为 bookNo 的 string 成员、一个名为 units_sold 的 unsigned 成员和一个名为 revenue 的 double 成员。每个 Sales_data 的对象都将包括这 3 个数据成员。

C++11 新标准规定，可以为数据成员提供一个**类内初始值**（in-class initializer）。创建对象时，类内初始值将用于初始化数据成员。没有初始值的成员将被默认初始化（参见 2.2.1 节，第 40 页）。因此当定义 Sales_data 的对象时，units_sold 和 revenue 都将初始化为 0，bookNo 将初始化为空字符串。 `[C++ 11]`

对类内初始值的限制与之前（参见 2.2.1 节，第 39 页）介绍的类似：或者放在花括号里，或者放在等号右边，记住不能使用圆括号。

7.2 节（第 240 页）将要介绍，用户可以使用 C++ 语言提供的另外一个关键字 class 来定义自己的数据结构，到时也将说明现在我们使用 struct 的原因。在第 7 章学习与 class 有关的知识之前，建议读者继续使用 struct 定义自己的数据类型。

2.6.1 节练习 `<74`

练习 2.39：编译下面的程序观察其运行结果，注意，如果忘记写类定义体后面的分号会发生什么情况？记录下相关信息，以后可能会有用。

```
struct Foo { /* 此处为空 */ } // 注意：没有分号
int main()
{
    return 0;
}
```

练习 2.40：根据自己的理解写出 Sales_data 类，最好与书中的例子有所区别。

2.6.2   使用 Sales_data 类

和 Sales_item 类不同的是，我们自定义的 Sales_data 类没有提供任何操作，Sales_data 类的使用者如果想执行什么操作就必须自己动手实现。例如，我们将参照 1.5.2 节（第 20 页）的例子写一段程序实现求两次交易相加结果的功能。程序的输入是下面这两条交易记录：

```
0-201-78345-X 3 20.00
0-201-78345-X 2 25.00
```

每笔交易记录着图书的 ISBN 编号、售出数量和售出单价。

添加两个 Sales_data 对象

因为 Sales_data 类没有提供任何操作，所以我们必须自己编码实现输入、输出和相加的功能。假设已知 Sales_data 类定义于 Sales_data.h 文件内，2.6.3 节（第 67 页）将详细介绍定义头文件的方法。

因为程序比较长，所以接下来分成几部分介绍。总的来说，程序的结构如下：

```cpp
#include <iostream>
#include <string>
#include "Sales_data.h"
int main()
{
    Sales_data data1, data2;
    // 读入 data1 和 data2 的代码
    // 检查 data1 和 data2 的 ISBN 是否相同的代码
    // 如果相同，求 data1 和 data2 的总和
}
```

和原来的程序一样，先把所需的头文件包含进来并且定义变量用于接受输入。和 Sales_item 类不同的是，新程序还包含了 string 头文件，因为我们的代码中将用到 string 类型的成员变量 bookNo。

Sales_data 对象读入数据

第 3 章和第 10 章将详细介绍 string 类型的细节，在此之前，我们先了解一点儿关于 string 的知识以便定义和使用我们的 ISBN 成员。string 类型其实就是字符的序列，它的操作有 >>、<< 和 == 等，功能分别是读入字符串、写出字符串和比较字符串。这样我们就能书写代码读入第一笔交易了：

```cpp
double price = 0; // 书的单价，用于计算销售收入
// 读入第 1 笔交易: ISBN、销售数量、单价
std::cin >> data1.bookNo >> data1.units_sold >> price;
// 计算销售收入
data1.revenue = data1.units_sold * price;
```

交易信息记录的是书售出的单价，而数据结构存储的是一次交易的销售收入，因此需要将单价读入到 double 变量 price，然后再计算销售收入 revenue。输入语句

```cpp
std::cin >> data1.bookNo >> data1.units_sold >> price;
```

使用点操作符（参见 1.5.2 节，第 20 页）读入对象 data1 的 bookNo 成员和 units_sold 成员。

最后一条语句把 data1.units_sold 和 price 的乘积赋值给 data1 的 revenue 成员。

接下来程序重复上述过程读入对象 data2 的数据：

```
// 读入第 2 笔交易
std::cin >> data2.bookNo >> data2.units_sold >> price;
data2.revenue = data2.units_sold * price;
```

输出两个 Sales_data 对象的和

剩下的工作就是检查两笔交易涉及的 ISBN 编号是否相同了。如果相同输出它们的和，否则输出一条报错信息：

```
if (data1.bookNo == data2.bookNo) {
    unsigned totalCnt = data1.units_sold + data2.units_sold;
    double totalRevenue = data1.revenue + data2.revenue;
    // 输出：ISBN、总销售量、总销售额、平均价格
    std::cout << data1.bookNo << " " << totalCnt
              << " " << totalRevenue << " ";
    if (totalCnt != 0)
        std::cout << totalRevenue/totalCnt << std::endl;
    else
        std::cout << "(no sales)" << std::endl;
    return 0;           // 标示成功
} else {                // 两笔交易的 ISBN 不一样
    std::cerr << "Data must refer to the same ISBN"
              << std::endl;
    return -1;          // 标示失败
}
```

在第一个 if 语句中比较了 data1 和 data2 的 bookNo 成员是否相同。如果相同则执行 76 第一个 if 语句花括号内的操作，首先计算 units_sold 的和并赋给变量 totalCnt，然后计算 revenue 的和并赋给变量 totalRevenue，输出这些值。接下来检查是否确实售出了书籍，如果是，计算并输出每本书的平均价格；如果售量为零，输出一条相应的信息。

2.6.2 节练习

练习 2.41：使用你自己的 Sales_data 类重写 1.5.1 节（第 20 页）、1.5.2 节（第 21 页）和 1.6 节（第 22 页）的练习。眼下先把 Sales_data 类的定义和 main 函数放在同一个文件里。

2.6.3　编写自己的头文件

尽管如 19.7 节（第 754 页）所讲可以在函数体内定义类，但是这样的类毕竟受到了一些限制。所以，类一般都不定义在函数体内。当在函数体外部定义类时，在各个指定的源文件中可能只有一处该类的定义。而且，如果要在不同文件中使用同一个类，类的定义就必须保持一致。

为了确保各个文件中类的定义一致，类通常被定义在头文件中，而且类所在头文件的名字应与类的名字一样。例如，库类型 string 在名为 string 的头文件中定义。又如，我们应该把 Sales_data 类定义在名为 Sales_data.h 的头文件中。

头文件通常包含那些只能被定义一次的实体，如类、const 和 constexpr 变量（参见 2.4 节，第 54 页）等。头文件也经常用到其他头文件的功能。例如，我们的 Sales_data 类包含有一个 string 成员，所以 Sales_data.h 必须包含 string.h 头文件。同时，使用 Sales_data 类的程序为了能操作 bookNo 成员需要再一次包含 string.h 头文件。

这样，事实上使用 Sales_data 类的程序就先后两次包含了 string.h 头文件：一次是直接包含的，另有一次是随着包含 Sales_data.h 被隐式地包含进来的。有必要在书写头文件时做适当处理，使其遇到多次包含的情况也能安全和正常地工作。

 头文件一旦改变，相关的源文件必须重新编译以获取更新过的声明。

预处理器概述

确保头文件多次包含仍能安全工作的常用技术是**预处理器**（preprocessor），它由 C++ 语言从 C 语言继承而来。预处理器是在编译之前执行的一段程序，可以部分地改变我们所写的程序。之前已经用到了一项预处理功能#include，当预处理器看到#include 标记时就会用指定的头文件的内容代替#include。

C++程序还会用到的一项预处理功能是**头文件保护符**（header guard），头文件保护符依赖于预处理变量（参见 2.3.2 节，第 48 页）。预处理变量有两种状态：已定义和未定义。**#define** 指令把一个名字设定为预处理变量，另外两个指令则分别检查某个指定的预处理变量是否已经定义：**#ifdef** 当且仅当变量已定义时为真，**#ifndef** 当且仅当变量未定义时为真。一旦检查结果为真，则执行后续操作直至遇到**#endif** 指令为止。

使用这些功能就能有效地防止重复包含的发生：

```
#ifndef SALES_DATA_H
#define SALES_DATA_H
#include <string>
struct Sales_data {
    std::string bookNo;
    unsigned units_sold = 0;
    double revenue = 0.0;
};
#endif
```

第一次包含 Sales_data.h 时，#ifndef 的检查结果为真，预处理器将顺序执行后面的操作直至遇到#endif 为止。此时，预处理变量 SALES_DATA_H 的值将变为已定义，而且 Sales_data.h 也会被拷贝到我们的程序中来。后面如果再一次包含 Sales_data.h，则#ifndef 的检查结果将为假，编译器将忽略#ifndef 到#endif 之间的部分。

 预处理变量无视 C++语言中关于作用域的规则。

整个程序中的预处理变量包括头文件保护符必须唯一，通常的做法是基于头文件中类的名字来构建保护符的名字，以确保其唯一性。为了避免与程序中的其他实体发生名字冲突，一般把预处理变量的名字全部大写。

 头文件即使（目前还）没有被包含在任何其他头文件中，也应该设置保护符。头文件保护符很简单，程序员只要习惯性地加上就可以了，没必要太在乎你的程序到底需不需要。

2.6.3 节练习

练习 2.42：根据你自己的理解重写一个 Sales_data.h 头文件，并以此为基础重做 2.6.2 节（第 67 页）的练习。

小结

78

类型是 C++ 编程的基础。

类型规定了其对象的存储要求和所能执行的操作。C++ 语言提供了一套基础内置类型,如 int 和 char 等,这些类型与实现它们的机器硬件密切相关。类型分为非常量和常量,一个常量对象必须初始化,而且一旦初始化其值就不能再改变。此外,还可以定义复合类型,如指针和引用等。复合类型的定义以其他类型为基础。

C++ 语言允许用户以类的形式自定义类型。C++ 库通过类提供了一套高级抽象类型,如输入输出和 string 等。

术语表

地址(address)是一个数字,根据它可以找到内存中的一个字节。

别名声明(alias declaration)为另外一种类型定义一个同义词:使用"名字=类型"的格式将名字作为该类型的同义词。

算术类型(arithmetic type)布尔值、字符、整数、浮点数等内置类型。

数组(array)是一种数据结构,存放着一组未命名的对象,可以通过索引来访问这些对象。3.5 节将详细介绍数组的知识。

auto 是一个类型说明符,通过变量的初始值来推断变量的类型。

基本类型(base type)是类型说明符,可用 const 修饰,在声明语句中位于声明符之前。基本类型提供了最常见的数据类型,以此为基础构建声明符。

绑定(bind)令某个名字与给定的实体关联在一起,使用该名字也就是使用该实体。例如,引用就是将某个名字与某个对象绑定在一起。

字节(byte)内存中可寻址的最小单元,大多数机器的字节占 8 位。

类成员(class member)类的组成部分。

复合类型(compound type)是一种类型,它的定义以其他类型为基础。

const 是一种类型修饰符,用于说明永不改变的对象。const 对象一旦定义就无法再赋新值,所以必须初始化。

常量指针(const pointer)是一种指针,它的值永不改变。

常量引用(const reference)是一种习惯叫法,含义是指向常量的引用。

常量表达式(const expression)能在编译时计算并获取结果的表达式。

constexpr 是一种函数,用于代表一条常量表达式。6.5.2 节(第 214 页)将介绍 constexpr 函数。

转换(conversion)一种类型的值转变成另外一种类型值的过程。C++ 语言支持内置类型之间的转换。

数据成员(data member)组成对象的数据元素,类的每个对象都有类的数据成员的一份拷贝。数据成员可以在类内部声明的同时初始化。

声明(declaration)声称存在一个变量、函数或是别处定义的类型。名字必须在定义或声明之后才能使用。

79

声明符(declarator)是声明的一部分,包括被定义的名字和类型修饰符,其中类型修饰符可以有也可以没有。

decltype 是一个类型说明符,从变量或表达式推断得到类型。

默认初始化(default initialization)当对象未被显式地赋予初始值时执行的初始化行

为。由类本身负责执行的类对象的初始化行为。全局作用域的内置类型对象初始化为 0；局部作用域的对象未被初始化即拥有未定义的值。

定义（definition）为某一特定类型的变量申请存储空间，可以选择初始化该变量。名字必须在定义或声明之后才能使用。

转义序列（escape sequence）字符特别是那些不可打印字符的替代形式。转义以反斜线开头，后面紧跟一个字符，或者不多于 3 个八进制数字，或者字母 x 加上 1 个十六进制数。

全局作用域（global scope）位于其他所有作用域之外的作用域。

头文件保护符（header guard）使用预处理变量以防止头文件被某个文件重复包含。

标识符（identifier）组成名字的字符序列，标识符对大小写敏感。

类内初始值（in-class initializer）在声明类的数据成员时同时提供的初始值，必须置于等号右侧或花括号内。

在作用域内（in scope）名字在当前作用域内可见。

被初始化（initialized）变量在定义的同时被赋予初始值，变量一般都应该被初始化。

内层作用域（inner scope）嵌套在其他作用域之内的作用域。

整型（integral type）参见算术类型。

列表初始化（list initialization）利用花括号把一个或多个初始值放在一起的初始化形式。

字面值（literal）是一个不能改变的值，如数字、字符、字符串等。单引号内的是字符字面值，双引号内的是字符串字面值。

局部作用域（local scope）是块作用域的习惯叫法。

底层 const（low-level const）一个不属于顶层的 const，类型如果由底层常量定义，则不能被忽略。

成员（member）类的组成部分。

不可打印字符（nonprintable character）不具有可见形式的字符，如控制符、退格、换行符等。

空指针（null pointer）值为 0 的指针，空指针合法但是不指向任何对象。

nullptr 是表示空指针的字面值常量。

对象（object）是内存的一块区域，具有某种类型，变量是命名了的对象。

外层作用域（outer scope）嵌套着别的作用域的作用域。

指针（pointer）是一个对象，存放着某个对象的地址，或者某个对象存储区域之后的下一地址，或者 0。

指向常量的指针（pointer to const）是一个指针，存放着某个常量对象的地址。指向常量的指针不能用来改变它所指对象的值。

预处理器（preprocessor）在 C++编译过程中执行的一段程序。

预处理变量（preprocessor variable）由预处理器管理的变量。在程序编译之前，预处理器负责将程序中的预处理变量替换成它的真实值。

引用（reference）是某个对象的别名。

80▷**对常量的引用**（reference to const）是一个引用，不能用来改变它所绑定对象的值。对常量的引用可以绑定常量对象，或者非常量对象，或者表达式的结果。

作用域（scope）是程序的一部分，在其中某些名字有意义。C++有几级作用域：

全局（global）——名字定义在所有其他作用域之外。

类（class）——名字定义在类内部。

命名空间（namespace）——名字定义在命名空间内部。

块（block）——名字定义在块内部。

名字从声明位置开始直至声明语句所在的
作用域末端为止都是可用的。

分离式编译（separate compilation）把程
序分割为多个单独文件的能力。

带符号类型（signed）保存正数、负数或 0
的整型。

字符串（string）是一种库类型，表示可变
长字符序列。

struct 是一个关键字，用于定义类。

临时值（temporary）编译器在计算表达式
结果时创建的无名对象。为某表达式创建
了一个临时值，则此临时值将一直存在直
到包含有该表达式的最大的表达式计算完
成为止。

顶层 const（top-level const）是一个
const，规定某对象的值不能改变。

类型别名（type alias）是一个名字，是另
外一个类型的同义词，通过关键字
typedef 或别名声明语句来定义。

类型检查（type checking）是一个过程，
编译器检查程序使用某给定类型对象的方
式与该类型的定义是否一致。

类型说明符（type specifier）类型的名字。

typedef 为某类型定义一个别名。当关键字
typedef 作为声明的基本类型出现时，声
明中定义的名字就是类型名。

未定义（undefined）即 C++语言没有明确
规定的情况。不论是否有意为之，未定义
行为都可能引发难以追踪的运行时错误、
安全问题和可移植性问题。

未初始化（uninitialized）变量已定义但未
被赋予初始值。一般来说，试图访问未初
始化变量的值将引发未定义行为

无符号类型（unsigned）保存大于等于 0
的整型。

变量（variable）命名的对象或引用。C++
语言要求变量要先声明后使用。

void* 可以指向任意非常量的指针类型，不
能执行解引用操作。

void 类型 是一种有特殊用处的类型，既无
操作也无值。不能定义一个 void 类型的
变量。

字（word）在指定机器上进行整数运算的
自然单位。一般来说，字的空间足够存放
地址。32 位机器上的字通常占据 4 个字节。

&运算符（& operator）取地址运算符。

运算符（ operator）解引用运算符。解
引用一个指针将返回该指针所指的对象，
为解引用的结果赋值也就是为指针所指的
对象赋值。

#define 是一条预处理指令，用于定义一个
预处理变量。

#endif 是一条预处理指令，用于结束一个
#ifdef 或#ifndef 区域。

#ifdef 是一条预处理指令，用于判断给定的
变量是否已经定义。

#ifndef 是一条预处理指令，用于判断给定
的变量是否尚未定义。

第 3 章
字符串、向量和数组

内容

除了第 2 章介绍的内置类型之外，C++语言还定义了一个内容丰富的抽象数据类型库。其中，string 和 vector 是两种最重要的标准库类型，前者支持可变长字符串，后者则表示可变长的集合。还有一种标准库类型是迭代器，它是 string 和 vector 的配套类型，常被用于访问 string 中的字符或 vector 中的元素。

内置数组是一种更基础的类型，string 和 vector 都是对它的某种抽象。本章将分别介绍数组以及标准库类型 string 和 vector。

第 2 章介绍的内置类型是由 C++语言直接定义的。这些类型，比如数字和字符，体现了大多数计算机硬件本身具备的能力。标准库定义了另外一组具有更高级性质的类型，它们尚未直接实现到计算机硬件中。

本章将介绍两种最重要的标准库类型：`string` 和 `vector`。`string` 表示可变长的字符序列，`vector` 存放的是某种给定类型对象的可变长序列。本章还将介绍内置数组类型，和其他内置类型一样，数组的实现与硬件密切相关。因此相较于标准库类型 `string` 和 `vector`，数组在灵活性上稍显不足。

在开始介绍标准库类型之前，先来学习一种访问库中名字的简单方法。

3.1   命名空间的 using 声明

目前为止，我们用到的库函数基本上都属于命名空间 `std`，而程序也显式地将这一点标示了出来。例如，`std::cin` 表示从标准输入中读取内容。此处使用作用域操作符（`::`）（参见 1.2 节，第 7 页）的含义是：编译器应从操作符左侧名字所示的作用域中寻找右侧那个名字。因此，`std::cin` 的意思就是要使用命名空间 `std` 中的名字 `cin`。

上面的方法显得比较烦琐，然而幸运的是，通过更简单的途径也能使用到命名空间中的成员。本节将学习其中一种最安全的方法，也就是使用 **using 声明**（using declaration），18.2.2 节（第 702 页）会介绍另一种方法。

有了 using 声明就无须专门的前缀（形如命名空间`::`）也能使用所需的名字了。using 声明具有如下的形式：

```
using namespace::name;
```

一旦声明了上述语句，就可以直接访问命名空间中的名字：

```cpp
#include <iostream>
// using 声明，当我们使用名字 cin 时，从命名空间 std 中获取它
using std::cin;

int main()
{
    int i;
    cin >> i;       // 正确：cin 和 std::cin 含义相同
    cout << i;      // 错误：没有对应的 using 声明，必须使用完整的名字
    std::cout << i; // 正确：显式地从 std 中使用 cout
    return 0;
}
```

每个名字都需要独立的 using 声明

按照规定，每个 using 声明引入命名空间中的一个成员。例如，可以把要用到的标准库中的名字都以 using 声明的形式表示出来，重写 1.2 节（第 5 页）的程序如下：

```cpp
#include <iostream>
// 通过下列 using 声明，我们可以使用标准库中的名字
using std::cin;
using std::cout; using std::endl;
int main()
{
    cout << "Enter two numbers:" << endl;
```

```
        int v1, v2;
        cin >> v1 >> v2;
        cout << "The sum of " << v1 << " and " << v2
            << " is " << v1 + v2 << endl;
        return 0;
    }
```

在上述程序中，一开始就有对 cin、cout 和 endl 的 using 声明，这意味着我们不用再添加 std:: 形式的前缀就能直接使用它们。C++语言的形式比较自由，因此既可以一行只放一条 using 声明语句，也可以一行放上多条。不过要注意，用到的每个名字都必须有自己的声明语句，而且每句话都得以分号结束。

头文件不应包含 using 声明

位于头文件的代码（参见 2.6.3 节，第 67 页）一般来说不应该使用 using 声明。这是因为头文件的内容会拷贝到所有引用它的文件中去，如果头文件里有某个 using 声明，那么每个使用了该头文件的文件就都会有这个声明。对于某些程序来说，由于不经意间包含了一些名字，反而可能产生始料未及的名字冲突。

一点注意事项

经本节所述，后面的所有例子将假设，但凡用到的标准库中的名字都已经使用 using 语句声明过了。例如，我们将在代码中直接使用 cin，而不再使用 std::cin。

为了让书中的代码尽量简洁，今后将不会再把所有 using 声明和#include 指令一一标出。附录 A 中的表 A.1（第 766 页）列出了本书涉及的所有标准库中的名字及对应的头文件。

> 读者请注意：在编译及运行本书的示例前请为代码添加必要的#include 指令和 using 声明。

3.1 节练习

练习 3.1：使用恰当的 using 声明重做 1.4.1 节（第 11 页）和 2.6.2 节（第 67 页）的练习。

3.2 标准库类型 string

标准库类型 **string** 表示可变长的字符序列，使用 string 类型必须首先包含 ◁ 84 ◁
string 头文件。作为标准库的一部分，string 定义在命名空间 std 中。接下来的示例都假定已包含了下述代码：

```
#include <string>
using std::string;
```

本节描述最常用的 string 操作，9.5 节（第 320 页）还将介绍另外一些。

> C++标准一方面对库类型所提供的操作做了详细规定，另一方面也对库的实现者做出一些性能上的需求。因此，标准库类型对于一般应用场合来说有足够的效率。

3.2.1 定义和初始化 string 对象

如何初始化类的对象是由类本身决定的。一个类可以定义很多种初始化对象的方式，只不过这些方式之间必须有所区别：或者是初始值的数量不同，或者是初始值的类型不同。表 3.1 列出了初始化 string 对象最常用的一些方式，下面是几个例子：

```
string s1;              // 默认初始化，s1 是一个空字符串
string s2 = s1;         // s2 是 s1 的副本
string s3 = "hiya";     // s3 是该字符串字面值的副本
string s4(10, 'c');     // s4 的内容是 cccccccccc
```

可以通过默认的方式（参见 2.2.1 节，第 40 页）初始化一个 string 对象，这样就会得到一个空的 string，也就是说，该 string 对象中没有任何字符。如果提供了一个字符串字面值（参见 2.1.3 节，第 36 页），则该字面值中除了最后那个空字符外其他所有的字符都被拷贝到新创建的 string 对象中去。如果提供的是一个数字和一个字符，则 string 对象的内容是给定字符连续重复若干次后得到的序列。

表 3.1：初始化 string 对象的方式	
`string s1`	默认初始化，s1 是一个空串
`string s2(s1)`	s2 是 s1 的副本
`string s2 = s1`	等价于 s2(s1)，s2 是 s1 的副本
`string s3("value")`	s3 是字面值"value"的副本，除了字面值最后的那个空字符外
`string s3 = "value"`	等价于 s3("value")，s3 是字面值"value"的副本
`string s4(n, 'c')`	把 s4 初始化为由连续 n 个字符 c 组成的串

直接初始化和拷贝初始化

由 2.2.1 节（第 39 页）的学习可知，C++语言有几种不同的初始化方式，通过 string 我们可以清楚地看到在这些初始化方式之间到底有什么区别和联系。如果使用等号（=）初始化一个变量，实际上执行的是**拷贝初始化**（copy initialization），编译器把等号右侧的初始值拷贝到新创建的对象中去。与之相反，如果不使用等号，则执行的是**直接初始化**（direct initialization）。

当初始值只有一个时，使用直接初始化或拷贝初始化都行。如果像上面的 s4 那样初始化要用到的值有多个，一般来说只能使用直接初始化的方式：

```
string s5 = "hiya";     // 拷贝初始化
string s6("hiya");      // 直接初始化
string s7(10, 'c');     // 直接初始化，s7 的内容是 cccccccccc
```

85> 对于用多个值进行初始化的情况，非要用拷贝初始化的方式来处理也不是不可以，不过需要显式地创建一个（临时）对象用于拷贝：

```
string s8 = string(10, 'c'); // 拷贝初始化，s8 的内容是 cccccccccc
```

s8 的初始值是 string(10, 'c')，它实际上是用数字 10 和字符 c 两个参数创建出来的一个 string 对象，然后这个 string 对象又拷贝给了 s8。这条语句本质上等价于下面的两条语句：

```
string temp(10, 'c');   // temp 的内容是 cccccccccc
string s8 = temp;       // 将 temp 拷贝给 s8
```

其实我们可以看到，尽管初始化 s8 的语句合法，但和初始化 s7 的方式比较起来可读性较差，也没有任何补偿优势。

3.2.2 string 对象上的操作

一个类除了要规定初始化其对象的方式外，还要定义对象上所能执行的操作。其中，类既能定义通过函数名调用的操作，就像 Sales_item 类的 isbn 函数那样（参见 1.5.2 节，第 20 页），也能定义<<、+等各种运算符在该类对象上的新含义。表 3.2 中列举了 string 的大多数操作。

表 3.2： string 的操作	
os<<s	将 s 写到输出流 os 当中，返回 os
is>>s	从 is 中读取字符串赋给 s，字符串以空白分隔，返回 is
getline(is, s)	从 is 中读取一行赋给 s，返回 is
s.empty()	s 为空返回 true，否则返回 false
s.size()	返回 s 中字符的个数
s[n]	返回 s 中第 n 个字符的引用，位置 n 从 0 计起
s1+s2	返回 s1 和 s2 连接后的结果
s1=s2	用 s2 的副本代替 s1 中原来的字符
s1==s2	如果 s1 和 s2 中所含的字符完全一样，则它们相等；string 对象的相
s1!=s2	等性判断对字母的大小写敏感
<, <=, >, >=	利用字符在字典中的顺序进行比较，且对字母的大小写敏感

读写 string 对象

第 1 章曾经介绍过，使用标准库中的 iostream 来读写 int、double 等内置类型的值。同样，也可以使用 IO 操作符读写 string 对象：

```
// 注意：要想编译下面的代码还需要适当的#include 语句和 using 声明
int main()
{
    string s;                  // 空字符串
    cin >> s;                  // 将 string 对象读入 s，遇到空白停止
    cout << s << endl;         // 输出 s
    return 0;
}
```

这段程序首先定义一个名为 s 的空 string，然后将标准输入的内容读取到 s 中。在执行读取操作时，string 对象会自动忽略开头的空白（即空格符、换行符、制表符等）并从第一个真正的字符开始读起，直到遇见下一处空白为止。 86

如上所述，如果程序的输入是 "   **Hello World!**   "（注意开头和结尾处的空格），则输出将是 "**Hello**"，输出结果中没有任何空格。

和内置类型的输入输出操作一样，string 对象的此类操作也是返回运算符左侧的运算对象作为其结果。因此，多个输入或者多个输出可以连写在一起：

```
string s1, s2;
cin >> s1 >> s2;              // 把第一个输入读到 s1 中，第二个输入读到 s2 中
cout << s1 << s2 << endl;     // 输出两个 string 对象
```

假设给上面这段程序输入与之前一样的内容 "   **Hello World!**   "，输出将是
"**HelloWorld!**"。

读取未知数量的 string 对象

　　1.4.3 节（第 13 页）的程序可以读入数量未知的整数，下面编写一个类似的程序用于
读取 string 对象：

```
int main()
{
    string word;
    while (cin >> word)              // 反复读取，直至到达文件末尾
        cout << word << endl;        // 逐个输出单词，每个单词后面紧跟一个换行
    return 0;
}
```

在该程序中，读取的对象是 string 而非 int，但是 while 语句的条件部分和之前版本
的程序是一样的。该条件负责在读取时检测流的情况，如果流有效，也就是说没遇到文件
结束标记或非法输入，那么执行 while 语句内部的操作。此时，循环体将输出刚刚从标
准输入读取的内容。重复若干次之后，一旦遇到文件结束标记或非法输入循环也就结束了。

87

使用 getline 读取一整行

　　有时我们希望能在最终得到的字符串中保留输入时的空白符，这时应该用 **getline**
函数代替原来的>>运算符。getline 函数的参数是一个输入流和一个 string 对象，函
数从给定的输入流中读入内容，直到遇到换行符为止（注意换行符也被读进来了），然后
把所读的内容存入到那个 string 对象中去（注意不存换行符）。getline 只要一遇到换
行符就结束读取操作并返回结果，哪怕输入的一开始就是换行符也是如此。如果输入真的
一开始就是换行符，那么所得的结果是个空 string。

　　和输入运算符一样，getline 也会返回它的流参数。因此既然输入运算符能作为判
断的条件（参见 1.4.3 节，第 13 页），我们也能用 getline 的结果作为条件。例如，可以
通过改写之前的程序让它一次输出一整行，而不再是每行输出一个词了：

```
int main()
{
    string line;
    // 每次读入一整行，直至到达文件末尾
    while (getline(cin, line))
        cout << line << endl;
    return 0;
}
```

因为 line 中不包含换行符，所以我们手动地加上换行操作符。和往常一样，使用 endl
结束当前行并刷新显示缓冲区。

 触发 getline 函数返回的那个换行符实际上被丢弃掉了，得到的 string 对
象中并不包含该换行符。

string 的 empty 和 size 操作

　　顾名思义，**empty** 函数根据 string 对象是否为空返回一个对应的布尔值（参见第

2.1 节, 30 页)。和 Sales_item 类 (参见 1.5.2 节, 第 20 页) 的 isbn 成员一样, empty 也是 string 的一个成员函数。调用该函数的方法很简单, 只要使用点操作符指明是哪个对象执行了 empty 函数就可以了。

通过改写之前的程序, 可以做到只输出非空的行:

```
// 每次读入一整行, 遇到空行直接跳过
while (getline(cin, line))
    if (!line.empty())
        cout << line << endl;
```

在上面的程序中, if 语句的条件部分使用了**逻辑非运算符** (!), 它返回与其运算对象相反的结果。此例中, 如果 str 不为空则返回真。

size 函数返回 string 对象的长度(即 string 对象中字符的个数),可以使用 size 函数只输出长度超过 80 个字符的行: ◁ 88

```
string line;
// 每次读入一整行, 输出其中超过 80 个字符的行
while (getline(cin, line))
    if (line.size() > 80)
        cout << line << endl;
```

string::size_type 类型

对于 size 函数来说, 返回一个 int 或者如前面 2.1.1 节 (第 31 页) 所述的那样返回一个 unsigned 似乎都是合情合理的。但其实 size 函数返回的是一个 string::size_type 类型的值, 下面就对这种新的类型稍作解释。

string 类及其他大多数标准库类型都定义了几种配套的类型。这些配套类型体现了标准库类型与机器无关的特性, 类型 **size_type** 即是其中的一种。在具体使用的时候, 通过作用域操作符来表明名字 size_type 是在类 string 中定义的。

尽管我们不太清楚 string::size_type 类型的细节, 但有一点是肯定的: 它是一个无符号类型的值(参见 2.1.1 节, 第 30 页)而且能足够存放下任何 string 对象的大小。所有用于存放 string 类的 size 函数返回值的变量, 都应该是 string::size_type 类型的。

过去, string::size_type 这种类型有点儿神秘, 不太容易理解和使用。在 C++11 新标准中, 允许编译器通过 auto 或者 decltype(参见 2.5.2 节, 第 61 页)来推断变量的类型: $\boxed{\text{C++11}}$

```
auto len = line.size(); // len 的类型是 string::size_type
```

由于 size 函数返回的是一个无符号整型数, 因此切记, 如果在表达式中混用了带符号数和无符号数将可能产生意想不到的结果 (参见 2.1.2 节, 第 33 页)。例如, 假设 n 是一个具有负值的 int, 则表达式 s.size()<n 的判断结果几乎肯定是 true。这是因为负值 n 会自动地转换成一个比较大的无符号值。

 如果一条表达式中已经有了 size() 函数就不要再使用 int 了, 这样可以避免混用 int 和 unsigned 可能带来的问题。

比较 string 对象

string 类定义了几种用于比较字符串的运算符。这些比较运算符逐一比较 string

对象中的字符，并且对大小写敏感，也就是说，在比较时同一个字母的大写形式和小写形式是不同的。

相等性运算符（==和!=）分别检验两个 string 对象相等或不相等，string 对象相等意味着它们的长度相同而且所包含的字符也全都相同。关系运算符<、<=、>、>=分别检验一个 string 对象是否小于、小于等于、大于、大于等于另外一个 string 对象。上述这些运算符都依照（大小写敏感的）字典顺序：

89

1. 如果两个 string 对象的长度不同，而且较短 string 对象的每个字符都与较长 string 对象对应位置上的字符相同，就说较短 string 对象小于较长 string 对象。

2. 如果两个 string 对象在某些对应的位置上不一致，则 string 对象比较的结果其实是 string 对象中第一对相异字符比较的结果。

下面是 string 对象比较的一个示例：

```
string str = "Hello";
string phrase = "Hello World";
string slang = "Hiya";
```

根据规则 1 可判断，对象 str 小于对象 phrase；根据规则 2 可判断，对象 slang 既大于 str 也大于 phrase。

为 string 对象赋值

一般来说，在设计标准库类型时都力求在易用性上向内置类型看齐，因此大多数库类型都支持赋值操作。对于 string 类而言，允许把一个对象的值赋给另外一个对象：

```
string st1(10, 'c'), st2;// st1 的内容是 cccccccccc；st2 是一个空字符串
st1 = st2;                // 赋值：用 st2 的副本替换 st1 的内容
                          // 此时 st1 和 st2 都是空字符串
```

两个 string 对象相加

两个 string 对象相加得到一个新的 string 对象，其内容是把左侧的运算对象与右侧的运算对象串接而成。也就是说，对 string 对象使用加法运算符（+）的结果是一个新的 string 对象，它所包含的字符由两部分组成：前半部分是加号左侧 string 对象所含的字符、后半部分是加号右侧 string 对象所含的字符。另外，复合赋值运算符（+=）（参见 1.4.1 节，第 10 页）负责把右侧 string 对象的内容追加到左侧 string 对象的后面：

```
string s1 = "hello, ", s2 = "world\n";
string s3 = s1 + s2;     // s3 的内容是 hello, world\n
s1 += s2;                // 等价于 s1 = s1 + s2
```

字面值和 string 对象相加

如 2.1.2 节（第 33 页）所讲的，即使一种类型并非所需，我们也可以使用它，不过前提是该种类型可以自动转换成所需的类型。因为标准库允许把字符字面值和字符串字面值（参见 2.1.3 节，第 36 页）转换成 string 对象，所以在需要 string 对象的地方就可以使用这两种字面值来替代。利用这一点将之前的程序改写为如下形式：

```
string s1 = "hello", s2 = "world"; // 在 s1 和 s2 中都没有标点符号
string s3 = s1 + ", " + s2 + '\n';
```

当把 string 对象和字符字面值及字符串字面值混在一条语句中使用时，必须确保每个加法运算符（+）的两侧的运算对象至少有一个是 string：

```
string s4 = s1 + ", ";        // 正确：把一个 string 对象和一个字面值相加
string s5 = "hello" + ", ";   // 错误：两个运算对象都不是 string
// 正确：每个加法运算符都有一个运算对象是 string
string s6 = s1 + ", " + "world";
string s7 = "hello" + ", " + s2; // 错误：不能把字面值直接相加
```

s4 和 s5 初始化时只用到了一个加法运算符，因此很容易判断是否合法。s6 的初始化形式之前没有出现过，但其实它的工作机理和连续输入连续输出（参见 1.2 节，第 6 页）是一样的，可以用如下的形式分组：

```
string s6 = (s1 + ", ") + "world";
```

其中子表达式 s1 + ","的结果是一个 string 对象，它同时作为第二个加法运算符的左侧运算对象，因此上述语句和下面的两个语句是等价的：

```
string tmp = s1 + ", ";  // 正确：加法运算符有一个运算对象是 string
s6 = tmp + "world";      // 正确：加法运算符有一个运算对象是 string
```

另一方面，s7 的初始化是非法的，根据其语义加上括号后就成了下面的形式：

```
string s7 = ("hello" + ", ") + s2; // 错误：不能把字面值直接相加
```

很容易看到，括号内的子表达式试图把两个字符串字面值加在一起，而编译器根本没法做到这一点，所以这条语句是错误的。

> ⚠️ **WARNING**　因为某些历史原因，也为了与 C 兼容，所以 C++语言中的字符串字面值并不是标准库类型 string 的对象。切记，字符串字面值与 string 是不同的类型。

3.2.2 节练习

练习 3.2：编写一段程序从标准输入中一次读入一整行，然后修改该程序使其一次读入一个词。

练习 3.3：请说明 string 类的输入运算符和 getline 函数分别是如何处理空白字符的。

练习 3.4：编写一段程序读入两个字符串，比较其是否相等并输出结果。如果不相等，输出较大的那个字符串。改写上述程序，比较输入的两个字符串是否等长，如果不等长，输出长度较大的那个字符串。

练习 3.5：编写一段程序从标准输入中读入多个字符串并将它们连接在一起，输出连接成的大字符串。然后修改上述程序，用空格把输入的多个字符串分隔开来。

3.2.3　处理 string 对象中的字符

我们经常需要单独处理 string 对象中的字符，比如检查一个 string 对象是否包含空白，或者把 string 对象中的字母改成小写，再或者查看某个特定的字符是否出现等。

这类处理的一个关键问题是如何获取字符本身。有时需要处理 string 对象中的每一个字符，另外一些时候则只需处理某个特定的字符，还有些时候遇到某个条件处理就要停

下来。以往的经验告诉我们，处理这些情况常常要涉及语言和库的很多方面。

另一个关键问题是要知道能改变某个字符的特性。在 cctype 头文件中定义了一组标准库函数处理这部分工作，表 3.3 列出了主要的函数名及其含义。

表 3.3: cctype 头文件中的函数	
isalnum(c)	当 c 是字母或数字时为真
isalpha(c)	当 c 是字母时为真
iscntrl(c)	当 c 是控制字符时为真
isdigit(c)	当 c 是数字时为真
isgraph(c)	当 c 不是空格但可打印时为真
islower(c)	当 c 是小写字母时为真
isprint(c)	当 c 是可打印字符时为真（即 c 是空格或 c 具有可视形式）
ispunct(c)	当 c 是标点符号时为真（即 c 不是控制字符、数字、字母、可打印空白中的一种）
isspace(c)	当 c 是空白时为真（即 c 是空格、横向制表符、纵向制表符、回车符、换行符、进纸符中的一种）
isupper(c)	当 c 是大写字母时为真
isxdigit(c)	当 c 是十六进制数字时为真
tolower(c)	如果 c 是大写字母，输出对应的小写字母；否则原样输出 c
toupper(c)	如果 c 是小写字母，输出对应的大写字母；否则原样输出 c

建议：使用 C++ 版本的 C 标准库头文件

C++ 标准库中除了定义 C++ 语言特有的功能外，也兼容了 C 语言的标准库。C 语言的头文件形如 *name*.h，C++ 则将这些文件命名为 *cname*。也就是去掉了 .h 后缀，而在文件名 *name* 之前添加了字母 c，这里的 c 表示这是一个属于 C 语言标准库的头文件。

因此，cctype 头文件和 ctype.h 头文件的内容是一样的，只不过从命名规范上来讲更符合 C++ 语言的要求。特别的，在名为 *cname* 的头文件中定义的名字从属于命名空间 std，而定义在名为 .h 的头文件中的则不然。

一般来说，C++ 程序应该使用名为 *cname* 的头文件而不使用 *name*.h 的形式，标准库中的名字总能在命名空间 std 中找到。如果使用 .h 形式的头文件，程序员就不得不时刻牢记哪些是从 C 语言那儿继承过来的，哪些又是 C++ 语言所独有的。

处理每个字符？使用基于范围的 for 语句

C++
11

如果想对 string 对象中的每个字符做点儿什么操作，目前最好的办法是使用 C++11 新标准提供的一种语句：**范围 for**（range for）语句。这种语句遍历给定序列中的每个元素并对序列中的每个值执行某种操作，其语法形式是：

for (*declaration* : *expression*)
　　statement

其中，*expression* 部分是一个对象，用于表示一个序列。*declaration* 部分负责定义一个变量，该变量将被用于访问序列中的基础元素。每次迭代，*declaration* 部分的变量会被初始化为 *expression* 部分的下一个元素值。

一个 string 对象表示一个字符的序列，因此 string 对象可以作为范围 for 语句

中的 *expression* 部分。举一个简单的例子，我们可以使用范围 for 语句把 string 对象中的字符每行一个输出出来：

```
string str("some string");
// 每行输出 str 中的一个字符。
for (auto c : str)              // 对于 str 中的每个字符
    cout << c << endl;          // 输出当前字符，后面紧跟一个换行符
```

for 循环把变量 c 和 str 联系了起来，其中我们定义循环控制变量的方式与定义任意一个普通变量是一样的。此例中，通过使用 auto 关键字（参见 2.5.2 节，第 61 页）让编译器来决定变量 c 的类型，这里 c 的类型是 char。每次迭代，str 的下一个字符被拷贝给 c，因此该循环可以读作"对于字符串 str 中的每个字符 c，"执行某某操作。此例中的"某某操作"即输出一个字符，然后换行。 〈92〉

举个稍微复杂一点的例子，使用范围 for 语句和 ispunct 函数来统计 string 对象中标点符号的个数：

```
string s("Hello World!!!");
// punct_cnt 的类型和 s.size 的返回类型一样；参见 2.5.3 节（第 62 页）
decltype(s.size()) punct_cnt = 0;
//统计 s 中标点符号的数量
for (auto c : s)                // 对于 s 中的每个字符
    if (ispunct(c))             // 如果该字符是标点符号
        ++punct_cnt;            // 将标点符号的计数值加 1
cout << punct_cnt
     << " punctuation characters in " << s << endl;
```

程序的输出结果将是：

3 punctuation characters in Hello World!!!

这里我们使用 decltype 关键字（参见 2.5.3 节，第 62 页）声明计数变量 punct_cnt，它的类型是 s.size 函数返回值的类型，也就是 string::size_type。使用范围 for 语句处理 string 对象中的每个字符并检查其是否是标点符号。如果是，使用递增运算符（参见 1.4.1 节，第 10 页）给计数变量加 1。最后，待范围 for 语句结束后输出统计结果。

使用范围 for 语句改变字符串中的字符 〈93〉

如果想要改变 string 对象中字符的值，必须把循环变量定义成引用类型（参见 2.3.1 节，第 45 页）。记住，所谓引用只是给定对象的一个别名，因此当使用引用作为循环控制变量时，这个变量实际上被依次绑定到了序列的每个元素上。使用这个引用，我们就能改变它绑定的字符。

新的例子不再是统计标点符号的个数了，假设我们想要把字符串改写为大写字母的形式。为了做到这一点可以使用标准库函数 toupper，该函数接收一个字符，然后输出其对应的大写形式。这样，为了把整个 string 对象转换成大写，只要对其中的每个字符调用 toupper 函数并将结果再赋给原字符就可以了：

```
string s("Hello World!!!");
// 转换成大写形式。
for (auto &c : s)               // 对于 s 中的每个字符（注意：c 是引用）
    c = toupper(c);             // c 是一个引用，因此赋值语句将改变 s 中字符的值
cout << s << endl;
```

上述代码的输出结果将是：

HELLO WORLD!!!

每次迭代时，变量 c 引用 string 对象 s 的下一个字符，赋值给 c 也就是在改变 s 中对应字符的值。因此当执行下面的语句时，

c = toupper(c); // c是一个引用，因此赋值语句将改变 s 中字符的值

实际上改变了 c 绑定的字符的值。整个循环结束后，str 中的所有字符都变成了大写形式。

只处理一部分字符？

如果要处理 string 对象中的每一个字符，使用范围 for 语句是个好主意。然而，有时我们需要访问的只是其中一个字符，或者访问多个字符但遇到某个条件就要停下来。例如，同样是将字符改为大写形式，不过新的要求不再是对整个字符串都这样做，而仅仅把 string 对象中的第一个字母或第一个单词大写化。

要想访问 string 对象中的单个字符有两种方式：一种是使用下标，另外一种是使用迭代器，其中关于迭代器的内容将在 3.4 节（第 95 页）和第 9 章中介绍。

下标运算符（[ ]）接收的输入参数是 string::size_type 类型的值（参见 3.2.2 节，第 79 页），这个参数表示要访问的字符的位置；返回值是该位置上字符的引用。

string 对象的下标从 0 计起。如果 string 对象 s 至少包含两个字符，则 s[0] 是第 1 个字符、s[1] 是第 2 个字符、s[s.size()-1] 是最后一个字符。

> string 对象的下标必须大于等于 0 而小于 s.size()。
>
> 使用超出此范围的下标将引发不可预知的结果，以此推断，使用下标访问空 **string** 也会引发不可预知的结果。

下标的值称作"下标"或"**索引**"，任何表达式只要它的值是一个整型值就能作为索引。不过，如果某个索引是带符号类型的值将自动转换成由 string::size_type（参见 2.1.2 节，第 33 页）表达的无符号类型。

下面的程序使用下标运算符输出 string 对象中的第一个字符：

```
if (!s.empty())                // 确保确实有字符需要输出
    cout << s[0] << endl;      // 输出 s 的第一个字符
```

在访问指定字符之前，首先检查 s 是否为空。其实不管什么时候只要对 string 对象使用了下标，都要确认在那个位置上确实有值。如果 s 为空，则 s[0] 的结果将是未定义的。

只要字符串不是常量（参见 2.4 节，第 53 页），就能为下标运算符返回的字符赋新值。例如，下面的程序将字符串的首字符改成了大写形式：

```
string s("some string");
if (!s.empty())                // 确保 s[0] 的位置确实有字符
    s[0] = toupper(s[0]);      // 为 s 的第一个字符赋一个新值
```

程序的输出结果将是：

Some string

使用下标执行迭代

另一个例子是把 s 的第一个词改成大写形式：

```
// 依次处理 s 中的字符直至我们处理完全部字符或者遇到一个空白
for (decltype(s.size()) index = 0;
        index != s.size() && !isspace(s[index]); ++index)
            s[index] = toupper(s[index]); //将当前字符改成大写形式
```

程序的输出结果将是：

SOME string

在上述程序中，for 循环使用变量 index 作为 s 的下标，index 的类型是由 decltype 关键字决定的。首先把 index 初始化为 0，这样第一次迭代就会从 s 的首字符开始；之后每次迭代将 index 加 1 以得到 s 的下一个字符。循环体负责将当前的字母改写为大写形式。

for 语句的条件部分涉及一点新知识，该条件使用了**逻辑与运算符**（&&）。如果参与运算的两个运算对象都为真，则逻辑与结果为真；否则结果为假。对这个运算符来说最重要的一点是，C++语言规定只有当左侧运算对象为真时才会检查右侧运算对象的情况。如此例所示，这条规定确保了只有当下标取值在合理范围之内时才会真的用此下标去访问字符串。也就是说，只有在 index 达到 s.size() 之前才会执行 s[index]。随着 index 的增加，它永远也不可能超过 s.size() 的值，所以可以确保 index 比 s.size() 小。

◁ 95

提示：注意检查下标的合法性

使用下标时必须确保其在合理范围之内，也就是说，下标必须大于等于 0 而小于字符串的 size() 的值。一种简便易行的方法是，总是设下标的类型为 string::size_type，因为此类型是无符号数，可以确保下标不会小于 0。此时，代码只需保证下标小于 size() 的值就可以了。

C++标准并不要求标准库检测下标是否合法。一旦使用了一个超出范围的下标，就会产生不可预知的结果。

使用下标执行随机访问

在之前的示例中，我们让字符串的下标每次加 1 从而按顺序把所有字符改写成了大写形式。其实也能通过计算得到某个下标值，然后直接获取对应位置的字符，并不是每次都得从前往后依次访问。

例如，想要编写一个程序把 0 到 15 之间的十进制数转换成对应的十六进制形式，只需初始化一个字符串令其存放 16 个十六进制"数字"：

```
const string hexdigits = "0123456789ABCDEF"; // 可能的十六进制数字
cout << "Enter a series of numbers between 0 and 15"
     << " separated by spaces. Hit ENTER when finished: "
     << endl;
string result;          // 用于保存十六进制的字符串
string::size_type n;    // 用于保存从输入流读取的数
while (cin >> n)
    if (n < hexdigits.size())    // 忽略无效输入
        result += hexdigits[n];  // 得到对应的十六进制数字
```

```
cout << "Your hex number is: " << result << endl;
```

假设输入的内容如下：

12 0 5 15 8 15

程序的输出结果将是：

Your hex number is: C05F8F

上述程序的执行过程是这样的：首先初始化变量 hexdigits 令其存放从 0 到 F 的十六进制数字，注意我们把 hexdigits 声明成了常量（参见 2.4 节，第 53 页），这是因为在后面的程序中不打算再改变它的值。在循环内部使用输入值 n 作为 hexdigits 的下标，hexdigits[n] 的值就是 hexdigits 内位置 n 处的字符。例如，如果 n 是 15，则结果是 F；如果 n 是 12，则结果是 C，以此类推。把得到的十六进制数字添加到 result 内，最后一并输出。

无论何时用到字符串的下标，都应该注意检查其合法性。在上面的程序中，下标 n 是 string::size_type 类型，也就是无符号类型，所以 n 可以确保大于或等于 0。在实际使用时，还需检查 n 是否小于 hexdigits 的长度。

96

3.2.3 节练习

练习 3.6：编写一段程序，使用范围 for 语句将字符串内的所有字符用 X 代替。

练习 3.7：就上一题完成的程序而言，如果将循环控制变量的类型设为 char 将发生什么？先估计一下结果，然后实际编程进行验证。

练习 3.8：分别用 while 循环和传统的 for 循环重写第一题的程序，你觉得哪种形式更好呢？为什么？

练习 3.9：下面的程序有何作用？它合法吗？如果不合法，为什么？

```
string s;
cout << s[0] << endl;
```

练习 3.10：编写一段程序，读入一个包含标点符号的字符串，将标点符号去除后输出字符串剩余的部分。

练习 3.11：下面的范围 for 语句合法吗？如果合法，c 的类型是什么？

```
const string s = "Keep out!";
for (auto &c : s) { /* ... */ }
```

3.3 标准库类型 vector

标准库类型 **vector** 表示对象的集合，其中所有对象的类型都相同。集合中的每个对象都有一个与之对应的索引，索引用于访问对象。因为 vector "容纳着"其他对象，所以它也常被称作**容器**（container）。第 II 部分将对容器进行更为详细的介绍。

要想使用 vector，必须包含适当的头文件。在后续的例子中，都将假定做了如下 using 声明：

```
#include <vector>
using std::vector;
```

　　C++语言既有**类模板**（class template），也有函数模板，其中 vector 是一个类模板。只有对 C++有了相当深入的理解才能写出模板，事实上，我们直到第 16 章才会学习如何自定义模板。幸运的是，即使还不会创建模板，我们也可以先试着用用它。

　　模板本身不是类或函数，相反可以将模板看作为编译器生成类或函数编写的一份说明。编译器根据模板创建类或函数的过程称为**实例化**（instantiation），当使用模板时，需要指出编译器应把类或函数实例化成何种类型。

　　对于类模板来说，我们通过提供一些额外信息来指定模板到底实例化成什么样的类，需要提供哪些信息由模板决定。提供信息的方式总是这样：即在模板名字后面跟一对尖括号，在括号内放上信息。

　　以 vector 为例，提供的额外信息是 vector 内所存放对象的类型：

<97

```
vector<int> ivec;                 // ivec 保存 int 类型的对象
vector<Sales_item> Sales_vec;     // 保存 Sales_item 类型的对象
vector<vector<string>> file;      // 该向量的元素是 vector 对象
```

在上面的例子中，编译器根据模板 vector 生成了三种不同的类型：vector<int>、vector<Sales_item>和 vector<vector<string>>。

> vector 是模板而非类型，由 vector 生成的类型必须包含 vector 中元素的类型，例如 vector<int>。

　　vector 能容纳绝大多数类型的对象作为其元素，但是因为引用不是对象（参见 2.3.1 节，第 45 页），所以不存在包含引用的 vector。除此之外，其他大多数（非引用）内置类型和类类型都可以构成 vector 对象，甚至组成 vector 的元素也可以是 vector。

　　需要指出的是，在早期版本的 C++标准中如果 vector 的元素还是 vector（或者其他模板类型），则其定义的形式与现在的 C++11 新标准略有不同。过去，必须在外层 vector 对象的右尖括号和其元素类型之间添加一个空格，如应该写成 vector<vector<int> > 而非 vector<vector<int>>。

> 某些编译器可能仍需以老式的声明语句来处理元素为 vector 的 vector 对象，如 vector<vector<int> >。

3.3.1 定义和初始化 vector 对象

　　和任何一种类类型一样，vector 模板控制着定义和初始化向量的方法。表 3.4 列出了定义 vector 对象的常用方法。

表 3.4：初始化 vector 对象的方法	
vector<T> v1	v1 是一个空 vector，它潜在的元素是 T 类型的，执行默认初始化
vector<T> v2(v1)	v2 中包含有 v1 所有元素的副本
vector<T> v2 = v1	等价于 v2(v1)，v2 中包含有 v1 所有元素的副本
vector<T> v3(n, val)	v3 包含了 n 个重复的元素，每个元素的值都是 val
vector<T> v4(n)	v4 包含了 n 个重复地执行了值初始化的对象
vector<T> v5{a,b,c...}	v5 包含了初始值个数的元素，每个元素被赋予相应的初始值
vector<T> v5={a,b,c...}	等价于 v5{a,b,c...}

可以默认初始化 vector 对象（参见 2.2.1 节，第 40 页），从而创建一个指定类型的空 vector：

```
vector<string> svec; //默认初始化，svec 不含任何元素
```

看起来空 vector 好像没什么用，但是很快我们就会知道程序在运行时可以很高效地往 vector 对象中添加元素。事实上，最常见的方式就是先定义一个空 vector，然后当运行时获取到元素的值后再逐一添加。

当然也可以在定义 vector 对象时指定元素的初始值。例如，允许把一个 vector 对象的元素拷贝给另外一个 vector 对象。此时，新 vector 对象的元素就是原 vector 对象对应元素的副本。注意两个 vector 对象的类型必须相同：

```
vector<int> ivec;              // 初始状态为空
// 在此处给 ivec 添加一些值
vector<int> ivec2(ivec);       // 把 ivec 的元素拷贝给 ivec2
vector<int> ivec3 = ivec;      // 把 ivec 的元素拷贝给 ivec3
vector<string> svec(ivec2);    // 错误：svec 的元素是 string 对象，不是 int
```

98 > ### 列表初始化 vector 对象

C++11

C++11 新标准还提供了另外一种为 vector 对象的元素赋初值的方法，即列表初始化（参见 2.2.1 节，第 39 页）。此时，用花括号括起来的 0 个或多个初始元素值被赋给 vector 对象：

```
vector<string> articles = {"a", "an", "the"};
```

上述 vector 对象包含三个元素：第一个是字符串"a"，第二个是字符串"an"，最后一个是字符串"the"。

之前已经讲过，C++语言提供了几种不同的初始化方式（参见 2.2.1 节，第 39 页）。在大多数情况下这些初始化方式可以相互等价地使用，不过也并非一直如此。目前已经介绍过的两种例外情况是：其一，使用拷贝初始化时（即使用=时）（参见 3.2.1 节，第 76 页），只能提供一个初始值；其二，如果提供的是一个类内初始值（参见 2.6.1 节，第 64 页），则只能使用拷贝初始化或使用花括号的形式初始化。第三种特殊的要求是，如果提供的是初始元素值的列表，则只能把初始值都放在花括号里进行列表初始化，而不能放在圆括号里：

```
vector<string> v1{"a", "an", "the"}; // 列表初始化
vector<string> v2("a", "an", "the"); // 错误
```

创建指定数量的元素

还可以用 vector 对象容纳的元素数量和所有元素的统一初始值来初始化 vector 对象：

```
vector<int> ivec(10, -1);     // 10 个 int 类型的元素，每个都被初始化为-1
vector<string> svec(10, "hi!"); // 10 个 string 类型的元素，
                                // 每个都被初始化为"hi!"
```

值初始化

通常情况下，可以只提供 vector 对象容纳的元素数量而略去初始值。此时库会创建一个**值初始化的**（value-initialized）元素初值，并把它赋给容器中的所有元素。这个初值由 vector 对象中元素的类型决定。

如果 vector 对象的元素是内置类型，比如 int，则元素初值自动设为 0。如果元素是某种类类型，比如 string，则元素由类默认初始化：

```
vector<int> ivec(10);          // 10 个元素，每个都初始化为 0
vector<string> svec(10);       // 10 个元素，每个都是空 string 对象
```

对这种初始化的方式有两个特殊限制：其一，有些类要求必须明确地提供初始值（参见 2.2.1 节，第 40 页），如果 vector 对象中元素的类型不支持默认初始化，我们就必须提供初始的元素值。对这种类型的对象来说，只提供元素的数量而不设定初始值无法完成初始化工作。

其二，如果只提供了元素的数量而没有设定初始值，只能使用直接初始化：

```
vector<int> vi = 10; // 错误：必须使用直接初始化的形式指定向量大小
```

99

这里的 10 是用来说明如何初始化 vector 对象的，我们用它的本意是想创建含有 10 个值初始化了的元素的 vector 对象，而非把数字 10 "拷贝" 到 vector 中。因此，此时不宜使用拷贝初始化，7.5.4 节（第 265 页）将对这一点做更详细的介绍。

列表初始值还是元素数量？

在某些情况下，初始化的真实含义依赖于传递初始值时用的是花括号还是圆括号。例如，用一个整数来初始化 vector<int> 时，整数的含义可能是 vector 对象的容量也可能是元素的值。类似的，用两个整数来初始化 vector<int> 时，这两个整数可能一个是 vector 对象的容量，另一个是元素的初值，也可能它们是容量为 2 的 vector 对象中两个元素的初值。通过使用花括号或圆括号可以区分上述这些含义：

```
vector<int> v1(10);       // v1 有 10 个元素，每个的值都是 0
vector<int> v2{10};       // v2 有 1 个元素，该元素的值是 10

vector<int> v3(10, 1);    // v3 有 10 个元素，每个的值都是 1
vector<int> v4{10, 1};    // v4 有 2 个元素，值分别是 10 和 1
```

如果用的是圆括号，可以说提供的值是用来构造（construct）vector 对象的。例如，v1 的初始值说明了 vector 对象的容量；v3 的两个初始值则分别说明了 vector 对象的容量和元素的初值。

如果用的是花括号，可以表述成我们想列表初始化（list initialize）该 vector 对象。也就是说，初始化过程会尽可能地把花括号内的值当成是元素初始值的列表来处理，只有在无法执行列表初始化时才会考虑其他初始化方式。在上例中，给 v2 和 v4 提供的初始值都能作为元素的值，所以它们都会执行列表初始化，vector 对象 v2 包含一个元素而 vector 对象 v4 包含两个元素。

另一方面，如果初始化时使用了花括号的形式但是提供的值又不能用来列表初始化，就要考虑用这样的值来构造 vector 对象了。例如，要想列表初始化一个含有 string 对象的 vector 对象，应该提供能赋给 string 对象的初值。此时不难区分到底是要列表初始化 vector 对象的元素还是用给定的容量值来构造 vector 对象：

100

```
vector<string> v5{"hi"}; // 列表初始化：v5 有一个元素
vector<string> v6("hi"); // 错误：不能使用字符串字面值构建 vector 对象
vector<string> v7{10};        // v7 有 10 个默认初始化的元素
vector<string> v8{10, "hi"};  // v8 有 10 个值为 "hi" 的元素
```

尽管在上面的例子中除了第二条语句之外都用了花括号，但其实只有 v5 是列表初始化。要想列表初始化 vector 对象，花括号里的值必须与元素类型相同。显然不能用 int 初始化 string 对象，所以 v7 和 v8 提供的值不能作为元素的初始值。确认无法执行列表初始化后，编译器会尝试用默认值初始化 vector 对象。

练习 3.12：下列 vector 对象的定义有不正确的吗？如果有，请指出来。对于正确的，描述其执行结果；对于不正确的，说明其错误的原因。

```
(a) vector<vector<int>> ivec;
(b) vector<string> svec = ivec;
(c) vector<string> svec(10, "null");
```

练习 3.13：下列的 vector 对象各包含多少个元素？这些元素的值分别是多少？

```
(a) vector<int> v1;                (b) vector<int> v2(10);
(c) vector<int> v3(10, 42);        (d) vector<int> v4{10};
(e) vector<int> v5{10, 42};        (f) vector<string> v6{10};
(g) vector<string> v7{10, "hi"};
```

3.3.2 向 vector 对象中添加元素

对 vector 对象来说，直接初始化的方式适用于三种情况：初始值已知且数量较少、初始值是另一个 vector 对象的副本、所有元素的初始值都一样。然而更常见的情况是：创建一个 vector 对象时并不清楚实际所需的元素个数，元素的值也经常无法确定。还有些时候即使元素的初值已知，但如果这些值总量较大而各不相同，那么在创建 vector 对象的时候执行初始化操作也会显得过于烦琐。

举个例子，如果想创建一个 vector 对象令其包含从 0 到 9 共 10 个元素，使用列表初始化的方法很容易做到这一点；但如果 vector 对象包含的元素是从 0 到 99 或者从 0 到 999 呢？这时通过列表初始化把所有元素都一一罗列出来就不太合适了。对于此例来说，更好的处理方法是先创建一个空 vector，然后在运行时再利用 vector 的成员函数 **push_back** 向其中添加元素。push_back 负责把一个值当成 vector 对象的尾元素"压到（push）" vector 对象的"尾端（back）"。例如：

101 >

```
vector<int> v2;          // 空 vector 对象
for (int i = 0; i != 100; ++i)
    v2.push_back(i); // 依次把整数值放到 v2 尾端
// 循环结束后 v2 有 100 个元素，值从 0 到 99
```

在上例中，尽管知道 vector 对象最后会包含 100 个元素，但在一开始还是把它声明成空 vector，在每次迭代时才顺序地把下一个整数作为 v2 的新元素添加给它。

同样的，如果直到运行时才能知道 vector 对象中元素的确切个数，也应该使用刚刚这种方法创建 vector 对象并为其赋值。例如，有时需要实时读入数据然后将其赋予 vector 对象：

```
// 从标准输入中读取单词，将其作为 vector 对象的元素存储
string word;
vector<string> text;               // 空 vector 对象
while (cin >> word) {
    text.push_back(word);      // 把 word 添加到 text 后面
}
```

和之前的例子一样，本例也是先创建一个空 vector，之后依次读入未知数量的值并保存到 text 中。

关键概念：vector 对象能高效增长

　　C++标准要求 vector 应该能在运行时高效快速地添加元素。因此既然 vector 对象能高效地增长，那么在定义 vector 对象的时候设定其大小也就没什么必要了，事实上如果这么做性能可能更差。只有一种例外情况，就是所有（all）元素的值都一样。一旦元素的值有所不同，更有效的办法是先定义一个空的 vector 对象，再在运行时向其中添加具体值。此外，9.4 节（第 317 页）将介绍，vector 还提供了方法，允许我们进一步提升动态添加元素的性能。

　　开始的时候创建空的 vector 对象，在运行时再动态添加元素，这一做法与 C 语言及其他大多数语言中内置数组类型的用法不同。特别是如果用惯了 C 或者 Java，可以预计在创建 vector 对象时顺便指定其容量是最好的。然而事实上，通常的情况是恰恰相反。

向 vector 对象添加元素蕴含的编程假定

　　由于能高效便捷地向 vector 对象中添加元素，很多编程工作被极大简化了。然而，这种简便性也伴随着一些对编写程序更高的要求：其中一条就是必须要确保所写的循环正确无误，特别是在循环有可能改变 vector 对象容量的时候。

　　随着对 vector 的更多使用，我们还会逐渐了解到其他一些隐含的要求，其中一条是现在就要指出的：如果循环体内部包含有向 vector 对象添加元素的语句，则不能使用范围 for 循环，具体原因将在 5.4.3 节（第 168 页）详细解释。

⚠️ **WARNING**　范围 for 语句体内不应改变其所遍历序列的大小。

3.3.2 节练习

102

练习 3.14： 编写一段程序，用 cin 读入一组整数并把它们存入一个 vector 对象。

练习 3.15： 改写上题的程序，不过这次读入的是字符串。

3.3.3　其他 vector 操作

　　除了 push_back 之外，vector 还提供了几种其他操作，大多数都和 string 的相关操作类似，表 3.5 列出了其中比较重要的一些。

表 3.5：vector 支持的操作

v.empty()	如果 v 不含有任何元素，返回真；否则返回假
v.size()	返回 v 中元素的个数
v.push_back(t)	向 v 的尾端添加一个值为 t 的元素
v[n]	返回 v 中第 n 个位置上元素的引用
v1 = v2	用 v2 中元素的拷贝替换 v1 中的元素
v1 = {a,b,c...}	用列表中元素的拷贝替换 v1 中的元素
v1 == v2	v1 和 v2 相等当且仅当它们的元素数量相同且对应位置的元素值都相同
v1 != v2	
<, <=, >, >=	顾名思义，以字典顺序进行比较

访问 vector 对象中元素的方法和访问 string 对象中字符的方法差不多，也是通过元素在 vector 对象中的位置。例如，可以使用范围 for 语句处理 vector 对象中的所有元素：

```
vector<int> v{1,2,3,4,5,6,7,8,9};
for (auto &i : v)          // 对于 v 中的每个元素（注意：i 是一个引用）
    i *= i;                // 求元素值的平方
for (auto i : v)           // 对于 v 中的每个元素
    cout << i << " ";      // 输出该元素
cout << endl;
```

第一个循环把控制变量 i 定义成引用类型，这样就能通过 i 给 v 的元素赋值，其中 i 的类型由 auto 关键字指定。这里用到了一种新的复合赋值运算符（参见 1.4.1 节，第 10 页）。如我们所知，+=把左侧运算对象和右侧运算对象相加，结果存入左侧运算对象；类似的，*=把左侧运算对象和右侧运算对象相乘，结果存入左侧运算对象。最后，第二个循环输出所有元素。

vector 的 empty 和 size 两个成员与 string 的同名成员（参见 3.2.2 节，第 78 页）功能完全一致：empty 检查 vector 对象是否包含元素然后返回一个布尔值；size 则返回 vector 对象中元素的个数，返回值的类型是由 vector 定义的 size_type 类型。

要使用 size_type，需首先指定它是由哪种类型定义的。vector 对象的类型总是包含着元素的类型（参见 3.3 节，第 87 页）：

```
vector<int>::size_type     // 正确
vector::size_type          // 错误
```

各个相等性运算符和关系运算符也与 string 的相应运算符（参见 3.2.2 节，第 79 页）功能一致。两个 vector 对象相等当且仅当它们所含的元素个数相同，而且对应位置的元素值也相同。关系运算符依照字典顺序进行比较：如果两个 vector 对象的容量不同，但是在相同位置上的元素值都一样，则元素较少的 vector 对象小于元素较多的 vector 对象；若元素的值有区别，则 vector 对象的大小关系由第一对相异的元素值的大小关系决定。

只有当元素的值可比较时，vector 对象才能被比较。一些类，如 string 等，确实定义了自己的相等性运算符和关系运算符；另外一些，如 Sales_item 类支持的运算已经全都罗列在 1.5.1 节（第 17 页）中了，显然并不支持相等性判断和关系运算等操作。因此，不能比较两个 vector<Sales_item>对象。

计算 vector 内对象的索引

使用下标运算符（参见 3.2.3 节，第 84 页）能获取到指定的元素。和 string 一样，vector 对象的下标也是从 0 开始计起，下标的类型是相应的 size_type 类型。只要 vector 对象不是一个常量，就能向下标运算符返回的元素赋值。此外，如 3.2.3 节（第 85 页）所述的那样，也能通过计算得到 vector 内对象的索引，然后直接获取索引位置上的元素。

举个例子，假设有一组成绩的集合，其中成绩的取值是从 0 到 100。以 10 分为一个分数段，要求统计各个分数段各有多少个成绩。显然，从 0 到 100 总共有 101 种可能的成绩取值，这些成绩分布在 11 个分数段上：每 10 个分数构成一个分数段，这样的分数段有 10 个，额外还有一个分数段表示满分 100 分。这样第一个分数段将统计成绩在 0 到 9 之间的数量；第二个分数段将统计成绩在 10 到 19 之间的数量，以此类推。最后一个分数段统计满分 100 分的数量。

按照上面的描述，如果输入的成绩如下：

42 65 95 100 39 67 95 76 88 76 83 92 76 93

则输出的结果应该是：

0 0 0 1 1 0 2 3 2 4 1

结果显示：成绩在 30 分以下的没有、30 分至 39 分有 1 个、40 分至 49 分有 1 个、50 分至 59 分没有、60 分至 69 分有 2 个、70 分至 79 分有 3 个、80 分至 89 分有 2 个、90 分至 99 分有 4 个，还有 1 个是满分。

在具体实现时使用一个含有 11 个元素的 vector 对象，每个元素分别用于统计各个 104 分数段上出现的成绩个数。对于某个成绩来说，将其除以 10 就能得到对应的分数段索引。注意：两个整数相除，结果还是整数，余数部分被自动忽略掉了。例如，42/10=4、65/10=6、100/10=10 等。一旦计算得到了分数段索引，就能用它作为 vector 对象的下标，进而获取该分数段的计数值并加 1：

```
// 以 10 分为一个分数段统计成绩的数量：0～9, 10～19, ..., 90～99, 100
vector<unsigned> scores(11, 0);    // 11 个分数段，全都初始化为 0
unsigned grade;
while (cin >> grade) {              // 读取成绩
    if (grade <= 100)              // 只处理有效的成绩
        ++scores[grade/10];        // 将对应分数段的计数值加 1
}
```

在上面的程序中，首先定义了一个 vector 对象存放各个分数段上成绩的数量。此例中，由于初始状态下每个元素的值都相同，所以我们为 vector 对象申请了 11 个元素，并把所有元素的初始值都设为 0。while 语句的条件部分负责读入成绩，在循环体内部首先检查读入的成绩是否合法（即是否小于等于 100 分），如果合法，将成绩对应的分数段的计数值加 1。

执行计数值累加的那条语句很好地体现了 C++程序代码的简洁性。表达式

```
++scores[grade/10]; // 将当前分数段的计数值加 1
```

等价于

```
auto ind = grade/10;               // 得到分数段索引
scores[ind] = scores[ind] + 1;     // 将计数值加 1
```

上述语句的含义是：用 grade 除以 10 来计算成绩所在的分数段，然后将所得的结果作为变量 scores 的下标。通过运行下标运算获取该分数段对应的计数值，因为新出现了一个属于该分数段的成绩，所以将计数值加 1。

如前所述，使用下标的时候必须清楚地知道它是否在合理范围之内（参见 3.2.3 节，第 85 页）。在这个程序里，我们事先确认了输入的成绩确实在 0 到 100 之间，这样计算所得的下标就一定在 0 到 10 之间，属于 0 到 scores.size()-1 规定的有效范围，一定是合法的。

不能用下标形式添加元素

刚接触 C++语言的程序员也许会认为可以通过 vector 对象的下标形式来添加元素，事实并非如此。下面的代码试图为 vector 对象 ivec 添加 10 个元素：

```
vector<int> ivec; // 空 vector 对象
```

```
for (decltype(ivec.size()) ix = 0; ix != 10; ++ix)
    ivec[ix] = ix; // 严重错误：ivec 不包含任何元素
```

然而，这段代码是错误的：ivec 是一个空 vector，根本不包含任何元素，当然也就不能通过下标去访问任何元素！如前所述，正确的方法是使用 push_back：

```
for (decltype(ivec.size()) ix = 0; ix != 10; ++ix)
    ivec.push_back(ix); // 正确：添加一个新元素，该元素的值是 ix
```

 vector 对象（以及 string 对象）的下标运算符可用于访问已存在的元素，而不能用于添加元素。

提示：只能对确知已存在的元素执行下标操作！

关于下标必须明确的一点是：只能对确知已存在的元素执行下标操作。例如，

```
vector<int> ivec;            // 空 vector 对象
cout << ivec[0];             // 错误：ivec 不包含任何元素

vector<int> ivec2(10);       // 含有 10 个元素的 vector 对象
cout << ivec2[10];           // 错误：ivec2 元素的合法索引是从 0 到 9
```

试图用下标的形式去访问一个不存在的元素将引发错误，不过这种错误不会被编译器发现，而是在运行时产生一个不可预知的值。

不幸的是，这种通过下标访问不存在的元素的行为非常常见，而且会产生很严重的后果。所谓的缓冲区溢出（buffer overflow）指的就是这类错误，这也是导致 PC 及其他设备上应用程序出现安全问题的一个重要原因。

确保下标合法的一种有效手段就是尽可能使用范围 for 语句。

3.3.3 节练习

练习 3.16： 编写一段程序，把练习 3.13 中 vector 对象的容量和具体内容输出出来。检验你之前的回答是否正确，如果不对，回过头重新学习 3.3.1 节（第 87 页）直到弄明白错在何处为止。

练习 3.17： 从 cin 读入一组词并把它们存入一个 vector 对象，然后设法把所有词都改写为大写形式。输出改变后的结果，每个词占一行。

练习 3.18： 下面的程序合法吗？如果不合法，你准备如何修改？

```
vector<int> ivec;
ivec[0] = 42;
```

练习 3.19： 如果想定义一个含有 10 个元素的 vector 对象，所有元素的值都是 42，请列举出三种不同的实现方法。哪种方法更好呢？为什么？

练习 3.20： 读入一组整数并把它们存入一个 vector 对象，将每对相邻整数的和输出出来。改写你的程序，这次要求先输出第 1 个和最后 1 个元素的和，接着输出第 2 个和倒数第 2 个元素的和，以此类推。

3.4 迭代器介绍

我们已经知道可以使用下标运算符来访问 string 对象的字符或 vector 对象的元素，还有另外一种更通用的机制也可以实现同样的目的，这就是**迭代器**（iterator）。在第 II 部分中将要介绍，除了 vector 之外，标准库还定义了其他几种容器。所有标准库容器都可以使用迭代器，但是其中只有少数几种才同时支持下标运算符。严格来说，string 对象不属于容器类型，但是 string 支持很多与容器类型类似的操作。vector 支持下标运算符，这点和 string 一样；string 支持迭代器，这也和 vector 是一样的。 ‹106

类似于指针类型（参见 2.3.2 节，第 47 页），迭代器也提供了对对象的间接访问。就迭代器而言，其对象是容器中的元素或者 string 对象中的字符。使用迭代器可以访问某个元素，迭代器也能从一个元素移动到另外一个元素。迭代器有有效和无效之分，这一点和指针差不多。有效的迭代器或者指向某个元素，或者指向容器中尾元素的下一位置；其他所有情况都属于无效。

3.4.1 使用迭代器

和指针不一样的是，获取迭代器不是使用取地址符，有迭代器的类型同时拥有返回迭代器的成员。比如，这些类型都拥有名为 **begin** 和 **end** 的成员，其中 begin 成员负责返回指向第一个元素（或第一个字符）的迭代器。如有下述语句：

```
// 由编译器决定 b 和 e 的类型；参见 2.5.2 节（第 61 页）
// b 表示 v 的第一个元素，e 表示 v 尾元素的下一位置
auto b = v.begin(), e = v.end(); //b 和 e 的类型相同
```

end 成员则负责返回指向容器（或 string 对象）"尾元素的下一位置（one past the end）"的迭代器，也就是说，该迭代器指示的是容器的一个本不存在的"**尾后**（off the end）"元素。这样的迭代器没什么实际含义，仅是个标记而已，表示我们已经处理完了容器中的所有元素。end 成员返回的迭代器常被称作**尾后迭代器**（off-the-end iterator）或者简称为尾迭代器（end iterator）。特殊情况下如果容器为空，则 begin 和 end 返回的是同一个迭代器。

如果容器为空，则 begin 和 end 返回的是同一个迭代器，都是尾后迭代器。

一般来说，我们不清楚（不在意）迭代器准确的类型到底是什么。在上面的例子中，使用 auto 关键字定义变量 b 和 e（参见 2.5.2 节，第 61 页），这两个变量的类型也就是 begin 和 end 的返回值类型，第 97 页将对相关内容做更详细的介绍。

迭代器运算符

表 3.6 列举了迭代器支持的一些运算。使用==和!=来比较两个合法的迭代器是否相等，如果两个迭代器指向的元素相同或者都是同一个容器的尾后迭代器，则它们相等；否则就说这两个迭代器不相等。

表 3.6：标准容器迭代器的运算符	
`*iter`	返回迭代器 `iter` 所指元素的引用
`iter->mem`	解引用 `iter` 并获取该元素的名为 `mem` 的成员，等价于 `(*iter).mem`
`++iter`	令 `iter` 指示容器中的下一个元素
`--iter`	令 `iter` 指示容器中的上一个元素
`iter1 == iter2`	判断两个迭代器是否相等（不相等），如果两个迭代器指示的是同一个元
`iter1 != iter2`	素或者它们是同一个容器的尾后迭代器，则相等；反之，不相等

107>

和指针类似，也能通过解引用迭代器来获取它所指示的元素，执行解引用的迭代器必须合法并确实指示着某个元素（参见 2.3.2 节，第 48 页）。试图解引用一个非法迭代器或者尾后迭代器都是未被定义的行为。

举个例子，3.2.3 节（第 84 页）中的程序利用下标运算符把 string 对象的第一个字母改为了大写形式，下面利用迭代器实现同样的功能：

```
string s("some string");
if (s.begin() != s.end()) {   // 确保 s 非空
    auto it = s.begin();       // it 表示 s 的第一个字符
    *it = toupper(*it);        // 将当前字符改成大写形式
}
```

本例和原来的程序一样，首先检查 s 是否为空，显然通过检查 begin 和 end 返回的结果是否一致就能做到这一点。如果返回的结果一样，说明 s 为空；如果返回的结果不一样，说明 s 不为空，此时 s 中至少包含一个字符。

我们在 if 内部，声明了一个迭代器变量 it 并把 begin 返回的结果赋给它，这样就得到了指示 s 中第一个字符的迭代器，接下来通过解引用运算符将第一个字符更改为大写形式。和原来的程序一样，输出结果将是：

Some string

将迭代器从一个元素移动到另外一个元素

迭代器使用递增（++）运算符（参见 1.4.1 节，第 11 页）来从一个元素移动到下一个元素。从逻辑上来说，迭代器的递增和整数的递增类似，整数的递增是在整数值上"加 1"，迭代器的递增则是将迭代器"向前移动一个位置"。

 因为 end 返回的迭代器并不实际指示某个元素，所以不能对其进行递增或解引用的操作。

之前有一个程序把 string 对象中第一个单词改写为大写形式，现在利用迭代器及其递增运算符可以实现相同的功能：

108>
```
// 依次处理 s 的字符直至我们处理完全部字符或者遇到空白
for (auto it = s.begin(); it != s.end() && !isspace(*it); ++it)
    *it = toupper(*it); // 将当前字符改成大写形式
```

和 3.2.3 节（第 84 页）的那个程序一样，上面的循环也是遍历 s 的字符直到遇到空白字符为止，只不过之前的程序用的是下标运算符，现在这个程序用的是迭代器。

循环首先用 s.begin 的返回值来初始化 it，意味着 it 指示的是 s 中的第一个字符（如果有的话）。条件部分检查是否已到达 s 的尾部，如果尚未到达，则将 it 解引用的结果传入 isspace 函数检查是否遇到了空白。每次迭代的最后，执行++it 令迭代器前移一个位置以访问 s 的下一个字符。

循环体内部和上一个程序 if 语句内的最后一句话一样，先解引用 it，然后将结果传入 toupper 函数得到该字母对应的大写形式，再把这个大写字母重新赋值给 it 所指示的字符。

关键概念：泛型编程

原来使用 C 或 Java 的程序员在转而使用 C++语言之后，会对 for 循环中使用!=而非<进行判断有点儿奇怪，比如上面的这个程序以及 85 页的那个。C++程序员习惯性地使用!=，其原因和他们更愿意使用迭代器而非下标的原因一样：因为这种编程风格在标准库提供的所有容器上都有效。

之前已经说过，只有 string 和 vector 等一些标准库类型有下标运算符，而并非全都如此。与之类似，所有标准库容器的迭代器都定义了==和!=，但是它们中的大多数都没有定义<运算符。因此，只要我们养成使用迭代器和!=的习惯，就不用太在意用的到底是哪种容器类型。

迭代器类型

就像不知道 string 和 vector 的 size_type 成员（参见 3.2.2 节，第 79 页）到底是什么类型一样，一般来说我们也不知道（其实是无须知道）迭代器的精确类型。而实际上，那些拥有迭代器的标准库类型使用 iterator 和 const_iterator 来表示迭代器的类型：

```
vector<int>::iterator it;        // it 能读写 vector<int>的元素
string::iterator it2;            // it2 能读写 string 对象中的字符

vector<int>::const_iterator it3; // it3 只能读元素，不能写元素
string::const_iterator it4;      // it4 只能读字符，不能写字符
```

const_iterator 和常量指针（参见 2.4.2 节，第 56 页）差不多，能读取但不能修改它所指的元素值。相反，iterator 的对象可读可写。如果 vector 对象或 string 对象是一个常量，只能使用 const_iterator；如果 vector 对象或 string 对象不是常量，那么既能使用 iterator 也能使用 const_iterator。

术语：迭代器和迭代器类型 ◁109

迭代器这个名词有三种不同的含义：可能是迭代器概念本身，也可能是指容器定义的迭代器类型，还可能是指某个迭代器对象。

重点是理解存在一组概念上相关的类型，我们认定某个类型是迭代器当且仅当它支持一套操作，这套操作使得我们能访问容器的元素或者从某个元素移动到另外一个元素。

每个容器类定义了一个名为 iterator 的类型，该类型支持迭代器概念所规定的一套操作。

---

begin 和 end 运算符

begin 和 end 返回的具体类型由对象是否是常量决定，如果对象是常量，begin 和 end 返回 const_iterator；如果对象不是常量，返回 iterator：

```
vector<int> v;
```

```
const vector<int> cv;
auto it1 = v.begin();    // it1 的类型是 vector<int>::iterator
auto it2 = cv.begin();   // it2 的类型是 vector<int>::const_iterator
```

有时候这种默认的行为并非我们所要。在 6.2.3 节（第 191 页）中将会看到，如果对象只需读操作而无须写操作的话最好使用常量类型（比如 const_iterator）。为了便于专门得到 const_iterator 类型的返回值，C++11 新标准引入了两个新函数，分别是 cbegin 和 cend：

```
auto it3 = v.cbegin(); // it3 的类型是 vector<int>::const_iterator
```

类似于 begin 和 end，上述两个新函数也分别返回指示容器第一个元素或最后元素下一位置的迭代器。有所不同的是，不论 vector 对象（或 string 对象）本身是否是常量，返回值都是 const_iterator。

结合解引用和成员访问操作

解引用迭代器可获得迭代器所指的对象，如果该对象的类型恰好是类，就有可能希望进一步访问它的成员。例如，对于一个由字符串组成的 vector 对象来说，要想检查其元素是否为空，令 it 是该 vector 对象的迭代器，只需检查 it 所指字符串是否为空就可以了，其代码如下所示：

```
(*it).empty()
```

注意，(*it).empty() 中的圆括号必不可少，具体原因将在 4.1.2 节（第 121 页）介绍，该表达式的含义是先对 it 解引用，然后解引用的结果再执行点运算符（参见 1.5.2 节，第 20 页）。如果不加圆括号，点运算符将由 it 来执行，而非 it 解引用的结果：

```
(*it).empty()     // 解引用 it，然后调用结果对象的 empty 成员
*it.empty()       // 错误：试图访问 it 的名为 empty 的成员，但 it 是个迭代器，
                  // 没有 empty 成员
```

上面第二个表达式的含义是从名为 it 的对象中寻找其 empty 成员，显然 it 是一个迭代器，它没有哪个成员是叫 empty 的，所以第二个表达式将发生错误。

为了简化上述表达式，C++语言定义了**箭头运算符**（->）。箭头运算符把解引用和成员访问两个操作结合在一起，也就是说，it->mem 和 (*it).mem 表达的意思相同。

例如，假设用一个名为 text 的字符串向量存放文本文件中的数据，其中的元素或者是一句话或者是一个用于表示段落分隔的空字符串。如果要输出 text 中第一段的内容，可以利用迭代器写一个循环令其遍历 text，直到遇到空字符串的元素为止：

```
// 依次输出 text 的每一行直至遇到第一个空白行为止
for (auto it = text.cbegin();
     it != text.cend() && !it->empty(); ++it)
     cout << *it << endl;
```

我们首先初始化 it 令其指向 text 的第一个元素，循环重复执行直至处理完了 text 的所有元素或者发现某个元素为空。每次迭代时只要发现还有元素并且尚未遇到空元素，就输出当前正在处理的元素。值得注意的是，因为循环从头到尾只是读取 text 的元素而未向其中写值，所以使用了 cbegin 和 cend 来控制整个迭代过程。

某些对 vector 对象的操作会使迭代器失效

3.3.2 节（第 90 页）曾经介绍过，虽然 vector 对象可以动态地增长，但是也会有一

些副作用。已知的一个限制是不能在范围 for 循环中向 vector 对象添加元素。另外一个限制是任何一种可能改变 vector 对象容量的操作，比如 push_back，都会使该 vector 对象的迭代器失效。9.3.6 节（第 315 页）将详细解释迭代器是如何失效的。

 谨记，但凡是使用了迭代器的循环体，都不要向迭代器所属的容器添加元素。

3.4.1 节练习

练习 3.21：请使用迭代器重做 3.3.3 节（第 94 页）的第一个练习。

练习 3.22：修改之前那个输出 text 第一段的程序，首先把 text 的第一段全都改成大写形式，然后再输出它。

练习 3.23：编写一段程序，创建一个含有 10 个整数的 vector 对象，然后使用迭代器将所有元素的值都变成原来的两倍。输出 vector 对象的内容，检验程序是否正确。

3.4.2 迭代器运算

迭代器的递增运算令迭代器每次移动一个元素，所有的标准库容器都有支持递增运算的迭代器。类似的，也能用==和!=对任意标准库类型的两个有效迭代器（参见 3.4 节，第 95 页）进行比较。 111

string 和 vector 的迭代器提供了更多额外的运算符，一方面可使得迭代器的每次移动跨过多个元素，另外也支持迭代器进行关系运算。所有这些运算被称作**迭代器运算**（iterator arithmetic），其细节由表 3.7 列出。

表 3.7：vector 和 string 迭代器支持的运算	
iter + n	迭代器加上一个整数值仍得一个迭代器，迭代器指示的新位置与原来相比向前移动了若干个元素。结果迭代器或者指示容器内的一个元素，或者指示容器尾元素的下一位置
iter - n	迭代器减去一个整数值仍得一个迭代器，迭代器指示的新位置与原来相比向后移动了若干个元素。结果迭代器或者指示容器内的一个元素，或者指示容器尾元素的下一位置
iter1 += n	迭代器加法的复合赋值语句，将 iter1 加 n 的结果赋给 iter1
iter1 -= n	迭代器减法的复合赋值语句，将 iter1 减 n 的结果赋给 iter1
iter1 - iter2	两个迭代器相减的结果是它们之间的距离，也就是说，将运算符右侧的迭代器向前移动差值个元素后将得到左侧的迭代器。参与运算的两个迭代器必须指向的是同一个容器中的元素或者尾元素的下一位置
>、 >=、 <、 <=	迭代器的关系运算符，如果某迭代器指向的容器位置在另一个迭代器所指位置之前，则说明前者小于后者。参与运算的两个迭代器必须指向的是同一个容器中的元素或者尾元素的下一位置

迭代器的算术运算

可以令迭代器和一个整数值相加（或相减），其返回值是向前（或向后）移动了若干个位置的迭代器。执行这样的操作时，结果迭代器或者指示原 vector 对象（或 string 对象）内的一个元素，或者指示原 vector 对象（或 string 对象）尾元素的下一位置。

举个例子，下面的代码得到一个迭代器，它指向某 vector 对象中间位置的元素：

```
// 计算得到最接近 vi 中间元素的一个迭代器
auto mid = vi.begin() + vi.size() / 2;
```

如果 vi 有 20 个元素，vi.size()/2 得 10，此例中即令 mid 等于 vi.begin()+10。已知下标从 0 开始，则迭代器所指的元素是 vi[10]，也就是从首元素开始向前相隔 10 个位置的那个元素。

对于 string 或 vector 的迭代器来说，除了判断是否相等，还能使用关系运算符(<、<=、>、>=)对其进行比较。参与比较的两个迭代器必须合法而且指向的是同一个容器的元素（或者尾元素的下一位置）。例如，假设 it 和 mid 是同一个 vector 对象的两个迭代器，可以用下面的代码来比较它们所指的位置孰前孰后：

```
if (it < mid)
    // 处理 vi 前半部分的元素
```

112　只要两个迭代器指向的是同一个容器中的元素或者尾元素的下一位置，就能将其相减，所得结果是两个迭代器的距离。所谓距离指的是右侧的迭代器向前移动多少位置就能追上左侧的迭代器，其类型是名为 **difference_type** 的带符号整型数。string 和 vector 都定义了 difference_type，因为这个距离可正可负，所以 difference_type 是带符号类型的。

使用迭代器运算

使用迭代器运算的一个经典算法是二分搜索。二分搜索从有序序列中寻找某个给定的值。二分搜索从序列中间的位置开始搜索，如果中间位置的元素正好就是要找的元素，搜索完成；如果不是，假如该元素小于要找的元素，则在序列的后半部分继续搜索；假如该元素大于要找的元素，则在序列的前半部分继续搜索。在缩小的范围中计算一个新的中间元素并重复之前的过程，直至最终找到目标或者没有元素可供继续搜索。

下面的程序使用迭代器完成了二分搜索：

```
// text 必须是有序的
// beg 和 end 表示我们搜索的范围
auto beg = text.begin(), end = text.end();
auto mid = text.begin() + (end - beg)/2; // 初始状态下的中间点
// 当还有元素尚未检查并且我们还没有找到 sought 时执行循环
while (mid != end && *mid != sought) {
    if (sought < *mid)     // 我们要找的元素在前半部分吗?
        end = mid;         // 如果是, 调整搜索范围使得忽略掉后半部分
    else                   // 我们要找的元素在后半部分
        beg = mid + 1;     // 在 mid 之后寻找
    mid = beg + (end - beg)/2;             // 新的中间点
}
```

程序的一开始定义了三个迭代器：beg 指向搜索范围内的第一个元素、end 指向尾元素的下一位置、mid 指向中间的那个元素。初始状态下，搜索范围是名为 text 的 vector<string>的全部范围。

循环部分先检查搜索范围是否为空，如果 mid 和 end 的当前值相等，说明已经找遍了所有元素。此时条件不满足，循环终止。当搜索范围不为空时，可知 mid 指向了某个元素，检查该元素是否就是我们所要搜索的，如果是，也终止循环。

当进入到循环体内部后，程序通过某种规则移动 beg 或者 end 来缩小搜索的范围。如果 mid 所指的元素比要找的元素 sought 大，可推测若 text 含有 sought，则必出现在 mid 所指元素的前面。此时，可以忽略 mid 后面的元素不再查找，并把 mid 赋给 end 即可。另一种情况，如果 *mid 比 sought 小，则要找的元素必出现在 mid 所指元素的后面。此时，通过令 beg 指向 mid 的下一个位置即可改变搜索范围。因为已经验证过 mid 不是我们要找的对象，所以在接下来的搜索中不必考虑它。

循环过程终止时，mid 或者等于 end 或者指向要找的元素。如果 mid 等于 end，说明 text 中没有我们要找的元素。

3.4.2 节练习 113

练习 3.24：请使用迭代器重做 3.3.3 节（第 94 页）的最后一个练习。

练习 3.25：3.3.3 节（第 93 页）划分分数段的程序是使用下标运算符实现的，请利用迭代器改写该程序并实现完全相同的功能。

练习 3.26：在 100 页的二分搜索程序中，为什么用的是 mid = beg + (end - beg) / 2，而非 mid = (beg + end) /2;？

3.5 数组

数组是一种类似于标准库类型 vector（参见 3.3 节，第 86 页）的数据结构，但是在性能和灵活性的权衡上又与 vector 有所不同。与 vector 相似的地方是，数组也是存放类型相同的对象的容器，这些对象本身没有名字，需要通过其所在位置访问。与 vector 不同的地方是，数组的大小确定不变，不能随意向数组中增加元素。因为数组的大小固定，因此对某些特殊的应用来说程序的运行时性能较好，但是相应地也损失了一些灵活性。

如果不清楚元素的确切个数，请使用 vector。

3.5.1 定义和初始化内置数组

数组是一种复合类型（参见 2.3 节，第 45 页）。数组的声明形如 a[d]，其中 a 是数组的名字，d 是数组的维度。维度说明了数组中元素的个数，因此必须大于 0。数组中元素的个数也属于数组类型的一部分，编译的时候维度应该是已知的。也就是说，维度必须是一个常量表达式（参见 2.4.4 节，第 58 页）：

```
unsigned cnt = 42;          // 不是常量表达式
constexpr unsigned sz = 42; // 常量表达式，关于 constexpr，参见 2.4.4 节（第 59 页）
int arr[10];                // 含有 10 个整数的数组
int *parr[sz];              // 含有 42 个整型指针的数组
string bad[cnt];            // 错误：cnt 不是常量表达式
string strs[get_size()];    // 当 get_size 是 constexpr 时正确；否则错误
```

默认情况下，数组的元素被默认初始化（参见 2.2.1 节，第 40 页）。

和内置类型的变量一样，如果在函数内部定义了某种内置类型的数组，那么默认初始化会令数组含有未定义的值。

定义数组的时候必须指定数组的类型，不允许用 auto 关键字由初始值的列表推断类型。另外和 vector 一样，数组的元素应为对象，因此不存在引用的数组。

114 > **显式初始化数组元素**

可以对数组的元素进行列表初始化（参见 3.3.1 节，第 88 页），此时允许忽略数组的维度。如果在声明时没有指明维度，编译器会根据初始值的数量计算并推测出来；相反，如果指明了维度，那么初始值的总数量不应该超出指定的大小。如果维度比提供的初始值数量大，则用提供的初始值初始化靠前的元素，剩下的元素被初始化成默认值（参见 3.3.1 节，第 88 页）：

```
const unsigned sz = 3;
int ia1[sz] = {0, 1, 2};      // 含有 3 个元素的数组,元素值分别是 0, 1, 2
int a2[] = {0, 1, 2};         // 维度是 3 的数组
int a3[5] = {0, 1, 2};        // 等价于 a3[] = {0, 1, 2, 0, 0}
string a4[3] = {"hi", "bye"}; // 等价于 a4[] = {"hi", "bye", ""}
int a5[2] = {0,1,2};          // 错误: 初始值过多
```

字符数组的特殊性

字符数组有一种额外的初始化形式，我们可以用字符串字面值（参见 2.1.3 节，第 36 页）对此类数组初始化。当使用这种方式时，一定要注意字符串字面值的结尾处还有一个空字符，这个空字符也会像字符串的其他字符一样被拷贝到字符数组中去：

```
char a1[] = {'C', '+', '+'};        // 列表初始化, 没有空字符
char a2[] = {'C', '+', '+', '\0'};  // 列表初始化, 含有显式的空字符
char a3[] = "C++";                  // 自动添加表示字符串结束的空字符
const char a4[6] = "Daniel";        // 错误: 没有空间可存放空字符!
```

a1 的维度是 3，a2 和 a3 的维度都是 4，a4 的定义是错误的。尽管字符串字面值"Daniel"看起来只有 6 个字符，但是数组的大小必须至少是 7，其中 6 个位置存放字面值的内容，另外 1 个存放结尾处的空字符。

不允许拷贝和赋值

不能将数组的内容拷贝给其他数组作为其初始值，也不能用数组为其他数组赋值：

```
int a[] = {0, 1, 2};   // 含有 3 个整数的数组
int a2[] = a;          // 错误: 不允许使用一个数组初始化另一个数组
a2 = a;                // 错误: 不能把一个数组直接赋值给另一个数组
```

一些编译器支持数组的赋值，这就是所谓的**编译器扩展**（compiler extension）。但一般来说，最好避免使用非标准特性，因为含有非标准特性的程序很可能在其他编译器上无法正常工作。

理解复杂的数组声明

和 vector 一样，数组能存放大多数类型的对象。例如，可以定义一个存放指针的数组。又因为数组本身就是对象，所以允许定义数组的指针及数组的引用。在这几种情况中，定义存放指针的数组比较简单和直接，但是定义数组的指针或数组的引用就稍微复杂一点了：

115 >
```
int *ptrs[10];              // ptrs 是含有 10 个整型指针的数组
int &refs[10] = /* ? */;    // 错误: 不存在引用的数组
int (*Parray)[10] = &arr;   // Parray 指向一个含有 10 个整数的数组
int (&arrRef)[10] = arr;    // arrRef 引用一个含有 10 个整数的数组
```

默认情况下，类型修饰符从右向左依次绑定。对于 ptrs 来说，从右向左（参见 2.3.3 节，第 52 页）理解其含义比较简单：首先知道我们定义的是一个大小为 10 的数组，它的名字是 ptrs，然后知道数组中存放的是指向 int 的指针。

但是对于 Parray 来说，从右向左理解就不太合理了。因为数组的维度是紧跟着被声明的名字的，所以就数组而言，由内向外阅读要比从右向左好多了。由内向外的顺序可帮助我们更好地理解 Parray 的含义：首先是圆括号括起来的部分，*Parray 意味着 Parray 是个指针，接下来观察右边，可知道 Parray 是个指向大小为 10 的数组的指针，最后观察左边，知道数组中的元素是 int。这样最终的含义就明白无误了，Parray 是一个指针，它指向一个 int 数组，数组中包含 10 个元素。同理，(&arrRef) 表示 arrRef 是一个引用，它引用的对象是一个大小为 10 的数组，数组中元素的类型是 int。

当然，对修饰符的数量并没有特殊限制：

```cpp
int *(&arry)[10] = ptrs; // arry是数组的引用，该数组含有 10 个指针
```

按照由内向外的顺序阅读上述语句，首先知道 arry 是一个引用，然后观察右边知道，arry 引用的对象是一个大小为 10 的数组，最后观察左边知道，数组的元素类型是指向 int 的指针。这样，arry 就是一个含有 10 个 int 型指针的数组的引用。

> 要想理解数组声明的含义，最好的办法是从数组的名字开始按照由内向外的顺序阅读。

3.5.1 节练习

练习 3.27：假设 txt_size 是一个无参数的函数，它的返回值是 int。请回答下列哪个定义是非法的？为什么？

```cpp
unsigned buf_size = 1024;
(a) int ia[buf_size];          (b) int ia[4 * 7 - 14];
(c) int ia[txt_size()];        (d) char st[11] = "fundamental";
```

练习 3.28：下列数组中元素的值是什么？

```cpp
string sa[10];
int ia[10];
int main() {
    string sa2[10];
    int    ia2[10];
}
```

练习 3.29：相比于 vector 来说，数组有哪些缺点，请列举一些。

3.5.2 访问数组元素 116

与标准库类型 vector 和 string 一样，数组的元素也能使用范围 for 语句或下标运算符来访问。数组的索引从 0 开始，以一个包含 10 个元素的数组为例，它的索引从 0 到 9，而非从 1 到 10。

在使用数组下标的时候，通常将其定义为 **size_t** 类型。size_t 是一种机器相关的无符号类型，它被设计得足够大以便能表示内存中任意对象的大小。在 cstddef 头文件中定义了 size_t 类型，这个文件是 C 标准库 stddef.h 头文件的 C++ 语言版本。

数组除了大小固定这一特点外，其他用法与 vector 基本类似。例如，可以用数组来记录各分数段的成绩个数，从而实现与 3.3.3 节（第 93 页）的程序一样的功能：

```cpp
// 以 10 分为一个分数段统计成绩的数量：0~9, 10~19, ..., 90~99, 100
unsigned scores[11] = {};    // 11 个分数段，全部初始化为 0
unsigned grade;
while (cin >> grade) {
    if (grade <= 100)
        ++scores[grade/10];  // 将当前分数段的计数值加 1
}
```

与 93 页的程序相比，上面程序最大的不同是 scores 的声明。这里 scores 是一个含有 11 个无符号元素的数组。另外一处不太明显的区别是，本例所用的下标运算符是由 C++ 语言直接定义的，这个运算符能用在数组类型的运算对象上。93 页的那个程序所用的下标运算符是库模板 vector 定义的，只能用于 vector 类型的运算对象。

与 vector 和 string 一样，当需要遍历数组的所有元素时，最好的办法也是使用范围 for 语句。例如，下面的程序输出所有的 scores：

```cpp
for (auto i : scores)        // 对于 scores 中的每个计数值
    cout << i << " ";        // 输出当前的计数值
cout << endl;
```

因为维度是数组类型的一部分，所以系统知道数组 scores 中有多少个元素，使用范围 for 语句可以减轻人为控制遍历过程的负担。

检查下标的值

与 vector 和 string 一样，数组的下标是否在合理范围之内由程序员负责检查，所谓合理就是说下标应该大于等于 0 而且小于数组的大小。要想防止数组下标越界，除了小心谨慎注意细节以及对代码进行彻底的测试之外，没有其他好办法。对于一个程序来说，即使顺利通过编译并执行，也不能肯定它不包含此类致命的错误。

WARNING 大多数常见的安全问题都源于缓冲区溢出错误。当数组或其他类似数据结构的下标越界并试图访问非法内存区域时，就会产生此类错误。

117▷ **3.5.2 节练习**

练习 3.30：指出下面代码中的索引错误。

```cpp
constexpr size_t array_size = 10;
int ia[array_size];
for (size_t ix = 1; ix <= array_size; ++ix)
    ia[ix] = ix;
```

练习 3.31：编写一段程序，定义一个含有 10 个 int 的数组，令每个元素的值就是其下标值。

练习 3.32：将上一题刚刚创建的数组拷贝给另外一个数组。利用 vector 重写程序，实现类似的功能。

练习 3.33：对于 104 页的程序来说，如果不初始化 scores 将发生什么？

3.5.3 指针和数组

在 C++ 语言中, 指针和数组有非常紧密的联系。就如即将介绍的, 使用数组的时候编译器一般会把它转换成指针。

通常情况下, 使用取地址符 (参见 2.3.2 节, 第 47 页) 来获取指向某个对象的指针, 取地址符可以用于任何对象。数组的元素也是对象, 对数组使用下标运算符得到该数组指定位置的元素。因此像其他对象一样, 对数组的元素使用取地址符就能得到指向该元素的指针:

```
string nums[] = {"one", "two", "three"}; // 数组的元素是 string 对象
string *p = &nums[0];                     // p 指向 nums 的第一个元素
```

然而, 数组还有一个特性: 在很多用到数组名字的地方, 编译器都会自动地将其替换为一个指向数组首元素的指针:

```
string *p2 = nums; // 等价于 p2 = &nums[0]
```

> 在大多数表达式中, 使用数组类型的对象其实是使用一个指向该数组首元素的指针。

由上可知, 在一些情况下数组的操作实际上是指针的操作, 这一结论有很多隐含的意思。其中一层意思是当使用数组作为一个 auto (参见 2.5.2 节, 第 61 页) 变量的初始值时, 推断得到的类型是指针而非数组:

```
int ia[] = {0,1,2,3,4,5,6,7,8,9}; // ia 是一个含有 10 个整数的数组
auto ia2(ia);    // ia2 是一个整型指针, 指向 ia 的第一个元素
ia2 = 42;        // 错误: ia2 是一个指针, 不能用 int 值给指针赋值
```

尽管 ia 是由 10 个整数构成的数组, 但当使用 ia 作为初始值时, 编译器实际执行的初始化过程类似于下面的形式:

```
auto ia2(&ia[0]); //显然 ia2 的类型是 int*
```

118

必须指出的是, 当使用 decltype 关键字 (参见 2.5.3 节, 第 62 页) 时上述转换不会发生, decltype(ia) 返回的类型是由 10 个整数构成的数组:

```
// ia3 是一个含有 10 个整数的数组
decltype(ia) ia3 = {0,1,2,3,4,5,6,7,8,9};
ia3 = p;     // 错误: 不能用整型指针给数组赋值
ia3[4] = i; // 正确: 把 i 的值赋给 ia3 的一个元素
```

指针也是迭代器

与 2.3.2 节 (第 47 页) 介绍的内容相比, 指向数组元素的指针拥有更多功能。vector 和 string 的迭代器 (参见 3.4 节, 第 95 页) 支持的运算, 数组的指针全都支持。例如, 允许使用递增运算符将指向数组元素的指针向前移动到下一个位置上:

```
int arr[] = {0,1,2,3,4,5,6,7,8,9};
int *p = arr;    // p 指向 arr 的第一个元素
++p;             // p 指向 arr[1]
```

就像使用迭代器遍历 vector 对象中的元素一样, 使用指针也能遍历数组中的元素。当然, 这样做的前提是先得获取到指向数组第一个元素的指针和指向数组尾元素的下一位置的指针。之前已经介绍过, 通过数组名字或者数组中首元素的地址都能得到指向首元素的指针; 不过获取尾后指针就要用到数组的另外一个特殊性质了。我们可以设法获取数组

尾元素之后的那个并不存在的元素的地址：

```
int *e = &arr[10];  // 指向 arr 尾元素的下一位置的指针
```

这里显然使用下标运算符索引了一个不存在的元素，arr 有 10 个元素，尾元素所在位置的索引是 9，接下来那个不存在的元素唯一的用处就是提供其地址用于初始化 e。就像尾后迭代器（参见 3.4.1 节，第 95 页）一样，尾后指针也不指向具体的元素。因此，不能对尾后指针执行解引用或递增的操作。

利用上面得到的指针能重写之前的循环，令其输出 arr 的全部元素：

```
for (int *b = arr; b != e; ++b)
    cout << *b << endl;  // 输出 arr 的元素
```

标准库函数 begin 和 end

尽管能计算得到尾后指针，但这种用法极易出错。为了让指针的使用更简单、更安全，C++11 新标准引入了两个名为 begin 和 end 的函数。这两个函数与容器中的两个同名成员（参见 3.4.1 节，第 95 页）功能类似，不过数组毕竟不是类类型，因此这两个函数不是成员函数。正确的使用形式是将数组作为它们的参数：

```
int ia[] = {0,1,2,3,4,5,6,7,8,9};  // ia 是一个含有 10 个整数的数组
int *beg = begin(ia);              // 指向 ia 首元素的指针
int *last = end(ia);               // 指向 arr 尾元素的下一位置的指针
```

> 119

begin 函数返回指向 ia 首元素的指针，end 函数返回指向 ia 尾元素下一位置的指针，这两个函数定义在 iterator 头文件中。

使用 begin 和 end 可以很容易地写出一个循环并处理数组中的元素。例如，假设 arr 是一个整型数组，下面的程序负责找到 arr 中的第一个负数：

```
// pbeg 指向 arr 的首元素，pend 指向 arr 尾元素的下一位置
int *pbeg = begin(arr), *pend = end(arr);
// 寻找第一个负值元素，如果已经检查完全部元素则结束循环
while (pbeg != pend && *pbeg >= 0)
    ++pbeg;
```

首先定义了两个名为 pbeg 和 pend 的整型指针，其中 pbeg 指向 arr 的第一个元素，pend 指向 arr 尾元素的下一位置。while 语句的条件部分通过比较 pbeg 和 pend 来确保可以安全地对 pbeg 解引用，如果 pbeg 确实指向了一个元素，将其解引用并检查元素值是否为负值。如果是，条件失效、退出循环；如果不是，将指针向前移动一位继续考查下一个元素。

一个指针如果指向了某种内置类型数组的尾元素的"下一位置"，则其具备与 vector 的 end 函数返回的与迭代器类似的功能。特别要注意，尾后指针不能执行解引用和递增操作。

指针运算

指向数组元素的指针可以执行表 3.6（第 96 页）和表 3.7（第 99 页）列出的所有迭代器运算。这些运算，包括解引用、递增、比较、与整数相加、两个指针相减等，用在指针和用在迭代器上意义完全一致。

给（从）一个指针加上（减去）某整数值，结果仍是指针。新指针指向的元素与原来

的指针相比前进了（后退了）该整数值个位置：

```
constexpr size_t sz = 5;
int arr[sz] = {1,2,3,4,5};
int *ip = arr;        // 等价于 int *ip = &arr[0]
int *ip2 = ip + 4;    // ip2 指向 arr 的尾元素 arr[4]
```

ip 加上 4 所得的结果仍是一个指针，该指针所指的元素与 ip 原来所指的元素相比前进了 4 个位置。

给指针加上一个整数，得到的新指针仍需指向同一数组的其他元素，或者指向同一数组的尾元素的下一位置：

```
// 正确：arr 转换成指向它首元素的指针；p 指向 arr 尾元素的下一位置
int *p = arr + sz;        // 使用警告：不要解引用！
int *p2 = arr + 10;       // 错误：arr 只有 5 个元素，p2 的值未定义
```

当给 arr 加上 sz 时，编译器自动地将 arr 转换成指向数组 arr 中首元素的指针。执行加法后，指针从首元素开始向前移动了 sz（这里是 5）个位置，指向新位置的元素。也◁ 120就是说，它指向了数组 arr 尾元素的下一位置。如果计算所得的指针超出了上述范围就将产生错误，而且这种错误编译器一般发现不了。

和迭代器一样，两个指针相减的结果是它们之间的距离。参与运算的两个指针必须指向同一个数组当中的元素：

```
auto n = end(arr) - begin(arr); // n 的值是 5，也就是 arr 中元素的数量
```

两个指针相减的结果的类型是一种名为 **ptrdiff_t** 的标准库类型，和 size_t 一样，ptrdiff_t 也是一种定义在 cstddef 头文件中的机器相关的类型。因为差值可能为负值，所以 ptrdiff_t 是一种带符号类型。

只要两个指针指向同一个数组的元素，或者指向该数组的尾元素的下一位置，就能利用关系运算符对其进行比较。例如，可以按照如下的方式遍历数组中的元素：

```
int *b = arr, *e = arr + sz;
while (b < e) {
    // 使用 *b
    ++b;
}
```

如果两个指针分别指向不相关的对象，则不能比较它们：

```
int i = 0, sz = 42;
int *p = &i, *e = &sz;
// 未定义的：p 和 e 无关，因此比较毫无意义！
while (p < e)
```

尽管作用可能不是特别明显，但必须说明的是，上述指针运算同样适用于空指针（参见 2.3.2 节，第 48 页）和所指对象并非数组的指针。在后一种情况下，两个指针必须指向同一个对象或该对象的下一位置。如果 p 是空指针，允许给 p 加上或减去一个值为 0 的整型常量表达式（参见 2.4.4 节，第 58 页）。两个空指针也允许彼此相减，结果当然是 0。

解引用和指针运算的交互

指针加上一个整数所得的结果还是一个指针。假设结果指针指向了一个元素，则允许解引用该结果指针：

```
int ia[] = {0,2,4,6,8};  // 含有 5 个整数的数组
int last = *(ia + 4);    // 正确：把 last 初始化成 8，也就是 ia[4] 的值
```

表达式*(ia+4)计算 ia 前进 4 个元素后的新地址，解引用该结果指针的效果等价于表达式 ia[4]。

回忆一下在 3.4.1 节（第 98 页）中介绍过如果表达式含有解引用运算符和点运算符，最好在必要的地方加上圆括号。类似的，此例中指针加法的圆括号也不可缺少。如果写成下面的形式：

```
last = *ia + 4;  // 正确： last = 4 等价于 ia[0] + 4
```

含义就与之前完全不同了，此时先解引用 ia，然后给解引用的结果再加上 4。4.1.2 节（第 121 页）将对这一问题做进一步分析。

下标和指针

121⟩　　如前所述，在很多情况下使用数组的名字其实用的是一个指向数组首元素的指针。一个典型的例子是当对数组使用下标运算符时，编译器会自动执行上述转换操作。给定

```
int ia[] = {0,2,4,6,8};  // 含有 5 个整数的数组
```

此时，ia[0]是一个使用了数组名字的表达式，对数组执行下标运算其实是对指向数组元素的指针执行下标运算：

```
int i = ia[2];       // ia 转换成指向数组首元素的指针
                     // ia[2] 得到 (ia + 2) 所指的元素
int *p = ia;         // p 指向 ia 的首元素
i = *(p + 2);        // 等价于 i = ia[2]
```

只要指针指向的是数组中的元素（或者数组中尾元素的下一位置），都可以执行下标运算：

```
int *p = &ia[2];     // p 指向索引为 2 的元素
int j = p[1];        // p[1] 等价于 *(p + 1)，就是 ia[3] 表示的那个元素
int k = p[-2];       // p[-2] 是 ia[0] 表示的那个元素
```

虽然标准库类型 string 和 vector 也能执行下标运算，但是数组与它们相比还是有所不同。标准库类型限定使用的下标必须是无符号类型，而内置的下标运算无此要求，上面的最后一个例子很好地说明了这一点。内置的下标运算符可以处理负值，当然，结果地址必须指向原来的指针所指同一数组中的元素（或是同一数组尾元素的下一位置）。

 WARNING　内置的下标运算符所用的索引值不是无符号类型，这一点与 vector 和 string 不一样。

3.5.3 节练习

练习 3.34：假定 p1 和 p2 指向同一个数组中的元素，则下面程序的功能是什么？什么情况下该程序是非法的？

```
p1 += p2 - p1;
```

练习 3.35：编写一段程序，利用指针将数组中的元素置为 0。

练习 3.36：编写一段程序，比较两个数组是否相等。再写一段程序，比较两个 vector 对象是否相等。

3.5.4 C 风格字符串

122

> 尽管 C++ 支持 C 风格字符串，但在 C++ 程序中最好还是不要使用它们。这是因为 C 风格字符串不仅使用起来不太方便，而且极易引发程序漏洞，是诸多安全问题的根本原因。

字符串字面值是一种通用结构的实例，这种结构即是 C++ 由 C 继承而来的 **C 风格字符串**（C-style character string）。C 风格字符串不是一种类型，而是为了表达和使用字符串而形成的一种约定俗成的写法。按此习惯书写的字符串存放在字符数组中并以**空字符结束**（null terminated）。以空字符结束的意思是在字符串最后一个字符后面跟着一个空字符（'\0'）。一般利用指针来操作这些字符串。

C 标准库 String 函数

表 3.8 列举了 C 语言标准库提供的一组函数，这些函数可用于操作 C 风格字符串，它们定义在 `cstring` 头文件中，`cstring` 是 C 语言头文件 `string.h` 的 C++ 版本。

<table>
<tr><td colspan="2" align="center">表 3.8：C 风格字符串的函数</td></tr>
<tr><td><code>strlen(p)</code></td><td>返回 p 的长度，空字符不计算在内</td></tr>
<tr><td><code>strcmp(p1, p2)</code></td><td>比较 p1 和 p2 的相等性。如果 p1==p2，返回 0；如果 p1>p2，返回一个正值；如果 p1<p2，返回一个负值</td></tr>
<tr><td><code>strcat(p1, p2)</code></td><td>将 p2 附加到 p1 之后，返回 p1</td></tr>
<tr><td><code>strcpy(p1, p2)</code></td><td>将 p2 拷贝给 p1，返回 p1</td></tr>
</table>

> 表 3.8 所列的函数不负责验证其字符串参数。

传入此类函数的指针必须指向以空字符作为结束的数组：

```
char ca[] = {'C', '+', '+'};        // 不以空字符结束
cout << strlen(ca) << endl;         // 严重错误：ca 没有以空字符结束
```

此例中，`ca` 虽然也是一个字符数组但它不是以空字符作为结束的，因此上述程序将产生未定义的结果。`strlen` 函数将有可能沿着 `ca` 在内存中的位置不断向前寻找，直到遇到空字符才停下来。

比较字符串

比较两个 C 风格字符串的方法和之前学习过的比较标准库 `string` 对象的方法大相径庭。比较标准库 `string` 对象的时候，用的是普通的关系运算符和相等性运算符：

```
string s1 = "A string example";
string s2 = "A different string";
if (s1 < s2) // false: s2 小于 s1
```

如果把这些运算符用在两个 C 风格字符串上，实际比较的将是指针而非字符串本身：

123

```
const char ca1[] = "A string example";
const char ca2[] = "A different string";
if (ca1 < ca2)    // 未定义的：试图比较两个无关地址
```

谨记之前介绍过的，当使用数组的时候其实真正用的是指向数组首元素的指针（参见 3.5.3 节，第 105 页）。因此，上面的 `if` 条件实际上比较的是两个 `const char*` 的值。这两个

指针指向的并非同一对象，所以将得到未定义的结果。

要想比较两个 C 风格字符串需要调用 strcmp 函数，此时比较的就不再是指针了。如果两个字符串相等，strcmp 返回 0；如果前面的字符串较大，返回正值；如果后面的字符串较大，返回负值：

```
if (strcmp(ca1, ca2) < 0) // 和两个 string 对象的比较 s1 < s2 效果一样
```

目标字符串的大小由调用者指定

连接或拷贝 C 风格字符串也与标准库 string 对象的同类操作差别很大。例如，要想把刚刚定义的那两个 string 对象 s1 和 s2 连接起来，可以直接写成下面的形式：

```
// 将 largeStr 初始化成 s1、一个空格和 s2 的连接
string largeStr = s1 + " " + s2;
```

同样的操作如果放到 ca1 和 ca2 这两个数组身上就会产生错误了。表达式 ca1 + ca2 试图将两个指针相加，显然这样的操作没什么意义，也肯定是非法的。

正确的方法是使用 strcat 函数和 strcpy 函数。不过要想使用这两个函数，还必须提供一个用于存放结果字符串的数组，该数组必须足够大以便容纳下结果字符串及末尾的空字符。下面的代码虽然很常见，但是充满了安全风险，极易引发严重错误：

```
// 如果我们计算错了 largeStr 的大小将引发严重错误
strcpy(largeStr, ca1);      // 把 ca1 拷贝给 largeStr
strcat(largeStr, " ");      // 在 largeStr 的末尾加上一个空格
strcat(largeStr, ca2);      // 把 ca2 连接到 largeStr 后面
```

一个潜在的问题是，我们在估算 largeStr 所需的空间时不容易估准，而且 largeStr 所存的内容一旦改变，就必须重新检查其空间是否足够。不幸的是，这样的代码到处都是，程序员根本没法照顾周全。这类代码充满了风险而且经常导致严重的安全泄漏。

> 对大多数应用来说，使用标准库 string 要比使用 C 风格字符串更安全、更高效。

124
3.5.4 节练习

练习 3.37：下面的程序是何含义，程序的输出结果是什么？

```
const char ca[] = {'h', 'e', 'l', 'l', 'o'};
const char *cp = ca;
while (*cp) {
    cout << *cp << endl;
    ++cp;
}
```

练习 3.38：在本节中我们提到，将两个指针相加不但是非法的，而且也没什么意义。请问为什么两个指针相加没什么意义？

练习 3.39：编写一段程序，比较两个 string 对象。再编写一段程序，比较两个 C 风格字符串的内容。

练习 3.40：编写一段程序，定义两个字符数组并用字符串字面值初始化它们；接着再定义一个字符数组存放前两个数组连接后的结果。使用 strcpy 和 strcat 把前两个数组的内容拷贝到第三个数组中。

3.5.5 与旧代码的接口

很多 C++程序在标准库出现之前就已经写成了，它们肯定没用到 string 和 vector 类型。而且，有一些 C++程序实际上是与 C 语言或其他语言的接口程序，当然也无法使用 C++标准库。因此，现代的 C++程序不得不与那些充满了数组和/或 C 风格字符串的代码衔接，为了使这一工作简单易行，C++专门提供了一组功能。

混用 string 对象和 C 风格字符串

3.2.1 节（第 76 页）介绍过允许使用字符串字面值来初始化 string 对象：

```
string s("Hello World"); // s 的内容是 Hello World
```

更一般的情况是，任何出现字符串字面值的地方都可以用以空字符结束的字符数组来替代：

- 允许使用以空字符结束的字符数组来初始化 string 对象或为 string 对象赋值。
- 在 string 对象的加法运算中允许使用以空字符结束的字符数组作为其中一个运算对象（不能两个运算对象都是）；在 string 对象的复合赋值运算中允许使用以空字符结束的字符数组作为右侧的运算对象。

上述性质反过来就不成立了：如果程序的某处需要一个 C 风格字符串，无法直接用 string 对象来代替它。例如，不能用 string 对象直接初始化指向字符的指针。为了完成该功能，string 专门提供了一个名为 c_str 的成员函数：

```
char *str = s; // 错误：不能用 string 对象初始化 char*
const char *str = s.c_str(); // 正确
```

顾名思义，c_str 函数的返回值是一个 C 风格的字符串。也就是说，函数的返回结果是一个指针，该指针指向一个以空字符结束的字符数组，而这个数组所存的数据恰好与那个 string 对象的一样。结果指针的类型是 const char*，从而确保我们不会改变字符数组的内容。125

我们无法保证 c_str 函数返回的数组一直有效，事实上，如果后续的操作改变了 s 的值就可能让之前返回的数组失去效用。

 如果执行完 c_str() 函数后程序想一直都能使用其返回的数组，最好将该数组重新拷贝一份。

使用数组初始化 vector 对象

3.5.1 节（第 102 页）介绍过不允许使用一个数组为另一个内置类型的数组赋初值，也不允许使用 vector 对象初始化数组。相反的，允许使用数组来初始化 vector 对象。要实现这一目的，只需指明要拷贝区域的首元素地址和尾后地址就可以了：

```
int int_arr[] = {0, 1, 2, 3, 4, 5};
// ivec 有 6 个元素，分别是 int_arr 中对应元素的副本
vector<int> ivec(begin(int_arr), end(int_arr));
```

在上述代码中，用于创建 ivec 的两个指针实际上指明了用来初始化的值在数组 int_arr 中的位置，其中第二个指针应指向待拷贝区域尾元素的下一位置。此例中，使用标准库函数 begin 和 end（参见 3.5.3 节，第 106 页）来分别计算 int_arr 的首指针和尾后指针。在最终的结果中，ivec 将包含 6 个元素，它们的次序和值都与数组 int_arr 完全

一样。

　　用于初始化 vector 对象的值也可能仅是数组的一部分：

```
// 拷贝三个元素: int_arr[1]、int_arr[2]、int_arr[3]
vector<int> subVec(int_arr + 1, int_arr + 4);
```

这条初始化语句用 3 个元素创建了对象 subVec，3 个元素的值分别来自 int_arr[1]、
int_arr[2] 和 int_arr[3]。

建议：尽量使用标准库类型而非数组

　　使用指针和数组很容易出错。一部分原因是概念上的问题：指针常用于底层操作，
因此容易引发一些与烦琐细节有关的错误。其他问题则源于语法错误，特别是声明指针
时的语法错误。

　　现代的 C++ 程序应当尽量使用 vector 和迭代器，避免使用内置数组和指针；应该
尽量使用 string，避免使用 C 风格的基于数组的字符串。

3.5.5 节练习

练习 3.41：编写一段程序，用整型数组初始化一个 vector 对象。

练习 3.42：编写一段程序，将含有整数元素的 vector 对象拷贝给一个整型数组。

3.6　多维数组

　　严格来说，C++ 语言中没有多维数组，通常所说的多维数组其实是数组的数组。谨记
这一点，对今后理解和使用多维数组大有益处。

126 >

　　当一个数组的元素仍然是数组时，通常使用两个维度来定义它：一个维度表示数组本
身大小，另外一个维度表示其元素（也是数组）大小：

```
int ia[3][4];  // 大小为 3 的数组, 每个元素是含有 4 个整数的数组
// 大小为 10 的数组, 它的每个元素都是大小为 20 的数组,
// 这些数组的元素是含有 30 个整数的数组
int arr[10][20][30] = {0};  // 将所有元素初始化为 0
```

如 3.5.1 节（第 103 页）所介绍的，按照由内而外的顺序阅读此类定义有助于更好地理解
其真实含义。在第一条语句中，我们定义的名字是 ia，显然 ia 是一个含有 3 个元素的数
组。接着观察右边发现，ia 的元素也有自己的维度，所以 ia 的元素本身又都是含有 4 个
元素的数组。再观察左边知道，真正存储的元素是整数。因此最后可以明确第一条语句的
含义：它定义了一个大小为 3 的数组，该数组的每个元素都是含有 4 个整数的数组。

　　使用同样的方式理解 arr 的定义。首先 arr 是一个大小为 10 的数组，它的每个元素
都是大小为 20 的数组，这些数组的元素又都是含有 30 个整数的数组。实际上，定义数组
时对下标运算符的数量并没有限制，因此只要愿意就可以定义这样一个数组：它的元素还
是数组，下一级数组的元素还是数组，再下一级数组的元素还是数组，以此类推。

　　对于二维数组来说，常把第一个维度称作行，第二个维度称作列。

多维数组的初始化

允许使用花括号括起来的一组值初始化多维数组，这点和普通的数组一样。下面的初始化形式中，多维数组的每一行分别用花括号括了起来：

```
int ia[3][4] = {          // 三个元素，每个元素都是大小为 4 的数组
    {0, 1, 2, 3},         // 第 1 行的初始值
    {4, 5, 6, 7},         // 第 2 行的初始值
    {8, 9, 10, 11}        // 第 3 行的初始值
};
```

其中内层嵌套着的花括号并非必需的，例如下面的初始化语句，形式上更为简洁，完成的功能和上面这段代码完全一样：

```
// 没有标识每行的花括号，与之前的初始化语句是等价的
int ia[3][4] = {0,1,2,3,4,5,6,7,8,9,10,11};
```

类似于一维数组，在初始化多维数组时也并非所有元素的值都必须包含在初始化列表之内。如果仅仅想初始化每一行的第一个元素，通过如下的语句即可：

```
// 显式地初始化每行的首元素
int ia[3][4] = {{ 0 }, { 4 }, { 8 }};
```

127

其他未列出的元素执行默认值初始化，这个过程和一维数组（参见 3.5.1 节，第 102 页）一样。在这种情况下如果再省略掉内层的花括号，结果就大不一样了。下面的代码

```
// 显式地初始化第 1 行，其他元素执行值初始化
int ix[3][4] = {0, 3, 6, 9};
```

含义发生了变化，它初始化的是第一行的 4 个元素，其他元素被初始化为 0。

多维数组的下标引用

可以使用下标运算符来访问多维数组的元素，此时数组的每个维度对应一个下标运算符。

如果表达式含有的下标运算符数量和数组的维度一样多，该表达式的结果将是给定类型的元素；反之，如果表达式含有的下标运算符数量比数组的维度小，则表达式的结果将是给定索引处的一个内层数组：

```
// 用 arr 的首元素为 ia 最后一行的最后一个元素赋值
ia[2][3] = arr[0][0][0];
int (&row)[4] = ia[1]; // 把 row 绑定到 ia 的第二个 4 元素数组上
```

在第一个例子中，对于用到的两个数组来说，表达式提供的下标运算符数量都和它们各自的维度相同。在等号左侧，ia[2] 得到数组 ia 的最后一行，此时返回的是表示 ia 最后一行的那个一维数组而非任何实际元素；对这个一维数组再取下标，得到编号为 [3] 的元素，也就是这一行的最后一个元素。

类似的，等号右侧的运算对象包含 3 个维度。首先通过索引 0 得到最外层的数组，它是一个大小为 20 的（多维）数组；接着获取这 20 个元素数组的第一个元素，得到一个大小为 30 的一维数组；最后再取出其中的第一个元素。

在第二个例子中，把 row 定义成一个含有 4 个整数的数组的引用，然后将其绑定到 ia 的第 2 行。

再举一个例子，程序中经常会用到两层嵌套的 for 循环来处理多维数组的元素：

```
constexpr size_t rowCnt = 3, colCnt = 4;
```

```
int ia[rowCnt][colCnt]; // 12 个未初始化的元素
// 对于每一行
for (size_t i = 0; i != rowCnt; ++i) {
    // 对于行内的每一列
    for (size_t j = 0; j != colCnt; ++j) {
        // 将元素的位置索引作为它的值
        ia[i][j] = i * colCnt + j;
    }
}
```

外层的 for 循环遍历 ia 的所有元素，注意这里的元素是一维数组；内层的 for 循环则遍历那些一维数组的整数元素。此例中，我们将元素的值设为该元素在整个数组中的序号。

 使用范围 for 语句处理多维数组

由于在 C++11 新标准中新增了范围 for 语句，所以前一个程序可以简化为如下形式：

```
size_t cnt = 0;
for (auto &row : ia)            // 对于外层数组的每一个元素
    for (auto &col : row) {     // 对于内层数组的每一个元素
        col = cnt;              // 将下一个值赋给该元素
        ++cnt;                  // 将 cnt 加 1
    }
```

这个循环赋给 ia 元素的值和之前那个循环是完全相同的，区别之处是通过使用范围 for 语句把管理数组索引的任务交给了系统来完成。因为要改变元素的值，所以得把控制变量 row 和 col 声明成引用类型（参见 3.2.3 节，第 83 页）。第一个 for 循环遍历 ia 的所有元素，这些元素是大小为 4 的数组，因此 row 的类型就应该是含有 4 个整数的数组的引用。第二个 for 循环遍历那些 4 元素数组中的某一个，因此 col 的类型是整数的引用。每次迭代把 cnt 的值赋给 ia 的当前元素，然后将 cnt 加 1。

在上面的例子中，因为要改变数组元素的值，所以我们选用引用类型作为循环控制变量，但其实还有一个深层次的原因促使我们这么做。举一个例子，考虑如下的循环：

```
for (const auto &row : ia)      // 对于外层数组的每一个元素
    for (auto col : row)        // 对于内层数组的每一个元素
        cout << col << endl;
```

这个循环中并没有任何写操作，可是我们还是将外层循环的控制变量声明成了引用类型，这是为了避免数组被自动转成指针（参见 3.5.3 节，第 105 页）。假设不用引用类型，则循环如下述形式：

```
for (auto row : ia)
    for (auto col : row)
```

程序将无法通过编译。这是因为，像之前一样第一个循环遍历 ia 的所有元素，注意这些元素实际上是大小为 4 的数组。因为 row 不是引用类型，所以编译器初始化 row 时会自动将这些数组形式的元素（和其他类型的数组一样）转换成指向该数组内首元素的指针。这样得到的 row 的类型就是 int*，显然内层的循环就不合法了，编译器将试图在一个 int* 内遍历，这显然和程序的初衷相去甚远。

 要使用范围 for 语句处理多维数组，除了最内层的循环外，其他所有循环的控制变量都应该是引用类型。

指针和多维数组

当程序使用多维数组的名字时，也会自动将其转换成指向数组首元素的指针。

 定义指向多维数组的指针时，千万别忘了这个多维数组实际上是数组的数组。 129

因为多维数组实际上是数组的数组，所以由多维数组名转换得来的指针实际上是指向第一个内层数组的指针：

```
int ia[3][4];          // 大小为 3 的数组，每个元素是含有 4 个整数的数组
int (*p)[4] = ia;      // p 指向含有 4 个整数的数组
p = &ia[2];            // p 指向 ia 的尾元素
```

根据 3.5.1 节（第 103 页）提出的策略，我们首先明确 (*p) 意味着 p 是一个指针。接着观察右边发现，指针 p 所指的是一个维度为 4 的数组；再观察左边知道，数组中的元素是整数。因此，p 就是指向含有 4 个整数的数组的指针。

 在上述声明中，圆括号必不可少：

```
int *ip[4];            // 整型指针的数组
int (*ip)[4];          // 指向含有 4 个整数的数组
```

随着 C++11 新标准的提出，通过使用 auto 或者 decltype（参见 2.5.2 节，第 61 页）就能尽可能地避免在数组前面加上一个指针类型了：

```
// 输出 ia 中每个元素的值，每个内层数组各占一行
// p 指向含有 4 个整数的数组
for (auto p = ia; p != ia + 3; ++p) {
    // q 指向 4 个整数数组的首元素，也就是说，q 指向一个整数
    for (auto q = *p; q != *p + 4; ++q)
        cout << *q << ' ';
    cout << endl;
}
```

外层的 for 循环首先声明一个指针 p 并令其指向 ia 的第一个内层数组，然后依次迭代直到 ia 的全部 3 行都处理完为止。其中递增运算 ++p 负责将指针 p 移动到 ia 的下一行。

内层的 for 循环负责输出内层数组所包含的值。它首先令指针 q 指向 p 当前所在行的第一个元素。*p 是一个含有 4 个整数的数组，像往常一样，数组名被自动地转换成指向该数组首元素的指针。内层 for 循环不断迭代直到我们处理完了当前内层数组的所有元素为止。为了获取内层 for 循环的终止条件，再一次解引用 p 得到指向内层数组首元素的指针，给它加上 4 就得到了终止条件。

当然，使用标准库函数 begin 和 end（参见 3.5.3 节，第 106 页）也能实现同样的功能，而且看起来更简洁一些：

```
// p 指向 ia 的第一个数组
for (auto p = begin(ia); p != end(ia); ++p) {
    // q 指向内层数组的首元素
    for (auto q = begin(*p); q != end(*p); ++q)
        cout << *q << ' '; // 输出 q 所指的整数值
cout << endl;
}
```

130 > 在这一版本的程序中，循环终止条件由 end 函数负责判断。虽然我们也能推断出 p 的类型是指向含有 4 个整数的数组的指针，q 的类型是指向整数的指针，但是使用 auto 关键字我们就不必再烦心这些类型到底是什么了。

类型别名简化多维数组的指针

读、写和理解一个指向多维数组的指针是一个让人不胜其烦的工作，使用类型别名（参见 2.5.1 节，第 60 页）能让这项工作变得简单一点儿，例如：

```
using int_array = int[4]; // 新标准下类型别名的声明，参见 2.5.1 节（第 60 页）
typedef int int_array[4]; // 等价的 typedef 声明，参见 2.5.1 节（第 60 页）

// 输出 ia 中每个元素的值，每个内层数组各占一行
for (int_array *p = ia; p != ia + 3; ++p) {
    for (int *q = *p; q != *p + 4; ++q)
        cout << *q << ' ';
    cout << endl;
}
```

程序将类型"4 个整数组成的数组"命名为 int_array，用类型名 int_array 定义外层循环的控制变量让程序显得简洁明了。

3.6 节练习

练习 3.43：编写 3 个不同版本的程序，令其均能输出 ia 的元素。版本 1 使用范围 for 语句管理迭代过程；版本 2 和版本 3 都使用普通的 for 语句，其中版本 2 要求用下标运算符，版本 3 要求用指针。此外，在所有 3 个版本的程序中都要直接写出数据类型，而不能使用类型别名、auto 关键字或 decltype 关键字。

练习 3.44：改写上一个练习中的程序，使用类型别名来代替循环控制变量的类型。

练习 3.45：再一次改写程序，这次使用 auto 关键字。

小结

131

string 和 vector 是两种最重要的标准库类型。string 对象是一个可变长的字符序列，vector 对象是一组同类型对象的容器。

迭代器允许对容器中的对象进行间接访问，对于 string 对象和 vector 对象来说，可以通过迭代器访问元素或者在元素间移动。

数组和指向数组元素的指针在一个较低的层次上实现了与标准库类型 string 和 vector 类似的功能。一般来说，应该优先选用标准库提供的类型，之后再考虑 C++语言内置的低层的替代品数组或指针。

术语表

begin 是 string 和 vector 的成员，返回指向第一个元素的迭代器。也是一个标准库函数，输入一个数组，返回指向该数组首元素的指针。

缓冲区溢出（buffer overflow）一种严重的程序故障，主要的原因是试图通过一个越界的索引访问容器内容，容器类型包括 string、vector 和数组等。

C 风格字符串（C-style string）以空字符结束的字符数组。字符串字面值是 C 风格字符串，C 风格字符串容易出错。

类模板（class template）用于创建具体类型的模板。要想使用类模板，必须提供关于类型的辅助信息。例如，要定义一个 vector 对象需要指定元素的类型：vector<int>包含 int 类型的元素。

编译器扩展（compiler extension）某个特定的编译器为 C++语言额外增加的特性。基于编译器扩展编写的程序不易移植到其他编译器上。

容器（container） 是一种类型，其对象容纳了一组给定类型的对象。vector 是一种容器类型。

拷贝初始化（copy initialization） 使用赋值号（=）的初始化形式。新创建的对象是初始值的一个副本。

difference_type 由 string 和 vector 定义的一种带符号整数类型，表示两个迭代器之间的距离。

直接初始化（direct initialization）不使用赋值号（=）的初始化形式。

empty 是 string 和 vector 的成员，返回一个布尔值。当对象的大小为 0 时返回真，否则返回假。

end 是 string 和 vector 的成员，返回一个尾后迭代器。也是一个标准库函数，输入一个数组，返回指向该数组尾元素的下一位置的指针。

getline 在 string 头文件中定义的一个函数，以一个 istream 对象和一个 string 对象为输入参数。该函数首先读取输入流的内容直到遇到换行符停止，然后将读入的数据存入 string 对象，最后返回 istream 对象。其中换行符读入但是不保留。

索引（index） 是下标运算符使用的值。表示要在 string 对象、vector 对象或者数组中访问的一个位置。

实例化（instantiation） 编译器生成一个指定的模板类或函数的过程。

迭代器（iterator） 是一种类型，用于访问容器中的元素或者在元素之间移动。

迭代器运算（iterator arithmetic） 是 string 或 vector 的迭代器的运算：迭代器与整数相加或相减得到一个新的迭代器，与原来的迭代器相比，新迭代器向前或向后移动了若干个位置。两个迭代器相减得到它们之间的距离，此时它们必须指向同一个容器的元素或该容器尾元素的下一位置。

132> **以空字符结束的字符串**（null-terminated string）是一个字符串，它的最后一个字符后面还跟着一个空字符（'\0'）。

尾后迭代器（off-the-end iterator）end 函数返回的迭代器，指向一个并不存在的元素，该元素位于容器尾元素的下一位置。

指针运算（pointer arithmetic）是指针类型支持的算术运算。指向数组的指针所支持的运算种类与迭代器运算一样。

prtdiff_t 是 cstddef 头文件中定义的一种与机器实现有关的带符号整数类型，它的空间足够大，能够表示数组中任意两个指针之间的距离。

push_back 是 vector 的成员，向 vector 对象的末尾添加元素。

范围 for 语句（range for）一种控制语句，可以在值的一个特定集合内迭代。

size 是 string 和 vector 的成员，分别返回字符的数量或元素的数量。返回值的类型是 size_type。

size_t 是 cstddef 头文件中定义的一种与机器实现有关的无符号整数类型，它的空间足够大，能够表示任意数组的大小。

size_type 是 string 和 vector 定义的类型的名字，能存放下任意 string 对象或 vector 对象的大小。在标准库中，size_type 被定义为无符号类型。

string 是一种标准库类型，表示字符的序列。

using 声明（using declaration）令命名空间中的某个名字可被程序直接使用。

　　using 命名空间::名字;

上述语句的作用是令程序可以直接使用*名字*，而无须写它的前缀部分*命名空间*::。

值初始化（value initialization）是一种初始化过程。内置类型初始化为 0，类类型由类的默认构造函数初始化。只有当类包含默认构造函数时，该类的对象才会被值初始化。对于容器的初始化来说，如果只说明了容器的大小而没有指定初始值的话，就会执行值初始化。此时编译器会生成一个值，而容器的元素被初始化为该值。

vector 是一种标准库类型，容纳某指定类型的一组元素。

++运算符（++ operator）是迭代器和指针定义的递增运算符。执行"加 1"操作使得迭代器指向下一个元素。

[ ]运算符（[ ] operator）下标运算符。obj[j] 得到容器对象 obj 中位置 j 的那个元素。索引从 0 开始，第一个元素的索引是 0，尾元素的索引是 obj.size()-1。下标运算符的返回值是一个对象。如果 p 是指针、n 是整数，则 p[n]与*(p+n)等价。

->运算符（-> operator）箭头运算符，该运算符综合了解引用操作和点操作。a->b 等价于 (*a).b。

<<运算符（<< operator）标准库类型 string 定义的输出运算符，负责输出 string 对象中的字符。

>>运算符（>> operator）标准库类型 string 定义的输入运算符，负责读入一组字符，遇到空白停止，读入的内容赋给运算符右侧的运算对象，该运算对象应该是一个 string 对象。

!运算符（! operator）逻辑非运算符，将它的运算对象的布尔值取反。如果运算对象是假，则结果为真，如果运算对象是真，则结果为假。

&&运算符（&& operator）逻辑与运算符，如果两个运算对象都是真，结果为真。只有当左侧运算对象为真时才会检查右侧运算对象。

||运算符（|| operator）逻辑或运算符，任何一个运算对象是真，结果就为真。只有当左侧运算对象为假时才会检查右侧运算对象。

第 4 章
表达式

内容

　　C++语言提供了一套丰富的运算符，并定义了这些运算符作用于内置类型的运算对象时所执行的操作。同时，当运算对象是类类型时，C++语言也允许由用户指定上述运算符的含义。本章主要介绍由语言本身定义、并用于内置类型运算对象的运算符，同时简单介绍几种标准库定义的运算符。第 14 章会专门介绍用户如何自定义适用于类类型的运算符。

134 > 表达式由一个或多个**运算对象**（operand）组成，对表达式求值将得到一个**结果**（result）。字面值和变量是最简单的**表达式**（expression），其结果就是字面值和变量的值。把一个**运算符**（operator）和一个或多个运算对象组合起来可以生成较复杂的表达式。

4.1   基础

有几个基础概念对表达式的求值过程有影响，它们涉及大多数（甚至全部）表达式。本节先简要介绍这几个概念，后面的小节将做更详细的讨论。

🐾 4.1.1   基本概念

C++定义了**一元运算符**（unary operator）和**二元运算符**（binary operator）。作用于一个运算对象的运算符是一元运算符，如取地址符（&）和解引用符（*）；作用于两个运算对象的运算符是二元运算符，如相等运算符（==）和乘法运算符（*）。除此之外，还有一个作用于三个运算对象的三元运算符。函数调用也是一种特殊的运算符，它对运算对象的数量没有限制。

一些符号既能作为一元运算符也能作为二元运算符。以符号*为例，作为一元运算符时执行解引用操作，作为二元运算符时执行乘法操作。一个符号到底是一元运算符还是二元运算符由它的上下文决定。对于这类符号来说，它的两种用法互不相干，完全可以当成两个不同的符号。

组合运算符和运算对象

对于含有多个运算符的复杂表达式来说，要想理解它的含义首先要理解运算符的**优先级**（precedence）、**结合律**（associativity）以及运算对象的**求值顺序**（order of evaluation）。例如，下面这条表达式的求值结果依赖于表达式中运算符和运算对象的组合方式：

```
5 + 10 * 20/2;
```

乘法运算符（*）是一个二元运算符，它的运算对象有 4 种可能：10 和 20、10 和 20/2、15 和 20、15 和 20/2。下一节将介绍如何理解这样一条表达式。

运算对象转换

在表达式求值的过程中，运算对象常常由一种类型转换成另外一种类型。例如，尽管一般的二元运算符都要求两个运算对象的类型相同，但是很多时候即使运算对象的类型不相同也没有关系，只要它们能被转换（参见 2.1.2 节，第 32 页）成同一种类型即可。

类型转换的规则虽然有点复杂，但大多数都合乎情理、容易理解。例如，整数能转换成浮点数，浮点数也能转换成整数，但是指针不能转换成浮点数。让人稍微有点意外的是，小整数类型（如 bool、char、short 等）通常会被**提升**（promoted）成较大的整数类型，主要是 int。4.11 节（第 141 页）将详细介绍类型转换的细节。

135 > **重载运算符**

C++语言定义了运算符作用于内置类型和复合类型的运算对象时所执行的操作。当运算符作用于类类型的运算对象时，用户可以自行定义其含义。因为这种自定义的过程事实上是为已存在的运算符赋予了另外一层含义，所以称之为**重载运算符**（overloaded operator）。IO 库的>>和<<运算符以及 string 对象、vector 对象和迭代器使用的运算

符都是重载的运算符。

我们使用重载运算符时，其包括运算对象的类型和返回值的类型，都是由该运算符定义的；但是运算对象的个数、运算符的优先级和结合律都是无法改变的。

左值和右值

C++的表达式要不然是**右值**（rvalue，读作"are-value"），要不然就是**左值**（lvalue，读作"ell-value"）。这两个名词是从 C 语言继承过来的，原本是为了帮助记忆：左值可以位于赋值语句的左侧，右值则不能。

在 C++语言中，二者的区别就没那么简单了。一个左值表达式的求值结果是一个对象或者一个函数，然而以常量对象为代表的某些左值实际上不能作为赋值语句的左侧运算对象。此外，虽然某些表达式的求值结果是对象，但它们是右值而非左值。可以做一个简单的归纳：当一个对象被用作右值的时候，用的是对象的值（内容）；当对象被用作左值的时候，用的是对象的身份（在内存中的位置）。

不同的运算符对运算对象的要求各不相同，有的需要左值运算对象、有的需要右值运算对象；返回值也有差异，有的得到左值结果、有的得到右值结果。一个重要的原则（参见 13.6 节，第 470 页将介绍一种例外的情况）是在需要右值的地方可以用左值来代替，但是不能把右值当成左值（也就是位置）使用。当一个左值被当成右值使用时，实际使用的是它的内容（值）。到目前为止，已经有几种我们熟悉的运算符是要用到左值的。

- 赋值运算符需要一个（非常量）左值作为其左侧运算对象，得到的结果也仍然是一个左值。
- 取地址符（参见 2.3.2 节，第 47 页）作用于一个左值运算对象，返回一个指向该运算对象的指针，这个指针是一个右值。
- 内置解引用运算符、下标运算符（参见 2.3.2 节，第 48 页；参见 3.5.2 节，第 104 页）、迭代器解引用运算符、string 和 vector 的下标运算符（参见 3.4.1 节，第 95 页；参见 3.2.3 节，第 83 页；参见 3.3.3 节，第 91 页）的求值结果都是左值。
- 内置类型和迭代器的递增递减运算符（参见 1.4.1 节，第 11 页；参见 3.4.1 节，第 96 页）作用于左值运算对象，其前置版本（本书之前章节所用的形式）所得的结果也是左值。

接下来在介绍运算符的时候，我们将会注明该运算符的运算对象是否必须是左值以及其求值结果是否是左值。

使用关键字 decltype（参见 2.5.3 节，第 62 页）的时候，左值和右值也有所不同。如果表达式的求值结果是左值，decltype 作用于该表达式（不是变量）得到一个引用类型。举个例子，假定 p 的类型是 int*，因为解引用运算符生成左值，所以 decltype(*p) 的结果是 int&。另一方面，因为取地址运算符生成右值，所以 decltype(&p) 的结果是 int**，也就是说，结果是一个指向整型指针的指针。

136

4.1.2 优先级与结合律

复合表达式（compound expression）是指含有两个或多个运算符的表达式。求复合表达式的值需要首先将运算符和运算对象合理地组合在一起，优先级与结合律决定了运算对象组合的方式。也就是说，它们决定了表达式中每个运算符对应的运算对象来自表达式的哪一部分。表达式中的括号无视上述规则，程序员可以使用括号将表达式的某个局部括起来使其得到优先运算。

一般来说，表达式最终的值依赖于其子表达式的组合方式。高优先级运算符的运算对象要比低优先级运算符的运算对象更为紧密地组合在一起。如果优先级相同，则其组合规则由结合律确定。例如，乘法和除法的优先级相同且都高于加法的优先级。因此，乘法和除法的运算对象会首先组合在一起，然后才能轮到加法和减法的运算对象。算术运算符满足左结合律，意味着如果运算符的优先级相同，将按照从左向右的顺序组合运算对象：

- 根据运算符的优先级，表达式 3+4*5 的值是 23，不是 35。
- 根据运算符的结合律，表达式 20-15-3 的值是 2，不是 8。

举一个稍微复杂一点的例子，如果完全按照从左向右的顺序求值，下面的表达式将得到 20：

```
6 + 3 * 4 / 2 + 2
```

也有一些人会计算得到 9、14 或者 36，然而在 C++语言中真实的计算结果应该是 14。这是因为这条表达式事实上与下述表达式等价：

```
// 这条表达式中的括号符合默认的优先级和结合律
((6 + ((3 * 4) / 2)) + 2)
```

括号无视优先级与结合律

括号无视普通的组合规则，表达式中括号括起来的部分被当成一个单元来求值，然后再与其他部分一起按照优先级组合。例如，对上面这条表达式按照不同方式加上括号就能得到 4 种不同的结果：

```
// 不同的括号组合导致不同的组合结果
cout << (6 + 3) * (4 / 2 + 2) << endl;        // 输出 36
cout << ((6 + 3) * 4) / 2 + 2 << endl;        // 输出 20
cout << 6 + 3 * 4 / (2 + 2) << endl;          // 输出 9
```

优先级与结合律有何影响

137

由前面的例子可以看出，优先级会影响程序的正确性，这一点在 3.5.3 节（第 107 页）介绍的解引用和指针运算中也有所体现：

```
int ia[] = {0,2,4,6,8};  // 含有 5 个整数的数组
int last = *(ia + 4);    // 把 last 初始化成 8，也就是 ia[4]的值
last = *ia + 4;          // last = 4，等价于 ia[0] + 4
```

如果想访问 ia+4 位置的元素，那么加法运算两端的括号必不可少。一旦去掉这对括号，*ia 就会首先组合在一起，然后 4 再与*ia 的值相加。

结合律对表达式产生影响的一个典型示例是输入输出运算，4.8 节（第 138 页）将要介绍 IO 相关的运算符满足左结合律。这一规则意味着我们可以把几个 IO 运算组合在一条表达式当中：

```
cin >> v1 >> v2;             // 先读入 v1，再读入 v2
```

4.12 节（第 147 页）罗列出了全部的运算符，并用双横线将它们分割成若干组。同一组内的运算符优先级相同，组的位置越靠前组内的运算符优先级越高。例如，前置递增运算符和解引用运算符的优先级相同并且都比算术运算符的优先级高。表中同样列出了每个运算符在哪一页有详细的描述，有些运算符之前已经使用过了，大多数运算符的细节将在本章剩余部分逐一介绍，还有几个运算符将在后面的内容中提及。

138

139

4.1.2 节练习

练习 4.1： 表达式 `5+10*20/2` 的求值结果是多少？

练习 4.2： 根据 4.12 节中的表，在下述表达式的合理位置添加括号，使得添加括号后运算对象的组合顺序与添加括号前一致。

    (a) `*vec.begin()`   (b) `*vec.begin() + 1`

4.1.3　求值顺序

优先级规定了运算对象的组合方式，但是没有说明运算对象按照什么顺序求值。在大多数情况下，不会明确指定求值的顺序。对于如下的表达式

```
int i = f1() * f2();
```

我们知道 `f1` 和 `f2` 一定会在执行乘法之前被调用，因为毕竟相乘的是这两个函数的返回值。但是我们无法知道到底 `f1` 在 `f2` 之前调用还是 `f2` 在 `f1` 之前调用。

对于那些没有指定执行顺序的运算符来说，如果表达式指向并修改了同一个对象，将会引发错误并产生未定义的行为（参见 2.1.2 节，第 33 页）。举个简单的例子，`<<` 运算符没有明确规定何时以及如何对运算对象求值，因此下面的输出表达式是未定义的：

```
int i = 0;
cout << i << " " << ++i << endl; // 未定义的
```

因为程序是未定义的，所以我们无法推断它的行为。编译器可能先求 `++i` 的值再求 `i` 的值，此时输出结果是 `1 1`；也可能先求 `i` 的值再求 `++i` 的值，输出结果是 `0 1`；甚至编译器还可能做完全不同的操作。因为此表达式的行为不可预知，因此不论编译器生成什么样的代码程序都是错误的。

有 4 种运算符明确规定了运算对象的求值顺序。第一种是 3.2.3 节（第 85 页）提到的逻辑与（`&&`）运算符，它规定先求左侧运算对象的值，只有当左侧运算对象的值为真时才继续求右侧运算对象的值。另外三种分别是逻辑或（`||`）运算符（参见 4.3 节，第 126 页）、条件（`?:`）运算符（参见 4.7 节，第 134 页）和逗号（`,`）运算符（参见 4.10 节，第 140 页）。

求值顺序、优先级、结合律

运算对象的求值顺序与优先级和结合律无关，在一条形如 `f()+g()*h()+j()` 的表达式中：

- 优先级规定，`g()` 的返回值和 `h()` 的返回值相乘。
- 结合律规定，`f()` 的返回值先与 `g()` 和 `h()` 的乘积相加，所得结果再与 `j()` 的返回值相加。
- 对于这些函数的调用顺序没有明确规定。

如果 `f`、`g`、`h` 和 `j` 是无关函数，它们既不会改变同一对象的状态也不执行 IO 任务，那么函数的调用顺序不受限制。反之，如果其中某几个函数影响同一对象，则它是一条错误的表达式，将产生未定义的行为。

建议：处理复合表达式

以下两条经验准则对书写复合表达式有益：

> 1．拿不准的时候最好用括号来强制让表达式的组合关系符合程序逻辑的要求。
>
> 2．如果改变了某个运算对象的值，在表达式的其他地方不要再使用这个运算对象。
>
> 第 2 条规则有一个重要例外，当改变运算对象的子表达式本身就是另外一个子表达式的运算对象时该规则无效。例如，在表达式 *++iter 中，递增运算符改变 iter 的值，iter（已经改变）的值又是解引用运算符的运算对象。此时（或类似的情况下），求值的顺序不会成为问题，因为递增运算（即改变运算对象的子表达式）必须先求值，然后才轮到解引用运算。显然，这是一种很常见的用法，不会造成什么问题。

4.1.3 节练习

练习 4.3：C++语言没有明确规定大多数二元运算符的求值顺序，给编译器优化留下了余地。这种策略实际上是在代码生成效率和程序潜在缺陷之间进行了权衡，你认为这可以接受吗？请说出你的理由。

4.2 算术运算符

表 4.1：算术运算符（左结合律）		
运算符	功能	用法
+	一元正号	+ expr
−	一元负号	- expr
*	乘法	expr * expr
/	除法	expr / expr
%	求余	expr % expr
+	加法	expr + expr
−	减法	expr - expr

表 4.1（以及后面章节的运算符表）按照运算符的优先级将其分组。一元运算符的优先级最高，接下来是乘法和除法，优先级最低的是加法和减法。优先级高的运算符比优先级低的运算符组合得更紧密。上面的所有运算符都满足左结合律，意味着当优先级相同时按照从左向右的顺序进行组合。

除非另做特殊说明，算术运算符都能作用于任意算术类型（参见 2.1.1 节，第 30 页）以及任意能转换为算术类型的类型。算术运算符的运算对象和求值结果都是右值。如 4.11 节（第 141 页）描述的那样，在表达式求值之前，小整数类型的运算对象被提升成较大的整数类型，所有运算对象最终会转换成同一类型。

一元正号运算符、加法运算符和减法运算符都能作用于指针。3.5.3 节（第 106 页）已经介绍过二元加法和减法运算符作用于指针的情况。当一元正号运算符作用于一个指针或者算术值时，返回运算对象值的一个（提升后的）副本。

140>

一元负号运算符对运算对象值取负后，返回其（提升后的）副本：

```
int i = 1024;
int k = -i;        // k是-1024
bool b = true;
bool b2 = -b;           // b2是true!
```

在 2.1.1 节（第 31 页），我们指出布尔值不应该参与运算，-b 就是一个很好的例子。

对大多数运算符来说，布尔类型的运算对象将被提升为 int 类型。如上所示，布尔变量 b 的值为真，参与运算时将被提升成整数值 1（参见 2.1.2 节，第 32 页），对它求负后的结果是-1。将-1 再转换回布尔值并将其作为 b2 的初始值，显然这个初始值不等于 0，转换成布尔值后应该为 1。所以，b2 的值是真！

提示：溢出和其他算术运算异常

算术表达式有可能产生未定义的结果。一部分原因是数学性质本身：例如除数是 0 的情况；另外一部分则源于计算机的特点：例如溢出，当计算的结果超出该类型所能表示的范围时就会产生溢出。

假设某个机器的 short 类型占 16 位，则最大的 short 数值是 32767。在这样一台机器上，下面的复合赋值语句将产生溢出：

```cpp
short short_value = 32767;// 如果 short 类型占 16 位,则能表示的最大值是 32767
short_value += 1;          // 该计算导致溢出
cout << "short_value: " << short_value << endl;
```

给 short_value 赋值的语句是未定义的，这是因为表示一个带符号数 32768 需要 17 位，但是 short 类型只有 16 位。很多系统在编译和运行时都不报溢出错误，像其他未定义的行为一样，溢出的结果是不可预知的。在我们的系统中，程序的输出结果是：

```
short_value: -32768
```

该值发生了"环绕（wrapped around）"，符号位本来是 0，由于溢出被改成了 1，于是结果变成一个负值。在别的系统中也许会有其他结果，程序的行为可能不同甚至直接崩溃。

当作用于算术类型的对象时，算术运算符+、-、*、/的含义分别是加法、减法、乘法和除法。整数相除结果还是整数，也就是说，如果商含有小数部分，直接弃除：

```cpp
int ival1 = 21/6;     // ival1 是 3, 结果进行了删节, 余数被抛弃掉了
int ival2 = 21/7;     // ival2 是 3, 没有余数, 结果是整数值
```

运算符%俗称"取余"或"取模"运算符，负责计算两个整数相除所得的余数，参与取余运算的运算对象必须是整数类型： 〔141〕

```cpp
int ival = 42;
double dval = 3.14;
ival % 12;            // 正确: 结果是 6
ival % dval;          // 错误: 运算对象是浮点类型
```

在除法运算中，如果两个运算对象的符号相同则商为正（如果不为 0 的话），否则商为负。C++语言的早期版本允许结果为负值的商向上或向下取整，C++11 新标准则规定商一律向 0 取整（即直接切除小数部分）。〔C++11〕

根据取余运算的定义，如果 m 和 n 是整数且 n 非 0，则表达式 (m/n)*n+m%n 的求值结果与 m 相等。隐含的意思是，如果 m%n 不等于 0，则它的符号和 m 相同。C++语言的早期版本允许 m%n 的符号匹配 n 的符号，而且商向负无穷一侧取整，这一方式在新标准中已经被禁止使用了。除了-m 导致溢出的特殊情况，其他时候(-m)/n 和 m/(-n)都等于-(m/n)，m%(-n) 等于 m%n，(-m)%n 等于-(m%n)。具体示例如下：

```
21 % 6;      /* 结果是 3 */        21 / 6;      /* 结果是 3 */
21 % 7;      /* 结果是 0 */        21 / 7;      /* 结果是 3 */
-21 % -8;    /* 结果是-5 */        -21 / -8;    /* 结果是 2 */
21 % -5;     /* 结果是 1 */        21 / -5;     /* 结果是-4 */
```

142>
4.2 节练习

练习 4.4：在下面的表达式中添加括号，说明其求值的过程及最终结果。编写程序编译该（不加括号的）表达式并输出其结果验证之前的推断。

    12 / 3 * 4 + 5 * 15 + 24 % 4 / 2

练习 4.5：写出下列表达式的求值结果。

(a) -30 * 3 + 21 / 5   (b) -30 + 3 * 21 / 5
(c) 30 / 3 * 21 % 5   (d) -30 / 3 * 21 % 4

练习 4.6：写出一条表达式用于确定一个整数是奇数还是偶数。

练习 4.7：溢出是何含义？写出三条将导致溢出的表达式。

4.3   逻辑和关系运算符

关系运算符作用于算术类型或指针类型，逻辑运算符作用于任意能转换成布尔值的类型。逻辑运算符和关系运算符的返回值都是布尔类型。值为 0 的运算对象（算术类型或指针类型）表示假，否则表示真。对于这两类运算符来说，运算对象和求值结果都是右值。

表 4.2：逻辑运算符和关系运算符			
结合律	运算符	功能	用法
右	!	逻辑非	!expr
左	<	小于	expr < expr
左	<=	小于等于	expr <= expr
左	>	大于	expr > expr
左	>=	大于等于	expr >= expr
左	==	相等	expr == expr
左	!=	不相等	expr != expr
左	&&	逻辑与	expr && expr
左	||	逻辑或	expr || expr

逻辑与和逻辑或运算符

对于逻辑与运算符（&&）来说，当且仅当两个运算对象都为真时结果为真；对于逻辑或运算符（||）来说，只要两个运算对象中的一个为真结果就为真。

逻辑与运算符和逻辑或运算符都是先求左侧运算对象的值再求右侧运算对象的值，当且仅当左侧运算对象无法确定表达式的结果时才会计算右侧运算对象的值。这种策略称为**短路求值**（short-circuit evaluation）。

- 对于逻辑与运算符来说，当且仅当左侧运算对象为真时才对右侧运算对象求值。
- 对于逻辑或运算符来说，当且仅当左侧运算对象为假时才对右侧运算对象求值。

第 3 章中的几个程序用到了逻辑与运算符，它们的左侧运算对象是为了确保右侧运算对象求值过程的正确性和安全性。例如 85 页的循环条件：

```
index != s.size() && !isspace(s[index])
```

首先检查 index 是否到达 string 对象的末尾，以此确保只有当 index 在合理范围之内时才会计算右侧运算对象的值。

举一个使用逻辑或运算符的例子，假定有一个存储着若干 string 对象的 vector 对象，要求输出 string 对象的内容并且在遇到空字符串或者以句号结束的字符串时进行换行。使用基于范围的 for 循环（参见 3.2.3 节，第 81 页）处理 string 对象中的每个元素：

```
// s 是对常量的引用；元素既没有被拷贝也不会被改变
for (const auto &s : text) {        // 对于 text 的每个元素
    cout << s;                      // 输出当前元素
    // 遇到空字符串或者以句号结束的字符串进行换行
    if (s.empty() || s[s.size() - 1] == '.')
        cout << endl;
    else
        cout << " "; // 否则用空格隔开
}
```

输出当前元素后检查是否需要换行。if 语句的条件部分首先检查 s 是否是一个空 ◁143 string，如果是，则不论右侧运算对象的值如何都应该换行。只有当 string 对象非空时才需要求第二个运算对象的值，也就是检查 string 对象是否以句号结束的。在这条表达式中，利用逻辑或运算符的短路求值策略确保只有当 s 非空时才会用下标运算符去访问它。

值得注意的是，s 被声明成了对常量的引用（参见 2.5.2 节，第 61 页）。因为 text 的元素是 string 对象，可能非常大，所以将 s 声明成引用类型可以避免对元素的拷贝；又因为不需要对 string 对象做写操作，所以 s 被声明成对常量的引用。

逻辑非运算符

逻辑非运算符（!）将运算对象的值取反后返回，之前我们曾经在 3.2.2 节（第 79 页）使用过这个运算符。下面再举一个例子，假设 vec 是一个整数类型的 vector 对象，可以使用逻辑非运算符将 empty 函数的返回值取反从而检查 vec 是否含有元素：

```
// 输出 vec 的首元素（如果有的话）
if (!vec.empty())
    cout << vec[0];
```

子表达式

```
!vec.empty()
```

当 empty 函数返回假时结果为真。

关系运算符

顾名思义，关系运算符比较运算对象的大小关系并返回布尔值。关系运算符都满足左结合律。

因为关系运算符的求值结果是布尔值，所以将几个关系运算符连写在一起会产生意想不到的结果：

```
    // 哎哟! 这个条件居然拿 i < j 的布尔值结果和 k 比较!
    if (i < j < k) // 若 k 大于 1 则为真!
```

if 语句的条件部分首先把 i、j 和第一个<运算符组合在一起,其返回的布尔值再作为第二个<运算符的左侧运算对象。也就是说,k 比较的对象是第一次比较得到的那个或真或假的结果! 要想实现我们的目的,其实应该使用下面的表达式:

```
    // 正确: 当 i 小于 j 并且 j 小于 k 时条件为真
    if (i < j && j < k) { /* ...*/ }
```

相等性测试与布尔字面值

如果想测试一个算术对象或指针对象的真值,最直接的方法就是将其作为 if 语句的条件:

```
    if (val) { /* ...*/ }                // 如果 val 是任意的非 0 值,条件为真
    if (!val) { /* ...*/ }               // 如果 val 是 0,条件为真
```

144> 在上面的两个条件中,编译器都将 val 转换成布尔值。如果 val 非 0 则第一个条件为真,如果 val 的值为 0 则第二个条件为真。

有时会试图将上面的真值测试写成如下形式:

```
    if (val == true) { /* ...*/ } // 只有当 val 等于 1 时条件才为真!
```

但是这种写法存在两个问题:首先,与之前的代码相比,上面这种写法较长而且不太直接(尽管大家都认为缩写的形式对初学者来说有点难理解);更重要的一点是,如果 val 不是布尔值,这样的比较就失去了原来的意义。

如果 val 不是布尔值,那么进行比较之前会首先把 true 转换成 val 的类型。也就是说,如果 val 不是布尔值,则代码可以改写成如下形式:

```
    if (val == 1) { /* ...*/ }
```

正如我们已经非常熟悉的那样,当布尔值转换成其他算术类型时,false 转换成 0 而 true 转换成 1(参见 2.1.2 节,第 32 页)。如果真想知道 val 的值是否是 1,应该直接写出 1 这个数值来,而不要与 true 比较。

> 进行比较运算时除非比较的对象是布尔类型,否则不要使用布尔字面值 true 和 false 作为运算对象。

4.3 节练习

练习 4.8: 说明在逻辑与、逻辑或及相等性运算符中运算对象求值的顺序。

练习 4.9: 解释在下面的 if 语句中条件部分的判断过程。

```
    const char *cp = "Hello World";
    if (cp && *cp)
```

练习 4.10: 为 while 循环写一个条件,使其从标准输入中读取整数,遇到 42 时停止。

练习 4.11: 书写一条表达式用于测试 4 个值 a、b、c、d 的关系,确保 a 大于 b、b 大于 c、c 大于 d。

练习 4.12: 假设 i、j 和 k 是三个整数,说明表达式 i!=j<k 的含义。

4.4 赋值运算符

赋值运算符的左侧运算对象必须是一个可修改的左值。如果给定 145

```
int i = 0, j = 0, k = 0;        // 初始化而非赋值
const int ci = i;               // 初始化而非赋值
```

则下面的赋值语句都是非法的：

```
1024 = k;           // 错误：字面值是右值
i + j = k;          // 错误：算术表达式是右值
ci = k;             // 错误：ci 是常量（不可修改的）左值
```

赋值运算的结果是它的左侧运算对象，并且是一个左值。相应的，结果的类型就是左侧运算对象的类型。如果赋值运算符的左右两个运算对象类型不同，则右侧运算对象将转换成左侧运算对象的类型：

```
k = 0;              // 结果：类型是 int，值是 0
k = 3.14159;        // 结果：类型是 int，值是 3
```

C++11 新标准允许使用花括号括起来的初始值列表（参见 2.2.1 节，第 39 页）作为赋值语句的右侧运算对象：

```
k = {3.14};                     // 错误：窄化转换
vector<int> vi;                 // 初始为空
vi = {0,1,2,3,4,5,6,7,8,9};     // vi 现在含有 10 个元素了，值从 0 到 9
```

如果左侧运算对象是内置类型，那么初始值列表最多只能包含一个值，而且该值即使转换的话其所占空间也不应该大于目标类型的空间（参见 2.2.1 节，第 39 页）。

对于类类型来说，赋值运算的细节由类本身决定。对于 vector 来说，vector 模板重载了赋值运算符并且可以接收初始值列表，当赋值发生时用右侧运算对象的元素替换左侧运算对象的元素。

无论左侧运算对象的类型是什么，初始值列表都可以为空。此时，编译器创建一个值初始化（参见 3.3.1 节，第 88 页）的临时量并将其赋给左侧运算对象。

赋值运算满足右结合律

赋值运算符满足右结合律，这一点与其他二元运算符不太一样：

```
int ival, jval;
ival = jval = 0;                // 正确：都被赋值为 0
```

因为赋值运算符满足右结合律，所以靠右的赋值运算 jval=0 作为靠左的赋值运算符的右侧运算对象。又因为赋值运算返回的是其左侧运算对象，所以靠右的赋值运算的结果（即 jval）被赋给了 ival。

对于多重赋值语句中的每一个对象，它的类型或者与右边对象的类型相同、或者可由右边对象的类型转换得到（参见 4.11 节，第 141 页）：

```
int ival, *pval;        // ival 的类型是 int；pval 是指向 int 的指针
ival = pval = 0;        // 错误：不能把指针的值赋给 int
string s1, s2;
s1 = s2 = "OK";         // 字符串字面值"OK"转换成 string 对象
```

因为 ival 和 pval 的类型不同，而且 pval 的类型（int*）无法转换成 ival 的类型

（int），所以尽管 0 这个值能赋给任何对象，但是第一条赋值语句仍然是非法的。

146　　　与之相反，第二条赋值语句是合法的。这是因为字符串字面值可以转换成 string 对象并赋给 s2，而 s2 和 s1 的类型相同，所以 s2 的值可以继续赋给 s1。

赋值运算优先级较低

　　赋值语句经常会出现在条件当中。因为赋值运算的优先级相对较低，所以通常需要给赋值部分加上括号使其符合我们的原意。下面这个循环说明了把赋值语句放在条件当中有什么用处，它的目的是反复调用一个函数直到返回期望的值（比如 42）为止：

```
// 这是一种形式烦琐、容易出错的写法
int i = get_value();          // 得到第一个值
while (i != 42) {
    // 其他处理 ……
    i = get_value();          // 得到剩下的值
}
```

在这段代码中，首先调用 get_value 函数得到一个值，然后循环部分使用该值作为条件。在循环体内部，最后一条语句会再次调用 get_value 函数并不断重复循环。可以将上述代码以更简单直接的形式表达出来：

```
int i;
// 更好的写法：条件部分表达得更加清晰
while ((i = get_value()) != 42) {
    // 其他处理……
}
```

这个版本的 while 条件更容易表达我们的真实意图：不断循环读取数据直至遇到 42 为止。其处理过程是首先将 get_value 函数的返回值赋给 i，然后比较 i 和 42 是否相等。

　　如果不加括号的话含义会有很大变化，比较运算符!=的运算对象将是 get_value 函数的返回值及 42，比较的结果不论真假将以布尔值的形式赋值给 i，这显然不是我们期望的结果。

 因为赋值运算符的优先级低于关系运算符的优先级，所以在条件语句中，赋值部分通常应该加上括号。

切勿混淆相等运算符和赋值运算符

　　C++语言允许用赋值运算作为条件，但是这一特性可能带来意想不到的后果：

```
if (i = j)
```

此时，if 语句的条件部分把 j 的值赋给 i，然后检查赋值的结果是否为真。如果 j 不为 0，条件将为真。然而程序员的初衷很可能是想判断 i 和 j 是否相等：

```
if (i == j)
```

程序的这种缺陷显然很难被发现，好在一部分编译器会对类似的代码给出警告信息。

147 ### 复合赋值运算符

　　我们经常需要对对象施以某种运算，然后把计算的结果再赋给该对象。举个例子，考虑 1.4.2 节（第 11 页）的求和程序：

```
int sum = 0;
// 计算从 1 到 10（包含 10 在内）的和
for (int val = 1; val <= 10; ++val)
    sum += val;        // 等价于 sum = sum + val
```

这种复合操作不仅对加法来说很常见，而且也常常应用于其他算术运算符或者 4.8 节（第135 页）将要介绍的位运算符。每种运算符都有相应的复合赋值形式：

```
+=        -=        *=        /=        %=  // 算术运算符
<<=       >>=       &=        ^=        |=  // 位运算符，参见 4.8 节（第 135 页）
```

任意一种复合运算符都完全等价于

```
a = a op b;
```

唯一的区别是左侧运算对象的求值次数：使用复合运算符只求值一次，使用普通的运算符则求值两次。这两次包括：一次是作为右边子表达式的一部分求值，另一次是作为赋值运算的左侧运算对象求值。其实在很多地方，这种区别除了对程序性能有些许影响外几乎可以忽略不计。

4.4 节练习

练习 4.13：在下述语句中，当赋值完成后 i 和 d 的值分别是多少？

```
int i; double d;
(a) d = i = 3.5;       (b) i = d = 3.5;
```

练习 4.14：执行下述 if 语句后将发生什么情况？

```
if (42 = i) // ...
if (i = 42) // ...
```

练习 4.15：下面的赋值是非法的，为什么？应该如何修改？

```
double dval; int ival; int *pi;
dval = ival = pi = 0;
```

练习 4.16：尽管下面的语句合法，但它们实际执行的行为可能和预期并不一样，为什么？应该如何修改？

```
(a) if (p = getPtr() != 0)       (b) if (i = 1024)
```

4.5　递增和递减运算符

递增运算符（++）和递减运算符（—）为对象的加 1 和减 1 操作提供了一种简洁的书写形式。这两个运算符还可应用于迭代器，因为很多迭代器本身不支持算术运算，所以此时递增和递减运算符除了书写简洁外还是必须的。 148

递增和递减运算符有两种形式：前置版本和后置版本。到目前为止，本书使用的都是前置版本，这种形式的运算符首先将运算对象加 1（或减 1），然后将改变后的对象作为求值结果。后置版本也会将运算对象加 1（或减 1），但是求值结果是运算对象改变之前那个值的副本：

```
int i = 0, j;
j = ++i;          // j = 1, i = 1：前置版本得到递增之后的值
j = i++;          // j = 1, i = 2：后置版本得到递增之前的值
```

这两种运算符必须作用于左值运算对象。前置版本将对象本身作为左值返回，后置版本则将对象原始值的副本作为右值返回。

> **建议：除非必须，否则不用递增递减运算符的后置版本**
>
> 有 C 语言背景的读者可能对优先使用前置版本递增运算符有所疑问，其实原因非常简单：前置版本的递增运算符避免了不必要的工作，它把值加 1 后直接返回改变了的运算对象。与之相比，后置版本需要将原始值存储下来以便于返回这个未修改的内容。如果我们不需要修改前的值，那么后置版本的操作就是一种浪费。
>
> 对于整数和指针类型来说，编译器可能对这种额外的工作进行一定的优化；但是对于相对复杂的迭代器类型，这种额外的工作就消耗巨大了。建议养成使用前置版本的习惯，这样不仅不需要担心性能的问题，而且更重要的是写出的代码会更符合编程的初衷。

在一条语句中混用解引用和递增运算符

如果我们想在一条复合表达式中既将变量加 1 或减 1 又能使用它原来的值，这时就可以使用递增和递减运算符的后置版本。

举个例子，可以使用后置的递增运算符来控制循环输出一个 vector 对象内容直至遇到（但不包括）第一个负值为止：

```
auto pbeg = v.begin();
// 输出元素直至遇到第一个负值为止
while (pbeg != v.end() && *pbeg >= 0)
    cout << *pbeg++ << endl; // 输出当前值并将 pbeg 向前移动一个元素
```

对于刚接触 C++ 和 C 的程序员来说，*pbeg++ 不太容易理解。其实这种写法非常普遍，所以程序员一定要理解其含义。

后置递增运算符的优先级高于解引用运算符，因此 *pbeg++ 等价于 *(pbeg++)。pbeg++ 把 pbeg 的值加 1，然后返回 pbeg 的初始值的副本作为其求值结果，此时解引用运算符的运算对象是 pbeg 未增加之前的值。最终，这条语句输出 pbeg 开始时指向的那个元素，并将指针向前移动一个位置。

149 > 这种用法完全是基于一个事实，即后置递增运算符返回初始的未加 1 的值。如果返回的是加 1 之后的值，解引用该值将产生错误的结果。不但无法输出第一个元素，而且更糟糕的是如果序列中没有负值，程序将可能试图解引用一个根本不存在的元素。

> **建议：简洁可以成为一种美德**
>
> 形如 *pbeg++ 的表达式一开始可能不太容易理解，但其实这是一种被广泛使用的、有效的写法。当对这种形式熟悉之后，书写
>
> ```
> cout << *iter++ << endl;
> ```
>
> 要比书写下面的等价语句更简洁、也更少出错
>
> ```
> cout << *iter << endl;
> ++iter;
> ```
>
> 不断研究这样的例子直到对它们的含义一目了然。大多数 C++ 程序追求简洁、摒弃冗长，因此 C++ 程序员应该习惯于这种写法。而且，一旦熟练掌握了这种写法后，程序出错的可能性也会降低。

运算对象可按任意顺序求值

大多数运算符都没有规定运算对象的求值顺序（参见 4.1.3 节，第 123 页），这在一般情况下不会有什么影响。然而，如果一条子表达式改变了某个运算对象的值，另一条子表达式又要使用该值的话，运算对象的求值顺序就很关键了。因为递增运算符和递减运算符会改变运算对象的值，所以要提防在复合表达式中错用这两个运算符。

为了说明这一问题，我们将重写 3.4.1 节（第 97 页）的程序，该程序使用 for 循环将输入的第一个单词改成大写形式：

```
for (auto it = s.begin(); it != s.end() && !isspace(*it); ++it)
    *it = toupper(*it);          // 将当前字符改成大写形式
```

在上述程序中，我们把解引用 it 和递增 it 两项任务分开来完成。如果用一个看似等价的 while 循环进行代替

```
// 该循环的行为是未定义的！
while (beg != s.end() && !isspace(*beg))
    *beg = toupper(*beg++);  // 错误：该赋值语句未定义
```

将产生未定义的行为。问题在于：赋值运算符左右两端的运算对象都用到了 beg，并且右侧的运算对象还改变了 beg 的值，所以该赋值语句是未定义的。编译器可能按照下面的任意一种思路处理该表达式：

```
*beg = toupper(*beg);          // 如果先求左侧的值
*(beg + 1) = toupper(*beg);    // 如果先求右侧的值
```

也可能采取别的什么方式处理它。

4.5 节练习

150

练习 4.17：说明前置递增运算符和后置递增运算符的区别。

练习 4.18：如果第 132 页那个输出 vector 对象元素的 while 循环使用前置递增运算符，将得到什么结果？

练习 4.19：假设 ptr 的类型是指向 int 的指针、vec 的类型是 vector<int>、ival 的类型是 int，说明下面的表达式是何含义？如果有表达式不正确，为什么？应该如何修改？

```
(a) ptr != 0 && *ptr++              (b) ival++ && ival
(c) vec[ival++] <= vec[ival]
```

4.6 成员访问运算符

点运算符（参见 1.5.2 节，第 21 页）和箭头运算符（参见 3.4.1 节，第 98 页）都可用于访问成员，其中，点运算符获取类对象的一个成员；箭头运算符与点运算符有关，表达式 *ptr->mem* 等价于 *(*ptr).mem*：

```
string s1 = "a string", *p = &s1;
auto n = s1.size();          // 运行 string 对象 s1 的 size 成员
n = (*p).size();             // 运行 p 所指对象的 size 成员
n = p->size();               // 等价于 (*p).size()
```

因为解引用运算符的优先级低于点运算符，所以执行解引用运算的子表达式两端必须加上括号。如果没加括号，代码的含义就大不相同了：

```
// 运行 p 的 size 成员，然后解引用 size 的结果
*p.size();          // 错误：p 是一个指针，它没有名为 size 的成员
```

这条表达式试图访问对象 p 的 size 成员，但是 p 本身是一个指针且不包含任何成员，所以上述语句无法通过编译。

箭头运算符作用于一个指针类型的运算对象，结果是一个左值。点运算符分成两种情况：如果成员所属的对象是左值，那么结果是左值；反之，如果成员所属的对象是右值，那么结果是右值。

4.6 节练习

练习 4.20：假设 iter 的类型是 vector<string>::iterator，说明下面的表达式是否合法。如果合法，表达式的含义是什么？如果不合法，错在何处？

(a) *iter++;   (b) (*iter)++;   (c) *iter.empty()
(d) iter->empty();   (e) ++*iter;   (f) iter++->empty();

---

151 > ## 4.7 条件运算符

条件运算符（**? :**）允许我们把简单的 if-else 逻辑嵌入到单个表达式当中，条件运算符按照如下形式使用：

cond ? expr1 : expr2;

其中 *cond* 是判断条件的表达式，而 *expr1* 和 *expr2* 是两个类型相同或可能转换为某个公共类型的表达式。条件运算符的执行过程是：首先求 *cond* 的值，如果条件为真对 *expr1* 求值并返回该值，否则对 *expr2* 求值并返回该值。举个例子，我们可以使用条件运算符判断成绩是否合格：

```
string finalgrade = (grade < 60) ? "fail" : "pass";
```

条件部分判断成绩是否小于 60。如果小于，表达式的结果是"fail"，否则结果是"pass"。有点类似于逻辑与运算符和逻辑或运算符（&&和||），条件运算符只对 *expr1* 和 *expr2* 中的一个求值。

当条件运算符的两个表达式都是左值或者能转换成同一种左值类型时，运算的结果是左值；否则运算的结果是右值。

嵌套条件运算符

允许在条件运算符的内部嵌套另外一个条件运算符。也就是说，条件表达式可以作为另外一个条件运算符的 *cond* 或 *expr*。举个例子，使用一对嵌套的条件运算符可以将成绩分成三档：优秀（high pass）、合格（pass）和不合格（fail）：

```
finalgrade = (grade > 90) ? "high pass"
                          : (grade < 60) ? "fail" : "pass";
```

第一个条件检查成绩是否在 90 分以上，如果是，执行符号?后面的表达式，得到"high pass"；如果否，执行符号:后面的分支。这个分支本身又是一个条件表达式，它检查成绩是否在 60 分以下，如果是，得到"fail"；否则得到"pass"。

条件运算符满足右结合律，意味着运算对象（一般）按照从右向左的顺序组合。因此在上面的代码中，靠右边的条件运算（比较成绩是否小于 60）构成了靠左边的条件运算的:分支。

 随着条件运算嵌套层数的增加，代码的可读性急剧下降。因此，条件运算的嵌套最好别超过两到三层。

在输出表达式中使用条件运算符

条件运算符的优先级非常低，因此当一条长表达式中嵌套了条件运算子表达式时，通常需要在它两端加上括号。例如，有时需要根据条件值输出两个对象中的一个，如果写这条语句时没把括号写全就有可能产生意想不到的结果： 152

```
cout << ((grade < 60) ? "fail" : "pass");// 输出 pass 或者 fail
cout << (grade < 60) ? "fail" : "pass";  // 输出 1 或者 0!
cout << grade < 60 ? "fail" : "pass";    // 错误：试图比较 cout 和 60
```

在第二条表达式中，grade 和 60 的比较结果是<<运算符的运算对象，因此如果 grade<60 为真输出 1，否则输出 0。<<运算符的返回值是 cout，接下来 cout 作为条件运算符的条件。也就是说，第二条表达式等价于

```
cout << (grade < 60);    // 输出 1 或者 0
cout ? "fail" : "pass";  // 根据 cout 的值是 true 还是 false 产生对应的字面值
```

因为第三条表达式等价于下面的语句，所以它是错误的：

```
cout << grade;          // 小于运算符的优先级低于移位运算符，所以先输出 grade
cout < 60 ? "fail" : "pass"; // 然后比较 cout 和 60!
```

4.7 节练习

练习 4.21：编写一段程序，使用条件运算符从 vector<int>中找到哪些元素的值是奇数，然后将这些奇数值翻倍。

练习 4.22：本节的示例程序将成绩划分成 high pass、pass 和 fail 三种，扩展该程序使其进一步将 60 分到 75 分之间的成绩设定为 low pass。要求程序包含两个版本：一个版本只使用条件运算符；另外一个版本使用 1 个或多个 if 语句。哪个版本的程序更容易理解呢？为什么？

练习 4.23：因为运算符的优先级问题，下面这条表达式无法通过编译。根据 4.12 节中的表（第 147 页）指出它的问题在哪里？应该如何修改？

```
string s = "word";
string pl = s + s[s.size() - 1] == 's' ? "" : "s" ;
```

练习 4.24：本节的示例程序将成绩划分成 high pass、pass 和 fail 三种，它的依据是条件运算符满足右结合律。假如条件运算符满足的是左结合律，求值过程将是怎样的？

4.8 位运算符

位运算符作用于整数类型的运算对象，并把运算对象看成是二进制位的集合。位运算符提供检查和设置二进制位的功能，如 17.2 节（第 640 页）将要介绍的，一种名为 bitset

的标准库类型也可以表示任意大小的二进制位集合，所以位运算符同样能用于 bitset 类型。

153 >

表 4.3：位运算符（左结合律）		
运算符	功能	用法
~	位求反	~ expr
<<	左移	expr1 << expr2
>>	右移	expr1 >> expr2
&	位与	expr & expr
^	位异或	expr ^ expr
|	位或	expr | expr

一般来说，如果运算对象是"小整型"，则它的值会被自动提升（参见 4.11.1 节，第 142 页）成较大的整数类型。运算对象可以是带符号的，也可以是无符号的。如果运算对象是带符号的且它的值为负，那么位运算符如何处理运算对象的"符号位"依赖于机器。而且，此时的左移操作可能会改变符号位的值，因此是一种未定义的行为。

 WARNING　关于符号位如何处理没有明确的规定，所以强烈建议仅将位运算符用于处理无符号类型。

移位运算符

之前在处理输入和输出操作时，我们已经使用过标准 IO 库定义的 << 运算符和 >> 运算符的重载版本。这两种运算符的内置含义是对其运算对象执行基于二进制位的移动操作，首先令左侧运算对象的内容按照右侧运算对象的要求移动指定位数，然后将经过移动的（可能还进行了提升）左侧运算对象的拷贝作为求值结果。其中，右侧的运算对象一定不能为负，而且值必须严格小于结果的位数，否则就会产生未定义的行为。二进制位或者向左移（<<）或者向右移（>>），移出边界之外的位就被舍弃掉了：

在下面的图例中右侧为最低位并且假定 char 占 8 位、int 占 32 位
// 0233 是八进制的字面值（参见 2.1.3 节，第 35 页）

unsigned char bits = 0233;

1 0 0 1 1 0 1 1

bits << 8 // bits 提升成 int 类型，然后向左移动 8 位

0 0 0 0 0 0 0 0	0 0 0 0 0 0 0 0	1 0 0 1 1 0 1 1	0 0 0 0 0 0 0 0

bits << 31 // 向左移动 31 位，左边超出边界的位丢弃了

1 0 0 0 0 0 0 0	0 0 0 0 0 0 0 0	0 0 0 0 0 0 0 0	0 0 0 0 0 0 0 0

bits >> 3 // 向右移动 3 位，最右边的 3 位丢弃了

0 0 0 0 0 0 0 0	0 0 0 0 0 0 0 0	0 0 0 0 0 0 0 0	0 0 0 1 0 0 1 1

左移运算符（<<）在右侧插入值为 0 的二进制位。**右移运算符**（>>）的行为则依赖于其左侧运算对象的类型：如果该运算对象是无符号类型，在左侧插入值为 0 的二进制位；

154 >

如果该运算对象是带符号类型，在左侧插入符号位的副本或值为 0 的二进制位，如何选择要视具体环境而定。

位求反运算符

位求反运算符（~）将运算对象逐位求反后生成一个新值，将 1 置为 0、将 0 置为 1：

```
unsigned char bits = 0227;          1 0 0 1 0 1 1 1
 ~bits
```

| 1 1 1 1 1 1 1 1 | 1 1 1 1 1 1 1 1 | 1 1 1 1 1 1 1 1 | 0 1 1 0 1 0 0 0 |

char 类型的运算对象首先提升成 int 类型，提升时运算对象原来的位保持不变，往高位（high order position）添加 0 即可。因此在本例中，首先将 bits 提升成 int 类型，增加 24 个高位 0，随后将提升后的值逐位求反。

位与、位或、位异或运算符

与（&）、或（|）、异或（^）运算符在两个运算对象上逐位执行相应的逻辑操作：

unsigned char b1 = 0145;		0 1 1 0 0 1 0 1
unsigned char b2 = 0257;		1 0 1 0 1 1 1 1
b1 & b2	*24 个高阶位都是 0*	0 0 1 0 0 1 0 1
b1 | b2	*24 个高阶位都是 0*	1 1 1 0 1 1 1 1
b1 ^ b2	*24 个高阶位都是 0*	1 1 0 0 1 0 1 0

对于**位与运算符**（&）来说，如果两个运算对象的对应位置都是 1 则运算结果中该位为 1，否则为 0。对于**位或运算符**（|）来说，如果两个运算对象的对应位置至少有一个为 1 则运算结果中该位为 1，否则为 0。对于**位异或运算符**（^）来说，如果两个运算对象的对应位置有且只有一个为 1 则运算结果中该位为 1，否则为 0。

> 有一种常见的错误是把位运算符和逻辑运算符（参见 4.3 节，第 126 页）搞混了，比如位与（&）和逻辑与（&&）、位或（|）和逻辑或（||）、位求反（~）和逻辑非（!）。

使用位运算符

我们举一个使用位运算符的例子：假设班级中有 30 个学生，老师每周都会对学生进行一次小测验，测验的结果只有通过和不通过两种。为了更好地追踪测验的结果，我们用一个二进制位代表某个学生在一次测验中是否通过，显然全班的测验结果可以用一个无符号整数来表示：

```
unsigned long quiz1 = 0;        // 我们把这个值当成是位的集合来使用
```

定义 quiz1 的类型是 unsigned long，这样，quiz1 在任何机器上都将至少拥有 32 位；〈155〉给 quiz1 赋一个明确的初始值，使得它的每一位在开始时都有统一且固定的值。

教师必须有权设置并检查每一个二进制位。例如，我们需要对序号为 27 的学生对应的位进行设置，以表示他通过了测验。为了达到这一目的，首先创建一个值，该值只有第 27 位是 1 其他位都是 0，然后将这个值与 quiz1 进行位或运算，这样就能强行将 quiz1 的第 27 位设置为 1，其他位都保持不变。

为了实现本例的目的，我们将 quiz1 的低阶位赋值为 0、下一位赋值为 1，以此类推，最后统计 quiz1 各个位的情况。

使用左移运算符和一个 unsigned long 类型的整数字面值 1（参见 2.1.3 节，第 35 页）就能得到一个表示学生 27 通过了测验的数值：

```
1UL << 27                       // 生成一个值，该值只有第 27 位为 1
```

1UL 的低阶位上有一个 1，除此之外（至少）还有 31 个值为 0 的位。之所以使用 unsigned long 类型，是因为 int 类型只能确保占用 16 位，而我们至少需要 27 位。上面这条表达式通过在值为 1 的那个二进制位后面添加 0，使得它向左移动了 27 位。

接下来将所得的值与 quiz1 进行位或运算。为了同时更新 quiz1 的值，使用一条复合赋值语句（参见 4.4 节，第 130 页）：

```
quiz1 |= 1UL << 27;              // 表示学生 27 通过了测验
```

|=运算符的工作原理和+=非常相似，它等价于

```
quiz1 = quiz1 | 1UL << 27;      // 等价于 quiz1 |= 1UL << 27;
```

假定教师在重新核对测验结果时发现学生 27 实际上并没有通过测验，他必须要把第 27 位的值置为 0。此时我们需要使用一个特殊的整数，它的第 27 位是 0、其他所有位都是 1。将这个值与 quiz1 进行位与运算就能实现目的了：

```
quiz1 &= ~(1UL << 27);          // 学生 27 没有通过测验
```

通过将之前的值按位求反得到一个新值，除了第 27 位外都是 1，只有第 27 位的值是 0。随后将该值与 quiz1 进行位与运算，所得结果除了第 27 位外都保持不变。

最后，我们试图检查学生 27 测验的情况到底怎么样：

```
bool status = quiz1 & (1UL << 27); // 学生 27 是否通过了测验？
```

我们将 quiz1 和一个只有第 27 位是 1 的值按位求与，如果 quiz1 的第 27 位是 1，计算的结果就是非 0（真）；否则结果是 0。

移位运算符（又叫 IO 运算符）满足左结合律

尽管很多程序员从未直接用过位运算符，但是几乎所有人都用过它们的重载版本来进行 IO 操作。重载运算符的优先级和结合律都与它的内置版本一样，因此即使程序员用不到移位运算符的内置含义，也仍然有必要理解其优先级和结合律。

因为移位运算符满足左结合律，所以表达式

156 >
```
cout << "hi" << " there" << endl;
```

的执行过程实际上等同于

```
( (cout << "hi") << " there" ) << endl;
```

在这条语句中，运算对象"hi"和第一个<<组合在一起，它的结果和第二个<<组合在一起，接下来的结果再和第三个<<组合在一起。

移位运算符的优先级不高不低，介于中间：比算术运算符的优先级低，但比关系运算符、赋值运算符和条件运算符的优先级高。因此在一次使用多个运算符时，有必要在适当的地方加上括号使其满足我们的要求。

```
cout << 42 + 10;      // 正确：+的优先级更高，因此输出求和结果
cout << (10 < 42);    // 正确：括号使运算对象按照我们的期望组合在一起，输出 1
cout << 10 < 42;      // 错误：试图比较 cout 和 42！
```

最后一个 cout 的含义其实是

```
(cout << 10) < 42;
```

也就是"把数字 10 写到 cout，然后将结果（即 cout）与 42 进行比较"。

练习 4.25：如果一台机器上 int 占 32 位、char 占 8 位，用的是 Latin-1 字符集，其中字符'q'的二进制形式是 01110001，那么表达式~'q'<<6 的值是什么？

练习 4.26：在本节关于测验成绩的例子中，如果使用 unsigned int 作为 quiz1 的类型会发生什么情况？

练习 4.27：下列表达式的结果是什么？

```
unsigned long ul1 = 3, ul2 = 7;
(a) ul1 & ul2            (b) ul1 | ul2
(c) ul1 && ul2           (d) ul1 || ul2
```

4.9 sizeof 运算符

sizeof 运算符返回一条表达式或一个类型名字所占的字节数。sizeof 运算符满足右结合律，其所得的值是一个 size_t 类型（参见 3.5.2 节，第 103 页）的常量表达式（参见 2.4.4 节，第 58 页）。运算符的运算对象有两种形式：

sizeof (*type*)
sizeof *expr*

在第二种形式中，sizeof 返回的是表达式结果类型的大小。与众不同的一点是，sizeof 并不实际计算其运算对象的值：

```
Sales_data data, *p;
sizeof(Sales_data);        // 存储 Sales_data 类型的对象所占的空间大小
sizeof data;               // data 的类型的大小，即 sizeof(Sales_data)
sizeof p;                  // 指针所占的空间大小
sizeof *p;                 // p 所指类型的空间大小，即 sizeof(Sales_data)
sizeof data.revenue;       // Sales_data 的 revenue 成员对应类型的大小
sizeof Sales_data::revenue; // 另一种获取 revenue 大小的方式
```

这些例子中最有趣的一个是 sizeof *p。首先，因为 sizeof 满足右结合律并且与 * 运算符的优先级一样，所以表达式按照从右向左的顺序组合。也就是说，它等价于 sizeof(*p)。其次，因为 sizeof 不会实际求运算对象的值，所以即使 p 是一个无效（即未初始化）的指针（参见 2.3.2 节，第 47 页）也不会有什么影响。在 sizeof 的运算对象中解引用一个无效指针仍然是一种安全的行为，因为指针实际上并没有被真正使用。sizeof 不需要真的解引用指针也能知道它所指对象的类型。

C++11 新标准允许我们使用作用域运算符来获取类成员的大小。通常情况下只有通过类的对象才能访问到类的成员，但是 sizeof 运算符无须我们提供一个具体的对象，因为要想知道类成员的大小无须真的获取该成员。

sizeof 运算符的结果部分地依赖于其作用的类型：

- 对 char 或者类型为 char 的表达式执行 sizeof 运算，结果得 1。
- 对引用类型执行 sizeof 运算得到被引用对象所占空间的大小。
- 对指针执行 sizeof 运算得到指针本身所占空间的大小。
- 对解引用指针执行 sizeof 运算得到指针指向的对象所占空间的大小，指针不需有效。

- 对数组执行 sizeof 运算得到整个数组所占空间的大小, 等价于对数组中所有的元素各执行一次 sizeof 运算并将所得结果求和。注意, sizeof 运算不会把数组转换成指针来处理。
- 对 string 对象或 vector 对象执行 sizeof 运算只返回该类型固定部分的大小, 不会计算对象中的元素占用了多少空间。

因为执行 sizeof 运算能得到整个数组的大小, 所以可以用数组的大小除以单个元素的大小得到数组中元素的个数：

```
// sizeof(ia)/sizeof(*ia)返回 ia 的元素数量
constexpr size_t sz = sizeof(ia)/sizeof(*ia);
int arr2[sz];    // 正确：sizeof 返回一个常量表达式, 参见 2.4.4 节（第 58 页）
```

因为 sizeof 的返回值是一个常量表达式, 所以我们可以用 sizeof 的结果声明数组的维度。

4.9 节练习

练习 4.28：编写一段程序, 输出每一种内置类型所占空间的大小。

练习 4.29：推断下面代码的输出结果并说明理由。实际运行这段程序, 结果和你想象的一样吗？如果不一样, 为什么？

```
int x[10]; int *p = x;
cout << sizeof(x)/sizeof(*x) << endl;
cout << sizeof(p)/sizeof(*p) << endl;
```

练习 4.30：根据 4.12 节中的表（第 147 页）, 在下述表达式的适当位置加上括号, 使得加上括号之后表达式的含义与原来的含义相同。

(a) sizeof x + y   (b) sizeof p->mem[i]
(c) sizeof a < b   (d) sizeof f()

4.10   逗号运算符

逗号运算符（comma operator）含有两个运算对象, 按照从左向右的顺序依次求值。和逻辑与、逻辑或以及条件运算符一样, 逗号运算符也规定了运算对象求值的顺序。

158 > 对于逗号运算符来说, 首先对左侧的表达式求值, 然后将求值结果丢弃掉。逗号运算符真正的结果是右侧表达式的值。如果右侧运算对象是左值, 那么最终的求值结果也是左值。

逗号运算符经常被用在 for 循环当中：

```
vector<int>::size_type cnt = ivec.size();
// 将把从 size 到 1 的值赋给 ivec 的元素
for(vector<int>::size_type ix = 0;
                ix != ivec.size(); ++ix, --cnt)
    ivec[ix] = cnt;
```

这个循环在 for 语句的表达式中递增 ix、递减 cnt, 每次循环迭代 ix 和 cnt 相应改变。只要 ix 满足条件, 我们就把当前元素设成 cnt 的当前值。

练习 4.31：本节的程序使用了前置版本的递增运算符和递减运算符，解释为什么要用前置版本而不用后置版本。要想使用后置版本的递增递减运算符需要做哪些改动？使用后置版本重写本节的程序。

练习 4.32：解释下面这个循环的含义。

```
constexpr int size = 5;
int ia[size] = {1,2,3,4,5};
for (int *ptr = ia, ix = 0;
     ix != size && ptr != ia+size;
     ++ix, ++ptr) { /* ...*/ }
```

练习 4.33：根据 4.12 节中的表（第 147 页）说明下面这条表达式的含义。

```
someValue ? ++x, ++y : --x, --y
```

4.11 类型转换 159

在 C++语言中，某些类型之间有关联。如果两种类型有关联，那么当程序需要其中一种类型的运算对象时，可以用另一种关联类型的对象或值来替代。换句话说，如果两种类型可以**相互转换**（conversion），那么它们就是关联的。

举个例子，考虑下面这条表达式，它的目的是将 ival 初始化为 6：

```
int ival = 3.541 + 3;  // 编译器可能会警告该运算损失了精度
```

加法的两个运算对象类型不同：3.541 的类型是 double，3 的类型是 int。C++语言不会直接将两个不同类型的值相加，而是先根据类型转换规则设法将运算对象的类型统一后再求值。上述的类型转换是自动执行的，无须程序员的介入，有时甚至不需要程序员了解。因此，它们被称作**隐式转换**（implicit conversion）。

算术类型之间的隐式转换被设计得尽可能避免损失精度。很多时候，如果表达式中既有整数类型的运算对象也有浮点数类型的运算对象，整型会转换成浮点型。在上面的例子中，3 转换成 double 类型，然后执行浮点数加法，所得结果的类型是 double。

接下来就要完成初始化的任务了。在初始化过程中，因为被初始化的对象的类型无法改变，所以初始值被转换成该对象的类型。仍以这个例子说明，加法运算得到的 double 类型的结果转换成 int 类型的值，这个值被用来初始化 ival。由 double 向 int 转换时忽略掉了小数部分，上面的表达式中，数值 6 被赋给了 ival。

何时发生隐式类型转换

在下面这些情况下，编译器会自动地转换运算对象的类型：

- 在大多数表达式中，比 int 类型小的整型值首先提升为较大的整数类型。
- 在条件中，非布尔值转换成布尔类型。
- 初始化过程中，初始值转换成变量的类型；在赋值语句中，右侧运算对象转换成左侧运算对象的类型。
- 如果算术运算或关系运算的运算对象有多种类型，需要转换成同一种类型。
- 如第 6 章将要介绍的，函数调用时也会发生类型转换。

4.11.1 算术转换

算术转换（arithmetic conversion）的含义是把一种算术类型转换成另外一种算术类型，这一点在 2.1.2 节（第 32 页）中已有介绍。算术转换的规则定义了一套类型转换的层次，其中运算符的运算对象将转换成最宽的类型。例如，如果一个运算对象的类型是 long double，那么不论另外一个运算对象的类型是什么都会转换成 long double。还有一种更普遍的情况，当表达式中既有浮点类型也有整数类型时，整数值将转换成相应的浮点类型。

160> **整型提升**

整型提升（integral promotion）负责把小整数类型转换成较大的整数类型。对于 bool、char、signed char、unsigned char、short 和 unsigned short 等类型来说，只要它们所有可能的值都能存在 int 里，它们就会提升成 int 类型；否则，提升成 unsigned int 类型。就如我们所熟知的，布尔值 false 提升成 0、true 提升成 1。

较大的 char 类型（wchar_t、char16_t、char32_t）提升成 int、unsigned int、long、unsigned long、long long 和 unsigned long long 中最小的一种类型，前提是转换后的类型要能容纳原类型所有可能的值。

无符号类型的运算对象

如果某个运算符的运算对象类型不一致，这些运算对象将转换成同一种类型。但是如果某个运算对象的类型是无符号类型，那么转换的结果就要依赖于机器中各个整数类型的相对大小了。

像往常一样，首先执行整型提升。如果结果的类型匹配，无须进行进一步的转换。如果两个（提升后的）运算对象的类型要么都是带符号的、要么都是无符号的，则小类型的运算对象转换成较大的类型。

如果一个运算对象是无符号类型、另外一个运算对象是带符号类型，而且其中的无符号类型不小于带符号类型，那么带符号的运算对象转换成无符号的。例如，假设两个类型分别是 unsigned int 和 int，则 int 类型的运算对象转换成 unsigned int 类型。需要注意的是，如果 int 型的值恰好为负值，其结果将以 2.1.2 节（第 32 页）介绍的方法转换，并带来该节描述的所有副作用。

剩下的一种情况是带符号类型大于无符号类型，此时转换的结果依赖于机器。如果无符号类型的所有值都能存在该带符号类型中，则无符号类型的运算对象转换成带符号类型。如果不能，那么带符号类型的运算对象转换成无符号类型。例如，如果两个运算对象的类型分别是 long 和 unsigned int，并且 int 和 long 的大小相同，则 long 类型的运算对象转换成 unsigned int 类型；如果 long 类型占用的空间比 int 更多，则 unsigned int 类型的运算对象转换成 long 类型。

理解算术转换

要想理解算术转换，办法之一就是研究大量的例子：

```
bool      flag;        char            cval;
short     sval;        unsignedshort   usval;
int       ival;        unsigned int    uival;
long      lval;        unsigned long   ulval;
float     fval;        double          dval;
```

```
3.14159L + 'a';        // 'a'提升成int，然后该int值转换成long double
dval + ival;           // ival转换成double
dval + fval;           // fval转换成double
ival = dval;           // dval转换成（切除小数部分后）int
flag = dval;           // 如果dval是0，则flag是false，否则flag是true
cval + fval;           // cval提升成int，然后该int值转换成float
sval + cval;           // sval和cval都提升成int
cval + lval;           // cval转换成long
ival + ulval;          // ival转换成unsigned long
usval + ival;          // 根据unsigned short和int所占空间的大小进行提升
uival + lval;          // 根据unsigned int和long所占空间的大小进行转换
```

161

在第一个加法运算中，小写字母'a'是char型的字符常量，它其实能表示一个数字值（参见2.1.1节，第30页）。到底这个数字值是多少完全依赖于机器上的字符集，在我们的环境中，'a'对应的数字值是97。当把'a'和一个long double类型的数相加时，char类型的值首先提升成int类型，然后int类型的值再转换成long double类型。最终我们把这个转换后的值与那个字面值相加。最后的两个含有无符号类型值的表达式也比较有趣，它们的结果依赖于机器。

4.11.1 节练习

练习 4.34：根据本节给出的变量定义，说明在下面的表达式中将发生什么样的类型转换：

(a) if (fval) (b) dval = fval + ival; (c) dval + ival * cval;

需要注意每种运算符遵循的是左结合律还是右结合律。

练习 4.35：假设有如下的定义，

```
char cval;        int ival;         unsigned int ui;
float fval;       double dval;
```

请回答在下面的表达式中发生了隐式类型转换吗？如果有，指出来。

(a) cval = 'a' + 3;   (b) fval = ui - ival * 1.0;
(c) dval = ui * fval;   (d) cval = ival + fval + dval;

4.11.2　其他隐式类型转换

除了算术转换之外还有几种隐式类型转换，包括如下几种。

数组转换成指针：在大多数用到数组的表达式中，数组自动转换成指向数组首元素的指针：

```
int ia[10];           // 含有10个整数的数组
int* ip = ia;         // ia转换成指向数组首元素的指针
```

当数组被用作decltype关键字的参数，或者作为取地址符（&）、sizeof及typeid（第19.2.2节，732页将介绍）等运算符的运算对象时，上述转换不会发生。同样的，如果用一个引用来初始化数组（参见3.5.1节，第102页），上述转换也不会发生。我们将在6.7节（第221页）看到，当在表达式中使用函数类型时会发生类似的指针转换。

指针的转换：C++还规定了几种其他的指针转换方式，包括常量整数值0或者字面值nullptr能转换成任意指针类型；指向任意非常量的指针能转换成void*；指向任意对象的指针能转换成const void*。15.2.2节（第530页）将要介绍，在有继承关系的类

162

型间还有另外一种指针转换的方式。

转换成布尔类型：存在一种从算术类型或指针类型向布尔类型自动转换的机制。如果指针或算术类型的值为 0，转换结果是 false；否则转换结果是 true：

```
char *cp = get_string();
if (cp) /* ...*/      // 如果指针 cp 不是 0，条件为真
while (*cp) /* ...*/  // 如果*cp 不是空字符，条件为真
```

转换成常量：允许将指向非常量类型的指针转换成指向相应的常量类型的指针，对于引用也是这样。也就是说，如果 T 是一种类型，我们就能将指向 T 的指针或引用分别转换成指向 const T 的指针或引用（参见 2.4.1 节，第 54 页和 2.4.2 节，第 56 页）：

```
int i;
const int &j = i;        // 非常量转换成 const int 的引用
const int *p = &i;       // 非常量的地址转换成 const 的地址
int &r = j, *q = p;      // 错误：不允许 const 转换成非常量
```

相反的转换并不存在，因为它试图删除掉底层 const。

类类型定义的转换：类类型能定义由编译器自动执行的转换，不过编译器每次只能执行一种类类型的转换。在 7.5.4 节（第 263 页）中我们将看到一个例子，如果同时提出多个转换请求，这些请求将被拒绝。

我们之前的程序已经使用过类类型转换：一处是在需要标准库 string 类型的地方使用 C 风格字符串（参见 3.5.5 节，第 111 页）；另一处是在条件部分读入 istream：

```
string s, t = "a value";     // 字符串字面值转换成 string 类型
while (cin >> s)             // while 的条件部分把 cin 转换成布尔值
```

条件（cin>>s）读入 cin 的内容并将 cin 作为其求值结果。条件部分本来需要一个布尔类型的值，但是这里实际检查的是 istream 类型的值。幸好，IO 库定义了从 istream 向布尔值转换的规则，根据这一规则，cin 自动地转换成布尔值。所得的布尔值到底是什么由输入流的状态决定，如果最后一次读入成功，转换得到的布尔值是 true；相反，如果最后一次读入不成功，转换得到的布尔值是 false。

4.11.3 显式转换

有时我们希望显式地将对象强制转换成另外一种类型。例如，如果想在下面的代码中执行浮点数除法：

```
int i, j;
double slope = i/j;
```

就要使用某种方法将 i 和/或 j 显式地转换成 double，这种方法称作**强制类型转换**(cast)。

 虽然有时不得不使用强制类型转换，但这种方法本质上是非常危险的。

163> **命名的强制类型转换**

一个命名的强制类型转换具有如下形式：

cast-name<type>(expression);

其中，*type* 是转换的目标类型而 *expression* 是要转换的值。如果 *type* 是引用类型，则结果是左值。*cast-name* 是 **static_cast**、**dynamic_cast**、**const_cast** 和

reinterpret_cast 中的一种。dynamic_cast 支持运行时类型识别，我们将在 19.2 节（第 730 页）对其做更详细的介绍。*cast-name* 指定了执行的是哪种转换。

static_cast

任何具有明确定义的类型转换，只要不包含底层 const，都可以使用 static_cast。例如，通过将一个运算对象强制转换成 double 类型就能使表达式执行浮点数除法：

```
// 进行强制类型转换以便执行浮点数除法
double slope = static_cast<double>(j) / i;
```

当需要把一个较大的算术类型赋值给较小的类型时，static_cast 非常有用。此时，强制类型转换告诉程序的读者和编译器：我们知道并且不在乎潜在的精度损失。一般来说，如果编译器发现一个较大的算术类型试图赋值给较小的类型，就会给出警告信息；但是当我们执行了显式的类型转换后，警告信息就会被关闭了。

static_cast 对于编译器无法自动执行的类型转换也非常有用。例如，我们可以使用 static_cast 找回存在于 void* 指针（参见 2.3.2 节，第 50 页）中的值：

```
void* p = &d;      // 正确：任何非常量对象的地址都能存入 void*
//正确：将 void* 转换回初始的指针类型
double *dp = static_cast<double*>(p);
```

当我们把指针存放在 void* 中，并且使用 static_cast 将其强制转换回原来的类型时，应该确保指针的值保持不变。也就是说，强制转换的结果将与原始的地址值相等，因此我们必须确保转换后所得的类型就是指针所指的类型。类型一旦不符，将产生未定义的后果。

const_cast

const_cast 只能改变运算对象的底层 const（参见 2.4.3 节，第 57 页）：

```
const char *pc;
char *p = const_cast<char*>(pc); // 正确：但是通过 p 写值是未定义的行为
```

对于将常量对象转换成非常量对象的行为，我们一般称其为"去掉 const 性质（cast away the const）"。一旦我们去掉了某个对象的 const 性质，编译器就不再阻止我们对该对象进行写操作了。如果对象本身不是一个常量，使用强制类型转换获得写权限是合法的行为。然而如果对象是一个常量，再使用 const_cast 执行写操作就会产生未定义的后果。

只有 const_cast 能改变表达式的常量属性，使用其他形式的命名强制类型转换改变表达式的常量属性都将引发编译器错误。同样的，也不能用 const_cast 改变表达式的类型： <164

```
const char *cp;
// 错误：static_cast 不能转换掉 const 性质
char *q = static_cast<char*>(cp);
static_cast<string>(cp);      // 正确：字符串字面值转换成 string 类型
const_cast<string>(cp);       // 错误：const_cast 只改变常量属性
```

const_cast 常常用于有函数重载的上下文中，关于函数重载将在 6.4 节（第 208 页）进行详细介绍。

reinterpret_cast

reinterpret_cast 通常为运算对象的位模式提供较低层次上的重新解释。举个例

子，假设有如下的转换

```
int *ip;
char *pc = reinterpret_cast<char*>(ip);
```

我们必须牢记 pc 所指的真实对象是一个 int 而非字符，如果把 pc 当成普通的字符指针使用就可能在运行时发生错误。例如：

```
string str(pc);
```

可能导致异常的运行时行为。

　　使用 reinterpret_cast 是非常危险的，用 pc 初始化 str 的例子很好地证明了这一点。其中的关键问题是类型改变了，但编译器没有给出任何警告或者错误的提示信息。当我们用一个 int 的地址初始化 pc 时，由于显式地声称这种转换合法，所以编译器不会发出任何警告或错误信息。接下来再使用 pc 时就会认定它的值是 char* 类型，编译器没法知道它实际存放的是指向 int 的指针。最终的结果就是，在上面的例子中虽然用 pc 初始化 str 没什么实际意义，甚至还可能引发更糟糕的后果，但仅从语法上而言这种操作无可指摘。查找这类问题的原因非常困难，如果将 ip 强制转换成 pc 的语句和用 pc 初始化 string 对象的语句分属不同文件就更是如此。

 reinterpret_cast 本质上依赖于机器。要想安全地使用 reinterpret_cast 必须对涉及的类型和编译器实现转换的过程都非常了解。

165▷ **建议：避免强制类型转换**

　　强制类型转换干扰了正常的类型检查（参见 2.2.2 节，第 42 页），因此我们强烈建议程序员避免使用强制类型转换。这个建议对于 reinterpret_cast 尤其适用，因为此类类型转换总是充满了风险。在有重载函数的上下文中使用 const_cast 无可厚非，关于这一点将在 6.4 节（第 208 页）中详细介绍；但是在其他情况下使用 const_cast 也就意味着程序存在某种设计缺陷。其他强制类型转换，比如 static_cast 和 dynamic_cast，都不应该频繁使用。每次书写了一条强制类型转换语句，都应该反复斟酌能否以其他方式实现相同的目标。就算实在无法避免，也应该尽量限制类型转换值的作用域，并且记录对相关类型的所有假定，这样可以减少错误发生的机会。

旧式的强制类型转换

　　在早期版本的 C++ 语言中，显式地进行强制类型转换包含两种形式：

```
type (expr);        // 函数形式的强制类型转换
(type) expr;        // C 语言风格的强制类型转换
```

　　根据所涉及的类型不同，旧式的强制类型转换分别具有与 const_cast、static_cast 或 reinterpret_cast 相似的行为。当我们在某处执行旧式的强制类型转换时，如果换成 const_cast 和 static_cast 也合法，则其行为与对应的命名转换一致。如果替换后不合法，则旧式强制类型转换执行与 reinterpret_cast 类似的功能：

```
char *pc = (char*) ip; // ip 是指向整数的指针
```

的效果与使用 reinterpret_cast 一样。

与命名的强制类型转换相比，旧式的强制类型转换从表现形式上来说不那么清晰明了，容易被看漏，所以一旦转换过程出现问题，追踪起来也更加困难。

4.11.3 节练习

练习 4.36：假设 i 是 int 类型，d 是 double 类型，书写表达式 i*=d 使其执行整数类型的乘法而非浮点类型的乘法。

练习 4.37：用命名的强制类型转换改写下列旧式的转换语句。

```
int i; double d; const string *ps; char *pc; void *pv;
```
(a) pv = (void*)ps;　(b) i = int(*pc);
(c) pv = &d;　(d) pc = (char*) pv;

练习 4.38：说明下面这条表达式的含义。

```
double slope = static_cast<double>(j/i);
```

4.12 运算符优先级表

166

表 4.4：运算符优先级

结合律和运算符		功能	用法	参考页码
左	::	全局作用域	::name	256
左	::	类作用域	class::name	79
左	::	命名空间作用域	namespace::name	74
左	.	成员选择	object.member	20
左	->	成员选择	pointer->member	98
左	[]	下标	expr[expr]	104
左	()	函数调用	name(expr_list)	20
左	()	类型构造	type(expr_list)	145
右	++	后置递增运算	lvalue++	131
右	--	后置递减运算	lvalue--	131
右	typeid	类型 ID	typeid(type)	731
右	typeid	运行时类型 ID	typeid(expr)	731
右	explicit cast	类型转换	*cast_name*<type>(expr)	144
右	++	前置递增运算	++lvalue	131
右	--	前置递减运算	--lvalue	131
右	~	位求反	~expr	136
右	!	逻辑非	!expr	126
右	-	一元负号	-expr	124
右	+	一元正号	+expr	124
右	*	解引用	*expr	48
右	&	取地址	&lvalue	47
右	()	类型转换	(type) expr	145
右	sizeof	对象的大小	sizeof expr	139

续表

结合律和运算符		功能	用法	参考页码
右	sizeof	类型的大小	sizeof(type)	139
右	Sizeof…	参数包的大小	sizeof...(name)	619
右	new	创建对象	new type	407
右	new[]	创建数组	new type[size]	407
右	delete	释放对象	delete expr	409
右	delete[]	释放数组	delete[] expr	409
右	noexcept	能否抛出异常	noexcept (expr)	690
左	->*	指向成员选择的指针	ptr->*ptr_to_member	740
左	.*	指向成员选择的指针	obj.*ptr_to_member	740
左	*	乘法	expr * expr	124
左	/	除法	expr / expr	124
左	%	取模（取余）	expr % expr	124
左	+	加法	expr + expr	124
左	-	减法	expr - expr	124
左	<<	向左移位	expr << expr	136
左	>>	向右移位	expr >> expr	136
左	<	小于	expr < expr	126
左	<=	小于等于	expr <= expr	126
左	>	大于	expr > expr	126
左	>=	大于等于	expr >= expr	126
左	==	相等	expr == expr	126
左	!=	不相等	expr != expr	126
左	&	位与	expr & expr	136
左	^	位异或	expr ^ expr	136
左	|	位或	expr | expr	136
左	&&	逻辑与	expr && expr	126
左	||	逻辑或	expr || expr	126
右	? :	条件	expr ? expr : expr	134
右	=	赋值	lvalue = expr	129
右	*=, /=, %=	复合赋值	lvalue += expr 等	129
右	+=, -=			129
右	<<=, >>=			129
右	&=, |=, ^=			129
右	throw	抛出异常	throw expr	173
左	,	逗号	expr, expr	140

小结

⟨168⟩

C++语言提供了一套丰富的运算符，并定义了这些运算符作用于内置类型的运算对象时所执行的操作。此外，C++语言还支持运算符重载的机制，允许我们自己定义运算符作用于类类型时的含义。第 14 章将介绍如何定义作用于用户类型的运算符。

对于含有超过一个运算符的表达式，要想理解其含义关键要理解优先级、结合律和求值顺序。每个运算符都有其对应的优先级和结合律，优先级规定了复合表达式中运算符组合的方式，结合律则说明当运算符的优先级一样时应该如何组合。

大多数运算符并不明确规定运算对象的求值顺序：编译器有权自由选择先对左侧运算对象求值还是先对右侧运算对象求值。一般来说，运算对象的求值顺序对表达式的最终结果没有影响。但是，如果两个运算对象指向同一个对象而且其中一个改变了对象的值，就会导致程序出现不易发现的严重缺陷。

最后一点，运算对象经常从原始类型自动转换成某种关联的类型。例如，表达式中的小整型会自动提升成大整型。不论内置类型还是类类型都涉及类型转换的问题。如果需要，我们还可以显式地进行强制类型转换。

术语表

算术转换（arithmetic conversion）从一种算术类型转换成另一种算术类型。在二元运算符的上下文中，为了保留精度，算术转换通常把较小的类型转换成较大的类型（例如整型转换成浮点型）。

结合律（associativity）规定具有相同优先级的运算符如何组合在一起。结合律分为左结合律（运算符从左向右组合）和右结合律（运算符从右向左组合）。

二元运算符（binary operator）有两个运算对象参与运算的运算符。

强制类型转换（cast）一种显式的类型转换。

复合表达式（compound expression）含有多于一个运算符的表达式。

const_cast 一种涉及 const 的强制类型转换。将底层 const 对象转换成对应的非常量类型，或者执行相反的转换。

转换（conversion）一种类型的值改变成另一种类型的值的过程。C++语言定义了内置类型的转换规则。类类型同样可以转换。

dynamic_cast 和继承及运行时类型识别一

起使用。参见 19.2 节（第 730 页）。

表达式（expression）C++程序中最低级别的计算。表达式将运算符作用于一个或多个运算对象，每个表达式都有对应的求值结果。表达式本身也可以作为运算对象，这时就得到了对多个运算符求值的复合表达式。

隐式转换（implicit conversion）由编译器自动执行的类型转换。假如表达式需要某种特定的类型而运算对象是另外一种类型，此时只要规则允许，编译器就会自动地将运算对象转换成所需的类型。

整型提升（integral promotion）把一种较 ⟨169⟩
小的整数类型转换成与之最接近的较大整数类型的过程。不论是否真的需要，小整数类型（即 short、char 等）总是会得到提升。

左值（lvalue）是指那些求值结果为对象或函数的表达式。一个表示对象的非常量左值可以作为赋值运算符的左侧运算对象。

运算对象（operand）表达式在某些值上执行运算，这些值就是运算对象。一个运算符有一个或多个相关的运算对象。

运算符（operator）决定表达式所做操作的符号。C++语言定义了一套运算符并说明了这些运算符作用于内置类型时的含义。C++还定义了运算符的优先级和结合律以及每种运算符处理的运算对象数量。可以重载运算符使其能处理类类型。

求值顺序（order of evaluation）是某个运算符的运算对象的求值顺序。大多数情况下，编译器可以任意选择运算对象求值的顺序。不过运算对象一定要在运算符之前得到求值结果。只有&&、||、条件和逗号四种运算符明确规定了求值顺序。

重载运算符（overloaded operator）针对某种运算符重新定义的适用于类类型的版本。第 14 章将介绍重载运算符的方法。

优先级（precedence）规定了复合表达式中不同运算符的执行顺序。与低优先级的运算符相比，高优先级的运算符组合得更紧密。

提升（promoted）参见整型提升。

reinterpret_cast 把运算对象的内容解释成另外一种类型。这种强制类型转换本质上依赖于机器而且非常危险。 170

结果（result）计算表达式得到的值或对象。

右值（rvalue）是指一种表达式，其结果是值而非值所在的位置。

短路求值（short-circuit evaluation）是一个专有名词，描述逻辑与运算符和逻辑或运算符的执行过程。如果根据运算符的第一个运算对象就能确定整个表达式的结果，求值终止，此时第二个运算对象将不会被求值。

sizeof 是一个运算符，返回存储对象所需的字节数，该对象的类型可能是某个给定的类型名字，也可能由表达式的返回结果确定。

static_cast 显式地执行某种定义明确的类型转换，常用于替代由编译器隐式执行的类型转换。

一元运算符（unary operators）只有一个运算对象参与运算的运算符。

, 运算符（, operator）逗号运算符，是一种从左向右求值的二元运算符。逗号运算符的结果是右侧运算对象的值，当且仅当右侧运算对象是左值时逗号运算符的结果是左值。

? :运算符（?: operator）条件运算符，以下述形式提供 if-then-else 逻辑的表达式

> cond ? expr1 : expr2;

如果条件 cond 为真，对 expr1 求值；否则对 expr2 求值。expr1 和 expr2 的类型应该相同或者能转换成同一种类型。expr1 和 expr2 中只有一个会被求值。

&&运算符（&& operator）逻辑与运算符，如果两个运算对象都是真，结果才为真。只有当左侧运算对象为真时才会检查右侧运算对象。

&运算符（& operator）位与运算符，由两个运算对象生成一个新的整型值。如果两个运算对象对应的位都是 1，所得结果中该位为 1；否则所得结果中该位为 0。

^运算符（^ operator）位异或运算符，由两个运算对象生成一个新的整型值。如果两个运算对象对应的位有且只有一个是 1，所得结果中该位为 1；否则所得结果中该位为 0。

||运算符（|| operator）逻辑或运算符，任何一个运算对象是真，结果就为真。只有当左侧运算对象为假时才会检查右侧运算对象。

| 运算符（| operator）位或运算符，由两个运算对象生成一个新的整型值。如果两个运算对象对应的位至少有一个是 1，所得结果中该位为 1；否则所得结果中该位为 0。

++运算符（++ operator）递增运算符。包括两种形式：前置版本和后置版本。前置递增运算符得到一个左值，它给运算符加 1 并得到运算对象改变后的值。后置递增运算符得到一个右值，它给运算符加 1 并得到运算对象原始的、未改变的值的副本。注意：即使迭代器没有定义+运算符，也会

有++运算符。

--运算符（-- operator）递减运算符。包括两种形式：前置版本和后置版本。前置递减运算符得到一个左值，它从运算符减1并得到运算对象改变后的值。后置递减运算符得到一个右值，它从运算符减1并得到运算对象原始的、未改变的值的副本。注意：即使迭代器没有定义-运算符，也会有--运算符。

<<运算符（<< operator）左移运算符，将左侧运算对象的值的（可能是提升后的）副本向左移位，移动的位数由右侧运算对象确定。右侧运算对象必须大于等于0而且小于结果的位数。左侧运算对象应该是无符号类型，如果它是带符号类型，则一旦移动改变了符号位的值就会产生未定义的结果。

>>运算符（>> operator）右移运算符，除了移动方向相反，其他性质都和左移运算符类似。如果左侧运算对象是带符号类型，那么根据实现的不同新移入的内容也不同，新移入的位可能都是0，也可能都是符号位的副本。

~运算符（~ operator）位求反运算符，生成一个新的整型值。该值的每一位恰好与（可能是提升后的）运算对象的对应位相反。

!运算符（! operator）逻辑非运算符，将它的运算对象的布尔值取反。如果运算对象是假，则结果为真，如果运算对象是真，则结果为假。

第 5 章
语句

内容

和大多数语言一样，C++提供了条件执行语句、重复执行相同代码的循环语句和用于中断当前控制流的跳转语句。本章将详细介绍 C++语言所支持的这些语句。

172 > 通常情况下，语句是顺序执行的。但除非是最简单的程序，否则仅有顺序执行远远不够。因此，C++语言提供了一组控制流（flow-of-control）语句以支持更复杂的执行路径。

5.1 简单语句

C++语言中的大多数语句都以分号结束，一个表达式，比如 ival + 5，末尾加上分号就变成了**表达式语句**（expression statement）。表达式语句的作用是执行表达式并丢弃掉求值结果：

```
ival + 5;        // 一条没什么实际用处的表达式语句
cout << ival;    // 一条有用的表达式语句
```

第一条语句没什么用处，因为虽然执行了加法，但是相加的结果没被使用。比较普遍的情况是，表达式语句中的表达式在求值时附带有其他效果，比如给变量赋了新值或者输出了结果。

空语句

最简单的语句是**空语句**（null statement），空语句中只含有一个单独的分号：

```
;  // 空语句
```

如果在程序的某个地方，语法上需要一条语句但是逻辑上不需要，此时应该使用空语句。一种常见的情况是，当循环的全部工作在条件部分就可以完成时，我们通常会用到空语句。例如，我们想读取输入流的内容直到遇到一个特定的值为止，除此之外什么事情也不做：

```
// 重复读入数据直至到达文件末尾或某次输入的值等于 sought
while (cin >> s && s != sought)
    ;  // 空语句
```

while 循环的条件部分首先从标准输入读取一个值并且隐式地检查 cin，判断读取是否成功。假定读取成功，条件的后半部分检查读进来的值是否等于 sought 的值。如果发现了想要的值，循环终止；否则，从 cin 中继续读取另一个值，再一次判断循环的条件。

> 使用空语句时应该加上注释，从而令读这段代码的人知道该语句是有意省略的。

别漏写分号，也别多写分号

因为空语句是一条语句，所以可用在任何允许使用语句的地方。由于这个原因，某些看起来非法的分号往往只不过是一条空语句而已，从语法上说得过去。下面的片段包含两条语句：表达式语句和空语句。

173 >
```
ival = v1 + v2;; // 正确：第二个分号表示一条多余的空语句
```

多余的空语句一般来说是无害的，但是如果在 if 或者 while 的条件后面跟了一个额外的分号就可能完全改变程序员的初衷。例如，下面的代码将无休止地循环下去：

```
// 出现了糟糕的情况：额外的分号，循环体是那条空语句
while (iter != svec.end()) ;     // while 循环体是那条空语句
    ++iter;                      // 递增运算不属于循环的一部分
```

虽然从形式上来看执行递增运算的语句前面有缩进，但它并不是循环的一部分。循环条件后面跟着的分号构成了一条空语句，它才是真正的循环体。

 多余的空语句并非总是无害的。

复合语句（块）

复合语句（compound statement）是指用花括号括起来的（可能为空的）语句和声明的序列，复合语句也被称作**块**（block）。一个块就是一个作用域（参见 2.2.4 节，第 43 页），在块中引入的名字只能在块内部以及嵌套在块中的子块里访问。通常，名字在有限的区域内可见，该区域从名字定义处开始，到名字所在的（最内层）块的结尾为止。

如果在程序的某个地方，语法上需要一条语句，但是逻辑上需要多条语句，则应该使用复合语句。例如，while 或者 for 的循环体必须是一条语句，但是我们常常需要在循环体内做很多事情，此时就需要将多条语句用花括号括起来，从而把语句序列转变成块。

举个例子，回忆 1.4.1 节（第 10 页）的 while 循环：

```
while (val <= 10) {
    sum += val;        // 把 sum + val 的值赋给 sum。
    ++val;             // 给 val 加 1
}
```

程序从逻辑上来说要执行两条语句，但是 while 循环只能容纳一条。此时，把要执行的语句用花括号括起来，就将其转换成了一条（复合）语句。

 块不以分号作为结束。

所谓空块，是指内部没有任何语句的一对花括号。空块的作用等价于空语句：

```
while (cin >> s && s != sought)
    { } // 空块
```

5.1 节练习 ⟨174⟩

练习 5.1：什么是空语句？什么时候会用到空语句？

练习 5.2：什么是块？什么时候会用到块？

练习 5.3：使用逗号运算符（参见 4.10 节，第 140 页）重写 1.4.1 节（第 10 页）的 while 循环，使它不再需要块，观察改写之后的代码的可读性提高了还是降低了。

5.2 语句作用域

可以在 if、switch、while 和 for 语句的控制结构内定义变量。定义在控制结构当中的变量只在相应语句的内部可见，一旦语句结束，变量也就超出其作用范围了：

```
while (int i = get_num()) // 每次迭代时创建并初始化 i
    cout << i << endl;
i = 0; // 错误：在循环外部无法访问 i
```

如果其他代码也需要访问控制变量，则变量必须定义在语句的外部：

```
// 寻找第一个负值元素
auto beg = v.begin();
while (beg != v.end() && *beg >= 0)
    ++beg;
if (beg == v.end())
    // 此时我们知道 v 中的所有元素都大于等于 0
```

因为控制结构定义的对象的值马上要由结构本身使用，所以这些变量必须初始化。

5.2 节练习

练习 5.4： 说明下列例子的含义，如果存在问题，试着修改它。

```
(a) while (string::iterator iter != s.end()) { /* ...*/ }
(b) while (bool status = find(word)) { /* ...*/ }
        if (!status) { /* ...*/ }
```

5.3　条件语句

C++语言提供了两种按条件执行的语句。一种是 if 语句，它根据条件决定控制流；另外一种是 switch 语句，它计算一个整型表达式的值，然后根据这个值从几条执行路径中选择一条。

5.3.1　if 语句

if 语句（if statement）的作用是：判断一个指定的条件是否为真，根据判断结果决定是否执行另外一条语句。if 语句包括两种形式：一种含有 else 分支，另外一种没有。简单 if 语句的语法形式是

```
if (condition)
    statement
```

if else 语句的形式是

```
if (condition)
    statement
else
    statement2
```

在这两个版本的 if 语句中，*condition* 都必须用圆括号包围起来。*condition* 可以是一个表达式，也可以是一个初始化了的变量声明（参见 5.2 节，第 155 页）。不管是表达式还是变量，其类型都必须能转换成（参见 4.11 节，第 141 页）布尔类型。通常情况下，*statement* 和 *statement2* 是块语句。

如果 *condition* 为真，执行 *statement*。当 *statement* 执行完成后，程序继续执行 if 语句后面的其他语句。

如果 *condition* 为假，跳过 *statement*。对于简单 if 语句来说，程序继续执行 if 语句后面的其他语句；对于 if else 语句来说，执行 *statement2*。

使用 if else 语句

我们举个例子来说明 if 语句的功能，程序的目的是把数字形式表示的成绩转换成字母形式。假设数字成绩的范围是从 0 到 100（包括 100 在内），其中 100 分对应的字母形式是 "A++"，低于 60 分的成绩对应的字母形式是 "F"。其他成绩每 10 个划分成一组：60 到 69（包括 69 在内）对应字母 "D"、70 到 79 对应字母 "C"，以此类推。使用 vector 对象存放字母成绩所有可能的取值：

```
const vector<string> scores = {"F", "D", "C", "B", "A", "A++"};
```

我们使用 if else 语句解决该问题，根据成绩是否合格执行不同的操作：

```
// 如果 grade 小于 60，对应的字母是 F；否则计算其下标
string lettergrade;
if (grade < 60)
    lettergrade = scores[0];
else
    lettergrade = scores[(grade - 50)/10];
```

判断 grade 的值是否小于 60，根据结果选择执行 if 分支还是 else 分支。在 else 分支中，由成绩计算得到一个下标，具体过程是：首先从 grade 中减去 50，然后执行整数除法（参见 4.2 节，在 125 页），去掉余数后所得的商就是数组 scores 对应的下标。

嵌套 if 语句

176

接下来让我们的程序更有趣点儿，试着给那些合格的成绩后面添加一个加号或减号。如果成绩的末位是 8 或者 9，添加一个加号；如果末位是 0、1 或 2，添加一个减号：

```
if (grade % 10 > 7)
    lettergrade += '+';    // 末尾是 8 或者 9 的成绩添加一个加号
else if (grade % 10 < 3)
    lettergrade += '-';    // 末尾是 0、1 或者 2 的成绩添加一个减号
```

我们使用取模运算符（参见 4.2 节，第 125 页）计算余数，根据余数决定添加哪种符号。

接着把这段添加符号的代码整合到转换成绩形式的代码中去：

```
// 如果成绩不合格，不需要考虑添加加号减号的问题
if (grade < 60)
    lettergrade = scores[0];
else {
    lettergrade = scores[(grade - 50)/10];   // 获得字母形式的成绩
    if (grade != 100)  // 只要不是 A++，就考虑添加加号或减号
        if (grade % 10 > 7)
            lettergrade += '+';   // 末尾是 8 或者 9 的成绩添加一个加号
        else if (grade % 10 < 3)
            lettergrade += '-';   // 末尾是 0、1 或者 2 的成绩添加一个减号
}
```

注意，我们使用花括号把第一个 else 后面的两条语句组合成了一个块。如果 grade 不小于 60 要做两件事：从数组 scores 中获取对应的字母成绩，然后根据条件设置加号或减号。

注意使用花括号

有一种常见的错误：本来程序中有几条语句应该作为一个块来执行，但是我们忘了用花括号把这些语句包围。在下面的例子中，添加加号减号的代码将被无条件地执行，这显然违背了我们的初衷：

```
if (grade < 60)
    lettergrade = scores[0];
else // 错误：缺少花括号
    lettergrade = scores[(grade - 50)/10];
    // 虽然下面的语句从形式上看有缩进，但是因为没有花括号，
    // 所以无论什么情况都会执行接下来的代码
    // 不及格的成绩也会添加上加号或减号，这显然是错误的
    if (grade != 100)
        if (grade % 10 > 7)
            lettergrade += '+'; // 末尾是 8 或者 9 的成绩添加一个加号
        else if (grade % 10 < 3)
            lettergrade += '-'; // 末尾是 0、1 或者 2 的成绩添加一个减号
```

要想发现这个错误可能非常困难，毕竟这段代码"看起来"是正确的。

为了避免此类问题，有些编码风格要求在 if 或 else 之后必须写上花括号（对 while 和 for 语句的循环体两端也有同样的要求）。这么做的好处是可以避免代码混乱不清，以后修改代码时如果想添加别的语句，也可以很容易地找到正确位置。

> 许多编辑器和开发环境都提供一种辅助工具，它可以自动地缩进代码以匹配其语法结构。善用此类工具益处多多。

悬垂 else

当一个 if 语句嵌套在另一个 if 语句内部时，很可能 if 分支会多于 else 分支。事实上，之前那个成绩转换的程序就有 4 个 if 分支，而只有 2 个 else 分支。这时候问题出现了：我们怎么知道某个给定的 else 是和哪个 if 匹配呢？

这个问题通常称作**悬垂 else**（dangling else），在那些既有 if 语句又有 if else 语句的编程语言中是个普遍存在的问题。不同语言解决该问题的思路也不同，就 C++而言，它规定 else 与离它最近的尚未匹配的 if 匹配，从而消除了程序的二义性。

当代码中 if 分支多于 else 分支时，程序员有时会感觉比较麻烦。举个例子来说明，对于添加加号减号的那个最内层的 if else 语句，我们用另外一组条件改写它：

```
// 错误：实际的执行过程并非像缩进格式显示的那样；else 分支匹配的是内层 if 语句
if (grade % 10 >= 3)
    if (grade % 10 > 7)
        lettergrade += '+'; //末尾是 8 或者 9 的成绩添加一个加号
else
    lettergrade += '-'; //末尾是 3、4、5、6 或者 7 的成绩添加一个减号！
```

从代码的缩进格式来看，程序的初衷应该是希望 else 和外层的 if 匹配，也就是说，我们希望当 grade 的末位小于 3 时执行 else 分支。然而，不管我们是什么意图，也不管程序如何缩进，这里的 else 分支其实是内层 if 语句的一部分。最终，上面的代码将在末位大于 3 小于等于 7 的成绩后面添加减号！它的执行过程实际上等价于如下形式：

```
// 缩进格式与执行过程相符，但不是程序员的意图
if (grade % 10 >= 3)
    if (grade % 10 > 7)
        lettergrade += '+'; // 末尾是 8 或者 9 的成绩添加一个加号
    else
        lettergrade += '-'; // 末尾是 3、4、5、6 或者 7 的成绩添加一个减号!
```

使用花括号控制执行路径

要想使 else 分支和外层的 if 语句匹配起来，可以在内层 if 语句的两端加上花括号，使其成为一个块：

```
//末尾是 8 或者 9 的成绩添加一个加号，末尾是 0、1 或者 2 的成绩添加一个减号
if (grade % 10 >= 3) {
    if (grade % 10 > 7)
        lettergrade += '+'; // 末尾是 8 或者 9 的成绩添加一个加号
} else // 花括号强迫 else 与外层 if 匹配
    lettergrade += '-';        // 末尾是 0、1 或者 2 的成绩添加一个减号
```

语句属于块，意味着语句一定在块的边界之内，因此内层 if 语句在关键字 else 前面的 ◁ 178 ▷ 那个花括号处已经结束了。else 不会再作为内层 if 的一部分。此时，最近的尚未匹配的 if 是外层 if，也就是我们希望 else 匹配的那个。

5.3.1 节练习

练习 5.5：写一段自己的程序，使用 if else 语句实现把数字成绩转换成字母成绩的要求。

练习 5.6：改写上一题的程序，使用条件运算符（参见 4.7 节，第 134 页）代替 if else 语句。

练习 5.7：改正下列代码段中的错误。

```
(a) if (ival1 != ival2)
        ival1 = ival2
    else ival1 = ival2 = 0;
(b) if (ival < minval)
        minval = ival;
        occurs = 1;
(c) if (int ival = get_value())
        cout << "ival = " << ival << endl;
    if (!ival)
        cout << "ival = 0\n";
(d) if (ival = 0)
        ival = get_value();
```

练习 5.8：什么是"悬垂 else"？ C++ 语言是如何处理 else 子句的？

5.3.2 switch 语句

switch 语句（switch statement）提供了一条便利的途径使得我们能够在若干固定选项中做出选择。举个例子，假如我们想统计五个元音字母在文本中出现的次数，程序逻辑应该如下所示：

- 从输入的内容中读取所有字符。
- 令每一个字符都与元音字母的集合比较。
- 如果字符与某个元音字母匹配，将该字母的数量加 1。
- 显示结果。

例如，以（原书中）本章的文本作为输入内容，程序的输出结果将是：

```
Number of vowel a: 3195
Number of vowel e: 6230
Number of vowel i: 3102
Number of vowel o: 3289
Number of vowel u: 1033
```

179> 要想实现这项功能，直接使用 switch 语句即可：

```cpp
// 为每个元音字母初始化其计数值
unsigned aCnt = 0, eCnt = 0, iCnt = 0, oCnt = 0, uCnt = 0;
char ch;
while (cin >> ch) {
    // 如果 ch 是元音字母，将其对应的计数值加 1
    switch (ch) {
        case 'a':
            ++aCnt;
            break;
        case 'e':
            ++eCnt;
            break;
        case 'i':
            ++iCnt;
            break;
        case 'o':
            ++oCnt;
            break;
        case 'u':
            ++uCnt;
            break;
    }
}
// 输出结果
cout << "Number of vowel a: \t" << aCnt << '\n'
     << "Number of vowel e: \t" << eCnt << '\n'
     << "Number of vowel i: \t" << iCnt << '\n'
     << "Number of vowel o: \t" << oCnt << '\n'
     << "Number of vowel u: \t" << uCnt << endl;
```

switch 语句首先对括号里的表达式求值，该表达式紧跟在关键字 switch 的后面，可以是一个初始化的变量声明（参见 5.2 节，第 155 页）。表达式的值转换成整数类型，然后与每个 case 标签的值比较。

如果表达式和某个 case 标签的值匹配成功，程序从该标签之后的第一条语句开始执行，直到到达了 switch 的结尾或者是遇到一条 break 语句为止。

我们将在 5.5.1 节（第 170 页）详细介绍 break 语句，简言之，break 语句的作用是中断当前的控制流。此例中，break 语句将控制权转移到 switch 语句外面。因为 switch 是 while 循环体内唯一的语句，所以从 switch 语句中断出来以后，程序的控制权将移到 while 语句的右花括号处。此时 while 语句内部没有其他语句要执行，所以 while 会返回去再一次判断条件是否满足。

如果 switch 语句的表达式和所有 case 都没有匹配上，将直接跳转到 switch 结构之后的第一条语句。刚刚说过，在上面的例子中，退出 switch 后控制权回到 while 语句的条件部分。

case 关键字和它对应的值一起被称为 **case 标签**（case label）。case 标签必须是整型常量表达式（参见 2.4.4 节，第 58 页）：

◁ 180

```
char ch = getVal();
int ival = 42;
switch(ch) {
case 3.14: // 错误：case 标签不是一个整数
case ival: // 错误：case 标签不是一个常量
//...
```

任何两个 case 标签的值不能相同，否则就会引发错误。另外，default 也是一种特殊的 case 标签，关于它的知识将在第 162 页介绍。

switch 内部的控制流

理解程序在 case 标签之间的执行流程非常重要。如果某个 case 标签匹配成功，将从该标签开始往后顺序执行所有 case 分支，除非程序显式地中断了这一过程，否则直到 switch 的结尾处才会停下来。要想避免执行后续 case 分支的代码，我们必须显式地告诉编译器终止执行过程。大多数情况下，在下一个 case 标签之前应该有一条 break 语句。

然而，也有一些时候默认的 switch 行为才是程序真正需要的。每个 case 标签只能对应一个值，但是有时候我们希望两个或更多个值共享同一组操作。此时，我们就故意省略掉 break 语句，使得程序能够连续执行若干个 case 标签。

例如，也许我们想统计的是所有元音字母出现的总次数：

```
unsigned vowelCnt = 0;
// ...
switch (ch)
{
    // 出现了 a、e、i、o 或 u 中的任意一个都会将 vowelCnt 的值加 1
    case 'a':
    case 'e':
    case 'i':
    case 'o':
    case 'u':
        ++vowelCnt;
        break;
}
```

在上面的代码中，几个 case 标签连写在一起，中间没有 break 语句。因此只要 ch 是元音字母，不管到底是五个中的哪一个都执行相同的代码。

C++程序的形式比较自由，所以 case 标签之后不一定非得换行。把几个 case 标签写在一行里，强调这些 case 代表的是某个范围内的值：

```
switch (ch)
{
    // 另一种合法的书写形式
    case 'a': case 'e': case 'i': case 'o': case 'u':
        ++vowelCnt;
        break;
}
```

181 > 一般不要省略 case 分支最后的 break 语句。如果没写 break 语句，最好加一段注释说清楚程序的逻辑。

漏写 break 容易引发缺陷

有一种常见的错觉是程序只执行匹配成功的那个 case 分支的语句。例如，下面程序的统计结果是错误的：

```
// 警告：不正确的程序逻辑！
switch (ch) {
    case 'a':
        ++aCnt; // 此处应该有一条 break 语句
    case 'e':
        ++eCnt; // 此处应该有一条 break 语句
    case 'i':
        ++iCnt; // 此处应该有一条 break 语句
    case 'o':
        ++oCnt; // 此处应该有一条 break 语句
    case 'u':
        ++uCnt;
}
```

要想理解这段程序的执行过程，不妨假设 ch 的值是'e'。此时，程序直接执行 case 'e' 标签后面的代码，该代码把 eCnt 的值加 1。接下来，程序将跨越 case 标签的边界，接着递增 iCnt、oCnt 和 uCnt。

 尽管 switch 语句不是非得在最后一个标签后面写上 break，但是为了安全起见，最好这么做。因为这样的话，即使以后再增加新的 case 分支，也不用再在前面补充 break 语句了。

default 标签

如果没有任何一个 case 标签能匹配上 switch 表达式的值，程序将执行紧跟在 **default** 标签（default label）后面的语句。例如，可以增加一个计数值来统计非元音字母的数量，只要在 default 分支内不断递增名为 otherCnt 的变量就可以了：

```
// 如果 ch 是一个元音字母，将相应的计数值加 1
switch (ch) {
    case 'a': case 'e': case 'i': case 'o': case 'u':
        ++vowelCnt;
        break;
    default:
```

```
            ++otherCnt;
            break;
    }
}
```

在这个版本的程序中，如果 ch 不是元音字母，就从 default 标签开始执行并把 ◁182
otherCnt 加 1。

 即使不准备在 default 标签下做任何工作，定义一个 default 标签也是有用的。其目的在于告诉程序的读者，我们已经考虑到了默认的情况，只是目前什么也没做。

标签不应该孤零零地出现，它后面必须跟上一条语句或者另外一个 case 标签。如果 switch 结构以一个空的 default 标签作为结束，则该 default 标签后面必须跟上一条空语句或一个空块。

switch 内部的变量定义

如前所述，switch 的执行流程有可能会跨过某些 case 标签。如果程序跳转到了某个特定的 case，则 switch 结构中该 case 标签之前的部分会被忽略掉。这种忽略掉一部分代码的行为引出了一个有趣的问题：如果被略过的代码中含有变量的定义该怎么办？

答案是：如果在某处一个带有初值的变量位于作用域之外，在另一处该变量位于作用域之内，则从前一处跳转到后一处的行为是非法行为。

```
case true:
    // 因为程序的执行流程可能绕开下面的初始化语句，所以该 switch 语句不合法
    string file_name;       // 错误：控制流绕过一个隐式初始化的变量
    int ival = 0;           // 错误：控制流绕过一个显式初始化的变量
    int jval;               // 正确：因为 jval 没有初始化
    break;
case false:
    // 正确：jval 虽然在作用域内，但是它没有被初始化
    jval = next_num();      // 正确：给 jval 赋一个值
    if (file_name.empty())  // file_name 在作用域内，但是没有被初始化
        // ...
```

假设上述代码合法，则一旦控制流直接跳到 false 分支，也就同时略过了变量 file_name 和 ival 的初始化过程。此时这两个变量位于作用域之内，跟在 false 之后的代码试图在尚未初始化的情况下使用它们，这显然是行不通的。因此 C++语言规定，不允许跨过变量的初始化语句直接跳转到该变量作用域内的另一个位置。

如果需要为某个 case 分支定义并初始化一个变量，我们应该把变量定义在块内，从而确保后面的所有 case 标签都在变量的作用域之外。

```
case true:
    {
        // 正确：声明语句位于语句块内部
        string file_name = get_file_name();
        // ...
    }
    break;
case false:
```

```
if (file_name.empty()) // 错误：file_name 不在作用域之内
```

183

5.3.2 节练习

练习 5.9：编写一段程序，使用一系列 if 语句统计从 cin 读入的文本中有多少元音字母。

练习 5.10：我们之前实现的统计元音字母的程序存在一个问题：如果元音字母以大写形式出现，不会被统计在内。编写一段程序，既统计元音字母的小写形式，也统计大写形式，也就是说，新程序遇到'a'和'A'都应该递增 aCnt 的值，以此类推。

练习 5.11：修改统计元音字母的程序，使其也能统计空格、制表符和换行符的数量。

练习 5.12：修改统计元音字母的程序，使其能统计以下含有两个字符的字符序列的数量：ff、fl 和 fi。

练习 5.13：下面显示的每个程序都含有一个常见的编程错误，指出错误在哪里，然后修改它们。

```cpp
(a) unsigned aCnt = 0, eCnt = 0, iouCnt = 0;
    char ch = next_text();
    switch (ch) {
        case 'a': aCnt++;
        case 'e': eCnt++;
        default: iouCnt++;
    }

(b) unsigned index = some_value();
    switch (index) {
        case 1:
            int ix = get_value();
            ivec[ ix ] = index;
            break;
        default:
            ix = ivec.size()-1;
            ivec[ ix ] = index;
    }

(c) unsigned evenCnt = 0, oddCnt = 0;
    int digit = get_num() % 10;
    switch (digit) {
        case 1, 3, 5, 7, 9:
            oddcnt++;
            break;
        case 2, 4, 6, 8, 10:
            evencnt++;
            break;
    }

(d) unsigned ival=512, jval=1024, kval=4096;
    unsigned bufsize;
    unsigned swt = get_bufCnt();
    switch(swt) {
```

```
        case ival:
            bufsize = ival * sizeof(int);
            break;
        case jval:
            bufsize = jval * sizeof(int);
            break;
        case kval:
            bufsize = kval * sizeof(int);
            break;
    }
```

5.4 迭代语句

迭代语句通常称为循环,它重复执行操作直到满足某个条件才停下来。while 和 for 语句在执行循环体之前检查条件,do while 语句先执行循环体,然后再检查条件。

5.4.1 while 语句

只要条件为真,**while 语句**(while statement)就重复地执行循环体,它的语法形式是

while (*condition*)
    statement

在 while 结构中,只要 *condition* 的求值结果为真就一直执行 *statement*(常常是一个块)。*condition* 不能为空,如果 *condition* 第一次求值就得 false,*statement* 一次都不执行。

while 的条件部分可以是一个表达式或者是一个带初始化的变量声明(参见 5.2 节,第 155 页)。通常来说,应该由条件本身或者是循环体设法改变表达式的值,否则循环可能无法终止。

 定义在 while 条件部分或者 while 循环体内的变量每次迭代都经历从创建到销毁的过程。

使用 while 循环

当不确定到底要迭代多少次时,使用 while 循环比较合适,比如读取输入的内容就是如此。还有一种情况也应该使用 while 循环,这就是我们想在循环结束后访问循环控制变量。例如:

185

```
vector<int> v;
int i;
// 重复读入数据,直至到达文件末尾或者遇到其他输入问题
while (cin >> i)
    v.push_back(i);
// 寻找第一个负值元素
auto beg = v.begin();
while (beg != v.end() && *beg >= 0)
    ++beg;
if (beg == v.end())
    // 此时我们知道 v 中的所有元素都大于等于 0
```

第一个循环从标准输入中读取数据，我们一开始不清楚循环要执行多少次，当 cin 读取到无效数据、遇到其他一些输入错误或是到达文件末尾时循环条件失效。第二个循环重复执行直到遇到一个负值为止，循环终止后，beg 或者等于 v.end()，或者指向 v 中一个小于 0 的元素。可以在 while 循环外继续使用 beg 的状态以进行其他处理。

5.4.1 节练习

练习 5.14： 编写一段程序，从标准输入中读取若干 string 对象并查找连续重复出现的单词。所谓连续重复出现的意思是：一个单词后面紧跟着这个单词本身。要求记录连续重复出现的最大次数以及对应的单词。如果这样的单词存在，输出重复出现的最大次数；如果不存在，输出一条信息说明任何单词都没有连续出现过。例如，如果输入是

    how now now now brown cow cow

那么输出应该表明单词 now 连续出现了 3 次。

 5.4.2 传统的 for 语句

for 语句的语法形式是

    for (*init-statemen; condition; expression*)
        statement

关键字 for 及括号里的部分称作 for 语句头。

init-statement 必须是以下三种形式中的一种：声明语句、表达式语句或者空语句，因为这些语句都以分号作为结束，所以 for 语句的语法形式也可以看做

    for (*initializer; condition; expression*)
        statement

一般情况下，*init-statement* 负责初始化一个值，这个值将随着循环的进行而改变。*condition* 作为循环控制的条件，只要 *condition* 为真，就执行一次 *statement*。如果 *condition* 第一次的求值结果就是 false，则 *statement* 一次也不会执行。*expression* 负责修改 *init-statement* 初始化的变量，这个变量正好就是 *condition* 检查的对象，修改发生在每次循环迭代之后。*statement* 可以是一条单独的语句也可以是一条复合语句。

|186 >|

传统 for 循环的执行流程

我们以 3.2.3 节（第 85 页）的 for 循环为例：

```
// 重复处理 s 中的字符直至我们处理完全部字符或者遇到了一个表示空白的字符
for (decltype(s.size()) index = 0;
     index != s.size() && !isspace(s[index]); ++index)
        s[index] = toupper(s[index]); // 将当前字符改成大写形式
```

求值的顺序如下所示：

1. 循环开始时，首先执行一次 *init-statement*。此例中，定义 index 并初始化为 0。

2. 接下来判断 *condition*。如果 index 不等于 s.size()而且在 s[index]位置的字符不是空白，则执行 for 循环体的内容。否则，循环终止。如果第一次迭代时条件就为假，for 循环体一次也不会执行。

3. 如果条件为真，执行循环体。此例中，for 循环体将 s[index]位置的字符改写

成大写形式。

4. 最后执行 *expression*。此例中，将 index 的值加 1。

这 4 步说明了 for 循环第一次迭代的过程。其中第 1 步只在循环开始时执行一次，第 2、3、4 步重复执行直到条件为假时终止，也就是在 s 中遇到一个空白字符或者 index 大于 s.size() 时终止。

 牢记 for 语句头中定义的对象只在 for 循环体内可见。因此在上面的例子中，for 循环结束后 index 就不可用了。

for 语句头中的多重定义

和其他的声明一样，*init-statement* 也可以定义多个对象。但是 *init-statement* 只能有一条声明语句，因此，所有变量的基础类型必须相同（参见 2.3 节，第 45 页）。举个例子，我们用下面的循环把 vector 的元素拷贝一份添加到原来的元素后面：

```
// 记录下 v 的大小，当到达原来的最后一个元素后结束循环
for (decltype(v.size()) i = 0, sz = v.size(); i != sz; ++i)
    v.push_back(v[i]);
```

在这个循环中，我们在 *init-statement* 里同时定义了索引 i 和循环控制变量 sz。

省略 for 语句头的某些部分

⟨187⟩

for 语句头能省略掉 *init-statement*、*condition* 和 *expression* 中的任何一个（或者全部）。

如果无须初始化，则我们可以使用一条空语句作为 *init-statement*。例如，对于在 vector 对象中寻找第一个负数的程序，完全能用 for 循环改写：

```
auto beg = v.begin();
for ( /* 空语句 */; beg != v.end() && *beg >= 0; ++beg)
    ; // 什么也不做
```

注意，分号必须保留以表明我们省略掉了 *init-statement*。说得更准确一点，分号表示的是一个空的 *init-statement*。在这个循环中，因为所有要做的工作都在 for 语句头的条件和表达式部分完成了，所以 for 循环体也是空的。其中，条件部分决定何时停止查找，表达式部分递增迭代器。

省略 *condition* 的效果等价于在条件部分写了一个 true。因为条件的值永远是 true，所以在循环体内必须有语句负责退出循环，否则循环就会无休止地执行下去：

```
for (int i = 0; /* 条件为空 */ ; ++i) {
    // 对 i 进行处理，循环内部的代码必须负责终止迭代过程!
}
```

我们也能省略掉 for 语句头中的 *expression*，但是在这样的循环中就要求条件部分或者循环体必须改变迭代变量的值。举个例子，之前有一个将整数读入 vector 的 while 循环，我们使用 for 语句改写它：

```
vector<int> v;
for (int i; cin >> i; /* 表达式为空 */ )
    v.push_back(i);
```

因为条件部分能改变 i 的值，所以这个循环无须表达式部分。其中，条件部分不断检查输

入流的内容，只要读取完所有的输入或者遇到一个输入错误就终止循环。

188 >

5.4.2 节练习

练习 5.15：说明下列循环的含义并改正其中的错误。

```
(a) for (int ix = 0; ix != sz; ++ix) { /* ...*/ }
    if (ix != sz)
        // ...
(b) int ix;
    for (ix != sz; ++ix) { /* ...*/ }
(c) for (int ix = 0; ix != sz; ++ix, ++ sz) { /* ...*/ }
```

练习 5.16：while 循环特别适用于那种条件保持不变、反复执行操作的情况，例如，当未达到文件末尾时不断读取下一个值。for 循环则更像是在按步骤迭代，它的索引值在某个范围内依次变化。根据每种循环的习惯用法各自编写一段程序，然后分别用另一种循环改写。如果只能使用一种循环，你倾向于使用哪种呢？为什么？

练习 5.17：假设有两个包含整数的 vector 对象，编写一段程序，检验其中一个 vector 对象是否是另一个的前缀。为了实现这一目标，对于两个不等长的 vector 对象，只需挑出长度较短的那个，把它的所有元素和另一个 vector 对象比较即可。例如，如果两个 vector 对象的元素分别是 0、1、1、2 和 0、1、1、2、3、5、8，则程序的返回结果应该为真。

5.4.3　范围 for 语句

C++11 新标准引入了一种更简单的 for 语句，这种语句可以遍历容器或其他序列的所有元素。**范围 for 语句**（range for statement）的语法形式是：

> for (*declaration* : *expression*)
> 　　*statement*

expression 表示的必须是一个序列，比如用花括号括起来的初始值列表（参见 3.3.1 节，第 88 页）、数组（参见 3.5 节，第 101 页）或者 vector 或 string 等类型的对象，这些类型的共同特点是拥有能返回迭代器的 begin 和 end 成员（参见 3.4 节，第 95 页）。

declaration 定义一个变量，序列中的每个元素都得能转换成该变量的类型（参见 4.11 节，第 141 页）。确保类型相容最简单的办法是使用 auto 类型说明符（参见 2.5.2 节，第 61 页），这个关键字可以令编译器帮助我们指定合适的类型。如果需要对序列中的元素执行写操作，循环变量必须声明成引用类型。

每次迭代都会重新定义循环控制变量，并将其初始化成序列中的下一个值，之后才会执行 *statement*。像往常一样，*statement* 可以是一条单独的语句也可以是一个块。所有元素都处理完毕后循环终止。

之前我们已经接触过几个这样的循环。接下来的例子将把 vector 对象中的每个元素都翻倍，它涵盖了范围 for 语句的几乎所有语法特征：

```
vector<int> v = {0,1,2,3,4,5,6,7,8,9};
// 范围变量必须是引用类型，这样才能对元素执行写操作
for (auto &r : v)      // 对于 v 中的每一个元素
```

```
        r *= 2;              // 将 v 中每个元素的值翻倍
```

for 语句头声明了循环控制变量 r，并把它和 v 关联在一起，我们使用关键字 auto 令编译器为 r 指定正确的类型。由于准备修改 v 的元素的值，因此将 r 声明成引用类型。此时，在循环体内给 r 赋值，即改变了 r 所绑定的元素的值。

范围 for 语句的定义来源于与之等价的传统 for 语句：

```
for (auto beg = v.begin(), end = v.end(); beg != end; ++beg) {
    auto &r = *beg; // r 必须是引用类型，这样才能对元素执行写操作
    r *= 2;              // 将 v 中每个元素的值翻倍
}
```

学习了范围 for 语句的原理之后，我们也就不难理解为什么在 3.3.2 节（第 90 页）强调不能通过范围 for 语句增加 vector 对象（或者其他容器）的元素了。在范围 for 语句中，预存了 end() 的值。一旦在序列中添加（删除）元素，end 函数的值就可能变得无效了（参见 3.4.1 节，第 98 页）。关于这一点，将在 9.3.6 节（第 315 页）做更详细的介绍。 189

5.4.4　do while 语句

do while 语句（do while statement）和 while 语句非常相似，唯一的区别是，do while 语句先执行循环体后检查条件。不管条件的值如何，我们都至少执行一次循环。do while 语句的语法形式如下所示：

```
do
    statement
while (condition);
```

 do while 语句应该在括号包围起来的条件后面用一个分号表示语句结束。

在 do 语句中，求 condition 的值之前首先执行一次 statement，condition 不能为空。如果 condition 的值为假，循环终止；否则，重复循环过程。condition 使用的变量必须定义在循环体之外。

我们可以使用 do while 循环（不断地）执行加法运算：

```
// 不断提示用户输入一对数，然后求其和
string rsp; // 作为循环的条件，不能定义在 do 的内部
do {
    cout << "please enter two values: ";
    int val1 = 0, val2 = 0;
    cin >> val1 >> val2;
    cout << "The sum of " << val1 << " and " << val2
         << " = " << val1 + val2 << "\n\n"
         << "More? Enter yes or no: ";
    cin  >> rsp;
} while (!rsp.empty() && rsp[0] != 'n');
```

循环首先提示用户输入两个数字，然后输出它们的和并询问用户是否继续。条件部分检查用户做出的回答，如果用户没有回答，或者用户的回答以字母 n 开始，循环都将终止。否则循环继续执行。

因为对于 do while 来说先执行语句或者块，后判断条件，所以不允许在条件部分

定义变量:

```
do {
    // ...
    mumble(foo);
} while (int foo = get_foo()); // 错误：将变量声明放在了 do 的条件部分
```

如果允许在条件部分定义变量,则变量的使用出现在定义之前,这显然是不合常理的!

190>

5.4.4 节练习

练习 5.18:说明下列循环的含义并改正其中的错误。

```
(a) do
        int v1, v2;
        cout << "Please enter two numbers to sum:" ;
        if (cin >> v1 >> v2)
            cout << "Sum is: " << v1 + v2 << endl;
    while (cin);
(b) do {
        // ...
    } while (int ival = get_response());
(c) do {
        int ival = get_response();
    } while (ival);
```

练习 5.19:编写一段程序,使用 do while 循环重复地执行下述任务:首先提示用户
输入两个 string 对象,然后挑出较短的那个并输出它。

5.5　跳转语句

跳转语句中断当前的执行过程。C++语言提供了 4 种跳转语句:break、continue、
goto 和 return。本章介绍前三种跳转语句,return 语句将在 6.3 节(第 199 页)进行
介绍。

5.5.1　break 语句

break 语句(break statement)负责终止离它最近的 while、do while、for 或 switch 语
句,并从这些语句之后的第一条语句开始继续执行。

break 语句只能出现在迭代语句或者 switch 语句内部(包括嵌套在此类循环里的
语句或块的内部)。break 语句的作用范围仅限于最近的循环或者 switch:

```
string buf;
while (cin >> buf && !buf.empty()) {
    switch(buf[0]) {
    case '-':
        // 处理到第一个空白为止
        for (auto it = buf.begin()+1; it != buf.end(); ++it) {
            if (*it == ' ')
                break; // #1, 离开 for 循环
            // ...
```

```
        }
        // break #1 将控制权转移到这里
        // 剩余的'-'处理:
        break; // #2, 离开 switch 语句
        case '+':
            //...
    } // 结束 switch
    // 结束 switch: break #2 将控制权转移到这里
} // 结束 while
```
191

标记为#1 的 break 语句负责终止连字符 case 标签后面的 for 循环。它不但不会终止 switch 语句,甚至连当前的 case 分支也终止不了。接下来,程序继续执行 for 循环之后的第一条语句,这条语句可能接着处理连字符的情况,也可能是另一条用于终止当前分支的 break 语句。

标记为#2 的 break 语句负责终止 switch 语句,但是不能终止 while 循环。执行完这个 break 后,程序继续执行 while 的条件部分。

5.5.1 节练习

练习 5.20:编写一段程序,从标准输入中读取 string 对象的序列直到连续出现两个相同的单词或者所有单词都读完为止。使用 while 循环一次读取一个单词,当一个单词连续出现两次时使用 break 语句终止循环。输出连续重复出现的单词,或者输出一个消息说明没有任何单词是连续重复出现的。

5.5.2 continue 语句

continue 语句(continue statement)终止最近的循环中的当前迭代并立即开始下一次迭代。continue 语句只能出现在 for、while 和 do while 循环的内部,或者嵌套在此类循环里的语句或块的内部。和 break 语句类似的是,出现在嵌套循环中的 continue 语句也仅作用于离它最近的循环。和 break 语句不同的是,只有当 switch 语句嵌套在迭代语句内部时,才能在 switch 里使用 continue。

continue 语句中断当前的迭代,但是仍然继续执行循环。对于 while 或者 do while 语句来说,继续判断条件的值;对于传统的 for 循环来说,继续执行 for 语句头的 *expression*;而对于范围 *for* 语句来说,则是用序列中的下一个元素初始化循环控制变量。

例如,下面的程序每次从标准输入中读取一个单词。循环只对那些以下画线开头的单词感兴趣,其他情况下,我们直接终止当前的迭代并获取下一个单词:

```
string buf;
while (cin >> buf && !buf.empty()) {
    if (buf[0] != '_')
        continue; // 接着读取下一个输入
    // 程序执行过程到了这里? 说明当前的输入是以下画线开始的; 接着处理 buf……
}
```

5.5.2 节练习

192

练习 5.21:修改 5.5.1 节(第 171 页)练习题的程序,使其找到的重复单词必须以大写字母开头。

5.5.3 goto 语句

goto 语句（goto statement）的作用是从 goto 语句无条件跳转到同一函数内的另一条语句。

> **Best Practices**　不要在程序中使用 goto 语句，因为它使得程序既难理解又难修改。

goto 语句的语法形式是

```
goto label;
```

其中，*label* 是用于标识一条语句的标示符。**带标签语句**（labeled statement）是一种特殊的语句，在它之前有一个标示符以及一个冒号：

```
end: return; // 带标签语句，可以作为 goto 的目标
```

标签标示符独立于变量或其他标示符的名字，因此，标签标示符可以和程序中其他实体的标示符使用同一个名字而不会相互干扰。goto 语句和控制权转向的那条带标签的语句必须位于同一个函数之内。

和 switch 语句类似，goto 语句也不能将程序的控制权从变量的作用域之外转移到作用域之内：

```
// ...
goto end;
int ix = 10; // 错误：goto 语句绕过了一个带初始化的变量定义
end:
// 错误：此处的代码需要使用 ix，但是 goto 语句绕过了它的声明
ix = 42;
```

向后跳过一个已经执行的定义是合法的。跳回到变量定义之前意味着系统将销毁该变量，然后重新创建它：

```
// 向后跳过一个带初始化的变量定义是合法的
begin:
int sz = get_size();
if (sz <= 0) {
    goto begin;
}
```

在上面的代码中，goto 语句执行后将销毁 sz。因为跳回到 begin 的动作跨过了 sz 的定义语句，所以 sz 将重新定义并初始化。

193 ### 5.5.3 节练习

练习 5.22：本节的最后一个例子跳回到 begin，其实使用循环能更好地完成该任务。重写这段代码，注意不再使用 goto 语句。

5.6 try 语句块和异常处理

异常是指存在于运行时的反常行为，这些行为超出了函数正常功能的范围。典型的异常包括失去数据库连接以及遇到意外输入等。处理反常行为可能是设计所有系统最难的一部分。

当程序的某部分检测到一个它无法处理的问题时，需要用到异常处理。此时，检测出问题的部分应该发出某种信号以表明程序遇到了故障，无法继续下去了，而且信号的发出方无须知道故障将在何处得到解决。一旦发出异常信号，检测出问题的部分也就完成了任务。

如果程序中含有可能引发异常的代码，那么通常也会有专门的代码处理问题。例如，如果程序的问题是输入无效，则异常处理部分可能会要求用户重新输入正确的数据；如果丢失了数据库连接，会发出报警信息。

异常处理机制为程序中异常检测和异常处理这两部分的协作提供支持。在 C++语言中，异常处理包括：

- **throw 表达式**（throw expression），异常检测部分使用 throw 表达式来表示它遇到了无法处理的问题。我们说 throw **引发**（raise）了异常。
- **try 语句块**（try block），异常处理部分使用 try 语句块处理异常。try 语句块以关键字 try 开始，并以一个或多个 **catch 子句**（catch clause）结束。try 语句块中代码抛出的异常通常会被某个 catch 子句处理。因为 catch 子句"处理"异常，所以它们也被称作**异常处理代码**（exception handler）。
- 一套**异常类**（exception class），用于在 throw 表达式和相关的 catch 子句之间传递异常的具体信息。

在本节的剩余部分，我们将分别介绍异常处理的这三个组成部分。在 18.1 节（第 684 页）还将介绍更多关于异常的知识。

5.6.1 throw 表达式

程序的异常检测部分使用 throw 表达式引发一个异常。throw 表达式包含关键字 throw 和紧随其后的一个表达式，其中表达式的类型就是抛出的异常类型。throw 表达式后面通常紧跟一个分号，从而构成一条表达式语句。

举个简单的例子，回忆 1.5.2 节（第 20 页）把两个 Sales_item 对象相加的程序。194这个程序检查它读入的记录是否是关于同一种书籍的，如果不是，输出一条信息然后退出。

```
Sales_item item1, item2;
cin >> item1 >> item2;
// 首先检查 item1 和 item2 是否表示同一种书籍
if (item1.isbn() == item2.isbn()) {
    cout << item1 + item2 << endl;
    return 0; // 表示成功
} else {
    cerr << "Data must refer to same ISBN" << endl;
    return -1; // 表示失败
}
```

在真实的程序中，应该把对象相加的代码和用户交互的代码分离开来。此例中，我们改写程序使得检查完成后不再直接输出一条信息，而是抛出一个异常：

```
    // 首先检查两条数据是否是关于同一种书籍的
    if (item1.isbn() != item2.isbn())
        throw runtime_error("Data must refer to same ISBN");
    // 如果程序执行到了这里，表示两个 ISBN 是相同的
    cout << item1 + item2 << endl;
```

在这段代码中，如果 ISBN 不一样就抛出一个异常，该异常是类型 runtime_error 的对象。抛出异常将终止当前的函数，并把控制权转移给能处理该异常的代码。

类型 runtime_error 是标准库异常类型的一种，定义在 stdexcept 头文件中。关于标准库异常类型更多的知识将在 5.6.3 节（第 176 页）介绍。我们必须初始化 runtime_error 的对象，方式是给它提供一个 string 对象或者一个 C 风格的字符串（参见 3.5.4 节，第 109 页），这个字符串中有一些关于异常的辅助信息。

5.6.2   try 语句块

try 语句块的通用语法形式是

```
try {
    program-statements
} catch (exception-declaration) {
    handler-statements
} catch (exception-declaration) {
    handler-statements
} // ...
```

try 语句块的一开始是关键字 try，随后紧跟着一个块，这个块就像大多数时候那样是花括号括起来的语句序列。

195 > 跟在 try 块之后的是一个或多个 catch 子句。catch 子句包括三部分：关键字 catch、括号内一个（可能未命名的）对象的声明（称作**异常声明**，exception declaration）以及一个块。当选中了某个 catch 子句处理异常之后，执行与之对应的块。catch 一旦完成，程序跳转到 try 语句块最后一个 catch 子句之后的那条语句继续执行。

try 语句块中的 *program-statements* 组成程序的正常逻辑，像其他任何块一样，*program-statements* 可以有包括声明在内的任意 C++语句。一如往常，try 语句块内声明的变量在块外部无法访问，特别是在 catch 子句内也无法访问。

编写处理代码

在之前的例子里，我们使用了一个 throw 表达式以避免把两个代表不同书籍的 Sales_item 相加。我们假设执行 Sales_item 对象加法的代码是与用户交互的代码分离开来的。其中与用户交互的代码负责处理发生的异常，它的形式可能如下所示：

```
while (cin >> item1 >> item2) {
    try {
        // 执行添加两个 Sales_item 对象的代码
        // 如果添加失败，代码抛出一个 runtime_error 异常
    } catch (runtime_error err) {
        // 提醒用户两个 ISBN 必须一致，询问是否重新输入
        cout << err.what()
             << "\nTry Again? Enter y or n" << endl;
        char c;
        cin >> c;
```

```
        if (!cin || c == 'n')
            break; // 跳出 while 循环
    }
}
```

程序本来要执行的任务出现在 try 语句块中，这是因为这段代码可能会抛出一个 runtime_error 类型的异常。

try 语句块对应一个 catch 子句，该子句负责处理类型为 runtime_error 的异常。如果 try 语句块的代码抛出了 runtime_error 异常，接下来执行 catch 块内的语句。在我们书写的 catch 子句中，输出一段提示信息要求用户指定程序是否继续。如果用户输入'n'，执行 break 语句并退出 while 循环；否则，直接执行 while 循环的右侧花括号，意味着程序控制权跳回到 while 条件部分准备下一次迭代。

给用户的提示信息中输出了 err.what() 的返回值。我们知道 err 的类型是 runtime_error，因此能推断 what 是 runtime_error 类的一个成员函数（参见 1.5.2 节，第 20 页）。每个标准库异常类都定义了名为 what 的成员函数，这些函数没有参数，返回值是 C 风格字符串（即 const char*）。其中，runtime_error 的 what 成员返回的是初始化一个具体对象时所用的 string 对象的副本。如果上一节编写的代码抛出异常，则本节的 catch 子句输出 〈196〉

Data must refer to same ISBN
Try Again? Enter y or n

函数在寻找处理代码的过程中退出

在复杂系统中，程序在遇到抛出异常的代码前，其执行路径可能已经经过了多个 try 语句块。例如，一个 try 语句块可能调用了包含另一个 try 语句块的函数，新的 try 语句块可能调用了包含又一个 try 语句块的新函数，以此类推。

寻找处理代码的过程与函数调用链刚好相反。当异常被抛出时，首先搜索抛出该异常的函数。如果没找到匹配的 catch 子句，终止该函数，并在调用该函数的函数中继续寻找。如果还是没有找到匹配的 catch 子句，这个新的函数也被终止，继续搜索调用它的函数。以此类推，沿着程序的执行路径逐层回退，直到找到适当类型的 catch 子句为止。

如果最终还是没能找到任何匹配的 catch 子句，程序转到名为 **terminate** 的标准库函数。该函数的行为与系统有关，一般情况下，执行该函数将导致程序非正常退出。

对于那些没有任何 try 语句块定义的异常，也按照类似的方式处理：毕竟，没有 try 语句块也就意味着没有匹配的 catch 子句。如果一段程序没有 try 语句块且发生了异常，系统会调用 terminate 函数并终止当前程序的执行。

提示：编写异常安全的代码非常困难

要好好理解这句话：异常中断了程序的正常流程。异常发生时，调用者请求的一部分计算可能已经完成了，另一部分则尚未完成。通常情况下，略过部分程序意味着某些对象处理到一半就戛然而止，从而导致对象处于无效或未完成的状态，或者资源没有正常释放，等等。那些在异常发生期间正确执行了"清理"工作的程序被称作异常安全（exception safe）的代码。然而经验表明，编写异常安全的代码非常困难，这部分知识也（远远）超出了本书的范围。

对于一些程序来说，当异常发生时只是简单地终止程序。此时，我们不怎么需要担心异常安全的问题。

但是对于那些确实要处理异常并继续执行的程序，就要加倍注意了。我们必须时刻清楚异常何时发生，异常发生后程序应如何确保对象有效、资源无泄漏、程序处于合理状态，等等。

我们会在本书中介绍一些比较常规的提升异常安全性的技术。但是读者需要注意，如果你的程序要求非常鲁棒的异常处理，那么仅有我们介绍的这些技术恐怕还是不够的。

197 ### 5.6.3　标准异常

C++标准库定义了一组类，用于报告标准库函数遇到的问题。这些异常类也可以在用户编写的程序中使用，它们分别定义在 4 个头文件中：

- exception 头文件定义了最通用的异常类 exception。它只报告异常的发生，不提供任何额外信息。
- stdexcept 头文件定义了几种常用的异常类，详细信息在表 5.1 中列出。
- new 头文件定义了 bad_alloc 异常类型，这种类型将在 12.1.2 节（第 407 页）详细介绍。
- type_info 头文件定义了 bad_cast 异常类型，这种类型将在 19.2 节（第 731 页）详细介绍。

表 5.1：<stdexcept>定义的异常类	
exception	最常见的问题
runtime_error	只有在运行时才能检测出的问题
range_error	运行时错误：生成的结果超出了有意义的值域范围
overflow_error	运行时错误：计算上溢
underflow_error	运行时错误：计算下溢
logic_error	程序逻辑错误
domain_error	逻辑错误：参数对应的结果值不存在
invalid_argument	逻辑错误：无效参数
length_error	逻辑错误：试图创建一个超出该类型最大长度的对象
out_of_range	逻辑错误：使用一个超出有效范围的值

标准库异常类只定义了几种运算，包括创建或拷贝异常类型的对象，以及为异常类型的对象赋值。

我们只能以默认初始化（参见 2.2.1 节，第 40 页）的方式初始化 exception、bad_alloc 和 bad_cast 对象，不允许为这些对象提供初始值。

其他异常类型的行为则恰好相反：应该使用 string 对象或者 C 风格字符串初始化这些类型的对象，但是不允许使用默认初始化的方式。当创建此类对象时，必须提供初始值，该初始值含有错误相关的信息。

异常类型只定义了一个名为 what 的成员函数，该函数没有任何参数，返回值是一个指向 C 风格字符串（参见 3.5.4 节，第 109 页）的 const char*。该字符串的目的是提供关于异常的一些文本信息。

　　what 函数返回的 C 风格字符串的内容与异常对象的类型有关。如果异常类型有一个　<198>
字符串初始值，则 what 返回该字符串。对于其他无初始值的异常类型来说，what 返回
的内容由编译器决定。

5.6.3 节练习

练习 5.23：编写一段程序，从标准输入读取两个整数，输出第一个数除以第二个数的结
果。

练习 5.24：修改你的程序，使得当第二个数是 0 时抛出异常。先不要设定 catch 子句，
运行程序并真的为除数输入 0，看看会发生什么？

练习 5.25：修改上一题的程序，使用 try 语句块去捕获异常。catch 子句应该为用户
输出一条提示信息，询问其是否输入新数并重新执行 try 语句块的内容。

199> ## 小结

C++语言仅提供了有限的语句类型，它们中的大多数会影响程序的控制流程：

- while、for 和 do while 语句，执行迭代操作。
- if 和 switch 语句，提供条件分支结构。
- continue 语句，终止循环的当前一次迭代。
- break 语句，退出循环或者 switch 语句。
- goto 语句，将控制权转移到一条带标签的语句。
- try 和 catch，将一段可能抛出异常的语句序列括在花括号里构成 try 语句块。catch 子句负责处理代码抛出的异常。
- throw 表达式语句，存在于代码块中，将控制权转移到相关的 catch 子句。
- return 语句，终止函数的执行。我们将在第 6 章介绍 return 语句。

除此之外还有表达式语句和声明语句。表达式语句用于求解表达式，关于变量的声明和定义在第 2 章已经介绍过了。

术语表

块（block）包围在花括号内的由 0 条或多条语句组成的序列。块也是一条语句，所以只要是能使用语句的地方，就可以使用块。

break 语句（break statement）终止离它最近的循环或 switch 语句。控制权转移到循环或 switch 之后的第一条语句。

case 标签（case label）在 switch 语句中紧跟在 case 关键字之后的常量表达式（参见 2.4.4 节，第 58 页）。在同一个 switch 语句中任意两个 case 标签的值不能相同。

catch 子句（catch clause）由三部分组成：catch 关键字、括号里的异常声明以及一个语句块。catch 子句的代码负责处理在异常声明中定义的异常。

复合语句（compound statement）和块是同义词。

continue 语句（continue statement）终止离它最近的循环的当前迭代。控制权转移到 while 或 do while 语句的条件部分、或者范围 for 循环的下一次迭代、或者传统 for 循环头部的表达式。

悬垂 else（dangling else）是一个俗语，指的是如何处理嵌套 if 语句中 if 分支多于 else 分支的情况。C++语言规定，else 应该与前一个未匹配的 if 匹配在一起。使用花括号可以把位于内层的 if 语句隐藏起来，这样程序员就能更好地控制 else 该与哪个 if 匹配。

default 标签（default label）是一种特殊的 case 标签，当 switch 表达式的值与所有 case 标签都无法匹配时，程序执行 default 标签下的内容。

200> do while 语句（do while statement）与 while 语句类似，区别是 do while 语句先执行循环体，再判断条件。循环体代码至少会执行一次。

异常类（exception class）是标准库定义的一组类，用于表示程序发生的错误。表 5.1（第 176 页）列出了不同用途的异常类。

异常声明（exception declaration）位于 catch 子句中的声明，指定了该 catch 子句能处理的异常类型。

异常处理代码（exception handler）程序某处引发异常后，用于处理该异常的另一处代码。和 catch 子句是同义词。

异常安全（exception safe）是一个术语，表示的含义是当抛出异常后，程序能执行正确的行为。

表达式语句（expression statement）即一条表达式后面跟上一个分号，令表达式执行求值过程。

控制流（flow of control）程序的执行路径。

for 语句（for statement）提供迭代执行的迭代语句。常常用于遍历一个容器或者重复计算若干次。

goto 语句（goto statement）令控制权无条件转移到同一函数中一个指定的带标签语句。goto 语句容易造成程序的控制流混乱，应禁止使用。

if else 语句（if else statement）判断条件，根据其结果分别执行 if 分支或 else 分支的语句。

if 语句（if statement）判断条件，根据其结果有选择地执行语句。如果条件为真，执行 if 分支的代码；如果条件为假，控制权转移到 if 结构之后的第一条语句。

带标签语句（labeled statement）前面带有标签的语句。所谓标签是指一个标识符以及紧跟着的一个冒号。对于同一个标识符来说，用作标签的同时还能用于其他目的，互不干扰。

空语句（null statement）只含有一个分号的语句。

引发（raise）含义类似于 throw。在 C++ 语言中既可以说抛出异常，也可以说引发异常。

范围 for 语句（range for statement）在一个序列中进行迭代的语句。

switch 语句（switch statement）一种条件语句，首先求 switch 关键字后面表达式的值，如果某个 case 标签的值与表达式的值相等，程序直接跨过之前的代码从这个 case 标签开始执行。当所有 case 标签都无法匹配时，如果有 default 标签，从 default 标签继续执行；如果没有，结束 switch 语句。

terminate 是一个标准库函数，当异常没有被捕捉到时调用。terminate 终止当前程序的执行。

throw 表达式（throw expression）一种中断当前执行路径的表达式。throw 表达式抛出一个异常并把控制权转移到能处理该异常的最近的 catch 子句。

try 语句块（try block）跟在 try 关键字后面的块，以及一个或多个 catch 子句。如果 try 语句块的代码引发异常并且其中一个 catch 子句匹配该异常类型，则异常被该 catch 子句处理。否则，异常将由外围 try 语句块处理，或者程序终止。

while 语句（while statement）只要指定的条件为真，就一直迭代执行目标语句。随着条件真值的不同，循环可能执行多次，也可能一次也不执行。

第 6 章
函数

内容

　　本章首先介绍函数的定义和声明，包括参数如何传入函数以及函数如何返回结果。在 C++ 语言中允许重载函数，也就是几个不同的函数可以使用同一个名字。所以接下来我们介绍重载函数的方法，以及编译器如何从函数的若干重载形式中选取一个与调用匹配的版本。最后，我们将介绍一些关于函数指针的知识。

202> 　　函数是一个命名了的代码块，我们通过调用函数执行相应的代码。函数可以有 0 个或多个参数，而且（通常）会产生一个结果。可以重载函数，也就是说，同一个名字可以对应几个不同的函数。

6.1 函数基础

　　一个典型的函数（function）定义包括以下部分：返回类型（return type）、函数名字、由 0 个或多个形参（parameter）组成的列表以及函数体。其中，形参以逗号隔开，形参的列表位于一对圆括号之内。函数执行的操作在语句块（参见 5.1 节，第 155 页）中说明，该语句块称为函数体（function body）。

　　我们通过**调用运算符**（call operator）来执行函数。调用运算符的形式是一对圆括号，它作用于一个表达式，该表达式是函数或者指向函数的指针；圆括号之内是一个用逗号隔开的**实参**（argument）列表，我们用实参初始化函数的形参。调用表达式的类型就是函数的返回类型。

编写函数

　　举个例子，我们准备编写一个求数的阶乘的程序。n 的阶乘是从 1 到 n 所有数字的乘积，例如 5 的阶乘是 120。

```
1 * 2 * 3 * 4 * 5 = 120
```

程序如下所示：

```
// val 的阶乘是 val*(val - 1)*(val - 2) ...*((val - (val - 1))* 1)
int fact(int val)
{
    int ret = 1;           // 局部变量，用于保存计算结果
    while (val > 1)
        ret *= val--;      // 把 ret 和 val 的乘积赋给 ret，然后将 val 减 1
    return ret;            // 返回结果
}
```

函数的名字是 fact，它作用于一个整型参数，返回一个整型值。在 while 循环内部，在每次迭代时用后置递减运算符（参见 4.5 节，第 131 页）将 val 的值减 1。return 语句负责结束 fact 并返回 ret 的值。

调用函数

　　要调用 fact 函数，必须提供一个整数值，调用得到的结果也是一个整数：

```
int main()
{
    int j = fact(5);       // j 等于 120，即 fact(5) 的结果
    cout << "5! is " << j << endl;
    return 0;
}
```

203> 函数的调用完成两项工作：一是用实参初始化函数对应的形参，二是将控制权转移给被调用函数。此时，**主调函数**（calling function）的执行被暂时中断，被调函数（called function）开始执行。

执行函数的第一步是（隐式地）定义并初始化它的形参。因此，当调用 fact 函数时，首先创建一个名为 val 的 int 变量，然后将它初始化为调用时所用的实参 5。

当遇到一条 return 语句时函数结束执行过程。和函数调用一样，return 语句也完成两项工作：一是返回 return 语句中的值（如果有的话），二是将控制权从被调函数转移回主调函数。函数的返回值用于初始化调用表达式的结果，之后继续完成调用所在的表达式的剩余部分。因此，我们对 fact 函数的调用等价于如下形式：

```
int val = 5;         // 用字面值 5 初始化 val
int ret = 1;         // fact 函数体内的代码
while (val > 1)
    ret *= val--;
int j = ret;         // 用 ret 的副本初始化 j
```

形参和实参

实参是形参的初始值。第一个实参初始化第一个形参，第二个实参初始化第二个形参，以此类推。尽管实参与形参存在对应关系，但是并没有规定实参的求值顺序（参见 4.1.3 节，第 123 页）。编译器能以任意可行的顺序对实参求值。

实参的类型必须与对应的形参类型匹配，这一点与之前的规则是一致的，我们知道在初始化过程中初始值的类型也必须与初始化对象的类型匹配。函数有几个形参，我们就必须提供相同数量的实参。因为函数的调用规定实参数量应与形参数量一致，所以形参一定会被初始化。

在上面的例子中，fact 函数只有一个 int 类型的形参，所以每次我们调用它的时候，都必须提供一个能转换（参见 4.11 节，第 141 页）成 int 的实参：

```
fact("hello");       // 错误：实参类型不正确
fact();              // 错误：实参数量不足
fact(42, 10, 0);     // 错误：实参数量过多
fact(3.14);          // 正确：该实参能转换成 int 类型
```

因为不能将 const char*转换成 int，所以第一个调用失败。第二个和第三个调用也会失败，不过错误的原因与第一个不同，它们是因为传入的实参数量不对。要想调用 fact 函数只能使用一个实参，只要实参数量不是一个，调用都将失败。最后一个调用是合法的，因为 double 可以转换成 int。执行调用时，实参隐式地转换成 int 类型（截去小数部分），调用等价于

```
fact(3);
```

函数的形参列表

204

函数的形参列表可以为空，但是不能省略。要想定义一个不带形参的函数，最常用的办法是书写一个空的形参列表。不过为了与 C 语言兼容，也可以使用关键字 void 表示函数没有形参：

```
void f1(){ /* ...*/ }         // 隐式地定义空形参列表
void f2(void){ /* ...*/ }     // 显式地定义空形参列表
```

形参列表中的形参通常用逗号隔开，其中每个形参都是含有一个声明符的声明。即使两个形参的类型一样，也必须把两个类型都写出来：

```
int f3(int v1, v2) { /* ...*/ }        // 错误
int f4(int v1, int v2) { /* ...*/ }    // 正确
```

任意两个形参都不能同名,而且函数最外层作用域中的局部变量也不能使用与函数形参一样的名字。

形参名是可选的,但是由于我们无法使用未命名的形参,所以形参一般都应该有个名字。偶尔,函数确实有个别形参不会被用到,则此类形参通常不命名以表示在函数体内不会使用它。不管怎样,是否设置未命名的形参并不影响调用时提供的实参数量。即使某个形参不被函数使用,也必须为它提供一个实参。

函数返回类型

大多数类型都能用作函数的返回类型。一种特殊的返回类型是 void,它表示函数不返回任何值。函数的返回类型不能是数组(参见 3.5 节,第 101 页)类型或函数类型,但可以是指向数组或函数的指针。我们将在 6.3.3 节(第 205 页)介绍如何定义一种特殊的函数,它的返回值是数组的指针(或引用),在 6.7 节(第 221 页)将介绍如何返回指向函数的指针。

6.1 节练习

练习 6.1:实参和形参的区别是什么?

练习 6.2:请指出下列函数哪个有错误,为什么?应该如何修改这些错误呢?

```
(a) int f() {
        string s;
        //...
        return s;
    }
(b) f2(int i) { /* ...*/ }
(c) int calc(int v1, int v1) /* ...*/ }
(d) double square(double x) return x * x;
```

练习 6.3:编写你自己的 fact 函数,上机检查是否正确。

练习 6.4:编写一个与用户交互的函数,要求用户输入一个数字,计算生成该数字的阶乘。在 main 函数中调用该函数。

练习 6.5:编写一个函数输出其实参的绝对值。

6.1.1 局部对象

在 C++ 语言中,名字有作用域(参见 2.2.4 节,第 43 页),对象有**生命周期**(lifetime)。理解这两个概念非常重要。

- 名字的作用域是程序文本的一部分,名字在其中可见。
- 对象的生命周期是程序执行过程中该对象存在的一段时间。

如我们所知,函数体是一个语句块。块构成一个新的作用域,我们可以在其中定义变量。形参和函数体内部定义的变量统称为**局部变量**(local variable)。它们对函数而言是"局部"的,仅在函数的作用域内可见,同时局部变量还会**隐藏**(hide)在外层作用域中同名的其他所有声明中。

205 > 在所有函数体之外定义的对象存在于程序的整个执行过程中。此类对象在程序启动时被创建,直到程序结束才会销毁。局部变量的生命周期依赖于定义的方式。

自动对象

对于普通局部变量对应的对象来说，当函数的控制路径经过变量定义语句时创建该对象，当到达定义所在的块末尾时销毁它。我们把只存在于块执行期间的对象称为**自动对象**（automatic object）。当块的执行结束后，块中创建的自动对象的值就变成未定义的了。

形参是一种自动对象。函数开始时为形参申请存储空间，因为形参定义在函数体作用域之内，所以一旦函数终止，形参也就被销毁。

我们用传递给函数的实参初始化形参对应的自动对象。对于局部变量对应的自动对象来说，则分为两种情况：如果变量定义本身含有初始值，就用这个初始值进行初始化；否则，如果变量定义本身不含初始值，执行默认初始化（参见 2.2.1 节，第 40 页）。这意味着内置类型的未初始化局部变量将产生未定义的值。

局部静态对象

某些时候，有必要令局部变量的生命周期贯穿函数调用及之后的时间。可以将局部变量定义成 static 类型从而获得这样的对象。**局部静态对象**（local static object）在程序的执行路径第一次经过对象定义语句时初始化，并且直到程序终止才被销毁，在此期间即使对象所在的函数结束执行也不会对它有影响。 <206

举个例子，下面的函数统计它自己被调用了多少次，这样的函数也许没什么实际意义，但是足够说明问题：

```
size_t count_calls()
{
    static size_t ctr = 0;  // 调用结束后，这个值仍然有效
    return ++ctr;
}
int main()
{
    for (size_t i = 0; i != 10; ++i)
        cout << count_calls() << endl;
    return 0;
}
```

这段程序将输出从 1 到 10（包括 10 在内）的数字。

在控制流第一次经过 ctr 的定义之前，ctr 被创建并初始化为 0。每次调用将 ctr 加 1 并返回新值。每次执行 count_calls 函数时，变量 ctr 的值都已经存在并且等于函数上一次退出时 ctr 的值。因此，第二次调用时 ctr 的值是 1，第三次调用时 ctr 的值是 2，以此类推。

如果局部静态变量没有显式的初始值，它将执行值初始化（参见 3.3.1 节，第 88 页），内置类型的局部静态变量初始化为 0。

6.1.1 节练习

练习 6.6：说明形参、局部变量以及局部静态变量的区别。编写一个函数，同时用到这三种形式。

练习 6.7：编写一个函数，当它第一次被调用时返回 0，以后每次被调用返回值加 1。

6.1.2　函数声明

和其他名字一样，函数的名字也必须在使用之前声明。类似于变量（参见 2.2.2 节，第 41 页），函数只能定义一次，但可以声明多次。唯一的例外是如 15.3 节（第 535 页）将要介绍的，如果一个函数永远也不会被我们用到，那么它可以只有声明没有定义。

函数的声明和函数的定义非常类似，唯一的区别是函数声明无须函数体，用一个分号替代即可。

因为函数的声明不包含函数体，所以也就无须形参的名字。事实上，在函数的声明中经常省略形参的名字。尽管如此，写上形参的名字还是有用处的，它可以帮助使用者更好地理解函数的功能：

207>
```
// 我们选择 beg 和 end 作为形参的名字以表示这两个迭代器划定了输出值的范围
void print(vector<int>::const_iterator beg,
           vector<int>::const_iterator end);
```

函数的三要素（返回类型、函数名、形参类型）描述了函数的接口，说明了调用该函数所需的全部信息。函数声明也称作**函数原型**（function prototype）。

在头文件中进行函数声明

回忆之前所学的知识，我们建议变量在头文件（参见 2.6.3 节，第 68 页）中声明，在源文件中定义。与之类似，函数也应该在头文件中声明而在源文件中定义。

看起来把函数的声明直接放在使用该函数的源文件中是合法的，也比较容易被人接受；但是这么做可能会很烦琐而且容易出错。相反，如果把函数声明放在头文件中，就能确保同一函数的所有声明保持一致。而且一旦我们想改变函数的接口，只需改变一条声明即可。

定义函数的源文件应该把含有函数声明的头文件包含进来，编译器负责验证函数的定义和声明是否匹配。

 含有函数声明的头文件应该被包含到定义函数的源文件中。

6.1.2 节练习

练习 6.8：编写一个名为 `Chapter6.h` 的头文件，令其包含 6.1 节练习（第 184 页）中的函数声明。

 ### 6.1.3　分离式编译

随着程序越来越复杂，我们希望把程序的各个部分分别存储在不同文件中。例如，可以把 6.1 节练习（第 184 页）的函数存在一个文件里，把使用这些函数的代码存在其他源文件中。为了允许编写程序时按照逻辑关系将其划分开来，C++语言支持所谓的分离式编译（separate compilation）。分离式编译允许我们把程序分割到几个文件中去，每个文件独立编译。

编译和链接多个源文件

举个例子，假设 `fact` 函数的定义位于一个名为 `fact.cc` 的文件中，它的声明位于

名为 Chapter6.h 的头文件中。显然与其他所有用到 fact 函数的文件一样，fact.cc
应该包含 Chapter6.h 头文件。另外，我们在名为 factMain.cc 的文件中创建 main 208
函数，main 函数将调用 fact 函数。要生成可执行文件（executable file），必须告诉编译
器我们用到的代码在哪里。对于上述几个文件来说，编译的过程如下所示：

```
$ CC factMain.cc fact.cc # generates factMain.exe or a.out
$ CC factMain.cc fact.cc -o main # generates main or main.exe
```

其中，CC 是编译器的名字，$是系统提示符，#后面是命令行下的注释语句。接下来运行
可执行文件，就会执行我们定义的 main 函数。

如果我们修改了其中一个源文件，那么只需重新编译那个改动了的文件。大多数编译
器提供了分离式编译每个文件的机制，这一过程通常会产生一个后缀名是.obj（Windows）
或.o（UNIX）的文件，后缀名的含义是该文件包含对象代码（object code）。

接下来编译器负责把对象文件链接在一起形成可执行文件。在我们的系统中，编译的
过程如下所示：

```
$ CC -c factMain.cc # generates factMain.o
$ CC -c fact.cc # generates fact.o
$ CC factMain.o fact.o # generates factMain.exe or a.out
$ CC factMain.o fact.o -o main # generates main or main.exe
```

你可以仔细阅读编译器的用户手册，弄清楚由多个文件组成的程序是如何编译并执行的。

6.1.3 节练习

练习 6.9：编写你自己的 fact.cc 和 factMain.cc，这两个文件都应该包含上一小节
的练习中编写的 Chapter6.h 头文件。通过这些文件，理解你的编译器是如何支持分
离式编译的。

6.2 参数传递

如前所述，每次调用函数时都会重新创建它的形参，并用传入的实参对形参进行初始化。

 形参初始化的机理与变量初始化一样。

和其他变量一样，形参的类型决定了形参和实参交互的方式。如果形参是引用类型（参
见 2.3.1 节，第 45 页），它将绑定到对应的实参上；否则，将实参的值拷贝后赋给形参。

当形参是引用类型时，我们说它对应的实参被**引用传递**（passed by reference）或者函
数被**传引用调用**（called by reference）。和其他引用一样，引用形参也是它绑定的对象的别
名；也就是说，引用形参是它对应的实参的别名。

当实参的值被拷贝给形参时，形参和实参是两个相互独立的对象。我们说这样的实参 209
被**值传递**（passed by value）或者函数被**传值调用**（called by value）。

6.2.1 传值参数

当初始化一个非引用类型的变量时，初始值被拷贝给变量。此时，对变量的改动不会

影响初始值：

```
int n = 0;          // int 类型的初始变量
int i = n;          // i 是 n 的值的副本
i = 42;             // i 的值改变；n 的值不变
```

传值参数的机理完全一样，函数对形参做的所有操作都不会影响实参。例如，在 fact 函数（参见 6.1 节，第 182 页）内对变量 val 执行递减操作：

```
ret *= val--;       // 将 val 的值减 1
```

尽管 fact 函数改变了 val 的值，但是这个改动不会影响传入 fact 的实参。调用 fact(i) 不会改变 i 的值。

指针形参

指针的行为和其他非引用类型一样。当执行指针拷贝操作时，拷贝的是指针的值。拷贝之后，两个指针是不同的指针。因为指针使我们可以间接地访问它所指的对象，所以通过指针可以修改它所指对象的值：

```
int n = 0, i = 42;
int *p = &n, *q = &i;    // p 指向 n；q 指向 i
*p = 42;                 // n 的值改变；p 不变
p = q;                   // p 现在指向了 i；但是 i 和 n 的值都不变
```

指针形参的行为与之类似：

```
// 该函数接受一个指针，然后将指针所指的值置为 0
void reset(int *ip)
{
    *ip = 0;       // 改变指针 ip 所指对象的值
    ip = 0;        // 只改变了 ip 的局部拷贝，实参未被改变
}
```

调用 reset 函数之后，实参所指的对象被置为 0，但是实参本身并没有改变：

```
int i = 42;
reset(&i);                          // 改变 i 的值而非 i 的地址
cout << "i = " << i << endl;        // 输出 i = 0
```

熟悉 C 的程序员常常使用指针类型的形参访问函数外部的对象。在 C++语言中，建议使用引用类型的形参替代指针。

6.2.1 节练习

练习 6.10：编写一个函数，使用指针形参交换两个整数的值。在代码中调用该函数并输出交换后的结果，以此验证函数的正确性。

6.2.2 传引用参数

回忆过去所学的知识，我们知道对于引用的操作实际上是作用在引用所引的对象上（参见 2.3.1 节，第 45 页）：

```
int n = 0, i = 42;
int &r = n;        // r 绑定了 n（即 r 是 n 的另一个名字）
```

```
r = 42;                // 现在 n 的值是 42
r = i;                 // 现在 n 的值和 i 相同
i = r;                 // i 的值和 n 相同
```

引用形参的行为与之类似。通过使用引用形参，允许函数改变一个或多个实参的值。

举个例子，我们可以改写上一小节的 reset 程序，使其接受的参数是引用类型而非指针：

```
//该函数接受一个 int 对象的引用，然后将对象的值置为 0
void reset(int &i)     // i 是传给 reset 函数的对象的另一个名字
{
    i = 0;             // 改变了 i 所引对象的值
}
```

和其他引用一样，引用形参绑定初始化它的对象。当调用这一版本的 reset 函数时，i 绑定我们传给函数的 int 对象，此时改变 i 也就是改变 i 所引对象的值。此例中，被改变的对象是传入 reset 的实参。

调用这一版本的 reset 函数时，我们直接传入对象而无须传递对象的地址：

```
int j = 42;
reset(j);                           // j 采用传引用方式，它的值被改变
cout << "j = " << j << endl;        // 输出 j = 0
```

在上述调用过程中，形参 i 仅仅是 j 的又一个名字。在 reset 内部对 i 的使用即是对 j 的使用。

使用引用避免拷贝

211

拷贝大的类类型对象或者容器对象比较低效，甚至有的类类型（包括 IO 类型在内）根本就不支持拷贝操作。当某种类型不支持拷贝操作时，函数只能通过引用形参访问该类型的对象。

举个例子，我们准备编写一个函数比较两个 string 对象的长度。因为 string 对象可能会非常长，所以应该尽量避免直接拷贝它们，这时使用引用形参是比较明智的选择。又因为比较长度无须改变 string 对象的内容，所以把形参定义成对常量的引用（参见2.4.1 节，第 54 页）：

```
// 比较两个 string 对象的长度
bool isShorter(const string &s1, const string &s2)
{
    return s1.size() < s2.size();
}
```

如 6.2.3 节（第 191 页）将要介绍的，当函数无须修改引用形参的值时最好使用常量引用。

 如果函数无须改变引用形参的值，最好将其声明为常量引用。

使用引用形参返回额外信息

一个函数只能返回一个值，然而有时函数需要同时返回多个值，引用形参为我们一次返回多个结果提供了有效的途径。举个例子，我们定义一个名为 find_char 的函数，它返回在 string 对象中某个指定字符第一次出现的位置。同时，我们也希望函数能返回该

字符出现的总次数。

该如何定义函数使得它能够既返回位置也返回出现次数呢？一种方法是定义一个新的数据类型，让它包含位置和数量两个成员。还有另一种更简单的方法，我们可以给函数传入一个额外的引用实参，令其保存字符出现的次数：

```
// 返回 s 中 c 第一次出现的位置索引
// 引用形参 occurs 负责统计 c 出现的总次数
string::size_type find_char(const string &s, char c,
                            string::size_type &occurs)
{
    auto ret = s.size();          // 第一次出现的位置（如果有的话）
    occurs = 0;                   // 设置表示出现次数的形参的值
    for (decltype(ret) i = 0; i != s.size(); ++i) {
        if (s[i] == c) {
            if (ret == s.size())
                rct = i;          // 记录 c 第一次出现的位置
            ++occurs;             // 将出现的次数加 1
        }
    }
    return ret;                   // 出现次数通过 occurs 隐式地返回
}
```

当我们调用 find_char 函数时，必须传入三个实参：作为查找范围的一个 string 对象、要找的字符以及一个用于保存字符出现次数的 size_type（参见 3.2.2 节，第 79 页）对象。假设 s 是一个 string 对象，ctr 是一个 size_type 对象，则我们通过如下形式调用 find_char 函数：

```
auto index = find_char(s, 'o', ctr);
```

调用完成后，如果 string 对象中确实存在 o，那么 ctr 的值就是 o 出现的次数，index 指向 o 第一次出现的位置；否则如果 string 对象中没有 o，index 等于 s.size() 而 ctr 等于 0。

6.2.2 节练习

练习 6.11：编写并验证你自己的 reset 函数，使其作用于引用类型的参数。

练习 6.12：改写 6.2.1 节中练习 6.10（第 188 页）的程序，使用引用而非指针交换两个整数的值。你觉得哪种方法更易于使用呢？为什么？

练习 6.13：假设 T 是某种类型的名字，说明以下两个函数声明的区别：一个是 void f(T)，另一个是 void f(T&)。

练习 6.14：举一个形参应该是引用类型的例子，再举一个形参不能是引用类型的例子。

练习 6.15：说明 find_char 函数中的三个形参为什么是现在的类型，特别说明为什么 s 是常量引用而 occurs 是普通引用？为什么 s 和 occurs 是引用类型而 c 不是？如果令 s 是普通引用会发生什么情况？如果令 occurs 是常量引用会发生什么情况？

6.2.3　const 形参和实参

当形参是 const 时，必须要注意 2.4.3 节（第 57 页）关于顶层 const 的讨论。如前所述，顶层 const 作用于对象本身：

```
const int ci = 42;    // 不能改变 ci, const 是顶层的
int i = ci;           // 正确：当拷贝 ci 时，忽略了它的顶层 const
int * const p = &i;   // const 是顶层的，不能给 p 赋值
*p = 0;               // 正确：通过 p 改变对象的内容是允许的，现在 i 变成了 0
```

和其他初始化过程一样，当用实参初始化形参时会忽略掉顶层 const。换句话说，形参的顶层 const 被忽略掉了。当形参有顶层 const 时，传给它常量对象或者非常量对象都是可以的：

```
void fcn(const int i) { /* fcn 能够读取 i，但是不能向 i 写值*/ }
```

调用 fcn 函数时，既可以传入 const int 也可以传入 int。忽略掉形参的顶层 const 可能产生意想不到的结果：

```
void fcn(const int i) { /* fcn 能够读取 i，但是不能向 i 写值 */ }
void fcn(int i) { /* ...*/ } // 错误：重复定义了 fcn(int)
```

213

在 C++ 语言中，允许我们定义若干具有相同名字的函数，不过前提是不同函数的形参列表应该有明显的区别。因为顶层 const 被忽略掉了，所以在上面的代码中传入两个 fcn 函数的参数可以完全一样。因此第二个 fcn 是错误的，尽管形式上有差异，但实际上它的形参和第一个 fcn 的形参没什么不同。

指针或引用形参与 const

形参的初始化方式和变量的初始化方式是一样的，所以回顾通用的初始化规则有助于理解本节知识。我们可以使用非常量初始化一个底层 const 对象，但是反过来不行；同时一个普通的引用必须用同类型的对象初始化。

```
int i = 42;
const int *cp = &i; // 正确：但是 cp 不能改变 i（参见 2.4.2 节，第 56 页）
const int &r = i;   // 正确：但是 r 不能改变 i（参见 2.4.1 节，第 55 页）
const int &r2 = 42; // 正确：（参见 2.4.1 节，第 55 页）
int *p = cp;        // 错误：p 的类型和 cp 的类型不匹配（参见 2.4.2 节，第 56 页）
int &r3 = r;        // 错误：r3 的类型和 r 的类型不匹配（参见 2.4.1 节，第 55 页）
int &r4 = 42;       // 错误：不能用字面值初始化一个非常量引用（参见 2.3.1 节，第 45 页）
```

将同样的初始化规则应用到参数传递上可得如下形式：

```
int i = 0;
const int ci = i;
string::size_type ctr = 0;
reset(&i);          // 调用形参类型是 int* 的 reset 函数
reset(&ci);         // 错误：不能用指向 const int 对象的指针初始化 int*
reset(i);           // 调用形参类型是 int& 的 reset 函数
reset(ci);          // 错误：不能把普通引用绑定到 const 对象 ci 上
reset(42);          // 错误：不能把普通引用绑定到字面值上
reset(ctr);         // 错误：类型不匹配，ctr 是无符号类型
// 正确：find_char 的第一个形参是对常量的引用
find_char("Hello World!", 'o', ctr);
```

要想调用引用版本的 reset（参见 6.2.2 节，第 189 页），只能使用 int 类型的对象，而不能使用字面值、求值结果为 int 的表达式、需要转换的对象或者 const int 类型的对象。类似的，要想调用指针版本的 reset（参见 6.2.1 节，第 188 页）只能使用 int*。

另一方面，我们能传递一个字符串字面值作为 find_char（参见 6.2.2 节，第 189 页）的第一个实参，这是因为该函数的引用形参是常量引用，而 C++允许我们用字面值初始化常量引用。

尽量使用常量引用

把函数不会改变的形参定义成（普通的）引用是一种比较常见的错误，这么做带给函数的调用者一种误导，即函数可以修改它的实参的值。此外，使用引用而非常量引用也会极大地限制函数所能接受的实参类型。就像刚刚看到的，我们不能把 const 对象、字面值或者需要类型转换的对象传递给普通的引用形参。

这种错误绝不像看起来那么简单，它可能造成出人意料的后果。以 6.2.2 节（第 189 页）的 find_char 函数为例，那个函数（正确地）将它的 string 类型的形参定义成常量引用。假如我们把它定义成普通的 string&：

```
//不良设计：第一个形参的类型应该是 const string&
string::size_type find_char(string &s, char c,
                            string::size_type &occurs);
```

则只能将 find_char 函数作用于 string 对象。类似下面这样的调用

```
find_char("Hello World", 'o', ctr);
```

将在编译时发生错误。

还有一个更难察觉的问题，假如其他函数（正确地）将它们的形参定义成常量引用，那么第二个版本的 find_char 无法在此类函数中正常使用。举个例子，我们希望在一个判断 string 对象是否是句子的函数中使用 find_char：

```
bool is_sentence(const string &s)
{
    // 如果在 s 的末尾有且只有一个句号，则 s 是一个句子
    string::size_type ctr = 0;
    return find_char(s, '.', ctr) == s.size() - 1 && ctr == 1;
}
```

如果 find_char 的第一个形参类型是 string&，那么上面这条调用 find_char 的语句将在编译时发生错误。原因在于 s 是常量引用，但 find_char 被（不正确地）定义成只能接受普通引用。

解决该问题的一种思路是修改 is_sentence 的形参类型，但是这么做只不过转移了错误而已，结果是 is_sentence 函数的调用者只能接受非常量 string 对象了。

正确的修改思路是改正 find_char 函数的形参。如果实在不能修改 find_char，就在 is_sentence 内部定义一个 string 类型的变量，令其为 s 的副本，然后把这个 string 对象传递给 find_char。

6.2.3 节练习

练习 6.16： 下面的这个函数虽然合法，但是不算特别有用。指出它的局限性并设法改善。

```
bool is_empty(string& s) { return s.empty(); }
```

练习 6.17： 编写一个函数，判断 string 对象中是否含有大写字母。编写另一个函数，把 string 对象全都改成小写形式。在这两个函数中你使用的形参类型相同吗？为什么？

练习 6.18： 为下面的函数编写函数声明，从给定的名字中推测函数具备的功能。

(a) 名为 compare 的函数，返回布尔值，两个参数都是 matrix 类的引用。

(b) 名为 change_val 的函数，返回 vector<int> 的迭代器，有两个参数：一个是 int，另一个是 vector<int> 的迭代器。

练习 6.19： 假定有如下声明，判断哪个调用合法、哪个调用不合法。对于不合法的函数调用，说明原因。

```
double calc(double);
int count(const string &, char);
int sum(vector<int>::iterator, vector<int>::iterator, int);
vector<int> vec(10);
(a) calc(23.4, 55.1);          (b) count("abcda", 'a');
(c) calc(66);                  (d) sum(vec.begin(), vec.end(), 3.8);
```

练习 6.20： 引用形参什么时候应该是常量引用？如果形参应该是常量引用，而我们将其设为了普通引用，会发生什么情况？

6.2.4 数组形参

数组的两个特殊性质对我们定义和使用作用在数组上的函数有影响，这两个性质分别是：不允许拷贝数组（参见 3.5.1 节，第 102 页）以及使用数组时（通常）会将其转换成指针（参见 3.5.3 节，第 105 页）。因为不能拷贝数组，所以我们无法以值传递的方式使用数组参数。因为数组会被转换成指针，所以当我们为函数传递一个数组时，实际上传递的是指向数组首元素的指针。

尽管不能以值传递的方式传递数组，但是我们可以把形参写成类似数组的形式：

```
// 尽管形式不同，但这三个 print 函数是等价的
// 每个函数都有一个 const int* 类型的形参
void print(const int*);
void print(const int[]);        // 可以看出来，函数的意图是作用于一个数组
void print(const int[10]);      // 这里的维度表示我们期望数组含有多少元素，实际
                                // 不一定
```

 215

尽管表现形式不同，但上面的三个函数是等价的：每个函数的唯一形参都是 const int* 类型的。当编译器处理对 print 函数的调用时，只检查传入的参数是否是 const int* 类型：

```
int i = 0, j[2] = {0, 1};
print(&i);                      // 正确：&i 的类型是 int*
print(j);                       // 正确：j 转换成 int* 并指向 j[0]
```

如果我们传给 print 函数的是一个数组，则实参自动地转换成指向数组首元素的指针，数组的大小对函数的调用没有影响。

> ⚠️ **WARNING** 和其他使用数组的代码一样，以数组作为形参的函数也必须确保使用数组时不会越界。

因为数组是以指针的形式传递给函数的，所以一开始函数并不知道数组的确切尺寸，调用者应该为此提供一些额外的信息。管理指针形参有三种常用的技术。 216

使用标记指定数组长度

管理数组实参的第一种方法是要求数组本身包含一个结束标记,使用这种方法的典型示例是 C 风格字符串(参见 3.5.4 节,第 109 页)。C 风格字符串存储在字符数组中,并且在最后一个字符后面跟着一个空字符。函数在处理 C 风格字符串时遇到空字符停止:

```
void print(const char *cp)
{
    if (cp)                    // 若 cp 不是一个空指针
        while (*cp)            // 只要指针所指的字符不是空字符
            cout << *cp++;     // 输出当前字符并将指针向前移动一个位置
}
```

这种方法适用于那些有明显结束标记且该标记不会与普通数据混淆的情况,但是对于像 int 这样所有取值都是合法值的数据就不太有效了。

使用标准库规范

管理数组实参的第二种技术是传递指向数组首元素和尾后元素的指针,这种方法受到了标准库技术的启发,关于其细节将在第 II 部分详细介绍。使用该方法,我们可以按照如下形式输出元素内容:

```
void print(const int *beg, const int *end)
{
    // 输出 beg 到 end 之间(不含 end)的所有元素
    while (beg != end)
        cout << *beg++ << endl; // 输出当前元素并将指针向前移动一个位置
}
```

while 循环使用解引用运算符和后置递减运算符(参见 4.5 节,第 131 页)输出当前元素并在数组内将 beg 向前移动一个元素,当 beg 和 end 相等时结束循环。

为了调用这个函数,我们需要传入两个指针:一个指向要输出的首元素,另一个指向尾元素的下一位置:

```
int j[2] = {0, 1};
// j 转换成指向它首元素的指针
// 第二个实参是指向 j 的尾后元素的指针
print(begin(j), end(j));      // begin 和 end 函数,参见第 3.5.3 节(106 页)
```

只要调用者能正确地计算指针所指的位置,那么上述代码就是安全的。在这里,我们使用标准库 begin 和 end 函数(参见 3.5.3 节,第 106 页)提供所需的指针。

217> 显式传递一个表示数组大小的形参

第三种管理数组实参的方法是专门定义一个表示数组大小的形参,在 C 程序和过去的 C++ 程序中常常使用这种方法。使用该方法,可以将 print 函数重写成如下形式:

```
// const int ia[] 等价于 const int* ia
// size 表示数组的大小,将它显式地传给函数用于控制对 ia 元素的访问
void print(const int ia[], size_t size)
{
    for (size_t i = 0; i != size; ++i) {
        cout << ia[i] << endl;
    }
}
```

这个版本的程序通过形参 size 的值确定要输出多少个元素，调用 print 函数时必须传入这个表示数组大小的值：

```
int j[] = { 0, 1 };  // 大小为 2 的整型数组
print(j, end(j) - begin(j));
```

只要传递给函数的 size 值不超过数组实际的大小，函数就是安全的。

数组形参和 const

我们的三个 print 函数都把数组形参定义成了指向 const 的指针，6.2.3 节（第 191 页）关于引用的讨论同样适用于指针。当函数不需要对数组元素执行写操作的时候，数组形参应该是指向 const 的指针（参见 2.4.2 节，第 56 页）。只有当函数确实要改变元素值的时候，才把形参定义成指向非常量的指针。

数组引用形参

C++语言允许将变量定义成数组的引用（参见 3.5.1 节，第 101 页），基于同样的道理，形参也可以是数组的引用。此时，引用形参绑定到对应的实参上，也就是绑定到数组上：

```
// 正确：形参是数组的引用，维度是类型的一部分
void print(int (&arr)[10])
{
    for (auto elem : arr)
        cout << elem << endl;
}
```

> &arr 两端的括号必不可少（参见 3.5.1 节，第 101 页）：
>
> ```
> f(int &arr[10])      // 错误：将 arr 声明成了引用的数组
> f(int (&arr)[10])    // 正确：arr 是具有 10 个整数的整型数组的引用
> ```

因为数组的大小是构成数组类型的一部分，所以只要不超过维度，在函数体内就可以放心地使用数组。但是，这一用法也无形中限制了 print 函数的可用性，我们只能将函数作用于大小为 10 的数组： 218

```
int i = 0, j[2] = {0, 1};
int k[10] = {0,1,2,3,4,5,6,7,8,9};
print(&i);          // 错误：实参不是含有 10 个整数的数组
print(j);           // 错误：实参不是含有 10 个整数的数组
print(k);           // 正确：实参是含有 10 个整数的数组
```

16.1.1 节（第 578 页）将要介绍我们应该如何编写这个函数，使其可以给引用类型的形参传递任意大小的数组。

传递多维数组

我们曾经介绍过，在 C++语言中实际上没有真正的多维数组（参见 3.6 节，第 112 页），所谓多维数组其实是数组的数组。

和所有数组一样，当将多维数组传递给函数时，真正传递的是指向数组首元素的指针（参见 3.6 节，第 115 页）。因为我们处理的是数组的数组，所以首元素本身就是一个数组，指针就是一个指向数组的指针。数组第二维（以及后面所有维度）的大小都是数组类型的一部分，不能省略：

```
// matrix 指向数组的首元素，该数组的元素是由 10 个整数构成的数组
void print(int (*matrix)[10], int rowSize) { /* ...*/ }
```

上述语句将 matrix 声明成指向含有 10 个整数的数组的指针。

> 再一次强调，*matrix 两端的括号必不可少：
>
> ```
> int *matrix[10];              // 10 个指针构成的数组
> int (*matrix)[10];            // 指向含有 10 个整数的数组的指针
> ```

我们也可以使用数组的语法定义函数，此时编译器会一如既往地忽略掉第一个维度，所以最好不要把它包括在形参列表内：

```
// 等价定义
void print(int matrix[][10], int rowSize) { /* ... */ }
```

matrix 的声明看起来是一个二维数组，实际上形参是指向含有 10 个整数的数组的指针。

6.2.4 节练习

练习 6.21：编写一个函数，令其接受两个参数：一个是 int 型的数，另一个是 int 指针。函数比较 int 的值和指针所指的值，返回较大的那个。在该函数中指针的类型应该是什么？

练习 6.22：编写一个函数，令其交换两个 int 指针。

练习 6.23：参考本节介绍的几个 print 函数，根据理解编写你自己的版本。依次调用每个函数使其输入下面定义的 i 和 j：

```
int i = 0, j[2] = {0, 1};
```

练习 6.24：描述下面这个函数的行为。如果代码中存在问题，请指出并改正。

```
void print(const int ia[10])
{
    for (size_t i = 0; i != 10; ++i)
        cout << ia[i] << endl;
}
```

6.2.5　main：处理命令行选项

main 函数是演示 C++程序如何向函数传递数组的好例子。到目前为止，我们定义的 main 函数都只有空形参列表：

```
int main() { ... }
```

然而，有时我们确实需要给 main 传递实参，一种常见的情况是用户通过设置一组选项来确定函数所要执行的操作。例如，假定 main 函数位于可执行文件 prog 之内，我们可以向程序传递下面的选项：

219>
```
prog -d -o ofile data0
```

这些命令行选项通过两个（可选的）形参传递给 main 函数：

```
int main(int argc, char *argv[]) { ... }
```

第二个形参 argv 是一个数组，它的元素是指向 C 风格字符串的指针；第一个形参 argc 表示数组中字符串的数量。因为第二个形参是数组，所以 main 函数也可以定义成：

```
int main(int argc, char **argv) { ... }
```

其中 argv 指向 char*。

当实参传给 main 函数之后，argv 的第一个元素指向程序的名字或者一个空字符串，接下来的元素依次传递命令行提供的实参。最后一个指针之后的元素值保证为 0。

以上面提供的命令行为例，argc 应该等于 5，argv 应该包含如下的 C 风格字符串：

```
argv[0] = "prog";    // 或者 argv[0]也可以指向一个空字符串
argv[1] = "-d";
argv[2] = "-o";
argv[3] = "ofile";
argv[4] = "data0";
argv[5] = 0;
```

 当使用 argv 中的实参时，一定要记得可选的实参从 argv[1]开始；argv[0] 保存程序的名字，而非用户输入。

6.2.5 节练习 220

练习 6.25： 编写一个 main 函数，令其接受两个实参。把实参的内容连接成一个 string 对象并输出出来。

练习 6.26： 编写一个程序，使其接受本节所示的选项；输出传递给 main 函数的实参的内容。

6.2.6 含有可变形参的函数

有时我们无法提前预知应该向函数传递几个实参。例如，我们想要编写代码输出程序产生的错误信息，此时最好用同一个函数实现该项功能，以便对所有错误的处理能够整齐划一。然而，错误信息的种类不同，所以调用错误输出函数时传递的实参也各不相同。

为了编写能处理不同数量实参的函数，C++11 新标准提供了两种主要的方法：如果所有的实参类型相同，可以传递一个名为 initializer_list 的标准库类型；如果实参的类型不同，我们可以编写一种特殊的函数，也就是所谓的可变参数模板，关于它的细节将在 16.4 节（第 618 页）介绍。

C++还有一种特殊的形参类型（即省略符），可以用它传递可变数量的实参。本节将简要介绍省略符形参，不过需要注意的是，这种功能一般只用于与 C 函数交互的接口程序。

initializer_list 形参

如果函数的实参数量未知但是全部实参的类型都相同，我们可以使用 **initializer_list** 类型的形参。initializer_list 是一种标准库类型，用于表示某种特定类型的值的数组（参见 3.5 节，第 101 页）。initializer_list 类型定义在同名的头文件中，它提供的操作如表 6.1 所示。 C++ 11

表 6.1：initializer_list 提供的操作
`initializer_list<T> lst;` 　　　　　默认初始化；T 类型元素的空列表
`initializer_list<T> lst{a,b,c...};` 　　　　　lst 的元素数量和初始值一样多；lst 的元素是对应初始值的副本；列表中的 　　　　　元素是 const
`lst2(lst)`　拷贝或赋值一个 `initializer_list` 对象不会拷贝列表中的元素；拷贝后， `lst2 = lst`　原始列表和副本共享元素
`lst.size()`　列表中的元素数量
`lst.begin()`　返回指向 lst 中首元素的指针
`lst.end()`　返回指向 lst 中尾元素下一位置的指针

221>　　　　和 vector 一样，initializer_list 也是一种模板类型（参见 3.3 节，第 86 页）。
定义 initializer_list 对象时，必须说明列表中所含元素的类型：

```
initializer_list<string> ls; // initializer_list 的元素类型是 string
initializer_list<int> li;    // initializer_list 的元素类型是 int
```

和 vector 不一样的是，initializer_list 对象中的元素永远是常量值，我们无法改
变 initializer_list 对象中元素的值。

　　　　我们使用如下的形式编写输出错误信息的函数，使其可以作用于可变数量的实参：

```
void error_msg(initializer_list<string> il)
{
    for (auto beg = il.begin(); beg != il.end(); ++beg)
        cout << *beg << " " ;
    cout << endl;
}
```

作用于 initializer_list 对象的 begin 和 end 操作类似于 vector 对应的成员（参
见 3.4.1 节，第 195 页）。begin() 成员提供一个指向列表首元素的指针，end() 成员提供
一个指向列表尾后元素的指针。我们的函数首先初始化 beg 令其表示首元素，然后依次
遍历列表中的每个元素。在循环体中，解引用 beg 以访问当前元素并输出它的值。

　　　　如果想向 initializer_list 形参中传递一个值的序列，则必须把序列放在一对花
括号内：

```
// expected 和 actual 是 string 对象
if (expected != actual)
    error_msg({"functionX", expected, actual});
else
    error_msg({"functionX", "okay"});
```

在上面的代码中我们调用了同一个函数 error_msg，但是两次调用传递的参数数量不同：
第一次调用传入了三个值，第二次调用只传入了两个。

　　　　含有 initializer_list 形参的函数也可以同时拥有其他形参。例如，调试系统可
能有个名为 ErrCode 的类用来表示不同类型的错误，因此我们可以改写之前的程序，使
其包含一个 initializer_list 形参和一个 ErrCode 形参：

```
void error_msg(ErrCode e, initializer_list<string> il)
{
```

```
        cout << e.msg() << ": ";
        for (const auto &elem : il)
            cout << elem << " " ;
        cout << endl;
    }
```

因为 initializer_list 包含 begin 和 end 成员，所以我们可以使用范围 for 循环（参见 5.4.3 节，第 167 页）处理其中的元素。和之前的版本类似，这段程序遍历传给 il 形参的列表值，每次迭代时访问一个元素。

为了调用这个版本的 error_msg 函数，需要额外传递一个 ErrCode 实参：

```
if (expected != actual)
    error_msg(ErrCode(42), {"functionX", expected, actual});
else
    error_msg(ErrCode(0), {"functionX", "okay"});
```

省略符形参

省略符形参是为了便于 C++ 程序访问某些特殊的 C 代码而设置的，这些代码使用了名为 varargs 的 C 标准库功能。通常，省略符形参不应用于其他目的。你的 C 编译器文档会描述如何使用 varargs。

 省略符形参应该仅仅用于 C 和 C++ 通用的类型。特别应该注意的是，大多数类类型的对象在传递给省略符形参时都无法正确拷贝。

省略符形参只能出现在形参列表的最后一个位置，它的形式无外乎以下两种：

```
    void foo(parm_list, ...);
    void foo(...);
```

第一种形式指定了 foo 函数的部分形参的类型，对应于这些形参的实参将会执行正常的类型检查。省略符形参所对应的实参无须类型检查。在第一种形式中，形参声明后面的逗号是可选的。

6.2.6 节练习

练习 6.27： 编写一个函数，它的参数是 initializer_list<int> 类型的对象，函数的功能是计算列表中所有元素的和。

练习 6.28： 在 error_msg 函数的第二个版本中包含 ErrCode 类型的参数，其中循环内的 elem 是什么类型？

练习 6.29： 在范围 for 循环中使用 initializer_list 对象时，应该将循环控制变量声明成引用类型吗？为什么？

6.3 返回类型和 return 语句

return 语句终止当前正在执行的函数并将控制权返回到调用该函数的地方。return 语句有两种形式：

```
    return;
    return expression;
```

6.3.1　无返回值函数

223

　　没有返回值的 return 语句只能用在返回类型是 void 的函数中。返回 void 的函数不要求非得有 return 语句，因为在这类函数的最后一句后面会隐式地执行 return。

　　通常情况下，void 函数如果想在它的中间位置提前退出，可以使用 return 语句。return 的这种用法有点类似于我们用 break 语句（参见 5.5.1 节，第 170 页）退出循环。例如，可以编写一个 swap 函数，使其在参与交换的值相等时什么也不做直接退出：

```cpp
void swap(int &v1, int &v2)
{
    // 如果两个值是相等的，则不需要交换，直接退出
    if (v1 == v2)
        return;
    // 如果程序执行到了这里，说明还需要继续完成某些功能
    int tmp = v2;
    v2 = v1;
    v1 = tmp;
    // 此处无须显式的 return 语句
}
```

这个函数首先检查值是否相等，如果相等直接退出函数；如果不相等才交换它们的值。在最后一条赋值语句后面隐式地执行 return。

　　一个返回类型是 void 的函数也能使用 return 语句的第二种形式，不过此时 return 语句的 *expression* 必须是另一个返回 void 的函数。强行令 void 函数返回其他类型的表达式将产生编译错误。

6.3.2　有返回值函数

　　return 语句的第二种形式提供了函数的结果。只要函数的返回类型不是 void，则该函数内的每条 return 语句必须返回一个值。return 语句返回值的类型必须与函数的返回类型相同，或者能隐式地转换成（参见 4.11 节，第 141 页）函数的返回类型。

　　尽管 C++ 无法确保结果的正确性，但是可以保证每个 return 语句的结果类型正确。也许无法顾及所有情况，但是编译器仍然尽量确保具有返回值的函数只能通过一条有效的 return 语句退出。例如：

```cpp
// 因为含有不正确的返回值，所以这段代码无法通过编译
bool str_subrange(const string &str1, const string &str2)
{
    // 大小相同：此时用普通的相等性判断结果作为返回值
    if (str1.size() == str2.size())
        return str1 == str2;        // 正确：==运算符返回布尔值
    // 得到较短 string 对象的大小，条件运算符参见第 4.7 节（134 页）
    auto size = (str1.size() < str2.size())
                ? str1.size() : str2.size();
    // 检查两个 string 对象的对应字符是否相等，以较短的字符串长度为限
    for (decltype(size) i = 0; i != size; ++i) {
        if (str1[i] != str2[i])
            return; // 错误 #1：没有返回值，编译器将报告这一错误
    }
}
```

224

```
    // 错误 #2：控制流可能尚未返回任何值就结束了函数的执行
    // 编译器可能检查不出这一错误
}
```

for 循环内的 return 语句是错误的，因为它没有返回值，编译器能检测到这个错误。

第二个错误是函数在 for 循环之后没有提供 return 语句。在上面的程序中，如果一个 string 对象是另一个的子集，则函数在执行完 for 循环后还将继续其执行过程，显然应该有一条 return 语句专门处理这种情况。编译器也许能检测到这个错误，也许不能；如果编译器没有发现这个错误，则运行时的行为将是未定义的。

在含有 return 语句的循环后面应该也有一条 return 语句，如果没有的话该程序就是错误的。很多编译器都无法发现此类错误。

值是如何被返回的

返回一个值的方式和初始化一个变量或形参的方式完全一样：返回的值用于初始化调用点的一个临时量，该临时量就是函数调用的结果。

必须注意当函数返回局部变量时的初始化规则。例如我们书写一个函数，给定计数值、单词和结束符之后，判断计数值是否大于 1：如果是，返回单词的复数形式；如果不是，返回单词原形：

```
// 如果 ctr 的值大于 1，返回 word 的复数形式
string make_plural(size_t ctr, const string &word,
                                const string &ending)
{
    return (ctr > 1) ? word + ending : word;
}
```

该函数的返回类型是 string，意味着返回值将被拷贝到调用点。因此，该函数将返回 word 的副本或者一个未命名的临时 string 对象，该对象的内容是 word 和 ending 的和。

同其他引用类型一样，如果函数返回引用，则该引用仅是它所引对象的一个别名。举个例子来说，假定某函数挑出两个 string 形参中较短的那个并返回其引用：

```
// 挑出两个 string 对象中较短的那个，返回其引用
const string &shorterString(const string &s1, const string &s2)
{
    return s1.size() <= s2.size() ? s1 : s2;
}
```

其中形参和返回类型都是 const string 的引用，不管是调用函数还是返回结果都不会 225 真正拷贝 string 对象。

不要返回局部对象的引用或指针

函数完成后，它所占用的存储空间也随之被释放掉（参见 6.1.1 节，第 184 页）。因此，函数终止意味着局部变量的引用将指向不再有效的内存区域：

```
// 严重错误：这个函数试图返回局部对象的引用
const string &manip()
{
    string ret;
```

```
    // 以某种方式改变一下 ret
    if (!ret.empty())
        return ret;        // 错误：返回局部对象的引用！
    else
        return "Empty";    // 错误："Empty"是一个局部临时量
}
```

上面的两条 return 语句都将返回未定义的值，也就是说，试图使用 manip 函数的返回值将引发未定义的行为。对于第一条 return 语句来说，显然它返回的是局部对象的引用。在第二条 return 语句中，字符串字面值转换成一个局部临时 string 对象，对于 manip 来说，该对象和 ret 一样是局部的。当函数结束时临时对象占用的空间也就随之释放掉了，所以两条 return 语句都指向了不再可用的内存空间。

 要想确保返回值安全，我们不妨提问：引用所引的是在函数之前已经存在的哪个对象？

如前所述，返回局部对象的引用是错误的；同样，返回局部对象的指针也是错误的。一旦函数完成，局部对象被释放，指针将指向一个不存在的对象。

返回类类型的函数和调用运算符

和其他运算符一样，调用运算符也有优先级和结合律（参见 4.1.2 节，第 121 页）。调用运算符的优先级与点运算符和箭头运算符（参见 4.6 节，第 133 页）相同，并且也符合左结合律。因此，如果函数返回指针、引用或类的对象，我们就能使用函数调用的结果访问结果对象的成员。

例如，我们可以通过如下形式得到较短 string 对象的长度：

```
// 调用 string 对象的 size 成员，该 string 对象是由 shorterString 函数返回的
auto sz = shorterString(s1, s2).size();
```

因为上面提到的运算符都满足左结合律，所以 shorterString 的结果是点运算符的左侧运算对象，点运算符可以得到该 string 对象的 size 成员，size 又是第二个调用运算符的左侧运算对象。

226> ### 引用返回左值

函数的返回类型决定函数调用是否是左值（参见 4.1.1 节，第 121 页）。调用一个返回引用的函数得到左值，其他返回类型得到右值。可以像使用其他左值那样来使用返回引用的函数的调用，特别是，我们能为返回类型是非常量引用的函数的结果赋值：

```
char &get_val(string &str, string::size_type ix)
{
    return str[ix];              // get_val 假定它索引值是有效的
}
int main()
{
    string s("a value");
    cout << s << endl;           // 输出 a value
    get_val(s, 0) = 'A';         // 将 s[0]的值改为 A
    cout << s << endl;           // 输出 A value
```

```
        return 0;
    }
```

把函数调用放在赋值语句的左侧可能看起来有点奇怪，但其实这没什么特别的。返回值是引用，因此调用是个左值，和其他左值一样它也能出现在赋值运算符的左侧。

如果返回类型是常量引用，我们不能给调用的结果赋值，这一点和我们熟悉的情况是一样的：

```
shorterString("hi", "bye") = "X";  // 错误：返回值是个常量
```

列表初始化返回值

C++11 新标准规定，函数可以返回花括号包围的值的列表。类似于其他返回结果，此处的列表也用来对表示函数返回的临时量进行初始化。如果列表为空，临时量执行值初始化（参见 3.3.1 节，第 88 页）；否则，返回的值由函数的返回类型决定。

举个例子，回忆 6.2.6 节（第 198 页）的 error_msg 函数，该函数的输入是一组可变数量的 string 实参，输出由这些 string 对象组成的错误信息。在下面的函数中，我们返回一个 vector 对象，用它存放表示错误信息的 string 对象：

```
vector<string> process()
{
    // ...
    // expected 和 actual 是 string 对象
    if (expected.empty())
        return {};                          // 返回一个空 vector 对象
    else if (expected == actual)
        return {"functionX", "okay"};       // 返回列表初始化的 vector 对象
    else
        return {"functionX", expected, actual};
}
```

第一条 return 语句返回一个空列表，此时，process 函数返回的 vector 对象是空的。如果 expected 不为空，根据 expected 和 actual 是否相等，函数返回的 vector 对象分别用两个或三个元素初始化。

如果函数返回的是内置类型，则花括号包围的列表最多包含一个值，而且该值所占空间不应该大于目标类型的空间（参见 2.2.1 节，第 39 页）。如果函数返回的是类类型，由类本身定义初始值如何使用（参见 3.3.1 节，第 89 页）。

主函数 main 的返回值

之前介绍过，如果函数的返回类型不是 void，那么它必须返回一个值。但是这条规则有个例外：我们允许 main 函数没有 return 语句直接结束。如果控制到达了 main 函数的结尾处而且没有 return 语句，编译器将隐式地插入一条返回 0 的 return 语句。

如 1.1 节（第 2 页）介绍的，main 函数的返回值可以看做是状态指示器。返回 0 表示执行成功，返回其他值表示执行失败，其中非 0 值的具体含义依机器而定。为了使返回值与机器无关，cstdlib 头文件定义了两个预处理变量（参见 2.3.2 节，第 49 页），我们可以使用这两个变量分别表示成功与失败：

```
int main()
{
    if (some_failure)
```

```
            return EXIT_FAILURE;       // 定义在 cstdlib 头文件中
        else
            return EXIT_SUCCESS;       // 定义在 cstdlib 头文件中
    }
```

因为它们是预处理变量，所以既不能在前面加上 std::，也不能在 using 声明中出现。

递归

　　如果一个函数调用了它自身，不管这种调用是直接的还是间接的，都称该函数为递归函数（recursive function）。举个例子，我们可以使用递归函数重新实现求阶乘的功能：

```
// 计算 val 的阶乘，即 1 * 2 * 3 ... * val
int factorial(int val)
{
    if (val > 1)
        return factorial(val-1) * val;
    return 1;
}
```

在上面的代码中，我们递归地调用 factorial 函数以求得从 val 中减去 1 后新数字的阶乘。当 val 递减到 1 时，递归终止，返回 1。

　　在递归函数中，一定有某条路径是不包含递归调用的；否则，函数将"永远"递归下去，换句话说，函数将不断地调用它自身直到程序栈空间耗尽为止。我们有时候会说这种函数含有**递归循环**（recursion loop）。在 factorial 函数中，递归终止的条件是 val 等于 1。

228 >

　　下面的表格显示了当给 factorial 函数传入参数 5 时，函数的执行轨迹。

factorial(5) 的执行轨迹

调用	返回	值
factorial(5)	factorial(4) * 5	120
factorial(4)	factorial(3) * 4	24
factorial(3)	factorial(2) * 3	6
factorial(2)	factorial(1) * 2	2
factorial(1)	1	1

Note main 函数不能调用它自己。

6.3.2 节练习

练习 6.30：编译第 200 页的 str_subrange 函数，看看你的编译器是如何处理函数中的错误的。

练习 6.31：什么情况下返回的引用无效？什么情况下返回常量的引用无效？

练习 6.32：下面的函数合法吗？如果合法，说明其功能；如果不合法，修改其中的错误并解释原因。

```
int &get(int *arry, int index) { return arry[index]; }
int main() {
```

```
        int ia[10];
        for (int i = 0; i != 10; ++i)
            get(ia, i) = i;
    }
```

练习 6.33：编写一个递归函数，输出 vector 对象的内容。

练习 6.34：如果 factorial 函数的停止条件如下所示，将发生什么情况？

```
    if (val != 0)
```

练习 6.35：在调用 factorial 函数时，为什么我们传入的值是 val-1 而非 val--？

6.3.3 返回数组指针

因为数组不能被拷贝，所以函数不能返回数组。不过，函数可以返回数组的指针或引用（参见 3.5.1 节，第 102 页）。虽然从语法上来说，要想定义一个返回数组的指针或引用的函数比较烦琐，但是有一些方法可以简化这一任务，其中最直接的方法是使用类型别名（参见 2.5.1 节，第 60 页）： ◁229

```
    typedef int arrT[10];     // arrT 是一个类型别名，它表示的类型是含有 10 个
                              // 整数的数组
    using arrT = int[10];     // arrT 的等价声明，参见 2.5.1 节（第 60 页）
    arrT* func(int i);        // func 返回一个指向含有 10 个整数的数组的指针
```

其中 arrT 是含有 10 个整数的数组的别名。因为我们无法返回数组，所以将返回类型定义成数组的指针。因此，func 函数接受一个 int 实参，返回一个指向包含 10 个整数的数组的指针。

声明一个返回数组指针的函数

要想在声明 func 时不使用类型别名，我们必须记住，数组的维度应跟随在要定义的数组名之后：

```
    int arr[10];              // arr 是一个含有 10 个整数的数组
    int *p1[10];              // p1 是一个含有 10 个指针的数组
    int (*p2)[10] = &arr;     // p2 是一个指针，它指向含有 10 个整数的数组
```

和这些声明一样，如果我们想定义一个返回数组指针的函数，则数组的维度必须跟在函数名字之后。然而，函数的形参列表也跟在函数名字后面且形参列表应该先于数组的维度。因此，返回数组指针的函数形式如下所示：

Type (*function (*parameter_list*)) [*dimension*]

类似于其他数组的声明，*Type* 表示元素的类型，*dimension* 表示数组的大小。(*function(*parameter_list*))两端的括号必须存在，就像我们定义 p2 时两端必须有括号一样。如果没有这对括号，函数的返回类型将是指针的数组。

举个具体点的例子，下面这个 func 函数的声明没有使用类型别名：

```
    int (*func(int i))[10];
```

可以按照以下的顺序来逐层理解该声明的含义：

- func(int i) 表示调用 func 函数时需要一个 int 类型的实参。
- (*func(int i))意味着我们可以对函数调用的结果执行解引用操作。
- (*func(int i))[10]表示解引用 func 的调用将得到一个大小是 10 的数组。

- int (*func(int i))[10]表示数组中的元素是 int 类型。

使用尾置返回类型

C++
11
在 C++11 新标准中还有一种可以简化上述 func 声明的方法,就是使用**尾置返回类型**
(trailing return type)。任何函数的定义都能使用尾置返回,但是这种形式对于返回类型比
较复杂的函数最有效,比如返回类型是数组的指针或者数组的引用。尾置返回类型跟在形
参列表后面并以一个->符号开头。为了表示函数真正的返回类型跟在形参列表之后,我们
在本应该出现返回类型的地方放置一个 auto:

230>
```
// func 接受一个 int 类型的实参,返回一个指针,该指针指向含有 10 个整数的数组
auto func(int i) -> int(*)[10];
```

因为我们把函数的返回类型放在了形参列表之后,所以可以清楚地看到 func 函数返回的
是一个指针,并且该指针指向了含有 10 个整数的数组。

使用 decltype

还有一种情况,如果我们知道函数返回的指针将指向哪个数组,就可以使用
decltype 关键字声明返回类型。例如,下面的函数返回一个指针,该指针根据参数 i 的
不同指向两个已知数组中的某一个:

```
int odd[] = {1,3,5,7,9};
int even[] = {0,2,4,6,8};
// 返回一个指针,该指针指向含有 5 个整数的数组
decltype(odd) *arrPtr(int i)
{
    return (i % 2) ? &odd : &even; // 返回一个指向数组的指针
}
```

C++
11
arrPtr 使用关键字 decltype 表示它的返回类型是个指针,并且该指针所指的对象与
odd 的类型一致。因为 odd 是数组,所以 arrPtr 返回一个指向含有 5 个整数的数组的
指针。有一个地方需要注意:decltype 并不负责把数组类型转换成对应的指针,所以
decltype 的结果是个数组,要想表示 arrPtr 返回指针还必须在函数声明时加一个 *
符号。

6.3.3 节练习

练习 6.36:编写一个函数的声明,使其返回数组的引用并且该数组包含 10 个 string
对象。不要使用尾置返回类型、decltype 或者类型别名。

练习 6.37:为上一题的函数再写三个声明,一个使用类型别名,另一个使用尾置返回类
型,最后一个使用 decltype 关键字。你觉得哪种形式最好?为什么?

练习 6.38:修改 arrPtr 函数,使其返回数组的引用。

6.4　函数重载

如果同一作用域内的几个函数名字相同但形参列表不同,我们称之为**重载**
(overloaded)函数。例如,在 6.2.4 节(第 193 页)中我们定义了几个名为 print 的函数:

```
void print(const char *cp);
```

```
void print(const int *beg, const int *end);
void print(const int ia[], size_t size);
```

这些函数接受的形参类型不一样,但是执行的操作非常类似。当调用这些函数时,编译器 `231`
会根据传递的实参类型推断想要的是哪个函数:

```
int j[2] = {0,1};
print("Hello World");        // 调用 print(const char*)
print(j, end(j) - begin(j)); // 调用 print(const int*, size_t)
print(begin(j), end(j));     // 调用 print(const int*, const int*)
```

函数的名字仅仅是让编译器知道它调用的是哪个函数,而函数重载可以在一定程度上
减轻程序员起名字、记名字的负担。

> **Note** main 函数不能重载。

定义重载函数

有一种典型的数据库应用,需要创建几个不同的函数分别根据名字、电话、账户号码
等信息查找记录。函数重载使得我们可以定义一组函数,它们的名字都是 lookup,但是
查找的依据不同。我们能通过以下形式中的任意一种调用 lookup 函数:

```
Record lookup(const Account&);      // 根据 Account 查找记录
Record lookup(const Phone&);        // 根据 Phone 查找记录
Record lookup(const Name&);         // 根据 Name 查找记录
Account acct;
Phone phone;
Record r1 = lookup(acct);           // 调用接受 Account 的版本
Record r2 = lookup(phone);          // 调用接受 Phone 的版本
```

其中,虽然我们定义的三个函数各不相同,但它们都有同一个名字。编译器根据实参的类
型确定应该调用哪一个函数。

对于重载的函数来说,它们应该在形参数量或形参类型上有所不同。在上面的代码中,
虽然每个函数都只接受一个参数,但是参数的类型不同。

不允许两个函数除了返回类型外其他所有的要素都相同。假设有两个函数,它们的形
参列表一样但是返回类型不同,则第二个函数的声明是错误的:

```
Record lookup(const Account&);
bool lookup(const Account&); // 错误:与上一个函数相比只有返回类型不同
```

判断两个形参的类型是否相异

有时候两个形参列表看起来不一样,但实际上是相同的:

```
// 每对声明的是同一个函数
Record lookup(const Account &acct);
Record lookup(const Account&);     // 省略了形参的名字

typedef Phone Telno;
Record lookup(const Phone&);
Record lookup(const Telno&);       // Telno 和 Phone 的类型相同
```

在第一对声明中,第一个函数给它的形参起了名字,第二个函数没有。形参的名字仅仅起 `232`

到帮助记忆的作用，有没有它并不影响形参列表的内容。

第二对声明看起来类型不同，但事实上 Telno 不是一种新类型，它只是 Phone 的别名而已。类型别名（参见 2.5.1 节，第 60 页）为已存在的类型提供另外一个名字，它并不是创建新类型。因此，第二对中两个形参的区别仅在于一个使用类型原来的名字，另一个使用它的别名，从本质上来说它们没什么不同。

重载和 const 形参

如 6.2.3 节（第 190 页）介绍的，顶层 const（参见 2.4.3 节，第 57 页）不影响传入函数的对象。一个拥有顶层 const 的形参无法和另一个没有顶层 const 的形参区分开来：

```
Record lookup(Phone);
Record lookup(const Phone);        // 重复声明了 Record lookup(Phone)

Record lookup(Phone*);
Record lookup(Phone* const);       // 重复声明了 Record lookup(Phone*)
```

在这两组函数声明中，每一组的第二个声明和第一个声明是等价的。

另一方面，如果形参是某种类型的指针或引用，则通过区分其指向的是常量对象还是非常量对象可以实现函数重载，此时的 const 是底层的：

```
// 对于接受引用或指针的函数来说，对象是常量还是非常量对应的形参不同
// 定义了 4 个独立的重载函数
Record lookup(Account&);           // 函数作用于 Account 的引用
Record lookup(const Account&);     // 新函数，作用于常量引用

Record lookup(Account*);           // 新函数，作用于指向 Account 的指针
Record lookup(const Account*);     // 新函数，作用于指向常量的指针
```

在上面的例子中，编译器可以通过实参是否是常量来推断应该调用哪个函数。因为 const 不能转换成其他类型（参见 4.11.2 节，第 144 页），所以我们只能把 const 对象（或指向 const 的指针）传递给 const 形参。相反的，因为非常量可以转换成 const，所以上面的 4 个函数都能作用于非常量对象或者指向非常量对象的指针。不过，如 6.6.1 节（第 220 页）将要介绍的，当我们传递一个非常量对象或者指向非常量对象的指针时，编译器会优先选用非常量版本的函数。

233 >

建议：何时不应该重载函数

尽管函数重载能在一定程度上减轻我们为函数起名字、记名字的负担，但是最好只重载那些确实非常相似的操作。有些情况下，给函数起不同的名字能使得程序更易理解。举个例子，下面是几个负责移动屏幕光标的函数：

```
Screen& moveHome();
Screen& moveAbs(int, int);
Screen& moveRel(int, int, string direction);
```

乍看上去，似乎可以把这组函数统一命名为 move，从而实现函数的重载：

```
Screen& move();
Screen& move(int, int);
Screen& move(int, int, string direction);
```

其实不然，重载之后这些函数失去了名字中本来拥有的信息。尽管这些函数确实都是在

移动光标，但是具体移动的方式却各不相同。以 moveHome 为例，它表示的是移动光标的一种特殊实例。一般来说，是否重载函数要看哪个更容易理解：

```
// 哪种形式更容易理解呢？
myScreen.moveHome(); // 我们认为应该是这一个！
myScreen.move();
```

const_cast 和重载

在 4.11.3 节（第 145 页）中我们说过，const_cast 在重载函数的情景中最有用。举个例子，回忆 6.3.2 节（第 201 页）的 shorterString 函数：

```
// 比较两个 string 对象的长度，返回较短的那个引用
const string &shorterString(const string &s1, const string &s2)
{
    return s1.size() <= s2.size() ? s1 : s2;
}
```

这个函数的参数和返回类型都是 const string 的引用。我们可以对两个非常量的 string 实参调用这个函数，但返回的结果仍然是 const string 的引用。因此我们需要一种新的 shorterString 函数，当它的实参不是常量时，得到的结果是一个普通的引用，使用 const_cast 可以做到这一点：

```
string &shorterString(string &s1, string &s2)
{
    auto &r = shorterString(const_cast<const string&>(s1),
                            const_cast<const string&>(s2));
    return const_cast<string&>(r);
}
```

在这个版本的函数中，首先将它的实参强制转换成对 const 的引用，然后调用了 shorterString 函数的 const 版本。const 版本返回对 const string 的引用，这个引用事实上绑定在了某个初始的非常量实参上。因此，我们可以再将其转换回一个普通的 string&，这显然是安全的。

调用重载的函数

定义了一组重载函数后，我们需要以合理的实参调用它们。**函数匹配**（function matching）是指一个过程，在这个过程中我们把函数调用与一组重载函数中的某一个关联起来，函数匹配也叫做**重载确定**（overload resolution）。编译器首先将调用的实参与重载集合中每一个函数的形参进行比较，然后根据比较的结果决定到底调用哪个函数。 234

在很多（可能是大多数）情况下，程序员很容易判断某次调用是否合法，以及当调用合法时应该调用哪个函数。通常，重载集中的函数区别明显，它们要不然是参数的数量不同，要不就是参数类型毫无关系。此时，确定调用哪个函数比较容易。但是在另外一些情况下要想选择函数就比较困难了，比如当两个重载函数参数数量相同且参数类型可以相互转换时（第 4.11 节，141 页）。我们将在 6.6 节（第 217 页）介绍当函数调用存在类型转换时编译器处理的方法。

现在我们需要掌握的是，当调用重载函数时有三种可能的结果：

- 编译器找到一个与实参**最佳匹配**（best match）的函数，并生成调用该函数的代码。
- 找不到任何一个函数与调用的实参匹配，此时编译器发出**无匹配**（no match）的错

误信息。

- 有多于一个函数可以匹配，但是每一个都不是明显的最佳选择。此时也将发生错误，称为**二义性调用**（ambiguous call）。

6.4 节练习

练习 6.39：说明在下面的每组声明中第二条声明语句是何含义。如果有非法的声明，请指出来。

```
(a)   int calc(int, int);
      int calc(const int, const int);
(b)   int get();
      double get();
(c)   int *reset(int *);
      double *reset(double *);
```

 ### 6.4.1 重载与作用域

> ⚠ **WARNING**
> 一般来说，将函数声明置于局部作用域内不是一个明智的选择。但是为了说明作用域和重载的相互关系，我们将暂时违反这一原则而使用局部函数声明。

对于刚接触 C++ 的程序员来说，不太容易理清作用域和重载的关系。其实，重载对作用域的一般性质并没有什么改变：如果我们在内层作用域中声明名字，它将隐藏外层作用域中声明的同名实体。在不同的作用域中无法重载函数名：

235 >
```
string read();
void print(const string &);
void print(double);   // 重载 print 函数
void fooBar(int ival)
{
    bool read = false;   // 新作用域：隐藏了外层的 read
    string s = read();   // 错误：read 是一个布尔值，而非函数
    // 不好的习惯：通常来说，在局部作用域中声明函数不是一个好的选择
    void print(int);     // 新作用域：隐藏了之前的 print
    print("Value: ");    // 错误：print(const string &) 被隐藏掉了
    print(ival);         // 正确：当前 print(int) 可见
    print(3.14);         // 正确：调用 print(int)；print(double) 被隐藏掉了
}
```

大多数读者都能理解调用 read 函数会引发错误。因为当编译器处理调用 read 的请求时，找到的是定义在局部作用域中的 read。这个名字是个布尔变量，而我们显然无法调用一个布尔值，因此该语句非法。

调用 print 函数的过程非常相似。在 fooBar 内声明的 print(int) 隐藏了之前两个 print 函数，因此只有一个 print 函数是可用的：该函数以 int 值作为参数。

当我们调用 print 函数时，编译器首先寻找对该函数名的声明，找到的是接受 int 值的那个局部声明。一旦在当前作用域中找到了所需的名字，编译器就会忽略掉外层作用域中的同名实体。剩下的工作就是检查函数调用是否有效了。

在 C++语言中，名字查找发生在类型检查之前。

第一个调用传入一个字符串字面值，但是当前作用域内 print 函数唯一的声明要求参数是 int 类型。字符串字面值无法转换成 int 类型，所以这个调用是错误的。在外层作用域中的print(const string&)函数虽然与本次调用匹配,但是它已经被隐藏掉了,根本不会被考虑。

当我们为 print 函数传入一个 double 类型的值时，重复上述过程。编译器在当前作用域内发现了 print(int)函数，double 类型的实参转换成 int 类型，因此调用是合法的。

假设我们把print(int)和其他print函数声明放在同一个作用域中，则它将成为另一种重载形式。此时，因为编译器能看到所有三个函数，上述调用的处理结果将完全不同：

```cpp
void print(const string &);
void print(double);            // print 函数的重载形式
void print(int);               // print 函数的另一种重载形式
void fooBar2(int ival)
{
    print("Value: ");          // 调用 print(const string &)
    print(ival);               // 调用 print(int)
    print(3.14);               // 调用 print(double)
}
```

6.5 特殊用途语言特性

236

本节我们介绍三种函数相关的语言特性,这些特性对大多数程序都有用,它们分别是:默认实参、内联函数和 constexpr 函数，以及在程序调试过程中常用的一些功能。

6.5.1 默认实参

某些函数有这样一种形参,在函数的很多次调用中它们都被赋予一个相同的值,此时,我们把这个反复出现的值称为函数的**默认实参**（default argument）。调用含有默认实参的函数时，可以包含该实参，也可以省略该实参。

例如，我们使用 string 对象表示窗口的内容。一般情况下，我们希望该窗口的高、宽和背景字符都使用默认值。但是同时我们也应该允许用户为这几个参数自由指定与默认值不同的数值。为了使得窗口函数既能接纳默认值，也能接受用户指定的值，我们把它定义成如下的形式：

```cpp
typedef string::size_type sz; // 关于 typedef 参见 2.5.1 节（第 60 页）
string screen(sz ht = 24, sz wid = 80, char backgrnd = ' ');
```

其中我们为每一个形参都提供了默认实参，默认实参作为形参的初始值出现在形参列表中。我们可以为一个或多个形参定义默认值,不过需要注意的是,一旦某个形参被赋予了默认值,它后面的所有形参都必须有默认值。

使用默认实参调用函数

如果我们想使用默认实参，只要在调用函数的时候省略该实参就可以了。例如，

screen 函数为它的所有形参都提供了默认实参，所以我们可以使用 0、1、2 或 3 个实参调用该函数：

```
string window;
window = screen();                    // 等价于 screen(24,80,' ')
window = screen(66);                  // 等价于 screen(66,80,' ')
window = screen(66, 256);            // screen(66,256,' ')
window = screen(66, 256, '#');       // screen(66,256,'#')
```

函数调用时实参按其位置解析，默认实参负责填补函数调用缺少的尾部实参（靠右侧位置）。例如，要想覆盖 backgrnd 的默认值，必须为 ht 和 wid 提供实参：

```
window = screen(, , '?');            // 错误：只能省略尾部的实参
window = screen('?');                // 调用 screen('?',80,' ')
```

需要注意，第二个调用传递一个字符值，是合法的调用。然而尽管如此，它的实际效果却与书写的意图不符。该调用之所以合法是因为'?'是个 char，而函数最左侧形参的类型 string::size_type 是一种无符号整数类型，所以 char 类型可以转换成（参见 4.11 节，第 141 页）函数最左侧形参的类型。当该调用发生时，char 类型的实参隐式地转换成 string::size_type，然后作为 height 的值传递给函数。在我们的机器上，'?'对应的十六进制数是 0x3F，也就是十进制数的 63，所以该调用把值 63 传给了形参 height。

当设计含有默认实参的函数时，其中一项任务是合理设置形参的顺序，尽量让不怎么使用默认值的形参出现在前面，而让那些经常使用默认值的形参出现在后面。

默认实参声明

对于函数的声明来说，通常的习惯是将其放在头文件中，并且一个函数只声明一次，但是多次声明同一个函数也是合法的。不过有一点需要注意，在给定的作用域中一个形参只能被赋予一次默认实参。换句话说，函数的后续声明只能为之前那些没有默认值的形参添加默认实参，而且该形参右侧的所有形参必须都有默认值。假如给定

```
// 表示高度和宽度的形参没有默认值
string screen(sz, sz, char = ' ');
```

我们不能修改一个已经存在的默认值：

```
string screen(sz, sz, char = '*');            // 错误：重复声明
```

但是可以按照如下形式添加默认实参：

```
string screen(sz = 24, sz = 80, char);         // 正确：添加默认实参
```

 通常，应该在函数声明中指定默认实参，并将该声明放在合适的头文件中。

默认实参初始值

局部变量不能作为默认实参。除此之外，只要表达式的类型能转换成形参所需的类型，该表达式就能作为默认实参：

```
// wd、def 和 ht 的声明必须出现在函数之外
sz wd = 80;
char def = ' ';
sz ht();
string screen(sz = ht(), sz = wd, char = def);
```

```
string window = screen();      // 调用 screen(ht(), 80,' ')
```

用作默认实参的名字在函数声明所在的作用域内解析，而这些名字的求值过程发生在函数调用时：

```
void f2()
{
    def = '*';                 // 改变默认实参的值
    sz wd = 100;               // 隐藏了外层定义的 wd，但是没有改变默认值
    window = screen();         // 调用 screen(ht(), 80,'*')
}
```

我们在函数 f2 内部改变了 def 的值，所以对 screen 的调用将会传递这个更新过的值。另一方面，虽然我们的函数还声明了一个局部变量用于隐藏外层的 wd，但是该局部变量与传递给 screen 的默认实参没有任何关系。

6.5.1 节练习

238

练习 6.40：下面的哪个声明是错误的？为什么？

```
(a) int ff(int a, int b = 0, int c = 0);
(b) char *init(int ht = 24, int wd, char bckgrnd);
```

练习 6.41：下面的哪个调用是非法的？为什么？哪个调用虽然合法但显然与程序员的初衷不符？为什么？

```
char *init(int ht, int wd = 80, char bckgrnd = ' ');
(a) init();          (b) init(24,10);          (c) init(14, '*');
```

练习 6.42：给 make_plural 函数（参见 6.3.2 节，第 201 页）的第二个形参赋予默认实参's'，利用新版本的函数输出单词 success 和 failure 的单数和复数形式。

6.5.2　内联函数和 constexpr 函数

在 6.3.2 节（第 201 页）中我们编写了一个小函数，它的功能是比较两个 string 形参的长度并返回长度较小的 string 的引用。把这种规模较小的操作定义成函数有很多好处，主要包括：

- 阅读和理解 shorterString 函数的调用要比读懂等价的条件表达式容易得多。
- 使用函数可以确保行为的统一，每次相关操作都能保证按照同样的方式进行。
- 如果我们需要修改计算过程，显然修改函数要比先找到等价表达式所有出现的地方再逐一修改更容易。
- 函数可以被其他应用重复利用，省去了程序员重新编写的代价。

然而，使用 shorterString 函数也存在一个潜在的缺点：调用函数一般比求等价表达式的值要慢一些。在大多数机器上，一次函数调用其实包含着一系列工作：调用前要先保存寄存器，并在返回时恢复；可能需要拷贝实参；程序转向一个新的位置继续执行。

内联函数可避免函数调用的开销

将函数指定为**内联函数**（inline），通常就是将它在每个调用点上"内联地"展开。假设我们把 shorterString 函数定义成内联函数，则如下调用

239 >

```
    cout << shorterString(s1, s2) << endl;
```

将在编译过程中展开成类似于下面的形式

```
    cout << (s1.size() < s2.size() ? s1 : s2) << endl;
```

从而消除了 shorterString 函数的运行时开销。

在 shorterString 函数的返回类型前面加上关键字 inline,这样就可以将它声明成内联函数了:

```
// 内联版本:寻找两个 string 对象中较短的那个
inline const string &
shorterString(const string &s1, const string &s2)
{
    return s1.size() <= s2.size() ? s1 : s2;
}
```

 内联说明只是向编译器发出的一个请求,编译器可以选择忽略这个请求。

一般来说,内联机制用于优化规模较小、流程直接、频繁调用的函数。很多编译器都不支持内联递归函数,而且一个 75 行的函数也不大可能在调用点内联地展开。

constexpr 函数

constexpr 函数(constexpr function)是指能用于常量表达式(参见 2.4.4 节,第 58 页)的函数。定义 constexpr 函数的方法与其他函数类似,不过要遵循几项约定:函数的返回类型及所有形参的类型都得是字面值类型(参见 2.4.4 节,第 59 页),而且函数体中必须有且只有一条 return 语句:

```
constexpr int new_sz() { return 42; }
constexpr int foo = new_sz(); // 正确:foo 是一个常量表达式
```

我们把 new_sz 定义成无参数的 constexpr 函数。因为编译器能在程序编译时验证 new_sz 函数返回的是常量表达式,所以可以用 new_sz 函数初始化 constexpr 类型的变量 foo。

执行该初始化任务时,编译器把对 constexpr 函数的调用替换成其结果值。为了能在编译过程中随时展开,constexpr 函数被隐式地指定为内联函数。

constexpr 函数体内也可以包含其他语句,只要这些语句在运行时不执行任何操作就行。例如,constexpr 函数中可以有空语句、类型别名(参见 2.5.1 节,第 60 页)以及 using 声明。

我们允许 constexpr 函数的返回值并非一个常量:

```
// 如果 arg 是常量表达式,则 scale(arg)也是常量表达式
constexpr size_t scale(size_t cnt) { return new_sz() * cnt; }
```

当 scale 的实参是常量表达式时,它的返回值也是常量表达式;反之则不然:

240 >

```
int arr[scale(2)];        // 正确:scale(2)是常量表达式
int i = 2;                // i 不是常量表达式
int a2[scale(i)];         // 错误:scale(i)不是常量表达式
```

如上例所示,当我们给 scale 函数传入一个形如字面值 2 的常量表达式时,它的返回类型也是常量表达式。此时,编译器用相应的结果值替换对 scale 函数的调用。

如果我们用一个非常量表达式调用 scale 函数，比如 int 类型的对象 i，则返回值是一个非常量表达式。当把 scale 函数用在需要常量表达式的上下文中时，由编译器负责检查函数的结果是否符合要求。如果结果恰好不是常量表达式，编译器将发出错误信息。

 Note constexpr 函数不一定返回常量表达式。

把内联函数和 constexpr 函数放在头文件内

和其他函数不一样，内联函数和 constexpr 函数可以在程序中多次定义。毕竟，编译器要想展开函数仅有函数声明是不够的，还需要函数的定义。不过，对于某个给定的内联函数或者 constexpr 函数来说，它的多个定义必须完全一致。基于这个原因，内联函数和 constexpr 函数通常定义在头文件中。

6.5.2 节练习

练习 6.43：你会把下面的哪个声明和定义放在头文件中？哪个放在源文件中？为什么？

(a) inline bool eq(const BigInt&, const BigInt&) {...}
(b) void putValues(int *arr, int size);

练习 6.44：将 6.2.2 节（第 189 页）的 isShorter 函数改写成内联函数。

练习 6.45：回顾在前面的练习中你编写的那些函数，它们应该是内联函数吗？如果是，将它们改写成内联函数；如果不是，说明原因。

练习 6.46：能把 isShorter 函数定义成 constexpr 函数吗？如果能，将它改写成 constexpr 函数；如果不能，说明原因。

6.5.3 调试帮助

C++程序员有时会用到一种类似于头文件保护（参见 2.6.3 节，第 67 页）的技术，以便有选择地执行调试代码。基本思想是，程序可以包含一些用于调试的代码，但是这些代码只在开发程序时使用。当应用程序编写完成准备发布时，要先屏蔽掉调试代码。这种方法用到两项预处理功能：assert 和 NDEBUG。

assert 预处理宏

241

assert 是一种**预处理宏**(preprocessor marco)。所谓预处理宏其实是一个预处理变量，它的行为有点类似于内联函数。assert 宏使用一个表达式作为它的条件：

assert(*expr*);

首先对 *expr* 求值，如果表达式为假（即 0），assert 输出信息并终止程序的执行。如果表达式为真（即非 0），assert 什么也不做。

assert 宏定义在 cassert 头文件中。如我们所知，预处理名字由预处理器而非编译器管理（参见 2.3.2 节，第 49 页），因此我们可以直接使用预处理名字而无须提供 using 声明。也就是说，我们应该使用 assert 而不是 std::assert，也不需要为 assert 提供 using 声明。

和预处理变量一样，宏名字在程序内必须唯一。含有 cassert 头文件的程序不能再定义名为 assert 的变量、函数或者其他实体。在实际编程过程中，即使我们没有包含

cassert 头文件，也最好不要为了其他目的使用 assert。很多头文件都包含了
cassert，这就意味着即使你没有直接包含 cassert，它也很有可能通过其他途径包含
在你的程序中。

assert 宏常用于检查"不能发生"的条件。例如，一个对输入文本进行操作的程序
可能要求所有给定单词的长度都大于某个阈值。此时，程序可以包含一条如下所示的语句：

```
assert(word.size() > threshold);
```

NDEBUG 预处理变量

assert 的行为依赖于一个名为 NDEBUG 的预处理变量的状态。如果定义了 NDEBUG，
则 assert 什么也不做。默认状态下没有定义 NDEBUG，此时 assert 将执行运行时检查。

我们可以使用一个#define 语句定义 NDEBUG，从而关闭调试状态。同时，很多编
译器都提供了一个命令行选项使我们可以定义预处理变量：

```
$ CC -D NDEBUG main.C # use /D with the Microsoft compiler
```

这条命令的作用等价于在 main.c 文件的一开始写#define NDEBUG。

定义 NDEBUG 能避免检查各种条件所需的运行时开销，当然此时根本就不会执行运行
时检查。因此，assert 应该仅用于验证那些确实不可能发生的事情。我们可以把 assert
当成调试程序的一种辅助手段，但是不能用它替代真正的运行时逻辑检查，也不能替代程
序本身应该包含的错误检查。

除了用于 assert 外，也可以使用 NDEBUG 编写自己的条件调试代码。如果 NDEBUG
未定义，将执行#ifndef 和#endif 之间的代码；如果定义了 NDEBUG，这些代码将被忽
略掉：

242⟩
```
      void print(const int ia[], size_t size)
      {
#ifndef NDEBUG
          // _ _func_ _ 是编译器定义的一个局部静态变量，用于存放函数的名字
          cerr << _ _func_ _ << ": array size is " << size << endl;
#endif
      // ...
```

在这段代码中，我们使用变量_ _func_ _输出当前调试的函数的名字。编译器为每个函
数都定义了_ _func_ _，它是 const char 的一个静态数组，用于存放函数的名字。

除了 C++编译器定义的_ _func_ _之外，预处理器还定义了另外 4 个对于程序调试
很有用的名字：

_ _FILE_ _ 存放文件名的字符串字面值。

_ _LINE_ _ 存放当前行号的整型字面值。

_ _TIME_ _ 存放文件编译时间的字符串字面值。

_ _DATE_ _ 存放文件编译日期的字符串字面值。

可以使用这些常量在错误消息中提供更多信息：

```
      if (word.size() < threshold)
         cerr << "Error: " << _ _FILE_ _
              << " : in function " << _ _func_ _
```

```
            << " at line " << _ _LINE_ _ << endl
            << "          Compiled on " << _ _DATE_ _
            << " at " << _ _TIME_ _ << endl
            << "         Word read was \"" << word
            << "\": Length too short" << endl;
```

如果我们给程序提供了一个长度小于 threshold 的 string 对象，将得到下面的错误消息：

```
Error:wdebug.cc : in function main at line 27
        Compiled on Jul 11 2012 at 20:50:03
        Word read was "foo": Length too short
```

6.5.3 节练习

练习 6.47：改写 6.3.2 节（第 205 页）练习中使用递归输出 vector 内容的程序，使其有条件地输出与执行过程有关的信息。例如，每次调用时输出 vector 对象的大小。分别在打开和关闭调试器的情况下编译并执行这个程序。

练习 6.48：说明下面这个循环的含义，它对 assert 的使用合理吗？

```
string s;
while (cin >> s && s != sought) { } // 空函数体
assert(cin);
```

6.6 函数匹配

在大多数情况下，我们容易确定某次调用应该选用哪个重载函数。然而，当几个重载函数的形参数量相等以及某些形参的类型可以由其他类型转换得来时，这项工作就不那么容易了。以下面这组函数及其调用为例：

```
void f();
void f(int);
void f(int, int);
void f(double, double = 3.14);
f(5.6);        // 调用 void f(double, double)
```

确定候选函数和可行函数

函数匹配的第一步是选定本次调用对应的重载函数集，集合中的函数称为**候选函数**（candidate function）。候选函数具备两个特征：一是与被调用的函数同名，二是其声明在调用点可见。在这个例子中，有 4 个名为 f 的候选函数。

第二步考察本次调用提供的实参，然后从候选函数中选出能被这组实参调用的函数，这些新选出的函数称为**可行函数**（viable function）。可行函数也有两个特征：一是其形参数量与本次调用提供的实参数量相等，二是每个实参的类型与对应的形参类型相同，或者能转换成形参的类型。

我们能根据实参的数量从候选函数中排除掉两个。不使用形参的函数和使用两个 int 形参的函数显然都不适合本次调用，这是因为我们的调用只提供了一个实参，而它们分别有 0 个和两个形参。

使用一个 int 形参的函数和使用两个 double 形参的函数是可行的，它们都能用一个实参调用。其中最后那个函数本应该接受两个 double 值，但是因为它含有一个默认实参，所以只用一个实参也能调用它。

 如果函数含有默认实参（参见 6.5.1 节，第 211 页），则我们在调用该函数时传入的实参数量可能少于它实际使用的实参数量。

在使用实参数量初步判别了候选函数后，接下来考察实参的类型是否与形参匹配。和一般的函数调用类似，实参与形参匹配的含义可能是它们具有相同的类型，也可能是实参类型和形参类型满足转换规则。在上面的例子中，剩下的两个函数都是可行的：

- f(int) 是可行的，因为实参类型 double 能转换成形参类型 int。
- f(double, double) 是可行的，因为它的第二个形参提供了默认值，而第一个形参的类型正好是 double，与函数使用的实参类型完全一致。

 如果没找到可行函数，编译器将报告无匹配函数的错误。

寻找最佳匹配（如果有的话）

函数匹配的第三步是从可行函数中选择与本次调用最匹配的函数。在这一过程中，逐一检查函数调用提供的实参，寻找形参类型与实参类型最匹配的那个可行函数。下一节将介绍"最匹配"的细节，它的基本思想是，实参类型与形参类型越接近，它们匹配得越好。

在我们的例子中，调用只提供了一个（显式的）实参，它的类型是 double。如果调用 f(int)，实参将不得不从 double 转换成 int。另一个可行函数 f(double, double) 则与实参精确匹配。精确匹配比需要类型转换的匹配更好，因此，编译器把 f(5.6) 解析成对含有两个 double 形参的函数的调用，并使用默认值填补我们未提供的第二个实参。

含有多个形参的函数匹配

当实参的数量有两个或更多时，函数匹配就比较复杂了。对于前面那些名为 f 的函数，我们来分析如下的调用会发生什么情况：

    (42, 2.56);

选择可行函数的方法和只有一个实参时一样，编译器选择那些形参数量满足要求且实参类型和形参类型能够匹配的函数。此例中，可行函数包括 f(int, int) 和 f(double, double)。接下来，编译器依次检查每个实参以确定哪个函数是最佳匹配。如果有且只有一个函数满足下列条件，则匹配成功：

- 该函数每个实参的匹配都不劣于其他可行函数需要的匹配。
- 至少有一个实参的匹配优于其他可行函数提供的匹配。

如果在检查了所有实参之后没有任何一个函数脱颖而出，则该调用是错误的。编译器将报告二义性调用的信息。

在上面的调用中，只考虑第一个实参时我们发现函数 f(int, int) 能精确匹配；要想匹配第二个函数，int 类型的实参必须转换成 double 类型。显然需要内置类型转换的匹配劣于精确匹配，因此仅就第一个实参来说，f(int, int) 比 f(double, double) 更好。

接着考虑第二个实参2.56,此时 f(double, double)是精确匹配;要想调用 f(int, 245 int)必须将2.56从double类型转换成int类型。因此仅就第二个实参来说,f(double, double)更好。

编译器最终将因为这个调用具有二义性而拒绝其请求:因为每个可行函数各自在一个实参上实现了更好的匹配,从整体上无法判断孰优孰劣。看起来我们似乎可以通过强制类型转换(参见4.11.3节,第144页)其中的一个实参来实现函数的匹配,但是在设计良好的系统中,不应该对实参进行强制类型转换。

 调用重载函数时应尽量避免强制类型转换。如果在实际应用中确实需要强制类型转换,则说明我们设计的形参集合不合理。

6.6 节练习

练习 6.49:什么是候选函数? 什么是可行函数?

练习 6.50:已知有第 217 页对函数 f 的声明,对于下面的每一个调用列出可行函数。其中哪个函数是最佳匹配?如果调用不合法,是因为没有可匹配的函数还是因为调用具有二义性?

(a) f(2.56, 42) (b) f(42) (c) f(42, 0) (d) f(2.56, 3.14)

练习 6.51:编写函数 f 的 4 个版本,令其各输出一条可以区分的消息。验证上一个练习的答案,如果你回答错了,反复研究本节的内容直到你弄清自己错在何处。

6.6.1 实参类型转换

为了确定最佳匹配,编译器将实参类型到形参类型的转换划分成几个等级,具体排序如下所示:

1. 精确匹配,包括以下情况:

* 实参类型和形参类型相同。
* 实参从数组类型或函数类型转换成对应的指针类型(参见 6.7 节,第 221 页,将介绍函数指针)。
* 向实参添加顶层 const 或者从实参中删除顶层 const。

2. 通过 const 转换实现的匹配(参见 4.11.2 节,第 143 页)。

3. 通过类型提升实现的匹配(参见 4.11.1 节,第 142 页)。

4. 通过算术类型转换(参见 4.11.1 节,第 142 页)或指针转换(参见 4.11.2 节,第 143 页)实现的匹配。

5. 通过类类型转换实现的匹配(参见 14.9 节,第 514 页,将详细介绍这种转换)。

需要类型提升和算术类型转换的匹配

 内置类型的提升和转换可能在函数匹配时产生意想不到的结果,但幸运的是,在设计良好的系统中函数很少会含有与下面例子类似的形参。 246

分析函数调用前,我们应该知道小整型一般都会提升到 int 类型或更大的整数类型。

假设有两个函数，一个接受 int、另一个接受 short，则只有当调用提供的是 short 类型的值时才会选择 short 版本的函数。有时候，即使实参是一个很小的整数值，也会直接将它提升成 int 类型；此时使用 short 版本反而会导致类型转换：

```
void ff(int);
void ff(short);
ff('a');                    // char 提升成 int；调用 f(int)
```

所有算术类型转换的级别都一样。例如，从 int 向 unsigned int 的转换并不比从 int 向 double 的转换级别高。举个具体点的例子，考虑

```
void manip(long);
void manip(float);
manip(3.14);                // 错误：二义性调用
```

字面值 3.14 的类型是 double，它既能转换成 long 也能转换成 float。因为存在两种可能的算数类型转换，所以该调用具有二义性。

函数匹配和 const 实参

如果重载函数的区别在于它们的引用类型的形参是否引用了 const，或者指针类型的形参是否指向 const，则当调用发生时编译器通过实参是否是常量来决定选择哪个函数：

```
Record lookup(Account&);          // 函数的参数是 Account 的引用
Record lookup(const Account&);    // 函数的参数是一个常量引用
const Account a;
Account b;

lookup(a);                        // 调用 lookup(const Account&)
lookup(b);                        // 调用 lookup(Account&)
```

在第一个调用中，我们传入的是 const 对象 a。因为不能把普通引用绑定到 const 对象上，所以此例中唯一可行的函数是以常量引用作为形参的那个函数，并且调用该函数与实参 a 精确匹配。

在第二个调用中，我们传入的是非常量对象 b。对于这个调用来说，两个函数都是可行的，因为我们既可以使用 b 初始化常量引用也可以用它初始化非常量引用。然而，用非常量对象初始化常量引用需要类型转换，接受非常量形参的版本则与 b 精确匹配。因此，应该选用非常量版本的函数。

247> 指针类型的形参也类似。如果两个函数的唯一区别是它的指针形参指向常量或非常量，则编译器能通过实参是否是常量决定选用哪个函数：如果实参是指向常量的指针，调用形参是 const* 的函数；如果实参是指向非常量的指针，调用形参是普通指针的函数。

6.6.1 节练习

练习 6.52：已知有如下声明，

```
void manip(int, int);
double dobj;
```

请指出下列调用中每个类型转换的等级（参见 6.6.1 节，第 219 页）。

    (a) manip('a', 'z');   (b) manip(55.4, dobj);

练习 6.53：说明下列每组声明中的第二条语句会产生什么影响，并指出哪些不合法（如

果有的话）。

```
(a)  int calc(int&, int&);
     int calc(const int&, const int&);
(b)  int calc(char*, char*);
     int calc(const char*, const char*);
(c)  int calc(char*, char*);
     int calc(char* const, char* const);
```

6.7 函数指针

函数指针指向的是函数而非对象。和其他指针一样，函数指针指向某种特定类型。函数的类型由它的返回类型和形参类型共同决定，与函数名无关。例如：

```
// 比较两个 string 对象的长度
bool lengthCompare(const string &, const string &);
```

该函数的类型是 bool(const string&, const string&)。要想声明一个可以指向该函数的指针，只需要用指针替换函数名即可：

```
// pf 指向一个函数，该函数的参数是两个 const string 的引用，返回值是 bool 类型
bool (*pf)(const string &, const string &); // 未初始化
```

从我们声明的名字开始观察，pf 前面有个 *，因此 pf 是指针；右侧是形参列表，表示 pf 指向的是函数；再观察左侧，发现函数的返回类型是布尔值。因此，pf 就是一个指向函数的指针，其中该函数的参数是两个 const string 的引用，返回值是 bool 类型。

> *pf 两端的括号必不可少。如果不写这对括号，则 pf 是一个返回值为 bool 指针的函数：
>
> ```
> // 声明一个名为 pf 的函数，该函数返回 bool*
> bool *pf(const string &, const string &);
> ```

248

使用函数指针

当我们把函数名作为一个值使用时，该函数自动地转换成指针。例如，按照如下形式我们可以将 lengthCompare 的地址赋给 pf：

```
pf = lengthCompare;          // pf 指向名为 lengthCompare 的函数
pf = &lengthCompare;         // 等价的赋值语句：取地址符是可选的
```

此外，我们还能直接使用指向函数的指针调用该函数，无须提前解引用指针：

```
bool b1 = pf("hello", "goodbye");          // 调用 lengthCompare 函数
bool b2 = (*pf)("hello", "goodbye");       // 一个等价的调用
bool b3 = lengthCompare("hello", "goodbye"); // 另一个等价的调用
```

在指向不同函数类型的指针间不存在转换规则。但是和往常一样，我们可以为函数指针赋一个 nullptr（参见 2.3.2 节，第 48 页）或者值为 0 的整型常量表达式，表示该指针没有指向任何一个函数：

```
string::size_type sumLength(const string&, const string&);
bool cstringCompare(const char*, const char*);
pf = 0;           // 正确：pf 不指向任何函数
pf = sumLength;   // 错误：返回类型不匹配
```

```
pf = cstringCompare;        // 错误：形参类型不匹配
pf = lengthCompare;         // 正确：函数和指针的类型精确匹配
```

重载函数的指针

当我们使用重载函数时，上下文必须清晰地界定到底应该选用哪个函数。如果定义了指向重载函数的指针

```
void ff(int*);
void ff(unsigned int);

void (*pf1)(unsigned int) = ff;  // pf1 指向 ff(unsigned)
```

编译器通过指针类型决定选用哪个函数，指针类型必须与重载函数中的某一个精确匹配

```
void (*pf2)(int) = ff;            // 错误：没有任何一个 ff 与该形参列表匹配
double (*pf3)(int*) = ff;         // 错误：ff 和 pf3 的返回类型不匹配
```

249>
函数指针形参

和数组类似（参见 6.2.4 节，第 193 页），虽然不能定义函数类型的形参，但是形参可以是指向函数的指针。此时，形参看起来是函数类型，实际上却是当成指针使用：

```
// 第三个形参是函数类型，它会自动地转换成指向函数的指针
void useBigger(const string &s1, const string &s2,
               bool pf(const string &, const string &));
// 等价的声明：显式地将形参定义成指向函数的指针
void useBigger(const string &s1, const string &s2,
               bool (*pf)(const string &, const string &));
```

我们可以直接把函数作为实参使用，此时它会自动转换成指针：

```
// 自动将函数 lengthCompare 转换成指向该函数的指针
useBigger(s1, s2, lengthCompare);
```

正如 useBigger 的声明语句所示，直接使用函数指针类型显得冗长而烦琐。类型别名（参见 2.5.1 节，第 60 页）和 decltype（参见 2.5.3 节，第 62 页）能让我们简化使用了函数指针的代码：

```
// Func 和 Func2 是函数类型
typedef bool Func(const string&, const string&);
typedef decltype(lengthCompare) Func2;        // 等价的类型
// FuncP 和 FuncP2 是指向函数的指针
typedef bool(*FuncP)(const string&, const string&);
typedef decltype(lengthCompare) *FuncP2;      // 等价的类型
```

我们使用 typedef 定义自己的类型。Func 和 Func2 是函数类型，而 FuncP 和 FuncP2 是指针类型。需要注意的是，decltype 返回函数类型，此时不会将函数类型自动转换成指针类型。因为 decltype 的结果是函数类型，所以只有在结果前面加上 * 才能得到指针。可以使用如下的形式重新声明 useBigger：

```
// useBigger 的等价声明，其中使用了类型别名
void useBigger(const string&, const string&, Func);
void useBigger(const string&, const string&, FuncP2);
```

这两个声明语句声明的是同一个函数，在第一条语句中，编译器自动地将 Func 表示的函数类型转换成指针。

返回指向函数的指针

和数组类似（参见 6.3.3 节，第 205 页），虽然不能返回一个函数，但是能返回指向函数类型的指针。然而，我们必须把返回类型写成指针形式，编译器不会自动地将函数返回类型当成对应的指针类型处理。与往常一样，要想声明一个返回函数指针的函数，最简单的办法是使用类型别名：

```
using F = int(int*, int);        // F是函数类型，不是指针
using PF = int(*)(int*, int);    // PF 是指针类型
```

其中我们使用类型别名（参见 2.5.1 节，第 60 页）将 F 定义成函数类型，将 PF 定义成指向函数类型的指针。必须时刻注意的是，和函数类型的形参不一样，返回类型不会自动地转换成指针。我们必须显式地将返回类型指定为指针： ◁ 250

```
PF f1(int);         // 正确：PF是指向函数的指针，f1返回指向函数的指针
F f1(int);          // 错误：F是函数类型，f1不能返回一个函数
F *f1(int);         // 正确：显式地指定返回类型是指向函数的指针
```

当然，我们也能用下面的形式直接声明 f1：

```
int (*f1(int))(int*, int);
```

按照由内向外的顺序阅读这条声明语句：我们看到 f1 有形参列表，所以 f1 是个函数；f1 前面有*，所以 f1 返回一个指针；进一步观察发现，指针的类型本身也包含形参列表，因此指针指向函数，该函数的返回类型是 int。

出于完整性的考虑，有必要提醒读者我们还可以使用尾置返回类型的方式（参见 6.3.3 节，第 206 页）声明一个返回函数指针的函数：

```
auto f1(int) -> int (*)(int*, int);
```

将 auto 和 decltype 用于函数指针类型

如果我们明确知道返回的函数是哪一个，就能使用 decltype 简化书写函数指针返回类型的过程。例如假定有两个函数，它们的返回类型都是 string::size_type，并且各有两个 const string&类型的形参，此时我们可以编写第三个函数，它接受一个 string 类型的参数，返回一个指针，该指针指向前两个函数中的一个：

```
string::size_type sumLength(const string&, const string&);
string::size_type largerLength(const string&, const string&);
// 根据其形参的取值，getFcn 函数返回指向 sumLength 或者 largerLength 的指针
decltype(sumLength) *getFcn(const string &);
```

声明 getFcn 唯一需要注意的地方是，牢记当我们将 decltype 作用于某个函数时，它返回函数类型而非指针类型。因此，我们显式地加上*以表明我们需要返回指针，而非函数本身。

6.7 节练习

练习 6.54： 编写函数的声明，令其接受两个 int 形参并且返回类型也是 int；然后声明一个 vector 对象，令其元素是指向该函数的指针。

练习 6.55：编写 4 个函数，分别对两个 int 值执行加、减、乘、除运算；在上一题创建的 vector 对象中保存指向这些函数的指针。

练习 6.56：调用上述 vector 对象中的每个元素并输出其结果。

小结

251

　　函数是命名了的计算单元，它对程序（哪怕是不大的程序）的结构化至关重要。每个函数都包含返回类型、名字、（可能为空的）形参列表以及函数体。函数体是一个块，当函数被调用的时候执行该块的内容。此时，传递给函数的实参类型必须与对应的形参类型相容。

　　在 C++语言中，函数可以被重载：同一个名字可用于定义多个函数，只要这些函数的形参数量或形参类型不同就行。根据调用时所使用的实参，编译器可以自动地选定被调用的函数。从一组重载函数中选取最佳函数的过程称为函数匹配。

术语表

二义性调用（ambiguous call） 是一种编译时发生的错误，造成二义性调用的原因是在函数匹配时两个或多个函数提供的匹配一样好，编译器找不到唯一的最佳匹配。

实参（argument） 函数调用时提供的值，用于初始化函数的形参。

Assert 是一个预处理宏，作用于一条表示条件的表达式。当未定义预处理变量 NDEBUG 时，assert 对条件求值。如果条件为假，输出一条错误信息并终止当前程序的执行。

自动对象（automatic object） 仅存在于函数执行过程中的对象。当程序的控制流经过此类对象的定义语句时，创建该对象；当到达了定义所在的块的末尾时，销毁该对象。

最佳匹配（best match） 从一组重载函数中为调用选出的一个函数。如果存在最佳匹配，则选出的函数与其他所有可行函数相比，至少在一个实参上是更优的匹配，同时在其他实参的匹配上不会更差。

传引用调用（call by reference） 参见引用传递。

传值调用（call by value） 参见值传递。

候选函数（candidate function） 解析某次函数调用时考虑的一组函数。候选函数的名字应该与函数调用使用的名字一致，并且在调用点候选函数的声明在作用域之内。

constexpr 可以返回常量表达式的函数，一个 constexpr 函数被隐式地声明成内联函数。

默认实参（default argument） 当调用缺少了某个实参时，为该实参指定的默认值。

可执行文件（executable file） 是操作系统能够执行的文件，包含着与程序有关的代码。

函数（function）可调用的计算单元。

函数体（function body） 是一个块，用于定义函数所执行的操作。

函数匹配（function matching） 编译器解析重载函数调用的过程，在此过程中，实参与每个重载函数的形参列表逐一比较。

函数原型（function prototype） 函数的声明，包含函数名字、返回类型和形参类型。要想调用某函数，在调用点之前必须声明该函数的原型。

隐藏名字（hidden name） 某个作用域内声明的名字会隐藏掉外层作用域中声明的同名实体。

initializer_list 是一个标准类，表示的是一组花括号包围的类型相同的对象，对象之间以逗号隔开。

内联函数（inline function） 请求编译器在可能的情况下在调用点展开函数。内联函数可以避免常见的函数调用开销。

252

链接（link）是一个编译过程，负责把若干对象文件链接起来形成可执行程序。

局部静态对象（local static object） 它的值在函数调用结束后仍然存在。在第一次使用局部静态对象前创建并初始化它，当程序结束时局部静态对象才被销毁。

局部变量（local variable） 定义在块中的变量。

无匹配（no match）是一种编译时发生的错误，原因是在函数匹配过程中所有函数的形参都不能与调用提供的实参匹配。

对象代码（object code） 编译器将我们的源代码转换成对象代码格式。

对象文件（object file） 编译器根据给定的源文件生成的保存对象代码的文件。一个或多个对象文件经过链接生成可执行文件。

对象生命周期（object lifetime） 每个对象都有相应的生命周期。块内定义的非静态对象的生命周期从它的定义开始，到定义所在的块末尾为止。程序启动后创建全局对象，程序控制流经过局部静态对象的定义时创建该局部静态对象；当 main 函数结束时销毁全局对象和局部静态对象。

重载确定（overload resolution） 参见函数匹配。

重载函数（overloaded function） 函数名与其他函数相同的函数。多个重载函数必须在形参数量或形参类型上有所区别。

形参（parameter） 在函数的形参列表中声明的局部变量。用实参初始化形参。

引用传递（pass by reference） 描述如何将实参传递给引用类型的形参。引用形参和其他形式的引用工作机理类似，形参被绑定到相应的实参上。

值传递（pass by value） 描述如何将实参传递给非引用类型的形参。非引用类型的形参实际上是相应实参值的一个副本。

预处理宏（preprocessor macro） 类似于内联函数的一种预处理功能。除了 assert 之外，现代 C++程序很少再使用预处理宏了。

递归循环（recursion loop） 描述某个递归函数没有终止条件，因而不断调用自身直至耗尽程序栈空间的过程。

递归函数（recursive function） 直接或间接调用自身的函数。

返回类型（return type） 是函数声明的一部分，用于指定函数返回值的类型。

分离式编译（separate compilation） 把一个程序分割成多个独立源文件的能力。

尾置返回类型（trailing return type） 在参数列表后面指定的返回类型。

可行函数（viable function） 是候选函数的子集。可行函数能匹配本次调用，它的形参数量与调用提供的实参数量相等，并且每个实参类型都能转换成相应的形参类型。

()运算符（() operator） 调用运算符，用于执行某函数。括号前面是函数名或函数指针，括号内是以逗号隔开的实参列表（可能为空）。

第7章

类

在 C++语言中，我们使用类定义自己的数据类型。通过定义新的类型来反映待解决问题中的各种概念，可以使我们更容易编写、调试和修改程序。

本章是第 2 章关于类的话题的延续，主要关注数据抽象的重要性。数据抽象能帮助我们将对象的具体实现与对象所能执行的操作分离开来。第 13 章将讨论如何控制对象拷贝、移动、赋值和销毁等行为，在第 14 章中我们将学习如何自定义运算符。

254> 　　类的基本思想是**数据抽象**（data abstraction）和**封装**（encapsulation）。数据抽象是一种依赖于**接口**（interface）和**实现**（implementation）分离的编程（以及设计）技术。类的接口包括用户所能执行的操作；类的实现则包括类的数据成员、负责接口实现的函数体以及定义类所需的各种私有函数。

　　封装实现了类的接口和实现的分离。封装后的类隐藏了它的实现细节，也就是说，类的用户只能使用接口而无法访问实现部分。

　　类要想实现数据抽象和封装，需要首先定义一个**抽象数据类型**（abstract data type）。在抽象数据类型中，由类的设计者负责考虑类的实现过程；使用该类的程序员则只需要抽象地思考类型做了什么，而无须了解类型的工作细节。

7.1　定义抽象数据类型

　　在第 1 章中使用的 Sales_item 类是一个抽象数据类型，我们通过它的接口（例如 1.5.1 节（第 17 页）描述的操作）来使用一个 Sales_item 对象。我们不能访问 Sales_item 对象的数据成员，事实上，我们甚至根本不知道这个类有哪些数据成员。

　　与之相反，Sales_data 类（参见 2.6.1 节，第 64 页）不是一个抽象数据类型。它允许类的用户直接访问它的数据成员，并且要求由用户来编写操作。要想把 Sales_data 变成抽象数据类型，我们需要定义一些操作以供类的用户使用。一旦 Sales_data 定义了它自己的操作，我们就可以封装（隐藏）它的数据成员了。

7.1.1　设计 Sales_data 类

　　我们的最终目的是令 Sales_data 支持与 Sales_item 类完全一样的操作集合。Sales_item 类有一个名为 isbn 的**成员函数**（member function）（参见 1.5.2 节，第 20 页），并且支持+、=、+=、<<和>>运算符。

　　我们将在第 14 章学习如何自定义运算符。现在，我们先为这些运算定义普通（命名的）函数形式。由于 14.1 节（第 490 页）将要解释的原因，执行加法和 IO 的函数不作为 Sales_data 的成员，相反的，我们将其定义成普通函数；执行复合赋值运算的函数是成员函数。Sales_data 类无须专门定义赋值运算，其原因将在 7.1.5 节（第 239 页）介绍。

　　综上所述，Sales_data 的接口应该包含以下操作：

- 一个 isbn 成员函数，用于返回对象的 ISBN 编号
- 一个 combine 成员函数，用于将一个 Sales_data 对象加到另一个对象上
- 一个名为 add 的函数，执行两个 Sales_data 对象的加法
- 一个 read 函数，将数据从 istream 读入到 Sales_data 对象中
- 一个 print 函数，将 Sales_data 对象的值输出到 ostream

255> **关键概念：不同的编程角色**

　　程序员们常把运行其程序的人称作用户（user）。类似的，类的设计者也是为其用户设计并实现一个类的人；显然，类的用户是程序员，而非应用程序的最终使用者。

　　当我们提及"用户"一词时，不同的语境决定了不同的含义。如果我们说用户代码或者 Sales_data 类的用户，指的是使用类的程序员；如果我们说书店应用程序的用

户，则意指运行该应用程序的书店经理。

 Note C++程序员们无须刻意区分应用程序的用户以及类的用户。

在一些简单的应用程序中，类的用户和类的设计者常常是同一个人。尽管如此，还是最好把角色区分开来。当我们设计类的接口时，应该考虑如何才能使得类易于使用；而当我们使用类时，不应该顾及类的实现机理。

要想开发一款成功的应用程序，其作者必须充分了解并实现用户的需求。同样，优秀的类设计者也应该密切关注那些有可能使用该类的程序员的需求。作为一个设计良好的类，既要有直观且易于使用的接口，也必须具备高效的实现过程。

使用改进的 Sales_data 类

在考虑如何实现我们的类之前，首先来看看应该如何使用上面这些接口函数。举个例子，我们使用这些函数编写 1.6 节（第 21 页）书店程序的另外一个版本，其中不再使用 Sales_item 对象，而是使用 Sales_data 对象：

```cpp
Sales_data total;                    // 保存当前求和结果的变量
if (read(cin, total)) {              // 读入第一笔交易
    Sales_data trans;               // 保存下一条交易数据的变量
    while(read(cin, trans)) {       // 读入剩余的交易
        if (total.isbn() == trans.isbn())  // 检查 isbn
            total.combine(trans);          // 更新变量 total 当前的值
        else {
            print(cout, total) << endl;   // 输出结果
            total = trans;                // 处理下一本书
        }
    }
    print(cout, total) << endl;     // 输出最后一条交易
} else {                             // 没有输入任何信息
    cerr << "No data?!" << endl;    // 通知用户
}
```

一开始我们定义了一个 Sales_data 对象用于保存实时的汇总信息。在 if 条件内部，调用 read 函数将第一条交易读入到 total 中，这里的条件部分与之前我们使用>>运算符的效果是一样的。read 函数返回它的流参数，而条件部分负责检查这个返回值（参见 4.11.2 节，第 144 页），如果 read 函数失败，程序将直接跳转到 else 语句并输出一条错误信息。 256

如果检测到读入了数据，我们定义变量 trans 用于存放每一条交易。while 语句的条件部分同样是检查 read 函数的返回值，只要输入操作成功，条件就被满足，意味着我们可以处理一条新的交易。

在 while 循环内部，我们分别调用 total 和 trans 的 isbn 成员以比较它们的 ISBN 编号。如果 total 和 trans 指示的是同一本书，我们调用 combine 函数将 trans 的内容添加到 total 表示的实时汇总结果中去。如果 trans 指示的是一本新书，我们调用 print 函数将之前一本书的汇总信息输出出来。因为 print 返回的是它的流参数的引用，所以我们可以把 print 的返回值作为<<运算符的左侧运算对象。通过这种方式，我们输出 print 函数的处理结果，然后转到下一行。接下来，把 trans 赋给 total，从而为接着处理文件中下一本书的记录做好了准备。

处理完所有输入数据后，使用 while 循环之后的 print 语句将最后一条交易的信息
输出出来。

练习 7.1：使用 2.6.1 节练习定义的 Sales_data 类为 1.6 节（第 21 页）的交易处理程
序编写一个新版本。

7.1.2　定义改进的 Sales_data 类

改进之后的类的数据成员将与 2.6.1 节（第 64 页）定义的版本保持一致，它们包括：
bookNo，string 类型，表示 ISBN 编号；units_sold，unsigned 类型，表示某本
书的销量；以及 revenue，double 类型，表示这本书的总销售收入。

如前所述，我们的类将包含两个成员函数：combine 和 isbn。此外，我们还将赋予
Sales_data 另一个成员函数用于返回售出书籍的平均价格，这个函数被命名为
avg_price。因为 avg_price 的目的并非通用，所以它应该属于类的实现的一部分，
而非接口的一部分。

定义（参见 6.1 节，第 182 页）和声明（参见 6.1.2 节，第 186 页）成员函数的方式与
普通函数差不多。成员函数的声明必须在类的内部，它的定义则既可以在类的内部也可以
在类的外部。作为接口组成部分的非成员函数，例如 add、read 和 print 等，它们的定
义和声明都在类的外部。

由此可知，改进的 Sales_data 类应该如下所示：

```cpp
struct Sales_data {
    // 新成员：关于 Sales_data 对象的操作
    std::string isbn() const { return bookNo; }
    Sales_data& combine(const Sales_data&);
    double avg_price() const;
    // 数据成员和 2.6.1 节（第 64 页）相比没有改变
    std::string bookNo;
    unsigned units_sold = 0;
    double revenue = 0.0;
};
// Sales_data 的非成员接口函数
Sales_data add(const Sales_data&, const Sales_data&);
std::ostream &print(std::ostream&, const Sales_data&);
std::istream &read(std::istream&, Sales_data&);
```

> Note　定义在类内部的函数是隐式的 inline 函数（参见 6.5.2 节，第 214 页）。

定义成员函数

尽管所有成员都必须在类的内部声明，但是成员函数体可以定义在类内也可以定义在
类外。对于 Sales_data 类来说，isbn 函数定义在了类内，而 combine 和 avg_price
定义在了类外。

我们首先介绍 isbn 函数，它的参数列表为空，返回值是一个 string 对象：

```
std::string isbn() const { return bookNo; }
```

和其他函数一样, 成员函数体也是一个块。在此例中, 块只有一条 return 语句, 用于返回 Sales_data 对象的 bookNo 数据成员。关于 isbn 函数一件有意思的事情是: 它是如何获得 bookNo 成员所依赖的对象的呢?

引入 this

让我们再一次观察对 isbn 成员函数的调用:

```
total.isbn()
```

在这里, 我们使用了点运算符 (参见 4.6 节, 第 133 页) 来访问 total 对象的 isbn 成员, 然后调用它。

7.6 节 (第 268 页) 将介绍一种例外的形式, 当我们调用成员函数时, 实际上是在替某个对象调用它。如果 isbn 指向 Sales_data 的成员 (例如 bookNo), 则它隐式地指向调用该函数的对象的成员。在上面所示的调用中, 当 isbn 返回 bookNo 时, 实际上它隐式地返回 total.bookNo。

成员函数通过一个名为 **this** 的额外的隐式参数来访问调用它的那个对象。当我们调用一个成员函数时, 用请求该函数的对象地址初始化 this。例如, 如果调用

```
total.isbn()
```

则编译器负责把 total 的地址传递给 isbn 的隐式形参 this, 可以等价地认为编译器将该调用重写成了如下的形式:

```
// 伪代码, 用于说明调用成员函数的实际执行过程
Sales_data::isbn(&total)
```

258

其中, 调用 Sales_data 的 isbn 成员时传入了 total 的地址。

在成员函数内部, 我们可以直接使用调用该函数的对象的成员, 而无须通过成员访问运算符来做到这一点, 因为 this 所指的正是这个对象。任何对类成员的直接访问都被看作 this 的隐式引用, 也就是说, 当 isbn 使用 bookNo 时, 它隐式地使用 this 指向的成员, 就像我们书写了 this->bookNo 一样。

对于我们来说, this 形参是隐式定义的。实际上, 任何自定义名为 this 的参数或变量的行为都是非法的。我们可以在成员函数体内部使用 this, 因此尽管没有必要, 但我们还是能把 isbn 定义成如下的形式:

```
std::string isbn() const { return this->bookNo; }
```

因为 this 的目的总是指向 "这个" 对象, 所以 this 是一个常量指针 (参见 2.4.2 节, 第 56 页), 我们不允许改变 this 中保存的地址。

引入 const 成员函数

isbn 函数的另一个关键之处是紧随参数列表之后的 const 关键字, 这里, const 的作用是修改隐式 this 指针的类型。

默认情况下, this 的类型是指向类类型非常量版本的常量指针。例如在 Sales_data 成员函数中, this 的类型是 Sales_data *const。尽管 this 是隐式的, 但它仍然需要遵循初始化规则, 意味着 (在默认情况下) 我们不能把 this 绑定到一个常量对象上 (参见 2.4.2 节, 第 56 页)。这一情况也就使得我们不能在一个常量对象上调用普通的成员函数。

如果 isbn 是一个普通函数而且 this 是一个普通的指针参数，则我们应该把 this 声明成 const Sales_data *const。毕竟，在 isbn 的函数体内不会改变 this 所指的对象，所以把 this 设置为指向常量的指针有助于提高函数的灵活性。

然而，this 是隐式的并且不会出现在参数列表中，所以在哪儿将 this 声明成指向常量的指针就成为我们必须面对的问题。C++语言的做法是允许把 const 关键字放在成员函数的参数列表之后，此时，紧跟在参数列表后面的 const 表示 this 是一个指向常量的指针。像这样使用 const 的成员函数被称作**常量成员函数**（const member function）。

可以把 isbn 的函数体想象成如下的形式：

```
// 伪代码，说明隐式的 this 指针是如何使用的
// 下面的代码是非法的：因为我们不能显式地定义自己的 this 指针
// 谨记此处的 this 是一个指向常量的指针，因为 isbn 是一个常量成员
std::string Sales_data::isbn(const Sales_data *const this)
{ return this->isbn; }
```

因为 this 是指向常量的指针，所以常量成员函数不能改变调用它的对象的内容。在上例中，isbn 可以读取调用它的对象的数据成员，但是不能写入新值。

  常量对象，以及常量对象的引用或指针都只能调用常量成员函数。

类作用域和成员函数

回忆之前我们所学的知识，类本身就是一个作用域（参见 2.6.1 节，第 64 页）。类的成员函数的定义嵌套在类的作用域之内，因此，isbn 中用到的名字 bookNo 其实就是定义在 Sales_data 内的数据成员。

值得注意的是，即使 bookNo 定义在 isbn 之后，isbn 也还是能够使用 bookNo。就如我们将在 7.4.1 节（第 254 页）学习到的那样，编译器分两步处理类：首先编译成员的声明，然后才轮到成员函数体（如果有的话）。因此，成员函数体可以随意使用类中的其他成员而无须在意这些成员出现的次序。

在类的外部定义成员函数

像其他函数一样，当我们在类的外部定义成员函数时，成员函数的定义必须与它的声明匹配。也就是说，返回类型、参数列表和函数名都得与类内部的声明保持一致。如果成员被声明成常量成员函数，那么它的定义也必须在参数列表后明确指定 const 属性。同时，类外部定义的成员的名字必须包含它所属的类名：

```
double Sales_data::avg_price() const {
    if (units_sold)
        return revenue/units_sold;
    else
        return 0;
}
```

函数名 Sales_data::avg_price 使用作用域运算符（参见 1.2 节，第 7 页）来说明如下的事实：我们定义了一个名为 avg_price 的函数，并且该函数被声明在类 Sales_data 的作用域内。一旦编译器看到这个函数名，就能理解剩余的代码是位于类的作用域内的。因此，当 avg_price 使用 revenue 和 units_sold 时，实际上它隐式地使用了

Sales_data 的成员。

定义一个返回 this 对象的函数

函数 combine 的设计初衷类似于复合赋值运算符+=，调用该函数的对象代表的是赋值运算符左侧的运算对象，右侧运算对象则通过显式的实参被传入函数：

```
Sales_data& Sales_data::combine(const Sales_data &rhs)
{
    units_sold += rhs.units_sold; // 把 rhs 的成员加到 this 对象的成员上
    revenue += rhs.revenue;
    return *this;                 // 返回调用该函数的对象
}
```

当我们的交易处理程序调用如下的函数时，

〈260〉

```
total.combine(trans);           // 更新变量 total 当前的值
```

total 的地址被绑定到隐式的 this 参数上，而 rhs 绑定到了 trans 上。因此，当 combine 执行下面的语句时，

```
units_sold += rhs.units_sold;   // 把 rhs 的成员添加到 this 对象的成员中
```

效果等同于求 total.units_sold 和 trans.unit_sold 的和，然后把结果保存到 total.units_sold 中。

该函数一个值得关注的部分是它的返回类型和返回语句。一般来说，当我们定义的函数类似于某个内置运算符时，应该令该函数的行为尽量模仿这个运算符。内置的赋值运算符把它的左侧运算对象当成左值返回（参见 4.4 节，第 129 页），因此为了与它保持一致，combine 函数必须返回引用类型（参见 6.3.2 节，第 202 页）。因为此时的左侧运算对象是一个 Sales_data 的对象，所以返回类型应该是 Sales_data&。

如前所述，我们无须使用隐式的 this 指针访问函数调用者的某个具体成员，而是需要把调用函数的对象当成一个整体来访问：

```
return *this;                   // 返回调用该函数的对象
```

其中，return 语句解引用 this 指针以获得执行该函数的对象，换句话说，上面的这个调用返回 total 的引用。

7.1.2 节练习

练习 7.2：曾在 2.6.2 节的练习（第 67 页）中编写了一个 Sales_data 类，请向这个类添加 combine 和 isbn 成员。

练习 7.3：修改 7.1.1 节（第 229 页）的交易处理程序，令其使用这些成员。

练习 7.4：编写一个名为 Person 的类，使其表示人员的姓名和住址。使用 string 对象存放这些元素，接下来的练习将不断充实这个类的其他特征。

练习 7.5：在你的 Person 类中提供一些操作使其能够返回姓名和住址。这些函数是否应该是 const 的呢？解释原因。

7.1.3　定义类相关的非成员函数

　　类的作者常常需要定义一些辅助函数,比如 add、read 和 print 等。尽管这些函数定义的操作从概念上来说属于类的接口的组成部分,但它们实际上并不属于类本身。

　　我们定义非成员函数的方式与定义其他函数一样,通常把函数的声明和定义分离开来(参见 6.12 节,第 186 页)。如果函数在概念上属于类但是不定义在类中,则它一般应与类声明(而非定义)在同一个头文件内。在这种方式下,用户使用接口的任何部分都只需要引入一个文件。

261 >

> **Note** 一般来说,如果非成员函数是类接口的组成部分,则这些函数的声明应该与类在同一个头文件内。

定义 read 和 print 函数

　　下面的 read 和 print 函数与 2.6.2 节(第 66 页)中的代码作用一样,而且代码本身也非常相似:

```
// 输入的交易信息包括 ISBN、售出总数和售出价格
istream &read(istream &is, Sales_data &item)
{
    double price = 0;
    is >> item.bookNo >> item.units_sold >> price;
    item.revenue = price * item.units_sold;
    return is;
}
ostream &print(ostream &os, const Sales_data &item)
{
    os << item.isbn() << " " << item.units_sold << " "
        << item.revenue << " " << item.avg_price();
    return os;
}
```

read 函数从给定流中将数据读到给定的对象里,print 函数则负责将给定对象的内容打印到给定的流中。

　　除此之外,关于上面的函数还有两点是非常重要的。第一点,read 和 print 分别接受一个各自 IO 类型的引用作为其参数,这是因为 IO 类属于不能被拷贝的类型,因此我们只能通过引用来传递它们(参见 6.2.2 节,第 188 页)。而且,因为读取和写入的操作会改变流的内容,所以两个函数接受的都是普通引用,而非对常量的引用。

　　第二点,print 函数不负责换行。一般来说,执行输出任务的函数应该尽量减少对格式的控制,这样可以确保由用户代码来决定是否换行。

定义 add 函数

　　add 函数接受两个 Sales_data 对象作为其参数,返回值是一个新的 Sales_data,用于表示前两个对象的和:

```
Sales_data add(const Sales_data &lhs, const Sales_data &rhs)
{
    Sales_data sum = lhs;        // 把 lhs 的数据成员拷贝给 sum
```

```
    sum.combine(rhs);          // 把 rhs 的数据成员加到 sum 当中
    return sum;
}
```

在函数体中，我们定义了一个新的 Sales_data 对象并将其命名为 sum。sum 将用于存◁262
放两笔交易的和，我们用 lhs 的副本来初始化 sum。默认情况下，拷贝类的对象其实拷
贝的是对象的数据成员。在拷贝工作完成之后，sum 的 bookNo、units_sold 和 revenue
将和 lhs 一致。接下来我们调用 combine 函数，将 rhs 的 units_sold 和 revenue
添加给 sum。最后，函数返回 sum 的副本。

7.1.3 节练习

练习 7.6：对于函数 add、read 和 print，定义你自己的版本。

练习 7.7：使用这些新函数重写 7.1.2 节（第 233 页）练习中的交易处理程序。

练习 7.8：为什么 read 函数将其 Sales_data 参数定义成普通的引用，而 print 将
其参数定义成常量引用？

练习 7.9：对于 7.1.2 节（第 233 页）练习中的代码，添加读取和打印 Person 对象的操
作。

练习 7.10：在下面这条 if 语句中，条件部分的作用是什么？

```
if (read(read(cin, data1), data2))
```

7.1.4　构造函数

每个类都分别定义了它的对象被初始化的方式，类通过一个或几个特殊的成员函数来
控制其对象的初始化过程，这些函数叫做**构造函数**（constructor）。构造函数的任务是初始
化类对象的数据成员，无论何时只要类的对象被创建，就会执行构造函数。

在这一节中，我们将介绍定义构造函数的基础知识。构造函数是一个非常复杂的问题，
我们还会在 7.5 节（第 257 页）、15.7 节（第 551 页）、18.1.3 节（第 689 页）和第 13 章介
绍更多关于构造函数的知识。

构造函数的名字和类名相同。和其他函数不一样的是，构造函数没有返回类型；除此
之外类似于其他的函数，构造函数也有一个（可能为空的）参数列表和一个（可能为空的）
函数体。类可以包含多个构造函数，和其他重载函数差不多（参见 6.4 节，第 206 页），不
同的构造函数之间必须在参数数量或参数类型上有所区别。

不同于其他成员函数，构造函数不能被声明成 const 的（参见 7.1.2 节，第 231 页）。
当我们创建类的一个 const 对象时，直到构造函数完成初始化过程，对象才能真正取得
其"常量"属性。因此，构造函数在 const 对象的构造过程中可以向其写值。

合成的默认构造函数

我们的 Sales_data 类并没有定义任何构造函数，可是之前使用了 Sales_data 对
象的程序仍然可以正确地编译和运行。举个例子，第 229 页的程序定义了两个对象：

```
Sales_data total;     // 保存当前求和结果的变量
Sales_data trans;     // 保存下一条交易数据的变量
```

263 > 这时我们不禁要问：total 和 trans 是如何初始化的呢？

我们没有为这些对象提供初始值，因此我们知道它们执行了默认初始化（参见 2.2.1 节，第 40 页）。类通过一个特殊的构造函数来控制默认初始化过程，这个函数叫做**默认构造函数**（default constructor）。默认构造函数无须任何实参。

如我们所见，默认构造函数在很多方面都有其特殊性。其中之一是，如果我们的类没有显式地定义构造函数，那么编译器就会为我们隐式地定义一个默认构造函数。

编译器创建的构造函数又被称为**合成的默认构造函数**（synthesized default constructor）。对于大多数类来说，这个合成的默认构造函数将按照如下规则初始化类的数据成员：

- 如果存在类内的初始值（参见 2.6.1 节，第 64 页），用它来初始化成员。
- 否则，默认初始化（参见 2.2.1 节，第 40 页）该成员。

因为 Sales_data 为 units_sold 和 revenue 提供了初始值，所以合成的默认构造函数将使用这些值来初始化对应的成员；同时，它把 bookNo 默认初始化成一个空字符串。

某些类不能依赖于合成的默认构造函数

合成的默认构造函数只适合非常简单的类，比如现在定义的这个 Sales_data 版本。对于一个普通的类来说，必须定义它自己的默认构造函数，原因有三：第一个原因也是最容易理解的一个原因就是编译器只有在发现类不包含任何构造函数的情况下才会替我们生成一个默认的构造函数。一旦我们定义了一些其他的构造函数，那么除非我们再定义一个默认的构造函数，否则类将没有默认构造函数。这条规则的依据是，如果一个类在某种情况下需要控制对象初始化，那么该类很可能在所有情况下都需要控制。

> 只有当类没有声明任何构造函数时，编译器才会自动地生成默认构造函数。

第二个原因是对于某些类来说，合成的默认构造函数可能执行错误的操作。回忆我们之前介绍过的，如果定义在块中的内置类型或复合类型（比如数组和指针）的对象被默认初始化（参见 2.2.1 节，第 40 页），则它们的值将是未定义的。该准则同样适用于默认初始化的内置类型成员。因此，含有内置类型或复合类型成员的类应该在类的内部初始化这些成员，或者定义一个自己的默认构造函数。否则，用户在创建类的对象时就可能得到未定义的值。

> 如果类包含有内置类型或者复合类型的成员，则只有当这些成员全都被赋予了类内的初始值时，这个类才适合于使用合成的默认构造函数。

264 > 第三个原因是有的时候编译器不能为某些类合成默认的构造函数。例如，如果类中包含一个其他类类型的成员且这个成员的类型没有默认构造函数，那么编译器将无法初始化该成员。对于这样的类来说，我们必须自定义默认构造函数，否则该类将没有可用的默认构造函数。在 13.1.6 节（第 449 页）中我们将看到还有其他一些情况也会导致编译器无法生成一个正确的默认构造函数。

定义 Sales_data 的构造函数

对于我们的 Sales_data 类来说，我们将使用下面的参数定义 4 个不同的构造函数：

- 一个 istream&，从中读取一条交易信息。

- 一个 const string&，表示 ISBN 编号；一个 unsigned，表示售出的图书数量；以及一个 double，表示图书的售出价格。
- 一个 const string&，表示 ISBN 编号；编译器将赋予其他成员默认值。
- 一个空参数列表（即默认构造函数），正如刚刚介绍的，既然我们已经定义了其他构造函数，那么也必须定义一个默认构造函数。

给类添加了这些成员之后，将得到

```cpp
struct Sales_data {
    // 新增的构造函数
    Sales_data() = default;
    Sales_data(const std::string &s): bookNo(s) { }
    Sales_data(const std::string &s, unsigned n, double p):
                bookNo(s), units_sold(n), revenue(p*n) { }
    Sales_data(std::istream &);
    // 之前已有的其他成员
    std::string isbn() const { return bookNo; }
    Sales_data& combine(const Sales_data&);
    double avg_price() const;
    std::string bookNo;
    unsigned units_sold = 0;
    double revenue = 0.0;
};
```

= default 的含义

我们从解释默认构造函数的含义开始：

```cpp
Sales_data() = default;
```

首先请明确一点：因为该构造函数不接受任何实参，所以它是一个默认构造函数。我们定义这个构造函数的目的仅仅是因为我们既需要其他形式的构造函数，也需要默认的构造函数。我们希望这个函数的作用完全等同于之前使用的合成默认构造函数。

在 C++11 新标准中，如果我们需要默认的行为，那么可以通过在参数列表后面写上 = **default** 来要求编译器生成构造函数。其中，= default 既可以和声明一起出现在类的内部，也可以作为定义出现在类的外部。和其他函数一样，如果= default 在类的内部，则默认构造函数是内联的；如果它在类的外部，则该成员默认情况下不是内联的。

> 上面的默认构造函数之所以对 Sales_data 有效，是因为我们为内置类型的数据成员提供了初始值。如果你的编译器不支持类内初始值，那么你的默认构造函数就应该使用构造函数初始值列表（马上就会介绍）来初始化类的每个成员。

构造函数初始值列表

接下来我们介绍类中定义的另外两个构造函数：

```cpp
Sales_data(const std::string &s): bookNo(s) { }
Sales_data(const std::string &s, unsigned n, double p):
            bookNo(s), units_sold(n), revenue(p*n) { }
```

这两个定义中出现了新的部分，即冒号以及冒号和花括号之间的代码，其中花括号定义了

（空的）函数体。我们把新出现的部分称为**构造函数初始值列表**（constructor initialize list），它负责为新创建的对象的一个或几个数据成员赋初值。构造函数初始值是成员名字的一个列表，每个名字后面紧跟括号括起来的（或者在花括号内的）成员初始值。不同成员的初始化通过逗号分隔开来。

含有三个参数的构造函数分别使用它的前两个参数初始化成员 bookNo 和 units_sold，revenue 的初始值则通过将售出图书总数和每本书单价相乘计算得到。

只有一个 string 类型参数的构造函数使用这个 string 对象初始化 bookNo，对于 units_sold 和 revenue 则没有显式地初始化。当某个数据成员被构造函数初始值列表忽略时，它将以与合成默认构造函数相同的方式隐式初始化。在此例中，这样的成员使用类内初始值初始化，因此只接受一个 string 参数的构造函数等价于

```
// 与上面定义的那个构造函数效果相同
Sales_data(const std::string &s):
            bookNo(s), units_sold(0), revenue(0){ }
```

通常情况下，构造函数使用类内初始值不失为一种好的选择，因为只要这样的初始值存在我们就能确保为成员赋予了一个正确的值。不过，如果你的编译器不支持类内初始值，则所有构造函数都应该显式地初始化每个内置类型的成员。

> 构造函数不应该轻易覆盖掉类内的初始值，除非新赋的值与原值不同。如果你不能使用类内初始值，则所有构造函数都应该显式地初始化每个内置类型的成员。

266 >　　有一点需要注意，在上面的两个构造函数中函数体都是空的。这是因为这些构造函数的唯一目的就是为数据成员赋初值，一旦没有其他任务需要执行，函数体也就为空了。

在类的外部定义构造函数

与其他几个构造函数不同，以 istream 为参数的构造函数需要执行一些实际的操作。在它的函数体内，调用了 read 函数以给数据成员赋以初值：

```
Sales_data::Sales_data(std::istream &is)
{
    read(is, *this); // read 函数的作用是从 is 中读取一条交易信息然后
                     // 存入 this 对象中
}
```

构造函数没有返回类型，所以上述定义从我们指定的函数名字开始。和其他成员函数一样，当我们在类的外部定义构造函数时，必须指明该构造函数是哪个类的成员。因此，Sales_data::Sales_data 的含义是我们定义 Sales_data 类的成员，它的名字是 Sales_data。又因为该成员的名字和类名相同，所以它是一个构造函数。

这个构造函数没有构造函数初始值列表，或者讲得更准确一点，它的构造函数初始值列表是空的。尽管构造函数初始值列表是空的，但是由于执行了构造函数体，所以对象的成员仍然能被初始化。

没有出现在构造函数初始值列表中的成员将通过相应的类内初始值（如果存在的话）初始化，或者执行默认初始化。对于 Sales_data 来说，这意味着一旦函数开始执行，则 bookNo 将被初始化成空 string 对象，而 units_sold 和 revenue 将是 0。

为了更好地理解调用函数 read 的意义，要特别注意 read 的第二个参数是一个 Sales_data 对象的引用。在 7.1.2 节（第 232 页）中曾经提到过，使用 this 来把对象当成一个整体访问，而非直接访问对象的某个成员。因此在此例中，我们使用 *this 将 "this" 对象作为实参传递给 read 函数。

7.1.4 节练习

练习 7.11：在你的 Sales_data 类中添加构造函数，然后编写一段程序令其用到每个构造函数。

练习 7.12：把只接受一个 istream 作为参数的构造函数定义移到类的内部。

练习 7.13：使用 istream 构造函数重写第 229 页的程序。

练习 7.14：编写一个构造函数，令其用我们提供的类内初始值显式地初始化成员。

练习 7.15：为你的 Person 类添加正确的构造函数。

7.1.5 拷贝、赋值和析构

除了定义类的对象如何初始化之外，类还需要控制拷贝、赋值和销毁对象时发生的行 267 为。对象在几种情况下会被拷贝，如我们初始化变量以及以值的方式传递或返回一个对象等（参见 6.2.1 节，第 187 页和 6.3.2 节，第 200 页）。当我们使用了赋值运算符（参见 4.4 节，第 129 页）时会发生对象的赋值操作。当对象不再存在时执行销毁的操作，比如一个局部对象会在创建它的块结束时被销毁（参见 6.1.1 节，第 184 页），当 vector 对象（或者数组）销毁时存储在其中的对象也会被销毁。

如果我们不主动定义这些操作，则编译器将替我们合成它们。一般来说，编译器生成的版本将对对象的每个成员执行拷贝、赋值和销毁操作。例如在 7.1.1 节（第 229 页）的书店程序中，当编译器执行如下赋值语句时，

```
total = trans; // 处理下一本书的信息
```

它的行为与下面的代码相同

```
// Sales_data 的默认赋值操作等价于：
total.bookNo = trans.bookNo;
total.units_sold = trans.units_sold;
total.revenue = trans.revenue;
```

我们将在第 13 章中介绍如何自定义上述操作。

某些类不能依赖于合成的版本

尽管编译器能替我们合成拷贝、赋值和销毁的操作，但是必须要清楚的一点是，对于某些类来说合成的版本无法正常工作。特别是，当类需要分配类对象之外的资源时，合成的版本常常会失效。举个例子，第 12 章将介绍 C++程序是如何分配和管理动态内存的。而在 13.1.4 节（第 447 页）我们将会看到，管理动态内存的类通常不能依赖于上述操作的合成版本。

不过值得注意的是，很多需要动态内存的类能（而且应该）使用 vector 对象或者 string 对象管理必要的存储空间。使用 vector 或者 string 的类能避免分配和释放内存带来的复杂性。

进一步讲，如果类包含 vector 或者 string 成员，则其拷贝、赋值和销毁的合成版本能够正常工作。当我们对含有 vector 成员的对象执行拷贝或者赋值操作时，vector 类会设法拷贝或者赋值成员中的元素。当这样的对象被销毁时，将销毁 vector 对象，也就是依次销毁 vector 中的每一个元素。这一点与 string 是非常类似的。

> 在学习第 13 章关于如何自定义操作的知识之前，类中所有分配的资源都应该直接以类的数据成员的形式存储。

7.2　访问控制与封装

268>
到目前为止，我们已经为类定义了接口，但并没有任何机制强制用户使用这些接口。我们的类还没有封装，也就是说，用户可以直达 Sales_data 对象的内部并且控制它的具体实现细节。在 C++ 语言中，我们使用**访问说明符**（access specifiers）加强类的封装性：

- 定义在 **public** 说明符之后的成员在整个程序内可被访问，public 成员定义类的接口。
- 定义在 **private** 说明符之后的成员可以被类的成员函数访问，但是不能被使用该类的代码访问，private 部分封装了（即隐藏了）类的实现细节。

再一次定义 Sales_data 类，其新形式如下所示：

```
class Sales_data {
public:                 // 添加了访问说明符
    Sales_data() = default;
    Sales_data(const std::string &s, unsigned n, double p):
                bookNo(s), units_sold(n), revenue(p*n) { }
    Sales_data(const std::string &s): bookNo(s) { }
    Sales_data(std::istream&);
    std::string isbn() const { return bookNo; }
    Sales_data &combine(const Sales_data&);
private:                // 添加了访问说明符
    double avg_price() const
        { return units_sold ? revenue/units_sold : 0; }
    std::string bookNo;
    unsigned units_sold = 0;
    double revenue = 0.0;
};
```

作为接口的一部分，构造函数和部分成员函数（即 isbn 和 combine）紧跟在 public 说明符之后；而数据成员和作为实现部分的函数则跟在 private 说明符后面。

一个类可以包含 0 个或多个访问说明符，而且对于某个访问说明符能出现多少次也没有严格限定。每个访问说明符指定了接下来的成员的访问级别，其有效范围直到出现下一个访问说明符或者到达类的结尾处为止。

使用 class 或 struct 关键字

在上面的定义中我们还做了一个微妙的变化，我们使用了 **class** 关键字而非 **struct** 开始类的定义。这种变化仅仅是形式上有所不同，实际上我们可以使用这两个关键字中的任何一个定义类。唯一的一点区别是，struct 和 class 的默认访问权限不太一样。

类可以在它的第一个访问说明符之前定义成员，对这种成员的访问权限依赖于类定义的方式。如果我们使用 struct 关键字，则定义在第一个访问说明符之前的成员是 public 的；相反，如果我们使用 class 关键字，则这些成员是 private 的。

出于统一编程风格的考虑，当我们希望定义的类的所有成员是 public 的时，使用 269 struct；反之，如果希望成员是 private 的，使用 class。

 使用 class 和 struct 定义类唯一的区别就是默认的访问权限。

7.2 节练习

练习 7.16：在类的定义中对于访问说明符出现的位置和次数有限定吗？如果有，是什么？什么样的成员应该定义在 public 说明符之后？什么样的成员应该定义在 private 说明符之后？

练习 7.17：使用 class 和 struct 时有区别吗？如果有，是什么？

练习 7.18：封装是何含义？它有什么用处？

练习 7.19：在你的 Person 类中，你将把哪些成员声明成 public 的？哪些声明成 private 的？解释你这样做的原因。

7.2.1　友元

既然 Sales_data 的数据成员是 private 的，我们的 read、print 和 add 函数也就无法正常编译了，这是因为尽管这几个函数是类的接口的一部分，但它们不是类的成员。

类可以允许其他类或者函数访问它的非公有成员，方法是令其他类或者函数成为它的**友元**（friend）。如果类想把一个函数作为它的友元，只需要增加一条以 friend 关键字开始的函数声明语句即可：

```
class Sales_data {
// 为 Sales_data 的非成员函数所做的友元声明
friend Sales_data add(const Sales_data&, const Sales_data&);
friend std::istream &read(std::istream&, Sales_data&);
friend std::ostream &print(std::ostream&, const Sales_data&);
// 其他成员及访问说明符与之前一致
public:
    Sales_data() = default;
    Sales_data(const std::string &s, unsigned n, double p):
                bookNo(s), units_sold(n), revenue(p*n) { }
    Sales_data(const std::string &s): bookNo(s) { }
    Sales_data(std::istream&);
    std::string isbn() const { return bookNo; }
    Sales_data &combine(const Sales_data&);
private:
    std::string bookNo;
    unsigned units_sold = 0;
    double revenue = 0.0;
};
// Sales_data 接口的非成员组成部分的声明
Sales_data add(const Sales_data&, const Sales_data&);
```

270

```
std::istream &read(std::istream&, Sales_data&);
std::ostream &print(std::ostream&, const Sales_data&);
```

友元声明只能出现在类定义的内部，但是在类内出现的具体位置不限。友元不是类的成员也不受它所在区域访问控制级别的约束。我们将在 7.3.4 节（第 250 页）介绍更多关于友元的知识。

 一般来说，最好在类定义开始或结束前的位置集中声明友元。

关键概念：封装的益处

封装有两个重要的优点：

● 确保用户代码不会无意间破坏封装对象的状态。

● 被封装的类的具体实现细节可以随时改变，而无须调整用户级别的代码。

一旦把数据成员定义成 private 的，类的作者就可以比较自由地修改数据了。当实现部分改变时，我们只需要检查类的代码本身以确认这次改变有什么影响；换句话说，只要类的接口不变，用户代码就无须改变。如果数据是 public 的，则所有使用了原来数据成员的代码都可能失效，这时我们必须定位并重写所有依赖于老版本实现的代码，之后才能重新使用该程序。

把数据成员的访问权限设成 private 还有另外一个好处，这么做能防止由于用户的原因造成数据被破坏。如果我们发现有程序缺陷破坏了对象的状态，则可以在有限的范围内定位缺陷：因为只有实现部分的代码可能产生这样的错误。因此，将查错限制在有限范围内将能极大地降低维护代码及修正程序错误的难度。

 尽管当类的定义发生改变时无须更改用户代码，但是使用了该类的源文件必须重新编译。

 友元的声明

友元的声明仅仅指定了访问的权限，而非一个通常意义上的函数声明。如果我们希望类的用户能够调用某个友元函数，那么我们就必须在友元声明之外再专门对函数进行一次声明。

为了使友元对类的用户可见，我们通常把友元的声明与类本身放置在同一个头文件中（类的外部）。因此，我们的 Sales_data 头文件应该为 read、print 和 add 提供独立的声明（除了类内部的友元声明之外）。

 许多编译器并未强制限定友元函数必须在使用之前在类的外部声明。

271 一些编译器允许在尚无友元函数的初始声明的情况下就调用它。不过即使你的编译器支持这种行为，最好还是提供一个独立的函数声明。这样即使你更换了一个有这种强制要求的编译器，也不必改变代码。

练习 7.20：友元在什么时候有用？请分别列举出使用友元的利弊。

练习 7.21：修改你的 `Sales_data` 类使其隐藏实现的细节。你之前编写的关于 `Sales_data` 操作的程序应该继续使用, 借助类的新定义重新编译该程序, 确保其工作正常。

练习 7.22：修改你的 `Person` 类使其隐藏实现的细节。

7.3 类的其他特性

虽然 `Sales_data` 类非常简单, 但是通过它我们已经了解 C++ 语言中关于类的许多语法要点。在本节中, 我们将继续介绍 `Sales_data` 没有体现出来的一些类的特性。这些特性包括：类型成员、类的成员的类内初始值、可变数据成员、内联成员函数、从成员函数返回 *this、关于如何定义并使用类类型及友元类的更多知识。

7.3.1 类成员再探

为了展示这些新的特性, 我们需要定义一对相互关联的类, 它们分别是 `Screen` 和 `Window_mgr`。

定义一个类型成员

`Screen` 表示显示器中的一个窗口。每个 `Screen` 包含一个用于保存 `Screen` 内容的 `string` 成员和三个 `string::size_type` 类型的成员, 它们分别表示光标的位置以及屏幕的高和宽。

除了定义数据和函数成员之外, 类还可以自定义某种类型在类中的别名。由类定义的类型名字和其他成员一样存在访问限制, 可以是 `public` 或者 `private` 中的一种：

```
class Screen {
public:
    typedef std::string::size_type pos;
private:
    pos cursor = 0;
    pos height = 0, width = 0;
    std::string contents;
};
```

我们在 `Screen` 的 `public` 部分定义了 `pos`, 这样用户就可以使用这个名字。`Screen` 的用户不应该知道 `Screen` 使用了一个 `string` 对象来存放它的数据, 因此通过把 `pos` 定义成 `public` 成员可以隐藏 `Screen` 实现的细节。 <272

关于 `pos` 的声明有两点需要注意。首先, 我们使用了 `typedef`（参见 2.5.1 节, 第 60 页）, 也可以等价地使用类型别名（参见 2.5.1 节, 第 60 页）：

```
class Screen {
public:
    // 使用类型别名等价地声明一个类型名字
    using pos = std::string::size_type;
    // 其他成员与之前的版本一致
};
```

其次, 用来定义类型的成员必须先定义后使用, 这一点与普通成员有所区别, 具体原因将在 7.4.1 节（第 254 页）解释。因此，类型成员通常出现在类开始的地方。

Screen 类的成员函数

要使我们的类更加实用，还需要添加一个构造函数令用户能够定义屏幕的尺寸和内容，以及其他两个成员，分别负责移动光标和读取给定位置的字符：

```cpp
class Screen {
public:
    typedef std::string::size_type pos;
    Screen() = default; // 因为 Screen 有另一个构造函数，
                        // 所以本函数是必需的
    // cursor 被其类内初始值初始化为 0
    Screen(pos ht, pos wd, char c): height(ht), width(wd),
    contents(ht * wd, c) { }
    char get() const                        // 读取光标处的字符
            { return contents[cursor]; }     // 隐式内联
    inline char get(pos ht, pos wd) const;   // 显式内联
    Screen &move(pos r, pos c);              // 能在之后被设为内联
private:
    pos cursor = 0;
    pos height = 0, width = 0;
    std::string contents;
};
```

因为我们已经提供了一个构造函数，所以编译器将不会自动生成默认的构造函数。如果我们的类需要默认构造函数，必须显式地把它声明出来。在此例中，我们使用=default 告诉编译器为我们合成默认的构造函数（参见 7.1.4 节，第 237 页）。

需要指出的是，第二个构造函数（接受三个参数）为 cursor 成员隐式地使用了类内初始值（参见 7.1.4 节，第 238 页）。如果类中不存在 cursor 的类内初始值，我们就需要像其他成员一样显式地初始化 cursor 了。

273> ### 令成员作为内联函数

在类中，常有一些规模较小的函数适合于被声明成内联函数。如我们之前所见的，定义在类内部的成员函数是自动 inline 的（参见 6.5.2 节，第 213 页）。因此，Screen 的构造函数和返回光标所指字符的 get 函数默认是 inline 函数。

我们可以在类的内部把 inline 作为声明的一部分显式地声明成员函数，同样的，也能在类的外部用 inline 关键字修饰函数的定义：

```cpp
inline                              // 可以在函数的定义处指定 inline
Screen &Screen::move(pos r, pos c)
{
    pos row = r * width;           // 计算行的位置
    cursor = row + c;              // 在行内将光标移动到指定的列
    return *this;                  // 以左值的形式返回对象
}
char Screen::get(pos r, pos c) const // 在类的内部声明成 inline
{
    pos row = r * width;           // 计算行的位置
    return contents[row + c];      // 返回给定列的字符
}
```

虽然我们无须在声明和定义的地方同时说明 inline，但这么做其实是合法的。不过，最好只在类外部定义的地方说明 inline，这样可以使类更容易理解。

 和我们在头文件中定义 inline 函数的原因一样（参见 6.5.2 节，第 214 页），inline 成员函数也应该与相应的类定义在同一个头文件中。

重载成员函数

和非成员函数一样，成员函数也可以被重载（参见 6.4 节，第 206 页），只要函数之间在参数的数量和/或类型上有所区别就行。成员函数的函数匹配过程（参见 6.4 节，第 208 页）同样与非成员函数非常类似。

举个例子，我们的 Screen 类定义了两个版本的 get 函数。一个版本返回光标当前位置的字符；另一个版本返回由行号和列号确定的位置的字符。编译器根据实参的数量来决定运行哪个版本的函数：

```
Screen myscreen;
char ch = myscreen.get();        // 调用 Screen::get()
ch = myscreen.get(0,0);          // 调用 Screen::get(pos, pos)
```

可变数据成员

有时（但并不频繁）会发生这样一种情况，我们希望能修改类的某个数据成员，即使是在一个 const 成员函数内。可以通过在变量的声明中加入 mutable 关键字做到这一点。

一个**可变数据成员**（mutable data member）永远不会是 const，即使它是 const 对象的成员。因此，一个 const 成员函数可以改变一个可变成员的值。举个例子，我们将给 Screen 添加一个名为 access_ctr 的可变成员，通过它我们可以追踪每个 Screen 的成员函数被调用了多少次： <274

```
class Screen {
public:
    void some_member() const;
private:
    mutable size_t access_ctr;    // 即使在一个 const 对象内也能被修改
    // 其他成员与之前的版本一致
};
void Screen::some_member() const
{
    ++access_ctr;                 // 保存一个计数值，用于记录成员函数被调用的次数
    // 该成员需要完成的其他工作
}
```

尽管 some_member 是一个 const 成员函数，它仍然能够改变 access_ctr 的值。该成员是个可变成员，因此任何成员函数，包括 const 函数在内都能改变它的值。

类数据成员的初始值

在定义好 Screen 类之后，我们将继续定义一个窗口管理类并用它表示显示器上的一组 Screen。这个类将包含一个 Screen 类型的 vector，每个元素表示一个特定的 Screen。默认情况下，我们希望 Window_mgr 类开始时总是拥有一个默认初始化的

Screen。在 C++11 新标准中，最好的方式就是把这个默认值声明成一个类内初始值（参见 2.6.1 节，第 64 页）：

```
class Window_mgr {
private:
    // 这个 Window_mgr 追踪的 Screen
    // 默认情况下，一个 Window_mgr 包含一个标准尺寸的空白 Screen
    std::vector<Screen> screens{Screen(24, 80, ' ')};
};
```

当我们初始化类类型的成员时，需要为构造函数传递一个符合成员类型的实参。在此例中，我们使用一个单独的元素值对 vector 成员执行了列表初始化（参见 3.3.1 节，第 87 页），这个 Screen 的值被传递给 vector<Screen>的构造函数，从而创建了一个单元素的 vector 对象。具体地说，Screen 的构造函数接受两个尺寸参数和一个字符值，创建了一个给定大小的空白屏幕对象。

如我们之前所知的，类内初始值必须使用=的初始化形式（初始化 Screen 的数据成员时所用的）或者花括号括起来的直接初始化形式（初始化 screens 所用的）。

> *Note*　当我们提供一个类内初始值时，必须以符号=或者花括号表示。

275>

7.3.1 节练习

练习 7.23：编写你自己的 Screen 类。

练习 7.24：给你的 Screen 类添加三个构造函数：一个默认构造函数；另一个构造函数接受宽和高的值，然后将 contents 初始化成给定数量的空白；第三个构造函数接受宽和高的值以及一个字符，该字符作为初始化之后屏幕的内容。

练习 7.25：Screen 能安全地依赖于拷贝和赋值操作的默认版本吗？如果能，为什么？如果不能，为什么？

练习 7.26：将 Sales_data::avg_price 定义成内联函数。

 ### 7.3.2　返回*this 的成员函数

接下来我们继续添加一些函数，它们负责设置光标所在位置的字符或者其他任一给定位置的字符：

```
class Screen {
public:
    Screen &set(char);
    Screen &set(pos, pos, char);
    // 其他成员和之前的版本一致
};
inline Screen &Screen::set(char c)
{
    contents[cursor] = c;          // 设置当前光标所在位置的新值
    return *this;                  // 将 this 对象作为左值返回
```

```
    }
inline Screen &Screen::set(pos r, pos col, char ch)
{
    contents[r*width + col] = ch;      // 设置给定位置的新值
    return *this;                      // 将 this 对象作为左值返回
}
```

和 move 操作一样，我们的 set 成员的返回值是调用 set 的对象的引用（参见 7.1.2 节，第 232 页）。返回引用的函数是左值的（参见 6.3.2 节，第 202 页），意味着这些函数返回的是对象本身而非对象的副本。如果我们把一系列这样的操作连接在一条表达式中的话：

```
// 把光标移动到一个指定的位置，然后设置该位置的字符值
myScreen.move(4,0).set('#');
```

这些操作将在同一个对象上执行。在上面的表达式中，我们首先移动 myScreen 内的光标，然后设置 myScreen 的 contents 成员。也就是说，上述语句等价于

```
myScreen.move(4,0);
myScreen.set('#');
```

如果我们令 move 和 set 返回 Screen 而非 Screen&，则上述语句的行为将大不相同。在此例中等价于：

276

```
// 如果 move 返回 Screen 而非 Screen&
Screen temp = myScreen.move(4,0);    // 对返回值进行拷贝
temp.set('#');                       // 不会改变 myScreen 的 contents
```

假如当初我们定义的返回类型不是引用，则 move 的返回值将是 *this 的副本（参见 6.3.2 节，第 201 页），因此调用 set 只能改变临时副本，而不能改变 myScreen 的值。

从 const 成员函数返回*this

接下来，我们继续添加一个名为 diplay 的操作，它负责打印 Screen 的内容。我们希望这个函数能和 move 以及 set 出现在同一序列中，因此类似于 move 和 set，diplay 函数也应该返回执行它的对象的引用。

从逻辑上来说，显示一个 Screen 并不需要改变它的内容，因此我们令 diplay 为一个 const 成员，此时，this 将是一个指向 const 的指针而 *this 是 const 对象。由此推断，display 的返回类型应该是 const Sales_data&。然而，如果真的令 diplay 返回一个 const 的引用，则我们将不能把 display 嵌入到一组动作的序列中去：

```
Screen myScreen;
// 如果 display 返回常量引用，则调用 set 将引发错误
myScreen.display(cout).set('*');
```

即使 myScreen 是个非常量对象，对 set 的调用也无法通过编译。问题在于 display 的 const 版本返回的是常量引用，而我们显然无权 set 一个常量对象。

 一个 const 成员函数如果以引用的形式返回*this，那么它的返回类型将是常量引用。

基于 const 的重载

通过区分成员函数是否是 const 的，我们可以对其进行重载，其原因与我们之前根据指针参数是否指向 const（参见 6.4 节，第 208 页）而重载函数的原因差不多。具体说

来，因为非常量版本的函数对于常量对象是不可用的，所以我们只能在一个常量对象上调用 const 成员函数。另一方面，虽然可以在非常量对象上调用常量版本或非常量版本，但显然此时非常量版本是一个更好的匹配。

在下面的这个例子中，我们将定义一个名为 do_display 的私有成员，由它负责打印 Screen 的实际工作。所有的 display 操作都将调用这个函数，然后返回执行操作的对象：

```
class Screen {
public:
    // 根据对象是否是 const 重载了 display 函数
    Screen &display(std::ostream &os)
                    { do_display(os); return *this; }
    const Screen &display(std::ostream &os) const
                    { do_display(os); return *this; }
private:
    // 该函数负责显示 Screen 的内容
    void do_display(std::ostream &os) const {os << contents;}
    // 其他成员与之前的版本一致
};
```

和我们之前所学的一样，当一个成员调用另外一个成员时，this 指针在其中隐式地传递。因此，当 display 调用 do_display 时，它的 this 指针隐式地传递给 do_display。而当 display 的非常量版本调用 do_display 时，它的 this 指针将隐式地从指向非常量的指针转换成指向常量的指针（参见 4.11.2 节，第 144 页）。

当 do_display 完成后，display 函数各自返回解引用 this 所得的对象。在非常量版本中，this 指向一个非常量对象，因此 display 返回一个普通的（非常量）引用；而 const 成员则返回一个常量引用。

当我们在某个对象上调用 display 时，该对象是否是 const 决定了应该调用 display 的哪个版本：

```
Screen myScreen(5,3);
const Screen blank(5, 3);
myScreen.set('#').display(cout);    // 调用非常量版本
blank.display(cout);                // 调用常量版本
```

建议：对于公共代码使用私有功能函数

有些读者可能会奇怪为什么我们要费力定义一个单独的 do_display 函数。毕竟，对 do_display 的调用并不比 do_display 函数内部所做的操作简单多少。为什么还要这么做呢？实际上我们是出于以下原因的：

- 一个基本的愿望是避免在多处使用同样的代码。

- 我们预期随着类的规模发展，display 函数有可能变得更加复杂，此时，把相应的操作写在一处而非两处的作用就比较明显了。

- 我们很可能在开发过程中给 do_display 函数添加某些调试信息，而这些信息将在代码的最终产品版本中去掉。显然，只在 do_display 一处添加或删除这些信息要更容易一些。

- 这个额外的函数调用不会增加任何开销。因为我们在类内部定义了 do_display，所以它隐式地被声明成内联函数。这样的话，调用 do_display 就不会带来任何额外的运行时开销。

在实践中，设计良好的 C++ 代码常常包含大量类似于 do_display 的小函数，通过调用这些函数，可以完成一组其他函数的"实际"工作。

7.3.2 节练习

练习 7.27：给你自己的 Screen 类添加 move、set 和 display 函数，通过执行下面的代码检验你的类是否正确。

```
Screen myScreen(5, 5, 'X');
myScreen.move(4,0).set('#').display(cout);
cout << "\n";
myScreen.display(cout);
cout << "\n";
```

练习 7.28：如果 move、set 和 display 函数的返回类型不是 Screen& 而是 Screen，则在上一个练习中将会发生什么情况？

练习 7.29：修改你的 Screen 类，令 move、set 和 display 函数返回 Screen 并检查程序的运行结果，在上一个练习中你的推测正确吗？

练习 7.30：通过 this 指针使用成员的做法虽然合法，但是有点多余。讨论显式地使用指针访问成员的优缺点。

7.3.3　类类型

每个类定义了唯一的类型。对于两个类来说，即使它们的成员完全一样，这两个类也是两个不同的类型。例如：

278

```
struct First {
    int memi;
    int getMem();
};
struct Second {
    int memi;
    int getMem();
};
First obj1;
Second obj2 = obj1;             // 错误：obj1 和 obj2 的类型不同
```

即使两个类的成员列表完全一致，它们也是不同的类型。对于一个类来说，它的成员和其他任何类（或者任何其他作用域）的成员都不是一回事儿。

我们可以把类名作为类型的名字使用，从而直接指向类类型。或者，我们也可以把类名跟在关键字 class 或 struct 后面：

```
Sales_data item1;              // 默认初始化 Sales_data 类型的对象
class Sales_data item1;        // 一条等价的声明
```

上面这两种使用类类型的方式是等价的,其中第二种方式从 C 语言继承而来,并且在 C++语言中也是合法的。

类的声明

就像可以把函数的声明和定义分离开来一样(参见 6.1.2 节,第 186 页),我们也能仅仅声明类而暂时不定义它:

```
class Screen;                    // Screen 类的声明
```

> 279

这种声明有时被称作**前向声明**(forward declaration),它向程序中引入了名字 Screen 并且指明 Screen 是一种类类型。对于类型 Screen 来说,在它声明之后定义之前是一个**不完全类型**(incomplete type),也就是说,此时我们已知 Screen 是一个类类型,但是不清楚它到底包含哪些成员。

不完全类型只能在非常有限的情景下使用:可以定义指向这种类型的指针或引用,也可以声明(但是不能定义)以不完全类型作为参数或者返回类型的函数。

对于一个类来说,在我们创建它的对象之前该类必须被定义过,而不能仅仅被声明。否则,编译器就无法了解这样的对象需要多少存储空间。类似的,类也必须首先被定义,然后才能用引用或者指针访问其成员。毕竟,如果类尚未定义,编译器也就不清楚该类到底有哪些成员。

在 7.6 节(第 268 页)中我们将描述一种例外的情况:直到类被定义之后数据成员才能被声明成这种类类型。换句话说,我们必须首先完成类的定义,然后编译器才能知道存储该数据成员需要多少空间。因为只有当类全部完成后类才算被定义,所以一个类的成员类型不能是该类自己。然而,一旦一个类的名字出现后,它就被认为是声明过了(但尚未定义),因此类允许包含指向它自身类型的引用或指针:

```
class Link_screen {
    Screen window;
    Link_screen *next;
    Link_screen *prev;
};
```

7.3.3 节练习

练习 7.31:定义一对类 X 和 Y,其中 X 包含一个指向 Y 的指针,而 Y 包含一个类型为 X 的对象。

7.3.4 友元再探

我们的 Sales_data 类把三个普通的非成员函数定义成了友元(参见 7.2.1 节,第 241 页)。类还可以把其他的类定义成友元,也可以把其他类(之前已定义过的)的成员函数定义成友元。此外,友元函数能定义在类的内部,这样的函数是隐式内联的。

类之间的友元关系

举个友元类的例子,我们的 Window_mgr 类(参见 7.3.1 节,第 245 页)的某些成员可能需要访问它管理的 Screen 类的内部数据。例如,假设我们需要为 Window_mgr 添加

> 280

一个名为 clear 的成员,它负责把一个指定的 Screen 的内容都设为空白。为了完成这一任务,clear 需要访问 Screen 的私有成员;而要想令这种访问合法,Screen 需要

把 Window_mgr 指定成它的友元：

```
class Screen {
    // Window_mgr 的成员可以访问 Screen 类的私有部分
    friend class Window_mgr;
    // Screen 类的剩余部分
};
```

如果一个类指定了友元类，则友元类的成员函数可以访问此类包括非公有成员在内的所有成员。通过上面的声明，Window_mgr 被指定为 Screen 的友元，因此我们可以将 Window_mgr 的 clear 成员写成如下的形式：

```
class Window_mgr {
public:
    // 窗口中每个屏幕的编号
    using ScreenIndex = std::vector<Screen>::size_type;
    // 按照编号将指定的 Screen 重置为空白
    void clear(ScreenIndex);
private:
    std::vector<Screen> screens{Screen(24, 80, ' ')};
};
void Window_mgr::clear(ScreenIndex i)
{
    // s 是一个 Screen 的引用，指向我们想清空的那个屏幕
    Screen &s = screens[i];
    // 将那个选定的 Screen 重置为空白
    s.contents = string(s.height * s.width, ' ');
}
```

一开始，首先把 s 定义成 screens vector 中第 i 个位置上的 Screen 的引用，随后利用 Screen 的 height 和 width 成员计算出一个新的 string 对象，并令其含有若干个空白字符，最后我们把这个含有很多空白的字符串赋给 contents 成员。

如果 clear 不是 Screen 的友元，上面的代码将无法通过编译，因为此时 clear 将不能访问 Screen 的 height、width 和 contents 成员。而当 Screen 将 Window_mgr 指定为其友元之后，Screen 的所有成员对于 Window_mgr 就都变成可见的了。

必须要注意的一点是，友元关系不存在传递性。也就是说，如果 Window_mgr 有它自己的友元，则这些友元并不能理所当然地具有访问 Screen 的特权。

 每个类负责控制自己的友元类或友元函数。

令成员函数作为友元

除了令整个 Window_mgr 作为友元之外，Screen 还可以只为 clear 提供访问权限。当把一个成员函数声明成友元时，我们必须明确指出该成员函数属于哪个类：

```
class Screen {
    // Window_mgr::clear 必须在 Screen 类之前被声明
    friend void Window_mgr::clear(ScreenIndex);
    // Screen 类的剩余部分
};
```

281

要想令某个成员函数作为友元，我们必须仔细组织程序的结构以满足声明和定义的彼此依赖关系。在这个例子中，我们必须按照如下方式设计程序：

- 首先定义 Window_mgr 类，其中声明 clear 函数，但是不能定义它。在 clear 使用 Screen 的成员之前必须先声明 Screen。
- 接下来定义 Screen，包括对于 clear 的友元声明。
- 最后定义 clear，此时它才可以使用 Screen 的成员。

函数重载和友元

尽管重载函数的名字相同，但它们仍然是不同的函数。因此，如果一个类想把一组重载函数声明成它的友元，它需要对这组函数中的每一个分别声明：

```
// 重载的 storeOn 函数
extern std::ostream& storeOn(std::ostream &, Screen &);
extern BitMap& storeOn(BitMap &, Screen &);
class Screen {
    // storeOn 的 ostream 版本能访问 Screen 对象的私有部分
    friend std::ostream& storeOn(std::ostream &, Screen &);
    // ...
};
```

Screen 类把接受 ostream& 的 storeOn 函数声明成它的友元，但是接受 BitMap& 作为参数的版本仍然不能访问 Screen。

友元声明和作用域

类和非成员函数的声明不是必须在它们的友元声明之前。当一个名字第一次出现在一个友元声明中时，我们隐式地假定该名字在当前作用域中是可见的。然而，友元本身不一定真的声明在当前作用域中（参见 7.2.1 节，第 241 页）。

甚至就算在类的内部定义该函数，我们也必须在类的外部提供相应的声明从而使得函数可见。换句话说，即使我们仅仅是用声明友元的类的成员调用该友元函数，它也必须是被声明过的：

```
struct X {
    friend void f() { /* 友元函数可以定义在类的内部*/ }
    X() { f(); }                    // 错误：f 还没有被声明
    void g();
    void h();
};
void X::g() { return f(); }         // 错误：f 还没有被声明
void f();                           // 声明那个定义在 X 中的函数
void X::h() { return f(); }         // 正确：现在 f 的声明在作用域中了
```

关于这段代码最重要的是理解友元声明的作用是影响访问权限，它本身并非普通意义上的声明。

请注意，有的编译器并不强制执行上述关于友元的限定规则（参见 7.2.1 节，第 241 页）。

练习 7.32： 定义你自己的 Screen 和 Window_mgr，其中 clear 是 Window_mgr 的成员，是 Screen 的友元。

7.4 类的作用域

每个类都会定义它自己的作用域。在类的作用域之外，普通的数据和函数成员只能由对象、引用或者指针使用成员访问运算符（参见 4.6 节，第 133 页）来访问。对于类类型成员则使用作用域运算符访问。不论哪种情况，跟在运算符之后的名字都必须是对应类的成员：

```cpp
Screen::pos ht = 24, wd = 80;          // 使用 Screen 定义的 pos 类型
Screen scr(ht, wd, ' ');
Screen *p = &scr;
char c = scr.get();                    // 访问 scr 对象的 get 成员
c = p->get();                          // 访问 p 所指对象的 get 成员
```

作用域和定义在类外部的成员

一个类就是一个作用域的事实能够很好地解释为什么当我们在类的外部定义成员函数时必须同时提供类名和函数名（参见 7.1.2 节，第 230 页）。在类的外部，成员的名字被隐藏起来了。

一旦遇到了类名，定义的剩余部分就在类的作用域之内了，这里的剩余部分包括参数列表和函数体。结果就是，我们可以直接使用类的其他成员而无须再次授权了。

例如，我们回顾一下 Window_mgr 类的 clear 成员（参见 7.3.4 节，第 251 页），该函数的参数用到了 Window_mgr 类定义的一种类型：

```cpp
void Window_mgr::clear(ScreenIndex i)
{
    Screen &s = screens[i];
    s.contents = string(s.height * s.width, ' ');
}
```

因为编译器在处理参数列表之前已经明确了我们当前正位于 Window_mgr 类的作用域中，所以不必再专门说明 ScreenIndex 是 Window_mgr 类定义的。出于同样的原因，编译器也能知道函数体中用到的 screens 也是在 Window_mgr 类中定义的。

另一方面，函数的返回类型通常出现在函数名之前。因此当成员函数定义在类的外部时，返回类型中使用的名字都位于类的作用域之外。这时，返回类型必须指明它是哪个类的成员。例如，我们可能向 Window_mgr 类添加一个新的名为 addScreen 的函数，它负责向显示器添加一个新的屏幕。这个成员的返回类型将是 ScreenIndex，用户可以通过它定位到指定的 Screen：

```cpp
class Window_mgr {
public:
    // 向窗口添加一个 Screen，返回它的编号
    ScreenIndex addScreen(const Screen&);
    // 其他成员与之前的版本一致
};
// 首先处理返回类型，之后我们才进入 Window_mgr 的作用域
```

283

```
Window_mgr::ScreenIndex
Window_mgr::addScreen(const Screen &s)
{
    screens.push_back(s);
    return screens.size() - 1;
}
```

因为返回类型出现在类名之前，所以事实上它是位于 Window_mgr 类的作用域之外的。在这种情况下，要想使用 ScreenIndex 作为返回类型，我们必须明确指定哪个类定义了它。

> **7.4 节练习**
>
> **练习 7.33**：如果我们给 Screen 添加一个如下所示的 size 成员将发生什么情况？如果出现了问题，请尝试修改它。
>
> ```
> pos Screen::size() const
> {
>     return height * width;
> }
> ```

7.4.1   名字查找与类的作用域

在目前为止，我们编写的程序中，**名字查找**（name lookup）（寻找与所用名字最匹配的声明的过程）的过程比较直截了当：

- 首先，在名字所在的块中寻找其声明语句，只考虑在名字的使用之前出现的声明。
- 如果没找到，继续查找外层作用域。
- 如果最终没有找到匹配的声明，则程序报错。

对于定义在类内部的成员函数来说，解析其中名字的方式与上述的查找规则有所区别，不过在当前的这个例子中体现得不太明显。类的定义分两步处理：

- 首先，编译成员的声明。
- 直到类全部可见后才编译函数体。

> *Note* 编译器处理完类中的全部声明后才会处理成员函数的定义。

按照这种两阶段的方式处理类可以简化类代码的组织方式。因为成员函数体直到整个类可见后才会被处理，所以它能使用类中定义的任何名字。相反，如果函数的定义和成员的声明被同时处理，那么我们将不得不在成员函数中只使用那些已经出现的名字。

用于类成员声明的名字查找

这种两阶段的处理方式只适用于成员函数中使用的名字。声明中使用的名字，包括返回类型或者参数列表中使用的名字，都必须在使用前确保可见。如果某个成员的声明使用了类中尚未出现的名字，则编译器将会在定义该类的作用域中继续查找。例如：

```
typedef double Money;
string bal;
class Account {
public:
```

```
    Money balance() { return bal; }
private:
    Money bal;
    // ...
};
```

当编译器看到 balance 函数的声明语句时，它将在 Account 类的范围内寻找对 Money 的声明。编译器只考虑 Account 中在使用 Money 前出现的声明，因为没找到匹配的成员，所以编译器会接着到 Account 的外层作用域中查找。在这个例子中，编译器会找到 Money 的 typedef 语句，该类型被用作 balance 函数的返回类型以及数据成员 bal 的类型。另一方面，balance 函数体在整个类可见后才被处理，因此，该函数的 return 语句返回名为 bal 的成员，而非外层作用域的 string 对象。

类型名要特殊处理

一般来说，内层作用域可以重新定义外层作用域中的名字，即使该名字已经在内层作用域中使用过。然而在类中，如果成员使用了外层作用域中的某个名字，而该名字代表一种类型，则类不能在之后重新定义该名字： <285

```
typedef double Money;
class Account {
public:
    Money balance() { return bal; }    // 使用外层作用域的 Money
private:
    typedef double Money;              // 错误：不能重新定义 Money
    Money bal;
    // ...
};
```

需要特别注意的是，即使 Account 中定义的 Money 类型与外层作用域一致，上述代码仍然是错误的。

尽管重新定义类型名字是一种错误的行为，但是编译器并不为此负责。一些编译器仍将顺利通过这样的代码，而忽略代码有错的事实。

 类型名的定义通常出现在类的开始处，这样就能确保所有使用该类型的成员都出现在类名的定义之后。

成员定义中的普通块作用域的名字查找

成员函数中使用的名字按照如下方式解析：

- 首先，在成员函数内查找该名字的声明。和前面一样，只有在函数使用之前出现的声明才被考虑。
- 如果在成员函数内没有找到，则在类内继续查找，这时类的所有成员都可以被考虑。
- 如果类内也没找到该名字的声明，在成员函数定义之前的作用域内继续查找。

一般来说，不建议使用其他成员的名字作为某个成员函数的参数。不过为了更好地解释名字的解析过程，我们不妨在 dummy_fcn 函数中暂时违反一下这个约定：

```
// 注意：这段代码仅为了说明而用，不是一段很好的代码
// 通常情况下不建议为参数和成员使用同样的名字
int height;                        // 定义了一个名字，稍后将在 Screen 中使用
```

```
class Screen {
public:
    typedef std::string::size_type pos;
    void dummy_fcn(pos height) {
        cursor = width * height;        // 哪个 height?是那个参数
    }
private:
    pos cursor = 0;
    pos height = 0, width = 0;
};
```

286>

当编译器处理 dummy_fcn 中的乘法表达式时,它首先在函数作用域内查找表达式中用到的名字。函数的参数位于函数作用域内,因此 dummy_fcn 函数体内用到的名字 height 指的是参数声明。

在此例中,height 参数隐藏了同名的成员。如果想绕开上面的查找规则,应该将代码变为:

```
// 不建议的写法:成员函数中的名字不应该隐藏同名的成员
void Screen::dummy_fcn(pos height) {
    cursor = width * this->height;        // 成员 height
    // 另外一种表示该成员的方式
    cursor = width * Screen::height;      // 成员 height
}
```

> 尽管类的成员被隐藏了,但我们仍然可以通过加上类的名字或显式地使用 this 指针来强制访问成员。

其实最好的确保我们使用 height 成员的方法是给参数起个其他名字:

```
// 建议的写法:不要把成员名字作为参数或其他局部变量使用
void Screen::dummy_fcn(pos ht) {
    cursor = width * height;              // 成员 height
}
```

在此例中,当编译器查找名字 height 时,显然在 dummy_fcn 函数内部是找不到的。编译器接着会在 Screen 内查找匹配的声明,即使 height 的声明出现在 dummy_fcn 使用它之后,编译器也能正确地解析函数使用的是名为 height 的成员。

类作用域之后,在外围的作用域中查找

如果编译器在函数和类的作用域中都没有找到名字,它将接着在外围的作用域中查找。在我们的例子中,名字 height 定义在外层作用域中,且位于 Screen 的定义之前。然而,外层作用域中的对象被名为 height 的成员隐藏掉了。因此,如果我们需要的是外层作用域中的名字,可以显式地通过作用域运算符来进行请求:

```
// 不建议的写法:不要隐藏外层作用域中可能被用到的名字
void Screen::dummy_fcn(pos height) {
    cursor = width * ::height;           // 哪个 height? 是那个全局的
}
```

> 尽管外层的对象被隐藏掉了,但我们仍然可以用作用域运算符访问它。

在文件中名字的出现处对其进行解析

287

当成员定义在类的外部时，名字查找的第三步不仅要考虑类定义之前的全局作用域中的声明，还需要考虑在成员函数定义之前的全局作用域中的声明。例如：

```cpp
int height;                  // 定义了一个名字，稍后将在 Screen 中使用
class Screen {
public:
    typedef std::string::size_type pos;
    void setHeight(pos);
    pos height = 0;          // 隐藏了外层作用域中的 height
};
Screen::pos verify(Screen::pos);
void Screen::setHeight(pos var) {
    // var: 参数
    // height: 类的成员
    // verify: 全局函数
    height = verify(var);
}
```

请注意，全局函数 verify 的声明在 Screen 类的定义之前是不可见的。然而，名字查找的第三步包括了成员函数出现之前的全局作用域。在此例中，verify 的声明位于 setHeight 的定义之前，因此可以被正常使用。

7.4.1 节练习

练习 7.34： 如果我们把第 256 页 Screen 类的 pos 的 typedef 放在类的最后一行会发生什么情况？

练习 7.35： 解释下面代码的含义，说明其中的 Type 和 initVal 分别使用了哪个定义。如果代码存在错误，尝试修改它。

```cpp
typedef string Type;
Type initVal();
class Exercise {
public:
    typedef double Type;
    Type setVal(Type);
    Type initVal();
private:
    int val;
};
Type Exercise::setVal(Type parm) {
    val = parm + initVal();
    return val;
}
```

7.5 构造函数再探

288

对于任何 C++的类来说，构造函数都是其中重要的组成部分。我们已经在 7.1.4 节（第 235 页）中介绍了构造函数的基础知识，本节将继续介绍构造函数的一些其他功能，并对

之前已经介绍的内容进行一些更深入的讨论。

7.5.1　构造函数初始值列表

当我们定义变量时习惯于立即对其进行初始化，而非先定义、再赋值：

```
string foo = "Hello World!";           // 定义并初始化
string bar;                            // 默认初始化成空 string 对象
bar = "Hello World!";                  // 为 bar 赋一个新值
```

就对象的数据成员而言，初始化和赋值也有类似的区别。如果没有在构造函数的初始值列表中显式地初始化成员，则该成员将在构造函数体之前执行默认初始化。例如：

```
// Sales_data 构造函数的一种写法，虽然合法但比较草率：没有使用构造函数初始值
Sales_data::Sales_data(const string &s,
                       unsigned cnt, double price)
{
    bookNo - s;
    units_sold = cnt;
    revenue = cnt * price;
}
```

这段代码和我们在 237 页的原始定义效果是相同的：当构造函数完成后，数据成员的值相同。区别是原来的版本初始化了它的数据成员，而这个版本是对数据成员执行了赋值操作。这一区别到底会有什么深层次的影响完全依赖于数据成员的类型。

构造函数的初始值有时必不可少

有时我们可以忽略数据成员初始化和赋值之间的差异，但并非总能这样。如果成员是 const 或者是引用的话，必须将其初始化。类似的，当成员属于某种类类型且该类没有定义默认构造函数时，也必须将这个成员初始化。例如：

```
class ConstRef {
public:
    ConstRef(int ii);
private:
    int i;
    const int ci;
    int &ri;
};
```

和其他常量对象或者引用一样，成员 ci 和 ri 都必须被初始化。因此，如果我们没有为它们提供构造函数初始值的话将引发错误：

```
// 错误：ci 和 ri 必须被初始化
ConstRef::ConstRef(int ii)
{ // 赋值：
    i = ii;                    // 正确
    ci = ii;                   // 错误：不能给 const 赋值
    ri = i;                    // 错误：ri 没被初始化
}
```

随着构造函数体一开始执行，初始化就完成了。我们初始化 const 或者引用类型的数据成员的唯一机会就是通过构造函数初始值，因此该构造函数的正确形式应该是：

```
// 正确：显式地初始化引用和 const 成员
ConstRef::ConstRef(int ii): i(ii), ci(ii), ri(i) { }
```

> 如果成员是 const、引用，或者属于某种未提供默认构造函数的类类型，我们
> 必须通过构造函数初始值列表为这些成员提供初值。

建议：使用构造函数初始值

在很多类中，初始化和赋值的区别事关底层效率问题：前者直接初始化数据成员，后者则先初始化再赋值。

除了效率问题外更重要的是，一些数据成员必须被初始化。建议读者养成使用构造函数初始值的习惯，这样能避免某些意想不到的编译错误，特别是遇到有的类含有需要构造函数初始值的成员时。

成员初始化的顺序

显然，在构造函数初始值中每个成员只能出现一次。否则，给同一个成员赋两个不同的初始值有什么意义呢？

不过让人稍感意外的是，构造函数初始值列表只说明用于初始化成员的值，而不限定初始化的具体执行顺序。

成员的初始化顺序与它们在类定义中的出现顺序一致：第一个成员先被初始化，然后第二个，以此类推。构造函数初始值列表中初始值的前后位置关系不会影响实际的初始化顺序。

一般来说，初始化的顺序没什么特别要求。不过如果一个成员是用另一个成员来初始化的，那么这两个成员的初始化顺序就很关键了。

举个例子，考虑下面这个类：

290

```
class X {
    int i;
    int j;
public:
    // 未定义的：i 在 j 之前被初始化
    X(int val): j(val), i(j) { }
};
```

在此例中，从构造函数初始值的形式上来看仿佛是先用 val 初始化了 j，然后再用 j 初始化 i。实际上，i 先被初始化，因此这个初始值的效果是试图使用未定义的值 j 初始化 i！

有的编译器具备一项比较友好的功能，即当构造函数初始值列表中的数据成员顺序与这些成员声明的顺序不符时会生成一条警告信息。

> 最好令构造函数初始值的顺序与成员声明的顺序保持一致。而且如果可能的
> 话，尽量避免使用某些成员初始化其他成员。

如果可能的话，最好用构造函数的参数作为成员的初始值，而尽量避免使用同一个对

象的其他成员。这样的好处是我们可以不必考虑成员的初始化顺序。例如，X 的构造函数如果写成如下的形式效果会更好：

```
X(int val): i(val), j(val) { }
```

在这个版本中，i 和 j 初始化的顺序就没什么影响了。

默认实参和构造函数

Sales_data 默认构造函数的行为与只接受一个 string 实参的构造函数差不多。唯一的区别是接受 string 实参的构造函数使用这个实参初始化 bookNo，而默认构造函数（隐式地）使用 string 的默认构造函数初始化 bookNo。我们可以把它们重写成一个使用默认实参（参见 6.5.1 节，第 211 页）的构造函数：

```
class Sales_data {
public:
    // 定义默认构造函数，令其与只接受一个 string 实参的构造函数功能相同
    Sales_data(std::string s = ""): bookNo(s) { }
    // 其他构造函数与之前一致
    Sales_data(std::string s, unsigned cnt, double rev):
        bookNo(s), units_sold(cnt), revenue(rev*cnt) { }
    Sales_data(std::istream &is) { read(is, *this); }
    // 其他成员与之前的版本一致
};
```

在上面这段程序中，类的接口与第 237 页的代码是一样的。当没有给定实参，或者给定了一个 string 实参时，两个版本的类创建了相同的对象。因为我们不提供实参也能调用上述的构造函数，所以该构造函数实际上为我们的类提供了默认构造函数。

291 ▷

如果一个构造函数为所有参数都提供了默认实参，则它实际上也定义了默认构造函数。

值得注意的是，我们不应该为 Sales_data 接受三个实参的构造函数提供默认值。因为如果用户为售出书籍的数量提供了一个非零的值，则我们就会期望用户同时提供这些书籍的售出价格。

7.5.1 节练习

练习 7.36：下面的初始值是错误的，请找出问题所在并尝试修改它。

```
struct X {
    X (int i, int j): base(i), rem(base % j) { }
    int rem, base;
};
```

练习 7.37：使用本节提供的 Sales_data 类，确定初始化下面的变量时分别使用了哪个构造函数，然后罗列出每个对象所有数据成员的值。

```
Sales_data first_item(cin);

int main() {
    Sales_data next;
    Sales_data last("9-999-99999-9");
}
```

练习 7.38：有些情况下我们希望提供 `cin` 作为接受 `istream&`参数的构造函数的默认实参，请声明这样的构造函数。

练习 7.39：如果接受 `string` 的构造函数和接受 `istream&`的构造函数都使用默认实参，这种行为合法吗？如果不，为什么？

练习 7.40：从下面的抽象概念中选择一个（或者你自己指定一个），思考这样的类需要哪些数据成员，提供一组合理的构造函数并阐明这样做的原因。

(a) `Book`　　　　(b) `Date`　　　　(c) `Employee`
(d) `Vehicle`　　(e) `Object`　　(f) `Tree`

7.5.2 委托构造函数

C++11 新标准扩展了构造函数初始值的功能，使得我们可以定义所谓的**委托构造函数**（delegating constructor）。一个委托构造函数使用它所属类的其他构造函数执行它自己的初始化过程，或者说它把它自己的一些（或者全部）职责委托给了其他构造函数。

和其他构造函数一样，一个委托构造函数也有一个成员初始值的列表和一个函数体。在委托构造函数内，成员初始值列表只有一个唯一的入口，就是类名本身。和其他成员初始值一样，类名后面紧跟圆括号括起来的参数列表，参数列表必须与类中另外一个构造函数匹配。

举个例子，我们使用委托构造函数重写 `Sales_data` 类，重写后的形式如下所示：

```
class Sales_data {
public:
    // 非委托构造函数使用对应的实参初始化成员
    Sales_data(std::string s, unsigned cnt, double price):
            bookNo(s), units_sold(cnt), revenue(cnt*price) { }
    // 其余构造函数全都委托给另一个构造函数
    Sales_data(): Sales_data("", 0, 0) {}
    Sales_data(std::string s): Sales_data(s, 0,0) {}
    Sales_data(std::istream &is): Sales_data()
                                        { read(is, *this); }
    // 其他成员与之前的版本一致
};
```

在这个 `Sales_data` 类中，除了一个构造函数外其他的都委托了它们的工作。第一个构造函数接受三个实参，使用这些实参初始化数据成员，然后结束工作。我们定义默认构造函数令其使用三参数的构造函数完成初始化过程，它也无须执行其他任务，这一点从空的构造函数体能看得出来。接受一个 `string` 的构造函数同样委托给了三参数的版本。

接受 `istream&`的构造函数也是委托构造函数，它委托给了默认构造函数，默认构造函数又接着委托给三参数构造函数。当这些受委托的构造函数执行完后，接着执行`istream&`构造函数体的内容。它的构造函数体调用 `read` 函数读取给定的 `istream`。

当一个构造函数委托给另一个构造函数时，受委托的构造函数的初始值列表和函数体被依次执行。在 `Sales_data` 类中，受委托的构造函数体恰好是空的。假如函数体包含有代码的话，将先执行这些代码，然后控制权才会交还给委托者的函数体。

7.5.2 节练习

练习 7.41： 使用委托构造函数重新编写你的 `Sales_data` 类，给每个构造函数体添加一条语句，令其一旦执行就打印一条信息。用各种可能的方式分别创建 `Sales_data` 对象，认真研究每次输出的信息直到你确实理解了委托构造函数的执行顺序。

练习 7.42： 对于你在练习 7.40（参见 7.5.1 节，第 261 页）中编写的类，确定哪些构造函数可以使用委托。如果可以的话，编写委托构造函数。如果不可以，从抽象概念列表中重新选择一个你认为可以使用委托构造函数的，为挑选出的这个概念编写类定义。

 ### 7.5.3　默认构造函数的作用

293> 当对象被默认初始化或值初始化时自动执行默认构造函数。默认初始化在以下情况下发生：

- 当我们在块作用域内不使用任何初始值定义一个非静态变量（参见 2.2.1 节，第 39 页）或者数组时（参见 3.5.1 节，第 101 页）。
- 当一个类本身含有类类型的成员且使用合成的默认构造函数时（参见 7.1.4 节，第 235 页）。
- 当类类型的成员没有在构造函数初始值列表中显式地初始化时（参见 7.1.4 节，第 237 页）。

值初始化在以下情况下发生：

- 在数组初始化的过程中如果我们提供的初始值数量少于数组的大小时（参见 3.5.1 节，第 101 页）。
- 当我们不使用初始值定义一个局部静态变量时（参见 6.1.1 节，第 185 页）。
- 当我们通过书写形如 `T( )` 的表达式显式地请求值初始化时，其中 `T` 是类型名（`vector` 的一个构造函数只接受一个实参用于说明 `vector` 大小（参见 3.3.1 节，第 88 页），它就是使用一个这种形式的实参来对它的元素初始化器进行值初始化）。

类必须包含一个默认构造函数以便在上述情况下使用，其中的大多数情况非常容易判断。

不那么明显的一种情况是类的某些数据成员缺少默认构造函数：

```
class NoDefault {
public:
    NoDefault(const std::string&);
    // 还有其他成员，但是没有其他构造函数了
};
struct A {          // 默认情况下 my_mem 是 public 的（参见 7.2 节，第 240 页）
    NoDefault my_mem;
};
A a;               // 错误：不能为 A 合成构造函数
struct B {
    B() {}          // 错误：b_member 没有初始值
    NoDefault b_member;
};
```

 在实际中，如果定义了其他构造函数，那么最好也提供一个默认构造函数。

使用默认构造函数

下面的 obj 的声明可以正常编译通过：

```
Sales_data obj();                        // 正确：定义了一个函数而非对象
if (obj.isbn() == Primer_5th_ed.isbn())  // 错误：obj 是一个函数
```

但当我们试图使用 obj 时，编译器将报错，提示我们不能对函数使用成员访问运算符。问题在于，尽管我们想声明一个默认初始化的对象，obj 实际的含义却是一个不接受任何参数的函数并且其返回值是 Sales_data 类型的对象。

如果想定义一个使用默认构造函数进行初始化的对象，正确的方法是去掉对象名之后的空的括号对：

```
// 正确：obj 是个默认初始化的对象
Sales_data obj;
```

> 对于 C++ 的新手程序员来说有一种常犯的错误，它们试图以如下的形式声明一个用默认构造函数初始化的对象：
>
> ```
> Sales_data obj();   // 错误：声明了一个函数而非对象
> Sales_data obj2;    // 正确：obj2 是一个对象而非函数
> ```

7.5.3 节练习

练习 7.43：假定有一个名为 NoDefault 的类，它有一个接受 int 的构造函数，但是没有默认构造函数。定义类 C，C 有一个 NoDefault 类型的成员，定义 C 的默认构造函数。

练习 7.44：下面这条声明合法吗？如果不，为什么？

```
vector<NoDefault> vec(10);
```

练习 7.45：如果在上一个练习中定义的 vector 的元素类型是 C，则声明合法吗？为什么？

练习 7.46：下面哪些论断是不正确的？为什么？

（a）一个类必须至少提供一个构造函数。

（b）默认构造函数是参数列表为空的构造函数。

（c）如果对于类来说不存在有意义的默认值，则类不应该提供默认构造函数。

（d）如果类没有定义默认构造函数，则编译器将为其生成一个并把每个数据成员初始化成相应类型的默认值。

7.5.4 隐式的类类型转换

4.11 节（第 141 页）曾经介绍过 C++ 语言在内置类型之间定义了几种自动转换规则。同样的，我们也能为类定义隐式转换规则。如果构造函数只接受一个实参，则它实际上定义了转换为此类类型的隐式转换机制，有时我们把这种构造函数称作**转换构造函数**（converting constructor）。我们将在 14.9 节（第 514 页）介绍如何定义将一种类类型转换为另一种类类型的转换规则。

能通过一个实参调用的构造函数定义了一条从构造函数的参数类型向类类型
隐式转换的规则。

在 Sales_data 类中，接受 string 的构造函数和接受 istream 的构造函数分别
定义了从这两种类型向 Sales_data 隐式转换的规则。也就是说，在需要使用
Sales_data 的地方，我们可以使用 string 或者 istream 作为替代：

```
string null_book = "9-999-99999-9";
// 构造一个临时的 Sales_data 对象
// 该对象的 units_sold 和 revenue 等于 0，bookNo 等于 null_book
item.combine(null_book);
```

在这里我们用一个 string 实参调用了 Sales_data 的 combine 成员。该调用是合法
的，编译器用给定的 string 自动创建了一个 Sales_data 对象。新生成的这个（临时）
Sales_data 对象被传递给 combine。因为 combine 的参数是一个常量引用，所以我
们可以给该参数传递一个临时量。

只允许一步类类型转换

在 4.11.2 节（第 143 页）中我们指出，编译器只会自动地执行一步类型转换。例如，
因为下面的代码隐式地使用了两种转换规则，所以它是错误的：

```
// 错误：需要用户定义的两种转换：
// (1) 把 "9-999-99999-9" 转换成 string
// (2) 再把这个（临时的）string 转换成 Sales_data
item.combine("9-999-99999-9");
```

如果我们想完成上述调用，可以显式地把字符串转换成 string 或者 Sales_data
对象：

```
// 正确：显式地转换成 string，隐式地转换成 Sales_data
item.combine(string("9-999-99999-9"));
// 正确：隐式地转换成 string，显式地转换成 Sales_data
item.combine(Sales_data("9-999-99999-9"));
```

类类型转换不是总有效

是否需要从 string 到 Sales_data 的转换依赖于我们对用户使用该转换的看法。
在此例中，这种转换可能是对的。null_book 中的 string 可能表示了一个不存在的
ISBN 编号。

另一个是从 istream 到 Sales_data 的转换：

```
// 使用 istream 构造函数创建一个函数传递给 combine
item.combine(cin);
```

这段代码隐式地把 cin 转换成 Sales_data，这个转换执行了接受一个 istream 的
Sales_data 构造函数。该构造函数通过读取标准输入创建了一个（临时的）Sales_data
对象，随后将得到的对象传递给 combine。

296 > Sales_data 对象是个临时量（参见 2.4.1 节，第 54 页），一旦 combine 完成我们
就不能再访问它了。实际上，我们构建了一个对象，先将它的值加到 item 中，随后将其
丢弃。

抑制构造函数定义的隐式转换

在要求隐式转换的程序上下文中，我们可以通过将构造函数声明为 **explicit** 加以阻止：

```
class Sales_data {
public:
    Sales_data() = default;
    Sales_data(const std::string &s, unsigned n, double p):
                bookNo(s), units_sold(n), revenue(p*n) { }
    explicit Sales_data(const std::string &s): bookNo(s) { }
    explicit Sales_data(std::istream&);
    // 其他成员与之前的版本一致
};
```

此时，没有任何构造函数能用于隐式地创建 Sales_data 对象，之前的两种用法都无法通过编译：

```
item.combine(null_book);      // 错误：string 构造函数是 explicit 的
item.combine(cin);            // 错误：istream 构造函数是 explicit 的
```

关键字 explicit 只对一个实参的构造函数有效。需要多个实参的构造函数不能用于执行隐式转换，所以无须将这些构造函数指定为 explicit 的。只能在类内声明构造函数时使用 explicit 关键字，在类外部定义时不应重复：

```
// 错误：explicit 关键字只允许出现在类内的构造函数声明处
explicit Sales_data::Sales_data(istream& is)
{
    read(is, *this);
}
```

explicit 构造函数只能用于直接初始化

发生隐式转换的一种情况是当我们执行拷贝形式的初始化时（使用=）（参见 3.2.1 节，第 76 页）。此时，我们只能使用直接初始化而不能使用 explicit 构造函数：

```
Sales_data item1(null_book);      // 正确：直接初始化
// 错误：不能将explicit 构造函数用于拷贝形式的初始化过程
Sales_data item2 = null_book;
```

> 当我们用 explicit 关键字声明构造函数时，它将只能以直接初始化的形式使用（参见 3.2.1 节，第 76 页）。而且，编译器将不会在自动转换过程中使用该构造函数。

297

为转换显式地使用构造函数

尽管编译器不会将 explicit 的构造函数用于隐式转换过程，但是我们可以使用这样的构造函数显式地强制进行转换：

```
// 正确：实参是一个显式构造的 Sales_data 对象
item.combine(Sales_data(null_book));
// 正确：static_cast 可以使用 explicit 的构造函数
item.combine(static_cast<Sales_data>(cin));
```

在第一个调用中，我们直接使用 Sales_data 的构造函数，该调用通过接受 string 的构造函数创建了一个临时的 Sales_data 对象。在第二个调用中，我们使用 static_cast（参见 4.11.3 节，第 145 页）执行了显式的而非隐式的转换。其中，static_cast 使用 istream 构造函数创建了一个临时的 Sales_data 对象。

标准库中含有显式构造函数的类

我们用过的一些标准库中的类含有单参数的构造函数：

- 接受一个单参数的 const char* 的 string 构造函数（参见 3.2.1 节，第 76 页）不是 explicit 的。
- 接受一个容量参数的 vector 构造函数（参见 3.3.1 节，第 87 页）是 explicit 的。

7.5.4 节练习

练习 7.47：说明接受一个 string 参数的 Sales_data 构造函数是否应该是 explicit 的，并解释这样做的优缺点。

练习 7.48：假定 Sales_data 的构造函数不是 explicit 的，则下述定义将执行什么样的操作？

```
string null_isbn("9-999-99999-9");
Sales_data item1(null_isbn);
Sales_data item2("9-999-99999-9");
```

如果 Sales_data 的构造函数是 explicit 的，又会发生什么呢？

练习 7.49：对于 combine 函数的三种不同声明，当我们调用 i.combine(s) 时分别发生什么情况？其中 i 是一个 Sales_data，而 s 是一个 string 对象。

(a) Sales_data &combine(Sales_data);
(b) Sales_data &combine(Sales_data&);
(c) Sales_data &combine(const Sales_data&) const;

练习 7.50：确定在你的 Person 类中是否有一些构造函数应该是 explicit 的。

练习 7.51：vector 将其单参数的构造函数定义成 explicit 的，而 string 则不是，你觉得原因何在？

7.5.5 聚合类

聚合类（aggregate class）使得用户可以直接访问其成员，并且具有特殊的初始化语法形式。当一个类满足如下条件时，我们说它是聚合的：

- 所有成员都是 public 的。
- 没有定义任何构造函数。
- 没有类内初始值（参见 2.6.1 节，第 64 页）。
- 没有基类，也没有 virtual 函数，关于这部分知识我们将在第 15 章详细介绍。

例如，下面的类是一个聚合类：

```
struct Data {
    int ival;
    string s;
};
```

我们可以提供一个花括号括起来的成员初始值列表，并用它初始化聚合类的数据成员：

```
// val1.ival = 0; val1.s = string("Anna")
Data val1 = { 0, "Anna" };
```

初始值的顺序必须与声明的顺序一致，也就是说，第一个成员的初始值要放在第一个，然后是第二个，以此类推。下面的例子是错误的：

```
// 错误：不能使用"Anna"初始化 ival，也不能使用 1024 初始化 s
Data val2 = { "Anna" , 1024 };
```

与初始化数组元素的规则（参见 3.5.1 节，第 101 页）一样，如果初始值列表中的元素个数少于类的成员数量，则靠后的成员被值初始化（参见 3.5.1 节，第 101 页）。初始值列表的元素个数绝对不能超过类的成员数量。

值得注意的是，显式地初始化类的对象的成员存在三个明显的缺点：

- 要求类的所有成员都是 public 的。
- 将正确初始化每个对象的每个成员的重任交给了类的用户（而非类的作者）。因为用户很容易忘掉某个初始值，或者提供一个不恰当的初始值，所以这样的初始化过程冗长乏味且容易出错。
- 添加或删除一个成员之后，所有的初始化语句都需要更新。

〈299〉

7.5.5 节练习

练习 7.52：使用 2.6.1 节（第 64 页）的 Sales_data 类，解释下面的初始化过程。如果存在问题，尝试修改它。

```
Sales_data item = {"978-0590353403", 25, 15.99};
```

7.5.6 字面值常量类

在 6.5.2 节（第 214 页）中我们提到过 constexpr 函数的参数和返回值必须是字面值类型。除了算术类型、引用和指针外，某些类也是字面值类型。和其他类不同，字面值类型的类可能含有 constexpr 函数成员。这样的成员必须符合 constexpr 函数的所有要求，它们是隐式 const 的（参见 7.1.2 节，第 231 页）。

数据成员都是字面值类型的聚合类（参见 7.5.5 节，第 266 页）是字面值常量类。如果一个类不是聚合类，但它符合下述要求，则它也是一个字面值常量类：

- 数据成员都必须是字面值类型。
- 类必须至少含有一个 constexpr 构造函数。
- 如果一个数据成员含有类内初始值，则内置类型成员的初始值必须是一条常量表达式（参见 2.4.4 节，第 58 页）；或者如果成员属于某种类类型，则初始值必须使用成员自己的 constexpr 构造函数。
- 类必须使用析构函数的默认定义，该成员负责销毁类的对象（参见 7.1.5 节，第 239 页）。

constexpr 构造函数

尽管构造函数不能是 const 的（参见 7.1.4 节，第 235 页），但是字面值常量类的构造函数可以是 constexpr（参见 6.5.2 节，第 213 页）函数。事实上，一个字面值常量类必须至少提供一个 constexpr 构造函数。

constexpr 构造函数可以声明成= default（参见 7.1.4 节，第 237 页）的形式（或者是删除函数的形式，我们将在 13.1.6 节（第 449 页）介绍相关知识）。否则，constexpr 构造函数就必须既符合构造函数的要求（意味着不能包含返回语句），又符合 constexpr 函数的要求（意味着它能拥有的唯一可执行语句就是返回语句（参见 6.5.2 节，第 214 页））。综合这两点可知，constexpr 构造函数体一般来说应该是空的。我们通过前置关键字 constexpr 就可以声明一个 constexpr 构造函数了：

```
class Debug {
public:
    constexpr Debug(bool b = true): hw(b), io(b), other(b) { }
    constexpr Debug(bool h, bool i, bool o):
                            hw(h), io(i), other(o) { }
    constexpr bool any() { return hw || io || other; }
    void set_io(bool b) { io = b; }
    void set_hw(bool b) { hw = b; }
    void set_other(bool b) { hw = b; }
private:
    bool hw;                          // 硬件错误，而非 IO 错误
    bool io;                          // IO 错误
    bool other;                       // 其他错误
};
```

constexpr 构造函数必须初始化所有数据成员，初始值或者使用 constexpr 构造函数，或者是一条常量表达式。

constexpr 构造函数用于生成 constexpr 对象以及 constexpr 函数的参数或返回类型：

```
constexpr Debug io_sub(false, true, false);       // 调试 IO
if (io_sub.any())                                 // 等价于 if(true)
    cerr << "print appropriate error messages" << endl;
constexpr Debug prod(false);                      // 无调试
if (prod.any())                                   // 等价于 if(false)
    cerr << "print an error message" << endl;
```

7.5.6 节练习

练习 7.53：定义你自己的 Debug。

练习 7.54：Debug 中以 set_ 开头的成员应该被声明成 constexpr 吗？如果不，为什么？

练习 7.55：7.5.5 节（第 266 页）的 Data 类是字面值常量类吗？请解释原因。

7.6 类的静态成员

有的时候类需要它的一些成员与类本身直接相关，而不是与类的各个对象保持关联。例如，一个银行账户类可能需要一个数据成员来表示当前的基准利率。在此例中，我们希望利率与类关联，而非与类的每个对象关联。从实现效率的角度来看，没必要每个对象都存储利率信息。而且更加重要的是，一旦利率浮动，我们希望所有的对象都能使用新值。

声明静态成员

我们通过在成员的声明之前加上关键字 static 使得其与类关联在一起。和其他成员一样，静态成员可以是 public 的或 private 的。静态数据成员的类型可以是常量、引用、指针、类类型等。

举个例子，我们定义一个类，用它表示银行的账户记录： <301

```cpp
class Account {
public:
    void calculate() { amount += amount * interestRate; }
    static double rate() { return interestRate; }
    static void rate(double);
private:
    std::string owner;
    double amount;
    static double interestRate;
    static double initRate();
};
```

类的静态成员存在于任何对象之外，对象中不包含任何与静态数据成员有关的数据。因此，每个 Account 对象将包含两个数据成员：owner 和 amount。只存在一个 interestRate 对象而且它被所有 Account 对象共享。

类似的，静态成员函数也不与任何对象绑定在一起，它们不包含 this 指针。作为结果，静态成员函数不能声明成 const 的，而且我们也不能在 static 函数体内使用 this 指针。这一限制既适用于 this 的显式使用，也对调用非静态成员的隐式使用有效。

使用类的静态成员

我们使用作用域运算符直接访问静态成员：

```cpp
double r;
r = Account::rate();        // 使用作用域运算符访问静态成员
```

虽然静态成员不属于类的某个对象，但是我们仍然可以使用类的对象、引用或者指针来访问静态成员：

```cpp
Account ac1;
Account *ac2 = &ac1;
// 调用静态成员函数 rate 的等价形式
r = ac1.rate();             // 通过 Account 的对象或引用
r = ac2->rate();            // 通过指向 Account 对象的指针
```

成员函数不用通过作用域运算符就能直接使用静态成员：

```cpp
class Account {
public:
    void calculate() { amount += amount * interestRate; }
private:
    static double interestRate;
    // 其他成员与之前的版本一致
};
```

302 **定义静态成员**

　　和其他的成员函数一样，我们既可以在类的内部也可以在类的外部定义静态成员函数。当在类的外部定义静态成员时，不能重复 static 关键字，该关键字只出现在类内部的声明语句：

```
void Account::rate(double newRate)
{
    interestRate = newRate;
}
```

 和类的所有成员一样，当我们指向类外部的静态成员时，必须指明成员所属的类名。static 关键字则只出现在类内部的声明语句中。

　　因为静态数据成员不属于类的任何一个对象，所以它们并不是在创建类的对象时被定义的。这意味着它们不是由类的构造函数初始化的。而且一般来说，我们不能在类的内部初始化静态成员。相反的，必须在类的外部定义和初始化每个静态成员。和其他对象一样，一个静态数据成员只能定义一次。

　　类似于全局变量（参见 6.1.1 节，第 184 页），静态数据成员定义在任何函数之外。因此一旦它被定义，就将一直存在于程序的整个生命周期中。

　　我们定义静态数据成员的方式和在类的外部定义成员函数差不多。我们需要指定对象的类型名，然后是类名、作用域运算符以及成员自己的名字：

```
// 定义并初始化一个静态成员
double Account::interestRate = initRate();
```

这条语句定义了名为 interestRate 的对象，该对象是类 Account 的静态成员，其类型是 double。从类名开始，这条定义语句的剩余部分就都位于类的作用域之内了。因此，我们可以直接使用 initRate 函数。注意，虽然 initRate 是私有的，我们也能用它初始化 interestRate。和其他成员的定义一样，interestRate 的定义也可以访问类的私有成员。

 要想确保对象只定义一次，最好的办法是把静态数据成员的定义与其他非内联函数的定义放在同一个文件中。

静态成员的类内初始化

　　通常情况下，类的静态成员不应该在类的内部初始化。然而，我们可以为静态成员提供 const 整数类型的类内初始值，不过要求静态成员必须是字面值常量类型的
303 constexpr（参见 7.5.6 节，第 267 页）。初始值必须是常量表达式，因为这些成员本身就是常量表达式，所以它们能用在所有适合于常量表达式的地方。例如，我们可以用一个初始化了的静态数据成员指定数组成员的维度：

```
class Account {
public:
    static double rate() { return interestRate; }
    static void rate(double);
private:
```

```
        static constexpr int period = 30;      // period是常量表达式
        double daily_tbl[period];
    };
```

如果某个静态成员的应用场景仅限于编译器可以替换它的值的情况，则一个初始化的 const 或 constexpr static 不需要分别定义。相反，如果我们将它用于值不能替换的场景中，则该成员必须有一条定义语句。

例如，如果 period 的唯一用途就是定义 daily_tbl 的维度，则不需要在 Account 外面专门定义 period。此时，如果我们忽略了这条定义，那么对程序非常微小的改动也可能造成编译错误，因为程序找不到该成员的定义语句。举个例子，当需要把 Account::period 传递给一个接受 const int& 的函数时，必须定义 period。

如果在类的内部提供了一个初始值，则成员的定义不能再指定一个初始值了：

```
// 一个不带初始值的静态成员的定义
constexpr int Account::period;            // 初始值在类的定义内提供
```

 即使一个常量静态数据成员在类内部被初始化了，通常情况下也应该在类的外部定义一下该成员。

静态成员能用于某些场景，而普通成员不能

如我们所见，静态成员独立于任何对象。因此，在某些非静态数据成员可能非法的场合，静态成员却可以正常地使用。举个例子，静态数据成员可以是不完全类型（参见 7.3.3 节，第 249 页）。特别的，静态数据成员的类型可以就是它所属的类类型。而非静态数据成员则受到限制，只能声明成它所属类的指针或引用：

```
class Bar {
public:
    // ...
private:
    static Bar mem1;            // 正确：静态成员可以是不完全类型
    Bar *mem2;                  // 正确：指针成员可以是不完全类型
    Bar mem3;                   // 错误：数据成员必须是完全类型
};
```

静态成员和普通成员的另外一个区别是我们可以使用静态成员作为默认实参（参见 6.5.1 <304 节，第 211 页）：

```
class Screen {
public:
    // bkground 表示一个在类中稍后定义的静态成员
    Screen& clear(char = bkground);
private:
    static const char bkground;
};
```

非静态数据成员不能作为默认实参，因为它的值本身属于对象的一部分，这么做的结果是无法真正提供一个对象以便从中获取成员的值，最终将引发错误。

7.6 节练习

练习 7.56：什么是类的静态成员？它有何优点？静态成员与普通成员有何区别？

练习 7.57：编写你自己的 `Account` 类。

练习 7.58：下面的静态数据成员的声明和定义有错误吗？请解释原因。

```
// example.h
class Example {
public:
    static double rate = 6.5;
    static const int vecSize = 20;
    static vector<double> vec(vecSize);
};
// example.C
#include "example.h"
double Example::rate;
vector<double> Example::vec;
```

小结

305

类是 C++语言中最基本的特性。类允许我们为自己的应用定义新类型，从而使得程序更加简洁且易于修改。

类有两项基本能力：一是数据抽象，即定义数据成员和函数成员的能力；二是封装，即保护类的成员不被随意访问的能力。通过将类的实现细节设为 private，我们就能完成类的封装。类可以将其他类或者函数设为友元，这样它们就能访问类的非公有成员了。

类可以定义一种特殊的成员函数：构造函数，其作用是控制初始化对象的方式。构造函数可以重载，构造函数应该使用构造函数初始值列表来初始化所有数据成员。

类还能定义可变或者静态成员。一个可变成员永远都不会是 const，即使在 const 成员函数内也能修改它的值；一个静态成员可以是函数也可以是数据，静态成员存在于所有对象之外。

术语表

抽象数据类型（abstract data type） 封装（隐藏）了实现细节的数据结构。

访问说明符（access specifier） 包括关键字 public 和 private。用于定义成员对类的用户可见还是只对类的友元和成员可见。在类中说明符可以出现多次，每个说明符的有效范围从它自身开始，到下一个说明符为止。

聚合类（aggregate class） 只含有公有成员的类，并且没有类内初始值或者构造函数。聚合类的成员可以用花括号括起来的初始值列表进行初始化。

类（class） C++提供的自定义数据类型的机制。类可以包含数据、函数和类型成员。一个类定义一种新的类型和一个新的作用域。

类的声明（class declaration） 首先是关键字 class（或者 struct），随后是类名以及分号。如果类已经声明而尚未定义，则它是一个不完全类型。

class 关键字（class keyword） 用于定义类的关键字，默认情况下成员是 private的。

类的作用域（class scope） 每个类定义一个作用域。类作用域比其他作用域更加复杂，类中定义的成员函数甚至有可能使用定义语句之后的名字。

常量成员函数（const member function） 一个成员函数，在其中不能修改对象的普通（即既不是 static 也不是 mutable）数据成员。const 成员的 this 指针是指向常量的指针，通过区分函数是否是 const可以进行重载。

构造函数（constructor） 用于初始化对象的一种特殊的成员函数。构造函数应该给每个数据成员都赋一个合适的初始值。

构造函数初始值列表（constructor initializer list）说明一个类的数据成员的初始值，在构造函数体执行之前首先用初始值列表中的值初始化数据成员。未经初始值列表初始化的成员将被默认初始化。

转换构造函数（converting constructor） 可以用一个实参调用的非显式构造函数。这样的函数隐式地将参数类型转换成类类型。

数据抽象（data abstraction） 着重关注类型接口的一种编程技术。数据抽象令程序员可以忽略类型的实现细节，只关注类型执行的操作即可。数据抽象是面向对象编程和泛型编程的基础。

306

默认构造函数（default constructor） 当没有提供任何实参时使用的构造函数。

委托构造函数（delegating constructor） 委托构造函数的初始值列表只有一个入口，指定类的另一个构造函数执行初始化操作。

封装（encapsulation） 分离类的实现与接口，从而隐藏了类的实现细节。在 C++语言中，通过把实现部分设为 private 完成封装的任务。

显式构造函数（explicit constructor） 可以用一个单独的实参调用但是不能用于隐式转换的构造函数。通过在构造函数的声明之前加上 explicit 关键字就可以将其声明成显式构造函数。

前向声明（forward declaration） 对尚未定义的名字的声明，通常用于表示位于类定义之前的类声明。参见"不完全类型"。

友元（friend）类向外部提供其非公有成员访问权限的一种机制。友元的访问权限与成员函数一样。友元可以是类，也可以是函数。

实现（implementation）类的成员（通常是私有的），定义了不希望为使用类类型的代码所用的数据及任何操作。

不完全类型（incomplete type） 已经声明但是尚未定义的类型。不完全类型不能用于定义变量或者类的成员，但是用不完全类型定义指针或者引用是合法的。

接口（interface） 类型提供的（公有）操作。通常情况下，接口不包含数据成员。

成员函数（member function） 类的函数成员。普通的成员函数通过隐式的 this 指针与类的对象绑定在一起；静态成员函数不与对象绑定在一起也没有 this 指针。

成员函数可以重载，此时隐式的 this 指针参与函数匹配的过程。

可变数据成员（mutable data member） 这种成员永远不是 const，即使它属于 const 对象。在 const 函数内可以修改可变数据成员。

名字查找（name lookup） 根据名字的使用寻找匹配的声明的过程。

私有成员（private member） 定义在 private 访问说明符之后的成员，只能被类的友元或者类的其他成员访问。数据成员以及仅供类本身使用而不作为接口的功能函数一般设为 private。

公有成员（public member） 定义在 public 访问说明符之后的成员，可以被类的所有用户访问。通常情况下，只有实现类的接口的函数才被设为 public。

struct 关键字（struct keyword） 用于定义类的关键字，默认情况下成员是 public 的。

合成默认构造函数（synthesized default constructor） 对于没有显式地定义任何构造函数的类，编译器为其创建（合成）的默认构造函数。该构造函数检查类的数据成员，如果提供了类内初始值，就用它执行初始化操作；否则就对数据成员执行默认初始化。

this 指针（this pointer） 是一个隐式的值，作为额外的实参传递给类的每个非静态成员函数。this 指针指向代表函数调用者的对象。

= default 一种语法形式，位于类内部默认构造函数声明语句的参数列表之后，要求编译器生成构造函数，而不管类是否已经有了其他构造函数。

第 II 部分
C++标准库

内容

随着 C++版本的一次次修订，标准库也在不断成长。确实，新的 C++标准中有三分之二的文本都用来描述标准库。虽然我们不能深入讨论所有标准库设施，但有些核心库设施是每个 C++程序员都应该熟练掌握的，第二部分将介绍这些内容。

我们首先在第 8 章中介绍基本的 IO 库设施。除了使用标准库读写与控制台窗口相关联的流之外，我们还将学习其他一些库类型，可以帮助我们读写命名文件以及完成到 string 对象的内存 IO 操作。

标准库的核心是很多容器类和一族泛型算法，这些设施能帮助我们编写简洁高效的程序。标准库会去关注那些簿记操作的细节，特别是内存管理，这样我们的程序就可以将全部注意力投入到需要求解的问题上。

我们在第 3 章中已经介绍了容器类型 vector，在第 9 章中将介绍更多 vector 相关的内容，这一章也会涉及其他顺序容器。我们还会介绍更多 string 类型所支持的操作，可以将 string 看作一种只包含字符元素的特殊容器。string 支持很多容器操作，但并不是全部。

第 10 章介绍泛型算法。这类算法通常在顺序容器一定范围内的元素上或其他类型的序列上进行操作。算法库为各种经典算法提供了高效的实现，如排序和搜索算法，还提供了其他一些常用操作。例如，标准库提供了 copy 算法，完成一个序列到另一个序列的元素拷贝；还提供了 find 算法，实现给定元素的查找，等等。泛型算法的通用性体现在两个层面：可应用于不同类型的序列；对序列中元素的类型限制小，大多数类型都是允许的。

　　标准库还提供了一些关联容器，第 11 章介绍这部分内容。关联容器中的元素是通过关键字来访问的。关联容器支持很多顺序容器的操作，也定义了一些自己特有的操作。

　　第 12 章是第二部分的最后一章，这一章介绍动态内存管理相关的一些语言特性和库设施。这一章介绍智能指针的一个标准版本，它是新标准库中最重要的类之一。通过使用智能指针，我们可以大幅度提高使用动态内存的代码的鲁棒性。这一章最后将给出一个较大的例子，使用了第Ⅱ部分介绍的所有标准库设施。

第 8 章
IO 库

内容

C++语言不直接处理输入输出，而是通过一族定义在标准库中的类型来处理 IO。这些类型支持从设备读取数据、向设备写入数据的 IO 操作，设备可以是文件、控制台窗口等。还有一些类型允许内存 IO，即，从 string 读取数据，向 string 写入数据。

IO 库定义了读写内置类型值的操作。此外，一些类，如 string，通常也会定义类似的 IO 操作，来读写自己的对象。

本章介绍 IO 库的基本内容。后续章节会介绍更多 IO 库的功能：第 14 章将会介绍如何编写自己的输入输出运算符，第 17 章将会介绍如何控制输出格式以及如何对文件进行随机访问。

310▷　　我们的程序已经使用了很多 IO 库设施了。我们在 1.2 节（第 5 页）已经介绍了大部分 IO 库设施：

- istream（输入流）类型，提供输入操作。
- ostream（输出流）类型，提供输出操作。
- cin，一个 istream 对象，从标准输入读取数据。
- cout，一个 ostream 对象，向标准输出写入数据。
- cerr，一个 ostream 对象，通常用于输出程序错误消息，写入到标准错误。
- >>运算符，用来从一个 istream 对象读取输入数据。
- <<运算符，用来向一个 ostream 对象写入输出数据。
- getline 函数（参见 3.3.2 节，第 78 页），从一个给定的 istream 读取一行数据，存入一个给定的 string 对象中。

8.1　IO 类

　　到目前为止，我们已经使用过的 IO 类型和对象都是操纵 char 数据的。默认情况下，这些对象都是关联到用户的控制台窗口的。当然，我们不能限制实际应用程序仅从控制台窗口进行 IO 操作，应用程序常常需要读写命名文件。而且，使用 IO 操作处理 string 中的字符会很方便。此外，应用程序还可能读写需要宽字符支持的语言。

　　为了支持这些不同种类的 IO 处理操作，在 istream 和 ostream 之外，标准库还定义了其他一些 IO 类型，我们之前都已经使用过了。表 8.1 列出了这些类型，分别定义在三个独立的头文件中：iostream 定义了用于读写流的基本类型，fstream 定义了读写命名文件的类型，sstream 定义了读写内存 string 对象的类型。

表 8.1：IO 库类型和头文件	
头文件	**类型**
iostream	istream, wistream 从流读取数据
	ostream, wostream 向流写入数据
	iostream, wiostream 读写流
fstream	ifstream, wifstream 从文件读取数据
	ofstream, wofstream 向文件写入数据
	fstream, wfstream 读写文件
sstream	istringstream, wistringstream 从 string 读取数据
	ostringstream, wostringstream 向 string 写入数据
	stringstream, wstringstream 读写 string

311▷　　为了支持使用宽字符的语言，标准库定义了一组类型和对象来操纵 wchar_t 类型的数据（参见 2.1.1 节，第 30 页）。宽字符版本的类型和函数的名字以一个 w 开始。例如，wcin、wcout 和 wcerr 是分别对应 cin、cout 和 cerr 的宽字符版对象。宽字符版本的类型和对象与其对应的普通 char 版本的类型定义在同一个头文件中。例如，头文件 fstream 定义了 ifstream 和 wifstream 类型。

IO 类型间的关系

概念上，设备类型和字符大小都不会影响我们要执行的 IO 操作。例如，我们可以用 >>读取数据，而不用管是从一个控制台窗口，一个磁盘文件，还是一个 string 读取。类似的，我们也不用管读取的字符能存入一个 char 对象内，还是需要一个 wchar_t 对象来存储。

标准库使我们能忽略这些不同类型的流之间的差异，这是通过**继承机制**（inheritance）实现的。利用模板（参见 3.3 节，第 87 页），我们可以使用具有继承关系的类，而不必了解继承机制如何工作的细节。我们将在第 15 章和 18.3 节（第 710 页）介绍 C++是如何支持继承机制的。

简单地说，继承机制使我们可以声明一个特定的类继承自另一个类。我们通常可以将一个派生类（继承类）对象当作其基类（所继承的类）对象来使用。

类型 ifstream 和 istringstream 都继承自 istream。因此，我们可以像使用 istream 对象一样来使用 ifstream 和 istringstream 对象。也就是说，我们是如何使用 cin 的，就可以同样地使用这些类型的对象。例如，可以对一个 ifstream 或 istringstream 对象调用 getline，也可以使用 >> 从一个 ifstream 或 istringstream 对象中读取数据。类似的，类型 ofstream 和 ostringstream 都继承自 ostream。因此，我们是如何使用 cout 的，就可以同样地使用这些类型的对象。

 本节剩下部分所介绍的标准库流特性都可以无差别地应用于普通流、文件流和 string 流，以及 char 或宽字符流版本。

8.1.1 IO 对象无拷贝或赋值

如我们在 7.1.3 节（第 234 页）所见，我们不能拷贝或对 IO 对象赋值：

```
ofstream out1, out2;
out1 = out2;                    // 错误：不能对流对象赋值
ofstream print(ofstream);       // 错误：不能初始化 ofstream 参数
out2 = print(out2);             // 错误：不能拷贝流对象
```

由于不能拷贝 IO 对象，因此我们也不能将形参或返回类型设置为流类型（参见 6.2.1 节，第 188 页）。进行 IO 操作的函数通常以引用方式传递和返回流。读写一个 IO 对象会改变其状态，因此传递和返回的引用不能是 const 的。

8.1.2 条件状态

IO 操作一个与生俱来的问题是可能发生错误。一些错误是可恢复的，而其他错误则发生在系统深处，已经超出了应用程序可以修正的范围。表 8.2 列出了 IO 类所定义的一些函数和标志，可以帮助我们访问和操纵流的**条件状态**（condition state）。

表 8.2：IO 库条件状态	
strm::iostate	*strm* 是一种 IO 类型，在表 8.1（第 278 页）中已列出。iostate 是一种机器相关的类型，提供了表达条件状态的完整功能
strm::badbit	*strm*::badbit 用来指出流已崩溃
strm::failbit	*strm*::failbit 用来指出一个 IO 操作失败了

续表

strm::eofbit	*strm*::eofbit 用来指出流到达了文件结束
strm::goodbit	*strm*::goodbit 用来指出流未处于错误状态。此值保证为零
s.eof()	若流 s 的 eofbit 置位，则返回 true
s.fail()	若流 s 的 failbit 或 badbit 置位，则返回 true
s.bad()	若流 s 的 badbit 置位，则返回 true
s.good()	若流 s 处于有效状态，则返回 true
s.clear()	将流 s 中所有条件状态位复位，将流的状态设置为有效。返回 void
s.clear(flags)	根据给定的 flags 标志位，将流 s 中对应条件状态位复位。flags 的类型为 *strm*::iostate。返回 void
s.setstate(flags)	根据给定的 flags 标志位，将流 s 中对应条件状态位置位。flags 的类型为 *strm*::iostate。返回 void
s.rdstate()	返回流 s 的当前条件状态，返回值类型为 strm::iostate

下面是一个 IO 错误的例子：

```
int ival;
cin >> ival;
```

如果我们在标准输入上键入 Boo，读操作就会失败。代码中的输入运算符期待读取一个 int，但却得到了一个字符 B。这样，cin 会进入错误状态。类似的，如果我们输入一个文件结束标识，cin 也会进入错误状态。

一个流一旦发生错误，其上后续的 IO 操作都会失败。只有当一个流处于无错状态时，我们才可以从它读取数据，向它写入数据。由于流可能处于错误状态，因此代码通常应该在使用一个流之前检查它是否处于良好状态。确定一个流对象的状态的最简单的方法是将它当作一个条件来使用：

```
while (cin >> word)
    // ok: 读操作成功……
```

while 循环检查>>表达式返回的流的状态。如果输入操作成功，流保持有效状态，则条件为真。

查询流的状态

将流作为条件使用，只能告诉我们流是否有效，而无法告诉我们具体发生了什么。有时我们也需要知道流为什么失败。例如，在键入文件结束标识后我们的应对措施，可能与遇到一个 IO 设备错误的处理方式是不同的。

IO 库定义了一个与机器无关的 iostate 类型，它提供了表达流状态的完整功能。这个类型应作为一个位集合来使用，使用方式与我们在 4.8 节中（第 137 页）使用 quiz1 的方式一样。IO 库定义了 4 个 iostate 类型的 constexpr 值（参见 2.4.4 节，第 58 页），表示特定的位模式。这些值用来表示特定类型的 IO 条件，可以与位运算符（参见 4.8 节，第 137 页）一起使用来一次性检测或设置多个标志位。

badbit 表示系统级错误，如不可恢复的读写错误。通常情况下，一旦 badbit 被置位，流就无法再使用了。在发生可恢复错误后，failbit 被置位，如期望读取数值却读出一个字符等错误。这种问题通常是可以修正的，流还可以继续使用。如果到达文件结束位置，eofbit 和 failbit 都会被置位。goodbit 的值为 0，表示流未发生错误。如果 badbit、failbit 和 eofbit 任一个被置位，则检测流状态的条件会失败。

标准库还定义了一组函数来查询这些标志位的状态。操作 good 在所有错误位均未置位的情况下返回 true，而 bad、fail 和 eof 则在对应错误位被置位时返回 true。此外，在 badbit 被置位时，fail 也会返回 true。这意味着，使用 good 或 fail 是确定流的总体状态的正确方法。实际上，我们将流当作条件使用的代码就等价于!fail()。而 eof 和 bad 操作只能表示特定的错误。

313

管理条件状态

流对象的 rdstate 成员返回一个 iostate 值，对应流的当前状态。setstate 操作将给定条件位置位，表示发生了对应错误。clear 成员是一个重载的成员（参见 6.4 节，第 206 页）：它有一个不接受参数的版本，而另一个版本接受一个 iostate 类型的参数。

clear 不接受参数的版本清除（复位）所有错误标志位。执行 clear() 后，调用 good 会返回 true。我们可以这样使用这些成员：

```
// 记住 cin 的当前状态
auto old_state = cin.rdstate();    // 记住 cin 的当前状态
cin.clear();                       // 使 cin 有效
process_input(cin);                // 使用 cin
cin.setstate(old_state);           // 将 cin 置为原有状态
```

带参数的 clear 版本接受一个 iostate 值，表示流的新状态。为了复位单一的条件状态位，我们首先用 rdstate 读出当前条件状态，然后用位操作将所需位复位来生成新的状态。例如，下面的代码将 failbit 和 badbit 复位，但保持 eofbit 不变：

314

```
// 复位 failbit 和 badbit，保持其他标志位不变
cin.clear(cin.rdstate() & ~cin.failbit & ~cin.badbit);
```

8.1.2 节练习

练习 8.1：编写函数，接受一个 istream& 参数，返回值类型也是 istream&。此函数须从给定流中读取数据，直至遇到文件结束标识时停止。它将读取的数据打印在标准输出上。完成这些操作后，在返回流之前，对流进行复位，使其处于有效状态。

练习 8.2：测试函数，调用参数为 cin。

练习 8.3：什么情况下，下面的 while 循环会终止？

```
while (cin >> i) /* ... */
```

8.1.3　管理输出缓冲

每个输出流都管理一个缓冲区，用来保存程序读写的数据。例如，如果执行下面的代码

```
os << "please enter a value: ";
```

文本串可能立即打印出来，但也有可能被操作系统保存在缓冲区中，随后再打印。有了缓冲机制，操作系统就可以将程序的多个输出操作组合成单一的系统级写操作。由于设备的写操作可能很耗时，允许操作系统将多个输出操作组合为单一的设备写操作可以带来很大的性能提升。

导致缓冲刷新（即，数据真正写到输出设备或文件）的原因有很多：

- 程序正常结束，作为 main 函数的 return 操作的一部分，缓冲刷新被执行。

- 缓冲区满时，需要刷新缓冲，而后新的数据才能继续写入缓冲区。
- 我们可以使用操纵符如 endl（参见 1.2 节，第 6 页）来显式刷新缓冲区。
- 在每个输出操作之后，我们可以用操纵符 unitbuf 设置流的内部状态，来清空缓冲区。默认情况下，对 cerr 是设置 unitbuf 的，因此写到 cerr 的内容都是立即刷新的。
- 一个输出流可能被关联到另一个流。在这种情况下，当读写被关联的流时，关联到的流的缓冲区会被刷新。例如，默认情况下，cin 和 cerr 都关联到 cout。因此，读 cin 或写 cerr 都会导致 cout 的缓冲区被刷新。

刷新输出缓冲区 <315>

我们已经使用过操纵符 endl，它完成换行并刷新缓冲区的工作。IO 库中还有两个类似的操纵符：flush 和 ends。flush 刷新缓冲区，但不输出任何额外的字符；ends 向缓冲区插入一个空字符，然后刷新缓冲区：

```
cout << "hi!" << endl;   // 输出 hi 和一个换行，然后刷新缓冲区
cout << "hi!" << flush;  // 输出 hi，然后刷新缓冲区，不附加任何额外字符
cout << "hi!" << ends;   // 输出 hi 和一个空字符，然后刷新缓冲区
```

unitbuf 操纵符

如果想在每次输出操作后都刷新缓冲区，我们可以使用 unitbuf 操纵符。它告诉流在接下来的每次写操作之后都进行一次 flush 操作。而 nounitbuf 操纵符则重置流，使其恢复使用正常的系统管理的缓冲区刷新机制：

```
cout << unitbuf;        // 所有输出操作后都会立即刷新缓冲区
// 任何输出都立即刷新，无缓冲
cout << nounitbuf;      // 回到正常的缓冲方式
```

> **警告：如果程序崩溃，输出缓冲区不会被刷新**
>
> 如果程序异常终止，输出缓冲区是不会被刷新的。当一个程序崩溃后，它所输出的数据很可能停留在输出缓冲区中等待打印。
>
> 当调试一个已经崩溃的程序时，需要确认那些你认为已经输出的数据确实已经刷新了。否则，可能将大量时间浪费在追踪代码为什么没有执行上，而实际上代码已经执行了，只是程序崩溃后缓冲区没有被刷新，输出数据被挂起没有打印而已。

关联输入和输出流

当一个输入流被关联到一个输出流时，任何试图从输入流读取数据的操作都会先刷新关联的输出流。标准库将 cout 和 cin 关联在一起，因此下面语句

```
cin >> ival;
```

导致 cout 的缓冲区被刷新。

> 交互式系统通常应该关联输入流和输出流。这意味着所有输出，包括用户提示信息，都会在读操作之前被打印出来。

tie 有两个重载的版本（参见 6.4 节，第 206 页）：一个版本不带参数，返回指向输

出流的指针。如果本对象当前关联到一个输出流，则返回的就是指向这个流的指针，如果对象未关联到流，则返回空指针。tie 的第二个版本接受一个指向 ostream 的指针，将 自己关联到此 ostream。即，x.tie(&o) 将流 x 关联到输出流 o。

316

我们既可以将一个 istream 对象关联到另一个 ostream，也可以将一个 ostream 关联到另一个 ostream：

```
cin.tie(&cout);          // 仅仅是用来展示：标准库将 cin 和 cout 关联在一起
// old_tie 指向当前关联到 cin 的流（如果有的话）
ostream *old_tie = cin.tie(nullptr); // cin 不再与其他流关联
// 将 cin 与 cerr 关联；这不是一个好主意，因为 cin 应该关联到 cout
cin.tie(&cerr);          // 读取 cin 会刷新 cerr 而不是 cout
cin.tie(old_tie);        // 重建 cin 和 cout 间的正常关联
```

在这段代码中，为了将一个给定的流关联到一个新的输出流，我们将新流的指针传递给了 tie。为了彻底解开流的关联，我们传递了一个空指针。每个流同时最多关联到一个流，但多个流可以同时关联到同一个 ostream。

8.2 文件输入输出

头文件 fstream 定义了三个类型来支持文件 IO：**ifstream** 从一个给定文件读取数据，**ofstream** 向一个给定文件写入数据，以及 **fstream** 可以读写给定文件。在 17.5.3 节中（第 676 页）我们将介绍如何对同一个文件流既读又写。

这些类型提供的操作与我们之前已经使用过的对象 cin 和 cout 的操作一样。特别是，我们可以用 IO 运算符（<<和>>）来读写文件，可以用 getline（参见 3.2.2 节，第 79 页）从一个 ifstream 读取数据，包括 8.1 节中（第 278 页）介绍的内容也都适用于这些类型。

除了继承自 iostream 类型的行为之外，fstream 中定义的类型还增加了一些新的成员来管理与流关联的文件。在表 8.3 中列出了这些操作，我们可以对 fstream、ifstream 和 ofstream 对象调用这些操作，但不能对其他 IO 类型调用这些操作。

表 8.3：`fstream` 特有的操作	
fstream fstrm;	创建一个未绑定的文件流。*fstream* 是头文件 fstream 中定义的一个类型
fstream fstrm(s);	创建一个 *fstream*，并打开名为 s 的文件。s 可以是 string 类型，或者是一个指向 C 风格字符串的指针（参见 3.5.4 节，第 109 页）。这些构造函数都是 explicit 的（参见 7.5.4 节，第 265 页）。默认的文件模式 mode 依赖于 *fstream* 的类型
fstream fstrm(s, mode);	与前一个构造函数类似，但按指定 mode 打开文件
fstrm.open(s)	打开名为 s 的文件，并将文件与 fstrm 绑定。s 可以是一个 string 或一个指向 C 风格字符串的指针。默认的文件 mode 依赖于 *fstream* 的类型。返回 void
fstrm.close()	关闭与 fstrm 绑定的文件。返回 void
fstrm.is_open()	返回一个 bool 值，指出与 fstrm 关联的文件是否成功打开且尚未关闭

317 ## 8.2.1　使用文件流对象

当我们想要读写一个文件时，可以定义一个文件流对象，并将对象与文件关联起来。每个文件流类都定义了一个名为 open 的成员函数，它完成一些系统相关的操作，来定位给定的文件，并视情况打开为读或写模式。

创建文件流对象时，我们可以提供文件名（可选的）。如果提供了一个文件名，则 open 会自动被调用：

```
ifstream in(ifile);        // 构造一个 ifstream 并打开给定文件
ofstream out;              // 输出文件流未关联到任何文件
```

这段代码定义了一个输入流 in，它被初始化为从文件读取数据，文件名由 string 类型的参数 ifile 指定。第二条语句定义了一个输出流 out，未与任何文件关联。在新 C++ 标准中，文件名既可以是库类型 string 对象，也可以是 C 风格字符数组（参见 3.5.4 节，第 109 页）。旧版本的标准库只允许 C 风格字符数组。

用 fstream 代替 iostream&

我们在 8.1 节（第 279 页）已经提到过，在要求使用基类型对象的地方，我们可以用继承类型的对象来替代。这意味着，接受一个 iostream 类型引用（或指针）参数的函数，可以用一个对应的 fstream（或 sstream）类型来调用。也就是说，如果有一个函数接受一个 ostream& 参数，我们在调用这个函数时，可以传递给它一个 ofstream 对象，对 istream& 和 ifstream 也是类似的。

例如，我们可以用 7.1.3 节中的 read 和 print 函数来读写命名文件。在本例中，我们假定输入和输出文件的名字是通过传递给 main 函数的参数来指定的（参见 6.2.5 节，第 196 页）：

```
ifstream input(argv[1]);      // 打开销售记录文件
ofstream output(argv[2]);     // 打开输出文件
Sales_data total;             // 保存销售总额的变量
if (read(input, total)) {     // 读取第一条销售记录
    Sales_data trans;         // 保存下一条销售记录的变量
    while(read(input, trans)) {              // 读取剩余记录
        if (total.isbn() == trans.isbn())    // 检查 isbn
            total.combine(trans);            // 更新销售总额
        else {
            print(output, total) << endl;    // 打印结果
            total = trans;                   // 处理下一本书
        }
    }
    print(output, total) << endl;    // 打印最后一本书的销售额
} else                               // 文件中无输入数据
    cerr << "No data?!" << endl;
```

除了读写的是命名文件外，这段程序与 229 页的加法程序几乎是完全相同的。重要的部分是对 read 和 print 的调用。虽然两个函数定义时指定的形参分别是 istream& 和 ostream&，但我们可以向它们传递 fstream 对象。

318 ### 成员函数 open 和 close

如果我们定义了一个空文件流对象，可以随后调用 open 来将它与文件关联起来：

```
ifstream in(ifile);          // 构筑一个 ifstream 并打开给定文件
ofstream out;                // 输出文件流未与任何文件相关联
out.open(ifile + ".copy");   // 打开指定文件
```

如果调用 open 失败，failbit 会被置位（参见 8.1.2 节，第 280 页）。因为调用 open 可能失败，进行 open 是否成功的检测通常是一个好习惯：

```
if (out)    // 检查 open 是否成功
            // open 成功，我们可以使用文件了
```

这个条件判断与我们之前将 cin 用作条件相似。如果 open 失败，条件会为假，我们就不会去使用 out 了。

一旦一个文件流已经打开，它就保持与对应文件的关联。实际上，对一个已经打开的文件流调用 open 会失败，并会导致 failbit 被置位。随后的试图使用文件流的操作都会失败。为了将文件流关联到另外一个文件，必须首先关闭已经关联的文件。一旦文件成功关闭，我们可以打开新的文件：

```
in.close();              // 关闭文件
in.open(ifile + "2");    // 打开另一个文件
```

如果 open 成功，则 open 会设置流的状态，使得 good() 为 true。

自动构造和析构

考虑这样一个程序，它的 main 函数接受一个要处理的文件列表（参见 6.2.5 节，第 196 页）。这种程序可能会有如下的循环：

```
// 对每个传递给程序的文件执行循环操作
for (auto p = argv + 1; p != argv + argc; ++p) {
    ifstream input(*p);   // 创建输出流并打开文件
    if (input) {          // 如果文件打开成功，"处理"此文件
        process(input);
    } else
        cerr << "couldn't open: " + string(*p);
} // 每个循环步 input 都会离开其作用域，因此会被销毁
```

每个循环步构造一个新的名为 input 的 ifstream 对象，并打开它来读取给定的文件。像之前一样，我们检查 open 是否成功。如果成功，将文件传递给一个函数，该函数负责读取并处理输入数据。如果 open 失败，打印一条错误信息并继续处理下一个文件。

因为 input 是 while 循环的局部变量，它在每个循环步中都要创建和销毁一次（参见 5.4.1 节，第 165 页）。当一个 fstream 对象离开其作用域时，与之关联的文件会自动关闭。在下一步循环中，input 会再次被创建。

 当一个 fstream 对象被销毁时，close 会自动被调用。

8.2.1 节练习

319

练习 8.4： 编写函数，以读模式打开一个文件，将其内容读入到一个 string 的 vector 中，将每一行作为一个独立的元素存于 vector 中。

练习 8.5： 重写上面的程序，将每个单词作为一个独立的元素进行存储。

练习 8.6： 重写 7.1.1 节的书店程序（第 229 页），从一个文件中读取交易记录。将文件名作为一个参数传递给 main（参见 6.2.5 节，第 196 页）。

8.2.2 文件模式

每个流都有一个关联的**文件模式**（file mode），用来指出如何使用文件。表 8.4 列出了文件模式和它们的含义。

表 8.4：文件模式
in	以读方式打开
out	以写方式打开
app	每次写操作前均定位到文件末尾
ate	打开文件后立即定位到文件末尾
trunc	截断文件
binary	以二进制方式进行 IO

无论用哪种方式打开文件，我们都可以指定文件模式，调用 open 打开文件时可以，用一个文件名初始化流来隐式打开文件时也可以。指定文件模式有如下限制：

- 只可以对 ofstream 或 fstream 对象设定 out 模式。
- 只可以对 ifstream 或 fstream 对象设定 in 模式。
- 只有当 out 也被设定时才可设定 trunc 模式。
- 只要 trunc 没被设定，就可以设定 app 模式。在 app 模式下，即使没有显式指定 out 模式，文件也总是以输出方式被打开。
- 默认情况下，即使我们没有指定 trunc，以 out 模式打开的文件也会被截断。为了保留以 out 模式打开的文件的内容，我们必须同时指定 app 模式，这样只会将数据追加写到文件末尾；或者同时指定 in 模式，即打开文件同时进行读写操作（参见 17.5.3 节，第 676 页，将介绍对同一个文件既进行输入又进行输出的方法）。
- ate 和 binary 模式可用于任何类型的文件流对象，且可以与其他任何文件模式组合使用。

每个文件流类型都定义了一个默认的文件模式，当我们未指定文件模式时，就使用此默认模式。与 ifstream 关联的文件默认以 in 模式打开；与 ofstream 关联的文件默认以 out 模式打开；与 fstream 关联的文件默认以 in 和 out 模式打开。

320> **以 out 模式打开文件会丢弃已有数据**

默认情况下，当我们打开一个 ofstream 时，文件的内容会被丢弃。阻止一个 ofstream 清空给定文件内容的方法是同时指定 app 模式：

```
// 在这几条语句中，file1 都被截断
ofstream out("file1");  // 隐含以输出模式打开文件并截断文件
ofstream out2("file1", ofstream::out);  // 隐含地截断文件
ofstream out3("file1", ofstream::out | ofstream::trunc);
// 为了保留文件内容，我们必须显式指定 app 模式
ofstream app("file2", ofstream::app);  // 隐含为输出模式
ofstream app2("file2", ofstream::out | ofstream::app);
```

保留被 ofstream 打开的文件中已有数据的唯一方法是显式指定 app 或 in 模式。

每次调用 open 时都会确定文件模式

对于一个给定流，每当打开文件时，都可以改变其文件模式。

```
ofstream out; // 未指定文件打开模式
out.open("scratchpad"); // 模式隐含设置为输出和截断
out.close(); // 关闭 out，以便我们将其用于其他文件
out.open("precious", ofstream::app); // 模式为输出和追加
out.close();
```

第一个 open 调用未显式指定输出模式，文件隐式地以 out 模式打开。通常情况下，out 模式意味着同时使用 trunc 模式。因此，当前目录下名为 scratchpad 的文件的内容将被清空。当打开名为 precious 的文件时，我们指定了 append 模式。文件中已有的数据都得以保留，所有写操作都在文件末尾进行。

 在每次打开文件时，都要设置文件模式，可能是显式地设置，也可能是隐式地设置。当程序未指定模式时，就使用默认值。

8.2.2 节练习

练习 8.7： 修改上一节的书店程序，将结果保存到一个文件中。将输出文件名作为第二个参数传递给 main 函数。

练习 8.8： 修改上一题的程序，将结果追加到给定的文件末尾。对同一个输出文件，运行程序至少两次，检验数据是否得以保留。

8.3 string 流

⟨321⟩

sstream 头文件定义了三个类型来支持内存 IO，这些类型可以向 string 写入数据，从 string 读取数据，就像 string 是一个 IO 流一样。

istringstream 从 string 读取数据，**ostringstream** 向 string 写入数据，而头文件 **stringstream** 既可从 string 读数据也可向 string 写数据。与 fstream 类型类似，头文件 sstream 中定义的类型都继承自我们已经使用过的 iostream 头文件中定义的类型。除了继承得来的操作，sstream 中定义的类型还增加了一些成员来管理与流相关联的 string。表 8.5 列出了这些操作，可以对 stringstream 对象调用这些操作，但不能对其他 IO 类型调用这些操作。

表 8.5：stringstream 特有的操作	
sstream strm;	strm 是一个未绑定的 stringstream 对象。*sstream* 是头文件 sstream 中定义的一个类型
sstream strm(s);	strm 是一个 *sstream* 对象，保存 string s 的一个拷贝。此构造函数是 explicit 的（参见 7.5.4 节，第 265 页）
strm.str()	返回 strm 所保存的 string 的拷贝
strm.str(s)	将 string s 拷贝到 strm 中。返回 void

8.3.1 使用 istringstream

当我们的某些工作是对整行文本进行处理，而其他一些工作是处理行内的单个单词

时，通常可以使用 istringstream。

考虑这样一个例子，假定有一个文件，列出了一些人和他们的电话号码。某些人只有一个号码，而另一些人则有多个——家庭电话、工作电话、移动电话等。我们的输入文件看起来可能是这样的：

```
morgan 2015552368 8625550123
drew 9735550130
lee 6095550132 2015550175 8005550000
```

文件中每条记录都以一个人名开始，后面跟随一个或多个电话号码。我们首先定义一个简单的类来描述输入数据：

```
// 成员默认为公有；参见 7.2 节（第 240 页）
struct PersonInfo {
    string name;
    vector<string> phones;
};
```

类型 PersonInfo 的对象会有一个成员来表示人名，还有一个 vector 来保存此人的所有电话号码。

322 > 我们的程序会读取数据文件，并创建一个 PersonInfo 的 vector。vector 中每个元素对应文件中的一条记录。我们在一个循环中处理输入数据，每个循环步读取一条记录，提取出一个人名和若干电话号码：

```
string line, word;              // 分别保存来自输入的一行和单词
vector<PersonInfo> people;      // 保存来自输入的所有记录
// 逐行从输入读取数据，直至 cin 遇到文件尾（或其他错误）
while (getline(cin, line)) {
    PersonInfo info;            // 创建一个保存此记录数据的对象
    istringstream record(line); // 将记录绑定到刚读入的行
    record >> info.name;        // 读取名字
    while (record >> word)      // 读取电话号码
        info.phones.push_back(word); // 保持它们
    people.push_back(info);     // 将此记录追加到 people 末尾
}
```

这里我们用 getline 从标准输入读取整条记录。如果 getline 调用成功，那么 line 中将保存着从输入文件而来的一条记录。在 while 中，我们定义了一个局部 PersonInfo 对象，来保存当前记录中的数据。

接下来我们将一个 istringstream 与刚刚读取的文本行进行绑定，这样就可以在此 istringstream 上使用输入运算符来读取当前记录中的每个元素。我们首先读取人名，随后用一个 while 循环读取此人的电话号码。

当读取完 line 中所有数据后，内层 while 循环就结束了。此循环的工作方式与前面章节中读取 cin 的循环很相似，不同之处是，此循环从一个 string 而不是标准输入读取数据。当 string 中的数据全部读出后，同样会触发"文件结束"信号，在 record 上的下一个输入操作会失败。

我们将刚刚处理好的 PersonInfo 追加到 vector 中，外层 while 循环的一个循环步就随之结束了。外层 while 循环会持续执行，直至遇到 cin 的文件结束标识。

8.3.1 节练习

练习 8.9：使用你为 8.1.2 节（第 281 页）第一个练习所编写的函数打印一个 istringstream 对象的内容。

练习 8.10：编写程序，将来自一个文件中的行保存在一个 vector<string>中。然后使用一个 istringstream 从 vector 读取数据元素，每次读取一个单词。

练习 8.11：本节的程序在外层 while 循环中定义了 istringstream 对象。如果 record 对象定义在循环之外，你需要对程序进行怎样的修改？重写程序，将 record 的定义移到 while 循环之外，验证你设想的修改方法是否正确。

练习 8.12：我们为什么没有在 PersonInfo 中使用类内初始化？

8.3.2 使用 ostringstream

323

当我们逐步构造输出，希望最后一起打印时，ostringstream 是很有用的。例如，对上一节的例子，我们可能想逐个验证电话号码并改变其格式。如果所有号码都是有效的，我们希望输出一个新的文件，包含改变格式后的号码。对于那些无效的号码，我们不会将它们输出到新文件中，而是打印一条包含人名和无效号码的错误信息。

由于我们不希望输出有无效电话号码的人，因此对每个人，直到验证完所有电话号码后才可以进行输出操作。但是，我们可以先将输出内容"写入"到一个内存 ostringstream 中：

```
for (const auto &entry : people) { // 对 people 中每一项
    ostringstream formatted, badNums; // 每个循环步创建的对象
    for (const auto &nums : entry.phones) { // 对每个数
        if (!valid(nums)) {
            badNums << " " << nums; // 将数的字符串形式存入 badNums
        } else
            // 将格式化的字符串"写入"formatted
            formatted << " " << format(nums);
    }
    if (badNums.str().empty())          // 没有错误的数
        os << entry.name << " "         // 打印名字
            << formatted.str() << endl; // 和格式化的数
    else // 否则，打印名字和错误的数
        cerr << "input error: " << entry.name
            << " invalid number(s) " << badNums.str() << endl;
}
```

在此程序中，我们假定已有两个函数，valid 和 format，分别完成电话号码验证和改变格式的功能。程序最有趣的部分是对字符串流 formatted 和 badNums 的使用。我们使用标准的输出运算符(<<)向这些对象写入数据，但这些"写入"操作实际上转换为 string 操作，分别向 formatted 和 badNums 中的 string 对象添加字符。

8.3.2 节练习

练习 8.13：重写本节的电话号码程序，从一个命名文件而非 cin 读取数据。

练习 8.14：我们为什么将 entry 和 nums 定义为 const auto&？

⟨324⟩ 小结

C++使用标准库类来处理面向流的输入和输出：

- `iostream` 处理控制台 IO
- `fstream` 处理命名文件 IO
- `stringstream` 完成内存 `string` 的 IO

类 `fstream` 和 `stringstream` 都是继承自类 `iostream` 的。输入类都继承自 `istream`，输出类都继承自 `ostream`。因此，可以在 `istream` 对象上执行的操作，也可在 `ifstream` 或 `istringstream` 对象上执行。继承自 `ostream` 的输出类也有类似情况。

每个 IO 对象都维护一组条件状态，用来指出此对象上是否可以进行 IO 操作。如果遇到了错误——例如在输入流上遇到了文件末尾，则对象的状态变为失效，所有后续输入操作都不能执行，直至错误被纠正。标准库提供了一组函数，用来设置和检测这些状态。

术语表

条件状态（condition state）可被任何流类使用的一组标志和函数，用来指出给定流是否可用。

文件模式（file mode）类 `fstream` 定义的一组标志，在打开文件时指定，用来控制文件如何被使用。

文件流（file stream）用来读写命名文件的流对象。除了普通的 `iostream` 操作，文件流还定义了 `open` 和 `close` 成员。成员函数 `open` 接受一个 `string` 或一个 C 风格字符串参数，指定要打开的文件名，它还可以接受一个可选的参数，指明文件打开模式。成员函数 `close` 关闭流所关联的文件，调用 `close` 后才可以调用 `open` 打开另一个文件。

fstream 用于同时读写一个相同文件的文件流。默认情况下，`fstream` 以 `in` 和 `out` 模式打开文件。

ifstream 用于从输入文件读取数据的文件流。默认情况下，`ifstream` 以 `in` 模式打开文件。

继承（inheritance）程序设计功能，令一个类型可以从另一个类型继承接口。类 `ifstream` 和 `istringstream` 继承自 `istream`，`ofstream` 和 `ostringstream` 继承自 `ostream`。第 15 章将介绍继承。

istringstream 用来从给定 `string` 读取数据的字符串流。

ofstream 用来向输出文件写入数据的文件流。默认情况下，`ofstream` 以 `out` 模式打开文件。

字符串流（string stream）用于读写 `string` 的流对象。除了普通的 `iostream` 操作外，字符串流还定义了一个名为 `str` 的重载成员。调用 `str` 的无参版本会返回字符串流关联的 `string`。调用时传递给它一个 `string` 参数，则会将字符串流与该 `string` 的一个拷贝相关联。

stringstream 用于读写给定 `string` 的字符串流。

第 9 章
顺序容器

内容

  本章是第 3 章内容的扩展，完成本章的学习后，对标准库顺序容器知识的掌握就完整了。元素在顺序容器中的顺序与其加入容器时的位置相对应。标准库还定义了几种关联容器，关联容器中元素的位置由元素相关联的关键字值决定。我们将在第 11 章中介绍关联容器特有的操作。

  所有容器类都共享公共的接口，不同容器按不同方式对其进行扩展。这个公共接口使容器的学习更加容易——我们基于某种容器所学习的内容也都适用于其他容器。每种容器都提供了不同的性能和功能的权衡。

326>   一个容器就是一些特定类型对象的集合。**顺序容器**（sequential container）为程序员提供了控制元素存储和访问顺序的能力。这种顺序不依赖于元素的值，而是与元素加入容器时的位置相对应。与之相对的，我们将在第 11 章介绍的有序和无序关联容器，则根据关键字的值来存储元素。

标准库还提供了三种容器适配器，分别为容器操作定义了不同的接口，来与容器类型适配。我们将在本章末尾介绍适配器。

 本章的内容基于 3.2 节、3.3 节和 3.4 节中已经介绍的有关容器的知识，我们假定读者已经熟悉了这几节的内容。

9.1   顺序容器概述

表 9.1 列出了标准库中的顺序容器，所有顺序容器都提供了快速顺序访问元素的能力。但是，这些容器在以下方面都有不同的性能折中：

- 向容器添加或从容器中删除元素的代价
- 非顺序访问容器中元素的代价

表 9.1：顺序容器类型	
vector	可变大小数组。支持快速随机访问。在尾部之外的位置插入或删除元素可能很慢
deque	双端队列。支持快速随机访问。在头尾位置插入/删除速度很快
list	双向链表。只支持双向顺序访问。在 list 中任何位置进行插入/删除操作速度都很快
forward_list	单向链表。只支持单向顺序访问。在链表任何位置进行插入/删除操作速度都很快
array	固定大小数组。支持快速随机访问。不能添加或删除元素
string	与 vector 相似的容器，但专门用于保存字符。随机访问快。在尾部插入/删除速度快

除了固定大小的 array 外，其他容器都提供高效、灵活的内存管理。我们可以添加和删除元素，扩张和收缩容器的大小。容器保存元素的策略对容器操作的效率有着固有的，有时是重大的影响。在某些情况下，存储策略还会影响特定容器是否支持特定操作。

327>   例如，string 和 vector 将元素保存在连续的内存空间中。由于元素是连续存储的，由元素的下标来计算其地址是非常快速的。但是，在这两种容器的中间位置添加或删除元素就会非常耗时：在一次插入或删除操作后，需要移动插入/删除位置之后的所有元素，来保持连续存储。而且，添加一个元素有时可能还需要分配额外的存储空间。在这种情况下，每个元素都必须移动到新的存储空间中。

list 和 forward_list 两个容器的设计目的是令容器任何位置的添加和删除操作都很快。作为代价，这两个容器不支持元素的随机访问：为了访问一个元素，我们只能遍历整个容器。而且，与 vector、deque 和 array 相比，这两个容器的额外内存开销也很大。

deque 是一个更为复杂的数据结构。与 string 和 vector 类似，deque 支持快速的随机访问。与 string 和 vector 一样，在 deque 的中间位置添加或删除元素的代价（可能）很高。但是，在 deque 的两端添加或删除元素都是很快的，与 list 或 forward_list 添加删除元素的速度相当。

forward_list 和 array 是新 C++ 标准增加的类型。与内置数组相比，array 是一种更安全、更容易使用的数组类型。与内置数组类似，array 对象的大小是固定的。因此，array 不支持添加和删除元素以及改变容器大小的操作。forward_list 的设计目标是达到与最好的手写的单向链表数据结构相当的性能。因此，forward_list 没有 size 操作，因为保存或计算其大小就会比手写链表多出额外的开销。对其他容器而言，size 保证是一个快速的常量时间的操作。

新标准库的容器比旧版本快得多，原因我们将在 13.6 节（第 470 页）解释。新标准库容器的性能几乎肯定与最精心优化过的同类数据结构一样好（通常会更好）。现代 C++ 程序应该使用标准库容器，而不是更原始的数据结构，如内置数组。

确定使用哪种顺序容器

通常，使用 vector 是最好的选择，除非你有很好的理由选择其他容器。

以下是一些选择容器的基本原则：

- 除非你有很好的理由选择其他容器，否则应使用 vector。
- 如果你的程序有很多小的元素，且空间的额外开销很重要，则不要使用 list 或 forward_list。
- 如果程序要求随机访问元素，应使用 vector 或 deque。
- 如果程序要求在容器的中间插入或删除元素，应使用 list 或 forward_list。
- 如果程序需要在头尾位置插入或删除元素，但不会在中间位置进行插入或删除操作，则使用 deque。
- 如果程序只有在读取输入时才需要在容器中间位置插入元素，随后需要随机访问元素，则
  — 首先，确定是否真的需要在容器中间位置添加元素。当处理输入数据时，通常可以很容易地向 vector 追加数据，然后再调用标准库的 sort 函数（我们将在 10.2.3 节介绍 sort（第 343 页））来重排容器中的元素，从而避免在中间位置添加元素。
  — 如果必须在中间位置插入元素，考虑在输入阶段使用 list，一旦输入完成，将 list 中的内容拷贝到一个 vector 中。

如果程序既需要随机访问元素，又需要在容器中间位置插入元素，那该怎么办？答案取决于在 list 或 forward_list 中访问元素与 vector 或 deque 中插入/删除元素的相对性能。一般来说，应用中占主导地位的操作（执行的访问操作更多还是插入/删除更多）决定了容器类型的选择。在此情况下，对两种容器分别测试应用的性能可能就是必要的了。

如果你不确定应该使用哪种容器，那么可以在程序中只使用 vector 和 list 公共的操作：使用迭代器，不使用下标操作，避免随机访问。这样，在必要时选择使用 vector 或 list 都很方便。

练习 9.1：对于下面的程序任务，vector、deque 和 list 哪种容器最为适合？解释你的选择的理由。如果没有哪一种容器优于其他容器，也请解释理由。

    (a) 读取固定数量的单词，将它们按字典序插入到容器中。我们将在下一章中看到，关联容器更适合这个问题。

    (b) 读取未知数量的单词，总是将新单词插入到末尾。删除操作在头部进行。

    (c) 从一个文件读取未知数量的整数。将这些数排序，然后将它们打印到标准输出。

9.2   容器库概览

容器类型上的操作形成了一种层次：

- 某些操作是所有容器类型都提供的（参见表 9.2，第 295 页）。
- 另外一些操作仅针对顺序容器（参见表 9.3，第 299 页）、关联容器（参见表 11.7，第 388 页）或无序容器（参见表 11.8，第 395 页）。
- 还有一些操作只适用于一小部分容器。

329> 在本节中，我们将介绍对所有容器都适用的操作。本章剩余部分将聚焦于仅适用于顺序容器的操作。关联容器特有的操作将在第 11 章介绍。

一般来说，每个容器都定义在一个头文件中，文件名与类型名相同。即，deque 定义在头文件 deque 中，list 定义在头文件 list 中，以此类推。容器均定义为模板类（参见 3.3 节，第 86 页）。例如对 vector，我们必须提供额外信息来生成特定的容器类型。对大多数，但不是所有容器，我们还需要额外提供元素类型信息：

```
list<Sales_data>      // 保存 Sales_data 对象的 list
deque<double>         // 保存 double 的 deque
```

对容器可以保存的元素类型的限制

顺序容器几乎可以保存任意类型的元素。特别是，我们可以定义一个容器，其元素的类型是另一个容器。这种容器的定义与任何其他容器类型完全一样：在尖括号中指定元素类型（此种情况下，是另一种容器类型）：

```
vector<vector<string>> lines; // vector 的 vector
```

此处 lines 是一个 vector，其元素类型是 string 的 vector。

> *Note* 较旧的编译器可能需要在两个尖括号之间键入空格，例如，
> vector<vector<string> >。

虽然我们可以在容器中保存几乎任何类型，但某些容器操作对元素类型有其自己的特殊要求。我们可以为不支持特定操作需求的类型定义容器，但这种情况下就只能使用那些没有特殊要求的容器操作了。

例如，顺序容器构造函数的一个版本接受容器大小参数（参见 3.3.1 节，第 88 页），它使用了元素类型的默认构造函数。但某些类没有默认构造函数。我们可以定义一个保存这种类型对象的容器，但我们在构造这种容器时不能只传递给它一个元素数目参数：

```
                    // 假定 noDefault 是一个没有默认构造函数的类型
vector<noDefault> v1(10, init);      // 正确：提供了元素初始化器
vector<noDefault> v2(10);            // 错误：必须提供一个元素初始化器
```

当后面介绍容器操作时，我们还会注意到每个容器操作对元素类型的其他限制。

表 9.2：容器操作	
类型别名	
iterator	此容器类型的迭代器类型
const_iterator	可以读取元素，但不能修改元素的迭代器类型
size_type	无符号整数类型，足够保存此种容器类型最大可能容器的大小
difference_type	带符号整数类型，足够保存两个迭代器之间的距离
value_type	元素类型
reference	元素的左值类型；与 value_type& 含义相同
const_reference	元素的 const 左值类型（即，const value_type&）
构造函数	
C c;	默认构造函数，构造空容器（array，参见第 301 页）
C c1(c2);	构造 c2 的拷贝 c1
C c(b, e);	构造 c，将迭代器 b 和 e 指定的范围内的元素拷贝到 c（array 不支持）
C c{a, b, c...};	列表初始化 c
赋值与 swap	
c1 = c2	将 c1 中的元素替换为 c2 中元素
c1 = {a, b, c...}	将 c1 中的元素替换为列表中元素（不适用于 array）
a.swap(b)	交换 a 和 b 的元素
swap(a, b)	与 a.swap(b) 等价
大小	
c.size()	c 中元素的数目（不支持 forward_list）
c.max_size()	c 可保存的最大元素数目
c.empty()	若 c 中存储了元素，返回 false，否则返回 true
添加/删除元素（不适用于 array）	
注：在不同容器中，这些操作的接口都不同	
c.insert(*args*)	将 *args* 中的元素拷贝进 c
c.emplace(*inits*)	使用 *inits* 构造 c 中的一个元素
c.erase(*args*)	删除 *args* 指定的元素
c.clear()	删除 c 中的所有元素，返回 void
关系运算符	
==, !=	所有容器都支持相等（不等）运算符
<, <=, >, >=	关系运算符（无序关联容器不支持）
获取迭代器	
c.begin(), c.end()	返回指向 c 的首元素和尾元素之后位置的迭代器
c.cbegin(), c.cend()	返回 const_iterator

330

续表

反向容器的额外成员（不支持 forward_list）	
reverse_iterator	按逆序寻址元素的迭代器
const_reverse_iterator	不能修改元素的逆序迭代器
c.rbegin(), c.rend()	返回指向 c 的尾元素和首元素之前位置的迭代器
c.crbegin(), c.crend()	返回 const_reverse_iterator

9.2 节练习

练习 9.2： 定义一个 list 对象，其元素类型是 int 的 deque。

9.2.1　迭代器

与容器一样，迭代器有着公共的接口：如果一个迭代器提供某个操作，那么所有提供相同操作的迭代器对这个操作的实现方式都是相同的。例如，标准容器类型上的所有迭代器都允许我们访问容器中的元素，而所有迭代器都是通过解引用运算符来实现这个操作的。类似的，标准库容器的所有迭代器都定义了递增运算符，从当前元素移动到下一个元素。

表 3.6（第 96 页）列出了容器迭代器支持的所有操作，其中有一个例外不符合公共接口特点——forward_list 迭代器不支持递减运算符（--）。表 3.7（第 99 页）列出了迭代器支持的算术运算，这些运算只能应用于 string、vector、deque 和 array 的迭代器。我们不能将它们用于其他任何容器类型的迭代器。

迭代器范围

> *Note* 迭代器范围的概念是标准库的基础。

一个**迭代器范围**（iterator range）由一对迭代器表示，两个迭代器分别指向同一个容器中的元素或者是尾元素之后的位置（one past the last element）。这两个迭代器通常被称为 begin 和 end，或者是 first 和 last（可能有些误导），它们标记了容器中元素的一个范围。

虽然第二个迭代器常常被称为 last，但这种叫法有些误导，因为第二个迭代器从来都不会指向范围中的最后一个元素，而是指向尾元素之后的位置。迭代器范围中的元素包含 first 所表示的元素以及从 first 开始直至 last（但不包含 last）之间的所有元素。

这种元素范围被称为**左闭合区间**（left-inclusive interval），其标准数学描述为

```
[begin, end)
```

表示范围自 begin 开始，于 end 之前结束。迭代器 begin 和 end 必须指向相同的容器。end 可以与 begin 指向相同的位置，但不能指向 begin 之前的位置。

对构成范围的迭代器的要求

如果满足如下条件，两个迭代器 begin 和 end 构成一个迭代器范围：

- 它们指向同一个容器中的元素，或者是容器最后一个元素之后的位置，且

- 我们可以通过反复递增 begin 来到达 end。换句话说，end 不在 begin 之前。

编译器不会强制这些要求。确保程序符合这些约定是程序员的责任。

使用左闭合范围蕴含的编程假定

标准库使用左闭合范围是因为这种范围有三种方便的性质。假定 begin 和 end 构成 <332> 一个合法的迭代器范围，则

- 如果 begin 与 end 相等，则范围为空
- 如果 begin 与 end 不等，则范围至少包含一个元素，且 begin 指向该范围中的第一个元素
- 我们可以对 begin 递增若干次，使得 begin==end

这些性质意味着我们可以像下面的代码一样用一个循环来处理一个元素范围，而这是安全的：

```
while (begin != end) {
    *begin = val;    // 正确：范围非空，因此 begin 指向一个元素
    ++begin;         // 移动迭代器，获取下一个元素
}
```

给定构成一个合法范围的迭代器 begin 和 end，若 begin==end，则范围为空。在此情况下，我们应该退出循环。如果范围不为空，begin 指向此非空范围的一个元素。因此，在 while 循环体中，可以安全地解引用 begin，因为 begin 必然指向一个元素。最后，由于每次循环对 begin 递增一次，我们确定循环最终会结束。

9.2.1 节练习

练习 9.3： 构成迭代器范围的迭代器有何限制？

练习 9.4： 编写函数，接受一对指向 vector<int> 的迭代器和一个 int 值。在两个迭代器指定的范围中查找给定的值，返回一个布尔值来指出是否找到。

练习 9.5： 重写上一题的函数，返回一个迭代器指向找到的元素。注意，程序必须处理未找到给定值的情况。

练习 9.6： 下面程序有何错误？你应该如何修改它？

```
list<int> lst1;
list<int>::iterator iter1 = lst1.begin(),
                    iter2 = lst1.end();
while (iter1 < iter2) /* ... */
```

9.2.2 容器类型成员

每个容器都定义了多个类型，如表 9.2 所示（第 295 页）。我们已经使用过其中三种：size_type（参见 3.2.2 节，第 79 页）、iterator 和 const_iterator（参见 3.4.1 节，第 97 页）。

除了已经使用过的迭代器类型，大多数容器还提供反向迭代器。简单地说，反向迭代 <333> 器就是一种反向遍历容器的迭代器，与正向迭代器相比，各种操作的含义也都发生了颠倒。例如，对一个反向迭代器执行 ++ 操作，会得到上一个元素。我们将在 10.4.3 节（第 363 页）

介绍更多关于反向迭代器的内容。

剩下的就是类型别名了,通过类型别名,我们可以在不了解容器中元素类型的情况下使用它。如果需要元素类型,可以使用容器的 value_type。如果需要元素类型的一个引用,可以使用 reference 或 const_reference。这些元素相关的类型别名在泛型编程中非常有用,我们将在 16 章中介绍相关内容。

为了使用这些类型,我们必须显式使用其类名:

```
// iter 是通过 list<string>定义的一个迭代器类型
list<string>::iterator iter;
// count 是通过 vector<int>定义的一个 difference_type 类型
vector<int>::difference_type count;
```

这些声明语句使用了作用域运算符(参见 1.2 节,第 7 页)来说明我们希望使用 list<string>类的 iterator 成员及 vector<int>类定义的 difference_type。

9.2.2 节练习

练习 9.7: 为了索引 int 的 vector 中的元素,应该使用什么类型?

练习 9.8: 为了读取 string 的 list 中的元素,应该使用什么类型?如果写入 list,又该使用什么类型?

9.2.3　begin 和 end 成员

begin 和 end 操作(参见 3.4.1 节,第 95 页)生成指向容器中第一个元素和尾元素之后位置的迭代器。这两个迭代器最常见的用途是形成一个包含容器中所有元素的迭代器范围。

如表 9.2(第 295 页)所示,begin 和 end 有多个版本:带 r 的版本返回反向迭代器(我们将在 10.4.3 节(第 363 页)中介绍相关内容);以 c 开头的版本则返回 const 迭代器:

```
list<string> a = {"Milton", "Shakespeare", "Austen"};
auto it1 = a.begin();  // list<string>::iterator
auto it2 = a.rbegin(); // list<string>::reverse_iterator
auto it3 = a.cbegin(); // list<string>::const_iterator
auto it4 = a.crbegin();// list<string>::const_reverse_iterator
```

不以 c 开头的函数都是被重载过的。也就是说,实际上有两个名为 begin 的成员。一个是 const 成员(参见 7.1.2 节,第 231 页),返回容器的 const_iterator 类型。另一个是非常量成员,返回容器的 iterator 类型。rbegin、end 和 rend 的情况类似。当我们对一个非常量对象调用这些成员时,得到的是返回 iterator 的版本。只有在对一个 const 对象调用这些函数时,才会得到一个 const 版本。与 const 指针和引用类似,可以将一个普通的 iterator 转换为对应的 const_iterator,但反之不行。

以 c 开头的版本是 C++新标准引入的,用以支持 auto(参见 2.5.2 节,第 61 页)与 begin 和 end 函数结合使用。过去,没有其他选择,只能显式声明希望使用哪种类型的迭代器:

```
// 显式指定类型
list<string>::iterator it5 = a.begin();
```

```
list<string>::const_iterator it6 = a.begin();
// 是 iterator 还是 const_iterator 依赖于 a 的类型
auto it7 = a.begin();   // 仅当 a 是 const 时, it7 是 const_iterator
auto it8 = a.cbegin(); // it8 是 const_iterator
```

当 auto 与 begin 或 end 结合使用时,获得的迭代器类型依赖于容器类型,与我们想要如何使用迭代器毫不相干。但以 c 开头的版本还是可以获得 const_iterator 的,而不管容器的类型是什么。

 当不需要写访问时,应使用 cbegin 和 cend。

9.2.3 节练习

练习 9.9: begin 和 cbegin 两个函数有什么不同?

练习 9.10: 下面 4 个对象分别是什么类型?

```
vector<int> v1;
const vector<int> v2;
auto it1 = v1.begin(), it2 = v2.begin();
auto it3 = v1.cbegin(), it4 = v2.cbegin();
```

9.2.4　容器定义和初始化

每个容器类型都定义了一个默认构造函数(参见 7.1.4 节,第 236 页)。除 array 之外,其他容器的默认构造函数都会创建一个指定类型的空容器,且都可以接受指定容器大小和元素初始值的参数。

表 9.3: 容器定义和初始化	
C c;	默认构造函数。如果 C 是一个 array,则 c 中元素按默认方式初始化;否则 c 为空
C c1(c2) C c1=c2	c1 初始化为 c2 的拷贝。c1 和 c2 必须是相同类型(即,它们必须是相同的容器类型,且保存的是相同的元素类型;对于 array 类型,两者还必须具有相同大小)
C c{a,b,c...} C c={a,b,c...}	c 初始化为初始化列表中元素的拷贝。列表中元素的类型必须与 C 的元素类型相容。对于 array 类型,列表中元素数目必须等于或小于 array 的大小,任何遗漏的元素都进行值初始化(参见 3.3.1 节,第 88 页)
C c(b,e)	c 初始化为迭代器 b 和 e 指定范围中的元素的拷贝。范围中元素的类型必须与 C 的元素类型相容(array 不适用)
只有顺序容器(不包括 array)的构造函数才能接受大小参数	
C seq(n)	seq 包含 n 个元素,这些元素进行了值初始化;此构造函数是 explicit 的(参见 7.5.4 节,第 265 页)。(string 不适用)
C seq(n,t)	seq 包含 n 个初始化为值 t 的元素

将一个容器初始化为另一个容器的拷贝

将一个新容器创建为另一个容器的拷贝的方法有两种:可以直接拷贝整个容器,或者

（array 除外）拷贝由一个迭代器对指定的元素范围。

为了创建一个容器为另一个容器的拷贝，两个容器的类型及其元素类型必须匹配。不过，当传递迭代器参数来拷贝一个范围时，就不要求容器类型是相同的了。而且，新容器和原容器中的元素类型也可以不同，只要能将要拷贝的元素转换（参见 4.11 节，第 141 页）为要初始化的容器的元素类型即可。

335 >
```
// 每个容器有三个元素，用给定的初始化器进行初始化
list<string> authors = {"Milton", "Shakespeare", "Austen"};
vector<const char*> articles = {"a", "an", "the"};

list<string> list2(authors);      // 正确：类型匹配
deque<string> authList(authors);  // 错误：容器类型不匹配
vector<string> words(articles);   // 错误：容器类型必须匹配
// 正确：可以将 const char*元素转换为 string
forward_list<string> words(articles.begin(), articles.end());
```

> **Note** 当将一个容器初始化为另一个容器的拷贝时，两个容器的容器类型和元素类型都必须相同。

接受两个迭代器参数的构造函数用这两个迭代器表示我们想要拷贝的一个元素范围。与以往一样，两个迭代器分别标记想要拷贝的第一个元素和尾元素之后的位置。新容器的大小与范围中元素的数目相同。新容器中的每个元素都用范围中对应元素的值进行初始化。

由于两个迭代器表示一个范围，因此可以使用这种构造函数来拷贝一个容器中的子序列。例如，假定迭代器 it 表示 authors 中的一个元素，我们可以编写如下代码

```
// 拷贝元素，直到（但不包括）it 指向的元素
deque<string> authList(authors.begin(), it);
```

336 >
列表初始化

 在新标准中，我们可以对一个容器进行列表初始化（参见 3.3.1 节，第 88 页）

```
// 每个容器有三个元素，用给定的初始化器进行初始化
list<string> authors = {"Milton", "Shakespeare", "Austen"};
vector<const char*> articles = {"a", "an", "the"};
```

当这样做时，我们就显式地指定了容器中每个元素的值。对于除 array 之外的容器类型，初始化列表还隐含地指定了容器的大小：容器将包含与初始值一样多的元素。

与顺序容器大小相关的构造函数

除了与关联容器相同的构造函数外，顺序容器（array 除外）还提供另一个构造函数，它接受一个容器大小和一个（可选的）元素初始值。如果我们不提供元素初始值，则标准库会创建一个值初始化器（参见 3.3.1 节，第 88 页）：

```
vector<int> ivec(10, -1);          // 10 个 int 元素，每个都初始化为-1
list<string> svec(10, "hi!");      // 10 个 strings；每个都初始化为"hi!"
forward_list<int> ivec(10);        // 10 个元素，每个都初始化为 0
deque<string> svec(10);            // 10 个元素，每个都是空 string
```

　　如果元素类型是内置类型或者是具有默认构造函数（参见 9.2 节，第 294 页）的类类型，可以只为构造函数提供一个容器大小参数。如果元素类型没有默认构造函数，除了大小参数外，还必须指定一个显式的元素初始值。

 只有顺序容器的构造函数才接受大小参数，关联容器并不支持。

标准库 array 具有固定大小

　　与内置数组一样，标准库 array 的大小也是类型的一部分。当定义一个 array 时，除了指定元素类型，还要指定容器大小：

```
array<int, 42>          // 类型为：保存 42 个 int 的数组
array<string, 10>       // 类型为：保存 10 个 string 的数组
```

为了使用 array 类型，我们必须同时指定元素类型和大小：

```
array<int, 10>::size_type i;    // 数组类型包括元素类型和大小
array<int>::size_type j;        // 错误：array<int>不是一个类型
```

由于大小是 array 类型的一部分，array 不支持普通的容器构造函数。这些构造函数都会确定容器的大小，要么隐式地，要么显式地。而允许用户向一个 array 构造函数传递大小参数，最好情况下也是多余的，而且容易出错。

　　array 大小固定的特性也影响了它所定义的构造函数的行为。与其他容器不同，一个默认构造的 array 是非空的：它包含了与其大小一样多的元素。这些元素都被默认初始化（参见 2.2.1 节，第 40 页），就像一个内置数组（参见 3.5.1 节，第 102 页）中的元素那样。如果我们对 array 进行列表初始化，初始值的数目必须等于或小于 array 的大小。如果初始值数目小于 array 的大小，则它们被用来初始化 array 中靠前的元素，所有剩余元素都会进行值初始化（参见 3.3.1 节，第 88 页）。在这两种情况下，如果元素类型是一个类类型，那么该类必须有一个默认构造函数，以使值初始化能够进行：

```
array<int, 10> ia1;          // 10 个默认初始化的 int
array<int, 10> ia2 = {0,1,2,3,4,5,6,7,8,9}; // 列表初始化
array<int, 10> ia3 = {42};   // ia3[0]为 42，剩余元素为 0
```

　　值得注意的是，虽然我们不能对内置数组类型进行拷贝或对象赋值操作（参见 3.5.1 节，第 102 页），但 array 并无此限制：

```
int digs[10] = {0,1,2,3,4,5,6,7,8,9};
int cpy[10] = digs;               // 错误：内置数组不支持拷贝或赋值
array<int, 10> digits = {0,1,2,3,4,5,6,7,8,9};
array<int, 10> copy = digits; // 正确：只要数组类型匹配即合法
```

与其他容器一样，array 也要求初始值的类型必须与要创建的容器类型相同。此外，array 还要求元素类型和大小也都一样，因为大小是 array 类型的一部分。

9.2.4 节练习

练习 9.11：对 6 种创建和初始化 vector 对象的方法，每一种都给出一个实例。解释每个 vector 包含什么值。

练习 9.12：对于接受一个容器创建其拷贝的构造函数，和接受两个迭代器创建拷贝的构造函数，解释它们的不同。

> **练习 9.13：** 如何从一个 list<int> 初始化一个 vector<double>？从一个 vector<int>
> 又该如何创建？编写代码验证你的答案。

9.2.5　赋值和 swap

　　表 9.4 中列出的与赋值相关的运算符可用于所有容器。赋值运算符将其左边容器中的
全部元素替换为右边容器中元素的拷贝：

```
c1 = c2;       // 将 c1 的内容替换为 c2 中元素的拷贝
c1 = {a,b,c};  // 赋值后，c1 大小为 3
```

　　第一个赋值运算后，左边容器将与右边容器相等。如果两个容器原来大小不同，赋值运算
后两者的大小都与右边容器的原大小相同。第二个赋值运算后，c1 的 size 变为 3，即花
括号列表中值的数目。

338　　与内置数组不同，标准库 array 类型允许赋值。赋值号左右两边的运算对象必须具
有相同的类型：

```
array<int, 10> a1 = {0,1,2,3,4,5,6,7,8,9};
array<int, 10> a2 = {0}; // 所有元素值均为 0
a1 = a2;  // 替换 a1 中的元素
a2 = {0}; // 错误：不能将一个花括号列表赋予数组
```

　　由于右边运算对象的大小可能与左边运算对象的大小不同，因此 array 类型不支持 assign，
也不允许用花括号包围的值列表进行赋值。

表 9.4：容器赋值运算	
c1=c2	将 c1 中的元素替换为 c2 中元素的拷贝。c1 和 c2 必须具有相同的类型
c={a,b,c...}	将 c1 中元素替换为初始化列表中元素的拷贝（array 不适用）
swap(c1,c2) c1.swap(c2)	交换 c1 和 c2 中的元素。c1 和 c2 必须具有相同的类型。swap 通常比从 c2 向 c1 拷贝元素快得多
assign 操作不适用于关联容器和 array	
seq.assign(b,e)	将 seq 中的元素替换为迭代器 b 和 e 所表示的范围中的元素。迭代器 b 和 e 不能指向 seq 中的元素
seq.assign(il)	将 seq 中的元素替换为初始化列表 il 中的元素
seq.assign(n,t)	将 seq 中的元素替换为 n 个值为 t 的元素

> 赋值相关运算会导致指向左边容器内部的迭代器、引用和指针失效。而
> swap 操作将容器内容交换不会导致指向容器的迭代器、引用和指针失效
> （容器类型为 array 和 string 的情况除外）。

使用 assign（仅顺序容器）

　　赋值运算符要求左边和右边的运算对象具有相同的类型。它将右边运算对象中所有元
素拷贝到左边运算对象中。顺序容器（array 除外）还定义了一个名为 assign 的成员，
允许我们从一个不同但相容的类型赋值，或者从容器的一个子序列赋值。assign 操作用
参数所指定的元素（的拷贝）替换左边容器中的所有元素。例如，我们可以用 assgin 实
现将一个 vector 中的一段 char *值赋予一个 list 中的 string：

```
list<string> names;
vector<const char*> oldstyle;
names = oldstyle;  // 错误：容器类型不匹配
// 正确：可以将 const char* 转换为 string
names.assign(oldstyle.cbegin(), oldstyle.cend());
```

这段代码中对 assign 的调用将 names 中的元素替换为迭代器指定的范围中的元素的拷 339
贝。assign 的参数决定了容器中将有多少个元素以及它们的值都是什么。

 由于其旧元素被替换，因此传递给 assign 的迭代器不能指向调用 assign 的
WARNING 容器。

assign 的第二个版本接受一个整型值和一个元素值。它用指定数目且具有相同给定
值的元素替换容器中原有的元素：

```
// 等价于 slist1.clear();
// 后跟 slist1.insert(slist1.begin(), 10, "Hiya!");
list<string> slist1(1);        // 1 个元素，为空 string
slist1.assign(10, "Hiya!");    // 10 个元素，每个都是 "Hiya!"
```

使用 swap

swap 操作交换两个相同类型容器的内容。调用 swap 之后，两个容器中的元素将会
交换：

```
vector<string> svec1(10); // 10 个元素的 vector
vector<string> svec2(24); // 24 个元素的 vector
swap(svec1, svec2);
```

调用 swap 后，svec1 将包含 24 个 string 元素，svec2 将包含 10 个 string。除 array
外，交换两个容器内容的操作保证会很快——元素本身并未交换，swap 只是交换了两个
容器的内部数据结构。

 除 array 外，swap 不对任何元素进行拷贝、删除或插入操作，因此可以保证
在常数时间内完成。

元素不会被移动的事实意味着，除 string 外，指向容器的迭代器、引用和指针在
swap 操作之后都不会失效。它们仍指向 swap 操作之前所指向的那些元素。但是，在 swap
之后，这些元素已经属于不同的容器了。例如，假定 iter 在 swap 之前指向 svec1[3]
的 string，那么在 swap 之后它指向 svec2[3] 的元素。与其他容器不同，对一个 string
调用 swap 会导致迭代器、引用和指针失效。

与其他容器不同，swap 两个 array 会真正交换它们的元素。因此，交换两个 array
所需的时间与 array 中元素的数目成正比。

因此，对于 array，在 swap 操作之后，指针、引用和迭代器所绑定的元素保持不变，
但元素值已经与另一个 array 中对应元素的值进行了交换。

在新标准库中，容器既提供成员函数版本的 swap，也提供非成员版本的 swap。而 **C++ 11**
早期标准库版本只提供成员函数版本的 swap。非成员版本的 swap 在泛型编程中是非常
重要的。统一使用非成员版本的 swap 是一个好习惯。

9.2.5 节练习

> **练习 9.14**：编写程序，将一个 list 中的 char *指针（指向 C 风格字符串）元素赋值
> 给一个 vector 中的 string。

 ## 9.2.6 容器大小操作

除了一个例外，每个容器类型都有三个与大小相关的操作。成员函数 size（参见 3.2.2
节，第 78 页）返回容器中元素的数目；empty 当 size 为 0 时返回布尔值 true，否则
返回 false；max_size 返回一个大于或等于该类型容器所能容纳的最大元素数的值。
forward_list 支持 max_size 和 empty，但不支持 size，原因我们将在下一节解释。

9.2.7 关系运算符

每个容器类型都支持相等运算符（==和!=）；除了无序关联容器外的所有容器都支持
关系运算符（>、>=、<、<=）。关系运算符左右两边的运算对象必须是相同类型的容器，
且必须保存相同类型的元素。即，我们只能将一个 vector<int> 与另一个 vector<int>
进行比较，而不能将一个 vector<int> 与一个 list<int> 或一个 vector<double> 进
行比较。

比较两个容器实际上是进行元素的逐对比较。这些运算符的工作方式与 string 的关
系运算（参见 3.2.2 节，第 79 页）类似：

- 如果两个容器具有相同大小且所有元素都两两对应相等，则这两个容器相等；否则
  两个容器不等。
- 如果两个容器大小不同，但较小容器中每个元素都等于较大容器中的对应元素，则
  较小容器小于较大容器。
- 如果两个容器都不是另一个容器的前缀子序列，则它们的比较结果取决于第一个不
  相等的元素的比较结果。

下面的例子展示了这些关系运算符是如何工作的：

```
vector<int> v1 = { 1, 3, 5, 7, 9, 12 };
vector<int> v2 = { 1, 3, 9 };
vector<int> v3 = { 1, 3, 5, 7 };
vector<int> v4 = { 1, 3, 5, 7, 9, 12 };
v1 < v2   // true；v1 和 v2 在元素[2]处不同：v1[2]小于等于 v2[2]
v1 < v3   // false；所有元素都相等，但 v3 中元素数目更少
v1 == v4  // true；每个元素都相等，且 v1 和 v4 大小相同
v1 == v2  // false；v2 元素数目比 v1 少
```

容器的关系运算符使用元素的关系运算符完成比较

> Note
> 只有当其元素类型也定义了相应的比较运算符时，我们才可以使用关系运算符
> 来比较两个容器。

容器的相等运算符实际上是使用元素的==运算符实现比较的，而其他关系运算符是使
用元素的<运算符。如果元素类型不支持所需运算符，那么保存这种元素的容器就不能使
用相应的关系运算。例如，我们在第 7 章中定义的 Sales_data 类型并未定义==和<运算。
因此，就不能比较两个保存 Sales_data 元素的容器：

```
vector<Sales_data> storeA, storeB;
if (storeA < storeB) // 错误：Sales_data 没有<运算符
```

9.2.7 节练习

练习 9.15：编写程序，判定两个 vector<int>是否相等。

练习 9.16：重写上一题的程序，比较一个 list<int>中的元素和一个 vector<int>中的元素。

练习 9.17：假定 c1 和 c2 是两个容器，下面的比较操作有何限制（如果有的话）？

```
if (c1 < c2)
```

9.3 顺序容器操作

顺序容器和关联容器的不同之处在于两者组织元素的方式。这些不同之处直接关系到了元素如何存储、访问、添加以及删除。上一节介绍了所有容器都支持的操作（罗列于表 9.2（第 295 页））。本章剩余部分将介绍顺序容器所特有的操作。

9.3.1 向顺序容器添加元素

除 array 外，所有标准库容器都提供灵活的内存管理。在运行时可以动态添加或删除元素来改变容器大小。表 9.5 列出了向顺序容器（非 array）添加元素的操作。

表 9.5：向顺序容器添加元素的操作	
这些操作会改变容器的大小；array 不支持这些操作。 forward_list 有自己专有版本的 insert 和 emplace；参见 9.3.4 节（第 312 页）。 forward_list 不支持 push_back 和 emplace_back。 vector 和 string 不支持 push_front 和 emplace_front。	
c.push_back(t) c.emplace_back(*args*)	在 c 的尾部创建一个值为 t 或由 *args* 创建的元素。返回 void
c.push_front(t) c.emplace_front(*args*)	在 c 的头部创建一个值为 t 或由 *args* 创建的元素。返回 void
c.insert(p,t) c.emplace(p,*args*)	在迭代器 p 指向的元素之前创建一个值为 t 或由 *args* 创建的元素。返回指向新添加的元素的迭代器
c.insert(p,n,t)	在迭代器 p 指向的元素之前插入 n 个值为 t 的元素。返回指向新添加的第一个元素的迭代器；若 n 为 0，则返回 p
c.insert(p,b,e)	将迭代器 b 和 e 指定的范围内的元素插入到迭代器 p 指向的元素之前。b 和 e 不能指向 c 中的元素。返回指向新添加的第一个元素的迭代器；若范围为空，则返回 p
c.insert(p,il)	il 是一个花括号包围的元素值列表。将这些给定值插入到迭代器 p 指向的元素之前。返回指向新添加的第一个元素的迭代器；若列表为空，则返回 p
	向一个 vector、string 或 deque 插入元素会使所有指向容器的迭代器、引用和指针失效。

当我们使用这些操作时，必须记得不同容器使用不同的策略来分配元素空间，而这些策略直接影响性能。在一个 vector 或 string 的尾部之外的任何位置，或是一个 deque 的首尾之外的任何位置添加元素，都需要移动元素。而且，向一个 vector 或 string 添加元素可能引起整个对象存储空间的重新分配。重新分配一个对象的存储空间需要分配新的内存，并将元素从旧的空间移动到新的空间中。

342>

使用 push_back

在 3.3.2 节（第 90 页）中，我们看到 push_back 将一个元素追加到一个 vector 的尾部。除 array 和 forward_list 之外，每个顺序容器（包括 string 类型）都支持 push_back。

例如，下面的循环每次读取一个 string 到 word 中，然后追加到容器尾部：

```
// 从标准输入读取数据，将每个单词放到容器末尾
string word;
while (cin >> word)
    container.push_back(word);
```

对 push_back 的调用在 container 尾部创建了一个新的元素，将 container 的 size 增大了 1。该元素的值为 word 的一个拷贝。container 的类型可以是 list、vector 或 deque。

由于 string 是一个字符容器，我们也可以用 push_back 在 string 末尾添加字符：

```
void pluralize(size_t cnt, string &word)
{
    if (cnt > 1)
        word.push_back('s'); // 等价于 word += 's'
}
```

关键概念：容器元素是拷贝

当我们用一个对象来初始化容器时，或将一个对象插入到容器中时，实际上放入到容器中的是对象值的一个拷贝，而不是对象本身。就像我们将一个对象传递给非引用参数（参见 3.2.2 节，第 79 页）一样，容器中的元素与提供值的对象之间没有任何关联。随后对容器中元素的任何改变都不会影响到原始对象，反之亦然。

使用 push_front

除了 push_back，list、forward_list 和 deque 容器还支持名为 push_front 的类似操作。此操作将元素插入到容器头部：

```
list<int> ilist;
// 将元素添加到 ilist 开头
for (size_t ix = 0; ix != 4; ++ix)
    ilist.push_front(ix);
```

此循环将元素 0、1、2、3 添加到 ilist 头部。每个元素都插入到 list 的新的开始位置（new beginning）。即，当我们插入 1 时，它会被放置在 0 之前，2 被放置在 1 之前，依此类推。因此，在循环中以这种方式将元素添加到容器中，最终会形成逆序。在循环执行完毕后，ilist 保存序列 3、2、1、0。

343>

注意，deque 像 vector 一样提供了随机访问元素的能力，但它提供了 vector 所

不支持的 push_front。deque 保证在容器首尾进行插入和删除元素的操作都只花费常数时间。与 vector 一样，在 deque 首尾之外的位置插入元素会很耗时。

在容器中的特定位置添加元素

push_back 和 push_front 操作提供了一种方便地在顺序容器尾部或头部插入单个元素的方法。insert 成员提供了更一般的添加功能，它允许我们在容器中任意位置插入 0 个或多个元素。vector、deque、list 和 string 都支持 insert 成员。forward_list 提供了特殊版本的 insert 成员，我们将在 9.3.4 节（第 312 页）中介绍。

每个 insert 函数都接受一个迭代器作为其第一个参数。迭代器指出了在容器中什么位置放置新元素。它可以指向容器中任何位置，包括容器尾部之后的下一个位置。由于迭代器可能指向容器尾部之后不存在的元素的位置，而且在容器开始位置插入元素是很有用的功能，所以 insert 函数将元素插入到迭代器所指定的位置之前。例如，下面的语句 〈344〉

```
slist.insert(iter, "Hello!"); // 将"Hello!"添加到 iter 之前的位置
```

将一个值为"Hello"的 string 插入到 iter 指向的元素之前的位置。

虽然某些容器不支持 push_front 操作，但它们对于 insert 操作并无类似的限制（插入开始位置）。因此我们可以将元素插入到容器的开始位置，而不必担心容器是否支持 push_front：

```
vector<string> svec;
list<string> slist;

// 等价于调用 slist.push_front("Hello!");
slist.insert(slist.begin(), "Hello!");

// vector 不支持 push_front，但我们可以插入到 begin() 之前
// 警告：插入到 vector 末尾之外的任何位置都可能很慢
svec.insert(svec.begin(), "Hello!");
```

> 将元素插入到 vector、deque 和 string 中的任何位置都是合法的。然而，这样做可能很耗时。

插入范围内元素

除了第一个迭代器参数之外，insert 函数还可以接受更多的参数，这与容器构造函数类似。其中一个版本接受一个元素数目和一个值，它将指定数量的元素添加到指定位置之前，这些元素都按给定值初始化：

```
svec.insert(svec.end(), 10, "Anna");
```

这行代码将 10 个元素插入到 svec 的末尾，并将所有元素都初始化为 string "Anna"。

接受一对迭代器或一个初始化列表的 insert 版本将给定范围中的元素插入到指定位置之前：

```
vector<string> v = {"quasi", "simba", "frollo", "scar"};
// 将 v 的最后两个元素添加到 slist 的开始位置
slist.insert(slist.begin(), v.end() - 2, v.end());
slist.insert(slist.end(), {"these", "words", "will",
                           "go", "at", "the", "end"});
```

```
        // 运行时错误：迭代器表示要拷贝的范围，不能指向与目的位置相同的容器
        slist.insert(slist.begin(), slist.begin(), slist.end());
```

如果我们传递给 insert 一对迭代器，它们不能指向添加元素的目标容器。

在新标准下，接受元素个数或范围的 insert 版本返回指向第一个新加入元素的迭代
器。（在旧版本的标准库中，这些操作返回 void。）如果范围为空，不插入任何元素，insert
操作会将第一个参数返回。

[345] 使用 insert 的返回值

通过使用 insert 的返回值，可以在容器中一个特定位置反复插入元素：

```
list<string> lst;
auto iter = lst.begin();
while (cin >> word)
    iter = lst.insert(iter, word); // 等价于调用 push_front
```

 理解这个循环是如何工作的非常重要，特别是理解这个循环为什么等价于调用
push_front 尤为重要。

在循环之前，我们将 iter 初始化为 lst.begin()。第一次调用 insert 会将我们刚刚
读入的 string 插入到 iter 所指向的元素之前的位置。insert 返回的迭代器恰好指向
这个新元素。我们将此迭代器赋予 iter 并重复循环，读取下一个单词。只要继续有单词
读入，每步 while 循环就会将一个新元素插入到 iter 之前，并将 iter 改变为新加入
元素的位置。此元素为（新的）首元素。因此，每步循环将一个新元素插入到 list 首元
素之前的位置。

使用 emplace 操作

新标准引入了三个新成员——emplace_front、emplace 和 emplace_back，这
些操作构造而不是拷贝元素。这些操作分别对应 push_front、insert 和 push_back，
允许我们将元素放置在容器头部、一个指定位置之前或容器尾部。

当调用 push 或 insert 成员函数时，我们将元素类型的对象传递给它们，这些对象
被拷贝到容器中。而当我们调用一个 emplace 成员函数时，则是将参数传递给元素类型
的构造函数。emplace 成员使用这些参数在容器管理的内存空间中直接构造元素。例如，
假定 c 保存 Sales_data（参见 7.1.4 节，第 237 页）元素：

```
// 在 c 的末尾构造一个 Sales_data 对象
// 使用三个参数的 Sales_data 构造函数
c.emplace_back("978-0590353403", 25, 15.99);
// 错误：没有接受三个参数的 push_back 版本
c.push_back("978-0590353403", 25, 15.99);
// 正确：创建一个临时的 Sales_data 对象传递给 push_back
c.push_back(Sales_data("978-0590353403", 25, 15.99));
```

其中对 emplace_back 的调用和第二个 push_back 调用都会创建新的 Sales_data 对
象。在调用 emplace_back 时，会在容器管理的内存空间中直接创建对象。而调用
push_back 则会创建一个局部临时对象，并将其压入容器中。

emplace 函数的参数根据元素类型而变化，参数必须与元素类型的构造函数相匹配：

[346]
```
        // iter 指向 c 中一个元素，其中保存了 Sales_data 元素
```

```
c.emplace_back(); // 使用 Sales_data 的默认构造函数
c.emplace(iter, "999-999999999"); // 使用 Sales_data(string)
// 使用 Sales_data 的接受一个 ISBN、一个 count 和一个 price 的构造函数
c.emplace_front("978-0590353403", 25, 15.99);
```

 emplace 函数在容器中直接构造元素。传递给 emplace 函数的参数必须与元素类型的构造函数相匹配。

9.3.1 节练习

练习 9.18：编写程序，从标准输入读取 string 序列，存入一个 deque 中。编写一个循环，用迭代器打印 deque 中的元素。

练习 9.19：重写上题的程序，用 list 替代 deque。列出程序要做出哪些改变。

练习 9.20：编写程序，从一个 list<int> 拷贝元素到两个 deque 中。值为偶数的所有元素都拷贝到一个 deque 中，而奇数值元素都拷贝到另一个 deque 中。

练习 9.21：如果我们将第 308 页中使用 insert 返回值将元素添加到 list 中的循环程序改写为将元素插入到 vector 中，分析循环将如何工作。

练习 9.22：假定 iv 是一个 int 的 vector，下面的程序存在什么错误？你将如何修改？

```
vector<int>::iterator iter = iv.begin(),
                      mid = iv.begin() + iv.size()/2;
while (iter != mid)
    if (*iter == some_val)
        iv.insert(iter, 2 * some_val);
```

9.3.2 访问元素

表 9.6 列出了我们可以用来在顺序容器中访问元素的操作。如果容器中没有元素，访问操作的结果是未定义的。

包括 array 在内的每个顺序容器都有一个 front 成员函数，而除 forward_list 之外的所有顺序容器都有一个 back 成员函数。这两个操作分别返回首元素和尾元素的引用：

```
// 在解引用一个迭代器或调用 front 或 back 之前检查是否有元素
if (!c.empty()) {
    // val 和 val2 是 c 中第一个元素值的拷贝
    auto val = *c.begin(), val2 = c.front();
    // val3 和 val4 是 c 中最后一个元素值的拷贝
    auto last = c.end();
    auto val3 = *(--last); // 不能递减 forward_list 迭代器
    auto val4 = c.back();  // forward_list 不支持
}
```

此程序用两种不同方式来获取 c 中的首元素和尾元素的引用。直接的方法是调用 front 和 back。而间接的方法是通过解引用 begin 返回的迭代器来获得首元素的引用，以及通过递减然后解引用 end 返回的迭代器来获得尾元素的引用。347

这个程序有两点值得注意：迭代器 end 指向的是容器尾元素之后的（不存在的）元

素。为了获取尾元素，必须首先递减此迭代器。另一个重要之处是，在调用 front 和 back（或解引用 begin 和 end 返回的迭代器）之前，要确保 c 非空。如果容器为空，if 中操作的行为将是未定义的。

表 9.6：在顺序容器中访问元素的操作
at 和下标操作只适用于 string、vector、deque 和 array。 back 不适用于 forward_list。
c.back()　　　　返回 c 中尾元素的引用。若 c 为空，函数行为未定义
c.front()　　　返回 c 中首元素的引用。若 c 为空，函数行为未定义
c[n]　　　　　　返回 c 中下标为 n 的元素的引用，n 是一个无符号整数。若 n>=c.size()， 　　　　　　　　则函数行为未定义
c.at(n)　　　　返回下标为 n 的元素的引用。如果下标越界，则抛出一 out_of_range 　　　　　　　　异常

 对一个空容器调用 front 和 back，就像使用一个越界的下标一样，是一种严重的程序设计错误。

访问成员函数返回的是引用

在容器中访问元素的成员函数（即，front、back、下标和 at）返回的都是引用。如果容器是一个 const 对象，则返回值是 const 的引用。如果容器不是 const 的，则返回值是普通引用，我们可以用来改变元素的值：

```
if (!c.empty()) {
    c.front() = 42;          // 将 42 赋予 c 中的第一个元素
    auto &v = c.back();      // 获得指向最后一个元素的引用
    v = 1024;               // 改变 c 中的元素
    auto v2 = c.back();      // v2 不是一个引用，它是 c.back() 的一个拷贝
    v2 = 0;                 // 未改变 c 中的元素
}
```

与往常一样，如果我们使用 auto 变量来保存这些函数的返回值，并且希望使用此变量来改变元素的值，必须记得将变量定义为引用类型。

下标操作和安全的随机访问

提供快速随机访问的容器（string、vector、deque 和 array）也都提供下标运算符（参见 3.3.3 节，第 91 页）。就像我们已经看到的那样，下标运算符接受一个下标参数，返回容器中该位置的元素的引用。给定下标必须"在范围内"（即，大于等于 0，且小于容器的大小）。保证下标有效是程序员的责任，下标运算符并不检查下标是否在合法范围内。使用越界的下标是一种严重的程序设计错误，而且编译器并不检查这种错误。

348

如果我们希望确保下标是合法的，可以使用 at 成员函数。at 成员函数类似下标运算符，但如果下标越界，at 会抛出一个 out_of_range 异常（参见 5.6 节，第 173 页）：

```
vector<string> svec;        // 空 vector
cout << svec[0];            // 运行时错误：svec 中没有元素！
cout << svec.at(0);        // 抛出一个 out_of_range 异常
```

练习 9.23：在本节第一个程序（第 309 页）中，若 c.size() 为 1，则 val、val2、val3 和 val4 的值会是什么？

练习 9.24：编写程序，分别使用 at、下标运算符、front 和 begin 提取一个 vector 中的第一个元素。在一个空 vector 上测试你的程序。

9.3.3 删除元素

与添加元素的多种方式类似，（非 array）容器也有多种删除元素的方式。表 9.7 列出了这些成员函数。

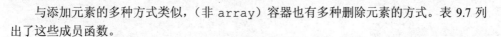
表 9.7：顺序容器的删除操作

这些操作会改变容器的大小，所以不适用于 array。
forward_list 有特殊版本的 erase，参见 9.3.4 节（第 312 页）。
forward_list 不支持 pop_back；vector 和 string 不支持 pop_front。

c.pop_back()	删除 c 中尾元素。若 c 为空，则函数行为未定义。函数返回 void
c.pop_front()	删除 c 中首元素。若 c 为空，则函数行为未定义。函数返回 void
c.erase(p)	删除迭代器 p 所指定的元素，返回一个指向被删元素之后元素的迭代器，若 p 指向尾元素，则返回尾后（off-the-end）迭代器。若 p 是尾后迭代器，则函数行为未定义
c.erase(b,e)	删除迭代器 b 和 e 所指定范围内的元素。返回一个指向最后一个被删元素之后元素的迭代器，若 e 本身就是尾后迭代器，则函数也返回尾后迭代器
c.clear()	删除 c 中的所有元素。返回 void

 删除 deque 中除首尾位置之外的任何元素都会使所有迭代器、引用和指针失效。指向 vector 或 string 中删除点之后位置的迭代器、引用和指针都会失效。

 删除元素的成员函数并不检查其参数。在删除元素之前，程序员必须确保它（们）是存在的。

pop_front 和 pop_back 成员函数

pop_front 和 pop_back 成员函数分别删除首元素和尾元素。与 vector 和 string 不支持 push_front 一样，这些类型也不支持 pop_front。类似的，forward_list 不支持 pop_back。与元素访问成员函数类似，不能对一个空容器执行弹出操作。

这些操作返回 void。如果你需要弹出的元素的值，就必须在执行弹出操作之前保存它：

```
while (!ilist.empty()) {
    process(ilist.front()); // 对 ilist 的首元素进行一些处理
    ilist.pop_front();      // 完成处理后删除首元素
}
```

349 从容器内部删除一个元素

成员函数 erase 从容器中指定位置删除元素。我们可以删除由一个迭代器指定的单个元素，也可以删除由一对迭代器指定的范围内的所有元素。两种形式的 erase 都返回指向删除的(最后一个)元素之后位置的迭代器。即，若 j 是 i 之后的元素，那么 erase(i) 将返回指向 j 的迭代器。

例如，下面的循环删除一个 list 中的所有奇数元素：

```
list<int> lst = {0,1,2,3,4,5,6,7,8,9};
auto it = lst.begin();
while (it != lst.end())
    if (*it % 2)                 // 若元素为奇数
        it = lst.erase(it);  // 删除此元素
    else
        ++it;
```

每个循环步中，首先检查当前元素是否是奇数。如果是，就删除该元素，并将 it 设置为我们所删除的元素之后的元素。如果*it 为偶数，我们将 it 递增，从而在下一步循环检查下一个元素。

删除多个元素

接受一对迭代器的 erase 版本允许我们删除一个范围内的元素：

```
// 删除两个迭代器表示的范围内的元素
// 返回指向最后一个被删元素之后位置的迭代器
elem1 = slist.erase(elem1, elem2); // 调用后，elem1 == elem2
```

迭代器 elem1 指向我们要删除的第一个元素，elem2 指向我们要删除的最后一个元素之后的位置。

350 为了删除一个容器中的所有元素，我们既可以调用 clear，也可以用 begin 和 end 获得的迭代器作为参数调用 erase：

```
slist.clear(); // 删除容器中所有元素
slist.erase(slist.begin(), slist.end()); // 等价调用
```

9.3.3 节练习

练习 9.25：对于第 312 页中删除一个范围内的元素的程序，如果 elem1 与 elem2 相等会发生什么？如果 elem2 是尾后迭代器，或者 elem1 和 elem2 皆为尾后迭代器，又会发生什么？

练习 9.26：使用下面代码定义的 ia，将 ia 拷贝到一个 vector 和一个 list 中。使用单迭代器版本的 erase 从 list 中删除奇数元素，从 vector 中删除偶数元素。

```
int ia[] = { 0, 1, 1, 2, 3, 5, 8, 13, 21, 55, 89 };
```

9.3.4　特殊的 forward_list 操作

为了理解 forward_list 为什么有特殊版本的添加和删除操作，考虑当我们从一个单向链表中删除一个元素时会发生什么。如图 9.1 所示，删除一个元素会改变序列中的链接。在此情况下，删除 $elem_3$ 会改变 $elem_2$，$elem_2$ 原来指向 $elem_3$，但删除 $elem_3$ 后，$elem_2$ 指向了 $elem_4$。

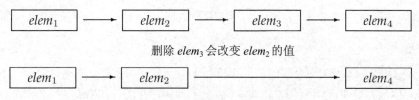

删除 $elem_3$ 会改变 $elem_2$ 的值

图 9.1：forward_list 的特殊操作

当添加或删除一个元素时，删除或添加的元素之前的那个元素的后继会发生改变。为了添加或删除一个元素，我们需要访问其前驱，以便改变前驱的链接。但是，forward_list 是单向链表。在一个单向链表中，没有简单的方法来获取一个元素的前驱。出于这个原因，在一个 forward_list 中添加或删除元素的操作是通过改变给定元素之后的元素来完成的。这样，我们总是可以访问到被添加或删除操作所影响的元素。

由于这些操作与其他容器上的操作的实现方式不同，forward_list 并未定义 insert、emplace 和 erase，而是定义了名为 insert_after、emplace_after 和 erase_after 的操作（参见表 9.8）。例如，在我们的例子中，为了删除 $elem_3$，应该用指向 $elem_2$ 的迭代器调用 erase_after。为了支持这些操作，forward_list 也定义了 ⟨351⟩ before_begin，它返回一个**首前**（off-the-beginning）迭代器。这个迭代器允许我们在链表首元素之前并不存在的元素"之后"添加或删除元素（亦即在链表首元素之前添加删除元素）。

表 9.8：在 forward_list 中插入或删除元素的操作	
lst.before_begin() lst.cbefore_begin()	返回指向链表首元素之前不存在的元素的迭代器。此迭代器不能解引用。cbefore_begin() 返回一个 const_iterator
lst.insert_after(p,t) lst.insert_after(p,n,t) lst.insert_after(p,b,e) lst.insert_after(p,il)	在迭代器 p 之后的位置插入元素。t 是一个对象，n 是数量，b 和 e 是表示范围的一对迭代器（b 和 e 不能指向 lst 内），il 是一个花括号列表。返回一个指向最后一个插入元素的迭代器。如果范围为空，则返回 p。若 p 为尾后迭代器，则函数行为未定义
emplace_after(p,*args*)	使用 *args* 在 p 指定的位置之后创建一个元素。返回一个指向这个新元素的迭代器。若 p 为尾后迭代器，则函数行为未定义
lst.erase_after(p) lst.erase_after(b,e)	删除 p 指向的位置之后的元素，或删除从 b 之后直到（但不包含）e 之间的元素。返回一个指向被删元素之后元素的迭代器，若不存在这样的元素，则返回尾后迭代器。如果 p 指向 lst 的尾元素或者是一个尾后迭代器，则函数行为未定义

当在 forward_list 中添加或删除元素时，我们必须关注两个迭代器——一个指向我们要处理的元素，另一个指向其前驱。例如，可以改写第 312 页中从 list 中删除奇数元素的循环程序，将其改为从 forward_list 中删除元素：

```
forward_list<int> flst = {0,1,2,3,4,5,6,7,8,9};
auto prev = flst.before_begin();        // 表示 flst 的"首前元素"
auto curr = flst.begin();               // 表示 flst 中的第一个元素
while (curr != flst.end()) {            // 仍有元素要处理
    if (*curr % 2)                      // 若元素为奇数
        curr = flst.erase_after(prev);  // 删除它并移动 curr
    else {
        prev = curr;        // 移动迭代器 curr，指向下一个元素，prev 指向
```

```
        ++curr;        // curr 之前的元素
    }
}
```

此例中，curr 表示我们要处理的元素，prev 表示 curr 的前驱。调用 begin 来初始化 curr，这样第一步循环就会检查第一个元素是否是奇数。我们用 before_begin 来初始化 prev，它返回指向 curr 之前不存在的元素的迭代器。

当找到奇数元素后，我们将 prev 传递给 erase_after。此调用将 prev 之后的元
素删除，即，删除 curr 指向的元素。然后我们将 curr 重置为 erase_after 的返回值，
使得 curr 指向序列中下一个元素，prev 保持不变，仍指向（新）curr 之前的元素。如
果 curr 指向的元素不是奇数，在 else 中我们将两个迭代器都向前移动。

352>

9.3.4 节练习

练习 9.27：编写程序，查找并删除 forward_list<int> 中的奇数元素。

练习 9.28：编写函数，接受一个 forward_list<string> 和两个 string 共三个参数。函数应在链表中查找第一个 string，并将第二个 string 插入到紧接着第一个 string 之后的位置。若第一个 string 未在链表中，则将第二个 string 插入到链表末尾。

9.3.5　改变容器大小

如表 9.9 所描述，我们可以用 resize 来增大或缩小容器，与往常一样，array 不支持 resize。如果当前大小大于所要求的大小，容器后部的元素会被删除；如果当前大小小于新大小，会将新元素添加到容器后部：

```
list<int> ilist(10, 42);   // 10 个 int：每个的值都是 42
ilist.resize(15);          // 将 5 个值为 0 的元素添加到 ilist 的末尾
ilist.resize(25, -1);      // 将 10 个值为-1 的元素添加到 ilist 的末尾
ilist.resize(5);           // 从 ilist 末尾删除 20 个元素
```

resize 操作接受一个可选的元素值参数，用来初始化添加到容器中的元素。如果调用者未提供此参数，新元素进行值初始化（参见 3.3.1 节，第 88 页）。如果容器保存的是类类型元素，且 resize 向容器添加新元素，则我们必须提供初始值，或者元素类型必须提供一个默认构造函数。

表 9.9：顺序容器大小操作	
resize 不适用于 array	
c.resize(n)	调整 c 的大小为 n 个元素。若 n<c.size()，则多出的元素被丢弃。若必须添加新元素，对新元素进行值初始化
c. resize(n,t)	调整 c 的大小为 n 个元素。任何新添加的元素都初始化为值 t

如果 resize 缩小容器，则指向被删除元素的迭代器、引用和指针都会失效；对 vector、string 或 deque 进行 resize 可能导致迭代器、指针和引用失效。

353

9.3.5 节练习

练习 9.29： 假定 vec 包含 25 个元素，那么 vec.resize(100)会做什么？如果接下来调用 vec.resize(10)会做什么？

练习 9.30： 接受单个参数的 resize 版本对元素类型有什么限制（如果有的话）？

9.3.6 容器操作可能使迭代器失效

向容器中添加元素和从容器中删除元素的操作可能会使指向容器元素的指针、引用或迭代器失效。一个失效的指针、引用或迭代器将不再表示任何元素。使用失效的指针、引用或迭代器是一种严重的程序设计错误，很可能引起与使用未初始化指针一样的问题（参见 2.3.2 节，第 49 页）

在向容器添加元素后：

- 如果容器是 vector 或 string，且存储空间被重新分配，则指向容器的迭代器、指针和引用都会失效。如果存储空间未重新分配，指向插入位置之前的元素的迭代器、指针和引用仍有效，但指向插入位置之后元素的迭代器、指针和引用将会失效。
- 对于 deque，插入到除首尾位置之外的任何位置都会导致迭代器、指针和引用失效。如果在首尾位置添加元素，迭代器会失效，但指向存在的元素的引用和指针不会失效。
- 对于 list 和 forward_list，指向容器的迭代器（包括尾后迭代器和首前迭代器）、指针和引用仍有效。

当我们从一个容器中删除元素后，指向被删除元素的迭代器、指针和引用会失效，这应该不会令人惊讶。毕竟，这些元素都已经被销毁了。当我们删除一个元素后：

- 对于 list 和 forward_list，指向容器其他位置的迭代器（包括尾后迭代器和首前迭代器）、引用和指针仍有效。
- 对于 deque，如果在首尾之外的任何位置删除元素，那么指向被删除元素外其他元素的迭代器、引用或指针也会失效。如果是删除 deque 的尾元素，则尾后迭代器也会失效，但其他迭代器、引用和指针不受影响；如果是删除首元素，这些也不会受影响。
- 对于 vector 和 string，指向被删元素之前元素的迭代器、引用和指针仍有效。注意：当我们删除元素时，尾后迭代器总是会失效。

使用失效的迭代器、指针或引用是严重的运行时错误。

354

建议：管理迭代器

当你使用迭代器（或指向容器元素的引用或指针）时，最小化要求迭代器必须保持有效的程序片段是一个好的方法。

由于向迭代器添加元素和从迭代器删除元素的代码可能会使迭代器失效，因此必须保证每次改变容器的操作之后都正确地重新定位迭代器。这个建议对 vector、string 和 deque 尤为重要。

编写改变容器的循环程序

添加/删除 vector、string 或 deque 元素的循环程序必须考虑迭代器、引用和指针可能失效的问题。程序必须保证每个循环步中都更新迭代器、引用或指针。如果循环中调用的是 insert 或 erase，那么更新迭代器很容易。这些操作都返回迭代器，我们可以用来更新：

```cpp
// 傻瓜循环，删除偶数元素，复制每个奇数元素
vector<int> vi = {0,1,2,3,4,5,6,7,8,9};
auto iter = vi.begin(); // 调用 begin 而不是 cbegin，因为我们要改变 vi
while (iter != vi.end()) {
    if (*iter % 2) {
        iter = vi.insert(iter, *iter); // 复制当前元素
        iter += 2; // 向前移动迭代器，跳过当前元素以及插入到它之前的元素
    } else
        iter = vi.erase(iter);          // 删除偶数元素
        // 不应向前移动迭代器，iter 指向我们删除的元素之后的元素
}
```

此程序删除 vector 中的偶数值元素，并复制每个奇数值元素。我们在调用 insert 和 erase 后都更新迭代器，因为两者都会使迭代器失效。

在调用 erase 后，不必递增迭代器，因为 erase 返回的迭代器已经指向序列中下一个元素。调用 insert 后，需要递增迭代器两次。记住，insert 在给定位置之前插入新元素，然后返回指向新插入元素的迭代器。因此，在调用 insert 后，iter 指向新插入元素，位于我们正在处理的元素之前。我们将迭代器递增两次，恰好越过了新添加的元素和正在处理的元素，指向下一个未处理的元素。

不要保存 end 返回的迭代器

当我们添加/删除 vector 或 string 的元素后，或在 deque 中首元素之外任何位置添加/删除元素后，原来 end 返回的迭代器总是会失效。因此，添加或删除元素的循环程序必须反复调用 end，而不能在循环之前保存 end 返回的迭代器，一直当作容器末尾使用。通常 C++ 标准库的实现中 end() 操作都很快，部分就是因为这个原因。

例如，考虑这样一个循环，它处理容器中的每个元素，在其后添加一个新元素。我们希望循环能跳过新添加的元素，只处理原有元素。在每步循环之后，我们将定位迭代器，使其指向下一个原有元素。如果我们试图"优化"这个循环，在循环之前保存 end() 返回的迭代器，一直用作容器末尾，就会导致一场灾难：

355>

```cpp
// 灾难：此循环的行为是未定义的
auto begin = v.begin(),
    end = v.end(); // 保存尾迭代器的值是一个坏主意
while (begin != end) {
    // 做一些处理
    // 插入新值，对 begin 重新赋值，否则的话它就会失效
    ++begin; // 向前移动 begin，因为我们想在此元素之后插入元素
    begin = v.insert(begin, 42); // 插入新值
    ++begin; // 向前移动 begin 跳过我们刚刚加入的元素
}
```

此代码的行为是未定义的。在很多标准库实现上，此代码会导致无限循环。问题在于我们将 end 操作返回的迭代器保存在一个名为 end 的局部变量中。在循环体中，我们向容器

中添加了一个元素，这个操作使保存在 end 中的迭代器失效了。这个迭代器不再指向 v 中任何元素，或是 v 中尾元素之后的位置。

 如果在一个循环中插入/删除 deque、string 或 vector 中的元素，不要缓存 end 返回的迭代器。

必须在每次插入操作后重新调用 end()，而不能在循环开始前保存它返回的迭代器：

```
// 更安全的方法：在每个循环步添加/删除元素后都重新计算 end
while (begin != v.end()) {
    // 做一些处理
    ++begin; // 向前移动 begin，因为我们想在此元素之后插入元素
    begin = v.insert(begin, 42); // 插入新值
    ++begin; // 向前移动 begin，跳过我们刚刚加入的元素
}
```

9.3.6 节练习

练习 9.31：第 316 页中删除偶数值元素并复制奇数值元素的程序不能用于 list 或 forward_list。为什么？修改程序，使之也能用于这些类型。

练习 9.32：在第 316 页的程序中，向下面语句这样调用 insert 是否合法？如果不合法，为什么？

```
iter = vi.insert(iter, *iter++);
```

练习 9.33：在本节最后一个例子中，如果不将 insert 的结果赋予 begin，将会发生什么？编写程序，去掉此赋值语句，验证你的答案。

练习 9.34：假定 vi 是一个保存 int 的容器，其中有偶数值也有奇数值，分析下面循环的行为，然后编写程序验证你的分析是否正确。

```
iter = vi.begin();
while (iter != vi.end())
    if (*iter % 2)
        iter = vi.insert(iter, *iter);
    ++iter;
```

9.4 vector 对象是如何增长的

为了支持快速随机访问，vector 将元素连续存储——每个元素紧挨着前一个元素存储。通常情况下，我们不必关心一个标准库类型是如何实现的，而只需关心它如何使用。然而，对于 vector 和 string，其部分实现渗透到了接口中。

假定容器中元素是连续存储的，且容器的大小是可变的，考虑向 vector 或 string 中添加元素会发生什么：如果没有空间容纳新元素，容器不可能简单地将它添加到内存中其他位置——因为元素必须连续存储。容器必须分配新的内存空间来保存已有元素和新元素，将已有元素从旧位置移动到新空间中，然后添加新元素，释放旧存储空间。如果我们每添加一个新元素，vector 就执行一次这样的内存分配和释放操作，性能会慢到不可接受。

为了避免这种代价，标准库实现者采用了可以减少容器空间重新分配次数的策略。当

不得不获取新的内存空间时，vector 和 string 的实现通常会分配比新的空间需求更大的内存空间。容器预留这些空间作为备用，可用来保存更多的新元素。这样，就不需要每次添加新元素都重新分配容器的内存空间了。

这种分配策略比每次添加新元素时都重新分配容器内存空间的策略要高效得多。其实际性能也表现得足够好——虽然 vector 在每次重新分配内存空间时都要移动所有元素，但使用此策略后，其扩张操作通常比 list 和 deque 还要快。

管理容量的成员函数

如表 9.10 所示，vector 和 string 类型提供了一些成员函数，允许我们与它的实现中内存分配部分互动。capacity 操作告诉我们容器在不扩张内存空间的情况下可以容纳多少个元素。reserve 操作允许我们通知容器它应该准备保存多少个元素。

表 9.10：容器大小管理操作
shrink_to_fit 只适用于 vector、string 和 deque。
capacity 和 reserve 只适用于 vector 和 string。
c.shrink_to_fit()   请将 capacity() 减少为与 size() 相同大小
c.capacity()   不重新分配内存空间的话，c 可以保存多少元素
c.reserve(n)   分配至少能容纳 n 个元素的内存空间

 reserve 并不改变容器中元素的数量，它仅影响 vector 预先分配多大的内存空间。

357 ▷ 只有当需要的内存空间超过当前容量时，reserve 调用才会改变 vector 的容量。如果需求大小大于当前容量，reserve 至少分配与需求一样大的内存空间（可能更大）。

如果需求大小小于或等于当前容量，reserve 什么也不做。特别是，当需求大小小于当前容量时，容器不会退回内存空间。因此，在调用 reserve 之后，capacity 将会大于或等于传递给 reserve 的参数。

这样，调用 reserve 永远也不会减少容器占用的内存空间。类似的，resize 成员函数（参见 9.3.5 节，第 314 页）只改变容器中元素的数目，而不是容器的容量。我们同样不能使用 resize 来减少容器预留的内存空间。

C++ 11 在新标准库中，我们可以调用 shrink_to_fit 来要求 deque、vector 或 string 退回不需要的内存空间。此函数指出我们不再需要任何多余的内存空间。但是，具体的实现可以选择忽略此请求。也就是说，调用 shrink_to_fit 也并不保证一定退回内存空间。

capacity 和 size

理解 capacity 和 size 的区别非常重要。容器的 size 是指它已经保存的元素的数目；而 capacity 则是在不分配新的内存空间的前提下它最多可以保存多少元素。

下面的代码展示了 size 和 capacity 之间的相互作用：

```
vector<int> ivec;
// size 应该为 0；capacity 的值依赖于具体实现
cout << " ivec: size: " << ivec.size()
     << " capacity: " << ivec.capacity() << endl;
// 向 ivec 添加 24 个元素
```

```
for (vector<int>::size_type ix = 0; ix != 24; ++ix)
    ivec.push_back(ix);

// size 应该为 24; capacity 应该大于等于 24, 具体值依赖于标准库实现
cout << "ivec: size: " << ivec.size()
     << " capacity: " << ivec.capacity() << endl
```

当在我们的系统上运行时, 这段程序得到如下输出:

ivec: size: 0 capacity: 0
ivec: size: 24 capacity: 32

我们知道一个空 vector 的 size 为 0, 显然在我们的标准库实现中一个空 vector 的 <358>
capacity 也为 0。当向 vector 中添加元素时, 我们知道 size 与添加的元素数目相等。
而 capacity 至少与 size 一样大, 具体会分配多少额外空间则视标准库具体实现而定。
在我们的标准库实现中, 每次添加 1 个元素, 共添加 24 个元素, 会使 capacity 变为 32。

可以想象 ivec 的当前状态如下图所示:

现在可以预分配一些额外空间:

```
ivec.reserve(50); // 将 capacity 至少设定为 50, 可能会更大
// size 应该为 24; capacity 应该大于等于 50, 具体值依赖于标准库实现
cout << "ivec: size: " << ivec.size()
     << " capacity: " << ivec.capacity() << endl;
```

程序的输出表明 reserve 严格按照我们需求的大小分配了新的空间:

ivec: size: 24 capacity: 50

接下来可以用光这些预留空间:

```
// 添加元素用光多余容量
while (ivec.size() != ivec.capacity())
    ivec.push_back(0);
// capacity 应该未改变, size 和 capacity 不相等
cout << "ivec: size: " << ivec.size()
     << " capacity: "  << ivec.capacity() << endl;
```

程序输出表明此时我们确实用光了预留空间, size 和 capacity 相等:

ivec: size: 50 capacity: 50

由于我们只使用了预留空间, 因此没有必要为 vector 分配新的空间。实际上, 只要没有
操作需求超出 vector 的容量, vector 就不能重新分配内存空间。

如果我们现在再添加一个新元素, vector 就不得不重新分配空间:

```
ivec.push_back(42); // 再添加一个元素
// size 应该为 51; capacity 应该大于等于 51, 具体值依赖于标准库实现
cout << "ivec: size: " << ivec.size()
     << " capacity: "  << ivec.capacity() << endl;
```

这段程序的输出为

359>

```
ivec: size: 51 capacity: 100
```

这表明 vector 的实现采用的策略似乎是在每次需要分配新内存空间时将当前容量翻倍。

可以调用 shrink_to_fit 来要求 vector 将超出当前大小的多余内存退回给系统：

```
ivec.shrink_to_fit(); // 要求归还内存
// size 应该未改变；capacity 的值依赖于具体实现
cout << "ivec: size: " << ivec.size()
     << " capacity: "  << ivec.capacity() << endl;
```

调用 shrink_to_fit 只是一个请求，标准库并不保证退还内存。

 每个 vector 实现都可以选择自己的内存分配策略。但是必须遵守的一条原则是：只有当迫不得已时才可以分配新的内存空间。

只有在执行 insert 操作时 size 与 capacity 相等，或者调用 resize 或 reserve 时给定的大小超过当前 capacity，vector 才可能重新分配内存空间。会分配多少超过给定容量的额外空间，取决于具体实现。

虽然不同的实现可以采用不同的分配策略，但所有实现都应遵循一个原则：确保用 push_back 向 vector 添加元素的操作有高效率。从技术角度说，就是通过在一个初始为空的 vector 上调用 n 次 push_back 来创建一个 n 个元素的 vector，所花费的时间不能超过 n 的常数倍。

9.4 节练习

练习 9.35：解释一个 vector 的 capacity 和 size 有何区别。

练习 9.36：一个容器的 capacity 可能小于它的 size 吗？

练习 9.37：为什么 list 或 array 没有 capacity 成员函数？

练习 9.38：编写程序，探究在你的标准库实现中，vector 是如何增长的。

练习 9.39：解释下面程序片段做了什么：

```
vector<string> svec;
svec.reserve(1024);
string word;
while (cin >> word)
    svec.push_back(word);
svec.resize(svec.size()+svec.size()/2);
```

练习 9.40：如果上一题中的程序读入了 256 个词，在 resize 之后容器的 capacity 可能是多少？如果读入了 512 个、1000 个或 1048 个词呢？

360>

9.5　额外的 string 操作

除了顺序容器共同的操作之外，string 类型还提供了一些额外的操作。这些操作中的大部分要么是提供 string 类和 C 风格字符数组之间的相互转换，要么是增加了允许我们用下标代替迭代器的版本。

标准库 string 类型定义了大量函数。幸运的是,这些函数使用了重复的模式。由于函数过多,本节初次阅读可能令人心烦,因此读者可能希望快速浏览本节。当你了解 string 支持哪些类型的操作后,就可以在需要使用一个特定操作时回过头来仔细阅读。

9.5.1 构造 string 的其他方法

除了我们在 3.2.1 节(第 76 页)已经介绍过的构造函数,以及与其他顺序容器相同的构造函数(参见表 9.3,第 299 页)外,string 类型还支持另外三个构造函数,如表 9.11 所示。

表 9.11:构造 string 的其他方法	
n、len2 和 pos2 都是无符号值	
string s(cp,n)	s 是 cp 指向的数组中前 n 个字符的拷贝。此数组至少应该包含 n 个字符
string s(s2,pos2)	s 是 string s2 从下标 pos2 开始的字符的拷贝。若 pos2>s2.size(),构造函数的行为未定义
string s(s2,pos2,len2)	s 是 string s2 从下标 pos2 开始 len2 个字符的拷贝。若 pos2>s2.size(),构造函数的行为未定义。不管 len2 的值是多少,构造函数至多拷贝 s2.size()-pos2 个字符

这些构造函数接受一个 string 或一个 const char*参数,还接受(可选的)指定拷贝多少个字符的参数。当我们传递给它们的是一个 string 时,还可以给定一个下标来指出从哪里开始拷贝:

```
const char *cp = "Hello World!!!";    // 以空字符结束的数组
char noNull[] = {'H', 'i'};           // 不是以空字符结束
string s1(cp); // 拷贝 cp 中的字符直到遇到空字符;s1 == "Hello World!!!"
string s2(noNull,2);    // 从 noNull 拷贝两个字符;s2 == "Hi"
string s3(noNull);      // 未定义:noNull 不是以空字符结束
string s4(cp + 6, 5);   // 从 cp[6]开始拷贝 5 个字符;s4 == "World"
string s5(s1, 6, 5);    // 从 s1[6]开始拷贝 5 个字符;s5 == "World"
string s6(s1, 6);       // 从 s1[6]开始拷贝,直至 s1 末尾;s6 == "World!!!"
string s7(s1,6,20);     // 正确,只拷贝到 s1 末尾;s7 == "World!!!"
string s8(s1, 16);      // 抛出一个 out_of_range 异常
```

通常当我们从一个 const char*创建 string 时,指针指向的数组必须以空字符结尾,拷贝操作遇到空字符时停止。如果我们还传递给构造函数一个计数值,数组就不必以空字符结尾。如果我们未传递计数值且数组也未以空字符结尾,或者给定计数值大于数组大小,则构造函数的行为是未定义的。

361

当从一个 string 拷贝字符时,我们可以提供一个可选的开始位置和一个计数值。开始位置必须小于或等于给定的 string 的大小。如果位置大于 size,则构造函数抛出一个 out_of_range 异常(参见 5.6 节,第 173 页)。如果我们传递了一个计数值,则从给定位置开始拷贝这么多个字符。不管我们要求拷贝多少个字符,标准库最多拷贝到 string 结尾,不会更多。

substr 操作

substr 操作(参见表 9.12)返回一个 string,它是原始 string 的一部分或全部的拷贝。可以传递给 substr 一个可选的开始位置和计数值:

```
string s("hello world");
string s2 = s.substr(0, 5);      // s2 = hello
string s3 = s.substr(6);         // s3 = world
string s4 = s.substr(6, 11);     // s3 = world
string s5 = s.substr(12);        // 抛出一个 out_of_range 异常
```

如果开始位置超过了 string 的大小，则 substr 函数抛出一个 out_of_range 异常（参见 5.6 节，第 173 页）。如果开始位置加上计数值大于 string 的大小，则 substr 会调整计数值，只拷贝到 string 的末尾。

表 9.12：子字符串操作
s.substr(pos,n) 返回一个 string，包含 s 中从 pos 开始的 n 个字符的拷贝。pos 的默认值为 0。n 的默认值为 s.size()-pos，即拷贝从 pos 开始的所有字符

9.5.1 节练习

练习 9.41：编写程序，从一个 vector<char> 初始化一个 string。

练习 9.42：假定你希望每次读取一个字符存入一个 string 中，而且知道最少需要读取 100 个字符，应该如何提高程序的性能？

9.5.2 改变 string 的其他方法

string 类型支持顺序容器的赋值运算符以及 assign、insert 和 erase 操作（参见 9.2.5 节，第 302 页；9.3.1 节，第 306 页；9.3.3 节，第 311 页）。除此之外，它还定义了额外的 insert 和 erase 版本。

除了接受迭代器的 insert 和 erase 版本外，string 还提供了接受下标的版本。下标指出了开始删除的位置，或是 insert 到给定值之前的位置：

```
s.insert(s.size(), 5, '!');  // 在 s 末尾插入 5 个感叹号
s.erase(s.size() - 5, 5);    // 从 s 删除最后 5 个字符
```

362> 标准库 string 类型还提供了接受 C 风格字符数组的 insert 和 assign 版本。例如，我们可以将以空字符结尾的字符数组 insert 到或 assign 给一个 string：

```
const char *cp = "Stately, plump Buck";
s.assign(cp, 7);               // s == "Stately"
s.insert(s.size(), cp + 7);    // s == "Stately, plump Buck"
```

此处我们首先通过调用 assign 替换 s 的内容。我们赋予 s 的是从 cp 指向的地址开始的 7 个字符。要求赋值的字符数必须小于或等于 cp 指向的数组中的字符数（不包括结尾的空字符）。

接下来在 s 上调用 insert，我们的意图是将字符插入到 s[size()] 处（不存在的）元素之前的位置。在此例中，我们将 cp 开始的 7 个字符（至多到结尾空字符之前）拷贝到 s 中。

我们也可以指定将来自其他 string 或子字符串的字符插入到当前 string 中或赋予当前 string：

```
string s = "some string", s2 = "some other string";
s.insert(0, s2); // 在 s 中位置 0 之前插入 s2 的拷贝
```

```
// 在 s[0] 之前插入 s2 中 s2[0] 开始的 s2.size() 个字符
s.insert(0, s2, 0, s2.size());
```

append 和 replace 函数

string 类定义了两个额外的成员函数：append 和 replace，这两个函数可以改变 string 的内容。表 9.13 描述了这两个函数的功能。append 操作是在 string 末尾进行插入操作的一种简写形式：

```
string s("C++ Primer"), s2 = s; // 将 s 和 s2 初始化为 "C++ Primer"
s.insert(s.size(), " 4th Ed."); // s == "C++ Primer 4th Ed."
s2.append(" 4th Ed.");   // 等价方法：将 " 4th Ed." 追加到 s2; s == s2
```

replace 操作是调用 erase 和 insert 的一种简写形式：

```
// 将 "4th" 替换为 "5th" 的等价方法
s.erase(11, 3);                   // s == "C++ Primer Ed."
s.insert(11, "5th");              // s == "C++ Primer 5th Ed."
// 从位置 11 开始，删除 3 个字符并插入 "5th"
s2.replace(11, 3, "5th");         // 等价方法：s == s2
```

此例中调用 replace 时，插入的文本恰好与删除的文本一样长。这不是必须的，可以插入一个更长或更短的 string：

```
s.replace(11, 3, "Fifth");       // s == "C++ Primer Fifth Ed."
```

在此调用中，删除了 3 个字符，但在其位置插入了 5 个新字符。

表 9.13：修改 string 的操作	
s.insert(*pos,args*)	在 *pos* 之前插入 *args* 指定的字符。*pos* 可以是一个下标或一个迭代器。接受下标的版本返回一个指向 s 的引用；接受迭代器的版本返回指向第一个插入字符的迭代器
s.erase(*pos,len*)	删除从位置 pos 开始的 len 个字符。如果 len 被省略，则删除从 pos 开始直至 s 末尾的所有字符。返回一个指向 s 的引用
s.assign(*args*)	将 s 中的字符替换为 *args* 指定的字符。返回一个指向 s 的引用
s.append(*args*)	将 *args* 追加到 s。返回一个指向 s 的引用
s.replace(*range,args*)	删除 s 中范围 *range* 内的字符，替换为 *args* 指定的字符。*range* 或者是一个下标和一个长度，或者是一对指向 s 的迭代器。返回一个指向 s 的引用
args 可以是下列形式之一；append 和 assign 可以使用所有形式。	
str 不能与 s 相同，迭代器 b 和 e 不能指向 s。	
str	字符串 str
str,pos,len	str 中从 pos 开始最多 len 个字
cp,len	从 cp 指向的字符数组的前（最多）len 个字符
cp	cp 指向的以空字符结尾的字符数组
n,c	n 个字符 c
b,e	迭代器 b 和 e 指定的范围内的字符
初始化列表	花括号包围的，以逗号分隔的字符列表

续表

replace 和 insert 所允许的 *args* 形式依赖于 *range* 和 *pos* 是如何指定的。				
replace (pos,len,*args*)	replace (b,e,*args*)	insert (pos,*args*)	insert (iter,*args*)	*args* 可以是
是	是	是	否	str
是	否	是	否	str,pos,len
是	是	是	否	cp,len
是	是	否	否	cp
是	是	是	是	n,c
否	是	否	是	b2,e2
否	是	否	是	初始化列表

改变 string 的多种重载函数

表 9.13 列出的 append、assign、insert 和 replace 函数有多个重载版本。根据我们如何指定要添加的字符和 string 中被替换的部分,这些函数的参数有不同版本。幸运的是,这些函数有共同的接口。

assign 和 append 函数无须指定要替换 string 中哪个部分:assign 总是替换 string 中的所有内容,append 总是将新字符追加到 string 末尾。

364 replace 函数提供了两种指定删除元素范围的方式。可以通过一个位置和一个长度来指定范围,也可以通过一个迭代器范围来指定。insert 函数允许我们用两种方式指定插入点:用一个下标或一个迭代器。在两种情况下,新元素都会插入到给定下标(或迭代器)之前的位置。

可以用好几种方式来指定要添加到 string 中的字符。新字符可以来自于另一个 string,来自于一个字符指针(指向的字符数组),来自于一个花括号包围的字符列表,或者是一个字符和一个计数值。当字符来自于一个 string 或一个字符指针时,我们可以传递一个额外的参数来控制是拷贝部分还是全部字符。

并不是每个函数都支持所有形式的参数。例如,insert 就不支持下标和初始化列表参数。类似的,如果我们希望用迭代器指定插入点,就不能用字符指针指定新字符的来源。

9.5.2 节练习

练习 9.43:编写一个函数,接受三个 string 参数 s、oldVal 和 newVal。使用迭代器及 insert 和 erase 函数将 s 中所有 oldVal 替换为 newVal。测试你的程序,用它替换通用的简写形式,如,将"tho"替换为"though",将"thru"替换为"through"。

练习 9.44:重写上一题的函数,这次使用一个下标和 replace。

练习 9.45:编写一个函数,接受一个表示名字的 string 参数和两个分别表示前缀(如"Mr."或"Ms.")和后缀(如"Jr."或"III")的字符串。使用迭代器及 insert 和 append 函数将前缀和后缀添加到给定的名字中,将生成的新 string 返回。

练习 9.46:重写上一题的函数,这次使用位置和长度来管理 string,并只使用 insert。

9.5.3 string 搜索操作

string 类提供了 6 个不同的搜索函数，每个函数都有 4 个重载版本。表 9.14 描述了这些搜索成员函数及其参数。每个搜索操作都返回一个 string::size_type 值，表示匹配发生位置的下标。如果搜索失败，则返回一个名为 string::npos 的 static 成员（参见 7.6 节，第 268 页）。标准库将 npos 定义为一个 const string::size_type 类型，并初始化为值−1。由于 npos 是一个 unsigned 类型，此初始值意味着 npos 等于任何 string 最大的可能大小（参见 2.1.2 节，第 32 页）。

 string 搜索函数返回 string::size_type 值，该类型是一个 unsigned 类型。因此，用一个 int 或其他带符号类型来保存这些函数的返回值不是一个好主意（参见 2.1.2 节，第 33 页）。

find 函数完成最简单的搜索。它查找参数指定的字符串，若找到，则返回第一个匹配位置的下标，否则返回 npos：

```
string name("AnnaBelle");
auto pos1 = name.find("Anna"); // pos1 == 0
```

‹365

这段程序返回 0，即子字符串"Anna"在"AnnaBelle"中第一次出现的下标。

搜索（以及其他 string 操作）是大小写敏感的。当在 string 中查找子字符串时，要注意大小写：

```
string lowercase("annabelle");
pos1 = lowercase.find("Anna"); // pos1 == npos
```

这段代码会将 pos1 置为 npos，因为 Anna 与 anna 不匹配。

一个更复杂一些的问题是查找与给定字符串中任何一个字符匹配的位置。例如，下面代码定位 name 中的第一个数字：

```
string numbers("0123456789"), name("r2d2");
// 返回 1，即，name 中第一个数字的下标
auto pos = name.find_first_of(numbers);
```

如果是要搜索第一个不在参数中的字符，我们应该调用 find_first_not_of。例如，为了搜索一个 string 中第一个非数字字符，可以这样做：

```
string dept("03714p3");
// 返回 5——字符'p'的下标
auto pos = dept.find_first_not_of(numbers);
```

表 9.14：string 搜索操作	
搜索操作返回指定字符出现的下标，如果未找到则返回 npos。	
s.find(*args*)	查找 s 中 *args* 第一次出现的位置
s.rfind(*args*)	查找 s 中 *args* 最后一次出现的位置
s.find_first_of(*args*)	在 s 中查找 *args* 中任何一个字符第一次出现的位置。
s.find_last_of(*args*)	在 s 中查找 *args* 中任何一个字符最后一次出现的位置
s.find_first_not_of(*args*)	在 s 中查找第一个不在 *args* 中的字符
s.find_last_not_of(*args*)	在 s 中查找最后一个不在 *args* 中的字符

续表

args 必须是以下形式之一	
c,pos	从 s 中位置 pos 开始查找字符 c。pos 默认为 0
s2,pos	从 s 中位置 pos 开始查找字符串 s2。pos 默认为 0
cp,pos	从 s 中位置 pos 开始查找指针 cp 指向的以空字符结尾的 C 风格字符串。pos 默认为 0
cp,pos,n	从 s 中位置 pos 开始查找指针 cp 指向的数组的前 n 个字符。pos 和 n 无默认值

指定在哪里开始搜索

我们可以传递给 find 操作一个可选的开始位置。这个可选的参数指出从哪个位置开始进行搜索。默认情况下，此位置被置为 0。一种常见的程序设计模式是用这个可选参数在字符串中循环地搜索子字符串出现的所有位置：

366

```
string::size_type pos = 0;
// 每步循环查找 name 中下一个数
while ((pos = name.find_first_of(numbers, pos))
            != string::npos) {
    cout << "found number at index: " << pos
        << " element is " << name[pos] << endl;
    ++pos; // 移动到下一个字符
}
```

while 的循环条件将 pos 重置为从 pos 开始遇到的第一个数字的下标。只要 find_first_of 返回一个合法下标，我们就打印当前结果并递增 pos。

如果我们忽略了递增 pos，循环就永远也不会终止。为了搞清楚原因，考虑如果不做递增运算会发生什么。在第二步循环中，我们从 pos 指向的字符开始搜索。这个字符是一个数字，因此 find_first_of 会（重复地）返回 pos！

逆向搜索

到现在为止，我们已经用过的 find 操作都是由左至右搜索。标准库还提供了类似的，但由右至左搜索的操作。rfind 成员函数搜索最后一个匹配，即子字符串最靠右的出现位置：

```
string river("Mississippi");
auto first_pos = river.find("is"); // 返回 1
auto last_pos = river.rfind("is"); // 返回 4
```

find 返回下标 1，表示第一个"is"的位置，而 rfind 返回下标 4，表示最后一个"is"的位置。

类似的，find_last 函数的功能与 find_first 函数相似，只是它们返回最后一个而不是第一个匹配：

- find_last_of 搜索与给定 string 中任何一个字符匹配的最后一个字符。
- find_last_not_of 搜索最后一个不出现在给定 string 中的字符。

每个操作都接受一个可选的第二参数，可用来指出从什么位置开始搜索。

9.5.3 节练习

练习 9.47：编写程序，首先查找 string `"ab2c3d7R4E6"` 中的每个数字字符，然后查找其中每个字母字符。编写两个版本的程序，第一个要使用 `find_first_of`，第二个要使用 `find_first_not_of`。

练习 9.48：假定 `name` 和 `numbers` 的定义如 325 页所示，`numbers.find(name)` 返回什么？

练习 9.49：如果一个字母延伸到中线之上，如 d 或 f，则称其有上出头部分（ascender）。如果一个字母延伸到中线之下，如 p 或 g，则称其有下出头部分（descender）。编写程序，读入一个单词文件，输出最长的既不包含上出头部分，也不包含下出头部分的单词。

9.5.4 compare 函数

除了关系运算符外（参见 3.2.2 节，第 79 页），标准库 string 类型还提供了一组 compare 函数，这些函数与 C 标准库的 strcmp 函数（参见 3.5.4 节，第 109 页）很相似。类似 strcmp，根据 s 是等于、大于还是小于参数指定的字符串，s.compare 返回 0、正数或负数。

如表 9.15 所示，compare 有 6 个版本。根据我们是要比较两个 string 还是一个 string 与一个字符数组，参数各有不同。在这两种情况下，都可以比较整个或一部分字符串。 367

表 9.15：s.compare 的几种参数形式	
s2	比较 s 和 s2
pos1, n1, s2	将 s 中从 pos1 开始的 n1 个字符与 s2 进行比较
pos1, n1, s2, pos2, n2	将 s 中从 pos1 开始的 n1 个字符与 s2 中从 pos2 开始的 n2 个字符进行比较
cp	比较 s 与 cp 指向的以空字符结尾的字符数组
pos1, n1, cp	将 s 中从 pos1 开始的 n1 个字符与 cp 指向的以空字符结尾的字符数组进行比较
pos1, n1, cp, n2	将 s 中从 pos1 开始的 n1 个字符与指针 cp 指向的地址开始的 n2 个字符进行比较

9.5.5 数值转换

字符串中常常包含表示数值的字符。例如，我们用两个字符的 string 表示数值 15——字符'1'后跟字符'5'。一般情况，一个数的字符表示不同于其数值。数值 15 如果保存为 16 位的 short 类型，则其二进制位模式为 0000000000001111，而字符串"15"存为两个 Latin-1 编码的 char，二进制位模式为 0011000100110101。第一个字节表示字符'1'，其八进制值为 061，第二个字节表示'5'，其 Latin-1 编码为八进制值 065。

新标准引入了多个函数，可以实现数值数据与标准库 string 之间的转换： C++ 11

```
int i = 42;
string s = to_string(i); // 将整数 i 转换为字符表示形式
double d = stod(s);      // 将字符串 s 转换为浮点数
```

368 > 此例中我们调用 to_string 将 42 转换为其对应的 string 表示，然后调用 stod 将此 string 转换为浮点值。

要转换为数值的 string 中第一个非空白符必须是数值中可能出现的字符：

```
string s2 = "pi = 3.14";
// 转换 s 中以数字开始的第一个子串，结果 d = 3.14
d = stod(s2.substr(s2.find_first_of("+-.0123456789")));
```

在这个 stod 调用中，我们调用了 find_first_of（参见 9.5.3 节，第 325 页）来获得 s 中第一个可能是数值的一部分的字符的位置。我们将 s 中从此位置开始的子串传递给 stod。stod 函数读取此参数，处理其中的字符，直至遇到不可能是数值的一部分的字符。然后它就将找到的这个数值的字符串表示形式转换为对应的双精度浮点值。

string 参数中第一个非空白符必须是符号（+ 或 −）或数字。它可以以 0x 或 0X 开头来表示十六进制数。对那些将字符串转换为浮点值的函数，string 参数也可以以小数点（.）开头，并可以包含 e 或 E 来表示指数部分。对于那些将字符串转换为整型值的函数，根据基数不同，string 参数可以包含字母字符，对应大于数字 9 的数。

> 如果 string 不能转换为一个数值，这些函数抛出一个 invalid_argument 异常（参见 5.6 节，第 173 页）。如果转换得到的数值无法用任何类型来表示，则抛出一个 out_of_range 异常。

表 9.16：string 和数值之间的转换	
to_string(val)	一组重载函数，返回数值 val 的 string 表示。val 可以是任何算术类型（参见 2.1.1 节，第 30 页）。对每个浮点类型和 int 或更大的整型，都有相应版本的 to_string。与往常一样，小整型会被提升（参见 4.11.1 节，第 142 页）
stoi(s, p, b) stol(s, p, b) stoul(s, p, b) stoll(s, p, b) stoull(s, p, b)	返回 s 的起始子串（表示整数内容）的数值，返回值类型分别是 int、long、unsigned long、long long、unsigned long long。b 表示转换所用的基数，默认值为 10。p 是 size_t 指针，用来保存 s 中第一个非数值字符的下标，p 默认为 0，即，函数不保存下标
stof(s, p) stod(s, p) stold(s, p)	返回 s 的起始子串（表示浮点数内容）的数值，返回值类型分别是 float、double 或 long double。参数 p 的作用与整数转换函数中一样

9.5.5 节练习

练习 9.50：编写程序处理一个 vector<string>，其元素都表示整型值。计算 vector 中所有元素之和。修改程序，使之计算表示浮点值的 string 之和。

练习 9.51：设计一个类，它有三个 unsigned 成员，分别表示年、月和日。为其编写构造函数，接受一个表示日期的 string 参数。你的构造函数应该能处理不同数据格式，如 January 1, 1900、1/1/1990、Jan 1 1900 等。

9.6 容器适配器

除了顺序容器外，标准库还定义了三个顺序容器适配器：stack、queue 和 priority_queue。**适配器**（adaptor）是标准库中的一个通用概念。容器、迭代器和函数都有适配器。本质上，一个适配器是一种机制，能使某种事物的行为看起来像另外一种事物一样。一个容器适配器接受一种已有的容器类型，使其行为看起来像一种不同的类型。例如，stack 适配器接受一个顺序容器（除 array 或 forward_list 外），并使其操作起来像一个 stack 一样。表 9.17 列出了所有容器适配器都支持的操作和类型。

表 9.17：所有容器适配器都支持的操作和类型	
size_type	一种类型，足以保存当前类型的最大对象的大小
value_type	元素类型
container_type	实现适配器的底层容器类型
A a;	创建一个名为 a 的空适配器
A a(c);	创建一个名为 a 的适配器，带有容器 c 的一个拷贝
关系运算符	每个适配器都支持所有关系运算符：==、!=、<、<=、> 和 >= 这些运算符返回底层容器的比较结果
a.empty()	若 a 包含任何元素，返回 false，否则返回 true
a.size()	返回 a 中的元素数目
swap(a,b) a.swap(b)	交换 a 和 b 的内容，a 和 b 必须有相同类型，包括底层容器类型也必须相同

定义一个适配器

每个适配器都定义两个构造函数：默认构造函数创建一个空对象，接受一个容器的构造函数拷贝该容器来初始化适配器。例如，假定 deq 是一个 deque<int>，我们可以用 deq 来初始化一个新的 stack，如下所示：

```
stack<int> stk(deq); // 从 deq 拷贝元素到 stk
```

默认情况下，stack 和 queue 是基于 deque 实现的，priority_queue 是在 vector 之上实现的。我们可以在创建一个适配器时将一个命名的顺序容器作为第二个类型参数，来重载默认容器类型。

```
// 在 vector 上实现的空栈
stack<string, vector<string>> str_stk;
// str_stk2 在 vector 上实现，初始化时保存 svec 的拷贝
stack<string, vector<string>> str_stk2(svec);
```

对于一个给定的适配器，可以使用哪些容器是有限制的。所有适配器都要求容器具有添加和删除元素的能力。因此，适配器不能构造在 array 之上。类似的，我们也不能用 forward_list 来构造适配器，因为所有适配器都要求容器具有添加、删除以及访问尾元素的能力。stack 只要求 push_back、pop_back 和 back 操作，因此可以使用除 array 和 forward_list 之外的任何容器类型来构造 stack。queue 适配器要求 back、push_back、front 和 push_front，因此它可以构造于 list 或 deque 之上，但不能基于 vector 构造。priority_queue 除了 front、push_back 和 pop_back 操作之外还要求随机访问能力，因此它可以构造于 vector 或 deque 之上，但不能基于 list 构造。

栈适配器

stack 类型定义在 stack 头文件中。表 9.18 列出了 stack 所支持的操作。下面的
程序展示了如何使用 stack：

```
stack<int> intStack; // 空栈
// 填满栈
for (size_t ix = 0; ix != 10; ++ix)
    intStack.push(ix);          // intStack 保存 0 到 9 十个数
while (!intStack.empty()) {  // intStack 中有值就继续循环
    int value = intStack.top();
    // 使用栈顶值的代码
    intStack.pop(); // 弹出栈顶元素，继续循环
}
```

其中，声明语句

```
stack<int> intStack; // 空栈
```

定义了一个保存整型元素的栈 intStack，初始时为空。for 循环将 10 个元素添加到栈
中，这些元素被初始化为从 0 开始连续的整数。while 循环遍历整个 stack，获取 top
值，将其从栈中弹出，直至栈空。

表 9.18：表 9.17 未列出的栈操作	
栈默认基于 deque 实现，也可以在 list 或 vector 之上实现。	
s.pop()	删除栈顶元素，但不返回该元素值
s.push(item)	创建一个新元素压入栈顶，该元素通过拷贝或移动 item 而来，或者
s.emplace(*args*)	由 *args* 构造
s.top()	返回栈顶元素，但不将元素弹出栈

371〉   每个容器适配器都基于底层容器类型的操作定义了自己的特殊操作。我们只可以使用
适配器操作，而不能使用底层容器类型的操作。例如，

```
intStack.push(ix); // intStack 保存 0 到 9 十个数
```

此语句试图在 intStack 的底层 deque 对象上调用 push_back。虽然 stack 是基于
deque 实现的，但我们不能直接使用 deque 操作。不能在一个 stack 上调用 push_back，
而必须使用 stack 自己的操作——push。

队列适配器

queue 和 priority_queue 适配器定义在 queue 头文件中。表 9.19 列出了它们所
支持的操作。

表 9.19：表 9.17 未列出的 queue 和 priority_queue 操作	
queue 默认基于 deque 实现，priority_queue 默认基于 vector 实现；	
queue 也可以用 list 或 vector 实现，priority_queue 也可以用 deque 实现。	
q.pop()	返回 queue 的首元素或 priority_queue 的最高优先级的元素，但不删除此元素
q.front()	返回首元素或尾元素，但不删除此元素
q.back()	只适用于 **queue**

q.top()	返回最高优先级元素，但不删除该元素
	只适用于 priority_queue
q.push(item)	在 queue 末尾或 priority_queue 中恰当的位置创建一个元素，
q.emplace(*args*)	其值为 item，或者由 *args* 构造

标准库 queue 使用一种先进先出（first-in，first-out，FIFO）的存储和访问策略。进入队列的对象被放置到队尾，而离开队列的对象则从队首删除。饭店按客人到达的顺序来为他们安排座位，就是一个先进先出队列的例子。

priority_queue 允许我们为队列中的元素建立优先级。新加入的元素会排在所有优先级比它低的已有元素之前。饭店按照客人预定时间而不是到来时间的早晚来为他们安排座位，就是一个优先队列的例子。默认情况下，标准库在元素类型上使用<运算符来确定相对优先级。我们将在 11.2.2 节（第 378 页）学习如何重载这个默认设置。

9.6 节练习

练习 9.52：使用 stack 处理括号化的表达式。当你看到一个左括号，将其记录下来。当你在一个左括号之后看到一个右括号，从 stack 中 pop 对象，直至遇到左括号，将左括号也一起弹出栈。然后将一个值（括号内的运算结果）push 到栈中，表示一个括号化的（子）表达式已经处理完毕，被其运算结果所替代。

372> ## 小结

　　标准库容器是模板类型，用来保存给定类型的对象。在一个顺序容器中，元素是按顺序存放的，通过位置来访问。顺序容器有公共的标准接口：如果两个顺序容器都提供一个特定的操作，那么这个操作在两个容器中具有相同的接口和含义。

　　所有容器（除 array 外）都提供高效的动态内存管理。我们可以向容器中添加元素，而不必担心元素存储在哪里。容器负责管理自身的存储。vector 和 string 都提供更细致的内存管理控制，这是通过它们的 reserve 和 capacity 成员函数来实现的。

　　很大程度上，容器只定义了极少的操作。每个容器都定义了构造函数、添加和删除元素的操作、确定容器大小的操作以及返回指向特定元素的迭代器的操作。其他一些有用的操作，如排序或搜索，并不是由容器类型定义的，而是由标准库算法实现的，我们将在第 10 章介绍这些内容。

　　当我们使用添加和删除元素的容器操作时，必须注意这些操作可能使指向容器中元素的迭代器、指针或引用失效。很多会使迭代器失效的操作，如 insert 和 erase，都会返回一个新的迭代器，来帮助程序员维护容器中的位置。如果循环程序中使用了改变容器大小的操作，就要尤其小心其中迭代器、指针和引用的使用。

术语表

适配器（adaptor） 标准库类型、函数或迭代器，它们接受一个类型、函数或迭代器，使其行为像另外一个类型、函数或迭代器一样。标准库提供了三种顺序容器适配器：stack、queue 和 priority_queue。每个适配器都在其底层顺序容器类型之上定义了一个新的接口。

数组（array） 固定大小的顺序容器。为了定义一个 array，除了元素类型之外还必须给定大小。array 中的元素可以用其位置下标来访问。array 支持快速的随机访问。

begin 容器操作，返回一个指向容器首元素的迭代器，如果容器为空，则返回尾后迭代器。是否返回 const 迭代器依赖于容器的类型。

cbegin 容器操作，返回一个指向容器首元素的 const_iterator，如果容器为空，则返回尾后迭代器。

cend 容器操作，返回一个指向容器尾元素之后（不存在的）的 const_iterator。

容器（container） 保存一组给定类型对象的类型。每个标准库容器类型都是一个模板类型。为了定义一个容器，我们必须指定保存在容器中的元素的类型。除了 array 之外，标准库容器都是大小可变的。

deque 顺序容器。deque 中的元素可以通 373> 过位置下标来访问。支持快速的随机访问。deque 各方面都与 vector 类似，唯一的差别是，deque 支持在容器头尾位置的快速插入和删除，而且在两端插入或删除元素都不会导致重新分配空间。

end 容器操作，返回一个指向容器尾元素之后（不存在的）元素的迭代器。是否返回 const 迭代器依赖于容器的类型。

forward_list 顺序容器，表示一个单向链表。forward_list 中的元素只能顺序访问。从一个给定元素开始，为了访问另一个元素，我们只能遍历两者之间的所有元素。forward_list 上的迭代器不支持递减运算（--）。forward_list 支持任意位置的快速插入（或删除）操作。与其他容器不同，插入和删除发生在一个给定的迭代器之后的位置。因此，除了通常的尾后迭代器之外，forward_list 还有一个"首前"迭代器。在添加新元素后，原有的指向 forward_list 的迭代器仍有效。在删除元素后，只有原来指向被删元素的迭代器才会失效。

迭代器范围（iterator range） 由一对迭代器指定的元素范围。第一个迭代器表示序列中第一个元素，第二个迭代器指向最后一个元素之后的位置。如果范围为空，则两个迭代器是相等的（反之亦然，如果两个迭代器不等，则它们表示一个非空范围）。如果范围非空，则必须保证，通过反复递增第一个迭代器，可以到达第二个迭代器。通过递增迭代器，序列中每个元素都能被访问到。

左闭合区间（left-inclusive interval） 值范围，包含首元素，但不包含尾元素。通常表示为[i, j)，表示序列从 i 开始（包含）直至 j 结束（不包含）。

list 顺序容器，表示一个双向链表。list 中的元素只能顺序访问。从一个给定元素开始，为了访问另一个元素，我们只能遍历两者之间的所有元素。list 上的迭代器既支持递增运算（++），也支持递减运算（--）。list 支持任意位置的快速插入（或删除）操作。当加入新元素后，迭代器仍然有效。当删除元素后，只有原来指向被删除元素的迭代器才会失效。

首前迭代器（off-the-beginning iterator）表示一个 forward_list 开始位置之前

（不存在的）元素的迭代器。是 forward_list 的成员函数 before_begin 的返回值。与 end() 迭代器类似，不能被解引用。

尾后迭代器（off-the-end iterator） 表示范围中尾元素之后位置的迭代器。通常被称为"末尾迭代器"（end iterator）。

priority_queue 顺序容器适配器，生成一个队列，插入其中的元素不放在末尾，而是根据特定的优先级排列。默认情况下，优先级用元素类型上的小于运算符确定。

queue 顺序容器适配器，生成一个类型，使我们能将新元素添加到末尾，从头部删除元素。

顺序容器（sequential container） 保存相同类型对象有序集合的类型。顺序容器中的元素通过位置来访问。

stack 顺序容器适配器，生成一个类型，使我们只能在其一端添加和删除元素。

vector 顺序容器。vector 中的元素可以通过位置下标访问。支持快速的随机访问。我们只能在 vector 末尾实现高效的元素添加/删除。向 vector 添加元素可能导致内存空间的重新分配，从而使所有指向 vector 的迭代器失效。在 vector 内部添加（或删除）元素会使所有指向插入（删除）点之后元素的迭代器失效。

第 10 章
泛型算法

内容

标准库容器定义的操作集合惊人得小。标准库并未给每个容器添加大量功能，而是提供了一组算法，这些算法中的大多数都独立于任何特定的容器。这些算法是通用的（generic，或称泛型的）：它们可用于不同类型的容器和不同类型的元素。

泛型算法和关于迭代器的更多细节，构成了本章的主要内容。

376 >　　顺序容器只定义了很少的操作：在多数情况下，我们可以添加和删除元素、访问首尾元素、确定容器是否为空以及获得指向首元素或尾元素之后位置的迭代器。

　　我们可以想象用户可能还希望做其他很多有用的操作：查找特定元素、替换或删除一个特定值、重排元素顺序等。

　　标准库并未给每个容器都定义成员函数来实现这些操作，而是定义了一组**泛型算法**（generic algorithm）：称它们为"算法"，是因为它们实现了一些经典算法的公共接口，如排序和搜索；称它们是"泛型的"，是因为它们可以用于不同类型的元素和多种容器类型（不仅包括标准库类型，如 vector 或 list，还包括内置的数组类型），以及我们将看到的，还能用于其他类型的序列。

10.1　概述

　　大多数算法都定义在头文件 algorithm 中。标准库还在头文件 numeric 中定义了一组数值泛型算法。

　　一般情况下，这些算法并不直接操作容器，而是遍历由两个迭代器指定的一个元素范围（参见 9.2.1 节，第 296 页）来进行操作。通常情况下，算法遍历范围，对其中每个元素进行一些处理。例如，假定我们有一个 int 的 vector，希望知道 vector 中是否包含一个特定值。回答这个问题最方便的方法是调用标准库算法 find：

```
int val = 42; // 我们将查找的值
// 如果在vec中找到想要的元素，则返回结果指向它，否则返回结果为 vec.cend()
auto result = find(vec.cbegin(), vec.cend(), val);
// 报告结果
cout << "The value " << val
     << (result == vec.cend()
            ? " is not present" : " is present") << endl;
```

传递给 find 的前两个参数是表示元素范围的迭代器，第三个参数是一个值。find 将范围中每个元素与给定值进行比较。它返回指向第一个等于给定值的元素的迭代器。如果范围中无匹配元素，则 find 返回第二个参数来表示搜索失败。因此，我们可以通过比较返回值和第二个参数来判断搜索是否成功。我们在输出语句中执行这个检测，其中使用了条件运算符（参见 4.7 节，第 134 页）来报告搜索是否成功。

　　由于 find 操作的是迭代器，因此我们可以用同样的 find 函数在任何容器中查找值。例如，可以用 find 在一个 string 的 list 中查找一个给定值：

```
string val = "a value"; // 我们要查找的值
// 此调用在list中查找string元素
auto result = find(lst.cbegin(), lst.cend(), val);
```

类似的，由于指针就像内置数组上的迭代器一样，我们可以用 find 在数组中查找值：

377 >
```
int ia[] = {27, 210, 12, 47, 109, 83};
int val = 83;
int* result = find(begin(ia), end(ia), val);
```

此例中我们使用了标准库 begin 和 end 函数（参见 3.5.3 节，第 106 页）来获得指向 ia 中首元素和尾元素之后位置的指针，并传递给 find。

　　还可以在序列的子范围中查找，只需将指向子范围首元素和尾元素之后位置的迭代器

（指针）传递给 find。例如，下面的语句在 ia[1]、ia[2] 和 ia[3] 中查找给定元素：

```
// 在从 ia[1]开始，直至（但不包含）ia[4]的范围内查找元素
auto result = find(ia + 1, ia + 4, val);
```

算法如何工作

为了弄清这些算法如何用于不同类型的容器，让我们更近地观察一下 find。find 的工作是在一个未排序的元素序列中查找一个特定元素。概念上，find 应执行如下步骤：

1. 访问序列中的首元素。

2. 比较此元素与我们要查找的值。

3. 如果此元素与我们要查找的值匹配，find 返回标识此元素的值。

4. 否则，find 前进到下一个元素，重复执行步骤 2 和 3。

5. 如果到达序列尾，find 应停止。

6. 如果 find 到达序列末尾，它应该返回一个指出元素未找到的值。此值和步骤 3 返回的值必须具有相容的类型。

这些步骤都不依赖于容器所保存的元素类型。因此，只要有一个迭代器可用来访问元素，find 就完全不依赖于容器类型（甚至无须理会保存元素的是不是容器）。

迭代器令算法不依赖于容器，……

在上述 find 函数流程中，除了第 2 步外，其他步骤都可以用迭代器操作来实现：利用迭代器解引用运算符可以实现元素访问；如果发现匹配元素，find 可以返回指向该元素的迭代器；用迭代器递增运算符可以移动到下一个元素；尾后迭代器可以用来判断 find 是否到达给定序列的末尾；find 可以返回尾后迭代器（参见 9.2.1 节，第 296 页）来表示未找到给定元素。

……，但算法依赖于元素类型的操作

虽然迭代器的使用令算法不依赖于容器类型，但大多数算法都使用了一个（或多个）元素类型上的操作。例如，在步骤 2 中，find 用元素类型的==运算符完成每个元素与给定值的比较。其他算法可能要求元素类型支持 < 运算符。不过，我们将会看到，大多数算法提供了一种方法，允许我们使用自定义的操作来代替默认的运算符。

378

10.1 节练习

练习 10.1： 头文件 algorithm 中定义了一个名为 count 的函数，它类似 find，接受一对迭代器和一个值作为参数。count 返回给定值在序列中出现的次数。编写程序，读取 int 序列存入 vector 中，打印有多少个元素的值等于给定值。

练习 10.2： 重做上一题，但读取 string 序列存入 list 中。

关键概念：算法永远不会执行容器的操作

泛型算法本身不会执行容器的操作，它们只会运行于迭代器之上，执行迭代器的操作。泛型算法运行于迭代器之上而不会执行容器操作的特性带来了一个令人惊讶但非常必要的编程假定：算法永远不会改变底层容器的大小。算法可能改变容器中保存的元素

的值，也可能在容器内移动元素，但永远不会直接添加或删除元素。

　　如我们将在 10.4.1 节（第 358 页）所看到的，标准库定义了一类特殊的迭代器，称为插入器（inserter）。与普通迭代器只能遍历所绑定的容器相比，插入器能做更多的事情。当给这类迭代器赋值时，它们会在底层的容器上执行插入操作。因此，当一个算法操作一个这样的迭代器时，迭代器可以完成向容器添加元素的效果，但算法自身永远不会做这样的操作。

10.2　初识泛型算法

　　标准库提供了超过 100 个算法。幸运的是，与容器类似，这些算法有一致的结构。比起死记硬背全部 100 多个算法，理解此结构可以帮助我们更容易地学习和使用这些算法。在本章中，我们将展示如何使用这些算法，并介绍刻画了这些算法的统一原则。附录 A 按操作方式列出了所有算法。

　　除了少数例外，标准库算法都对一个范围内的元素进行操作。我们将此元素范围称为"输入范围"。接受输入范围的算法总是使用前两个参数来表示此范围，两个参数分别是指向要处理的第一个元素和尾元素之后位置的迭代器。

　　虽然大多数算法遍历输入范围的方式相似，但它们使用范围中元素的方式不同。理解算法的最基本的方法就是了解它们是否读取元素、改变元素或是重排元素顺序。

10.2.1　只读算法

379 > 　　一些算法只会读取其输入范围内的元素，而从不改变元素。find 就是这样一种算法，我们在 10.1 节练习（第 337 页）中使用的 count 函数也是如此。

　　另一个只读算法是 accumulate，它定义在头文件 numeric 中。accumulate 函数接受三个参数，前两个指出了需要求和的元素的范围，第三个参数是和的初值。假定 vec 是一个整数序列，则：

```
// 对 vec 中的元素求和，和的初值是 0
int sum = accumulate(vec.cbegin(), vec.cend(), 0);
```

这条语句将 sum 设置为 vec 中元素的和，和的初值被设置为 0。

 accumulate 的第三个参数的类型决定了函数中使用哪个加法运算符以及返回值的类型。

算法和元素类型

　　accumulate 将第三个参数作为求和起点，这蕴含着一个编程假定：将元素类型加到和的类型上的操作必须是可行的。即，序列中元素的类型必须与第三个参数匹配，或者能够转换为第三个参数的类型。在上例中，vec 中的元素可以是 int，或者是 double、long long 或任何其他可以加到 int 上的类型。

　　下面是另一个例子，由于 string 定义了 + 运算符，所以我们可以通过调用 accumulate 来将 vector 中所有 string 元素连接起来：

```
string sum = accumulate(v.cbegin(), v.cend(), string(""));
```

此调用将 v 中每个元素连接到一个 string 上,该 string 初始时为空串。注意,我们通过第三个参数显式地创建了一个 string。将空串当做一个字符串字面值传递给第三个参数是不可以的,会导致一个编译错误。

```
// 错误: const char*上没有定义+运算符
string sum = accumulate(v.cbegin(), v.cend(), "");
```

原因在于,如果我们传递了一个字符串字面值,用于保存和的对象的类型将是 const char*。如前所述,此类型决定了使用哪个+运算符。由于 const char*并没有+运算符,此调用将产生编译错误。

> 对于只读取而不改变元素的算法,通常最好使用 cbegin()和 cend()(参见 9.2.3 节,第 298 页)。但是,如果你计划使用算法返回的迭代器来改变元素的值,就需要使用 begin()和 end()的结果作为参数。

操作两个序列的算法

380

另一个只读算法是 equal,用于确定两个序列是否保存相同的值。它将第一个序列中的每个元素与第二个序列中的对应元素进行比较。如果所有对应元素都相等,则返回 true,否则返回 false。此算法接受三个迭代器:前两个(与以往一样)表示第一个序列中的元素范围,第三个表示第二个序列的首元素:

```
// roster2 中的元素数目应该至少与 roster1 一样多
equal(roster1.cbegin(), roster1.cend(), roster2.cbegin());
```

由于 equal 利用迭代器完成操作,因此我们可以通过调用 equal 来比较两个不同类型的容器中的元素。而且,元素类型也不必一样,只要我们能用==来比较两个元素类型即可。例如,在此例中,roster1 可以是 vector<string>,而 roster2 是 list<const char*>。

但是,equal 基于一个非常重要的假设:它假定第二个序列至少与第一个序列一样长。此算法要处理第一个序列中的每个元素,它假定每个元素在第二个序列中都有一个与之对应的元素。

> 那些只接受一个单一迭代器来表示第二个序列的算法,都假定第二个序列至少与第一个序列一样长。

10.2.1 节练习

练习 10.3:用 accumulate 求一个 vector<int>中的元素之和。

练习 10.4:假定 v 是一个 vector<double>,那么调用 accumulate(v.cbegin(), v.cend(), 0)有何错误(如果存在的话)?

练习 10.5:在本节对名册(roster)调用 equal 的例子中,如果两个名册中保存的都是 C 风格字符串而不是 string,会发生什么?

10.2.2 写容器元素的算法

一些算法将新值赋予序列中的元素。当我们使用这类算法时,必须注意确保序列原大小至少不小于我们要求算法写入的元素数目。记住，算法不会执行容器操作，因此它们自身不可能改变容器的大小。

一些算法会自己向输入范围写入元素。这些算法本质上并不危险，它们最多写入与给定序列一样多的元素。

例如，算法 fill 接受一对迭代器表示一个范围，还接受一个值作为第三个参数。fill 将给定的这个值赋予输入序列中的每个元素。

```
fill(vec.begin(), vec.end(), 0); // 将每个元素重置为 0
// 将容器的一个子序列设置为 10
fill(vec.begin(), vec.begin() + vec.size()/2, 10);
```

由于 fill 向给定输入序列中写入数据，因此，只要我们传递了一个有效的输入序列，写入操作就是安全的。

关键概念：迭代器参数

一些算法从两个序列中读取元素。构成这两个序列的元素可以来自于不同类型的容器。例如，第一个序列可能保存于一个 vector 中，而第二个序列可能保存于一个 list、deque、内置数组或其他容器中。而且，两个序列中元素的类型也不要求严格匹配。算法要求的只是能够比较两个序列中的元素。例如，对 equal 算法，元素类型不要求相同，但是我们必须能使用==来比较来自两个序列中的元素。

操作两个序列的算法之间的区别在于我们如何传递第二个序列。一些算法，例如 equal，接受三个迭代器：前两个表示第一个序列的范围，第三个表示第二个序列中的首元素。其他算法接受四个迭代器：前两个表示第一个序列的元素范围，后两个表示第二个序列的范围。

用一个单一迭代器表示第二个序列的算法都假定第二个序列至少与第一个一样长。确保算法不会试图访问第二个序列中不存在的元素是程序员的责任。例如，算法 equal 会将其第一个序列中的每个元素与第二个序列中的对应元素进行比较。如果第二个序列是第一个序列的一个子集，则程序会产生一个严重错误——equal 会试图访问第二个序列中末尾之后（不存在）的元素。

算法不检查写操作

一些算法接受一个迭代器来指出一个单独的目的位置。这些算法将新值赋予一个序列中的元素，该序列从目的位置迭代器指向的元素开始。例如，函数 fill_n 接受一个单迭代器、一个计数值和一个值。它将给定值赋予迭代器指向的元素开始的指定个元素。我们可以用 fill_n 将一个新值赋予 vector 中的元素：

```
vector<int> vec; // 空 vector
// 使用 vec，赋予它不同值
fill_n(vec.begin(), vec.size(), 0); // 将所有元素重置为 0
```

函数 fill_n 假定写入指定个元素是安全的。即，如下形式的调用

```
fill_n(dest, n, val)
```

fill_n 假定 dest 指向一个元素，而从 dest 开始的序列至少包含 n 个元素。

一个初学者非常容易犯的错误是在一个空容器上调用 fill_n（或类似的写元素的算法）：

```
vector<int> vec; // 空向量
// 灾难：修改 vec 中的 10 个 ( 不存在 ) 元素
fill_n(vec.begin(), 10, 0);
```

这个调用是一场灾难。我们指定了要写入 10 个元素，但 vec 中并没有元素——它是空的。这条语句的结果是未定义的。

 向目的位置迭代器写入数据的算法假定目的位置足够大，能容纳要写入的元素。

介绍 back_inserter

一种保证算法有足够元素空间来容纳输出数据的方法是使用**插入迭代器**（insert iterator）。插入迭代器是一种向容器中添加元素的迭代器。通常情况，当我们通过一个迭代器向容器元素赋值时，值被赋予迭代器指向的元素。而当我们通过一个插入迭代器赋值时，一个与赋值号右侧值相等的元素被添加到容器中。

我们将在 10.4.1 节中（第 358 页）详细介绍插入迭代器的内容。但是，为了展示如何用算法向容器写入数据，我们现在将使用 **back_inserter**，它是定义在头文件 iterator 中的一个函数。

back_inserter 接受一个指向容器的引用，返回一个与该容器绑定的插入迭代器。当我们通过此迭代器赋值时，赋值运算符会调用 push_back 将一个具有给定值的元素添加到容器中：

```
vector<int> vec; // 空向量
auto it = back_inserter(vec); // 通过它赋值会将元素添加到 vec 中
*it = 42; // vec 中现在有一个元素，值为 42
```

我们常常使用 back_inserter 来创建一个迭代器，作为算法的目的位置来使用。例如：

```
vector<int> vec; // 空向量
// 正确：back_inserter 创建一个插入迭代器，可用来向 vec 添加元素
fill_n(back_inserter(vec), 10, 0); // 添加 10 个元素到 vec
```

在每步迭代中，fill_n 向给定序列的一个元素赋值。由于我们传递的参数是 back_inserter 返回的迭代器，因此每次赋值都会在 vec 上调用 push_back。最终，这条 fill_n 调用语句向 vec 的末尾添加了 10 个元素，每个元素的值都是 0.

拷贝算法

拷贝（copy）算法是另一个向目的位置迭代器指向的输出序列中的元素写入数据的算法。此算法接受三个迭代器，前两个表示一个输入范围，第三个表示目的序列的起始位置。此算法将输入范围中的元素拷贝到目的序列中。传递给 copy 的目的序列至少要包含与输入序列一样多的元素，这一点很重要。

我们可以用 copy 实现内置数组的拷贝，如下面代码所示：

383

```
int a1[] = {0,1,2,3,4,5,6,7,8,9};
int a2[sizeof(a1)/sizeof(*a1)]; // a2 与 a1 大小一样
// ret 指向拷贝到 a2 的尾元素之后的位置
auto ret = copy(begin(a1), end(a1), a2); // 把 a1 的内容拷贝给 a2
```

此例中我们定义了一个名为 a2 的数组，并使用 sizeof 确保 a2 与数组 a1 包含同样多的

元素（参见 4.9 节，第 139 页）。接下来我们调用 copy 完成从 a1 到 a2 的拷贝。在调用
copy 后，两个数组中的元素具有相同的值。

copy 返回的是其目的位置迭代器（递增后）的值。即，ret 恰好指向拷贝到 a2 的
尾元素之后的位置。

多个算法都提供所谓的"拷贝"版本。这些算法计算新元素的值，但不会将它们放置
在输入序列的末尾，而是创建一个新序列保存这些结果。

例如，replace 算法读入一个序列，并将其中所有等于给定值的元素都改为另一个
值。此算法接受 4 个参数：前两个是迭代器，表示输入序列，后两个一个是要搜索的值，
另一个是新值。它将所有等于第一个值的元素替换为第二个值：

```
// 将所有值为 0 的元素改为 42
replace(ilst.begin(), ilst.end(), 0, 42);
```

此调用将序列中所有的 0 都替换为 42。如果我们希望保留原序列不变，可以调用
replace_copy。此算法接受额外第三个迭代器参数，指出调整后序列的保存位置：

```
// 使用 back_inserter 按需要增长目标序列
replace_copy(ilst.cbegin(), ilst.cend(),
             back_inserter(ivec), 0, 42);
```

此调用后，ilst 并未改变，ivec 包含 ilst 的一份拷贝，不过原来在 ilst 中值为 0 的
元素在 ivec 中都变为 42。

10.2.2 节练习

练习 10.6：编写程序，使用 fill_n 将一个序列中的 int 值都设置为 0。

练习 10.7：下面程序是否有错误？如果有，请改正。

```
(a) vector<int> vec; list<int> lst; int i;
    while (cin >> i)
        lst.push_back(i);
    copy(lst.cbegin(), lst.cend(), vec.begin());

(b) vector<int> vec;
    vec.reserve(10); // reverse 将在 9.4 节（第 318 页）介绍
    fill_n(vec.begin(), 10, 0);
```

练习 10.8：本节提到过，标准库算法不会改变它们所操作的容器的大小。为什么使用
back_inserter 不会使这一断言失效？

10.2.3　重排容器元素的算法

某些算法会重排容器中元素的顺序，一个明显的例子是 sort。调用 sort 会重排输
入序列中的元素，使之有序，它是利用元素类型的<运算符来实现排序的。

例如，假定我们想分析一系列儿童故事中所用的词汇。假定已有一个 vector，保存
了多个故事的文本。我们希望化简这个 vector，使得每个单词只出现一次，而不管单词
在任意给定文档中到底出现了多少次。

为了便于说明问题，我们将使用下面简单的故事作为输入：

the quick red fox jumps over the slow red turtle

给定此输入，我们的程序应该生成如下 vector：

fox	jumps	over	quick	red	slow	the	turtle

消除重复单词

384

为了消除重复单词，首先将 vector 排序，使得重复的单词都相邻出现。一旦 vector 排序完毕，我们就可以使用另一个称为 unique 的标准库算法来重排 vector，使得不重复的元素出现在 vector 的开始部分。由于算法不能执行容器的操作，我们将使用 vector 的 erase 成员来完成真正的删除操作：

```cpp
void elimDups(vector<string> &words)
{
    // 按字典序排序 words，以便查找重复单词
    sort(words.begin(), words.end());
    // unique 重排输入范围，使得每个单词只出现一次
    // 排列在范围的前部，返回指向不重复区域之后一个位置的迭代器
    auto end_unique = unique(words.begin(), words.end());
    // 使用向量操作 erase 删除重复单词
    words.erase(end_unique, words.end());
}
```

sort 算法接受两个迭代器，表示要排序的元素范围。在此例中，我们排序整个 vector。完成 sort 后，words 的顺序如下所示：

fox	jumps	over	quick	red	red	slow	the	the	turtle

注意，单词 red 和 the 各出现了两次。

使用 unique

words 排序完毕后，我们希望将每个单词都只保存一次。unique 算法重排输入序列，将相邻的重复项"消除"，并返回一个指向不重复值范围末尾的迭代器。调用 unique 后，385 vector 将变为：

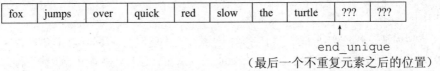

end_unique
（最后一个不重复元素之后的位置）

words 的大小并未改变，它仍有 10 个元素。但这些元素的顺序被改变了——相邻的重复元素被"删除"了。我们将删除打引号是因为 unique 并不真的删除任何元素，它只是覆盖相邻的重复元素，使得不重复元素出现在序列开始部分。unique 返回的迭代器指向最后一个不重复元素之后的位置。此位置之后的元素仍然存在，但我们不知道它们的值是什么。

> 标准库算法对迭代器而不是容器进行操作。因此，算法不能（直接）添加或删除元素。

使用容器操作删除元素

为了真正地删除无用元素，我们必须使用容器操作，本例中使用 erase（参见 9.3.3

节，第 311 页）。我们删除从 end_unique 开始直至 words 末尾的范围内的所有元素。这个调用之后，words 包含来自输入的 8 个不重复的单词。

值得注意的是，即使 words 中没有重复单词，这样调用 erase 也是安全的。在此情况下，unique 会返回 words.end()。因此，传递给 erase 的两个参数具有相同的值：words.end()。迭代器相等意味着传递给 erase 的元素范围为空。删除一个空范围没有什么不良后果，因此程序即使在输入中无重复元素的情况下也是正确的。

10.2.3 节练习

练习 10.9：实现你自己的 elimDups。测试你的程序，分别在读取输入后、调用 unique 后以及调用 erase 后打印 vector 的内容。

练习 10.10：你认为算法不改变容器大小的原因是什么？

10.3　定制操作

很多算法都会比较输入序列中的元素。默认情况下，这类算法使用元素类型的<或==运算符完成比较。标准库还为这些算法定义了额外的版本，允许我们提供自己定义的操作来代替默认运算符。

例如，sort 算法默认使用元素类型的<运算符。但可能我们希望的排序顺序与<所定义的顺序不同，或是我们的序列可能保存的是未定义<运算符的元素类型（如 Sales_data）。在这两种情况下，都需要重载 sort 的默认行为。

10.3.1　向算法传递函数

作为一个例子，假定希望在调用 elimDups（参见 10.2.3 节，第 343 页）后打印 vector 的内容。此外还假定希望单词按其长度排序，大小相同的再按字典序排列。为了按长度重排 vector，我们将使用 sort 的第二个版本，此版本是重载过的，它接受第三个参数，此参数是一个**谓词**（predicate）。

谓词

谓词是一个可调用的表达式，其返回结果是一个能用作条件的值。标准库算法所使用的谓词分为两类：**一元谓词**（unary predicate，意味着它们只接受单一参数）和**二元谓词**（binary predicate，意味着它们有两个参数）。接受谓词参数的算法对输入序列中的元素调用谓词。因此，元素类型必须能转换为谓词的参数类型。

接受一个二元谓词参数的 sort 版本用这个谓词代替<来比较元素。我们提供给 sort 的谓词必须满足将在 11.2.2 节（第 378 页）中所介绍的条件。当前，我们只需知道，此操作必须在输入序列中所有可能的元素值上定义一个一致的序。我们在 6.2.2 节（第 189 页）中定义的 isShorter 就是一个满足这些要求的函数，因此可以将 isShorter 传递给 sort。这样做会将元素按大小重新排序：

```cpp
// 比较函数，用来按长度排序单词
bool isShorter(const string &s1, const string &s2)
{
    return s1.size() < s2.size();
}
```

```
// 按长度由短至长排序 words
sort(words.begin(), words.end(), isShorter);
```

如果 words 包含的数据与 10.2.3 节（第 343 页）中一样，此调用会将 words 重排，使得所有长度为 3 的单词排在长度为 4 的单词之前，然后是长度为 5 的单词，依此类推。

排序算法

在我们将 words 按大小重排的同时，还希望具有相同长度的元素按字典序排列。为了保持相同长度的单词按字典序排列，可以使用 stable_sort 算法。这种稳定排序算法维持相等元素的原有顺序。

通常情况下，我们不关心有序序列中相等元素的相对顺序，它们毕竟是相等的。但是，在本例中，我们定义的"相等"关系表示"具有相同长度"。而具有相同长度的元素，如果看其内容，其实还是各不相同的。通过调用 stable_sort，可以保持等长元素间的字典序： <387

```
elimDups(words); // 将 words 按字典序重排，并消除重复单词
// 按长度重新排序，长度相同的单词维持字典序
stable_sort(words.begin(), words.end(), isShorter);
for (const auto &s : words) // 无须拷贝字符串
    cout << s << " "; // 打印每个元素，以空格分隔
cout << endl;
```

假定在此调用前 words 是按字典序排列的，则调用之后，words 会按元素大小排序，而长度相同的单词会保持字典序。如果我们对原来的 vector 内容运行这段代码，输出为：

fox red the over slow jumps quick turtle

10.3.1 节练习

练习 10.11：编写程序，使用 stable_sort 和 isShorter 将传递给你的 elimDups 版本的 vector 排序。打印 vector 的内容，验证你的程序的正确性。

练习 10.12：编写名为 compareIsbn 的函数，比较两个 Sales_data 对象的 isbn() 成员。使用这个函数排序一个保存 Sales_data 对象的 vector。

练习 10.13：标准库定义了名为 partition 的算法，它接受一个谓词，对容器内容进行划分，使得谓词为 true 的值会排在容器的前半部分，而使谓词为 false 的值会排在后半部分。算法返回一个迭代器，指向最后一个使谓词为 true 的元素之后的位置。编写函数，接受一个 string，返回一个 bool 值，指出 string 是否有 5 个或更多字符。使用此函数划分 words。打印出长度大于等于 5 的元素。

10.3.2 lambda 表达式

根据算法接受一元谓词还是二元谓词，我们传递给算法的谓词必须严格接受一个或两个参数。但是，有时我们希望进行的操作需要更多参数，超出了算法对谓词的限制。例如，为上一节最后一个练习所编写的程序中，就必须将大小 5 硬编码到划分序列的谓词中。如果在编写划分序列的谓词时，可以不必为每个可能的大小都编写一个独立的谓词，显然更有实际价值。

一个相关的例子是，我们将修改 10.3.1 节（第 345 页）中的程序，求大于等于一个给定长度的单词有多少。我们还会修改输出，使程序只打印大于等于给定长度的单词。

388 > 我们将此函数命名为 biggies，其框架如下所示：

```
void biggies(vector<string> &words,
             vector<string>::size_type sz)
{
    elimDups(words); // 将 words 按字典序排序，删除重复单词
    // 按长度排序，长度相同的单词维持字典序
    stable_sort(words.begin(), words.end(), isShorter);
    // 获取一个迭代器，指向第一个满足 size()>= sz 的元素
    // 计算满足 size >= sz 的元素的数目
    // 打印长度大于等于给定值的单词，每个单词后面接一个空格
}
```

我们的新问题是在 vector 中寻找第一个大于等于给定长度的元素。一旦找到了这个元素，根据其位置，就可以计算出有多少元素的长度大于等于给定值。

我们可以使用标准库 find_if 算法来查找第一个具有特定大小的元素。类似 find（参见 10.1 节，第 336 页），find_if 算法接受一对迭代器，表示一个范围。但与 find 不同的是，find_if 的第三个参数是一个谓词。find_if 算法对输入序列中的每个元素调用给定的这个谓词。它返回第一个使谓词返回非 0 值的元素，如果不存在这样的元素，则返回尾迭代器。

编写一个函数，令其接受一个 string 和一个长度，并返回一个 bool 值表示该 string 的长度是否大于给定长度，是一件很容易的事情。但是，find_if 接受一元谓词——我们传递给 find_if 的任何函数都必须严格接受一个参数，以便能用来自输入序列的一个元素调用它。没有任何办法能传递给它第二个参数来表示长度。为了解决此问题，需要使用另外一些语言特性。

介绍 lambda

我们可以向一个算法传递任何类别的**可调用对象**（callable object）。对于一个对象或一个表达式，如果可以对其使用调用运算符（参见 1.5.2 节，第 21 页），则称它为可调用的。即，如果 e 是一个可调用的表达式，则我们可以编写代码 e(args)，其中 args 是一个逗号分隔的一个或多个参数的列表。

到目前为止，我们使用过的仅有的两种可调用对象是函数和函数指针（参见 6.7 节，第 221 页）。还有其他两种可调用对象：重载了函数调用运算符的类，我们将在 14.8 节（第 506 页）介绍，以及 **lambda 表达式**（lambda expression）。

C++11   一个 lambda 表达式表示一个可调用的代码单元。我们可以将其理解为一个未命名的内联函数。与任何函数类似，一个 lambda 具有一个返回类型、一个参数列表和一个函数体。但与函数不同，lambda 可能定义在函数内部。一个 lambda 表达式具有如下形式

[*capture list*] (*parameter list*) -> *return* type { *function body* }

其中，*capture list*（捕获列表）是一个 lambda 所在函数中定义的局部变量的列表（通常为空）；*return type*、*parameter list* 和 *function body* 与任何普通函数一样，分别表示返回类型、参数列表和函数体。但是，与普通函数不同，lambda 必须使用尾置返回（参见 6.3.3 节，第 206 页）来指定返回类型。

我们可以忽略参数列表和返回类型，但必须永远包含捕获列表和函数体

389 >   ```auto f = [] { return 42; };```

此例中，我们定义了一个可调用对象 f，它不接受参数，返回 42。

lambda 的调用方式与普通函数的调用方式相同，都是使用调用运算符：

```
cout << f() << endl; // 打印 42
```

在 lambda 中忽略括号和参数列表等价于指定一个空参数列表。在此例中，当调用 f 时，参数列表是空的。如果忽略返回类型，lambda 根据函数体中的代码推断出返回类型。如果函数体只是一个 return 语句，则返回类型从返回的表达式的类型推断而来。否则，返回类型为 void。

 如果 lambda 的函数体包含任何单一 return 语句之外的内容，且未指定返回类型，则返回 void。

向 lambda 传递参数

与一个普通函数调用类似，调用一个 lambda 时给定的实参被用来初始化 lambda 的形参。通常，实参和形参的类型必须匹配。但与普通函数不同，lambda 不能有默认参数（参见 6.5.1 节，第 211 页）。因此，一个 lambda 调用的实参数目永远与形参数目相等。一旦形参初始化完毕，就可以执行函数体了。

作为一个带参数的 lambda 的例子，我们可以编写一个与 isShorter 函数完成相同功能的 lambda：

```
[](const string &a, const string &b)
    { return a.size() < b.size();}
```

空捕获列表表明此 lambda 不使用它所在函数中的任何局部变量。lambda 的参数与 isShorter 的参数类似，是 const string 的引用。lambda 的函数体也与 isShorter 类似，比较其两个参数的 size()，并根据两者的相对大小返回一个布尔值。

如下所示，可以使用此 lambda 来调用 stable_sort：

```
// 按长度排序，长度相同的单词维持字典序
stable_sort(words.begin(), words.end(),
            [](const string &a, const string &b)
                { return a.size() < b.size();});
```

当 stable_sort 需要比较两个元素时，它就会调用给定的这个 lambda 表达式。

使用捕获列表

我们现在已经准备好解决原来的问题了——编写一个可以传递给 find_if 的可调用表达式。我们希望这个表达式能将输入序列中每个 string 的长度与 biggies 函数中的 sz 参数的值进行比较。 390

虽然一个 lambda 可以出现在一个函数中，使用其局部变量，但它只能使用那些明确指明的变量。一个 lambda 通过将局部变量包含在其捕获列表中来指出将会使用这些变量。捕获列表指引 lambda 在其内部包含访问局部变量所需的信息。

在本例中，我们的 lambda 会捕获 sz，并只有单一的 string 参数。其函数体会将 string 的大小与捕获的 sz 的值进行比较：

```
[sz](const string &a)
    { return a.size() >= sz; };
```

lambda 以一对 [] 开始，我们可以在其中提供一个以逗号分隔的名字列表，这些名字都是它所在函数中定义的。

由于此 lambda 捕获 sz，因此 lambda 的函数体可以使用 sz。lambda 不捕获 words，因此不能访问此变量。如果我们给 lambda 提供一个空捕获列表，则代码会编译错误：

```
// 错误：sz 未捕获
[](const string &a)
    { return a.size() >= sz; };
```

 一个 lambda 只有在其捕获列表中捕获一个它所在函数中的局部变量，才能在函数体中使用该变量。

调用 find_if

使用此 lambda，我们就可以查找第一个长度大于等于 sz 的元素：

```
// 获取一个迭代器，指向第一个满足 size()>- sz 的元素
auto wc = find_if(words.begin(), words.end(),
    [sz](const string &a)
        { return a.size() >= sz; });
```

这里对 find_if 的调用返回一个迭代器，指向第一个长度不小于给定参数 sz 的元素。如果这样的元素不存在，则返回 words.end() 的一个拷贝。

我们可以使用 find_if 返回的迭代器来计算从它开始到 words 的末尾一共有多少个元素（参见 3.4.2 节，第 99 页）：

```
// 计算满足 size >= sz 的元素的数目
auto count = words.end() - wc;
cout << count << " " << make_plural(count, "word", "s")
     << " of length " << sz << " or longer" << endl;
```

我们的输出语句调用 make_plural（参见 6.3.2 节，第 201 页）来输出"word"或"words"，具体输出哪个取决于大小是否等于 1。

⌊391⌋ for_each 算法

问题的最后一部分是打印 words 中长度大于等于 sz 的元素。为了达到这一目的，我们可以使用 for_each 算法。此算法接受一个可调用对象，并对输入序列中每个元素调用此对象：

```
// 打印长度大于等于给定值的单词，每个单词后面接一个空格
for_each(wc, words.end(),
         [](const string &s){cout << s << " ";});
cout << endl;
```

此 lambda 中的捕获列表为空，但其函数体中还是使用了两个名字：s 和 cout，前者是它自己的参数。

捕获列表为空，是因为我们只对 lambda 所在函数中定义的（非 static）变量使用捕获列表。一个 lambda 可以直接使用定义在当前函数之外的名字。在本例中，cout 不是定义在 biggies 中的局部名字，而是定义在头文件 iostream 中。因此，只要在 biggies 出现的作用域中包含了头文件 iostream，我们的 lambda 就可以使用 cout。

捕获列表只用于局部非 static 变量，lambda 可以直接使用局部 static 变量和在它所在函数之外声明的名字。

完整的 biggies

到目前为止，我们已经解决了程序的所有细节，下面就是完整的程序：

```
void biggies(vector<string> &words,
             vector<string>::size_type sz)
{
    elimDups(words); // 将 words 按字典序排序，删除重复单词
    // 按长度排序，长度相同的单词维持字典序
    stable_sort(words.begin(), words.end(),
                [](const string &a, const string &b)
                  { return a.size() < b.size();});
    // 获取一个迭代器，指向第一个满足 size()>= sz 的元素
    auto wc = find_if(words.begin(), words.end(),
                [sz](const string &a)
                  { return a.size() >= sz; });
    // 计算满足 size >= sz 的元素的数目
    auto count = words.end() - wc;
    cout << count << " " << make_plural(count, "word", "s")
        << " of length " << sz << " or longer" << endl;
    // 打印长度大于等于给定值的单词，每个单词后面接一个空格
    for_each(wc, words.end(),
             [](const string &s){cout << s << " ";});
    cout << endl;
}
```

10.3.2 节练习

392

练习 10.14：编写一个 lambda，接受两个 int，返回它们的和。

练习 10.15：编写一个 lambda，捕获它所在函数的 int，并接受一个 int 参数。lambda 应该返回捕获的 int 和 int 参数的和。

练习 10.16：使用 lambda 编写你自己版本的 biggies。

练习 10.17：重写 10.3.1 节练习 10.12（第 345 页）的程序，在对 sort 的调用中使用 lambda 来代替函数 compareIsbn。

练习 10.18：重写 biggies，用 partition 代替 find_if。我们在 10.3.1 节练习 10.13（第 345 页）中介绍了 partition 算法。

练习 10.19：用 stable_partition 重写前一题的程序，与 stable_sort 类似，在划分后的序列中维持原有元素的顺序。

10.3.3　lambda 捕获和返回

当定义一个 lambda 时，编译器生成一个与 lambda 对应的新的（未命名的）类类型。我们将在 14.8.1 节（第 507 页）介绍这种类是如何生成的。目前，可以这样理解，当向一个函数传递一个 lambda 时，同时定义了一个新类型和该类型的一个对象：传递的参数就

是此编译器生成的类类型的未命名对象。类似的，当使用 auto 定义一个用 lambda 初始化的变量时，定义了一个从 lambda 生成的类型的对象。

默认情况下，从 lambda 生成的类都包含一个对应该 lambda 所捕获的变量的数据成员。类似任何普通类的数据成员，lambda 的数据成员也在 lambda 对象创建时被初始化。

值捕获

类似参数传递，变量的捕获方式也可以是值或引用。表 10.1（第 352 页）列出了几种不同的构造捕获列表的方式。到目前为止，我们的 lambda 采用值捕获的方式。与传值参数类似，采用值捕获的前提是变量可以拷贝。与参数不同，被捕获的变量的值是在 lambda 创建时拷贝，而不是调用时拷贝：

```
void fcn1()
{
    size_t v1 = 42; // 局部变量
    // 将 v1 拷贝到名为 f 的可调用对象
    auto f = [v1] { return v1; };
    v1 = 0;
    auto j = f(); // j 为 42；f 保存了我们创建它时 v1 的拷贝
}
```

由于被捕获变量的值是在 lambda 创建时拷贝，因此随后对其修改不会影响到 lambda 内对应的值。

393> 引用捕获

我们定义 lambda 时可以采用引用方式捕获变量。例如：

```
void fcn2()
{
    size_t v1 = 42; // 局部变量
    // 对象 f2 包含 v1 的引用
    auto f2 = [&v1] { return v1; };
    v1 = 0;
    auto j = f2(); // j 为 0；f2 保存 v1 的引用，而非拷贝
}
```

v1 之前的 & 指出 v1 应该以引用方式捕获。一个以引用方式捕获的变量与其他任何类型的引用的行为类似。当我们在 lambda 函数体内使用此变量时，实际上使用的是引用所绑定的对象。在本例中，当 lambda 返回 v1 时，它返回的是 v1 指向的对象的值。

引用捕获与返回引用（参见 6.3.2 节，第 201 页）有着相同的问题和限制。如果我们采用引用方式捕获一个变量，就必须确保被引用的对象在 lambda 执行的时候是存在的。lambda 捕获的都是局部变量，这些变量在函数结束后就不复存在了。如果 lambda 可能在函数结束后执行，捕获的引用指向的局部变量已经消失。

引用捕获有时是必要的。例如，我们可能希望 biggies 函数接受一个 ostream 的引用，用来输出数据，并接受一个字符作为分隔符：

```
void biggies(vector<string> &words,
             vector<string>::size_type sz,
             ostream &os = cout, char c = ' ')
{
    // 与之前例子一样的重排 words 的代码
```

```
        // 打印 count 的语句改为打印到 os
        for_each(words.begin(), words.end(),
                  [&os, c](const string &s) { os << s << c; });
    }
```

我们不能拷贝 ostream 对象（参见 8.1.1 节，第 279 页），因此捕获 os 的唯一方法就是捕获其引用（或指向 os 的指针）。

当我们向一个函数传递一个 lambda 时，就像本例中调用 for_each 那样，lambda 会立即执行。在此情况下，以引用方式捕获 os 没有问题，因为当 for_each 执行时，biggies 中的变量是存在的。

我们也可以从一个函数返回 lambda。函数可以直接返回一个可调用对象，或者返回一个类对象，该类含有可调用对象的数据成员。如果函数返回一个 lambda，则与函数不能返回一个局部变量的引用类似，此 lambda 也不能包含引用捕获。

 当以引用方式捕获一个变量时，必须保证在 lambda 执行时变量是存在的。

◁ 394

建议：尽量保持 lambda 的变量捕获简单化

一个 lambda 捕获从 lambda 被创建（即，定义 lambda 的代码执行时）到 lambda 自身执行（可能有多次执行）这段时间内保存的相关信息。确保 lambda 每次执行的时候这些信息都有预期的意义，是程序员的责任。

捕获一个普通变量，如 int、string 或其他非指针类型，通常可以采用简单的值捕获方式。在此情况下，只需关注变量在捕获时是否有我们所需的值就可以了。

如果我们捕获一个指针或迭代器，或采用引用捕获方式，就必须确保在 lambda 执行时，绑定到迭代器、指针或引用的对象仍然存在。而且，需要保证对象具有预期的值。在 lambda 从创建到它执行的这段时间内，可能有代码改变绑定的对象的值。也就是说，在指针（或引用）被捕获的时刻，绑定的对象的值是我们所期望的，但在 lambda 执行时，该对象的值可能已经完全不同了。

一般来说，我们应该尽量减少捕获的数据量，来避免潜在的捕获导致的问题。而且，如果可能的话，应该避免捕获指针或引用。

隐式捕获

除了显式列出我们希望使用的来自所在函数的变量之外，还可以让编译器根据 lambda 体中的代码来推断我们要使用哪些变量。为了指示编译器推断捕获列表，应在捕获列表中写一个 & 或 =。& 告诉编译器采用捕获引用方式，= 则表示采用值捕获方式。例如，我们可以重写传递给 find_if 的 lambda：

```
    // sz 为隐式捕获，值捕获方式
    wc = find_if(words.begin(), words.end(),
                  [=](const string &s)
                      { return s.size() >= sz; });
```

如果我们希望对一部分变量采用值捕获，对其他变量采用引用捕获，可以混合使用隐式捕获和显式捕获：

```
    void biggies(vector<string> &words,
```

```
                    vector<string>::size_type sz,
                    ostream &os = cout, char c = ' ')
    {
        // 其他处理与前例一样
        // os 隐式捕获，引用捕获方式；c 显式捕获，值捕获方式
        for_each(words.begin(), words.end(),
                 [&, c](const string &s) { os << s << c; });
        // os 显式捕获，引用捕获方式；c 隐式捕获，值捕获方式
        for_each(words.begin(), words.end(),
                 [=, &os](const string &s) { os << s << c; });
    }
```

395> 当我们混合使用隐式捕获和显式捕获时，捕获列表中的第一个元素必须是一个 & 或 =。此符号指定了默认捕获方式为引用或值。

   当混合使用隐式捕获和显式捕获时，显式捕获的变量必须使用与隐式捕获不同的方式。即，如果隐式捕获是引用方式（使用了 &），则显式捕获命名变量必须采用值方式，因此不能在其名字前使用 &。类似的，如果隐式捕获采用的是值方式（使用了 =），则显式捕获命名变量必须采用引用方式，即，在名字前使用 &。

表 10.1：lambda 捕获列表	
`[]`	空捕获列表。lambda 不能使用所在函数中的变量。一个 lambda 只有捕获变量后才能使用它们
`[`*names*`]`	*names* 是一个逗号分隔的名字列表，这些名字都是 lambda 所在函数的局部变量。默认情况下，捕获列表中的变量都被拷贝。名字前如果使用了 &，则采用引用捕获方式
`[&]`	隐式捕获列表，采用引用捕获方式。lambda 体中所使用的来自所在函数的实体都采用引用方式使用
`[=]`	隐式捕获列表，采用值捕获方式。lambda 体将拷贝所使用的来自所在函数的实体的值
`[&, `*identifier_list*`]`	*identifier_list* 是一个逗号分隔的列表，包含 0 个或多个来自所在函数的变量。这些变量采用值捕获方式，而任何隐式捕获的变量都采用引用方式捕获。*identifier_list* 中的名字前面不能使用 &
`[=, `*identifier_list*`]`	*identifier_list* 中的变量都采用引用方式捕获，而任何隐式捕获的变量都采用值方式捕获。*identifier_list* 中的名字不能包括 this，且这些名字之前必须使用 &

可变 lambda

   默认情况下，对于一个值被拷贝的变量，lambda 不会改变其值。如果我们希望能改变一个被捕获的变量的值，就必须在参数列表首加上关键字 `mutable`。因此，可变 lambda 能省略参数列表：

```
    void fcn3()
    {
        size_t v1 = 42; // 局部变量
        // f 可以改变它所捕获的变量的值
        auto f = [v1] () mutable { return ++v1; };
        v1 = 0;
        auto j = f(); // j 为 43
    }
```

一个引用捕获的变量是否（如往常一样）可以修改依赖于此引用指向的是一个 const 类型还是一个非 const 类型：

```
void fcn4()
{
    size_t v1 = 42; // 局部变量
    // v1 是一个非 const 变量的引用
    // 可以通过 f2 中的引用来改变它
    auto f2 = [&v1] { return ++v1; };
    v1 = 0;
    auto j = f2(); // j 为 1
}
```

396

指定 lambda 返回类型

到目前为止，我们所编写的 lambda 都只包含单一的 return 语句。因此，我们还未遇到必须指定返回类型的情况。默认情况下，如果一个 lambda 体包含 return 之外的任何语句，则编译器假定此 lambda 返回 void。与其他返回 void 的函数类似，被推断返回 void 的 lambda 不能返回值。

下面给出了一个简单的例子，我们可以使用标准库 transform 算法和一个 lambda 来将一个序列中的每个负数替换为其绝对值：

```
transform(vi.begin(), vi.end(), vi.begin(),
          [](int i) { return i < 0 ? -i : i; });
```

函数 transform 接受三个迭代器和一个可调用对象。前两个迭代器表示输入序列，第三个迭代器表示目的位置。算法对输入序列中每个元素调用可调用对象，并将结果写到目的位置。如本例所示，目的位置迭代器与表示输入序列开始位置的迭代器可以是相同的。当输入迭代器和目的迭代器相同时，transform 将输入序列中每个元素替换为可调用对象操作该元素得到的结果。

在本例中，我们传递给 transform 一个 lambda，它返回其参数的绝对值。lambda 体是单一的 return 语句，返回一个条件表达式的结果。我们无须指定返回类型，因为可以根据条件运算符的类型推断出来。

但是，如果我们将程序改写为看起来是等价的 if 语句，就会产生编译错误：

```
// 错误：不能推断 lambda 的返回类型
transform(vi.begin(), vi.end(), vi.begin(),
          [](int i) { if (i < 0) return -i; else return i; });
```

编译器推断这个版本的 lambda 返回类型为 void，但它返回了一个 int 值。

当我们需要为一个 lambda 定义返回类型时，必须使用尾置返回类型（参见 6.3.3 节，第 206 页）：

C++11

```
transform(vi.begin(), vi.end(), vi.begin(),
          [](int i) -> int
          { if (i < 0) return -i; else return i; });
```

在此例中，传递给 transform 的第四个参数是一个 lambda，它的捕获列表是空的，接受单一 int 参数，返回一个 int 值。它的函数体是一个返回其参数的绝对值的 if 语句。

10.3.3 节练习

练习 10.20：标准库定义了一个名为 count_if 的算法。类似 find_if，此函数接受一对迭代器，表示一个输入范围，还接受一个谓词，会对输入范围中每个元素执行。count_if 返回一个计数值，表示谓词有多少次为真。使用 count_if 重写我们程序中统计有多少单词长度超过 6 的部分。

练习 10.21：编写一个 lambda，捕获一个局部 int 变量，并递减变量值，直至它变为 0。一旦变量变为 0，再调用 lambda 应该不再递减变量。lambda 应该返回一个 bool 值，指出捕获的变量是否为 0。

10.3.4 参数绑定

对于那种只在一两个地方使用的简单操作，lambda 表达式是最有用的。如果我们需要在很多地方使用相同的操作，通常应该定义一个函数，而不是多次编写相同的 lambda 表达式。类似的，如果一个操作需要很多语句才能完成，通常使用函数更好。

如果 lambda 的捕获列表为空，通常可以用函数来代替它。如前面章节所示，既可以用一个 lambda，也可以用函数 isShorter 来实现将 vector 中的单词按长度排序。类似的，对于打印 vector 内容的 lambda，编写一个函数来替换它也是很容易的事情，这个函数只需接受一个 string 并在标准输出上打印它即可。

但是，对于捕获局部变量的 lambda，用函数来替换它就不是那么容易了。例如，我们用在 find_if 调用中的 lambda 比较一个 string 和一个给定大小。我们可以很容易地编写一个完成同样工作的函数：

```
bool check_size(const string &s, string::size_type sz)
{
    return s.size() >= sz;
}
```

但是，我们不能用这个函数作为 find_if 的一个参数。如前文所示，find_if 接受一个一元谓词，因此传递给 find_if 的可调用对象必须接受单一参数。biggies 传递给 find_if 的 lambda 使用捕获列表来保存 sz。为了用 check_size 来代替此 lambda，必须解决如何向 sz 形参传递一个参数的问题。

标准库 bind 函数

我们可以解决向 check_size 传递一个长度参数的问题，方法是使用一个新的名为 **bind** 的标准库函数，它定义在头文件 functional 中。可以将 bind 函数看作一个通用的函数适配器（参见 9.6 节，第 329 页），它接受一个可调用对象，生成一个新的可调用对象来"适应"原对象的参数列表。

调用 bind 的一般形式为：

```
auto newCallable = bind(callable, arg_list);
```

其中，*newCallable* 本身是一个可调用对象，*arg_list* 是一个逗号分隔的参数列表，对应给定的 *callable* 的参数。即，当我们调用 *newCallable* 时，*newCallable* 会调用 *callable*，并传递给它 *arg_list* 中的参数。

arg_list 中的参数可能包含形如 _n 的名字，其中 *n* 是一个整数。这些参数是"占位符"，

表示 *newCallable* 的参数，它们占据了传递给 *newCallable* 的参数的"位置"。数值 *n* 表示生成的可调用对象中参数的位置：_1 为 *newCallable* 的第一个参数，_2 为第二个参数，依此类推。

绑定 check_size 的 sz 参数

作为一个简单的例子，我们将使用 bind 生成一个调用 check_size 的对象，如下所示，它用一个定值作为其大小参数来调用 check_size：

```
// check6 是一个可调用对象，接受一个 string 类型的参数
// 并用此 string 和值 6 来调用 check_size
auto check6 = bind(check_size, _1, 6);
```

此 bind 调用只有一个占位符，表示 check6 只接受单一参数。占位符出现在 *arg_list* 的第一个位置，表示 check6 的此参数对应 check_size 的第一个参数。此参数是一个 const string&。因此，调用 check6 必须传递给它一个 string 类型的参数，check6 会将此参数传递给 check_size。

```
string s = "hello";
bool b1 = check6(s); // check6(s)会调用 check_size(s, 6)
```

使用 bind，我们可以将原来基于 lambda 的 find_if 调用：

```
auto wc = find_if(words.begin(), words.end(),
            [sz](const string &a)
```

替换为如下使用 check_size 的版本：

```
auto wc = find_if(words.begin(), words.end(),
              bind(check_size, _1, sz));
```

此 bind 调用生成一个可调用对象，将 check_size 的第二个参数绑定到 sz 的值。当 find_if 对 words 中的 string 调用这个对象时，这些对象会调用 check_size，将给定的 string 和 sz 传递给它。因此，find_if 可以有效地对输入序列中每个 string 调用 check_size，实现 string 的大小与 sz 的比较。

使用 placeholders 名字

〈399〉

名字_n 都定义在一个名为 placeholders 的命名空间中，而这个命名空间本身定义在 std 命名空间（参见 3.1 节，第 74 页）中。为了使用这些名字，两个命名空间都要写上。与我们的其他例子类似，对 bind 的调用代码假定之前已经恰当地使用了 using 声明。例如，_1 对应的 using 声明为：

```
using std::placeholders::_1;
```

此声明说明我们要使用的名字_1 定义在命名空间 placeholders 中，而此命名空间又定义在命名空间 std 中。

对每个占位符名字，我们都必须提供一个单独的 using 声明。编写这样的声明很烦人，也很容易出错。可以使用另外一种不同形式的 using 语句（详细内容将在 18.2.2 节（第 702 页）中介绍），而不是分别声明每个占位符，如下所示：

```
using namespace namespace_name;
```

这种形式说明希望所有来自 *namespace_name* 的名字都可以在我们的程序中直接使用。例如：

```
using namespace std::placeholders;
```

使得由 placeholders 定义的所有名字都可用。与 bind 函数一样，placeholders 命名空间也定义在 functional 头文件中。

bind 的参数

如前文所述，我们可以用 bind 修正参数的值。更一般的，可以用 bind 绑定给定可调用对象中的参数或重新安排其顺序。例如，假定 f 是一个可调用对象，它有 5 个参数，则下面对 bind 的调用：

```
// g是一个有两个参数的可调用对象
auto g = bind(f, a, b, _2, c, _1);
```

生成一个新的可调用对象，它有两个参数，分别用占位符 _2 和 _1 表示。这个新的可调用对象将它自己的参数作为第三个和第五个参数传递给 f。f 的第一个、第二个和第四个参数分别被绑定到给定的值 a、b 和 c 上。

传递给 g 的参数按位置绑定到占位符。即，第一个参数绑定到 _1，第二个参数绑定到 _2。因此，当我们调用 g 时，其第一个参数将被传递给 f 作为最后一个参数，第二个参数将被传递给 f 作为第三个参数。实际上，这个 bind 调用会将

```
g(_1, _2)
```

映射为

```
f(a, b, _2, c, _1)
```

即，对 g 的调用会调用 f，用 g 的参数代替占位符，再加上绑定的参数 a、b 和 c。例如，调用 g(X, Y) 会调用

```
f(a, b, Y, c, X)
```

[400] 用 bind 重排参数顺序

下面是用 bind 重排参数顺序的一个具体例子，我们可以用 bind 颠倒 isShroter 的含义：

```
// 按单词长度由短至长排序
sort(words.begin(), words.end(), isShorter);
// 按单词长度由长至短排序
sort(words.begin(), words.end(), bind(isShorter, _2, _1));
```

在第一个调用中，当 sort 需要比较两个元素 A 和 B 时，它会调用 isShorter(A, B)。在第二个对 sort 的调用中，传递给 isShorter 的参数被交换过来了。因此，当 sort 比较两个元素时，就好像调用 isShorter(B, A) 一样。

绑定引用参数

默认情况下，bind 的那些不是占位符的参数被拷贝到 bind 返回的可调用对象中。但是，与 lambda 类似，有时对有些绑定的参数我们希望以引用方式传递，或是要绑定参数的类型无法拷贝。

例如，为了替换一个引用方式捕获 ostream 的 lambda：

```
// os是一个局部变量，引用一个输出流
// c是一个局部变量，类型为char
for_each(words.begin(), words.end(),
```

```
                    [&os, c](const string &s) { os << s << c; });
```

可以很容易地编写一个函数，完成相同的工作：

```
ostream &print(ostream &os, const string &s, char c)
{
    return os << s << c;
}
```

但是，不能直接用 bind 来代替对 os 的捕获：

```
// 错误：不能拷贝 os
for_each(words.begin(), words.end(), bind(print, os, _1, ' '));
```

原因在于 bind 拷贝其参数，而我们不能拷贝一个 ostream。如果我们希望传递给 bind 一个对象而又不拷贝它，就必须使用标准库 **ref** 函数：

```
for_each(words.begin(), words.end(),
        bind(print, ref(os), _1, ' '));
```

函数 ref 返回一个对象，包含给定的引用，此对象是可以拷贝的。标准库中还有一个 **cref** 函数，生成一个保存 const 引用的类。与 bind 一样，函数 ref 和 cref 也定义在头文件 functional 中。

向后兼容：参数绑定　　〈401〉

旧版本 C++ 提供的绑定函数参数的语言特性限制更多，也更复杂。标准库定义了两个分别名为 bind1st 和 bind2nd 的函数。类似 bind，这两个函数接受一个函数作为参数，生成一个新的可调用对象，该对象调用给定函数，并将绑定的参数传递给它。但是，这些函数分别只能绑定第一个或第二个参数。由于这些函数局限太强，在新标准中已被弃用（deprecated）。所谓被弃用的特性就是在新版本中不再支持的特性。新的 C++ 程序应该使用 bind。

10.3.4 节练习

练习 10.22：重写统计长度小于等于 6 的单词数量的程序，使用函数代替 lambda。

练习 10.23：bind 接受几个参数？

练习 10.24：给定一个 string，使用 bind 和 check_size 在一个 int 的 vector 中查找第一个大于 string 长度的值。

练习 10.25：在 10.3.2 节（第 349 页）的练习中，编写了一个使用 partition 的 biggies 版本。使用 check_size 和 bind 重写此函数。

10.4 再探迭代器

　　除了为每个容器定义的迭代器之外，标准库在头文件 iterator 中还定义了额外几种迭代器。这些迭代器包括以下几种。

- **插入迭代器**（insert iterator）：这些迭代器被绑定到一个容器上，可用来向容器插入元素。
- **流迭代器**（stream iterator）：这些迭代器被绑定到输入或输出流上，可用来遍历所关联的 IO 流。

- **反向迭代器**（reverse iterator）：这些迭代器向后而不是向前移动。除了 `forward_list` 之外的标准库容器都有反向迭代器。
- **移动迭代器**（move iterator）：这些专用的迭代器不是拷贝其中的元素，而是移动它们。我们将在 13.6.2 节（第 480 页）介绍移动迭代器。

 ## 10.4.1　插入迭代器

插入器是一种迭代器适配器（参见 9.6 节，第 329 页），它接受一个容器，生成一个迭代器，能实现向给定容器添加元素。当我们通过一个插入迭代器进行赋值时，该迭代器调用容器操作来向给定容器的指定位置插入一个元素。表 10.2 列出了这种迭代器支持的操作。

表 10.2：插入迭代器操作	
`it = t`	在 `it` 指定的当前位置插入值 `t`。假定 `c` 是 `it` 绑定的容器，依赖于插入迭代器的不同种类，此赋值会分别调用 `c.push_back(t)`、`c.push_front(t)` 或 `c.insert(t,p)`，其中 `p` 为传递给 `inserter` 的迭代器位置
`*it,++it,it++`	这些操作虽然存在，但不会对 `it` 做任何事情。每个操作都返回 `it`

402>

插入器有三种类型，差异在于元素插入的位置：

- **back_inserter**（参见 10.2.2 节，第 341 页）创建一个使用 `push_back` 的迭代器。
- **front_inserter** 创建一个使用 `push_front` 的迭代器。
- **inserter** 创建一个使用 `insert` 的迭代器。此函数接受第二个参数，这个参数必须是一个指向给定容器的迭代器。元素将被插入到给定迭代器所表示的元素之前。

> **Note**　只有在容器支持 `push_front` 的情况下,我们才可以使用 `front_inserter`。类似的，只有在容器支持 `push_back` 的情况下，我们才能使用 `back_inserter`。

理解插入器的工作过程是很重要的：当调用 `inserter(c, iter)` 时，我们得到一个迭代器，接下来使用它时，会将元素插入到 `iter` 原来所指向的元素之前的位置。即，如果 `it` 是由 `inserter` 生成的迭代器，则下面这样的赋值语句

```
*it = val;
```

其效果与下面代码一样

```
it = c.insert(it, val); // it 指向新加入的元素
++it; // 递增 it 使它指向原来的元素
```

`front_inserter` 生成的迭代器的行为与 `inserter` 生成的迭代器完全不一样。当我们使用 `front_inserter` 时，元素总是插入到容器第一个元素之前。即使我们传递给 `inserter` 的位置原来指向第一个元素，只要我们在此元素之前插入一个新元素，此元素就不再是容器的首元素了：

```
list<int> lst = {1,2,3,4};
list<int> lst2, lst3; // 空 list
```

```
// 拷贝完成之后，lst2 包含 4 3 2 1
copy(lst.cbegin(), lst.cend(), front_inserter(lst2));
// 拷贝完成之后，lst3 包含 1 2 3 4
copy(lst.cbegin(), lst.cend(), inserter(lst3, lst3.begin()));
```

当调用 front_inserter(c) 时，我们得到一个插入迭代器，接下来会调用 push_front。当每个元素被插入到容器 c 中时，它变为 c 的新的首元素。因此，front_inserter 生成的迭代器会将插入的元素序列的顺序颠倒过来，而 inserter 和 back_inserter 则不会。

◁ 403

10.4.1 节练习

练习 10.26：解释三种插入迭代器的不同之处。

练习 10.27：除了 unique（参见 10.2.3 节，第 343 页）之外，标准库还定义了名为 unique_copy 的函数，它接受第三个迭代器，表示拷贝不重复元素的目的位置。编写一个程序，使用 unique_copy 将一个 vector 中不重复的元素拷贝到一个初始为空的 list 中。

练习 10.28：一个 vector 中保存 1 到 9，将其拷贝到三个其他容器中。分别使用 inserter、back_inserter 和 front_inserter 将元素添加到三个容器中。对每种 inserter，估计输出序列是怎样的，运行程序验证你的估计是否正确。

10.4.2 iostream 迭代器

虽然 iostream 类型不是容器，但标准库定义了可以用于这些 IO 类型对象的迭代器（参见 8.1 节，第 278 页）。**istream_iterator**（参见表 10.3）读取输入流，**ostream_iterator**（参见表 10.4 节，第 361 页）向一个输出流写数据。这些迭代器将它们对应的流当作一个特定类型的元素序列来处理。通过使用流迭代器，我们可以用泛型算法从流对象读取数据以及向其写入数据。

istream_iterator 操作

当创建一个流迭代器时，必须指定迭代器将要读写的对象类型。一个 istream_iterator 使用>>来读取流。因此，istream_iterator 要读取的类型必须定义了输入运算符。当创建一个 istream_iterator 时，我们可以将它绑定到一个流。当然，我们还可以默认初始化迭代器，这样就创建了一个可以当作尾后值使用的迭代器。

```
istream_iterator<int> int_it(cin);     // 从 cin 读取 int
istream_iterator<int> int_eof;         // 尾后迭代器
ifstream in("afile");
istream_iterator<string> str_it(in);   // 从"afile"读取字符串
```

下面是一个用 istream_iterator 从标准输入读取数据，存入一个 vector 的例子：

```
istream_iterator<int> in_iter(cin);    // 从 cin 读取 int
istream_iterator<int> eof;             // istream 尾后迭代器
while (in_iter != eof)                  // 当有数据可供读取时
    // 后置递增运算读取流，返回迭代器的旧值
    // 解引用迭代器，获得从流读取的前一个值
    vec.push_back(*in_iter++);
```

此循环从 cin 读取 int 值,保存在 vec 中。在每个循环步中,循环体代码检查 in_iter
是否等于 eof。eof 被定义为空的 istream_iterator,从而可以当作尾后迭代器来使
用。对于一个绑定到流的迭代器,一旦其关联的流遇到文件尾或遇到 IO 错误,迭代器的
值就与尾后迭代器相等。

此程序最困难的部分是传递给 push_back 的参数,其中用到了解引用运算符和后置
递增运算符。该表达式的计算过程与我们之前写过的其他结合解引用和后置递增运算的表
达式一样(参见 4.5 节,第 131 页)。后置递增运算会从流中读取下一个值,向前推进,但
返回的是迭代器的旧值。迭代器的旧值包含了从流中读取的前一个值,对迭代器进行解引
用就能获得此值。

我们可以将程序重写为如下形式,这体现了 istream_iterator 更有用的地方:

```
istream_iterator<int> in_iter(cin), eof; // 从 cin 读取 int
vector<int> vec(in_iter, eof); // 从迭代器范围构造 vec
```

本例中我们用一对表示元素范围的迭代器来构造 vec。这两个迭代器是
istream_iterator,这意味着元素范围是通过从关联的流中读取数据获得的。这个构
造函数从 cin 中读取数据,直至遇到文件尾或者遇到一个不是 int 的数据为止。从流中
读取的数据被用来构造 vec。

表 10.3: istream_iterator 操作	
istream_iterator<T> in(is);	in 从输入流 is 读取类型为 T 的值
istream_iterator<T> end;	读取类型为 T 的值的 istream_iterator 迭代器, 表示尾后位置
in1 == in2 in1 != in2	in1 和 in2 必须读取相同类型。如果它们都是尾后迭代器,或绑定到相同 的输入,则两者相等
*in	返回从流中读取的值
in->mem	与 (*in).mem 的含义相同
++in, in++	使用元素类型所定义的>>运算符从输入流中读取下一个值。与以往一样, 前置版本返回一个指向递增后迭代器的引用,后置版本返回旧值

使用算法操作流迭代器

由于算法使用迭代器操作来处理数据,而流迭代器又至少支持某些迭代器操作,因此
我们至少可以用某些算法来操作流迭代器。我们在 10.5.1 节(第 365 页)会看到如何分辨
哪些算法可用于流迭代器。下面是一个例子,我们可以用一对 istream_iterator 来
调用 accumulate:

```
istream_iterator<int> in(cin), eof;
cout << accumulate(in, eof, 0) << endl;
```

此调用会计算出从标准输入读取的值的和。如果输入为:

23 109 45 89 6 34 12 90 34 23 56 23 8 89 23

则输出为 664。

istream_iterator 允许使用懒惰求值

当我们将一个 istream_iterator 绑定到一个流时,标准库并不保证迭代器立即从
流读取数据。具体实现可以推迟从流中读取数据,直到我们使用迭代器时才真正读取。标

准库中的实现所保证的是，在我们第一次解引用迭代器之前，从流中读取数据的操作已经完成了。对于大多数程序来说，立即读取还是推迟读取没什么差别。但是，如果我们创建了一个 istream_iterator，没有使用就销毁了，或者我们正在从两个不同的对象同步读取同一个流，那么何时读取可能就很重要了。

ostream_iterator 操作

我们可以对任何具有输出运算符（<<运算符）的类型定义 ostream_iterator。当创建一个 ostream_iterator 时，我们可以提供（可选的）第二参数，它是一个字符串，在输出每个元素后都会打印此字符串。此字符串必须是一个 C 风格字符串（即，一个字符串字面常量或者一个指向以空字符结尾的字符数组的指针）。必须将 ostream_iterator 绑定到一个指定的流，不允许空的或表示尾后位置的 ostream_iterator。

表 10.4：ostream_iterator 操作	
ostream_iterator<T> out(os);	out 将类型为 T 的值写到输出流 os 中
ostream_iterator<T> out(os,d);	out 将类型为 T 的值写到输出流 os 中，每个值后面都输出一个 d。d 指向一个空字符结尾的字符数组
out = val	用<<运算符将 val 写入到 out 所绑定的 ostream 中。val 的类型必须与 out 可写的类型兼容
*out, ++out, out++	这些运算符是存在的，但不对 out 做任何事情。每个运算符都返回 out

我们可以用 ostream_iterator 来输出值的序列：

```
ostream_iterator<int> out_iter(cout, " ");
for (auto e : vec)
    *out_iter++ = e; // 赋值语句实际上将元素写到 cout
cout << endl;
```

此程序将 vec 中的每个元素写到 cout，每个元素后加一个空格。每次向 out_iter 赋值时，写操作就会被提交。

值得注意的是，当我们向 out_iter 赋值时，可以忽略解引用和递增运算。即，循环可以重写成下面的样子：

```
for (auto e : vec)
    out_iter = e; // 赋值语句将元素写到 cout
cout << endl;
```

运算符*和++实际上对 ostream_iterator 对象不做任何事情，因此忽略它们对我们的程序没有任何影响。但是，推荐第一种形式。在这种写法中，流迭代器的使用与其他迭代器的使用保持一致。如果想将此循环改为操作其他迭代器类型，修改起来非常容易。而且，对于读者来说，此循环的行为也更为清晰。

可以通过调用 copy 来打印 vec 中的元素，这比编写循环更为简单：

```
copy(vec.begin(), vec.end(), out_iter);
cout << endl;
```

使用流迭代器处理类类型

我们可以为任何定义了输入运算符（>>）的类型创建 istream_iterator 对象。类似的，只要类型有输出运算符（<<），我们就可以为其定义 ostream_iterator。由于 Sales_item 既有输入运算符也有输出运算符，因此可以使用 IO 迭代器重写 1.6 节（第 21 页）中的书店程序：

```
istream_iterator<Sales_item> item_iter(cin), eof;
ostream_iterator<Sales_item> out_iter(cout, "\n");
// 将第一笔交易记录存在 sum 中，并读取下一条记录
Sales_item sum = *item_iter++;
while (item_iter != eof) {
    // 如果当前交易记录（存在 item_iter 中）有着相同的 ISBN 号
    if (item_iter->isbn() == sum.isbn())
        sum += *item_iter++;       // 将其加到 sum 上并读取下一条记录
    else {
        out_iter = sum;            // 输出 sum 当前值
        sum = *item_iter++;        // 读取下一条记录
    }
}
out_iter = sum;                     // 记得打印最后一组记录的和
```

此程序使用 item_iter 从 cin 读取 Sales_item 交易记录，并将和写入 cout，每个结果后面都跟一个换行符。定义了自己的迭代器后，我们就可以用 item_iter 读取第一条交易记录，用它的值来初始化 sum：

```
// 将第一条交易记录保存在 sum 中，并读取下一条记录
Sales_item sum = *item_iter++;
```

此处，我们对 item_iter 执行后置递增操作，对结果进行解引用操作。这个表达式读取下一条交易记录，并用之前保存在 item_iter 中的值来初始化 sum。

while 循环会反复执行，直至在 cin 上遇到文件尾为止。在 while 循环体中，我们检查 sum 与刚刚读入的记录是否对应同一本书。如果两者的 ISBN 不同，我们将 sum 赋予 out_iter，这将会打印 sum 的当前值，并接着打印一个换行符。在打印了前一本书的交易金额之和后，我们将最近读入的交易记录的副本赋予 sum，并递增迭代器，这将读取下一条交易记录。循环会这样持续下去，直至遇到错误或文件尾。在退出之前，记住要打印输入中最后一本书的交易金额之和。

407>

10.4.2 节练习

练习 10.29：编写程序，使用流迭代器读取一个文本文件，存入一个 vector 中的 string 里。

练习 10.30：使用流迭代器、sort 和 copy 从标准输入读取一个整数序列，将其排序，并将结果写到标准输出。

练习 10.31：修改前一题的程序，使其只打印不重复的元素。你的程序应使用 unique_copy（参见 10.4.1 节，第 359 页）。

练习 10.32：重写 1.6 节（第 21 页）中的书店程序，使用一个 vector 保存交易记录，使用不同算法完成处理。使用 sort 和 10.3.1 节（第 345 页）中的 compareIsbn 函数来排序交易记录，然后使用 find 和 accumulate 求和。

> **练习 10.33**：编写程序，接受三个参数：一个输入文件和两个输出文件的文件名。输入文件保存的应该是整数。使用 `istream_iterator` 读取输入文件。使用 `ostream_iterator` 将奇数写入第一个输出文件，每个值之后都跟一个空格。将偶数写入第二个输出文件，每个值都独占一行。

10.4.3 反向迭代器

反向迭代器就是在容器中从尾元素向首元素反向移动的迭代器。对于反向迭代器，递增（以及递减）操作的含义会颠倒过来。递增一个反向迭代器（`++it`）会移动到前一个元素；递减一个迭代器（`--it`）会移动到下一个元素。

除了 `forward_list` 之外，其他容器都支持反向迭代器。我们可以通过调用 `rbegin`、`rend`、`crbegin` 和 `crend` 成员函数来获得反向迭代器。这些成员函数返回指向容器尾元素和首元素之前一个位置的迭代器。与普通迭代器一样，反向迭代器也有 `const` 和非 `const` 版本。

图 10.1 显示了一个名为 `vec` 的假设的 `vector` 上的 4 种迭代器：

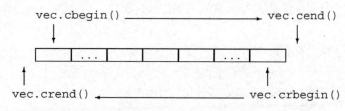

图 10.1：比较 cbegin/cend 和 crbegin/crend

下面的循环是一个使用反向迭代器的例子，它按逆序打印 `vec` 中的元素：

```
vector<int> vec = {0,1,2,3,4,5,6,7,8,9};
// 从尾元素到首元素的反向迭代器
for (auto r_iter = vec.crbegin();     // 将 r_iter 绑定到尾元素
          r_iter != vec.crend();      // crend 指向首元素之前的位置
          ++r_iter)                   // 实际是递减，移动到前一个元素
    cout << *r_iter << endl;          // 打印 9, 8, 7, ... 0
```

⟨408

虽然颠倒递增和递减运算符的含义可能看起来令人混淆，但这样做使我们可以用算法透明地向前或向后处理容器。例如，可以通过向 `sort` 传递一对反向迭代器来将 `vector` 整理为递减序：

```
sort(vec.begin(), vec.end()); // 按"正常序"排序 vec
// 按逆序排序：将最小元素放在 vec 的末尾
sort(vec.rbegin(), vec.rend());
```

反向迭代器需要递减运算符

不必惊讶，我们只能从既支持 `++` 也支持 `--` 的迭代器来定义反向迭代器。毕竟反向迭代器的目的是在序列中反向移动。除了 `forward_list` 之外，标准容器上的其他迭代器都既支持递增运算又支持递减运算。但是，流迭代器不支持递减运算，因为不可能在一个流中反向移动。因此，不可能从一个 `forward_list` 或一个流迭代器创建反向迭代器。

反向迭代器和其他迭代器间的关系

假定有一个名为 `line` 的 `string`，保存着一个逗号分隔的单词列表，我们希望打印

line 中的第一个单词。使用 find 可以很容易地完成这一任务：

```
// 在一个逗号分隔的列表中查找第一个元素
auto comma = find(line.cbegin(), line.cend(), ',');
cout << string(line.cbegin(), comma) << endl;
```

如果 line 中有逗号，那么 comma 将指向这个逗号；否则，它将等于 line.cend()。当我们打印从 line.cbegin() 到 comma 之间的内容时，将打印到逗号为止的字符，或者打印整个 string（如果其中不含逗号的话）。

如果希望打印最后一个单词，可以改用反向迭代器：

```
// 在一个逗号分隔的列表中查找最后一个元素
auto rcomma = find(line.crbegin(), line.crend(), ',');
```

由于我们将 crbegin() 和 crend() 传递给 find，find 将从 line 的最后一个字符开始向前搜索。当 find 完成后，如果 line 中有逗号，则 rcomma 指向最后一个逗号——即，它指向反向搜索中找到的第一个逗号。如果 line 中没有逗号，则 rcomma 指向 line.crend()。

当我们试图打印找到的单词时，最有意思的部分就来了。看起来下面的代码是显然的方法

```
// 错误：将逆序输出单词的字符
cout << string(line.crbegin(), rcomma) << endl;
```

409 但它会生成错误的输出结果。例如，如果我们的输入是

FIRST,MIDDLE,LAST

则这条语句会打印 TSAL！

图 10.2 说明了问题所在：我们使用的是反向迭代器，会反向处理 string。因此，上述输出语句从 crbegin 开始反向打印 line 中内容。而我们希望按正常顺序打印从 rcomma 开始到 line 末尾间的字符。但是，我们不能直接使用 rcomma。因为它是一个反向迭代器，意味着它会反向朝着 string 的开始位置移动。需要做的是，将 rcomma 转换回一个普通迭代器，能在 line 中正向移动。我们通过调用 reverse_iterator 的 base 成员函数来完成这一转换，此成员函数会返回其对应的普通迭代器：

```
//正确：得到一个正向迭代器，从逗号开始读取字符直到 line 末尾
cout << string(rcomma.base(), line.cend()) << endl;
```

给定和之前一样的输入，这条语句会如我们的预期打印出 LAST。

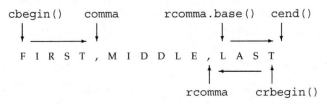

图 10.2：反向迭代器和普通迭代器间的关系

图 10.2 中的对象显示了普通迭代器与反向迭代器之间的关系。例如，rcomma 和 rcomma.base() 指向不同的元素，line.crbegin 和 line.cend() 也是如此。这些不同保证了元素范围无论是正向处理还是反向处理都是相同的。

从技术上讲，普通迭代器与反向迭代器的关系反映了左闭合区间（参见 9.2.1 节，第 296 页）的特性。关键点在于 [line.crbegin(), rcomma) 和 [rcomma.base(), line.cend()) 指向 line 中相同的元素范围。为了实现这一点，rcomma 和 rcomma.base() 必须生成相邻位置而不是相同位置，crbegin() 和 cend() 也是如此。

> 反向迭代器的目的是表示元素范围，而这些范围是不对称的，这导致一个重要的结果：当我们从一个普通迭代器初始化一个反向迭代器，或是给一个反向迭代器赋值时，结果迭代器与原迭代器指向的并不是相同的元素。

10.4.3 节练习

◁ 410

练习 10.34： 使用 reverse_iterator 逆序打印一个 vector。

练习 10.35： 使用普通迭代器逆序打印一个 vector。

练习 10.36： 使用 find 在一个 int 的 list 中查找最后一个值为 0 的元素。

练习 10.37： 给定一个包含 10 个元素的 vector，将位置 3 到 7 之间的元素按逆序拷贝到一个 list 中。

10.5　泛型算法结构

任何算法的最基本的特性是它要求其迭代器提供哪些操作。某些算法，如 find，只要求通过迭代器访问元素、递增迭代器以及比较两个迭代器是否相等这些能力。其他一些算法，如 sort，还要求读、写和随机访问元素的能力。算法所要求的迭代器操作可以分为 5 个**迭代器类别**（iterator category），如表 10.5 所示。每个算法都会对它的每个迭代器参数指明须提供哪类迭代器。

表 10.5：迭代器类别	
输入迭代器	只读，不写；单遍扫描，只能递增
输出迭代器	只写，不读；单遍扫描，只能递增
前向迭代器	可读写；多遍扫描，只能递增
双向迭代器	可读写；多遍扫描，可递增递减
随机访问迭代器	可读写；多遍扫描，支持全部迭代器运算

第二种算法分类的方式（如我们在本章开始所做的）是按照是否读、写或是重排序列中的元素来分类。附录 A 按这种分类方法列出了所有算法。

算法还共享一组参数传递规范和一组命名规范，我们在介绍迭代器类别之后将介绍这些内容。

10.5.1　5 类迭代器

类似容器，迭代器也定义了一组公共操作。一些操作所有迭代器都支持，另外一些只有特定类别的迭代器才支持。例如，ostream_iterator 只支持递增、解引用和赋值。vector、string 和 deque 的迭代器除了这些操作外，还支持递减、关系和算术运算。

迭代器是按它们所提供的操作来分类的，而这种分类形成了一种层次。除了输出迭代器之外，一个高层类别的迭代器支持低层类别迭代器的所有操作。

411> 　　C++标准指明了泛型和数值算法的每个迭代器参数的最小类别。例如，find 算法在一个序列上进行一遍扫描，对元素进行只读操作，因此至少需要输入迭代器。replace 函数需要一对迭代器，至少是前向迭代器。类似的，replace_copy 的前两个迭代器参数也要求至少是前向迭代器。其第三个迭代器表示目的位置，必须至少是输出迭代器。其他的例子类似。对每个迭代器参数来说，其能力必须与规定的最小类别至少相当。向算法传递一个能力更差的迭代器会产生错误。

 对于向一个算法传递错误类别的迭代器的问题，很多编译器不会给出任何警告或提示。

迭代器类别

输入迭代器（input iterator）：可以读取序列中的元素。一个输入迭代器必须支持

- 用于比较两个迭代器的相等和不相等运算符（==、!=）
- 用于推进迭代器的前置和后置递增运算（++）
- 用于读取元素的解引用运算符（*）；解引用只会出现在赋值运算符的右侧
- 箭头运算符（->），等价于(*it).member，即，解引用迭代器，并提取对象的成员

输入迭代器只用于顺序访问。对于一个输入迭代器，*it++保证是有效的，但递增它可能导致所有其他指向流的迭代器失效。其结果就是，不能保证输入迭代器的状态可以保存下来并用来访问元素。因此，输入迭代器只能用于单遍扫描算法。算法 find 和 accumulate 要求输入迭代器；而 istream_iterator 是一种输入迭代器。

输出迭代器（output iterator）：可以看作输入迭代器功能上的补集——只写而不读元素。输出迭代器必须支持

- 用于推进迭代器的前置和后置递增运算（++）
- 解引用运算符（*），只出现在赋值运算符的左侧（向一个已经解引用的输出迭代器赋值，就是将值写入它所指向的元素）

我们只能向一个输出迭代器赋值一次。类似输入迭代器，输出迭代器只能用于单遍扫描算法。用作目的位置的迭代器通常都是输出迭代器。例如，copy 函数的第三个参数就是输出迭代器。ostream_iterator 类型也是输出迭代器。

前向迭代器（forward iterator）：可以读写元素。这类迭代器只能在序列中沿一个方向移动。前向迭代器支持所有输入和输出迭代器的操作，而且可以多次读写同一个元素。因此，我们可以保存前向迭代器的状态，使用前向迭代器的算法可以对序列进行多遍扫描。算法 replace 要求前向迭代器，forward_list 上的迭代器是前向迭代器。

412> **双向迭代器**（bidirectional iterator）：可以正向/反向读写序列中的元素。除了支持所有前向迭代器的操作之外，双向迭代器还支持前置和后置递减运算符（—）。算法 reverse 要求双向迭代器，除了 forward_list 之外，其他标准库都提供符合双向迭代器要求的迭代器。

随机访问迭代器（random-access iterator）：提供在常量时间内访问序列中任意元素的能力。此类迭代器支持双向迭代器的所有功能，此外还支持表 3.7（第 99 页）中的操作：

- 用于比较两个迭代器相对位置的关系运算符（<、<=、>和>=）
- 迭代器和一个整数值的加减运算（+、+=、-和-=），计算结果是迭代器在序列中前进（或后退）给定整数个元素后的位置
- 用于两个迭代器上的减法运算符（-），得到两个迭代器的距离
- 下标运算符(iter[n])，与*(iter[n])等价

算法 sort 要求随机访问迭代器。array、deque、string 和 vector 的迭代器都是随机访问迭代器，用于访问内置数组元素的指针也是。

10.5.1 节练习

练习 10.38：列出 5 个迭代器类别，以及每类迭代器所支持的操作。

练习 10.39：list 上的迭代器属于哪类？vector 呢？

练习 10.40：你认为 copy 要求哪类迭代器？reverse 和 unique 呢？

10.5.2　算法形参模式

在任何其他算法分类之上，还有一组参数规范。理解这些参数规范对学习新算法很有帮助——通过理解参数的含义，你可以将注意力集中在算法所做的操作上。大多数算法具有如下 4 种形式之一：

alg(beg, end, *other args*);
alg(beg, end, dest, *other args*);
alg(beg, end, beg2, *other args*);
alg(beg, end, beg2, end2, *other args*);

其中 *alg* 是算法的名字，beg 和 end 表示算法所操作的输入范围。几乎所有算法都接受一个输入范围，是否有其他参数依赖于要执行的操作。这里列出了常见的一种——dest、beg2 和 end2，都是迭代器参数。顾名思义，如果用到了这些迭代器参数，它们分别承担指定目的位置和第二个范围的角色。除了这些迭代器参数，一些算法还接受额外的、非迭代器的特定参数。 413

接受单个目标迭代器的算法

dest 参数是一个表示算法可以写入的目的位置的迭代器。算法假定（assume）：按其需要写入数据，不管写入多少个元素都是安全的。

 　向输出迭代器写入数据的算法都假定目标空间足够容纳写入的数据。

如果 dest 是一个直接指向容器的迭代器，那么算法将输出数据写到容器中已存在的元素内。更常见的情况是，dest 被绑定到一个插入迭代器（参见 10.4.1 节，第 358 页）或是一个 ostream_iterator（参见 10.4.2 节，第 359 页）。插入迭代器会将新元素添加到容器中，因而保证空间是足够的。ostream_iterator 会将数据写入到一个输出流，同样不管要写入多少个元素都没有问题。

接受第二个输入序列的算法

接受单独的beg2或是接受beg2和end2的算法用这些迭代器表示第二个输入范围。这些算法通常使用第二个范围中的元素与第一个输入范围结合来进行一些运算。

如果一个算法接受 beg2 和 end2，这两个迭代器表示第二个范围。这类算法接受两个完整指定的范围：[beg,end) 表示的范围和 [beg2 end2) 表示的第二个范围。

只接受单独的 beg2(不接受 end2)的算法将 beg2 作为第二个输入范围中的首元素。此范围的结束位置未指定，这些算法假定从 beg2 开始的范围与 beg 和 end 所表示的范围至少一样大。

 接受单独 beg2 的算法假定从 beg2 开始的序列与 beg 和 end 所表示的范围至少一样大。

📚 10.5.3　算法命名规范

除了参数规范，算法还遵循一套命名和重载规范。这些规范处理诸如：如何提供一个操作代替默认的<或==运算符以及算法是将输出数据写入输入序列还是一个分离的目的位置等问题。

一些算法使用重载形式传递一个谓词

接受谓词参数来代替<或==运算符的算法，以及那些不接受额外参数的算法，通常都是重载的函数。函数的一个版本用元素类型的运算符来比较元素；另一个版本接受一个额外谓词参数，来代替<或==：

```
unique(beg, end);          // 使用 == 运算符比较元素
unique(beg, end, comp);    // 使用 comp 比较元素
```

两个调用都重新整理给定序列，将相邻的重复元素删除。第一个调用使用元素类型的==运算符来检查重复元素；第二个则调用 comp 来确定两个元素是否相等。由于两个版本的函数在参数个数上不相等，因此具体应该调用哪个版本不会产生歧义(参见 6.4 节，第 208 页)。

_if 版本的算法

接受一个元素值的算法通常有另一个不同名的（不是重载的）版本，该版本接受一个谓词（参见 10.3.1 节，第 344 页）代替元素值。接受谓词参数的算法都有附加的_if 前缀：

```
find(beg, end, val);        // 查找输入范围中 val 第一次出现的位置
find_if(beg, end, pred);    // 查找第一个令 pred 为真的元素
```

这两个算法都在输入范围中查找特定元素第一次出现的位置。算法 find 查找一个指定值；算法 find_if 查找使得 pred 返回非零值的元素。

这两个算法提供了命名上差异的版本，而非重载版本，因为两个版本的算法都接受相同数目的参数。因此可能产生重载歧义，虽然很罕见，但为了避免任何可能的歧义，标准库选择提供不同名字的版本而不是重载。

区分拷贝元素的版本和不拷贝的版本

默认情况下，重排元素的算法将重排后的元素写回给定的输入序列中。这些算法还提供另一个版本，将元素写到一个指定的输出目的位置。如我们所见，写到额外目的空间的

算法都在名字后面附加一个_copy（参见 10.2.2 节，第 341 页）：

```
reverse(beg, end);              // 反转输入范围中元素的顺序
reverse_copy(beg, end, dest);   // 将元素按逆序拷贝到dest
```

一些算法同时提供_copy 和_if 版本。这些版本接受一个目的位置迭代器和一个谓词：

```
// 从v1中删除奇数元素
remove_if(v1.begin(), v1.end(),
                      [](int i) { return i % 2; });
// 将偶数元素从v1拷贝到v2；v1不变
remove_copy_if(v1.begin(), v1.end(), back_inserter(v2),
               [](int i) { return i % 2; });
```

两个算法都调用了 lambda（参见 10.3.2 节，第 346 页）来确定元素是否为奇数。在第一个调用中，我们从输入序列中将奇数元素删除。在第二个调用中，我们将非奇数（亦即偶数）元素从输入范围拷贝到 v2 中。

415

10.5.3 节练习

练习 10.41： 仅根据算法和参数的名字，描述下面每个标准库算法执行什么操作：

```
replace(beg, end, old_val, new_val);
replace_if(beg, end, pred, new_val);
replace_copy(beg, end, dest, old_val, new_val);
replace_copy_if(beg, end, dest, pred, new_val);
```

10.6 特定容器算法

与其他容器不同，链表类型 list 和 forward_list 定义了几个成员函数形式的算法，如表 10.6 所示。特别是，它们定义了独有的 sort、merge、remove、reverse 和 unique。通用版本的 sort 要求随机访问迭代器，因此不能用于 list 和 forward_list，因为这两个类型分别提供双向迭代器和前向迭代器。

链表类型定义的其他算法的通用版本可以用于链表，但代价太高。这些算法需要交换输入序列中的元素。一个链表可以通过改变元素间的链接而不是真的交换它们的值来快速"交换"元素。因此，这些链表版本的算法的性能比对应的通用版本好得多。

 对于 list 和 forward_list，应该优先使用成员函数版本的算法而不是通用算法。

表 10.6：list 和 forward_list 成员函数版本的算法

这些操作都返回 **void**	
lst.merge(lst2) lst.merge(lst2, comp)	将来自 lst2 的元素合并入 lst。lst 和 lst2 都必须是有序的。元素将从 lst2 中删除。在合并之后，lst2 变为空。第一个版本使用<运算符；第二个版本使用给定的比较操作
lst.remove(val) lst.remove_if(pred)	调用 erase 删除掉与给定值相等（==）或令一元谓词为真的每个元素
lst.reverse()	反转 lst 中元素的顺序

`lst.sort()` `lst.sort(comp)`	使用<或给定比较操作排序元素
`lst.unique()` `lst.unique(pred)`	调用 erase 删除同一个值的连续拷贝。第一个版本使用==；第二个版本使用给定的二元谓词

splice 成员

416 > 　　链表类型还定义了 splice 算法，其描述见表 10.7。此算法是链表数据结构所特有的，因此不需要通用版本。

表 10.7：list 和 forward_list 的 splice 成员函数的参数	
`lst.splice(args)`或 `flst.splice_after(args)`	
`(p, lst2)`	p 是一个指向 lst 中元素的迭代器，或一个指向 flst 首前位置的迭代器。函数将 lst2 的所有元素移动到 lst 中 p 之前的位置或是 flst 中 p 之后的位置。将元素从 lst2 中删除。lst2 的类型必须与 lst 或 flst 相同，且不能是同一个链表
`(p, lst2, p2)`	p2 是一个指向 lst2 中位置的有效的迭代器。将 p2 指向的元素移动到 lst 中，或将 p2 之后的元素移动到 flst 中。lst2 可以是与 lst 或 flst 相同的链表
`(p, lst2, b, e)`	b 和 e 必须表示 lst2 中的合法范围。将给定范围中的元素从 lst2 移动到 lst 或 flst。lst2 与 lst（或 flst）可以是相同的链表，但 p 不能指向给定范围中元素

链表特有的操作会改变容器

　　多数链表特有的算法都与其通用版本很相似，但不完全相同。链表特有版本与通用版本间的一个至关重要的区别是链表版本会改变底层的容器。例如，remove 的链表版本会删除指定的元素。unique 的链表版本会删除第二个和后继的重复元素。

　　类似的，merge 和 splice 会销毁其参数。例如，通用版本的 merge 将合并的序列写到一个给定的目的迭代器；两个输入序列是不变的。而链表版本的 merge 函数会销毁给定的链表——元素从参数指定的链表中删除，被合并到调用 merge 的链表对象中。在 merge 之后，来自两个链表中的元素仍然存在，但它们都已在同一个链表中。

10.6 节练习

练习 10.42：使用 list 代替 vector 重新实现 10.2.3 节（第 343 页）中的去除重复单词的程序。

小结 ◁417

标准库定义了大约 100 个类型无关的对序列进行操作的算法。序列可以是标准库容器类型中的元素、一个内置数组或者是（例如）通过读写一个流来生成的。算法通过在迭代器上进行操作来实现类型无关。多数算法接受的前两个参数是一对迭代器，表示一个元素范围。额外的迭代器参数可能包括一个表示目的位置的输出迭代器，或是表示第二个输入范围的另一个或另一对迭代器。

根据支持的操作不同，迭代器可分为五类：输入、输出、前向、双向以及随机访问迭代器。如果一个迭代器支持某个迭代器类别所要求的操作，则属于该类别。

如同迭代器根据操作分类一样，传递给算法的迭代器参数也按照所要求的操作进行分类。仅读取序列的算法只要求输入迭代器操作。写入数据到目的位置迭代器的算法只要求输出迭代器操作，依此类推。

算法从不直接改变它们所操作的序列的大小。它们会将元素从一个位置拷贝到另一个位置，但不会直接添加或删除元素。

虽然算法不能向序列添加元素，但插入迭代器可以做到。一个插入迭代器被绑定到一个容器上。当我们将一个容器元素类型的值赋予一个插入迭代器时，迭代器会将该值添加到容器中。

容器 `forward_list` 和 `list` 对一些通用算法定义了自己特有的版本。与通用算法不同，这些链表特有版本会修改给定的链表。

术语表

back_inserter 这是一个迭代器适配器，它接受一个指向容器的引用，生成一个插入迭代器，该插入迭代器用 `push_back` 向指定容器添加元素。

双向迭代器（bidirectional iterator） 支持前向迭代器的所有操作，还具有用 `--` 在序列中反向移动的能力。

二元谓词（binary predicate） 接受两个参数的谓词。

bind 标准库函数，将一个或多个参数绑定到一个可调用表达式。`bind` 定义在头文件 `functional` 中。

可调用对象（callable object） 可以出现在调用运算符左边的对象。函数指针、lambda 以及重载了函数调用运算符的类的对象都是可调用对象。

捕获列表（capture list） lambda 表达式的一部分，指出 lambda 表达式可以访问所在上下文中哪些变量。

cref 标准库函数，返回一个可拷贝的对象，其中保存了一个指向不可拷贝类型的 `const` 对象的引用。

前向迭代器（forward iterator） 可以读写元素，但不必支持 `--` 的迭代器。 ◁418

front_inserter 迭代器适配器，给定一个容器，生成一个用 `push_front` 向容器开始位置添加元素的插入迭代器。

泛型算法（generic algorithm） 类型无关的算法。

输入迭代器（input iterator） 可以读但不能写序列中元素的迭代器。

插入迭代器（insert iterator） 迭代器适配器，生成一个迭代器，该迭代器使用容器操作向给定容器添加元素。

插入器（inserter）　迭代器适配器，接受一个迭代器和一个指向容器的引用，生成一个插入迭代器,该插入迭代器用 `insert` 在给定迭代器指向的元素之前的位置添加元素。

istream_iterator　读取输入流的流迭代器。

迭代器类别（iterator category）根据所支持的操作对迭代器进行的分类组织。迭代器类别形成一个层次，其中更强大的类别支持更弱类别的所有操作。算法使用迭代器类别来指出迭代器参数必须支持哪些操作。只要迭代器达到所要求的最小类别，它就可以用于算法。例如，一些算法只要求输入迭代器。这类算法可处理除只满足输出迭代器要求的迭代器之外的任何迭代器。而要求随机访问迭代器的算法只能用于支持随机访问操作的迭代器。

lambda 表达式（lambda expression）　可调用的代码单元。一个 lambda 类似一个未命名的内联函数。一个 lambda 以一个捕获列表开始，此列表允许 lambda 访问所在函数中的变量。类似函数，lambda 有一个（可能为空的）参数列表、一个返回类型和一个函数体。lambda 可以忽略返回类型。如果函数体是一个单一的 `return` 语句，返回类型就从返回对象的类型推断。否则，忽略的返回类型默认定为 `void`。

移动迭代器（move iterator）　迭代器适配器，生成一个迭代器，该迭代器移动而不是拷贝元素。移动迭代器将在第 13 章中进行介绍。

ostream_iterator　写输出流的迭代器。

输出迭代器（output iterator）　可以写元素，但不必具有读元素能力的迭代器。

谓词（predicate）　返回可以转换为 `bool` 类型的值的函数。泛型算法通常用来检测元素。标准库使用的谓词是一元（接受一个参数）或二元（接受两个参数）的。

随机访问迭代器（random-access iterator）支持双向迭代器的所有操作再加上比较迭代器值的关系运算符、下标运算符和迭代器上的算术运算，因此支持随机访问元素。

ref　标准库函数，从一个指向不能拷贝的类型的对象的引用生成一个可拷贝的对象。

反向迭代器（reverse iterator）　在序列中反向移动的迭代器。这些迭代器交换了++和——的含义。

流迭代器（stream iterator）　可以绑定到一个流的迭代器。

一元谓词（unary predicate）　接受一个参数的谓词。

第 11 章
关联容器

内容

关联容器和顺序容器有着根本的不同：关联容器中的元素是按关键字来保存和访问的。与之相对，顺序容器中的元素是按它们在容器中的位置来顺序保存和访问的。

虽然关联容器的很多行为与顺序容器相同，但其不同之处反映了关键字的作用。

420 　　关联容器支持高效的关键字查找和访问。两个主要的**关联容器**（associative-container）类型是 **map** 和 **set**。map 中的元素是一些关键字-值（key-value）对：关键字起到索引的作用，值则表示与索引相关联的数据。set 中每个元素只包含一个关键字；set 支持高效的关键字查询操作——检查一个给定关键字是否在 set 中。例如，在某些文本处理过程中，可以用一个 set 来保存想要忽略的单词。字典则是一个很好的使用 map 的例子：可以将单词作为关键字，将单词释义作为值。

　　标准库提供 8 个关联容器，如表 11.1 所示。这 8 个容器间的不同体现在三个维度上：每个容器（1）或者是一个 set，或者是一个 map；（2）或者要求不重复的关键字，或者允许重复关键字；（3）按顺序保存元素，或无序保存。允许重复关键字的容器的名字中都包含单词 multi；不保持关键字按顺序存储的容器的名字都以单词 unordered 开头。因此一个 unordered_multi_set 是一个允许重复关键字，元素无序保存的集合，而一个 set 则是一个要求不重复关键字，有序存储的集合。无序容器使用哈希函数来组织元素，我们将在 11.4 节（第 394 页）中详细介绍有关哈希函数的更多内容。

　　类型 map 和 **multimap** 定义在头文件 map 中；set 和 **multiset** 定义在头文件 set 中；无序容器则定义在头文件 unordered_map 和 unordered_set 中。

表 11.1：关联容器类型	
按关键字有序保存元素	
map	关联数组；保存关键字-值对
set	关键字即值，即只保存关键字的容器
multimap	关键字可重复出现的 map
multiset	关键字可重复出现的 set
无序集合	
unordered_map	用哈希函数组织的 map
unordered_set	用哈希函数组织的 set
unordered_multimap	哈希组织的 map；关键字可以重复出现
unordered_multiset	哈希组织的 set；关键字可以重复出现

11.1　使用关联容器

　　虽然大多数程序员都熟悉诸如 vector 和 list 这样的数据结构，但他们中很多人从未使用过关联数据结构。在学习标准库关联容器类型的详细内容之前，我们首先来看一个如何使用这类容器的例子，这对后续学习很有帮助。

　　map 是关键字-值对的集合。例如，可以将一个人的名字作为关键字，将其电话号码作为值。我们称这样的数据结构为"将名字映射到电话号码"。map 类型通常被称为**关联数组**（associative array）。关联数组与"正常"数组类似，不同之处在于其下标不必是整数。

421 我们通过一个关键字而不是位置来查找值。给定一个名字到电话号码的 map，我们可以使用一个人的名字作为下标来获取此人的电话号码。

　　与之相对，set 就是关键字的简单集合。当只是想知道一个值是否存在时，set 是最有用的。例如，一个企业可以定义一个名为 bad_checks 的 set 来保存那些曾经开过空头支票的人的名字。在接受一张支票之前，可以查询 bad_checks 来检查顾客的名字是否在其中。

使用 map

一个经典的使用关联数组的例子是单词计数程序：

```
// 统计每个单词在输入中出现的次数
map<string, size_t> word_count;  // string 到 size_t 的空 map
string word;
while (cin >> word)
    ++word_count[word];                 // 提取 word 的计数器并将其加 1
for (const auto &w : word_count) // 对 map 中的每个元素
    // 打印结果
    cout << w.first << " occurs " << w.second
         << ((w.second > 1) ? " times" : " time") << endl;
```

此程序读取输入，报告每个单词出现多少次。

类似顺序容器，关联容器也是模板（参见 3.3 节，第 86 页）。为了定义一个 map，我们必须指定关键字和值的类型。在此程序中，map 保存的每个元素中，关键字是 string 类型，值是 size_t 类型（参见 3.5.2 节，第 103 页）。当对 word_count 进行下标操作时，我们使用一个 string 作为下标，获得与此 string 相关联的 size_t 类型的计数器。

while 循环每次从标准输入读取一个单词。它使用每个单词对 word_count 进行下标操作。如果 word 还未在 map 中，下标运算符会创建一个新元素，其关键字为 word，值为 0。不管元素是否是新创建的，我们将其值加 1。

一旦读取完所有输入，范围 for 语句（参见 3.2.3 节，第 81 页）就会遍历 map，打印每个单词和对应的计数器。当从 map 中提取一个元素时，会得到一个 pair 类型的对象，我们将在 11.2.3 节（第 379 页）介绍它。简单来说，pair 是一个模板类型，保存两个名为 first 和 second 的（公有）数据成员。map 所使用的 pair 用 first 成员保存关键字，用 second 成员保存对应的值。因此，输出语句的效果是打印每个单词及其关联的计数器。

如果我们对本节第一段中的文本（指英文版中的文本）运行这个程序，输出将会是：

```
Although occurs 1 time
Before occurs 1 time
an occurs 1 time
and occurs 1 time
...
```

使用 set

上一个示例程序的一个合理扩展是：忽略常见单词，如 "the"、"and"、"or" 等。我们可以使用 set 保存想忽略的单词，只对不在集合中的单词统计出现次数：

```
// 统计输入中每个单词出现的次数
map<string, size_t> word_count; // string 到 size_t 的空 map
set<string> exclude = {"The", "But", "And", "Or", "An", "A",
                       "the", "but", "and", "or", "an", "a"};
string word;
while (cin >> word)
    // 只统计不在 exclude 中的单词
    if (exclude.find(word) == exclude.end())
        ++word_count[word];      // 获取并递增 word 的计数器
```

与其他容器类似，set 也是模板。为了定义一个 set，必须指定其元素类型，本例中是
string。与顺序容器类似，可以对一个关联容器的元素进行列表初始化（参见 9.2.4 节，
第 300 页）。集合 exclude 中保存了 12 个我们想忽略的单词。

此程序与前一个程序的重要不同是，在统计每个单词出现次数之前，我们检查单词是
否在忽略集合中，这是在 if 语句中完成的：

```
// 只统计不在 exclude 中的单词
if (exclude.find(word) == exclude.end())
```

find 调用返回一个迭代器。如果给定关键字在 set 中，迭代器指向该关键字。否则，find
返回尾后迭代器。在此程序中，仅当 word 不在 exclude 中时我们才更新 word 的计数
器。

如果用此程序处理与之前相同的输入，输出将会是：

```
Although occurs 1 time
Before occurs 1 time
are occurs 1 time
as occurs 1 time
...
```

> **11.1 节练习**
>
> **练习 11.1**：描述 map 和 vector 的不同。
>
> **练习 11.2**：分别给出最适合使用 list、vector、deque、map 以及 set 的例子。
>
> **练习 11.3**：编写你自己的单词计数程序。
>
> **练习 11.4**：扩展你的程序，忽略大小写和标点。例如，"example. "、"example,"和"Example"
> 应该递增相同的计数器。

423 ## 11.2   关联容器概述

关联容器（有序的和无序的）都支持 9.2 节（第 294 页）中介绍的普通容器操作（列
于表 9.2，第 295 页）。关联容器不支持顺序容器的位置相关的操作，例如 push_front
或 push_back。原因是关联容器中元素是根据关键字存储的，这些操作对关联容器没有
意义。而且，关联容器也不支持构造函数或插入操作这些接受一个元素值和一个数量值的
操作。

除了与顺序容器相同的操作之外，关联容器还支持一些顺序容器不支持的操作（参见
表 11.7，第 388 页）和类型别名（参见表 11.3，第 381 页）。此外，无序容器还提供一些
用来调整哈希性能的操作，我们将在 11.4 节（第 394 页）中介绍。

关联容器的迭代器都是双向的（参见 10.5.1 节，第 365 页）。

11.2.1   定义关联容器

如前所示，当定义一个 map 时，必须既指明关键字类型又指明值类型；而定义一个
set 时，只需指明关键字类型，因为 set 中没有值。每个关联容器都定义了一个默认构

造函数，它创建一个指定类型的空容器。我们也可以将关联容器初始化为另一个同类型容器的拷贝，或是从一个值范围来初始化关联容器，只要这些值可以转化为容器所需类型就可以。在新标准下，我们也可以对关联容器进行值初始化：

```
map<string, size_t> word_count; // 空容器
// 列表初始化
set<string> exclude = {"the", "but", "and", "or", "an", "a",
                       "The", "But", "And", "Or", "An", "A"};
// 三个元素；authors 将姓映射为名
map<string, string> authors = { {"Joyce", "James"},
                                {"Austen", "Jane"},
                                {"Dickens", "Charles"} };
```

与以往一样，初始化器必须能转换为容器中元素的类型。对于 set，元素类型就是关键字类型。

当初始化一个 map 时，必须提供关键字类型和值类型。我们将每个关键字-值对包围在花括号中：

{*key*, *value*}

来指出它们一起构成了 map 中的一个元素。在每个花括号中，关键字是第一个元素，值是第二个。因此，authors 将姓映射到名，初始化后它包含三个元素。

初始化 multimap 或 multiset

一个 map 或 set 中的关键字必须是唯一的，即，对于一个给定的关键字，只能有一个元素的关键字等于它。容器 multimap 和 multiset 没有此限制，它们都允许多个元素具有相同的关键字。例如，在我们用来统计单词数量的 map 中，每个单词只能有一个元素。另一方面，在一个词典中，一个特定单词则可具有多个与之关联的词义。

下面的例子展示了具有唯一关键字的容器与允许重复关键字的容器之间的区别。首先，我们将创建一个名为 ivec 的保存 int 的 vector，它包含 20 个元素：0 到 9 每个整数有两个拷贝。我们将使用此 vector 初始化一个 set 和一个 multiset：

```
// 定义一个有 20 个元素的 vector，保存 0 到 9 每个整数的两个拷贝
vector<int> ivec;
for (vector<int>::size_type i = 0; i != 10; ++i) {
    ivec.push_back(i);
    ivec.push_back(i); // 每个数重复保存一次
}
// iset 包含来自 ivec 的不重复的元素；miset 包含所有 20 个元素
set<int> iset(ivec.cbegin(), ivec.cend());
multiset<int> miset(ivec.cbegin(), ivec.cend());
cout << ivec.size() << endl;    // 打印出 20
cout << iset.size() << endl;    // 打印出 10
cout << miset.size() << endl;   // 打印出 20
```

即使我们用整个 ivec 容器来初始化 iset，它也只含有 10 个元素：对应 ivec 中每个不同的元素。另一方面，miset 有 20 个元素，与 ivec 中的元素数量一样多。

练习 11.5: 解释 map 和 set 的区别。你如何选择使用哪个?

练习 11.6: 解释 set 和 list 的区别。你如何选择使用哪个?

练习 11.7: 定义一个 map,关键字是家庭的姓,值是一个 vector,保存家中孩子(们)的名。编写代码,实现添加新的家庭以及向已有家庭中添加新的孩子。

练习 11.8: 编写一个程序,在一个 vector 而不是一个 set 中保存不重复的单词。使用 set 的优点是什么?

11.2.2 关键字类型的要求

关联容器对其关键字类型有一些限制。对于无序容器中关键字的要求,我们将在 11.4 节(第 396 页)中介绍。对于有序容器——map、multimap、set 以及 multiset,关键字类型必须定义元素比较的方法。默认情况下,标准库使用关键字类型的<运算符来比较两个关键字。在集合类型中,关键字类型就是元素类型;在映射类型中,关键字类型是元素的第一部分的类型。因此,11.2 节(第 377 页)中 word_count 的关键字类型是 string。类似的,exclude 的关键字类型也是 string。

> *Note* 传递给排序算法的可调用对象(参见 10.3.1 节,第 344 页)必须满足与关联容器中关键字一样的类型要求。

有序容器的关键字类型

可以向一个算法提供我们自己定义的比较操作(参见 10.3 节,第 344 页),与之类似,也可以提供自己定义的操作来代替关键字上的<运算符。所提供的操作必须在关键字类型上定义一个**严格弱序**(strict weak ordering)。可以将严格弱序看作"小于等于",虽然实际定义的操作可能是一个复杂的函数。无论我们怎样定义比较函数,它必须具备如下基本性质:

- 两个关键字不能同时"小于等于"对方;如果 k1"小于等于"k2,那么 k2 绝不能"小于等于"k1。
- 如果 k1"小于等于"k2,且 k2"小于等于"k3,那么 k1 必须"小于等于"k3。
- 如果存在两个关键字,任何一个都不"小于等于"另一个,那么我们称这两个关键字是"等价"的。如果 k1"等价于"k2,且 k2"等价于"k3,那么 k1 必须"等价于"k3。

如果两个关键字是等价的(即,任何一个都不"小于等于"另一个),那么容器将它们视作相等来处理。当用作 map 的关键字时,只能有一个元素与这两个关键字关联,我们可以用两者中任意一个来访问对应的值。

> *Note* 在实际编程中,重要的是,如果一个类型定义了"行为正常"的<运算符,则它可以用作关键字类型。

使用关键字类型的比较函数

用来组织一个容器中元素的操作的类型也是该容器类型的一部分。为了指定使用自定义的操作,必须在定义关联容器类型时提供此操作的类型。如前所述,用尖括号指出要定义哪种类型的容器，自定义的操作类型必须在尖括号中紧跟着元素类型给出。

在尖括号中出现的每个类型，就仅仅是一个类型而已。当我们创建一个容器（对象）时，才会以构造函数参数的形式提供真正的比较操作（其类型必须与在尖括号中指定的类型相吻合）。

例如，我们不能直接定义一个 Sales_data 的 multiset，因为 Sales_data 没有 <运算符。但是，可以用 10.3.1 节练习（第 345 页）中的 compareIsbn 函数来定义一个 multiset。此函数在 Sales_data 对象的 ISBN 成员上定义了一个严格弱序。函数 compareIsbn 应该像下面这样定义

```
bool compareIsbn(const Sales_data &lhs, const Sales_data &rhs)
{
    return lhs.isbn() < rhs.isbn();
}
```
426

为了使用自己定义的操作，在定义 multiset 时我们必须提供两个类型：关键字类型 Sales_data，以及比较操作类型——应该是一种函数指针类型（参见 6.7 节，第 221 页），可以指向 compareIsbn。当定义此容器类型的对象时，需要提供想要使用的操作的指针。在本例中，我们提供一个指向 compareIsbn 的指针：

```
// bookstore 中多条记录可以有相同的 ISBN
// bookstore 中的元素以 ISBN 的顺序进行排列
multiset<Sales_data, decltype(compareIsbn)*>
    bookstore(compareIsbn);
```

此处，我们使用 decltype 来指出自定义操作的类型。记住，当用 decltype 来获得一个函数指针类型时，必须加上一个*来指出我们要使用一个给定函数类型的指针（参见 6.7 节，第 223 页）。用 compareIsbn 来初始化 bookstore 对象，这表示当我们向 bookstore 添加元素时，通过调用 compareIsbn 来为这些元素排序。即，bookstore 中的元素将按它们的 ISBN 成员的值排序。可以用 compareIsbn 代替&compareIsbn 作为构造函数的参数，因为当我们使用一个函数的名字时，在需要的情况下它会自动转化为一个指针（参见 6.7 节，第 221 页）。当然，使用&compareIsbn 的效果也是一样的。

11.2.2 节练习

练习 11.9：定义一个 map，将单词与一个行号的 list 关联，list 中保存的是单词所出现的行号。

练习 11.10：可以定义一个 vector<int>::iterator 到 int 的 map 吗？ list<int>::iterator 到 int 的 map 呢？对于两种情况，如果不能，解释为什么。

练习 11.11：不使用 decltype 重新定义 bookstore。

11.2.3　pair 类型

在介绍关联容器操作之前，我们需要了解名为 **pair** 的标准库类型，它定义在头文件 utility 中。

一个 pair 保存两个数据成员。类似容器，pair 是一个用来生成特定类型的模板。当创建一个 pair 时，我们必须提供两个类型名，pair 的数据成员将具有对应的类型。两个类型不要求一样：

```
pair<string, string> anon;            // 保存两个 string
pair<string, size_t> word_count;      // 保存一个 string 和一个 size_t
pair<string, vector<int>> line;       // 保存 string 和 vector<int>
```

427 ▷ pair 的默认构造函数对数据成员进行值初始化（参见 3.3.1 节，第 88 页）。因此，anon
是一个包含两个空 string 的 pair，line 保存一个空 string 和一个空 vector。
word_count 中的 size_t 成员值为 0，而 string 成员被初始化为空。

　　我们也可以为每个成员提供初始化器：

```
pair<string, string> author{"James", "Joyce"};
```

这条语句创建一个名为 author 的 pair，两个成员被初始化为"James"和"Joyce"。

　　与其他标准库类型不同，pair 的数据成员是 public 的（参见 7.2 节，第 240 页）。
两个成员分别命名为 first 和 second。我们用普通的成员访问符号（参见 1.5.2 节，第
20 页）来访问它们，例如，在第 375 页的单词计数程序的输出语句中我们就是这么做的：

```
// 打印结果
cout << w.first << " occurs " << w.second
     << ((w.second > 1) ? " times" : " time") << endl;
```

此处，w 是指向 map 中某个元素的引用。map 的元素是 pair。在这条语句中，我们首先
打印关键字——元素的 first 成员，接着打印计数器——second 成员。标准库只定义了
有限的几个 pair 操作，表 11.2 列出了这些操作。

表 11.2：pair 上的操作	
pair<T1, T2> p;	p 是一个 pair，两个类型分别为 T1 和 T2 的成员都进行了值初始化（参见 3.3.1 节，第 88 页）
pair<T1, T2> p(v1, v2)	p 是一个成员类型为 T1 和 T2 的 pair；first 和 second 成员分别用 v1 和 v2 进行初始化
pair<T1,T2>p = {v1,v2};	等价于 p（v1,v2）
make_pair(v1, v2)	返回一个用 v1 和 v2 初始化的 pair。pair 的类型从 v1 和 v2 的类型推断出来
p.first	返回 p 的名为 first 的（公有）数据成员
p.second	返回 p 的名为 second 的（公有）数据成员
p1 *relop* p2	关系运算符（<、>、<=、>=）按字典序定义：例如，当 p1.first < p2.first 或 !(p2.first < p1.first) && p1.second < p2.second 成立时，p1 < p2 为 true。关系运算利用元素的< 运算符来实现
p1 == p2	当 first 和 second 成员分别相等时，两个 pair 相等。相等性判断利用元素的==运算符实现
p1 != p2	

创建 pair 对象的函数

C++11

　　想象有一个函数需要返回一个 pair。在新标准下，我们可以对返回值进行列表初始
化（参见 6.3.2 节，第 203 页）

428 ▷
```
pair<string, int>
process(vector<string> &v)
{
    // 处理 v
```

```
        if (!v.empty())
            return {v.back(), v.back().size()}; // 列表初始化
        else
            return pair<string, int>(); // 隐式构造返回值
    }
```

若 v 不为空，我们返回一个由 v 中最后一个 string 及其大小组成的 pair。否则，隐式构造一个空 pair，并返回它。

在较早的 C++ 版本中，不允许用花括号包围的初始化器来返回 pair 这种类型的对象，必须显式构造返回值：

```
    if (!v.empty())
        return pair<string, int>(v.back(), v.back().size());
```

我们还可以用 make_pair 来生成 pair 对象，pair 的两个类型来自于 make_pair 的参数：

```
    if (!v.empty())
        return make_pair(v.back(), v.back().size());
```

11.2.3 节练习

练习 11.12：编写程序，读入 string 和 int 的序列，将每个 string 和 int 存入一个 pair 中，pair 保存在一个 vector 中。

练习 11.13：在上一题的程序中，至少有三种创建 pair 的方法。编写此程序的三个版本，分别采用不同的方法创建 pair。解释你认为哪种形式最易于编写和理解，为什么？

练习 11.14：扩展你在 11.2.1 节练习（第 378 页）中编写的孩子姓到名的 map，添加一个 pair 的 vector，保存孩子的名和生日。

11.3 关联容器操作

除了表 9.2（第 295 页）中列出的类型，关联容器还定义了表 11.3 中列出的类型。这些类型表示容器关键字和值的类型。

表 11.3：关联容器额外的类型别名	
key_type	此容器类型的关键字类型
mapped_type	每个关键字关联的类型；只适用于 map
value_type	对于 set，与 key_type 相同
	对于 map，为 pair<const key_type, mapped_type>

对于 set 类型，**key_type** 和 **value_type** 是一样的；set 中保存的值就是关键字。在一个 map 中，元素是关键字-值对。即，每个元素是一个 pair 对象，包含一个关键字和一个关联的值。由于我们不能改变一个元素的关键字，因此这些 pair 的关键字部分是 const 的：

```
set<string>::value_type v1;        // v1 是一个 string
set<string>::key_type v2;          // v2 是一个 string
map<string, int>::value_type v3; // v3 是一个 pair<const string, int>
map<string, int>::key_type v4;    // v4 是一个 string
map<string, int>::mapped_type v5;// v5 是一个 int
```

429

与顺序容器一样（参见 9.2.2 节，第 297 页），我们使用作用域运算符来提取一个类型的成员——例如，map<string, int>::key_type。

只有 map 类型（unordered_map、unordered_multimap、multimap 和 map）才定义了 **mapped_type**。

11.3.1　关联容器迭代器

当解引用一个关联容器迭代器时，我们会得到一个类型为容器的 value_type 的值的引用。对 map 而言，value_type 是一个 pair 类型，其 first 成员保存 const 的关键字，second 成员保存值：

```
// 获得指向 word_count 中一个元素的迭代器
auto map_it = word_count.begin();
// *map_it 是指向一个 pair<const string, size_t>对象的引用
cout << map_it->first;          // 打印此元素的关键字
cout << " " << map_it->second;  // 打印此元素的值
map_it->first = "new key";      // 错误：关键字是 const 的
++map_it->second; // 正确：我们可以通过迭代器改变元素
```

 必须记住，一个 map 的 value_type 是一个 pair，我们可以改变 pair 的值，但不能改变关键字成员的值。

set 的迭代器是 const 的

虽然 set 类型同时定义了 iterator 和 const_iterator 类型，但两种类型都只允许只读访问 set 中的元素。与不能改变一个 map 元素的关键字一样，一个 set 中的关键字也是 const 的。可以用一个 set 迭代器来读取元素的值，但不能修改：

```
set<int> iset = {0,1,2,3,4,5,6,7,8,9};
set<int>::iterator set_it = iset.begin();
if (set_it != iset.end()) {
    *set_it = 42;              // 错误：set 中的关键字是只读的
    cout << *set_it << endl; // 正确：可以读关键字
}
```

430＞ 遍历关联容器

map 和 set 类型都支持表 9.2（第 295 页）中的 begin 和 end 操作。与往常一样，我们可以用这些函数获取迭代器，然后用迭代器来遍历容器。例如，我们可以编写一个循环来打印第 375 页中单词计数程序的结果，如下所示：

```
// 获得一个指向首元素的迭代器
auto map_it = word_count.cbegin();
// 比较当前迭代器和尾后迭代器
while (map_it != word_count.cend()) {
    // 解引用迭代器，打印关键字-值对
    cout << map_it->first << " occurs "
         << map_it->second << " times" << endl;
    ++map_it; // 递增迭代器，移动到下一个元素
}
```

while 的循环条件和循环中的迭代器递增操作看起来很像我们之前编写的打印一个 vector

或一个 string 的程序。我们首先初始化迭代器 map_it，让它指向 word_count 中的首元素。只要迭代器不等于 end，就打印当前元素并递增迭代器。输出语句解引用 map_it 来获得 pair 的成员，否则与我们之前的程序一样。

 本程序的输出是按字典序排列的。 当使用一个迭代器遍历一个 map、multimap、set 或 multiset 时，迭代器按关键字升序遍历元素。

关联容器和算法

我们通常不对关联容器使用泛型算法（参见第 10 章）。关键字是 const 这一特性意味着不能将关联容器传递给修改或重排容器元素的算法，因为这类算法需要向元素写入值，而 set 类型中的元素是 const 的，map 中的元素是 pair，其第一个成员是 const 的。

关联容器可用于只读取元素的算法。但是，很多这类算法都要搜索序列。由于关联容器中的元素不能通过它们的关键字进行（快速）查找，因此对其使用泛型搜索算法几乎总是个坏主意。例如，我们将在 11.3.5 节（第 388 页）中看到，关联容器定义了一个名为 find 的成员，它通过一个给定的关键字直接获取元素。我们可以用泛型 find 算法来查找一个元素，但此算法会进行顺序搜索。使用关联容器定义的专用的 find 成员会比调用泛型 find 快得多。

在实际编程中，如果我们真要对一个关联容器使用算法，要么是将它当作一个源序列，要么当作一个目的位置。例如，可以用泛型 copy 算法将元素从一个关联容器拷贝到另一个序列。类似的，可以调用 inserter 将一个插入器绑定（参见 10.4.1 节，第 358 页）到一个关联容器。通过使用 inserter，我们可以将关联容器当作一个目的位置来调用另一个算法。

11.3.1 节练习 ◁ 431

练习 11.15：对一个 int 到 vector<int> 的 map，其 mapped_type、key_type 和 value_type 分别是什么？

练习 11.16：使用一个 map 迭代器编写一个表达式，将一个值赋予一个元素。

练习 11.17：假定 c 是一个 string 的 multiset，v 是一个 string 的 vector，解释下面的调用。指出每个调用是否合法：

```
copy(v.begin(), v.end(), inserter(c, c.end()));
copy(v.begin(), v.end(), back_inserter(c));
copy(c.begin(), c.end(), inserter(v, v.end()));
copy(c.begin(), c.end(), back_inserter(v));
```

练习 11.18：写出第 382 页循环中 map_it 的类型，不要使用 auto 或 decltype。

练习 11.19：定义一个变量，通过对 11.2.2 节（第 378 页）中的名为 bookstore 的 multiset 调用 begin() 来初始化这个变量。写出变量的类型，不要使用 auto 或 decltype。

11.3.2　添加元素

关联容器的 insert 成员（见表 11.4，第 384 页）向容器中添加一个元素或一个元素范围。由于 map 和 set（以及对应的无序类型）包含不重复的关键字，因此插入一个已存在的元素对容器没有任何影响：

```
vector<int> ivec = {2,4,6,8,2,4,6,8};          // ivec 有 8 个元素
set<int> set2;                                 // 空集合
set2.insert(ivec.cbegin(), ivec.cend());       // set2 有 4 个元素
set2.insert({1,3,5,7,1,3,5,7});                // set2 现有 8 个元素
```

insert 有两个版本，分别接受一对迭代器，或是一个初始化器列表，这两个版本的行为
类似对应的构造函数（参见 11.2.1 节，第 376 页）——对于一个给定的关键字，只有第一
个带此关键字的元素才被插入到容器中。

向 map 添加元素

对一个 map 进行 insert 操作时，必须记住元素类型是 pair。通常，对于想要插入
的数据，并没有一个现成的 pair 对象。可以在 insert 的参数列表中创建一个 pair：

```
// 向 word_count 插入 word 的 4 种方法
word_count.insert({word, 1});
word_count.insert(make_pair(word, 1));
word_count.insert(pair<string, size_t>(word, 1));
word_count.insert(map<string, size_t>::value_type(word, 1));
```

C++
11
432

如我们所见，在新标准下，创建一个 pair 最简单的方法是在参数列表中使用花括号初始
化。也可以调用 make_pair 或显式构造 pair。最后一个 insert 调用中的参数：

```
map<string, size_t>::value_type(s, 1)
```

构造一个恰当的 pair 类型，并构造该类型的一个新对象，插入到 map 中。

表 11.4：关联容器 insert 操作	
c.insert(v) c.emplace(*args*)	v 是 value_type 类型的对象；*args* 用来构造一个元素 对于 map 和 set，只有当元素的关键字不在 c 中时才插入（或构造）元素。函数返回一个 pair，包含一个迭代器，指向具有指定关键字的元素，以及一个指示插入是否成功的 bool 值。 对于 multimap 和 multiset，总会插入（或构造）给定元素，并返回一个指向新元素的迭代器
c.insert(b, e) c.insert(il)	b 和 e 是迭代器，表示一个 c::value_type 类型值的范围；il 是这种值的花括号列表。函数返回 void 对于 map 和 set，只插入关键字不在 c 中的元素。对于 multimap 和 multiset，则会插入范围中的每个元素
c.insert(p, v) c.emplace(p, *args*)	类似 insert(v)（或 emplace(*args*)），但将迭代器 p 作为一个提示，指出从哪里开始搜索新元素应该存储的位置。返回一个迭代器，指向具有给定关键字的元素

检测 insert 的返回值

insert（或 emplace）返回的值依赖于容器类型和参数。对于不包含重复关键字的
容器，添加单一元素的 insert 和 emplace 版本返回一个 pair，告诉我们插入操作是
否成功。pair 的 first 成员是一个迭代器，指向具有给定关键字的元素；second 成员
是一个 bool 值，指出元素是插入成功还是已经存在于容器中。如果关键字已在容器中，
则 insert 什么事情也不做，且返回值中的 bool 部分为 false。如果关键字不存在，元

素被插入容器中，且 bool 值为 true。

作为一个例子，我们用 insert 重写单词计数程序：

```
// 统计每个单词在输入中出现次数的一种更烦琐的方法
map<string, size_t> word_count; // 从 string 到 size_t 的空 map
string word;
while (cin >> word) {
    // 插入一个元素，关键字等于 word，值为 1;
    // 若 word 已在 word_count 中，insert 什么也不做
    auto ret = word_count.insert({word, 1});
    if (!ret.second)              // word 已在 word_count 中
        ++ret.first->second;     // 递增计数器
}
```

对于每个 word，我们尝试将其插入到容器中，对应的值为 1。若 word 已在 map 中，则什么都不做，特别是与 word 相关联的计数器的值不变。若 word 还未在 map 中，则此 string 对象被添加到 map 中，且其计数器的值被置为 1。

if 语句检查返回值的 bool 部分，若为 false，则表明插入操作未发生。在此情况下，word 已存在于 word_count 中，因此必须递增此元素所关联的计数器。

展开递增语句

在这个版本的单词计数程序中，递增计数器的语句很难理解。通过添加一些括号来反映出运算符的优先级（参见 4.1.2 节，第 121 页），会使表达式更容易理解一些：

```
++((ret.first)->second); // 等价的表达式
```

下面我们一步一步来解释此表达式：

ret 保存 insert 返回的值，是一个 pair。

ret.first 是 pair 的第一个成员，是一个 map 迭代器，指向具有给定关键字的元素。

ret.first-> 解引用此迭代器，提取 map 中的元素，元素也是一个 pair。

ret.first->second map 中元素的值部分。

++ret.first->second 递增此值。

再回到原来完整的递增语句，它提取匹配关键字 word 的元素的迭代器，并递增与我们试图插入的关键字相关联的计数器。

如果读者使用的是旧版本的编译器，或者是在阅读新标准推出之前编写的代码，ret 的声明和初始化可能复杂些：

```
pair<map<string, size_t>::iterator, bool> ret =
            word_count.insert(make_pair(word, 1));
```

应该容易看出这条语句定义了一个 pair，其第二个类型为 bool 类型。第一个类型理解起来有点儿困难，它是一个在 map<string, size_t> 类型上定义的 iterator 类型。

向 multiset 或 multimap 添加元素

我们的单词计数程序依赖于这样一个事实：一个给定的关键字只能出现一次。这样，任意给定的单词只有一个关联的计数器。我们有时希望能添加具有相同关键字的多个元素。例如，可能想建立作者到他所著书籍题目的映射。在此情况下，每个作者可能有多个

条目，因此我们应该使用 multimap 而不是 map。由于一个 multi 容器中的关键字不必唯一，在这些类型上调用 insert 总会插入一个元素：

434 >

```
multimap<string, string> authors;
// 插入第一个元素，关键字为 Barth, John
authors.insert({"Barth, John", "Sot-Weed Factor"});
// 正确：添加第二个元素，关键字也是 Barth, John
authors.insert({"Barth, John", "Lost in the Funhouse"});
```

对允许重复关键字的容器，接受单个元素的 insert 操作返回一个指向新元素的迭代器。这里无须返回一个 bool 值，因为 insert 总是向这类容器中加入一个新元素。

11.3.2 节练习

练习 11.20：重写 11.1 节练习（第 376 页）的单词计数程序，使用 insert 代替下标操作。你认为哪个程序更容易编写和阅读？解释原因。

练习 11.21：假定 word_count 是一个 string 到 size_t 的 map，word 是一个 string，解释下面循环的作用：

```
while (cin >> word)
    ++word_count.insert({word, 0}).first->second;
```

练习 11.22：给定一个 map<string, vector<int>>，对此容器的插入一个元素的 insert 版本，写出其参数类型和返回类型。

练习 11.23：11.2.1 节练习（第 378 页）中的 map 以孩子的姓为关键字，保存他们的名的 vector，用 multimap 重写此 map。

11.3.3　删除元素

关联容器定义了三个版本的 erase，如表 11.5 所示。与顺序容器一样，我们可以通过传递给 erase 一个迭代器或一个迭代器对来删除一个元素或者一个元素范围。这两个版本的 erase 与对应的顺序容器的操作非常相似：指定的元素被删除，函数返回 void。

关联容器提供一个额外的 erase 操作，它接受一个 key_type 参数。此版本删除所有匹配给定关键字的元素（如果存在的话），返回实际删除的元素的数量。我们可以用此版本在打印结果之前从 word_count 中删除一个特定的单词：

```
// 删除一个关键字，返回删除的元素数量
if (word_count.erase(removal_word))
    cout << "ok: " << removal_word << " removed\n";
else cout << "oops: " << removal_word << " not found!\n";
```

对于保存不重复关键字的容器，erase 的返回值总是 0 或 1。若返回值为 0，则表明想要删除的元素并不在容器中

435 >

对允许重复关键字的容器，删除元素的数量可能大于 1：

```
auto cnt = authors.erase("Barth, John");
```

如果 authors 是我们在 11.3.2 节（第 386 页）中创建的 multimap，则 cnt 的值为 2。

表 11.5：从关联容器删除元素	
c.erase(k)	从 c 中删除每个关键字为 k 的元素。返回一个 size_type 值，指出删除的元素的数量
c.erase(p)	从 c 中删除迭代器 p 指定的元素。p 必须指向 c 中一个真实元素，不能等于 c.end()。返回一个指向 p 之后元素的迭代器，若 p 指向 c 中的尾元素，则返回 c.end()
c.erase(b, e)	删除迭代器对 b 和 e 所表示的范围中的元素。返回 e

11.3.4 map 的下标操作

map 和 unordered_map 容器提供了下标运算符和一个对应的 at 函数（参见 9.3.2 节，第 311 页），如表 11.6 所示。set 类型不支持下标，因为 set 中没有与关键字相关联的"值"。元素本身就是关键字，因此"获取与一个关键字相关联的值"的操作就没有意义了。我们不能对一个 multimap 或一个 unordered_multimap 进行下标操作，因为这些容器中可能有多个值与一个关键字相关联。

类似我们用过的其他下标运算符，map 下标运算符接受一个索引（即，一个关键字），获取与此关键字相关联的值。但是，与其他下标运算符不同的是，如果关键字并不在 map 中，会为它创建一个元素并插入到 map 中，关联值将进行值初始化（参见 3.3.1 节，第 88 页）。

例如，如果我们编写如下代码

```
map <string, size_t> word_count; // empty map
// 插入一个关键字为 Anna 的元素，关联值进行值初始化；然后将 1 赋予它
word_count["Anna"] = 1;
```

将会执行如下操作：

- 在 word_count 中搜索关键字为 Anna 的元素，未找到。
- 将一个新的关键字-值对插入到 word_count 中。关键字是一个 const string，保存 Anna。值进行值初始化，在本例中意味着值为 0。
- 提取出新插入的元素，并将值 1 赋予它。

由于下标运算符可能插入一个新元素，我们只可以对非 const 的 map 使用下标操作。 ◁ 436

> 对一个 map 使用下标操作，其行为与数组或 vector 上的下标操作很不相同：使用一个不在容器中的关键字作为下标，会添加一个具有此关键字的元素到 map 中。

表 11.6：map 和 unordered_map 的下标操作	
c[k]	返回关键字为 k 的元素；如果 k 不在 c 中，添加一个关键字为 k 的元素，对其进行值初始化
c.at(k)	访问关键字为 k 的元素，带参数检查；若 k 不在 c 中，抛出一个 out_of_range 异常（参见 5.6 节，第 173 页）

使用下标操作的返回值

map 的下标运算符与我们用过的其他下标运算符的另一个不同之处是其返回类型。通

常情况下，解引用一个迭代器所返回的类型与下标运算符返回的类型是一样的。但对 map 则不然：当对一个 map 进行下标操作时，会获得一个 mapped_type 对象；但当解引用一个 map 迭代器时，会得到一个 value_type 对象（参见 11.3 节，第 381 页）。

与其他下标运算符相同的是，map 的下标运算符返回一个左值（参见 4.1.1 节，第 121 页）。由于返回的是一个左值，所以我们既可以读也可以写元素：

```
cout << word_count["Anna"];       // 用 Anna 作为下标提取元素；会打印出 1
++word_count["Anna"];             // 提取元素，将其增 1
cout << word_count["Anna"];       // 提取元素并打印它；会打印出 2
```

 与 vector 与 string 不同，map 的下标运算符返回的类型与解引用 map 迭代器得到的类型不同。

如果关键字还未在 map 中，下标运算符会添加一个新元素，这一特性允许我们编写出异常简洁的程序，例如单词计数程序中的循环（参见 11.1 节，第 375 页）。另一方面，有时只是想知道一个元素是否已在 map 中，但在不存在时并不想添加元素。在这种情况下，就不能使用下标运算符。

11.3.4 节练习

练习 11.24：下面的程序完成什么功能？

```
map<int, int> m;
m[0] = 1;
```

练习 11.25：对比下面程序与上一题程序

```
vector<int> v;
v[0] = 1;
```

练习 11.26：可以用什么类型来对一个 map 进行下标操作？下标运算符返回的类型是什么么？请给出一个具体例子——即，定义一个 map，然后写出一个可以用来对 map 进行下标操作的类型以及下标运算符将会返回的类型。

11.3.5 访问元素

关联容器提供多种查找一个指定元素的方法，如表 11.7 所示。应该使用哪个操作依赖于我们要解决什么问题。如果我们所关心的只不过是一个特定元素是否已在容器中，可能 find 是最佳选择。对于不允许重复关键字的容器，可能使用 find 还是 count 没什么区别。但对于允许重复关键字的容器，count 还会做更多的工作：如果元素在容器中，它还会统计有多少个元素有相同的关键字。如果不需要计数，最好使用 find：

```
set<int> iset = {0,1,2,3,4,5,6,7,8,9};
iset.find(1);     // 返回一个迭代器，指向 key == 1 的元素
iset.find(11);    // 返回一个迭代器，其值等于 iset.end()
iset.count(1);    // 返回 1
iset.count(11);   // 返回 0
```

表 11.7：在一个关联容器中查找元素的操作

lower_bound 和 upper_bound 不适用于无序容器。
下标和 at 操作只适用于非 const 的 map 和 unordered_map。

续表

`c.find(k)`	返回一个迭代器，指向第一个关键字为 k 的元素，若 k 不在容器中，则返回尾后迭代器
`c.count(k)`	返回关键字等于 k 的元素的数量。对于不允许重复关键字的容器，返回值永远是 0 或 1
`c.lower_bound(k)`	返回一个迭代器，指向第一个关键字不小于 k 的元素
`c.upper_bound(k)`	返回一个迭代器，指向第一个关键字大于 k 的元素
`c.equal_range(k)`	返回一个迭代器 pair，表示关键字等于 k 的元素的范围。若 k 不存在，pair 的两个成员均等于 c.end()

对 map 使用 find 代替下标操作

对 map 和 unordered_map 类型，下标运算符提供了最简单的提取元素的方法。但是，如我们所见，使用下标操作有一个严重的副作用：如果关键字还未在 map 中，下标操作会插入一个具有给定关键字的元素。这种行为是否正确完全依赖于我们的预期是什么。例如，单词计数程序依赖于这样一个特性：使用一个不存在的关键字作为下标，会插入一个新元素，其关键字为给定关键字，其值为 0。也就是说，下标操作的行为符合我们的预期。

但有时，我们只是想知道一个给定关键字是否在 map 中，而不想改变 map。这样就不能使用下标运算符来检查一个元素是否存在，因为如果关键字不存在的话，下标运算符会插入一个新元素。在这种情况下，应该使用 find：

```cpp
if (word_count.find("foobar") == word_count.end())
    cout << "foobar is not in the map" << endl;
```

在 multimap 或 multiset 中查找元素

在一个不允许重复关键字的关联容器中查找一个元素是一件很简单的事情——元素要么在容器中，要么不在。但对于允许重复关键字的容器来说，过程就更为复杂：在容器中可能有很多元素具有给定的关键字。如果一个 multimap 或 multiset 中有多个元素具有给定关键字，则这些元素在容器中会相邻存储。

例如，给定一个从作者到著作题目的映射，我们可能想打印一个特定作者的所有著作。438可以用三种不同方法来解决这个问题。最直观的方法是使用 find 和 count：

```cpp
string search_item("Alain de Botton");       // 要查找的作者
auto entries = authors.count(search_item);   // 元素的数量
auto iter = authors.find(search_item);       // 此作者的第一本书
// 用一个循环查找此作者的所有著作
while(entries) {
    cout << iter->second << endl;            // 打印每个题目
        ++iter;                              // 前进到下一本书
        --entries;                           // 记录已经打印了多少本书
}
```

首先调用 count 确定此作者共有多少本著作，并调用 find 获得一个迭代器，指向第一个关键字为此作者的元素。for 循环的迭代次数依赖于 count 的返回值。特别是，如果 count 返回 0，则循环一次也不执行。

当我们遍历一个 multimap 或 multiset 时，保证可以得到序列中所有具有给定关键字的元素。

一种不同的，面向迭代器的解决方法

我们还可以用 lower_bound 和 upper_bound 来解决此问题。这两个操作都接受一个关键字，返回一个迭代器。如果关键字在容器中，lower_bound 返回的迭代器将指向第一个具有给定关键字的元素，而 upper_bound 返回的迭代器则指向最后一个匹配给定关键字的元素之后的位置。如果元素不在 multimap 中，则 lower_bound 和 upper_bound 会返回相等的迭代器——指向一个不影响排序的关键字插入位置。因此，用相同的关键字调用 lower_bound 和 upper_bound 会得到一个迭代器范围（参见 9.2.1 节，第 296 页），表示所有具有该关键字的元素的范围。

439▷　当然，这两个操作返回的迭代器可能是容器的尾后迭代器。如果我们查找的元素具有容器中最大的关键字，则此关键字的 upper_bound 返回尾后迭代器。如果关键字不存在，且大于容器中任何关键字，则 lower_bound 返回的也是尾后迭代器。

 lower_bound 返回的迭代器可能指向一个具有给定关键字的元素，但也可能不指向。如果关键字不在容器中，则 lower_bound 会返回关键字的第一个安全插入点——不影响容器中元素顺序的插入位置。

使用这两个操作，我们可以重写前面的程序：

```
// authors 和 search_item 的定义，与前面的程序一样
// beg 和 end 表示对应此作者的元素的范围
for (auto beg = authors.lower_bound(search_item),
          end = authors.upper_bound(search_item);
    beg != end; ++beg)
    cout << beg->second << endl;  // 打印每个题目
```

此程序与使用 count 和 find 的版本完成相同的工作，但更直接。对 lower_bound 的调用将 beg 定位到第一个与 search_item 匹配的元素（如果存在的话）。如果容器中没有这样的元素，beg 将指向第一个关键字大于 search_item 的元素，有可能是尾后迭代器。upper_bound 调用将 end 指向最后一个匹配指定关键字的元素之后的元素。这两个操作并不报告关键字是否存在，重要的是它们的返回值可作为一个迭代器范围（参见 9.2.1 节，第 296 页）。

如果没有元素与给定关键字匹配，则 lower_bound 和 upper_bound 会返回相等的迭代器——都指向给定关键字的插入点，能保持容器中元素顺序的插入位置。

假定有多个元素与给定关键字匹配，beg 将指向其中第一个元素。我们可以通过递增 beg 来遍历这些元素。end 中的迭代器会指出何时完成遍历——当 beg 等于 end 时，就表明已经遍历了所有匹配给定关键字的元素了。

由于这两个迭代器构成一个范围，我们可以用一个 for 循环来遍历这个范围。循环可能执行零次，如果存在给定作者的话，就会执行多次，打印出该作者的所有项。如果给定作者不存在，beg 和 end 相等，循环就一次也不会执行。否则，我们知道递增 beg 最终会使它到达 end，在此过程中我们就会打印出与此作者关联的每条记录。

 如果 lower_bound 和 upper_bound 返回相同的迭代器，则给定关键字不在容器中。

equal_range 函数

解决此问题的最后一种方法是三种方法中最直接的：不必再调用 upper_bound 和

lower_bound，直接调用 equal_range 即可。此函数接受一个关键字，返回一个迭代器 pair。若关键字存在，则第一个迭代器指向第一个与关键字匹配的元素，第二个迭代器指向最后一个匹配元素之后的位置。若未找到匹配元素，则两个迭代器都指向关键字可以插入的位置。

440

可以用 equal_range 来再次修改我们的程序：

```
// authors 和 search_item 的定义，与前面的程序一样
// pos 保存迭代器对，表示与关键字匹配的元素范围
for (auto pos = authors.equal_range(search_item);
     pos.first != pos.second; ++pos.first)
    cout << pos.first->second << endl; // 打印每个题目
```

此程序本质上与前一个使用 upper_bound 和 lower_bound 的程序是一样的。不同之处就是，没有用局部变量 beg 和 end 来保存元素范围，而是使用了 equal_range 返回的 pair。此 pair 的 first 成员保存的迭代器与 lower_bound 返回的迭代器是一样的，second 保存的迭代器与 upper_bound 的返回值是一样的。因此，在此程序中，pos.first 等价于 beg，pos.second 等价于 end。

11.3.5 节练习

练习 11.27：对于什么问题你会使用 count 来解决？什么时候你又会选择 find 呢？

练习 11.28：对一个 string 到 int 的 vector 的 map，定义并初始化一个变量来保存在其上调用 find 所返回的结果。

练习 11.29：如果给定的关键字不在容器中，upper_bound、lower_bound 和 equal_range 分别会返回什么？

练习 11.30：对于本节最后一个程序中的输出表达式，解释运算对象 pos.first->second 的含义。

练习 11.31：编写程序，定义一个作者及其作品的 multimap。使用 find 在 multimap 中查找一个元素并用 erase 删除它。确保你的程序在元素不在 map 中时也能正常运行。

练习 11.32：使用上一题定义的 multimap 编写一个程序，按字典序打印作者列表和他们的作品。

11.3.6 一个单词转换的 map

我们将以一个程序结束本节的内容，它将展示 map 的创建、搜索以及遍历。这个程序的功能是这样的：给定一个 string，将它转换为另一个 string。程序的输入是两个文件。第一个文件保存的是一些规则，用来转换第二个文件中的文本。每条规则由两部分组成：一个可能出现在输入文件中的单词和一个用来替换它的短语。表达的含义是，每当第一个单词出现在输入中时，我们就将它替换为对应的短语。第二个输入文件包含要转换的文本。

如果单词转换文件的内容如下所示：

441

```
brb be right back
k okay?
y why
r are
```

```
    u you
    pic picture
    thk thanks!
    18r later
```

我们希望转换的文本为

```
    where r u
    y dont u send me a pic
    k thk 18r
```

则程序应该生成这样的输出：

```
    where are you
    why dont you send me a picture
    okay? thanks! later
```

单词转换程序

我们的程序将使用三个函数。函数 word_transform 管理整个过程。它接受两个
ifstream 参数：第一个参数应绑定到单词转换文件，第二个参数应绑定到我们要转换的
文本文件。函数 buildMap 会读取转换规则文件，并创建一个 map，用于保存每个单词
到其转换内容的映射。函数 transform 接受一个 string，如果存在转换规则，返回转
换后的内容。

我们首先定义 word_transform 函数。最重要的部分是调用 buildMap 和
transform：

```
    void word_transform(ifstream &map_file, ifstream &input)
    {
        auto trans_map = buildMap(map_file); // 保存转换规则
        string text;                         // 保存输入中的每一行
        while (getline(input, text)) {       // 读取一行输入
            istringstream stream(text);      // 读取每个单词
            string word;
            bool firstword = true;           // 控制是否打印空格
            while (stream >> word) {
                if (firstword)
                    firstword = false;
                else
                    cout << " ";             // 在单词间打印一个空格
                // transform返回它的第一个参数或其转换之后的形式
                cout << transform(word, trans_map); // 打印输出
            }
            cout << endl;                    // 完成一行的转换
        }
    }
```

442> 函数首先调用 buildMap 来生成单词转换 map，我们将它保存在 trans_map 中。函数的
剩余部分处理输入文件。while 循环用 getline 一行一行地读取输入文件。这样做的目
的是使得输出中的换行位置能和输入文件中一样。为了从每行中获取单词，我们使用了一
个嵌套的 while 循环，它用一个 istringstream（参见 8.3 节，第 287 页）来处理当
前行中的每个单词。

在输出过程中，内层 while 循环使用一个 bool 变量 firstword 来确定是否打印

一个空格。它通过调用 transform 来获得要打印的单词。transform 的返回值或者是 word 中原来的 string，或者是 trans_map 中指出的对应的转换内容。

建立转换映射

函数 buildMap 读入给定文件，建立起转换映射。

```
map<string, string> buildMap(ifstream &map_file)
{
    map<string, string> trans_map;  // 保存转换规则
    string key;         // 要转换的单词
    string value;       // 替换后的内容
    // 读取第一个单词存入 key 中，行中剩余内容存入 value
    while (map_file >> key && getline(map_file, value))
        if (value.size() > 1)  // 检查是否有转换规则
            trans_map[key] = value.substr(1);  // 跳过前导空格
        else
            throw runtime_error("no rule for " + key);
    return trans_map;
}
```

map_file 中的每一行对应一条规则。每条规则由一个单词和一个短语组成，短语可能包含多个单词。我们用 >> 读取要转换的单词，存入 key 中，并调用 getline 读取这一行中的剩余内容存入 value。由于 getline 不会跳过前导空格（参见 3.2.2 节，第 78 页），需要我们来跳过单词和它的转换内容之间的空格。在保存转换规则之前，检查是否获得了一个以上的字符。如果是，调用 substr（参见 9.5.1 节，第 321 页）来跳过分隔单词及其转换短语之间的前导空格，并将得到的子字符串存入 trans_map。

注意，我们使用下标运算符来添加关键字-值对。我们隐含地忽略了一个单词在转换文件中出现多次的情况。如果真的有单词出现多次，循环会将最后一个对应短语存入 trans_map。当 while 循环结束后，trans_map 中将保存着用来转换输入文本的规则。

生成转换文本

函数 transform 进行实际的转换工作。其参数是需要转换的 string 的引用和转换规则 map。如果给定 string 在 map 中，transform 返回相应的短语。否则，transform 直接返回原 string：

```
const string &
transform(const string &s, const map<string, string> &m)
{
    // 实际的转换工作；此部分是程序的核心
    auto map_it = m.find(s);
    // 如果单词在转换规则 map 中
    if (map_it != m.cend())
        return map_it->second;   // 使用替换短语
    else
        return s;                // 否则返回原 string
}
```

〈 443

函数首先调用 find 来确定给定 string 是否在 map 中。如果存在，则 find 返回一个指向对应元素的迭代器。否则，find 返回尾后迭代器。如果元素存在，我们解引用迭代器，获得一个保存关键字和值的 pair（参见 11.3 节，第 381 页），然后返回成员 second，即

用来替代 s 的内容。

11.3.6 节练习

练习 11.33：实现你自己版本的单词转换程序。

练习 11.34：如果你将 transform 函数中的 find 替换为下标运算符，会发生什么情况？

练习 11.35：在 buildMap 中，如果进行如下改写，会有什么效果？

```
    trans_map[key] = value.substr(1);
改为 trans_map.insert({key, value.substr(1)})
```

练习 11.36：我们的程序并没有检查输入文件的合法性。特别是，它假定转换规则文件中的规则都是有意义的。如果文件中的某一行包含一个关键字、一个空格，然后就结束了，会发生什么？预测程序的行为并进行验证，再与你的程序进行比较。

11.4　无序容器

新标准定义了 **4 个无序关联容器**（unordered associative container）。这些容器不是使用比较运算符来组织元素，而是使用一个哈希函数（hash function）和关键字类型的==运算符。在关键字类型的元素没有明显的序关系的情况下，无序容器是非常有用的。在某些应用中，维护元素的序代价非常高昂，此时无序容器也很有用。

虽然理论上哈希技术能获得更好的平均性能，但在实际中想要达到很好的效果还需要进行一些性能测试和调优工作。因此，使用无序容器通常更为简单（通常也会有更好的性能）。

444 ▷ 如果关键字类型固有就是无序的，或者性能测试发现问题可以用哈希技术解决，就可以使用无序容器。

使用无序容器

除了哈希管理操作之外，无序容器还提供了与有序容器相同的操作（find、insert 等）。这意味着我们曾用于 map 和 set 的操作也能用于 unordered_map 和 unordered_set。类似的，无序容器也有允许重复关键字的版本。

因此，通常可以用一个无序容器替换对应的有序容器，反之亦然。但是，由于元素未按顺序存储，一个使用无序容器的程序的输出（通常）会与使用有序容器的版本不同。

例如，可以用 unordered_map 重写最初的单词计数程序（参见 11.1 节，第 375 页）：

```
// 统计出现次数, 但单词不会按字典序排列
unordered_map<string, size_t> word_count;
string word;
while (cin >> word)
    ++word_count[word];              // 提取并递增 word 的计数器
for (const auto &w : word_count) // 对 map 中的每个元素
    // 打印结果
    cout << w.first << " occurs " << w.second
        << ((w.second > 1) ? " times" : " time") << endl;
```

此程序与原程序的唯一区别是 `word_count` 的类型。如果在相同的输入数据上运行此版本，会得到这样的输出：

```
containers. occurs 1 time
use occurs 1 time
can occurs 1 time
examples occurs 1 time
...
```

对于每个单词，我们将得到相同的计数结果。但单词不太可能按字典序输出。

管理桶

无序容器在存储上组织为一组桶，每个桶保存零个或多个元素。无序容器使用一个哈希函数将元素映射到桶。为了访问一个元素，容器首先计算元素的哈希值，它指出应该搜索哪个桶。容器将具有一个特定哈希值的所有元素都保存在相同的桶中。如果容器允许重复关键字，所有具有相同关键字的元素也都会在同一个桶中。因此，无序容器的性能依赖于哈希函数的质量和桶的数量和大小。

对于相同的参数，哈希函数必须总是产生相同的结果。理想情况下，哈希函数还能将每个特定的值映射到唯一的桶。但是，将不同关键字的元素映射到相同的桶也是允许的。当一个桶保存多个元素时，需要顺序搜索这些元素来查找我们想要的那个。计算一个元素的哈希值和在桶中搜索通常都是很快的操作。但是，如果一个桶中保存了很多元素，那么查找一个特定元素就需要大量比较操作。

无序容器提供了一组管理桶的函数，如表 11.8 所示。这些成员函数允许我们查询容器的状态以及在必要时强制容器进行重组。

表 11.8：无序容器管理操作	
桶接口	
`c.bucket_count()`	正在使用的桶的数目
`c.max_bucket_count()`	容器能容纳的最多的桶的数量
`c.bucket_size(n)`	第 n 个桶中有多少个元素
`c.bucket(k)`	关键字为 k 的元素在哪个桶中
桶迭代	
`local_iterator`	可以用来访问桶中元素的迭代器类型
`const_local_iterator`	桶迭代器的 const 版本
`c.begin(n)`, `c.end(n)`	桶 n 的首元素迭代器和尾后迭代器
`c.cbegin(n)`, `c.cend(n)`	与前两个函数类似，但返回 `const_local_iterator`
哈希策略	
`c.load_factor()`	每个桶的平均元素数量，返回 `float` 值
`c.max_load_factor()`	c 试图维护的平均桶大小，返回 `float` 值。c 会在需要时添加新的桶，以使得 load_factor<=max_load_factor
`c.rehash(n)`	重组存储，使得 bucket_count>=n 且 bucket_count>size/max_load_factor
`c.reserve(n)`	重组存储，使得 c 可以保存 n 个元素且不必 rehash

445

无序容器对关键字类型的要求

默认情况下，无序容器使用关键字类型的==运算符来比较元素，它们还使用一个 hash<key_type>类型的对象来生成每个元素的哈希值。标准库为内置类型（包括指针）提供了 **hash** 模板。还为一些标准库类型，包括 string 和我们将要在第 12 章介绍的智能指针类型定义了 hash。因此，我们可以直接定义关键字是内置类型（包括指针类型）、string 还是智能指针类型的无序容器。

但是，我们不能直接定义关键字类型为自定义类类型的无序容器。与容器不同，不能直接使用哈希模板，而必须提供我们自己的 hash 模板版本。我们将在 16.5 节（第 626 页）中介绍如何做到这一点。

我们不使用默认的 hash，而是使用另一种方法，类似于为有序容器重载关键字类型的默认比较操作（参见 11.2.2 节，第 378 页）。为了能将 Sale_data 用作关键字，我们需要提供函数来替代==运算符和哈希值计算函数。我们从定义这些重载函数开始：

```
size_t hasher(const Sales_data &sd)
{
    return hash<string>()(sd.isbn());
}
bool eqOp(const Sales_data &lhs, const Sales_data &rhs)
{
    return lhs.isbn() == rhs.isbn();
}
```

我们的 hasher 函数使用一个标准库 hash 类型对象来计算 ISBN 成员的哈希值，该 hash 类型建立在 string 类型之上。类似的，eqOp 函数通过比较 ISBN 号来比较两个 Sales_data。

我们使用这些函数来定义一个 unordered_multiset

```
using SD_multiset = unordered_multiset<Sales_data,
                        decltype(hasher)*, decltype(eqOp)*>;
// 参数是桶大小、哈希函数指针和相等性判断运算符指针
SD_multiset bookstore(42, hasher, eqOp);
```

为了简化 bookstore 的定义，首先为 unordered_multiset 定义了一个类型别名（参见 2.5.1 节，第 60 页），此集合的哈希和相等性判断操作与 hasher 和 eqOp 函数有着相同的类型。通过使用这种类型，在定义 bookstore 时可以将我们希望它使用的函数的指针传递给它。

如果我们的类定义了==运算符，则可以只重载哈希函数：

```
// 使用 FooHash 生成哈希值；Foo 必须有==运算符
unordered_set<Foo, decltype(FooHash)*> fooSet(10, FooHash);
```

11.4 节练习

练习 11.37：一个无序容器与其有序版本相比有何优势？有序版本有何优势？

练习 11.38：用 unordered_map 重写单词计数程序（参见 11.1 节，第 375 页）和单词转换程序（参见 11.3.6 节，第 391 页）。

小结

关联容器支持通过关键字高效查找和提取元素。对关键字的使用将关联容器和顺序容器区分开来，顺序容器中是通过位置访问元素的。

标准库定义了 8 个关联容器，每个容器

- 是一个 map 或是一个 set。map 保存关键字-值对；set 只保存关键字。
- 要求关键字唯一或不要求。
- 保持关键字有序或不保证有序。

有序容器使用比较函数来比较关键字，从而将元素按顺序存储。默认情况下，比较操作是采用关键字类型的 < 运算符。无序容器使用关键字类型的 == 运算符和一个 hash<key_type> 类型的对象来组织元素。

允许重复关键字的容器的名字中都包含 multi；而使用哈希技术的容器的名字都以 unordered 开头。例如，set 是一个有序集合，其中每个关键字只可以出现一次；unordered_multiset 则是一个无序的关键字集合，其中关键字可以出现多次。

关联容器和顺序容器有很多共同的元素。但是，关联容器定义了一些新操作，并对一些和顺序容器和关联容器都支持的操作重新定义了含义或返回类型。操作的不同反映出关联容器使用关键字的特点。

有序容器的迭代器通过关键字有序访问容器中的元素。无论在有序容器中还是在无序容器中，具有相同关键字的元素都是相邻存储的。

术语表

关联数组（associative array） 元素通过关键字而不是位置来索引的数组。我们称这样的数组将一个关键字映射到其关联的值。

关联容器（associative container） 类型，保存对象的集合，支持通过关键字的高效查找。

hash 特殊的标准库模板，无序容器用它来管理元素的位置。

哈希函数（hash function） 将给定类型的值映射到整形（size_t）值的函数。相等的值必须映射到相同的整数；不相等的值应尽可能映射到不同整数。

key_type 关联容器定义的类型，用来保存和提取值的关键字的类型。对于一个 map，key_type 是用来索引 map 的类型。对于 set，key_type 和 value_type 是一样的。

map 关联容器类型，定义了一个关联数组。类似 vector，map 是一个类模板。但是，一个 map 要用两个类型来定义：关键字的类型和关联的值的类型。在一个 map 中，一个给定关键字只能出现一次。每个关键字关联一个特定的值。解引用一个 map 迭代器会生成一个 pair，它保存一个 const 关键字及其关联的值。

mapped_type 映射类型定义的类型，就是映射中关键字关联的值的类型。

multimap 关联容器类型，类似 map，不同之处在于，在一个 multimap 中，一个给定的关键字可以出现多次。multimap 不支持下标操作。

multiset 保存关键字的关联容器类型。在一个 multiset 中，一个给定关键字可以出现多次。

pair 类型，保存名为 first 和 second 的 public 数据成员。pair 类型是模板类型，接受两个类型参数，作为其成员的类型。

set 保存关键字的关联容器。在一个 set 中，一个给定的关键字只能出现一次。

严格弱序（strict weak ordering）关联容器所使用的关键字间的关系。在一个严格弱序中，可以比较任意两个值并确定哪个更小。若任何一个都不小于另一个，则认为两个值相等。

无序容器（unordered container）关联容器，用哈希技术而不是比较操作米存储和访问元素。这类容器的性能依赖于哈希函数的质量。

unordered_map 保存关键字–值对的容器，不允许重复关键字。

unordered_multimap 保存关键字–值对的容器，允许重复关键字。

unordered_multiset 保存关键字的容器，允许重复关键字。

unordered_set 保存关键字的容器，不允许重复关键字。

value_type 容器中元素的类型。对于 set 和 multiset，value_type 和 key_type 是一样的。对于 map 和 multimap，此类型是一个 pair，其 first 成员类型为 const key_type，second 成员类型为 mapped_type。

*运算符 解引用运算符。当应用于 map、set、multimap 或 multiset 的迭代器时，会生成一个 value_type 值。注意，对 map 和 multimap，value_type 是一个 pair。

[ ]运算符 下标运算符。只能用于 map 和 unordered_map 类型的非 const 对象。对于映射类型，[]接受一个索引，必须是一个 key_type 值（或者是能转换为 key_type 的类型）。生成一个 mapped_type 值。

第 12 章

动态内存

内容

　　到目前为止，我们编写的程序中所使用的对象都有着严格定义的生存期。全局对象在程序启动时分配，在程序结束时销毁。对于局部自动对象，当我们进入其定义所在的程序块时被创建，在离开块时销毁。局部 static 对象在第一次使用前分配，在程序结束时销毁。

　　除了自动和 static 对象外，C++ 还支持动态分配对象。动态分配的对象的生存期与它们在哪里创建是无关的，只有当显式地被释放时，这些对象才会销毁。

　　动态对象的正确释放被证明是编程中极其容易出错的地方。为了更安全地使用动态对象，标准库定义了两个智能指针类型来管理动态分配的对象。当一个对象应该被释放时，指向它的智能指针可以确保自动地释放它。

450 >　　我们的程序到目前为止只使用过静态内存或栈内存。静态内存用来保存局部 static 对象（参见 6.6.1 节，第 185 页）、类 static 数据成员（参见 7.6 节，第 268 页）以及定义在任何函数之外的变量。栈内存用来保存定义在函数内的非 static 对象。分配在静态或栈内存中的对象由编译器自动创建和销毁。对于栈对象，仅在其定义的程序块运行时才存在；static 对象在使用之前分配，在程序结束时销毁。

　　除了静态内存和栈内存，每个程序还拥有一个内存池。这部分内存被称作**自由空间**（free store）或**堆**（heap）。程序用堆来存储**动态分配**（dynamically allocate）的对象——即，那些在程序运行时分配的对象。动态对象的生存期由程序来控制，也就是说，当动态对象不再使用时，我们的代码必须显式地销毁它们。

 虽然使用动态内存有时是必要的，但众所周知，正确地管理动态内存是非常棘手的。

12.1　动态内存与智能指针

　　在 C++ 中，动态内存的管理是通过一对运算符来完成的：**new**，在动态内存中为对象分配空间并返回一个指向该对象的指针，我们可以选择对对象进行初始化；**delete**，接受一个动态对象的指针，销毁该对象，并释放与之关联的内存。

　　动态内存的使用很容易出问题，因为确保在正确的时间释放内存是极其困难的。有时我们会忘记释放内存，在这种情况下就会产生内存泄漏；有时在尚有指针引用内存的情况下我们就释放了它，在这种情况下就会产生引用非法内存的指针。

[C++ 11]　　为了更容易（同时也更安全）地使用动态内存，新的标准库提供了两种**智能指针**（smart pointer）类型来管理动态对象。智能指针的行为类似常规指针，重要的区别是它负责自动释放所指向的对象。新标准库提供的这两种智能指针的区别在于管理底层指针的方式：**shared_ptr** 允许多个指针指向同一个对象；**unique_ptr** 则"独占"所指向的对象。标准库还定义了一个名为 **weak_ptr** 的伴随类，它是一种弱引用，指向 shared_ptr 所管理的对象。这三种类型都定义在 memory 头文件中。

12.1.1　shared_ptr 类

[C++ 11]　　类似 vector，智能指针也是模板（参见 3.3 节，第 86 页）。因此，当我们创建一个智能指针时，必须提供额外的信息——指针可以指向的类型。与 vector 一样，我们在尖括号内给出类型，之后是所定义的这种智能指针的名字：

451 >
```
shared_ptr<string> p1;            // shared_ptr，可以指向 string
shared_ptr<list<int>> p2;         // shared_ptr，可以指向 int 的 list
```

默认初始化的智能指针中保存着一个空指针（参见 2.3.2 节，第 48 页）。在 12.1.3 节中（见第 412 页），我们将介绍初始化智能指针的其他方法。

　　智能指针的使用方式与普通指针类似。解引用一个智能指针返回它指向的对象。如果在一个条件判断中使用智能指针，效果就是检测它是否为空：

```
// 如果 p1 不为空，检查它是否指向一个空 string
if (p1 && p1->empty())
    *p1 = "hi"; // 如果 p1 指向一个空 string，解引用 p1，将一个新值赋予 string
```

表 12.1 列出了 shared_ptr 和 unique_ptr 都支持的操作。只适用于 shared_ptr 的

操作列于表 12.2 中。

表 12.1：shared_ptr 和 unique_ptr 都支持的操作	
shared_ptr<T> sp unique_ptr<T> up	空智能指针，可以指向类型为 T 的对象
p	将 p 用作一个条件判断，若 p 指向一个对象，则为 true
*p	解引用 p，获得它指向的对象
p->mem	等价于(*p).mem
p.get()	返回 p 中保存的指针。要小心使用，若智能指针释放了其对象，返回的指针所指向的对象也就消失了
swap(p, q) p.swap(q)	交换 p 和 q 中的指针

表 12.2：shared_ptr 独有的操作	
make_shared<T>(*args*)	返回一个 shared_ptr，指向一个动态分配的类型为 T 的对象。使用 *args* 初始化此对象
shared_ptr<T>p(q)	p 是 shared_ptr q 的拷贝；此操作会递增 q 中的计数器。q 中的指针必须能转换为 T*（参见 4.11.2 节，第 143 页）
p = q	p 和 q 都是 shared_ptr，所保存的指针必须能相互转换。此操作会递减 p 的引用计数，递增 q 的引用计数；若 p 的引用计数变为 0，则将其管理的原内存释放
p.unique()	若 p.use_count()为 1，返回 true；否则返回 false
p.use_count()	返回与 p 共享对象的智能指针数量；可能很慢，主要用于调试

make_shared 函数

最安全的分配和使用动态内存的方法是调用一个名为 make_shared 的标准库函数。此函数在动态内存中分配一个对象并初始化它，返回指向此对象的 shared_ptr。与智能指针一样，make_shared 也定义在头文件 memory 中。

当要用 make_shared 时，必须指定想要创建的对象的类型。定义方式与模板类相同，在函数名之后跟一个尖括号，在其中给出类型：

```
// 指向一个值为 42 的 int 的 shared_ptr
shared_ptr<int> p3 = make_shared<int>(42);
// p4 指向一个值为"9999999999"的 string
shared_ptr<string> p4 = make_shared<string>(10, '9');
// p5 指向一个值初始化的(参见 3.3.1 节，第 88 页)int，即，值为 0
shared_ptr<int> p5 = make_shared<int>();
```

类似顺序容器的 emplace 成员（参见 9.3.1 节，第 308 页），make_shared 用其参数来构造给定类型的对象。例如，调用 make_shared<string>时传递的参数必须与 string 的某个构造函数相匹配，调用 make_shared<int>时传递的参数必须能用来初始化一个 int，依此类推。如果我们不传递任何参数，对象就会进行值初始化（参见 3.3.1 节，第 88 页）。

当然，我们通常用 auto（参见 2.5.2 节，第 61 页）定义一个对象来保存 make_shared 的结果，这种方式较为简单：

```
// p6 指向一个动态分配的空 vector<string>
auto p6 = make_shared<vector<string>>();
```

shared_ptr 的拷贝和赋值

当进行拷贝或赋值操作时，每个 shared_ptr 都会记录有多少个其他 shared_ptr 指向相同的对象：

```
auto p = make_shared<int>(42); // p 指向的对象只有 p 一个引用者
auto q(p); // p 和 q 指向相同对象，此对象有两个引用者
```

452> 我们可以认为每个 shared_ptr 都有一个关联的计数器，通常称其为**引用计数**（reference count）。无论何时我们拷贝一个 shared_ptr，计数器都会递增。例如，当用一个 shared_ptr 初始化另一个 shared_ptr，或将它作为参数传递给一个函数（参见 6.2.1 节，第 188 页）以及作为函数的返回值（参见 6.3.2 节，第 201 页）时，它所关联的计数器就会递增。当我们给 shared_ptr 赋予一个新值或是 shared_ptr 被销毁（例如一个局部的 shared_ptr 离开其作用域（参见 6.1.1 节，第 184 页））时，计数器就会递减。

一旦一个 shared_ptr 的计数器变为 0，它就会自动释放自己所管理的对象：

```
auto r = make_shared<int>(42); // r 指向的 int 只有一个引用者
r = q; // 给 r 赋值，令它指向另一个地址
       // 递增 q 指向的对象的引用计数
       // 递减 r 原来指向的对象的引用计数
       // r 原来指向的对象已没有引用者，会自动释放
```

此例中我们分配了一个 int，将其指针保存在 r 中。接下来，我们将一个新值赋予 r。在此情况下，r 是唯一指向此 int 的 shared_ptr，在把 q 赋给 r 的过程中，此 int 被自动释放。

> 到底是用一个计数器还是其他数据结构来记录有多少指针共享对象，完全由标准库的具体实现来决定。关键是智能指针类能记录有多少个 shared_ptr 指向相同的对象，并能在恰当的时候自动释放对象。

shared_ptr 自动销毁所管理的对象……

当指向一个对象的最后一个 shared_ptr 被销毁时，shared_ptr 类会自动销毁此对象。它是通过另一个特殊的成员函数——**析构函数**（destructor）完成销毁工作的。类似于构造函数，每个类都有一个析构函数。就像构造函数控制初始化一样，析构函数控制此类型的对象销毁时做什么操作。

453> 析构函数一般用来释放对象所分配的资源。例如，string 的构造函数（以及其他 string 成员）会分配内存来保存构成 string 的字符。string 的析构函数就负责释放这些内存。类似的，vector 的若干操作都会分配内存来保存其元素。vector 的析构函数就负责销毁这些元素，并释放它们所占用的内存。

shared_ptr 的析构函数会递减它所指向的对象的引用计数。如果引用计数变为 0，shared_ptr 的析构函数就会销毁对象，并释放它占用的内存。

……shared_ptr 还会自动释放相关联的内存

当动态对象不再被使用时，shared_ptr 类会自动释放动态对象，这一特性使得动态内存的使用变得非常容易。例如，我们可能有一个函数，它返回一个 shared_ptr，指向

一个 Foo 类型的动态分配的对象，对象是通过一个类型为 T 的参数进行初始化的：

```
// factory 返回一个 shared_ptr，指向一个动态分配的对象
shared_ptr<Foo> factory(T arg)
{
    // 恰当地处理 arg
    // shared_ptr 负责释放内存
    return make_shared<Foo>(arg);
}
```

由于 factory 返回一个 shared_ptr，所以我们可以确保它分配的对象会在恰当的时刻被释放。例如，下面的函数将 factory 返回的 shared_ptr 保存在局部变量中：

```
void use_factory(T arg)
{
    shared_ptr<Foo> p = factory(arg);
    // 使用 p
} // p 离开了作用域，它指向的内存会被自动释放掉
```

由于 p 是 use_factory 的局部变量，在 use_factory 结束时它将被销毁（参见 6.1.1 454 节，第 184 页）。当 p 被销毁时，将递减其引用计数并检查它是否为 0。在此例中，p 是唯一引用 factory 返回的内存的对象。由于 p 将要销毁，p 指向的这个对象也会被销毁，所占用的内存会被释放。

但如果有其他 shared_ptr 也指向这块内存，它就不会被释放掉：

```
shared_ptr<Foo> use_factory(T arg)
{
    shared_ptr<Foo> p = factory(arg);
    // 使用 p
    return p; // 当我们返回 p 时，引用计数进行了递增操作
} // p 离开了作用域，但它指向的内存不会被释放掉
```

在此版本中，use_factory 中的 return 语句向此函数的调用者返回一个 p 的拷贝。拷贝一个 shared_ptr 会增加所管理对象的引用计数值。现在当 p 被销毁时，它所指向的内存还有其他使用者。对于一块内存，shared_ptr 类保证只要有任何 shared_ptr 对象引用它，它就不会被释放掉。

由于在最后一个 shared_ptr 销毁前内存都不会释放，保证 shared_ptr 在无用之后不再保留就非常重要了。如果你忘记了销毁程序不再需要的 shared_ptr，程序仍会正确执行，但会浪费内存。share_ptr 在无用之后仍然保留的一种可能情况是，你将 shared_ptr 存放在一个容器中，随后重排了容器，从而不再需要某些元素。在这种情况下，你应该确保用 erase 删除那些不再需要的 shared_ptr 元素。

如果你将 shared_ptr 存放于一个容器中，而后不再需要全部元素，而只使用其中一部分，要记得用 erase 删除不再需要的那些元素。

使用了动态生存期的资源的类

程序使用动态内存出于以下三种原因之一：

1. 程序不知道自己需要使用多少对象

2. 程序不知道所需对象的准确类型

3. 程序需要在多个对象间共享数据

容器类是出于第一种原因而使用动态内存的典型例子，我们将在第 15 章看到出于第二种原因而使用动态内存的例子。在本节中，我们将定义一个类，它使用动态内存是为了让多个对象能共享相同的底层数据。

到目前为止，我们使用过的类中，分配的资源都与对应对象生存期一致。例如，每个 vector "拥有" 其自己的元素。当我们拷贝一个 vector 时，原 vector 和副本 vector 中的元素是相互分离的：

455 >

```
vector<string> v1; // 空 vector
{ // 新作用域
    vector<string> v2 = {"a", "an", "the"};
    v1 = v2; // 从 v2 拷贝元素到 v1 中
}  // v2 被销毁，其中的元素也被销毁
    // v1 有三个元素，是原来 v2 中元素的拷贝
```

由一个 vector 分配的元素只有当这个 vector 存在时才存在。当一个 vector 被销毁时，这个 vector 中的元素也都被销毁。

但某些类分配的资源具有与原对象相独立的生存期。例如，假定我们希望定义一个名为 Blob 的类，保存一组元素。与容器不同，我们希望 Blob 对象的不同拷贝之间共享相同的元素。即，当我们拷贝一个 Blob 时，原 Blob 对象及其拷贝应该引用相同的底层元素。

一般而言，如果两个对象共享底层的数据，当某个对象被销毁时，我们不能单方面地销毁底层数据：

```
Blob<string> b1; // 空 Blob
{ // 新作用域
    Blob<string> b2 = {"a", "an", "the"};
    b1 = b2; // b1 和 b2 共享相同的元素
}  // b2 被销毁了，但 b2 中的元素不能销毁
    // b1 指向最初由 b2 创建的元素
```

在此例中，b1 和 b2 共享相同的元素。当 b2 离开作用域时，这些元素必须保留，因为 b1 仍然在使用它们。

 使用动态内存的一个常见原因是允许多个对象共享相同的状态。

定义 StrBlob 类

最终，我们会将 Blob 类实现为一个模板，但我们直到 16.1.2 节（第 583 页）才会学习模板的相关知识。因此，现在我们先定义一个管理 string 的类，此版本命名为 StrBlob。

实现一个新的集合类型的最简单方法是使用某个标准库容器来管理元素。采用这种方法，我们可以借助标准库类型来管理元素所使用的内存空间。在本例中，我们将使用 vector 来保存元素。

但是，我们不能在一个 Blob 对象内直接保存 vector，因为一个对象的成员在对象销毁时也会被销毁。例如，假定 b1 和 b2 是两个 Blob 对象，共享相同的 vector。如果此 vector 保存在其中一个 Blob 中——例如 b2 中，那么当 b2 离开作用域时，此 vector 也将被销毁，也就是说其中的元素都将不复存在。为了保证 vector 中的元素继续存在，

我们将 vector 保存在动态内存中。

为了实现我们所希望的数据共享，我们为每个 StrBlob 设置一个 shared_ptr 来管理动态分配的 vector。此 shared_ptr 的成员将记录有多少个 StrBlob 共享相同的 vector，并在 vector 的最后一个使用者被销毁时释放 vector。

我们还需要确定这个类应该提供什么操作。当前，我们将实现一个 vector 操作的小的子集。我们会修改访问元素的操作（如 front 和 back）：在我们的类中，如果用户试图访问不存在的元素，这些操作会抛出一个异常。 ◁ 456

我们的类有一个默认构造函数和一个构造函数，接受单一的 initializer_list<string> 类型参数（参见 6.2.6 节，第 198 页）。此构造函数可以接受一个初始化器的花括号列表。

```cpp
class StrBlob {
public:
    typedef std::vector<std::string>::size_type size_type;
    StrBlob();
    StrBlob(std::initializer_list<std::string> il);
    size_type size() const { return data->size(); }
    bool empty() const { return data->empty(); }
    // 添加和删除元素
    void push_back(const std::string &t) {data->push_back(t);}
    void pop_back();
    // 元素访问
    std::string& front();
    std::string& back();
private:
    std::shared_ptr<std::vector<std::string>> data;
    // 如果 data[i] 不合法，抛出一个异常
    void check(size_type i, const std::string &msg) const;
};
```

在此类中，我们实现了 size、empty 和 push_back 成员。这些成员通过指向底层 vector 的 data 成员来完成它们的工作。例如，对一个 StrBlob 对象调用 size() 会调用 data->size()，依此类推。

StrBlob 构造函数

两个构造函数都使用初始化列表（参见 7.1.4 节，第 237 页）来初始化其 data 成员，令它指向一个动态分配的 vector。默认构造函数分配一个空 vector：

```cpp
StrBlob::StrBlob(): data(make_shared<vector<string>>()) { }
StrBlob::StrBlob(initializer_list<string> il):
              data(make_shared<vector<string>>(il)) { }
```

接受一个 initializer_list 的构造函数将其参数传递给对应的 vector 构造函数（参见 2.2.1 节，第 39 页）。此构造函数通过拷贝列表中的值来初始化 vector 的元素。

元素访问成员函数

pop_back、front 和 back 操作访问 vector 中的元素。这些操作在试图访问元素之前必须检查元素是否存在。由于这些成员函数需要做相同的检查操作，我们为 StrBlob 定义了一个名为 check 的 private 工具函数，它检查一个给定索引是否在合法范围内。 ◁ 457

除了索引，check 还接受一个 string 参数，它会将此参数传递给异常处理程序，这个 string 描述了错误内容：

```
void StrBlob::check(size_type i, const string &msg) const
{
    if (i >= data->size())
        throw out_of_range(msg);
}
```

pop_back 和元素访问成员函数首先调用 check。如果 check 成功，这些成员函数继续利用底层 vector 的操作来完成自己的工作：

```
string& StrBlob::front()
{
    // 如果 vector 为空，check 会抛出一个异常
    check(0, "front on empty StrBlob");
    return data->front();
}
string& StrBlob::back()
{
    check(0, "back on empty StrBlob");
    return data->back();
}
void StrBlob::pop_back()
{
    check(0, "pop_back on empty StrBlob");
    data->pop_back();
}
```

front 和 back 应该对 const 进行重载（参见 7.3.2 节，第 247 页），这些版本的定义留作练习。

StrBlob 的拷贝、赋值和销毁

类似 Sales_data 类，StrBlob 使用默认版本的拷贝、赋值和销毁成员函数来对此类型的对象进行这些操作（参见 7.1.5 节，第 239 页）。默认情况下，这些操作拷贝、赋值和销毁类的数据成员。我们的 StrBlob 类只有一个数据成员，它是 shared_ptr 类型。因此，当我们拷贝、赋值或销毁一个 StrBlob 对象时，它的 shared_ptr 成员会被拷贝、赋值或销毁。

如前所见，拷贝一个 shared_ptr 会递增其引用计数；将一个 shared_ptr 赋予另一个 shared_ptr 会递增赋值号右侧 shared_ptr 的引用计数，而递减左侧 shared_ptr 的引用计数。如果一个 shared_ptr 的引用计数变为 0，它所指向的对象会被自动销毁。因此，对于由 StrBlob 构造函数分配的 vector，当最后一个指向它的 StrBlob 对象被销毁时，它会随之被自动销毁。

> **458** **12.1.1 节练习**
>
> **练习 12.1：** 在此代码的结尾，b1 和 b2 各包含多少个元素？
>
> ```
> StrBlob b1;
> {
>     StrBlob b2 = {"a", "an", "the"};
> ```

```
        b1 = b2;
        b2.push_back("about");
    }
```

练习 12.2：编写你自己的 StrBlob 类，包含 const 版本的 front 和 back。

练习 12.3：StrBlob 需要 const 版本的 push_back 和 pop_back 吗？如果需要，添加进去。否则，解释为什么不需要。

练习 12.4：在我们的 check 函数中，没有检查 i 是否大于 0。为什么可以忽略这个检查？

练习 12.5：我们未编写接受一个 initializer_list explicit（参见 7.5.4 节，第 264 页）参数的构造函数。讨论这个设计策略的优点和缺点。

12.1.2 直接管理内存

C++语言定义了两个运算符来分配和释放动态内存。运算符 new 分配内存，delete 释放 new 分配的内存。

相对于智能指针，使用这两个运算符管理内存非常容易出错，随着我们逐步详细介绍这两个运算符，这一点会更为清楚。而且，自己直接管理内存的类与使用智能指针的类不同，它们不能依赖类对象拷贝、赋值和销毁操作的任何默认定义（参见 7.1.4 节，第 237 页）。因此，使用智能指针的程序更容易编写和调试。

 在学习第 13 章之前，除非使用智能指针来管理内存，否则不要分配动态内存。

使用 new 动态分配和初始化对象

在自由空间分配的内存是无名的，因此 **new** 无法为其分配的对象命名，而是返回一个指向该对象的指针：

```
int *pi = new int; // pi 指向一个动态分配的、未初始化的无名对象
```

此 new 表达式在自由空间构造一个 int 型对象，并返回指向该对象的指针。

默认情况下，动态分配的对象是默认初始化的（参见 2.2.1 节，第 40 页），这意味着内置类型或组合类型的对象的值将是未定义的，而类类型对象将用默认构造函数进行初始化：

```
string *ps = new string; // 初始化为空 string
int *pi = new int;        // pi 指向一个未初始化的 int
```

459

我们可以使用直接初始化方式（参见 3.2.1 节，第 76 页）来初始化一个动态分配的对象。我们可以使用传统的构造方式（使用圆括号），在新标准下，也可以使用列表初始化（使用花括号）：

```
int *pi = new int(1024);           // pi 指向的对象的值为 1024
string *ps = new string(10, '9');  // *ps 为"9999999999"
// vector 有 10 个元素，值依次从 0 到 9
vector<int> *pv = new vector<int>{0,1,2,3,4,5,6,7,8,9};
```

也可以对动态分配的对象进行值初始化（参见 3.3.1 节，第 88 页），只需在类型名之

后跟一对空括号即可：

```
string *ps1 = new string;        // 默认初始化为空 string
string *ps = new string();       // 值初始化为空 string
int *pi1 = new int;              // 默认初始化；*pi1 的值未定义
int *pi2 = new int();            // 值初始化为 0；*pi2 为 0
```

对于定义了自己的构造函数（参见 7.1.4 节，第 235 页）的类类型（例如 string）来说，要求值初始化是没有意义的；不管采用什么形式，对象都会通过默认构造函数来初始化。但对于内置类型，两种形式的差别就很大了；值初始化的内置类型对象有着良好定义的值，而默认初始化的对象的值则是未定义的。类似的，对于类中那些依赖于编译器合成的默认构造函数的内置类型成员，如果它们未在类内被初始化，那么它们的值也是未定义的（参见 7.1.4 节，第 236 页）。

 出于与变量初始化相同的原因，对动态分配的对象进行初始化通常是个好主意。

如果我们提供了一个括号包围的初始化器，就可以使用 auto（参见 2.5.2 节，第 61 页）从此初始化器来推断我们想要分配的对象的类型。但是，由于编译器要用初始化器的类型来推断要分配的类型，只有当括号中仅有单一初始化器时才可以使用 auto：

```
auto p1 = new auto(obj);        // p 指向一个与 obj 类型相同的对象
                                // 该对象用 obj 进行初始化
auto p2 = new auto{a,b,c};      // 错误：括号中只能有单个初始化器
```

p1 的类型是一个指针，指向从 obj 自动推断出的类型。若 obj 是一个 int，那么 p1 就是 int*；若 obj 是一个 string，那么 p1 是一个 string*；依此类推。新分配的对象用 obj 的值进行初始化。

动态分配的 const 对象

用 new 分配 const 对象是合法的：

```
// 分配并初始化一个 const int
const int *pci = new const int(1024);
// 分配并默认初始化一个 const 的空 string
const string *pcs = new const string;
```

460 类似其他任何 const 对象，一个动态分配的 const 对象必须进行初始化。对于一个定义了默认构造函数（参见 7.1.4 节，第 236 页）的类类型，其 const 动态对象可以隐式初始化，而其他类型的对象就必须显式初始化。由于分配的对象是 const 的，new 返回的指针是一个指向 const 的指针（参见 2.4.2 节，第 56 页）。

内存耗尽

虽然现代计算机通常都配备大容量内存，但是自由空间被耗尽的情况还是有可能发生。一旦一个程序用光了它所有可用的内存，new 表达式就会失败。默认情况下，如果 new 不能分配所要求的内存空间，它会抛出一个类型为 bad_alloc（参见 5.6 节，第 173 页）的异常。我们可以改变使用 new 的方式来阻止它抛出异常：

```
// 如果分配失败，new 返回一个空指针
int *p1 = new int; // 如果分配失败，new 抛出 std::bad_alloc
int *p2 = new (nothrow) int; // 如果分配失败，new 返回一个空指针
```

我们称这种形式的 new 为**定位 new**（placement new），其原因我们将在 19.1.2 节（第 729 页）中解释。定位 new 表达式允许我们向 new 传递额外的参数。在此例中，我们传递给它一个由标准库定义的名为 nothrow 的对象。如果将 nothrow 传递给 new，我们的意图是告诉它不能抛出异常。如果这种形式的 new 不能分配所需内存，它会返回一个空指针。bad_alloc 和 nothrow 都定义在头文件 new 中。

释放动态内存

为了防止内存耗尽，在动态内存使用完毕后，必须将其归还给系统。我们通过 **delete 表达式**（delete expression）来将动态内存归还给系统。delete 表达式接受一个指针，指向我们想要释放的对象：

```
delete p;  // p 必须指向一个动态分配的对象或是一个空指针
```

与 new 类型类似，delete 表达式也执行两个动作：销毁给定的指针指向的对象；释放对应的内存。

指针值和 delete

我们传递给 delete 的指针必须指向动态分配的内存，或者是一个空指针（参见 2.3.2 节，第 48 页）。释放一块并非 new 分配的内存，或者将相同的指针值释放多次，其行为是未定义的：

```
int i, *pi1 = &i, *pi2 = nullptr;
double *pd = new double(33), *pd2 = pd;
delete i;    // 错误：i 不是一个指针
delete pi1;  // 未定义：pi1 指向一个局部变量
delete pd;   // 正确
delete pd2;  // 未定义：pd2 指向的内存已经被释放了
delete pi2;  // 正确：释放一个空指针总是没有错误的
```

对于 delete i 的请求，编译器会生成一个错误信息，因为它知道 i 不是一个指针。执行 delete pi1 和 pd2 所产生的错误则更具潜在危害：通常情况下，编译器不能分辨一个指针指向的是静态还是动态分配的对象。类似的，编译器也不能分辨一个指针所指向的内存是否已经被释放了。对于这些 delete 表达式，大多数编译器会编译通过，尽管它们是错误的。

虽然一个 const 对象的值不能被改变，但它本身是可以被销毁的。如同任何其他动态对象一样，想要释放一个 const 动态对象，只要 delete 指向它的指针即可：

```
const int *pci = new const int(1024);
delete pci; // 正确：释放一个 const 对象
```

动态对象的生存期直到被释放时为止

如 12.1.1 节（第 402 页）所述，由 shared_ptr 管理的内存在最后一个 shared_ptr 销毁时会被自动释放。但对于通过内置指针类型来管理的内存，就不是这样了。对于一个由内置指针管理的动态对象，直到被显式释放之前它都是存在的。

返回指向动态内存的指针（而不是智能指针）的函数给其调用者增加了一个额外负担——调用者必须记得释放内存：

```
// factory 返回一个指针，指向一个动态分配的对象
Foo* factory(T arg)
```

```
    {
        // 视情况处理 arg
        return new Foo(arg); // 调用者负责释放此内存
    }
```

类似我们之前定义的 factory 函数（参见 12.1.1 节，第 403 页），这个版本的 factory
分配一个对象，但并不 delete 它。factory 的调用者负责在不需要此对象时释放它。
不幸的是，调用者经常忘记释放对象：

```
    void use_factory(T arg)
    {
        Foo *p = factory(arg);
        // 使用 p 但不 delete 它
    } // p 离开了它的作用域，但它所指向的内存没有被释放！
```

此处，use_factory 函数调用 factory，后者分配一个类型为 Foo 的新对象。当
use_factory 返回时，局部变量 p 被销毁。此变量是一个内置指针，而不是一个智能指针。

　　与类类型不同，内置类型的对象被销毁时什么也不会发生。特别是，当一个指针离开
其作用域时，它所指向的对象什么也不会发生。如果这个指针指向的是动态内存，那么内
存将不会被自动释放。

> 由内置指针（而不是智能指针）管理的动态内存在被显式释放前一直都会存在。

462▷ 　　在本例中，p 是指向 factory 分配的内存的唯一指针。一旦 use_factory 返回，
程序就没有办法释放这块内存了。根据整个程序的逻辑，修正这个错误的正确方法是在
use_factory 中记得释放内存：

```
    void use_factory(T arg)
    {
        Foo *p = factory(arg);
        // 使用 p
        delete p; // 现在记得释放内存，我们已经不需要它了
    }
```

还有一种可能，我们的系统中的其他代码要使用 use_factory 所分配的对象，我们就应
该修改此函数，让它返回一个指针，指向它分配的内存：

```
    Foo* use_factory(T arg)
    {
        Foo *p = factory(arg);
        // 使用 p
        return p; // 调用者必须释放内存
    }
```

小心：动态内存的管理非常容易出错

　　使用 new 和 delete 管理动态内存存在三个常见问题：

　　1. 忘记 delete 内存。忘记释放动态内存会导致人们常说的"内存泄漏"问题，
因为这种内存永远不可能被归还给自由空间了。查找内存泄露错误是非常困难的，因为
通常应用程序运行很长时间后，真正耗尽内存时，才能检测到这种错误。

　　2. 使用已经释放掉的对象。通过在释放内存后将指针置为空，有时可以检测出这

种错误。

3. 同一块内存释放两次。当有两个指针指向相同的动态分配对象时，可能发生这种错误。如果对其中一个指针进行了 delete 操作，对象的内存就被归还给自由空间了。如果我们随后又 delete 第二个指针，自由空间就可能被破坏。

相对于查找和修正这些错误来说，制造出这些错误要简单得多。

> **Best Practices** 坚持只使用智能指针，就可以避免所有这些问题。对于一块内存，只有在没有任何智能指针指向它的情况下，智能指针才会自动释放它。

delete 之后重置指针值……

当我们 delete 一个指针后，指针值就变为无效了。虽然指针已经无效，但在很多机器上指针仍然保存着（已经释放了的）动态内存的地址。在 delete 之后，指针就变成了人们所说的**空悬指针**（dangling pointer），即，指向一块曾经保存数据对象但现在已经无效的内存的指针。 ◁ 463

未初始化指针（参见 2.3.2 节，第 49 页）的所有缺点空悬指针也都有。有一种方法可以避免空悬指针的问题：在指针即将要离开其作用域之前释放掉它所关联的内存。这样，在指针关联的内存被释放掉之后，就没有机会继续使用指针了。如果我们需要保留指针，可以在 delete 之后将 nullptr 赋予指针，这样就清楚地指出指针不指向任何对象。

……这只是提供了有限的保护

动态内存的一个基本问题是可能有多个指针指向相同的内存。在 delete 内存之后重置指针的方法只对这个指针有效，对其他任何仍指向（已释放的）内存的指针是没有作用的。例如：

```
int *p(new int(42)); // p指向动态内存
auto q = p;          // p和q指向相同的内存
delete p;            // p和q均变为无效
p = nullptr;         // 指出p不再绑定到任何对象
```

本例中 p 和 q 指向相同的动态分配的对象。我们 delete 此内存，然后将 p 置为 nullptr，指出它不再指向任何对象。但是，重置 p 对 q 没有任何作用，在我们释放 p 所指向的（同时也是 q 所指向的！）内存时，q 也变为无效了。在实际系统中，查找指向相同内存的所有指针是异常困难的。

12.1.2 节练习

练习 12.6：编写函数，返回一个动态分配的 int 的 vector。将此 vector 传递给另一个函数，这个函数读取标准输入，将读入的值保存在 vector 元素中。再将 vector 传递给另一个函数，打印读入的值。记得在恰当的时刻 delete vector。

练习 12.7：重做上一题，这次使用 shared_ptr 而不是内置指针。

练习 12.8：下面的函数是否有错误？如果有，解释错误原因。

```
bool b() {
    int* p = new int;
    // ...
```

```
        return p;
    }
```

练习 12.9：解释下面代码执行的结果：

```
int *q = new int(42), *r = new int(100);
r = q;
auto q2 = make_shared<int>(42), r2 = make_shared<int>(100);
r2 = q2;
```

464> ### 12.1.3 shared_ptr 和 new 结合使用

如前所述，如果我们不初始化一个智能指针，它就会被初始化为一个空指针。如表 12.3 所示，我们还可以用 new 返回的指针来初始化智能指针：

```
shared_ptr<double> p1; // shared_ptr 可以指向一个 double
shared_ptr<int> p2(new int(42)); // p2 指向一个值为 42 的 int
```

接受指针参数的智能指针构造函数是 explicit 的（参见 7.5.4 节，第 265 页）。因此，我们不能将一个内置指针隐式转换为一个智能指针，必须使用直接初始化形式（参见 3.2.1 节，第 76 页）来初始化一个智能指针：

```
shared_ptr<int> p1 = new int(1024);    // 错误：必须使用直接初始化形式
shared_ptr<int> p2(new int(1024));       // 正确：使用了直接初始化形式
```

p1 的初始化隐式地要求编译器用一个 new 返回的 int* 来创建一个 shared_ptr。由于我们不能进行内置指针到智能指针间的隐式转换，因此这条初始化语句是错误的。出于相同的原因，一个返回 shared_ptr 的函数不能在其返回语句中隐式转换一个普通指针：

```
shared_ptr<int> clone(int p) {
    return new int(p); // 错误：隐式转换为 shared_ptr<int>
}
```

我们必须将 shared_ptr 显式绑定到一个想要返回的指针上：

```
shared_ptr<int> clone(int p) {
    //正确：显式地用 int*创建 shared_ptr<int>
    return shared_ptr<int>(new int(p));
}
```

默认情况下，一个用来初始化智能指针的普通指针必须指向动态内存，因为智能指针默认使用 delete 释放它所关联的对象。我们可以将智能指针绑定到一个指向其他类型的资源的指针上，但是为了这样做，必须提供自己的操作来替代 delete。我们将在 12.1.4 节（第 415 页）介绍如何定义自己的释放操作。

表 12.3：定义和改变 shared_ptr 的其他方法	
shared_ptr<T> p(q)	p 管理内置指针 q 所指向的对象；q 必须指向 new 分配的内存，且能够转换为 T*类型
shared_ptr<T> p(u)	p 从 unique_ptr u 那里接管了对象的所有权；将 u 置为空
shared_ptr<T> p(q, d)	p 接管了内置指针 q 所指向的对象的所有权。q 必须能转换为 T*类型（参见 4.11.2 节，第 143 页）。p 将使用可调用对象 d（参见 10.3.2 节，第 346 页）来代替 delete

续表

shared_ptr<T> p(p2, d)	如表 12.2 所示，p 是 shared_ptr p2 的拷贝，唯一的区别是 p 将用可调用对象 d 来代替 delete
p.reset() p.reset(q) p.reset(q, d)	若 p 是唯一指向其对象的 shared_ptr，reset 会释放此对象。若传递了可选的参数内置指针 q，会令 p 指向 q，否则会将 p 置为空。若还传递了参数 d，将会调用 d 而不是 delete 来释放 q

不要混合使用普通指针和智能指针……

shared_ptr 可以协调对象的析构，但这仅限于其自身的拷贝（也是 shared_ptr）之间。这也是为什么我们推荐使用 make_shared 而不是 new 的原因。这样，我们就能在分配对象的同时就将 shared_ptr 与之绑定，从而避免了无意中将同一块内存绑定到多个独立创建的 shared_ptr 上。

考虑下面对 shared_ptr 进行操作的函数：

```
// 在函数被调用时 ptr 被创建并初始化
void process(shared_ptr<int> ptr)
{
    // 使用 ptr
} // ptr 离开作用域，被销毁
```

process 的参数是传值方式传递的，因此实参会被拷贝到 ptr 中。拷贝一个 shared_ptr 会递增其引用计数，因此，在 process 运行过程中，引用计数值至少为 2。当 process 结束时，ptr 的引用计数会递减，但不会变为 0。因此，当局部变量 ptr 被销毁时，ptr 指向的内存不会被释放。 465

使用此函数的正确方法是传递给它一个 shared_ptr：

```
shared_ptr<int> p(new int(42)); // 引用计数为 1
process(p); // 拷贝 p 会递增它的引用计数；在 process 中引用计数值为 2
int i = *p; // 正确：引用计数值为 1
```

虽然不能传递给 process 一个内置指针，但可以传递给它一个（临时的）shared_ptr，这个 shared_ptr 是用一个内置指针显式构造的。但是，这样做很可能会导致错误：

```
int *x(new int(1024));          // 危险：x 是一个普通指针，不是一个智能指针
process(x); // 错误：不能将 int* 转换为一个 shared_ptr<int>
process(shared_ptr<int>(x)); // 合法的，但内存会被释放！
int j = *x; // 未定义的：x 是一个空悬指针！
```

在上面的调用中，我们将一个临时 shared_ptr 传递给 process。当这个调用所在的表达式结束时，这个临时对象就被销毁了。销毁这个临时变量会递减引用计数，此时引用计数就变为 0 了。因此，当临时对象被销毁时，它所指向的内存会被释放。

但 x 继续指向（已经释放的）内存，从而变成一个空悬指针。如果试图使用 x 的值，其行为是未定义的。

当将一个 shared_ptr 绑定到一个普通指针时，我们就将内存的管理责任交给了这个 shared_ptr。一旦这样做了，我们就不应该再使用内置指针来访问 shared_ptr 所指向的内存了。

466 >

使用一个内置指针来访问一个智能指针所负责的对象是很危险的，因为我们无法知道对象何时会被销毁。

……也不要使用 get 初始化另一个智能指针或为智能指针赋值

智能指针类型定义了一个名为 get 的函数（参见表 12.1），它返回一个内置指针，指向智能指针管理的对象。此函数是为了这样一种情况而设计的：我们需要向不能使用智能指针的代码传递一个内置指针。使用 get 返回的指针的代码不能 delete 此指针。

虽然编译器不会给出错误信息，但将另一个智能指针也绑定到 get 返回的指针上是错误的：

```
shared_ptr<int> p(new int(42)); // 引用计数为 1
int *q = p.get(); // 正确：但使用 q 时要注意，不要让它管理的指针被释放
{ // 新程序块
// 未定义：两个独立的 shared ptr 指向相同的内存
shared_ptr<int>(q);
} // 程序块结束，q 被销毁，它指向的内存被释放
int foo = *p; // 未定义：p 指向的内存已经被释放了
```

在本例中，p 和 q 指向相同的内存。由于它们是相互独立创建的，因此各自的引用计数都是 1。当 q 所在的程序块结束时，q 被销毁，这会导致 q 指向的内存被释放。从而 p 变成一个空悬指针，意味着当我们试图使用 p 时，将发生未定义的行为。而且，当 p 被销毁时，这块内存会被第二次 delete。

get 用来将指针的访问权限传递给代码，你只有在确定代码不会 delete 指针的情况下，才能使用 get。特别是，永远不要用 get 初始化另一个智能指针或者为另一个智能指针赋值。

其他 shared_ptr 操作

shared_ptr 还定义了其他一些操作，参见表 12.2 和表 12.3 所示。我们可以用 reset 来将一个新的指针赋予一个 shared_ptr：

```
p = new int(1024);        // 错误：不能将一个指针赋予 shared_ptr
p.reset(new int(1024));   // 正确：p 指向一个新对象
```

与赋值类似，reset 会更新引用计数，如果需要的话，会释放 p 指向的对象。reset 成员经常与 unique 一起使用，来控制多个 shared_ptr 共享的对象。在改变底层对象之前，我们检查自己是否是当前对象仅有的用户。如果不是，在改变之前要制作一份新的拷贝：

```
if (!p.unique())
    p.reset(new string(*p)); // 我们不是唯一用户；分配新的拷贝
*p += newVal; // 现在我们知道自己是唯一的用户，可以改变对象的值
```

467 >

12.1.3 节练习

练习 12.10：下面的代码调用了第 413 页中定义的 process 函数，解释此调用是否正确。如果不正确，应如何修改？

```
shared_ptr<int> p(new int(42));
```

```
    process(shared_ptr<int>(p));
```

练习 12.11：如果我们像下面这样调用 process，会发生什么？

```
    process(shared_ptr<int>(p.get()));
```

练习 12.12：p 和 sp 的定义如下，对于接下来的对 process 的每个调用，如果合法，解释它做了什么，如果不合法，解释错误原因：

```
    auto p = new int();
    auto sp = make_shared<int>();
    (a) process(sp);
    (b) process(new int());
    (c) process(p);
    (d) process(shared_ptr<int>(p));
```

练习 12.13：如果执行下面的代码，会发生什么？

```
    auto sp = make_shared<int>();
    auto p = sp.get();
    delete p;
```

12.1.4 智能指针和异常

5.6.2 节（第 175 页）中介绍了使用异常处理的程序能在异常发生后令程序流程继续，我们注意到，这种程序需要确保在异常发生后资源能被正确地释放。一个简单的确保资源被释放的方法是使用智能指针。

如果使用智能指针，即使程序块过早结束，智能指针类也能确保在内存不再需要时将其释放：

```
void f()
{
    shared_ptr<int> sp(new int(42)); // 分配一个新对象
    //这段代码抛出一个异常，且在 f 中未被捕获
}  // 在函数结束时 shared_ptr 自动释放内存
```

函数的退出有两种可能，正常处理结束或者发生了异常，无论哪种情况，局部对象都会被销毁。在上面的程序中，sp 是一个 shared_ptr，因此 sp 销毁时会检查引用计数。在此例中，sp 是指向这块内存的唯一指针，因此内存会被释放掉。

与之相对的，当发生异常时，我们直接管理的内存是不会自动释放的。如果使用内置指针管理内存，且在 new 之后在对应的 delete 之前发生了异常，则内存不会被释放：

468

```
void f()
{
    int *ip = new int(42);   // 动态分配一个新对象
    // 这段代码抛出一个异常，且在 f 中未被捕获
    delete ip;               // 在退出之前释放内存
}
```

如果在 new 和 delete 之间发生异常，且异常未在 f 中被捕获，则内存就永远不会被释放了。在函数 f 之外没有指针指向这块内存，因此就无法释放它了。

智能指针和哑类

包括所有标准库类在内的很多 C++类都定义了析构函数（参见 12.1.1 节，第 402 页），负责清理对象使用的资源。但是，不是所有的类都是这样良好定义的。特别是那些为 C 和 C++两种语言设计的类，通常都要求用户显式地释放所使用的任何资源。

那些分配了资源，而又没有定义析构函数来释放这些资源的类，可能会遇到与使用动态内存相同的错误——程序员非常容易忘记释放资源。类似的，如果在资源分配和释放之间发生了异常，程序也会发生资源泄漏。

与管理动态内存类似，我们通常可以使用类似的技术来管理不具有良好定义的析构函数的类。例如，假定我们正在使用一个 C 和 C++都使用的网络库，使用这个库的代码可能是这样的：

```
struct destination;                     // 表示我们正在连接什么
struct connection;                      // 使用连接所需的信息
connection connect(destination*);       // 打开连接
void disconnect(connection);            // 关闭给定的连接
void f(destination &d /* 其他参数 */)
{
    // 获得一个连接；记住使用完后要关闭它
    connection c = connect(&d);
    // 使用连接
    // 如果我们在 f 退出前忘记调用 disconnect，就无法关闭 c 了
}
```

如果 connection 有一个析构函数，就可以在 f 结束时由析构函数自动关闭连接。但是，connection 没有析构函数。这个问题与我们上一个程序中使用 shared_ptr 避免内存泄漏几乎是等价的。使用 shared_ptr 来保证 connection 被正确关闭，已被证明是一种有效的方法。

使用我们自己的释放操作

469

默认情况下，shared_ptr 假定它们指向的是动态内存。因此，当一个 shared_ptr 被销毁时，它默认地对它管理的指针进行 delete 操作。为了用 shared_ptr 来管理一个 connection，我们必须首先定义一个函数来代替 delete。这个删除器（deleter）函数必须能够完成对 shared_ptr 中保存的指针进行释放的操作。在本例中，我们的删除器必须接受单个类型为 connection*的参数：

```
void end_connection(connection *p) { disconnect(*p); }
```

当我们创建一个 shared_ptr 时，可以传递一个（可选的）指向删除器函数的参数（参见 6.7 节，第 221 页）：

```
void f(destination &d /* 其他参数 */)
{
    connection c = connect(&d);
    shared_ptr<connection> p(&c, end_connection);
    // 使用连接
    // 当 f 退出时（即使是由于异常而退出），connection 会被正确关闭
}
```

当 p 被销毁时，它不会对自己保存的指针执行 delete，而是调用 end_connection。接下来，end_connection 会调用 disconnect，从而确保连接被关闭。如果 f 正常退出，那么 p 的销毁会作为结束处理的一部分。如果发生了异常，p 同样会被销毁，从而连接被关闭。

注意：智能指针陷阱

　　智能指针可以提供对动态分配的内存安全而又方便的管理，但这建立在正确使用的前提下。为了正确使用智能指针，我们必须坚持一些基本规范：

- 不使用相同的内置指针值初始化（或 reset）多个智能指针。
- 不 delete get() 返回的指针。
- 不使用 get() 初始化或 reset 另一个智能指针。
- 如果你使用 get() 返回的指针，记住当最后一个对应的智能指针销毁后，你的指针就变为无效了。
- 如果你使用智能指针管理的资源不是 new 分配的内存，记住传递给它一个删除器（参见 12.1.4 节，第 415 页和 12.1.5 节，第 419 页）。

12.1.4 节练习

练习 12.14： 编写你自己版本的用 shared_ptr 管理 connection 的函数。

练习 12.15： 重写第一题的程序，用 lambda（参见 10.3.2 节，第 346 页）代替 end_connection 函数。

12.1.5　unique_ptr

◁470

　　一个 unique_ptr "拥有" 它所指向的对象。与 shared_ptr 不同，某个时刻只能有一个 unique_ptr 指向一个给定对象。当 unique_ptr 被销毁时，它所指向的对象也被销毁。表 12.4 列出了 unique_ptr 特有的操作。与 shared_ptr 相同的操作列在表 12.1（第 401 页）中。

　　与 shared_ptr 不同，没有类似 make_shared 的标准库函数返回一个 unique_ptr。当我们定义一个 unique_ptr 时，需要将其绑定到一个 new 返回的指针上。类似 shared_ptr，初始化 unique_ptr 必须采用直接初始化形式：

```
unique_ptr<double> p1; // 可以指向一个 double 的 unique_ptr
unique_ptr<int> p2(new int(42)); // p2 指向一个值为 42 的 int
```

　　由于一个 unique_ptr 拥有它指向的对象，因此 unique_ptr 不支持普通的拷贝或赋值操作：

```
unique_ptr<string> p1(new string("Stegosaurus"));
unique_ptr<string> p2(p1);      // 错误：unique_ptr 不支持拷贝
unique_ptr<string> p3;
p3 = p2;                        // 错误：unique_ptr 不支持赋值
```

表 12.4：unique_ptr 操作（另参见表 12.1，第 401 页）	
unique_ptr<T> u1 unique_ptr<T, D> u2	空 unique_ptr,可以指向类型为 T 的对象。u1 会使用 delete 来释放它的指针；u2 会使用一个类型为 D 的可调用对象来释放它的指针
unique_ptr<T, D> u(d)	空 unique_ptr,指向类型为 T 的对象,用类型为 D 的对象 d 代替 delete
u = nullptr	释放 u 指向的对象,将 u 置为空
u.release()	u 放弃对指针的控制权,返回指针,并将 u 置为空
u.reset()	释放 u 指向的对象
u.reset(q) u.reset(nullptr)	如果提供了内置指针 q,令 u 指向这个对象；否则将 u 置为空

虽然我们不能拷贝或赋值 unique_ptr,但可以通过调用 release 或 reset 将指针的所有权从一个（非 const）unique_ptr 转移给另一个 unique:

```
// 将所有权从 p1（指向 string Stegosaurus）转移给 p2
unique_ptr<string> p2(p1.release()); // release 将 p1 置为空
unique_ptr<string> p3(new string("Trex"));
// 将所有权从 p3 转移给 p2
p2.reset(p3.release()); // reset 释放了 p2 原来指向的内存
```

release 成员返回 unique_ptr 当前保存的指针并将其置为空。因此,p2 被初始化为 p1 原来保存的指针,而 p1 被置为空。

471　　reset 成员接受一个可选的指针参数,令 unique_ptr 重新指向给定的指针。如果 unique_ptr 不为空,它原来指向的对象被释放。因此,对 p2 调用 reset 释放了用 "Stegosaurus" 初始化的 string 所使用的内存,将 p3 对指针的所有权转移给 p2,并将 p3 置为空。

调用 release 会切断 unique_ptr 和它原来管理的对象间的联系。release 返回的指针通常被用来初始化另一个智能指针或给另一个智能指针赋值。在本例中,管理内存的责任简单地从一个智能指针转移给另一个。但是,如果我们不用另一个智能指针来保存 release 返回的指针,我们的程序就要负责资源的释放:

```
p2.release();          // 错误：p2 不会释放内存,而且我们丢失了指针
auto p = p2.release(); // 正确,但我们必须记得 delete(p)
```

传递 unique_ptr 参数和返回 unique_ptr

不能拷贝 unique_ptr 的规则有一个例外：我们可以拷贝或赋值一个将要被销毁的 unique_ptr。最常见的例子是从函数返回一个 unique_ptr:

```
unique_ptr<int> clone(int p) {
    // 正确：从 int*创建一个 unique_ptr<int>
    return unique_ptr<int>(new int(p));
}
```

还可以返回一个局部对象的拷贝:

```
unique_ptr<int> clone(int p) {
    unique_ptr<int> ret(new int (p));
    // ...
    return ret;
}
```

对于两段代码，编译器都知道要返回的对象将要被销毁。在此情况下，编译器执行一种特殊的"拷贝"，我们将在 13.6.2 节（第 473 页）中介绍它。

> **向后兼容：auto_ptr**
>
> 标准库的较早版本包含了一个名为 auto_ptr 的类，它具有 unique_ptr 的部分特性，但不是全部。特别是，我们不能在容器中保存 auto_ptr，也不能从函数中返回 auto_ptr。
>
> 虽然 auto_ptr 仍是标准库的一部分，但编写程序时应该使用 unique_ptr。

向 unique_ptr 传递删除器

类似 shared_ptr，unique_ptr 默认情况下用 delete 释放它指向的对象。与 shared_ptr 一样，我们可以重载一个 unique_ptr 中默认的删除器（参见 12.1.4 节，第 415 页）。但是，unique_ptr 管理删除器的方式与 shared_ptr 不同，其原因我们将在 16.1.6 节（第 599 页）中介绍。 <472|

重载一个 unique_ptr 中的删除器会影响到 unique_ptr 类型以及如何构造（或 reset）该类型的对象。与重载关联容器的比较操作（参见 11.2.2 节，第 378 页）类似，我们必须在尖括号中 unique_ptr 指向类型之后提供删除器类型。在创建或 reset 一个这种 unique_ptr 类型的对象时，必须提供一个指定类型的可调用对象（删除器）：

```
// p 指向一个类型为 objT 的对象，并使用一个类型为 delT 的对象释放 objT 对象
// 它会调用一个名为 fcn 的 delT 类型对象
unique_ptr<objT, delT> p (new objT, fcn);
```

作为一个更具体的例子，我们将重写连接程序，用 unique_ptr 来代替 shared_ptr，如下所示：

```
void f(destination &d /* 其他需要的参数 */)
{
    connection c = connect(&d); // 打开连接
    // 当 p 被销毁时，连接将会关闭
    unique_ptr<connection, decltype(end_connection)*>
        p(&c, end_connection);
    // 使用连接
    // 当 f 退出时（即使是由于异常而退出），connection 会被正确关闭
}
```

在本例中我们使用了 decltype（参见 2.5.3 节，第 62 页）来指明函数指针类型。由于 decltype(end_connection) 返回一个函数类型，所以我们必须添加一个 * 来指出我们正在使用该类型的一个指针（参见 6.7 节，第 223 页）。

12.1.5 节练习

练习 12.16： 如果你试图拷贝或赋值 unique_ptr，编译器并不总是能给出易于理解的错误信息。编写包含这种错误的程序，观察编译器如何诊断这种错误。

练习 12.17： 下面的 unique_ptr 声明中，哪些是合法的，哪些可能导致后续的程序错误？解释每个错误的问题在哪里。

```
int ix = 1024, *pi = &ix, *pi2 = new int(2048);
typedef unique_ptr<int> IntP;
(a) IntP p0(ix);              (b) IntP p1(pi);
(c) IntP p2(pi2);             (d) IntP p3(&ix);
(e) IntP p4(new int(2048));   (f) IntP p5(p2.get());
```

练习 12.18：shared_ptr 为什么没有 release 成员？

12.1.6 weak_ptr

> 473
>
> C++ 11

weak_ptr（见表 12.5）是一种不控制所指向对象生存期的智能指针，它指向由一个 shared_ptr 管理的对象。将一个 weak_ptr 绑定到一个 shared_ptr 不会改变 shared_ptr 的引用计数。一旦最后一个指向对象的 shared_ptr 被销毁，对象就会被释放。即使有 weak_ptr 指向对象，对象也还是会被释放，因此，weak_ptr 的名字抓住了这种智能指针"弱"共享对象的特点。

表 12.5：weak_ptr	
weak_ptr<T> w	空 weak_ptr 可以指向类型为 T 的对象
weak_ptr<T> w(sp)	与 shared_ptr sp 指向相同对象的 weak_ptr。T 必须能转换为 sp 指向的类型
w = p	p 可以是一个 shared_ptr 或一个 weak_ptr。赋值后 w 与 p 共享对象
w.reset()	将 w 置为空
w.use_count()	与 w 共享对象的 shared_ptr 的数量
w.expired()	若 w.use_count() 为 0，返回 true，否则返回 false
w.lock()	如果 expired 为 true，返回一个空 shared_ptr；否则返回一个指向 w 的对象的 shared_ptr

当我们创建一个 weak_ptr 时，要用一个 shared_ptr 来初始化它：

```
auto p = make_shared<int>(42);
weak_ptr<int> wp(p);  // wp 弱共享 p；p 的引用计数未改变
```

本例中 wp 和 p 指向相同的对象。由于是弱共享，创建 wp 不会改变 p 的引用计数；wp 指向的对象可能被释放掉。

由于对象可能不存在，我们不能使用 weak_ptr 直接访问对象，而必须调用 lock。此函数检查 weak_ptr 指向的对象是否仍存在。如果存在，lock 返回一个指向共享对象的 shared_ptr。与任何其他 shared_ptr 类似，只要此 shared_ptr 存在，它所指向的底层对象也就会一直存在。例如：

```
if (shared_ptr<int> np = wp.lock()) {  // 如果 np 不为空则条件成立
    // 在 if 中，np 与 p 共享对象
}
```

在这段代码中，只有当 lock 调用返回 true 时我们才会进入 if 语句体。在 if 中，使用 np 访问共享对象是安全的。

核查指针类

作为 weak_ptr 用途的一个展示，我们将为 StrBlob 类定义一个伴随指针类。我们

的指针类将命名为 StrBlobPtr，会保存一个 weak_ptr，指向 StrBlob 的 data 成员，474
这是初始化时提供给它的。通过使用 weak_ptr，不会影响一个给定的 StrBlob 所指向
的 vector 的生存期。但是，可以阻止用户访问一个不再存在的 vector 的企图。

StrBlobPtr 会有两个数据成员：wptr，或者为空，或者指向一个 StrBlob 中的
vector；curr，保存当前对象所表示的元素的下标。类似它的伴随类 StrBlob，我们
的指针类也有一个 check 成员来检查解引用 StrBlobPtr 是否安全：

```cpp
// 对于访问一个不存在元素的尝试，StrBlobPtr 抛出一个异常
class StrBlobPtr {
public:
    StrBlobPtr(): curr(0) { }
    StrBlobPtr(StrBlob &a, size_t sz = 0):
            wptr(a.data), curr(sz) { }
    std::string& deref() const;
    StrBlobPtr& incr(); // 前缀递增
private:
    // 若检查成功，check 返回一个指向 vector 的 shared_ptr
    std::shared_ptr<std::vector<std::string>>
        check(std::size_t, const std::string&) const;
    // 保存一个 weak_ptr，意味着底层 vector 可能会被销毁
    std::weak_ptr<std::vector<std::string>> wptr;
    std::size_t curr; // 在数组中的当前位置
};
```

默认构造函数生成一个空的 StrBlobPtr。其构造函数初始化列表（参见 7.1.4 节，
第 237 页）将 curr 显式初始化为 0，并将 wptr 隐式初始化为一个空 weak_ptr。第二
个构造函数接受一个 StrBlob 引用和一个可选的索引值。此构造函数初始化 wptr，令
其指向给定 StrBlob 对象的 shared_ptr 中的 vector，并将 curr 初始化为 sz 的值。
我们使用了默认参数（参见 6.5.1 节，第 211 页），表示默认情况下将 curr 初始化为第一
个元素的下标。我们将会看到，StrBlob 的 end 成员将会用到参数 sz。

值得注意的是，我们不能将 StrBlobPtr 绑定到一个 const StrBlob 对象。这个
限制是由于构造函数接受一个非 const StrBlob 对象的引用而导致的。

StrBlobPtr 的 check 成员与 StrBlob 中的同名成员不同，它还要检查指针指向
的 vector 是否还存在：

```cpp
std::shared_ptr<std::vector<std::string>>
StrBlobPtr::check(std::size_t i, const std::string &msg) const
{
    auto ret = wptr.lock(); // vector 还存在吗？
    if (!ret)
        throw std::runtime_error("unbound StrBlobPtr");
    if (i >= ret->size())
        throw std::out_of_range(msg);
    return ret; // 否则，返回指向 vector 的 shared_ptr
}
```

由于一个 weak_ptr 不参与其对应的 shared_ptr 的引用计数，StrBlobPtr 指向的 475
vector 可能已经被释放了。如果 vector 已销毁，lock 将返回一个空指针。在本例中，
任何 vector 的引用都会失败，于是抛出一个异常。否则，check 会检查给定索引，如
果索引值合法，check 返回从 lock 获得的 shared_ptr。

指针操作

我们将在第 14 章学习如何定义自己的运算符。现在，我们将定义名为 deref 和 incr 的函数，分别用来解引用和递增 StrBlobPtr。

deref 成员调用 check，检查使用 vector 是否安全以及 curr 是否在合法范围内：

```
std::string& StrBlobPtr::deref() const
{
    auto p = check(curr, "dereference past end");
    return (*p)[curr]; // (*p)是对象所指向的 vector
}
```

如果 check 成功，p 就是一个 shared_ptr，指向 StrBlobPtr 所指向的 vector。表达式(*p)[curr]解引用 shared_ptr 来获得 vector，然后使用下标运算符提取并返回 curr 位置上的元素。

incr 成员也调用 check：

```
// 前缀递增：返回递增后的对象的引用
StrBlobPtr& StrBlobPtr::incr()
{
    // 如果 curr 已经指向容器的尾后位置，就不能递增它
    check(curr, "increment past end of StrBlobPtr");
    ++curr; // 推进当前位置
    return *this;
}
```

当然，为了访问 data 成员，我们的指针类必须声明为 StrBlob 的 friend（参见 7.3.4 节，第 250 页）。我们还要为 StrBlob 类定义 begin 和 end 操作，返回一个指向它自身的 StrBlobPtr：

```
// 对于 StrBlob 中的友元声明来说，此前置声明是必要的
class StrBlobPtr;
class StrBlob {
    friend class StrBlobPtr;
    // 其他成员与 12.1.1 节（第 405 页）中声明相同
    // 返回指向首元素和尾后元素的 StrBlobPtr
    StrBlobPtr begin() { return StrBlobPtr(*this); }
    StrBlobPtr end()
        { auto ret = StrBlobPtr(*this, data->size());
          return ret; }
};
```

476 ▷ **12.1.6 节练习**

练习 12.19：定义你自己版本的 StrBlobPtr，更新 StrBlob 类，加入恰当的 friend 声明及 begin 和 end 成员。

练习 12.20：编写程序，逐行读入一个输入文件，将内容存入一个 StrBlob 中，用一个 StrBlobPtr 打印出 StrBlob 中的每个元素。

练习 12.21：也可以这样编写 StrBlobPtr 的 deref 成员：

```
std::string& deref() const
```

```
{ return (*check(curr, "dereference past end"))[curr]; }
```

你认为哪个版本更好？为什么？

练习 12.22：为了能让 StrBlobPtr 使用 const StrBlob，你觉得应该如何修改？定义一个名为 ConstStrBlobPtr 的类，使其能够指向 const StrBlob。

12.2　动态数组

new 和 delete 运算符一次分配/释放一个对象，但某些应用需要一次为很多对象分配内存的功能。例如，vector 和 string 都是在连续内存中保存它们的元素，因此，当容器需要重新分配内存时（参见 9.4 节，第 317 页），必须一次性为很多元素分配内存。

为了支持这种需求，C++语言和标准库提供了两种一次分配一个对象数组的方法。C++语言定义了另一种 new 表达式语法，可以分配并初始化一个对象数组。标准库中包含一个名为 allocator 的类，允许我们将分配和初始化分离。使用 allocator 通常会提供更好的性能和更灵活的内存管理能力，原因我们将在 12.2.2 节（第 427 页）中解释。

很多（可能是大多数）应用都没有直接访问动态数组的需求。当一个应用需要可变数量的对象时，我们在 StrBlob 中所采用的方法几乎总是更简单、更快速并且更安全的——即，使用 vector（或其他标准库容器）。如我们将在 13.6 节（第 470 页）中看到的，使用标准库容器的优势在新标准下更为显著。在支持新标准的标准库中，容器操作比之前的版本要快速得多。

大多数应用应该使用标准库容器而不是动态分配的数组。使用容器更为简单、更不容易出现内存管理错误并且可能有更好的性能。

如前所述，使用容器的类可以使用默认版本的拷贝、赋值和析构操作（参见 7.1.5 节，第 239 页）。分配动态数组的类则必须定义自己版本的操作，在拷贝、复制以及销毁对象时管理所关联的内存。

直到学习完第 13 章，不要在类内的代码中分配动态内存。

12.2.1　new 和数组

为了让 new 分配一个对象数组，我们要在类型名之后跟一对方括号，在其中指明要分配的对象的数目。在下例中，new 分配要求数量的对象并（假定分配成功后）返回指向第一个对象的指针：

```
// 调用 get_size 确定分配多少个 int
int *pia = new int[get_size()]; // pia 指向第一个 int
```

方括号中的大小必须是整型，但不必是常量。

也可以用一个表示数组类型的类型别名（参见 2.5.1 节，第 60 页）来分配一个数组，这样，new 表达式中就不需要方括号了：

```
typedef int arrT[42];    // arrT 表示 42 个 int 的数组类型
int *p = new arrT;       // 分配一个 42 个 int 的数组；p 指向第一个 int
```

在本例中，new 分配一个 int 数组，并返回指向第一个 int 的指针。即使这段代码中没有方括号，编译器执行这个表达式时还是会用 new[]。即，编译器执行如下形式：

```
int *p = new int[42];
```

分配一个数组会得到一个元素类型的指针

虽然我们通常称 new T[] 分配的内存为"动态数组"，但这种叫法某种程度上有些误导。当用 new 分配一个数组时，我们并未得到一个数组类型的对象，而是得到一个数组元素类型的指针。即使我们使用类型别名定义了一个数组类型，new 也不会分配一个数组类型的对象。在上例中，我们正在分配一个数组的事实甚至都是不可见的——连[num]都没有。new 返回的是一个元素类型的指针。

由于分配的内存并不是一个数组类型，因此不能对动态数组调用 begin 或 end（参见 3.5.3 节，第 106 页）。这些函数使用数组维度（回忆一下，维度是数组类型的一部分）来返回指向首元素和尾后元素的指针。出于相同的原因，也不能用范围 for 语句来处理（所谓的）动态数组中的元素。

> ⚠️ **WARNING** 要记住我们所说的动态数组并不是数组类型，这是很重要的。

初始化动态分配对象的数组

默认情况下，new 分配的对象，不管是单个分配的还是数组中的，都是默认初始化的。可以对数组中的元素进行值初始化（参见 3.3.1 节，第 88 页），方法是在大小之后跟一对空括号。

```
int *pia = new int[10];          // 10 个未初始化的 int
int *pia2 = new int[10]();        // 10 个值初始化为 0 的 int
string *psa = new string[10];     // 10 个空 string
string *psa2 = new string[10]();  // 10 个空 string
```

478> 在新标准中，我们还可以提供一个元素初始化器的花括号列表：

```
// 10 个 int 分别用列表中对应的初始化器初始化
int *pia3 = new int[10]{0,1,2,3,4,5,6,7,8,9};
// 10 个 string, 前 4 个用给定的初始化器初始化, 剩余的进行值初始化
string *psa3 = new string[10]{"a", "an", "the", string(3,'x')};
```

与内置数组对象的列表初始化（参见 3.5.1 节，第 102 页）一样，初始化器会用来初始化动态数组中开始部分的元素。如果初始化器数目小于元素数目，剩余元素将进行值初始化。如果初始化器数目大于元素数目，则 new 表达式失败，不会分配任何内存。在本例中，new 会抛出一个类型为 bad_array_new_length 的异常。类似 bad_alloc，此类型定义在头文件 new 中。

虽然我们用空括号对数组中元素进行值初始化，但不能在括号中给出初始化器，这意味着不能用 auto 分配数组（参见 12.1.2 节，第 407 页）。

动态分配一个空数组是合法的

可以用任意表达式来确定要分配的对象的数目：

```
size_t n = get_size();      // get_size 返回需要的元素的数目
int* p = new int[n];        // 分配数组保存元素
for (int* q = p; q != p + n; ++q)
        /* 处理数组 */ ;
```

这产生了一个有意思的问题：如果 get_size 返回 0，会发生什么？答案是代码仍能正常工作。虽然我们不能创建一个大小为 0 的静态数组对象，但当 n 等于 0 时，调用 new[n] 是合法的：

```
char arr[0];              // 错误：不能定义长度为 0 的数组
char *cp = new char[0];   // 正确：但 cp 不能解引用
```

当我们用 new 分配一个大小为 0 的数组时，new 返回一个合法的非空指针。此指针保证与 new 返回的其他任何指针都不相同。对于零长度的数组来说，此指针就像尾后指针一样（参见 3.5.3 节，第 106 页），我们可以像使用尾后迭代器一样使用这个指针。可以用此指针进行比较操作，就像上面循环代码中那样。可以向此指针加上（或从此指针减去）0，也可以从此指针减去自身从而得到 0。但此指针不能解引用——毕竟它不指向任何元素。

在我们假想的循环中，若 get_size 返回 0，则 n 也是 0，new 会分配 0 个对象。for 循环中的条件会失败（p 等于 q+n，因为 n 为 0）。因此，循环体不会被执行。

释放动态数组

为了释放动态数组，我们使用一种特殊形式的 delete——在指针前加上一个空方括号对：

```
delete p;       // p 必须指向一个动态分配的对象或为空
delete [] pa;   // pa 必须指向一个动态分配的数组或为空
```

‹479

第二条语句销毁 pa 指向的数组中的元素，并释放对应的内存。数组中的元素按逆序销毁，即，最后一个元素首先被销毁，然后是倒数第二个，依此类推。

当我们释放一个指向数组的指针时，空方括号对是必需的：它指示编译器此指针指向一个对象数组的第一个元素。如果我们在 delete 一个指向数组的指针时忽略了方括号（或者在 delete 一个指向单一对象的指针时使用了方括号），其行为是未定义的。

回忆一下，当我们使用一个类型别名来定义一个数组类型时，在 new 表达式中不使用 []。即使是这样，在释放一个数组指针时也必须使用方括号：

```
typedef int arrT[42];   // arrT 是 42 个 int 的数组的类型别名
int *p = new arrT;      // 分配一个 42 个 int 的数组；p 指向第一个元素
delete [] p;            // 方括号是必需的，因为我们当初分配的是一个数组
```

不管外表如何，p 指向一个对象数组的首元素，而不是一个类型为 arrT 的单一对象。因此，在释放 p 时我们必须使用 []。

> 如果我们在 delete 一个数组指针时忘记了方括号，或者在 delete 一个单一对象的指针时使用了方括号，编译器很可能不会给出警告。我们的程序可能在执行过程中在没有任何警告的情况下行为异常。

智能指针和动态数组

标准库提供了一个可以管理 new 分配的数组的 unique_ptr 版本。为了用一个 unique_ptr 管理动态数组，我们必须在对象类型后面跟一对空方括号：

```
// up 指向一个包含 10 个未初始化 int 的数组
unique_ptr<int[]> up(new int[10]);
up.reset();
```

类型说明符中的方括号（<int[]>）指出 up 指向一个 int 数组而不是一个 int。由于
up 指向一个数组，当 up 销毁它管理的指针时，会自动使用 delete[]。

　　指向数组的 unique_ptr 提供的操作与我们在 12.1.5 节（第 417 页）中使用的那些
操作有一些不同，我们在表 12.6 中描述了这些操作。当一个 unique_ptr 指向一个数组
时，我们不能使用点和箭头成员运算符。毕竟 unique_ptr 指向的是一个数组而不是单
个对象，因此这些运算符是无意义的。另一方面，当一个 unique_ptr 指向一个数组时，
我们可以使用下标运算符来访问数组中的元素：

```
for (size_t i = 0; i != 10; ++i)
    up[i] = i; // 为每个元素赋予一个新值
```

<table>
<tr><td colspan="2">表 12.6：指向数组的 unique_ptr</td></tr>
<tr><td colspan="2">指向数组的 unique_ptr 不支持成员访问运算符（点和箭头运算符）。
其他 unique_ptr 操作不变。</td></tr>
<tr><td>unique_ptr<T[]> u</td><td>u 可以指向一个动态分配的数组，数组元素类型为 T</td></tr>
<tr><td>unique_ptr<T[]> u(p)</td><td>u 指向内置指针 p 所指向的动态分配的数组。p 必须能转换为类型
T*（参见 4.11.2 节，第 143 页）</td></tr>
<tr><td>u[i]</td><td>返回 u 拥有的数组中位置 i 处的对象
u 必须指向一个数组</td></tr>
</table>

480

　　与 unique_ptr 不同，shared_ptr 不直接支持管理动态数组。如果希望使用
shared_ptr 管理一个动态数组，必须提供自己定义的删除器：

```
// 为了使用 shared_ptr，必须提供一个删除器
shared_ptr<int> sp(new int[10], [](int *p) { delete[] p; });
sp.reset(); // 使用我们提供的 lambda 释放数组，它使用 delete[]
```

本例中我们传递给 shared_ptr 一个 lambda（参见 10.3.2 节，第 346 页）作为删除器，
它使用 delete[] 释放数组。

　　如果未提供删除器，这段代码将是未定义的。默认情况下，shared_ptr 使用 delete
销毁它指向的对象。如果此对象是一个动态数组，对其使用 delete 所产生的问题与释放
一个动态数组指针时忘记[]产生的问题一样（参见 12.2.1 节，第 425 页）。

　　shared_ptr 不直接支持动态数组管理这一特性会影响我们如何访问数组中的元素：

```
// shared_ptr 未定义下标运算符，并且不支持指针的算术运算
for (size_t i = 0; i != 10; ++i)
    *(sp.get() + i) = i; // 使用 get 获取一个内置指针
```

shared_ptr 未定义下标运算符，而且智能指针类型不支持指针算术运算。因此，为了访
问数组中的元素，必须用 get 获取一个内置指针，然后用它来访问数组元素。

12.2.1 节练习

练习 12.23：编写一个程序，连接两个字符串字面常量，将结果保存在一个动态分配的
char 数组中。重写这个程序，连接两个标准库 string 对象。

练习 12.24：编写一个程序，从标准输入读取一个字符串，存入一个动态分配的字符数
组中。描述你的程序如何处理变长输入。测试你的程序，输入一个超出你分配的数组长
度的字符串。

> **练习 12.25**：给定下面的 new 表达式，你应该如何释放 pa？
>
> ```
> int *pa = new int[10];
> ```

12.2.2 allocator 类

481

new 有一些灵活性上的局限，其中一方面表现在它将内存分配和对象构造组合在了一起。类似的，delete 将对象析构和内存释放组合在了一起。我们分配单个对象时，通常希望将内存分配和对象初始化组合在一起。因为在这种情况下，我们几乎肯定知道对象应有什么值。

当分配一大块内存时，我们通常计划在这块内存上按需构造对象。在此情况下，我们希望将内存分配和对象构造分离。这意味着我们可以分配大块内存，但只在真正需要时才真正执行对象创建操作（同时付出一定开销）。

一般情况下，将内存分配和对象构造组合在一起可能会导致不必要的浪费。例如：

```
string *const p = new string[n]; // 构造 n 个空 string
string s;
string *q = p;                    // q 指向第一个 string
while (cin >> s && q != p + n)
    *q++ = s;                     // 赋予 *q 一个新值
const size_t size = q - p;        // 记住我们读取了多少个 string
// 使用数组
delete[] p; // p 指向一个数组；记得用 delete[] 来释放
```

new 表达式分配并初始化了 n 个 string。但是，我们可能不需要 n 个 string，少量 string 可能就足够了。这样，我们就可能创建了一些永远也用不到的对象。而且，对于那些确实要使用的对象，我们也在初始化之后立即赋予了它们新值。每个使用到的元素都被赋值了两次：第一次是在默认初始化时，随后是在赋值时。

更重要的是，那些没有默认构造函数的类就不能动态分配数组了。

allocator 类

标准库 **allocator** 类定义在头文件 memory 中，它帮助我们将内存分配和对象构造分离开来。它提供一种类型感知的内存分配方法，它分配的内存是原始的、未构造的。表12.7 概述了 allocator 支持的操作。在本节中，我们将介绍这些 allocator 操作。在13.5 节（第 464 页），我们将看到如何使用这个类的典型例子。

类似 vector，allocator 是一个模板（参见 3.3 节，第 86 页）。为了定义一个 allocator 对象，我们必须指明这个 allocator 可以分配的对象类型。当一个 allocator 对象分配内存时，它会根据给定的对象类型来确定恰当的内存大小和对齐位置：

```
allocator<string> alloc;           // 可以分配 string 的 allocator 对象
auto const p = alloc.allocate(n);  // 分配 n 个未初始化的 string
```

这个 allocate 调用为 n 个 string 分配了内存。

482 >

表 12.7：标准库 allocator 类及其算法	
allocator<T> a	定义了一个名为 a 的 allocator 对象，它可以为类型为 T 的对象分配内存
a.allocate(n)	分配一段原始的、未构造的内存，保存 n 个类型为 T 的对象
a.deallocate(p, n)	释放从 T*指针 p 中地址开始的内存，这块内存保存了 n 个类型为 T 的对象；p 必须是一个先前由 allocate 返回的指针，且 n 必须是 p 创建时所要求的大小。在调用 deallocate 之前，用户必须对每个在这块内存中创建的对象调用 destroy
a.construct(p, *args*)	p 必须是一个类型为 T*的指针，指向一块原始内存；*arg* 被传递给类型为 T 的构造函数，用来在 p 指向的内存中构造一个对象
a.destroy(p)	p 为 T*类型的指针，此算法对 p 指向的对象执行析构函数（参见 12.1.1 节，第 402 页）

allocator 分配未构造的内存

allocator 分配的内存是未构造的（unconstructed）。我们按需要在此内存中构造对象。在新标准库中，construct 成员函数接受一个指针和零个或多个额外参数，在给定位置构造一个元素。额外参数用来初始化构造的对象。类似 make_shared 的参数（参见 12.1.1 节，第 401 页），这些额外参数必须是与构造的对象的类型相匹配的合法的初始化器：

```
auto q = p; // q指向最后构造的元素之后的位置
alloc.construct(q++);            // *q为空字符串
alloc.construct(q++, 10, 'c');   // *q为cccccccccc
alloc.construct(q++, "hi");      // *q为hi!
```

在早期版本的标准库中，construct 只接受两个参数：指向创建对象位置的指针和一个元素类型的值。因此，我们只能将一个元素拷贝到未构造空间中，而不能用元素类型的任何其他构造函数来构造一个元素。

还未构造对象的情况下就使用原始内存是错误的：

```
cout << *p << endl; // 正确：使用 string 的输出运算符
cout << *q << endl; // 灾难：q指向未构造的内存!
```

 为了使用 allocate 返回的内存，我们必须用 construct 构造对象。使用未构造的内存，其行为是未定义的。

当我们用完对象后，必须对每个构造的元素调用 destroy 来销毁它们。函数 destroy 接受一个指针，对指向的对象执行析构函数（参见 12.1.1 节，第 402 页）：

483 >

```
while (q != p)
    alloc.destroy(--q); // 释放我们真正构造的 string
```

在循环开始处，q 指向最后构造的元素之后的位置。我们在调用 destroy 之前对 q 进行了递减操作。因此，第一次调用 destroy 时，q 指向最后一个构造的元素。最后一步循环中我们 destroy 了第一个构造的元素，随后 q 将与 p 相等，循环结束。

 我们只能对真正构造了的元素进行 destroy 操作。

一旦元素被销毁后，就可以重新使用这部分内存来保存其他 string，也可以将其归还给系统。释放内存通过调用 deallocate 来完成：

```
alloc.deallocate(p, n);
```

我们传递给 deallocate 的指针不能为空，它必须指向由 allocate 分配的内存。而且，传递给 deallocate 的大小参数必须与调用 allocated 分配内存时提供的大小参数具有一样的值。

拷贝和填充未初始化内存的算法

标准库还为 allocator 类定义了两个伴随算法，可以在未初始化内存中创建对象。表 12.8 描述了这些函数，它们都定义在头文件 memory 中。

表 12.8：allocator 算法
这些函数在给定目的位置创建元素，而不是由系统分配内存给它们。
uninitialized_copy(b,e,b2)   从迭代器 b 和 e 指出的输入范围中拷贝元素到迭代器 b2 指定的未构造的原始内存中。b2 指向的内存必须足够大，能容纳输入序列中元素的拷贝
uninitialized_copy_n(b,n,b2)   从迭代器 b 指向的元素开始，拷贝 n 个元素到 b2 开始的内存中
uninitialized_fill(b,e,t)   在迭代器 b 和 e 指定的原始内存范围中创建对象，对象的值均为 t 的拷贝
uninitialized_fill_n(b,n,t)   从迭代器 b 指向的内存地址开始创建 n 个对象。b 必须指向足够大的未构造的原始内存，能够容纳给定数量的对象

作为一个例子，假定有一个 int 的 vector，希望将其内容拷贝到动态内存中。我们将分配一块比 vector 中元素所占用空间大一倍的动态内存，然后将原 vector 中的元素拷贝到前一半空间，对后一半空间用一个给定值进行填充：

```
// 分配比 vi 中元素所占用空间大一倍的动态内存
auto p = alloc.allocate(vi.size() * 2);
// 通过拷贝 vi 中的元素来构造从 p 开始的元素
auto q = uninitialized_copy(vi.begin(), vi.end(), p);
// 将剩余元素初始化为 42
uninitialized_fill_n(q, vi.size(), 42);
```

484

类似拷贝算法（参见 10.2.2 节，第 341 页），uninitialized_copy 接受三个迭代器参数。前两个表示输入序列，第三个表示这些元素将要拷贝到的目的空间。传递给 uninitialized_copy 的目的位置迭代器必须指向未构造的内存。与 copy 不同，uninitialized_copy 在给定目的位置构造元素。

类似 copy，uninitialized_copy 返回（递增后的）目的位置迭代器。因此，一次 uninitialized_copy 调用会返回一个指针，指向最后一个构造的元素之后的位置。在本例中，我们将此指针保存在 q 中，然后将 q 传递给 uninitialized_fill_n。此函数类似 fill_n（参见 10.2.2 节，第 340 页），接受一个指向目的位置的指针、一个计数和一个值。它会在目的位置指针指向的内存中创建给定数目个对象，用给定值对它们进行初始化。

12.2.2 节练习

练习 12.26：用 `allocator` 重写第 427 页中的程序。

12.3   使用标准库：文本查询程序

我们将实现一个简单的文本查询程序，作为标准库相关内容学习的总结。我们的程序允许用户在一个给定文件中查询单词。查询结果是单词在文件中出现的次数及其所在行的列表。如果一个单词在一行中出现多次，此行只列出一次。行会按照升序输出——即，第 7 行会在第 9 行之前显示，依此类推。

例如，我们可能读入一个包含本章内容（指英文版中的文本）的文件，在其中寻找单词 `element`。输出结果的前几行应该是这样的：

```
element occurs 112 times
    (line 36) A set element contains only a key;
    (line 158) operator creates a new element
    (line 160) Regardless of whether the element
    (line 168) When we fetch an element from a map, we
    (line 214) If the element is not found, find returns
```

接下来还有大约 100 行，都是单词 `element` 出现的位置。

12.3.1   文本查询程序设计

485>

开始一个程序的设计的一种好方法是列出程序的操作。了解需要哪些操作会帮助我们分析出需要什么样的数据结构。从需求入手，我们的文本查询程序需要完成如下任务：

- 当程序读取输入文件时，它必须记住单词出现的每一行。因此，程序需要逐行读取输入文件，并将每一行分解为独立的单词
- 当程序生成输出时，
  - 它必须能提取每个单词所关联的行号
  - 行号必须按升序出现且无重复
  - 它必须能打印给定行号中的文本。

利用多种标准库设施，我们可以很漂亮地实现这些要求：

- 我们将使用一个 `vector<string>` 来保存整个输入文件的一份拷贝。输入文件中的每行保存为 `vector` 中的一个元素。当需要打印一行时，可以用行号作为下标来提取行文本。
- 我们使用一个 `istringstream`（参见 8.3 节，第 287 页）来将每行分解为单词。
- 我们使用一个 `set` 来保存每个单词在输入文本中出现的行号。这保证了每行只出现一次且行号按升序保存。
- 我们使用一个 `map` 来将每个单词与它出现的行号 `set` 关联起来。这样我们就可以方便地提取任意单词的 `set`。

我们的解决方案还使用了 `shared_ptr`，原因稍后进行解释。

数据结构

虽然我们可以用 `vector`、`set` 和 `map` 来直接编写文本查询程序，但如果定义一个更

为抽象的解决方案，会更为有效。我们将从定义一个保存输入文件的类开始，这会令文件查询更为容易。我们将这个类命名为 TextQuery，它包含一个 vector 和一个 map。vector 用来保存输入文件的文本，map 用来关联每个单词和它出现的行号的 set。这个类将会有一个用来读取给定输入文件的构造函数和一个执行查询的操作。

查询操作要完成的任务非常简单：查找 map 成员，检查给定单词是否出现。设计这个函数的难点是确定应该返回什么内容。一旦找到了一个单词，我们需要知道它出现了多少次、它出现的行号以及每行的文本。

返回所有这些内容的最简单的方法是定义另一个类，可以命名为 QueryResult，来保存查询结果。这个类会有一个 print 函数，完成结果打印工作。

在类之间共享数据

486

我们的 QueryResult 类要表达查询的结果。这些结果包括与给定单词关联的行号的 set 和这些行对应的文本。这些数据都保存在 TextQuery 类型的对象中。

由于 QueryResult 所需要的数据都保存在一个 TextQuery 对象中，我们就必须确定如何访问它们。我们可以拷贝行号的 set，但这样做可能很耗时。而且，我们当然不希望拷贝 vector，因为这可能会引起整个文件的拷贝，而目标只不过是为了打印文件的一小部分而已（通常会是这样）。

通过返回指向 TextQuery 对象内部的迭代器（或指针），我们可以避免拷贝操作。但是，这种方法开启了一个陷阱：如果 TextQuery 对象在对应的 QueryResult 对象之前被销毁，会发生什么？在此情况下，QueryResult 就将引用一个不再存在的对象中的数据。

对于 QueryResult 对象和对应的 TextQuery 对象的生存期应该同步这一观察结果，其实已经暗示了问题的解决方案。考虑到这两个类概念上"共享"了数据，可以使用 shared_ptr（参见 12.1.1 节，第 400 页）来反映数据结构中的这种共享关系。

使用 TextQuery 类

当我们设计一个类时，在真正实现成员之前先编写程序使用这个类，是一种非常有用的方法。通过这种方法，可以看到类是否具有我们所需要的操作。例如，下面的程序使用了 TextQuery 和 QueryResult 类。这个函数接受一个指向要处理的文件的 ifstream，并与用户交互，打印给定单词的查询结果

```
void runQueries(ifstream &infile)
{
    // infile是一个ifstream，指向我们要处理的文件
    TextQuery tq(infile); // 保存文件并建立查询map
    // 与用户交互：提示用户输入要查询的单词，完成查询并打印结果
    while (true) {
        cout << "enter word to look for, or q to quit: ";
        string s;
        // 若遇到文件尾或用户输入了'q'时循环终止
        if (!(cin >> s) || s == "q") break;
        // 指向查询并打印结果
        print(cout, tq.query(s)) << endl;
    }
}
```

我们首先用给定的 ifstream 初始化一个名为 tq 的 TextQuery 对象。TextQuery 的
构造函数读取输入文件，保存在 vector 中，并建立单词到所在行号的 map。

　　while（无限）循环提示用户输入一个要查询的单词，并打印出查询结果，如此往复。
循环条件检测字面常量 true（参见 2.1.3 节，第 37 页），因此永远成功。循环的退出是通
487过 if 语句中的 break（参见 5.5.1 节，第 170 页）实现的。此 if 语句检查输入是否成功。
如果成功，它再检查用户是否输入了 q。输入失败或用户输入了 q 都会使循环终止。一旦
用户输入了要查询的单词，我们要求 tq 查找这个单词，然后调用 print 打印搜索结果。

12.3.1 节练习

练习 12.27：TextQuery 和 QueryResult 类只使用了我们已经介绍过的语言和标准
库特性。不要提前看后续章节内容，只用已经学到的知识对这两个类编写你自己的版本。

练习 12.28：编写程序实现文本查询，不要定义类来管理数据。你的程序应该接受一个
文件，并与用户交互来查询单词。使用 vector、map 和 set 容器来保存来自文件的数
据并生成查询结果。

练习 12.29：我们曾经用 do while 循环来编写管理用户交互的循环（参见 5.4.4 节，第
169 页）。用 do while 重写本节程序，解释你倾向于哪个版本，为什么。

12.3.2　文本查询程序类的定义

　　我们以 TextQuery 类的定义开始。用户创建此类的对象时会提供一个 istream，
用来读取输入文件。这个类还提供一个 query 操作，接受一个 string，返回一个
QueryResult 表示 string 出现的那些行。

　　设计类的数据成员时，需要考虑与 QueryResult 对象共享数据的需求。
QueryResult 类需要共享保存输入文件的 vector 和保存单词关联的行号的 set。因此，
这个类应该有两个数据成员：一个指向动态分配的 vector（保存输入文件）的
shared_ptr 和一个 string 到 shared_ptr<set>的 map。map 将文件中每个单词关
联到一个动态分配的 set 上，而此 set 保存了该单词所出现的行号。

　　为了使代码更易读，我们还会定义一个类型成员（参见 7.3.1 节，第 243 页）来引用
行号，即 string 的 vector 中的下标：

```cpp
class QueryResult; // 为了定义函数 query 的返回类型，这个定义是必需的
class TextQuery {
public:
    using line_no = std::vector<std::string>::size_type;
    TextQuery(std::ifstream&);
    QueryResult query(const std::string&) const;
private:
    std::shared_ptr<std::vector<std::string>> file; // 输入文件
    // 每个单词到它所在的行号的集合的映射
    std::map<std::string,
             std::shared_ptr<std::set<line_no>>> wm;
};
```

488这个类定义最困难的部分是解开类名。与往常一样，对于可能置于头文件中的代码，在使
用标准库名字时要加上 std::（参见 3.1 节，第 74 页）。在本例中，我们反复使用了 std::，

使得代码开始可能有些难读。例如，

```
std::map<std::string, std::shared_ptr<std::set<line_no>>> wm;
```

如果写成下面的形式可能就更好理解一些

```
map<string, shared_ptr<set<line_no>>> wm;
```

TextQuery 构造函数

TextQuery 的构造函数接受一个 ifstream，逐行读取输入文件：

```
// 读取输入文件并建立单词到行号的映射
TextQuery::TextQuery(ifstream &is): file(new vector<string>)
{
    string text;
    while (getline(is, text)) {          // 对文件中每一行
        file->push_back(text);           // 保存此行文本
        int n = file->size() - 1;        // 当前行号
        istringstream line(text);        // 将行文本分解为单词
        string word;
        while (line >> word) {           // 对行中每个单词
            // 如果单词不在 wm 中，以之为下标在 wm 中添加一项
            auto &lines = wm[word];  // lines 是一个 shared_ptr
            if (!lines) // 在我们第一次遇到这个单词时，此指针为空
                lines.reset(new set<line_no>); // 分配一个新的 set
            lines->insert(n);            // 将此行号插入 set 中
        }
    }
}
```

构造函数的初始化器分配一个新的 vector 来保存输入文件中的文本。我们用 getline 逐行读取输入文件，并存入 vector 中。由于 file 是一个 shared_ptr，我们用->运算符解引用 file 来提取 file 指向的 vector 对象的 push_back 成员。

接下来我们用一个 istringstream（参见 8.3 节，第 287 页）来处理刚刚读入的一行中的每个单词。内层 while 循环用 istringstream 的输入运算符来从当前行读取每个单词，存入 word 中。在 while 循环内，我们用 map 下标运算符提取与 word 相关联的 shared_ptr<set>，并将 lines 绑定到此指针。注意，lines 是一个引用，因此改变 lines 也会改变 wm 中的元素。

若 word 不在 map 中，下标运算符会将 word 添加到 wm 中（参见 11.3.4 节，第 387 页），与 word 关联的值进行值初始化。这意味着，如果下标运算符将 word 添加到 wm 中，lines 将是一个空指针。如果 lines 为空，我们分配一个新的 set，并调用 reset 更新 lines 引用的 shared_ptr，使其指向这个新分配的 set。

不管是否创建了一个新的 set，我们都调用 insert 将当前行号添加到 set 中。由于 lines 是一个引用，对 insert 的调用会将新元素添加到 wm 中的 set 中。如果一个给定单词在同一行中出现多次，对 insert 的调用什么都不会做。　　〈489〉

QueryResult 类

QueryResult 类有三个数据成员：一个 string，保存查询单词；一个 shared_ptr，指向保存输入文件的 vector；一个 shared_ptr，指向保存单词出现行号的 set。它唯

一的一个成员函数是一个构造函数，初始化这三个数据成员：

```
class QueryResult {
friend std::ostream& print(std::ostream&, const QueryResult&);
public:
QueryResult(std::string s,
            std::shared_ptr<std::set<line_no>> p,
            std::shared_ptr<std::vector<std::string>> f):
    sought(s), lines(p), file(f) { }
private:
    std::string sought; // 查询单词
    std::shared_ptr<std::set<line_no>> lines;        // 出现的行号
    std::shared_ptr<std::vector<std::string>> file;  // 输入文件
};
```

构造函数的唯一工作是将参数保存在对应的数据成员中，这是在其初始化器列表中完成的（参见 7.1.4 节，第 237 页）。

query 函数

query 函数接受一个 string 参数，即查询单词，query 用它来在 map 中定位对应的行号 set。如果找到了这个 string，query 函数构造一个 QueryResult，保存给定 string、TextQuery 的 file 成员以及从 wm 中提取的 set。

唯一的问题是：如果给定 string 未找到，我们应该返回什么？在这种情况下，没有可返回的 set。为了解决此问题，我们定义了一个局部 static 对象，它是一个指向空的行号 set 的 shared_ptr。当未找到给定单词时，我们返回此对象的一个拷贝：

```
QueryResult
TextQuery::query(const string &sought) const
{
    // 如果未找到 sought，我们将返回一个指向此 set 的指针
    static shared_ptr<set<line_no>> nodata(new set<line_no>);
    // 使用 find 而不是下标运算符来查找单词，避免将单词添加到 wm 中！
    auto loc = wm.find(sought);
    if (loc == wm.end())
        return QueryResult(sought, nodata, file); // 未找到
    else
        return QueryResult(sought, loc->second, file);
}
```

490> **打印结果**

print 函数在给定的流上打印出给定的 QueryResult 对象：

```
ostream &print(ostream & os, const QueryResult &qr)
{
    // 如果找到了单词，打印出现次数和所有出现的位置
    os << qr.sought << " occurs " << qr.lines->size() << " "
       << make_plural(qr.lines->size(), "time", "s") << endl;
    // 打印单词出现的每一行
    for (auto num : *qr.lines) // 对 set 中每个单词
        // 避免行号从 0 开始给用户带来的困惑
        os << "\t(line " << num + 1 << ") "
```

```
            << *(qr.file->begin() + num) << endl;
        return os;
    }
```

我们调用 qr.lines 指向的 set 的 size 成员来报告单词出现了多少次。由于 set 是一个 shared_ptr，必须解引用 lines。调用 make_plural（参见 6.3.2 节，第 201 页）来根据大小是否等于 1 打印 time 或 times。

在 for 循环中，我们遍历 lines 所指向的 set。for 循环体打印行号，并按人们习惯的方式调整计数值。set 中的数值就是 vector 中元素的下标，从 0 开始编号。但大多数用户认为第一行的行号应该是 1，因此我们对每个行号都加上 1，转换为人们更习惯的形式。

我们用行号从 file 指向的 vector 中提取一行文本。回忆一下，当给一个迭代器加上一个数时，会得到 vector 中相应偏移之后位置的元素（参见 3.4.2 节，第 99 页）。因此，file->begin()+num 即为 file 指向的 vector 中第 num 个位置的元素。

注意此函数能正确处理未找到单词的情况。在此情况下，set 为空。第一条输出语句会注意到单词出现了 0 次。由于 *res.lines 为空，for 循环一次也不会执行。

12.3.2 节练习

练习 12.30： 定义你自己版本的 TextQuery 和 QueryResult 类，并执行 12.3.1 节（第 431 页）中的 runQueries 函数。

练习 12.31： 如果用 vector 代替 set 保存行号，会有什么差别？哪种方法更好？为什么？

练习 12.32： 重写 TextQuery 和 QueryResult 类，用 StrBlob 代替 vector<string> 保存输入文件。

练习 12.33： 在第 15 章中我们将扩展查询系统，在 QueryResult 类中将会需要一些额外的成员。添加名为 begin 和 end 的成员，返回一个迭代器，指向一个给定查询返回的行号的 set 中的位置。再添加一个名为 get_file 的成员，返回一个 shared_ptr，指向 QueryResult 对象中的文件。

491> 小结

在 C++中，内存是通过 new 表达式分配，通过 delete 表达式释放的。标准库还定义了一个 allocator 类来分配动态内存块。

分配动态内存的程序应负责释放它所分配的内存。内存的正确释放是非常容易出错的地方：要么内存永远不会被释放，要么在仍有指针引用它时就被释放了。新的标准库定义了智能指针类型——shared_ptr、unique_ptr 和 weak_ptr，可令动态内存管理更为安全。对于一块内存，当没有任何用户使用它时，智能指针会自动释放它。现代 C++程序应尽可能使用智能指针。

术语表

allocator　标准库类，用来分配未构造的内存。

空悬指针（dangling pointer）　一个指针，指向曾经保存一个对象但现在已释放的内存。众所周知，空悬指针引起的程序错误非常难以调试。

delete　释放 new 分配的内存。delete p 释放对象，delete []p 释放 p 指向的数组。p 可以为空，或者指向 new 分配的内存。

释放器（deleter）传递给智能指针的函数，用来代替 delete 释放指针绑定的对象。

析构函数（destructor）　特殊的成员函数，负责在对象离开作用域或被释放时完成清理工作。

动态分配的（dynamically allocated）　在自由空间中分配的对象。在自由空间中分配的对象直到被显式释放或程序结束才会销毁。

自由空间（free store）程序可用的内存池，保存动态分配的对象。

堆（heap）　自由空间的同义词。

new　从自由空间分配内存。new T 分配并构造一个类型为 T 的对象，并返回一个指向该对象的指针。如果 T 是一个数组类型，new 返回一个指向数组首元素的指针。类似的，new [n] T 分配 n 个类型为 T 的对象，并返回指向数组首元素的指针。

默认情况下，分配的对象进行默认初始化。我们也可以提供可选的初始化器。

定位 new（placement new）　一种 new 表达式形式，接受一些额外的参数，在 new 关键字后面的括号中给出。例如，new (nothrow) int 告诉 new 不要抛出异常。

引用计数（reference count）　一个计数器，记录有多少用户共享一个对象。智能指针用它来判断什么时候释放所指向的对象是安全的。

shared_ptr　提供所有权共享的智能指针：对共享对象来说，当最后一个指向它的 shared_ptr 被销毁时会被释放。

智能指针（smart pointer）　标准库类型，行为类似指针，但可以检查什么时候使用指针是安全的。智能指针类型负责在恰当的时候释放内存。

unique_ptr　提供独享所有权的智能指针：当 unique_ptr 被销毁时，它指向的对象被释放。unique_ptr 不能直接拷贝或赋值。

weak_ptr　一种智能指针，指向由 shared_ptr 管理的对象。在确定是否应释放对象时，shared_ptr 并不把 weak_ptr 统计在内。

第Ⅲ部分
类设计者的工具

内容

　　类是 C++的核心概念。我们已经从第 7 章开始详细介绍了如何定义类。第 7 章涵盖了使用类的所有基本知识：类作用域、数据隐藏以及构造函数，还介绍了类的一些重要特性：成员函数、隐式 this 指针、友元以及 const、static 和 mutable 成员。在第Ⅲ部分中，我们将延伸类的有关话题的讨论，将介绍拷贝控制、重载运算符、继承和模板。

　　如前所述，在 C++中，我们通过定义构造函数来控制在类类型的对象初始化时做什么。类还可以控制在对象拷贝、赋值、移动和销毁时做什么。在这方面，C++与其他语言是不同的，其他很多语言都没有给予类设计者控制这些操作的能力。第 13 章将介绍这些内容。本章还会介绍新标准引入的两个重要概念：右值引用和移动操作。

　　第 14 章介绍运算符重载，这种机制允许内置运算符作用于类类型的运算对象。这样，我们创建的类型直观上就可以像内置类型一样使用，运算符重载是 C++借以实现这一目的的方法之一。

　　类可以重载的运算符中有一种特殊的运算符——函数调用运算符。对于重载了这种运算符的类，我们可以"调用"其对象，就好像它们是函数一样。新标准库中提供了一些设施，使得不同类型的可调用对象可以以一种一致的方式来使用，我们也将介绍这部分内容。

　　第 14 章最后将介绍另一种特殊类型的类成员函数——转换运算符。这些运算符定义了类类型对象的隐式转换机制。编译器应用这种转换机制的场合与原因都与内置类型转换是一样的。

　　第Ⅲ部分的最后两章将介绍 C++如何支持面向对象编程和泛型编程。

第 15 章介绍继承和动态绑定。继承和动态绑定与数据抽象一起构成了面向对象编程的基础。继承令关联类型的定义更为简单，而动态绑定可以帮助我们编写类型无关的代码，可以忽略具有继承关系的类型之间的差异。

第 16 章介绍函数模板和类模板。模板可以让我们写出类型无关的通用类和函数。新标准引入了一些模板相关的新特性：可变参数模板、模板类型别名以及控制实例化的新方法。

编写我们自己的面向对象的或是泛型的类型需要对 C++有深刻的理解。幸运的是，我们无须掌握如何构建面向对象和泛型类型的细节也可以使用它们。例如，标准库中广泛使用了我们将在第 15 章和第 16 章中学习的技术，虽然我们已经使用过标准库类型和算法，但实际上我们并不了解它们是如何实现的。

因此，读者应该明白第III部分涉及的是相当深入的内容。编写模板或面向对象的类要求对 C++的基本知识和基本类的定义有着深刻的理解。

第 13 章
拷贝控制

内容

　　如我们在第 7 章所见，每个类都定义了一个新类型和在此类型对象上可执行的操作。在本章中，我们还将学到，类可以定义构造函数，用来控制在创建此类型对象时做什么。

　　在本章中，我们还将学习类如何控制该类型对象拷贝、赋值、移动或销毁时做什么。类通过一些特殊的成员函数控制这些操作，包括：拷贝构造函数、移动构造函数、拷贝赋值运算符、移动赋值运算符以及析构函数。

496 > 当定义一个类时，我们显式地或隐式地指定在此类型的对象拷贝、移动、赋值和销毁时做什么。一个类通过定义五种特殊的成员函数来控制这些操作，包括：**拷贝构造函数**（copy constructor）、**拷贝赋值运算符**（copy-assignment operator）、**移动构造函数**（move constructor）、**移动赋值运算符**（move-assignment operator）和**析构函数**（destructor）。拷贝和移动构造函数定义了当用同类型的另一个对象初始化本对象时做什么。拷贝和移动赋值运算符定义了将一个对象赋予同类型的另一个对象时做什么。析构函数定义了当此类型对象销毁时做什么。我们称这些操作为**拷贝控制操作**（copy control）。

如果一个类没有定义所有这些拷贝控制成员，编译器会自动为它定义缺失的操作。因此，很多类会忽略这些拷贝控制操作（参见 7.1.5 节，第 239 页）。但是，对一些类来说，依赖这些操作的默认定义会导致灾难。通常，实现拷贝控制操作最困难的地方是首先认识到什么时候需要定义这些操作。

> 在定义任何 C++ 类时，拷贝控制操作都是必要部分。对初学 C++ 的程序员来说，必须定义对象拷贝、移动、赋值或销毁时做什么，这常常令他们感到困惑。这种困扰很复杂，因为如果我们不显式定义这些操作，编译器也会为我们定义，但编译器定义的版本的行为可能并非我们所想。

13.1　拷贝、赋值与销毁

我们将以最基本的操作——拷贝构造函数、拷贝赋值运算符和析构函数作为开始。我们在 13.6 节（第 470 页）中将介绍移动操作（新标准所引入的操作）。

13.1.1　拷贝构造函数

如果一个构造函数的第一个参数是自身类类型的引用，且任何额外参数都有默认值，则此构造函数是拷贝构造函数。

```
class Foo {
public:
    Foo();           // 默认构造函数
    Foo(const Foo&); // 拷贝构造函数
    // ...
};
```

拷贝构造函数的第一个参数必须是一个引用类型，原因我们稍后解释。虽然我们可以定义一个接受非 const 引用的拷贝构造函数，但此参数几乎总是一个 const 的引用。拷贝构造函数在几种情况下都会被隐式地使用。因此，拷贝构造函数通常不应该是 explicit 的（参见 7.5.4 节，第 265 页）。

497 > **合成拷贝构造函数**

如果我们没有为一个类定义拷贝构造函数，编译器会为我们定义一个。与合成默认构造函数（参见 7.1.4 节，第 235 页）不同，即使我们定义了其他构造函数，编译器也会为我们合成一个拷贝构造函数。

如我们将在 13.1.6 节（第 450 页）中所见，对某些类来说，**合成拷贝构造函数**（synthesized copy constructor）用来阻止我们拷贝该类类型的对象。而一般情况，合成的拷贝构造函数会将其参数的成员逐个拷贝到正在创建的对象中（参见 7.1.5 节，第 239 页）。编译器从给定对象中依次将每个非 static 成员拷贝到正在创建的对象中。

每个成员的类型决定了它如何拷贝：对类类型的成员，会使用其拷贝构造函数来拷贝；内置类型的成员则直接拷贝。虽然我们不能直接拷贝一个数组（参见 3.5.1 节，第 102 页），但合成拷贝构造函数会逐元素地拷贝一个数组类型的成员。如果数组元素是类类型，则使用元素的拷贝构造函数来进行拷贝。

作为一个例子，我们的 Sales_data 类的合成拷贝构造函数等价于：

```
class Sales_data {
public:
    // 其他成员和构造函数的定义，如前
    // 与合成的拷贝构造函数等价的拷贝构造函数的声明
    Sales_data(const Sales_data&);
private:
    std::string bookNo;
    int units_sold = 0;
    double revenue = 0.0;
};
// 与 Sales_data 的合成的拷贝构造函数等价
Sales_data::Sales_data(const Sales_data &orig):
    bookNo(orig.bookNo),            // 使用 string 的拷贝构造函数
    units_sold(orig.units_sold),    // 拷贝 orig.units_sold
    revenue(orig.revenue)           // 拷贝 orig.revenue
    {    }                          // 空函数体
```

拷贝初始化

现在，我们可以完全理解直接初始化和拷贝初始化之间的差异了（参见 3.2.1 节，第 76 页）：

```
string dots(10, '.');             // 直接初始化
string s(dots);                   // 直接初始化
string s2 = dots;                 // 拷贝初始化
string null_book = "9-999-99999-9";  // 拷贝初始化
string nines = string(100, '9');  // 拷贝初始化
```

当使用直接初始化时，我们实际上是要求编译器使用普通的函数匹配（参见 6.4 节，第 209 页）来选择与我们提供的参数最匹配的构造函数。当我们使用**拷贝初始化**（copy initialization）时，我们要求编译器将右侧运算对象拷贝到正在创建的对象中，如果需要的话还要进行类型转换（参见 7.5.4 节，第 263 页）。

拷贝初始化通常使用拷贝构造函数来完成。但是，如我们将在 13.6.2 节（第 473 页） 498 所见，如果一个类有一个移动构造函数，则拷贝初始化有时会使用移动构造函数而非拷贝构造函数来完成。但现在，我们只需了解拷贝初始化何时发生，以及拷贝初始化是依靠拷贝构造函数或移动构造函数来完成的就可以了。

拷贝初始化不仅在我们用=定义变量时会发生，在下列情况下也会发生

- 将一个对象作为实参传递给一个非引用类型的形参
- 从一个返回类型为非引用类型的函数返回一个对象
- 用花括号列表初始化一个数组中的元素或一个聚合类中的成员（参见 7.5.5 节，第 266 页）

某些类类型还会对它们所分配的对象使用拷贝初始化。例如，当我们初始化标准库容器或是调用其 insert 或 push 成员（参见 9.3.1 节，第 306 页）时，容器会对其元素进行拷贝初始化。与之相对，用 emplace 成员创建的元素都进行直接初始化（参见 9.3.1 节，第 308 页）。

参数和返回值

在函数调用过程中，具有非引用类型的参数要进行拷贝初始化（参见 6.2.1 节，第 188 页）。类似的，当一个函数具有非引用的返回类型时，返回值会被用来初始化调用方的结果（参见 6.3.2 节，第 201 页）。

拷贝构造函数被用来初始化非引用类类型参数，这一特性解释了为什么拷贝构造函数自己的参数必须是引用类型。如果其参数不是引用类型，则调用永远也不会成功——为了调用拷贝构造函数，我们必须拷贝它的实参，但为了拷贝实参，我们又需要调用拷贝构造函数，如此无限循环。

拷贝初始化的限制

如前所述，如果我们使用的初始化值要求通过一个 explicit 的构造函数来进行类型转换（参见 7.5.4 节，第 265 页），那么使用拷贝初始化还是直接初始化就不是无关紧要的了：

```
vector<int> v1(10);   // 正确：直接初始化
vector<int> v2 = 10;  // 错误：接受大小参数的构造函数是 explicit 的
void f(vector<int>);  // f 的参数进行拷贝初始化
f(10);  // 错误：不能用一个 explicit 的构造函数拷贝一个实参
f(vector<int>(10));   // 正确：从一个 int 直接构造一个临时 vector
```

直接初始化 v1 是合法的，但看起来与之等价的拷贝初始化 v2 则是错误的，因为 vector 的接受单一大小参数的构造函数是 explicit 的。出于同样的原因，当传递一个实参或从函数返回一个值时，我们不能隐式使用一个 explicit 构造函数。如果我们希望使用一个 explicit 构造函数，就必须显式地使用，像此代码中最后一行那样。

|499>| **编译器可以绕过拷贝构造函数**

在拷贝初始化过程中，编译器可以（但不是必须）跳过拷贝/移动构造函数，直接创建对象。即，编译器被允许将下面的代码

```
string null_book = "9-999-99999-9"; // 拷贝初始化
```

改写为

```
string null_book("9-999-99999-9"); // 编译器略过了拷贝构造函数
```

但是，即使编译器略过了拷贝/移动构造函数，但在这个程序点上，拷贝/移动构造函数必须是存在且可访问的（例如，不能是 private 的）。

13.1.1 节练习

练习 13.1：拷贝构造函数是什么？什么时候使用它？

练习 13.2：解释为什么下面的声明是非法的：

```
Sales_data::Sales_data(Sales_data rhs);
```

练习 13.3：当我们拷贝一个 StrBlob 时，会发生什么？拷贝一个 StrBlobPtr 呢？

练习 13.4：假定 Point 是一个类类型，它有一个 public 的拷贝构造函数，指出下面程序片段中哪些地方使用了拷贝构造函数：

```
Point global;
Point foo_bar(Point arg)
{
    Point local = arg, *heap = new Point(global);
    *heap = local;
    Point pa[ 4 ] = { local, *heap };
    return *heap;
}
```

练习 13.5：给定下面的类框架，编写一个拷贝构造函数，拷贝所有成员。你的构造函数应该动态分配一个新的 string（参见 12.1.2 节，第 407 页），并将对象拷贝到 ps 指向的位置，而不是拷贝 ps 本身：

```
class HasPtr {
public:
    HasPtr(const std::string &s = std::string()):
        ps(new std::string(s)), i(0) { }
private:
    std::string *ps;
    int i;
};
```

13.1.2 拷贝赋值运算符

500

与类控制其对象如何初始化一样，类也可以控制其对象如何赋值：

```
Sales_data trans, accum;
trans = accum; // 使用 Sales_data 的拷贝赋值运算符
```

与拷贝构造函数一样，如果类未定义自己的拷贝赋值运算符，编译器会为它合成一个。

重载赋值运算符

在介绍合成赋值运算符之前，我们需要了解一点儿有关**重载运算符**（overloaded operator）的知识，详细内容将在第 14 章中进行介绍。

重载运算符本质上是函数，其名字由 operator 关键字后接表示要定义的运算符的符号组成。因此，赋值运算符就是一个名为 operator=的函数。类似于任何其他函数，运算符函数也有一个返回类型和一个参数列表。

重载运算符的参数表示运算符的运算对象。某些运算符，包括赋值运算符，必须定义为成员函数。如果一个运算符是一个成员函数，其左侧运算对象就绑定到隐式的 this 参数（参见 7.1.2 节，第 231 页）。对于一个二元运算符，例如赋值运算符，其右侧运算对象作为显式参数传递。

拷贝赋值运算符接受一个与其所在类相同类型的参数：

```
class Foo {
public:
```

```
    Foo& operator=(const Foo&); // 赋值运算符
    // ...
};
```

为了与内置类型的赋值（参见 4.4 节，第 129 页）保持一致，赋值运算符通常返回一个指向其左侧运算对象的引用。另外值得注意的是，标准库通常要求保存在容器中的类型要具有赋值运算符，且其返回值是左侧运算对象的引用。

 赋值运算符通常应该返回一个指向其左侧运算对象的引用。

合成拷贝赋值运算符

与处理拷贝构造函数一样，如果一个类未定义自己的拷贝赋值运算符，编译器会为它生成一个**合成拷贝赋值运算符**（synthesized copy-assignment operator）。类似拷贝构造函数，对于某些类，合成拷贝赋值运算符用来禁止此类型对象的赋值（参见 13.1.6 节，第 450 页）。如果拷贝赋值运算符并非出于此目的，它会将右侧运算对象的每个非 static 成员赋予左侧运算对象的对应成员，这一工作是通过成员类型的拷贝赋值运算符来完成的。对于数组类型的成员，逐个赋值数组元素。合成拷贝赋值运算符返回一个指向其左侧运算对象的引用。

501> 作为一个例子，下面的代码等价于 Sales_data 的合成拷贝赋值运算符：

```
// 等价于合成拷贝赋值运算符
Sales_data&
Sales_data::operator=(const Sales_data &rhs)
{
    bookNo = rhs.bookNo;        // 调用 string::operator=
    units_sold = rhs.units_sold; // 使用内置的 int 赋值
    revenue = rhs.revenue;       // 使用内置的 double 赋值
    return *this;                // 返回一个此对象的引用
}
```

13.1.2 节练习

练习 13.6：拷贝赋值运算符是什么？什么时候使用它？合成拷贝赋值运算符完成什么工作？什么时候会生成合成拷贝赋值运算符？

练习 13.7：当我们将一个 StrBlob 赋值给另一个 StrBlob 时，会发生什么？赋值 StrBlobPtr 呢？

练习 13.8：为 13.1.1 节（第 443 页）练习 13.5 中的 HasPtr 类编写赋值运算符。类似拷贝构造函数，你的赋值运算符应该将对象拷贝到 ps 指向的位置。

 13.1.3　析构函数

析构函数执行与构造函数相反的操作：构造函数初始化对象的非 static 数据成员，还可能做一些其他工作；析构函数释放对象使用的资源，并销毁对象的非 static 数据成员。

析构函数是类的一个成员函数，名字由波浪号接类名构成。它没有返回值，也不接受参数：

```
class Foo {
public:
    ~Foo(); // 析构函数
```

```
    //...
};
```

由于析构函数不接受参数，因此它不能被重载。对一个给定类，只会有唯一一个析构函数。

析构函数完成什么工作

如同构造函数有一个初始化部分和一个函数体（参见 7.5.1 节，第 257 页），析构函数也有一个函数体和一个析构部分。在一个构造函数中，成员的初始化是在函数体执行之前完成的，且按照它们在类中出现的顺序进行初始化。在一个析构函数中，首先执行函数体，然后销毁成员。成员按初始化顺序的逆序销毁。 <502

在对象最后一次使用之后，析构函数的函数体可执行类设计者希望执行的任何收尾工作。通常，析构函数释放对象在生存期分配的所有资源。

在一个析构函数中，不存在类似构造函数中初始化列表的东西来控制成员如何销毁，析构部分是隐式的。成员销毁时发生什么完全依赖于成员的类型。销毁类类型的成员需要执行成员自己的析构函数。内置类型没有析构函数，因此销毁内置类型成员什么也不需要做。

 隐式销毁一个内置指针类型的成员不会 delete 它所指向的对象。

与普通指针不同，智能指针（参见 12.1.1 节，第 402 页）是类类型，所以具有析构函数。因此，与普通指针不同，智能指针成员在析构阶段会被自动销毁。

什么时候会调用析构函数

无论何时一个对象被销毁，就会自动调用其析构函数：

* 变量在离开其作用域时被销毁。
* 当一个对象被销毁时，其成员被销毁。
* 容器（无论是标准库容器还是数组）被销毁时，其元素被销毁。
* 对于动态分配的对象，当对指向它的指针应用 delete 运算符时被销毁（参见 12.1.2 节，第 409 页）。
* 对于临时对象，当创建它的完整表达式结束时被销毁。

由于析构函数自动运行，我们的程序可以按需要分配资源，而（通常）无须担心何时释放这些资源。

例如，下面代码片段定义了四个 Sales_data 对象：

```
{ // 新作用域
    // p 和 p2 指向动态分配的对象
    Sales_data *p = new Sales_data;        // p 是一个内置指针
    auto p2 = make_shared<Sales_data>(); // p2 是一个 shared_ptr
    Sales_data item(*p);        // 拷贝构造函数将 *p 拷贝到 item 中
    vector<Sales_data> vec;    // 局部对象
    vec.push_back(*p2);        // 拷贝 p2 指向的对象
    delete p;                   // 对 p 指向的对象执行析构函数
} // 退出局部作用域；对 item、p2 和 vec 调用析构函数
    // 销毁 p2 会递减其引用计数；如果引用计数变为 0，对象被释放
    // 销毁 vec 会销毁它的元素
```

503> 每个 Sales_data 对象都包含一个 string 成员，它分配动态内存来保存 bookNo 成员中的字符。但是，我们的代码唯一需要直接管理的内存就是我们直接分配的 Sales_data 对象。我们的代码只需直接释放绑定到 p 的动态分配对象。

其他 Sales_data 对象会在离开作用域时被自动销毁。当程序块结束时，vec、p2 和 item 都离开了作用域，意味着在这些对象上分别会执行 vector、shared_ptr 和 Sales_data 的析构函数。vector 的析构函数会销毁我们添加到 vec 的元素。shared_ptr 的析构函数会递减 p2 指向的对象的引用计数。在本例中，引用计数会变为 0，因此 shared_ptr 的析构函数会 delete p2 分配的 Sales_data 对象。

在所有情况下，Sales_data 的析构函数都会隐式地销毁 bookNo 成员。销毁 bookNo 会调用 string 的析构函数，它会释放用来保存 ISBN 的内存。

 当指向一个对象的引用或指针离开作用域时，析构函数不会执行。

合成析构函数

当一个类未定义自己的析构函数时，编译器会为它定义一个**合成析构函数**（synthesized destructor）。类似拷贝构造函数和拷贝赋值运算符，对于某些类，合成析构函数被用来阻止该类型的对象被销毁（参见 13.1.6 节，第 450 页）。如果不是这种情况，合成析构函数的函数体就为空。

例如，下面的代码片段等价于 Sales_data 的合成析构函数：

```
class Sales_data {
public:
    // 成员会被自动销毁，除此之外不需要做其他事情
    ~Sales_data() { }
    // 其他成员的定义，如前
};
```

在（空）析构函数体执行完毕后，成员会被自动销毁。特别的，string 的析构函数会被调用，它将释放 bookNo 成员所用的内存。

认识到析构函数体自身并不直接销毁成员是非常重要的。成员是在析构函数体之后隐含的析构阶段中被销毁的。在整个对象销毁过程中，析构函数体是作为成员销毁步骤之外的另一部分而进行的。

13.1.3 节练习

练习 13.9: 析构函数是什么？合成析构函数完成什么工作？什么时候会生成合成析构函数？

练习 13.10: 当一个 StrBlob 对象销毁时会发生什么？一个 StrBlobPtr 对象销毁时呢？

练习 13.11: 为前面练习中的 HasPtr 类添加一个析构函数。

练习 13.12: 在下面的代码片段中会发生几次析构函数调用？

```
bool fcn(const Sales_data *trans, Sales_data accum)
{
    Sales_data item1(*trans), item2(accum);
```

```
    return item1.isbn() != item2.isbn();
}
```

练习 13.13：理解拷贝控制成员和构造函数的一个好方法是定义一个简单的类，为该类
定义这些成员，每个成员都打印出自己的名字：

```
struct X {
    X() {std::cout << "X()" << std::endl;}
    X(const X&) {std::cout << "X(const X&)" << std::endl;}
};
```

给 X 添加拷贝赋值运算符和析构函数，并编写一个程序以不同方式使用 X 的对象：将它
们作为非引用和引用参数传递；动态分配它们；将它们存放于容器中；诸如此类。观察
程序的输出，直到你确认理解了什么时候会使用拷贝控制成员，以及为什么会使用它们。
当你观察程序输出时，记住编译器可以略过对拷贝构造函数的调用。

13.1.4 三/五法则

如前所述，有三个基本操作可以控制类的拷贝操作：拷贝构造函数、拷贝赋值运算符
和析构函数。而且，在新标准下，一个类还可以定义一个移动构造函数和一个移动赋值运
算符，我们将在 13.6 节（第 470 页）中介绍这些内容。

C++语言并不要求我们定义所有这些操作：可以只定义其中一个或两个，而不必定义 〈504〉
所有。但是，这些操作通常应该被看作一个整体。通常，只需要其中一个操作，而不需要
定义所有操作的情况是很少见的。

需要析构函数的类也需要拷贝和赋值操作

当我们决定一个类是否要定义它自己版本的拷贝控制成员时，一个基本原则是首先确
定这个类是否需要一个析构函数。通常，对析构函数的需求要比对拷贝构造函数或赋值运
算符的需求更为明显。如果这个类需要一个析构函数，我们几乎可以肯定它也需要一个拷
贝构造函数和一个拷贝赋值运算符。

我们在练习中用过的 HasPtr 类是一个好例子（参见 13.1.1 节，第 443 页）。这个类
在构造函数中分配动态内存。合成析构函数不会 delete 一个指针数据成员。因此，此类
需要定义一个析构函数来释放构造函数分配的内存。

应该怎么做可能还有点儿不清晰，但基本原则告诉我们，HasPtr 也需要一个拷贝构
造函数和一个拷贝赋值运算符。

如果我们为 HasPtr 定义一个析构函数，但使用合成版本的拷贝构造函数和拷贝赋值 〈505〉
运算符，考虑会发生什么：

```
class HasPtr {
public:
    HasPtr(const std::string &s = std::string()):
        ps(new std::string(s)), i(0) { }
    ~HasPtr() { delete ps; }
    // 错误：HasPtr 需要一个拷贝构造函数和一个拷贝赋值运算符
    // 其他成员的定义，如前
};
```

在这个版本的类定义中，构造函数中分配的内存将在 HasPtr 对象销毁时被释放。但
不幸的是，我们引入了一个严重的错误！这个版本的类使用了合成的拷贝构造函数和拷贝

赋值运算符。这些函数简单拷贝指针成员,这意味着多个 HasPtr 对象可能指向相同的内存:

```
HasPtr f(HasPtr hp)        // HasPtr 是传值参数, 所以将被拷贝
{
    HasPtr ret = hp;       // 拷贝给定的 HasPtr
    // 处理 ret
    return ret;            // ret 和 hp 被销毁
}
```

当 f 返回时,hp 和 ret 都被销毁,在两个对象上都会调用 HasPtr 的析构函数。此析构函数会 delete ret 和 hp 中的指针成员。但这两个对象包含相同的指针值。此代码会导致此指针被 delete 两次,这显然是一个错误(参见 12.1.2 节,第 411 页)。将要发生什么是未定义的。

此外,f 的调用者还会使用传递给 f 的对象:

```
HasPtr p("some values");
f(p);              // 当 f 结束时, p.ps 指向的内存被释放
HasPtr q(p);       // 现在 p 和 q 都指向无效内存!
```

p(以及 q)指向的内存不再有效,在 hp(或 ret!)销毁时它就被归还给系统了。

> 如果一个类需要自定义析构函数,几乎可以肯定它也需要自定义拷贝赋值运算符和拷贝构造函数。

需要拷贝操作的类也需要赋值操作,反之亦然

虽然很多类需要定义所有(或是不需要定义任何)拷贝控制成员,但某些类所要完成的工作,只需要拷贝或赋值操作,不需要析构函数。

作为一个例子,考虑一个类为每个对象分配一个独有的、唯一的序号。这个类需要一个拷贝构造函数为每个新创建的对象生成一个新的、独一无二的序号。除此之外,这个拷贝构造函数从给定对象拷贝所有其他数据成员。这个类还需要自定义拷贝赋值运算符来避免将序号赋予目的对象。但是,这个类不需要自定义析构函数。

这个例子引出了第二个基本原则:如果一个类需要一个拷贝构造函数,几乎可以肯定它也需要一个拷贝赋值运算符。反之亦然——如果一个类需要一个拷贝赋值运算符,几乎可以肯定它也需要一个拷贝构造函数。然而,无论是需要拷贝构造函数还是需要拷贝赋值运算符都不必然意味着也需要析构函数。

13.1.4 节练习

练习 13.14: 假定 numbered 是一个类,它有一个默认构造函数,能为每个对象生成一个唯一的序号,保存在名为 mysn 的数据成员中。假定 numbered 使用合成的拷贝控制成员,并给定如下函数:

```
void f (numbered s) { cout << s.mysn << endl; }
```

则下面代码输出什么内容?

```
numbered a, b = a, c = b;
f(a); f(b); f(c);
```

练习 13.15: 假定 numbered 定义了一个拷贝构造函数,能生成一个新的序号。这会改变上一题中调用的输出结果吗?如果会改变,为什么?新的输出结果是什么?

> **练习 13.16**：如果 f 中的参数是 const numbered&，将会怎样？这会改变输出结果吗？如果会改变，为什么？新的输出结果是什么？
>
> **练习 13.17**：分别编写前三题中所描述的 numbered 和 f，验证你是否正确预测了输出结果。

13.1.5 使用=default

我们可以通过将拷贝控制成员定义为=default 来显式地要求编译器生成合成的版本（参见 7.1.4 节，第 237 页）：

```cpp
class Sales_data {
public:
    // 拷贝控制成员；使用 default
    Sales_data() = default;
    Sales_data(const Sales_data&) = default;
    Sales_data& operator=(const Sales_data &);
    ~Sales_data() = default;
    // 其他成员的定义，如前
};
Sales_data& Sales_data::operator=(const Sales_data&) = default;
```

当我们在类内用=default 修饰成员的声明时，合成的函数将隐式地声明为内联的（就像任何其他类内声明的成员函数一样）。如果我们不希望合成的成员是内联函数，应该只对成员的类外定义使用=default，就像对拷贝赋值运算符所做的那样。 <507

> 我们只能对具有合成版本的成员函数使用=default（即，默认构造函数或拷贝控制成员）。

13.1.6 阻止拷贝

> 大多数类应该定义默认构造函数、拷贝构造函数和拷贝赋值运算符，无论是隐式地还是显式地。

虽然大多数类应该定义（而且通常也的确定义了）拷贝构造函数和拷贝赋值运算符，但对某些类来说，这些操作没有合理的意义。在此情况下，定义类时必须采用某种机制阻止拷贝或赋值。例如，iostream 类阻止了拷贝，以避免多个对象写入或读取相同的 IO 缓冲。为了阻止拷贝，看起来可能应该不定义拷贝控制成员。但是，这种策略是无效的：如果我们的类未定义这些操作，编译器为它生成合成的版本。

定义删除的函数

在新标准下，我们可以通过将拷贝构造函数和拷贝赋值运算符定义为**删除的函数**（deleted function）来阻止拷贝。删除的函数是这样一种函数：我们虽然声明了它们，但不能以任何方式使用它们。在函数的参数列表后面加上=delete 来指出我们希望将它定义为删除的：

```cpp
struct NoCopy {
    NoCopy() = default;                    // 使用合成的默认构造函数
    NoCopy(const NoCopy&) = delete;                    // 阻止拷贝
    NoCopy &operator=(const NoCopy&) = delete;         // 阻止赋值
```

```
        ~NoCopy() = default;          // 使用合成的析构函数
        // 其他成员
    };
```

=delete 通知编译器（以及我们代码的读者），我们不希望定义这些成员。

与=default 不同，=delete 必须出现在函数第一次声明的时候，这个差异与这些声明的含义在逻辑上是吻合的。一个默认的成员只影响为这个成员而生成的代码，因此=default 直到编译器生成代码时才需要。而另一方面，编译器需要知道一个函数是删除的，以便禁止试图使用它的操作。

508> 与=default 的另一个不同之处是，我们可以对任何函数指定=delete（我们只能对编译器可以合成的默认构造函数或拷贝控制成员使用=default）。虽然删除函数的主要用途是禁止拷贝控制成员，但当我们希望引导函数匹配过程时，删除函数有时也是有用的。

析构函数不能是删除的成员

值得注意的是，我们不能删除析构函数。如果析构函数被删除，就无法销毁此类型的对象了。对于一个删除了析构函数的类型，编译器将不允许定义该类型的变量或创建该类的临时对象。而且，如果一个类有某个成员的类型删除了析构函数，我们也不能定义该类的变量或临时对象。因为如果一个成员的析构函数是删除的，则该成员无法被销毁。而如果一个成员无法被销毁，则对象整体也就无法被销毁了。

对于删除了析构函数的类型，虽然我们不能定义这种类型的变量或成员，但可以动态分配这种类型的对象。但是，不能释放这些对象：

```
struct NoDtor {
    NoDtor() = default;   // 使用合成默认构造函数
    ~NoDtor() = delete;   // 我们不能销毁 NoDtor 类型的对象
};
NoDtor nd;  // 错误：NoDtor 的析构函数是删除的
NoDtor *p = new NoDtor();// 正确：但我们不能 delete p
delete p;  // 错误：NoDtor 的析构函数是删除的
```

 对于析构函数已删除的类型，不能定义该类型的变量或释放指向该类型动态分配对象的指针。

合成的拷贝控制成员可能是删除的

如前所述，如果我们未定义拷贝控制成员，编译器会为我们定义合成的版本。类似的，如果一个类未定义构造函数，编译器会为其合成一个默认构造函数（参见 7.1.4 节，第 235页）。对某些类来说，编译器将这些合成的成员定义为删除的函数：

- 如果类的某个成员的析构函数是删除的或不可访问的（例如，是 private 的），则类的合成析构函数被定义为删除的。
- 如果类的某个成员的拷贝构造函数是删除的或不可访问的，则类的合成拷贝构造函数被定义为删除的。如果类的某个成员的析构函数是删除的或不可访问的，则类合成的拷贝构造函数也被定义为删除的。
- 如果类的某个成员的拷贝赋值运算符是删除的或不可访问的,或是类有一个const 的或引用成员，则类的合成拷贝赋值运算符被定义为删除的。
- 如果类的某个成员的析构函数是删除的或不可访问的，或是类有一个引用成员，它没有类内初始化器（参见 2.6.1 节，第 65 页），或是类有一个 const 成员，它没有类内初始化器且其类型未显式定义默认构造函数，则该类的默认构造函数被定义为删除的。

本质上，这些规则的含义是：如果一个类有数据成员不能默认构造、拷贝、复制或销毁，则对应的成员函数将被定义为删除的。 <509

一个成员有删除的或不可访问的析构函数会导致合成的默认和拷贝构造函数被定义为删除的，这看起来可能有些奇怪。其原因是，如果没有这条规则，我们可能会创建出无法销毁的对象。

对于具有引用成员或无法默认构造的 const 成员的类，编译器不会为其合成默认构造函数，这应该不奇怪。同样不出人意料的规则是：如果一个类有 const 成员，则它不能使用合成的拷贝赋值运算符。毕竟，此运算符试图赋值所有成员，而将一个新值赋予一个 const 对象是不可能的。

虽然我们可以将一个新值赋予一个引用成员，但这样做改变的是引用指向的对象的值，而不是引用本身。如果为这样的类合成拷贝赋值运算符，则赋值后，左侧运算对象仍然指向与赋值前一样的对象，而不会与右侧运算对象指向相同的对象。由于这种行为看起来并不是我们所期望的，因此对于有引用成员的类，合成拷贝赋值运算符被定义为删除的。

我们将在 13.6.2 节（第 476 页）、15.7.2 节（第 553 页）及 19.6 节（第 751 页）中介绍导致类的拷贝控制成员被定义为删除函数的其他原因。

 本质上，当不可能拷贝、赋值或销毁类的成员时，类的合成拷贝控制成员就被定义为删除的。

private 拷贝控制

在新标准发布之前，类是通过将其拷贝构造函数和拷贝赋值运算符声明为 private 的来阻止拷贝：

```
class PrivateCopy {
    // 无访问说明符；接下来的成员默认为 private 的；参见 7.2 节（第 240 页）
    // 拷贝控制成员是 private 的，因此普通用户代码无法访问
    PrivateCopy(const PrivateCopy&);
    PrivateCopy &operator=(const PrivateCopy&);
    // 其他成员
public:
    PrivateCopy() = default; // 使用合成的默认构造函数
    ~PrivateCopy(); // 用户可以定义此类型的对象，但无法拷贝它们
};
```

由于析构函数是 public 的，用户可以定义 PrivateCopy 类型的对象。但是，由于拷贝构造函数和拷贝赋值运算符是 private 的，用户代码将不能拷贝这个类型的对象。但是，友元和成员函数仍旧可以拷贝对象。为了阻止友元和成员函数进行拷贝，我们将这些拷贝控制成员声明为 private 的，但并不定义它们。

声明但不定义一个成员函数是合法的（参见 6.1.2 节，第 186 页），对此只有一个例外，我们将在 15.2.1 节（第 528 页）中介绍。试图访问一个未定义的成员将导致一个链接时错误。通过声明（但不定义）private 的拷贝构造函数，我们可以预先阻止任何拷贝该类型对象的企图：试图拷贝对象的用户代码将在编译阶段被标记为错误；成员函数或友元函数中的拷贝操作将会导致链接时错误。 <510

希望阻止拷贝的类应该使用=delete 来定义它们自己的拷贝构造函数和拷贝
赋值运算符，而不应该将它们声明为 private 的。

13.1.6 节练习

练习 13.18： 定义一个 Employee 类，它包含雇员的姓名和唯一的雇员证号。为这个类
定义默认构造函数，以及接受一个表示雇员姓名的 string 的构造函数。每个构造函数
应该通过递增一个 static 数据成员来生成一个唯一的证号。

练习 13.19： 你的 Employee 类需要定义它自己的拷贝控制成员吗？如果需要，为什么？
如果不需要，为什么？实现你认为 Employee 需要的拷贝控制成员。

练习 13.20： 解释当我们拷贝、赋值或销毁 TextQuery 和 QueryResult 类（参见 12.3
节，第 430 页）对象时会发生什么。

练习 13.21： 你认为 TextQuery 和 QueryResult 类需要定义它们自己版本的拷贝控
制成员吗？如果需要，为什么？如果不需要，为什么？实现你认为这两个类需要的拷贝
控制操作。

13.2　拷贝控制和资源管理

通常，管理类外资源的类必须定义拷贝控制成员。如我们在 13.1.4 节（第 447 页）中
所见，这种类需要通过析构函数来释放对象所分配的资源。一旦一个类需要析构函数，那
么它几乎肯定也需要一个拷贝构造函数和一个拷贝赋值运算符。

为了定义这些成员，我们首先必须确定此类型对象的拷贝语义。一般来说，有两种选
择：可以定义拷贝操作，使类的行为看起来像一个值或者像一个指针。

类的行为像一个值，意味着它应该也有自己的状态。当我们拷贝一个像值的对象时，
副本和原对象是完全独立的。改变副本不会对原对象有任何影响，反之亦然。

行为像指针的类则共享状态。当我们拷贝一个这种类的对象时，副本和原对象使用相
同的底层数据。改变副本也会改变原对象，反之亦然。

在我们使用过的标准库类中，标准库容器和 string 类的行为像一个值。而不出意外
的，shared_ptr 类提供类似指针的行为，就像我们的 StrBlob 类（参见 12.1.1 节，第
⑤¹¹▷ 405 页）一样，IO 类型和 unique_ptr 不允许拷贝或赋值，因此它们的行为既不像值也
不像指针。

为了说明这两种方式，我们会为练习中的 HasPtr 类定义拷贝控制成员。首先，我们
将令类的行为像一个值；然后重新实现类，使它的行为像一个指针。

我们的 HasPtr 类有两个成员，一个 int 和一个 string 指针。通常，类直接拷贝
内置类型（不包括指针）成员；这些成员本身就是值，因此通常应该让它们的行为像值一
样。我们如何拷贝指针成员决定了像 HasPtr 这样的类是具有类值行为还是类指针行为。

13.2 节练习

练习 13.22： 假定我们希望 HasPtr 的行为像一个值。即，对于对象所指向的 string

成员，每个对象都有一份自己的拷贝。我们将在下一节介绍拷贝控制成员的定义。但是，你已经学习了定义这些成员所需的所有知识。在继续学习下一节之前，为 HasPtr 编写拷贝构造函数和拷贝赋值运算符。

13.2.1 行为像值的类

为了提供类值的行为，对于类管理的资源，每个对象都应该拥有一份自己的拷贝。这意味着对于 ps 指向的 string，每个 HasPtr 对象都必须有自己的拷贝。为了实现类值行为，HasPtr 需要

- 定义一个拷贝构造函数，完成 string 的拷贝，而不是拷贝指针
- 定义一个析构函数来释放 string
- 定义一个拷贝赋值运算符来释放对象当前的 string，并从右侧运算对象拷贝 string

类值版本的 HasPtr 如下所示

```cpp
class HasPtr {
public:
    HasPtr(const std::string &s = std::string()):
        ps(new std::string(s)), i(0) { }
    // 对 ps 指向的 string，每个 HasPtr 对象都有自己的拷贝
    HasPtr(const HasPtr &p):
        ps(new std::string(*p.ps)), i(p.i) { }
    HasPtr& operator=(const HasPtr &);
    ~HasPtr() { delete ps; }
private:
    std::string *ps;
    int        i;
};
```

我们的类足够简单，在类内就已定义了除赋值运算符之外的所有成员函数。第一个构造函数接受一个（可选的）string 参数。这个构造函数动态分配它自己的 string 副本，并将指向 string 的指针保存在 ps 中。拷贝构造函数也分配它自己的 string 副本。析构函数对指针成员 ps 执行 delete，释放构造函数中分配的内存。 512

类值拷贝赋值运算符

赋值运算符通常组合了析构函数和构造函数的操作。类似析构函数，赋值操作会销毁左侧运算对象的资源。类似拷贝构造函数，赋值操作会从右侧运算对象拷贝数据。但是，非常重要的一点是，这些操作是以正确的顺序执行的，即使将一个对象赋予它自身，也保证正确。而且，如果可能，我们编写的赋值运算符还应该是异常安全的——当异常发生时能将左侧运算对象置于一个有意义的状态（参见 5.6.2 节，第 175 页）。

在本例中，通过先拷贝右侧运算对象，我们可以处理自赋值情况，并能保证在异常发生时代码也是安全的。在完成拷贝后，我们释放左侧运算对象的资源，并更新指针指向新分配的 string：

```cpp
HasPtr& HasPtr::operator=(const HasPtr &rhs)
{
    auto newp = new string(*rhs.ps); // 拷贝底层 string
    delete ps;          // 释放旧内存
```

```
    ps = newp;        // 从右侧运算对象拷贝数据到本对象
    i = rhs.i;
    return *this;     // 返回本对象
}
```

在这个赋值运算符中，非常清楚，我们首先进行了构造函数的工作：newp 的初始化器等价于 HasPtr 的拷贝构造函数中 ps 的初始化器。接下来与析构函数一样，我们 delete 当前 ps 指向的 string。然后就只剩下拷贝指向新分配的 string 的指针，以及从 rhs 拷贝 int 值到本对象了。

> **关键概念：赋值运算符**
>
> 当你编写赋值运算符时，有两点需要记住：
>
> - 如果将一个对象赋予它自身，赋值运算符必须能正确工作。
> - 大多数赋值运算符组合了析构函数和拷贝构造函数的工作。
>
> 当你编写一个赋值运算符时，一个好的模式是先将右侧运算对象拷贝到一个局部临时对象中。当拷贝完成后，销毁左侧运算对象的现有成员就是安全的了。一旦左侧运算对象的资源被销毁，就只剩下将数据从临时对象拷贝到左侧运算对象的成员中了。

513> 为了说明防范自赋值操作的重要性，考虑如果赋值运算符如下编写将会发生什么

```
// 这样编写赋值运算符是错误的！
HasPtr&
HasPtr::operator=(const HasPtr &rhs)
{
    delete ps; // 释放对象指向的 string
    // 如果 rhs 和*this 是同一个对象，我们就将从已释放的内存中拷贝数据！
    ps = new string(*(rhs.ps));
    i = rhs.i;
    return *this;
}
```

如果 rhs 和本对象是同一个对象，delete ps 会释放*this 和 rhs 指向的 string。接下来，当我们在 new 表达式中试图拷贝*(rhs.ps)时，就会访问一个指向无效内存的指针，其行为和结果是未定义的。

 对于一个赋值运算符来说，正确工作是非常重要的，即使是将一个对象赋予它自身，也要能正确工作。一个好的方法是在销毁左侧运算对象资源之前拷贝右侧运算对象。

13.2.1 节练习

练习 13.23： 比较上一节练习中你编写的拷贝控制成员和这一节中的代码。确定你理解了你的代码和我们的代码之间的差异（如果有的话）。

练习 13.24： 如果本节中的 HasPtr 版本未定义析构函数，将会发生什么？如果未定义拷贝构造函数，将会发生什么？

练习 13.25： 假定希望定义 StrBlob 的类值版本，而且希望继续使用 shared_ptr，

> 这样我们的 StrBlobPtr 类就仍能使用指向 vector 的 weak_ptr 了。你修改后的类将需要一个拷贝构造函数和一个拷贝赋值运算符，但不需要析构函数。解释拷贝构造函数和拷贝赋值运算符必须要做什么。解释为什么不需要析构函数。
>
> **练习 13.26**：对上一题中描述的 StrBlob 类，编写你自己的版本。

13.2.2 定义行为像指针的类

对于行为类似指针的类，我们需要为其定义拷贝构造函数和拷贝赋值运算符，来拷贝指针成员本身而不是它指向的 string。我们的类仍然需要自己的析构函数来释放接受 string 参数的构造函数分配的内存（参见 13.1.4 节，第 447 页）。但是，在本例中，析构函数不能单方面地释放关联的 string。只有当最后一个指向 string 的 HasPtr 销毁时，它才可以释放 string。

令一个类展现类似指针的行为的最好方法是使用 shared_ptr 来管理类中的资源。拷贝（或赋值）一个 shared_ptr 会拷贝（赋值）shared_ptr 所指向的指针。shared_ptr 类自己记录有多少用户共享它所指向的对象。当没有用户使用对象时，shared_ptr 类负责释放资源。

‹ 514

但是，有时我们希望直接管理资源。在这种情况下，使用**引用计数**（reference count）（参见 12.1.1 节，第 402 页）就很有用了。为了说明引用计数如何工作，我们将重新定义 HasPtr，令其行为像指针一样，但我们不使用 shared_ptr，而是设计自己的引用计数。

引用计数

引用计数的工作方式如下：

- 除了初始化对象外，每个构造函数（拷贝构造函数除外）还要创建一个引用计数，用来记录有多少对象与正在创建的对象共享状态。当我们创建一个对象时，只有一个对象共享状态，因此将计数器初始化为 1。
- 拷贝构造函数不分配新的计数器，而是拷贝给定对象的数据成员，包括计数器。拷贝构造函数递增共享的计数器，指出给定对象的状态又被一个新用户所共享。
- 析构函数递减计数器，指出共享状态的用户少了一个。如果计数器变为 0，则析构函数释放状态。
- 拷贝赋值运算符递增右侧运算对象的计数器，递减左侧运算对象的计数器。如果左侧运算对象的计数器变为 0，意味着它的共享状态没有用户了，拷贝赋值运算符就必须销毁状态。

唯一的难题是确定在哪里存放引用计数。计数器不能直接作为 HasPtr 对象的成员。下面的例子说明了原因：

```
HasPtr p1("Hiya!");
HasPtr p2(p1);    // p1 和 p2 指向相同的 string
HasPtr p3(p1);    // p1、p2 和 p3 都指向相同的 string
```

如果引用计数保存在每个对象中，当创建 p3 时我们应该如何正确更新它呢？可以递增 p1 中的计数器并将其拷贝到 p3 中，但如何更新 p2 中的计数器呢？

解决此问题的一种方法是将计数器保存在动态内存中。当创建一个对象时，我们也分配一个新的计数器。当拷贝或赋值对象时，我们拷贝指向计数器的指针。使用这种方法，副本和原对象都会指向相同的计数器。

定义一个使用引用计数的类

通过使用引用计数，我们就可以编写类指针的 HasPtr 版本了：

515>

```
class HasPtr {
public:
    // 构造函数分配新的 string 和新的计数器，将计数器置为 1
    HasPtr(const std::string &s = std::string()):
      ps(new std::string(s)), i(0), use(new std::size_t(1)) {}
    // 拷贝构造函数拷贝所有三个数据成员，并递增计数器
    HasPtr(const HasPtr &p):
        ps(p.ps), i(p.i), use(p.use) { ++*use; }
    HasPtr& operator=(const HasPtr&);
    ~HasPtr();
private:
    std::string *ps;
    int i;
    std::size_t *use; // 用来记录有多少个对象共享*ps 的成员
};
```

在此，我们添加了一个名为 use 的数据成员，它记录有多少对象共享相同的 string。接受 string 参数的构造函数分配新的计数器，并将其初始化为 1，指出当前有一个用户使用本对象的 string 成员。

类指针的拷贝成员"篡改"引用计数

当拷贝或赋值一个 HasPtr 对象时，我们希望副本和原对象都指向相同的 string。即，当拷贝一个 HasPtr 时，我们将拷贝 ps 本身，而不是 ps 指向的 string。当我们进行拷贝时，还会递增该 string 关联的计数器。

（我们在类内定义的）拷贝构造函数拷贝给定 HasPtr 的所有三个数据成员。这个构造函数还递增 use 成员，指出 ps 和 p.ps 指向的 string 又有了一个新的用户。

析构函数不能无条件地 delete ps——可能还有其他对象指向这块内存。析构函数应该递减引用计数，指出共享 string 的对象少了一个。如果计数器变为 0，则析构函数释放 ps 和 use 指向的内存：

```
HasPtr::~HasPtr()
{
    if (--*use == 0) {    // 如果引用计数变为 0
        delete ps;        // 释放 string 内存
        delete use;       // 释放计数器内存
    }
}
```

拷贝赋值运算符与往常一样执行类似拷贝构造函数和析构函数的工作。即，它必须递增右侧运算对象的引用计数（即，拷贝构造函数的工作），并递减左侧运算对象的引用计数，在必要时释放使用的内存（即，析构函数的工作）。

而且与往常一样，赋值运算符必须处理自赋值。我们通过先递增 rhs 中的计数然后

516> 再递减左侧运算对象中的计数来实现这一点。通过这种方法，当两个对象相同时，在我们检查 ps（及 use）是否应该释放之前，计数器就已经被递增过了：

```
HasPtr& HasPtr::operator=(const HasPtr &rhs)
{
```

```
            ++*rhs.use;  // 递增右侧运算对象的引用计数
            if (--*use == 0) {    // 然后递减本对象的引用计数
                delete ps;        // 如果没有其他用户
                delete use;       // 释放本对象分配的成员
            }
            ps = rhs.ps;          // 将数据从 rhs 拷贝到本对象
            i = rhs.i;
            use = rhs.use;
            return *this;         // 返回本对象
        }
```

13.2.2 节练习

练习 13.27：定义你自己的使用引用计数版本的 HasPtr。

练习 13.28：给定下面的类，为其实现一个默认构造函数和必要的拷贝控制成员。

```
(a) class TreeNode {            (b) class BinStrTree {
    private:                        private:
        std::string value;             TreeNode *root;
        int         count;         };
        TreeNode    *left;
        TreeNode    *right;
    };
```

13.3 交换操作

除了定义拷贝控制成员，管理资源的类通常还定义一个名为 swap 的函数（参见 9.2.5 节，第 303 页）。对于那些与重排元素顺序的算法（参见 10.2.3 节，第 342 页）一起使用的类，定义 swap 是非常重要的。这类算法在需要交换两个元素时会调用 swap。

如果一个类定义了自己的 swap，那么算法将使用类自定义版本。否则，算法将使用标准库定义的 swap。虽然与往常一样我们不知道 swap 是如何实现的，但理论上很容易理解，为了交换两个对象我们需要进行一次拷贝和两次赋值。例如，交换两个类值 HasPtr 对象（参见 13.2.1 节，第 453 页）的代码可能像下面这样：

```
HasPtr temp = v1;    // 创建 v1 的值的一个临时副本
v1 = v2;             // 将 v2 的值赋予 v1
v2 = temp;           // 将保存的 v1 的值赋予 v2
```

这段代码将原来 v1 中的 string 拷贝了两次——第一次是 HasPtr 的拷贝构造函数将 v1 ◁ 517 拷贝给 temp，第二次是赋值运算符将 temp 赋予 v2。将 v2 赋予 v1 的语句还拷贝了原来 v2 中的 string。如我们所见，拷贝一个类值的 HasPtr 会分配一个新 string 并将其拷贝到 HasPtr 指向的位置。

理论上，这些内存分配都是不必要的。我们更希望 swap 交换指针，而不是分配 string 的新副本。即，我们希望这样交换两个 HasPtr：

```
string *temp = v1.ps;    // 为 v1.ps 中的指针创建一个副本
v1.ps = v2.ps;           // 将 v2.ps 中的指针赋予 v1.ps
v2.ps = temp;            // 将保存的 v1.ps 中原来的指针赋予 v2.ps
```

编写我们自己的 swap 函数

可以在我们的类上定义一个自己版本的 swap 来重载 swap 的默认行为。swap 的典型实现如下：

```
class HasPtr {
    friend void swap(HasPtr&, HasPtr&);
    // 其他成员定义，与13.2.1节（第453页）中一样
};
inline
void swap(HasPtr &lhs, HasPtr &rhs)
{
    using std::swap;
    swap(lhs.ps, rhs.ps);      // 交换指针，而不是string数据
    swap(lhs.i, rhs.i);        // 交换int成员
}
```

我们首先将 swap 定义为 friend，以便能访问 HasPtr 的（private 的）数据成员。由于 swap 的存在就是为了优化代码，我们将其声明为 inline 函数（参见 6.5.2 节，第 213 页）。swap 的函数体对给定对象的每个数据成员调用 swap。我们首先 swap 绑定到 rhs 和 lhs 的对象的指针成员，然后是 int 成员。

> 与拷贝控制成员不同，swap 并不是必要的。但是，对于分配了资源的类，定义 swap 可能是一种很重要的优化手段。

swap 函数应该调用 swap，而不是 std::swap

此代码中有一个很重要的微妙之处：虽然这一点在这个特殊的例子中并不重要，但在一般情况下它非常重要——swap 函数中调用的 swap 不是 std::swap。在本例中，数据成员是内置类型的，而内置类型是没有特定版本的 swap 的，所以在本例中，对 swap 的调用会调用标准库 std::swap。

但是，如果一个类的成员有自己类型特定的 swap 函数，调用 std::swap 就是错误的了。例如，假定我们有另一个命名为 Foo 的类，它有一个类型为 HasPtr 的成员 h。如果我们未定义 Foo 版本的 swap，那么就会使用标准库版本的 swap。如我们所见，标准库 swap 对 HasPtr 管理的 string 进行了不必要的拷贝。

[518>]

我们可以为 Foo 编写一个 swap 函数，来避免这些拷贝。但是，如果这样编写 Foo 版本的 swap：

```
void swap(Foo &lhs, Foo &rhs)
{
    // 错误：这个函数使用了标准库版本的swap，而不是HasPtr版本
    std::swap(lhs.h, rhs.h);
    // 交换类型Foo的其他成员
}
```

此编码会编译通过，且正常运行。但是，使用此版本与简单使用默认版本的 swap 并没有任何性能差异。问题在于我们显式地调用了标准库版本的 swap。但是，我们不希望使用 std 中的版本，我们希望调用为 HasPtr 对象定义的版本。

正确的 swap 函数如下所示：

```
void swap(Foo &lhs, Foo &rhs)
```

```
    {
        using std::swap;
        swap(lhs.h, rhs.h);  // 使用 HasPtr 版本的 swap
        // 交换类型 Foo 的其他成员
    }
```

每个 swap 调用应该都是未加限定的。即，每个调用都应该是 swap，而不是 std::swap。如果存在类型特定的 swap 版本，其匹配程度会优于 std 中定义的版本，原因我们将在16.3 节（第 616 页）中进行解释。因此，如果存在类型特定的 swap 版本，swap 调用会与之匹配。如果不存在类型特定的版本，则会使用 std 中的版本（假定作用域中有 using 声明）。

非常仔细的读者可能会奇怪为什么 swap 函数中的 using 声明没有隐藏 HasPtr 版本 swap 的声明（参见 6.4.1 节，第 210 页）。我们将在 18.2.3 节（第 706 页）中解释为什么这段代码能正常工作。

在赋值运算符中使用 swap

定义 swap 的类通常用 swap 来定义它们的赋值运算符。这些运算符使用了一种名为**拷贝并交换**（copy and swap）的技术。这种技术将左侧运算对象与右侧运算对象的一个副本进行交换：

```
    // 注意 rhs 是按值传递的，意味着 HasPtr 的拷贝构造函数
    // 将右侧运算对象中的 string 拷贝到 rhs
    HasPtr& HasPtr::operator=(HasPtr rhs)
    {
        // 交换左侧运算对象和局部变量 rhs 的内容
        swap(*this, rhs);  // rhs 现在指向本对象曾经使用的内存
        return *this;      // rhs 被销毁，从而 delete 了 rhs 中的指针
    }
```

在这个版本的赋值运算符中，参数并不是一个引用，我们将右侧运算对象以传值方式传递给了赋值运算符。因此，rhs 是右侧运算对象的一个副本。参数传递时拷贝 HasPtr 的操作会分配该对象的 string 的一个新副本。

在赋值运算符的函数体中，我们调用 swap 来交换 rhs 和 *this 中的数据成员。这个调用将左侧运算对象中原来保存的指针存入 rhs 中，并将 rhs 中原来的指针存入 *this 中。因此，在 swap 调用之后，*this 中的指针成员将指向新分配的 string——右侧运算对象中 string 的一个副本。

当赋值运算符结束时，rhs 被销毁，HasPtr 的析构函数将执行。此析构函数 delete rhs 现在指向的内存，即，释放掉左侧运算对象中原来的内存。

这个技术的有趣之处是它自动处理了自赋值情况且天然就是异常安全的。它通过在改变左侧运算对象之前拷贝右侧运算对象保证了自赋值的正确，这与我们在原来的赋值运算符中使用的方法是一致的（参见 13.2.1 节，第 453 页）。它保证异常安全的方法也与原来的赋值运算符实现一样。代码中唯一可能抛出异常的是拷贝构造函数中的 new 表达式。如果真发生了异常，它也会在我们改变左侧运算对象之前发生。

> 使用拷贝和交换的赋值运算符自动就是异常安全的，且能正确处理自赋值。

练习 13.29：解释 swap(HasPtr&, HasPtr&) 中对 swap 的调用不会导致递归循环。

练习 13.30：为你的类值版本的 HasPtr 编写 swap 函数，并测试它。为你的 swap 函数添加一个打印语句，指出函数什么时候执行。

练习 13.31：为你的 HasPtr 类定义一个 < 运算符，并定义一个 HasPtr 的 vector。为这个 vector 添加一些元素，并对它执行 sort。注意何时会调用 swap。

练习 13.32：类指针的 HasPtr 版本会从 swap 函数受益吗？如果会,得到了什么益处？如果不是，为什么？

13.4　拷贝控制示例

　　虽然通常来说分配资源的类更需要拷贝控制，但资源管理并不是一个类需要定义自己的拷贝控制成员的唯一原因。一些类也需要拷贝控制成员的帮助来进行簿记工作或其他操作。

　　作为类需要拷贝控制来进行簿记操作的例子，我们将概述两个类的设计，这两个类可能用于邮件处理应用中。两个类命名为 Message 和 Folder，分别表示电子邮件（或者其他类型的）消息和消息目录。每个 Message 对象可以出现在多个 Folder 中。但是，任意给定的 Message 的内容只有一个副本。这样，如果一条 Message 的内容被改变，则我们从它所在的任何 Folder 来浏览此 Message 时，都会看到改变后的内容。

　　为了记录 Message 位于哪些 Folder 中，每个 Message 都会保存一个它所在 Folder 的指针的 set，同样的，每个 Folder 都保存一个它包含的 Message 的指针的 set。图 13.1 说明了这种设计思路。

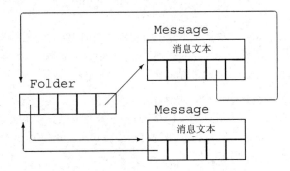

图 13.1：Message 和 Folder 类设计

　　我们的 Message 类会提供 save 和 remove 操作，来向一个给定 Folder 添加一条 Message 或是从中删除一条 Message。为了创建一个新的 Message，我们会指明消息内容，但不会指出 Folder。为了将一条 Message 放到一个特定 Folder 中，我们必须调用 save。

　　当我们拷贝一个 Message 时，副本和原对象将是不同的 Message 对象，但两个 Message 都出现在相同的 Folder 中。因此，拷贝 Message 的操作包括消息内容和 Folder 指针 set 的拷贝。而且，我们必须在每个包含此消息的 Folder 中都添加一个指向新创建的 Message 的指针。

　　当我们销毁一个 Message 时，它将不复存在。因此，我们必须从包含此消息的所有

Folder 中删除指向此 Message 的指针。

当我们将一个 Message 对象赋予另一个 Message 对象时,左侧 Message 的内容会被右侧 Message 的内容所替代。我们还必须更新 Folder 集合,从原来包含左侧 Message 的 Folder 中将它删除,并将它添加到包含右侧 Message 的 Folder 中。

观察这些操作,我们可以看到,析构函数和拷贝赋值运算符都必须从包含一条 Message 的所有 Folder 中删除它。类似的,拷贝构造函数和拷贝赋值运算符都要将一个 Message 添加到给定的一组 Folder 中。我们将定义两个 private 的工具函数来完成这些工作。

 拷贝赋值运算符通常执行拷贝构造函数和析构函数中也要做的工作。这种情况下,公共的工作应该放在 private 的工具函数中完成。

Folder 类也需要类似的拷贝控制成员,来添加或删除它保存的 Message。 〈521〉

我们将 Folder 类的设计和实现留作练习。但是,我们将假定 Folder 类包含名为 addMsg 和 remMsg 的成员,分别完成在给定 Folder 对象的消息集合中添加和删除 Message 的工作。

Message 类

根据上述设计,我们可以编写 Message 类,如下所示:

```
class Message {
    friend class Folder;
public:
    // folders 被隐式初始化为空集合
    explicit Message(const std::string &str = ""):
        contents(str) { }
    // 拷贝控制成员,用来管理指向本 Message 的指针
    Message(const Message&);                  // 拷贝构造函数
    Message& operator=(const Message&);       // 拷贝赋值运算符
    ~Message();                               // 析构函数
    // 从给定 Folder 集合中添加/删除本 Message
    void save(Folder&);
    void remove(Folder&);
private:
    std::string contents;          // 实际消息文本
    std::set<Folder*> folders;     // 包含本 Message 的 Folder
    // 拷贝构造函数、拷贝赋值运算符和析构函数所使用的工具函数
    // 将本 Message 添加到指向参数的 Folder 中
    void add_to_Folders(const Message&);
    // 从 folders 中的每个 Folder 中删除本 Message
    void remove_from_Folders();
};
```

这个类定义了两个数据成员:contents,保存消息文本;folders,保存指向本 Message 所在 Folder 的指针。接受一个 string 参数的构造函数将给定 string 拷贝给 contents,并将 folders(隐式)初始化为空集。由于此构造函数有一个默认参数,因此它也被当作 Message 的默认构造函数(参见 7.5.1 节,第 260 页)。

save 和 remove 成员

除拷贝控制成员外，Message 类只有两个公共成员：save，将本 Message 存放在给定 Folder 中；remove，删除本 Message：

```
void Message::save(Folder &f)
{
    folders.insert(&f);   // 将给定 Folder 添加到我们的 Folder 列表中
    f.addMsg(this);       // 将本 Message 添加到 f 的 Message 集合中
}
void Message::remove(Folder &f)
{
    folders.erase(&f);    // 将给定 Folder 从我们的 Folder 列表中删除
    f.remMsg(this);       // 将本 Message 从 f 的 Message 集合中删除
}
```

为了保存（或删除）一个 Message，需要更新本 Message 的 folders 成员。当 save 一个 Message 时，我们应保存一个指向给定 Folder 的指针；当 remove 一个 Message 时，我们要删除此指针。

这些操作还必须更新给定的 Folder。更新一个 Folder 的任务是由 Folder 类的 addMsg 和 remMsg 成员来完成的，分别添加和删除给定 Message 的指针。

Message 类的拷贝控制成员

当我们拷贝一个 Message 时，得到的副本应该与原 Message 出现在相同的 Folder 中。因此，我们必须遍历 Folder 指针的 set，对每个指向原 Message 的 Folder 添加一个指向新 Message 的指针。拷贝构造函数和拷贝赋值运算符都需要做这个工作，因此我们定义一个函数来完成这个公共操作：

```
// 将本 Message 添加到指向 m 的 Folder 中
void Message::add_to_Folders(const Message &m)
{
    for (auto f : m.folders) // 对每个包含 m 的 Folder
        f->addMsg(this);     // 向该 Folder 添加一个指向本 Message 的指针
}
```

此例中我们对 m.folders 中每个 Folder 调用 addMsg。函数 addMsg 会将本 Message 的指针添加到每个 Folder 中。

Message 的拷贝构造函数拷贝给定对象的数据成员：

```
Message::Message(const Message &m):
    contents(m.contents), folders(m.folders)
{
    add_to_Folders(m); // 将本消息添加到指向 m 的 Folder 中
}
```

并调用 add_to_Folders 将新创建的 Message 的指针添加到每个包含原 Message 的 Folder 中。

Message 的析构函数

当一个 Message 被销毁时，我们必须从指向此 Message 的 Folder 中删除它。拷贝赋值运算符也要执行此操作，因此我们会定义一个公共函数来完成此工作：

```
// 从对应的 Folder 中删除本 Message
void Message::remove_from_Folders()
{
    for (auto f : folders)      // 对 folders 中每个指针
        f->remMsg(this);        // 从该 Folder 中删除本 Message
}
```

函数 remove_from_Folders 的实现类似 add_to_Folders，不同之处是它调用 523 remMsg 来删除当前 Message 而不是调用 addMsg 来添加 Message。

有了 remove_from_Folders 函数，编写析构函数就很简单了：

```
Message::~Message()
{
    remove_from_Folders();
}
```

调用 remove_from_Folders 确保没有任何 Folder 保存正在销毁的 Message 的指针。编译器自动调用 string 的析构函数来释放 contents，并自动调用 set 的析构函数来清理集合成员使用的内存。

Message 的拷贝赋值运算符

与大多数赋值运算符相同，我们的 Message 类的拷贝赋值运算符必须执行拷贝构造函数和析构函数的工作。与往常一样，最重要的是我们要组织好代码结构，使得即使左侧和右侧运算对象是同一个 Message，拷贝赋值运算符也能正确执行。

在本例中，我们先从左侧运算对象的 folders 中删除此 Message 的指针，然后再将指针添加到右侧运算对象的 folders 中，从而实现了自赋值的正确处理：

```
Message& Message::operator=(const Message &rhs)
{
    // 通过先删除指针再插入它们来处理自赋值情况
    remove_from_Folders();      // 更新已有 Folder
    contents = rhs.contents;    // 从 rhs 拷贝消息内容
    folders = rhs.folders;      // 从 rhs 拷贝 Folder 指针
    add_to_Folders(rhs);        // 将本 Message 添加到那些 Folder 中
    return *this;
}
```

如果左侧和右侧运算对象是相同的 Message，则它们具有相同的地址。如果我们在 add_to_Folders 之后调用 remove_from_Folders，就会将此 Message 从它所在的所有 Folder 中删除。

Message 的 swap 函数

标准库中定义了 string 和 set 的 swap 版本（参见 9.2.5 节，第 303 页）。因此，如果为我们的 Message 类定义它自己的 swap 版本，它将从中受益。通过定义一个 Message 特定版本的 swap，我们可以避免对 contents 和 folders 成员进行不必要的拷贝。

但是，我们的 swap 函数必须管理指向被交换 Message 的 Folder 指针。在调用 swap(m1,m2) 之后，原来指向 m1 的 Folder 现在必须指向 m2，反之亦然。

我们通过两遍扫描 folders 中每个成员来正确处理 Folder 指针。第一遍扫描将 Message 从它们所在的 Folder 中删除。接下来我们调用 swap 来交换数据成员。最后对 folders 进行第二遍扫描来添加交换过的 Message：

524>
```
void swap(Message &lhs, Message &rhs)
{
    using std::swap; // 在本例中严格来说并不需要，但这是一个好习惯
    // 将每个消息的指针从它（原来）所在 Folder 中删除
    for (auto f: lhs.folders)
        f->remMsg(&lhs);
    for (auto f: rhs.folders)
        f->remMsg(&rhs);
    // 交换 contents 和 Folder 指针 set
    swap(lhs.folders, rhs.folders);      // 使用 swap(set&, set&)
    swap(lhs.contents, rhs.contents);    // swap(string&, string&)
    // 将每个 Message 的指针添加到它的（新）Folder 中
    for (auto f: lhs.folders)
        f->addMsg(&lhs);
    for (auto f: rhs.folders)
        f->addMsg(&rhs);
}
```

13.4 节练习

练习 13.33：为什么 Message 的成员 save 和 remove 的参数是一个 Folder&？为什么我们不将参数定义为 Folder 或是 const Folder&？

练习 13.34：编写本节所描述的 Message。

练习 13.35：如果 Message 使用合成的拷贝控制成员，将会发生什么？

练习 13.36：设计并实现对应的 Folder 类。此类应该保存一个指向 Folder 中包含的 Message 的 set。

练习 13.37：为 Message 类添加成员，实现向 folders 添加或删除一个给定的 Folder*。这两个成员类似 Folder 类的 addMsg 和 remMsg 操作。

练习 13.38：我们并未使用拷贝并交换方式来设计 Message 的赋值运算符。你认为其原因是什么？

13.5 动态内存管理类

某些类需要在运行时分配可变大小的内存空间。这种类通常可以（并且如果它们确实可以的话，一般应该）使用标准库容器来保存它们的数据。例如，我们的 StrBlob 类使用一个 vector 来管理其元素的底层内存。

但是，这一策略并不是对每个类都适用；某些类需要自己进行内存分配。这些类一般来说必须定义自己的拷贝控制成员来管理所分配的内存。

525>   例如，我们将实现标准库 vector 类的一个简化版本。我们所做的一个简化是不使用模板，我们的类只用于 string。因此，它被命名为 StrVec。

StrVec 类的设计

回忆一下，vector 类将其元素保存在连续内存中。为了获得可接受的性能，vector

预先分配足够的内存来保存可能需要的更多元素（参见 9.4 节，第 317 页）。vector 的每个添加元素的成员函数会检查是否有空间容纳更多的元素。如果有，成员函数会在下一个可用位置构造一个对象。如果没有可用空间，vector 就会重新分配空间：它获得新的空间，将已有元素移动到新空间中，释放旧空间，并添加新元素。

我们在 StrVec 类中使用类似的策略。我们将使用一个 allocator 来获得原始内存（参见 12.2.2 节，第 427 页）。由于 allocator 分配的内存是未构造的，我们将在需要添加新元素时用 allocator 的 construct 成员在原始内存中创建对象。类似的，当我们需要删除一个元素时，我们将使用 destroy 成员来销毁元素。

每个 StrVec 有三个指针成员指向其元素所使用的内存：

- elements，指向分配的内存中的首元素
- first_free，指向最后一个实际元素之后的位置
- cap，指向分配的内存末尾之后的位置

图 13.2 说明了这些指针的含义。

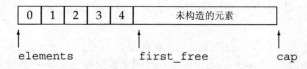

图 13.2：StrVec 内存分配策略

除了这些指针之外，StrVec 还有一个名为 alloc 的静态成员，其类型为 allocator<string>。alloc 成员会分配 StrVec 使用的内存。我们的类还有 4 个工具函数：

- alloc_n_copy 会分配内存，并拷贝一个给定范围中的元素。
- free 会销毁构造的元素并释放内存。
- chk_n_alloc 保证 StrVec 至少有容纳一个新元素的空间。如果没有空间添加新元素，chk_n_alloc 会调用 reallocate 来分配更多内存。
- reallocate 在内存用完时为 StrVec 分配新内存。

虽然我们关注的是类的实现，但我们也将定义 vector 接口中的一些成员。

StrVec 类定义

〈526〉

有了上述实现概要，我们现在可以定义 StrVec 类，如下所示：

```
// 类 vector 类内存分配策略的简化实现
class StrVec {
public:
    StrVec(): // allocator 成员进行默认初始化
      elements(nullptr), first_free(nullptr), cap(nullptr) { }
    StrVec(const StrVec&);                  // 拷贝构造函数
    StrVec &operator=(const StrVec&);       // 拷贝赋值运算符
    ~StrVec();                              // 析构函数
    void push_back(const std::string&);    // 拷贝元素
    size_t size() const { return first_free - elements; }
    size_t capacity() const { return cap - elements; }
    std::string *begin() const { return elements; }
    std::string *end() const { return first_free; }
```

```
        // ...
    private:
        static std::allocator<std::string> alloc; // 分配元素
        // 被添加元素的函数所使用
        void chk_n_alloc()
            { if (size() == capacity()) reallocate(); }
        // 工具函数，被拷贝构造函数、赋值运算符和析构函数所使用
        std::pair<std::string*, std::string*> alloc_n_copy
            (const std::string*, const std::string*);
        void free();            // 销毁元素并释放内存
        void reallocate();      // 获得更多内存并拷贝已有元素
        std::string *elements;  // 指向数组首元素的指针
        std::string *first_free; // 指向数组第一个空闲元素的指针
        std::string *cap;       // 指向数组尾后位置的指针
    };
```

类体定义了多个成员：

- 默认构造函数（隐式地）默认初始化 alloc 并（显式地）将指针初始化为 nullptr，表明没有元素。
- size 成员返回当前真正在使用的元素的数目，等于 first_free-elements。
- capacity 成员返回 StrVec 可以保存的元素的数量，等价于 cap-elements。
- 当没有空间容纳新元素，即 cap==first_free 时，chk_n_alloc 会为 StrVec 重新分配内存。
- begin 和 end 成员分别返回指向首元素（即 elements）和最后一个构造的元素之后位置（即 first_free）的指针。

使用 construct

函数 push_back 调用 chk_n_alloc 确保有空间容纳新元素。如果需要，
527 > chk_n_alloc 会调用 reallocate。当 chk_n_alloc 返回时，push_back 知道必有空间容纳新元素。它要求其 allocator 成员来 construct 新的尾元素：

```
void StrVec::push_back(const string& s)
{
    chk_n_alloc(); // 确保有空间容纳新元素
    // 在 first_free 指向的元素中构造 s 的副本
    alloc.construct(first_free++, s);
}
```

当我们用 allocator 分配内存时，必须记住内存是未构造的（参见 12.2.2 节，第 428 页）。为了使用此原始内存，我们必须调用 construct，在此内存中构造一个对象。传递给 construct 的第一个参数必须是一个指针，指向调用 allocate 所分配的未构造的内存空间。剩余参数确定用哪个构造函数来构造对象。在本例中，只有一个额外参数，类型为 string，因此会使用 string 的拷贝构造函数。

值得注意的是，对 construct 的调用也会递增 first_free，表示已经构造了一个新元素。它使用前置递增（参见 4.5 节，第 131 页），因此这个调用会在 first_free 当前值指定的地址构造一个对象，并递增 first_free 指向下一个未构造的元素。

alloc_n_copy 成员

我们在拷贝或赋值 StrVec 时，可能会调用 alloc_n_copy 成员。类似 vector，我们的 StrVec 类有类值的行为（参见 13.2.1 节，第 453 页）。当我们拷贝或赋值 StrVec 时，必须分配独立的内存，并从原 StrVec 对象拷贝元素至新对象。

alloc_n_copy 成员会分配足够的内存来保存给定范围的元素，并将这些元素拷贝到新分配的内存中。此函数返回一个指针的 pair（参见 11.2.3 节，第 379 页），两个指针分别指向新空间的开始位置和拷贝的尾后的位置：

```
pair<string*, string*>
StrVec::alloc_n_copy(const string *b, const string *e)
{
    // 分配空间保存给定范围中的元素
    auto data = alloc.allocate(e - b);
    // 初始化并返回一个 pair，该 pair 由 data 和 uninitialized_copy 的返回值构成
    return {data, uninitialized_copy(b, e, data)};
}
```

alloc_n_copy 用尾后指针减去首元素指针，来计算需要多少空间。在分配内存之后，它必须在此空间中构造给定元素的副本。

它是在返回语句中完成拷贝工作的，返回语句中对返回值进行了列表初始化（参见 6.3.2 节，第 203 页）。返回的 pair 的 first 成员指向分配的内存的开始位置；second 成员则是 uninitialized_copy（参见 12.2.2 节，第 429 页）的返回值，此值是一个指针，指向最后一个构造元素之后的位置。 〈528〉

free 成员

free 成员有两个责任：首先 destroy 元素，然后释放 StrVec 自己分配的内存空间。for 循环调用 allocator 的 destroy 成员，从构造的尾元素开始，到首元素为止，逆序销毁所有元素：

```
void StrVec::free()
{
    // 不能传递给 deallocate 一个空指针，如果 elements 为 0，函数什么也不做
    if (elements) {
        // 逆序销毁旧元素
        for (auto p = first_free; p != elements; /* 空 */)
            alloc.destroy(--p);
        alloc.deallocate(elements, cap - elements);
    }
}
```

destroy 函数会运行 string 的析构函数。string 的析构函数会释放 string 自己分配的内存空间。

一旦元素被销毁，我们就调用 deallocate 来释放本 StrVec 对象分配的内存空间。我们传递给 deallocate 的指针必须是之前某次 allocate 调用所返回的指针。因此，在调用 deallocate 之前我们首先检查 elements 是否为空。

拷贝控制成员

实现了 alloc_n_copy 和 free 成员后，为我们的类实现拷贝控制成员就很简单了。

拷贝构造函数调用 `alloc_n_copy`:

```
StrVec::StrVec(const StrVec &s)
{
    // 调用 alloc_n_copy 分配空间以容纳与 s 中一样多的元素
    auto newdata = alloc_n_copy(s.begin(), s.end());
    elements = newdata.first;
    first_free = cap = newdata.second;
}
```

并将返回结果赋予数据成员。`alloc_n_copy` 的返回值是一个指针的 `pair`。其 `first` 成员指向第一个构造的元素，`second` 成员指向最后一个构造的元素之后的位置。由于 `alloc_n_copy` 分配的空间恰好容纳给定的元素，`cap` 也指向最后一个构造的元素之后的位置。

析构函数调用 `free`:

```
StrVec::~StrVec() { free(); }
```

拷贝赋值运算符在释放已有元素之前调用 `alloc_n_copy`，这样就可以正确处理自赋值了：

529 ▷
```
StrVec &StrVec::operator=(const StrVec &rhs)
{
    // 调用 alloc_n_copy 分配内存，大小与 rhs 中元素占用空间一样多
    auto data = alloc_n_copy(rhs.begin(), rhs.end());
    free();
    elements = data.first;
    first_free = cap = data.second;
    return *this;
}
```

类似拷贝构造函数，拷贝赋值运算符使用 `alloc_n_copy` 的返回值来初始化它的指针。

在重新分配内存的过程中移动而不是拷贝元素

在编写 `reallocate` 成员函数之前，我们稍微思考一下此函数应该做什么。它应该

- 为一个新的、更大的 `string` 数组分配内存
- 在内存空间的前一部分构造对象，保存现有元素
- 销毁原内存空间中的元素，并释放这块内存

观察这个操作步骤，我们可以看出，为一个 `StrVec` 重新分配内存空间会引起从旧内存空间到新内存空间逐个拷贝 `string`。虽然我们不知道 `string` 的实现细节，但我们知道 `string` 具有类值行为。当拷贝一个 `string` 时，新 `string` 和原 `string` 是相互独立的。改变原 `string` 不会影响到副本，反之亦然。

由于 `string` 的行为类似值，我们可以得出结论，每个 `string` 对构成它的所有字符都会保存自己的一份副本。拷贝一个 `string` 必须为这些字符分配内存空间，而销毁一个 `string` 必须释放所占用的内存。

拷贝一个 `string` 就必须真的拷贝数据，因为通常情况下，在我们拷贝了一个 `string` 之后，它就会有两个用户。但是，如果是 `reallocate` 拷贝 `StrVec` 中的 `string`，则在拷贝之后，每个 `string` 只有唯一的用户。一旦将元素从旧空间拷贝到了新空间，我们就会立即销毁原 `string`。

因此，拷贝这些 string 中的数据是多余的。在重新分配内存空间时，如果我们能避免分配和释放 string 的额外开销，StrVec 的性能会好得多。

移动构造函数和 std::move

通过使用新标准库引入的两种机制，我们就可以避免 string 的拷贝。首先，有一些标准库类，包括 string，都定义了所谓的"移动构造函数"。关于 string 的移动构造函数如何工作的细节，以及有关实现的任何其他细节，目前都尚未公开。但是，我们知道，移动构造函数通常是将资源从给定对象"移动"而不是拷贝到正在创建的对象。而且我们知道标准库保证"移后源"（moved-from）string 仍然保持一个有效的、可析构的状态。对于 string，我们可以想象每个 string 都有一个指向 char 数组的指针。可以假定 string 的移动构造函数进行了指针的拷贝，而不是为字符分配内存空间然后拷贝字符。

我们使用的第二个机制是一个名为 **move** 的标准库函数，它定义在 utility 头文件中。目前，关于 move 我们需要了解两个关键点。首先，当 reallocate 在新内存中构造 string 时，它必须调用 move 来表示希望使用 string 的移动构造函数，原因我们将在 13.6.1 节（第 470 页）中解释。如果它漏掉了 move 调用，将会使用 string 的拷贝构造函数。其次，我们通常不为 move 提供一个 using 声明（参见 3.1 节，第 74 页），原因将在 18.2.3 节（第 706 页）中解释。当我们使用 move 时，直接调用 std::move 而不是 move。

reallocate 成员

了解了这些知识，现在就可以编写 reallocate 成员了。首先调用 allocate 分配新内存空间。我们每次重新分配内存时都会将 StrVec 的容量加倍。如果 StrVec 为空，我们将分配容纳一个元素的空间：

```
void StrVec::reallocate()
{
    // 我们将分配当前大小两倍的内存空间
    auto newcapacity = size() ? 2 * size() : 1;
    // 分配新内存
    auto newdata = alloc.allocate(newcapacity);
    // 将数据从旧内存移动到新内存
    auto dest = newdata;        // 指向新数组中下一个空闲位置
    auto elem = elements;       // 指向旧数组中下一个元素
    for (size_t i = 0; i != size(); ++i)
        alloc.construct(dest++, std::move(*elem++));
    free(); // 一旦我们移动完元素就释放旧内存空间
    // 更新我们的数据结构，执行新元素
    elements = newdata;
    first_free = dest;
    cap = elements + newcapacity;
}
```

for 循环遍历每个已有元素，并在新内存空间中 construct 一个对应元素。我们使用 dest 指向构造新 string 的内存，使用 elem 指向原数组中的元素。我们每次用后置递增运算将 dest（和 elem）推进到各自数组中的下一个元素。

construct 的第二个参数（即，确定使用哪个构造函数的参数（参见 12.2.2 节，第 428 页））是 move 返回的值。调用 move 返回的结果会令 construct 使用 string 的移动构造函数。由于我们使用了移动构造函数，这些 string 管理的内存将不会被拷贝。相反，我们构造的每个 string 都会从 elem 指向的 string 那里接管内存的所有权。

531〉　　在元素移动完毕后，我们调用 free 销毁旧元素并释放 StrVec 原来使用的内存。string 成员不再管理它们曾经指向的内存；其数据的管理职责已经转移给新 StrVec 内存中的元素了。我们不知道旧 StrVec 内存中的 string 包含什么值，但我们保证对它们执行 string 的析构函数是安全的。

　　剩下的就是更新指针，指向新分配并已初始化过的数组了。first_free 和 cap 指针分别被设置为指向最后一个构造的元素之后的位置及指向新分配空间的尾后位置。

13.5 节练习

练习 13.39：编写你自己版本的 StrVec，包括自己版本的 reserve、capacity（参见 9.4 节，第 318 页）和 resize（参见 9.3.5 节，第 314 页）。

练习 13.40：为你的 StrVec 类添加一个构造函数，它接受一个 initializer_list<string>参数。

练习 13.41：在 push_back 中，我们为什么在 construct 调用中使用后置递增运算？如果使用前置递增运算的话，会发生什么？

练习 13.42：在你的 TextQuery 和 QueryResult 类（参见 12.3 节，第 431 页）中用你的 StrVec 类代替 vector<string>，以此来测试你的 StrVec 类。

练习 13.43：重写 free 成员，用 for_each 和 lambda（参见 10.3.2 节，第 346 页）来代替 for 循环 destroy 元素。你更倾向于哪种实现，为什么？

练习 13.44：编写标准库 string 类的简化版本，命名为 String。你的类应该至少有一个默认构造函数和一个接受 C 风格字符串指针参数的构造函数。使用 allocator 为你的 String 类分配所需内存。

📚 13.6　对象移动

　　新标准的一个最主要的特性是可以移动而非拷贝对象的能力。如我们在 13.1.1 节（第 440 页）中所见，很多情况下都会发生对象拷贝。在其中某些情况下，对象拷贝后就立即被销毁了。在这些情况下，移动而非拷贝对象会大幅度提升性能。

　　如我们已经看到的，我们的 StrVec 类是这种不必要的拷贝的一个很好的例子。在重新分配内存的过程中，从旧内存将元素拷贝到新内存是不必要的，更好的方式是移动元素。使用移动而不是拷贝的另一个原因源于 IO 类或 unique_ptr 这样的类。这些类都包含不能被共享的资源（如指针或 IO 缓冲）。因此，这些类型的对象不能拷贝但可以移动。

532〉　　在旧 C++标准中，没有直接的方法移动对象。因此，即使不必拷贝对象的情况下，我们也不得不拷贝。如果对象较大，或者是对象本身要求分配内存空间（如 string），进行不必要的拷贝代价非常高。类似的，在旧版本的标准库中，容器中所保存的类必须是可拷贝的。但在新标准中，我们可以用容器保存不可拷贝的类型，只要它们能被移动即可。

标准库容器、string 和 shared_ptr 类既支持移动也支持拷贝。IO 类和 unique_ptr 类可以移动但不能拷贝。

13.6.1 右值引用

为了支持移动操作，新标准引入了一种新的引用类型——**右值引用**（rvalue reference）。所谓右值引用就是必须绑定到右值的引用。我们通过 && 而不是 & 来获得右值引用。如我们将要看到的，右值引用有一个重要的性质——只能绑定到一个将要销毁的对象。因此，我们可以自由地将一个右值引用的资源"移动"到另一个对象中。

回忆一下，左值和右值是表达式的属性（参见 4.1.1 节，第 121 页）。一些表达式生成或要求左值，而另外一些则生成或要求右值。一般而言，一个左值表达式表示的是一个对象的身份，而一个右值表达式表示的是对象的值。

类似任何引用，一个右值引用也不过是某个对象的另一个名字而已。如我们所知，对于常规引用（为了与右值引用区分开来，我们可以称之为**左值引用**（lvalue reference）），我们不能将其绑定到要求转换的表达式、字面常量或是返回右值的表达式（参见 2.3.1 节，第 46 页）。右值引用有着完全相反的绑定特性：我们可以将一个右值引用绑定到这类表达式上，但不能将一个右值引用直接绑定到一个左值上：

```
int i = 42;
int &r = i;              // 正确：r 引用 i
int &&rr = i;            // 错误：不能将一个右值引用绑定到一个左值上
int &r2 = i * 42;        // 错误：i*42 是一个右值
const int &r3 = i * 42;  // 正确：我们可以将一个 const 的引用绑定到一个右值上
int &&rr2 = i * 42;      // 正确：将 rr2 绑定到乘法结果上
```

返回左值引用的函数，连同赋值、下标、解引用和前置递增/递减运算符，都是返回左值的表达式的例子。我们可以将一个左值引用绑定到这类表达式的结果上。

返回非引用类型的函数，连同算术、关系、位以及后置递增/递减运算符，都生成右值。我们不能将一个左值引用绑定到这类表达式上，但我们可以将一个 const 的左值引用或者一个右值引用绑定到这类表达式上。

左值持久；右值短暂 <533>

考察左值和右值表达式的列表，两者相互区别之处就很明显了：左值有持久的状态，而右值要么是字面常量，要么是在表达式求值过程中创建的临时对象。

由于右值引用只能绑定到临时对象，我们得知

- 所引用的对象将要被销毁
- 该对象没有其他用户

这两个特性意味着：使用右值引用的代码可以自由地接管所引用的对象的资源。

 右值引用指向将要被销毁的对象。因此，我们可以从绑定到右值引用的对象"窃取"状态。

变量是左值

变量可以看作只有一个运算对象而没有运算符的表达式，虽然我们很少这样看待变

量。类似其他任何表达式，变量表达式也有左值/右值属性。变量表达式都是左值。带来的结果就是，我们不能将一个右值引用绑定到一个右值引用类型的变量上，这有些令人惊讶：

```
int &&rr1 = 42;  // 正确：字面常量是右值
int &&rr2 = rr1; // 错误：表达式 rr1 是左值!
```

其实有了右值表示临时对象这一观察结果，变量是左值这一特性并不令人惊讶。毕竟，变量是持久的，直至离开作用域时才被销毁。

> 变量是左值，因此我们不能将一个右值引用直接绑定到一个变量上，即使这个变量是右值引用类型也不行。

标准库 move 函数

虽然不能将一个右值引用直接绑定到一个左值上，但我们可以显式地将一个左值转换为对应的右值引用类型。我们还可以通过调用一个名为 **move** 的新标准库函数来获得绑定到左值上的右值引用，此函数定义在头文件 utility 中。move 函数使用了我们将在 16.2.6 节（第 610 页）中描述的机制来返回给定对象的右值引用。

```
int &&rr3 = std::move(rr1); // ok
```

move 调用告诉编译器：我们有一个左值，但我们希望像一个右值一样处理它。我们必须认识到，调用 move 就意味着承诺：除了对 rr1 赋值或销毁它外，我们将不再使用它。在调用 move 之后，我们不能对移后源对象的值做任何假设。

534 >

> 我们可以销毁一个移后源对象，也可以赋予它新值，但不能使用一个移后源对象的值。

如前所述，与大多数标准库名字的使用不同，对 move（参见 13.5 节，第 469 页）我们不提供 using 声明（参见 3.1 节，第 74 页）。我们直接调用 std::move 而不是 move，其原因将在 18.2.3 节（第 707 页）中解释。

> 使用 move 的代码应该使用 std::move 而不是 move。这样做可以避免潜在的名字冲突。

13.6.1 节练习

练习 13.45：解释右值引用和左值引用的区别。

练习 13.46：什么类型的引用可以绑定到下面的初始化器上？

```
int f();
vector<int> vi(100);
int? r1 = f();
int? r2 = vi[0];
int? r3 = r1;
int? r4 = vi[0] * f();
```

练习 13.47：对你在练习 13.44（13.5 节，第 470 页）中定义的 String 类，为它的拷贝构造函数和拷贝赋值运算符添加一条语句，在每次函数执行时打印一条信息。

> **练习 13.48**：定义一个 vector<String> 并在其上多次调用 push_back。运行你的程序，并观察 String 被拷贝了多少次。

13.6.2 移动构造函数和移动赋值运算符

类似 string 类（及其他标准库类），如果我们自己的类也同时支持移动和拷贝，那么也能从中受益。为了让我们自己的类型支持移动操作，需要为其定义移动构造函数和移动赋值运算符。这两个成员类似对应的拷贝操作，但它们从给定对象"窃取"资源而不是拷贝资源。

类似拷贝构造函数，移动构造函数的第一个参数是该类类型的一个引用。不同于拷贝构造函数的是，这个引用参数在移动构造函数中是一个右值引用。与拷贝构造函数一样，任何额外的参数都必须有默认实参。

除了完成资源移动，移动构造函数还必须确保移后源对象处于这样一个状态——销毁它是无害的。特别是，一旦资源完成移动，源对象必须不再指向被移动的资源——这些资源的所有权已经归属新创建的对象。

作为一个例子，我们为 StrVec 类定义移动构造函数，实现从一个 StrVec 到另一个 ◁ 535 StrVec 的元素移动而非拷贝：

```
StrVec::StrVec(StrVec &&s) noexcept // 移动操作不应抛出任何异常
    // 成员初始化器接管 s 中的资源
    : elements(s.elements), first_free(s.first_free), cap(s.cap)
{
    // 令 s 进入这样的状态——对其运行析构函数是安全的
    s.elements = s.first_free = s.cap = nullptr;
}
```

我们将简短解释 noexcept（它通知标准库我们的构造函数不抛出任何异常），但让我们先分析一下此构造函数完成什么工作。

与拷贝构造函数不同，移动构造函数不分配任何新内存；它接管给定的 StrVec 中的内存。在接管内存之后，它将给定对象中的指针都置为 nullptr。这样就完成了从给定对象的移动操作，此对象将继续存在。最终，移后源对象会被销毁，意味着将在其上运行析构函数。StrVec 的析构函数在 first_free 上调用 deallocate。如果我们忘记了改变 s.first_free，则销毁移后源对象就会释放掉我们刚刚移动的内存。

移动操作、标准库容器和异常

由于移动操作"窃取"资源，它通常不分配任何资源。因此，移动操作通常不会抛出任何异常。当编写一个不抛出异常的移动操作时，我们应该将此事通知标准库。我们将看到，除非标准库知道我们的移动构造函数不会抛出异常，否则它会认为移动我们的类对象时可能会抛出异常，并且为了处理这种可能性而做一些额外的工作。

一种通知标准库的方法是在我们的构造函数中指明 noexcept。noexcept 是新标准引入的，我们将在 18.1.4 节（第 690 页）中讨论更多细节。目前重要的是要知道，noexcept 是我们承诺一个函数不抛出异常的一种方法。我们在一个函数的参数列表后指定 noexcept。在一个构造函数中，noexcept 出现在参数列表和初始化列表开始的冒号之间：

```
class StrVec {
```

```
public:
    StrVec(StrVec&&) noexcept; // 移动构造函数
    // 其他成员的定义，如前
};
StrVec::StrVec(StrVec &&s) noexcept : /* 成员初始化器 */
{ /* 构造函数体 */ }
```

我们必须在类头文件的声明中和定义中（如果定义在类外的话）都指定 noexcept。

 不抛出异常的移动构造函数和移动赋值运算符必须标记为 noexcept。

536

　　搞清楚为什么需要 noexcept 能帮助我们深入理解标准库是如何与我们自定义的类型交互的。我们需要指出一个移动操作不抛出异常，这是因为两个相互关联的事实：首先，虽然移动操作通常不抛出异常，但抛出异常也是允许的；其次，标准库容器能对异常发生时其自身的行为提供保障。例如，vector 保证，如果我们调用 push_back 时发生异常，vector 自身不会发生改变。

　　现在让我们思考 push_back 内部发生了什么。类似对应的 StrVec 操作（参见 13.5节，第 466 页），对一个 vector 调用 push_back 可能要求为 vector 重新分配内存空间。当重新分配 vector 的内存时，vector 将元素从旧空间移动到新内存中，就像我们在 reallocate 中所做的那样（参见 13.5 节，第 469 页）。

　　如我们刚刚看到的那样，移动一个对象通常会改变它的值。如果重新分配过程使用了移动构造函数，且在移动了部分而不是全部元素后抛出了一个异常，就会产生问题。旧空间中的移动源元素已经被改变了，而新空间中未构造的元素可能尚不存在。在此情况下，vector 将不能满足自身保持不变的要求。

　　另一方面，如果 vector 使用了拷贝构造函数且发生了异常，它可以很容易地满足要求。在此情况下，当在新内存中构造元素时，旧元素保持不变。如果此时发生了异常，vector 可以释放新分配的（但还未成功构造的）内存并返回。vector 原有的元素仍然存在。

　　为了避免这种潜在问题，除非 vector 知道元素类型的移动构造函数不会抛出异常，否则在重新分配内存的过程中，它就必须使用拷贝构造函数而不是移动构造函数。如果希望在 vector 重新分配内存这类情况下对我们自定义类型的对象进行移动而不是拷贝，就必须显式地告诉标准库我们的移动构造函数可以安全使用。我们通过将移动构造函数（及移动赋值运算符）标记为 noexcept 来做到这一点。

移动赋值运算符

　　移动赋值运算符执行与析构函数和移动构造函数相同的工作。与移动构造函数一样，如果我们的移动赋值运算符不抛出任何异常，我们就应该将它标记为 noexcept。类似拷贝赋值运算符，移动赋值运算符必须正确处理自赋值：

```
StrVec &StrVec::operator=(StrVec &&rhs) noexcept
{
    // 直接检测自赋值
    if (this != &rhs) {
        free();                    // 释放已有元素
        elements = rhs.elements; // 从 rhs 接管资源
        first_free = rhs.first_free;
```

```
                       cap = rhs.cap;
                       // 将 rhs 置于可析构状态
                       rhs.elements = rhs.first_free = rhs.cap = nullptr;
               }
               return *this;
       }
```

在此例中，我们直接检查 this 指针与 rhs 的地址是否相同。如果相同，右侧和左侧运算对象指向相同的对象，我们不需要做任何事情。否则，我们释放左侧运算对象所使用的内存，并接管给定对象的内存。与移动构造函数一样，我们将 rhs 中的指针置为 nullptr。

我们费心地去检查自赋值情况看起来有些奇怪。毕竟，移动赋值运算符需要右侧运算对象的一个右值。我们进行检查的原因是此右值可能是 move 调用的返回结果。与其他任何赋值运算符一样，关键点是我们不能在使用右侧运算对象的资源之前就释放左侧运算对象的资源（可能是相同的资源）。

移后源对象必须可析构

从一个对象移动数据并不会销毁此对象，但有时在移动操作完成后，源对象会被销毁。因此，当我们编写一个移动操作时，必须确保移后源对象进入一个可析构的状态。我们的 StrVec 的移动操作满足这一要求，这是通过将移后源对象的指针成员置为 nullptr 来实现的。

除了将移后源对象置为析构安全的状态之外，移动操作还必须保证对象仍然是有效的。一般来说，对象有效就是指可以安全地为其赋予新值或者可以安全地使用而不依赖其当前值。另一方面，移动操作对移后源对象中留下的值没有任何要求。因此，我们的程序不应该依赖于移后源对象中的数据。

例如，当我们从一个标准库 string 或容器对象移动数据时，我们知道移后源对象仍然保持有效。因此，我们可以对它执行诸如 empty 或 size 这些操作。但是，我们不知道将会得到什么结果。我们可能期望一个移后源对象是空的，但这并没有保证。

我们的 StrVec 类的移动操作将移后源对象置于与默认初始化的对象相同的状态。因此，我们可以继续对移后源对象执行所有的 StrVec 操作，与任何其他默认初始化的对象一样。而其他内部结构更为复杂的类，可能表现出完全不同的行为。

 在移动操作之后，移后源对象必须保持有效的、可析构的状态，但是用户不能对其值进行任何假设。

合成的移动操作

与处理拷贝构造函数和拷贝赋值运算符一样，编译器也会合成移动构造函数和移动赋值运算符。但是，合成移动操作的条件与合成拷贝操作的条件大不相同。

回忆一下，如果我们不声明自己的拷贝构造函数或拷贝赋值运算符，编译器总会为我们合成这些操作（参见 13.1.1 节，第 440 页和 13.1.2 节，第 444 页）。拷贝操作要么被定义为逐成员拷贝，要么被定义为对象赋值，要么被定义为删除的函数。

与拷贝操作不同，编译器根本不会为某些类合成移动操作。特别是，如果一个类定义了自己的拷贝构造函数、拷贝赋值运算符或者析构函数，编译器就不会为它合成移动构造函数和移动赋值运算符了。因此，某些类就没有移动构造函数或移动赋值运算符。如我们将在第 477 页所见，如果一个类没有移动操作，通过正常的函数匹配，类会使用对应的拷538

贝操作来代替移动操作。

只有当一个类没有定义任何自己版本的拷贝控制成员，且类的每个非 static 数据成员都可以移动时，编译器才会为它合成移动构造函数或移动赋值运算符。编译器可以移动内置类型的成员。如果一个成员是类类型，且该类有对应的移动操作，编译器也能移动这个成员：

```
// 编译器会为 X 和 hasX 合成移动操作
struct X {
    int i;              // 内置类型可以移动
    std::string s;   // string 定义了自己的移动操作
};
struct hasX {
    X mem; // X 有合成的移动操作
};
X x, x2 = std::move(x);              // 使用合成的移动构造函数
hasX hx, hx2 = std::move(hx);        // 使用合成的移动构造函数
```

> 只有当一个类没有定义任何自己版本的拷贝控制成员，且它的所有数据成员都能移动构造或移动赋值时，编译器才会为它合成移动构造函数或移动赋值运算符。

与拷贝操作不同，移动操作永远不会隐式定义为删除的函数。但是，如果我们显式地要求编译器生成=default 的（参见 7.1.4 节，第 237 页）移动操作，且编译器不能移动所有成员，则编译器会将移动操作定义为删除的函数。除了一个重要例外，什么时候将合成的移动操作定义为删除的函数遵循与定义删除的合成拷贝操作类似的原则（参见 13.1.6 节，第 449 页）：

- 与拷贝构造函数不同，移动构造函数被定义为删除的函数的条件是：有类成员定义了自己的拷贝构造函数且未定义移动构造函数，或者是有类成员未定义自己的拷贝构造函数且编译器不能为其合成移动构造函数。移动赋值运算符的情况类似。
- 如果有类成员的移动构造函数或移动赋值运算符被定义为删除的或是不可访问的，则类的移动构造函数或移动赋值运算符被定义为删除的。
- 类似拷贝构造函数，如果类的析构函数被定义为删除的或不可访问的，则类的移动构造函数被定义为删除的。
- 类似拷贝赋值运算符，如果有类成员是 const 的或是引用，则类的移动赋值运算符被定义为删除的。

539 例如，假定 Y 是一个类，它定义了自己的拷贝构造函数但未定义自己的移动构造函数：

```
// 假定 Y 是一个类，它定义了自己的拷贝构造函数但未定义自己的移动构造函数
struct hasY {
    hasY() = default;
    hasY(hasY&&) = default;
    Y mem; // hasY 将有一个删除的移动构造函数
};
hasY hy, hy2 = std::move(hy); // 错误：移动构造函数是删除的
```

编译器可以拷贝类型为 Y 的对象，但不能移动它们。类 hasY 显式地要求一个移动构造函数，但编译器无法为其生成。因此，hasY 会有一个删除的移动构造函数。如果 hasY 忽略了移动构造函数的声明，则编译器根本不能为它合成一个。如果移动操作可能被定义为

删除的函数，编译器就不会合成它们。

移动操作和合成的拷贝控制成员间还有最后一个相互作用关系：一个类是否定义了自己的移动操作对拷贝操作如何合成有影响。如果类定义了一个移动构造函数和/或一个移动赋值运算符，则该类的合成拷贝构造函数和拷贝赋值运算符会被定义为删除的。

 定义了一个移动构造函数或移动赋值运算符的类必须也定义自己的拷贝操作。否则，这些成员默认地被定义为删除的。

移动右值，拷贝左值……

如果一个类既有移动构造函数，也有拷贝构造函数，编译器使用普通的函数匹配规则来确定使用哪个构造函数（参见 6.4 节，第 208 页）。赋值操作的情况类似。例如，在我们的 StrVec 类中，拷贝构造函数接受一个 const StrVec 的引用。因此，它可以用于任何可以转换为 StrVec 的类型。而移动构造函数接受一个 StrVec&&，因此只能用于实参是（非 static）右值的情形：

```
StrVec v1, v2;
v1 = v2;                    // v2 是左值；使用拷贝赋值
StrVec getVec(istream &);   // getVec 返回一个右值
v2 = getVec(cin);           // getVec(cin) 是一个右值；使用移动赋值
```

在第一个赋值中，我们将 v2 传递给赋值运算符。v2 的类型是 StrVec，表达式 v2 是一个左值。因此移动版本的赋值运算符是不可行的（参见 6.6 节，第 217 页），因为我们不能隐式地将一个右值引用绑定到一个左值。因此，这个赋值语句使用拷贝赋值运算符。

在第二个赋值中，我们赋予 v2 的是 getVec 调用的结果。此表达式是一个右值。在此情况下，两个赋值运算符都是可行的——将 getVec 的结果绑定到两个运算符的参数都是允许的。调用拷贝赋值运算符需要进行一次到 const 的转换，而 StrVec&& 则是精确匹配。因此，第二个赋值会使用移动赋值运算符。

……但如果没有移动构造函数，右值也被拷贝

540

如果一个类有一个拷贝构造函数但未定义移动构造函数，会发生什么呢？在此情况下，编译器不会合成移动构造函数，这意味着此类将有拷贝构造函数但不会有移动构造函数。如果一个类没有移动构造函数，函数匹配规则保证该类型的对象会被拷贝，即使我们试图通过调用 move 来移动它们时也是如此：

```
class Foo {
public:
    Foo() = default;
    Foo(const Foo&); // 拷贝构造函数
    // 其他成员定义，但 Foo 未定义移动构造函数
};
Foo x;
Foo y(x);              // 拷贝构造函数；x 是一个左值
Foo z(std::move(x));   // 拷贝构造函数，因为未定义移动构造函数
```

在对 z 进行初始化时，我们调用了 move(x)，它返回一个绑定到 x 的 Foo&&。Foo 的拷贝构造函数是可行的，因为我们可以将一个 Foo&& 转换为一个 const Foo&。因此，z 的初始化将使用 Foo 的拷贝构造函数。

值得注意的是，用拷贝构造函数代替移动构造函数几乎肯定是安全的（赋值运算符的

情况类似）。一般情况下，拷贝构造函数满足对应的移动构造函数的要求：它会拷贝给定对象，并将原对象置于有效状态。实际上，拷贝构造函数甚至都不会改变原对象的值。

 如果一个类有一个可用的拷贝构造函数而没有移动构造函数，则其对象是通过拷贝构造函数来"移动"的。拷贝赋值运算符和移动赋值运算符的情况类似。

拷贝并交换赋值运算符和移动操作

我们的 HasPtr 版本定义了一个拷贝并交换赋值运算符（参见 13.3 节，第 459 页），它是函数匹配和移动操作间相互关系的一个很好的示例。如果我们为此类添加一个移动构造函数，它实际上也会获得一个移动赋值运算符：

```
class HasPtr {
public:
    // 添加的移动构造函数
    HasPtr(HasPtr &&p) noexcept : ps(p.ps), i(p.i) {p.ps = 0;}
    // 赋值运算符既是移动赋值运算符，也是拷贝赋值运算符
    HasPtr& operator=(HasPtr rhs)
                    { swap(*this, rhs); return *this; }
    // 其他成员的定义，同 13.2.1 节（第 453 页）
};
```

在这个版本中，我们为类添加了一个移动构造函数，它接管了给定实参的值。构造函数体将给定的 HasPtr 的指针置为 0，从而确保销毁移后源对象是安全的。此函数不会抛出异常，因此我们将其标记为 noexcept（参见 13.6.2 节，第 473 页）。

现在让我们观察赋值运算符。此运算符有一个非引用参数，这意味着此参数要进行拷贝初始化（参见 13.1.1 节，第 441 页）。依赖于实参的类型，拷贝初始化要么使用拷贝构造函数，要么使用移动构造函数——左值被拷贝，右值被移动。因此，单一的赋值运算符就实现了拷贝赋值运算符和移动赋值运算符两种功能。

例如，假定 hp 和 hp2 都是 HasPtr 对象：

```
hp = hp2; // hp2 是一个左值；hp2 通过拷贝构造函数来拷贝
hp = std::move(hp2); // 移动构造函数移动 hp2
```

在第一个赋值中，右侧运算对象是一个左值，因此移动构造函数是不可行的。rhs 将使用拷贝构造函数来初始化。拷贝构造函数将分配一个新 string，并拷贝 hp2 指向的 string。

在第二个赋值中，我们调用 std::move 将一个右值引用绑定到 hp2 上。在此情况下，拷贝构造函数和移动构造函数都是可行的。但是，由于实参是一个右值引用，移动构造函数是精确匹配的。移动构造函数从 hp2 拷贝指针，而不会分配任何内存。

不管使用的是拷贝构造函数还是移动构造函数，赋值运算符的函数体都 swap 两个运算对象的状态。交换 HasPtr 会交换两个对象的指针（及 int）成员。在 swap 之后，rhs 中的指针将指向原来左侧运算对象所拥有的 string。当 rhs 离开其作用域时，这个 string 将被销毁。

建议：更新三/五法则

　　所有五个拷贝控制成员应该看作一个整体：一般来说，如果一个类定义了任何一个

拷贝操作, 它就应该定义所有五个操作。如前所述, 某些类必须定义拷贝构造函数、拷贝赋值运算符和析构函数才能正确工作 (参见 13.1.4 节, 第 447 页)。这些类通常拥有一个资源, 而拷贝成员必须拷贝此资源。一般来说, 拷贝一个资源会导致一些额外开销。在这种拷贝并非必要的情况下, 定义了移动构造函数和移动赋值运算符的类就可以避免此问题。

Message 类的移动操作

定义了自己的拷贝构造函数和拷贝赋值运算符的类通常也会从移动操作受益。例如, 我们的 Message 和 Folder 类 (参见 13.4 节, 第 460 页) 就应该定义移动操作。通过定义移动操作, Message 类可以使用 string 和 set 的移动操作来避免拷贝 contents 和 folders 成员的额外开销。

但是, 除了移动 folders 成员, 我们还必须更新每个指向原 Message 的 Folder。我们必须删除指向旧 Message 的指针, 并添加一个指向新 Message 的指针。

移动构造函数和移动赋值运算符都需要更新 Folder 指针, 因此我们首先定义一个操 <542> 作来完成这一共同的工作:

```
// 从本 Message 移动 Folder 指针
void Message::move_Folders(Message *m)
{
    folders = std::move(m->folders); // 使用 set 的移动赋值运算符
    for (auto f : folders) { // 对每个 Folder
        f->remMsg(m);          // 从 Folder 中删除旧 Message
        f->addMsg(this);       // 将本 Message 添加到 Folder 中
    }
    m->folders.clear();        // 确保销毁 m 是无害的
}
```

此函数首先移动 folders 集合。通过调用 move, 我们使用了 set 的移动赋值运算符而不是它的拷贝赋值运算符。如果我们忽略了 move 调用, 代码仍能正常工作, 但带来了不必要的拷贝。函数然后遍历所有 Folder, 从其中删除指向原 Message 的指针并添加指向新 Message 的指针。

值得注意的是, 向 set 插入一个元素可能会抛出一个异常——向容器添加元素的操作要求分配内存, 意味着可能会抛出一个 bad_alloc 异常 (参见 12.1.2 节, 第 409 页)。因此, 与我们的 HasPtr 和 StrVec 类的移动操作不同, Message 的移动构造函数和移动赋值运算符可能会抛出异常。因此我们未将它们标记为 noexcept (参见 13.6.2 节, 第 473 页)。

函数最后对 m.folders 调用 clear。在执行了 move 之后, 我们知道 m.folders 是有效的, 但不知道它包含什么内容。由于 Message 的析构函数遍历 folders, 我们希望能确定 set 是空的。

Message 的移动构造函数调用 move 来移动 contents, 并默认初始化自己的 folders 成员:

```
Message::Message(Message &&m): contents(std::move(m.contents))
{
    move_Folders(&m); // 移动 folders 并更新 Folder 指针
}
```

在构造函数体中，我们调用了 move_Folders 来删除指向 m 的指针并插入指向本 Message 的指针。

移动赋值运算符直接检查自赋值情况：

```
Message& Message::operator=(Message &&rhs)
{
    if (this != &rhs) {           // 直接检查自赋值情况
        remove_from_Folders();
        contents = std::move(rhs.contents); // 移动赋值运算符
        move_Folders(&rhs);   // 重置 Folders 指向本 Message
    }
    return *this;
}
```

543> 与任何赋值运算符一样，移动赋值运算符必须销毁左侧运算对象的旧状态。在本例中，销毁左侧运算对象要求我们从现有 folders 中删除指向本 Message 的指针，我们调用 remove_from_Folders 来完成这一工作。完成删除工作后，我们调用 move 从 rhs 将 contents 移动到 this 对象。剩下的就是调用 move_Messages 来更新 Folder 指针了。

移动迭代器

StrVec 的 reallocate 成员（参见 13.5 节，第 469 页）使用了一个 for 循环来调用 construct 从旧内存将元素拷贝到新内存中。作为一种替换方法，如果我们能调用 uninitialized_copy 来构造新分配的内存，将比循环更为简单。但是，uninitialized_copy 恰如其名：它对元素进行拷贝操作。标准库中并没有类似的函数将对象"移动"到未构造的内存中。

C++11　新标准库中定义了一种**移动迭代器**（move iterator）适配器（参见 10.4 节，第 358 页）。一个移动迭代器通过改变给定迭代器的解引用运算符的行为来适配此迭代器。一般来说，一个迭代器的解引用运算符返回一个指向元素的左值。与其他迭代器不同，移动迭代器的解引用运算符生成一个右值引用。

我们通过调用标准库的 make_move_iterator 函数将一个普通迭代器转换为一个移动迭代器。此函数接受一个迭代器参数，返回一个移动迭代器。

原迭代器的所有其他操作在移动迭代器中都照常工作。由于移动迭代器支持正常的迭代器操作，我们可以将一对移动迭代器传递给算法。特别是，可以将移动迭代器传递给 uninitialized_copy：

```
void StrVec::reallocate()
{
    // 分配大小两倍于当前规模的内存空间
    auto newcapacity = size() ? 2 * size() : 1;
    auto first = alloc.allocate(newcapacity);
    // 移动元素
    auto last = uninitialized_copy(make_move_iterator(begin()),
                                   make_move_iterator(end()),
                                   first);
    free();               // 释放旧空间
    elements = first;     // 更新指针
    first_free = last;
```

```
            cap = elements + newcapacity;
    }
```

uninitialized_copy 对输入序列中的每个元素调用 construct 来将元素 "拷贝" 到目的位置。此算法使用迭代器的解引用运算符从输入序列中提取元素。由于我们传递给它的是移动迭代器，因此解引用运算符生成的是一个右值引用，这意味着 construct 将使用移动构造函数来构造元素。

值得注意的是，标准库不保证哪些算法适用移动迭代器，哪些不适用。由于移动一个对象可能销毁掉原对象，因此你只有在确信算法在为一个元素赋值或将其传递给一个用户定义的函数后不再访问它时，才能将移动迭代器传递给算法。

544

> **建议：不要随意使用移动操作**
>
> 由于一个移后源对象具有不确定的状态，对其调用 std::move 是危险的。当我们调用 move 时，必须绝对确认移后源对象没有其他用户。
>
> 通过在类代码中小心地使用 move，可以大幅度提升性能。而如果随意在普通用户代码（与类实现代码相对）中使用移动操作，很可能导致莫名其妙的、难以查找的错误，而难以提升应用程序性能。
>
> **Best Practices** 在移动构造函数和移动赋值运算符这些类实现代码之外的地方，只有当你确信需要进行移动操作且移动操作是安全的，才可以使用 std::move。

13.6.2 节练习

练习 13.49： 为你的 StrVec、String 和 Message 类添加一个移动构造函数和一个移动赋值运算符。

练习 13.50： 在你的 String 类的移动操作中添加打印语句，并重新运行 13.6.1 节（第 473 页）的练习 13.48 中的程序，它使用了一个 vector<String>，观察什么时候会避免拷贝。

练习 13.51： 虽然 unique_ptr 不能拷贝，但我们在 12.1.5 节（第 418 页）中编写了一个 clone 函数，它以值方式返回一个 unique_ptr。解释为什么函数是合法的，以及为什么它能正确工作。

练习 13.52： 详细解释第 478 页中的 HasPtr 对象的赋值发生了什么？特别是，一步一步描述 hp、hp2 以及 HasPtr 的赋值运算符中的参数 rhs 的值发生了什么变化。

练习 13.53： 从底层效率的角度看，HasPtr 的赋值运算符并不理想，解释为什么。为 HasPtr 实现一个拷贝赋值运算符和一个移动赋值运算符，并比较你的新的移动赋值运算符中执行的操作和拷贝并交换版本中执行的操作。

练习 13.54： 如果我们为 HasPtr 定义了移动赋值运算符，但未改变拷贝并交换运算符，会发生什么？编写代码验证你的答案。

13.6.3 右值引用和成员函数

除了构造函数和赋值运算符之外，如果一个成员函数同时提供拷贝和移动版本，它也能从中受益。这种允许移动的成员函数通常使用与拷贝/移动构造函数和赋值运算符相同的参数模式——一个版本接受一个指向 const 的左值引用，第二个版本接受一个指向非

545

const 的右值引用。

例如，定义了 push_back 的标准库容器提供两个版本：一个版本有一个右值引用参数，而另一个版本有一个 const 左值引用。假定 X 是元素类型，那么这些容器就会定义以下两个 push_back 版本：

```
void push_back(const X&);      // 拷贝：绑定到任意类型的 X
void push_back(X&&);           // 移动：只能绑定到类型 X 的可修改的右值
```

我们可以将能转换为类型 X 的任何对象传递给第一个版本的 push_back。此版本从其参数拷贝数据。对于第二个版本，我们只可以传递给它非 const 的右值。此版本对于非 const 的右值是精确匹配（也是更好的匹配）的，因此当我们传递一个可修改的右值（参见 13.6.2 节，第 477 页）时，编译器会选择运行这个版本。此版本会从其参数窃取数据。

一般来说，我们不需要为函数操作定义接受一个 const X&&或是一个（普通的）X& 参数的版本。当我们希望从实参"窃取"数据时，通常传递一个右值引用。为了达到这一目的，实参不能是 const 的。类似的，从一个对象进行拷贝的操作不应该改变该对象。因此，通常不需要定义一个接受一个（普通的）X& 参数的版本。

> **Note** 区分移动和拷贝的重载函数通常有一个版本接受一个 const T&，而另一个版本接受一个 T&&。

作为一个更具体的例子，我们将为 StrVec 类定义另一个版本的 push_back：

```
class StrVec {
public:
    void push_back(const std::string&);    // 拷贝元素
    void push_back(std::string&&);         // 移动元素
    // 其他成员的定义，如前
};
// 与 13.5 节（第 466 页）中的原版本相同
void StrVec::push_back(const string& s)
{
    chk_n_alloc(); // 确保有空间容纳新元素
    // 在 first_free 指向的元素中构造 s 的一个副本
    alloc.construct(first_free++, s);
}
void StrVec::push_back(string &&s)
{
    chk_n_alloc(); // 如果需要的话为 StrVec 重新分配内存
    alloc.construct(first_free++, std::move(s));
}
```

这两个成员几乎是相同的。差别在于右值引用版本调用 move 来将其参数传递给 construct。如前所述，construct 函数使用其第二个和随后的实参的类型来确定使用哪个构造函数。由于 move 返回一个右值引用，传递给 construct 的实参类型是 string&&。因此，会使用 string 的移动构造函数来构造新元素。

[546]

当我们调用 push_back 时，实参类型决定了新元素是拷贝还是移动到容器中：

```
StrVec vec; // 空 StrVec
string s = "some string or another";
vec.push_back(s);             // 调用 push_back(const string&)
```

```
vec.push_back("done");    // 调用 push_back(string&&)
```

这些调用的差别在于实参是一个左值还是一个右值（从"done"创建的临时 string），具体调用哪个版本据此来决定。

右值和左值引用成员函数

通常，我们在一个对象上调用成员函数，而不管该对象是一个左值还是一个右值。例如：

```
string s1 = "a value", s2 = "another";
auto n = (s1 + s2).find('a');
```

此例中，我们在一个 string 右值上调用 find 成员（参见 9.5.3 节，第 325 页），该 string 右值是通过连接两个 string 而得到的。有时，右值的使用方式可能令人惊讶：

```
s1 + s2 = "wow!";
```

此处我们对两个 string 的连接结果——一个右值，进行了赋值。

在旧标准中，我们没有办法阻止这种使用方式。为了维持向后兼容性，新标准库类仍然允许向右值赋值。但是，我们可能希望在自己的类中阻止这种用法。在此情况下，我们希望强制左侧运算对象（即，this 指向的对象）是一个左值。

我们指出 this 的左值/右值属性的方式与定义 const 成员函数相同（参见 7.1.2 节，第 231 页），即，在参数列表后放置一个**引用限定符**（reference qualifier）: C++11

```
class Foo {
public:
    Foo &operator=(const Foo&) &;    // 只能向可修改的左值赋值
    // Foo 的其他参数
};
Foo &Foo::operator=(const Foo &rhs) &
{
    // 执行将 rhs 赋予本对象所需的工作
    return *this;
}
```

引用限定符可以是&或&&，分别指出 this 可以指向一个左值或右值。类似 const 限定符，引用限定符只能用于（非 static）成员函数，且必须同时出现在函数的声明和定义中。

对于&限定的函数，我们只能将它用于左值；对于&&限定的函数，只能用于右值：

547

```
Foo &retFoo();      // 返回一个引用；retFoo 调用是一个左值
Foo retVal();       // 返回一个值；retVal 调用是一个右值
Foo i, j;           // i 和 j 是左值
i = j;              // 正确：i 是左值
retFoo() = j;       // 正确：retFoo()返回一个左值
retVal() = j;       // 错误：retVal()返回一个右值
i = retVal();       // 正确：我们可以将一个右值作为赋值操作的右侧运算对象
```

一个函数可以同时用 const 和引用限定。在此情况下，引用限定符必须跟随在 const 限定符之后：

```
class Foo {
public:
Foo someMem() & const;      // 错误：const 限定符必须在前
Foo anotherMem() const &;   // 正确：const 限定符在前
};
```

重载和引用函数

就像一个成员函数可以根据是否有 const 来区分其重载版本一样（参见 7.3.2 节，第 247 页），引用限定符也可以区分重载版本。而且，我们可以综合引用限定符和 const 来区分一个成员函数的重载版本。例如，我们将为 Foo 定义一个名为 data 的 vector 成员和一个名为 sorted 的成员函数，sorted 返回一个 Foo 对象的副本，其中 vector 已被排序：

```
class Foo {
public:
    Foo sorted() &&;            // 可用于可改变的右值
    Foo sorted() const &;       // 可用于任何类型的 Foo
    // Foo 的其他成员的定义
private:
    vector<int> data;
};
// 本对象为右值，因此可以原址排序
Foo Foo::sorted() &&
{
    sort(data.begin(), data.end());
    return *this;
}
// 本对象是 const 或是一个左值，哪种情况我们都不能对其进行原址排序
Foo Foo::sorted() const & {
    Foo ret(*this);                            // 拷贝一个副本
    sort(ret.data.begin(), ret.data.end());    // 排序副本
    return ret;                                // 返回副本
}
```

当我们对一个右值执行 sorted 时，它可以安全地直接对 data 成员进行排序。对象是一个右值，意味着没有其他用户，因此我们可以改变对象。当对一个 const 右值或一个左值执行 sorted 时，我们不能改变对象，因此就需要在排序前拷贝 data。

编译器会根据调用 sorted 的对象的左值/右值属性来确定使用哪个 sorted 版本：

548 ▷
```
retVal().sorted(); // retVal()是一个右值,调用 Foo::sorted() &&
retFoo().sorted(); // retFoo()是一个左值,调用 Foo::sorted() const &
```

当我们定义 const 成员函数时，可以定义两个版本，唯一的差别是一个版本有 const 限定而另一个没有。引用限定的函数则不一样。如果我们定义两个或两个以上具有相同名字和相同参数列表的成员函数，就必须对所有函数都加上引用限定符，或者所有都不加：

```
class Foo {
public:
    Foo sorted() &&;
    Foo sorted() const; // 错误: 必须加上引用限定符
    // Comp 是函数类型的类型别名 (参见 6.7 节, 第 222 页)
    // 此函数类型可以用来比较 int 值
    using Comp = bool(const int&, const int&);
    Foo sorted(Comp*);          // 正确: 不同的参数列表
    Foo sorted(Comp*) const;    // 正确: 两个版本都没有引用限定符
};
```

本例中声明了一个没有参数的 const 版本的 sorted，此声明是错误的。因为 Foo 类中还有一个无参的 sorted 版本，它有一个引用限定符，因此 const 版本也必须有引用限定符。另一方面，接受一个比较操作指针的 sorted 版本是没问题的，因为两个函数都没有引用限定符。

 如果一个成员函数有引用限定符，则具有相同参数列表的所有版本都必须有引用限定符。

13.6.3 节练习

练习 13.55：为你的 StrBlob 添加一个右值引用版本的 push_back。

练习 13.56：如果 sorted 定义如下，会发生什么：

```
Foo Foo::sorted() const & {
    Foo ret(*this);
    return ret.sorted();
}
```

练习 13.57：如果 sorted 定义如下，会发生什么：

```
Foo Foo::sorted() const & { return Foo(*this).sorted(); }
```

练习 13.58：编写新版本的 Foo 类，其 sorted 函数中有打印语句，测试这个类，来验证你对前两题的答案是否正确。

小结

每个类都会控制该类型对象拷贝、移动、赋值以及销毁时发生什么。特殊的成员函数——拷贝构造函数、移动构造函数、拷贝赋值运算符、移动赋值运算符和析构函数定义了这些操作。移动构造函数和移动赋值运算符接受一个（通常是非 const 的）右值引用；而拷贝版本则接受一个（通常是 const 的）普通左值引用。

如果一个类未声明这些操作，编译器会自动为其生成。如果这些操作未定义成删除的，它们会逐成员初始化、移动、赋值或销毁对象：合成的操作依次处理每个非 static 数据成员，根据成员类型确定如何移动、拷贝、赋值或销毁它。

分配了内存或其他资源的类几乎总是需要定义拷贝控制成员来管理分配的资源。如果一个类需要析构函数，则它几乎肯定也需要定义移动和拷贝构造函数及移动和拷贝赋值运算符。

术语表

拷贝并交换（copy and swap） 涉及赋值运算符的技术，首先拷贝右侧运算对象，然后调用 swap 来交换副本和左侧运算对象。

拷贝赋值运算符（copy-assignment operator） 接受一个本类型对象的赋值运算符版本。通常，拷贝赋值运算符的参数是一个 const 的引用，并返回指向本对象的引用。如果类未显式定义拷贝赋值运算符，编译器会为它合成一个。

拷贝构造函数（copy constructor） 一种构造函数，将新对象初始化为同类型另一个对象的副本。当向函数传递对象，或以传值方式从函数返回对象时，会隐式使用拷贝构造函数。如果我们未提供拷贝构造函数，编译器会为我们合成一个。

拷贝控制（copy control） 特殊的成员函数，控制拷贝、移动、赋值及销毁本类类型对象时发生什么。如果类未定义这些操作，编译器会为它合成恰当的定义。

拷贝初始化（copy initialization） 一种初始化形式，当我们使用=为一个新创建的对象提供初始化器时，会使用拷贝初始化。如果我们向函数传递对象或以传值方式从函数返回对象，以及初始化一个数组或一个聚合类时，也会使用拷贝初始化。

删除的函数（deleted function） 不能使用的函数。我们在一个函数的声明上指定 =delete 来删除它。删除的函数的一个常见用途是告诉编译器不要为类合成拷贝和/或移动操作。

析构函数（destructor） 特殊的成员函数，当对象离开作用域或被释放时进行清理工作。编译器会自动销毁每个数据成员。类类型的成员通过调用其析构函数来销毁；而内置类型或复合类型的成员的销毁则不需要做任何工作。特别是，析构函数不会释放指针成员指向的对象。

左值引用（lvalue reference） 可以绑定到左值的引用。

逐成员拷贝/赋值（memberwise copy/assign） 合成的拷贝与移动构造函数及拷贝与移动赋值运算符的工作方式。合成的拷贝或移动构造函数依次处理每个非 static 数据成员，通过从给定对象拷贝或移动对应成员来初始化本对象成员；拷贝或移动赋值运算符从右侧运算对象中将每个成员拷贝赋值或移动赋值到左侧运算对象中。内置类型或复合类型的成员直接进行初始化或赋值。类类型的成员通过成员对应的拷贝/移动构造函数或拷贝/移动赋值运算符进行初始化或赋值。

move 用来将一个右值引用绑定到一个左值的标准库函数。调用 move 隐含地承诺我们将不会再使用移后源对象，除了销毁它或赋予它一个新值之外。

移动赋值运算符（move-assignment operator） 接受一个本类型右值引用参数的赋值运算符版本。通常，移动赋值运算符将数据从右侧运算对象移动到左侧运算对象。赋值之后，对右侧运算对象执行析构函数必须是安全的。

移动构造函数（move constructor） 一种构造函数，接受一个本类型的右值引用。通常，移动构造函数将数据从其参数移动到新创建的对象中。移动之后，对给定的实参执行析构函数必须是安全的。

移动迭代器（move iterator） 迭代器适配器，它生成的迭代器在解引用时会得到一个右值引用。

重载运算符（overloaded operator） 一种函数，重定义了运算符应用于类类型的对象时的含义。本章介绍了如何定义赋值运算符；第 14 章中将介绍重载运算符的更多细节内容。

引用计数（reference count） 一种程序设计技术，通常用于拷贝控制成员的设计。引用计数记录了有多少对象共享状态。构造函数（不是拷贝/移动构造函数）将引用计数置为 1。每当创建一个新副本时，计数值递增。当一个对象被销毁时，计数值递减。赋值运算符和析构函数检查递减的引用计数是否为 0，如果是，它们会销毁对象。

引用限定符（reference qualifier） 用来指出一个非 static 成员函数可以用于左值或右值的符号。限定符&和&&应该放在参数列表之后或 const 限定符之后（如果有的话）。被&限定的函数只能用于左值；被&&限定的函数只能用于右值。

右值引用（rvalue reference） 指向一个将要销毁的对象的引用。

合成赋值运算符（synthesized assignment operator） 编译器为未显式定义赋值运算符的类创建的（合成的）拷贝或移动赋值运算符版本。除非定义为删除的，合成赋值运算符会逐成员地将右侧运算对象赋予（移动到）左侧运算对象。

合成拷贝/移动构造函数（synthesized copy/move constructor） 编译器为未显式定义对应的构造函数的类生成的拷贝或移动构造函数版本。除非定义为删除的，合成拷贝或移动构造函数分别通过从给定对象拷贝或移动成员来逐成员地初始化新对象。

合成析构函数（synthesized destructor） 编译器为未显式定义析构函数的类创建的（合成的）版本。合成析构函数的函数体为空。

第 14 章
重载运算与类型转换

内容

在第 4 章中我们看到,C++语言定义了大量运算符以及内置类型的自动转换规则。这些特性使得程序员能编写出形式丰富、含有多种混合类型的表达式。

当运算符被用于类类型的对象时,C++语言允许我们为其指定新的含义;同时,我们也能自定义类类型之间的转换规则。和内置类型的转换一样,类类型转换隐式地将一种类型的对象转换成另一种我们所需类型的对象。

552> 当运算符作用于类类型的运算对象时，可以通过运算符重载重新定义该运算符的含义。明智地使用运算符重载能令我们的程序更易于编写和阅读。举个例子，因为在 Sales_item 类（参见 1.5.1 节，第 17 页）中定义了输入、输出和加法运算符，所以可以通过下述形式输出两个 Sales_item 的和：

```
cout << item1 + item2;                    // 输出两个 Sales_item 的和
```

相反的，由于我们的 Sales_data 类（参见 7.1 节，第 228 页）还没有重载这些运算符，因此它的加法代码显得比较冗长而不清晰：

```
print(cout, add(data1, data2));   // 输出两个 Sales_data 的和
```

14.1   基本概念

重载的运算符是具有特殊名字的函数：它们的名字由关键字 operator 和其后要定义的运算符号共同组成。和其他函数一样，重载的运算符也包含返回类型、参数列表以及函数体。

重载运算符函数的参数数量与该运算符作用的运算对象数量一样多。一元运算符有一个参数，二元运算符有两个。对于二元运算符来说，左侧运算对象传递给第一个参数，而右侧运算对象传递给第二个参数。除了重载的函数调用运算符 operator() 之外，其他重载运算符不能含有默认实参（参见 6.5.1 节，第 211 页）。

如果一个运算符函数是成员函数，则它的第一个（左侧）运算对象绑定到隐式的 this 指针上（参见 7.1.2 节，第 231 页），因此，成员运算符函数的（显式）参数数量比运算符的运算对象总数少一个。

> **Note** 当一个重载的运算符是成员函数时，this 绑定到左侧运算对象。成员运算符函数的（显式）参数数量比运算对象的数量少一个。

对于一个运算符函数来说，它或者是类的成员，或者至少含有一个类类型的参数：

```
// 错误：不能为 int 重定义内置的运算符
int operator+(int, int);
```

这一约定意味着当运算符作用于内置类型的运算对象时，我们无法改变该运算符的含义。

我们可以重载大多数（但不是全部）运算符。表 14.1 指明了哪些运算符可以被重载，哪些不行。我们将在 19.1.1 节（第 726 页）介绍重载 new 和 delete 的方法。

我们只能重载已有的运算符，而无权发明新的运算符号。例如，我们不能提供 operator** 来执行幂操作。

有四个符号（+、-、*、&）既是一元运算符也是二元运算符，所有这些运算符都能被重载，从参数的数量我们可以推断到底定义的是哪种运算符。

553> 对于一个重载的运算符来说，其优先级和结合律（参见 4.1.2 节，第 121 页）与对应的内置运算符保持一致。不考虑运算对象类型的话，

```
x == y + z;
```

永远等价于 x == (y + z)。

表 14.1：运算符					
可以被重载的运算符					
+	-	*	/	%	^
&	|	~	!	,	=
<	>	<=	>=	++	--
<<	>>	==	!=	&&	||
+=	-=	/=	%=	^=	&=
|=	*=	<<=	>>=	[]	()
->	->*	new	new[]	delete	delete[]
不能被重载的运算符					
	::	.*	.	? :	

直接调用一个重载的运算符函数

通常情况下，我们将运算符作用于类型正确的实参，从而以这种间接方式"调用"重载的运算符函数。然而，我们也能像调用普通函数一样直接调用运算符函数，先指定函数名字，然后传入数量正确、类型适当的实参：

```
// 一个非成员运算符函数的等价调用
data1 + data2;                      // 普通的表达式
operator+(data1, data2);            // 等价的函数调用
```

这两次调用是等价的，它们都调用了非成员函数 operator+，传入 data1 作为第一个实参、传入 data2 作为第二个实参。

我们像调用其他成员函数一样显式地调用成员运算符函数。具体做法是，首先指定运行函数的对象（或指针）的名字，然后使用点运算符（或箭头运算符）访问希望调用的函数：

```
data1 += data2;                     // 基于"调用"的表达式
data1.operator+=(data2);            // 对成员运算符函数的等价调用
```

这两条语句都调用了成员函数 operator+=，将 this 绑定到 data1 的地址、将 data2 作为实参传入了函数。

某些运算符不应该被重载

回忆之前介绍过的，某些运算符指定了运算对象求值的顺序。因为使用重载的运算符本质上是一次函数调用，所以这些关于运算对象求值顺序的规则无法应用到重载的运算符上。特别是，逻辑与运算符、逻辑或运算符（参见 4.3 节，第 126 页）和逗号运算符（参见 4.10 节，第 140 页）的运算对象求值顺序规则无法保留下来。除此之外，&& 和 || 运算 554 符的重载版本也无法保留内置运算符的短路求值属性，两个运算对象总是会被求值。

因为上述运算符的重载版本无法保留求值顺序和/或短路求值属性，因此不建议重载它们。当代码使用了这些运算符的重载版本时，用户可能会突然发现他们一直习惯的求值规则不再适用了。

还有一个原因使得我们一般不重载逗号运算符和取地址运算符：C++语言已经定义了这两种运算符用于类类型对象时的特殊含义，这一点与大多数运算符都不相同。因为这两种运算符已经有了内置的含义，所以一般来说它们不应该被重载，否则它们的行为将异于常态，从而导致类的用户无法适应。

通常情况下，不应该重载逗号、取地址、逻辑与和逻辑或运算符。

使用与内置类型一致的含义

当你开始设计一个类时，首先应该考虑的是这个类将提供哪些操作。在确定类需要哪些操作之后，才能思考到底应该把每个类操作设成普通函数还是重载的运算符。如果某些操作在逻辑上与运算符相关，则它们适合于定义成重载的运算符：

- 如果类执行 IO 操作，则定义移位运算符使其与内置类型的 IO 保持一致。
- 如果类的某个操作是检查相等性，则定义 operator==；如果类有了 operator==，意味着它通常也应该有 operator!=。
- 如果类包含一个内在的单序比较操作，则定义 operator<；如果类有了 operator<，则它也应该含有其他关系操作。
- 重载运算符的返回类型通常情况下应该与其内置版本的返回类型兼容：逻辑运算符和关系运算符应该返回 bool，算术运算符应该返回一个类类型的值，赋值运算符和复合赋值运算符则应该返回左侧运算对象的一个引用。

提示：尽量明智地使用运算符重载

每个运算符在用于内置类型时都有比较明确的含义。以二元+运算符为例，它明显执行的是加法操作。因此，把二元+运算符映射到类类型的一个类似操作上可以极大地简化记忆。例如对于标准库类型 string 来说，我们就会使用+把一个 string 对象连接到另一个后面，很多编程语言都有类似的用法。

当在内置的运算符和我们自己的操作之间存在逻辑映射关系时，运算符重载的效果最好。此时，使用重载的运算符显然比另起一个名字更自然也更直观。不过，过分滥用运算符重载也会使我们的类变得难以理解。

在实际编程过程中，一般没有特别明显的滥用运算符重载的情况。例如，一般来说没有哪个程序会定义 operator+并让它执行减法操作。然而经常发生的一种情况是，程序员可能会强行扭曲了运算符的"常规"含义使得其适应某种给定的类型，这显然是我们不希望发生的。因此我们的建议是：只有当操作的含义对于用户来说清晰明了时才使用运算符。如果用户对运算符可能有几种不同的理解，则使用这样的运算符将产生二义性。

赋值和复合赋值运算符

赋值运算符的行为与复合版本的类似：赋值之后，左侧运算对象和右侧运算对象的值相等，并且运算符应该返回它左侧运算对象的一个引用。重载的赋值运算应该继承而非违背其内置版本的含义。

如果类含有算术运算符（参见 4.2 节，第 124 页）或者位运算符（参见 4.8 节，第 136 页），则最好也提供对应的复合赋值运算符。无须赘言，+=运算符的行为显然应该与其内置版本一致，即先执行+，再执行=。

选择作为成员或者非成员

当我们定义重载的运算符时，必须首先决定是将其声明为类的成员函数还是声明为一个普通的非成员函数。在某些时候我们别无选择，因为有的运算符必须作为成员；另一些情况下，运算符作为普通函数比作为成员更好。

下面的准则有助于我们在将运算符定义为成员函数还是普通的非成员函数做出抉择：

- 赋值（=）、下标（[ ]）、调用（( )）和成员访问箭头（->）运算符必须是成员。
- 复合赋值运算符一般来说应该是成员，但并非必须，这一点与赋值运算符略有不同。
- 改变对象状态的运算符或者与给定类型密切相关的运算符，如递增、递减和解引用运算符，通常应该是成员。
- 具有对称性的运算符可能转换任意一端的运算对象，例如算术、相等性、关系和位运算符等，因此它们通常应该是普通的非成员函数。

程序员希望能在含有混合类型的表达式中使用对称性运算符。例如，我们能求一个 int 和一个 double 的和，因为它们中的任意一个都可以是左侧运算对象或右侧运算对象，所以加法是对称的。如果我们想提供含有类对象的混合类型表达式，则运算符必须定义成非成员函数。 <556

当我们把运算符定义成成员函数时，它的左侧运算对象必须是运算符所属类的一个对象。例如：

```
string s = "world";
string t = s + "!";  // 正确：我们能把一个 const char* 加到一个 string 对象中
string u = "hi" + s; // 如果 + 是 string 的成员，则产生错误
```

如果 operator+ 是 string 类的成员，则上面的第一个加法等价于 s.operator+("!")。同样的，"hi"+s 等价于 "hi".operator+(s)。显然 "hi" 的类型是 const char*，这是一种内置类型，根本就没有成员函数。

因为 string 将 + 定义成了普通的非成员函数，所以 "hi"+s 等价于 operator+("hi",s)。和任何其他函数调用一样，每个实参都能被转换成形参类型。唯一的要求是至少有一个运算对象是类类型，并且两个运算对象都能准确无误地转换成 string。

14.1 节练习

练习 14.1：在什么情况下重载的运算符与内置运算符有所区别？在什么情况下重载的运算符又与内置运算符一样？

练习 14.2：为 Sales_data 编写重载的输入、输出、加法和复合赋值运算符。

练习 14.3：string 和 vector 都定义了重载的 == 以比较各自的对象，假设 svec1 和 svec2 是存放 string 的 vector，确定在下面的表达式中分别使用了哪个版本的 ==？

    (a) "cobble" == "stone"   (b) svec1[0] == svec2[0]

    (c) svec1 == svec2   (d) "svec1[0] == "stone"

练习 14.4：如何确定下列运算符是否应该是类的成员？

    (a) %   (b) %=   (c) ++   (d) ->   (e) <<   (f) &&   (g) ==   (h) ()

练习 14.5：在 7.5.1 节的练习 7.40（第 261 页）中，编写了下列类中某一个的框架，请问在这个类中应该定义重载的运算符吗？如果是，请写出来。

    (a) Book   (b) Date   (c) Employee

    (d) Vehicle   (e) Object   (f) Tree

14.2 输入和输出运算符

557>

如我们所知，IO 标准库分别使用>>和<<执行输入和输出操作。对于这两个运算符来说，IO 库定义了用其读写内置类型的版本，而类则需要自定义适合其对象的新版本以支持 IO 操作。

14.2.1 重载输出运算符<<

通常情况下，输出运算符的第一个形参是一个非常量 ostream 对象的引用。之所以 ostream 是非常量是因为向流写入内容会改变其状态；而该形参是引用是因为我们无法直接复制一个 ostream 对象。

第二个形参一般来说是一个常量的引用，该常量是我们想要打印的类类型。第二个形参是引用的原因是我们希望避免复制实参；而之所以该形参可以是常量是因为（通常情况下）打印对象不会改变对象的内容。

为了与其他输出运算符保持一致，operator<<一般要返回它的 ostream 形参。

Sales_data 的输出运算符

举个例子，我们按照如下形式编写 Sales_data 的输出运算符：

```
ostream &operator<<(ostream &os, const Sales_data &item)
{
    os << item.isbn() << " " << item.units_sold << " "
        << item.revenue << " " << item.avg_price();
    return os;
}
```

除了名字之外，这个函数与之前的 print 函数（参见 7.1.3 节，第 234 页）完全一样。打印一个 Sales_data 对象意味着要分别打印它的三个数据成员以及通过计算得到的平均销售价格，每个元素以空格隔开。完成输出后，运算符返回刚刚使用的 ostream 的引用。

输出运算符尽量减少格式化操作

用于内置类型的输出运算符不太考虑格式化操作，尤其不会打印换行符，用户希望类的输出运算符也像如此行事。如果运算符打印了换行符，则用户就无法在对象的同一行内接着打印一些描述性的文本了。相反，令输出运算符尽量减少格式化操作可以使用户有权控制输出的细节。

通常，输出运算符应该主要负责打印对象的内容而非控制格式，输出运算符不应该打印换行符。

输入输出运算符必须是非成员函数

与 iostream 标准库兼容的输入输出运算符必须是普通的非成员函数，而不能是类的成员函数。否则，它们的左侧运算对象将是我们的类的一个对象：

```
Sales_data data;
data << cout;           // 如果operator<<是 Sales_data 的成员
```

假设输入输出运算符是某个类的成员，则它们也必须是 istream 或 ostream 的成员。然而，这两个类属于标准库，并且我们无法给标准库中的类添加任何成员。

因此，如果我们希望为类自定义 IO 运算符，则必须将其定义成非成员函数。当然，558
IO 运算符通常需要读写类的非公有数据成员，所以 IO 运算符一般被声明为友元（参见 7.2.1
节，第 241 页）。

14.2.1 节练习

练习 14.6：为你的 Sales_data 类定义输出运算符。

练习 14.7：你在 13.5 节的练习（第 470 页）中曾经编写了一个 String 类，为它定义
一个输出运算符。

练习 14.8：你在 7.5.1 节的练习 7.40（第 261 页）中曾经选择并编写了一个类，为它定
义一个输出运算符。

14.2.2 重载输入运算符>>

通常情况下，输入运算符的第一个形参是运算符将要读取的流的引用，第二个形参是
将要读入到的（非常量）对象的引用。该运算符通常会返回某个给定流的引用。第二个形
参之所以必须是个非常量是因为输入运算符本身的目的就是将数据读入到这个对象中。

Sales_data 的输入运算符

举个例子，我们将按照如下形式编写 Sales_data 的输入运算符：

```
istream &operator>>(istream &is, Sales_data &item)
{
    double price;// 不需要初始化，因为我们将先读入数据到price，之后才使用它
    is >> item.bookNo >> item.units_sold >> price;
    if (is)        // 检查输入是否成功
        item.revenue = item.units_sold * price;
    else
        item = Sales_data(); // 输入失败：对象被赋予默认的状态
    return is;
}
```

除了 if 语句之外，这个定义与之前的 read 函数（参见 7.1.3 节，第 234 页）完全一样。
if 语句检查读取操作是否成功，如果发生了 IO 错误，则运算符将给定的对象重置为空
Sales_data，这样可以确保对象处于正确的状态。

 输入运算符必须处理输入可能失败的情况，而输出运算符不需要。

输入时的错误 559

在执行输入运算符时可能发生下列错误：

- 当流含有错误类型的数据时读取操作可能失败。例如在读取完 bookNo 后，输入运
  算符假定接下来读入的是两个数字数据，一旦输入的不是数字数据，则读取操作及
  后续对流的其他使用都将失败。
- 当读取操作到达文件末尾或者遇到输入流的其他错误时也会失败。

在程序中我们没有逐个检查每个读取操作，而是等读取了所有数据后赶在使用这些数据前
一次性检查：

```
if (is)                          // 检查输入是否成功
    item.revenue = item.units_sold * price;
else
    item = Sales_data();         // 输入失败：对象被赋予默认的状态
```

如果读取操作失败，则 price 的值将是未定义的。因此，在使用 price 前我们需要首先检查输入流的合法性，然后才能执行计算并将结果存入 revenue。如果发生了错误，我们无须在意到底是哪部分输入失败，只要将一个新的默认初始化的 Sales_data 对象赋予 item 从而将其重置为空 Sales_data 就可以了。执行这样的赋值后，item 的 bookNo 成员将是一个空 string，revenue 和 units_sold 成员将等于 0。

　　如果在发生错误前对象已经有一部分被改变，则适时地将对象置为合法状态显得异常重要。例如在这个输入运算符中，我们可能在成功读取新的 bookNo 后遇到错误，这意味着对象的 units_sold 和 revenue 成员并没有改变，因此有可能会将这两个数据与一条完全不匹配的 bookNo 组合在一起。

　　通过将对象置为合法的状态，我们能（略微）保护使用者免于受到输入错误的影响。此时的对象处于可用状态，即它的成员都是被正确定义的。而且该对象也不会产生误导性的结果，因为它的数据在本质上确实是一体的。

 当读取操作发生错误时，输入运算符应该负责从错误中恢复。

标示错误

　　一些输入运算符需要做更多数据验证的工作。例如，我们的输入运算符可能需要检查 bookNo 是否符合规范的格式。在这样的例子中，即使从技术上来看 IO 是成功的，输入运算符也应该设置流的条件状态以标示出失败信息（参见 8.1.2 节，第 279 页）。通常情况下，输入运算符只设置 failbit。除此之外，设置 eofbit 表示文件耗尽，而设置 badbit 表示流被破坏。最好的方式是由 IO 标准库自己来标示这些错误。

560> **14.2.2 节练习**

练习 14.9：为你的 Sales_data 类定义输入运算符。

练习 14.10：对于 Sales_data 的输入运算符来说如果给定了下面的输入将发生什么情况？

　(a) 0-201-99999-9 10 24.95　　　　(b) 10 24.95 0-210-99999-9

练习 14.11：下面的 Sales_data 输入运算符存在错误吗？如果有，请指出来。对于这个输入运算符如果仍然给定上个练习的输入将发生什么情况？

```
istream& operator>>(istream& in, Sales_data& s)
{
    double price;
    in >> s.bookNo >> s.units_sold >> price;
    s.revenue = s.units_sold * price;
    return in;
}
```

练习 14.12：你在 7.5.1 节的练习 7.40（第 261 页）中曾经选择并编写了一个类，为它定义一个输入运算符并确保该运算符可以处理输入错误。

14.3 算术和关系运算符

通常情况下，我们把算术和关系运算符定义成非成员函数以允许对左侧或右侧的运算对象进行转换（参见 14.1 节，第 492 页）。因为这些运算符一般不需要改变运算对象的状态，所以形参都是常量的引用。

算术运算符通常会计算它的两个运算对象并得到一个新值，这个值有别于任意一个运算对象，常常位于一个局部变量之内，操作完成后返回该局部变量的副本作为其结果。如果类定义了算术运算符，则它一般也会定义一个对应的复合赋值运算符。此时，最有效的方式是使用复合赋值来定义算术运算符：

```cpp
// 假设两个对象指向同一本书
Sales_data
operator+(const Sales_data &lhs, const Sales_data &rhs)
{
    Sales_data sum = lhs;        // 把 lhs 的数据成员拷贝给 sum
    sum += rhs;                  // 将 rhs 加到 sum 中
    return sum;
}
```

这个定义与原来的 add 函数（参见 7.1.3 节，第 234 页）是完全等价的。我们把 lhs 拷贝给局部变量 sum，然后使用 Sales_data 的复合赋值运算符（将在第 500 页定义）将 rhs 的值加到 sum 中，最后函数返回 sum 的副本。

> 如果类同时定义了算术运算符和相关的复合赋值运算符，则通常情况下应该使用复合赋值来实现算术运算符。 ◁ 561

14.3 节练习

练习 14.13： 你认为 Sales_data 类还应该支持哪些其他算术运算符（参见表 4.1，第 124 页）？如果有的话，请给出它们的定义。

练习 14.14： 你觉得为什么调用 operator+= 来定义 operator+ 比其他方法更有效？

练习 14.15： 你在 7.5.1 节的练习 7.40（第 261 页）中曾经选择并编写了一个类，你认为它应该含有其他算术运算符吗？如果是，请实现它们；如果不是，解释原因。

14.3.1 相等运算符

通常情况下，C++ 中的类通过定义相等运算符来检验两个对象是否相等。也就是说，它们会比较对象的每一个数据成员，只有当所有对应的成员都相等时才认为两个对象相等。依据这一思想，我们的 Sales_data 类的相等运算符不但应该比较 bookNo，还应该比较具体的销售数据：

```cpp
bool operator==(const Sales_data &lhs, const Sales_data &rhs)
{
    return lhs.isbn() == rhs.isbn() &&
           lhs.units_sold == rhs.units_sold &&
           lhs.revenue == rhs.revenue;
}
bool operator!=(const Sales_data &lhs, const Sales_data &rhs)
```

```
    {
        return !(lhs == rhs);
    }
```

就上面这些函数的定义本身而言，它们似乎比较简单，也没什么价值，对于我们来说重要的是从这些函数中体现出来的设计准则：

- 如果一个类含有判断两个对象是否相等的操作，则它显然应该把函数定义成 operator== 而非一个普通的命名函数：因为用户肯定希望能使用 == 比较对象，所以提供了 == 就意味着用户无须再费时费力地学习并记忆一个全新的函数名字。此外，类定义了 == 运算符之后也更容易使用标准库容器和算法。
- 如果类定义了 operator==，则该运算符应该能判断一组给定的对象中是否含有重复数据。

- 通常情况下，相等运算符应该具有传递性，换句话说，如果 a==b 和 b==c 都为真，则 a==c 也应该为真。
- 如果类定义了 operator--，则这个类也应该定义 operator!=。对于用户来说，当他们能使用 == 时肯定也希望能使用 !=，反之亦然。
- 相等运算符和不相等运算符中的一个应该把工作委托给另外一个，这意味着其中一个运算符应该负责实际比较对象的工作，而另一个运算符则只是调用那个真正工作的运算符。

> **Best Practices**　如果某个类在逻辑上有相等性的含义，则该类应该定义 operator==，这样做可以使得用户更容易使用标准库算法来处理这个类。

14.3.1 节练习

练习 14.16：为你的 StrBlob 类（参见 12.1.1 节，第 405 页）、StrBlobPtr 类（参见 12.1.6 节，第 421 页）、StrVec 类（参见 13.5 节，第 465 页）和 String 类（参见 13.5 节，第 470 页）分别定义相等运算符和不相等运算符。

练习 14.17：你在 7.5.1 节的练习 7.40（第 261 页）中曾经选择并编写了一个类，你认为它应该含有相等运算符吗？如果是，请实现它；如果不是，解释原因。

14.3.2　关系运算符

定义了相等运算符的类也常常（但不总是）包含关系运算符。特别是，因为关联容器和一些算法要用到小于运算符，所以定义 operator< 会比较有用。

通常情况下关系运算符应该

1. 定义顺序关系，令其与关联容器中对关键字的要求一致（参见 11.2.2 节，第 378 页）；并且

2. 如果类同时也含有 == 运算符的话，则定义一种关系令其与 == 保持一致。特别是，如果两个对象是 != 的，那么一个对象应该 < 另外一个。

尽管我们可能会认为 Sales_data 类应该支持关系运算符，但事实证明并非如此，其中的缘由比较微妙，值得读者深思。

一开始我们可能会认为应该像 compareIsbn（参见 11.2.2 节，第 379 页）那样定义 <，该函数通过比较 ISBN 来实现对两个对象的比较。然而，尽管 compareIsbn 提供的

顺序关系符合要求1,但是函数得到的结果显然与我们定义的==不一致,因此它不满足要求2。

对于 Sales_data 的==运算符来说,如果两笔交易的 revenue 和 units_sold 成员不同,那么即使它们的 ISBN 相同也无济于事,它们仍然是不相等的。如果我们定义的 <运算符仅仅比较 ISBN 成员,那么将发生这样的情况:两个 ISBN 相同但 revenue 和 units_sold 不同的对象经比较是不相等的,但是其中的任何一个都不比另一个小。然而实际情况是,如果我们有两个对象并且哪个都不比另一个小,则从道理上来讲这两个对象应该是相等的。

基于上述分析我们也许会认为,只要让 operator<依次比较每个数据元素就能解决问题了,比方说让 operator<先比较 isbn,相等的话继续比较 units_sold,还相等再继续比较 revenue。

然而,这样的排序没有任何必要。根据将来使用 Sales_data 类的实际需要,我们可能会希望先比较 units_sold,也可能希望先比较 revenue。有的时候,我们希望 units_sold 少的对象"小于"units_sold 多的对象;另一些时候,则可能希望 revenue 少的对象"小于"revenue 多的对象。

因此对于 Sales_data 类来说,不存在一种逻辑可靠的<定义,这个类不定义<运算符也许更好。

> **Best Practices** 如果存在唯一一种逻辑可靠的<定义,则应该考虑为这个类定义<运算符。如果类同时还包含==,则当且仅当<的定义和==产生的结果一致时才定义<运算符。

14.3.2 节练习

练习 14.18:为你的 StrBlob 类、StrBlobPtr 类、StrVec 类和 String 类定义关系运算符。

练习 14.19:你在 7.5.1 节的练习 7.40(第 261 页)中曾经选择并编写了一个类,你认为它应该含有关系运算符吗?如果是,请实现它;如果不是,解释原因。

14.4 赋值运算符

之前已经介绍过拷贝赋值和移动赋值运算符(参见 13.1.2 节,第 443 页和 13.6.2 节,第 474 页),它们可以把类的一个对象赋值给该类的另一个对象。此外,类还可以定义其他赋值运算符以使用别的类型作为右侧运算对象。

举个例子,在拷贝赋值和移动赋值运算符之外,标准库 vector 类还定义了第三种赋值运算符,该运算符接受花括号内的元素列表作为参数(参见 9.2.5 节,第 302 页)。我们能以如下的形式使用该运算符:

```
vector<string> v;
v = {"a", "an", "the"};
```

同样,也可以把这个运算符添加到 StrVec 类中(参见 13.5 节,第 465 页):

```
class StrVec {
public:
    StrVec &operator=(std::initializer_list<std::string>);
    // 其他成员与 13.5 节(第 465 页)一致
};
```

564> 为了与内置类型的赋值运算符保持一致（也与我们已经定义的拷贝赋值和移动赋值运算一致），这个新的赋值运算符将返回其左侧运算对象的引用：

```
StrVec &StrVec::operator=(initializer_list<string> il)
{
    // alloc_n_copy 分配内存空间并从给定范围内拷贝元素
    auto data = alloc_n_copy(il.begin(), il.end());
    free();                     // 销毁对象中的元素并释放内存空间
    elements = data.first;      // 更新数据成员使其指向新空间
    first_free = cap = data.second;
    return *this;
}
```

和拷贝赋值及移动赋值运算符一样，其他重载的赋值运算符也必须先释放当前内存空间，再创建一片新空间。不同之处是，这个运算符无须检查对象向自身的赋值，这是因为它的形参 initializer_list<string>（参见 6.2.6 节，第 198 页）确保 il 与 this 所指的不是同一个对象。

 我们可以重载赋值运算符。不论形参的类型是什么，赋值运算符都必须定义为成员函数。

复合赋值运算符

复合赋值运算符不非得是类的成员，不过我们还是倾向于把包括复合赋值在内的所有赋值运算都定义在类的内部。为了与内置类型的复合赋值保持一致，类中的复合赋值运算符也要返回其左侧运算对象的引用。例如，下面是 Sales_data 类中复合赋值运算符的定义：

```
// 作为成员的二元运算符：左侧运算对象绑定到隐式的 this 指针
// 假定两个对象表示的是同一本书
Sales_data& Sales_data::operator+=(const Sales_data &rhs)
{
    units_sold += rhs.units_sold;
    revenue += rhs.revenue;
    return *this;
}
```

 赋值运算符必须定义成类的成员，复合赋值运算符通常情况下也应该这样做。这两类运算符都应该返回左侧运算对象的引用。

14.4 节练习

练习 14.20：为你的 Sales_data 类定义加法和复合赋值运算符。

练习 14.21：编写 Sales_data 类的+和+=运算符，使得+执行实际的加法操作而+=调用+。相比于 14.3 节（第 497 页）和 14.4 节（第 500 页）对这两个运算符的定义，本题的定义有何缺点？试讨论之。

练习 14.22：定义赋值运算符的一个新版本，使得我们能把一个表示 ISBN 的 string 赋给一个 Sales_data 对象。

练习 14.23：为你的 StrVec 类定义一个 initializer_list 赋值运算符。

> **练习 14.24**：你在 7.5.1 节的练习 7.40（第 261 页）中曾经选择并编写了一个类，你认为它应该含有拷贝赋值和移动赋值运算符吗？如果是，请实现它们。
>
> **练习 14.25**：上题的这个类还需要定义其他赋值运算符吗？如果是，请实现它们；同时说明运算对象应该是什么类型并解释原因。

14.5　下标运算符

表示容器的类通常可以通过元素在容器中的位置访问元素，这些类一般会定义下标运算符 operator[]。

下标运算符必须是成员函数。　〈565

为了与下标的原始定义兼容，下标运算符通常以所访问元素的引用作为返回值，这样做的好处是下标可以出现在赋值运算符的任意一端。进一步，我们最好同时定义下标运算符的常量版本和非常量版本，当作用于一个常量对象时，下标运算符返回常量引用以确保我们不会给返回的对象赋值。

如果一个类包含下标运算符，则它通常会定义两个版本：一个返回普通引用，另一个是类的常量成员并且返回常量引用。

举个例子，我们按照如下形式定义 StrVec（参见 13.5 节，第 465 页）的下标运算符：

```
class StrVec {
public:
    std::string& operator[](std::size_t n)
        { return elements[n]; }
    const std::string& operator[](std::size_t n) const
        { return elements[n]; }
    // 其他成员与 13.5（第 465 页）一致
private:
    std::string *elements;          // 指向数组首元素的指针
};
```

上面这两个下标运算符的用法类似于 vector 或者数组中的下标。因为下标运算符返回的是元素的引用，所以当 StrVec 是非常量时，我们可以给元素赋值；而当我们对常量对象取下标时，不能为其赋值：

```
// 假设 svec 是一个 StrVec 对象
const StrVec cvec = svec;                    // 把 svec 的元素拷贝到 cvec 中
// 如果 svec 中含有元素，对第一个元素运行 string 的 empty 函数
if (svec.size() && svec[0].empty()) {
    svec[0] = "zero";                        // 正确：下标运算符返回 string 的引用
    cvec[0] = "Zip";                         // 错误：对 cvec 取下标返回的是常量引用
}
```

〈566

> **练习 14.26**：为你的 StrBlob 类、StrBlobPtr 类、StrVec 类和 String 类定义下
> 标运算符。

14.6   递增和递减运算符

在迭代器类中通常会实现递增运算符（++）和递减运算符（--），这两种运算符使得
类可以在元素的序列中前后移动。C++语言并不要求递增和递减运算符必须是类的成员，
但是因为它们改变的正好是所操作对象的状态，所以建议将其设定为成员函数。

对于内置类型来说，递增和递减运算符既有前置版本也有后置版本。同样，我们也应
该为类定义两个版本的递增和递减运算符。接下来我们首先介绍前置版本，然后实现后置
版本。

> 定义递增和递减运算符的类应该同时定义前置版本和后置版本。这些运算符通
> 常应该被定义成类的成员。

定义前置递增/递减运算符

为了说明递增和递减运算符，我们不妨在 StrBlobPtr 类（参见 12.1.6 节，第 421
页）中定义它们：

```cpp
class StrBlobPtr {
public:
    // 递增和递减运算符
    StrBlobPtr& operator++();            // 前置运算符
    StrBlobPtr& operator--();
    // 其他成员和之前的版本一致
};
```

> 为了与内置版本保持一致，前置运算符应该返回递增或递减后对象的引用。

567> 递增和递减运算符的工作机理非常相似：它们首先调用 check 函数检验
StrBlobPtr 是否有效，如果是，接着检查给定的索引值是否有效。如果 check 函数没
有抛出异常，则运算符返回对象的引用。

在递增运算符的例子中，我们把 curr 的当前值传递给 check 函数。如果这个值小
于 vector 的大小，则 check 正常返回；否则，如果 curr 已经到达了 vector 的末尾，
check 将抛出异常：

```cpp
// 前置版本：返回递增/递减对象的引用
StrBlobPtr& StrBlobPtr::operator++()
{
    // 如果 curr 已经指向了容器的尾后位置，则无法递增它
    check(curr, "increment past end of StrBlobPtr");
    ++curr;                // 将 curr 在当前状态下向前移动一个元素
    return *this;
}
```

```
StrBlobPtr& StrBlobPtr::operator--()
{
    // 如果 curr 是 0，则继续递减它将产生一个无效下标
    --curr;                          // 将 curr 在当前状态下向后移动一个元素
    check(curr, "decrement past begin of StrBlobPtr");
    return *this;
}
```

递减运算符先递减 curr，然后调用 check 函数。此时，如果 curr（一个无符号数）已经是 0 了，那么我们传递给 check 的值将是一个表示无效下标的非常大的正数值（参见 2.1.2 节，第 33 页）。

区分前置和后置运算符

要想同时定义前置和后置运算符，必须首先解决一个问题，即普通的重载形式无法区分这两种情况。前置和后置版本使用的是同一个符号，意味着其重载版本所用的名字将是相同的，并且运算对象的数量和类型也相同。

为了解决这个问题，后置版本接受一个额外的（不被使用）int 类型的形参。当我们使用后置运算符时，编译器为这个形参提供一个值为 0 的实参。尽管从语法上来说后置函数可以使用这个额外的形参，但是在实际过程中通常不会这么做。这个形参的唯一作用就是区分前置版本和后置版本的函数，而不是真的要在实现后置版本时参与运算。

接下来我们为 StrBlobPtr 添加后置运算符：

```
class StrBlobPtr {
public:
    // 递增和递减运算符
    StrBlobPtr operator++(int);        // 后置运算符
    StrBlobPtr operator--(int);
    // 其他成员和之前的版本一致
};
```

为了与内置版本保持一致，后置运算符应该返回对象的原值（递增或递减之前的值），返回的形式是一个值而非引用。　　　568

对于后置版本来说，在递增对象之前需要首先记录对象的状态：

```
// 后置版本：递增/递减对象的值但是返回原值
StrBlobPtr StrBlobPtr::operator++(int)
{
    // 此处无须检查有效性，调用前置递增运算时才需要检查
    StrBlobPtr ret = *this;    // 记录当前的值
    ++*this;                   // 向前移动一个元素,前置++需要检查递增的有效性
    return ret;                // 返回之前记录的状态
}
StrBlobPtr StrBlobPtr::operator--(int)
{
    // 此处无须检查有效性，调用前置递减运算时才需要检查
    StrBlobPtr ret = *this;    // 记录当前的值
    --*this;                   // 向后移动一个元素,前置--需要检查递减的有效性
    return ret;                // 返回之前记录的状态
}
```

由上可知，我们的后置运算符调用各自的前置版本来完成实际的工作。例如后置递增运算符执行

```
++*this
```

该表达式调用前置递增运算符，前置递增运算符首先检查递增操作是否安全，根据检查的结果抛出一个异常或者执行递增 curr 的操作。假定通过了检查，则后置函数返回事先存好的 ret 的副本。因此最终的效果是，对象本身向前移动了一个元素，而返回的结果仍然反映对象在未递增之前原始的值。

 因为我们不会用到 int 形参，所以无须为其命名。

显式地调用后置运算符

如在第 491 页介绍的，可以显式地调用一个重载的运算符，其效果与在表达式中以运算符号的形式使用它完全一样。如果我们想通过函数调用的方式调用后置版本，则必须为它的整型参数传递一个值：

```
StrBlobPtr p(a1);              // p 指向 a1 中的 vector
p.operator++(0);              // 调用后置版本的 operator++
p.operator++();               // 调用前置版本的 operator++
```

尽管传入的值通常会被运算符函数忽略，但却必不可少，因为编译器只有通过它才能知道应该使用后置版本。

14.6 节练习

练习 14.27：为你的 StrBlobPtr 类添加递增和递减运算符。

练习 14.28：为你的 StrBlobPtr 类添加加法和减法运算符，使其可以实现指针的算术运算（参见 3.5.3 节，第 106 页）。

练习 14.29：为什么不定义 const 版本的递增和递减运算符？

14.7　成员访问运算符

在迭代器类及智能指针类（参见 12.1 节，第 400 页）中常常用到解引用运算符（*）和箭头运算符（->）。我们以如下形式向 StrBlobPtr 类添加这两种运算符：

```
class StrBlobPtr {
public:
    std::string& operator*() const
    { auto p = check(curr, "dereference past end");
    return (*p)[curr];          // (*p) 是对象所指的 vector
    }
    std::string* operator->() const
    { // 将实际工作委托给解引用运算符
     return & this->operator*();
    }
    // 其他成员与之前的版本一致
}
```

解引用运算符首先检查 curr 是否仍在作用范围内，如果是，则返回 curr 所指元素的一个引用。箭头运算符不执行任何自己的操作，而是调用解引用运算符并返回解引用结果元素的地址。

 箭头运算符必须是类的成员。解引用运算符通常也是类的成员，尽管并非必须如此。

值得注意的是，我们将这两个运算符定义成了 const 成员，这是因为与递增和递减运算符不一样，获取一个元素并不会改变 StrBlobPtr 对象的状态。同时，它们的返回值分别是非常量 string 的引用或指针，因为一个 StrBlobPtr 只能绑定到非常量的 StrBlob 对象（参见 12.1.6 节，第 421 页）。

这两个运算符的用法与指针或者 vector 迭代器的对应操作完全一致：

```
StrBlob a1 = {"hi", "bye", "now"};
StrBlobPtr p(a1);               // p 指向 a1 中的 vector
*p = "okay";                    // 给 a1 的首元素赋值
cout << p->size() << endl;      // 打印 4，这是 a1 首元素的大小
cout << (*p).size() << endl;    // 等价于 p->size()
```

对箭头运算符返回值的限定

⟨570⟩

和大多数其他运算符一样（尽管这么做不太好），我们能令 operator* 完成任何我们指定的操作。换句话说，我们可以让 operator* 返回一个固定值 42，或者打印对象的内容，或者其他。箭头运算符则不是这样，它永远不能丢掉成员访问这个最基本的含义。当我们重载箭头时，可以改变的是箭头从哪个对象当中获取成员，而箭头获取成员这一事实则永远不变。

对于形如 point->mem 的表达式来说，point 必须是指向类对象的指针或者是一个重载了 operator-> 的类的对象。根据 point 类型的不同，point->mem 分别等价于

```
(*point).mem;                   // point 是一个内置的指针类型
point.operator()->mem;          // point 是类的一个对象
```

除此之外，代码都将发生错误。point->mem 的执行过程如下所示：

1. 如果 point 是指针，则我们应用内置的箭头运算符，表达式等价于(*point).mem。首先解引用该指针，然后从所得的对象中获取指定的成员。如果 point 所指的类型没有名为 mem 的成员，程序会发生错误。

2. 如果 point 是定义了 operator-> 的类的一个对象，则我们使用 point.operator->() 的结果来获取 mem。其中，如果该结果是一个指针，则执行第 1 步；如果该结果本身含有重载的 operator->()，则重复调用当前步骤。最终，当这一过程结束时程序或者返回了所需的内容，或者返回一些表示程序错误的信息。

 重载的箭头运算符必须返回类的指针或者自定义了箭头运算符的某个类的对象。

练习 14.30：为你的 `StrBlobPtr` 类和在 12.1.6 节练习 12.22（第 423 页）中定义的 `ConstStrBlobPtr` 类分别添加解引用运算符和箭头运算符。注意：因为 `ConstStrBlobPtr` 的数据成员指向 const vector，所以 `ConstStrBlobPtr` 中的运算符必须返回常量引用。

练习 14.31：我们的 `StrBlobPtr` 类没有定义拷贝构造函数、赋值运算符及析构函数，为什么？

练习 14.32：定义一个类令其含有指向 `StrBlobPtr` 对象的指针，为这个类定义重载的箭头运算符。

14.8 函数调用运算符

571

如果类重载了函数调用运算符，则我们可以像使用函数一样使用该类的对象。因为这样的类同时也能存储状态，所以与普通函数相比它们更加灵活。

举个简单的例子，下面这个名为 `absInt` 的 struct 含有一个调用运算符，该运算符负责返回其参数的绝对值：

```
struct absInt {
    int operator()(int val) const {
        return val < 0 ? -val : val;
    }
};
```

这个类只定义了一种操作：函数调用运算符，它负责接受一个 int 类型的实参，然后返回该实参的绝对值。

我们使用调用运算符的方式是令一个 `absInt` 对象作用于一个实参列表，这一过程看起来非常像调用函数的过程：

```
int i = -42;
absInt absObj;              // 含有函数调用运算符的对象
int ui = absObj(i);         // 将 i 传递给 absObj.operator()
```

即使 `absObj` 只是一个对象而非函数，我们也能"调用"该对象。调用对象实际上是在运行重载的调用运算符。在此例中，该运算符接受一个 int 值并返回其绝对值。

> 函数调用运算符必须是成员函数。一个类可以定义多个不同版本的调用运算符，相互之间应该在参数数量或类型上有所区别。

如果类定义了调用运算符，则该类的对象称作**函数对象**（function object）。因为可以调用这种对象，所以我们说这些对象的"行为像函数一样"。

含有状态的函数对象类

和其他类一样，函数对象类除了 `operator()` 之外也可以包含其他成员。函数对象类通常含有一些数据成员，这些成员被用于定制调用运算符中的操作。

举个例子，我们将定义一个打印 string 实参内容的类。默认情况下，我们的类会将内容写入到 cout 中，每个 string 之间以空格隔开。同时也允许类的用户提供其他可写入的流及其他分隔符。我们将该类定义如下：

```
class PrintString {
public:
    PrintString(ostream &o = cout, char c = ' '):
        os(o), sep(c) { }
    void operator()(const string &s) const { os << s << sep; }
private:
    ostream &os;                    // 用于写入的目的流
    char sep;                       // 用于将不同输出隔开的字符
};
```

我们的类有一个构造函数，它接受一个输出流的引用以及一个用于分隔的字符，这两个形参的默认实参（参见 6.5.1 节，第 211 页）分别是 cout 和空格。之后的函数调用运算符使用这些成员协助其打印给定的 string。〈572〉

当定义 PrintString 的对象时，对于分隔符及输出流既可以使用默认值也可以提供我们自己的值：

```
PrintString printer;               // 使用默认值，打印到 cout
printer(s);                        // 在 cout 中打印 s，后面跟一个空格
PrintString errors(cerr, '\n');
errors(s);                         // 在 cerr 中打印 s，后面跟一个换行符
```

函数对象常常作为泛型算法的实参。例如，可以使用标准库 for_each 算法（参见 10.3.2 节，第 348 页）和我们自己的 PrintString 类来打印容器的内容：

```
for_each(vs.begin(), vs.end(), PrintString(cerr, '\n'));
```

for_each 的第三个实参是类型 PrintString 的一个临时对象，其中我们用 cerr 和换行符初始化了该对象。当程序调用 for_each 时，将会把 vs 中的每个元素依次打印到 cerr 中，元素之间以换行符分隔。

14.8 节练习

练习 14.33：一个重载的函数调用运算符应该接受几个运算对象？

练习 14.34：定义一个函数对象类，令其执行 if-then-else 的操作：该类的调用运算符接受三个形参，它首先检查第一个形参，如果成功返回第二个形参的值；如果不成功返回第三个形参的值。

练习 14.35：编写一个类似于 PrintString 的类，令其从 istream 中读取一行输入，然后返回一个表示我们所读内容的 string。如果读取失败，返回空 string。

练习 14.36：使用前一个练习定义的类读取标准输入，将每一行保存为 vector 的一个元素。

练习 14.37：编写一个类令其检查两个值是否相等。使用该对象及标准库算法编写程序，令其替换某个序列中具有给定值的所有实例。

14.8.1 lambda 是函数对象

在前一节中，我们使用一个 PrintString 对象作为调用 for_each 的实参，这一

用法类似于我们在 10.3.2 节（第 346 页）中编写的使用 lambda 表达式的程序。当我们编
写了一个 lambda 后，编译器将该表达式翻译成一个未命名类的未命名对象（参见 10.3.3
节，第 349 页）。在 lambda 表达式产生的类中含有一个重载的函数调用运算符，例如，对
于我们传递给 stable_sort 作为其最后一个实参的 lambda 表达式来说：

```
// 根据单词的长度对其进行排序，对于长度相同的单词按照字母表顺序排序
stable_sort(words.begin(), words.end(),
            [](const string &a, const string &b)
              { return a.size() < b.size();});
```

其行为类似于下面这个类的一个未命名对象

```
class ShorterString {
public:
    bool operator()(const string &s1, const string &s2) const
    { return s1.size() < s2.size(); }
};
```

产生的类只有一个函数调用运算符成员，它负责接受两个 string 并比较它们的长度，它
的形参列表和函数体与 lambda 表达式完全一样。如我们在 10.3.3 节（第 352 页）所见，
默认情况下 lambda 不能改变它捕获的变量。因此在默认情况下，由 lambda 产生的类当中
的函数调用运算符是一个 const 成员函数。如果 lambda 被声明为可变的，则调用运算符
就不是 const 的了。

用这个类替代 lambda 表达式后，我们可以重写并重新调用 stable_sort：

```
stable_sort(words.begin(), words.end(), ShorterString());
```

第三个实参是新构建的 ShorterString 对象，当 stable_sort 内部的代码每次
比较两个 string 时就会"调用"这一对象，此时该对象将调用运算符的函数体，判断第
一个 string 的大小小于第二个时返回 true。

表示 lambda 及相应捕获行为的类

如我们所知，当一个 lambda 表达式通过引用捕获变量时，将由程序负责确保 lambda
执行时引用所引的对象确实存在（参见 10.3.3 节，第 350 页）。因此，编译器可以直接使
用该引用而无须在 lambda 产生的类中将其存储为数据成员。

相反，通过值捕获的变量被拷贝到 lambda 中（参见 10.3.3 节，第 350 页）。因此，这
种 lambda 产生的类必须为每个值捕获的变量建立对应的数据成员，同时创建构造函数，
令其使用捕获的变量的值来初始化数据成员。举个例子，在 10.3.2 节（第 347 页）中有一
个 lambda，它的作用是找到第一个长度不小于给定值的 string 对象：

```
// 获得第一个指向满足条件元素的迭代器，该元素满足 size() is >= sz
auto wc = find_if(words.begin(), words.end(),
            [sz](const string &a)
                { return a.size() >= sz;});
```

该 lambda 表达式产生的类将形如：

```
class SizeComp {
    SizeComp(size_t n): sz(n) { }      // 该形参对应捕获的变量
    // 该调用运算符的返回类型、形参和函数体都与 lambda 一致
    bool operator()(const string &s) const
        { return s.size() >= sz; }
```

```
private:
    size_t sz;                       // 该数据成员对应通过值捕获的变量
};
```

和我们的 ShorterString 类不同，上面这个类含有一个数据成员以及一个用于初始化该成员的构造函数。这个合成的类不含有默认构造函数，因此要想使用这个类必须提供一个实参：

```
// 获得第一个指向满足条件元素的迭代器，该元素满足 size() is >= sz
auto wc = find_if(words.begin(), words.end(), SizeComp(sz));
```

lambda 表达式产生的类不含默认构造函数、赋值运算符及默认析构函数；它是否含有默认的拷贝/移动构造函数则通常要视捕获的数据成员类型而定（参见 13.1.6 节，第 450 页和 13.6.2 节，第 475 页）。

14.8.1 节练习

练习 14.38： 编写一个类令其检查某个给定的 string 对象的长度是否与一个阈值相等。使用该对象编写程序，统计并报告在输入的文件中长度为 1 的单词有多少个、长度为 2 的单词有多少个、……、长度为 10 的单词又有多少个。

练习 14.39： 修改上一题的程序令其报告长度在 1 至 9 之间的单词有多少个、长度在 10 以上的单词又有多少个。

练习 14.40： 重新编写 10.3.2 节（第 349 页）的 biggies 函数，使用函数对象类替换其中的 lambda 表达式。

练习 14.41： 你认为 C++11 新标准为什么要增加 lambda？对于你自己来说，什么情况下会使用 lambda，什么情况下会使用类？

14.8.2 标准库定义的函数对象

标准库定义了一组表示算术运算符、关系运算符和逻辑运算符的类，每个类分别定义了一个执行命名操作的调用运算符。例如，plus 类定义了一个函数调用运算符用于对一对运算对象执行+的操作；modulus 类定义了一个调用运算符执行二元的%操作；equal_to 类执行==，等等。

这些类都被定义成模板的形式，我们可以为其指定具体的应用类型，这里的类型即调用运算符的形参类型。例如，plus<string>令 string 加法运算符作用于 string 对象；plus<int>的运算对象是 int；plus<Sales_data>对 Sales_data 对象执行加法运算，以此类推：

```
plus<int> intAdd;                // 可执行 int 加法的函数对
negate<int> intNegate;           // 可对 int 值取反的函数对象
// 使用 intAdd::operator(int, int) 求 10 和 20 的和
int sum = intAdd(10, 20);        // 等价于 sum = 30
sum = intNegate(intAdd(10, 20)); // 等价于 sum = 30
// 使用 intNegate::operator(int) 生成-10
// 然后将-10 作为 intAdd::operator(int, int) 的第二个参数
sum = intAdd(10, intNegate(10)); // sum = 0
```

表 14.2 所列的类型定义在 functional 头文件中。

575

表 14.2：标准库函数对象		
算术	关系	逻辑
plus<Type>	equal_to<Type>	logical_and<Type>
minus<Type>	not_equal_to<Type>	logical_or<Type>
multiplies<Type>	greater<Type>	logical_not<Type>
divides<Type>	greater_equal<Type>	
modulus<Type>	less<Type>	
negate<Type>	less_equal<Type>	

在算法中使用标准库函数对象

表示运算符的函数对象类常用来替换算法中的默认运算符。如我们所知，在默认情况下排序算法使用 operator<将序列按照升序排列。如果要执行降序排列的话，我们可以传入一个 greater 类型的对象。该类将产生一个调用运算符并负责执行待排序类型的大于运算。例如，如果 svec 是一个 vector<string>，

```
// 传入一个临时的函数对象用于执行两个 string 对象的>比较运算
sort(svec.begin(), svec.end(), greater<string>());
```

则上面的语句将按照降序对 svec 进行排序。第三个实参是 greater<string>类型的一个未命名的对象，因此当 sort 比较元素时，不再是使用默认的<运算符，而是调用给定的 greater 函数对象。该对象负责在 string 元素之间执行>比较运算。

需要特别注意的是，标准库规定其函数对象对于指针同样适用。我们之前曾经介绍过比较两个无关指针将产生未定义的行为（参见 3.5.3 节，第 107 页），然而我们可能会希望通过比较指针的内存地址来 sort 指针的 vector。直接这么做将产生未定义的行为，因此我们可以使用一个标准函数对象来实现该目的：

```
vector<string *> nameTable;               // 指针的 vector
// 错误：nameTable 中的指针彼此之间没有关系，所以<将产生未定义的行为
sort(nameTable.begin(), nameTable.end(),
    [](string *a, string *b) { return a < b; });
// 正确：标准库规定指针的 less 是定义良好的
sort(nameTable.begin(), nameTable.end(), less<string*>());
```

576> 关联容器使用 less<key_type>对元素排序，因此我们可以定义一个指针的 set 或者在 map 中使用指针作为关键值而无须直接声明 less。

14.8.2 节练习

练习 14.42：使用标准库函数对象及适配器定义一条表达式，令其

(a) 统计大于 1024 的值有多少个。

(b) 找到第一个不等于 pooh 的字符串。

(c) 将所有的值乘以 2。

练习 14.43：使用标准库函数对象判断一个给定的 int 值是否能被 int 容器中的所有元素整除。

14.8.3 可调用对象与 function

C++语言中有几种可调用的对象：函数、函数指针、lambda 表达式（参见 10.3.2 节，第 346 页）、bind 创建的对象（参见 10.3.4 节，第 354 页）以及重载了函数调用运算符的类。

和其他对象一样，可调用的对象也有类型。例如，每个 lambda 有它自己唯一的（未命名）类类型；函数及函数指针的类型则由其返回值类型和实参类型决定，等等。

然而，两个不同类型的可调用对象却可能共享同一种**调用形式**（call signature）。调用形式指明了调用返回的类型以及传递给调用的实参类型。一种调用形式对应一个函数类型，例如：

```
int(int, int)
```

是一个函数类型，它接受两个 int、返回一个 int。

不同类型可能具有相同的调用形式

对于几个可调用对象共享同一种调用形式的情况，有时我们会希望把它们看成具有相同的类型。例如，考虑下列不同类型的可调用对象：

```
// 普通函数
int add(int i, int j) { return i + j; }
// lambda，其产生一个未命名的函数对象类
auto mod = [](int i, int j) { return i % j; };
// 函数对象类
struct divide {
    int operator()(int denominator, int divisor) {
        return denominator / divisor;
    }
};
```

上面这些可调用对象分别对其参数执行了不同的算术运算，尽管它们的类型各不相同，但是共享同一种调用形式： <577

```
int(int, int)
```

我们可能希望使用这些可调用对象构建一个简单的桌面计算器。为了实现这一目的，需要定义一个**函数表**（function table）用于存储指向这些可调用对象的"指针"。当程序需要执行某个特定的操作时，从表中查找该调用的函数。

在 C++语言中，函数表很容易通过 map 来实现。对于此例来说，我们使用一个表示运算符符号的 string 对象作为关键字；使用实现运算符的函数作为值。当我们需要求给定运算符的值时，先通过运算符索引 map，然后调用找到的那个元素。

假定我们的所有函数都相互独立，并且只处理关于 int 的二元运算，则 map 可以定义成如下的形式：

```
// 构建从运算符到函数指针的映射关系，其中函数接受两个 int、返回一个 int
map<string, int(*)(int,int)> binops;
```

我们可以按照下面的形式将 add 的指针添加到 binops 中：

```
// 正确：add 是一个指向正确类型函数的指针
binops.insert({"+", add});     // {"+", add}是一个 pair（参见 11.2.3 节，379 页）
```

但是我们不能将 mod 或者 divide 存入 binops：

```
binops.insert({"%", mod});          // 错误：mod 不是一个函数指针
```

问题在于 mod 是个 lambda 表达式，而每个 lambda 有它自己的类类型，该类型与存储在 binops 中的值的类型不匹配。

标准库 function 类型

C++11

我们可以使用一个名为 **function** 的新的标准库类型解决上述问题，function 定义在 functional 头文件中，表 14.3 列举了 function 定义的操作。

表 14.3：function 的操作	
function<T> f;	f 是一个用来存储可调用对象的空 function，这些可调用对象的调用形式应该与函数类型 T 相同（即 T 是 *retType(args)*）
function<T> f(nullptr);	显式地构造一个空 function
function<T> f(obj);	在 f 中存储可调用对象 obj 的副本
f	将 f 作为条件：当 f 含有一个可调用对象时为真；否则为假
f(*args*)	调用 f 中的对象，参数是 *args*
定义为 function<T>的成员的类型	
result_type	该 function 类型的可调用对象返回的类型
argument_type first_argument_type second_argument_type	当 T 有一个或两个实参时定义的类型。如果 T 只有一个实参，则 argument_type 是该类型的同义词；如果 T 有两个实参，则 first_argument_type 和 second_argument_type 分别代表两个实参的类型

function 是一个模板，和我们使用过的其他模板一样，当创建一个具体的 function 类型时我们必须提供额外的信息。在此例中，所谓额外的信息是指该 function 类型能够表示的对象的调用形式。参考其他模板，我们在一对尖括号内指定类型：

```
function<int(int, int)>
```

在这里我们声明了一个 function 类型，它可以表示接受两个 int、返回一个 int 的可调用对象。因此，我们可以用这个新声明的类型表示任意一种桌面计算器用到的类型；

```
function<int(int, int)> f1 = add;          // 函数指针
function<int(int, int)> f2 = divide();     // 函数对象类的对象
function<int(int, int)> f3 = [](int i, int j) // lambda
                              { return i * j; };
cout << f1(4,2) << endl;          // 打印 6
cout << f2(4,2) << endl;          // 打印 2
cout << f3(4,2) << endl;          // 打印 8
```

578> 使用这个 function 类型我们可以重新定义 map：

```
// 列举了可调用对象与二元运算符对应关系的表格
// 所有可调用对象都必须接受两个 int、返回一个 int
// 其中的元素可以是函数指针、函数对象或者 lambda
map<string, function<int(int, int)>> binops;
```

我们能把所有可调用对象，包括函数指针、lambda 或者函数对象在内，都添加到这个 map 中：

```
map<string, function<int(int, int)>> binops = {
    {"+", add},                                // 函数指针
    {"-", std::minus<int>()},                  // 标准库函数对象
    {"/", divide()},                           // 用户定义的函数对象
    {"*", [](int i, int j) { return i * j; }}, // 未命名的 lambda
    {"%", mod} };                              // 命名了的 lambda 对象
```

我们的 map 中包含 5 个元素，尽管其中的可调用对象的类型各不相同，我们仍然能够把所有这些类型都存储在同一个 function<int (int , int)>类型中。

一如往常，当我们索引 map 时将得到关联值的一个引用。如果我们索引 binops，将得到 function 对象的引用。function 类型重载了调用运算符，该运算符接受它自己的实参然后将其传递给存好的可调用对象：

```
binops["+"](10, 5); // 调用 add(10, 5)
binops["-"](10, 5); // 使用 minus<int>对象的调用运算符
binops["/"](10, 5); // 使用 divide 对象的调用运算符
binops["*"](10, 5); // 调用 lambda 函数对象
binops["%"](10, 5); // 调用 lambda 函数对象
```

我们依次调用了 binops 中存储的每个操作。在第一个调用中，我们获得的元素存放着一个指向 add 函数的指针，因此调用 binops["+"](10, 5)实际上是使用该指针调用 add，并传入 10 和 5。在接下来的调用中，binops["-"]返回一个存放着 std::minus<int> 类型对象的 function，我们将执行该对象的调用运算符。

重载的函数与 function

我们不能（直接）将重载函数的名字存入 function 类型的对象中：

```
int add(int i, int j) { return i + j; }
Sales_data add(const Sales_data&, const Sales_data&);
map<string, function<int(int, int)>> binops;
binops.insert( {"+", add} );       // 错误：哪个 add?
```

解决上述二义性问题的一条途径是存储函数指针（参见 6.7 节，第 221 页）而非函数的名字：

```
int (*fp)(int,int) = add;          // 指针所指的 add 是接受两个 int 的版本
binops.insert( {"+", fp} );        // 正确：fp 指向一个正确的 add 版本
```

同样，我们也能使用 lambda 来消除二义性：

579

```
// 正确：使用 lambda 来指定我们希望使用的 add 版本
binops.insert( {"+", [](int a, int b) {return add(a, b);} } );
```

lambda 内部的函数调用传入了两个 int，因此该调用只能匹配接受两个 int 的 add 版本，而这也正是执行 lambda 时真正调用的函数。

> 新版本标准库中的 function 类与旧版本中的 unary_function 和 binary_function没有关联，后两个类已经被更通用的bind函数替代了(参见 10.3.4 节，第 357 页)。

练习 14.44： 编写一个简单的桌面计算器使其能处理二元运算。

14.9　重载、类型转换与运算符

在 7.5.4 节（第 263 页）中我们看到由一个实参调用的非显式构造函数定义了一种隐式的类型转换，这种构造函数将实参类型的对象转换成类类型。我们同样能定义对于类类型的类型转换，通过定义类型转换运算符可以做到这一点。转换构造函数和类型转换运算符共同定义了**类类型转换**（class-type conversions），这样的转换有时也被称作**用户定义的类型转换**（user-defined conversions）。

14.9.1　类型转换运算符

类型转换运算符（conversion operator）是类的一种特殊成员函数，它负责将一个类类型的值转换成其他类型。类型转换函数的一般形式如下所示：

```
operator type() const;
```

其中 *type* 表示某种类型。类型转换运算符可以面向任意类型（除了 void 之外）进行定义，只要该类型能作为函数的返回类型（参见 6.1 节，第 184 页）。因此，我们不允许转换成数组或者函数类型，但允许转换成指针（包括数组指针及函数指针）或者引用类型。

类型转换运算符既没有显式的返回类型，也没有形参，而且必须定义成类的成员函数。类型转换运算符通常不应该改变待转换对象的内容，因此，类型转换运算符一般被定义成 const 成员。

> 一个类型转换函数必须是类的成员函数；它不能声明返回类型，形参列表也必须为空。类型转换函数通常应该是 const。

定义含有类型转换运算符的类

举个例子，我们定义一个比较简单的类，令其表示 0 到 255 之间的一个整数：

```
class SmallInt {
public:
    SmallInt(int i = 0): val(i)
    {
        if (i < 0 || i > 255)
            throw std::out_of_range("Bad SmallInt value");
    }
    operator int() const { return val; }
private:
    std::size_t val;
};
```

我们的 SmallInt 类既定义了向类类型的转换，也定义了从类类型向其他类型的转换。其中，构造函数将算术类型的值转换成 SmallInt 对象，而类型转换运算符将 SmallInt 对象转换成 int：

```
SmallInt si;
```

```
si = 4;          // 首先将 4 隐式地转换成 SmallInt，然后调用 SmallInt::operator=
si + 3;          // 首先将 si 隐式地转换成 int，然后执行整数的加法
```

尽管编译器一次只能执行一个用户定义的类型转换（参见 4.11.2 节，第 144 页），但是隐式的用户定义类型转换可以置于一个标准（内置）类型转换之前或之后（参见 4.11.1 节，第 141 页），并与其一起使用。因此，我们可以将任何算术类型传递给 SmallInt 的构造函数。类似的，我们也能使用类型转换运算符将一个 SmallInt 对象转换成 int，然后再将所得的 int 转换成任何其他算术类型： 581

```
// 内置类型转换将 double 实参转换成 int
SmallInt si = 3.14;          // 调用 SmallInt(int) 构造函数
// SmallInt 的类型转换运算符将 si 转换成 int
si + 3.14;                   // 内置类型转换将所得的 int 继续转换成 double
```

因为类型转换运算符是隐式执行的，所以无法给这些函数传递实参，当然也就不能在类型转换运算符的定义中使用任何形参。同时，尽管类型转换函数不负责指定返回类型，但实际上每个类型转换函数都会返回一个对应类型的值：

```
class SmallInt;
operator int(SmallInt&);                      // 错误：不是成员函数
class SmallInt {
public:
    int operator int() const;                 // 错误：指定了返回类型
    operator int(int = 0) const;              // 错误：参数列表不为空
    operator int*() const { return 42; }      // 错误：42 不是一个指针
};
```

提示：避免过度使用类型转换函数

　　和使用重载运算符的经验一样，明智地使用类型转换运算符也能极大地简化类设计者的工作，同时使得使用类更加容易。然而，如果在类类型和转换类型之间不存在明显的映射关系，则这样的类型转换可能具有误导性。

　　例如，假设某个类表示 Date，我们也许会为它添加一个从 Date 到 int 的转换。然而，类型转换函数的返回值应该是什么？一种可能的解释是，函数返回一个十进制数，依次表示年、月、日，例如，July 30, 1989 可能转换为 int 值 19890730。同时还存在另外一种合理的解释，即类型转换运算符返回的 int 表示的是从某个时间节点（比如 January 1, 1970）开始经过的天数。显然这两种理解都合情合理，毕竟从形式上看它们产生的效果都是越靠后的日期对应的整数值越大，而且两种转换都有实际的用处。

　　问题在于 Date 类型的对象和 int 类型的值之间不存在明确的一对一映射关系。因此在此例中，不定义该类型转换运算符也许会更好。作为替代的手段，类可以定义一个或多个普通的成员函数以从各种不同形式中提取所需的信息。

类型转换运算符可能产生意外结果

　　在实践中，类很少提供类型转换运算符。在大多数情况下，如果类型转换自动发生，用户可能会感觉比较意外，而不是感觉受到了帮助。然而这条经验法则存在一种例外情况：对于类来说，定义向 bool 的类型转换还是比较普遍的现象。 582

　　在 C++ 标准的早期版本中，如果类想定义一个向 bool 的类型转换，则它常常遇到一个问题：因为 bool 是一种算术类型，所以类类型的对象转换成 bool 后就能被用在任何

需要算术类型的上下文中。这样的类型转换可能引发意想不到的结果,特别是当 istream 含有向 bool 的类型转换时,下面的代码仍将编译通过:

```
int i = 42;
cin << i;  // 如果向 bool 的类型转换不是显式的,则该代码在编译器看来将是合法的!
```

这段程序试图将输出运算符作用于输入流。因为 istream 本身并没有定义 <<,所以本来代码应该产生错误。然而,该代码能使用 istream 的 bool 类型转换运算符将 cin 转换成 bool,而这个 bool 值接着会被提升成 int 并用作内置的左移运算符的左侧运算对象。这样一来,提升后的 bool 值(1 或 0)最终会被左移 42 个位置。这一结果显然与我们的预期大相径庭。

显式的类型转换运算符

为了防止这样的异常情况发生,C++11 新标准引入了**显式的类型转换运算符**(explicit conversion operator):

```
class SmallInt {
public:
    // 编译器不会自动执行这一类型转换
    explicit operator int() const { return val; }
    // 其他成员与之前的版本一致
};
```

和显式的构造函数(参见 7.5.4 节,第 265 页)一样,编译器(通常)也不会将一个显式的类型转换运算符用于隐式类型转换:

```
SmallInt si = 3;         // 正确:SmallInt 的构造函数不是显式的
si + 3;                  // 错误:此处需要隐式的类型转换,但类的运算符是显式的
static_cast<int>(si) + 3;  // 正确:显式地请求类型转换
```

当类型转换运算符是显式的时,我们也能执行类型转换,不过必须通过显式的强制类型转换才可以。

该规定存在一个例外,即如果表达式被用作条件,则编译器会将显式的类型转换自动应用于它。换句话说,当表达式出现在下列位置时,显式的类型转换将被隐式地执行:

- if、while 及 do 语句的条件部分
- for 语句头的条件表达式
- 逻辑非运算符(!)、逻辑或运算符(||)、逻辑与运算符(&&)的运算对象
- 条件运算符(? :)的条件表达式。

583> **转换为 bool**

在标准库的早期版本中,IO 类型定义了向 void* 的转换规则,以求避免上面提到的问题。在 C++11 新标准下,IO 标准库通过定义一个向 bool 的显式类型转换实现同样的目的。

无论我们什么时候在条件中使用流对象,都会使用为 IO 类型定义的 operator bool。例如:

```
while (std::cin >> value)
```

while 语句的条件执行输入运算符,它负责将数据读入到 value 并返回 cin。为了对条件求值,cin 被 istream operator bool 类型转换函数隐式地执行了转换。如果 cin 的条件状态是 good(参见 8.1.2 节,第 280 页),则该函数返回为真;否则该函数返回为假。

向 `bool` 的类型转换通常用在条件部分，因此 `operator bool` 一般定义成 `explicit` 的。

14.9.1 节练习

练习 14.45：编写类型转换运算符将一个 `Sales_data` 对象分别转换成 `string` 和 `double`，你认为这些运算符的返回值应该是什么？

练习 14.46：你认为应该为 `Sales_data` 类定义上面两种类型转换运算符吗？应该把它们声明成 `explicit` 的吗？为什么？

练习 14.47：说明下面这两个类型转换运算符的区别。

```
struct Integral {
    operator const int();
    operator int() const;
};
```

练习 14.48：你在 7.5.1 节的练习 7.40（第 261 页）中曾经选择并编写了一个类，你认为它应该含有向 `bool` 的类型转换运算符吗？如果是，解释原因并说明该运算符是否应该是 `explicit` 的；如果不是，也请解释原因。

练习 14.49：为上一题提到的类定义一个转换目标是 `bool` 的类型转换运算符，先不用在意这么做是否应该。

14.9.2 避免有二义性的类型转换

如果类中包含一个或多个类型转换，则必须确保在类类型和目标类型之间只存在唯一一种转换方式。否则的话，我们编写的代码将很可能会具有二义性。

在两种情况下可能产生多重转换路径。第一种情况是两个类提供相同的类型转换：例如，当 A 类定义了一个接受 B 类对象的转换构造函数，同时 B 类定义了一个转换目标是 A 类的类型转换运算符时，我们就说它们提供了相同的类型转换。

第二种情况是类定义了多个转换规则，而这些转换涉及的类型本身可以通过其他类型转换联系在一起。最典型的例子是算术运算符，对某个给定的类来说，最好只定义最多一个与算术类型有关的转换规则。

 通常情况下，不要为类定义相同的类型转换，也不要在类中定义两个及两个以上转换源或转换目标是算术类型的转换。

实参匹配和相同的类型转换

在下面的例子中，我们定义了两种将 B 转换成 A 的方法：一种使用 B 的类型转换运算符、另一种使用 A 的以 B 为参数的构造函数：

```
// 最好不要在两个类之间构建相同的类型转换
struct B;
struct A {
    A() = default;
    A(const B&);              // 把一个 B 转换成 A
    // 其他数据成员
```

584

```
};
struct B {
    operator A() const;   // 也是把一个 B 转换成 A
    // 其他数据成员
};
A f(const A&);
B b;
A a = f(b);  // 二义性错误: 含义是 f(B::operator A())
             // 还是 f(A::A(const B&))?
```

因为同时存在两种由 B 获得 A 的方法，所以造成编译器无法判断应该运行哪个类型转换，也就是说，对 f 的调用存在二义性。该调用可以使用以 B 为参数的 A 的构造函数，也可以使用 B 当中把 B 转换成 A 的类型转换运算符。因为这两个函数效果相当、难分伯仲，所以该调用将产生错误。

如果我们确实想执行上述的调用，就不得不显式地调用类型转换运算符或者转换构造函数：

```
A a1 = f(b.operator A());    // 正确: 使用 B 的类型转换运算符
A a2 = f(A(b));              // 正确: 使用 A 的构造函数
```

值得注意的是，我们无法使用强制类型转换来解决二义性问题，因为强制类型转换本身也面临二义性。

二义性与转换目标为内置类型的多重类型转换

另外如果类定义了一组类型转换，它们的转换源（或者转换目标）类型本身可以通过其他类型转换联系在一起，则同样会产生二义性的问题。最简单也是最困扰我们的例子就是类当中定义了多个参数都是算术类型的构造函数，或者转换目标都是算术类型的类型转换运算符。

例如，在下面的类中包含两个转换构造函数，它们的参数是两种不同的算术类型；同时还包含两个类型转换运算符，它们的转换目标也恰好是两种不同的算术类型：

```
struct A {
    A(int = 0);              // 最好不要创建两个转换源都是算术类型的类型转换
    A(double);
    operator int() const;    // 最好不要创建两个转换对象都是算术类型的类型转换
    operator double() const;
    // 其他成员
};
void f2(long double);
A a;
f2(a);      // 二义性错误: 含义是 f(A::operator int())
            // 还是 f(A::operator double())?
long lg;
A a2(lg);   // 二义性错误: 含义是 A::A(int)还是 A::A(double)?
```

在对 f2 的调用中，哪个类型转换都无法精确匹配 long double。然而这两个类型转换都可以使用，只要后面再执行一次生成 long double 的标准类型转换即可。因此，在上面的两个类型转换中哪个都不比另一个更好，调用将产生二义性。

当我们试图用 long 初始化 a2 时也遇到了同样问题，哪个构造函数都无法精确匹配 long 类型。它们在使用构造函数前都要求先将实参进行类型转换：

- 先执行 long 到 double 的标准类型转换，再执行 A(double)
- 先执行 long 到 int 的标准类型转换，再执行 A(int)

编译器没办法区分这两种转换序列的好坏，因此该调用将产生二义性。

调用 f2 及初始化 a2 的过程之所以会产生二义性，根本原因是它们所需的标准类型转换级别一致（参见 6.6.1 节，第 219 页）。当我们使用用户定义的类型转换时，如果转换过程包含标准类型转换，则标准类型转换的级别将决定编译器选择最佳匹配的过程：

```
short s = 42;
// 把 short 提升成 int 优于把 short 转换成 double
A a3(s);                    // 使用 A::A(int)
```

在此例中，把 short 提升成 int 的操作要优于把 short 转换成 double 的操作，因此编译器将使用 A::A(int) 构造函数构造 a3，其中实参是 s（提升后）的值。

> 当我们使用两个用户定义的类型转换时，如果转换函数之前或之后存在标准类型转换，则标准类型转换将决定最佳匹配到底是哪个。

提示：类型转换与运算符 ⟨586⟩

要想正确地设计类的重载运算符、转换构造函数及类型转换函数，必须加倍小心。尤其是当类同时定义了类型转换运算符及重载运算符时特别容易产生二义性。以下的经验规则可能对你有所帮助：

- 不要令两个类执行相同的类型转换：如果 Foo 类有一个接受 Bar 类对象的构造函数，则不要在 Bar 类中再定义转换目标是 Foo 类的类型转换运算符。

- 避免转换目标是内置算术类型的类型转换。特别是当你已经定义了一个转换成算术类型的类型转换时，接下来

  — 不要再定义接受算术类型的重载运算符。如果用户需要使用这样的运算符，则类型转换操作将转换你的类型的对象，然后使用内置的运算符。

  — 不要定义转换到多种算术类型的类型转换。让标准类型转换完成向其他算术类型转换的工作。

一言以蔽之：除了显式地向 bool 类型的转换之外，我们应该尽量避免定义类型转换函数并尽可能地限制那些"显然正确"的非显式构造函数。

重载函数与转换构造函数

当我们调用重载的函数时，从多个类型转换中进行选择将变得更加复杂。如果两个或多个类型转换都提供了同一种可行匹配，则这些类型转换一样好。

举个例子，当几个重载函数的参数分属不同的类类型时，如果这些类恰好定义了同样的转换构造函数，则二义性问题将进一步提升：

```
struct C {
    C(int);
    // 其他成员
```

```
};
struct D {
    D(int);
    // 其他成员
};
void manip(const C&);
void manip(const D&);
manip(10);              // 二义性错误: 含义是 manip(C(10))还是 manip(D(10))
```

其中 C 和 D 都包含接受 int 的构造函数, 两个构造函数各自匹配 manip 的一个版本。因此调用将具有二义性: 它的含义可能是把 int 转换成 C, 然后调用 manip 的第一个版本; 也可能是把 int 转换成 D, 然后调用 manip 的第二个版本。

调用者可以显式地构造正确的类型从而消除二义性:

```
manip(C(10));    // 正确: 调用 manip(const C&)
```

 如果在调用重载函数时我们需要使用构造函数或者强制类型转换来改变实参的类型, 则这通常意味着程序的设计存在不足。

重载函数与用户定义的类型转换

当调用重载函数时, 如果两个 (或多个) 用户定义的类型转换都提供了可行匹配, 则我们认为这些类型转换一样好。在这个过程中, 我们不会考虑任何可能出现的标准类型转换的级别。只有当重载函数能通过同一个类型转换函数得到匹配时, 我们才会考虑其中出现的标准类型转换。

例如当我们调用 manip 时, 即使其中一个类定义了需要对实参进行标准类型转换的构造函数, 这次调用仍然会具有二义性:

```
struct E {
    E(double);
    // 其他成员
};
void manip2(const C&);
void manip2(const E&);
// 二义性错误: 两个不同的用户定义的类型转换都能用在此处
manip2(10);        // 含义是 manip2(C(10))还是 manip2(E(double(10)))
```

在此例中, C 有一个转换源为 int 的类型转换, E 有一个转换源为 double 的类型转换。对于 manip2(10)来说, 两个 manip2 函数都是可行的:

- manip2(const C&)是可行的, 因为 C 有一个接受 int 的转换构造函数, 该构造函数与实参精确匹配。
- manip2(const E&)是可行的, 因为 E 有一个接受 double 的转换构造函数, 而且为了使用该函数我们可以利用标准类型转换把 int 转换成所需的类型。

因为调用重载函数所请求的用户定义的类型转换不止一个且彼此不同, 所以该调用具有二义性。即使其中一个调用需要额外的标准类型转换而另一个调用能精确匹配, 编译器也会将该调用标示为错误。

在调用重载函数时，如果需要额外的标准类型转换，则该转换的级别只有当所有可行函数都请求同一个用户定义的类型转换时才有用。如果所需的用户定义的类型转换不止一个，则该调用具有二义性。

14.9.2 节练习

练习 14.50：在初始化 `ex1` 和 `ex2` 的过程中，可能用到哪些类类型的转换序列呢？说明初始化是否正确并解释原因。

```cpp
struct LongDouble {
    LongDouble(double = 0.0);
    operator double();
    operator float();
};
LongDouble ldObj;
int ex1 = ldObj;
float ex2 = ldObj;
```

练习 14.51：在调用 `calc` 的过程中，可能用到哪些类型转换序列呢？说明最佳可行函数是如何被选出来的。

```cpp
void calc(int);
void calc(LongDouble);
double dval;
calc(dval);                    // 哪个 calc?
```

14.9.3　函数匹配与重载运算符

重载的运算符也是重载的函数。因此，通用的函数匹配规则（参见 6.4 节，第 208 页）同样适用于判断在给定的表达式中到底应该使用内置运算符还是重载的运算符。不过当运算符函数出现在表达式中时，候选函数集的规模要比我们使用调用运算符调用函数时更大。如果 a 是一种类类型，则表达式 a *sym* b 可能是

```cpp
a.operatorsym(b); // a 有一个 operatorsym 成员函数
operatorsym(a, b);// operatorsym 是一个普通函数
```

和普通函数调用不同，我们不能通过调用的形式来区分当前调用的是成员函数还是非成员函数。

当我们使用重载运算符作用于类类型的运算对象时，候选函数中包含该运算符的普通非成员版本和内置版本。除此之外，如果左侧运算对象是类类型，则定义在该类中的运算符的重载版本也包含在候选函数内。 ‹588

当我们调用一个命名的函数时，具有该名字的成员函数和非成员函数不会彼此重载，这是因为我们用来调用命名函数的语法形式对于成员函数和非成员函数来说是不相同的。当我们通过类类型的对象（或者该对象的指针及引用）进行函数调用时，只考虑该类的成员函数。而当我们在表达式中使用重载的运算符时，无法判断正在使用的是成员函数还是非成员函数，因此二者都应该在考虑的范围内。

表达式中运算符的候选函数集既应该包括成员函数，也应该包括非成员函数。

举个例子，我们为 SmallInt 类定义一个加法运算符：

```
class SmallInt {
    friend
    SmallInt operator+(const SmallInt&, const SmallInt&);
public:
    SmallInt(int = 0);                      // 转换源为 int 的类型转换
    operator int() const { return val; } // 转换目标为 int 的类型转换
private:
    std::size_t val;
};
```

589> 可以使用这个类将两个 SmallInt 对象相加，但如果我们试图执行混合模式的算术运算，就将遇到二义性的问题：

```
SmallInt s1, s2;
SmallInt s3 = s1 + s2;         // 使用重载的 operator+
int i = s3 + 0;                // 二义性错误
```

第一条加法语句接受两个 SmallInt 值并执行+运算符的重载版本。第二条加法语句具有二义性：因为我们可以把 0 转换成 SmallInt，然后使用 SmallInt 的+；或者把 s3 转换成 int，然后对于两个 int 执行内置的加法运算。

> 如果我们对同一个类既提供了转换目标是算术类型的类型转换，也提供了重载的运算符，则将会遇到重载运算符与内置运算符的二义性问题。

14.9.3 节练习

练习 14.52：在下面的加法表达式中分别选用了哪个 operator+？列出候选函数、可行函数及为每个可行函数的实参执行的类型转换：

```
struct LongDouble {
    // 用于演示的成员 operator+；在通常情况下+是个非成员
    LongDouble operator+(const SmallInt&);
    // 其他成员与 14.9.2 节（第 521 页）一致
};
LongDouble operator+(LongDouble&, double);
SmallInt si;
LongDouble ld;
ld = si + ld;
ld = ld + si;
```

练习 14.53：假设我们已经定义了如第 522 页所示的 SmallInt，判断下面的加法表达式是否合法。如果合法，使用了哪个加法运算符？如果不合法，应该怎样修改代码才能使其合法？

```
SmallInt s1;
double d = s1 + 3.14;
```

小结

590

一个重载的运算符必须是某个类的成员或者至少拥有一个类类型的运算对象。重载运算符的运算对象数量、结合律、优先级与对应的用于内置类型的运算符完全一致。当运算符被定义为类的成员时，类对象的隐式 this 指针绑定到第一个运算对象。赋值、下标、函数调用和箭头运算符必须作为类的成员。

如果类重载了函数调用运算符 operator()，则该类的对象被称作"函数对象"。这样的对象常用在标准函数中。lambda 表达式是一种简便的定义函数对象类的方式。

在类中可以定义转换源或转换目的是该类型本身的类型转换，这样的类型转换将自动执行。只接受单独一个实参的非显式构造函数定义了从实参类型到类类型的类型转换；而非显式的类型转换运算符则定义了从类类型到其他类型的转换。

术语表

调用形式（call signature） 表示一个可调用对象的接口。在调用形式中包括返回类型以及一个实参类型列表，该列表在一对圆括号内，实参类型之间以逗号分隔。

类类型转换（class-type conversion） 包括由构造函数定义的从其他类型到类类型的转换以及由类型转换运算符定义的从类类型到其他类型的转换。只接受单独一个实参的非显式构造函数定义了从实参类型到类类型的转换；而类型转换运算符则定义了从类类型到某个指定类型的转换。

类型转换运算符（conversion operator） 是类的成员函数，定义了从类类型到其他类型的转换。类型转换运算符必须是它要转换的类的成员，并且通常被定义为常量成员。这类运算符既没有返回类型，也不接受参数。它们返回一个可变为转换运算符类型的值，也就是说，operator int 返回一个 int，operator string 返回一个 string，依此类推。

显式的类型转换运算符（explicit conversion operator） 由关键字 explicit 限定的类型转换运算符。这样的运算符用于条件中的隐式类型转换。

函数对象（function object） 定义了重载调用运算符的对象。在需要使用函数的地方都能使用函数对象。

函数表（function table） 形如 map 或 vector 的容器，容器中所存的值可以被调用。

函数模板（function template） 能够表示任意可调用类型的标准库模板。

重载的运算符（overloaded operator） 重定义了某种内置运算符的含义的函数。重载的运算符函数含有关键字 operator，之后是要定义的符号。重载的运算符必须含有至少一个类类型的运算对象。重载运算符的优先级、结合律、运算对象数量都与其内置版本一致。

用户定义的类型转换（user-defined conversion） 类类型转换的同义词。

第 15 章
面向对象程序设计

内容

　　面向对象程序设计基于三个基本概念：数据抽象、继承和动态绑定。第 7 章已经介绍了数据抽象的知识，本章将介绍继承和动态绑定。

　　继承和动态绑定对程序的编写有两方面的影响：一是我们可以更容易地定义与其他类相似但不完全相同的新类；二是在使用这些彼此相似的类编写程序时，我们可以在一定程度上忽略掉它们的区别。

592>

在很多程序中都存在着一些相互关联但是有细微差别的概念。例如，书店中不同书籍的定价策略可能不同：有的书籍按原价销售，有的则打折销售。有时，我们给那些购买书籍超过一定数量的顾客打折；另一些时候，则只对前多少本销售的书籍打折，之后就调回原价，等等。面向对象的程序设计（OOP）适用于这类应用。

15.1　OOP：概述

面向对象程序设计（object-oriented programming）的核心思想是数据抽象、继承和动态绑定。通过使用数据抽象，我们可以将类的接口与实现分离（见第 7 章）；使用继承，可以定义相似的类型并对其相似关系建模；使用动态绑定，可以在一定程度上忽略相似类型的区别，而以统一的方式使用它们的对象。

继承

通过**继承**（inheritance）联系在一起的类构成一种层次关系。通常在层次关系的根部有一个**基类**（base class），其他类则直接或间接地从基类继承而来，这些继承得到的类称为**派生类**（derived class）。基类负责定义在层次关系中所有类共同拥有的成员，而每个派生类定义各自特有的成员。

为了对之前提到的不同定价策略建模，我们首先定义一个名为 Quote 的类，并将它作为层次关系中的基类。Quote 的对象表示按原价销售的书籍。Quote 派生出另一个名为 Bulk_quote 的类，它表示可以打折销售的书籍。

这些类将包含下面的两个成员函数：

- isbn()，返回书籍的 ISBN 编号。该操作不涉及派生类的特殊性，因此只定义在 Quote 类中。
- net_price(size_t)，返回书籍的实际销售价格，前提是用户购买该书的数量达到一定标准。这个操作显然是类型相关的，Quote 和 Bulk_quote 都应该包含该函数。

在 C++语言中，基类将类型相关的函数与派生类不做改变直接继承的函数区分对待。对于某些函数，基类希望它的派生类各自定义适合自身的版本，此时基类就将这些函数声明成**虚函数**（virtual function）。因此，我们可以将 Quote 类编写成：

```
class Quote {
public:
    std::string isbn() const;
    virtual double net_price(std::size_t n) const;
};
```

593> 派生类必须通过使用**类派生列表**（class derivation list）明确指出它是从哪个（哪些）基类继承而来的。类派生列表的形式是：首先是一个冒号，后面紧跟以逗号分隔的基类列表，其中每个基类前面可以有访问说明符：

```
class Bulk_quote : public Quote {          // Bulk_quote 继承了 Quote
public:
    double net_price(std::size_t) const override;
};
```

因为 Bulk_quote 在它的派生列表中使用了 public 关键字，因此我们完全可以把

Bulk_quote 的对象当成 Quote 的对象来使用。

派生类必须在其内部对所有重新定义的虚函数进行声明。派生类可以在这样的函数之前加上 virtual 关键字，但是并不是非得这么做。出于 15.3 节（第 538 页）将要解释的原因，C++11 新标准允许派生类显式地注明它将使用哪个成员函数改写基类的虚函数，具体措施是在该函数的形参列表之后增加一个 override 关键字。

动态绑定

通过使用**动态绑定**（dynamic binding），我们能用同一段代码分别处理 Quote 和 Bulk_quote 的对象。例如，当要购买的书籍和购买的数量都已知时，下面的函数负责打印总的费用：

```
// 计算并打印销售给定数量的某种书籍所得的费用
double print_total(ostream &os,
                   const Quote &item, size_t n)
{
    // 根据传入 item 形参的对象类型调用 Quote::net_price
    // 或者 Bulk_quote::net_price
    double ret = item.net_price(n);
    os << "ISBN: " << item.isbn()      // 调用 Quote::isbn
       << " # sold: " << n << " total due: " << ret << endl;
    return ret;
}
```

该函数非常简单：它返回调用 net_price() 的结果，并将该结果连同调用 isbn() 的结果一起打印出来。

关于上面的函数有两个有意思的结论：因为函数 print_total 的 item 形参是基类 Quote 的一个引用，所以出于 15.2.3 节（第 534 页）将要解释的原因，我们既能使用基类 Quote 的对象调用该函数，也能使用派生类 Bulk_quote 的对象调用它；又因为 print_total 是使用引用类型调用 net_price 函数的，所以出于 15.2.1 节（第 528 页）将要解释的原因，实际传入 print_total 的对象类型将决定到底执行 net_price 的哪个版本：

```
// basic 的类型是 Quote；bulk 的类型是 Bulk_quote
print_total(cout, basic, 20);         // 调用 Quote 的 net_price
print_total(cout, bulk, 20);          // 调用 Bulk_quote 的 net_price
```

第一条调用句将 Quote 对象传入 print_total，因此当 print_total 调用 net_price 时，执行的是 Quote 的版本；在第二条调用语句中，实参的类型是 Bulk_quote，因此执行的是 Bulk_quote 的版本（计算打折信息）。因为在上述过程中 <594 函数的运行版本由实参决定，即在运行时选择函数的版本，所以动态绑定有时又被称为**运行时绑定**（run-time binding）。

> 在 C++语言中，当我们使用基类的引用（或指针）调用一个虚函数时将发生动态绑定。

15.2 定义基类和派生类

定义基类和派生类的方式在很多方面都与我们已知的定义其他类的方式类似，但是也有一些不同之处。本节将介绍在定义有继承关系的类时可能用到的基本特性。

15.2.1　定义基类

我们首先完成 Quote 类的定义：

```
class Quote {
public:
    Quote() = default;          // 关于=default 请参见7.1.4节（第237页）
    Quote(const std::string &book, double sales_price):
                    bookNo(book), price(sales_price) { }
    std::string isbn() const { return bookNo; }
    // 返回给定数量的书籍的销售总额
    // 派生类负责改写并使用不同的折扣计算算法
    virtual double net_price(std::size_t n) const
                { return n * price; }
    virtual ~Quote() = default;  // 对析构函数进行动态绑定
private:
    std::string bookNo;          // 书籍的 ISBN 编号
protected:
    double price = 0.0;          // 代表普通状态下不打折的价格
};
```

对于上面这个类来说，新增的部分是在 net_price 函数和析构函数之前增加的 virtual 关键字以及最后的 protected 访问说明符。我们将在 15.7.1 节（第 552 页）详细介绍虚析构函数的知识，现在只需记住作为继承关系中根节点的类通常都会定义一个虚析构函数。

> Note　基类通常都应该定义一个虚析构函数，即使该函数不执行任何实际操作也是如此。

成员函数与继承

派生类可以继承其基类的成员，然而当遇到如 net_price 这样与类型相关的操作时，派生类必须对其重新定义。换句话说，派生类需要对这些操作提供自己的新定义以**覆盖**（override）从基类继承而来的旧定义。

595>

在 C++语言中，基类必须将它的两种成员函数区分开来：一种是基类希望其派生类进行覆盖的函数；另一种是基类希望派生类直接继承而不要改变的函数。对于前者，基类通常将其定义为**虚函数**（virtual）。当我们使用指针或引用调用虚函数时，该调用将被动态绑定。根据引用或指针所绑定的对象类型不同，该调用可能执行基类的版本，也可能执行某个派生类的版本。

基类通过在其成员函数的声明语句之前加上关键字 virtual 使得该函数执行动态绑定。任何构造函数之外的非静态函数（参见 7.6 节，第 268 页）都可以是虚函数。关键字 virtual 只能出现在类内部的声明语句之前而不能用于类外部的函数定义。如果基类把一个函数声明成虚函数，则该函数在派生类中隐式地也是虚函数。我们将在 15.3 节（第 536 页）介绍更多关于虚函数的知识。

成员函数如果没被声明为虚函数，则其解析过程发生在编译时而非运行时。对于 isbn 成员来说这正是我们希望看到的结果。isbn 函数的执行与派生类的细节无关，不管作用于 Quote 对象还是 Bulk_quote 对象，isbn 函数的行为都一样。在我们的继承层次关系中只有一个 isbn 函数，因此也就不存在调用 isbn() 时到底执行哪个版本的疑问。

访问控制与继承

派生类可以继承定义在基类中的成员，但是派生类的成员函数不一定有权访问从基类继承而来的成员。和其他使用基类的代码一样，派生类能访问公有成员，而不能访问私有成员。不过在某些时候基类中还有这样一种成员，基类希望它的派生类有权访问该成员，同时禁止其他用户访问。我们用**受保护的**（protected）访问运算符说明这样的成员。

我们的 Quote 类希望它的派生类定义各自的 net_price 函数，因此派生类需要访问 Quote 的 price 成员。此时我们将 price 定义成受保护的。与之相反，派生类访问 bookNo 成员的方式与其他用户是一样的，都是通过调用 isbn 函数，因此 bookNo 被定义成私有的，即使是 Quote 派生出来的类也不能直接访问它。我们将在 15.5 节（第 542 页）介绍更多关于受保护成员的知识。

15.2.1 节练习

练习 15.1：什么是虚成员？

练习 15.2：protected 访问说明符与 private 有何区别？

练习 15.3：定义你自己的 Quote 类和 print_total 函数。

15.2.2 定义派生类

派生类必须通过使用**类派生列表**（class derivation list）明确指出它是从哪个（哪些）基类继承而来的。类派生列表的形式是：首先是一个冒号，后面紧跟以逗号分隔的基类列表，其中每个基类前面可以有以下三种访问说明符中的一个：public、protected 或者 private。

派生类必须将其继承而来的成员函数中需要覆盖的那些重新声明，因此，我们的 Bulk_quote 类必须包含一个 net_price 成员：

```cpp
class Bulk_quote : public Quote {       // Bulk_quote 继承自 Quote
public:
    Bulk_quote() = default;
    Bulk_quote(const std::string&, double, std::size_t, double);
    // 覆盖基类的函数版本以实现基于大量购买的折扣政策
    double net_price(std::size_t) const override;
private:
    std::size_t min_qty = 0;            // 适用折扣政策的最低购买量
    double discount = 0.0;              // 以小数表示的折扣额
};
```

我们的 Bulk_quote 类从它的基类 Quote 那里继承了 isbn 函数和 bookNo、price 等数据成员。此外，它还定义了 net_price 的新版本，同时拥有两个新增加的数据成员 min_qty 和 discount。这两个成员分别用于说明享受折扣所需购买的最低数量以及一旦该数量达到之后具体的折扣信息。

我们将在 15.5 节（第 543 页）详细介绍派生列表中用到的访问说明符。现在，我们只需知道访问说明符的作用是控制派生类从基类继承而来的成员是否对派生类的用户可见。

如果一个派生是公有的，则基类的公有成员也是派生类接口的组成部分。此外，我们能将公有派生类型的对象绑定到基类的引用或指针上。因为我们在派生列表中使用了

public，所以 Bulk_quote 的接口隐式地包含 isbn 函数，同时在任何需要 Quote 的引用或指针的地方我们都能使用 Bulk_quote 的对象。

大多数类都只继承自一个类，这种形式的继承被称作"单继承"，它构成了本章的主题。关于派生列表中含有多于一个基类的情况将在 18.3 节（第 710 页）中介绍。

派生类中的虚函数

派生类经常（但不总是）覆盖它继承的虚函数。如果派生类没有覆盖其基类中的某个虚函数，则该虚函数的行为类似于其他的普通成员，派生类会直接继承其在基类中的版本。

C++
11
派生类可以在它覆盖的函数前使用 virtual 关键字，但不是非得这么做。我们将在 15.3 节（第 538 页）介绍其原因，C++11 新标准允许派生类显式地注明它使用某个成员函数覆盖了它继承的虚函数。具体做法是在形参列表后面、或者在 const 成员函数（参见 7.1.2 节，第 231 页）的 const 关键字后面、或者在引用成员函数（参见 13.6.3 节，第 483 页）的引用限定符后面添加一个关键字 override。

派生类对象及派生类向基类的类型转换

一个派生类对象包含多个组成部分：一个含有派生类自己定义的（非静态）成员的子对象，以及一个与该派生类继承的基类对应的子对象，如果有多个基类，那么这样的子对象也有多个。因此，一个 Bulk_quote 对象将包含四个数据元素：它从 Quote 继承而来的 bookNo 和 price 数据成员，以及 Bulk_quote 自己定义的 min_qty 和 discount 成员。

C++ 标准并没有明确规定派生类的对象在内存中如何分布，但是我们可以认为 Bulk_quote 的对象包含如图 15.1 所示的两部分。

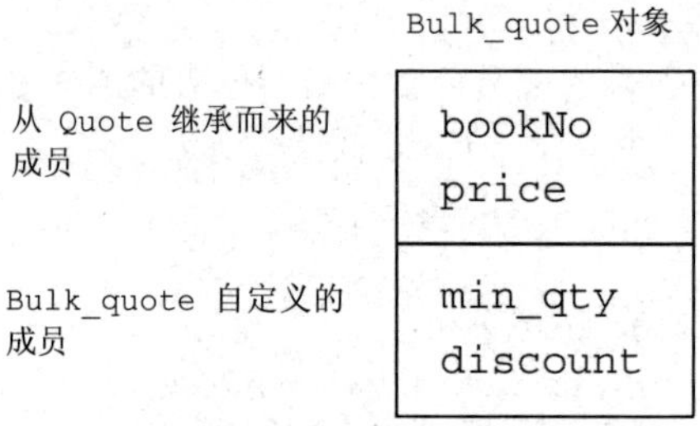

Bulk_quote 对象

从 Quote 继承而来的成员	bookNo price
Bulk_quote 自定义的成员	min_qty discount

在一个对象中，继承自基类的部分和派生类自定义的部分不一定是连续存储的。图 15.1 只是表示类工作机理的概念模型，而非物理模型。

图 15.1：Bulk_quote 对象的概念结构

因为在派生类对象中含有与其基类对应的组成部分，所以我们能把派生类的对象当成基类对象来使用，而且我们也能将基类的指针或引用绑定到派生类对象中的基类部分上。

```
Quote item;              // 基类对象
Bulk_quote bulk;         // 派生类对象
Quote *p = &item;        // p 指向 Quote 对象
p = &bulk;               // p 指向 bulk 的 Quote 部分
Quote &r = bulk;         // r 绑定到 bulk 的 Quote 部分
```

这种转换通常称为**派生类到基类的**（derived-to-base）类型转换。和其他类型转换一样，编译器会隐式地执行派生类到基类的转换（参见 4.11 节，第 141 页）。

这种隐式特性意味着我们可以把派生类对象或者派生类对象的引用用在需要基类引

用的地方；同样的，我们也可以把派生类对象的指针用在需要基类指针的地方。

 在派生类对象中含有与其基类对应的组成部分，这一事实是继承的关键所在。

派生类构造函数

598

尽管在派生类对象中含有从基类继承而来的成员，但是派生类并不能直接初始化这些成员。和其他创建了基类对象的代码一样，派生类也必须使用基类的构造函数来初始化它的基类部分。

 每个类控制它自己的成员初始化过程。

派生类对象的基类部分与派生类对象自己的数据成员都是在构造函数的初始化阶段（参见 7.5.1 节，第 258 页）执行初始化操作的。类似于我们初始化成员的过程，派生类构造函数同样是通过构造函数初始化列表来将实参传递给基类构造函数的。例如，接受四个参数的 Bulk_quote 构造函数如下所示：

```
Bulk_quote(const std::string& book, double p,
           std::size_t qty, double disc) :
           Quote(book, p), min_qty(qty), discount(disc) { }
    // 与之前一致
};
```

该函数将它的前两个参数（分别表示 ISBN 和价格）传递给 Quote 的构造函数，由 Quote 的构造函数负责初始化 Bulk_quote 的基类部分（即 bookNo 成员和 price 成员）。当（空的）Quote 构造函数体结束后，我们构建的对象的基类部分也就完成初始化了。接下来初始化由派生类直接定义的 min_qty 成员和 discount 成员。最后运行 Bulk_quote 构造函数的（空的）函数体。

除非我们特别指出，否则派生类对象的基类部分会像数据成员一样执行默认初始化。如果想使用其他的基类构造函数，我们需要以类名加圆括号内的实参列表的形式为构造函数提供初始值。这些实参将帮助编译器决定到底应该选用哪个构造函数来初始化派生类对象的基类部分。

 首先初始化基类的部分，然后按照声明的顺序依次初始化派生类的成员。

派生类使用基类的成员

派生类可以访问基类的公有成员和受保护成员：

```
// 如果达到了购买书籍的某个最低限量值，就可以享受折扣价格了
double Bulk_quote::net_price(size_t cnt) const
{
    if (cnt >= min_qty)
        return cnt * (1 - discount) * price;
    else
        return cnt * price;
}
```

该函数产生一个打折后的价格：如果给定的数量超过了 min_qty，则将 discount（一 599

个小于 1 大于 0 的数）作用于 price。

我们将在 15.6 节（第 547 页）进一步讨论作用域，目前只需要了解派生类的作用域嵌套在基类的作用域之内。因此，对于派生类的一个成员来说，它使用派生类成员（例如 min_qty 和 discount）的方式与使用基类成员（例如 price）的方式没什么不同。

关键概念：遵循基类的接口

必须明确一点：每个类负责定义各自的接口。要想与类的对象交互必须使用该类的接口，即使这个对象是派生类的基类部分也是如此。

因此，派生类对象不能直接初始化基类的成员。尽管从语法上来说我们可以在派生类构造函数体内给它的公有或受保护的基类成员赋值，但是最好不要这么做。和使用基类的其他场合一样，派生类应该遵循基类的接口，并且通过调用基类的构造函数来初始化那些从基类中继承而来的成员。

继承与静态成员

如果基类定义了一个静态成员（参见 7.6 节，第 268 页），则在整个继承体系中只存在该成员的唯一定义。不论从基类中派生出来多少个派生类，对于每个静态成员来说都只存在唯一的实例。

```cpp
class Base {
public:
    static void statmem();
};
class Derived : public Base {
    void f(const Derived&);
};
```

静态成员遵循通用的访问控制规则，如果基类中的成员是 private 的，则派生类无权访问它。假设某静态成员是可访问的，则我们既能通过基类使用它也能通过派生类使用它：

```cpp
void Derived::f(const Derived &derived_obj)
{
    Base::statmem();           // 正确：Base 定义了 statmem
    Derived::statmem();        // 正确：Derived 继承了 statmem
    // 正确：派生类的对象能访问基类的静态成员
    derived_obj.statmem();     // 通过 Derived 对象访问
    statmem();                 // 通过 this 对象访问
}
```

派生类的声明

600>

派生类的声明与其他类差别不大（参见 7.3.3 节，第 250 页），声明中包含类名但是不包含它的派生列表：

```cpp
class Bulk_quote : public Quote;  // 错误：派生列表不能出现在这里
class Bulk_quote;                 // 正确：声明派生类的正确方式
```

一条声明语句的目的是令程序知晓某个名字的存在以及该名字表示一个什么样的实体，如一个类、一个函数或一个变量等。派生列表以及与定义有关的其他细节必须与类的主体一起出现。

被用作基类的类

如果我们想将某个类用作基类，则该类必须已经定义而非仅仅声明：

```
class Quote;                        // 声明但未定义
// 错误：Quote 必须被定义
class Bulk_quote : public Quote { ... };
```

这一规定的原因显而易见：派生类中包含并且可以使用它从基类继承而来的成员，为了使用这些成员，派生类当然要知道它们是什么。因此该规定还有一层隐含的意思，即一个类不能派生它本身。

一个类是基类，同时它也可以是一个派生类：

```
class Base { /* ...*/ };
class D1: public Base { /* ...*/ };
class D2: public D1 { /* ...*/ };
```

在这个继承关系中，Base 是 D1 的**直接基类**（direct base），同时是 D2 的**间接基类**（indirect base）。直接基类出现在派生列表中，而间接基类由派生类通过其直接基类继承而来。

每个类都会继承直接基类的所有成员。对于一个最终的派生类来说，它会继承其直接基类的成员；该直接基类的成员又含有其基类的成员；依此类推直至继承链的顶端。因此，最终的派生类将包含它的直接基类的子对象以及每个间接基类的子对象。

防止继承的发生

有时我们会定义这样一种类，我们不希望其他类继承它，或者不想考虑它是否适合作为一个基类。为了实现这一目的，C++11 新标准提供了一种防止继承发生的方法，即在类名后跟一个关键字 final：

```
class NoDerived final { /* */ };        // NoDerived 不能作为基类
class Base { /* */ };
// Last 是 final 的；我们不能继承 Last
class Last final : Base { /* */ };      // Last 不能作为基类
class Bad : NoDerived { /* */ };        // 错误：NoDerived 是 final 的
class Bad2 : Last { /* */ };            // 错误：Last 是 final 的
```

15.2.2 节练习

练习 15.4：下面哪条声明语句是不正确的？请解释原因。

```
class Base { ... };
(a) class Derived : public Derived { ... };
(b) class Derived : private Base { ... };
(c) class Derived : public Base;
```

练习 15.5：定义你自己的 Bulk_quote 类。

练习 15.6：将 Quote 和 Bulk_quote 的对象传给 15.2.1 节（第 529 页）练习中的 print_total 函数，检查该函数是否正确。

练习 15.7：定义一个类使其实现一种数量受限的折扣策略，具体策略是：当购买书籍的数量不超过一个给定的限量时享受折扣，如果购买量一旦超过了限量，则超出的部分将以原价销售。

15.2.3 类型转换与继承

理解基类和派生类之间的类型转换是理解 C++ 语言面向对象编程的关键所在。

通常情况下，如果我们想把引用或指针绑定到一个对象上，则引用或指针的类型应与对象的类型一致（参见 2.3.1 节，第 46 页和 2.3.2 节，第 47 页），或者对象的类型含有一个可接受的 const 类型转换规则（参见 4.11.2 节，第 144 页）。存在继承关系的类是一个重要的例外：我们可以将基类的指针或引用绑定到派生类对象上。例如，我们可以用 Quote& 指向一个 Bulk_quote 对象，也可以把一个 Bulk_quote 对象的地址赋给一个 Quote*。

可以将基类的指针或引用绑定到派生类对象上有一层极为重要的含义：当使用基类的引用（或指针）时，实际上我们并不清楚该引用（或指针）所绑定对象的真实类型。该对象可能是基类的对象，也可能是派生类的对象。

和内置指针一样，智能指针类（参见 12.1 节，第 400 页）也支持派生类向基类的类型转换，这意味着我们可以将一个派生类对象的指针存储在一个基类的智能指针内。

静态类型与动态类型

当我们使用存在继承关系的类型时，必须将一个变量或其他表达式的**静态类型**（static type）与该表达式表示对象的**动态类型**（dynamic type）区分开来。表达式的静态类型在编译时总是已知的，它是变量声明时的类型或表达式生成的类型；动态类型则是变量或表达式表示的内存中的对象的类型。动态类型直到运行时才可知。

602 例如，当 print_total 调用 net_price 时（参见 15.1 节，第 527 页）：

```
double ret = item.net_price(n);
```

我们知道 item 的静态类型是 Quote&，它的动态类型则依赖于 item 绑定的实参，动态类型直到在运行时调用该函数时才会知道。如果我们传递一个 Bulk_quote 对象给 print_total，则 item 的静态类型将与它的动态类型不一致。如前所述，item 的静态类型是 Quote&，而在此例中它的动态类型则是 Bulk_quote。

如果表达式既不是引用也不是指针，则它的动态类型永远与静态类型一致。例如，Quote 类型的变量永远是一个 Quote 对象，我们无论如何都不能改变该变量对应的对象的类型。

基类的指针或引用的静态类型可能与其动态类型不一致，读者一定要理解其中的原因。

不存在从基类向派生类的隐式类型转换……

之所以存在派生类向基类的类型转换是因为每个派生类对象都包含一个基类部分，而基类的引用或指针可以绑定到该基类部分上。一个基类的对象既可以以独立的形式存在，也可以作为派生类对象的一部分存在。如果基类对象不是派生类对象的一部分，则它只含有基类定义的成员，而不含有派生类定义的成员。

因为一个基类的对象可能是派生类对象的一部分，也可能不是，所以不存在从基类向派生类的自动类型转换：

```
Quote base;
Bulk_quote* bulkP = &base;        // 错误：不能将基类转换成派生类
Bulk_quote& bulkRef = base;       // 错误：不能将基类转换成派生类
```

如果上述赋值是合法的，则我们有可能会使用 bulkP 或 bulkRef 访问 base 中本不存在的成员。

除此之外还有一种情况显得有点特别，即使一个基类指针或引用绑定在一个派生类对象上，我们也不能执行从基类向派生类的转换：

```
Bulk_quote bulk;
Quote *itemP = &bulk;             // 正确：动态类型是 Bulk_quote
Bulk_quote *bulkP = itemP;        // 错误：不能将基类转换成派生类
```

编译器在编译时无法确定某个特定的转换在运行时是否安全，这是因为编译器只能通过检查指针或引用的静态类型来推断该转换是否合法。如果在基类中含有一个或多个虚函数，我们可以使用 dynamic_cast（参见 19.2.1 节，第 730 页）请求一个类型转换，该转换的安全检查将在运行时执行。同样，如果我们已知某个基类向派生类的转换是安全的，则我们可以使用 static_cast（参见 4.11.3 节，第 144 页）来强制覆盖掉编译器的检查工作。

……在对象之间不存在类型转换

603

派生类向基类的自动类型转换只对指针或引用类型有效，在派生类类型和基类类型之间不存在这样的转换。很多时候，我们确实希望将派生类对象转换成它的基类类型，但是这种转换的实际发生过程往往与我们期望的有所差别。

请注意，当我们初始化或赋值一个类类型的对象时，实际上是在调用某个函数。当执行初始化时，我们调用构造函数（参见 13.1.1 节，第 440 页和 13.6.2 节，第 473 页）；而当执行赋值操作时，我们调用赋值运算符（参见 13.1.2 节，第 443 页和 13.6.2 节，第 474 页）。这些成员通常都包含一个参数，该参数的类型是类类型的 const 版本的引用。

因为这些成员接受引用作为参数，所以派生类向基类的转换允许我们给基类的拷贝/移动操作传递一个派生类的对象。这些操作不是虚函数。当我们给基类的构造函数传递一个派生类对象时，实际运行的构造函数是基类中定义的那个，显然该构造函数只能处理基类自己的成员。类似的，如果我们将一个派生类对象赋值给一个基类对象，则实际运行的赋值运算符也是基类中定义的那个，该运算符同样只能处理基类自己的成员。

例如，我们的书店类使用了合成版本的拷贝和赋值操作（参见 13.1.1 节，第 440 页和 13.1.2 节，第 444 页）。关于拷贝控制与继承的知识将在 15.7.2 节（第 552 页）做更详细的介绍，现在我们只需要知道合成版本会像其他类一样逐成员地执行拷贝或赋值操作：

```
Bulk_quote bulk;                  // 派生类对象
Quote item(bulk);                 // 使用 Quote::Quote(const Quote&) 构造函数
item = bulk;                      // 调用 Quote::operator=(const Quote&)
```

当构造 item 时，运行 Quote 的拷贝构造函数。该函数只能处理 bookNo 和 price 两个成员，它负责拷贝 bulk 中 Quote 部分的成员，同时忽略掉 bulk 中 Bulk_quote 部分的成员。类似的，对于将 bulk 赋值给 item 的操作来说，只有 bulk 中 Quote 部分的成员被赋值给 item。

因为在上述过程中会忽略 Bulk_quote 部分，所以我们可以说 bulk 的 Bulk_quote 部分被**切掉**（sliced down）了。

当我们用一个派生类对象为一个基类对象初始化或赋值时，只有该派生类对象中的基类部分会被拷贝、移动或赋值，它的派生类部分将被忽略掉。

15.2.3 节练习

练习 15.8: 给出静态类型和动态类型的定义。

练习 15.9: 在什么情况下表达式的静态类型可能与动态类型不同？请给出三个静态类型与动态类型不同的例子。

练习 15.10: 回忆我们在 8.1 节（第 279 页）进行的讨论，解释第 284 页中将 ifstream 传递给 Sales_data 的 read 函数的程序是如何工作的。

关键概念：存在继承关系的类型之间的转换规则

要想理解在具有继承关系的类之间发生的类型转换，有三点非常重要：

- 从派生类向基类的类型转换只对指针或引用类型有效。
- 基类向派生类不存在隐式类型转换。
- 和任何其他成员一样，派生类向基类的类型转换也可能会由于访问受限而变得不可行。我们将在 15.5 节（第 544 页）详细介绍可访问性的问题。

尽管自动类型转换只对指针或引用类型有效，但是继承体系中的大多数类仍然（显式或隐式地）定义了拷贝控制成员（参见第 13 章）。因此，我们通常能够将一个派生类对象拷贝、移动或赋值给一个基类对象。不过需要注意的是，这种操作只处理派生类对象的基类部分。

15.3 虚函数

如前所述，在 C++语言中，当我们使用基类的引用或指针调用一个虚成员函数时会执行动态绑定（参见 15.1 节，第 527 页）。因为我们直到运行时才能知道到底调用了哪个版本的虚函数，所以所有虚函数都必须有定义。通常情况下，如果我们不使用某个函数，则无须为该函数提供定义（参见 6.1.2 节，第 186 页）。但是我们必须为每一个虚函数都提供定义，而不管它是否被用到了，这是因为连编译器也无法确定到底会使用哪个虚函数。

对虚函数的调用可能在运行时才被解析

当某个虚函数通过指针或引用调用时，编译器产生的代码直到运行时才能确定应该调用哪个版本的函数。被调用的函数是与绑定到指针或引用上的对象的动态类型相匹配的那一个。

举个例子，考虑 15.1 节（第 527 页）的 print_total 函数，该函数通过其名为 item 的参数来进一步调用 net_price，其中 item 的类型是 Quote&。因为 item 是引用而且 net_price 是虚函数，所以我们到底调用 net_price 的哪个版本完全依赖于运行时绑定到 item 的实参的实际（动态）类型：

```
Quote base("0-201-82470-1", 50);
print_total(cout, base, 10);        // 调用 Quote::net_price
Bulk_quote derived("0-201-82470-1", 50, 5, .19);
```

```
        print_total(cout, derived, 10);            // 调用 Bulk_quote::net_price
```

在第一条调用语句中，item 绑定到 Quote 类型的对象上，因此当 print_total 调用 `605`
net_price 时，运行在 Quote 中定义的版本。在第二条调用语句中，item 绑定到
Bulk_quote 类型的对象上，因此 print_total 调用 Bulk_quote 定义的 net_price。

必须要搞清楚的一点是，动态绑定只有当我们通过指针或引用调用虚函数时才会发
生。

```
        base = derived;                 // 把 derived 的 Quote 部分拷贝给 base
        base.net_price(20);             // 调用 Quote::net_price
```

当我们通过一个具有普通类型（非引用非指针）的表达式调用虚函数时，在编译时就会将
调用的版本确定下来。例如，如果我们使用 base 调用 net_price，则应该运行
net_price 的哪个版本是显而易见的。我们可以改变 base 表示的对象的值（即内容），
但是不会改变该对象的类型。因此，在编译时该调用就会被解析成 Quote 的 net_price。

关键概念：C++的多态性

OOP 的核心思想是多态性（polymorphism）。多态性这个词源自希腊语，其含义是
"多种形式"。我们把具有继承关系的多个类型称为多态类型，因为我们能使用这些类型
的"多种形式"而无须在意它们的差异。引用或指针的静态类型与动态类型不同这一事
实正是 C++语言支持多态性的根本所在。

当我们使用基类的引用或指针调用基类中定义的一个函数时，我们并不知道该函数
真正作用的对象是什么类型，因为它可能是一个基类的对象也可能是一个派生类的对
象。如果该函数是虚函数，则直到运行时才会决定到底执行哪个版本，判断的依据是引
用或指针所绑定的对象的真实类型。

另一方面，对非虚函数的调用在编译时进行绑定。类似的，通过对象进行的函数（虚
函数或非虚函数）调用也在编译时绑定。对象的类型是确定不变的，我们无论如何都不
可能令对象的动态类型与静态类型不一致。因此，通过对象进行的函数调用将在编译时
绑定到该对象所属类中的函数版本上。

> **Note** 当且仅当对通过指针或引用调用虚函数时，才会在运行时解析该调用，也只有
> 在这种情况下对象的动态类型才有可能与静态类型不同。

派生类中的虚函数

当我们在派生类中覆盖了某个虚函数时，可以再一次使用 virtual 关键字指出该函
数的性质。然而这么做并非必须，因为一旦某个函数被声明成虚函数，则在所有派生类中
它都是虚函数。

一个派生类的函数如果覆盖了某个继承而来的虚函数，则它的形参类型必须与被它覆
盖的基类函数完全一致。

同样，派生类中虚函数的返回类型也必须与基类函数匹配。该规则存在一个例外，当 `606`
类的虚函数返回类型是类本身的指针或引用时，上述规则无效。也就是说，如果 D 由 B 派
生得到，则基类的虚函数可以返回 B* 而派生类的对应函数可以返回 D*，只不过这样的返
回类型要求从 D 到 B 的类型转换是可访问的。15.5 节（第 544 页）将介绍如何确定一个基
类的可访问性，在 15.8.1 节（第 561 页）中我们将看到这种虚函数的一个实际例子。

基类中的虚函数在派生类中隐含地也是一个虚函数。当派生类覆盖了某个虚函数时，该函数在基类中的形参必须与派生类中的形参严格匹配。

final 和 override 说明符

如我们将要在 15.6 节（第 550 页）介绍的，派生类如果定义了一个函数与基类中虚函数的名字相同但是形参列表不同，这仍然是合法的行为。编译器将认为新定义的这个函数与基类中原有的函数是相互独立的。这时，派生类的函数并没有覆盖掉基类中的版本。就实际的编程习惯而言，这种声明往往意味着发生了错误，因为我们可能原本希望派生类能覆盖掉基类中的虚函数，但是一不小心把形参列表弄错了。

要想调试并发现这样的错误显然非常困难。在 C++11 新标准中我们可以使用 override 关键字来说明派生类中的虚函数。这么做的好处是在使得程序员的意图更加清晰的同时让编译器可以为我们发现一些错误，后者在编程实践中显得更加重要。如果我们使用 override 标记了某个函数，但该函数并没有覆盖已存在的虚函数，此时编译器将报错：

```
struct B {
    virtual void f1(int) const;
    virtual void f2();
    void f3();
};
struct D1 : B {
    void f1(int) const override;    // 正确：f1 与基类中的 f1 匹配
    void f2(int) override;          // 错误：B 没有形如 f2(int) 的函数
    void f3() override;             // 错误：f3 不是虚函数
    void f4() override;             // 错误：B 没有名为 f4 的函数
};
```

在 D1 中，f1 的 override 说明符是正确的，因为基类和派生类中的 f1 都是 const 成员，并且它们都接受一个 int 返回 void，所以 D1 中的 f1 正确地覆盖了它从 B 中继承而来的虚函数。

D1 中 f2 的声明与 B 中 f2 的声明不匹配，显然 B 中定义的 f2 不接受任何参数而 D1 的 f2 接受一个 int。因为这两个声明不匹配，所以 D1 的 f2 不能覆盖 B 的 f2，它是一个新函数，仅仅是名字恰好与原来的函数一样而已。因为我们使用 override 所表达的意思是我们希望能覆盖基类中的虚函数而实际上并未做到，所以编译器会报错。

因为只有虚函数才能被覆盖，所以编译器会拒绝 D1 的 f3。该函数不是 B 中的虚函数，因此它不能被覆盖。类似的，f4 的声明也会发生错误，因为 B 中根本就没有名为 f4 的函数。

我们还能把某个函数指定为 final，如果我们已经把函数定义成 final 了，则之后任何尝试覆盖该函数的操作都将引发错误：

```
struct D2 : B {
    // 从 B 继承 f2() 和 f3()，覆盖 f1(int)
    void f1(int) const final;    // 不允许后续的其他类覆盖 f1(int)
};
struct D3 : D2 {
    void f2();                   // 正确：覆盖从间接基类 B 继承而来的 f2
    void f1(int) const;          // 错误：D2 已经将 f2 声明成 final
};
```

final 和 override 说明符出现在形参列表（包括任何 const 或引用修饰符）以及尾置返回类型（参见 6.3.3 节，第 206 页）之后。

虚函数与默认实参

和其他函数一样，虚函数也可以拥有默认实参（参见 6.5.1 节，第 211 页）。如果某次函数调用使用了默认实参，则该实参值由本次调用的静态类型决定。

换句话说，如果我们通过基类的引用或指针调用函数，则使用基类中定义的默认实参，即使实际运行的是派生类中的函数版本也是如此。此时，传入派生类函数的将是基类函数定义的默认实参。如果派生类函数依赖不同的实参，则程序结果将与我们的预期不符。

 如果虚函数使用默认实参，则基类和派生类中定义的默认实参最好一致。

回避虚函数的机制

在某些情况下，我们希望对虚函数的调用不要进行动态绑定，而是强迫其执行虚函数的某个特定版本。使用作用域运算符可以实现这一目的，例如下面的代码：

```
// 强行调用基类中定义的函数版本而不管 baseP 的动态类型到底是什么
double undiscounted = baseP->Quote::net_price(42);
```

该代码强行调用 Quote 的 net_price 函数，而不管 baseP 实际指向的对象类型到底是什么。该调用将在编译时完成解析。

 通常情况下，只有成员函数（或友元）中的代码才需要使用作用域运算符来回避虚函数的机制。

什么时候我们需要回避虚函数的默认机制呢？通常是当一个派生类的虚函数调用它覆盖的基类的虚函数版本时。在此情况下，基类的版本通常完成继承层次中所有类型都要做的共同任务，而派生类中定义的版本需要执行一些与派生类本身密切相关的操作。

 如果一个派生类虚函数需要调用它的基类版本，但是没有使用作用域运算符，则在运行时该调用将被解析为对派生类版本自身的调用，从而导致无限递归。 608

15.3 节练习

练习 15.11：为你的 Quote 类体系添加一个名为 debug 的虚函数，令其分别显示每个类的数据成员。

练习 15.12：有必要将一个成员函数同时声明成 override 和 final 吗？为什么？

练习 15.13：给定下面的类，解释每个 print 函数的机理：

```
class base {
public:
    string name() { return basename; }
    virtual void print(ostream &os) { os << basename; }
private:
```

```
        string basename;
    };
    class derived : public base {
    public:
        void print(ostream &os) { print(os); os << " " << i; }
    private:
        int i;
    };
```

在上述代码中存在问题吗？如果有，你该如何修改它？

练习 15.14：给定上一题中的类以及下面这些对象，说明在运行时调用哪个函数：

```
base bobj;          base *bp1 = &bobj;       base &br1 = bobj;
derived dobj;       base *bp2 = &dobj;       base &br2 = dobj;
(a) bobj.print();    (b) dobj.print();        (c) bp1->name();
(d) bp2->name();     (e) br1.print();         (f) br2.print();
```

15.4　抽象基类

　　假设我们希望扩展书店程序并令其支持几种不同的折扣策略。除了购买量超过一定数量享受折扣外，我们也可能提供另外一种策略，即购买量不超过某个限额时可以享受折扣，但是一旦超过限额就要按原价支付。或者折扣策略还可能是购买量超过一定数量后购买的全部书籍都享受折扣，否则全都不打折。

　　上面的每个策略都要求一个购买量的值和一个折扣值。我们可以定义一个新的名为 Disc_quote 的类来支持不同的折扣策略，其中 Disc_quote 负责保存购买量的值和折扣值。其他的表示某种特定策略的类（如 Bulk_quote）将分别继承自 Disc_quote，每个派生类通过定义自己的 net_price 函数来实现各自的折扣策略。

> 609

　　在定义 Disc_quote 类之前，首先要确定它的 net_price 函数完成什么工作。显然我们的 Disc_quote 类与任何特定的折扣策略都无关，因此 Disc_quote 类中的 net_price 函数是没有实际含义的。

　　我们可以在 Disc_quote 类中不定义新的 net_price，此时，Disc_quote 将继承 Quote 中的 net_price 函数。

　　然而，这样的设计可能导致用户编写出一些无意义的代码。用户可能会创建一个 Disc_quote 对象并为其提供购买量和折扣值，如果将该对象传给一个像 print_total 这样的函数，则程序将调用 Quote 版本的 net_price。显然，最终计算出的销售价格并没有考虑我们在创建对象时提供的折扣值，因此上述操作毫无意义。

纯虚函数

　　认真思考上面描述的情形我们可以发现，关键问题并不仅仅是不知道应该如何定义 net_price，而是我们根本就不希望用户创建一个 Disc_quote 对象。Disc_quote 类表示的是一本打折书籍的通用概念，而非某种具体的折扣策略。

　　我们可以将 net_price 定义成**纯虚**（pure virtual）函数从而令程序实现我们的设计意图，这样做可以清晰明了地告诉用户当前这个 net_price 函数是没有实际意义的。和普通的虚函数不一样，一个纯虚函数无须定义。我们通过在函数体的位置（即在声明语句的分号之前）书写=0 就可以将一个虚函数说明为纯虚函数。其中，=0 只能出现在类内部的虚函数声明语句处：

```cpp
// 用于保存折扣值和购买量的类，派生类使用这些数据可以实现不同的价格策略
class Disc_quote : public Quote {
public:
    Disc_quote() = default;
    Disc_quote(const std::string& book, double price,
              std::size_t qty, double disc):
                Quote(book, price),
                quantity(qty), discount(disc) { }
    double net_price(std::size_t) const = 0;
protected:
    std::size_t quantity = 0;        // 折扣适用的购买量
    double discount = 0.0;           // 表示折扣的小数值
};
```

和我们之前定义的 Bulk_quote 类一样，Disc_quote 也分别定义了一个默认构造函数和一个接受四个参数的构造函数。尽管我们不能直接定义这个类的对象，但是 Disc_quote 的派生类构造函数将会使用 Disc_quote 的构造函数来构建各个派生类对象的 Disc_quote 部分。其中，接受四个参数的构造函数将前两个参数传递给 Quote 的构造函数，然后直接初始化自己的成员 discount 和 quantity。默认构造函数则对这些成员进行默认初始化。

值得注意的是，我们也可以为纯虚函数提供定义，不过函数体必须定义在类的外部。610 也就是说，我们不能在类的内部为一个=0 的函数提供函数体。

含有纯虚函数的类是抽象基类

含有（或者未经覆盖直接继承）纯虚函数的类是**抽象基类**（abstract base class）。抽象基类负责定义接口，而后续的其他类可以覆盖该接口。我们不能（直接）创建一个抽象基类的对象。因为 Disc_quote 将 net_price 定义成了纯虚函数，所以我们不能定义 Disc_quote 的对象。我们可以定义 Disc_quote 的派生类的对象，前提是这些类覆盖了 net_price 函数：

```cpp
// Disc_quote 声明了纯虚函数，而 Bulk_quote 将覆盖该函数
Disc_quote discounted;          // 错误：不能定义 Disc_quote 的对象
Bulk_quote bulk;                // 正确：Bulk_quote 中没有纯虚函数
```

Disc_quote 的派生类必须给出自己的 net_price 定义，否则它们仍将是抽象基类。

我们不能创建抽象基类的对象。

派生类构造函数只初始化它的直接基类

接下来可以重新实现 Bulk_quote 了，这一次我们让它继承 Disc_quote 而非直接继承 Quote：

```cpp
// 当同一书籍的销售量超过某个值时启用折扣
// 折扣的值是一个小于 1 的正的小数值，以此来降低正常销售价格
class Bulk_quote : public Disc_quote {
public:
    Bulk_quote() = default;
```

```
Bulk_quote(const std::string& book, double price,
        std::size_t qty, double disc):
    Disc_quote(book, price, qty, disc) { }
// 覆盖基类中的函数版本以实现一种新的折扣策略
double net_price(std::size_t) const override;
};
```

这个版本的 Bulk_quote 的直接基类是 Disc_quote，间接基类是 Quote。每个 Bulk_quote 对象包含三个子对象：一个（空的）Bulk_quote 部分、一个 Disc_quote 子对象和一个 Quote 子对象。

如前所述，每个类各自控制其对象的初始化过程。因此，即使 Bulk_quote 没有自己的数据成员，它也仍然需要像原来一样提供一个接受四个参数的构造函数。该构造函数将它的实参传递给 Disc_quote 的构造函数，随后 Disc_quote 的构造函数继续调用 Quote 的构造函数。Quote 的构造函数首先初始化 bulk 的 bookNo 和 price 成员，当 Quote 的构造函数结束后，开始运行 Disc_quote 的构造函数并初始化 quantity 和 discount 成员，最后运行 Bulk_quote 的构造函数，该函数无须执行实际的初始化或其他工作。

> 611

关键概念：重构

在 Quote 的继承体系中增加 Disc_quote 类是重构（refactoring）的一个典型示例。重构负责重新设计类的体系以便将操作和/或数据从一个类移动到另一个类中。对于面向对象的应用程序来说，重构是一种很普遍的现象。

值得注意的是，即使我们改变了整个继承体系，那些使用了 Bulk_quote 或 Quote 的代码也无须进行任何改动。不过一旦类被重构（或以其他方式被改变），就意味着我们必须重新编译含有这些类的代码了。

15.4 节练习

练习 15.15： 定义你自己的 Disc_quote 和 Bulk_quote。

练习 15.16： 改写你在 15.2.2 节（第 533 页）练习中编写的数量受限的折扣策略，令其继承 Disc_quote。

练习 15.17： 尝试定义一个 Disc_quote 的对象，看看编译器给出的错误信息是什么？

15.5 访问控制与继承

每个类分别控制自己的成员初始化过程（参见 15.2.2 节，第 531 页），与之类似，每个类还分别控制着其成员对于派生类来说是否**可访问**（accessible）。

受保护的成员

如前所述，一个类使用 protected 关键字来声明那些它希望与派生类分享但是不想被其他公共访问使用的成员。protected 说明符可以看做是 public 和 private 中和后的产物：

- 和私有成员类似，受保护的成员对于类的用户来说是不可访问的。

- 和公有成员类似，受保护的成员对于派生类的成员和友元来说是可访问的。

此外，protected 还有另外一条重要的性质。

- 派生类的成员或友元只能通过派生类对象来访问基类的受保护成员。派生类对于一个基类对象中的受保护成员没有任何访问特权。

为了理解最后一条规则，请考虑如下的例子：

612

```
class Base {
protected:
    int prot_mem;                    // protected 成员
};
class Sneaky : public Base {
    friend void clobber(Sneaky&);    // 能访问 Sneaky::prot_mem
    friend void clobber(Base&);      // 不能访问 Base::prot_mem
    int j;                           // j 默认是 private
};
// 正确：clobber 能访问 Sneaky 对象的 private 和 protected 成员
void clobber(Sneaky &s) { s.j = s.prot_mem = 0; }
// 错误：clobber 不能访问 Base 的 protected 成员
void clobber(Base &b) { b.prot_mem = 0; }
```

如果派生类（及其友元）能访问基类对象的受保护成员，则上面的第二个 clobber（接受一个 Base&）将是合法的。该函数不是 Base 的友元，但是它仍然能够改变一个 Base 对象的内容。如果按照这样的思路，则我们只要定义一个形如 Sneaky 的新类就能非常简单地规避掉 protected 提供的访问保护了。

要想阻止以上的用法，我们就要做出如下规定，即派生类的成员和友元只能访问派生类对象中的基类部分的受保护成员；对于普通的基类对象中的成员不具有特殊的访问权限。

公有、私有和受保护继承

某个类对其继承而来的成员的访问权限受到两个因素影响：一是在基类中该成员的访问说明符，二是在派生类的派生列表中的访问说明符。举个例子，考虑如下的继承关系：

```
class Base {
public:
    void pub_mem();                  // public 成员
protected:
    int prot_mem;                    // protected 成员
private:
    char priv_mem;                   // private 成员
};
struct Pub_Derv : public Base {
    // 正确：派生类能访问 protected 成员
    int f() { return prot_mem; }
    // 错误：private 成员对于派生类来说是不可访问的
    char g() { return priv_mem; }
};
struct Priv_Derv : private Base {
    // private 不影响派生类的访问权限
    int f1() const { return prot_mem; }
};
```

613 派生访问说明符对于派生类的成员（及友元）能否访问其直接基类的成员没什么影响。对基类成员的访问权限只与基类中的访问说明符有关。Pub_Derv 和 Priv_Derv 都能访问受保护的成员 prot_mem，同时它们都不能访问私有成员 priv_mem。

派生访问说明符的目的是控制派生类用户（包括派生类的派生类在内）对于基类成员的访问权限：

```
Pub_Derv d1;                 // 继承自 Base 的成员是 public 的
Priv_Derv d2;                // 继承自 Base 的成员是 private 的
d1.pub_mem();                // 正确：pub_mem 在派生类中是 public 的
d2.pub_mem();                // 错误：pub_mem 在派生类中是 private 的
```

Pub_Derv 和 Priv_Derv 都继承了 pub_mem 函数。如果继承是公有的，则成员将遵循其原有的访问说明符，此时 d1 可以调用 pub_mem。在 Priv_Derv 中，Base 的成员是私有的，因此类的用户不能调用 pub_mem。

派生访问说明符还可以控制继承自派生类的新类的访问权限：

```
struct Derived_from_Public : public Pub_Derv {
    // 正确：Base::prot_mem 在 Pub_Derv 中仍然是 protected 的
    int use_base() { return prot_mem; }
};
struct Derived_from_Private : public Priv_Derv {
    // 错误：Base::prot_mem 在 Priv_Derv 中是 private 的
    int use_base() { return prot_mem; }
};
```

Pub_Derv 的派生类之所以能访问 Base 的 prot_mem 成员是因为该成员在 Pub_Derv 中仍然是受保护的。相反，Priv_Derv 的派生类无法执行类的访问，对于它们来说，Priv_Derv 继承自 Base 的所有成员都是私有的。

假设我们之前还定义了一个名为 Prot_Derv 的类，它采用受保护继承，则 Base 的所有公有成员在新定义的类中都是受保护的。Prot_Derv 的用户不能访问 pub_mem，但是 Prot_Derv 的成员和友元可以访问那些继承而来的成员。

派生类向基类转换的可访问性

派生类向基类的转换（参见 15.2.2 节，第 530 页）是否可访问由使用该转换的代码决定，同时派生类的派生访问说明符也会有影响。假定 D 继承自 B：

- 只有当 D 公有地继承 B 时，用户代码才能使用派生类向基类的转换；如果 D 继承 B 的方式是受保护的或者私有的，则用户代码不能使用该转换。
- 不论 D 以什么方式继承 B，D 的成员函数和友元都能使用派生类向基类的转换；派生类向其直接基类的类型转换对于派生类的成员和友元来说永远是可访问的。
614
- 如果 D 继承 B 的方式是公有的或者受保护的，则 D 的派生类的成员和友元可以使用 D 向 B 的类型转换；反之，如果 D 继承 B 的方式是私有的，则不能使用。

对于代码中的某个给定节点来说，如果基类的公有成员是可访问的，则派生类向基类的类型转换也是可访问的；反之则不行。

关键概念：类的设计与受保护的成员

不考虑继承的话，我们可以认为一个类有两种不同的用户：普通用户和类的实现者。

其中，普通用户编写的代码使用类的对象，这部分代码只能访问类的公有（接口）成员；实现者则负责编写类的成员和友元的代码，成员和友元既能访问类的公有部分，也能访问类的私有（实现）部分。

如果进一步考虑继承的话就会出现第三种用户，即派生类。基类把它希望派生类能够使用的部分声明成受保护的。普通用户不能访问受保护的成员，而派生类及其友元仍旧不能访问私有成员。

和其他类一样，基类应该将其接口成员声明为公有的；同时将属于其实现的部分分成两组：一组可供派生类访问，另一组只能由基类及基类的友元访问。对于前者应该声明为受保护的，这样派生类就能在实现自己的功能时使用基类的这些操作和数据；对于后者应该声明为私有的。

友元与继承

就像友元关系不能传递一样（参见 7.3.4 节，第 250 页），友元关系同样也不能继承。基类的友元在访问派生类成员时不具有特殊性，类似的，派生类的友元也不能随意访问基类的成员：

```
class Base {
    // 添加 friend 声明，其他成员与之前的版本一致
    friend class Pal;              // Pal 在访问 Base 的派生类时不具有特殊性
};
class Pal {
public:
    int f(Base b) { return b.prot_mem; }  // 正确：Pal 是 Base 的友元
    int f2(Sneaky s) { return s.j; }        // 错误：Pal 不是 Sneaky 的友元
    // 对基类的访问权限由基类本身控制，即使对于派生类的基类部分也是如此
    int f3(Sneaky s) { return s.prot_mem; }   // 正确：Pal 是 Base 的友元
};
```

如前所述，每个类负责控制自己的成员的访问权限，因此尽管看起来有点儿奇怪，但 f3 确实是正确的。Pal 是 Base 的友元，所以 Pal 能够访问 Base 对象的成员，这种可访问性包括了 Base 对象内嵌在其派生类对象中的情况。615

当一个类将另一个类声明为友元时，这种友元关系只对做出声明的类有效。对于原来那个类来说，其友元的基类或者派生类不具有特殊的访问能力：

```
// D2 对 Base 的 protected 和 private 成员不具有特殊的访问能力
class D2 : public Pal {
public:
    int mem(Base b)
        { return b.prot_mem; }                // 错误：友元关系不能继承
};
```

 不能继承友元关系；每个类负责控制各自成员的访问权限。

改变个别成员的可访问性

有时我们需要改变派生类继承的某个名字的访问级别，通过使用 using 声明（参见 3.1 节，第 74 页）可以达到这一目的：

```
class Base {
public:
```

```
        std::size_t size() const { return n; }
protected:
        std::size_t n;
};
class Derived : private Base {              // 注意：private 继承
public:
        // 保持对象尺寸相关的成员的访问级别
        using Base::size;
protected:
        using Base::n;
};
```

因为 Derived 使用了私有继承，所以继承而来的成员 size 和 n（在默认情况下）是 Derived 的私有成员。然而，我们使用 using 声明语句改变了这些成员的可访问性。改变之后，Derived 的用户将可以使用 size 成员，而 Derived 的派生类将能使用 n。

通过在类的内部使用 using 声明语句，我们可以将该类的直接或间接基类中的任何可访问成员（例如，非私有成员）标记出来。using 声明语句中名字的访问权限由该 using 声明语句之前的访问说明符来决定。也就是说，如果一条 using 声明语句出现在类的 private 部分，则该名字只能被类的成员和友元访问；如果 using 声明语句位于 public 部分，则类的所有用户都能访问它；如果 using 声明语句位于 protected 部分，则该名字对于成员、友元和派生类是可访问的。

 派生类只能为那些它可以访问的名字提供 using 声明。

616> **默认的继承保护级别**

在 7.2 节（第 240 页）中我们曾经介绍过使用 struct 和 class 关键字定义的类具有不同的默认访问说明符。类似的，默认派生运算符也由定义派生类所用的关键字来决定。默认情况下，使用 class 关键字定义的派生类是私有继承的；而使用 struct 关键字定义的派生类是公有继承的：

```
class Base { /* ...*/ };
struct D1 : Base { /* ...*/ };              // 默认 public 继承
class D2 : Base { /* ...*/ };               // 默认 private 继承
```

人们常常有一种错觉，认为在使用 struct 关键字和 class 关键字定义的类之间还有更深层次的差别。事实上，唯一的差别就是默认成员访问说明符及默认派生访问说明符；除此之外，再无其他不同之处。

 一个私有派生的类最好显式地将 private 声明出来，而不要仅仅依赖于默认的设置。显式声明的好处是可以令私有继承关系清晰明了，不至于产生误会。

15.5 节练习

练习 15.18： 假设给定了第 543 页和第 544 页的类，同时已知每个对象的类型如注释所示，判断下面的哪些赋值语句是合法的。解释那些不合法的语句为什么不被允许：

```
Base *p = &d1;              // d1 的类型是 Pub_Derv
p = &d2;                    // d2 的类型是 Priv_Derv
```

```
p = &d3;                     // d3 的类型是 Prot_Derv
p = &dd1;                    // dd1 的类型是 Derived_from_Public
p = &dd2;                    // dd2 的类型是 Derived_from_Private
p = &dd3;                    // dd3 的类型是 Derived_from_Protected
```

练习 15.19：假设 543 页和 544 页的每个类都有如下形式的成员函数：

```
void memfcn(Base &b) { b = *this; }
```

对于每个类，分别判断上面的函数是否合法。

练习 15.20：编写代码检验你对前面两题的回答是否正确。

练习 15.21：从下面这些一般性抽象概念中任选一个（或者选一个你自己的），将其对应的一组类型组织成一个继承体系：

(a) 图形文件格式（如 gif、tiff、jpeg、bmp）

(b) 图形基元（如方格、圆、球、圆锥）

(c) C++语言中的类型（如类、函数、成员函数）

练习 15.22：对于你在上一题中选择的类，为其添加合适的虚函数及公有成员和受保护的成员。

15.6　继承中的类作用域

每个类定义自己的作用域（参见 7.4 节，第 253 页），在这个作用域内我们定义类的成员。当存在继承关系时，派生类的作用域嵌套（参见 2.2.4 节，第 43 页）在其基类的作用域之内。如果一个名字在派生类的作用域内无法正确解析，则编译器将继续在外层的基类作用域中寻找该名字的定义。 617

派生类的作用域位于基类作用域之内这一事实可能有点儿出人意料，毕竟在我们的程序文本中派生类和基类的定义是相互分离开来的。不过也恰恰因为类作用域有这种继承嵌套的关系，所以派生类才能像使用自己的成员一样使用基类的成员。例如，当我们编写下面的代码时：

```
Bulk_quote bulk;
cout << bulk.isbn();
```

名字 isbn 的解析将按照下述过程所示：

- 因为我们是通过 Bulk_quote 的对象调用 isbn 的，所以首先在 Bulk_quote 中查找，这一步没有找到名字 isbn。
- 因为 Bulk_quote 是 Disc_quote 的派生类，所以接下来在 Disc_quote 中查找，仍然找不到。
- 因为 Disc_quote 是 Quote 的派生类，所以接着查找 Quote；此时找到了名字 isbn，所以我们使用的 isbn 最终被解析为 Quote 中的 isbn。

在编译时进行名字查找

一个对象、引用或指针的静态类型（参见 15.2.3 节，第 532 页）决定了该对象的哪些成员是可见的。即使静态类型与动态类型可能不一致（当使用基类的引用或指针时会发生

这种情况），但是我们能使用哪些成员仍然是由静态类型决定的。举个例子，我们可以给
Disc_quote 添加一个新成员，该成员返回一个存有最小（或最大）数量及折扣价格的
pair（参见 11.2.3 节，第 379 页）：

```
class Disc_quote : public Quote {
public:
    std::pair<size_t, double> discount_policy() const
        { return {quantity, discount}; }
    // 其他成员与之前的版本一致
};
```

我们只能通过 Disc_quote 及其派生类的对象、引用或指针使用 discount_policy：

```
Bulk_quote bulk;
Bulk_quote *bulkP = &bulk;          // 静态类型与动态类型一致
Quote *itemP = &bulk;               // 静态类型与动态类型不一致
bulkP->discount_policy();           // 正确：bulkP 的类型是 Bulk_quote*
itemP->discount_policy();           // 错误：itemP 的类型是 Quote*
```

618> 尽管在 bulk 中确实含有一个名为 discount_policy 的成员，但是该成员对于 itemP
却是不可见的。itemP 的类型是 Quote 的指针，意味着对 discount_policy 的搜索将
从 Quote 开始。显然 Quote 不包含名为 discount_policy 的成员，所以我们无法通
过 Quote 的对象、引用或指针调用 discount_policy。

名字冲突与继承

和其他作用域一样，派生类也能重用定义在其直接基类或间接基类中的名字，此时定
义在内层作用域（即派生类）的名字将隐藏定义在外层作用域（即基类）的名字（参见 2.2.4
节，第 43 页）：

```
struct Base {
    Base(): mem(0) { }
protected:
    int mem;
};
struct Derived : Base {
    Derived(int i): mem(i) { }          // 用 i 初始化 Derived::mem
                                        // Base::mem 进行默认初始化
    int get_mem() { return mem; }       // 返回 Derived::mem
protected:
    int mem;                            // 隐藏基类中的 mem
};
```

get_mem 中 mem 引用的解析结果是定义在 Derived 中的名字，下面的代码

```
Derived d(42);
cout << d.get_mem() << endl;            // 打印 42
```

的输出结果将是 42。

 派生类的成员将隐藏同名的基类成员。

通过作用域运算符来使用隐藏的成员

我们可以通过作用域运算符来使用一个被隐藏的基类成员：

```
struct Derived : Base {
    int get_base_mem() { return Base::mem; }
    // ...
};
```

作用域运算符将覆盖掉原有的查找规则，并指示编译器从 Base 类的作用域开始查找 mem。如果使用最新的 Derived 版本运行上面的代码，则 d.get_mem() 的输出结果将是 0。

 除了覆盖继承而来的虚函数之外，派生类最好不要重用其他定义在基类中的名字。

关键概念：名字查找与继承   ‹619

理解函数调用的解析过程对于理解 C++ 的继承至关重要，假定我们调用 p->mem()（或者 obj.mem()），则依次执行以下 4 个步骤：

- 首先确定 p（或 obj）的静态类型。因为我们调用的是一个成员，所以该类型必然是类类型。

- 在 p（或 obj）的静态类型对应的类中查找 mem。如果找不到，则依次在直接基类中不断查找直至到达继承链的顶端。如果找遍了该类及其基类仍然找不到，则编译器将报错。

- 一旦找到了 mem，就进行常规的类型检查（参见 6.1 节，第 183 页）以确认对于当前找到的 mem，本次调用是否合法。

- 假设调用合法，则编译器将根据调用的是否是虚函数而产生不同的代码：
  — 如果 mem 是虚函数且我们是通过引用或指针进行的调用，则编译器产生的代码将在运行时确定到底运行该虚函数的哪个版本，依据是对象的动态类型。
  — 反之，如果 mem 不是虚函数或者我们是通过对象（而非引用或指针）进行的调用，则编译器将产生一个常规函数调用。

一如往常，名字查找先于类型检查

如前所述，声明在内层作用域的函数并不会重载声明在外层作用域的函数（参见 6.4.1 节，第 210 页）。因此，定义派生类中的函数也不会重载其基类中的成员。和其他作用域一样，如果派生类（即内层作用域）的成员与基类（即外层作用域）的某个成员同名，则派生类将在其作用域内隐藏该基类成员。即使派生类成员和基类成员的形参列表不一致，基类成员也仍然会被隐藏掉：

```
struct Base {
    int memfcn();
};
struct Derived : Base {
    int memfcn(int);              // 隐藏基类的 memfcn
};
Derived d; Base b;
b.memfcn();                       // 调用 Base::memfcn
d.memfcn(10);                     // 调用 Derived::memfcn
d.memfcn();                       // 错误：参数列表为空的 memfcn 被隐藏了
d.Base::memfcn();                 // 正确：调用 Base::memfcn
```

Derived 中的 memfcn 声明隐藏了 Base 中的 memfcn 声明。在上面的代码中前两条调用语句容易理解，第一个通过 Base 对象 b 进行的调用执行基类的版本；类似的，第二个通过 d 进行的调用执行 Derived 的版本；第三条调用语句有点特殊，d.memfcn() 是非法的。

620>
为了解析这条调用语句，编译器首先在 Derived 中查找名字 memfcn；因为 Derived 确实定义了一个名为 memfcn 的成员，所以查找过程终止。一旦名字找到，编译器就不再继续查找了。Derived 中的 memfcn 版本需要一个 int 实参，而当前的调用语句无法提供任何实参，所以该调用语句是错误的。

虚函数与作用域

我们现在可以理解为什么基类与派生类中的虚函数必须有相同的形参列表了（参见 15.3 节，第 537 页）。假如基类与派生类的虚函数接受的实参不同，则我们就无法通过基类的引用或指针调用派生类的虚函数了。例如：

```
class Base {
public:
    virtual int fcn();
};
class D1 : public Base {
public:
    // 隐藏基类的 fcn，这个 fcn 不是虚函数
    // D1 继承了 Base::fcn() 的定义
    int fcn(int);              // 形参列表与 Base 中的 fcn 不一致
    virtual void f2();         // 是一个新的虚函数，在 Base 中不存在
};
class D2 : public D1 {
public:
    int fcn(int);             // 是一个非虚函数，隐藏了 D1::fcn(int)
    int fcn();                // 覆盖了 Base 的虚函数 fcn
    void f2();                // 覆盖了 D1 的虚函数 f2
};
```

D1 的 fcn 函数并没有覆盖 Base 的虚函数 fcn，原因是它们的形参列表不同。实际上，D1 的 fcn 将隐藏 Base 的 fcn。此时拥有了两个名为 fcn 的函数：一个是 D1 从 Base 继承而来的虚函数 fcn；另一个是 D1 自己定义的接受一个 int 参数的非虚函数 fcn。

通过基类调用隐藏的虚函数

给定上面定义的这些类后，我们来看几种使用其函数的方法：

```
Base bobj; D1 d1obj; D2 d2obj;

Base *bp1 = &bobj, *bp2 = &d1obj, *bp3 = &d2obj;
bp1->fcn();              // 虚调用，将在运行时调用 Base::fcn
bp2->fcn();              // 虚调用，将在运行时调用 Base::fcn
bp3->fcn();              // 虚调用，将在运行时调用 D2::fcn

D1 *d1p = &d1obj; D2 *d2p = &d2obj;
bp2->f2();              // 错误：Base 没有名为 f2 的成员
d1p->f2();             // 虚调用，将在运行时调用 D1::f2()
d2p->f2();             // 虚调用，将在运行时调用 D2::f2()
```

前三条调用语句是通过基类的指针进行的，因为 `fcn` 是虚函数，所以编译器产生的代码将在运行时确定使用虚函数的哪个版本。判断的依据是该指针所绑定对象的真实类型。在 `bp2` 的例子中，实际绑定的对象是 `D1` 类型，而 `D1` 并没有覆盖那个不接受实参的 `fcn`，所以通过 `bp2` 进行的调用将在运行时解析为 `Base` 定义的版本。

接下来的三条调用语句是通过不同类型的指针进行的，每个指针分别指向继承体系中的一个类型。因为 `Base` 类中没有 `f2()`，所以第一条语句是非法的，即使当前的指针碰巧指向了一个派生类对象也无济于事。

为了完整地阐明上述问题，我们不妨再观察一些对于非虚函数 `fcn(int)` 的调用语句：

```
Base *p1 = &d2obj; D1 *p2 = &d2obj; D2 *p3 = &d2obj;
p1->fcn(42);                     // 错误：Base 中没有接受一个 int 的 fcn
p2->fcn(42);                     // 静态绑定，调用 D1::fcn(int)
p3->fcn(42);                     // 静态绑定，调用 D2::fcn(int)
```

在上面的每条调用语句中，指针都指向了 `D2` 类型的对象，但是由于我们调用的是非虚函数，所以不会发生动态绑定。实际调用的函数版本由指针的静态类型决定。

覆盖重载的函数

和其他函数一样，成员函数无论是否是虚函数都能被重载。派生类可以覆盖重载函数的 0 个或多个实例。如果派生类希望所有的重载版本对于它来说都是可见的，那么它就需要覆盖所有的版本，或者一个也不覆盖。

有时一个类仅需覆盖重载集合中的一些而非全部函数，此时，如果我们不得不覆盖基类中的每一个版本的话，显然操作将极其烦琐。

一种好的解决方案是为重载的成员提供一条 using 声明语句（参见 15.5 节，第 546 页），这样我们就无须覆盖基类中的每一个重载版本了。using 声明语句指定一个名字而不指定形参列表，所以一条基类成员函数的 using 声明语句就可以把该函数的所有重载实例添加到派生类作用域中。此时，派生类只需要定义其特有的函数就可以了，而无须为继承而来的其他函数重新定义。

类内 using 声明的一般规则同样适用于重载函数的名字（参见 15.5 节，第 546 页）；基类函数的每个实例在派生类中都必须是可访问的。对派生类没有重新定义的重载版本的访问实际上是对 using 声明点的访问。

15.6 节练习

练习 15.23：假设第 550 页的 `D1` 类需要覆盖它继承而来的 `fcn` 函数，你应该如何对其进行修改？如果你修改之后 `fcn` 匹配了 `Base` 中的定义，则该节的那些调用语句将如何解析？

15.7 构造函数与拷贝控制

和其他类一样，位于继承体系中的类也需要控制当其对象执行一系列操作时发生什么样的行为，这些操作包括创建、拷贝、移动、赋值和销毁。如果一个类（基类或派生类）没有定义拷贝控制操作，则编译器将为它合成一个版本。当然，这个合成的版本也可以定义成被删除的函数。

15.7.1　虚析构函数

继承关系对基类拷贝控制最直接的影响是基类通常应该定义一个虚析构函数（参见
15.2.1 节，第 528 页），这样我们就能动态分配继承体系中的对象了。

如前所述，当我们 delete 一个动态分配的对象的指针时将执行析构函数（参见 13.1.3
节，第 445 页）。如果该指针指向继承体系中的某个类型，则有可能出现指针的静态类型
与被删除对象的动态类型不符的情况（参见 15.2.2 节，第 530 页）。例如，如果我们 delete
一个 Quote*类型的指针，则该指针有可能实际指向了一个 Bulk_quote 类型的对象。
如果这样的话，编译器就必须清楚它应该执行的是 Bulk_quote 的析构函数。和其他函
数一样，我们通过在基类中将析构函数定义成虚函数以确保执行正确的析构函数版本：

```
class Quote {
public:
    // 如果我们删除的是一个指向派生类对象的基类指针，则需要虚析构函数
    virtual ~Quote() = default;          // 动态绑定析构函数
};
```

和其他虚函数一样，析构函数的虚属性也会被继承。因此，无论 Quote 的派生类使用合
成的析构函数还是定义自己的析构函数，都将是虚析构函数。只要基类的析构函数是虚函
数，就能确保当我们 delete 基类指针时将运行正确的析构函数版本：

```
Quote *itemP = new Quote;              // 静态类型与动态类型一致
delete itemP;                          // 调用 Quote 的析构函数
itemP = new Bulk_quote;                // 静态类型与动态类型不一致
delete itemP;                          // 调用 Bulk_quote 的析构函数
```

> ⚠ **WARNING** 如果基类的析构函数不是虚函数，则 delete 一个指向派生类对象的基类指针
> 将产生未定义的行为。

之前我们曾介绍过一条经验准则，即如果一个类需要析构函数，那么它也同样需要拷
贝和赋值操作（参见 13.1.4 节，第 447 页）。基类的析构函数并不遵循上述准则，它是一
个重要的例外。一个基类总是需要析构函数，而且它能将析构函数设定为虚函数。此时，
该析构函数为了成为虚函数而令内容为空，我们显然无法由此推断该基类还需要赋值运算
符或拷贝构造函数。

623> **虚析构函数将阻止合成移动操作**

基类需要一个虚析构函数这一事实还会对基类和派生类的定义产生另外一个间接的
影响：如果一个类定义了析构函数，即使它通过=default 的形式使用了合成的版本，编
译器也不会为这个类合成移动操作（参见 13.6.2 节，第 475 页）。

> **15.7.1 节练习**
>
> **练习 15.24：**哪种类需要虚析构函数？虚析构函数必须执行什么样的操作？

 15.7.2　合成拷贝控制与继承

基类或派生类的合成拷贝控制成员的行为与其他合成的构造函数、赋值运算符或析构
函数类似：它们对类本身的成员依次进行初始化、赋值或销毁的操作。此外，这些合成的
成员还负责使用直接基类中对应的操作对一个对象的直接基类部分进行初始化、赋值或销

毁的操作。例如，

- 合成的 Bulk_quote 默认构造函数运行 Disc_quote 的默认构造函数，后者又运行 Quote 的默认构造函数。
- Quote 的默认构造函数将 bookNo 成员默认初始化为空字符串，同时使用类内初始值将 price 初始化为 0。
- Quote 的构造函数完成后，继续执行 Disc_quote 的构造函数，它使用类内初始值初始化 qty 和 discount。
- Disc_quote 的构造函数完成后，继续执行 Bulk_quote 的构造函数，但是它什么具体工作也不做。

类似的，合成的 Bulk_quote 拷贝构造函数使用（合成的）Disc_quote 拷贝构造函数，后者又使用（合成的）Quote 拷贝构造函数。其中，Quote 拷贝构造函数拷贝 bookNo 和 price 成员；Disc_quote 拷贝构造函数拷贝 qty 和 discount 成员。

值得注意的是，无论基类成员是合成的版本（如 Quote 继承体系的例子）还是自定义的版本都没有太大影响。唯一的要求是相应的成员应该可访问（参见 15.5 节，第 542 页）并且不是一个被删除的函数。

在我们的 Quote 继承体系中，所有类都使用合成的析构函数。其中，派生类隐式地使用而基类通过将其虚析构函数定义成=default 而显式地使用。一如既往，合成的析构函数体是空的，其隐式的析构部分负责销毁类的成员（参见 13.1.3 节，第 444 页）。对于派生类的析构函数来说，它除了销毁派生类自己的成员外，还负责销毁派生类的直接基类；该直接基类又销毁它自己的直接基类，以此类推直至继承链的顶端。

如前所述，Quote 因为定义了析构函数而不能拥有合成的移动操作，因此当我们移动 Quote 对象时实际使用的是合成的拷贝操作（参见 13.6.2 节，第 477 页）。如我们即将看到的那样，Quote 没有移动操作意味着它的派生类也没有。

派生类中删除的拷贝控制与基类的关系

就像其他任何类的情况一样，基类或派生类也能出于同样的原因将其合成的默认构造函数或者任何一个拷贝控制成员定义成被删除的函数（参见 13.1.6 节，第 450 页和 13.6.2 节，第 475 页）。此外，某些定义基类的方式也可能导致有的派生类成员成为被删除的函数：

- 如果基类中的默认构造函数、拷贝构造函数、拷贝赋值运算符或析构函数是被删除的函数或者不可访问（参见 15.5 节，第 543 页），则派生类中对应的成员将是被删除的，原因是编译器不能使用基类成员来执行派生类对象基类部分的构造、赋值或销毁操作。
- 如果在基类中有一个不可访问或删除掉的析构函数，则派生类中合成的默认和拷贝构造函数将是被删除的，因为编译器无法销毁派生类对象的基类部分。
- 和过去一样，编译器将不会合成一个删除掉的移动操作。当我们使用=default 请求一个移动操作时，如果基类中的对应操作是删除的或不可访问的，那么派生类中该函数将是被删除的，原因是派生类对象的基类部分不可移动。同样，如果基类的析构函数是删除的或不可访问的，则派生类的移动构造函数也将是被删除的。

举个例子，对于下面的基类 B 来说：

```
class B {
public:
    B();
```

```
        B(const B&) = delete;
        // 其他成员，不含有移动构造函数
    };
    class D : public B {
        // 没有声明任何构造函数
    };
    D d;                       // 正确：D 的合成默认构造函数使用 B 的默认构造函数
    D d2(d);                   // 错误：D 的合成拷贝构造函数是被删除的
    D d3(std::move(d));        // 错误：隐式地使用 D 的被删除的拷贝构造函数
```

基类 B 含有一个可访问的默认构造函数和一个显式删除的拷贝构造函数。因为我们定义了拷贝构造函数，所以编译器将不会为 B 合成一个移动构造函数（参见 13.6.2 节，第 475 页）。因此，我们既不能移动也不能拷贝 B 的对象。如果 B 的派生类希望它自己的对象能被移动和拷贝，则派生类需要自定义相应版本的构造函数。当然，在这一过程中派生类还必须考虑如何移动或拷贝其基类部分的成员。在实际编程过程中，如果在基类中没有默认、拷贝或移动构造函数，则一般情况下派生类也不会定义相应的操作。

625 **移动操作与继承**

如前所述，大多数基类都会定义一个虚析构函数。因此在默认情况下，基类通常不含有合成的移动操作，而且在它的派生类中也没有合成的移动操作。

因为基类缺少移动操作会阻止派生类拥有自己的合成移动操作，所以当我们确实需要执行移动操作时应该首先在基类中进行定义。我们的 Quote 可以使用合成的版本，不过前提是 Quote 必须显式地定义这些成员。一旦 Quote 定义了自己的移动操作，那么它必须同时显式地定义拷贝操作（参见 13.6.2 节，第 476 页）：

```
    class Quote {
    public:
        Quote() = default;                        // 对成员依次进行默认初始化
        Quote(const Quote&) = default;            // 对成员依次拷贝
        Quote(Quote&&) = default;                 // 对成员依次拷贝
        Quote& operator=(const Quote&) = default; // 拷贝赋值
        Quote& operator=(Quote&&) = default;      // 移动赋值
        virtual ~Quote() = default;
        // 其他成员与之前的版本一致
    };
```

通过上面的定义，我们就能对 Quote 的对象逐成员地分别进行拷贝、移动、赋值和销毁操作了。而且除非 Quote 的派生类中含有排斥移动的成员，否则它将自动获得合成的移动操作。

15.7.2 节练习

练习 15.25：我们为什么为 Disc_quote 定义一个默认构造函数？如果去除掉该构造函数的话会对 Bulk_quote 的行为产生什么影响？

15.7.3　派生类的拷贝控制成员

如我们在 15.2.2 节（第 531 页）介绍过的，派生类构造函数在其初始化阶段中不但要初始化派生类自己的成员，还负责初始化派生类对象的基类部分。因此，派生类的拷贝和移动构造函数在拷贝和移动自有成员的同时，也要拷贝和移动基类部分的成员。类似的，派生类赋值运算符也必须为其基类部分的成员赋值。

和构造函数及赋值运算符不同的是，析构函数只负责销毁派生类自己分配的资源。如前所述，对象的成员是被隐式销毁的（参见 13.1.3 节，第 445 页）；类似的，派生类对象的基类部分也是自动销毁的。

 当派生类定义了拷贝或移动操作时，该操作负责拷贝或移动包括基类部分成员在内的整个对象。

定义派生类的拷贝或移动构造函数

当为派生类定义拷贝或移动构造函数时（参见 13.1.1 节，第 440 页和 13.6.2 节，第 473 页），我们通常使用对应的基类构造函数初始化对象的基类部分：

```
class Base { /* ... */ };
class D: public Base {
public:
    // 默认情况下，基类的默认构造函数初始化对象的基类部分
    // 要想使用拷贝或移动构造函数，我们必须在构造函数初始值列表中
    // 显式地调用该构造函数
    D(const D& d): Base(d)              // 拷贝基类成员
                /* D 的成员的初始值 */ { /* ... */ }
    D(D&& d): Base(std::move(d))        // 移动基类成员
                /* D 的成员的初始值 */ { /* ... */ }
};
```

初始值 Base(d) 将一个 D 对象传递给基类构造函数。尽管从道理上来说，Base 可以包含一个参数类型为 D 的构造函数，但是在实际编程过程中通常不会这么做。相反，Base(d) 一般会匹配 Base 的拷贝构造函数。D 类型的对象 d 将被绑定到该构造函数的 Base& 形参上。Base 的拷贝构造函数负责将 d 的基类部分拷贝给要创建的对象。假如我们没有提供基类的初始值的话：

```
// D 的这个拷贝构造函数很可能是不正确的定义
// 基类部分被默认初始化，而非拷贝
D(const D& d) /* 成员初始值，但是没有提供基类初始值*/
    { /* ... */ }
```

在上面的例子中，Base 的默认构造函数将被用来初始化 D 对象的基类部分。假定 D 的构造函数从 d 中拷贝了派生类成员，则这个新构建的对象的配置将非常奇怪：它的 Base 成员被赋予了默认值，而 D 成员的值则是从其他对象拷贝得来的。

 在默认情况下，基类默认构造函数初始化派生类对象的基类部分。如果我们想拷贝（或移动）基类部分，则必须在派生类的构造函数初始值列表中显式地使用基类的拷贝（或移动）构造函数。

派生类赋值运算符

与拷贝和移动构造函数一样，派生类的赋值运算符（参见 13.1.2 节，第 443 页和 13.6.2 节，第 474 页）也必须显式地为其基类部分赋值：

```
// Base::operator=(const Base&) 不会被自动调用
```

```
D &D::operator=(const D &rhs)
{
    Base::operator=(rhs); // 为基类部分赋值
    // 按照过去的方式为派生类的成员赋值
    // 酌情处理自赋值及释放已有资源等情况
    return *this;
}
```

上面的运算符首先显式地调用基类赋值运算符，令其为派生类对象的基类部分赋值。基类的运算符（应该可以）正确地处理自赋值的情况，如果赋值命令是正确的，则基类运算符将释放掉其左侧运算对象的基类部分的旧值，然后利用 rhs 为其赋一个新值。随后，我们继续进行其他为派生类成员赋值的工作。

值得注意的是，无论基类的构造函数或赋值运算符是自定义的版本还是合成的版本，派生类的对应操作都能使用它们。例如，对于 Base::operator=的调用语句将执行 Base 的拷贝赋值运算符，至于该运算符是由 Base 显式定义的还是由编译器合成的无关紧要。

派生类析构函数

如前所述，在析构函数体执行完成后，对象的成员会被隐式销毁（参见 13.1.3 节，第445 页）。类似的，对象的基类部分也是隐式销毁的。因此，和构造函数及赋值运算符不同的是，派生类析构函数只负责销毁由派生类自己分配的资源：

```
class D: public Base {
public:
    // Base::~Base 被自动调用执行
    ~D() { /* 该处由用户定义清除派生类成员的操作 */ }
};
```

对象销毁的顺序正好与其创建的顺序相反：派生类析构函数首先执行，然后是基类的析构函数，以此类推，沿着继承体系的反方向直至最后。

在构造函数和析构函数中调用虚函数

如我们所知，派生类对象的基类部分将首先被构建。当执行基类的构造函数时，该对象的派生类部分是未被初始化的状态。类似的，销毁派生类对象的次序正好相反，因此当执行基类的析构函数时，派生类部分已经被销毁掉了。由此可知，当我们执行上述基类成员的时候，该对象处于未完成的状态。

为了能够正确地处理这种未完成状态，编译器认为对象的类型在构造或析构的过程中仿佛发生了改变一样。也就是说，当我们构建一个对象时，需要把对象的类和构造函数的类看作是同一个；对虚函数的调用绑定正好符合这种把对象的类和构造函数的类看成同一个的要求；对于析构函数也是同样的道理。上述的绑定不但对直接调用虚函数有效，对间接调用也是有效的，这里的间接调用是指通过构造函数（或析构函数）调用另一个函数。

为了理解上述行为，不妨考虑当基类构造函数调用虚函数的派生类版本时会发生什么情况。这个虚函数可能会访问派生类的成员，毕竟，如果它不需要访问派生类成员的话，则派生类直接使用基类的虚函数版本就可以了。然而，当执行基类构造函数时，它要用到的派生类成员尚未初始化，如果我们允许这样的访问，则程序很可能会崩溃。

如果构造函数或析构函数调用了某个虚函数，则我们应该执行与构造函数或析构函数所属类型相对应的虚函数版本。

练习 15.26：定义 Quote 和 Bulk_quote 的拷贝控制成员，令其与合成的版本行为一致。为这些成员以及其他构造函数添加打印状态的语句，使得我们能够知道正在运行哪个程序。使用这些类编写程序，预测程序将创建和销毁哪些对象。重复实验，不断比较你的预测和实际输出结果是否相同，直到预测完全准确再结束。

15.7.4 继承的构造函数

在 C++11 新标准中，派生类能够重用其直接基类定义的构造函数。尽管如我们所知，这些构造函数并非以常规的方式继承而来，但是为了方便，我们不妨姑且称其为"继承"的。一个类只初始化它的直接基类，出于同样的原因，一个类也只继承其直接基类的构造函数。类不能继承默认、拷贝和移动构造函数。如果派生类没有直接定义这些构造函数，则编译器将为派生类合成它们。

派生类继承基类构造函数的方式是提供一条注明了（直接）基类名的 using 声明语句。举个例子，我们可以重新定义 Bulk_quote 类（参见 15.4 节，第 541 页），令其继承 Disc_quote 类的构造函数：

```cpp
class Bulk_quote : public Disc_quote {
public:
    using Disc_quote::Disc_quote; // 继承 Disc_quote 的构造函数
    double net_price(std::size_t) const;
};
```

通常情况下，using 声明语句只是令某个名字在当前作用域内可见。而当作用于构造函数时，using 声明语句将令编译器产生代码。对于基类的每个构造函数，编译器都生成一个与之对应的派生类构造函数。换句话说，对于基类的每个构造函数，编译器都在派生类中生成一个形参列表完全相同的构造函数。

这些编译器生成的构造函数形如：

derived(*parms*) : *base*(*args*) { }

其中，*derived* 是派生类的名字，*base* 是基类的名字，*parms* 是构造函数的形参列表，*args* 将派生类构造函数的形参传递给基类的构造函数。在我们的 Bulk_quote 类中，继承的构造函数等价于：

```cpp
Bulk_quote(const std::string& book, double price,
           std::size_t qty, double disc):
    Disc_quote(book, price, qty, disc) { }
```

如果派生类含有自己的数据成员，则这些成员将被默认初始化（参见 7.1.4 节，第 238 页）。

继承的构造函数的特点

和普通成员的 using 声明不一样，一个构造函数的 using 声明不会改变该构造函数的访问级别。例如，不管 using 声明出现在哪儿，基类的私有构造函数在派生类中还是一个私有构造函数；受保护的构造函数和公有构造函数也是同样的规则。

而且，一个 using 声明语句不能指定 explicit 或 constexpr。如果基类的构造函数是 explicit（参见 7.5.4 节，第 265 页）或者 constexpr（参见 7.5.6 节，第 267

页），则继承的构造函数也拥有相同的属性。

当一个基类构造函数含有默认实参（参见 6.5.1 节，第 211 页）时，这些实参并不会被继承。相反，派生类将获得多个继承的构造函数，其中每个构造函数分别省略掉一个含有默认实参的形参。例如，如果基类有一个接受两个形参的构造函数，其中第二个形参含有默认实参，则派生类将获得两个构造函数：一个构造函数接受两个形参（没有默认实参），另一个构造函数只接受一个形参，它对应于基类中最左侧的没有默认值的那个形参。

如果基类含有几个构造函数，则除了两个例外情况，大多数时候派生类会继承所有这些构造函数。第一个例外是派生类可以继承一部分构造函数，而为其他构造函数定义自己的版本。如果派生类定义的构造函数与基类的构造函数具有相同的参数列表，则该构造函数将不会被继承。定义在派生类中的构造函数将替换继承而来的构造函数。

第二个例外是默认、拷贝和移动构造函数不会被继承。这些构造函数按照正常规则被合成。继承的构造函数不会被作为用户定义的构造函数来使用，因此，如果一个类只含有继承的构造函数，则它也将拥有一个合成的默认构造函数。

15.7.4 节练习

练习 15.27：重新定义你的 Bulk_quote 类，令其继承构造函数。

15.8 容器与继承

当我们使用容器存放继承体系中的对象时，通常必须采取间接存储的方式。因为不允许在容器中保存不同类型的元素，所以我们不能把具有继承关系的多种类型的对象直接存放在容器当中。

举个例子，假定我们想定义一个 vector，令其保存用户准备购买的几种书籍。显然我们不应该用 vector 保存 Bulk_quote 对象。因为我们不能将 Quote 对象转换成 Bulk_quote（参见 15.2.3 节，第 534 页），所以我们将无法把 Quote 对象放置在该 vector 中。

其实，我们也不应该使用 vector 保存 Quote 对象。此时，虽然我们可以把 Bulk_quote 对象放置在容器中，但是这些对象再也不是 Bulk_quote 对象了：

```
vector<Quote> basket;
basket.push_back(Quote("0-201-82470-1", 50));
// 正确：但是只能把对象的 Quote 部分拷贝给 basket
basket.push_back(Bulk_quote("0-201-54848-8", 50, 10, .25));
// 调用 Quote 定义的版本，打印 750，即 15 * $50
cout << basket.back().net_price(15) << endl;
```

basket 的元素是 Quote 对象，因此当我们向该 vector 中添加一个 Bulk_quote 对象时，它的派生类部分将被忽略掉（参见 15.2.3 节，第 535 页）。

> ⚠ **WARNING** 当派生类对象被赋值给基类对象时，其中的派生类部分将被"切掉"，因此容器和存在继承关系的类型无法兼容。

在容器中放置（智能）指针而非对象

当我们希望在容器中存放具有继承关系的对象时，我们实际上存放的通常是基类的指针（更好的选择是智能指针（参见 12.1 节，第 400 页））。和往常一样，这些指针所指对象的动态类型可能是基类类型，也可能是派生类类型：

```
vector<shared_ptr<Quote>> basket;

basket.push_back(make_shared<Quote>("0-201-82470-1", 50));
basket.push_back(
    make_shared<Bulk_quote>("0-201-54848-8", 50, 10, .25));
// 调用 Quote 定义的版本；打印 562.5，即在 15*&50 中扣除掉折扣金额
cout << basket.back()->net_price(15) << endl;
```

因为 basket 存放着 shared_ptr，所以我们必须解引用 basket.back() 的返回值以获得运行 net_price 的对象。我们通过在 net_price 的调用中使用->以达到这个目的。如我们所知，实际调用的 net_price 版本依赖于指针所指对象的动态类型。

值得注意的是，我们将 basket 定义成 shared_prt<Quote>，但是在第二个 push_back 中传入的是一个 Bulk_quote 对象的 shared_ptr。正如我们可以将一个派生类的普通指针转换成基类指针一样（参见 15.2.2 节，第 530 页），我们也能把一个派生类的智能指针转换成基类的智能指针。在此例中，make_shared<Bulk_quote>返回一个 shared_ptr<Bulk_quote>对象，当我们调用 push_back 时该对象被转换成 shared_ptr<Quote>。因此尽管在形式上有所差别，但实际上 basket 的所有元素的类型都是相同的。 〈631

15.8 节练习

练习 15.28：定义一个存放 Quote 对象的 vector，将 Bulk_quote 对象传入其中。计算 vector 中所有元素总的 net_price。

练习 15.29：再运行一次你的程序，这次传入 Quote 对象的 shared_ptr。如果这次计算出的总额与之前的程序不一致，解释为什么；如果一致，也请说明原因。

15.8.1 编写 Basket 类

对于 C++面向对象的编程来说，一个悖论是我们无法直接使用对象进行面向对象编程。相反，我们必须使用指针和引用。因为指针会增加程序的复杂性，所以我们经常定义一些辅助的类来处理这种复杂情况。首先，我们定义一个表示购物篮的类：

```
class Basket {
public:
    // Basket 使用合成的默认构造函数和拷贝控制成员
    void add_item(const std::shared_ptr<Quote> &sale)
        { items.insert(sale); }
    // 打印每本书的总价和购物篮中所有书的总价
    double total_receipt(std::ostream&) const;
private:
    // 该函数用于比较 shared_ptr，multiset 成员会用到它
    static bool compare(const std::shared_ptr<Quote> &lhs,
                        const std::shared_ptr<Quote> &rhs)
        { return lhs->isbn() < rhs->isbn(); }
    // multiset 保存多个报价，按照 compare 成员排序
```

```
std::multiset<std::shared_ptr<Quote>, decltype(compare)*>
              items{compare};
};
```

我们的类使用一个 multiset（参见 11.2.1 节，第 377 页）来存放交易信息，这样我们就能保存同一本书的多条交易记录，而且对于一本给定的书籍，它的所有交易信息都保存在一起（参见 11.2.2 节，第 378 页）。

multiset 的元素是 shared_ptr。因为 shared_ptr 没有定义小于运算符，所以为了对元素排序我们必须提供自己的比较运算符（参见 11.2.2 节，第 378 页）。在此例中，我们定义了一个名为 compare 的私有静态成员，该成员负责比较 shared_ptr 所指的对象的 isbn。我们初始化 multiset，通过类内初始值调用比较函数（参见 7.3.1 节，第 246 页）：

632 >

```
// multiset 保存多个报价，按照 compare 成员排序
std::multiset<std::shared_ptr<Quote>, decltype(compare)*>
              items{compare};
```

这个声明看起来不太容易理解，但是从左向右读的话，我们就能明白它其实是定义了一个指向 Quote 对象的 shared_ptr 的 multiset。这个 multiset 将使用一个与 compare 成员类型相同的函数来对其中的元素进行排序。multiset 成员的名字是 items，我们初始化 items 并令其使用我们的 compare 函数。

定义 Basket 的成员

Basket 类只定义两个操作。第一个成员是我们在类的内部定义的 add_item 成员，该成员接受一个指向动态分配的 Quote 的 shared_ptr，然后将这个 shared_ptr 放置在 multiset 中。第二个成员的名字是 total_receipt，它负责将购物篮的内容逐项打印成清单，然后返回购物篮中所有物品的总价格：

```
double Basket::total_receipt(ostream &os) const
{
    double sum = 0.0;                   // 保存实时计算出的总价格
    // iter 指向 ISBN 相同的一批元素中的第一个
    // upper_bound 返回一个迭代器，该迭代器指向这批元素的尾后位置
    for (auto iter = items.cbegin();
            iter != items.cend();
            iter = items.upper_bound(*iter)) {
        // 我们知道在当前的 Basket 中至少有一个该关键字的元素
        // 打印该书籍对应的项目
        sum += print_total(os, **iter, items.count(*iter));
    }
    os << "Total Sale: " << sum << endl;  // 打印最终的总价格
    return sum;
}
```

我们的 for 循环首先定义并初始化 iter，令其指向 multiset 的第一个元素。条件部分检查 iter 是否等于 items.cend()：如果相等，表明我们已经处理完了所有购买记录，接下来应该跳出 for 循环；否则，如果不相等，则继续处理下一本书籍。

比较有趣的是，for 循环中的"递增"表达式。与通常的循环语句依次读取每个元素不同，我们直接令 iter 指向下一个关键字，调用 upper_bound 函数可以令我们跳过与当前关键字相同的所有元素（参见 11.3.5 节，第 390 页）。对于 upper_bound 函数来说，它返回的是一个迭代器，该迭代器指向所有与 iter 关键字相等的元素中最后一个元素的

下一位置。因此，我们得到的迭代器或者指向集合的末尾，或者指向下一本书籍。

在 for 循环内部，我们通过调用 print_total（参见 15.1 节，第 527 页）来打印购物篮中每本书籍的细节：

```
sum += print_total(os, **iter, items.count(*iter));
```

print_total 的实参包括一个用于写入数据的 ostream、一个待处理的 Quote 对象和一个计数值。当我们解引用 iter 后将得到一个指向准备打印的对象的 shared_ptr。为了得到这个对象，必须解引用该 shared_ptr。因此，**iter 是一个 Quote 对象（或者 Quote 的派生类的对象）。我们使用 multiset 的 count 成员（参见 11.3.5 节，第 388 页）来统计在 multiset 中有多少元素的键值相同（即 ISBN 相同）。

如我们所知，print_total 调用了虚函数 net_price，因此最终的计算结果依赖于**iter 的动态类型。print_total 函数打印并返回给定书籍的总价格，我们把这个结果添加到 sum 当中，最后当循环结束后打印 sum。

隐藏指针

Basket 的用户仍然必须处理动态内存，原因是 add_item 需要接受一个 shared_ptr 参数。因此，用户不得不按照如下形式编写代码：

```
Basket bsk;
bsk.add_item(make_shared<Quote>("123", 45));
bsk.add_item(make_shared<Bulk_quote>("345", 45, 3, .15));
```

我们的下一步是重新定义 add_item，使得它接受一个 Quote 对象而非 shared_ptr。新版本的 add_item 将负责处理内存分配，这样它的用户就不必再受困于此了。我们将定义两个版本，一个拷贝它给定的对象，另一个则采取移动操作（参见 13.6.3 节，第 481 页）：

```
void add_item(const Quote& sale);    // 拷贝给定的对象
void add_item(Quote&& sale);          // 移动给定的对象
```

唯一的问题是 add_item 不知道要分配的类型。当 add_item 进行内存分配时，它将拷贝（或移动）它的 sale 参数。在某处可能会有一条如下形式的 new 表达式：

```
new Quote(sale)
```

不幸的是，这条表达式所做的工作可能是不正确的：new 为我们请求的类型分配内存，因此这条表达式将分配一个 Quote 类型的对象并且拷贝 sale 的 Quote 部分。然而，sale 实际指向的可能是 Bulk_quote 对象，此时，该对象将被迫切掉一部分。

模拟虚拷贝

为了解决上述问题，我们给 Quote 类添加一个虚函数，该函数将申请一份当前对象的拷贝。

```
class Quote {
public:
    // 该虚函数返回当前对象的一份动态分配的拷贝
    // 这些成员使用的引用限定符参见13.6.3 节（第 483 页）
    virtual Quote* clone() const & {return new Quote(*this);}
    virtual Quote* clone() &&
                        {return new Quote(std::move(*this));}
    // 其他成员与之前的版本一致
};
```

```
634  class Bulk_quote : public Quote {
         Bulk_quote* clone() const & {return new Bulk_quote(*this);}
         Bulk_quote* clone() &&
                         {return new Bulk_quote(std::move(*this));}
         // 其他成员与之前的版本一致
     };
```

因为我们拥有 add_item 的拷贝和移动版本，所以我们分别定义 clone 的左值和右值版本（参见 13.6.3 节，第 483 页）。每个 clone 函数分配当前类型的一个新对象，其中，const 左值引用成员将它自己拷贝给新分配的对象；右值引用成员则将自己移动到新数据中。

我们可以使用 clone 很容易地写出新版本的 add_item：

```
class Basket {
public:
    void add_item(const Quote& sale)       // 拷贝给定的对象
      { items.insert(std::shared_ptr<Quote>(sale.clone())); }
    void add_item(Quote&& sale)            // 移动给定的对象
      { items.insert(
            std::shared_ptr<Quote>(std::move(sale).clone())); }
    // 其他成员与之前的版本一致
};
```

和 add_item 本身一样，clone 函数也根据作用于左值还是右值而分为不同的重载版本。在此例中，第一个 add_item 函数调用 clone 的 const 左值版本，第二个函数调用 clone 的右值引用版本。在右值版本中，尽管 sale 的类型是右值引用类型，但实际上 sale 本身（和任何其他变量一样）是个左值（参见 13.6.1 节，第 471 页）。因此，我们调用 move 把一个右值引用绑定到 sale 上。

我们的 clone 函数也是一个虚函数。sale 的动态类型（通常）决定了到底运行 Quote 的函数还是 Bulk_quote 的函数。无论我们是拷贝还是移动数据，clone 都返回一个新分配对象的指针，该对象与 clone 所属的类型一致。我们把一个 shared_ptr 绑定到这个对象上，然后调用 insert 将这个新分配的对象添加到 items 中。注意，因为 shared_ptr 支持派生类向基类的类型转换（参见 15.2.2 节，第 530 页），所以我们能把 shared_ptr<Quote> 绑定到 Bulk_quote* 上。

15.8.1 节练习

练习 15.30：编写你自己的 Basket 类，用它计算上一个练习中交易记录的总价格。

15.9 文本查询程序再探

接下来，我们扩展 12.3 节（第 430 页）的文本查询程序，用它作为说明继承的最后一个例子。在上一版的程序中，我们可以查询在文件中某个指定单词的出现情况。我们将在本节扩展该程序使其支持更多更复杂的查询操作。在后面的例子中，我们将针对下面这个小故事展开查询：

```
Alice Emma has long flowing red hair.
Her Daddy says when the wind blows
through her hair, it looks almost alive,
like a fiery bird in flight.
```

```
A beautiful fiery bird, he tells her,
magical but untamed.
"Daddy, shush, there is no such thing,"
she tells him, at the same time wanting
him to tell her more.
Shyly, she asks, "I mean, Daddy, is there?"
```

我们的系统将支持如下查询形式。

- 单词查询，用于得到匹配某个给定 string 的所有行：

```
Executing Query for: Daddy
Daddy occurs 3 times
(line 2) Her Daddy says when the wind blows
(line 7) "Daddy, shush, there is no such thing,"
(line 10) Shyly, she asks, "I mean, Daddy, is there?"
```

- 逻辑非查询，使用~运算符得到不匹配查询条件的所有行：

```
Executing Query for: ~(Alice)
~(Alice) occurs 9 times
(line 2) Her Daddy says when the wind blows
(line 3) through her hair, it looks almost alive,
(line 4) like a fiery bird in flight.
...
```

- 逻辑或查询，使用 | 运算符返回匹配两个条件中任意一个的行：

```
Executing Query for: (hair | Alice)
(hair | Alice) occurs 2 times
(line 1) Alice Emma has long flowing red hair.
(line 3) through her hair, it looks almost alive,
```

- 逻辑与查询，使用&运算符返回匹配全部两个条件的行：

```
Executing query for: (hair & Alice)
(hair & Alice) occurs 1 time
(line 1) Alice Emma has long flowing red hair.
```

此外，我们还希望能够混合使用这些运算符，比如：

```
fiery & bird | wind
```

在类似这样的例子中，我们将使用 C++通用的优先级规则（参见 4.1.2 节，第 121 页）对复杂表达式求值。因此，这条查询语句所得行应该是如下二者之一：在该行中或者 fiery 和 bird 同时出现，或者出现了 wind：

636

```
Executing Query for: ((fiery & bird) | wind)
((fiery & bird) | wind) occurs 3 times
(line 2) Her Daddy says when the wind blows
(line 4) like a fiery bird in flight.
(line 5) A beautiful fiery bird, he tells her,
```

在输出内容中首先是那条查询语句，我们使用圆括号来表示查询被解释和执行的次序。与之前实现的版本一样，接下来系统将按照查询结果中行号的升序显示结果并且每一行只显示一次。

15.9.1 面向对象的解决方案

我们可能会认为使用 12.3.2 节（第 432 页）的 TextQuery 类来表示单词查询，然后从该类中派生出其他查询是一种可行的方案。

然而，这样的设计实际上存在缺陷。为了理解其中的原因，我们不妨考虑逻辑非查询。单词查询查找一个指定的单词，为了让逻辑非查询按照单词查询的方式执行，我们将不得不定义逻辑非查询所要查找的单词。但是在一般情况下，我们无法得到这样的单词。相反，一个逻辑非查询中含有一个结果值需要取反的查询语句（单词查询或任何其他查询）；类似的，一个逻辑与查询和一个逻辑或查询各包含两个结果值需要合并的查询语句。

由上述观察结果可知，我们应该将几种不同的查询建模成相互独立的类，这些类共享一个公共基类：

```
WordQuery         // Daddy
NotQuery          // ~Alice
OrQuery           // hair | Alice
AndQuery          // hair & Alice
```

这些类将只包含两个操作：

- eval，接受一个 TextQuery 对象并返回一个 QueryResult，eval 函数使用给定的 TextQuery 对象查找与之匹配的行。
- rep，返回基础查询的 string 表示形式，eval 函数使用 rep 创建一个表示匹配结果的 QueryResult，输出运算符使用 rep 打印查询表达式。

637

关键概念：继承与组合

继承体系的设计本身是一个非常复杂的问题，已经超出了本书的范围。然而，有一条设计准则非常重要也非常基础，每个程序员都应该熟悉它。

当我们令一个类公有地继承另一个类时，派生类应当反映与基类的"是一种（Is A）"关系。在设计良好的类体系当中，公有派生类的对象应该可以用在任何需要基类对象的地方。

类型之间的另一种常见关系是"有一个（Has A）"关系，具有这种关系的类暗含成员的意思。

在我们的书店示例中，基类表示的是按规定价格销售的书籍的报价。Bulk_quote "是一种"报价结果，只不过它使用的价格策略不同。我们的书店类都"有一个"价格成员和 ISBN 成员。

抽象基类

如我们所知，在这四种查询之间并不存在彼此的继承关系，从概念上来说它们互为兄弟。因为所有这些类都共享同一个接口，所以我们需要定义一个抽象基类（参见 15.4 节，第 541 页）来表示该接口。我们将所需的抽象基类命名为 Query_base，以此来表示它的角色是整个查询继承体系的根节点。

我们的 Query_base 类将把 eval 和 rep 定义成纯虚函数（参见 15.4 节，第 541 页），其他代表某种特定查询类型的类必须覆盖这两个函数。我们将从 Query_base 直接派生出 WordQuery 和 NotQuery。AndQuery 和 OrQuery 都具有系统中其他类所不具备的一个特殊属性：它们各自包含两个运算对象。为了对这种属性建模，我们定义另外一个名为 BinaryQuery 的抽象基类，该抽象基类用于表示含有两个运算对象的查询。AndQuery 和 OrQuery 继承自 BinaryQuery，而 BinaryQuery 继承自 Query_base。由这些分析我们将得到如图 15.2 所示的类设计结果：

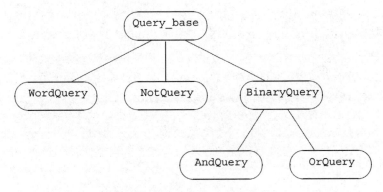

图 15.2：Query_base 继承体系

将层次关系隐藏于接口类中

我们的程序将致力于计算查询结果，而非仅仅构建查询的体系。为了使程序能正常运行，我们必须首先创建查询命令，最简单的办法是编写 C++ 表达式。例如，可以编写下面的代码来生成之前描述的复合查询：

```
Query q = Query("fiery") & Query("bird") | Query("wind");
```

如上所述，其隐含的意思是用户层代码将不会直接使用这些继承的类；相反，我们将 638 定义一个名为 Query 的接口类，由它负责隐藏整个继承体系。Query 类将保存一个 Query_base 指针，该指针绑定到 Query_base 的派生类对象上。Query 类与 Query_base 类提供的操作是相同的：eval 用于求查询的结果，rep 用于生成查询的 string 版本，同时 Query 也会定义一个重载的输出运算符用于显示查询。

用户将通过 Query 对象的操作间接地创建并处理 Query_base 对象。我们定义 Query 对象的三个重载运算符以及一个接受 string 参数的 Query 构造函数，这些函数动态分配一个新的 Query_base 派生类的对象：

- &运算符生成一个绑定到新的 AndQuery 对象上的 Query 对象；
- |运算符生成一个绑定到新的 OrQuery 对象上的 Query 对象；
- ~运算符生成一个绑定到新的 NotQuery 对象上的 Query 对象；
- 接受 string 参数的 Query 构造函数生成一个新的 WordQuery 对象。

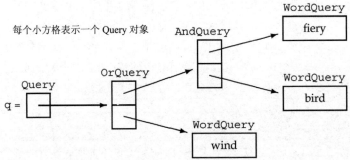

图 15.3：使用 Query 表达式创建的对象

理解这些类的工作机理

在这个应用程序中，很大一部分工作是构建代表用户查询的对象，对于读者来说认识到这一点非常重要。例如，像上面这样的表达式将生成如图 15.3 所示的一系列相关对象的集合。

一旦对象树构建完成后，对某一条查询语句的求值（或生成表示形式的）过程基本上就转换为沿着箭头方向依次对每个对象求值（或显示）的过程（由编译器为我们组织管理）。例如，如果我们对 q（即树的根节点）调用 eval 函数，则该调用语句将令 q 所指的 OrQuery 对象 eval 它自己。对该 OrQuery 求值实际上是对它的两个运算对象执行 eval 操作：一个运算对象是 AndQuery，另一个是查找单词 wind 的 WordQuery。接下来，对 AndQuery 求值转化为对它的两个 WordQuery 求值，分别生成单词 fiery 和 bird 的查询结果。

对于面向对象编程的新手来说，要想理解一个程序，最困难的部分往往是理解程序的设计思路。一旦你掌握了程序的设计思路，接下来的实现也就水到渠成了。为了帮助读者理解程序设计的过程，我们在表 15.1 中整理了之前那个例子用到的类，并对其进行了简要的描述。

639>

640>

表 15.1：概述：Query 程序设计	
Query 程序接口类和操作	
TextQuery	该类读入给定的文件并构建一个查找图。这个类包含一个 query 操作，它接受一个 string 实参，返回一个 QueryResult 对象；该 QueryResult 对象表示 string 出现的行（12.3.2 节，第 432 页）
QueryResult	该类保存一个 query 操作的结果（12.3.2 节，第 433 页）
Query	是一个接口类，指向 Query_base 派生类的对象
Query q(s)	将 Query 对象 q 绑定到一个存放着 string s 的新 WordQuery 对象上
q1 & q2	返回一个 Query 对象，该 Query 绑定到一个存放 q1 和 q2 的新 AndQuery 对象上
q1 | q2	返回一个 Query 对象，该 Query 绑定到一个存放 q1 和 q2 的新 OrQuery 对象上
~q	返回一个 Query 对象，该 Query 绑定到一个存放 q 的新 NotQuery 对象上
Query 程序实现类	
Query_base	查询类的抽象基类
WordQuery	Query_base 的派生类，用于查找一个给定的单词
NotQuery	Query_base 的派生类，查询结果是 Query 运算对象没有出现的行的集合
BinaryQuery	Query_base 派生出来的另一个抽象基类，表示有两个运算对象的查询
OrQuery	BinaryQuery 的派生类，返回它的两个运算对象分别出现的行的并集
AndQuery	BinaryQuery 的派生类，返回它的两个运算对象分别出现的行的交集

15.9.1 节练习

练习 15.31：已知 s1、s2、s3 和 s4 都是 string，判断下面的表达式分别创建了什么样的对象：

```
(a) Query(s1) | Query(s2) & ~ Query(s3);
(b) Query(s1) | (Query(s2) & ~ Query(s3));
(c) (Query(s1) & (Query(s2)) | (Query(s3) & Query(s4)));
```

15.9.2　Query_base 类和 Query 类

下面我们开始程序的实现过程，首先定义 Query_base 类：

```
// 这是一个抽象基类，具体的查询类型从中派生，所有成员都是 private 的
class Query_base {
    friend class Query;
protected:
    using line_no = TextQuery::line_no;   // 用于 eval 函数
    virtual ~Query_base() = default;
private:
    // eval 返回与当前 Query 匹配的 QueryResult
    virtual QueryResult eval(const TextQuery&) const = 0;
    // rep 是表示查询的一个 string
    virtual std::string rep() const = 0;
};
```

eval 和 rep 都是纯虚函数，因此 Query_base 是一个抽象基类（参见 15.4 节，第 541 页）。因为我们不希望用户或者派生类直接使用 Query_base，所以它没有 public 成员。所有对 Query_base 的使用都需要通过 Query 对象，因为 Query 需要调用 Query_base 的虚函数，所以我们将 Query 声明成 Query_base 的友元。

受保护的成员 line_no 将在 eval 函数内部使用。类似的，析构函数也是受保护的，因为它将（隐式地）在派生类析构函数中使用。

Query 类

Query 类对外提供接口，同时隐藏了 Query_base 的继承体系。每个 Query 对象都含有一个指向 Query_base 对象的 shared_ptr。因为 Query 是 Query_base 的唯一接口，所以 Query 必须定义自己的 eval 和 rep 版本。

接受一个 string 参数的 Query 构造函数将创建一个新的 WordQuery 对象，然后将它的 shared_prt 成员绑定到这个新创建的对象上。&、| 和 ~ 运算符分别创建 AndQuery、OrQuery 和 NotQuery 对象，这些运算符将返回一个绑定到新创建的对象上的 Query 对象。为了支持这些运算符，Query 还需要另外一个构造函数，它接受指向 Query_base 的 shared_ptr 并且存储给定的指针。我们将这个构造函数声明为私有的，原因是我们不希望一般的用户代码能随便定义 Query_base 对象。因为这个构造函数是私有的，所以我们需要将三个运算符声明为友元。

在形成了上述设计思路后，Query 类本身就比较简单了：

```
// 这是一个管理 Query_base 继承体系的接口类
class Query {
    // 这些运算符需要访问接受 shared_ptr 的构造函数，而该函数是私有的
    friend Query operator~(const Query &);
    friend Query operator|(const Query&, const Query&);
    friend Query operator&(const Query&, const Query&);
public:
    Query(const std::string&);        // 构建一个新的 WordQuery
    // 接口函数：调用对应的 Query_base 操作
    QueryResult eval(const TextQuery &t) const
                      { return q->eval(t); }
    std::string rep() const { return q->rep(); }
```

641

```
    private:
        Query(std::shared_ptr<Query_base> query): q(query) { }
        std::shared_ptr<Query_base> q;
    };
```

我们首先将创建 Query 对象的运算符声明为友元,之所以这么做是因为这些运算符需要访问那个私有构造函数。

在 Query 的公有接口部分,我们声明了接受 string 的构造函数,不过没有对其进行定义。因为这个构造函数将要创建一个 WordQuery 对象,所以我们应该首先定义 WordQuery 类,随后才能定义接受 string 的 Query 构造函数。

另外两个公有成员是 Query_base 的接口。其中,Query 操作使用它的 Query_base 指针来调用各自的 Query_base 虚函数。实际调用哪个函数版本将由 q 所指的对象类型决定,并且直到运行时才能最终确定下来。

Query 的输出运算符

输出运算符可以很好地解释我们的整个查询系统是如何工作的:

```
std::ostream &
operator<<(std::ostream &os, const Query &query)
{
    // Query::rep 通过它的 Query_base 指针对 rep()进行了虚调用
    return os << query.rep();
}
```

当我们打印一个 Query 时,输出运算符调用 Query 类的公有 rep 成员。运算符函数通过指针成员虚调用当前 Query 所指对象的 rep 成员。也就是说,当我们编写如下代码时:

```
Query andq = Query(sought1) & Query(sought2);
cout << andq << endl;
```

输出运算符将调用 andq 的 Query::rep,而 Query::rep 通过它的 Query_base 指针虚调用 Query_base 版本的 rep 函数。因为 andq 指向的是一个 AndQuery 对象,所以本次的函数调用将运行 AndQuery::rep。

15.9.2 节练习

练习 15.32:当一个 Query 类型的对象被拷贝、移动、赋值或销毁时,将分别发生什么?

练习 15.33:当一个 Query_base 类型的对象被拷贝、移动、赋值或销毁时,将分别发生什么?

642> ### 15.9.3　派生类

对于 Query_base 的派生类来说,最有趣的部分是这些派生类如何表示一个真实的查询。其中 WordQuery 类最直接,它的任务就是保存要查找的单词。

其他类分别操作一个或两个运算对象。NotQuery 有一个运算对象,AndQuery 和 OrQuery 有两个。在这些类当中,运算对象可以是 Query_base 的任意一个派生类的对象:一个 NotQuery 对象可以被用在 WordQuery、AndQuery、OrQuery 或另一个 NotQuery 中。为了支持这种灵活性,运算对象必须以 Query_base 指针的形式存储,这样我们就能把该指针绑定到任何我们需要的具体类上。

然而，实际上我们的类并不存储 Query_base 指针，而是直接使用一个 Query 对象。就像用户代码可以通过接口类得到简化一样，我们也可以使用接口类来简化我们自己的类。

至此我们已经清楚了所有类的设计思路，接下来依次实现它们。

WordQuery 类

一个 WordQuery 查找一个给定的 string，它是在给定的 TextQuery 对象上实际执行查询的唯一一个操作：

```cpp
class WordQuery: public Query_base {
    friend class Query;                 // Query 使用 WordQuery 构造函数
    WordQuery(const std::string &s): query_word(s) { }
    // 具体的类: WordQuery 将定义所有继承而来的纯虚函数
    QueryResult eval(const TextQuery &t) const
                        { return t.query(query_word); }
    std::string rep() const { return query_word; }
    std::string query_word;             // 要查找的单词
};
```

和 Query_base 一样，WordQuery 没有公有成员。同时，Query 必须作为 WordQuery 的友元，这样 Query 才能访问 WordQuery 的构造函数。

每个表示具体查询的类都必须定义继承而来的纯虚函数 eval 和 rep。我们在 WordQuery 类的内部定义这两个操作：eval 调用其 TextQuery 参数的 query 成员，由 query 成员在文件中实际进行查找；rep 返回这个 WordQuery 表示的 string（即 query_word）。

定义了 WordQuery 类之后，我们就能定义接受 string 的 Query 构造函数了：

```cpp
inline
Query::Query(const std::string &s): q(new WordQuery(s)) { }
```

这个构造函数分配一个 WordQuery，然后令其指针成员指向新分配的对象。

NotQuery 类及~运算符

~运算符生成一个 NotQuery，其中保存着一个需要对其取反的 Query：

```cpp
class NotQuery: public Query_base {
    friend Query operator~(const Query &);
    NotQuery(const Query &q): query(q) { }
    // 具体的类: NotQuery 将定义所有继承而来的纯虚函数
    std::string rep() const {return "~(" + query.rep() + ")";}
    QueryResult eval(const TextQuery&) const;
    Query query;
};
inline Query operator~(const Query &operand)
{
    return std::shared_ptr<Query_base>(new NotQuery(operand));
}
```

因为 NotQuery 的所有成员都是私有的，所以我们一开始就要把~运算符设定为友元。为了 rep 一个 NotQuery，我们需要将~符号与基础的 Query 连接在一起。我们在输出的结果中加上适当的括号，这样读者就可以清楚地知道查询的优先级了。

值得注意的是，在 NotQuery 自己的 rep 成员中对 rep 的调用最终执行的是一个虚调用：query.rep() 是对 Query 类 rep 成员的非虚调用，接着 Query::rep 将调用 q->rep()，这是一个通过 Query_base 指针进行的虚调用。

~运算符动态分配一个新的 NotQuery 对象，其 return 语句隐式地使用接受一个 shared_ptr<Query_base> 的 Query 构造函数。也就是说，return 语句等价于：

```
// 分配一个新的 NotQuery 对象
// 将所得的 NotQuery 指针绑定到一个 shared_ptr<Query_base>
shared_ptr<Query_base> tmp(new NotQuery(expr));
return Query(tmp);          // 使用接受一个 shared_ptr 的 Query 构造函数
```

eval 成员比较复杂，因此我们将在类的外部实现它，15.9.4 节（第 573 页）将专门介绍如何定义 eval 函数。

BinaryQuery 类

BinaryQuery 类也是一个抽象基类，它保存操作两个运算对象的查询类型所需的数据：

```
class BinaryQuery: public Query_base {
protected:
    BinaryQuery(const Query &l, const Query &r, std::string s):
            lhs(l), rhs(r), opSym(s) { }
    // 抽象类：BinaryQuery 不定义 eval
    std::string rep() const { return "(" + lhs.rep() + " "
                                    + opSym + " "
                                    + rhs.rep() + ")"; }
    Query lhs, rhs;           // 左侧和右侧运算对象
    std::string opSym;        // 运算符的名字
};
```

644> BinaryQuery 中的数据是两个运算对象及相应的运算符符号，构造函数负责接受两个运算对象和一个运算符符号，然后将它们存储在对应的数据成员中。

要想 rep 一个 BinaryQuery，我们需要生成一个带括号的表达式。表达式的内容依次包括左侧运算对象、运算符以及右侧运算对象。就像我们显示 NotQuery 的方法一样，对 rep 的调用最终是对 lhs 和 rhs 所指 Query_base 对象的 rep 函数进行虚调用。

BinaryQuery 不定义 eval，而是继承了该纯虚函数。因此，BinaryQuery 也是一个抽象基类，我们不能创建 BinaryQuery 类型的对象。

AndQuery 类、OrQuery 类及相应的运算符

AndQuery 类和 OrQuery 类以及它们的运算符都非常相似：

```
class AndQuery: public BinaryQuery {
    friend Query operator&(const Query&, const Query&);
    AndQuery(const Query &left, const Query &right):
                        BinaryQuery(left, right, "&") { }
    // 具体的类：AndQuery 继承了 rep 并且定义了其他纯虚函数
    QueryResult eval(const TextQuery&) const;
```

```
};
inline Query operator&(const Query &lhs, const Query &rhs)
{
    return std::shared_ptr<Query_base>(new AndQuery(lhs, rhs));
}

class OrQuery: public BinaryQuery {
    friend Query operator|(const Query&, const Query&);
    OrQuery(const Query &left, const Query &right):
                BinaryQuery(left, right, "|") { }
    QueryResult eval(const TextQuery&) const;
};
inline Query operator|(const Query &lhs, const Query &rhs)
{
    return std::shared_ptr<Query_base>(new OrQuery(lhs, rhs));
}
```

这两个类将各自的运算符定义成友元，并且各自定义了一个构造函数通过运算符创建 BinaryQuery 基类部分。它们继承 BinaryQuery 的 rep 函数，但是覆盖了 eval 函数。

和~运算符一样，&和|运算符也返回一个绑定到新分配对象上的 shared_ptr。在这些运算符中，return 语句负责将 shared_ptr 转换成 Query。

15.9.3 节练习　　　　　　　　　　　　　　　　　　　　　　　　　　◁ 645

练习 15.34：针对图 15.3（第 565 页）构建的表达式：

　　(a) 列举出在处理表达式的过程中执行的所有构造函数。
　　(b) 列举出 cout<<q 所调用的 rep。
　　(c) 列举出 q.eval() 所调用的 eval。

练习 15.35：实现 Query 类和 Query_base 类，其中需要定义 rep 而无须定义 eval。

练习 15.36：在构造函数和 rep 成员中添加打印语句，运行你的代码以检验你对本节第一个练习中（a）、（b）两小题的回答是否正确。

练习 15.37：如果在派生类中含有 shared_ptr<Query_base>类型的成员而非 Query 类型的成员，则你的类需要做出怎样的改变？

练习 15.38：下面的声明合法吗？如果不合法，请解释原因；如果合法，请指出该声明的含义。

```
BinaryQuery a = Query("fiery") & Query("bird");
AndQuery b = Query("fiery") & Query("bird");
OrQuery c = Query("fiery") & Query("bird");
```

15.9.4　eval 函数

　　eval 函数是我们这个查询系统的核心。每个 eval 函数作用于各自的运算对象，同时遵循的内在逻辑也有所区别：OrQuery 的 eval 操作返回两个运算对象查询结果的并集，而 AndQuery 返回交集。与它们相比，NotQuery 的 eval 函数更加复杂一些：它需要返回运算对象没有出现的文本行。

为了支持上述 eval 函数的处理，我们需要使用 QueryResult，在它当中定义了 12.3.2 节练习（第 435 页）添加的成员。假设 QueryResult 包含 begin 和 end 成员，它们允许我们在 QueryResult 保存的行号 set 中进行迭代；另外假设 QueryResult 还包含一个名为 get_file 的成员，它返回一个指向待查询文件的 shared_ptr。

 我们的 Query 类使用了 12.3.2 节练习（第 435 页）为 QueryResult 定义的成员。

OrQuery::eval

一个 OrQuery 表示的是它的两个运算对象结果的并集，对于每个运算对象来说，我们通过调用 eval 得到它的查询结果。因为这些运算对象的类型是 Query，所以调用 eval 也就是调用 Query::eval，而后者实际上是对潜在的 Query_base 对象的 eval 进行虚调用。每次调用完成后，得到的结果是一个 QueryResult，它表示运算对象出现的行号。我们把这些行号组织在一个新 set 中：

646 ▷

```cpp
// 返回运算对象查询结果 set 的并集
QueryResult
OrQuery::eval(const TextQuery& text) const
{
    // 通过 Query 成员 lhs 和 rhs 进行的虚调用
    // 调用 eval 返回每个运算对象的 QueryResult
    auto right = rhs.eval(text), left = lhs.eval(text);
    // 将左侧运算对象的行号拷贝到结果 set 中
    auto ret_lines =
        make_shared<set<line_no>>(left.begin(), left.end());
    // 插入右侧运算对象所得的行号
    ret_lines->insert(right.begin(), right.end());
    // 返回一个新的 QueryResult，它表示 lhs 和 rhs 的并集
    return QueryResult(rep(), ret_lines, left.get_file());
}
```

我们使用接受一对迭代器的 set 构造函数初始化 ret_lines。一个 QueryResult 的 begin 和 end 成员返回行号 set 的迭代器，因此，创建 ret_lines 的过程实际上是拷贝了 left 集合的元素。接下来对 ret_lines 调用 insert，并将 right 的元素插入进来。调用结束后，ret_lines 将包含在 left 或 right 中出现过的所有行号。

eval 函数在最后构建并返回一个表示混合查询匹配的 QueryResult。QueryResult 的构造函数（参见 12.3.2 节，第 434 页）接受三个实参：一个表示查询的 string、一个指向匹配行号 set 的 shared_ptr 和一个指向输入文件 vector 的 shared_ptr。我们调用 rep 生成所需的 string，调用 get_file 获取指向文件的 shared_ptr。因为 left 和 right 指向的是同一个文件，所以使用哪个执行 get_file 函数并不重要。

AndQuery::eval

AndQuery 的 eval 和 OrQuery 很类似，唯一的区别是它调用了一个标准库算法来求得两个查询结果中共有的行：

```cpp
// 返回运算对象查询结果 set 的交集
QueryResult
AndQuery::eval(const TextQuery& text) const
{
```

```
        // 通过 Query 运算对象进行的虚调用，以获得运算对象的查询结果 set
        auto left = lhs.eval(text), right = rhs.eval(text);
        // 保存 left 和 right 交集的 set
        auto ret_lines = make_shared<set<line_no>>();
        // 将两个范围的交集写入一个目的迭代器中
        // 本次调用的目的迭代器向 ret 添加元素
        set_intersection(left.begin(), left.end(),
                         right.begin(), right.end(),
                         inserter(*ret_lines, ret_lines->begin()));
        return QueryResult(rep(), ret_lines, left.get_file());
    }
```

其中我们使用标准库算法 set_intersection 来合并两个 set，关于 <647>
set_intersection 在附录 A.2.8（第 779 页）中有详细的描述。

set_intersection 算法接受五个迭代器。它使用前四个迭代器表示两个输入序列
（参见 10.5.2 节，第 368 页），最后一个实参表示目的位置。该算法将两个输入序列中共同
出现的元素写入到目的位置中。

在上述调用中我们传入一个插入迭代器（参见 10.4.1 节，第 357 页）作为目的位置。
当 set_intersection 向这个迭代器写入内容时，实际上是向 ret_lines 插入一个新
元素。

和 OrQuery 的 eval 函数一样，AndQuery 的 eval 函数也在最后构建并返回一个
表示混合查询匹配的 QueryResult。

NotQuery::eval

NotQuery 查找运算对象没有出现的文本行：

```
// 返回运算对象的结果 set 中不存在的行
QueryResult
NotQuery::eval(const TextQuery& text) const
{
    // 通过 Query 运算对象对 eval 进行虚调用
    auto result = query.eval(text);
    // 开始时结果 set 为空
    auto ret_lines = make_shared<set<line_no>>();
    // 我们必须在运算对象出现的所有行中进行迭代
    auto beg = result.begin(), end = result.end();
    // 对于输入文件的每一行，如果该行不在 result 当中，则将其添加到 ret_lines
    auto sz = result.get_file()->size();
    for (size_t n = 0; n != sz; ++n) {
        // 如果我们还没有处理完 result 的所有行
        // 检查当前行是否存在
        if (beg == end || *beg != n)
            ret_lines->insert(n);    // 如果不在 result 当中，添加这一行
        else if (beg != end)
            ++beg;          // 否则继续获取 result 的下一行（如果有的话）
    }
    return QueryResult(rep(), ret_lines, result.get_file());
}
```

和其他 eval 函数一样，我们首先对当前的运算对象调用 eval，所得的结果

QueryResult 中包含的是运算对象出现的行号，但我们想要的是运算对象未出现的行号。也就是说，我们需要的是存在于文件中，但是不在 result 中的行。

要想得到最终的结果，我们需要遍历不超过输出文件大小的所有整数，并将所有不在 result 中的行号放入到 ret_lines 中。我们使用 beg 和 end 分别表示 result 的第一个元素和最后一个元素的下一位置。因为遍历的对象是一个 set，所以当遍历结束后获得的行号将按照升序排列。

循环体负责检查当前的编号是否在 result 当中。如果不在，将这个数字添加到 ret_lines 中；如果该数字属于 result，则我们递增 result 的迭代器 beg。

一旦处理完所有行，就返回包含 ret_lines 的一个 QueryResult 对象；和之前版本的 eval 类似，该 QueryResult 对象还包含 rep 和 get_file 的运行结果。

15.9.4 节练习

练习 15.39：实现 Query 类和 Query_base 类，求图 15.3（第 565 页）中表达式的值并打印相关信息，验证你的程序是否正确。

练习 15.40：在 OrQuery 的 eval 函数中，如果 rhs 成员返回的是空集将发生什么？如果 lhs 是空集呢？如果 lhs 和 rhs 都是空集又将发生什么？

练习 15.41：重新实现你的类，这次使用指向 Query_base 的内置指针而非 shared_ptr。请注意，做出上述改动后你的类将不能再使用合成的拷贝控制成员。

练习 15.42：从下面的几种改进中选择一种，设计并实现它：

　(a) 按句子查询并打印单词，而不再是按行打印。

　(b) 引入一个历史系统，用户可以按编号查阅之前的某个查询，并可以在其中增加内容或者将其与其他查询组合。

　(c) 允许用户对结果做出限制，比如从给定范围的行中挑出匹配的进行显示。

小结

◁649

继承使得我们可以编写一些新的类，这些新类既能共享其基类的行为，又能根据需要覆盖或添加行为。动态绑定使得我们可以忽略类型之间的差异，其机理是在运行时根据对象的动态类型来选择运行函数的哪个版本。继承和动态绑定的结合使得我们能够编写具有特定类型行为但又独立于类型的程序。

在 C++ 语言中，动态绑定只作用于虚函数，并且需要通过指针或引用调用。

在派生类对象中包含有与它的每个基类对应的子对象。因为所有派生类对象都含有基类部分，所以我们能将派生类的引用或指针转换为一个可访问的基类引用或指针。

当执行派生类的构造、拷贝、移动和赋值操作时，首先构造、拷贝、移动和赋值其中的基类部分，然后才轮到派生类部分。析构函数的执行顺序则正好相反，首先销毁派生类，接下来执行基类子对象的析构函数。基类通常都应该定义一个虚析构函数，即使基类根本不需要析构函数也最好这么做。将基类的析构函数定义成虚函数的原因是为了确保当我们删除一个基类指针，而该指针实际指向一个派生类对象时，程序也能正确运行。

派生类为它的每个基类提供一个保护级别。public 基类的成员也是派生类接口的一部分；private 基类的成员是不可访问的；protected 基类的成员对于派生类的派生类是可访问的，但是对于派生类的用户不可访问。

术语表

抽象基类（abstract base class） 含有一个或多个纯虚函数的类，我们无法创建抽象基类的对象。

可访问的（accessible） 能被派生类对象访问的基类成员。可访问性由派生类的派生列表中所用的访问说明符和基类中成员的访问级别共同决定。例如，通过公有继承而来的一个公有成员对于派生类的用户来说是可访问的；而私有继承而来的公有成员是不可访问的。

基类（base class） 可供其他类继承的类。基类的成员也将成为派生类的成员。

类派生列表（class derivation list） 罗列了所有基类，每个基类包含一个可选的访问级别，它定义了派生类继承该基类的方式。如果没有提供访问说明符，则当派生类通过关键字 struct 定义时继承是公有的；而当派生类通过关键字 class 定义时继承是私有的。

派生类（derived class） 从其他类派生而来的类。派生类可以覆盖其基类的虚函数，也可以定义自己的新成员。派生类的作用域嵌套在基类作用域当中；派生类的成员能直接访问基类的成员。

派生类向基类的类型转换（derived-to-base conversion） 派生类对象向基类引用或者派生类指针向基类指针的隐式类型转换。

直接基类（direct base class） 派生类直接继承的基类，直接基类在派生类的派生列表中说明。直接基类本身也可以是一个派生类。

◁650

动态绑定（dynamic binding） 直到运行时才确定到底执行函数的哪个版本。在 C++ 语言中，动态绑定的意思是在运行时根据引用或指针所绑定对象的实际类型来选择执行虚函数的某一个版本。

动态类型（dynamic type） 对象在运行时的类型。引用所引对象或者指针所指对象的动态类型可能与该引用或指针的静态类型不同。基类的指针或引用可以指向一个派生类对象。在这样的情况中，静态类型是基类的引用（或指针），而动态类型是派生类的引用（或指针）。

间接基类（indirect base class）　不出现在派生类的派生列表中的基类。直接基类以直接或间接方式继承的类是派生类的间接基类。

继承（inheritance）由一个已有的类（基类）定义一个新类（派生类）的编程技术。派生类将继承基类的成员。

面向对象编程（object-oriented programming）　利用数据抽象、继承以及动态绑定等技术编写程序的方法。

覆盖（override）　派生类中定义的虚函数如果与基类中定义的同名虚函数有相同的形参列表，则派生类版本将覆盖基类的版本。

多态性（polymorphism）　当用于面向对象编程的范畴时，多态性的含义是指程序能通过引用或指针的动态类型获取类型特定行为的能力。

私有继承（private inheritance）　在私有继承中，基类的公有成员和受保护成员是派生类的私有成员。

protected 访问说明符（protected access specifier）`protected` 关键字之后定义的成员能被派生类的成员和友元访问。但是这些成员只对派生类对象是可访问的，对类的普通用户则是不可访问的。

受保护的继承（protected inheritance）　在受保护的继承中，基类的公有成员和受保护成员是派生类的受保护成员。

公有继承（public inheritance）　基类的公有接口是派生类公有接口的组成部分。

纯虚函数（pure virtual）　在类的内部声明虚函数时，在分号之前使用了=0。一个纯虚函数不需要（但是可以）被定义。含有纯虚函数的类是抽象基类。如果派生类没有对继承而来的纯虚函数定义自己的版本，则该派生类也是抽象的。

重构（refactoring）　重新设计程序以便将一些相关的部分搜集到一个单独的抽象中，然后使用新的抽象替换原来的代码。通常情况下，重构类的方式是将数据成员和函数成员移动到继承体系的高级别节点当中，从而避免代码冗余。

运行时绑定（run-time binding）　参见"动态绑定"。

切掉（sliced down）　当我们用一个派生类对象初始化基类对象或者为基类对象赋值时发生的情况。对象的派生类部分将被"切掉"，只剩下基类部分赋值给基类对象。

静态类型（static type）　对象被定义的类型或表达式产生的类型。静态类型在编译时是已知的。

虚函数（virtual function）　用于定义类型特定行为的成员函数。通过引用或指针对虚函数的调用直到运行时才被解析，依据是引用或指针所绑定对象的类型。

第 16 章
模板与泛型编程

内容

　　面向对象编程（OOP）和泛型编程都能处理在编写程序时不知道类型的情况。不同之处在于：OOP 能处理类型在程序运行之前都未知的情况；而在泛型编程中，在编译时就能获知类型了。

　　本书第 II 部分中介绍的容器、迭代器和算法都是泛型编程的例子。当我们编写一个泛型程序时，是独立于任何特定类型来编写代码的。当使用一个泛型程序时，我们提供类型或值，程序实例可在其上运行。

　　例如，标准库为每个容器提供了单一的、泛型的定义，如 vector。我们可以使用这个泛型定义来定义很多类型的 vector，它们的差异就在于包含的元素类型不同。

　　模板是泛型编程的基础。我们不必了解模板是如何定义的就能使用它们，实际上我们已经这样用了。在本章中，我们将学习如何定义自己的模板。

652 > 　　模板是 C++中泛型编程的基础。一个模板就是一个创建类或函数的蓝图或者说公式。当使用一个 vector 这样的泛型类型，或者 find 这样的泛型函数时，我们提供足够的信息，将蓝图转换为特定的类或函数。这种转换发生在编译时。在本书第 3 章和第 II 部分中我们已经学习了如何使用模板。在本章中，我们将学习如何定义模板。

16.1　定义模板

　　假定我们希望编写一个函数来比较两个值，并指出第一个值是小于、等于还是大于第二个值。在实际中，我们可能想要定义多个函数，每个函数比较一种给定类型的值。我们的初次尝试可能定义多个重载函数：

```
// 如果两个值相等，返回 0，如果 v1 小返回-1，如果 v2 小返回 1
int compare(const string &v1, const string &v2)
{
    if (v1 < v2) return -1;
    if (v2 < v1) return 1;
    return 0;
}
int compare(const double &v1, const double &v2)
{
    if (v1 < v2) return -1;
    if (v2 < v1) return 1;
    return 0;
}
```

这两个函数几乎是相同的，唯一的差异是参数的类型，函数体则完全一样。

　　如果对每种希望比较的类型都不得不重复定义完全一样的函数体，是非常烦琐且容易出错的。更麻烦的是，在编写程序的时候，我们就要确定可能要 compare 的所有类型。如果希望能在用户提供的类型上使用此函数，这种策略就失效了。

16.1.1　函数模板

　　我们可以定义一个通用的**函数模板**（function template），而不是为每个类型都定义一个新函数。一个函数模板就是一个公式，可用来生成针对特定类型的函数版本。compare 的模板版本可能像下面这样：

```
template <typename T>
int compare(const T &v1, const T &v2)
{
    if (v1 < v2) return -1;
    if (v2 < v1) return 1;
    return 0;
}
```

653 > 模板定义以关键字 template 开始，后跟一个**模板参数列表**（template parameter list），这是一个逗号分隔的一个或多个**模板参数**（template parameter）的列表，用小于号（<）和大于号（>）包围起来。

 　　在模板定义中，模板参数列表不能为空。

模板参数列表的作用很像函数参数列表。函数参数列表定义了若干特定类型的局部变量，但并未指出如何初始化它们。在运行时，调用者提供实参来初始化形参。

类似的，模板参数表示在类或函数定义中用到的类型或值。当使用模板时，我们（隐式地或显式地）指定**模板实参**（template argument），将其绑定到模板参数上。

我们的 compare 函数声明了一个名为 T 的类型参数。在 compare 中，我们用名字 T 表示一个类型。而 T 表示的实际类型则在编译时根据 compare 的使用情况来确定。

实例化函数模板

当我们调用一个函数模板时，编译器（通常）用函数实参来为我们推断模板实参。即，当我们调用 compare 时，编译器使用实参的类型来确定绑定到模板参数 T 的类型。例如，在下面的调用中：

```
cout << compare(1, 0) << endl; // T 为 int
```

实参类型是 int。编译器会推断出模板实参为 int，并将它绑定到模板参数 T。

编译器用推断出的模板参数来为我们**实例化**（instantiate）一个特定版本的函数。当编译器实例化一个模板时，它使用实际的模板实参代替对应的模板参数来创建出模板的一个新"实例"。例如，给定下面的调用：

```
// 实例化出 int compare(const int&, const int&)
cout << compare(1, 0) << endl; // T 为 int
// 实例化出 int compare(const vector<int>&, const vector<int>&)
vector<int> vec1{1, 2, 3}, vec2{4, 5, 6};
cout << compare(vec1, vec2) << endl; // T 为 vector<int>
```

编译器会实例化出两个不同版本的 compare。对于第一个调用，编译器会编写并编译一个 compare 版本，其中 T 被替换为 int：

```
int compare(const int &v1, const int &v2)
{
    if (v1 < v2) return -1;
    if (v2 < v1) return 1;
    return 0;
}
```

对于第二个调用，编译器会生成另一个 compare 版本，其中 T 被替换为 vector<int>。这些编译器生成的版本通常被称为模板的**实例**（instantiation）。

模板类型参数

654

我们的 compare 函数有一个模板**类型参数**（type parameter）。一般来说，我们可以将类型参数看作类型说明符，就像内置类型或类类型说明符一样使用。特别是，类型参数可以用来指定返回类型或函数的参数类型，以及在函数体内用于变量声明或类型转换：

```
// 正确：返回类型和参数类型相同
template <typename T> T foo(T* p)
{
    T tmp = *p; // tmp 的类型将是指针 p 指向的类型
    //...
    return tmp;
}
```

类型参数前必须使用关键字 class 或 typename:

> ```
> // 错误:U之前必须加上class 或 typename
> template <typename T, U> T calc(const T&, const U&);
> ```

在模板参数列表中,这两个关键字的含义相同,可以互换使用。一个模板参数列表中可以同时使用这两个关键字:

> ```
> // 正确:在模板参数列表中,typename 和 class 没有什么不同
> template <typename T, class U> calc (const T&, const U&);
> ```

看起来用关键字 typename 来指定模板类型参数比用 class 更为直观。毕竟,我们可以用内置(非类)类型作为模板类型实参。而且,typename 更清楚地指出随后的名字是一个类型名。但是,typename 是在模板已经广泛使用之后才引入 C++语言的,某些程序员仍然只用 class。

非类型模板参数

除了定义类型参数,还可以在模板中定义**非类型参数**(nontype parameter)。一个非类型参数表示一个值而非一个类型。我们通过一个特定的类型名而非关键字 class 或 typename 来指定非类型参数。

当一个模板被实例化时,非类型参数被一个用户提供的或编译器推断出的值所代替。这些值必须是常量表达式(参见 2.4.4 节,第 58 页),从而允许编译器在编译时实例化模板。

例如,我们可以编写一个 compare 版本处理字符串字面常量。这种字面常量是 const char 的数组。由于不能拷贝一个数组,所以我们将自己的参数定义为数组的引用(参见 6.2.4 节,第 195 页)。由于我们希望能比较不同长度的字符串字面常量,因此为模板定义了两个非类型的参数。第一个模板参数表示第一个数组的长度,第二个参数表示第二个数组的长度:

655 ►

```
template<unsigned N, unsigned M>
int compare(const char (&p1)[N], const char (&p2)[M])
{
    return strcmp(p1, p2);
}
```

当我们调用这个版本的 compare 时:

```
compare("hi", "mom")
```

编译器会使用字面常量的大小来代替 N 和 M,从而实例化模板。记住,编译器会在一个字符串字面常量的末尾插入一个空字符作为终结符(参见 2.1.3 节,第 36 页),因此编译器会实例化出如下版本:

```
int compare(const char (&p1)[3], const char (&p2)[4])
```

一个非类型参数可以是一个整型,或者是一个指向对象或函数类型的指针或(左值)引用。绑定到非类型整型参数的实参必须是一个常量表达式。绑定到指针或引用非类型参数的实参必须具有静态的生存期(参见第 12 章,第 400 页)。我们不能用一个普通(非static)局部变量或动态对象作为指针或引用非类型模板参数的实参。指针参数也可以用 nullptr 或一个值为 0 的常量表达式来实例化。

在模板定义内,模板非类型参数是一个常量值。在需要常量表达式的地方,可以使用

非类型参数，例如，指定数组大小。

 非类型模板参数的模板实参必须是常量表达式。

inline 和 constexpr 的函数模板

函数模板可以声明为 inline 或 constexpr 的，如同非模板函数一样。inline 或 constexpr 说明符放在模板参数列表之后，返回类型之前：

```
// 正确：inline 说明符跟在模板参数列表之后
template <typename T> inline T min(const T&, const T&);
// 错误：inline 说明符的位置不正确
inline template <typename T> T min(const T&, const T&);
```

编写类型无关的代码

我们最初的 compare 函数虽然简单，但它说明了编写泛型代码的两个重要原则：

- 模板中的函数参数是 const 的引用。
- 函数体中的条件判断仅使用<比较运算。

通过将函数参数设定为 const 的引用，我们保证了函数可以用于不能拷贝的类型。大多数类型，包括内置类型和我们已经用过的标准库类型（除 unique_ptr 和 IO 类型之外），都是允许拷贝的。但是，不允许拷贝的类类型也是存在的。通过将参数设定为 const 的引用，保证了这些类型可以用我们的 compare 函数来处理。而且，如果 compare 用于处理大对象，这种设计策略还能使函数运行得更快。 ⟨656⟩

你可能认为既使用<运算符又使用>运算符来进行比较操作会更为自然：

```
// 期望的比较操作
if (v1 < v2) return -1;
if (v1 > v2) return 1;
return 0;
```

但是，如果编写代码时只使用<运算符，我们就降低了 compare 函数对要处理的类型的要求。这些类型必须支持<，但不必同时支持>。

实际上，如果我们真的关心类型无关和可移植性，可能需要用 less（参见 14.8.2 节，第 510 页）来定义我们的函数：

```
// 即使用于指针也正确的 compare 版本；参见 14.8.2 节（第 510 页）
template <typename T> int compare(const T &v1, const T &v2)
{
    if (less<T>()(v1, v2)) return -1;
    if (less<T>()(v2, v1)) return 1;
    return 0;
}
```

原始版本存在的问题是，如果用户调用它比较两个指针，且两个指针未指向相同的数组，则代码的行为是未定义的（据查阅资料，less<T>的默认实现用的就是<，所以这其实并未起到让这种比较有一个良好定义的作用——译者注）。

 模板程序应该尽量减少对实参类型的要求。

模板编译

当编译器遇到一个模板定义时，它并不生成代码。只有当我们实例化出模板的一个特定版本时，编译器才会生成代码。当我们使用（而不是定义）模板时，编译器才生成代码，这一特性影响了我们如何组织代码以及错误何时被检测到。

通常，当我们调用一个函数时，编译器只需要掌握函数的声明。类似的，当我们使用一个类类型的对象时，类定义必须是可用的，但成员函数的定义不必已经出现。因此，我们将类定义和函数声明放在头文件中，而普通函数和类的成员函数的定义放在源文件中。

模板则不同：为了生成一个实例化版本，编译器需要掌握函数模板或类模板成员函数的定义。因此，与非模板代码不同，模板的头文件通常既包括声明也包括定义。

657

函数模板和类模板成员函数的定义通常放在头文件中。

关键概念：模板和头文件

模板包含两种名字：

- 那些不依赖于模板参数的名字
- 那些依赖于模板参数的名字

当使用模板时，所有不依赖于模板参数的名字都必须是可见的，这是由模板的提供者来保证的。而且，模板的提供者必须保证，当模板被实例化时，模板的定义，包括类模板的成员的定义，也必须是可见的。

用来实例化模板的所有函数、类型以及与类型关联的运算符的声明都必须是可见的，这是由模板的用户来保证的。

通过组织良好的程序结构，恰当使用头文件，这些要求都很容易满足。模板的设计者应该提供一个头文件，包含模板定义以及在类模板或成员定义中用到的所有名字的声明。模板的用户必须包含模板的头文件，以及用来实例化模板的任何类型的头文件。

大多数编译错误在实例化期间报告

模板直到实例化时才会生成代码，这一特性影响了我们何时才会获知模板内代码的编译错误。通常，编译器会在三个阶段报告错误。

第一个阶段是编译模板本身时。在这个阶段，编译器通常不会发现很多错误。编译器可以检查语法错误，例如忘记分号或者变量名拼错等，但也就这么多了。

第二个阶段是编译器遇到模板使用时。在此阶段，编译器仍然没有很多可检查的。对于函数模板调用，编译器通常会检查实参数目是否正确。它还能检查参数类型是否匹配。对于类模板，编译器可以检查用户是否提供了正确数目的模板实参，但也仅限于此了。

第三个阶段是模板实例化时，只有这个阶段才能发现类型相关的错误。依赖于编译器如何管理实例化，这类错误可能在链接时才报告。

当我们编写模板时，代码不能是针对特定类型的，但模板代码通常对其所使用的类型有一些假设。例如，我们最初的 compare 函数中的代码就假定实参类型定义了<运算符。

```
if (v1 < v2) return -1;   // 要求类型 T 的对象支持<操作
if (v2 < v1) return 1;    // 要求类型 T 的对象支持<操作
```

```
    return 0;              // 返回int; 不依赖于 T
```

当编译器处理此模板时,它不能验证 if 语句中的条件是否合法。如果传递给 compare 的实参定义了<运算符,则代码就是正确的,否则就是错误的。例如,

```
Sales_data data1, data2;
cout << compare(data1, data2) << endl; // 错误: Sales_data 未定义<
```

此调用实例化了 compare 的一个版本,将 T 替换为 Sales_data。if 条件试图对 Sales_data 对象使用<运算符,但 Sales_data 并未定义此运算符。此实例化生成了一个无法编译通过的函数版本。但是,这样的错误直至编译器在类型 Sales_data 上实例化 compare 时才会被发现。

> ⚠ **WARNING**　保证传递给模板的实参支持模板所要求的操作,以及这些操作在模板中能正确工作,是调用者的责任。

16.1.1 节练习

练习 16.1:给出实例化的定义。

练习 16.2:编写并测试你自己版本的 compare 函数。

练习 16.3:对两个 Sales_data 对象调用你的 compare 函数,观察编译器在实例化过程中如何处理错误。

练习 16.4:编写行为类似标准库 find 算法的模板。函数需要两个模板类型参数,一个表示函数的迭代器参数,另一个表示值的类型。使用你的函数在一个 vector<int>和一个 list<string>中查找给定值。

练习 16.5:为 6.2.4 节(第 195 页)中的 print 函数编写模板版本,它接受一个数组的引用,能处理任意大小、任意元素类型的数组。

练习 16.6:你认为接受一个数组实参的标准库函数 begin 和 end 是如何工作的?定义你自己版本的 begin 和 end。

练习 16.7:编写一个 constexpr 模板,返回给定数组的大小。

练习 16.8:在第 97 页的"关键概念"中,我们注意到,C++程序员喜欢使用!=而不喜欢<。解释这个习惯的原因。

16.1.2　类模板

类模板(class template)是用来生成类的蓝图的。与函数模板的不同之处是,编译器不能为类模板推断模板参数类型。如我们已经多次看到的,为了使用类模板,我们必须在模板名后的尖括号中提供额外信息(参见 3.3 节,第 87 页)——用来代替模板参数的模板实参列表。

定义类模板

作为一个例子,我们将实现 StrBlob(参见 12.1.1 节,第 405 页)的模板版本。我们将此模板命名为 Blob,意指它不再针对 string。类似 StrBlob,我们的模板会提供对元素的共享(且核查过的)访问能力。与类不同,我们的模板可以用于更多类型的元素。与标准库容器相同,当使用 Blob 时,用户需要指出元素类型。

　　　　类似函数模板，类模板以关键字 template 开始，后跟模板参数列表。在类模板（及其成员）的定义中，我们将模板参数当作替身，代替使用模板时用户需要提供的类型或值：

```
template <typename T> class Blob {
public:
    typedef T value_type;
    typedef typename std::vector<T>::size_type size_type;
    // 构造函数
    Blob();
    Blob(std::initializer_list<T> il);
    // Blob 中的元素数目
    size_type size() const { return data->size(); }
    bool empty() const { return data->empty(); }
    // 添加和删除元素
    void push_back(const T &t) {data->push_back(t);}
    // 移动版本，参见 13.6.3 节（第 484 页）
    void push_back(T &&t) { data->push_back(std::move(t)); }
    void pop_back();
    // 元素访问
    T& back();
    T& operator[](size_type i); // 在 14.5 节（第 501 页）中定义
private:
    std::shared_ptr<std::vector<T>> data;
    // 若 data[i]无效，则抛出 msg
    void check(size_type i, const std::string &msg) const;
};
```

我们的 Blob 模板有一个名为 T 的模板类型参数，用来表示 Blob 保存的元素的类型。例如，我们将元素访问操作的返回类型定义为 T&。当用户实例化 Blob 时，T 就会被替换为特定的模板实参类型。

　　　　除了模板参数列表和使用 T 代替 string 之外，此类模板的定义与 12.1.1 节（第 405 页）中定义的类版本及 12.1.6 节（第 422 页）和第 13 章、第 14 章中更新的版本是一样的。

660⟩ 实例化类模板

　　　　我们已经多次见到，当使用一个类模板时，我们必须提供额外信息。我们现在知道这些额外信息是**显式模板实参**（explicit template argument）列表，它们被绑定到模板参数。编译器使用这些模板实参来实例化出特定的类。

　　　　例如，为了用我们的 Blob 模板定义一个类型，必须提供元素类型：

```
Blob<int> ia;                // 空 Blob<int>
Blob<int> ia2 = {0,1,2,3,4}; // 有 5 个元素的 Blob<int>
```

ia 和 ia2 使用相同的特定类型版本的 Blob（即 Blob<int>）。从这两个定义，编译器会实例化出一个与下面定义等价的类：

```
template <> class Blob<int> {
    typedef typename std::vector<int>::size_type size_type;
    Blob();
    Blob(std::initializer_list<int> il);
    //...
    int& operator[](size_type i);
```

```
private:
    std::shared_ptr<std::vector<int>> data;
    void check(size_type i, const std::string &msg) const;
};
```

当编译器从我们的 Blob 模板实例化出一个类时，它会重写 Blob 模板，将模板参数 T 的每个实例替换为给定的模板实参，在本例中是 int。

对我们指定的每一种元素类型，编译器都生成一个不同的类：

```
// 下面的定义实例化出两个不同的 Blob 类型
Blob<string> names; // 保存 string 的 Blob
Blob<double> prices;// 不同的元素类型
```

这两个定义会实例化出两个不同的类。names 的定义创建了一个 Blob 类，每个 T 都被替换为 string。prices 的定义生成了另一个 Blob 类，T 被替换为 double。

 一个类模板的每个实例都形成一个独立的类。类型 Blob<string>与任何其他 Blob 类型都没有关联，也不会对任何其他 Blob 类型的成员有特殊访问权限。

在模板作用域中引用模板类型

为了阅读模板类代码，应该记住类模板的名字不是一个类型名（参见 3.3 节，第 87 页）。类模板用来实例化类型，而一个实例化的类型总是包含模板参数的。

可能令人迷惑的是，一个类模板中的代码如果使用了另外一个模板，通常不将一个实际类型（或值）的名字用作其模板实参。相反的，我们通常将模板自己的参数当作被使用模板的实参。例如，我们的 data 成员使用了两个模板，vector 和 shared_ptr。我们 ◁661 知道，无论何时使用模板都必须提供模板实参。在本例中，我们提供的模板实参就是 Blob 的模板参数。因此，data 的定义如下：

```
std::shared_ptr<std::vector<T>> data;
```

它使用了 Blob 的类型参数来声明 data 是一个 shared_ptr 的实例，此 shared_ptr 指向一个保存类型为 T 的对象的 vector 实例。当我们实例化一个特定类型的 Blob，例如 Blob<string>时，data 会成为：

```
shared_ptr<vector<string>>
```

如果我们实例化 Blob<int>，则 data 会成为 shared_ptr<vector<int>>，依此类推。

类模板的成员函数

与其他任何类相同，我们既可以在类模板内部，也可以在类模板外部为其定义成员函数，且定义在类模板内的成员函数被隐式声明为内联函数。

类模板的成员函数本身是一个普通函数。但是，类模板的每个实例都有其自己版本的成员函数。因此，类模板的成员函数具有和模板相同的模板参数。因而，定义在类模板之外的成员函数就必须以关键字 template 开始，后接类模板参数列表。

与往常一样，当我们在类外定义一个成员时，必须说明成员属于哪个类。而且，从一个模板生成的类的名字中必须包含其模板实参。当我们定义一个成员函数时，模板实参与模板形参相同。即，对于 StrBlob 的一个给定的成员函数

ret-type StrBlob::*member-name(parm-list)*

对应的 Blob 的成员应该是这样的：

```
template <typename T>
ret-type Blob<T>::member-name(parm-list)
```

check 和元素访问成员

我们首先定义 check 成员，它检查一个给定的索引：

```
template <typename T>
void Blob<T>::check(size_type i, const std::string &msg) const
{
    if (i >= data->size())
        throw std::out_of_range(msg);
}
```

除了类名中的不同之处以及使用了模板参数列表外，此函数与原 StrBlob 类的 check 成员完全一样。

下标运算符和 back 函数用模板参数指出返回类型，其他未变：

662 >

```
template <typename T>
T& Blob<T>::back()
{
    check(0, "back on empty Blob");
    return data->back();
}
template <typename T>
T& Blob<T>::operator[](size_type i)
{
    // 如果 i 太大，check 会抛出异常，阻止访问一个不存在的元素
    check(i, "subscript out of range");
    return (*data)[i];
}
```

在原 StrBlob 类中，这些运算符返回 string&。而模板版本则返回一个引用，指向用来实例化 Blob 的类型。

pop_back 函数与原 StrBlob 的成员几乎相同：

```
template <typename T> void Blob<T>::pop_back()
{
    check(0, "pop_back on empty Blob");
    data->pop_back();
}
```

在原 StrBlob 类中，下标运算符和 back 成员都对 const 对象进行了重载。我们将这些成员及 front 成员的定义留作练习。

Blob 构造函数

与其他任何定义在类模板外的成员一样，构造函数的定义要以模板参数开始：

```
template <typename T>
Blob<T>::Blob(): data(std::make_shared<std::vector<T>>()) { }
```

这段代码在作用域 Blob<T> 中定义了名为 Blob 的成员函数。类似 StrBlob 的默认构造

函数（参见 12.1.1 节，第 405 页），此构造函数分配一个空 vector，并将指向 vector 的指针保存在 data 中。如前所述，我们将类模板自己的类型参数作为 vector 的模板实参来分配 vector。

类似的，接受一个 initializer_list 参数的构造函数将其类型参数 T 作为 initializer_list 参数的元素类型：

```
template <typename T>
Blob<T>::Blob(std::initializer_list<T> il):
            data(std::make_shared<std::vector<T>>(il)) { }
```

类似默认构造函数，此构造函数分配一个新的 vector。在本例中，我们用参数 il 来初始化此 vector。

为了使用这个构造函数，我们必须传递给它一个 initializer_list，其中的元素必须与 Blob 的元素类型兼容：

```
Blob<string> articles = {"a", "an", "the"};
```

这条语句中，构造函数的参数类型为 initializer_list<string>。列表中的每个字符串字面常量隐式地转换为一个 string。

类模板成员函数的实例化

663

默认情况下，一个类模板的成员函数只有当程序用到它时才进行实例化。例如，下面代码

```
// 实例化 Blob<int>和接受 initializer_list<int>的构造函数
Blob<int> squares = {0,1,2,3,4,5,6,7,8,9};
// 实例化 Blob<int>::size() const
for (size_t i = 0; i != squares.size(); ++i)
    squares[i] = i*i; // 实例化 Blob<int>::operator[](size_t)
```

实例化了 Blob<int> 类和它的三个成员函数：operator[]、size 和接受 initializer_list<int>的构造函数。

如果一个成员函数没有被使用，则它不会被实例化。成员函数只有在被用到时才进行实例化，这一特性使得即使某种类型不能完全符合模板操作的要求（参见 9.2 节，第 294 页），我们仍然能用该类型实例化类。

 默认情况下，对于一个实例化了的类模板，其成员只有在使用时才被实例化。

在类代码内简化模板类名的使用

当我们使用一个类模板类型时必须提供模板实参，但这一规则有一个例外。在类模板自己的作用域中，我们可以直接使用模板名而不提供实参：

```
// 若试图访问一个不存在的元素，BlobPtr 抛出一个异常
template <typename T> class BlobPtr {
public:
    BlobPtr(): curr(0) { }
    BlobPtr(Blob<T> &a, size_t sz = 0):
            wptr(a.data), curr(sz) { }
    T& operator*() const
    { auto p = check(curr, "dereference past end");
      return (*p)[curr]; // (*p)为本对象指向的 vector
```

```
        }
        // 递增和递减
        BlobPtr& operator++(); // 前置运算符
        BlobPtr& operator--();
    private:
        // 若检查成功，check 返回一个指向 vector 的 shared_ptr
        std::shared_ptr<std::vector<T>>
            check(std::size_t, const std::string&) const;
        // 保存一个 weak_ptr，表示底层 vector 可能被销毁
        std::weak_ptr<std::vector<T>> wptr;
        std::size_t curr; // 数组中的当前位置
    };
```

细心的读者可能已经注意到，BlobPtr 的前置递增和递减成员返回 BlobPtr&，而不是
BlobPtr<T>&。当我们处于一个类模板的作用域中时，编译器处理模板自身引用时就好
像我们已经提供了与模板参数匹配的实参一样。即，就好像我们这样编写代码一样：

```
        BlobPtr<T>& operator++();
        BlobPtr<T>& operator--();
```

在类模板外使用类模板名

当我们在类模板外定义其成员时，必须记住，我们并不在类的作用域中，直到遇到类
名才表示进入类的作用域（参见 7.4 节，第 253 页）：

```
        // 后置：递增/递减对象但返回原值
        template <typename T>
        BlobPtr<T> BlobPtr<T>::operator++(int)
        {
            // 此处无须检查；调用前置递增时会进行检查
            BlobPtr ret = *this; // 保存当前值
            ++*this;      // 推进一个元素；前置++检查递增是否合法
            return ret;   // 返回保存的状态
        }
```

由于返回类型位于类的作用域之外，我们必须指出返回类型是一个实例化的 BlobPtr，
它所用类型与类实例化所用类型一致。在函数体内，我们已经进入类的作用域，因此在定
义 ret 时无须重复模板实参。如果不提供模板实参，则编译器将假定我们使用的类型与
成员实例化所用类型一致。因此，ret 的定义与如下代码等价：

```
        BlobPtr<T> ret = *this;
```

 在一个类模板的作用域内，我们可以直接使用模板名而不必指定模板实参。

类模板和友元

当一个类包含一个友元声明（参见 7.2.1 节，第 241 页）时，类与友元各自是否是模
板是相互无关的。如果一个类模板包含一个非模板友元，则友元被授权可以访问所有模板
实例。如果友元自身是模板，类可以授权给所有友元模板实例，也可以只授权给特定实例。

一对一友好关系

类模板与另一个（类或函数）模板间友好关系的最常见的形式是建立对应实例及其友
元间的友好关系。例如，我们的 Blob 类应该将 BlobPtr 类和一个模板版本的 Blob 相

等运算符（最初是在 14.3.1 节（第 498 页）练习中为 StrBlob 定义的）定义为友元。

为了引用（类或函数）模板的一个特定实例，我们必须首先声明模板自身。一个模板声明包括模板参数列表：

```
// 前置声明，在 Blob 中声明友元所需要的
template <typename> class BlobPtr;
template <typename> class Blob; // 运算符==中的参数所需要的
template <typename T>
    bool operator==(const Blob<T>&, const Blob<T>&);

template <typename T> class Blob {
    // 每个 Blob 实例将访问权限授予用相同类型实例化的 BlobPtr 和相等运算符
    friend class BlobPtr<T>;
    friend bool operator==<T>
            (const Blob<T>&, const Blob<T>&);
    // 其他成员定义，与 12.1.1（第 405 页）相同
};
```

〈665〉

我们首先将 Blob、BlobPtr 和 operator==声明为模板。这些声明是 operator==函数的参数声明以及 Blob 中的友元声明所需要的。

友元的声明用 Blob 的模板形参作为它们自己的模板实参。因此，友好关系被限定在用相同类型实例化的 Blob 与 BlobPtr 相等运算符之间：

```
Blob<char> ca;    // BlobPtr<char>和 operator==<char>都是本对象的友元
Blob<int> ia;     // BlobPtr<int>和 operator==<int>都是本对象的友元
```

BlobPtr<char>的成员可以访问 ca（或任何其他 Blob<char>对象）的非 public 部分，但 ca 对 ia（或任何其他 Blob<int>对象）或 Blob 的任何其他实例都没有特殊访问权限。

通用和特定的模板友好关系

一个类也可以将另一个模板的每个实例都声明为自己的友元，或者限定特定的实例为友元：

```
// 前置声明，在将模板的一个特定实例声明为友元时要用到
template <typename T> class Pal;
class C { // C 是一个普通的非模板类
    friend class Pal<C>; // 用类 C 实例化的 Pal 是 C 的一个友元
    // Pal2 的所有实例都是 C 的友元；这种情况无须前置声明
    template <typename T> friend class Pal2;
};
template <typename T> class C2 { // C2 本身是一个类模板
    // C2 的每个实例将相同实例化的 Pal 声明为友元
    friend class Pal<T>; // Pal 的模板声明必须在作用域之内
    // Pal2 的所有实例都是 C2 的每个实例的友元，不需要前置声明
    template <typename X> friend class Pal2;
    // Pal3 是一个非模板类，它是 C2 所有实例的友元
    friend class Pal3; // 不需要 Pal3 的前置声明
};
```

为了让所有实例成为友元，友元声明中必须使用与类模板本身不同的模板参数。

666 > **令模板自己的类型参数成为友元**

C++ 11

在新标准中，我们可以将模板类型参数声明为友元：

```
template <typename Type> class Bar {
friend Type; // 将访问权限授予用来实例化 Bar 的类型
    //...
};
```

此处我们将用来实例化 Bar 的类型声明为友元。因此，对于某个类型名 Foo，Foo 将成为 Bar<Foo>的友元，Sales_data 将成为 Bar<Sales_data>的友元，依此类推。

值得注意的是，虽然友元通常来说应该是一个类或是一个函数，但我们完全可以用一个内置类型来实例化 Bar。这种与内置类型的友好关系是允许的，以便我们能用内置类型来实例化 Bar 这样的类。

模板类型别名

类模板的一个实例定义了一个类类型，与任何其他类类型一样，我们可以定义一个 typedef（参见 2.5.1 节，第 60 页）来引用实例化的类：

```
typedef Blob<string> StrBlob;
```

这条 typedef 语句允许我们运行在 12.1.1 节（第 405 页）中编写的代码，而使用的却是用 string 实例化的模板版本的 Blob。由于模板不是一个类型，我们不能定义一个 typedef 引用一个模板。即，无法定义一个 typedef 引用 Blob<T>。

C++ 11

但是，新标准允许我们为类模板定义一个类型别名：

```
template<typename T> using twin = pair<T, T>;
twin<string> authors; // authors 是一个 pair<string, string>
```

在这段代码中，我们将 twin 定义为成员类型相同的 pair 的别名。这样，twin 的用户只需指定一次类型。

一个模板类型别名是一族类的别名：

```
twin<int> win_loss;  // win_loss 是一个 pair<int, int>
twin<double> area;    // area 是一个 pair<double, double>
```

就像使用类模板一样，当我们使用 twin 时，需要指出希望使用哪种特定类型的 twin。

当我们定义一个模板类型别名时，可以固定一个或多个模板参数：

```
template <typename T> using partNo = pair<T, unsigned>;
partNo<string> books; // books 是一个 pair<string, unsigned>
partNo<Vehicle> cars; // cars 是一个 pair<Vehicle, unsigned>
partNo<Student> kids; // kids 是一个 pair<Student, unsigned>
```

这段代码中我们将 partNo 定义为一族类型的别名，这族类型是 second 成员为 unsigned 的 pair。partNo 的用户需要指出 pair 的 first 成员的类型，但不能指定 second 成员的类型。

667 > **类模板的 static 成员**

与任何其他类相同，类模板可以声明 static 成员（参见 7.6 节，第 269 页）：

```
template <typename T> class Foo {
public:
```

```
        static std::size_t count() { return ctr; }
        // 其他接口成员
private:
        static std::size_t ctr;
        // 其他实现成员
};
```

在这段代码中，Foo 是一个类模板，它有一个名为 count 的 public static 成员函数和一个名为 ctr 的 private static 数据成员。每个 Foo 的实例都有其自己的 static 成员实例。即，对任意给定类型 X，都有一个 Foo<X>::ctr 和一个 Foo<X>::count 成员。所有 Foo<X> 类型的对象共享相同的 ctr 对象和 count 函数。例如，

```
// 实例化 static 成员 Foo<string>::ctr 和 Foo<string>::count
Foo<string> fs;
// 所有三个对象共享相同的 Foo<int>::ctr 和 Foo<int>::count 成员
Foo<int> fi, fi2, fi3;
```

与任何其他 static 数据成员相同，模板类的每个 static 数据成员必须有且仅有一个定义。但是，类模板的每个实例都有一个独有的 static 对象。因此，与定义模板的成员函数类似，我们将 static 数据成员也定义为模板：

```
template <typename T>
size_t Foo<T>::ctr = 0;  // 定义并初始化 ctr
```

与类模板的其他任何成员类似，定义的开始部分是模板参数列表，随后是我们定义的成员的类型和名字。与往常一样，成员名包括成员的类名，对于从模板生成的类来说，类名包括模板实参。因此，当使用一个特定的模板实参类型实例化 Foo 时，将会为该类类型实例化一个独立的 ctr，并将其初始化为 0。

与非模板类的静态成员相同，我们可以通过类类型对象来访问一个类模板的 static 成员，也可以使用作用域运算符直接访问成员。当然，为了通过类来直接访问 static 成员，我们必须引用一个特定的实例：

```
Foo<int> fi;                      // 实例化 Foo<int> 类和 static 数据成员 ctr
auto ct = Foo<int>::count();  // 实例化 Foo<int>::count
ct = fi.count();                  // 使用 Foo<int>::count
ct = Foo::count();                // 错误：使用哪个模板实例的 count?
```

类似任何其他成员函数，一个 static 成员函数只有在使用时才会实例化。

16.1.2 节练习

668

练习 16.9：什么是函数模板？什么是类模板？

练习 16.10：当一个类模板被实例化时，会发生什么？

练习 16.11：下面 List 的定义是错误的。应如何修正它？

```
template <typename elemType> class ListItem;
template <typename elemType> class List {
public:
    List<elemType>();
    List<elemType>(const List<elemType> &);
    List<elemType>& operator=(const List<elemType> &);
    ~List();
```

```
            void insert(ListItem *ptr, elemType value);
    private:
        ListItem *front, *end;
    };
```

练习 16.12：编写你自己版本的 `Blob` 和 `BlobPtr` 模板，包含书中未定义的多个 `const` 成员。

练习 16.13：解释你为 `BlobPtr` 的相等和关系运算符选择哪种类型的友好关系？

练习 16.14：编写 `Screen` 类模板，用非类型参数定义 `Screen` 的高和宽。

练习 16.15：为你的 `Screen` 模板实现输入和输出运算符。`Screen` 类需要哪些友元（如果需要的话）来令输入和输出运算符正确工作？解释每个友元声明（如果有的话）为什么是必要的。

练习 16.16：将 `StrVec` 类（参见 13.5 节，第 465 页）重写为模板，命名为 `Vec`。

16.1.3　模板参数

类似函数参数的名字，一个模板参数的名字也没有什么内在含义。我们通常将类型参数命名为 `T`，但实际上我们可以使用任何名字：

```
template <typename Foo> Foo calc(const Foo& a, const Foo& b)
{
    Foo tmp = a;  // tmp 的类型与参数和返回类型一样
    //...
    return tmp;   // 返回类型和参数类型一样
}
```

模板参数与作用域

模板参数遵循普通的作用域规则。一个模板参数名的可用范围是在其声明之后，至模板声明或定义结束之前。与任何其他名字一样，模板参数会隐藏外层作用域中声明的相同名字。但是，与大多数其他上下文不同，在模板内不能重用模板参数名：

```
typedef double A;
template <typename A, typename B> void f(A a, B b)
{
    A tmp = a;    // tmp 的类型为模板参数 A 的类型，而非 double
    double B;     // 错误：重声明模板参数 B
}
```

正常的名字隐藏规则决定了 `A` 的 `typedef` 被类型参数 `A` 隐藏。因此，`tmp` 不是一个 `double`，其类型是使用 `f` 时绑定到类型参数 `A` 的类型。由于我们不能重用模板参数名，声明名字为 `B` 的变量是错误的。

由于参数名不能重用，所以一个模板参数名在一个特定模板参数列表中只能出现一次：

```
// 错误：非法重用模板参数名 V
template <typename V, typename V> //...
```

模板声明

模板声明必须包含模板参数：

```
// 声明但不定义 compare 和 Blob
template <typename T> int compare(const T&, const T&);
template <typename T> class Blob;
```

与函数参数相同，声明中的模板参数的名字不必与定义中相同：

```
// 3 个 calc 都指向相同的函数模板
template <typename T> T calc(const T&, const T&); // 声明
template <typename U> U calc(const U&, const U&); // 声明
// 模板的定义
template <typename Type>
Type calc(const Type& a, const Type& b) { /* ... */ }
```

当然，一个给定模板的每个声明和定义必须有相同数量和种类（即，类型或非类型）的参数。

> 一个特定文件所需要的所有模板的声明通常一起放置在文件开始位置，出现于任何使用这些模板的代码之前，原因我们将在 16.3 节（第 617 页）中解释。

使用类的类型成员

回忆一下，我们用作用域运算符（::）来访问 static 成员和类型成员（参见 7.4 节，第 253 页和 7.6 节，第 269 页）。在普通（非模板）代码中，编译器掌握类的定义。因此，它知道通过作用域运算符访问的名字是类型还是 static 成员。例如，如果我们写下 string::size_type，编译器有 string 的定义，从而知道 size_type 是一个类型。 ⟨ 670

但对于模板代码就存在困难。例如，假定 T 是一个模板类型参数，当编译器遇到类似 T::mem 这样的代码时，它不会知道 mem 是一个类型成员还是一个 static 数据成员，直至实例化时才会知道。但是，为了处理模板，编译器必须知道名字是否表示一个类型。例如，假定 T 是一个类型参数的名字，当编译器遇到如下形式的语句时：

```
T::size_type * p;
```

它需要知道我们是正在定义一个名为 p 的变量还是将一个名为 size_type 的 static 数据成员与名为 p 的变量相乘。

默认情况下，C++语言假定通过作用域运算符访问的名字不是类型。因此，如果我们希望使用一个模板类型参数的类型成员，就必须显式告诉编译器该名字是一个类型。我们通过使用关键字 typename 来实现这一点：

```
template <typename T>
typename T::value_type top(const T& c)
{
    if (!c.empty())
        return c.back();
    else
        return typename T::value_type();
}
```

我们的 top 函数期待一个容器类型的实参，它使用 typename 指明其返回类型并在 c 中没有元素时生成一个值初始化的元素（参见 7.5.3 节，第 262 页）返回给调用者。

> 当我们希望通知编译器一个名字表示类型时，必须使用关键字 typename，而不能使用 class。

默认模板实参

就像我们能为函数参数提供默认实参一样（参见 6.5.1 节，第 211 页），我们也可以提供**默认模板实参**（default template argument）。在新标准中，我们可以为函数和类模板提供默认实参。而更早的 C++标准只允许为类模板提供默认实参。

例如，我们重写 compare，默认使用标准库的 less 函数对象模板（参见 14.8.2 节，第 509 页）：

```
// compare 有一个默认模板实参 less<T>和一个默认函数实参 F()
template <typename T, typename F = less<T>>
int compare(const T &v1, const T &v2, F f = F())
{
    if (f(v1, v2)) return -1;
    if (f(v2, v1)) return 1;
    return 0;
}
```

671> 在这段代码中，我们为模板添加了第二个类型参数，名为 F，表示可调用对象（参见 10.3.2 节，第 346 页）的类型；并定义了一个新的函数参数 f，绑定到一个可调用对象上。

我们为此模板参数提供了默认实参，并为其对应的函数参数也提供了默认实参。默认模板实参指出 compare 将使用标准库的 less 函数对象类，它是使用与 compare 一样的类型参数实例化的。默认函数实参指出 f 将是类型 F 的一个默认初始化的对象。

当用户调用这个版本的 compare 时，可以提供自己的比较操作，但这并不是必需的：

```
bool i = compare(0, 42); // 使用 less; i 为-1
// 结果依赖于 item1 和 item2 中的 isbn
Sales_data item1(cin), item2(cin);
bool j = compare(item1, item2, compareIsbn);
```

第一个调用使用默认函数实参，即，类型 less<T>的一个默认初始化对象。在此调用中，T 为 int，因此可调用对象的类型为 less<int>。compare 的这个实例化版本将使用 less<int>进行比较操作。

在第二个调用中，我们传递给 compare 三个实参：compareIsbn（参见 11.2.2 节，第 379 页）和两个 Sales_data 类型的对象。当传递给 compare 三个实参时，第三个实参的类型必须是一个可调用对象，该可调用对象的返回类型必须能转换为 bool 值，且接受的实参类型必须与 compare 的前两个实参的类型兼容。与往常一样，模板参数的类型从它们对应的函数实参推断而来。在此调用中，T 的类型被推断为 Sales_data，F 被推断为 compareIsbn 的类型。

与函数默认实参一样，对于一个模板参数，只有当它右侧的所有参数都有默认实参时，它才可以有默认实参。

模板默认实参与类模板

无论何时使用一个类模板，我们都必须在模板名之后接上尖括号。尖括号指出类必须从一个模板实例化而来。特别是，如果一个类模板为其所有模板参数都提供了默认实参，且我们希望使用这些默认实参，就必须在模板名之后跟一个空尖括号对：

```
template <class T = int> class Numbers { // T 默认为 int
public:
    Numbers(T v = 0): val(v) { }
```

```
    // 对数值的各种操作
private:
    T val;
};
Numbers<long double> lots_of_precision;
Numbers<> average_precision; // 空<>表示我们希望使用默认类型
```

此例中我们实例化了两个 Numbers 版本：average_precision 是用 int 代替 T 实例
化得到的；lots_of_precision 是用 long double 代替 T 实例化而得到的。

16.1.3 节练习　　　　　　　　　　　　　　　　　　　　　　　　　◁ 672

练习 16.17：声明为 typename 的类型参数和声明为 class 的类型参数有什么不同（如
果有的话）？什么时候必须使用 typename？

练习 16.18：解释下面每个函数模板声明并指出它们是否非法。更正你发现的每个错误。

(a) template <typename T, U, typename V> void f1(T, U, V);
(b) template <typename T> T f2(int &T);
(c) inline template <typename T> T foo(T, unsigned int*);
(d) template <typename T> f4(T, T);
(e) typedef char Ctype;
    template <typename Ctype> Ctype f5(Ctype a);

练习 16.19：编写函数，接受一个容器的引用，打印容器中的元素。使用容器的 size_type
和 size 成员来控制打印元素的循环。

练习 16.20：重写上一题的函数，使用 begin 和 end 返回的迭代器来控制循环。

16.1.4　成员模板

　　一个类（无论是普通类还是类模板）可以包含本身是模板的成员函数。这种成员被称
为**成员模板**（member template）。成员模板不能是虚函数。

普通（非模板）类的成员模板

　　作为普通类包含成员模板的例子，我们定义一个类，类似 unique_ptr 所使用的默
认删除器类型（参见 12.1.5 节，第 418 页）。类似默认删除器，我们的类将包含一个重载
的函数调用运算符（参见 14.8 节，第 506 页），它接受一个指针并对此指针执行 delete。
与默认删除器不同，我们的类还将在删除器被执行时打印一条信息。由于希望删除器适用
于任何类型，所以我们将调用运算符定义为一个模板：

```
// 函数对象类，对给定指针执行 delete
class DebugDelete {
public:
    DebugDelete(std::ostream &s = std::cerr): os(s) { }
    // 与任何函数模板相同，T 的类型由编译器推断
    template <typename T> void operator()(T *p) const
      { os << "deleting unique_ptr" << std::endl; delete p; }
private:
    std::ostream &os;
};
```

673 与任何其他模板相同，成员模板也是以模板参数列表开始的。每个 DebugDelete 对象都有一个 ostream 成员，用于写入数据；还包含一个自身是模板的成员函数。我们可以用这个类代替 delete：

```
double* p = new double;
DebugDelete d; // 可像 delete 表达式一样使用的对象
d(p); // 调用 DebugDelete::operator()(double*)，释放 p
int* ip = new int;
// 在一个临时 DebugDelete 对象上调用 operator()(int*)
DebugDelete()(ip);
```

由于调用一个 DebugDelete 对象会 delete 其给定的指针，我们也可以将 DebugDelete 用作 unique_ptr 的删除器。为了重载 unique_ptr 的删除器，我们在尖括号内给出删除器类型，并提供一个这种类型的对象给 unique_ptr 的构造函数（参见 12.1.5 节，第 418 页）：

```
// 销毁 p 指向的对象
// 实例化 DebugDelete::operator()<int>(int *)
unique_ptr<int, DebugDelete> p(new int, DebugDelete());
// 销毁 sp 指向的对象
// 实例化 DebugDelete::operator()<string>(string*)
unique_ptr<string, DebugDelete> sp(new string, DebugDelete());
```

在本例中，我们声明 p 的删除器的类型为 DebugDelete，并在 p 的构造函数中提供了该类型的一个未命名对象。

unique_ptr 的析构函数会调用 DebugDelete 的调用运算符。因此，无论何时 unique_ptr 的析构函数实例化时，DebugDelete 的调用运算符都会实例化：因此，上述定义会这样实例化.

```
// DebugDelete 的成员模板实例化样例
void DebugDelete::operator()(int *p) const { delete p; }
void DebugDelete::operator()(string *p) const { delete p; }
```

类模板的成员模板

对于类模板，我们也可以为其定义成员模板。在此情况下，类和成员各自有自己的、独立的模板参数。

例如，我们将为 Blob 类定义一个构造函数，它接受两个迭代器，表示要拷贝的元素范围。由于我们希望支持不同类型序列的迭代器，因此将构造函数定义为模板：

```
template <typename T> class Blob {
    template <typename It> Blob(It b, It e);
    //...
};
```

此构造函数有自己的模板类型参数 It，作为它的两个函数参数的类型。

与类模板的普通函数成员不同，成员模板是函数模板。当我们在类模板外定义一个成

674 员模板时，必须同时为类模板和成员模板提供模板参数列表。类模板的参数列表在前，后跟成员自己的模板参数列表：

```
template <typename T>      // 类的类型参数
template <typename It>     // 构造函数的类型参数
    Blob<T>::Blob(It b, It e):
```

```
                    data(std::make_shared<std::vector<T>>(b, e)) { }
```

在此例中，我们定义了一个类模板的成员，类模板有一个模板类型参数，命名为 T。而成员自身是一个函数模板，它有一个名为 It 的类型参数。

实例化与成员模板

为了实例化一个类模板的成员模板，我们必须同时提供类和函数模板的实参。与往常一样，我们在哪个对象上调用成员模板，编译器就根据该对象的类型来推断类模板参数的实参。与普通函数模板相同，编译器通常根据传递给成员模板的函数实参来推断它的模板实参（参见 16.1.1 节，第 579 页）：

```
int ia[] = {0,1,2,3,4,5,6,7,8,9};
vector<long> vi = {0,1,2,3,4,5,6,7,8,9};
list<const char*> w = {"now", "is", "the", "time"};
// 实例化 Blob<int>类及其接受两个 int*参数的构造函数
Blob<int> a1(begin(ia), end(ia));
// 实例化 Blob<int>类的接受两个 vector<long>::iterator 的构造函数
Blob<int> a2(vi.begin(), vi.end());
// 实例化 Blob<string>及其接受两个 list<const char*>::iterator 参数的构造函数
Blob<string> a3(w.begin(), w.end());
```

当我们定义 a1 时，显式地指出编译器应该实例化一个 int 版本的 Blob。构造函数自己的类型参数则通过 begin(ia) 和 end(ia) 的类型来推断，结果为 int*。因此，a1 的定义实例化了如下版本：

```
Blob<int>::Blob(int*, int*);
```

a2 的定义使用了已经实例化了的 Blob<int>类，并用 vector<short>::iterator 替换 It 来实例化构造函数。a3 的定义（显式地）实例化了一个 string 版本的 Blob，并（隐式地）实例化了该类的成员模板构造函数，其模板参数被绑定到 list<const char*>。

16.1.4 节练习

675

练习 16.21：编写你自己的 DebugDelete 版本。

练习 16.22：修改 12.3 节（第 430 页）中你的 TextQuery 程序，令 shared_ptr 成员使用 DebugDelete 作为它们的删除器（参见 12.1.4 节，第 415 页）。

练习 16.23：预测在你的查询主程序中何时会执行调用运算符。如果你的预测和实际不符，确认你理解了原因。

练习 16.24：为你的 Blob 模板添加一个构造函数，它接受两个迭代器。

16.1.5　控制实例化

当模板被使用时才会进行实例化（参见 16.1.1 节，第 582 页）这一特性意味着，相同的实例可能出现在多个对象文件中。当两个或多个独立编译的源文件使用了相同的模板，并提供了相同的模板参数时，每个文件中就都会有该模板的一个实例。

在大系统中，在多个文件中实例化相同模板的额外开销可能非常严重。在新标准中，我们可以通过**显式实例化**（explicit instantiation）来避免这种开销。一个显式实例化有如下形式：

```
extern template declaration;        // 实例化声明
template declaration;               // 实例化定义
```

declaration 是一个类或函数声明，其中所有模板参数已被替换为模板实参。例如，

```
// 实例化声明与定义
extern template class Blob<string>;              // 声明
template int compare(const int&, const int&); // 定义
```

当编译器遇到 extern 模板声明时，它不会在本文件中生成实例化代码。将一个实例化声明为 extern 就表示承诺在程序其他位置有该实例化的一个非 extern 声明（定义）。对于一个给定的实例化版本，可能有多个 extern 声明，但必须只有一个定义。

由于编译器在使用一个模板时自动对其实例化，因此 extern 声明必须出现在任何使用此实例化版本的代码之前：

```
// Application.cc
// 这些模板类型必须在程序其他位置进行实例化
extern template class Blob<string>;
extern template int compare(const int&, const int&);
Blob<string> sa1, sa2; // 实例化会出现在其他位置
// Blob<int>及其接受 initializer_list 的构造函数在本文件中实例化
Blob<int> a1 = {0,1,2,3,4,5,6,7,8,9};
Blob<int> a2(a1); // 拷贝构造函数在本文件中实例化
int i = compare(a1[0], a2[0]); // 实例化出现在其他位置
```

676 > 文件 Application.o 将包含 Blob<int>的实例及其接受 initializer_list 参数的构造函数和拷贝构造函数的实例。而 compare<int>函数和 Blob<string>类将不在本文件中进行实例化。这些模板的定义必须出现在程序的其他文件中：

```
// templateBuild.cc
// 实例化文件必须为每个在其他文件中声明为 extern 的类型和函数提供一个（非 extern）
// 的定义
template int compare(const int&, const int&);
template class Blob<string>; // 实例化类模板的所有成员
```

当编译器遇到一个实例化定义（与声明相对）时，它为其生成代码。因此，文件 templateBuild.o 将会包含 compare 的 int 实例化版本的定义和 Blob<string>类的定义。当我们编译此应用程序时，必须将 templateBuild.o 和 Application.o 链接到一起。

 对每个实例化声明，在程序中某个位置必须有其显式的实例化定义。

实例化定义会实例化所有成员

一个类模板的实例化定义会实例化该模板的所有成员，包括内联的成员函数。当编译器遇到一个实例化定义时，它不了解程序使用哪些成员函数。因此，与处理类模板的普通实例化不同，编译器会实例化该类的所有成员。即使我们不使用某个成员，它也会被实例化。因此，我们用来显式实例化一个类模板的类型，必须能用于模板的所有成员。

> 在一个类模板的实例化定义中，所用类型必须能用于模板的所有成员函数。

16.1.5 节练习

练习 16.25：解释下面这些声明的含义：

```
extern template class vector<string>;
template class vector<Sales_data>;
```

练习 16.26：假设 NoDefault 是一个没有默认构造函数的类，我们可以显式实例化 vector<NoDefault>吗？如果不可以，解释为什么。

练习 16.27：对下面每条带标签的语句，解释发生了什么样的实例化（如果有的话）。如果一个模板被实例化，解释为什么；如果未实例化，解释为什么没有。

```
template <typename T> class Stack { };
void f1(Stack<char>);                    // (a)
class Exercise {
    Stack<double> &rsd;                  // (b)
    Stack<int> si;                       // (c)
};
int main() {
    Stack<char> *sc;                     // (d)
    f1(*sc);                             // (e)
    int iObj = sizeof(Stack< string >); // (f)
}
```

16.1.6　效率与灵活性

对模板设计者所面对的设计选择，标准库智能指针类型（参见 12.1 节，第 400 页）给出了一个很好的展示。

shared_ptr 和 unique_ptr 之间的明显不同是它们管理所保存的指针的策略——前者给予我们共享指针所有权的能力；后者则独占指针。这一差异对两个类的功能来说是至关重要的。

这两个类的另一个差异是它们允许用户重载默认删除器的方式。我们可以很容易地重载一个 shared_ptr 的删除器，只要在创建或 reset 指针时传递给它一个可调用对象即可。与之相反，删除器的类型是一个 unique_ptr 对象的类型的一部分。用户必须在定义 unique_ptr 时以显式模板实参的形式提供删除器的类型。因此，对于 unique_ptr 的用户来说，提供自己的删除器就更为复杂。

如何处理删除器的差异实际上就是这两个类功能的差异。但是，如我们将要看到的，677这一实现策略上的差异可能对性能有重要影响。

在运行时绑定删除器

虽然我们不知道标准库类型是如何实现的，但可以推断出，shared_ptr 必须能直接访问其删除器。即，删除器必须保存为一个指针或一个封装了指针的类（如 function，参见 14.8.3 节，第 512 页）。

我们可以确定 shared_ptr 不是将删除器直接保存为一个成员，因为删除器的类型直到运行时才会知道。实际上，在一个 shared_ptr 的生存期中，我们可以随时改变其删除器的类型。我们可以使用一种类型的删除器构造一个 shared_ptr，随后使用 reset 赋予此 shared_ptr 另一种类型的删除器。通常，类成员的类型在运行时是不能改变的。因此，不能直接保存删除器。

为了考察删除器是如何正确工作的，让我们假定 shared_ptr 将它管理的指针保存在一个成员 p 中，且删除器是通过一个名为 del 的成员来访问的。则 shared_ptr 的析构函数必须包含类似下面这样的语句：

```
// del 的值只有在运行时才知道；通过一个指针来调用它
del ? del(p) : delete p; // del(p)需要运行时跳转到 del 的地址
```

678 > 由于删除器是间接保存的，调用 del(p) 需要一次运行时的跳转操作，转到 del 中保存的地址来执行对应的代码。

在编译时绑定删除器

现在，让我们来考察 unique_ptr 可能的工作方式。在这个类中，删除器的类型是类类型的一部分。即，unique_ptr 有两个模板参数，一个表示它所管理的指针，另一个表示删除器的类型。由于删除器的类型是 unique_ptr 类型的一部分，因此删除器成员的类型在编译时是知道的，从而删除器可以直接保存在 unique_ptr 对象中。

unique_ptr 的析构函数与 shared_ptr 的析构函数类似，也是对其保存的指针调用用户提供的删除器或执行 delete：

```
// del 在编译时绑定；直接调用实例化的删除器
del(p); // 无运行时额外开销
```

del 的类型或者是默认删除器类型，或者是用户提供的类型。到底是哪种情况没有关系，应该执行的代码在编译时肯定会知道。实际上，如果删除器是类似 DebugDelete（参见 16.1.4 节，第 595 页）之类的东西，这个调用甚至可能被编译为内联形式。

通过在编译时绑定删除器，unique_ptr 避免了间接调用删除器的运行时开销。通过在运行时绑定删除器，shared_ptr 使用户重载删除器更为方便。

16.1.6 节练习

练习 16.28：编写你自己版本的 shared_ptr 和 unique_ptr。

练习 16.29：修改你的 Blob 类，用你自己的 shared_ptr 代替标准库中的版本。

练习 16.30：重新运行你的一些程序，验证你的 shared_ptr 类和修改后的 Blob 类。（注意：实现 weak_ptr 类型超出了本书范围，因此你不能将 BlobPtr 类与你修改后的 Blob 一起使用。）

练习 16.31：如果我们将 DebugDelete 与 unique_ptr 一起使用，解释编译器将删除器处理为内联形式的可能方式。

16.2　模板实参推断

我们已经看到，对于函数模板，编译器利用调用中的函数实参来确定其模板参数。从函数实参来确定模板实参的过程被称为**模板实参推断**（template argument deduction）。在模板实参推断过程中，编译器使用函数调用中的实参类型来寻找模板实参，用这些模板实参生成的函数版本与给定的函数调用最为匹配。

16.2.1 类型转换与模板类型参数

679

与非模板函数一样，我们在一次调用中传递给函数模板的实参被用来初始化函数的形参。如果一个函数形参的类型使用了模板类型参数，那么它采用特殊的初始化规则。只有很有限的几种类型转换会自动地应用于这些实参。编译器通常不是对实参进行类型转换，而是生成一个新的模板实例。

与往常一样，顶层 const（参见 2.4.3 节，第 57 页）无论是在形参中还是在实参中，都会被忽略。在其他类型转换中，能在调用中应用于函数模板的包括如下两项。

- const 转换：可以将一个非 const 对象的引用（或指针）传递给一个 const 的引用（或指针）形参（参见 4.11.2 节，第 144 页）。
- 数组或函数指针转换：如果函数形参不是引用类型，则可以对数组或函数类型的实参应用正常的指针转换。一个数组实参可以转换为一个指向其首元素的指针。类似的，一个函数实参可以转换为一个该函数类型的指针（参见 4.11.2 节，第 143 页）。

其他类型转换，如算术转换（参见 4.11.1 节，第 142 页）、派生类向基类的转换（参见 15.2.2 节，第 530 页）以及用户定义的转换（参见 7.5.4 节，第 263 页和 14.9 节，第 514 页），都不能应用于函数模板。

作为一个例子，考虑对函数 fobj 和 fref 的调用。fobj 函数拷贝它的参数，而 fref 的参数是引用类型：

```
template <typename T> T fobj(T, T); // 实参被拷贝
template <typename T> T fref(const T&, const T&); // 引用
string s1("a value");
const string s2("another value");
fobj(s1, s2);    // 调用 fobj(string, string); const 被忽略
fref(s1, s2);    // 调用 fref(const string&, const string&)
                 // 将 s1 转换为 const 是允许的
int a[10], b[42];
fobj(a, b);      // 调用 f(int*, int*)
fref(a, b);      // 错误：数组类型不匹配
```

在第一对调用中，我们传递了一个 string 和一个 const string。虽然这些类型不严格匹配，但两个调用都是合法的。在 fobj 调用中，实参被拷贝，因此原对象是否是 const 没有关系。在 fref 调用中，参数类型是 const 的引用。对于一个引用参数来说，转换为 const 是允许的，因此这个调用也是合法的。

在下一对调用中，我们传递了数组实参，两个数组大小不同，因此是不同类型。在 fobj 调用中，数组大小不同无关紧要。两个数组都被转换为指针。fobj 中的模板类型为 int*。但是，fref 调用是不合法的。如果形参是一个引用，则数组不会转换为指针（参见 6.2.4 节，第 195 页）。a 和 b 的类型是不匹配的，因此调用是错误的。

将实参传递给带模板类型的函数形参时，能够自动应用的类型转换只有 const 转换及数组或函数到指针的转换。

680

使用相同模板参数类型的函数形参

一个模板类型参数可以用作多个函数形参的类型。由于只允许有限的几种类型转换，因此传递给这些形参的实参必须具有相同的类型。如果推断出的类型不匹配，则调用就是错误的。例如，我们的 compare 函数（参见 16.1.1 节，第 578 页）接受两个 const T& 参数，其实参必须是相同类型：

```
long lng;
compare(lng, 1024); // 错误：不能实例化 compare(long, int)
```

此调用是错误的，因为传递给 compare 的实参类型不同。从第一个函数实参推断出的模板实参为 long，从第二个函数实参推断出的模板实参为 int。这些类型不匹配，因此模板实参推断失败。

如果希望允许对函数实参进行正常的类型转换，我们可以将函数模板定义为两个类型参数：

```
// 实参类型可以不同，但必须兼容
template <typename A, typename B>
int flexibleCompare(const A& v1, const B& v2)
{
    if (v1 < v2) return -1;
    if (v2 < v1) return 1;
    return 0;
}
```

现在用户可以提供不同类型的实参了：

```
long lng;
flexibleCompare(lng, 1024); // 正确：调用 flexibleCompare(long, int)
```

当然，必须定义了能比较这些类型的值的<运算符。

正常类型转换应用于普通函数实参

函数模板可以有用普通类型定义的参数，即，不涉及模板类型参数的类型。这种函数实参不进行特殊处理；它们正常转换为对应形参的类型（参见 6.1 节，第 183 页）。例如，考虑下面的模板：

```
template <typename T> ostream &print(ostream &os, const T &obj)
{
    return os << obj;
}
```

第一个函数参数是一个已知类型 ostream&。第二个参数 obj 则是模板参数类型。由于 os 的类型是固定的，因此当调用 print 时，传递给它的实参会进行正常的类型转换：

681

```
print(cout, 42); // 实例化 print(ostream&, int)
ofstream f("output");
print(f, 10);    // 使用 print(ostream&, int)；将 f 转换为 ostream&
```

在第一个调用中，第一个实参的类型严格匹配第一个参数的类型。此调用会实例化接受一个ostream&和一个int的print版本。在第二个调用中，第一个实参是一个ofstream，它可以转换为 ostream&（参见 8.2.1 节，第 284 页）。由于此参数的类型不依赖于模板参数，因此编译器会将 f 隐式转换为 ostream&。

如果函数参数类型不是模板参数，则对实参进行正常的类型转换。

16.2.1 节练习

练习 16.32：在模板实参推断过程中发生了什么？

练习 16.33：指出在模板实参推断过程中允许对函数实参进行的两种类型转换。

练习 16.34：对下面的代码解释每个调用是否合法。如果合法，T 的类型是什么？如果不合法，为什么？

```
template <class T> int compare(const T&, const T&);
(a) compare("hi", "world"); (b) compare("bye", "dad");
```

练习 16.35：下面调用中哪些是错误的（如果有的话）？如果调用合法，T 的类型是什么？如果调用不合法，问题何在？

```
template <typename T> T calc(T, int);
template <typename T> T fcn(T, T);
double d; float f; char c;
(a) calc(c, 'c');          (b) calc(d, f);
(c) fcn(c, 'c');           (d) fcn(d, f);
```

练习 16.36：进行下面的调用会发生什么：

```
template <typename T> f1(T, T);
template <typename T1, typename T2> f2(T1, T2);
int i = 0, j = 42, *p1 = &i, *p2 = &j;
const int *cp1 = &i, *cp2 = &j;
(a) f1(p1, p2);       (b) f2(p1, p2);   (c) f1(cp1, cp2);
(d) f2(cp1, cp2);     (e) f1(p1, cp1);  (e) f2(p1, cp1);
```

16.2.2 函数模板显式实参

在某些情况下，编译器无法推断出模板实参的类型。其他一些情况下，我们希望允许用户控制模板实例化。当函数返回类型与参数列表中任何类型都不相同时，这两种情况最常出现。 682

指定显式模板实参

作为一个允许用户指定使用类型的例子，我们将定义一个名为 sum 的函数模板，它接受两个不同类型的参数。我们希望允许用户指定结果的类型。这样，用户就可以选择合适的精度。

我们可以定义表示返回类型的第三个模板参数，从而允许用户控制返回类型：

```
// 编译器无法推断 T1，它未出现在函数参数列表中
template <typename T1, typename T2, typename T3>
T1 sum(T2, T3);
```

在本例中，没有任何函数实参的类型可用来推断 T1 的类型。每次调用 sum 时调用者都必须为 T1 提供一个**显式模板实参**（explicit template argument）。

我们提供显式模板实参的方式与定义类模板实例的方式相同。显式模板实参在尖括号中给出，位于函数名之后，实参列表之前：

```
// T1是显式指定的，T2和T3是从函数实参类型推断而来的
auto val3 = sum<long long>(i, lng); // long long sum(int, long)
```

此调用显式指定 T1 的类型。而 T2 和 T3 的类型则由编译器从 i 和 lng 的类型推断出来。

显式模板实参按由左至右的顺序与对应的模板参数匹配；第一个模板实参与第一个模板参数匹配，第二个实参与第二个参数匹配，依此类推。只有尾部（最右）参数的显式模板实参才可以忽略，而且前提是它们可以从函数参数推断出来。如果我们的 sum 函数按照如下形式编写：

```
// 糟糕的设计：用户必须指定所有三个模板参数
template <typename T1, typename T2, typename T3>
T3 alternative_sum(T2, T1);
```

则我们总是必须为所有三个形参指定实参：

```
// 错误：不能推断前几个模板参数
auto val3 = alternative_sum<long long>(i, lng);
// 正确：显式指定了所有三个参数
auto val2 = alternative_sum<long long, int, long>(i, lng);
```

正常类型转换应用于显式指定的实参

对于用普通类型定义的函数参数，允许进行正常的类型转换（参见 16.2.1 节，第 602 页），出于同样的原因，对于模板类型参数已经显式指定了的函数实参，也进行正常的类型转换：

```
long lng;
compare(lng, 1024);          // 错误：模板参数不匹配
compare<long>(lng, 1024);    // 正确：实例化 compare(long, long)
compare<int>(lng, 1024);     // 正确：实例化 compare(int, int)
```

如我们所见，第一个调用是错误的，因为传递给 compare 的实参必须具有相同的类型。如果我们显式指定模板类型参数，就可以进行正常类型转换了。因此，调用 compare<long>等价于调用一个接受两个 const long&参数的函数。int 类型的参数被自动转化为 long。在第三个调用中，T 被显式指定为 int，因此 lng 被转换为 int。

16.2.2 节练习

练习 16.37：标准库 max 函数有两个参数，它返回实参中的较大者。此函数有一个模板类型参数。你能在调用 max 时传递给它一个 int 和一个 double 吗？如果可以，如何做？如果不可以，为什么？

练习 16.38：当我们调用 make_shared（参见 12.1.1 节，第 401 页）时，必须提供一个显式模板实参。解释为什么需要显式模板实参以及它是如何使用的。

练习 16.39：对 16.1.1 节（第 578 页）中的原始版本的 compare 函数，使用一个显式模板实参，使得可以向函数传递两个字符串字面常量。

📚 16.2.3 尾置返回类型与类型转换

当我们希望用户确定返回类型时，用显式模板实参表示模板函数的返回类型是很有效的。但在其他情况下，要求显式指定模板实参会给用户增添额外负担，而且不会带来什么好处。例如，我们可能希望编写一个函数，接受表示序列的一对迭代器和返回序列中一个

元素的引用：

```
template <typename It>
??? &fcn(It beg, It end)
{
    // 处理序列
    return *beg; // 返回序列中一个元素的引用
}
```

我们并不知道返回结果的准确类型，但知道所需类型是所处理的序列的元素类型：

```
vector<int> vi = {1,2,3,4,5};
Blob<string> ca = { "hi", "bye" };
auto &i = fcn(vi.begin(), vi.end()); // fcn 应该返回 int&
auto &s = fcn(ca.begin(), ca.end()); // fcn 应该返回 string&
```

此例中，我们知道函数应该返回 *beg，而且知道我们可以用 decltype(*beg) 来获取此 $\boxed{684}$ 表达式的类型。但是，在编译器遇到函数的参数列表之前，beg 都是不存在的。为了定义 $\boxed{\text{C++}\atop 11}$ 此函数，我们必须使用尾置返回类型（参见 6.3.3 节，第 206 页）。由于尾置返回出现在参数列表之后，它可以使用函数的参数：

```
// 尾置返回允许我们在参数列表之后声明返回类型
template <typename It>
auto fcn(It beg, It end) -> decltype(*beg)
{
    // 处理序列
    return *beg; // 返回序列中一个元素的引用
}
```

此例中我们通知编译器 fcn 的返回类型与解引用 beg 参数的结果类型相同。解引用运算符返回一个左值（参见 4.1.1 节，第 121 页），因此通过 decltype 推断的类型为 beg 表示的元素的类型的引用。因此，如果对一个 string 序列调用 fcn，返回类型将是 string&。如果是 int 序列，则返回类型是 int&。

进行类型转换的标准库模板类

有时我们无法直接获得所需要的类型。例如，我们可能希望编写一个类似 fcn 的函数，但返回一个元素的值（参见 6.3.2 节，第 201 页）而非引用。

在编写这个函数的过程中，我们面临一个问题：对于传递的参数的类型，我们几乎一无所知。在此函数中，我们知道唯一可以使用的操作是迭代器操作，而所有迭代器操作都不会生成元素，只能生成元素的引用。

为了获得元素类型，我们可以使用标准库的**类型转换**（type transformation）模板。这些模板定义在头文件 type_traits 中。这个头文件中的类通常用于所谓的模板元程序设计，这一主题已超出本书的范围。但是，类型转换模板在普通编程中也很有用。表 16.1 列出了这些模板，我们将在 16.5 节（第 624 页）中看到它们是如何实现的。

在本例中，我们可以使用 remove_reference 来获得元素类型。remove_reference 模板有一个模板类型参数和一个名为 type 的（public）类型成员。如果我们用一个引用类型实例化 remove_reference，则 type 将表示被引用的类型。例如，如果我们实例化 remove_reference<int&>，则 type 成员将是 int。类似的，如果我们实例化 remove_reference<string&>，则 type 成员将是 string，依此类推。更一般的，给定一个迭代器 beg：

```
remove_reference<decltype(*beg)>::type
```

将获得 beg 引用的元素的类型：decltype(*beg) 返回元素类型的引用类型。
remove_reference::type 脱去引用，剩下元素类型本身。

组合使用 remove_reference、尾置返回及 decltype，我们就可以在函数中返回
元素值的拷贝：

685 >

```
// 为了使用模板参数的成员，必须用 typename，参见 16.1.3 节（第 593 页）
template <typename It>
auto fcn2(It beg, It end) ->
    typename remove_reference<decltype(*beg)>::type
{
    // 处理序列
    return *beg;  // 返回序列中一个元素的拷贝
}
```

注意，type 是一个类的成员，而该类依赖于一个模板参数。因此，我们必须在返回类型
的声明中使用 typename 来告知编译器，type 表示一个类型（参见 16.1.3 节，第 593 页）

表 16.1：标准类型转换模板		
对 Mod\<T\>，其中 Mod 为	若 T 为	则 Mod\<T\>::type 为
remove_reference	X&或 X&&	X
	否则	T
add_const	X&、const X 或函数	T
	否则	const T
add_lvalue_reference	X&	T
	X&&	X&
	否则	T&
add_rvalue_reference	X&或 X&&	T
	否则	T&&
remove_pointer	X*	X
	否则	T
add_pointer	X&或 X&&	X*
	否则	T*
make_signed	unsigned X	X
	否则	T
make_unsigned	带符号类型	unsigned X
	否则	T
remove_extent	X[n]	X
	否则	T
remove_all_extents	X[n1][n2]…	X
	否则	T

表 16.1 中描述的每个类型转换模板的工作方式都与 remove_reference 类似。每
个模板都有一个名为 type 的 public 成员，表示一个类型。此类型与模板自身的模板类
型参数相关，其关系如模板名所示。如果不可能（或者不必要）转换模板参数，则 type
成员就是模板参数类型本身。例如，如果 T 是一个指针类型，则
remove_pointer<T>::type 是 T 指向的类型。如果 T 不是一个指针，则无须进行任何

转换，从而 `type` 具有与 `T` 相同的类型。

16.2.3 节练习

练习 16.40：下面的函数是否合法？如果不合法，为什么？如果合法，对可以传递的实参类型有什么限制（如果有的话）？返回类型是什么？

```
template <typename It>
auto fcn3(It beg, It end) -> decltype(*beg + 0)
{
    // 处理序列
    return *beg; // 返回序列中一个元素的拷贝
}
```

练习 16.41：编写一个新的 sum 版本，它的返回类型保证足够大，足以容纳加法结果。

16.2.4　函数指针和实参推断

当我们用一个函数模板初始化一个函数指针或为一个函数指针赋值（参见 6.7 节，第 221 页）时，编译器使用指针的类型来推断模板实参。

例如，假定我们有一个函数指针，它指向的函数返回 `int`，接受两个参数，每个参数都是指向 `const int` 的引用。我们可以使用该指针指向 `compare` 的一个实例：

```
template <typename T> int compare(const T&, const T&);
// pf1 指向实例 int compare(const int&, const int&)
int (*pf1)(const int&, const int&) = compare;
```

`pf1` 中参数的类型决定了 `T` 的模板实参的类型。在本例中，`T` 的模板实参类型为 `int`。指针 `pf1` 指向 `compare` 的 `int` 版本实例。如果不能从函数指针类型确定模板实参，则产生错误：

```
// func 的重载版本；每个版本接受一个不同的函数指针类型
void func(int(*)(const string&, const string&));
void func(int(*)(const int&, const int&));
func(compare); // 错误：使用 compare 的哪个实例？
```

这段代码的问题在于，通过 `func` 的参数类型无法确定模板实参的唯一类型。对 `func` 的调用既可以实例化接受 `int` 的 `compare` 版本，也可以实例化接受 `string` 的版本。由于不能确定 `func` 的实参的唯一实例化版本，此调用将编译失败。

我们可以通过使用显式模板实参来消除 `func` 调用的歧义：

```
// 正确：显式指出实例化哪个 compare 版本
func(compare<int>); // 传递 compare(const int&, const int&)
```

此表达式调用的 `func` 版本接受一个函数指针，该指针指向的函数接受两个 `const int&` 参数。

 当参数是一个函数模板实例的地址时，程序上下文必须满足：对每个模板参数，能唯一确定其类型或值。

686
687

16.2.5 模板实参推断和引用

为了理解如何从函数调用进行类型推断，考虑下面的例子：

```
template <typename T> void f(T &p);
```

其中函数参数 p 是一个模板类型参数 T 的引用，非常重要的是记住两点：编译器会应用正常的引用绑定规则；const 是底层的，不是顶层的。

从左值引用函数参数推断类型

当一个函数参数是模板类型参数的一个普通（左值）引用时（即，形如 T&），绑定规则告诉我们，只能传递给它一个左值（如，一个变量或一个返回引用类型的表达式）。实参可以是 const 类型，也可以不是。如果实参是 const 的，则 T 将被推断为 const 类型：

```
template <typename T> void f1(T&); // 实参必须是一个左值
// 对 f1 的调用使用实参所引用的类型作为模板参数类型
f1(i);    // i 是一个 int；模板参数类型 T 是 int
f1(ci);   // ci 是一个 const int；模板参数 T 是 const int
f1(5);    // 错误：传递给一个&参数的实参必须是一个左值
```

如果一个函数参数的类型是 const T&，正常的绑定规则告诉我们可以传递给它任何类型的实参——一个对象（const 或非 const）、一个临时对象或是一个字面常量值。当函数参数本身是 const 时，T 的类型推断的结果不会是一个 const 类型。const 已经是函数参数类型的一部分；因此，它不会也是模板参数类型的一部分：

```
template <typename T> void f2(const T&); // 可以接受一个右值
// f2 中的参数是 const &；实参中的 const 是无关的
// 在每个调用中，f2 的函数参数都被推断为 const int&
f2(i);    // i 是一个 int；模板参数 T 是 int
f2(ci);   // ci 是一个 const int，但模板参数 T 是 int
f2(5);    // 一个 const &参数可以绑定到一个右值；T 是 int
```

从右值引用函数参数推断类型

当一个函数参数是一个右值引用（参见 13.6.1 节，第 471 页）（即，形如 T&&）时，正常绑定规则告诉我们可以传递给它一个右值。当我们这样做时，类型推断过程类似普通左值引用函数参数的推断过程。推断出的 T 的类型是该右值实参的类型：

```
template <typename T> void f3(T&&);
f3(42); // 实参是一个 int 类型的右值；模板参数 T 是 int
```

688 ### 引用折叠和右值引用参数

假定 i 是一个 int 对象，我们可能认为像 f3(i) 这样的调用是不合法的。毕竟，i 是一个左值，而通常我们不能将一个右值引用绑定到一个左值上。但是，C++语言在正常绑定规则之外定义了两个例外规则，允许这种绑定。这两个例外规则是 move 这种标准库设施正确工作的基础。

第一个例外规则影响右值引用参数的推断如何进行。当我们将一个左值（如 i）传递给函数的右值引用参数，且此右值引用指向模板类型参数（如 T&&）时，编译器推断模板类型参数为实参的左值引用类型。因此，当我们调用 f3(i) 时，编译器推断 T 的类型为 int&，而非 int。

T 被推断为 int&看起来好像意味着 f3 的函数参数应该是一个类型 int&的右值引用。

通常，我们不能（直接）定义一个引用的引用（参见 2.3.1 节，第 46 页）。但是，通过类型别名（参见 2.5.1 节，第 60 页）或通过模板类型参数间接定义是可以的。

在这种情况下，我们可以使用第二个例外绑定规则：如果我们间接创建一个引用的引用，则这些引用形成了"折叠"。在所有情况下（除了一个例外），引用会折叠成一个普通的左值引用类型。在新标准中，折叠规则扩展到右值引用。只在一种特殊情况下引用会折叠成右值引用：右值引用的右值引用。即，对于一个给定类型 X：

- X& &、X& &&和 X&& &都折叠成类型 X&
- 类型 X&& &&折叠成 X&&

> 引用折叠只能应用于间接创建的引用的引用，如类型别名或模板参数。

如果将引用折叠规则和右值引用的特殊类型推断规则组合在一起，则意味着我们可以对一个左值调用 f3。当我们将一个左值传递给 f3 的（右值引用）函数参数时，编译器推断 T 为一个左值引用类型：

```
f3(i);   // 实参是一个左值；模板参数 T 是 int&
f3(ci);  // 实参是一个左值；模板参数 T 是一个 const int&
```

当一个模板参数 T 被推断为引用类型时，折叠规则告诉我们函数参数 T&&折叠为一个左值引用类型。例如，f3(i)的实例化结果可能像下面这样：

```
// 无效代码，只是用于演示目的
void f3<int&>(int& &&); // 当 T 是 int&时，函数参数为 int& &&
```

f3 的函数参数是 T&&且 T 是 int&，因此 T&&是 int& &&，会折叠成 int&。因此，即使 f3 的函数参数形式是一个右值引用（即，T&&），此调用也会用一个左值引用类型（即，int&）实例化 f3：

```
void f3<int&>(int&); // 当 T 是 int&时，函数参数折叠为 int&
```

这两个规则导致了两个重要结果：

- 如果一个函数参数是一个指向模板类型参数的右值引用（如，T&&），则它可以被绑定到一个左值；且
- 如果实参是一个左值，则推断出的模板实参类型将是一个左值引用，且函数参数将被实例化为一个（普通）左值引用参数（T&）

另外值得注意的是，这两个规则暗示，我们可以将任意类型的实参传递给 T&&类型的函数参数。对于这种类型的参数，（显然）可以传递给它右值，而如我们刚刚看到的，也可以传递给它左值。

> 如果一个函数参数是指向模板参数类型的右值引用（如，T&&），则可以传递给它任意类型的实参。如果将一个左值传递给这样的参数，则函数参数被实例化为一个普通的左值引用（T&）。

编写接受右值引用参数的模板函数

模板参数可以推断为一个引用类型，这一特性对模板内的代码可能有令人惊讶的影响：

```
template <typename T> void f3(T&& val)
{
    T t = val; // 拷贝还是绑定一个引用？
```

```
        t = fcn(t);  // 赋值只改变 t 还是既改变 t 又改变 val?
        if (val == t) { /* ... */ }  // 若 T 是引用类型,则一直为 true
    }
```

当我们对一个右值调用 f3 时,例如字面常量 42,T 为 int。在此情况下,局部变量 t 的类型为 int,且通过拷贝参数 val 的值被初始化。当我们对 t 赋值时,参数 val 保持不变。

另一方面,当我们对一个左值 i 调用 f3 时,则 T 为 int&。当我们定义并初始化局部变量 t 时,赋予它类型 int&。因此,对 t 的初始化将其绑定到 val。当我们对 t 赋值时,也同时改变了 val 的值。在 f3 的这个实例化版本中,if 判断永远得到 true。

当代码中涉及的类型可能是普通(非引用)类型,也可能是引用类型时,编写正确的代码就变得异常困难(虽然 remove_reference 这样的类型转换类可能会有帮助(参见 16.2.3 节,第 605 页))。

在实际中,右值引用通常用于两种情况:模板转发其实参或模板被重载。我们将在 16.2.7 节(第 612 页)中介绍实参转发,在 16.3 节(第 614 页)中介绍模板重载。

目前应该注意的是,使用右值引用的函数模板通常使用我们在 13.6.3 节(第 481 页)中看到的方式来进行重载:

```
template <typename T> void f(T&&);        // 绑定到非 const 右值
template <typename T> void f(const T&);   // 左值和 const 右值
```

与非模板函数一样,第一个版本将绑定到可修改的右值,而第二个版本将绑定到左值或 const 右值。

16.2.5 节练习

练习 16.42:对下面每个调用,确定 T 和 val 的类型:

```
template <typename T> void g(T&& val);
int i = 0; const int ci = i;
(a) g(i);  (b) g(ci);  (c) g(i * ci);
```

练习 16.43:使用上一题定义的函数,如果我们调用 g(i = ci),g 的模板参数将是什么?

练习 16.44:使用与第一题中相同的三个调用,如果 g 的函数参数声明为 T(而不是 T&&),确定 T 的类型。如果 g 的函数参数是 const T& 呢?

练习 16.45:给定下面的模板,如果我们对一个像 42 这样的字面常量调用 g,解释会发生什么?如果我们对一个 int 类型的变量调用 g 呢?

```
template <typename T> void g(T&& val) { vector<T> v; }
```

16.2.6 理解 std::move

标准库 move 函数(参见 13.6.1 节,第 472 页)是使用右值引用的模板的一个很好的例子。幸运的是,我们不必理解 move 所使用的模板机制也可以直接使用它。但是,研究 move 是如何工作的可以帮助我们巩固对模板的理解和使用。

在 13.6.2 节(第 473 页)中我们注意到,虽然不能直接将一个右值引用绑定到一个左值上,但可以用 move 获得一个绑定到左值上的右值引用。由于 move 本质上可以接受任何类型的实参，因此我们不会惊讶于它是一个函数模板。

std::move 是如何定义的

标准库是这样定义 move 的：

```
// 在返回类型和类型转换中也要用到 typename，参见 16.1.3 节（第 593 页）
// remove_reference 是在 16.2.3 节（第 605 页）中介绍的
template <typename T>
typename remove_reference<T>::type&& move(T&& t)
{
    // static_cast 是在 4.11.3 节（第 145 页）中介绍的
    return static_cast<typename remove_reference<T>::type&&>(t);
}
```

这段代码很短，但其中有些微妙之处。首先，move 的函数参数 T&& 是一个指向模板类型参数的右值引用。通过引用折叠，此参数可以与任何类型的实参匹配。特别是，我们既可以传递给 move 一个左值，也可以传递给它一个右值：

```
string s1("hi!"), s2;
s2 = std::move(string("bye!")); // 正确：从一个右值移动数据
s2 = std::move(s1); // 正确：但在赋值之后，s1 的值是不确定的
```

std::move 是如何工作的

在第一个赋值中，传递给 move 的实参是 string 的构造函数的右值结果——string("bye!")。如我们已经见到过的，当向一个右值引用函数参数传递一个右值时，由实参推断出的类型为被引用的类型（参见 16.2.5 节，第 608 页）。因此，在 std::move(string("bye!")) 中：⟨691⟩

- 推断出的 T 的类型为 string。
- 因此，remove_reference 用 string 进行实例化。
- remove_reference<string> 的 type 成员是 string。
- move 的返回类型是 string&&。
- move 的函数参数 t 的类型为 string&&。

因此，这个调用实例化 move<string>，即函数

```
string&& move(string &&t)
```

函数体返回 static_cast<string&&>(t)。t 的类型已经是 string&&，于是类型转换什么都不做。因此，此调用的结果就是它所接受的右值引用。

现在考虑第二个赋值，它调用了 std::move()。在此调用中，传递给 move 的实参是一个左值。这样：

- 推断出的 T 的类型为 string&（string 的引用，而非普通 string）。
- 因此，remove_reference 用 string& 进行实例化。
- remove_reference<string&> 的 type 成员是 string。
- move 的返回类型仍是 string&&。
- move 的函数参数 t 实例化为 string& &&，会折叠为 string&。

因此，这个调用实例化 move<string&>，即

```
string&& move(string &t)
```

这正是我们所寻求的——我们希望将一个右值引用绑定到一个左值。这个实例的函数体返回 `static_cast<string&&>(t)`。在此情况下，t 的类型为 `string&`，cast 将其转换为 `string&&`。

从一个左值 static_cast 到一个右值引用是允许的

通常情况下，`static_cast` 只能用于其他合法的类型转换（参见 4.11.3 节，第 145 页）。但是，这里又有一条针对右值引用的特许规则：虽然不能隐式地将一个左值转换为右值引用，但我们可以用 `static_cast` 显式地将一个左值转换为一个右值引用。

对于操作右值引用的代码来说，将一个右值引用绑定到一个左值的特性允许它们截断左值。有时候，例如在我们的 StrVec 类的 `reallocate` 函数（参见 13.6.1 节，第 469 页）中，我们知道截断一个左值是安全的。一方面，通过允许进行这样的转换，C++ 语言认可了这种用法。但另一方面，通过强制使用 `static_cast`，C++ 语言试图阻止我们意外地进行这种转换。

最后，虽然我们可以直接编写这种类型转换代码，但使用标准库 move 函数是容易得多的方式。而且，统一使用 `std::move` 使得我们在程序中查找潜在的截断左值的代码变得很容易。

16.2.6 节练习

练习 16.46：解释下面的循环，它来自 13.5 节（第 469 页）中的 `StrVec::reallocate`：

```
for (size_t i = 0; i != size(); ++i)
    alloc.construct(dest++, std::move(*elem++));
```

16.2.7 转发

某些函数需要将其一个或多个实参连同类型不变地转发给其他函数。在此情况下，我们需要保持被转发实参的所有性质，包括实参类型是否是 const 的以及实参是左值还是右值。

作为一个例子，我们将编写一个函数，它接受一个可调用表达式和两个额外实参。我们的函数将调用给定的可调用对象，将两个额外参数逆序传递给它。下面是我们的翻转函数的初步模样：

```
// 接受一个可调用对象和另外两个参数的模板
// 对 "翻转" 的参数调用给定的可调用对象
// flip1 是一个不完整的实现: 顶层 const 和引用丢失了
template <typename F, typename T1, typename T2>
void flip1(F f, T1 t1, T2 t2)
{
    f(t2, t1);
}
```

这个函数一般情况下工作得很好，但当我们希望用它调用一个接受引用参数的函数时就会出现问题：

```
void f(int v1, int &v2) // 注意 v2 是一个引用
{
    cout << v1 << " " << ++v2 << endl;
}
```

在这段代码中，f 改变了绑定到 v2 的实参的值。但是，如果我们通过 flip1 调用 f，f 所做的改变就不会影响实参：

```
f(42, i);        // f 改变了实参 i
flip1(f, j, 42); // 通过 flip1 调用 f 不会改变 j
```

问题在于 j 被传递给 flip1 的参数 t1。此参数是一个普通的、非引用的类型 int，而非 int&。因此，这个 flip1 调用会实例化为

```
void flip1(void(*fcn)(int, int&), int t1, int t2);
```

j 的值被拷贝到 t1 中。f 中的引用参数被绑定到 t1，而非 j，从而其改变不会影响 j。

定义能保持类型信息的函数参数

为了通过翻转函数传递一个引用，我们需要重写函数，使其参数能保持给定实参的"左值性"。更进一步，可以想到我们也希望保持参数的 const 属性。

通过将一个函数参数定义为一个指向模板类型参数的右值引用，我们可以保持其对应实参的所有类型信息。而使用引用参数（无论是左值还是右值）使得我们可以保持 const 属性，因为在引用类型中的 const 是底层的。如果我们将函数参数定义为 T1&& 和 T2&&，通过引用折叠（参见 16.2.5 节，第 608 页）就可以保持翻转实参的左值/右值属性（参见 16.2.5 节，第 608 页）：

```
template <typename F, typename T1, typename T2>
void flip2(F f, T1 &&t1, T2 &&t2)
{
    f(t2, t1);
}
```

与较早的版本一样，如果我们调用 flip2(f, j, 42)，将传递给参数 t1 一个左值 j。但是，在 flip2 中，推断出的 T1 的类型为 int&，这意味着 t1 的类型会折叠为 int&。由于是引用类型，t1 被绑定到 j 上。当 flip2 调用 f 时，f 中的引用参数 v2 被绑定到 t1，也就是被绑定到 j。当 f 递增 v2 时，它也同时改变了 j 的值。

> 如果一个函数参数是指向模板类型参数的右值引用（如 T&&），它对应的实参的 const 属性和左值/右值属性将得到保持。

这个版本的 flip2 解决了一半问题。它对于接受一个左值引用的函数工作得很好，但不能用于接受右值引用参数的函数。例如：

```
void g(int &&i, int& j)
{
    cout << i << " " << j << endl;
}
```

如果我们试图通过 flip2 调用 g，则参数 t2 将被传递给 g 的右值引用参数。即使我们传递一个右值给 flip2：

```
flip2(g, i, 42); // 错误：不能从一个左值实例化 int&&
```

传递给 g 的将是 flip2 中名为 t2 的参数。函数参数与其他任何变量一样，都是左值表达式（参见 13.6.1 节，第 471 页）。因此，flip2 中对 g 的调用将传递给 g 的右值引用参数一个左值。

在调用中使用 std::forward 保持类型信息

694 > 我们可以使用一个名为 forward 的新标准库设施来传递 flip2 的参数,它能保持原始实参的类型。类似 move,forward 定义在头文件 utility 中。与 move 不同,forward 必须通过显式模板实参来调用(参见 16.2.2 节,第 603 页)。forward 返回该显式实参类型的右值引用。即,forward<T> 的返回类型是 T&&。

通常情况下,我们使用 forward 传递那些定义为模板类型参数的右值引用的函数参数。通过其返回类型上的引用折叠,forward 可以保持给定实参的左值/右值属性:

```
template <typename Type> intermediary(Type &&arg)
{
    finalFcn(std::forward<Type>(arg));
    // ...
}
```

本例中我们使用 Type 作为 forward 的显式模板实参类型,它是从 arg 推断出来的。由于 arg 是一个模板类型参数的右值引用,Type 将表示传递给 arg 的实参的所有类型信息。如果实参是一个右值,则 Type 是一个普通(非引用)类型,forward<Type> 将返回Type&&。如果实参是一个左值,则通过引用折叠,Type 本身是一个左值引用类型。在此情况下,返回类型是一个指向左值引用类型的右值引用。再次对 forward<Type> 的返回类型进行引用折叠,将返回一个左值引用类型。

> **Note** 当用于一个指向模板参数类型的右值引用函数参数(T&&)时,forward 会保持实参类型的所有细节。

使用 forward,我们可以再次重写翻转函数:

```
template <typename F, typename T1, typename T2>
void flip(F f, T1 &&t1, T2 &&t2)
{
    f(std::forward<T2>(t2), std::forward<T1>(t1));
}
```

如果我们调用 flip(g, i, 42),i 将以 int& 类型传递给 g,42 将以 int&& 类型传递给 g。

> **Note** 与 std::move 相同,对 std::forward 不使用 using 声明是一个好主意。我们将在 18.2.3 节(第 706 页)中解释原因。

16.2.7 节练习

练习 16.47:编写你自己版本的翻转函数,通过调用接受左值和右值引用参数的函数来测试它。

16.3 重载与模板

函数模板可以被另一个模板或一个普通非模板函数重载。与往常一样,名字相同的函数必须具有不同数量或类型的参数。

695 > 如果涉及函数模板,则函数匹配规则(参见 6.4 节,第 209 页)会在以下几方面受到

影响:

- 对于一个调用,其候选函数包括所有模板实参推断(参见 16.2 节,第 600 页)成功的函数模板实例。
- 候选的函数模板总是可行的,因为模板实参推断会排除任何不可行的模板。
- 与往常一样,可行函数(模板与非模板)按类型转换(如果对此调用需要的话)来排序。当然,可以用于函数模板调用的类型转换是非常有限的(参见 16.2.1 节,第 601 页)。
- 与往常一样,如果恰有一个函数提供比任何其他函数都更好的匹配,则选择此函数。但是,如果有多个函数提供同样好的匹配,则:
  — 如果同样好的函数中只有一个是非模板函数,则选择此函数。
  — 如果同样好的函数中没有非模板函数,而有多个函数模板,且其中一个模板比其他模板更特例化,则选择此模板。
  — 否则,此调用有歧义。

 正确定义一组重载的函数模板需要对类型间的关系及模板函数允许的有限的实参类型转换有深刻的理解。

编写重载模板

作为一个例子,我们将构造一组函数,它们在调试中可能很有用。我们将这些调试函数命名为 debug_rep,每个函数都返回一个给定对象的 string 表示。我们首先编写此函数的最通用版本,将它定义为一个模板,接受一个 const 对象的引用:

```
// 打印任何我们不能处理的类型
template <typename T> string debug_rep(const T &t)
{
    ostringstream ret; // 参见 8.3 节(第 287 页)
    ret << t; // 使用 T 的输出运算符打印 t 的一个表示形式
    return ret.str(); // 返回 ret 绑定的 string 的一个副本
}
```

此函数可以用来生成一个对象对应的 string 表示,该对象可以是任意具备输出运算符的类型。 <696

接下来,我们将定义打印指针的 debug_rep 版本:

```
// 打印指针的值,后跟指针指向的对象
// 注意:此函数不能用于 char*;参见 16.3 节(第 617 页)
template <typename T> string debug_rep(T *p)
{
    ostringstream ret;
    ret << "pointer: " << p;         // 打印指针本身的值
    if (p)
        ret << " " << debug_rep(*p); // 打印 p 指向的值
    else
        ret << " null pointer";  // 或指出 p 为空
    return ret.str(); // 返回 ret 绑定的 string 的一个副本
}
```

此版本生成一个 string,包含指针本身的值和调用 debug_rep 获得的指针指向的值。注意此函数不能用于打印字符指针,因为 IO 库为 char* 值定义了一个 << 版本。此 << 版本假定指针表示一个空字符结尾的字符数组,并打印数组的内容而非地址值。我们将在 16.3

节（第 617 页）介绍如何处理字符指针。

我们可以这样使用这些函数：

```
string s("hi");
cout << debug_rep(s) << endl;
```

对于这个调用，只有第一个版本的 debug_rep 是可行的。第二个 debug_rep 版本要求一个指针参数，但在此调用中我们传递的是一个非指针对象。因此编译器无法从一个非指针实参实例化一个期望指针类型参数的函数模板，因此实参推断失败。由于只有一个可行函数，所以此函数被调用。

如果我们用一个指针调用 debug_rep：

```
cout << debug_rep(&s) << endl;
```

两个函数都生成可行的实例：

- debug_rep(const string*&)，由第一个版本的 debug_rep 实例化而来，T 被绑定到 string*。
- debug_rep(string*)，由第二个版本的 debug_rep 实例化而来，T 被绑定到 string。

第二个版本的 debug_rep 的实例是此调用的精确匹配。第一个版本的实例需要进行普通指针到 const 指针的转换。正常函数匹配规则告诉我们应该选择第二个模板，实际上编译器确实选择了这个版本。

697> **多个可行模板**

作为另外一个例子，考虑下面的调用：

```
const string *sp = &s;
cout << debug_rep(sp) << endl;
```

此例中的两个模板都是可行的，而且两个都是精确匹配：

- debug_rep(const string*&)，由第一个版本的 debug_rep 实例化而来，T 被绑定到 string*。
- debug_rep(const string*)，由第二个版本的 debug_rep 实例化而来，T 被绑定到 const string。

在此情况下，正常函数匹配规则无法区分这两个函数。我们可能觉得这个调用将是有歧义的。但是，根据重载函数模板的特殊规则，此调用被解析为 debug_rep(T*)，即，更特例化的版本。

设计这条规则的原因是，没有它，将无法对一个 const 的指针调用指针版本的 debug_rep。问题在于模板 debug_rep(const T&) 本质上可以用于任何类型，包括指针类型。此模板比 debug_rep(T*) 更通用，后者只能用于指针类型。没有这条规则，传递 const 的指针的调用永远是有歧义的。

 当有多个重载模板对一个调用提供同样好的匹配时，应选择最特例化的版本。

非模板和模板重载

作为下一个例子，我们将定义一个普通非模板版本的 debug_rep 来打印双引号包围的 string：

```
// 打印双引号包围的 string
string debug_rep(const string &s)
{
    return '"' + s + '"';
}
```

现在，当我们对一个 string 调用 debug_rep 时：

```
string s("hi");
cout << debug_rep(s) << endl;
```

有两个同样好的可行函数：

- debug_rep<string>(const string&)，第一个模板，T 被绑定到 string*。
- debug_rep(const string&)，普通非模板函数。

在本例中，两个函数具有相同的参数列表，因此显然两者提供同样好的匹配。但是，编译器会选择非模板版本。当存在多个同样好的函数模板时，编译器选择最特例化的版本，出于相同的原因，一个非模板函数比一个函数模板更好。 <698

对于一个调用，如果一个非函数模板与一个函数模板提供同样好的匹配，则选择非模板版本。

重载模板和类型转换

还有一种情况我们到目前为止尚未讨论：C 风格字符串指针和字符串字面常量。现在有了一个接受 string 的 debug_rep 版本，我们可能期望一个传递字符串的调用会匹配这个版本。但是，考虑这个调用：

```
cout << debug_rep("hi world!") << endl; // 调用 debug_rep(T*)
```

本例中所有三个 debug_rep 版本都是可行的：

- debug_rep(const T&)，T 被绑定到 char[10]。
- debug_rep(T*)，T 被绑定到 const char。
- debug_rep(const string&)，要求从 const char* 到 string 的类型转换。

对给定实参来说，两个模板都提供精确匹配——第二个模板需要进行一次（许可的）数组到指针的转换，而对于函数匹配来说，这种转换被认为是精确匹配（参见 6.6.1 节，第 219 页）。非模板版本是可行的，但需要进行一次用户定义的类型转换，因此它没有精确匹配那么好，所以两个模板成为可能调用的函数。与之前一样，T* 版本更加特例化，编译器会选择它。

如果我们希望将字符指针按 string 处理，可以定义另外两个非模板重载版本：

```
// 将字符指针转换为 string，并调用 string 版本的 debug_reg
string debug_rep(char *p)
{
    return debug_rep(string(p));
}
string debug_rep(const char *p)
{
    return debug_rep(string(p));
}
```

缺少声明可能导致程序行为异常

值得注意的是，为了使 char* 版本的 debug_rep 正确工作，在定义此版本时，debug_rep(const string&) 的声明必须在作用域中。否则，就可能调用错误的 debug_rep 版本：

699

```
template <typename T> string debug_rep(const T &t);
template <typename T> string debug_rep(T *p);
// 为了使 debug_rep(char*) 的定义正确工作，下面的声明必须在作用域中
string debug_rep(const string &);
string debug_rep(char *p)
{
    // 如果接受一个 const string& 的版本的声明不在作用域中，
    // 返回语句将调用 debug_rep(const T&) 的 T 实例化为 string 的版本
    return debug_rep(string(p));
}
```

通常，如果使用了一个忘记声明的函数，代码将编译失败。但对于重载函数模板的函数而言，则不是这样。如果编译器可以从模板实例化出与调用匹配的版本，则缺少的声明就不重要了。在本例中，如果忘记了声明接受 string 参数的 debug_rep 版本，编译器会默默地实例化接受 const T& 的模板版本。

> 在定义任何函数之前，记得声明所有重载的函数版本。这样就不必担心编译器由于未遇到你希望调用的函数而实例化一个并非你所需的版本。

16.3 节练习

练习 16.48：编写你自己版本的 debug_rep 函数。

练习 16.49：解释下面每个调用会发生什么：

```
template <typename T> void f(T);
template <typename T> void f(const T*);
template <typename T> void g(T);
template <typename T> void g(T*);
int i = 42, *p = &i;
const int ci = 0, *p2 = &ci;
g(42); g(p); g(ci); g(p2);
f(42); f(p); f(ci); f(p2);
```

练习 16.50：定义上一个练习中的函数，令它们打印一条身份信息。运行该练习中的代码。如果函数调用的行为与你预期不符，确定你理解了原因。

📚 16.4   可变参数模板

C++
11

一个**可变参数模板**（variadic template）就是一个接受可变数目参数的模板函数或模板类。可变数目的参数被称为**参数包**（parameter packet）。存在两种参数包：**模板参数包**

700
（template parameter packet），表示零个或多个模板参数；**函数参数包**（function parameter packet），表示零个或多个函数参数。

我们用一个省略号来指出一个模板参数或函数参数表示一个包。在一个模板参数列表

中，class…或 typename…指出接下来的参数表示零个或多个类型的列表；一个类型名后面跟一个省略号表示零个或多个给定类型的非类型参数的列表。在函数参数列表中，如果一个参数的类型是一个模板参数包，则此参数也是一个函数参数包。例如：

```
// Args 是一个模板参数包；rest 是一个函数参数包
// Args 表示零个或多个模板类型参数
// rest 表示零个或多个函数参数
template <typename T, typename... Args>
void foo(const T &t, const Args& ... rest);
```

声明了 foo 是一个可变参数函数模板，它有一个名为 T 的类型参数，和一个名为 Args 的模板参数包。这个包表示零个或多个额外的类型参数。foo 的函数参数列表包含一个 const &类型的参数，指向 T 的类型，还包含一个名为 rest 的函数参数包，此包表示零个或多个函数参数。

与往常一样，编译器从函数的实参推断模板参数类型。对于一个可变参数模板，编译器还会推断包中参数的数目。例如，给定下面的调用：

```
int i = 0; double d = 3.14; string s = "how now brown cow";
foo(i, s, 42, d);    // 包中有三个参数
foo(s, 42, "hi");    // 包中有两个参数
foo(d, s);           // 包中有一个参数
foo("hi");           // 空包
```

编译器会为 foo 实例化出四个不同的版本：

```
void foo(const int&, const string&, const int&, const double&);
void foo(const string&, const int&, const char[3]&);
void foo(const double&, const string&);
void foo(const char[3]&);
```

在每个实例中，T 的类型都是从第一个实参的类型推断出来的。剩下的实参（如果有的话）提供函数额外实参的数目和类型。

sizeof…运算符

当我们需要知道包中有多少元素时，可以使用 sizeof…运算符。类似 sizeof（参见 4.9 节，第 139 页），sizeof…也返回一个常量表达式（参见 2.4.4 节，第 58 页），而且不会对其实参求值：

```
template<typename ... Args> void g(Args ... args) {
    cout << sizeof...(Args) << endl; // 类型参数的数目
    cout << sizeof...(args) << endl; // 函数参数的数目
}
```

> **16.4 节练习**
>
> **练习 16.51**：调用本节中的每个 foo，确定 sizeof…(Args) 和 sizeof…(rest) 分别返回什么。
>
> **练习 16.52**：编写一个程序验证上一题的答案。

16.4.1　编写可变参数函数模板

　　如 6.2.6 节（第 198 页）所述，我们可以使用一个 initializer_list 来定义一个可接受可变数目实参的函数。但是，所有实参必须具有相同的类型（或它们的类型可以转换为同一个公共类型）。当我们既不知道想要处理的实参的数目也不知道它们的类型时，可变参数函数是很有用的。作为一个例子，我们将定义一个函数，它类似较早的 error_msg 函数，差别仅在于新函数实参的类型也是可变的。我们首先定义一个名为 print 的函数，它在一个给定流上打印给定实参列表的内容。

　　可变参数函数通常是递归的（参见 6.3.2 节，第 204 页）。第一步调用处理包中的第一个实参，然后用剩余实参调用自身。我们的 print 函数也是这样的模式，每次递归调用将第二个实参打印到第一个实参表示的流中。为了终止递归，我们还需要定义一个非可变参数的 print 函数，它接受一个流和一个对象：

```
// 用来终止递归并打印最后一个元素的函数
// 此函数必须在可变参数版本的 print 定义之前声明
template<typename T>
ostream &print(ostream &os, const T &t)
{
    return os << t; // 包中最后一个元素之后不打印分隔符
}
// 包中除了最后一个元素之外的其他元素都会调用这个版本的 print
template <typename T, typename... Args>
ostream &print(ostream &os, const T &t, const Args&... rest)
{
    os << t << ", ";           // 打印第一个实参
    return print(os, rest...);   // 递归调用，打印其他实参
}
```

第一个版本的 print 负责终止递归并打印初始调用中的最后一个实参。第二个版本的 print 是可变参数版本，它打印绑定到 t 的实参，并调用自身来打印函数参数包中的剩余值。

　　这段程序的关键部分是可变参数函数中对 print 的调用：

```
return print(os, rest...); //递归调用，打印其他实参
```

我们的可变参数版本的 print 函数接受三个参数：一个 ostream&，一个 const T&和一个参数包。而此调用只传递了两个实参。其结果是 rest 中的第一个实参被绑定到 t，剩702>余实参形成下一个 print 调用的参数包。因此，在每个调用中，包中的第一个实参被移除，成为绑定到 t 的实参。即，给定：

```
print(cout, i, s, 42); // 包中有两个参数
```

递归会执行如下：

调用	t	rest...
print(cout, i, s, 42)	i	s, 42
print(cout, s, 42)	s	42
print(cout, 42) 调用非可变参数版本的 print		

前两个调用只能与可变参数版本的 print 匹配，非可变参数版本是不可行的，因为这两个调用分别传递四个和三个实参，而非可变参数 print 只接受两个实参。

对于最后一次递归调用 print(cout, 42)，两个 print 版本都是可行的。这个调用传递两个实参，第一个实参的类型为 ostream&。因此，可变参数版本的 print 可以实例化为只接受两个参数：一个是 ostream&参数，另一个是 const T&参数。

对于最后一个调用，两个函数提供同样好的匹配。但是，非可变参数模板比可变参数模板更特例化，因此编译器选择非可变参数版本（参见 16.3 节，第 615 页）。

> 当定义可变参数版本的 print 时，非可变参数版本的声明必须在作用域中。否则，可变参数版本会无限递归。

16.4.1 节练习

练习 16.53：编写你自己版本的 print 函数，并打印一个、两个及五个实参来测试它，要打印的每个实参都应有不同的类型。

练习 16.54：如果我们对一个没有<<运算符的类型调用 print，会发生什么？

练习 16.55：如果我们的可变参数版本 print 的定义之后声明非可变参数版本，解释可变参数的版本会如何执行。

16.4.2 包扩展

对于一个参数包，除了获取其大小外，我们能对它做的唯一的事情就是**扩展**（expand）它。当扩展一个包时，我们还要提供用于每个扩展元素的**模式**（pattern）。扩展一个包就是将它分解为构成的元素，对每个元素应用模式，获得扩展后的列表。我们通过在模式右边放一个省略号（...）来触发扩展操作。

例如，我们的 print 函数包含两个扩展：

```
template <typename T, typename... Args>
ostream &
print(ostream &os, const T &t, const Args&... rest)   // 扩展 Args
{
    os << t << ", ";
    return print(os, rest...);                        // 扩展 rest
}
```

第一个扩展操作扩展模板参数包，为 print 生成函数参数列表。第二个扩展操作出现在对 print 的调用中。此模式为 print 调用生成实参列表。

对 Args 的扩展中，编译器将模式 const Arg&应用到模板参数包 Args 中的每个元素。因此，此模式的扩展结果是一个逗号分隔的零个或多个类型的列表，每个类型都形如 const type&。例如：

```
print(cout, i, s, 42); // 包中有两个参数
```

最后两个实参的类型和模式一起确定了尾置参数的类型。此调用被实例化为：

```
ostream&
print(ostream&, const int&, const string&, const int&);
```

第二个扩展发生在对 print 的（递归）调用中。在此情况下，模式是函数参数包的名字（即 rest）。此模式扩展出一个由包中元素组成的、逗号分隔的列表。因此，这个调

用等价于：

```
print(os, s, 42);
```

理解包扩展

print 中的函数参数包扩展仅仅将包扩展为其构成元素，C++语言还允许更复杂的扩展模式。例如，我们可以编写第二个可变参数函数，对其每个实参调用 debug_rep（参见 16.3 节，第 615 页），然后调用 print 打印结果 string：

```
// 在print调用中对每个实参调用debug_rep
template <typename... Args>
ostream &errorMsg(ostream &os, const Args&... rest)
{
    // print(os, debug_rep(a1), debug_rep(a2), ..., debug_rep(an)
    return print(os, debug_rep(rest)...);
}
```

704>

这个 print 调用使用了模式 debug_reg(rest)。此模式表示我们希望对函数参数包 rest 中的每个元素调用 debug_rep。扩展结果将是一个逗号分隔的 debug_rep 调用列表。即，下面调用：

```
errorMsg(cerr, fcnName, code.num(), otherData, "other", item);
```

就好像我们这样编写代码一样

```
print(cerr, debug_rep(fcnName), debug_rep(code.num()),
            debug_rep(otherData), debug_rep("otherData"),
            debug_rep(item));
```

与之相对，下面的模式会编译失败

```
// 将包传递给debug_rep; print(os, debug_rep(a1, a2, ..., an))
print(os, debug_rep(rest...));  // 错误：此调用无匹配函数
```

这段代码的问题是我们在 debug_rep 调用中扩展了 rest，它等价于

```
print(cerr, debug_rep(fcnName, code.num(),
                      otherData, "otherData", item));
```

在这个扩展中，我们试图用一个五个实参的列表来调用 debug_rep，但并不存在与此调用匹配的 debug_rep 版本。debug_rep 函数不是可变参数的，而且没有哪个 debug_rep 版本接受五个参数。

 扩展中的模式会独立地应用于包中的每个元素。

16.4.2 节练习

练习 16.56：编写并测试可变参数版本的 errorMsg。

练习 16.57：比较你的可变参数版本的 errorMsg 和 6.2.6 节（第 198 页）中的 error_msg 函数。两种方法的优点和缺点各是什么？

16.4.3 转发参数包

 在新标准下，我们可以组合使用可变参数模板与 forward 机制来编写函数，实现将

其实参不变地传递给其他函数。作为例子，我们将为 StrVec 类（参见 13.5 节，第 465 页）添加一个 emplace_back 成员。标准库容器的 emplace_back 成员是一个可变参数成员模板（参见 16.1.4 节，第 596 页），它用其实参在容器管理的内存空间中直接构造一个元素。

我们为 StrVec 设计的 emplace_back 版本也应该是可变参数的，因为 string 有多个构造函数，参数各不相同。由于我们希望能使用 string 的移动构造函数，因此还需要保持传递给 emplace_back 的实参的所有类型信息。705

如我们所见，保持类型信息是一个两阶段的过程。首先，为了保持实参中的类型信息，必须将 emplace_back 的函数参数定义为模板类型参数的右值引用（参见 16.2.7 节，第 613 页）：

```
class StrVec {
public:
    template <class... Args> void emplace_back(Args&&...);
    // 其他成员的定义，同 13.5 节（第 465 页）
};
```

模板参数包扩展中的模式是 &&，意味着每个函数参数将是一个指向其对应实参的右值引用。

其次，当 emplace_back 将这些实参传递给 construct 时，我们必须使用 forward 来保持实参的原始类型（参见 16.2.7 节，第 614 页）：

```
template <class... Args>
inline
void StrVec::emplace_back(Args&&... args)
{
    chk_n_alloc(); // 如果需要的话重新分配 StrVec 内存空间
    alloc.construct(first_free++, std::forward<Args>(args)...);
}
```

emplace_back 的函数体调用了 chk_n_alloc（参见 13.5 节，第 465 页）来确保有足够的空间容纳一个新元素，然后调用了 construct 在 first_free 指向的位置中创建了一个元素。construct 调用中的扩展为

```
std::forward<Args>(args)...
```

它既扩展了模板参数包 Args，也扩展了函数参数包 args。此模式生成如下形式的元素

```
std::forward<T_i>(t_i)
```

其中 T_i 表示模板参数包中第 i 个元素的类型，t_i 表示函数参数包中第 i 个元素。例如，假定 svec 是一个 StrVec，如果我们调用

```
svec.emplace_back(10, 'c'); // 将 cccccccccc 添加为新的尾元素
```

construct 调用中的模式会扩展出

```
std::forward<int>(10), std::forward<char>(c)
```

通过在此调用中使用 forward，我们保证如果用一个右值调用 emplace_back，则 construct 也会得到一个右值。例如，在下面的调用中：

```
svec.emplace_back(s1 + s2); // 使用移动构造函数
```

传递给 emplace_back 的实参是一个右值，它将以如下形式传递给 construct

```
std::forward<string>(string("the end"))
```

forward<string>的结果类型是 string&&，因此 construct 将得到一个右值引用实参。construct 会继续将此实参传递给 string 的移动构造函数来创建新元素。

建议：转发和可变参数模板

　　可变参数函数通常将它们的参数转发给其他函数。这种函数通常具有与我们的emplace_back 函数一样的形式：

```
// fun 有零个或多个参数，每个参数都是一个模板参数类型的右值引用
template<typename... Args>
void fun(Args&&... args) // 将 Args 扩展为一个右值引用的列表
{
        // work 的实参既扩展 Args 又扩展 args
        work(std::forward<Args>(args)...);
}
```

这里我们希望将 fun 的所有实参转发给另一个名为 work 的函数，假定由它完成函数的实际工作。类似 emplace_back 中对 construct 的调用，work 调用中的扩展既扩展了模板参数包也扩展了函数参数包。

　　由于 fun 的参数是右值引用，因此我们可以传递给它任意类型的实参；由于我们使用 std::forward 传递这些实参，因此它们的所有类型信息在调用 work 时都会得到保持。

16.4.3 节练习

练习 16.58：为你的 StrVec 类及你为 16.1.2 节（第 591 页）练习中编写的 Vec 类添加emplace_back 函数。

练习 16.59：假定 s 是一个 string，解释调用 svec.emplace_back(s) 会发生什么。

练习 16.60：解释 make_shared（参见 12.1.1 节，第 401 页）是如何工作的。

练习 16.61：定义你自己版本的 make_shared。

16.5　模板特例化

　　编写单一模板，使之对任何可能的模板实参都是最适合的，都能实例化，这并不总是能办到。在某些情况下，通用模板的定义对特定类型是不适合的：通用定义可能编译失败或做得不正确。其他时候，我们也可以利用某些特定知识来编写更高效的代码，而不是从通用模板实例化。当我们不能（或不希望）使用模板版本时，可以定义类或函数模板的一个特例化版本。

　　我们的 compare 函数是一个很好的例子，它展示了函数模板的通用定义不适合一个特定类型（即字符指针）的情况。我们希望 compare 通过调用 strcmp 比较两个字符指针而非比较指针值。实际上，我们已经重载了 compare 函数来处理字符串字面常量（参见 16.1.1 节，第 579 页）：

707

```
// 第一个版本；可以比较任意两个类型
template <typename T> int compare(const T&, const T&);
// 第二个版本处理字符串字面常量
template<size_t N, size_t M>
int compare(const char (&)[N], const char (&)[M]);
```

但是，只有当我们传递给 compare 一个字符串字面常量或者一个数组时，编译器才会调用接受两个非类型模板参数的版本。如果我们传递给它字符指针，就会调用第一个版本：

```
const char *p1 = "hi", *p2 = "mom";
compare(p1, p2);              // 调用第一个模板
compare("hi", "mom");        // 调用有两个非类型参数的版本
```

我们无法将一个指针转换为一个数组的引用，因此当参数是 p1 和 p2 时，第二个版本的 compare 是不可行的。

为了处理字符指针（而不是数组），可以为第一个版本的 compare 定义一个**模板特例化**（template specialization）版本。一个特例化版本就是模板的一个独立的定义，在其中一个或多个模板参数被指定为特定的类型。

定义函数模板特例化

当我们特例化一个函数模板时，必须为原模板中的每个模板参数都提供实参。为了指出我们正在实例化一个模板，应使用关键字 template 后跟一个空尖括号对（<>）。空尖括号指出我们将为原模板的所有模板参数提供实参：

```
// compare 的特殊版本，处理字符数组的指针
template <>
int compare(const char* const &p1, const char* const &p2)
{
    return strcmp(p1, p2);
}
```

理解此特例化版本的困难之处是函数参数类型。当我们定义一个特例化版本时，函数参数类型必须与一个先前声明的模板中对应的类型匹配。本例中我们特例化：

```
template <typename T> int compare(const T&, const T&);
```

其中函数参数为一个 const 类型的引用。类似类型别名，模板参数类型、指针及 const 之间的相互作用会令人惊讶（参见 2.5.1 节，第 60 页）。

我们希望定义此函数的一个特例化版本，其中 T 为 const char*。我们的函数要求一个指向此类型 const 版本的引用。一个指针类型的 const 版本是一个常量指针而不是指向 const 类型的指针（参见 2.4.2 节，第 56 页）。我们需要在特例化版本中使用的类型是 const char * const &，即一个指向 const char 的 const 指针的引用。

函数重载与模板特例化

708

当定义函数模板的特例化版本时，我们本质上接管了编译器的工作。即，我们为原模板的一个特殊实例提供了定义。重要的是要弄清：一个特例化版本本质上是一个实例，而非函数名的一个重载版本。

 特例化的本质是实例化一个模板，而非重载它。因此，特例化不影响函数匹配。

我们将一个特殊的函数定义为一个特例化版本还是一个独立的非模板函数，会影响到
函数匹配。例如，我们已经定义了两个版本的 compare 函数模板，一个接受数组引用参
数，另一个接受 const T&。我们还定义了一个特例化版本来处理字符指针，这对函数匹
配没有影响。当我们对字符串字面常量调用 compare 时

```
compare("hi", "mom")
```

对此调用，两个函数模板都是可行的，且提供同样好的（即精确的）匹配。但是，接受字
符数组参数的版本更特例化（参见 16.3 节，第 615 页），因此编译器会选择它。

如果我们将接受字符指针的 compare 版本定义为一个普通的非模板函数（而不是模
板的一个特例化版本），此调用的解析就会不同。在此情况下，将会有三个可行的函数：
两个模板和非模板的字符指针版本。所有三个函数都提供同样好的匹配。如前所述，当一
个非模板函数提供与函数模板同样好的匹配时，编译器会选择非模板版本（参见 16.3 节，
第 615 页）。

关键概念：普通作用域规则应用于特例化

为了特例化一个模板，原模板的声明必须在作用域中。而且，在任何使用模板实例
的代码之前，特例化版本的声明也必须在作用域中。

对于普通类和函数，丢失声明的情况（通常）很容易发现——编译器将不能继续处
理我们的代码。但是，如果丢失了一个特例化版本的声明，编译器通常可以用原模板生
成代码。由于在丢失特例化版本时编译器通常会实例化原模板，很容易产生模板及其特
例化版本声明顺序导致的错误，而这种错误又很难查找。

如果一个程序使用一个特例化版本，而同时原模板的一个实例具有相同的模板实参
集合，就会产生错误。但是，这种错误编译器又无法发现。

Best Practices　模板及其特例化版本应该声明在同一个头文件中。所有同名模板的声明应该放
在前面，然后是这些模板的特例化版本。

709> **类模板特例化**

除了特例化函数模板，我们还可以特例化类模板。作为一个例子，我们将为标准库
hash 模板定义一个特例化版本，可以用它来将 Sales_data 对象保存在无序容器中。默
认情况下，无序容器使用 hash<key_type>（参见 11.4 节，第 394 页）来组织其元素。
为了让我们自己的数据类型也能使用这种默认组织方式，必须定义 hash 模板的一个特例
化版本。一个特例化 hash 类必须定义：

- 一个重载的调用运算符（参见 14.8 节，第 506 页），它接受一个容器关键字类型的
  对象，返回一个 size_t。
- 两个类型成员，result_type 和 argument_type，分别调用运算符的返回类型
  和参数类型。
- 默认构造函数和拷贝赋值运算符（可以隐式定义，参见 13.1.2 节，第 443 页）。

在定义此特例化版本的 hash 时，唯一复杂的地方是：必须在原模板定义所在的命名空
间中特例化它。我们将在 18.2 节（第 695 页）中介绍更多命名空间的相关内容。现在，我
们只需知道——我们可以向命名空间添加成员。为了达到这一目的，首先必须打开命名空间：

```
// 打开 std 命名空间，以便特例化 std::hash
namespace std {
```

```
    } // 关闭 std 命名空间；注意：右花括号之后没有分号
```

花括号对之间的任何定义都将成为命名空间 std 的一部分。

下面的代码定义了一个能处理 Sales_data 的特例化 hash 版本：

```
// 打开 std 命名空间，以便特例化 std::hash
namespace std {
template <> // 我们正在定义一个特例化版本，模板参数为 Sales_data
struct hash<Sales_data>
{
    // 用来散列一个无序容器的类型必须要定义下列类型
    typedef size_t result_type;
    typedef Sales_data argument_type; // 默认情况下，此类型需要==
    size_t operator()(const Sales_data& s) const;
    // 我们的类使用合成的拷贝控制成员和默认构造函数
};
size_t
hash<Sales_data>::operator()(const Sales_data& s) const
{
    return hash<string>()(s.bookNo) ^
           hash<unsigned>()(s.units_sold) ^
           hash<double>()(s.revenue);
}
} // 关闭 std 命名空间；注意：右花括号之后没有分号
```

我们的 hash<Sales_data>定义以 template<>开始，指出我们正在定义一个全特例化 710 的模板。我们正在特例化的模板名为 hash，而特例化版本为 hash<Sales_data>。接下来的类成员是按照特例化 hash 的要求而定义的。

类似其他任何类，我们可以在类内或类外定义特例化版本的成员，本例中就是在类外定义的。重载的调用运算符必须为给定类型的值定义一个哈希函数。对于一个给定值，任何时候调用此函数都应该返回相同的结果。一个好的哈希函数对不相等的对象（几乎总是）应该产生不同的结果。

在本例中，我们将定义一个好的哈希函数的复杂任务交给了标准库。标准库为内置类型和很多标准库类型定义了 hash 类的特例化版本。我们使用一个（未命名的）hash<string>对象来生成 bookNo 的哈希值，用一个 hash<unsigned>对象来生成 units_sold 的哈希值，用一个 hash<double>对象来生成 revenue 的哈希值。我们将这些结果进行异或运算（参见 4.8 节，第 137 页），形成给定 Sales_data 对象的完整的哈希值。

值得注意的是，我们的 hash 函数计算所有三个数据成员的哈希值，从而与我们为 Sales_data 定义的 operator==（参见 14.3.1 节，第 497 页）是兼容的。默认情况下，为了处理特定关键字类型，无序容器会组合使用 key_type 对应的特例化 hash 版本和 key_type 上的相等运算符。

假定我们的特例化版本在作用域中，当将 Sales_data 作为容器的关键字类型时，编译器就会自动使用此特例化版本：

```
// 使用 hash<Sales_data>和 14.3.1 节（第 497 页）中 Sales_data 的 operator==
unordered_multiset<Sales_data> SDset;
```

由于 hash<Sales_data>使用 Sales_data 的私有成员，我们必须将它声明为

Sales_data 的友元：

```
template <class T> class std::hash; // 友元声明所需要的
class Sales_data {
friend class std::hash<Sales_data>;
    // 其他成员定义，如前
};
```

这段代码指出特殊实例 hash<Sales_data>是 Sales_data 的友元。由于此实例定义在 std 命名空间中，我们必须记得在 friend 声明中应使用 std::hash。

 为了让 Sales_data 的用户能使用 hash 的特例化版本，我们应该在 Sales_data 的头文件中定义该特例化版本。

类模板部分特例化

与函数模板不同，类模板的特例化不必为所有模板参数提供实参。我们可以只指定一部分而非所有模板参数，或是参数的一部分而非全部特性。一个类模板的**部分特例化**（partial specialization）本身是一个模板，使用它时用户还必须为那些在特例化版本中未指定的模板参数提供实参。

 我们只能部分特例化类模板，而不能部分特例化函数模板。

在 16.2.3 节（第 605 页）中我们介绍了标准库 remove_reference 类型。该模板是通过一系列的特例化版本来完成其功能的：

```
// 原始的、最通用的版本
template <class T> struct remove_reference {
    typedef T type;
};
// 部分特例化版本，将用于左值引用和右值引用
template <class T> struct remove_reference<T&> // 左值引用
    { typedef T type; };
template <class T> struct remove_reference<T&&> // 右值引用
    { typedef T type; };
```

第一个模板定义了最通用的模板。它可以用任意类型实例化；它将模板实参作为 type 成员的类型。接下来的两个类是原始模板的部分特例化版本。

由于一个部分特例化版本本质是一个模板，与往常一样，我们首先定义模板参数。类似任何其他特例化版本，部分特例化版本的名字与原模板的名字相同。对每个未完全确定类型的模板参数，在特例化版本的模板参数列表中都有一项与之对应。在类名之后，我们为要特例化的模板参数指定实参，这些实参列于模板名之后的尖括号中。这些实参与原始模板中的参数按位置对应。

部分特例化版本的模板参数列表是原始模板的参数列表的一个子集或者是一个特例化版本。在本例中，特例化版本的模板参数的数目与原始模板相同，但是类型不同。两个特例化版本分别用于左值引用和右值引用类型：

```
int i;
// decltype(42)为 int，使用原始模板
remove_reference<decltype(42)>::type a;
```

```
// decltype(i)为int&，使用第一个（T&）部分特例化版本
remove_reference<decltype(i)>::type b;
// decltype(std::move(i))为int&&，使用第二个（即T&&）部分特例化版本
remove_reference<decltype(std::move(i))>::type c;
```

三个变量 a、b 和 c 均为 int 类型。

特例化成员而不是类

我们可以只特例化特定成员函数而不是特例化整个模板。例如，如果 Foo 是一个模板类，包含一个成员 Bar，我们可以只特例化该成员：

⟨712⟩

```
template <typename T> struct Foo {
    Foo(const T &t = T()): mem(t) { }
    void Bar() { /* ... */ }
    T mem;
    // Foo 的其他成员
};
template<>              // 我们正在特例化一个模板
void Foo<int>::Bar()   // 我们正在特例化 Foo<int>的成员 Bar
{
    // 进行应用于 int 的特例化处理
}
```

本例中我们只特例化 Foo<int>类的一个成员，其他成员将由 Foo 模板提供：

```
Foo<string> fs;        // 实例化 Foo<string>::Foo()
fs.Bar();              // 实例化 Foo<string>::Bar()
Foo<int> fi;           // 实例化 Foo<int>::Foo()
fi.Bar();              // 使用我们特例化版本的 Foo<int>::Bar()
```

当我们用 int 之外的任何类型使用 Foo 时，其成员像往常一样进行实例化。当我们用 int 使用 Foo 时，Bar 之外的成员像往常一样进行实例化。如果我们使用 Foo<int>的成员 Bar，则会使用我们定义的特例化版本。

16.5 节练习

练习 16.62： 定义你自己版本的 hash<Sales_data>，并定义一个 Sales_data 对象的 unordered_multiset。将多条交易记录保存到容器中，并打印其内容。

练习 16.63： 定义一个函数模板，统计一个给定值在一个 vector 中出现的次数。测试你的函数，分别传递给它一个 double 的 vector，一个 int 的 vector 以及一个 string 的 vector。

练习 16.64： 为上一题中的模板编写特例化版本来处理 vector<const char*>。编写程序使用这个特例化版本。

练习 16.65： 在 16.3 节（第 617 页）中我们定义了两个重载的 debug_rep 版本，一个接受 const char*参数，另一个接受 char*参数。将这两个函数重写为特例化版本。

练习 16.66： 重载 debug_rep 函数与特例化它相比，有何优点和缺点？

练习 16.67： 定义特例化版本会影响 debug_rep 的函数匹配吗？如果不影响，为什么？

⟨713⟩ 小结

模板是 C++语言与众不同的特性，也是标准库的基础。一个模板就是一个编译器用来生成特定类类型或函数的蓝图。生成特定类或函数的过程称为实例化。我们只编写一次模板，就可以将其用于多种类型和值，编译器会为每种类型和值进行模板实例化。

我们既可以定义函数模板，也可以定义类模板。标准库算法都是函数模板，标准库容器都是类模板。

显式模板实参允许我们固定一个或多个模板参数的类型或值。对于指定了显式模板实参的模板参数，可以应用正常的类型转换。

一个模板特例化就是一个用户提供的模板实例，它将一个或多个模板参数绑定到特定类型或值上。当我们不能（或不希望）将模板定义用于某些特定类型时，特例化非常有用。

最新 C++标准的一个主要部分是可变参数模板。一个可变参数模板可以接受数目和类型可变的参数。可变参数模板允许我们编写像容器的 `emplace` 成员和标准库 `make_shared` 函数这样的函数，实现将实参传递给对象的构造函数。

术语表

类模板（class template） 模板定义，可从它实例化出特定的类。类模板的定义以关键字 `template` 开始，后跟尖括号对<和>，其内为一个用逗号分隔的一个或多个模板参数的列表，随后是类的定义。

默认模板实参（default template argument） 一个类型或一个值，当用户未提供对应模板实参时，模板会使用它。

显式实例化（explicit instantiation） 一个声明，为所有模板参数提供了显式实参，用来指导实例化过程。如果声明是`extern`的，模板将不会被实例化；否则，模板将利用指定的实参进行实例化。对每个 `extern` 模板声明，在程序中某处必须有一个非 `extern` 的显式实例化。

显式模板实参（explicit template argument） 在一个函数调用中或定义模板类类型时，由用户提供的模板实参。显式模板实参在紧跟在模板名的尖括号对中给出。

函数参数包（function parameter pack） 表示零个或多个函数参数的参数包。

函数模板（function template） 模板定义，可从它实例化出特定函数。函数模板的定

义以关键字 `template` 开始，后跟尖括号对<和>，其内为一个用逗号分隔的一个或多个模板参数的列表，随后是函数的定义。

实例化（instantiate） 编译器处理过程，用实际的模板实参来生成模板的一个特殊实例，其中参数被替换为对应的实参。当函数模板被调用时，会自动根据传递给它的实参来实例化。而使用类模板时，则需要我们提供显式模板实参。

⟨714⟩**实例**（instantiation） 编译器从模板生成的类或函数。

成员模板（member template） 本身是模板的成员函数。成员模板不能是虚函数。

非类型参数（nontype parameter） 表示值的模板参数。非类型模板参数的实参必须是常量表达式。

包扩展（pack expansion） 处理过程，将一个参数包替换为其中元素的列表。

参数包（parameter pack） 表示零个或多个参数的模板或函数参数。

部分特例化（partial specialization） 类模板的一个版本，其中指定了某些但不是所

有模板参数，或是一个或多个参数的属性未被完全指定。

模式（pattern） 定义了扩展后参数包中每个元素的形式。

模板实参（template argument） 用来实例化模板参数的类型或值。

模板实参推断（template argument deduction） 编译器确定实例化哪个函数模板的过程。编译器检查那些使用模板参数的实参的类型，将这些类型或值绑定到模板参数，来自动实例化一个函数版本。

模板参数（template parameter） 在模板参数列表中指定的名字，可在模板定义内部使用。模板参数可以是类型参数，也可以是非类型参数。为了使用一个类模板，我们必须为每个模板参数提供显式实参。编译器使用这些类型或值实例化出一个类版本，其中所有用到模板参数的地方都被替换为实际的实参。当使用一个函数模板时，编译器使用调用中的函数实参推断模板实参，并使用推断出的模板实参实例化出一个特定的函数。

模板参数列表（template parameter list） 用逗号分隔的参数列表，用于模板的定义或声明中。每个参数可以是一个类型参数，也可以是一个非类型参数。

模板参数包（template parameter pack） 表示零个或多个模板参数的参数包。

模板特例化（template specialization） 类模板、类模板的成员或函数模板的重定义，其中指定了某些（或全部）模板参数。模板特例化版本必须出现在原模板的声明之后，必须出现在任何利用特殊实参来使用模板的代码之前。一个函数模板中的每个模板参数都必须完全特例化。

类型参数（type parameter） 模板参数列表中的名字，用来表示类型。类型参数在关键字 typename 或 class 之后指定。

类型转换（type transformation） 由标准库定义的类模板，可将给定的模板类型参数转换为一个相关类型。

可变参数模板（variadic template） 接受可变数目模板实参的模板。模板参数包用省略号指定（如 class...、typename... 或 *type-name*...）

第 IV 部分
高级主题

内容

　　第 IV 部分将介绍 C++和标准库的一些附加特性,虽然这些特性在特定的情况下很有用,但并非每个 C++程序员都需要它们。这些特性分为两类:一类对于求解大规模的问题很有用;另一类适用于特殊问题而非通用问题。针对特殊问题的特性既有属于 C++语言的(将在第 19 章介绍),也有属于标准库的(将在第 17 章进行介绍)。

　　在第 17 章中我们介绍四个具有特殊目的的标准库设施:bitset 类和三个新标准库设施(tuple、正则表达式和随机数)。我们还将介绍 IO 库中某些不常用的部分。

　　第 18 章介绍异常处理、命名空间和多重继承。这些特性在设计大型程序时是最有用的。

　　即使是一个程序员就能编写的足够简单的程序,也能从异常处理机制受益,这也是为什么我们在第 5 章介绍了异常处理的基本知识的原因。但是,对于需要大型团队才能完成的程序设计问题,运行时错误处理才显得更为重要也更难于管理。在第 18 章中,我们会额外介绍一些有用的异常处理设施。我们还将详细讨论异常是如何处理的,并展示如何定义和使用自己的异常类。这一章还会介绍新标准中异常处理方面的改进——如何指出一个特定函数不会抛出异常。

　　大型应用程序通常会使用来自多个提供商的代码。如果提供商不得不将他们定义的名字放置在单一的命名空间中,那么将多个独立开发的库组合起来是很困难的(如果能组合的话)。独立开发的库几乎必然会使用与其他库相同的名字;对于某个库中定义的名字,如果另一个库中使用了相同的名字,就会引起冲突。为了避免名字冲突,我们可以在一个 namespace 中定义名字。716

无论何时我们使用一个来自标准库的名字，实际上都是在使用名为 std 的命名空间中的名字。第 18 章将会展示如何定义我们自己的命名空间。

第 18 章最后介绍一个很重要但不太常用的语言特性：多重继承。多重继承对非常复杂的继承层次很有用。

第 19 章介绍几种用于特定类别问题的特殊工具和技术，包括如何重定义内存分配机制；C++对运行时类型识别（run-time type identification，RTTI）的支持——允许我们在运行时才确定一个表达式的实际类型；以及如何定义和使用指向类成员的指针。类成员指针不同于普通数据或函数指针。普通指针仅根据对象或函数的类型而变化，而类成员指针还必须反映成员所属的类。我们还将介绍三种附加的聚合类型：联合、嵌套类和局部类。这一章最后将简要介绍一组本质上不可移植的语言特性：volatile 修饰符、位域以及链接指令。

第 17 章
标准库特殊设施

内容

　　最新的 C++标准极大地扩充了标准库的规模和范围。实际上，从 1998 年的第一版标准到 2011 年的最新标准，标准库部分的篇幅增加了两倍以上。因此，介绍所有 C++标准库类的知识大大超出了本书范围。但是，有 4 个标准库设施，虽然它们比我们已经介绍的其他标准库设施更特殊，但也足够通用，应该放在一本入门书籍中进行介绍。这 4 个标准库设施是：tuple、bitset、随机数生成及正则表达式。此外，我们还将介绍 IO 库中一些具有特殊目的的部分。

718

标准库占据了新标准文本将近三分之二的篇幅。虽然我们不能详细介绍所有标准库设施，但仍有一些标准库设施在很多应用中都是有用的：tuple、bitset、正则表达式以及随机数。我们还将介绍一些附加的 IO 库功能：格式控制、未格式化 IO 和随机访问。

17.1 tuple 类型

C++ 11

tuple 是类似 pair（参见 11.2.3 节，第 379 页）的模板。每个 pair 的成员类型都不相同，但每个 pair 都恰好有两个成员。不同 tuple 类型的成员类型也不相同，但一个 tuple 可以有任意数量的成员。每个确定的 tuple 类型的成员数目是固定的，但一个 tuple 类型的成员数目可以与另一个 tuple 类型不同。

当我们希望将一些数据组合成单一对象，但又不想麻烦地定义一个新数据结构来表示这些数据时，tuple 是非常有用的。表 17.1 列出了 tuple 支持的操作。tuple 类型及其伴随类型和函数都定义在 tuple 头文件中。

表 17.1: tuple 支持的操作	
tuple<T1, T2, ..., Tn> t;	t 是一个 tuple，成员数为 n，第 i 个成员的类型为 Ti。所有成员都进行值初始化（参见 3.3.1 节，第 88 页）
tuple<T1, T2, ..., Tn> t(v1, v2, ..., vn);	t 是一个 tuple，成员类型为 T1...Tn，每个成员用对应的初始值 v_i 进行初始化。此构造函数是 explicit 的（参见 7.5.4 节，第 265 页）
make_tuple(v1, v2, ..., vn)	返回一个用给定初始值初始化的 tuple。tuple 的类型从初始值的类型推断
t1 == t2 t1 != t2	当两个 tuple 具有相同数量的成员且成员对应相等时，两个 tuple 相等。这两个操作使用成员的==运算符来完成。一旦发现某对成员不等，接下来的成员就不用比较了
t1 *relop* t2	tuple 的关系运算使用字典序（参见 9.2.7 节，第 304 页）。两个 tuple 必须具有相同数量的成员。使用<运算符比较 t1 的成员和 t2 中的对应成员
get<i>(t)	返回 t 的第 i 个数据成员的引用；如果 t 是一个左值，结果是一个左值引用；否则，结果是一个右值引用。tuple 的所有成员都是 public 的
tuple_size<*tupleType*>::value	一个类模板，可以通过一个 tuple 类型来初始化。它有一个名为 value 的 public constexpr static 数据成员，类型为 size_t，表示给定 tuple 类型中成员的数量
tuple_element<i, tupleType>::type	一个类模板，可以通过一个整型常量和一个 tuple 类型来初始化。它有一个名为 type 的 public 成员，表示给定 tuple 类型中指定成员的类型

 我们可以将 tuple 看作一个"快速而随意"的数据结构。

17.1.1 定义和初始化 tuple

当我们定义一个 tuple 时，需要指出每个成员的类型：

```cpp
tuple<size_t, size_t, size_t> threeD; // 三个成员都设置为 0
tuple<string, vector<double>, int, list<int>>
    someVal("constants", {3.14, 2.718}, 42, {0,1,2,3,4,5})
```

当我们创建一个 tuple 对象时，可以使用 tuple 的默认构造函数，它会对每个成员进行值初始化（参见 3.3.1 节，第 88 页）；也可以像本例中初始化 someVal 一样，为每个成员提供一个初始值。tuple 的这个构造函数是 explicit 的（参见 7.5.4 节，第 265 页），因此我们必须使用直接初始化语法：

```cpp
tuple<size_t, size_t, size_t> threeD = {1,2,3};    // 错误
tuple<size_t, size_t, size_t> threeD{1,2,3};       // 正确
```

类似 make_pair 函数（参见 11.2.3 节，第 381 页），标准库定义了 make_tuple 函数，我们还可以用它来生成 tuple 对象：

```cpp
// 表示书店交易记录的 tuple，包含：ISBN、数量和每册书的价格
auto item = make_tuple("0-999-78345-X", 3, 20.00);
```

类似 make_pair，make_tuple 函数使用初始值的类型来推断 tuple 的类型。在本例中，item 是一个 tuple，类型为 tuple<const char*, int, double>。

<719

访问 tuple 的成员

一个 pair 总是有两个成员，这样，标准库就可以为它们命名(如，first 和 second)。但这种命名方式对 tuple 是不可能的，因为一个 tuple 类型的成员数目是没有限制的。因此，tuple 的成员都是未命名的。要访问一个 tuple 的成员，就要使用一个名为 **get** 的标准库函数模板。为了使用 get，我们必须指定一个显式模板实参（参见 16.2.2 节，第 603 页），它指出我们想要访问第几个成员。我们传递给 get 一个 tuple 对象，它返回指定成员的引用：

```cpp
auto book = get<0>(item);      // 返回 item 的第一个成员
auto cnt = get<1>(item);       // 返回 item 的第二个成员
auto price = get<2>(item)/cnt; // 返回 item 的最后一个成员
get<2>(item) *= 0.8;           // 打折 20%
```

尖括号中的值必须是一个整型常量表达式（参见 2.4.4 节，第 58 页）。与往常一样，我们从 0 开始计数，意味着 get<0> 是第一个成员。

如果不知道一个 tuple 准确的类型细节信息，可以用两个辅助类模板来查询 tuple 成员的数量和类型：

<720

```cpp
typedef decltype(item) trans; // trans 是 item 的类型
// 返回 trans 类型对象中成员的数量
size_t sz = tuple_size<trans>::value; // 返回 3
// cnt 的类型与 item 中第二个成员相同
tuple_element<1, trans>::type cnt = get<1>(item); // cnt 是一个 int
```

为了使用 tuple_size 或 tuple_element，我们需要知道一个 tuple 对象的类型。与往常一样，确定一个对象的类型的最简单方法就是使用 decltype（参见 2.5.3 节，第 62 页）。在本例中，我们使用 decltype 来为 item 类型定义一个类型别名，用它来实例化

两个模板。

tuple_size 有一个名为 value 的 public static 数据成员，它表示给定 tuple 中成员的数量。tuple_element 模板除了一个 tuple 类型外，还接受一个索引值。它有一个名为 type 的 public 类型成员，表示给定 tuple 类型中指定成员的类型。类似 get，tuple_element 所使用的索引也是从 0 开始计数的。

关系和相等运算符

tuple 的关系和相等运算符的行为类似容器的对应操作（参见 9.2.7 节，第 304 页）。这些运算符逐对比较左侧 tuple 和右侧 tuple 的成员。只有两个 tuple 具有相同数量的成员时，我们才可以比较它们。而且，为了使用 tuple 的相等或不等运算符，对每对成员使用==运算符必须都是合法的；为了使用关系运算符，对每对成员使用<必须都是合法的。例如：

```cpp
tuple<string, string> duo("1", "2");
tuple<size_t, size_t> twoD(1, 2);
bool b = (duo == twoD);   // 错误：不能比较 size_t 和 string
tuple<size_t, size_t, size_t> threeD(1, 2, 3);
b = (twoD < threeD);      // 错误：成员数量不同
tuple<size_t, size_t> origin(0, 0);
b = (origin < twoD);      // 正确：b 为 true
```

 由于 tuple 定义了<和==运算符，我们可以将 tuple 序列传递给算法，并且可以在无序容器中将 tuple 作为关键字类型。

17.1.1 节练习

练习 17.1：定义一个保存三个 int 值的 tuple，并将其成员分别初始化为 10、20 和 30。

练习 17.2：定义一个 tuple，保存一个 string、一个 vector<string>和一个 pair<string, int>。

练习 17.3：重写 12.3 节（第 430 页）中的 TextQuery 程序，使用 tuple 代替 QueryResult 类。你认为哪种设计更好？为什么？

721〉 **17.1.2　使用 tuple 返回多个值**

tuple 的一个常见用途是从一个函数返回多个值。例如，我们的书店可能是多家连锁书店中的一家。每家书店都有一个销售记录文件，保存每本书近期的销售数据。我们可能希望在所有书店中查询某本书的销售情况。

假定每家书店都有一个销售记录文件。每个文件都将每本书的所有销售记录存放在一起。进一步假定已有一个函数可以读取这些销售记录文件，为每个书店创建一个 vector<Sales_data>，并将这些 vector 保存在 vector 的 vector 中：

```cpp
// files 中的每个元素保存一家书店的销售记录
vector<vector<Sales_data>> files;
```

我们将编写一个函数，对于一本给定的书，在 files 中搜索出售过这本书的书店。对每家有匹配销售记录的书店，我们将创建一个 tuple 来保存这家书店的索引和两个迭代器。

索引指出了书店在 files 中的位置，而两个迭代器则标记了给定书籍在此书店的
vector<Sales_data>中第一条销售记录和最后一条销售记录之后的位置。

返回 tuple 的函数

我们首先编写查找给定书籍的函数。此函数的参数是刚刚提到的 vector 的 vector
以及一个表示书籍 ISBN 的 string。我们的函数将返回一个 tuple 的 vector，凡是销
售了给定书籍的书店，都在 vector 中有对应的一项：

```cpp
// matches 有三个成员：一家书店的索引和两个指向书店 vector 中元素的迭代器
typedef tuple<vector<Sales_data>::size_type,
              vector<Sales_data>::const_iterator,
              vector<Sales_data>::const_iterator> matches;
// files 保存每家书店的销售记录
// findBook 返回一个 vector，每家销售了给定书籍的书店在其中都有一项
vector<matches>
findBook(const vector<vector<Sales_data>> &files,
         const string &book)
{
    vector<matches> ret; // 初始化为空 vector
    // 对每家书店，查找与给定书籍匹配的记录范围（如果存在的话）
    for (auto it = files.cbegin(); it != files.cend(); ++it) {
        // 查找具有相同 ISBN 的 Sales_data 范围
        auto found = equal_range(it->cbegin(), it->cend(),
                                 book, compareIsbn);
        if (found.first != found.second) // 此书店销售了给定书籍
            // 记住此书店的索引及匹配的范围
            ret.push_back(make_tuple(it - files.cbegin(),
                                     found.first, found.second));
    }
    return ret; // 如果未找到匹配记录的话，ret 为空
}
```

for 循环遍历 files 中的元素，每个元素都是一个 vector。在 for 循环内，我们调用 <722]
了一个名为 equal_range 的标准库算法，它的功能与关联容器的同名成员类似（参见
11.3.5 节，第 390 页）。equal_range 的前两个实参是表示输入序列的迭代器（参见 10.1
节，第 336 页），第三个参数是一个值。默认情况下，equal_range 使用<运算符来比较
元素。由于 Sales_data 没有<运算符，因此我们传递给它一个指向 compareIsbn 函数
的指针（参见 11.2.2 节，第 379 页）。

equal_range 算法返回一个迭代器 pair，表示元素的范围。如果未找到 book，则
两个迭代器相等，表示空范围。否则，返回的 pair 的 first 成员将表示第一条匹配的
记录，second 则表示匹配的尾后位置。

使用函数返回的 tuple

一旦我们创建了 vector 保存包含匹配的销售记录的书店，就需要处理这些记录了。
在此程序中，对每家包含匹配销售记录的书店，我们将打印其汇总销售信息：

```cpp
void reportResults(istream &in, ostream &os,
                   const vector<vector<Sales_data>> &files)
{
    string s; // 要查找的书
```

```
        while (in >> s) {
            auto trans = findBook(files, s); // 销售了这本书的书店
            if (trans.empty()) {
                cout << s << " not found in any stores" << endl;
                continue; // 获得下一本要查找的书
            }
            for (const auto &store : trans) // 对每家销售了给定书籍的书店
                // get<n>返回store中tuple的指定的成员
                os << "store " << get<0>(store) << " sales: "
                   << accumulate(get<1>(store), get<2>(store),
                                    Sales_data(s))
                   << endl;
        }
    }
```

while 循环反复读取名为 in 的 istream 来获得下一本要处理的书。我们调用 findBook 来检查 s 是否存在，并将结果赋予 trans。我们使用 auto 来简化 trans 类型的代码编写，它是一个 tuple 的 vector。

如果 trans 为空，表示没有关于 s 的销售记录。在此情况下，我们打印一条信息并返回，执行下一步 while 循环来获取下一本要查找的书。

for 循环将 store 绑定到 trans 中的每个元素。由于不希望改变 trans 中的元素，我们将 store 声明为 const 的引用。我们使用 get 来打印相关数据：get<0>表示对应书店的索引、get<1>表示第一条交易记录的迭代器、get<2>表示尾后位置的迭代器。

由于 Sales_data 定义了加法运算符（参见 14.3 节，第 497 页），因此我们可以以标准库的 accumulate 算法（参见 10.2.1 节，第 338 页）来累加销售记录。我们用 Sales_data 的接受一个 string 参数的构造函数（参见 7.1.4 节，第 236 页）来初始化一个 Sales_data 对象，将此对象传递给 accumulate 作为求和的起点。此构造函数用给定的 string 初始化 bookNo，并将 units_sold 和 revenue 成员置为 0。

723>

17.1.2 节练习

练习 17.4：编写并测试你自己版本的 findBook 函数。

练习 17.5：重写 findBook，令其返回一个 pair，包含一个索引和一个迭代器 pair。

练习 17.6：重写 findBook，不使用 tuple 或 pair。

练习 17.7：解释你更倾向于哪个版本的 findBook，为什么。

练习 17.8：在本节最后一段代码中，如果我们将 Sales_data() 作为第三个参数传递给 accumulate，会发生什么？

17.2   bitset 类型

在 4.8 节（第 135 页）中我们介绍了将整型运算对象当作二进制位集合处理的一些内置运算符。标准库还定义了 **bitset** 类，使得位运算的使用更为容易，并且能够处理超过最长整型类型大小的位集合。bitset 类定义在头文件 bitset 中。

17.2.1 定义和初始化 bitset

表 17.2 列出了 bitset 的构造函数。bitset 类是一个类模板，它类似 array 类，具有固定的大小（参见 9.2.4 节，第 301 页）。当我们定义一个 bitset 时，需要声明它包含多少个二进制位：

```
bitset<32> bitvec(1U);  // 32 位；低位为 1，其他位为 0
```

大小必须是一个常量表达式（参见 2.4.4 节，第 58 页）。这条语句定义 bitvec 为一个包含 32 位的 bitset。就像 vector 包含未命名的元素一样，bitset 中的二进制位也是未命名的，我们通过位置来访问它们。二进制位的位置是从 0 开始编号的。因此，bitvec 包含编号从 0 到 31 的 32 个二进制位。编号从 0 开始的二进制位被称为**低位**（low-order），编号到 31 结束的二进制位被称为**高位**（high-order）。

表 17.2：初始化 bitset 的方法	
bitset<n> b;	b 有 n 位；每一位均为 0。此构造函数是一个 constexpr（参见 7.5.6 节，第 267 页）
bitset<n> b(u);	b 是 unsigned long long 值 u 的低 n 位的拷贝。如果 n 大于 unsigned long long 的大小，则 b 中超出 unsigned long long 的高位被置为 0。此构造函数是一个 constexpr（参见 7.5.6 节，第 267 页）
bitset<n> b(s, pos, m, zero, one);	b 是 string s 从位置 pos 开始 m 个字符的拷贝。s 只能包含字符 zero 或 one；如果 s 包含任何其他字符，构造函数会抛出 invalid_argument 异常。字符在 b 中分别保存为 zero 和 one。pos 默认为 0，m 默认为 string::npos，zero 默认为 '0'，one 默认为 '1'
bitset<n> b(cp, pos, m, zero, one);	与上一个构造函数相同，但从 cp 指向的字符数组中拷贝字符。如果未提供 m，则 cp 必须指向一个 C 风格字符串。如果提供了 m，则从 cp 开始必须至少有 m 个 zero 或 one 字符

接受一个 string 或一个字符指针的构造函数是 explicit 的（参见 7.5.4 节，第 265 页）。在新标准中增加了为 0 和 1 指定其他字符的功能。

用 unsigned 值初始化 bitset

当我们使用一个整型值来初始化 bitset 时，此值将被转换为 unsigned long long 类型并被当作位模式来处理。bitset 中的二进制位将是此模式的一个副本。如果 bitset 的大小大于一个 unsigned long long 中的二进制位数，则剩余的高位被置为 0。如果 bitset 的大小小于一个 unsigned long long 中的二进制位数，则只使用给定值中的低位，超出 bitset 大小的高位被丢弃：

```
// bitvec1 比初始值小；初始值中的高位被丢弃
bitset<13> bitvec1(0xbeef);  // 二进制位序列为 1111011101111
// bitvec2 比初始值大；它的高位被置为 0
bitset<20> bitvec2(0xbeef);  // 二进制位序列为 00001011111011101111
// 在 64 位机器中，long long 0ULL 是 64 个 0 比特，因此 ~0ULL 是 64 个 1
bitset<128> bitvec3(~0ULL);  // 0~63 位为 1；63~127 位为 0
```

724

从一个 string 初始化 bitset

我们可以从一个 string 或一个字符数组指针来初始化 bitset。两种情况下，字符都直接表示位模式。与往常一样，当我们使用字符串表示数时，字符串中下标最小的字符对应高位，反之亦然：

```cpp
bitset<32> bitvec4("1100"); // 2、3 两位为 1, 剩余两位为 0
```

如果 string 包含的字符数比 bitset 少，则 bitset 的高位被置为 0。

> string 的下标编号习惯与 bitset 恰好相反:string 中下标最大的字符(最右字符)用来初始化 bitset 中的低位(下标为 0 的二进制位)。当你用一个 string 初始化一个 bitset 时，要记住这个差别。

725>

我们不必使用整个 string 来作为 bitset 的初始值,可以只用一个子串作为初始值:

```cpp
string str("1111111000000011001101");
bitset<32> bitvec5(str, 5, 4); // 从 str[5] 开始的四个二进制位, 1100
bitset<32> bitvec6(str, str.size()-4); // 使用最后四个字符
```

此处，bitvec5 用 str 中从 str[5] 开始的长度为 4 的子串进行初始化。与往常一样，子串的最右字符表示最低位。因此，bitvec5 中第 3 位到第 0 位被设置为 1100，剩余位被设置为 0。传递给 bitvec6 的初始值是一个 string 和一个开始位置,因此 bitvec6 用 str 中倒数第四个字符开始的子串进行初始化。bitvec6 中剩余二进制位被初始化为 0。下图说明了这两个初始化过程

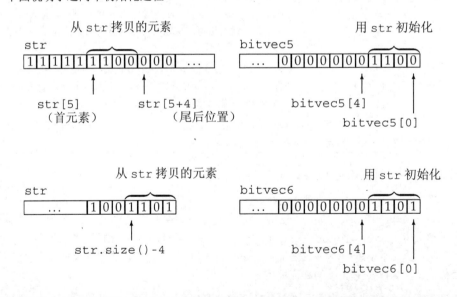

17.2.1 节练习

练习 17.9：解释下列每个 bitset 对象所包含的位模式:

(a) bitset<64> bitvec(32);

(b) bitset<32> bv(1010101);

(c) string bstr; cin >> bstr; bitset<8>bv(bstr);

17.2.2 bitset 操作

bitset 操作（参见表 17.3）定义了多种检测或设置一个或多个二进制位的方法。bitset 类还支持我们在 4.8 节（第 136 页）中介绍过的位运算符。这些运算符用于 bitset 对象的含义与内置运算符用于 unsigned 运算对象相同。

表 17.3：bitset 操作	726
b.any()	b 中是否存在置位的二进制位
b.all()	b 中所有位都置位了吗
b.none()	b 中不存在置位的二进制位吗
b.count()	b 中置位的位数
b.size()	一个 constexpr 函数（参见 2.4.4 节，第 58 页），返回 b 中的位数
b.test(pos)	若 pos 位置的位是置位的，则返回 true，否则返回 false
b.set(pos,v) b.set()	将位置 pos 处的位设置为 bool 值 v。v 默认为 true。如果未传递实参，则将 b 中所有位置位
b.reset(pos) b.reset()	将位置 pos 处的位复位或将 b 中所有位复位
b.flip(pos) b.flip()	改变位置 pos 处的位的状态或改变 b 中每一位的状态
b[pos]	访问 b 中位置 pos 处的位；如果 b 是 const 的，则当该位置位时 b[pos] 返回一个 bool 值 true，否则返回 false
b.to_ulong() b.to_ullong()	返回一个 unsigned long 或一个 unsigned long long 值，其位模式与 b 相同。如果 b 中位模式不能放入指定的结果类型，则抛出一个 overflow_error 异常
b.to_string(zero, one)	返回一个 string，表示 b 中的位模式。zero 和 one 的默认值分别为 0 和 1，用来表示 b 中的 0 和 1
os << b	将 b 中二进制位打印为字符 1 或 0，打印到流 os
is >> b	从 is 读取字符存入 b。当下一个字符不是 1 或 0 时，或是已经读入 b.size() 个位时，读取过程停止

count、size、all、any 和 none 等几个操作都不接受参数，返回整个 bitset 的状态。其他操作——set、reset 和 flip 则改变 bitset 的状态。改变 bitset 状态的成员函数都是重载的。对每个函数，不接受参数的版本对整个集合执行给定的操作；接受一个位置参数的版本则对指定位执行操作：

```
bitset<32> bitvec(1U);              // 32 位；低位为 1，剩余位为 0
bool is_set = bitvec.any();         // true，因为有 1 位置位
bool is_not_set = bitvec.none();    // false，因为有 1 位置位了
bool all_set = bitvec.all();        // false，因为只有 1 位置位
size_t onBits = bitvec.count();     // 返回 1
size_t sz = bitvec.size();          // 返回 32
bitvec.flip();   // 翻转 bitvec 中的所有位
bitvec.reset();  // 将所有位复位
bitvec.set();    // 将所有位置位
```

当 bitset 对象的一个或多个位置位（即，等于 1）时，操作 any 返回 true。相反，当所有位复位时，none 返回 true。新标准引入了 all 操作，当所有位置位时返回 true。

C++11

727 > 操作 count 和 size 返回 size_t 类型的值（参见 3.5.2 节，第 103 页），分别表示对象中置位的位数或总位数。函数 size 是一个 constexpr 函数，因此可以用在要求常量表达式的地方（参见 2.4.4 节，第 58 页）。

成员 flip、set、reset 及 test 允许我们读写指定位置的位：

```
bitvec.flip(0);          // 翻转第一位
bitvec.set(bitvec.size() - 1); // 置位最后一位
bitvec.set(0, 0);        // 复位第一位
bitvec.reset(i);         // 复位第 i 位
bitvec.test(0);          // 返回 false，因为第一位是复位的
```

下标运算符对 const 属性进行了重载。const 版本的下标运算符在指定位置位时返回 true，否则返回 false。非 const 版本返回 bitset 定义的一个特殊类型，它允许我们操纵指定位的值：

```
bitvec[0] = 0;           // 将第一位复位
bitvec[31] = bitvec[0];  // 将最后一位设置为与第一位一样
bitvec[0].flip();        // 翻转第一位
~bitvec[0];              // 等价操作，也是翻转第一位
bool b = bitvec[0];      // 将 bitvec[0] 的值转换为 bool 类型
```

提取 bitset 的值

to_ulong 和 to_ullong 操作都返回一个值，保存了与 bitset 对象相同的位模式。只有当 bitset 的大小小于等于对应的大小（to_ulong 为 unsigned long，to_ullong 为 unsigned long long）时，我们才能使用这两个操作：

```
unsigned long ulong = bitvec3.to_ulong();
cout << "ulong = " << ulong << endl;
```

 如果 bitset 中的值不能放入给定类型中，则这两个操作会抛出一个 overflow_error 异常（参见 5.6 节，第 173 页）。

bitset 的 IO 运算符

输入运算符从一个输入流读取字符，保存到一个临时的 string 对象中。直到读取的字符数达到对应 bitset 的大小时，或是遇到不是 1 或 0 的字符时，或是遇到文件尾或输入错误时，读取过程才停止。随即用临时 string 对象来初始化 bitset（参见 17.2.1 节，第 642 页）。如果读取的字符数小于 bitset 的大小，则与往常一样，高位将被置为 0。

输出运算符打印一个 bitset 对象中的位模式：

```
bitset<16> bits;
cin >> bits; // 从 cin 读取最多 16 个 0 或 1
cout << "bits: " << bits << endl; // 打印刚刚读取的内容
```

728 > ### 使用 bitset

为了说明如何使用 bitset，我们重新实现 4.8 节（第 137 页）中的评分程序，用 bitset 代替 unsigned long 表示 30 个学生的测验结果——"通过/失败"：

```
bool status;
// 使用位运算符的版本
unsigned long quizA = 0;              // 此值被当作位集合使用
```

```
quizA |= 1UL << 27;                // 指出第 27 个学生通过了测验
status = quizA & (1UL << 27);      // 检查第 27 个学生是否通过了测验
quizA &= ~(1UL << 27);             // 第 27 个学生未通过测验
// 使用标准库类 bitset 完成等价的工作
bitset<30> quizB;                  // 每个学生分配一位, 所有位都被初始化为 0
quizB.set(27);                     // 指出第 27 个学生通过了测验
status = quizB[27];                // 检查第 27 个学生是否通过了测验
quizB.reset(27);                   // 第 27 个学生未通过测验
```

17.2.2 节练习

练习 17.10：使用序列 1、2、3、5、8、13、21 初始化一个 bitset，将这些位置置位。对另一个 bitset 进行默认初始化，并编写一小段程序将其恰当的位置位。

练习 17.11：定义一个数据结构，包含一个整型对象，记录一个包含 10 个问题的真/假测验的解答。如果测验包含 100 道题，你需要对数据结构做出什么改变(如果需要的话)?

练习 17.12：使用前一题中的数据结构，编写一个函数，它接受一个问题编号和一个表示真/假解答的值，函数根据这两个参数更新测验的解答。

练习 17.13：编写一个整型对象，包含真/假测验的正确答案。使用它来为前两题中的数据结构生成测验成绩。

17.3 正则表达式

　　正则表达式（regular expression）是一种描述字符序列的方法，是一种极其强大的计算工具。但是，用于定义正则表达式的描述语言已经大大超出了本书的范围。因此，我们重点介绍如何使用 C++正则表达式库（RE 库），它是新标准库的一部分。RE 库定义在头文件 regex 中，它包含多个组件，列于表 17.4 中。

表 17.4：正则表达式库组件	
regex	表示有一个正则表达式的类
regex_match	将一个字符序列与一个正则表达式匹配
regex_search	寻找第一个与正则表达式匹配的子序列
regex_replace	使用给定格式替换一个正则表达式
sregex_iterator	迭代器适配器，调用 regex_search 来遍历一个 string 中所有匹配的子串
smatch	容器类，保存在 string 中搜索的结果
ssub_match	string 中匹配的子表达式的结果

 如果你还不熟悉正则表达式的使用，你应该浏览这一节，以获得正则表达式可以做什么的一些概念。

　　regex 类表示一个正则表达式。除了初始化和赋值之外，regex 还支持其他一些操作。表 17.6（第 647 页）列出了 regex 支持的操作。

　　函数 **regex_match** 和 **regex_search** 确定一个给定字符序列与一个给定 regex

是否匹配。如果整个输入序列与表达式匹配，则 regex_match 函数返回 true；如果输入序列中一个子串与表达式匹配，则 regex_search 函数返回 true。还有一个 regex_replace 函数，我们将在 17.3.4 节（第 657 页）中介绍。

　　表 17.5 列出了 regex 的函数的参数。这些函数都返回 bool 值，且都被重载了：其中一个版本接受一个类型为 **smatch** 的附加参数。如果匹配成功，这些函数将成功匹配的相关信息保存在给定的 smatch 对象中。

表 17.5：regex_search 和 regex_match 的参数
注意：这些操作返回 bool 值，指出是否找到匹配。

| (*seq*, m, r, mft)
(*seq*, r, mft) | 在字符序列 *seq* 中查找 regex 对象 r 中的正则表达式。*seq* 可以是一个 string、表示范围的一对迭代器以及一个指向空字符结尾的字符数组的指针

m 是一个 *match* 对象，用来保存匹配结果的相关细节。m 和 *seq* 必须具有兼容的类型（参见 17.3.1 节，第 649 页）

mft 是一个可选的 regex_constants::match_flag_type 值。表 17.13（第 659 页）描述了这些值，它们会影响匹配过程 |

17.3.1　使用正则表达式库

　　我们从一个非常简单的例子开始——查找违反众所周知的拼写规则"i 除非在 c 之后，否则必须在 e 之前"的单词：

```
// 查找不在字符 c 之后的字符串 ei
string pattern("[^c]ei");
// 我们需要包含 pattern 的整个单词
pattern = "[[:alpha:]]*" + pattern + "[[:alpha:]]*";
regex r(pattern);       // 构造一个用于查找模式的 regex
smatch results;         // 定义一个对象保存搜索结果
// 定义一个 string 保存与模式匹配和不匹配的文本
string test_str = "receipt freind theif receive";
// 用 r 在 test_str 中查找与 pattern 匹配的子串
if (regex_search(test_str, results, r))   // 如果有匹配子串
    cout << results.str() << endl;        // 打印匹配的单词
```

我们首先定义了一个 string 来保存希望查找的正则表达式。正则表达式[^c]表明我们希望匹配任意不是'c'的字符，而[^c]ei 指出我们想要匹配这种字符后接 ei 的字符串。此模式描述的字符串恰好包含三个字符。我们想要包含此模式的单词的完整内容。为了与整个单词匹配，我们还需要一个正则表达式与这个三字母模式之前和之后的字母匹配。

> 730

　　这个正则表达式包含零个或多个字母后接我们的三字母的模式，然后再接零个或多个额外的字母。默认情况下，regex 使用的正则表达式语言是 ECMAScript。在 ECMAScript 中，模式[[::alpha:]]匹配任意字母，符号+和*分别表示我们希望"一个或多个"或"零个或多个"匹配。因此[[::alpha:]]*将匹配零个或多个字母。

　　将正则表达式存入 pattern 后，我们用它来初始化一个名为 r 的 regex 对象。接下来我们定义了一个 string，用来测试正则表达式。我们将 test_str 初始化为与模式匹配的单词（如"freind"和"thief"）和不匹配的单词（如"recepit"和"receive"）。我们还定义了一个名为 results 的 smatch 对象，它将被传递给 regex_search。如果找到匹配子串，results 将会保存匹配位置的细节信息。

接下来我们调用了 regex_search。如果它找到匹配子串，就返回 true。我们用 results 的 str 成员来打印 test_str 中与模式匹配的部分。函数 regex_search 在输入序列中只要找到一个匹配子串就会停止查找。因此，程序的输出将是

freind

17.3.2 节（第 650 页）将会介绍如何查找输入序列中所有的匹配子串。

指定 regex 对象的选项

当我们定义一个 regex 或是对一个 regex 调用 assign 为其赋予新值时，可以指定一些标志来影响 regex 如何操作。这些标志控制 regex 对象的处理过程。表 17.6 列出的最后 6 个标志指出编写正则表达式所用的语言。对这 6 个标志，我们必须设置其中之一，且只能设置一个。默认情况下，ECMAScript 标志被设置，从而 regex 会使用 ECMA-262 规范，这也是很多 Web 浏览器所使用的正则表达式语言。

表 17.6：regex（和 wregex）选项	
regex r(*re*) regex r(*re*, f)	*re* 表示一个正则表达式，它可以是一个 string、一个表示字符范围的迭代器对、一个指向空字符结尾的字符数组的指针、一个字符指针和一个计数器或是一个花括号包围的字符列表。f 是指出对象如何处理的标志。f 通过下面列出的值来设置。如果未指定 f，其默认值为 ECMAScript
r1 = *re*	将 r1 中的正则表达式替换为 *re*。*re* 表示一个正则表达式，它可以是另一个 regex 对象、一个 string、一个指向空字符结尾的字符数组的指针或是一个花括号包围的字符列表
r1.assign(*re*, f)	与使用赋值运算符（=）效果相同；可选的标志 f 也与 regex 的构造函数中对应的参数含义相同
r.mark_count()	r 中子表达式的数目（我们将在 17.3.3 节（第 654 页）中介绍）
r.flags()	返回 r 的标志集

注：构造函数和赋值操作可能抛出类型为 regex_error 的异常。

定义 regex 时指定的标志

定义在 regex 和 regex_constants::syntax_option_type 中

icase	在匹配过程中忽略大小写
nosubs	不保存匹配的子表达式
optimize	执行速度优先于构造速度
ECMAScript	使用 ECMA-262 指定的语法
basic	使用 POSIX 基本的正则表达式语法
extended	使用 POSIX 扩展的正则表达式语法
awk	使用 POSIX 版本的 *awk* 语言的语法
grep	使用 POSIX 版本的 grep 的语法
egrep	使用 POSIX 版本的 egrep 的语法

其他 3 个标志允许我们指定正则表达式处理过程中与语言无关的方面。例如，我们可以指出希望正则表达式以大小写无关的方式进行匹配。

作为一个例子，我们可以用 icase 标志查找具有特定扩展名的文件名。大多数操作系统都是按大小写无关的方式来识别扩展名的——可以将一个 C++ 程序保存在 .cc 结尾的文件中，也可以保存在 .Cc、.cC 或是 .CC 结尾的文件中，效果是一样的。如下所示，我

们可以编写一个正则表达式来识别上述任何一种扩展名以及其他普通文件扩展名：

```
// 一个或多个字母或数字字符后接一个'.'再接"cpp"或"cxx"或"cc"
regex r("[[:alnum:]]+\\.(cpp|cxx|cc)$", regex::icase);
smatch results;
string filename;
while (cin >> filename)
    if (regex_search(filename, results, r))
        cout << results.str() << endl; // 打印匹配结果
```

此表达式将匹配这样的字符串：一个或多个字母或数字后接一个句点再接三个文件扩展名之一。这样，此正则表达式将会匹配指定的文件扩展名而不理会大小写。

就像 C++语言中有特殊字符一样（参见 2.1.3 节，第 36 页），正则表达式语言通常也有特殊字符。例如，字符点（.）通常匹配任意字符。与 C++一样，我们可以在字符之前放置一个反斜线来去掉其特殊含义。由于反斜线也是 C++中的一个特殊字符，我们在字符串字面常量中必须连续使用两个反斜线来告诉 C++我们想要一个普通反斜线字符。因此，为了表示与句点字符匹配的正则表达式，必须写成\\.（第一个反斜线去掉 C++语言中反斜线的特殊含义，即，正则表达式字符串为\.，第二个反斜线则表示在正则表达式中去掉.的特殊含义）。

732 指定或使用正则表达式时的错误

我们可以将正则表达式本身看作用一种简单程序设计语言编写的"程序"。这种语言不是由 C++编译器解释的。正则表达式是在运行时，当一个 regex 对象被初始化或被赋予一个新模式时，才被"编译"的。与任何其他程序设计语言一样，我们用这种语言编写的正则表达式也可能有错误。

 需要意识到的非常重要的一点是，一个正则表达式的语法是否正确是在运行时解析的。

如果我们编写的正则表达式存在错误，则在运行时标准库会抛出一个类型为 **regex_error** 的异常（参见 5.6 节，第 173 页）。类似标准异常类型，regex_error 有一个 what 操作来描述发生了什么错误（参见 5.6.2 节，第 175 页）。regex_error 还有一个名为 code 的成员，用来返回某个错误类型对应的数值编码。code 返回的值是由具体实现定义的。RE 库能抛出的标准错误如表 17.7 所示。

例如，我们可能在模式中意外遇到一个方括号：

```
try {
    // 错误：alnum 漏掉了右括号，构造函数会抛出异常
    regex r("[[:alnum:]+\\.(cpp|cxx|cc)$", regex::icase);
} catch (regex_error e)
  { cout << e.what() << "\ncode: " << e.code() << endl; }
```

当这段程序在我们的系统上运行时，程序会生成：

```
regex_error(error_brack):
The expression contained mismatched [ and ].
code: 4
```

表 17.7：正则表达式错误类型
定义在 `regex` 和 `regex_constants::error_type` 中
`error_collate` 无效的元素校对请求
`error_ctype` 无效的字符类
`error_escape` 无效的转义字符或无效的尾置转义
`error_backref` 无效的向后引用
`error_brack` 不匹配的方括号（[或]）
`error_paren` 不匹配的小括号（(或)）
`error_brace` 不匹配的花括号（{或}）
`error_badbrace` {}中无效的范围
`error_range` 无效的字符范围（如[z-a]）
`error_space` 内存不足，无法处理此正则表达式
`error_badrepeat` 重复字符（*、?、+或{）之前没有有效的正则表达式
`error_complexity` 要求的匹配过于复杂
`error_stack` 栈空间不足，无法处理匹配

我们的编译器定义了 code 成员，返回表 17.7 列出的错误类型的编号，与往常一样，<733>
编号从 0 开始。

建议：避免创建不必要的正则表达式

如我们所见，一个正则表达式所表示的"程序"是在运行时而非编译时编译的。正则表达式的编译是一个非常慢的操作，特别是在你使用了扩展的正则表达式语法或是复杂的正则表达式时。因此，构造一个 regex 对象以及向一个已存在的 regex 赋予一个新的正则表达式可能是非常耗时的。为了最小化这种开销，你应该努力避免创建很多不必要的 regex。特别是，如果你在一个循环中使用正则表达式，应该在循环外创建它，而不是在每步迭代时都编译它。

正则表达式类和输入序列类型

我们可以搜索多种类型的输入序列。输入可以是普通 char 数据或 wchar_t 数据，字符可以保存在标准库 string 中或是 char 数组中（或是宽字符版本，wstring 或 wchar_t 数组中）。RE 为这些不同的输入序列类型都定义了对应的类型。

例如，regex 类保存类型 char 的正则表达式。标准库还定义了一个 wregex 类保存类型 wachar_t，其操作与 regex 完全相同。两者唯一的差别是 wregex 的初始值必须使用 wchar_t 而不是 char。

匹配和迭代器类型（我们将在下面小节中介绍）更为特殊。这些类型的差异不仅在于字符类型，还在于序列是在标准库 string 中还是在数组中：smatch 表示 string 类型的输入序列；cmatch 表示字符数组序列；wsmatch 表示宽字符串（wstring）输入；而 wcmatch 表示宽字符数组。

重点在于我们使用的 RE 库类型必须与输入序列类型匹配。表 17.8 指出了 RE 库类型与输入序列类型的对应关系。例如：

```
regex r("[[:alnum:]]+\\.(cpp|cxx|cc)$", regex::icase);
smatch results; // 将匹配 string 输入序列，而不是 char*
if (regex_search("myfile.cc", results, r)) // 错误：输入为 char*
    cout << results.str() << endl;
```

734 这段代码会编译失败，因为 match 参数的类型与输入序列的类型不匹配。如果我们希望
搜索一个字符数组，就必须使用 cmatch 对象：

```
cmatch results; // 将匹配字符数组输入序列
if (regex_search("myfile.cc", results, r))
    cout << results.str() << endl; // 打印当前匹配
```

本书程序一般会使用 string 输入序列和对应的 string 版本的 RE 库组件。

表 17.8：正则表达式库类	
如果输入序列类型	则使用正则表达式类
string	regex、smatch、ssub_match 和 sregex_iterator
const char*	regex、cmatch、csub_match 和 cregex_iterator
wstring	wregex、wsmatch、wssub_match 和 wsregex_iterator
const wchar_t*	wregex、wcmatch、wcsub_match 和 wcregex_iterator

17.3.1 节练习

练习 17.14：编写几个正则表达式，分别触发不同错误。运行你的程序，观察编译器对
每个错误的输出。

练习 17.15：编写程序，使用模式查找违反"i 在 e 之前，除非在 c 之后"规则的单词。
你的程序应该提示用户输入一个单词，然后指出此单词是否符合要求。用一些违反和未
违反规则的单词测试你的程序。

练习 17.16：如果前一题程序中的 regex 对象用"[^c]ei"进行初始化，将会发生什么？
用此模式测试你的程序，检查你的答案是否正确。

17.3.2　匹配与 Regex 迭代器类型

第 646 页中的程序查找违反"i 在 e 之前，除非在 c 之后"规则的单词，它只打印输
入序列中第一个匹配的单词。我们可以使用 **sregex_iterator** 来获得所有匹配。regex
迭代器是一种迭代器适配器（参见 9.6 节，第 329 页），被绑定到一个输入序列和一个 regex
对象上。如表 17.8 所述，每种不同输入序列类型都有对应的特殊 regex 迭代器类型。迭
代器操作如表 17.9 所述。

表 17.9：sregex_iterator 操作	
这些操作也适用于 cregex_iterator、wsregex_iterator 和 wcregex_iterator。	
sregex_iterator it(b, e, r);	一个 sregex_iterator，遍历迭代器 b 和 e 表示的 string。 它调用 sregex_search(b, e, r)将 it 定位到输入中第一个匹 配的位置

sregex_iterator end;	sregex_iterator 的尾后迭代器
*it it->	根据最后一个调用 regex_search 的结果,返回一个 smatch 对象的引用或一个指向 smatch 对象的指针
++it it++	从输入序列当前匹配位置开始调用 regex_search。前置版本返回递增后迭代器;后置版本返回旧值
it1 == it2 it1 != it2	如果两个 sregex_iterator 都是尾后迭代器,则它们相等两个非尾后迭代器是从相同的输入序列和 regex 对象构造,则它们相等

当我们将一个 sregex_iterator 绑定到一个 string 和一个 regex 对象时,迭代器自动定位到给定 string 中第一个匹配位置。即,sregex_iterator 构造函数对给定 string 和 regex 调用 regex_search。当我们解引用迭代器时,会得到一个对应最近一次搜索结果的 smatch 对象。当我们递增迭代器时,它调用 regex_search 在输入 string 中查找下一个匹配。

使用 sregex_iterator

作为一个例子,我们将扩展之前的程序,在一个文本文件中查找所有违反"i 在 e 之前,除非在 c 之后"规则的单词。我们假定名为 file 的 string 保存了我们要搜索的输入文件的全部内容。这个版本的程序将使用与前一个版本一样的 pattern,但会使用一个 sregex_iterator 来进行搜索:

735

```
// 查找前一个字符不是 c 的字符串 ei
string pattern("[^c]ei");
// 我们想要包含 pattern 的单词的全部内容
pattern = "[[:alpha:]]*" + pattern + "[[:alpha:]]*";
regex r(pattern, regex::icase); // 在进行匹配时将忽略大小写
// 它将反复调用 regex_search 来寻找文件中的所有匹配
for (sregex_iterator it(file.begin(), file.end(), r), end_it;
        it != end_it; ++it)
        cout << it->str() << endl; // 匹配的单词
```

for 循环遍历 file 中每个与 r 匹配的子串。for 语句中的初始值定义了 it 和 end_it。当我们定义 it 时,sregex_iterator 的构造函数调用 regex_search 将 it 定位到 file 中第一个与 r 匹配的位置。而 end_it 是一个空 sregex_iterator,起到尾后迭代器的作用。for 语句中的递增运算通过 regex_search 来"推进"迭代器。当我们解引用迭代器时,会得到一个表示当前匹配结果的 smatch 对象。我们调用它的 str 成员来打印匹配的单词。

我们可以将此循环想象为不断从一个匹配位置跳到下一个匹配位置,如图 17.1 所示。

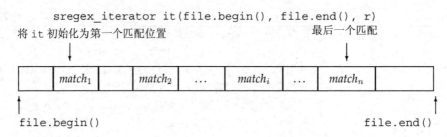

图 17.1：使用 sregex_iterator

使用匹配数据

如果我们对最初版本程序中的 test_str 运行此循环，则输出将是

freind
theif

但是，仅获得与我们的正则表达式匹配的单词还不是那么有用。如果我们在一个更大的输入序列——例如，在本章英文版的文本上运行此程序——可能希望看到匹配单词出现的上下文，如

hey read or write according to the type
**　　　>>> being <<<**
handled. The input operators ignore whi

除了允许打印输入字符串中匹配的部分之外，匹配结果类还提供了有关匹配结果的更多细节信息。表 17.10 和表 17.11 列出了这些类型支持的操作。

736 >

我们将在下一节中介绍更多有关 smatch 和 **ssub_match** 类型的内容。目前，我们只需知道它们允许我们获得匹配的上下文即可。匹配类型有两个名为 prefix 和 suffix 的成员，分别返回表示输入序列中当前匹配之前和之后部分的 ssub_match 对象。一个 ssub_match 对象有两个名为 str 和 length 的成员，分别返回匹配的 string 和该 string 的大小。我们可以用这些操作重写语法程序的循环。

```
// 循环头与之前一样
for (sregex_iterator it(file.begin(), file.end(), r), end_it;
        it != end_it; ++it) {
    auto pos = it->prefix().length();        // 前缀的大小
    pos = pos > 40 ? pos - 40 : 0;           // 我们想要最多 40 个字符
    cout << it->prefix().str().substr(pos)   // 前缀的最后一部分
        << "\n\t\t>>> " << it->str() << " <<<\n" // 匹配的单词
        << it->suffix().str().substr(0, 40)      // 后缀的第一部分
        << endl;
}
```

循环本身的工作方式与前一个程序相同。改变的是循环内部，如图 17.2 所示。

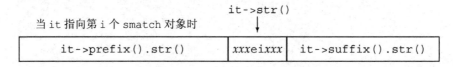

图 17.2：smatch 对象表示一个特定匹配

我们调用 prefix，返回一个 ssub_match 对象，表示 file 中当前匹配之前的部分。

我们对此 ssub_match 对象调用 length，获得前缀部分的字符数目。接下来调整 pos，使之指向前缀部分末尾向前 40 个字符的位置。如果前缀部分的长度小于 40 个字符，我们将 pos 置为 0，表示要打印整个前缀部分。我们用 substr（参见 9.5.1 节，第 321 页）来打印指定位置到前缀部分末尾的内容。

打印了当前匹配之前的字符之后，我们接下来用特殊格式打印匹配的单词本身，使得它在输出中能突出显示出来。打印匹配单词之后，我们打印 file 中匹配部分之后的前（最多）40 个字符。　　　　　　　　　　　　　　　　　　　　　　　　　　　〈737〉

表 17.10：smatch 操作
这些操作也适用于 cmatch、wsmatch、wcmatch 和对应的 csub_match、wssub_match 和 wcsub_match。
m.ready()　　　　　如果已经通过调用 regex_search 或 regex_match 设置了 m，则返回 true；否则返回 false。如果 ready 返回 false，则对 m 进行操作是未定义的
m.size()　　　　　　如果匹配失败，则返回 0；否则返回最近一次匹配的正则表达式中子表达式的数目
m.empty()　　　　　若 m.size() 为 0，则返回 true
m.prefix()　　　　　一个 ssub_match 对象，表示当前匹配之前的序列
m.suffix()　　　　　一个 ssub_match 对象，表示当前匹配之后的部分
m.format(…)　　　　见表 17.12（第 657 页）
在接受一个索引的操作中，n 的默认值为 0 且必须小于 m.size()。第一个子匹配（索引为 0）表示整个匹配。
m.length(n)　　　　第 n 个匹配的子表达式的大小
m.position(n)　　　第 n 个子表达式距序列开始的距离
m.str(n)　　　　　　第 n 个子表达式匹配的 string
m[n]　　　　　　　对应第 n 个子表达式的 ssub_match 对象
m.begin(),m.end()　表示 m 中 sub_match 元素范围的迭代器。与往常一样，cbegin m.cbegin(),m.cend()　和 cend 返回 const_iterator

17.3.2 节练习

练习 17.17：更新你的程序，令它查找输入序列中所有违反"ei"语法规则的单词。

练习 17.18：修改你的程序，忽略包含"ei"但并非拼写错误的单词，如"albeit"和"neighbor"。

17.3.3　使用子表达式　　　　　　　　　　　　　　　　　　　〈738〉

正则表达式中的模式通常包含一个或多个**子表达式**（subexpression）。一个子表达式是模式的一部分，本身也具有意义。正则表达式语法通常用括号表示子表达式。

例如，我们用来匹配 C++文件的模式（参见 17.3.1 节，第 646 页）就是用括号来分组可能的文件扩展名。每当我们用括号分组多个可行选项时，同时也就声明了这些选项形成子表达式。我们可以重写扩展名表达式，以使得模式中点之前表示文件名的部分也形成子表达式，如下所示：

```
// r有两个子表达式：第一个是点之前表示文件名的部分，第二个表示文件扩展名
regex r("([[:alnum:]]+)\\.(cpp|cxx|cc)$", regex::icase);
```

现在我们的模式包含两个括号括起来的子表达式：

- ([[:alnum:]]+)，匹配一个或多个字符的序列
- (cpp|cxx|cc)，匹配文件扩展名

我们还可以重写 17.3.1 节（第 646 页）中的程序，通过修改输出语句使之只打印文件名。

```
if (regex_search(filename, results, r))
    cout << results.str(1) << endl; // 打印第一个子表达式
```

与最初的程序一样，我们还是调用 regex_search 在名为 filename 的 string 中查找模式 r，并且传递 smatch 对象 results 来保存匹配结果。如果调用成功，我们打印结果。但是，在此版本中，我们打印的是 str(1)，即，与第一个子表达式匹配的部分。

匹配对象除了提供匹配整体的相关信息外，还提供访问模式中每个子表达式的能力。子匹配是按位置来访问的。第一个子匹配位置为 0，表示整个模式对应的匹配，随后是每个子表达式对应的匹配。因此，本例模式中第一个子表达式，即表示文件名的子表达式，其位置为 1，而文件扩展名对应的子表达式位置为 2。

例如，如果文件名为 foo.cpp，则 results.str(0) 将保存 foo.cpp；results.str(1) 将保存 foo；而 results.str(2) 将保存 cpp。在此程序中，我们想要点之前的那部分名字，即第一个子表达式，因此我们打印 results.str(1)。

子表达式用于数据验证

子表达式的一个常见用途是验证必须匹配特定格式的数据。例如，美国的电话号码有十位数字，包含一个区号和一个七位的本地号码。区号通常放在括号里，但这并不是必需的。剩余七位数字可以用一个短横线、一个点或是一个空格分隔，但也可以完全不用分隔符。我们可能希望接受任何这种格式的数据而拒绝任何其他格式的数。我们将分两步来实现这一目标：首先，我们将用一个正则表达式找到可能是电话号码的序列，然后再调用一个函数来完成数据验证。

在编写电话号码模式之前，我们需要介绍一下 ECMAScript 正则表达式语言的一些特性：

- \{d}表示单个数字而\{d}{n}则表示一个 n 个数字的序列。（如，\{d}{3}匹配三个数字的序列。）
- 在方括号中的字符集合表示匹配这些字符中任意一个。（如，[-.]匹配一个短横线或一个点或一个空格。注意，点在括号中没有特殊含义。）
- 后接'?'的组件是可选的。（如，\{d}{3}[-.]?\{d}{4}匹配这样的序列：开始是三个数字，后接一个可选的短横线或点或空格，然后是四个数字。此模式可以匹配 555-0132 或 555.0132 或 555 0132 或 5550132。）
- 类似 C++，ECMAScript 使用反斜线表示一个字符本身而不是其特殊含义。由于我们的模式包含括号，而括号是 ECMAScript 中的特殊字符，因此我们必须用\(和\)来表示括号是我们的模式的一部分而不是特殊字符。

由于反斜线是 C++中的特殊字符，在模式中每次出现\的地方，我们都必须用一个额外的反斜线来告知 C++我们需要一个反斜线字符而不是一个特殊符号。因此，我们用\\{d}{3}来表示正则表达式\{d}{3}。

为了验证电话号码，我们需要访问模式的组成部分。例如，我们希望验证区号部分的数字如果用了左括号，那么它是否也在区号后面用了右括号。即，我们不希望出现(908.555.1800 这样的号码。

为了获得匹配的组成部分，我们需要在定义正则表达式时使用子表达式。每个子表达式用一对括号包围：

```
// 整个正则表达式包含七个子表达式：( ddd )分隔符 ddd 分隔符 dddd
// 子表达式 1、3、4 和 6 是可选的；2、5 和 7 保存号码
"(\\()?(\\d{3})(\\))?([-. ])?(\\d{3})([-. ]?)(\\d{4})";
```

由于我们的模式使用了括号，而且必须去除反斜线的特殊含义，因此这个模式很难读（也很难写!）。理解此模式的最简单的方法是逐个剥离（括号包围的）子表达式：

1. (\\()?表示区号部分可选的左括号

2. (\\d{3})表示区号

3. (\\))?表示区号部分可选的右括号

4. ([-.])?表示区号部分可选的分隔符

5. (\\d{3})表示号码的下三位数字

6. ([-.])?表示可选的分隔符

7. (\\d{4})表示号码的最后四位数字

下面的代码读取一个文件，并用此模式查找与完整的电话号码模式匹配的数据。它会 ◁ 740 调用一个名为 valid 的函数来检查号码格式是否合法：

```cpp
string phone =
    "(\\()?(\\d{3})(\\))?([-. ])?(\\d{3})([-. ]?)(\\d{4})";
regex r(phone); // regex 对象，用于查找我们的模式
smatch m;
string s;
// 从输入文件中读取每条记录
while (getline(cin, s)) {
    // 对每个匹配的电话号码
    for (sregex_iterator it(s.begin(), s.end(), r), end_it;
            it != end_it; ++it)
        // 检查号码的格式是否合法
        if (valid(*it))
            cout << "valid: " << it->str() << endl;
        else
            cout << "not valid: " << it->str() << endl;
}
```

使用子匹配操作

我们将使用表 17.11 中描述的子匹配操作来编写 valid 函数。需要记住的重要一点是，我们的 pattern 有七个子表达式。与往常一样，每个 smatch 对象会包含八个 ssub_match 元素。位置[0]的元素表示整个匹配；元素[1]…[7]表示每个对应的子表达式。

当调用 valid 时，我们知道已经有一个完整的匹配，但不知道每个可选的子表达式是否是匹配的一部分。如果一个子表达式是完整匹配的一部分，则其对应的 ssub_match 对象的 matched 成员为 true。

表 17.11：子匹配操作
注意：这些操作适用于 ssub_match、csub_match、wssub_match、wcsub_match。

matched	一个 public bool 数据成员，指出此 ssub_match 是否匹配了
first second	public 数据成员，指向匹配序列首元素和尾后位置的迭代器。如果未匹配，则 first 和 second 是相等的
length()	匹配的大小。如果 matched 为 false，则返回 0
str()	返回一个包含输入中匹配部分的 string。如果 matched 为 false，则返回空 string
s = ssub	将 ssub_match 对象 ssub 转化为 string 对象 s。等价于 s=ssub.str()。转换运算符不是 explicit 的（参见 14.9.1 节，第 515 页）

741> 　　在一个合法的电话号码中，区号要么是完整括号包围的，要么完全没有括号。因此，valid 要做什么工作依赖于号码是否以一个括号开始：

```
bool valid(const smatch& m)
{
    // 如果区号前有一个左括号
    if(m[1].matched)
        // 则区号后必须有一个右括号，之后紧跟剩余号码或一个空格
        return m[3].matched
                && (m[4].matched == 0 || m[4].str() == " ");
    else
        // 否则，区号后不能有右括号
        // 另两个组成部分间的分隔符必须匹配
        return !m[3].matched
                && m[4].str() == m[6].str();
}
```

　　我们首先检查第一个子表达式（即，左括号）是否匹配了。这个子表达式在 m[1] 中。如果匹配了，则号码是以左括号开始的。在此情况下，如果区号后的子表达式也匹配了（意味着区号后有右括号）则整个号码是合法的。而且，如果号码正确使用了括号，则下一个字符必须是一个空格或下一部分的第一个数字。

　　如果 m[1] 未匹配，（即，没有左括号），则区号后的子表达式也不应该匹配。如果它为空，则整个号码是合法的。

17.3.3 节练习

练习 17.19：为什么可以不先检查 m[4] 是否匹配了就直接调用 m[4].str()？

练习 17.20：编写你自己版本的验证电话号码的程序。

练习 17.21：使用本节中定义的 valid 函数重写 8.3.2 节（第 289 页）中的电话号码程序。

练习 17.22：重写你的电话号码程序，使之允许在号码的三个部分之间放置任意多个空白符。

练习 17.23：编写查找邮政编码的正则表达式。一个美国邮政编码可以由五位或九位数字组成。前五位数字和后四位数字之间可以用一个短横线分隔。

17.3.4　使用 regex_replace

正则表达式不仅用在我们希望查找一个给定序列的时候，还用在当我们想将找到的序列替换为另一个序列的时候。例如，我们可能希望将美国的电话号码转换为"ddd.ddd.dddd"的形式，即，区号和后面三位数字用一个点分隔。

当我们希望在输入序列中查找并替换一个正则表达式时，可以调用 742
regex_replace。表 17.12 描述了 regex_replace，类似搜索函数，它接受一个输入字符序列和一个 regex 对象，不同的是，它还接受一个描述我们想要的输出形式的字符串。

表 17.12：正则表达式替换操作	
m.format(dest, *fmt*, mft) m.format(*fmt*, mft)	使用格式字符串 *fmt* 生成格式化输出，匹配在 m 中，可选的 match_flag_type 标志在 mft 中。第一个版本写入迭代器 dest 指向的目的位置（参见 10.5.1 节，第 365 页）并接受 *fmt* 参数，可以是一个 string，也可以是表示字符数组中范围的一对指针。第二个版本返回一个 string，保存输出，并接受 *fmt* 参数，可以是一个 string，也可以是一个指向空字符结尾的字符数组的指针。mft 的默认值为 format_default
regex_replace(dest, *seq*, r, *fmt*, mft) regex_replace(*seq*, r, *fmt*, mft)	遍历 *seq*，用 regex_search 查找与 regex 对象 r 匹配的子串。使用格式字符串 *fmt* 和可选的 match_flag_type 标志来生成输出。第一个版本将输出写入到迭代器 dest 指定的位置，并接受一对迭代器 *seq* 表示范围。第二个版本返回一个 string，保存输出，且 *seq* 既可以是一个 string 也可以是一个指向空字符结尾的字符数组的指针。在所有情况下，*fmt* 既可以是一个 string 也可以是一个指向空字符结尾的字符数组的指针，且 mft 的默认值为 match_default

替换字符串由我们想要的字符组合与匹配的子串对应的子表达式而组成。在本例中，我们希望在替换字符串中使用第二个、第五个和第七个子表达式。而忽略第一个、第三个、第四个和第六个子表达式，因为这些子表达式用来形成号码的原格式而非新格式中的一部分。我们用一个符号$后跟子表达式的索引号来表示一个特定的子表达式：

```
string fmt = "$2.$5.$7"; // 将号码格式改为 ddd.ddd.dddd
```

可以像下面这样使用我们的正则表达式模式和替换字符串：

```
regex r(phone); // 用来寻找模式的 regex 对象
string number = "(908) 555-1800";
cout << regex_replace(number, r, fmt) << endl;
```

此程序的输出为：

```
908.555.1800
```

只替换输入序列的一部分

正则表达式更有意思的一个用处是替换一个大文件中的电话号码。例如，我们有一个保存人名及其电话号码的文件：

743 >

```
morgan (201) 555-2368 862-555-0123
drew (973)555.0130
lee (609) 555-0132 2015550175 800.555-0000
```

我们希望将数据转换为下面这样：

```
morgan 201.555.2368 862.555.0123
drew 973.555.0130
lee 609.555.0132 201.555.0175 800.555.0000
```

可以用下面的程序完成这种转换：

```
int main()
{
    string phone =
        "(\\()?(\\d{3})(\\))?([-. ])?(\\d{3})([-. ])?(\\d{4})";
    regex r(phone); // 寻找模式所用的 regex 对象
    smatch m;
    string s;
    string fmt = "$2.$5.$7"; // 将号码格式改为 ddd.ddd.dddd
    // 从输入文件中读取每条记录
    while (getline(cin, s))
        cout << regex_replace(s, r, fmt) << endl;
    return 0;
}
```

我们读取每条记录，保存到 s 中，并将其传递给 regex_replace。此函数在输入序列中查找并转换所有匹配子串。

用来控制匹配和格式的标志

就像标准库定义标志来指导如何处理正则表达式一样，标准库还定义了用来在替换过程中控制匹配或格式的标志。表 17.13 列出了这些值。这些标志可以传递给函数 regex_search 或 regex_match 或是类 smatch 的 format 成员。

匹配和格式化标志的类型为 match_flag_type。这些值都定义在名为 regex_constants 的命名空间中。类似用于 bind 的 placeholders（参见 10.3.4 节，第 355 页），regex_constants 也是定义在命名空间 std 中的命名空间。为了使用 regex_constants 中的名字，我们必须在名字前同时加上两个命名空间的限定符：

```
using std::regex_constants::format_no_copy;
```

此声明指出，如果代码中使用了 format_no_copy，则表示我们想要使用命名空间 std::constants 中的这个名字。如下所示，我们也可以用另一种形式的 using 来代替上面的代码，我们将在 18.2.2 节（第 702 页）中介绍这种形式：

```
using namespace std::regex_constants;
```

表 17.13：匹配标志	744
定义在 regex_constants::match_flag_type 中	
match_default	等价于 format_default
match_not_bol	不将首字符作为行首处理
match_not_eol	不将尾字符作为行尾处理
match_not_bow	不将首字符作为单词首处理
match_not_eow	不将尾字符作为单词尾处理
match_any	如果存在多于一个匹配，则可返回任意一个匹配
match_not_null	不匹配任何空序列
match_continuous	匹配必须从输入的首字符开始
match_prev_avail	输入序列包含第一个匹配之前的内容
format_default	用 ECMAScript 规则替换字符串
format_sed	用 POSIX sed 规则替换字符串
format_no_copy	不输出输入序列中未匹配的部分
format_first_only	只替换子表达式的第一次出现

使用格式标志

默认情况下，regex_replace 输出整个输入序列。未与正则表达式匹配的部分会原样输出；匹配的部分按格式字符串指定的格式输出。我们可以通过在 regex_replace 调用中指定 format_no_copy 来改变这种默认行为：

```
// 只生成电话号码：使用新的格式字符串
string fmt2 = "$2.$5.$7 "; // 在最后一部分号码后放置空格作为分隔符
// 通知 regex_replace 只拷贝它替换的文本
cout << regex_replace(s, r, fmt2, format_no_copy) << endl;
```

给定相同的输入，此版本的程序生成

```
201.555.2368 862.555.0123
973.555.0130
609.555.0132 201.555.0175 800.555.0000
```

17.3.4 节练习

练习 17.24：编写你自己版本的重排电话号码格式的程序。

练习 17.25：重写你的电话号码程序，使之只输出每个人的第一个电话号码。

练习 17.26：重写你的电话号码程序，使之对多于一个电话号码的人只输出第二个和后续电话号码。

练习 17.27：编写程序，将九位数字邮政编码的格式转换为 ddddd-dddd。

17.4 随机数   745

程序通常需要一个随机数源。在新标准出现之前，C 和 C++ 都依赖于一个简单的 C 库函数 rand 来生成随机数。此函数生成均匀分布的伪随机整数，每个随机数的范围在 0 和一个系统相关的最大值（至少为 32767）之间。

rand 函数有一些问题：即使不是大多数，也有很多程序需要不同范围的随机数。一些应用需要随机浮点数。一些程序需要非均匀分布的数。而程序员为了解决这些问题而试图转换 rand 生成的随机数的范围、类型或分布时，常常会引入非随机性。

定义在头文件 random 中的随机数库通过一组协作的类来解决这些问题：**随机数引擎类**（random-number engines）和**随机数分布类**（random-number distribution）。表 17.14 描述了这些类。一个引擎类可以生成 unsigned 随机数序列，一个分布类使用一个引擎类生成指定类型的、在给定范围内的、服从特定概率分布的随机数。

表 17.14：随机数库的组成	
引擎	类型，生成随机 unsigned 整数序列
分布	类型，使用引擎返回服从特定概率分布的随机数

C++程序不应该使用库函数 rand，而应使用 default_random_engine 类和恰当的分布类对象。

17.4.1 随机数引擎和分布

随机数引擎是函数对象类（参见 14.8 节，第 506 页），它们定义了一个调用运算符，该运算符不接受参数并返回一个随机 unsigned 整数。我们可以通过调用一个随机数引擎对象来生成原始随机数：

```
default_random_engine e; // 生成随机无符号数
for (size_t i = 0; i < 10; ++i)
    // e() "调用" 对象来生成下一个随机数
    cout << e() << " ";
```

在我们的系统中，此程序生成：

16807 282475249 1622650073 984943658 1144108930 470211272 ...

在本例中，我们定义了一个名为 e 的 **default_random_engine** 对象。在 for 循环内，我们调用对象 e 来获得下一个随机数。

标准库定义了多个随机数引擎类，区别在于性能和随机性质量不同。每个编译器都会指定其中一个作为 default_random_engine 类型。此类型一般具有最常用的特性。表 17.15 列出了随机数引擎操作，标准库定义的引擎类型列在附录 A.3.2（第 783 页）中。

表 17.15：随机数引擎操作	
Engine e;	默认构造函数；使用该引擎类型默认的种子
Engine e(s);	使用整型值 s 作为种子
e.seed(s)	使用种子 s 重置引擎的状态
e.min()	此引擎可生成的最小值和最大值
e.max()	
Engine::result_type	此引擎生成的 unsigned 整型类型
e.discard(u)	将引擎推进 u 步；u 的类型为 unsigned long long

对于大多数场合，随机数引擎的输出是不能直接使用的，这也是为什么早先我们称之为原始随机数。问题出在生成的随机数的值范围通常与我们需要的不符，而正确转换随机数的范围是极其困难的。

分布类型和引擎

为了得到在一个指定范围内的数，我们使用一个分布类型的对象：

```cpp
// 生成 0 到 9 之间（包含）均匀分布的随机数
uniform_int_distribution<unsigned> u(0,9);
default_random_engine e; // 生成无符号随机整数
for (size_t i = 0; i < 10; ++i)
    // 将 u 作为随机数源
    // 每个调用返回在指定范围内并服从均匀分布的值
    cout << u(e) << " ";
```

此代码生成下面这样的输出

0 1 7 4 5 2 0 6 6 9

此处我们将 u 定义为 uniform_int_distribution<unsigned>。此类型生成均匀分布的 unsigned 值。当我们定义一个这种类型的对象时，可以提供想要的最小值和最大值。在此程序中，u(0,9) 表示我们希望得到 0 到 9 之间（包含）的数。随机数分布类会使用包含的范围，从而我们可以得到给定整型类型的每个可能值。

类似引擎类型，分布类型也是函数对象类。分布类型定义了一个调用运算符，它接受一个随机数引擎作为参数。分布对象使用它的引擎参数生成随机数，并将其映射到指定的分布。

注意，我们传递给分布对象的是引擎对象本身，即 u(e)。如果我们将调用写成 u(e())，含义就变为将 e 生成的下一个值传递给 u，会导致一个编译错误。我们传递的是引擎本身，而不是它生成的下一个值，原因是某些分布可能需要调用引擎多次才能得到一个值。

当我们说随机数发生器时，是指分布对象和引擎对象的组合。

比较随机数引擎和 rand 函数

对熟悉 C 库函数 rand 的读者，值得注意的是：调用一个 default_random_engine 对象的输出类似 rand 的输出。随机数引擎生成的 unsigned 整数在一个系统定义的范围内，而 rand 生成的数的范围在 0 到 RAND_MAX 之间。一个引擎类型的范围可以通过调用该类型对象的 min 和 max 成员来获得：〈747〉

```cpp
cout << "min: " << e.min() << " max: " << e.max() << endl;
```

在我们的系统中，此程序生成下面的输出：

min: 1 max: 2147483646

引擎生成一个数值序列

随机数发生器有一个特性经常会使新手迷惑：即使生成的数看起来是随机的，但对一个给定的发生器，每次运行程序它都会返回相同的数值序列。序列不变这一事实在调试时非常有用。但另一方面，使用随机数发生器的程序也必须考虑这一特性。

作为一个例子，假定我们需要一个函数生成一个 vector，包含 100 个均匀分布在 0 到 9 之间的随机数。我们可能认为应该这样编写此函数：

```
// 几乎肯定是生成随机整数 vector 的错误方法
// 每次调用这个函数都会生成相同的 100 个数!
vector<unsigned> bad_randVec()
{
    default_random_engine e;
    uniform_int_distribution<unsigned> u(0,9);
    vector<unsigned> ret;
    for (size_t i = 0; i < 100; ++i)
        ret.push_back(u(e));
    return ret;
}
```

但是，每次调用这个函数都会返回相同的 vector：

```
vector<unsigned> v1(bad_randVec());
vector<unsigned> v2(bad_randVec());
// 将打印"equal"
cout << ((v1 == v2) ? "equal" : "not equal") << endl;
```

748> 此代码会打印 equal，因为 vector v1 和 v2 具有相同的值。

编写此函数的正确方法是将引擎和关联的分布对象定义为 static 的（参见 6.1.1 节，第 185 页）：

```
// 返回一个 vector，包含 100 个均匀分布的随机数
vector<unsigned> good_randVec()
{
    // 由于我们希望引擎和分布对象保持状态，因此应该将它们
    // 定义为 static 的，从而每次调用都生成新的数
    static default_random_engine e;
    static uniform_int_distribution<unsigned> u(0,9);
    vector<unsigned> ret;
    for (size_t i = 0; i < 100; ++i)
        ret.push_back(u(e));
    return ret;
}
```

由于 e 和 u 是 static 的，因此它们在函数调用之间会保持住状态。第一次调用会使用 u(e) 生成的序列中的前 100 个随机数，第二次调用会获得接下来 100 个，依此类推。

> 一个给定的随机数发生器一直会生成相同的随机数序列。一个函数如果定义了局部的随机数发生器，应该将其（包括引擎和分布对象）定义为 static 的。否则，每次调用函数都会生成相同的序列。

设置随机数发生器种子

随机数发生器会生成相同的随机数序列这一特性在调试中很有用。但是，一旦我们的程序调试完毕，我们通常希望每次运行程序都会生成不同的随机结果，可以通过提供一个**种子**（seed）来达到这一目的。种子就是一个数值，引擎可以利用它从序列中一个新位置重新开始生成随机数。

为引擎设置种子有两种方式：在创建引擎对象时提供种子，或者调用引擎的 seed 成员：

```
default_random_engine e1;                    // 使用默认种子
default_random_engine e2(2147483646);        // 使用给定的种子值
// e3 和 e4 将生成相同的序列，因为它们使用了相同的种子
default_random_engine e3;                    // 使用默认种子值
e3.seed(32767);                              // 调用 seed 设置一个新种子值
default_random_engine e4(32767);             // 将种子值设置为 32767
for (size_t i = 0; i != 100; ++i) {
    if (e1() == e2())
        cout << "unseeded match at iteration: " << i << endl;
    if (e3() != e4())
        cout << "seeded differs at iteration: " << i << endl;
}
```

本例中我们定义了四个引擎。前两个引擎 e1 和 e2 的种子不同，因此应该生成不同的序列。后两个引擎 e3 和 e4 有相同的种子，它们将生成相同的序列。 <749>

选择一个好的种子，与生成好的随机数所涉及的其他大多数事情相同，是极其困难的。可能最常用的方法是调用系统函数 time。这个函数定义在头文件 ctime 中，它返回从一个特定时刻到当前经过了多少秒。函数 time 接受单个指针参数，它指向用于写入时间的数据结构。如果此指针为空，则函数简单地返回时间：

```
default_random_engine e1(time(0)); // 稍微随机些的种子
```

由于 time 返回以秒计的时间，因此这种方式只适用于生成种子的间隔为秒级或更长的应用。

> **WARNING** 如果程序作为一个自动过程的一部分反复运行，将 time 的返回值作为种子的方式就无效了；它可能多次使用的都是相同的种子。

17.4.1 节练习

练习 17.28：编写函数，每次调用生成并返回一个均匀分布的随机 unsigned int。

练习 17.29：修改上一题中编写的函数，允许用户提供一个种子作为可选参数。

练习 17.30：再次修改你的程序，此次再增加两个参数，表示函数允许返回的最小值和最大值。

17.4.2 其他随机数分布

随机数引擎生成 unsigned 数，范围内的每个数被生成的概率都是相同的。而应用程序常常需要不同类型或不同分布的随机数。标准库通过定义不同随机数分布对象来满足这两方面的要求，分布对象和引擎对象协同工作，生成要求的结果。表 17.16 列出了分布类型所支持的操作。

生成随机实数

程序常需要一个随机浮点数的源。特别是，程序经常需要 0 到 1 之间的随机数。

最常用但不正确的从 rand 获得一个随机浮点数的方法是用 rand() 的结果除以 RAND_MAX，即，系统定义的 rand 可以生成的最大随机数的上界。这种方法不正确的原因是随机整数的精度通常低于随机浮点数，这样，有一些浮点值就永远不会被生成了。

使用新标准库设施，可以很容易地获得随机浮点数。我们可以定义一个 <750>

uniform_real_distribution 类型的对象，并让标准库来处理从随机整数到随机浮点数的映射。与处理 uniform_int_distribution 一样，在定义对象时，我们指定最小值和最大值：

```
default_random_engine e; // 生成无符号随机整数
// 0到1（包含）的均匀分布
uniform_real_distribution<double> u(0,1);
for (size_t i = 0; i < 10; ++i)
    cout << u(e) << " ";
```

这段代码与之前生成 unsigned 值的程序几乎相同。但是，由于我们使用了一个不同的分布类型，此版本会生成不同的结果：

    0.131538 0.45865 0.218959 0.678865 0.934693 0.519416 ...

表 17.16：分布类型的操作	
Dist d;	默认构造函数；使 d 准备好被使用。 其他构造函数依赖于 *Dist* 的类型；参见附录 A.3 节（第 781 页）。 分布类型的构造函数是 explicit 的（参见 7.5.4 节，第 265 页）
d(e)	用相同的 e 连续调用 d 的话，会根据 d 的分布式类型生成一个随机数序列；e 是一个随机数引擎对象
d.min() d.max()	返回 d(e) 能生成的最小值和最大值
d.reset()	重建 d 的状态，使得随后对 d 的使用不依赖于 d 已经生成的值

使用分布的默认结果类型

分布类型都是模板，具有单一的模板类型参数，表示分布生成的随机数的类型，对此有一个例外，我们将在 17.4.2 节（第 665 页）中进行介绍。这些分布类型要么生成浮点类型，要么生成整数类型。

每个分布模板都有一个默认模板实参（参见 16.1.3 节，第 594 页）。生成浮点值的分布类型默认生成 double 值，而生成整型值的分布默认生成 int 值。由于分布类型只有一个模板参数，因此当我们希望使用默认随机数类型时要记得在模板名之后使用空尖括号（参见 16.1.3 节，第 594 页）：

```
// 空<>表示我们希望使用默认结果类型
uniform_real_distribution<> u(0,1); // 默认生成double值
```

751▷ 生成非均匀分布的随机数

除了正确生成在指定范围内的数之外，新标准库的另一个优势是可以生成非均匀分布的随机数。实际上，新标准库定义了 20 种分布类型，这些类型列在附录 A.3（第 781）中。

作为一个例子，我们将生成一个正态分布的值的序列，并画出值的分布。由于 normal_distribution 生成浮点值，我们的程序使用头文件 cmath 中的 lround 函数将每个随机数舍入到最接近的整数。我们将生成 200 个数，它们以均值 4 为中心，标准差为 1.5。由于使用的是正态分布，我们期望生成的数中大约 99% 都在 0 到 8 之间（包含）。我们的程序会对这个范围内的每个整数统计有多少个生成的数映射到它：

```
default_random_engine e;           // 生成随机整数
normal_distribution<> n(4,1.5);    // 均值4，标准差1.5
```

```
vector<unsigned> vals(9);        // 9个元素均为0
for (size_t i = 0; i != 200; ++i) {
    unsigned v = lround(n(e));   // 舍入到最接近的整数
    if (v < vals.size())         // 如果结果在范围内
        ++vals[v];               // 统计每个数出现了多少次
}
for (size_t j = 0; j != vals.size(); ++j)
    cout << j << ": " << string(vals[j], '*') << endl;
```

我们首先定义了随机数发生器对象和一个名为 vals 的 vector。我们用 vals 来统计范围 0...8 中的每个数出现了多少次。与我们使用 vector 的大多数程序不同，此程序按需求大小为 vals 分配空间，每个元素都被初始化为 0。

在 for 循环中，我们调用 lround(n(e)) 来将 n(e) 返回的值舍入到最接近的整数。获得浮点随机数对应的整数后，我们将它作为计数器 vector 的下标。由于 n(e) 可能生成范围 0 到 8 之外的数，所以我们首先检查生成的数是否在范围内，然后再将其作为 vals 的下标。如果结果确实在范围内，我们递增对应的计数器。

当循环结束时，我们打印 vals 的内容，可能会打印出像下面这样的结果：

```
0: ***
1: ********
2: ********************
3: ****************************************
4: ******************************************************************
5: ********************************************
6: ***********************
7: *******
8: *
```

本例中我们打印一个由星号组成的 string，有多少随机数等于此下标我们就打印多少个星号。注意，此图并不是完美对称的。如果打印出的图是完美对称的，我们反倒有理由怀疑随机数发生器的质量了。 <752>

bernoulli_distribution 类

我们注意到有一个分布不接受模板参数，即 bernoulli_distribution，因为它是一个普通类，而非模板。此分布总是返回一个 bool 值。它返回 true 的概率是一个常数，此概率的默认值是 0.5。

作为一个这种分布的例子，我们可以编写一个程序，这个程序与用户玩一个游戏。为了进行这个游戏，其中一个游戏者——用户或是程序——必须先行。我们可以用一个值范围是 0 到 1 的 uniform_int_distribution 来选择先行的游戏者，但也可以用伯努利分布来完成这个选择。假定已有一个名为 play 的函数来进行游戏，我们可以编写像下面这样的循环来与用户交互：

```
string resp;
default_random_engine e; // e 应保持状态，所以必须在循环外定义！
bernoulli_distribution b;// 默认是 50/50 的机会
do {
    bool first = b(e);   // 如果为 true，则程序先行
    cout << (first ? "We go first"
                   : "You get to go first") << endl;
```

```
        // 传递谁先行的指示, 进行游戏
        cout << ((play(first)) ? "sorry, you lost"
                               : "congrats, you won") << endl;
        cout << "play again? Enter 'yes' or 'no'" << endl;
    } while (cin >> resp && resp[0] == 'y');
```

我们用一个 do while 循环（参见 5.4.4 节，第 169 页）来反复提示用户进行游戏。

> 由于引擎返回相同的随机数序列（参见 17.4.1 节，第 661 页），所以我们必须
> 在循环外声明引擎对象。否则，每步循环都会创建一个新引擎，从而每步循环
> 都会生成相同的值。类似的，分布对象也要保持状态，因此也应该在循环外
> 定义。

在此程序中使用 bernoulli_distribution 的一个原因是它允许我们调整选择先
行一方的概率：

```
bernoulli_distribution b(.55); // 给程序一个微小的优势
```

如果 b 定义如上，则程序有 55/45 的机会先行。

17.4.2 节练习

练习 17.31：对于本节中的游戏程序，如果在 do 循环内定义 b 和 e，会发生什么？

练习 17.32：如果我们在循环内定义 resp，会发生什么？

练习 17.33：修改 11.3.6 节（第 392 页）中的单词转换程序，允许对一个给定单词有多
种转换方式，每次随机选择一种进行实际转换。

17.5　IO 库再探

在第 8 章中我们介绍了 IO 库的基本结构及其最常用的部分。在本节中，我们将介绍
三个更特殊的 IO 库特性：格式控制、未格式化 IO 和随机访问。

17.5.1　格式化输入与输出

753>

除了条件状态外（参见 8.1.2 节，第 279 页），每个 iostream 对象还维护一个格式
状态来控制 IO 如何格式化的细节。格式状态控制格式化的某些方面，如整型值是几进制、
浮点值的精度、一个输出元素的宽度等。

标准库定义了一组**操纵符**（manipulator）（参见 1.2 节，第 6 页）来修改流的格式状态，
如表 17.7 和表 17.8 所示。一个操纵符是一个函数或是一个对象，会影响流的状态，并能
用作输入或输出运算符的运算对象。类似输入和输出运算符，操纵符也返回它所处理的流
对象，因此我们可以在一条语句中组合操纵符和数据。

我们已经在程序中使用过一个操纵符——endl，我们将它“写”到输出流，就像它是
一个值一样。但 endl 不是一个普通值，而是一个操作：它输出一个换行符并刷新缓冲区。

很多操纵符改变格式状态

操纵符用于两大类输出控制：控制数值的输出形式以及控制补白的数量和位置。大多数改变格式状态的操纵符都是设置/复原成对的；一个操纵符用来将格式状态设置为一个新值，而另一个用来将其复原，恢复为正常的默认格式。

 当操纵符改变流的格式状态时，通常改变后的状态对所有后续 IO 都生效。

当我们有一组 IO 操作希望使用相同的格式时，操纵符对格式状态的改变是持久的这一特性很有用。实际上，一些程序会利用操纵符的这一特性对其所有输入或输出重置一个或多个格式规则的行为。在这种情况下，操纵符会改变流这一特性就是满足要求的了。

但是，很多程序（而且更重要的是，很多程序员）期望流的状态符合标准库正常的默认设置。在这些情况下，将流的状态置于一个非标准状态可能会导致错误。因此，通常最好在不再需要特殊格式时尽快将流恢复到默认状态。

控制布尔值的格式

操纵符改变对象的格式状态的一个例子是 boolalpha 操纵符。默认情况下，bool 值打印为 1 或 0。一个 true 值输出为整数 1，而 false 输出为 0。我们可以通过对流使用 boolalpha 操纵符来覆盖这种格式：

```
cout << "default bool values: " << true << " " << false
     << "\nalpha bool values: " << boolalpha
     << true << " " << false << endl;
```

执行这段程序会得到下面的结果：

```
default bool values: 1 0
alpha bool values: true false
```

一旦向 cout "写入"了 boolalpha，我们就改变了 cout 打印 bool 值的方式。后续打印 bool 值的操作都会打印 true 或 false 而非 1 或 0。

为了取消 cout 格式状态的改变，我们使用 noboolalpha：

```
bool bool_val = get_status();
cout << boolalpha      // 设置 cout 的内部状态
<< bool_val
<< noboolalpha;        // 将内部状态恢复为默认格式
```

本例中我们改变了 bool 值的格式，但只对 bool_val 的输出有效。一旦完成此值的打印，我们立即将流恢复到初始状态。

指定整型值的进制

默认情况下，整型值的输入输出使用十进制。我们可以使用操纵符 hex、oct 和 dec 将其改为十六进制、八进制或是改回十进制：

```
cout << "default: " << 20 << " " << 1024 << endl;
cout << "octal: " << oct << 20 << " " << 1024 << endl;
cout << "hex: " << hex << 20 << " " << 1024 << endl;
cout << "decimal: " << dec << 20 << " " << 1024 << endl;
```

当编译并执行这段程序时，会得到如下输出：

```
default: 20 1024
octal: 24 2000
hex: 14 400
decimal: 20 1024
```

注意，类似 boolalpha，这些操纵符也会改变格式状态。它们会影响下一个和随后所有的整型输出，直至另一个操纵符又改变了格式为止。

 操纵符 hex、oct 和 dec 只影响整型运算对象，浮点值的表示形式不受影响。

755> **在输出中指出进制**

默认情况下，当我们打印出数值时，没有可见的线索指出使用的是几进制。例如，20 是十进制的 20 还是 16 的八进制表示？当我们按十进制打印数值时，打印结果会符合我们的期望。如果需要打印八进制值或十六进制值，应该使用 showbase 操纵符。当对流应用 showbase 操纵符时，会在输出结果中显示进制，它遵循与整型常量中指定进制相同的规范：

- 前导 0x 表示十六进制。
- 前导 0 表示八进制。
- 无前导字符串表示十进制。

我们可以使用 showbase 修改前一个程序：

```
cout << showbase; // 当打印整型值时显示进制
cout << "default: " << 20 << " " << 1024 << endl;
cout << "in octal: " << oct << 20 << " " << 1024 << endl;
cout << "in hex: " << hex << 20 << " " << 1024 << endl;
cout << "in decimal: " << dec << 20 << " " << 1024 << endl;
cout << noshowbase; // 恢复流状态
```

修改后的程序的输出会更清楚地表明底层值到底是什么：

```
default: 20 1024
in octal: 024 02000
in hex: 0x14 0x400
in decimal: 20 1024
```

操纵符 noshowbase 恢复 cout 的状态，从而不再显示整型值的进制。

默认情况下，十六进制值会以小写打印，前导字符也是小写的 x。我们可以通过使用 uppercase 操纵符来输出大写的 X 并将十六进制数字 a-f 以大写输出：

```
cout << uppercase << showbase << hex
     << "printed in hexadecimal: " << 20 << " " << 1024
     << nouppercase << noshowbase << dec << endl;
```

这条语句生成如下输出：

```
printed in hexadecimal: 0X14 0X400
```

我们使用了操纵符 nouppercase、noshowbase 和 dec 来重置流的状态。

控制浮点数格式

我们可以控制浮点数输出三个种格式：

- 以多高精度（多少个数字）打印浮点值
- 数值是打印为十六进制、定点十进制还是科学记数法形式
- 对于没有小数部分的浮点值是否打印小数点

默认情况下，浮点值按六位数字精度打印；如果浮点值没有小数部分，则不打印小数点；根据浮点数的值选择打印成定点十进制或科学记数法形式。标准库会选择一种可读性更好的格式：非常大和非常小的值打印为科学记数法形式，其他值打印为定点十进制形式。

指定打印精度

默认情况下，精度会控制打印的数字的总数。当打印时，浮点值按当前精度舍入而非截断。因此，如果当前精度为四位数字，则 3.14159 将打印为 3.142；如果精度为三位数字，则打印为 3.14。

我们可以通过调用 IO 对象的 precision 成员或使用 setprecision 操纵符来改变精度。precision 成员是重载的（参见 6.4 节，第 206 页）。一个版本接受一个 int 值，将精度设置为此值，并返回旧精度值。另一个版本不接受参数，返回当前精度值。setprecision 操纵符接受一个参数，用来设置精度。

 操纵符 setprecision 和其他接受参数的操纵符都定义在头文件 iomanip 中。

下面的程序展示了控制浮点值打印精度的不同方法：

```
// cout.precision 返回当前精度值
cout << "Precision: " << cout.precision()
     << ", Value: "   << sqrt(2.0) << endl;
// cout.precision(12) 将打印精度设置为 12 位数字
cout.precision(12);
cout << "Precision: " << cout.precision()
     << ", Value: "   << sqrt(2.0) << endl;
// 另一种设置精度的方法是使用 setprecision 操纵符
cout << setprecision(3);
cout << "Precision: " << cout.precision()
     << ", Value: "   << sqrt(2.0) << endl;
```

编译并执行这段程序，会得到如下输出：

```
Precision: 6, Value: 1.41421
Precision: 12, Value: 1.41421356237
Precision: 3, Value: 1.41
```

此程序调用标准库 sqrt 函数，它定义在头文件 cmath 中。sqrt 函数是重载的，不同版本分别接受一个 float、double 或 long double 参数，返回实参的平方根。

表 17.17：定义在 iostream 中的操纵符

	boolalpha	将 true 和 false 输出为字符串
*	noboolalpha	将 true 和 false 输出为 1, 0
	showbase	对整型值输出表示进制的前缀
*	noshowbase	不生成表示进制的前缀
	showpoint	对浮点值总是显示小数点

续表

*	noshowpoint	只有当浮点值包含小数部分时才显示小数点
	showpos	对非负数显示+
*	noshowpos	对非负数不显示+
	uppercase	在十六进制值中打印 0X，在科学记数法中打印 E
*	nouppercase	在十六进制值中打印 0x，在科学记数法中打印 e
*	dec	整型值显示为十进制
	hex	整型值显示为十六进制
	oct	整型值显示为八进制
	left	在值的右侧添加填充字符
	right	在值的左侧添加填充字符
	internal	在符号和值之间添加填充字符
	fixed	浮点值显示为定点十进制
	scientific	浮点值显示为科学记数法
	hexfloat	浮点值显示为十六进制（C++11 新特性）
	defaultfloat	重置浮点数格式为十进制（C++11 新特性）
	unitbuf	每次输出操作后都刷新缓冲区
*	nounitbuf	恢复正常的缓冲区刷新方式
*	skipws	输入运算符跳过空白符
	noskipws	输入运算符不跳过空白符
	flush	刷新 ostream 缓冲区
	ends	插入空字符，然后刷新 ostream 缓冲区
	endl	插入换行，然后刷新 ostream 缓冲区

* 表示默认流状态

指定浮点数记数法

> **Best Practices** 除非你需要控制浮点数的表示形式（如，按列打印数据或打印表示金额或百分比的数据），否则由标准库选择记数法是最好的方式。

通过使用恰当的操纵符，我们可以强制一个流使用科学记数法、定点十进制或是十六进制记数法。操纵符 scientific 改变流的状态来使用科学记数法。操纵符 fixed 改变流的状态来使用定点十进制。

在新标准库中，通过使用 hexfloat 也可以强制浮点数使用十六进制格式。新标准库还提供另一个名为 defaultfloat 的操纵符，它将流恢复到默认状态——根据要打印的值选择记数法。

758▷

这些操纵符也会改变流的精度的默认含义。在执行 scientific、fixed 或 hexfloat 后，精度值控制的是小数点后面的数字位数，而默认情况下精度值指定的是数字的总位数——既包括小数点之后的数字也包括小数点之前的数字。使用 fixed 或 scientific 令我们可以按列打印数值，因为小数点距小数部分的距离是固定的：

```
cout << "default format: " << 100 * sqrt(2.0) << '\n'
     << "scientific: " << scientific << 100 * sqrt(2.0) << '\n'
     << "fixed decimal: " << fixed << 100 * sqrt(2.0) << '\n'
     << "hexadecimal: " << hexfloat << 100 * sqrt(2.0) << '\n'
     << "use defaults: " << defaultfloat << 100 * sqrt(2.0)
```

```
      << "\n\n";
```

此程序会生成下面的输出:

```
default format: 141.421
scientific: 1.414214e+002
fixed decimal: 141.421356
hexadecimal: 0x1.1ad7bcp+7
use defaults: 141.421
```

默认情况下,十六进制数字和科学记数法中的 e 都打印成小写形式。我们可以用 uppercase
操纵符打印这些字母的大写形式。

打印小数点

默认情况下,当一个浮点值的小数部分为 0 时,不显示小数点。showpoint 操纵符
强制打印小数点:

```
cout << 10.0 << endl;          // 打印 10
cout << showpoint << 10.0      // 打印 10.0000
     << noshowpoint << endl;   // 恢复小数点的默认格式
```

操纵符 noshowpoint 恢复默认行为。下一个输出表达式将有默认行为,即,当浮点值的
小数部分为 0 时不输出小数点。

输出补白

当按列打印数据时,我们常常需要非常精细地控制数据格式。标准库提供了一些操纵
符帮助我们完成所需的控制:

- setw 指定下一个数字或字符串值的最小空间。
- left 表示左对齐输出。
- right 表示右对齐输出,右对齐是默认格式。
- internal 控制负数的符号的位置,它左对齐符号,右对齐值,用空格填满所有中 759
  间空间。
- setfill 允许指定一个字符代替默认的空格来补白输出。

 setw 类似 endl,不改变输出流的内部状态。它只决定下一个输出的大小。

下面程序展示了如何使用这些操纵符:

```
int i = -16;
double d = 3.14159;
// 补白第一列,使用输出中最小 12 个位置
cout << "i: " << setw(12) << i << "next col" << '\n'
     << "d: " << setw(12) << d << "next col" << '\n';
// 补白第一列,左对齐所有列
cout << left
     << "i: " << setw(12) << i << "next col" << '\n'
     << "d: " << setw(12) << d << "next col" << '\n'
     << right; // 恢复正常对齐
// 补白第一列,右对齐所有列
cout << right
     << "i: " << setw(12) << i << "next col" << '\n'
```

```
            << "d: " << setw(12) << d << "next col" << '\n';
    // 补白第一列，但补在域的内部
    cout << internal
            << "i: " << setw(12) << i << "next col" << '\n'
            << "d: " << setw(12) << d << "next col" << '\n';
    // 补白第一列，用#作为补白字符
    cout << setfill('#')
            << "i: " << setw(12) << i << "next col" << '\n'
            << "d: " << setw(12) << d << "next col" << '\n'
            << setfill(' '); // 恢复正常的补白字符
```

执行这段程序，会得到下面的输出：

```
i:          -16next col
d:      3.14159next col
i: -16         next col
d: 3.14159     next col
i:          -16next col
d:      3.14159next col
i: -         16next col
d:      3.14159next col
i: -#########16next col
d: #####3.14159next col
```

760

表 17.18：定义在 iomanip 中的操纵符	
setfill(ch)	用 ch 填充空白
setprecision(n)	将浮点精度设置为 n
setw(w)	读或写值的宽度为 w 个字符
setbase(b)	将整数输出为 b 进制

控制输入格式

默认情况下，输入运算符会忽略空白符（空格符、制表符、换行符、换纸符和回车符）。下面的循环

```
char ch;
while (cin >> ch)
    cout << ch;
```

当给定下面输入序列时

```
a b      c
d
```

循环会执行 4 次，读取字符 a 到 d，跳过中间的空格以及可能的制表符和换行符。此程序的输出是

abcd

操纵符 noskipws 会令输入运算符读取空白符，而不是跳过它们。为了恢复默认行为，我们可以使用 skipws 操纵符：

```
cin >> noskipws; // 设置 cin 读取空白符
while (cin >> ch)
    cout << ch;
```

```
cin >> skipws; // 将 cin 恢复到默认状态，从而丢弃空白符
```

给定与前一个程序相同的输入，此循环会执行 7 次，从输入中既读取普通字符又读取空白符。此循环的输出为

```
a b    c
d
```

17.5.1 节练习

练习 17.34：编写一个程序，展示如何使用表 17.17 和表 17.18 中的每个操纵符。

练习 17.35：修改第 670 页中的程序，打印 2 的平方根，但这次打印十六进制数字的大写形式。

练习 17.36：修改上一题中的程序，打印不同的浮点数，使它们排成一列。

17.5.2 未格式化的输入/输出操作

761

到目前为止，我们的程序只使用过**格式化 IO**（formatted IO）操作。输入和输出运算符（<< 和 >>）根据读取或写入的数据类型来格式化它们。输入运算符忽略空白符，输出运算符应用补白、精度等规则。

标准库还提供了一组低层操作，支持**未格式化 IO**（unformatted IO）。这些操作允许我们将一个流当作一个无解释的字节序列来处理。

单字节操作

有几个未格式化操作每次一个字节地处理流。这些操作列在表 17.19 中，它们会读取而不是忽略空白符。例如，我们可以使用未格式化 IO 操作 get 和 put 来读取和写入一个字符：

```
char ch;
while (cin.get(ch))
        cout.put(ch);
```

此程序保留输入中的空白符，其输出与输入完全相同。它的执行过程与前一个使用 noskipws 的程序完全相同。

表 17.19：单字节低层 IO 操作	
is.get(ch)	从 istream is 读取下一个字节存入字符 ch 中。返回 is
os.put(ch)	将字符 ch 输出到 ostream os。返回 os
is.get()	将 is 的下一个字节作为 int 返回
is.putback(ch)	将字符 ch 放回 is。返回 is
is.unget()	将 is 向后移动一个字节。返回 is
is.peek()	将下一个字节作为 int 返回，但不从流中删除它

将字符放回输入流

有时我们需要读取一个字符才能知道还未准备好处理它。在这种情况下，我们希望将字符放回流中。标准库提供了三种方法退回字符，它们有着细微的差别：

* peek 返回输入流中下一个字符的副本，但不会将它从流中删除，peek 返回的值仍然留在流中。

- unget 使得输入流向后移动，从而最后读取的值又回到流中。即使我们不知道最后从流中读取什么值，仍然可以调用 unget。
- putback 是更特殊版本的 unget：它退回从流中读取的最后一个值，但它接受一个参数，此参数必须与最后读取的值相同。

一般情况下，在读取下一个值之前，标准库保证我们可以退回最多一个值。即，标准库不保证在中间不进行读取操作的情况下能连续调用 putback 或 unget。

从输入操作返回的 int 值

函数 peek 和无参的 get 版本都以 int 类型从输入流返回一个字符。这有些令人吃惊，可能这些函数返回一个 char 看起来会更自然。

这些函数返回一个 int 的原因是：可以返回文件尾标记。我们使用 char 范围中的每个值来表示一个真实字符，因此，取值范围中没有额外的值可以用来表示文件尾。

返回 int 的函数将它们要返回的字符先转换为 unsigned char，然后再将结果提升到 int。因此，即使字符集中有字符映射到负值，这些操作返回的 int 也是正值（参见 2.1.2 节，第 32 页）。而标准库使用负值表示文件尾，这样就可以保证与任何合法字符的值都不同。头文件 cstdio 定义了一个名为 EOF 的 const，我们可以用它来检测从 get 返回的值是否是文件尾，而不必记忆表示文件尾的实际数值。对我们来说重要的是，用一个 int 来保存从这些函数返回的值：

```
int ch; // 使用一个 int，而不是一个 char 来保存 get() 的返回值
// 循环读取并输出输入中的所有数据
while ((ch = cin.get()) != EOF)
        cout.put(ch);
```

此程序与第 673 页中的程序完成相同的工作，唯一的不同是用来读取输入的 get 版本不同。

多字节操作

一些未格式化 IO 操作一次处理大块数据。如果速度是要考虑的重点问题的话，这些操作是很重要的，但类似其他低层操作，这些操作也容易出错。特别是，这些操作要求我们自己分配并管理用来保存和提取数据的字符数组（参见 12.2 节，第 423 页）。表 17.20 列出了多字节操作。

表 17.20：多字节低层 IO 操作

is.get(sink, size, delim)
从 is 中读取最多 size 个字节，并保存在字符数组中，字符数组的起始地址由 sink 给出。读取过程直至遇到字符 delim 或读取了 size 个字节或遇到文件尾时停止。如果遇到了 delim，则将其留在输入流中，不读取出来存入 sink

is.getline(sink, size, delim)
与接受三个参数的 get 版本类似，但会读取并丢弃 delim

is.read(sink, size)
读取最多 size 个字节，存入字符数组 sink 中。返回 is

is.gcount()
返回上一个未格式化读取操作从 is 读取的字节数

os.write(source, size)
将字符数组 source 中的 size 个字节写入 os。返回 os

> is.ignore(size, delim)
>
> 读取并忽略最多 size 个字符，包括 delim。与其他未格式化函数不同，ignore 有默认参数：size 的默认值为 1，delim 的默认值为文件尾

get 和 getline 函数接受相同的参数，它们的行为类似但不相同。在两个函数中，sink 都是一个 char 数组，用来保存数据。两个函数都一直读取数据，直至下面条件之一发生：

- 已读取了 size-1 个字符
- 遇到了文件尾
- 遇到了分隔符

两个函数的差别是处理分隔符的方式：get 将分隔符留作 istream 中的下一个字符，而 getline 则读取并丢弃分隔符。无论哪个函数都不会将分隔符保存在 sink 中。

 一个常见的错误是本想从流中删除分隔符，但却忘了做。 763

确定读取了多少个字符

某些操作从输入读取未知个数的字节。我们可以调用 gcount 来确定最后一个未格式化输入操作读取了多少个字符。应该在任何后续未格式化输入操作之前调用 gcount。特别是，将字符退回流的单字符操作也属于未格式化输入操作。如果在调用 gcount 之前调用了 peek、unget 或 putback，则 gcount 的返回值为 0。

小心：低层函数容易出错

一般情况下，我们主张使用标准库提供的高层抽象。返回 int 的 IO 操作很好地解释了原因。

一个常见的编程错误是将 get 或 peek 的返回值赋予一个 char 而不是一个 int。这样做是错误的，但编译器却不能发现这个错误。最终会发生什么依赖于程序运行于哪台机器以及输入数据是什么。例如，在一台 char 被实现为 unsigned char 的机器上，下面的循环永远不会停止：

```
char ch; // 此处使用 char 就是引入灾难！
// 从 cin.get 返回的值被转换为 char，然后与一个 int 比较
while ((ch = cin.get()) != EOF)
        cout.put(ch);
```

问题出在当 get 返回 EOF 时，此值会被转换为一个 unsigned char。转换得到的值与 EOF 的 int 值不再相等，因此循环永远也不会停止。这种错误很可能在调试时发现。

在一台 char 被实现为 signed char 的机器上，我们不能确定循环的行为。当一个越界的值被赋予一个 signed 变量时会发生什么完全取决于编译器。在很多机器上，这个循环可以正常工作，除非输入序列中有一个字符与 EOF 值匹配。虽然在普通数据中这种字符不太可能出现，但低层 IO 通常用于读取二进制值的场合，而这些二进制值不能直接映射到普通字符和数值。例如，在我们的机器上，如果输入中包含有一个值为 '\377' 的字符，则循环会提前终止。因为在我们的机器上，将 -1 转换为一个 signed char，就会得到 '\377'。如果输入中有这个值，则它会被（过早）当作文件尾指示符。

当我们读写有类型的值时，这种错误就不会发生。如果你可以使用标准库提供的类型更加安全、更高层的操作，就应该使用它们。

17.5.2 节练习

练习 17.37：用未格式化版本的 `getline` 逐行读取一个文件。测试你的程序，给它一个文件，既包含空行又包含长度超过你传递给 `getline` 的字符数组大小的行。

练习 17.38：扩展上一题中你的程序，将读入的每个单词打印到它所在的行。

17.5.3　流随机访问

各种流类型通常都支持对流中数据的随机访问。我们可以重定位流，使之跳过一些数据，首先读取最后一行，然后读取第一行，依此类推。标准库提供了一对函数，来定位（seek）到流中给定的位置，以及告诉（tell）我们当前位置。

 随机 IO 本质上是依赖于系统的。为了理解如何使用这些特性，你必须查询系统文档。

虽然标准库为所有流类型都定义了 seek 和 tell 函数，但它们是否会做有意义的事情依赖于流绑定到哪个设备。在大多数系统中，绑定到 cin、cout、cerr 和 clog 的流不支持随机访问——毕竟，当我们向 cout 直接输出数据时，类似向回跳十个位置这种操作是没有意义的。对这些流我们可以调用 seek 和 tell 函数，但在运行时会出错，将流置于一个无效状态。

 由于 istream 和 ostream 类型通常不支持随机访问，所以本节剩余内容只适用于 fstream 和 sstream 类型。

seek 和 tell 函数

为了支持随机访问，IO 类型维护一个标记来确定下一个读写操作要在哪里进行。它们还提供了两个函数：一个函数通过将标记 seek 到一个给定位置来重定位它；另一个函数 tell 我们标记的当前位置。标准库实际上定义了两对 seek 和 tell 函数，如表 17.21 所示。一对用于输入流，另一对用于输出流。输入和输出版本的差别在于名字的后缀是 g 还是 p。g 版本表示我们正在"获得"（读取）数据，而 p 版本表示我们正在"放置"（写入）数据。

表 17.21：seek 和 tell 函数	
`tellg()` `tellp()`	返回一个输入流中（`tellg`）或输出流中（`tellp`）标记的当前位置
`seekg(pos)` `seekp(pos)`	在一个输入流或输出流中将标记重定位到给定的绝对地址。`pos` 通常是前一个 `tellg` 或 `tellp` 返回的值
`seekp(off, from)` `seekg(off, from)`	在一个输入流或输出流中将标记定位到 `from` 之前或之后 `off` 个字符，`from` 可以是下列值之一 　● beg，偏移量相对于流开始位置 　● cur，偏移量相对于流当前位置 　● end，偏移量相对于流结尾位置

从逻辑上讲，我们只能对 istream 和派生自 istream 的类型 ifstream 和 istringstream（参见 8.1 节，第 278 页）使用 g 版本，同样只能对 ostream 和派生自 ostream 的类型 ofstream 和 ostringstream 使用 p 版本。一个 iostream、 fstream 或 stringstream 既能读又能写关联的流,因此对这些类型的对象既能使用 g 版本又能使用 p 版本。

只有一个标记

标准库区分 seek 和 tell 函数的"放置"和"获得"版本这一特性可能会导致误解。即使标准库进行了区分,但它在一个流中只维护单一的标记——并不存在独立的读标记和写标记。

当我们处理一个只读或只写的流时,两种版本的区别甚至是不明显的。我们可以对这些流只使用 g 或只使用 p 版本。如果我们试图对一个 ifstream 流调用 tellp,编译器会报告错误。类似的,编译器也不允许我们对一个 ostringstream 调用 seekg。

fstream 和 stringstream 类型可以读写同一个流。在这些类型中,有单一的缓冲区用于保存读写的数据,同样,标记也只有一个,表示缓冲区中的当前位置。标准库将 g 和 p 版本的读写位置都映射到这个单一的标记。

 由于只有单一的标记,因此只要我们在读写操作间切换,就必须进行 seek 操作来重定位标记。 <766

重定位标记

seek 函数有两个版本:一个移动到文件中的"绝对"地址;另一个移动到一个给定位置的指定偏移量:

```
// 将标记移动到一个固定位置
seekg(new_position); // 将读标记移动到指定的 pos_type 类型的位置
seekp(new_position); // 将写标记移动到指定的 pos_type 类型的位置

// 移动到给定起始点之前或之后指定的偏移位置
seekg(offset, from); // 将读标记移动到距 from 偏移量为 offset 的位置
seekp(offset, from); // 将写标记移动到距 from 偏移量为 offset 的位置
```

from 的可能值如表 17.21 所示。

参数 new_position 和 offset 的类型分别是 pos_type 和 off_type,这两个类型都是机器相关的,它们定义在头文件 istream 和 ostream 中。pos_type 表示一个文件位置,而 off_type 表示距当前位置的一个偏移量。一个 off_type 类型的值可以是正的也可以是负的,即,我们可以在文件中向前移动或向后移动。

访问标记

函数 tellg 和 tellp 返回一个 pos_type 值,表示流的当前位置。tell 函数通常用来记住一个位置,以便稍后再定位回来:

```
// 记住当前写位置
ostringstream writeStr; // 输出 stringstream
ostringstream::pos_type mark = writeStr.tellp();
// ...
if (cancelEntry)
    // 回到刚才记住的位置
    writeStr.seekp(mark);
```

读写同一个文件

　　我们来考察一个编程实例。假定已经给定了一个要读取的文件，我们要在此文件的末尾写入新的一行，这一行包含文件中每行的相对起始位置。例如，给定下面文件：

abcd
efg
hi
j

程序应该生成如下修改过的文件：

767>

abcd
efg
hi
j
5 9 12 14

　　注意，我们的程序不必输出第一行的偏移——它总是从位置 0 开始。还要注意，统计偏移量时必须包含每行末尾不可见的换行符。最后，注意输出的最后一个数是我们的输出开始那行的偏移量。在输出中包含了这些偏移量后，我们的输出就与文件的原始内容区分开来了。我们可以读取结果文件中最后一个数，定位到对应偏移量，即可得到我们的输出的起始地址。

　　我们的程序将逐行读取文件。对每一行，我们将递增计数器，将刚刚读取的一行的长度加到计数器上，则此计数器即为下一行的起始地址：

```
int main()
{
    // 以读写方式打开文件，并定位到文件尾
    // 文件模式参数参见 8.2.2 节（第 286 页）
    fstream inOut("copyOut",
                   fstream::ate | fstream::in | fstream::out);
    if (!inOut) {
        cerr << "Unable to open file!" << endl;
        return EXIT_FAILURE; // EXIT_FAILURE 参见 6.3.2 节（第 204 页）
    }
    // inOut 以 ate 模式打开，因此一开始就定义到其文件尾
    auto end_mark = inOut.tellg();      // 记住原文件尾位置
    inOut.seekg(0, fstream::beg);       // 重定位到文件开始
    size_t cnt = 0;                     // 字节数累加器
    string line;                        // 保存输入中的每行
    // 继续读取的条件：还未遇到错误且还在读取原数据
    while (inOut && inOut.tellg() != end_mark
            && getline(inOut, line)) {  // 且还可获取一行输入
        cnt += line.size() + 1;         // 加 1 表示换行符
        auto mark = inOut.tellg();      // 记住读取位置
        inOut.seekp(0, fstream::end);   // 将写标记移动到文件尾
        inOut << cnt;                   // 输出累计的长度
        // 如果不是最后一行，打印一个分隔符
        if (mark != end_mark) inOut << " ";
        inOut.seekg(mark);              // 恢复读位置
    }
    inOut.seekp(0, fstream::end);       // 定位到文件尾
```

```
        inOut << "\n";                        // 在文件尾输出一个换行符
        return 0;
    }
```

我们的程序用 in、out 和 ate 模式（参见 8.2.2 节，第 286 页）打开 fstream。前两个
模式指出我们想读写同一个文件。指定 ate 会将读写标记定位到文件尾。与往常一样，
我们检查文件是否成功打开，如果失败就退出（参见 6.3.2 节，第 203 页）。

768

由于我们的程序向输入文件写入数据，因此不能通过文件尾来判断是否停止读取，而
是应该在达到原数据的末尾时停止。因此，我们必须首先记住原文件尾的位置。由于我们
是以 ate 模式打开文件的，因此 inOut 已经定位到文件尾了。我们将当前位置（即，原
文件尾）保存在 end_mark 中。记住文件尾位置之后，我们 seek 到距文件起始位置偏移
量为 0 的地方，即，将读标记重定位到文件起始位置。

while 循环的条件由三部分组成：首先检查流是否合法；如果合法，通过比较当前读
位置（由 tellg 返回）和记录在 end_mark 中的位置来检查是否读完了原数据；最后，
假定前两个检查都已成功，我们调用 getline 读取输入的下一行，如果 getline 成功，
则执行 while 循环体。

循环体首先将当前位置记录在 mark 中。我们保存当前位置是为了在输出下一个偏移
量后再退回来。接下来调用 seekp 将写标记重定位到文件尾。我们输出计数器的值，然
后调用 seekg 回到记录在 mark 中的位置。回退到原位置后，我们就准备好继续检查循
环条件了。

每步循环都会输出下一行的偏移量。因此，最后一步循环负责输出最后一行的偏移量。
但是，我们还需要在文件尾输出一个换行符。与其他写操作一样，在输出换行符之前我们
调用 seekp 来定位到文件尾。

17.5.3 节练习

练习 17.39：对本节给出的 seek 程序，编写你自己的版本。

769> # 小结

本章介绍了一些特殊 IO 操作和四个标准库类型：`tuple`、`bitset`、正则表达式和随机数。

`tuple` 是一个模板，允许我们将多个不同类型的成员捆绑成单一对象。每个 `tuple` 包含指定数量的成员，但对一个给定的 `tuple` 类型，标准库并未限制我们可以定义的成员数量上限。

`bitset` 允许我们定义指定大小的二进制位集合。标准库不限制一个 `bitset` 的大小必须与整型类型的大小匹配，`bitset` 的大小可以更大。除了支持普通的位运算符（参见 4.8 节，第 136 页）外，`bitset` 还定义了一些命名的操作，允许我们操纵 `bitset` 中特定位的状态。

正则表达式库提供了一组类和函数：`regex` 类管理用某种正则表达式语言编写的正则表达式。匹配类保存了某个特定匹配的相关信息。这些类被函数 `regex_search` 和 `regex_match` 所用。这两个函数接受一个 `regex` 对象和一个字符序列，检查 `regex` 中的正则表达式是否匹配给定的字符序列。`regex` 迭代器类型是迭代器适配器，它们使用 `regex_search` 遍历输入序列，返回每个匹配的子序列。标准库还定义了一个 `regex_replace` 函数，允许我们用指定内容替换输入序列中与正则表达式匹配的部分。

随机数库由一组随机数引擎类和分布类组成。随机数引擎返回一个均匀分布的整型值序列。标准库定义了多个引擎，它们具有不同的性能特点。`default_random_engine` 是适合于大多数普通情况的引擎。标准库还定义了 20 个分布类型。这些分布类型使用一个引擎来生成指定类型的随机数，这些随机数的值都在给定范围内，且分布满足指定的概率分布。

术语表

bitset 标准库类，保存二进制位集合，大小在编译时已知，并提供检测和设置集合中二进制位的操作。

cmatch `csub_match` 对象的容器，保存一个 `regex` 与一个 `const char*` 输入序列匹配的相关信息。容器首元素描述了整个匹配结果。后续元素描述了子表达式的匹配结果。

cregex_iterator 类似 `sregex_iterator`，唯一的差别是此迭代器遍历一个 `char` 数组。

csub_match 保存一个正则表达式与一个 `const char*` 匹配结果的类型。可以表示整个匹配或子表达式的匹配。

默认随机数引擎（default random engine）用于普通用途的随机数引擎的类型别名。

格式化 IO（formatted IO）　读写操作，利用要读写的对象的类型来定义操作的行770>为。格式化输入操作执行适合要读取的类型的转换操作，如将 ASCII 码字符串转换为算术类型以及（默认地）忽略空白符。格式化输出操作将类型转换为可打印的字符表示形式、补白输出，还可能执行其他与输出类型相关的转换。

get 模板函数，返回给定 `tuple` 的指定成员。例如，`get<0>(t)` 返回 `tuple` `t` 的第一个成员。

高位（high-order）`bitset` 中下标最大的那些位。

低位（low-order）`bitset` 中下标最小的那些位。

操纵符（manipulator）"操纵"流的类函数对象。操纵符可用作重载的 IO 运算符<<和>>的右侧运算对象。大多数操纵符会改变流对象的内部状态。这种操纵符通常是成对的——一个改变状态，另一个恢复到流的默认状态。

随机数分布（random-number distribution）标准库类型，根据其名字所指出的概率分布转换随机数引擎的输出值。例如，uniform_int_distribution<T>生成类型为 T 的均匀分布的整数，而 normal_distribution<T>生成正态分布的值，依此类推。

随机数引擎（random-number engine） 标准库类型，生成随机的无符号数。引擎的设计意图是只用作随机数分布的输入。

随机数发生器（random-number generator） 一个随机数引擎类型和一个分布类型的组合。

regex 管理正则表达式的类。

regex_error 异常类型，当正则表达式中存在语法错误时抛出此异常。

regex_match 确定整个输入序列是否与给定 regex 对象匹配的函数。

regex_replace 使用一个 regex 对象来匹配输入序列并用给定格式替换匹配的子表达式的函数。

regex_search 使用一个 regex 对象在给定输入序列中查找匹配的子序列的函数。

正则表达式（regular expression）一种描述字符序列的方式。

种子（seed） 提供给随机数引擎的值，使引擎移动到生成的随机数序列中一个新的点。

smatch ssub_match 对象的容器，提供一个 regex 与一个 string 输入序列匹配的相关信息。容器首元素描述了整个匹配结果。后续元素描述了子表达式的匹配结果。

sregex_iterator 迭代器，使用给定的 regex 对象遍历一个 string 来查找匹配子串。其构造函数通过调用 regex_search 将迭代器定位到第一个匹配。递增迭代器的操作会调用 regex_search，从给定 string 中当前匹配之后的位置开始查找匹配。解引用迭代器返回一个描述当前匹配的 smatch 对象。

ssub_match 保存正则表达式与 string 匹配结果的类型。可以描述整个匹配或子表达式的匹配。

子表达式（subexpression） 正则表达式模式中用括号包围的组成部分。

tuple 模板，生成的类型保存指定类型的未命名成员。标准库没有限制一个 tuple 最多可以包含多少个成员。

未格式化 IO（unformatted IO） 将流当作无差别的字节流来处理的操作。未格式化操作给用户增加了很多管理 IO 的负担。

第 18 章
用于大型程序的工具

内容

C++语言能解决的问题规模千变万化，有的小到一个程序员几小时就能完成，有的则是含有几千几万行代码的庞大系统，需要几百个程序员协同工作好几年。本书之前介绍的内容对各种规模的编程问题都适用。

除此之外，C++语言还包含其他一些特征，当我们编写比较复杂的、小组和个人难以管理的系统时，这些特征最为有用。本章的主题即是向读者介绍这些特征，它们包括异常处理、命名空间和多重继承。

772>
与仅需几个程序员就能开发完成的系统相比，大规模编程对程序设计语言的要求更高。大规模应用程序的特殊要求包括：

- 在独立开发的子系统之间协同处理错误的能力。
- 使用各种库（可能包含独立开发的库）进行协同开发的能力。
- 对比较复杂的应用概念建模的能力。

本章介绍的三种 C++语言特性正好能满足上述要求，它们是：异常处理、命名空间和多重继承。

18.1　异常处理

异常处理（exception handling）机制允许程序中独立开发的部分能够在运行时就出现的问题进行通信并做出相应的处理。异常使得我们能够将问题的检测与解决过程分离开米。程序的一部分负责检测问题的出现，然后解决该问题的任务传递给程序的另一部分。检测环节无须知道问题处理模块的所有细节，反之亦然。

在 5.6 节（第 173 页）我们曾介绍过一些有关异常处理的基本概念和机理，本节将继续扩展这些知识。对于程序员来说，要想有效地使用异常处理，必须首先了解当抛出异常时发生了什么，捕获异常时发生了什么，以及用来传递错误的对象的意义。

18.1.1　抛出异常

在 C++语言中，我们通过**抛出**（throwing）一条表达式来**引发**（raised）一个异常。被抛出的表达式的类型以及当前的调用链共同决定了哪段**处理代码**（handler）将被用来处理该异常。被选中的处理代码是在调用链中与抛出对象类型匹配的最近的处理代码。其中，根据抛出对象的类型和内容，程序的异常抛出部分将会告知异常处理部分到底发生了什么错误。

当执行一个 throw 时，跟在 throw 后面的语句将不再被执行。相反，程序的控制权从 throw 转移到与之匹配的 catch 模块。该 catch 可能是同一个函数中的局部 catch，也可能位于直接或间接调用了发生异常的函数的另一个函数中。控制权从一处转移到另一处，这有两个重要的含义：

- 沿着调用链的函数可能会提早退出。
- 一旦程序开始执行异常处理代码，则沿着调用链创建的对象将被销毁。

因为跟在 throw 后面的语句将不再被执行，所以 throw 语句的用法有点类似于 return 语句：它通常作为条件语句的一部分或者作为某个函数的最后（或者唯一）一条语句。

773>
栈展开

当抛出一个异常后，程序暂停当前函数的执行过程并立即开始寻找与异常匹配的 catch 子句。当 throw 出现在一个 **try** 语句块（try block）内时，检查与该 try 块关联的 catch 子句。如果找到了匹配的 catch，就使用该 catch 处理异常。如果这一步没找到匹配的 catch 且该 try 语句嵌套在其他 try 块中，则继续检查与外层 try 匹配的 catch 子句。如果还是找不到匹配的 catch，则退出当前的函数，在调用当前函数的外层函数中继续寻找。

如果对抛出异常的函数的调用语句位于一个 try 语句块内，则检查与该 try 块关联的 catch 子句。如果找到了匹配的 catch，就使用该 catch 处理异常。否则，如果该 try 语句嵌套在其他 try 块中，则继续检查与外层 try 匹配的 catch 子句。如果仍然没有找到匹配的 catch，则退出当前这个主调函数，继续在调用了刚刚退出的这个函数的其他函数中寻找，以此类推。

上述过程被称为**栈展开**（stack unwinding）过程。栈展开过程沿着嵌套函数的调用链不断查找，直到找到了与异常匹配的 catch 子句为止；或者也可能一直没找到匹配的 catch，则退出主函数后查找过程终止。

假设找到了一个匹配的 catch 子句，则程序进入该子句并执行其中的代码。当执行完这个 catch 子句后，找到与 try 块关联的最后一个 catch 子句之后的点，并从这里继续执行。

如果没找到匹配的 catch 子句，程序将退出。因为异常通常被认为是妨碍程序正常执行的事件，所以一旦引发了某个异常，就不能对它置之不理。当找不到匹配的 catch 时，程序将调用标准库函数 **terminate**，顾名思义，terminate 负责终止程序的执行过程。

 一个异常如果没有被捕获，则它将终止当前的程序。

栈展开过程中对象被自动销毁

在栈展开过程中，位于调用链上的语句块可能会提前退出。通常情况下，程序在这些块中创建了一些局部对象。我们已经知道，块退出后它的局部对象也将随之销毁，这条规则对于栈展开过程同样适用。如果在栈展开过程中退出了某个块，编译器将负责确保在这个块中创建的对象能被正确地销毁。如果某个局部对象的类型是类类型，则该对象的析构函数将被自动调用。与往常一样，编译器在销毁内置类型的对象时不需要做任何事情。

如果异常发生在构造函数中，则当前的对象可能只构造了一部分。有的成员已经初始化了，而另外一些成员在异常发生前也许还没有初始化。即使某个对象只构造了一部分，我们也要确保已构造的成员能被正确地销毁。

类似的，异常也可能发生在数组或标准库容器的元素初始化过程中。与之前类似，如果在异常发生前已经构造了一部分元素，则我们应该确保这部分元素被正确地销毁。

析构函数与异常

析构函数总是会被执行的，但是函数中负责释放资源的代码却可能被跳过，这一特点对于我们如何组织程序结构有重要影响。如我们在 12.1.4 节（第 415 页）介绍过的，如果一个块分配了资源，并且在负责释放这些资源的代码前面发生了异常，则释放资源的代码将不会被执行。另一方面，类对象分配的资源将由类的析构函数负责释放。因此，如果我们使用类来控制资源的分配，就能确保无论函数正常结束还是遭遇异常，资源都能被正确地释放。

析构函数在栈展开的过程中执行，这一事实影响着我们编写析构函数的方式。在栈展开的过程中，已经引发了异常但是我们还没有处理它。如果异常抛出后没有被正确捕获，则系统将调用 terminate 函数。因此，出于栈展开可能使用析构函数的考虑，析构函数不应该抛出不能被它自身处理的异常。换句话说，如果析构函数需要执行某个可能抛出异常的操作，则该操作应该被放置在一个 try 语句块当中，并且在析构函数内部得到处理。

在实际的编程过程中，因为析构函数仅仅是释放资源，所以它不太可能抛出异常。所有标准库类型都能确保它们的析构函数不会引发异常。

在栈展开的过程中，运行类类型的局部对象的析构函数。因为这些析构函数是自动执行的，所以它们不应该抛出异常。一旦在栈展开的过程中析构函数抛出了异常，并且析构函数自身没能捕获到该异常，则程序将被终止。

异常对象

异常对象（exception object）是一种特殊的对象，编译器使用异常抛出表达式来对异常对象进行拷贝初始化（参见 13.1.1 节，第 441 页）。因此，throw 语句中的表达式必须拥有完全类型（参见 7.3.3 节，第 250 页）。而且如果该表达式是类类型的话，则相应的类必须含有一个可访问的析构函数和一个可访问的拷贝或移动构造函数。如果该表达式是数组类型或函数类型，则表达式将被转换成与之对应的指针类型。

异常对象位于由编译器管理的空间中，编译器确保无论最终调用的是哪个 catch 子句都能访问该空间。当异常处理完毕后，异常对象被销毁。

如我们所知，当一个异常被抛出时，沿着调用链的块将依次退出直至找到与异常匹配的处理代码。如果退出了某个块，则同时释放块中局部对象使用的内存。因此，抛出一个指向局部对象的指针几乎肯定是一种错误的行为。出于同样的原因，从函数中返回指向局部对象的指针也是错误的（参见 6.3.2 节，第 202 页）。如果指针所指的对象位于某个块中，而该块在 catch 语句之前就已经退出了，则意味着在执行 catch 语句之前局部对象已经被销毁了。

当我们抛出一条表达式时，该表达式的静态编译时类型（参见 15.2.3 节，第 534 页）决定了异常对象的类型。读者必须牢记这一点，因为很多情况下程序抛出的表达式类型来自于某个继承体系。如果一条 throw 表达式解引用一个基类指针，而该指针实际指向的是派生类对象，则抛出的对象将被切掉一部分（参见 15.2.3 节，第 535 页），只有基类部分被抛出。

抛出指针要求在任何对应的处理代码存在的地方，指针所指的对象都必须存在。

18.1.1 节练习

练习 18.1：在下列 throw 语句中异常对象的类型是什么？

(a) `range_error r("error");`   (b) `exception *p = &r;`
    `throw r;`   ,   `throw *p;`

如果将 (b) 中的 throw 语句写成了 throw p 将发生什么情况？

练习 18.2：当在指定的位置发生了异常时将出现什么情况？

```
void exercise(int *b, int *e)
{
    vector<int> v(b, e);
    int *p = new int[v.size()];
    ifstream in("ints");
    // 此处发生异常
}
```

练习 18.3：要想让上面的代码在发生异常时能正常工作，有两种解决方案。请描述这两种方法并实现它们。

18.1.2　捕获异常

catch 子句（catch clause）中的**异常声明**（exception declaration）看起来像是只包含一个形参的函数形参列表。像在形参列表中一样，如果 catch 无须访问抛出的表达式的话，则我们可以忽略捕获形参的名字。

声明的类型决定了处理代码所能捕获的异常类型。这个类型必须是完全类型（参见 7.3.3 节，第 250 页），它可以是左值引用，但不能是右值引用（参见 13.6.1 节，第 471 页）。

当进入一个 catch 语句后，通过异常对象初始化异常声明中的参数。和函数的参数类似，如果 catch 的参数类型是非引用类型，则该参数是异常对象的一个副本，在 catch 语句内改变该参数实际上改变的是局部副本而非异常对象本身；相反，如果参数是引用类型，则和其他引用参数一样，该参数是异常对象的一个别名，此时改变参数也就是改变异常对象。

catch 的参数还有一个特性也与函数的参数非常类似：如果 catch 的参数是基类类型，则我们可以使用其派生类类型的异常对象对其进行初始化。此时，如果 catch 的参数是非引用类型，则异常对象将被切掉一部分（参见 15.2.3 节，第 535 页），这与将派生类对象以值传递的方式传给一个普通函数差不多。另一方面，如果 catch 的参数是基类的引用，则该参数将以常规方式绑定到异常对象上。

〈776〉

最后一点需要注意的是，异常声明的静态类型将决定 catch 语句所能执行的操作。如果 catch 的参数是基类类型，则 catch 无法使用派生类特有的任何成员。

> 通常情况下，如果 catch 接受的异常与某个继承体系有关，则最好将该 catch 的参数定义成引用类型。

查找匹配的处理代码

在搜寻 catch 语句的过程中，我们最终找到的 catch 未必是异常的最佳匹配。相反，挑选出来的应该是第一个与异常匹配的 catch 语句。因此，越是专门的 catch 越应该置于整个 catch 列表的前端。

因为 catch 语句是按照其出现的顺序逐一进行匹配的，所以当程序使用具有继承关系的多个异常时必须对 catch 语句的顺序进行组织和管理，使得派生类异常的处理代码出现在基类异常的处理代码之前。

与实参和形参的匹配规则相比，异常和 catch 异常声明的匹配规则受到更多限制。此时，绝大多数类型转换都不被允许，除了一些极细小的差别之外，要求异常的类型和 catch 声明的类型是精确匹配的：

- 允许从非常量向常量的类型转换，也就是说，一条非常量对象的 throw 语句可以匹配一个接受常量引用的 catch 语句。
- 允许从派生类向基类的类型转换。
- 数组被转换成指向数组（元素）类型的指针，函数被转换成指向该函数类型的指针。

除此之外，包括标准算术类型转换和类类型转换在内，其他所有转换规则都不能在匹配

catch 的过程中使用。

> 如果在多个 catch 语句的类型之间存在着继承关系，则我们应该把继承链最
> 底端的类（most derived type）放在前面，而将继承链最顶端的类（least derived
> type）放在后面。

重新抛出

有时，一个单独的 catch 语句不能完整地处理某个异常。在执行了某些校正操作之后，当前的 catch 可能会决定由调用链更上一层的函数接着处理异常。一条 catch 语句通过**重新抛出**（rethrowing）的操作将异常传递给另外一个 catch 语句。这里的重新抛出仍然是一条 throw 语句，只不过不包含任何表达式：

```
throw;
```

空的 throw 语句只能出现在 catch 语句或 catch 语句直接或间接调用的函数之内。如果在处理代码之外的区域遇到了空 throw 语句，编译器将调用 terminate。

一个重新抛出语句并不指定新的表达式，而是将当前的异常对象沿着调用链向上传递。

很多时候，catch 语句会改变其参数的内容。如果在改变了参数的内容后 catch 语句重新抛出异常，则只有当 catch 异常声明是引用类型时我们对参数所做的改变才会被保留并继续传播：

```
catch (my_error &eObj) {              // 引用类型
    eObj.status = errCodes::severeErr;    // 修改了异常对象
    throw;                            // 异常对象的 status 成员是 severeErr
} catch (other_error eObj) {          // 非引用类型
    eObj.status = errCodes::badErr;       // 只修改了异常对象的局部副本
    throw;          // 异常对象的 status 成员没有改变
}
```

捕获所有异常的处理代码

有时我们希望不论抛出的异常是什么类型，程序都能统一捕获它们。要想捕获所有可能的异常是比较有难度的，毕竟有些情况下我们也不知道异常的类型到底是什么。即使我们知道所有的异常类型，也很难为所有类型提供唯一一个 catch 语句。为了一次性捕获所有异常，我们使用省略号作为异常声明，这样的处理代码称为**捕获所有异常**（catch-all）的处理代码，形如 catch(...)。一条捕获所有异常的语句可以与任意类型的异常匹配。

catch(...) 通常与重新抛出语句一起使用，其中 catch 执行当前局部能完成的工作，随后重新抛出异常：

```
void manip() {
    try {
        // 这里的操作将引发并抛出一个异常
    }
    catch (...) {
        // 处理异常的某些特殊操作
        throw;
    }
}
```

catch(...) 既能单独出现，也能与其他几个 catch 语句一起出现。

 如果 catch(...) 与其他几个 catch 语句一起出现，则 catch(...) 必须在最后的位置。出现在捕获所有异常语句后面的 catch 语句将永远不会被匹配。

18.1.2 节练习

练习 18.4： 查看图 18.1（第 693 页）所示的继承体系，说明下面的 try 块有何错误并修改它。

```
try {
    // 使用 C++标准库
} catch(exception) {
    // ...
} catch(const runtime_error &re) {
    // ...
} catch(overflow_error eobj) { /* ... */ }
```

练习 18.5： 修改下面的 main 函数，使其能捕获图 18.1（第 693 页）所示的任何异常类型：

```
int main() {
    // 使用 C++标准库
}
```

处理代码应该首先打印异常相关的错误信息，然后调用 abort（定义在 cstdlib 头文件中）终止 main 函数。

练习 18.6： 已知下面的异常类型和 catch 语句，书写一个 throw 表达式使其创建的异常对象能被这些 catch 语句捕获：

```
(a) class exceptionType { };
    catch(exceptionType *pet) { }
(b) catch(...) { }
(c) typedef int EXCPTYPE;
    catch(EXCPTYPE) { }
```

18.1.3 函数 try 语句块与构造函数

通常情况下，程序执行的任何时刻都可能发生异常，特别是异常可能发生在处理构造函数初始值的过程中。构造函数在进入其函数体之前首先执行初始值列表。因为在初始值列表抛出异常时构造函数体内的 try 语句块还未生效，所以构造函数体内的 catch 语句无法处理构造函数初始值列表抛出的异常。⟨778⟩

要想处理构造函数初始值抛出的异常，我们必须将构造函数写成**函数 try 语句块**（也称为函数测试块，function try block）的形式。函数 try 语句块使得一组 catch 语句既能处理构造函数体（或析构函数体），也能处理构造函数的初始化过程（或析构函数的析构过程）。举个例子，我们可以把 Blob 的构造函数（参见 16.1.2 节，第 586 页）置于一个函数 try 语句块中：

```
template <typename T>
Blob<T>::Blob(std::initializer_list<T> il) try :
```

```
                data(std::make_shared<std::vector<T>>(il)) {
        /* 空函数体*/
    } catch(const std::bad_alloc &e) { handle_out_of_memory(e); }
```

注意：关键字 try 出现在表示构造函数初始值列表的冒号以及表示构造函数体（此例为空）的花括号之前。与这个 try 关联的 catch 既能处理构造函数体抛出的异常，也能处理成员初始化列表抛出的异常。

还有一种情况值得读者注意，在初始化构造函数的参数时也可能发生异常，这样的异常不属于函数 try 语句块的一部分。函数 try 语句块只能处理构造函数开始执行后发生的异常。和其他函数调用一样，如果在参数初始化的过程中发生了异常，则该异常属于调用表达式的一部分，并将在调用者所在的上下文中处理。

> 处理构造函数初始值异常的唯一方法是将构造函数写成函数 try 语句块。

18.1.3 节练习

练习 18.7：根据第 16 章的介绍定义你自己的 Blob 和 BlobPtr，注意将构造函数写成函数 try 语句块。

18.1.4　noexcept 异常说明

对于用户及编译器来说，预先知道某个函数不会抛出异常显然大有裨益。首先，知道函数不会抛出异常有助于简化调用该函数的代码；其次，如果编译器确认函数不会抛出异常，它就能执行某些特殊的优化操作，而这些优化操作并不适用于可能出错的代码。

在 C++11 新标准中，我们可以通过提供 **noexcept 说明**（noexcept specification）指定某个函数不会抛出异常。其形式是关键字 noexcept 紧跟在函数的参数列表后面，用以标识该函数不会抛出异常：

```
void recoup(int) noexcept;          // 不会抛出异常
void alloc(int);                    // 可能抛出异常
```

这两条声明语句指出 recoup 将不会抛出任何异常，而 alloc 可能抛出异常。我们说 recoup 做了**不抛出说明**（nonthrowing specification）。

对于一个函数来说，noexcept 说明要么出现在该函数的所有声明语句和定义语句中，要么一次也不出现。该说明应该在函数的尾置返回类型（参见 6.3.3 节，第 206 页）之前。我们也可以在函数指针的声明和定义中指定 noexcept。在 typedef 或类型别名中则不能出现 noexcept。在成员函数中，noexcept 说明符需要跟在 const 及引用限定符之后，而在 final、override 或虚函数的=0 之前。

违反异常说明

读者需要清楚的一个事实是编译器并不会在编译时检查 noexcept 说明。实际上，如果一个函数在说明了 noexcept 的同时又含有 throw 语句或者调用了可能抛出异常的其他函数，编译器将顺利编译通过，并不会因为这种违反异常说明的情况而报错（不排除个别编译器会对这种用法提出警告）：

```
// 尽管该函数明显违反了异常说明，但它仍然可以顺利编译通过
void f() noexcept                // 承诺不会抛出异常
{
```

```
        throw exception();          // 违反了异常说明
    }
```

因此可能出现这样一种情况：尽管函数声明了它不会抛出异常，但实际上还是抛出了。一旦一个 noexcept 函数抛出了异常，程序就会调用 terminate 以确保遵守不在运行时抛出异常的承诺。上述过程对是否执行栈展开未作约定，因此 noexcept 可以用在两种情况下：一是我们确认函数不会抛出异常，二是我们根本不知道该如何处理异常。

指明某个函数不会抛出异常可以令该函数的调用者不必再考虑如何处理异常。无论是函数确实不抛出异常，还是程序被终止，调用者都无须为此负责。

 通常情况下，编译器不能也不必在编译时验证异常说明。

向后兼容：异常说明

早期的 C++ 版本设计了一套更加详细的异常说明方案，该方案使得我们可以指定某个函数可能抛出的异常类型。函数可以指定一个关键字 throw，在后面跟上括号括起来的异常类型列表。throw 说明符所在的位置与新版本 C++ 中 noexcept 所在的位置相同。

上述使用 throw 的异常说明方案在 C++11 新版本中已经被取消了。然而尽管如此，它还有一个重要的用处。如果函数被设计为是 throw() 的，则意味着该函数将不会抛出异常：

```
void recoup(int) noexcept;        // recoup 不会抛出异常
void recoup(int) throw();         // 等价的声明
```

上面的两条声明语句是等价的，它们都承诺 recoup 不会抛出异常。

异常说明的实参

noexcept 说明符接受一个可选的实参，该实参必须能转换为 bool 类型：如果实参是 true，则函数不会抛出异常；如果实参是 false，则函数可能抛出异常：

```
void recoup(int) noexcept(true);        // recoup 不会抛出异常
void alloc(int) noexcept(false);        // alloc 可能抛出异常
```

noexcept 运算符

noexcept 说明符的实参常常与 **noexcept 运算符**（noexcept operator）混合使用。noexcept 运算符是一个一元运算符，它的返回值是一个 bool 类型的右值常量表达式，用于表示给定的表达式是否会抛出异常。和 sizeof（参见 4.9 节，第 139 页）类似，noexcept 也不会求其运算对象的值。

例如，因为我们声明 recoup 时使用了 noexcept 说明符，所以下面的表达式的返回值为 true：

```
noexcept(recoup(i))    // 如果 recoup 不抛出异常则结果为 true；否则结果为 false
```

更普通的形式是：

```
noexcept(e)
```

当 e 调用的所有函数都做了不抛出说明且 e 本身不含有 throw 语句时，上述表达式为 true；否则 noexcept(e) 返回 false。

我们可以使用 noexcept 运算符得到如下的异常说明：

```
void f() noexcept(noexcept(g())); // f 和 g 的异常说明一致
```

如果函数 g 承诺了不会抛出异常，则 f 也不会抛出异常；如果 g 没有异常说明符，或者 g 虽然有异常说明符但是允许抛出异常，则 f 也可能抛出异常。

> noexcept 有两层含义：当跟在函数参数列表后面时它是异常说明符；而当作为 noexcept 异常说明的 bool 实参出现时，它是一个运算符。

异常说明与指针、虚函数和拷贝控制

尽管 noexcept 说明符不属于函数类型的一部分，但是函数的异常说明仍然会影响函数的使用。

函数指针及该指针所指的函数必须具有一致的异常说明。也就是说，如果我们为某个指针做了不抛出异常的声明，则该指针将只能指向不抛出异常的函数。相反，如果我们显式或隐式地说明了指针可能抛出异常，则该指针可以指向任何函数，即使是承诺了不抛出异常的函数也可以：

```
// recoup 和 pf1 都承诺不会抛出异常
void (*pf1)(int) noexcept = recoup;
// 正确：recoup 不会抛出异常，pf2 可能抛出异常，二者之间互不干扰
void (*pf2)(int) = recoup;

pf1 = alloc;      // 错误：alloc 可能抛出异常，但是 pf1 已经说明了它不会抛出异常
pf2 = alloc;      // 正确：pf2 和 alloc 都可能抛出异常
```

如果一个虚函数承诺了它不会抛出异常，则后续派生出来的虚函数也必须做出同样的承诺；与之相反，如果基类的虚函数允许抛出异常，则派生类的对应函数既可以允许抛出异常，也可以不允许抛出异常：

```
class Base {
public:
    virtual double f1(double) noexcept;    // 不会抛出异常
    virtual int f2() noexcept(false);      // 可能抛出异常
    virtual void f3();                      // 可能抛出异常
};
class Derived : public Base {
public:
    double f1(double);                     // 错误：Base::f1 承诺不会抛出异常
    int f2() noexcept(false);              // 正确：与 Base::f2 的异常说明一致
    void f3() noexcept;                    // 正确：Derived 的 f3 做了更严格的限定，
                                           // 这是允许的
};
```

当编译器合成拷贝控制成员时，同时也生成一个异常说明。如果对所有成员和基类的所有操作都承诺了不会抛出异常，则合成的成员是 noexcept 的。如果合成成员调用的任意一个函数可能抛出异常，则合成的成员是 noexcept(false)。而且，如果我们定义了一个析构函数但是没有为它提供异常说明，则编译器将合成一个。合成的异常说明将与假设由编译器为类合成析构函数时所得的异常说明一致。

18.1.4 节练习

练习 18.8：回顾你之前编写的各个类，为它们的构造函数和析构函数添加正确的异常说明。如果你认为某个析构函数可能抛出异常，尝试修改代码使得该析构函数不会抛出异常。

18.1.5 异常类层次

标准库异常类（参见 5.6.3 节，第 176 页）构成了图 18.1 所示的继承体系（参见第 15 章）。

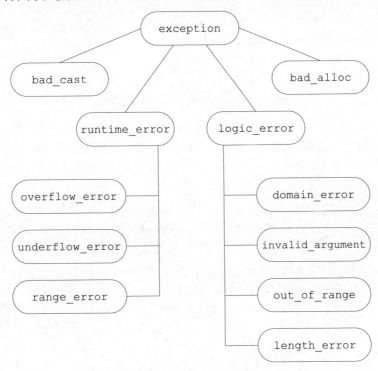

图 18.1：标准 exception 类层次

　　类型 exception 仅仅定义了拷贝构造函数、拷贝赋值运算符、一个虚析构函数和一个名为 what 的虚成员。其中 what 函数返回一个 const char*，该指针指向一个以 unll 结尾的字符数组，并且确保不会抛出任何异常。

　　类 exception、bad_cast 和 bad_alloc 定义了默认构造函数。类 runtime_error 和 logic_error 没有默认构造函数，但是有一个可以接受 C 风格字符串或者标准库 string 类型实参的构造函数，这些实参负责提供关于错误的更多信息。在这些类中，what 负责返回用于初始化异常对象的信息。因为 what 是虚函数，所以当我们捕获基类的引用时，对 what 函数的调用将执行与异常对象动态类型对应的版本。

书店应用程序的异常类

　　实际的应用程序通常会自定义 exception（或者 exception 的标准库派生类）的派生类以扩展其继承体系。这些面向应用的异常类表示了与应用相关的异常条件。

　　如果我们构建的是一个真实的书店应用程序，则其中的类将比本书之前所示的复杂得多。复杂性的一个方面就是如何处理异常。实际上，我们很可能需要建立一个自己的异常类体系，用它来表示与应用相关的各种问题。我们设计的异常类可能如下所示：

```cpp
// 为某个书店应用程序设定的异常类
class out_of_stock: public std::runtime_error {
public:
    explicit out_of_stock(const std::string &s):
                        std::runtime_error(s) { }
};
class isbn_mismatch: public std::logic_error {
public:
    explicit isbn_mismatch(const std::string &s):
                        std::logic_error(s) { }
    isbn_mismatch(const std::string &s,
        const std::string &lhs, const std::string &rhs):
        std::logic_error(s), left(lhs), right(rhs) { }
    const std::string left, right;
};
```

由上可知，我们的面向应用的异常类继承自标准异常类。和其他继承体系一样，异常类也可以看作按照层次关系组织的。层次越低，表示的异常情况就越特殊。例如，在异常类继承体系中位于最顶层的通常是 exception，exception 表示的含义是某处出错了，至于错误的细节则未作描述。

继承体系的第二层将 exception 划分为两个大的类别：运行时错误和逻辑错误。运行时错误表示的是只有在程序运行时才能检测到的错误；而逻辑错误一般指的是我们可以在程序代码中发现的错误。

我们的书店应用程序进一步细分上述异常类别。名为 out_of_stock 的类表示在运行时可能发生的错误，比如某些顺序无法满足；名为 isbn_mismatch 的类表示 logic_error 的一个特例，程序可以通过比较对象的 isbn() 结果来阻止或处理这一错误。

使用我们自己的异常类型

我们使用自定义异常类的方式与使用标准异常类的方式完全一样。程序在某处抛出异常类型的对象，在另外的地方捕获并处理这些出现的问题。举个例子，我们可以为 Sales_data 类定义一个复合加法运算符，当检测到参与加法的两个 ISBN 编号不一致时抛出名为 isbn_mismatch 的异常：

```cpp
// 如果参与加法的两个对象并非同一书籍，则抛出一个异常
Sales_data&
Sales_data::operator+=(const Sales_data& rhs)
{
    if (isbn() != rhs.isbn())
        throw isbn_mismatch("wrong isbns", isbn(), rhs.isbn());
    units_sold += rhs.units_sold;
    revenue += rhs.revenue;
    return *this;
}
```

使用了复合加法运算符的代码将能检测到这一错误，进而输出一条相应的错误信息并继续完成其他任务：

```
    // 使用之前设定的书店程序异常类
Sales_data item1, item2, sum;
while (cin >> item1 >> item2) {          // 读取两条交易信息
    try {
        sum = item1 + item2;            // 计算它们的和
        // 此处使用 sum
    } catch (const isbn_mismatch &e) {
      cerr << e.what() << ": left isbn(" << e.left
           << ") right isbn(" << e.right << ")" << endl;
    }
}
```

785

18.1.5 节练习

练习 18.9：定义本节描述的书店程序异常类，然后为 `Sales_data` 类重新编写一个复合赋值运算符并令其抛出一个异常。

练习 18.10：编写程序令其对两个 ISBN 编号不相同的对象执行 `Sales_data` 的加法运算。为该程序编写两个不同的版本：一个处理异常，另一个不处理异常。观察并比较这两个程序的行为，用心体会当出现了一个未被捕获的异常时程序会发生什么情况。

练习 18.11：为什么 `what` 函数不应该抛出异常？

18.2   命名空间

大型程序往往会使用多个独立开发的库，这些库又会定义大量的全局名字，如类、函数和模板等。当应用程序用到多个供应商提供的库时，不可避免地会发生某些名字相互冲突的情况。多个库将名字放置在全局命名空间中将引发**命名空间污染**（namespace pollution）。

传统上，程序员通过将其定义的全局实体名字设得很长来避免命名空间污染问题，这样的名字中通常包含表示名字所属库的前缀部分：

```
class cplusplus_primer_Query { ... };
string cplusplus_primer_make_plural(size_t, string&);
```

这种解决方案显然不太理想：对于程序员来说，书写和阅读这么长的名字费时费力且过于烦琐。

命名空间（namespace）为防止名字冲突提供了更加可控的机制。命名空间分割了全局命名空间，其中每个命名空间是一个作用域。通过在某个命名空间中定义库的名字，库的作者（以及用户）可以避免全局名字固有的限制。

18.2.1   命名空间定义

一个命名空间的定义包含两部分：首先是关键字 `namespace`，随后是命名空间的名字。在命名空间名字后面是一系列由花括号括起来的声明和定义。只要能出现在全局作用域中的声明就能置于命名空间内，主要包括：类、变量（及其初始化操作）、函数（及其定义）、模板和其他命名空间：

```
namespace cplusplus_primer {
    class Sales_data { /* ...*/};
```

```
        Sales_data operator+(const Sales_data&,
                             const Sales_data&);
        class Query { /* ...*/ };
        class Query_base { /* ...*/};
    } // 命名空间结束后无须分号，这一点与块类似
```

786 > 上面的代码定义了一个名为 cplusplus_primer 的命名空间，该命名空间包含四个成员：三个类和一个重载的+运算符。

和其他名字一样，命名空间的名字也必须在定义它的作用域内保持唯一。命名空间既可以定义在全局作用域内，也可以定义在其他命名空间中，但是不能定义在函数或类的内部。

 命名空间作用域后面无须分号。

每个命名空间都是一个作用域

和其他作用域类似，命名空间中的每个名字都必须表示该空间内的唯一实体。因为不同命名空间的作用域不同，所以在不同命名空间内可以有相同名字的成员。

定义在某个命名空间中的名字可以被该命名空间内的其他成员直接访问，也可以被这些成员内嵌作用域中的任何单位访问。位于该命名空间之外的代码则必须明确指出所用的名字属于哪个命名空间：

```
cplusplus_primer::Query q =
                cplusplus_primer::Query("hello");
```

如果其他命名空间（比如说 AddisonWesley）也提供了一个名为 Query 的类，并且我们希望使用这个类替代 cplusplus_primer 中定义的同名类，则可以按照如下方式修改代码：

```
AddisonWesley::Query q = AddisonWesley::Query("hello");
```

命名空间可以是不连续的

如我们在 16.5 节（第 626 页）介绍过的，命名空间可以定义在几个不同的部分，这一点与其他作用域不太一样。编写如下的命名空间定义：

```
namespace nsp {
// 相关声明
}
```

可能是定义了一个名为 nsp 的新命名空间，也可能是为已经存在的命名空间添加一些新成员。如果之前没有名为 nsp 的命名空间定义，则上述代码创建一个新的命名空间；否则，上述代码打开已经存在的命名空间定义并为其添加一些新成员的声明。

命名空间的定义可以不连续的特性使得我们可以将几个独立的接口和实现文件组成一个命名空间。此时，命名空间的组织方式类似于我们管理自定义类及函数的方式：

- 命名空间的一部分成员的作用是定义类，以及声明作为类接口的函数及对象，则这些成员应该置于头文件中，这些头文件将被包含在使用了这些成员的文件中。
- 命名空间成员的定义部分则置于另外的源文件中。

787 > 在程序中某些实体只能定义一次：如非内联函数、静态数据成员、变量等，命名空间中定义的名字也需要满足这一要求，我们可以通过上面的方式组织命名空间并达到目的。这种接口和实现分离的机制确保我们所需的函数和其他名字只定义一次，而只要是用到这些实

体的地方都能看到对于实体名字的声明。

 定义多个类型不相关的命名空间应该使用单独的文件分别表示每个类型（或关联类型构成的集合）。

定义本书的命名空间

通过使用上述接口与实现分离的机制，我们可以将 cplusplus_primer 库定义在几个不同的文件中。Sales_data 类的声明及其函数将置于 Sales_data.h 头文件中，第 15 章介绍的 Query 类将置于 Query.h 头文件中，以此类推。对应的实现文件将分别是 Sales_data.cc 和 Query.cc：

```cpp
// ---- Sales_data.h ----
// #include 应该出现在打开命名空间的操作之前
#include <string>
namespace cplusplus_primer {
    class Sales_data { /* ...*/};
    Sales_data operator+(const Sales_data&,
                         const Sales_data&);
    // Sales_data 的其他接口函数的声明
}
// ---- Sales_data.cc ----
// 确保#include 出现在打开命名空间的操作之前
#include "Sales_data.h"

namespace cplusplus_primer {
// Sales_data 成员及重载运算符的定义
}
```

程序如果想使用我们定义的库，必须包含必要的头文件，这些头文件中的名字定义在命名空间 cplusplus_primer 内：

```cpp
// ----user.cc ----
// Sales_data.h 头文件的名字位于命名空间 cplusplus_primer 中
#include "Sales_data.h"
int main()
{
    using cplusplus_primer::Sales_data;
    Sales_data trans1, trans2;
    // ...
    return 0;
}
```

这种程序的组织方式提供了开发者和库用户所需的模块性。每个类仍组织在自己的接口和实现文件中，一个类的用户不必编译与其他类相关的名字。我们对用户隐藏了实现细节，同时允许文件 Sales_data.cc 和 user.cc 被编译并链接成一个程序而不会产生任何编译时错误或链接时错误。库的开发者可以分别实现每一个类，相互之间没有干扰。

788

有一点需要注意，在通常情况下，我们不把#include 放在命名空间内部。如果我们这么做了，隐含的意思是把头文件中所有的名字定义成该命名空间的成员。例如，如果 Sales_data.h 在包含 string 头文件前就已经打开了命名空间 cplusplus_primer，则程序将出错，因为这么做意味着我们试图将命名空间 std 嵌套在命名空间 cplusplus_primer 中。

定义命名空间成员

假定作用域中存在合适的声明语句，则命名空间中的代码可以使用同一命名空间定义的名字的简写形式：

```
#include "Sales_data.h"
namespace cplusplus_primer {        // 重新打开命名空间 cplusplus_primer
// 命名空间中定义的成员可以直接使用名字，此时无须前缀
std::istream&
operator>>(std::istream& in, Sales_data& s) { /* ...*/}
}
```

也可以在命名空间定义的外部定义该命名空间的成员。命名空间对于名字的声明必须在作用域内，同时该名字的定义需要明确指出其所属的命名空间：

```
// 命名空间之外定义的成员必须使用含有前缀的名字
cplusplus_primer::Sales_data
cplusplus_primer::operator+(const Sales_data& lhs,
                            const Sales_data& rhs)
{
    Sales_data ret(lhs);
    // ...
}
```

和定义在类外部的类成员一样，一旦看到含有完整前缀的名字，我们就可以确定该名字位于命名空间的作用域内。在命名空间 cplusplus_primer 内部，我们可以直接使用该命名空间的其他成员，比如在上面的代码中，可以直接使用 Sales_data 定义函数的形参。

尽管命名空间的成员可以定义在命名空间外部，但是这样的定义必须出现在所属命名空间的外层空间中。换句话说，我们可以在 cplusplus_primer 或全局作用域中定义 Sales_data operator+，但是不能在一个不相关的作用域中定义这个运算符。

模板特例化

模板特例化必须定义在原始模板所属的命名空间中（参见 16.5 节，第 626 页）。和其他命名空间名字类似，只要我们在命名空间中声明了特例化，就能在命名空间外部定义它了：

```
// 我们必须将模板特例化声明成 std 的成员
namespace std {
    template <> struct hash<Sales_data>;
}
// 在 std 中添加了模板特例化的声明后，就可以在命名空间 std 的外部定义它了
template <> struct std::hash<Sales_data>
{
    size_t operator()(const Sales_data& s) const
    { return hash<string>()(s.bookNo) ^
             hash<unsigned>()(s.units_sold) ^
             hash<double>()(s.revenue); }
    // 其他成员与之前的版本一致
};
```

全局命名空间

全局作用域中定义的名字（即在所有类、函数及命名空间之外定义的名字）也就是定义在**全局命名空间**（global namespace）中。全局命名空间以隐式的方式声明，并且在所有

程序中都存在。全局作用域中定义的名字被隐式地添加到全局命名空间中。

　　作用域运算符同样可以用于全局作用域的成员，因为全局作用域是隐式的，所以它并没有名字。下面的形式

```
::member_name
```

表示全局命名空间中的一个成员。

嵌套的命名空间

　　嵌套的命名空间是指定义在其他命名空间中的命名空间：

```
namespace cplusplus_primer {
    // 第一个嵌套的命名空间：定义了库的 Query 部分
    namespace QueryLib {
        class Query { /* ...*/ };
        Query operator&(const Query&, const Query&);
        // ...
    }
    // 第二个嵌套的命名空间：定义了库的 Sales_data 部分
    namespace Bookstore {
        class Quote { /* ...*/ };
        class Disc_quote : public Quote { /* ...*/ };
        // ...
    }
}
```

上面的代码将命名空间 cplusplus_primer 分割为两个嵌套的命名空间，分别是 QueryLib 和 Bookstore。

　　嵌套的命名空间同时是一个嵌套的作用域，它嵌套在外层命名空间的作用域中。嵌套的命名空间中的名字遵循的规则与往常类似：内层命名空间声明的名字将隐藏外层命名空间声明的同名成员。在嵌套的命名空间中定义的名字只在内层命名空间中有效，外层命名空间中的代码要想访问它必须在名字前添加限定符。例如，在嵌套的命名空间 QueryLib 中声明的类名是

790

```
cplusplus_primer::QueryLib::Query
```

内联命名空间

　　C++11 新标准引入了一种新的嵌套命名空间，称为**内联命名空间**（inline namespace）。和普通的嵌套命名空间不同，内联命名空间中的名字可以被外层命名空间直接使用。也就是说，我们无须在内联命名空间的名字前添加表示该命名空间的前缀，通过外层命名空间的名字就可以直接访问它。

C++
11

　　定义内联命名空间的方式是在关键字 namespace 前添加关键字 inline：

```
inline namespace FifthEd {
    // 该命名空间表示本书第5版的代码
}
namespace FifthEd {          // 隐式内联
    class Query_base { /* ...*/};
    // 其他与 Query 有关的声明
}
```

关键字 inline 必须出现在命名空间第一次定义的地方，后续再打开命名空间的时候可以写 inline，也可以不写。

当应用程序的代码在一次发布和另一次发布之间发生了改变时，常常会用到内联命名空间。例如，我们可以把本书当前版本的所有代码都放在一个内联命名空间中，而之前版本的代码都放在一个非内联命名空间中：

```
namespace FourthEd {
    class Item_base { /* ... */};
    class Query_base { /* ... */};
    // 本书第 4 版用到的其他代码
}
```

命名空间 cplusplus_primer 将同时使用这两个命名空间。例如，假定每个命名空间都定义在同名的头文件中，则我们可以把命名空间 cplusplus_primer 定义成如下形式：

```
namespace cplusplus_primer {
#include "FifthEd.h"
#include "FourthEd.h"
}
```

791> 因为 FifthEd 是内联的，所以形如 cplusplus_primer:: 的代码可以直接获得 FifthEd 的成员。如果我们想使用早期版本的代码，则必须像其他嵌套的命名空间一样加上完整的外层命名空间名字，比如 cplusplus_primer::FourthEd::Query_base。

未命名的命名空间

未命名的命名空间（unnamed namespace）是指关键字 namespace 后紧跟花括号括起来的一系列声明语句。未命名的命名空间中定义的变量拥有静态生命周期：它们在第一次使用前创建，并且直到程序结束才销毁。

一个未命名的命名空间可以在某个给定的文件内不连续，但是不能跨越多个文件。每个文件定义自己的未命名的命名空间，如果两个文件都含有未命名的命名空间，则这两个空间互相无关。在这两个未命名的命名空间中可以定义相同的名字，并且这些定义表示的是不同实体。如果一个头文件定义了未命名的命名空间，则该命名空间中定义的名字将在每个包含了该头文件的文件中对应不同实体。

> 和其他命名空间不同，未命名的命名空间仅在特定的文件内部有效，其作用范围不会横跨多个不同的文件。

定义在未命名的命名空间中的名字可以直接使用，毕竟我们找不到什么命名空间的名字来限定它们；同样的，我们也不能对未命名的命名空间的成员使用作用域运算符。

未命名的命名空间中定义的名字的作用域与该命名空间所在的作用域相同。如果未命名的命名空间定义在文件的最外层作用域中，则该命名空间中的名字一定要与全局作用域中的名字有所区别：

```
int i;                      // i 的全局声明
namespace {
    int i;
}
```

```
// 二义性：i 的定义既出现在全局作用域中，又出现在未嵌套的未命名的命名空间中
i = 10;
```

其他情况下，未命名的命名空间中的成员都属于正确的程序实体。和所有命名空间类似，一个未命名的命名空间也能嵌套在其他命名空间当中。此时，未命名的命名空间中的成员可以通过外层命名空间的名字来访问：

```
namespace local {
    namespace {
        int i;
    }
}
// 正确：定义在嵌套的未命名的命名空间中的 i 与全局作用域中的 i 不同
local::i = 42;
```

792

> **未命名的命名空间取代文件中的静态声明**
>
> 　　在标准 C++ 引入命名空间的概念之前，程序需要将名字声明成 static 的以使得其对于整个文件有效。在文件中进行静态声明的做法是从 C 语言继承而来的。在 C 语言中，声明为 static 的全局实体在其所在的文件外不可见。
>
> 　　在文件中进行静态声明的做法已经被 C++ 标准取消了，现在的做法是使用未命名的命名空间。

18.2.1 节练习

练习 18.12：将你为之前各章练习编写的程序放置在各自的命名空间中。也就是说，命名空间 chapter15 包含 Query 程序的代码，命名空间 chapter10 包含 TextQuery 的代码；使用这种结构重新编译 Query 代码示例。

练习 18.13：什么时候应该使用未命名的命名空间？

练习 18.14：假设下面的 operator* 声明的是嵌套的命名空间 mathLib::MatrixLib 的一个成员：

```
namespace mathLib {
    namespace MatrixLib {
        class matrix { /* ... */ };
        matrix operator*
                (const matrix &, const matrix &);
        // ...
    }
}
```

请问你应该如何在全局作用域中声明该运算符？

18.2.2　使用命名空间成员

　　像 namespace_name::member_name 这样使用命名空间的成员显然非常烦琐，特别是当命名空间的名字很长时尤其如此。幸运的是，我们可以通过一些其他更简便的方法使用命名空间的成员。之前的程序已经使用过其中一种方法，即 using 声明（参见 3.1 节，第 74 页）。本节还将介绍另外几种方法，如命名空间的别名以及 using 指示等。

命名空间的别名

命名空间的别名（namespace alias）使得我们可以为命名空间的名字设定一个短得多的同义词。例如，一个很长的命名空间的名字形如

```
namespace cplusplus_primer { /* ...*/ };
```

我们可以为其设定一个短得多的同义词：

```
namespace primer = cplusplus_primer;
```

命名空间的别名声明以关键字 namespace 开始，后面是别名所用的名字、=符号、命名空间原来的名字以及一个分号。不能在命名空间还没有定义前就声明别名，否则将产生错误。

命名空间的别名也可以指向一个嵌套的命名空间：'

```
namespace Qlib = cplusplus_primer::QueryLib;
Qlib::Query q;
```

> **Note** 一个命名空间可以有好几个同义词或别名，所有别名都与命名空间原来的名字等价。

using 声明：扼要概述

一条 **using** 声明（using declaration）语句一次只引入命名空间的一个成员。它使得我们可以清楚地知道程序中所用的到底是哪个名字。

using 声明引入的名字遵守与过去一样的作用域规则：它的有效范围从 using 声明的地方开始，一直到 using 声明所在的作用域结束为止。在此过程中，外层作用域的同名实体将被隐藏。未加限定的名字只能在 using 声明所在的作用域以及其内层作用域中使用。在有效作用域结束后，我们就必须使用完整的经过限定的名字了。

一条 using 声明语句可以出现在全局作用域、局部作用域、命名空间作用域以及类的作用域中。在类的作用域中，这样的声明语句只能指向基类成员（参见 15.5 节，第 546 页）。

using 指示

using 指示（using directive）和 using 声明类似的地方是，我们可以使用命名空间名字的简写形式；和 using 声明不同的地方是，我们无法控制哪些名字是可见的，因为所有名字都是可见的。

using 指示以关键字 using 开始，后面是关键字 namespace 以及命名空间的名字。如果这里所用的名字不是一个已经定义好的命名空间的名字，则程序将发生错误。using 指示可以出现在全局作用域、局部作用域和命名空间作用域中，但是不能出现在类的作用域中。

using 指示使得某个特定的命名空间中所有的名字都可见，这样我们就无须再为它们添加任何前缀限定符了。简写的名字从 using 指示开始，一直到 using 指示所在的作用域结束都能使用。

> **WARNING** 如果我们提供了一个对 std 等命名空间的 using 指示而未做任何特殊控制的话，将重新引入由于使用了多个库而造成的名字冲突问题。

using 指示与作用域

using 指示引入的名字的作用域远比 using 声明引入的名字的作用域复杂。如我们所知，using 声明的名字的作用域与 using 声明语句本身的作用域一致，从效果上看就好像 using 声明语句为命名空间的成员在当前作用域内创建了一个别名一样。

using 指示所做的绝非声明别名这么简单。相反，它具有将命名空间成员提升到包含命名空间本身和 using 指示的最近作用域的能力。 <794

using 声明和 using 指示在作用域上的区别直接决定了它们工作方式的不同。对于 using 声明来说，我们只是简单地令名字在局部作用域内有效。相反，using 指示是令整个命名空间的所有内容变得有效。通常情况下，命名空间中会含有一些不能出现在局部作用域中的定义，因此，using 指示一般被看作是出现在最近的外层作用域中。

在最简单的情况下，假定我们有一个命名空间 A 和一个函数 f，它们都定义在全局作用域中。如果 f 含有一个对 A 的 using 指示，则在 f 看来，A 中的名字仿佛是出现在全局作用域中 f 之前的位置一样：

```
// 命名空间A和函数f定义在全局作用域中
namespace A {
    int i, j;
}
void f()
{
    using namespace A;          // 把A中的名字注入到全局作用域中
    cout << i * j << endl;      // 使用命名空间A中的i和j
    // ...
}
```

using 指示示例

让我们看一个简单的示例：

```
namespace blip {
    int i = 16, j = 15, k = 23;
    // 其他声明
}
int j = 0;                  // 正确：blip的j隐藏在命名空间中
void manip()
{
    // using 指示，blip中的名字被"添加"到全局作用域中
    using namespace blip;   // 如果使用了j，则将在::j和blip::j之间产生冲突
    ++i;                    // 将blip::i设定为17
    ++j;                    // 二义性错误：是全局的j还是blip::j?
    ++::j;                  // 正确：将全局的j设定为1
    ++blip::j;              // 正确：将blip::j设定为16
    int k = 97;            // 当前局部的k隐藏了blip::k
    ++k;                   // 将当前局部的k设定为98
}
```

manip 的 using 指示使得程序可以直接访问 blip 的所有名字，也就是说，manip 的代码可以使用 blip 中名字的简写形式。

blip 的成员看起来好像是定义在 blip 和 manip 所在的作用域一样。假定 manip <795

定义在全局作用域中，则 blip 的成员也好像是定义在全局作用域中一样。

当命名空间被注入到它的外层作用域之后，很有可能该命名空间中定义的名字会与其外层作用域中的成员冲突。例如在 manip 中，blip 的成员 j 就与全局作用域中的 j 产生了冲突。这种冲突是允许存在的，但是要想使用冲突的名字，我们就必须明确指出名字的版本。manip 中所有未加限定的 j 都会产生二义性错误。

为了使用像 j 这样的名字，我们必须使用作用域运算符来明确指出所需的版本。我们使用 ::j 来表示定义在全局作用域中的 j，而使用 blip::j 来表示定义在 blip 中的 j。

因为 manip 的作用域和命名空间的作用域不同，所以 manip 内部的声明可以隐藏命名空间中的某些成员名字。例如，局部变量 k 隐藏了命名空间的成员 blip::k。在 manip 内使用 k 不存在二义性，它指的就是局部变量 k。

头文件与 using 声明或指示

头文件如果在其顶层作用域中含有 using 指示或 using 声明，则会将名字注入到所有包含了该头文件的文件中。通常情况下，头文件应该只负责定义接口部分的名字，而不定义实现部分的名字。因此，头文件最多只能在它的函数或命名空间内使用 using 指示或 using 声明（参见 3.1 节，第 75 页）。

> **提示：避免 using 指示**
>
> using 指示一次性注入某个命名空间的所有名字，这种用法看似简单实则充满了风险：只使用一条语句就突然将命名空间中所有成员的名字变得可见了。如果应用程序使用了多个不同的库，而这些库中的名字通过 using 指示变得可见，则全局命名空间污染的问题将重新出现。
>
> 而且，当引入库的新版本后，正在工作的程序很可能会编译失败。如果新版本引入了一个与应用程序正在使用的名字冲突的名字，就会出现这个问题。
>
> 另一个风险是由 using 指示引发的二义性错误只有在使用了冲突名字的地方才能被发现。这种延后的检测意味着可能在特定库引入很久之后才爆发冲突。直到程序开始使用该库的新部分后，之前一直未被检测到的错误才会出现。
>
> 相比于使用 using 指示，在程序中对命名空间的每个成员分别使用 using 声明效果更好，这么做可以减少注入到命名空间中的名字数量。using 声明引起的二义性问题在声明处就能发现，无须等到使用名字的地方，这显然对检测并修改错误大有益处。
>
> using 指示也并非一无是处，例如在命名空间本身的实现文件中就可以使用 using 指示。

18.2.2 节练习

练习 18.15：说明 using 指示与 using 声明的区别。

练习 18.16：假定在下面的代码中标记为"位置 1"的地方是对于命名空间 Exercise 中所有成员的 using 声明，请解释代码的含义。如果这些 using 声明出现在"位置 2"又会怎样呢？将 using 声明变为 using 指示，重新回答之前的问题。

```
namespace Exercise {
    int ivar = 0;
    double dvar = 0;
```

```
        const int limit = 1000;
    }
    int ivar = 0;
    // 位置 1
    void manip() {
        // 位置 2
        double dvar = 3.1416;
        int iobj = limit + 1;
        ++ivar;
        ++::ivar;
    }
```

练习 18.17：实际编写代码检验你对上一题的回答是否正确。

18.2.3　类、命名空间与作用域

对命名空间内部名字的查找遵循常规的查找规则：即由内向外依次查找每个外层作用域。外层作用域也可能是一个或多个嵌套的命名空间，直到最外层的全局命名空间查找过程终止。只有位于开放的块中且在使用点之前声明的名字才被考虑：

```
namespace A {
    int i;
    namespace B {
        int i;                 // 在 B 中隐藏了 A::i
        int j;
        int f1()
        {
            int j;             // j 是 f1 的局部变量，隐藏了 A::B::j
            return i;          // 返回 B::i
        }
    } // 命名空间 B 结束，此后 B 中定义的名字不再可见
    int f2() {
        return j;              // 错误：j 没有被定义
    }
    int j = i;                 // 用 A::i 进行初始化
}
```

对于位于命名空间中的类来说，常规的查找规则仍然适用：当成员函数使用某个名字时，首先在该成员中进行查找，然后在类中查找（包括基类），接着在外层作用域中查找，这时一个或几个外层作用域可能就是命名空间： <797

```
namespace A {
    int i;
    int k;
    class C1 {
    public:
        C1(): i(0), j(0) { }    // 正确：初始化 C1::i 和 C1::j
        int f1() { return k; }  // 返回 A::k
        int f2() { return h; }  // 错误：h 未定义
        int f3();
    private:
        int i;                   // 在 C1 中隐藏了 A::i
```

```
                    int j;
             };
             int h = i;                              // 用 A::i 进行初始化
        }
        // 成员 f3 定义在 C1 和命名空间 A 的外部
        int A::C1::f3() { return h; }                // 正确：返回 A::h
```

除了类内部出现的成员函数定义之外（参见 7.4.1 节，第 254 页），总是向上查找作用域。名字必须先声明后使用，因此 f2 的 return 语句无法通过编译。该语句试图使用命名空间 A 的名字 h，但此时 h 尚未定义。如果 h 在 A 中定义的位置位于 C1 的定义之前，则上述语句将合法。类似的，因为 f3 的定义位于 A::h 之后，所以 f3 对于 h 的使用是合法的。

可以从函数的限定名推断出查找名字时检查作用域的次序，限定名以相反次序指出被查找的作用域。

限定符 A::C1::f3 指出了查找类作用域和命名空间作用域的相反次序。首先查找函数 f3 的作用域，然后查找外层类 C1 的作用域，最后检查命名空间 A 的作用域以及包含着 f3 定义的作用域。

实参相关的查找与类类型形参

考虑下面这个简单的程序：

```
std::string s;
std::cin >> s;
```

如我们所知，该调用等价于（参见 14.1 节，第 491 页）：

```
operator>>(std::cin, s);
```

798 operator>>函数定义在标准库 string 中，string 又定义在命名空间 std 中。但是我们不用 std::限定符和 using 声明就可以调用 operator>>。

对于命名空间中名字的隐藏规则来说有一个重要的例外，它使得我们可以直接访问输出运算符。这个例外是，当我们给函数传递一个类类型的对象时，除了在常规的作用域查找外还会查找实参类所属的命名空间。这一例外对于传递类的引用或指针的调用同样有效。

在此例中，当编译器发现对 operator>>的调用时，首先在当前作用域中寻找合适的函数，接着查找输出语句的外层作用域。随后，因为>>表达式的形参是类类型的，所以编译器还会查找 cin 和 s 的类所属的命名空间。也就是说，对于这个调用来说，编译器会查找定义了 istream 和 string 的命名空间 std。当在 std 中查找时，编译器找到了 string 的输出运算符函数。

查找规则的这个例外允许概念上作为类接口一部分的非成员函数无须单独的 using 声明就能被程序使用。假如该例外不存在，则我们将不得不为输出运算符专门提供一个 using 声明：

```
using std::operator>>;              // 要想使用 cin >> s 就必须有该 using 声明
```

或者使用函数调用的形式以把命名空间的信息包含进来：

```
std::operator>>(std::cin, s);      // 正确：显式地使用 std::>>
```

在没有使用运算符语法的情况下，上述两种声明都显得比较笨拙且无形中增加了使用 IO 标准库的难度。

查找与 std::move 和 std::forward

很多甚至是绝大多数 C++ 程序员从来都没有考虑过与实参相关的查找问题。通常情况下，如果在应用程序中定义了一个标准库中已有的名字，则将出现以下两种情况中的一种：要么根据一般的重载规则确定某次调用应该执行函数的哪个版本；要么应用程序根本就不会执行函数的标准库版本。

接下来考虑标准库 move 和 forward 函数。这两个都是模板函数，在标准库的定义中它们都接受一个右值引用的函数形参。如我们所知，在函数模板中，右值引用形参可以匹配任何类型（参见 16.2.6 节，第 611 页）。如果我们的应用程序也定义了一个接受单一形参的 move 函数，则不管该形参是什么类型，应用程序的 move 函数都将与标准库的版本冲突。forward 函数也是如此。

因此，move（以及 forward）的名字冲突要比其他标准库函数的冲突频繁得多。而且，因为 move 和 forward 执行的是非常特殊的类型操作，所以应用程序专门修改函数原有行为的概率非常小。

对于 move 和 forward 来说，冲突很多但是大多数是无意的，这一特点解释了为什么我们建议最好使用它们的带限定语的完整版本的原因（参见 12.1.5 节，第 417 页）。通过书写 std::move 而非 move，我们就能明确地知道想要使用的是函数的标准库版本。

799

友元声明与实参相关的查找

回顾我们曾经讨论过的，当类声明了一个友元时，该友元声明并没有使得友元本身可见（参见 7.2.1 节，第 242 页）。然而，一个另外的未声明的类或函数如果第一次出现在友元声明中，则我们认为它是最近的外层命名空间的成员。这条规则与实参相关的查找规则结合在一起将产生意想不到的效果：

```
namespace A {
    class C {
        // 两个友元，在友元声明之外没有其他的声明
        // 这些函数隐式地成为命名空间 A 的成员
        friend void f2();          // 除非另有声明，否则不会被找到
        friend void f(const C&);   // 根据实参相关的查找规则可以被找到
    };
}
```

此时，f 和 f2 都是命名空间 A 的成员。即使 f 不存在其他声明，我们也能通过实参相关的查找规则调用 f：

```
int main()
{
    A::C cobj;
    f(cobj);          // 正确：通过在 A::C 中的友元声明找到 A::f
    f2();             // 错误：A::f2 没有被声明
}
```

因为 f 接受一个类类型的实参，而且 f 在 C 所属的命名空间进行了隐式的声明，所以 f 能被找到。相反，因为 f2 没有形参，所以它无法被找到。

练习 18.18：已知有下面的 swap 的典型定义（参见 13.3 节，第 457 页），当 mem1 是一个 string 时程序使用 swap 的哪个版本？如果 mem1 是 int 呢？说明在这两种情况下名字查找的过程。

```
void swap(T v1, T v2)
{
    using std::swap;
    swap(v1.mem1, v2.mem1);
    // 交换类型 T 的其他成员
}
```

练习 18.19：如果对 swap 的调用形如 std::swap(v1.mem1, v2.mem1) 将发生什么情况？

800> ## 18.2.4　重载与命名空间

命名空间对函数的匹配过程有两方面的影响（参见 6.4 节，第 209 页）。其中一个影响非常明显：using 声明或 using 指示能将某些函数添加到候选函数集。另外一个影响则比较微妙。

与实参相关的查找与重载

在上一节中我们了解到，对于接受类类型实参的函数来说，其名字查找将在实参类所属的命名空间中进行。这条规则对于我们如何确定候选函数集同样也有影响。我们将在每个实参类（以及实参类的基类）所属的命名空间中搜寻候选函数。在这些命名空间中所有与被调用函数同名的函数都将被添加到候选集当中，即使其中某些函数在调用语句处不可见也是如此：

```
namespace NS {
    class Quote { /* ... */ };
    void display(const Quote&) { /* ... */ }
}
// Bulk_item 的基类声明在命名空间 NS 中
class Bulk_item : public NS::Quote { /* ... */ };
int main() {
    Bulk_item book1;
    display(book1);
    return 0;
}
```

我们传递给 display 的实参属于类类型 Bulk_item，因此该调用语句的候选函数不仅应该在调用语句所在的作用域中查找，而且也应该在 Bulk_item 及其基类 Quote 所属的命名空间中查找。命名空间 NS 中声明的函数 display(const Quote&) 也将被添加到候选函数集当中。

重载与 using 声明

要想理解 using 声明与重载之间的交互关系，必须首先明确一条：using 声明语句声明的是一个名字，而非一个特定的函数（参见 15.6 节，第 551 页）：

```
using NS::print(int);      // 错误：不能指定形参列表
using NS::print;           // 正确：using 声明只声明一个名字
```

当我们为函数书写 using 声明时，该函数的所有版本都被引入到当前作用域中。

一个 using 声明囊括了重载函数的所有版本以确保不违反命名空间的接口。库的作者为某项任务提供了好几个不同的函数，允许用户选择性地忽略重载函数中的一部分但不是全部有可能导致意想不到的程序行为。

一个 using 声明引入的函数将重载该声明语句所属作用域中已有的其他同名函数。如果 using 声明出现在局部作用域中，则引入的名字将隐藏外层作用域的相关声明。如果 using 声明所在的作用域中已经有一个函数与新引入的函数同名且形参列表相同，则该 using 声明将引发错误。除此之外，using 声明将为引入的名字添加额外的重载实例，并最终扩充候选函数集的规模。

<801

重载与 using 指示

using 指示将命名空间的成员提升到外层作用域中，如果命名空间的某个函数与该命名空间所属作用域的函数同名，则命名空间的函数将被添加到重载集合中：

```cpp
namespace libs_R_us {
    extern void print(int);
    extern void print(double);
}
// 普通的声明
void print(const std::string &);
// 这个 using 指示把名字添加到 print 调用的候选函数集
using namespace libs_R_us;
// print 调用此时的候选函数包括：
// libs_R_us 的 print(int)
// libs_R_us 的 print(double)
// 显式声明的 print(const std::string &)
void fooBar(int ival)
{
    print("Value: ");         // 调用全局函数 print(const string &)
    print(ival);              // 调用 libs_R_us::print(int)
}
```

与 using 声明不同的是，对于 using 指示来说，引入一个与已有函数形参列表完全相同的函数并不会产生错误。此时，只要我们指明调用的是命名空间中的函数版本还是当前作用域的版本即可。

跨越多个 using 指示的重载

如果存在多个 using 指示，则来自每个命名空间的名字都会成为候选函数集的一部分：

```cpp
namespace AW {
    int print(int);
}
namespace Primer {
    double print(double);
}
// using 指示从不同的命名空间中创建了一个重载函数集合
using namespace AW;
using namespace Primer;
long double print(long double);
int main() {
```

<802

```
        print(1);          // 调用 AW::print(int)
        print(3.1);        // 调用 Primer::print(double)
        return 0;
    }
```

在全局作用域中，函数 print 的重载集合包括 print(int)、print(double) 和 print(long double)，尽管它们的声明位于不同作用域中，但它们都属于 main 函数中 print 调用的候选函数集。

18.2.4 节练习

练习 18.20：在下面的代码中，确定哪个函数与 compute 调用匹配。列出所有候选函数和可行函数，对于每个可行函数的实参与形参的匹配过程来说，发生了哪种类型转换？

```
    namespace primerLib {
        void compute();
        void compute(const void *);
    }
    using primerLib::compute;
    void compute(int);
    void compute(double, double = 3.4);
    void compute(char*, char* = 0);
    void f()
    {
        compute(0);
    }
```

如果将 using 声明置于 f 函数中 compute 的调用点之前将发生什么情况？重新回答之前的那些问题。

18.3　多重继承与虚继承

多重继承（multiple inheritance）是指从多个直接基类（参见 15.2.2 节，第 533 页）中产生派生类的能力。多重继承的派生类继承了所有父类的属性。尽管概念上非常简单，但是多个基类相互交织产生的细节可能会带来错综复杂的设计问题与实现问题。

为了探讨有关多重继承的问题，我们将以动物园中动物的层次关系作为教学实例。动物园中的动物存在于不同的抽象级别上。有个体的动物，如 Ling-Ling、Mowgli 和 Balou 等，它们以名字进行区分；每个动物属于一个物种，例如 Ling-Ling 是一只大熊猫；物种又是科的成员，大熊猫是熊科的成员；每个科是动物界的成员，在这个例子中动物界是指一个动物园中所有动物的总和。

我们将定义一个抽象类 ZooAnimal，用它来保存动物园中动物共有的信息并提供公共接口。类 Bear 将存放 Bear 科特有的信息，以此类推。

除了类 ZooAnimal 之外，我们的应用程序还包含其他一些辅助类，这些类负责封装不同的抽象，如濒临灭绝的动物。以类 Panda 的实现为例，Panda 是由 Bear 和 Endangered 共同派生而来的。

18.3.1 多重继承

在派生类的派生列表中可以包含多个基类：

```
class Bear : public ZooAnimal {
class Panda : public Bear, public Endangered { /* ...*/ };
```

每个基类包含一个可选的访问说明符（参见 15.5 节，第 543 页）。一如往常，如果访问说明符被忽略掉了，则关键字 class 对应的默认访问说明符是 private，关键字 struct 对应的是 public（参见 15.5 节，第 546 页）。

和只有一个基类的继承一样，多重继承的派生列表也只能包含已经被定义过的类，而且这些类不能是 final 的（参见 15.2.2 节，第 533 页）。对于派生类能够继承的基类个数，C++没有进行特殊规定；但是在某个给定的派生列表中，同一个基类只能出现一次。

多重继承的派生类从每个基类中继承状态

在多重继承关系中，派生类的对象包含有每个基类的子对象（参见 15.2.2 节，第 530 页）。如图 18.2 所示，在 Panda 对象中含有一个 Bear 部分（其中又含有一个 ZooAnimal 部分）、一个 Endangered 部分以及在 Panda 中声明的非静态数据成员。

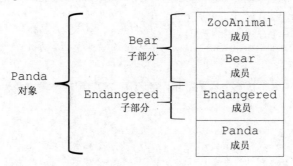

图 18.2：Panda 对象的概念结构

派生类构造函数初始化所有基类

804

构造一个派生类的对象将同时构造并初始化它的所有基类子对象。与从一个基类进行的派生一样（参见 15.2.2 节，第 531 页），多重继承的派生类的构造函数初始值也只能初始化它的直接基类：

```
// 显式地初始化所有基类
Panda::Panda(std::string name, bool onExhibit)
    : Bear(name, onExhibit, "Panda"),
      Endangered(Endangered::critical) { }
// 隐式地使用 Bear 的默认构造函数初始化 Bear 子对象
Panda::Panda()
    : Endangered(Endangered::critical) { }
```

派生类的构造函数初始值列表将实参分别传递给每个直接基类。其中基类的构造顺序与派生列表中基类的出现顺序保持一致，而与派生类构造函数初始值列表中基类的顺序无关。一个 Panda 对象按照如下次序进行初始化：

- ZooAnimal 是整个继承体系的最终基类，Bear 是 Panda 的直接基类，ZooAnimal 是 Bear 的基类，所以首先初始化 ZooAnimal。
- 接下来初始化 Panda 的第一个直接基类 Bear。

- 然后初始化 Panda 的第二个直接基类 Endangered。
- 最后初始化 Panda。

继承的构造函数与多重继承

在 C++11 新标准中，允许派生类从它的一个或几个基类中继承构造函数（参见 15.7.4 节，第 557 页）。但是如果从多个基类中继承了相同的构造函数（即形参列表完全相同），则程序将产生错误：

```
struct Base1 {
    Base1() = default;
    Base1(const std::string&);
    Base1(std::shared_ptr<int>);
};
struct Base2 {
    Base2() = default;
    Base2(const std::string&);
    Base2(int);
};
// 错误：D1 试图从两个基类中都继承 D1::D1(const string&)
struct D1: public Base1, public Base2 {
    using Base1::Base1;        // 从 Base1 继承构造函数
    using Base2::Base2;        // 从 Base2 继承构造函数
};
```

如果一个类从它的多个基类中继承了相同的构造函数，则这个类必须为该构造函数定义它自己的版本：

```
struct D2: public Base1, public Base2 {
    using Base1::Base1;        // 从 Base1 继承构造函数
    using Base2::Base2;        // 从 Base2 继承构造函数
    // D2 必须自定义一个接受 string 的构造函数
    D2(const string &s): Base1(s), Base2(s) { }
    D2() = default;            // 一旦 D2 定义了它自己的构造函数，则必须出现
};
```

析构函数与多重继承

和往常一样，派生类的析构函数只负责清除派生类本身分配的资源，派生类的成员及基类都是自动销毁的。合成的析构函数体为空。

析构函数的调用顺序正好与构造函数相反，在我们的例子中，析构函数的调用顺序是 ~Panda、~Endangered、~Bear 和 ~ZooAnimal。

多重继承的派生类的拷贝与移动操作

与只有一个基类的继承一样，多重继承的派生类如果定义了自己的拷贝/赋值构造函数和赋值运算符，则必须在完整的对象上执行拷贝、移动或赋值操作（参见 15.7.2 节，第 553 页）。只有当派生类使用的是合成版本的拷贝、移动或赋值成员时，才会自动对其基类部分执行这些操作。在合成的拷贝控制成员中，每个基类分别使用自己的对应成员隐式地完成构造、赋值或销毁等工作。

例如，假设 Panda 使用了合成版本的成员 ling_ling 的初始化过程：

```
Panda ying_yang("ying_yang");
```

```
    Panda ling_ling = ying_yang;              // 使用拷贝构造函数
```

将调用 Bear 的拷贝构造函数，后者又在执行自己的拷贝任务之前先调用 ZooAnimal 的拷贝构造函数。一旦 ling_ling 的 Bear 部分构造完成，接着就会调用 Endangered 的拷贝构造函数来创建对象相应的部分。最后，执行 Panda 的拷贝构造函数。合成的移动构造函数的工作机理与之类似。

合成的拷贝赋值运算符的行为与拷贝构造函数很相似。它首先赋值 Bear 部分（并且通过 Bear 赋值 ZooAnimal 部分），然后赋值 Endangered 部分，最后是 Panda 部分。移动赋值运算符的工作机理与之类似。

18.3.1 节练习

练习 18.21：解释下列声明的含义，在它们当中存在错误吗？如果有，请指出来并说明错误的原因。

(a) class CADVehicle : public CAD, Vehicle { ... };
(b) class DblList: public List, public List { ... };
(c) class iostream: public istream, public ostream { ... };

练习 18.22：已知存在如下所示的类的继承体系，其中每个类都定义了一个默认构造函数：

```
class A { ... };
class B : public A { ... };
class C : public B { ... };
class X { ... };
class Y { ... };
class Z : public X, public Y { ... };
class MI : public C, public Z { ... };
```

对于下面的定义来说，构造函数的执行顺序是怎样的？

```
    MI mi;
```

18.3.2 类型转换与多个基类

在只有一个基类的情况下，派生类的指针或引用能自动转换成一个可访问基类的指针或引用（参见 15.2.2 节，第 530 页；参见 15.5 节，第 544 页）。多个基类的情况与之类似。我们可以令某个可访问基类的指针或引用直接指向一个派生类对象。例如，一个 <806> ZooAnimal、Bear 或 Endangered 类型的指针或引用可以绑定到 Panda 对象上：

```
// 接受 Panda 的基类引用的一系列操作
void print(const Bear&);
void highlight(const Endangered&);
ostream& operator<<(ostream&, const ZooAnimal&);
Panda ying_yang("ying_yang");
print(ying_yang);          // 把一个 Panda 对象传递给一个 Bear 的引用
highlight(ying_yang);      // 把一个 Panda 对象传递给一个 Endangered 的引用
cout << ying_yang << endl; // 把一个 Panda 对象传递给一个 ZooAnimal 的引用
```

编译器不会在派生类向基类的几种转换中进行比较和选择，因为在它看来转换到任意一种基类都一样好。例如，如果存在如下所示的 print 重载形式：

```
void print(const Bear&);
void print(const Endangered&);
```

则通过 Panda 对象对不带前缀限定符的 print 函数进行调用将产生编译错误：

```
Panda ying_yang("ying_yang");
print(ying_yang);                    // 二义性错误
```

基于指针类型或引用类型的查找

807　　与只有一个基类的继承一样，对象、指针和引用的静态类型决定了我们能够使用哪些成员（参见 15.6 节，第 547 页）。如果我们使用一个 ZooAnimal 指针，则只有定义在 ZooAnimal 中的操作是可以使用的，Panda 接口中的 Bear、Panda 和 Endangered 特有的部分都不可见。类似的，一个 Bear 类型的指针或引用只能访问 Bear 及 ZooAnimal 的成员，一个 Endangered 的指针或引用只能访问 Endangered 的成员。

　　举个例子，已知我们的类已经定义了表 18.1 列出的虚函数，考虑下面的这些函数调用：

```
Bear *pb = new Panda("ying_yang");
pb->print();                    // 正确：Panda::print()
pb->cuddle();                   // 错误：不属于 Bear 的接口
pb->highlight();                // 错误：不属于 Bear 的接口
delete pb;                      // 正确：Panda::~Panda()
```

当我们通过 Endangered 的指针或引用访问一个 Panda 对象时，Panda 接口中 Panda 特有的部分以及属于 Bear 的部分都是不可见的：

```
Endangered *pe = new Panda("ying_yang");
pe->print();                    // 正确：Panda::print()
pe->toes();                     // 错误：不属于 Endangered 的接口
pe->cuddle();                   // 错误：不属于 Endangered 的接口
pe->highlight();                // 正确：Panda::highlight()
delete pe;                      // 正确：Panda::~Panda()
```

表 18.1：在 ZooAnimal/Endangered 中定义的虚函数

函数	含有自定义版本的类
print	ZooAnimal::ZooAnimal
	Bear::Bear
	Endangered::Endangered
	Panda::Panda
highlight	Endangered::Endangered
	Panda::Panda
toes	Bear::Bear
	Panda::Panda
cuddle	Panda::Panda
析构函数	ZooAnimal::ZooAnimal
	Endangered::Endangered

18.3.2 节练习

练习 18.23：使用练习 18.22 的继承体系以及下面定义的类 D，同时假定每个类都定义了默认构造函数，请问下面的哪些类型转换是不被允许的？

```
class D : public X, public C { ... };
D *pd = new D;
(a) X *px = pd;          (b) A *pa = pd;
(c) B *pb = pd;          (d) C *pc = pd;
```

练习 18.24：在第 714 页，我们使用一个指向 Panda 对象的 Bear 指针进行了一系列调用，假设我们使用的是一个指向 Panda 对象的 ZooAnimal 指针将发生什么情况，请对这些调用语句逐一进行说明。

练习 18.25：假设我们有两个基类 Base1 和 Base2，它们各自定义了一个名为 print 的虚成员和一个虚析构函数。从这两个基类中我们派生出下面的类，它们都重新定义了 print 函数：

```
class D1 : public Base1 { /* ...*/ };
class D2 : public Base2 { /* ...*/ };
class MI : public D1, public D2 { /* ...*/ };
```

通过下面的指针，指出在每个调用中分别使用了哪个函数：

```
Base1 *pb1 = new MI;
Base2 *pb2 = new MI;
D1 *pd1 = new MI;
D2 *pd2 = new MI;
(a) pb1->print();        (b) pd1->print();        (c) pd2->print();
(d) delete pb2;          (e) delete pd1;          (f) delete pd2;
```

18.3.3　多重继承下的类作用域

在只有一个基类的情况下，派生类的作用域嵌套在直接基类和间接基类的作用域中（参见 15.6 节，第 547 页）。查找过程沿着继承体系自底向上进行，直到找到所需的名字。派生类的名字将隐藏基类的同名成员。

在多重继承的情况下，相同的查找过程在所有直接基类中同时进行。如果名字在多个基类中都被找到，则对该名字的使用将具有二义性。

在我们的例子中，如果我们通过 Panda 的对象、指针或引用使用了某个名字，则程序会并行地在 Endangered 和 Bear/ZooAnimal 这两棵子树中查找该名字。如果名字在超过一棵子树中被找到，则该名字的使用具有二义性。对于一个派生类来说，从它的几个基类中分别继承名字相同的成员是完全合法的，只不过在使用这个名字时必须明确指出它的版本。

当一个类拥有多个基类时，有可能出现派生类从两个或更多基类中继承了同名成员的情况。此时，不加前缀限定符直接使用该名字将引发二义性。

例如，如果 ZooAnimal 和 Endangered 都定义了名为 max_weight 的成员，并且 Panda 没有定义该成员，则下面的调用是错误的：

```
double d = ying_yang.max_weight();
```

Panda 在派生的过程中拥有了两个名为 max_weight 的成员，这是完全合法的。派生仅仅是产生了潜在的二义性，只要 Panda 对象不调用 max_weight 函数就能避免二义性错误。另外，如果每次调用 max_weight 时都指出所调用的版本

（ZooAnimal::max_weight 或者 Endangered::max_weight），也不会发生二义性。只有当要调用哪个函数含糊不清时程序才会出错。

在上面的例子中，派生类继承的两个 max_weight 会产生二义性，这一点显而易见。一种更复杂的情况是，有时即使派生类继承的两个函数形参列表不同也可能发生错误。此外，即使 max_weight 在一个类中是私有的，而在另一个类中是公有的或受保护的同样也可能发生错误。最后一种情况，假如 max_weight 定义在 Bear 中而非 ZooAnimal 中，上面的程序仍然是错误的。

和往常一样，先查找名字后进行类型检查（参见 6.4.1 节，第 210 页）。当编译器在两个作用域中同时发现了 max_weight 时，将直接报告一个调用二义性的错误。

要想避免潜在的二义性，最好的办法是在派生类中为该函数定义一个新版本。例如，我们可以为 Panda 定义一个 max_weight 函数从而解决二义性问题：

```cpp
double Panda::max_weight() const
{
    return std::max(ZooAnimal::max_weight(),
                    Endangered::max_weight());
}
```

18.3.3 节练习

```cpp
struct Base1 {
    void print(int) const;          // 默认情况下是公有的
protected:
    int ival;
    double dval;
    char cval;
private:
    int *id;
};
struct Base2 {
    void print(double) const;       // 默认情况下是公有的
protected:
    double fval;
private:
    double dval;
};
struct Derived : public Base1 {
    void print(std::string) const;  // 默认情况下是公有的
protected:
    std::string sval;
    double dval;
};
struct MI : public Derived, public Base2 {
    void print(std::vector<double>); // 默认情况下是公有的
protected:
    int *ival;
    std::vector<double> dvec;
};
```

> **练习 18.26**：已知如上所示的继承体系，下面对 print 的调用为什么是错误的？适当修改 MI，令其对 print 的调用可以编译通过并正确执行。
>
> ```
> MI mi;
> mi.print(42);
> ```
>
> **练习 18.27**：已知如上所示的继承体系，同时假定为 MI 添加了一个名为 foo 的函数：
>
> ```
> int ival;
> double dval;
> void MI::foo(double cval)
> {
>     int dval;
>     // 练习中的问题发生在此处
> }
> ```
>
> (a) 列出在 MI::foo 中可见的所有名字。
> (b) 是否存在某个可见的名字是继承自多个基类的？
> (c) 将 Base1 的 dval 成员与 Derived 的 dval 成员求和后赋给 dval 的局部实例。
> (d) 将 MI::dvec 的最后一个元素的值赋给 Base2::fval。
> (e) 将从 Base1 继承的 cval 赋给从 Derived 继承的 sval 的第一个字符。

18.3.4　虚继承

‹810

尽管在派生列表中同一个基类只能出现一次，但实际上派生类可以多次继承同一个类。派生类可以通过它的两个直接基类分别继承同一个间接基类，也可以直接继承某个基类，然后通过另一个基类再一次间接继承该类。

举个例子，IO 标准库的 istream 和 ostream 分别继承了一个共同的名为 base_ios 的抽象基类。该抽象基类负责保存流的缓冲内容并管理流的条件状态。iostream 是另外一个类，它从 istream 和 ostream 直接继承而来，可以同时读写流的内容。因为 istream 和 ostream 都继承自 base_ios，所以 iostream 继承了 base_ios 两次，一次是通过 istream，另一次是通过 ostream。

在默认情况下，派生类中含有继承链上每个类对应的子部分。如果某个类在派生过程中出现了多次，则派生类中将包含该类的多个子对象。

这种默认的情况对某些形如 iostream 的类显然是行不通的。一个 iostream 对象肯定希望在同一个缓冲区中进行读写操作，也会要求条件状态能同时反映输入和输出操作的情况。假如在 iostream 对象中真的包含了 base_ios 的两份拷贝，则上述的共享行为就无法实现了。

‹811

在 C++ 语言中我们通过**虚继承**（virtual inheritance）的机制解决上述问题。虚继承的目的是令某个类做出声明，承诺愿意共享它的基类。其中，共享的基类子对象称为**虚基类**（virtual base class）。在这种机制下，不论虚基类在继承体系中出现了多少次，在派生类中都只包含唯一一个共享的虚基类子对象。

另一个 Panda 类

在过去，科学界对于大熊猫属于 Raccoon 科还是 Bear 科争论不休。为了如实地反映这种争论，我们可以对 Panda 类进行修改，令其同时继承 Bear 和 Raccoon。此时，为了避免赋予 Panda 两份 ZooAnimal 的子对象，我们将 Bear 和 Raccoon 继承

ZooAnimal 的方式定义为虚继承。图 18.3 描述了新的继承体系。

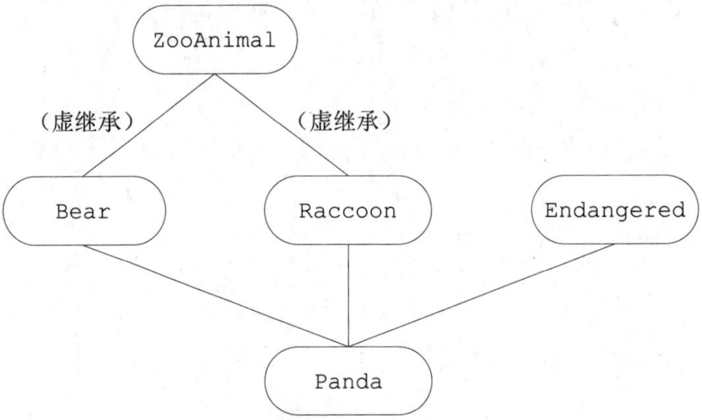

图 18.3: **Panda** 的虚继承层次

观察这个新的继承体系，我们将发现虚继承的一个不太直观的特征：必须在虚派生的真实需求出现前就已经完成虚派生的操作。例如在我们的类中，当我们定义 Panda 时才出现了对虚派生的需求，但是如果 Bear 和 Raccoon 不是从 ZooAnimal 虚派生得到的，那么 Panda 的设计者就显得不太幸运了。

在实际的编程过程中，位于中间层次的基类将其继承声明为虚继承一般不会带来什么问题。通常情况下，使用虚继承的类层次是由一个人或一个项目组一次性设计完成的。对于一个独立开发的类来说，很少需要基类中的某一个是虚基类，况且新基类的开发者也无法改变已存在的类体系。

> Note：虚派生只影响从指定了虚基类的派生类中进一步派生出的类，它不会影响派生类本身。

812 > **使用虚基类**

我们指定虚基类的方式是在派生列表中添加关键字 virtual：

```
// 关键字 public 和 virtual 的顺序随意
class Raccoon : public virtual ZooAnimal { /* ...*/ };
class Bear : virtual public ZooAnimal { /* ...*/ };
```

通过上面的代码我们将 ZooAnimal 定义为 Raccoon 和 Bear 的虚基类。

virtual 说明符表明了一种愿望，即在后续的派生类当中共享虚基类的同一份实例。至于什么样的类能够作为虚基类并没有特殊规定。

如果某个类指定了虚基类，则该类的派生仍按常规方式进行：

```
class Panda : public Bear,
              public Raccoon, public Endangered {
};
```

Panda 通过 Raccoon 和 Bear 继承了 ZooAnimal，因为 Raccoon 和 Bear 继承 ZooAnimal 的方式都是虚继承，所以在 Panda 中只有一个 ZooAnimal 基类部分。

支持向基类的常规类型转换

不论基类是不是虚基类，派生类对象都能被可访问基类的指针或引用操作。例如，下面这些从 Panda 向基类的类型转换都是合法的：

```
void dance(const Bear&);
void rummage(const Raccoon&);
ostream& operator<<(ostream&, const ZooAnimal&);
Panda ying_yang;
dance(ying_yang);              // 正确：把一个 Panda 对象当成 Bear 传递
rummage(ying_yang);            // 正确：把一个 Panda 对象当成 Raccoon 传递
cout << ying_yang;             // 正确：把一个 Panda 对象当成 ZooAnimal 传递
```

虚基类成员的可见性

因为在每个共享的虚基类中只有唯一一个共享的子对象，所以该基类的成员可以被直接访问，并且不会产生二义性。此外，如果虚基类的成员只被一条派生路径覆盖，则我们仍然可以直接访问这个被覆盖的成员。但是如果成员被多于一个基类覆盖，则一般情况下派生类必须为该成员自定义一个新的版本。

例如，假定类 B 定义了一个名为 x 的成员，D1 和 D2 都是从 B 虚继承得到的，D 继承了 D1 和 D2，则在 D 的作用域中，x 通过 D 的两个基类都是可见的。如果我们通过 D 的对象使用 x，有三种可能性：

- 如果在 D1 和 D2 中都没有 x 的定义，则 x 将被解析为 B 的成员，此时不存在二义性，一个 D 的对象只含有 x 的一个实例。
- 如果 x 是 B 的成员，同时是 D1 和 D2 中某一个的成员，则同样没有二义性，派生 〈813〉 类的 x 比共享虚基类 B 的 x 优先级更高。
- 如果在 D1 和 D2 中都有 x 的定义，则直接访问 x 将产生二义性问题。

与非虚的多重继承体系一样，解决这种二义性问题最好的方法是在派生类中为成员自定义新的实例。

18.3.4 节练习

练习 18.28：已知存在如下的继承体系，在 VMI 类的内部哪些继承而来的成员无须前缀限定符就能直接访问？哪些必须有限定符才能访问？说明你的原因。

```
struct Base {
    void bar(int);              // 默认情况下是公有的
protected:
    int ival;
};
struct Derived1 : virtual public Base {
    void bar(char);            // 默认情况下是公有的
    void foo(char);
protected:
    char cval;
};
struct Derived2 : virtual public Base {
    void foo(int);             // 默认情况下是公有的
protected:
    int ival;
```

```
        char cval;
    };
    class VMI : public Derived1, public Derived2 { };
```

18.3.5　构造函数与虚继承

在虚派生中,虚基类是由最低层的派生类初始化的。以我们的程序为例,当创建 Panda 对象时,由 Panda 的构造函数独自控制 ZooAnimal 的初始化过程。

为了理解这一规则,我们不妨假设当以普通规则处理初始化任务时会发生什么情况。在此例中,虚基类将会在多条继承路径上被重复初始化。以 ZooAnimal 为例,如果应用普通规则,则 Raccoon 和 Bear 都会试图初始化 Panda 对象的 ZooAnimal 部分。

当然,继承体系中的每个类都可能在某个时刻成为"最低层的派生类"。只要我们能创建虚基类的派生类对象,该派生类的构造函数就必须初始化它的虚基类。例如在我们的继承体系中,当创建一个 Bear(或 Raccoon)的对象时,它已经位于派生的最低层,因此 Bear(或 Raccoon)的构造函数将直接初始化其 ZooAnimal 基类部分:

```
Bear::Bear(std::string name, bool onExhibit):
        ZooAnimal(name, onExhibit, "Bear") { }
Raccoon::Raccoon(std::string name, bool onExhibit)
        : ZooAnimal(name, onExhibit, "Raccoon") { }
```

而当创建一个 Panda 对象时,Panda 位于派生的最低层并由它负责初始化共享的 ZooAnimal 基类部分。即使 ZooAnimal 不是 Panda 的直接基类,Panda 的构造函数也可以初始化 ZooAnimal:

```
Panda::Panda(std::string name, bool onExhibit)
      : ZooAnimal(name, onExhibit, "Panda"),
        Bear(name, onExhibit),
        Raccoon(name, onExhibit),
        Endangered(Endangered::critical),
        sleeping_flag(false) { }
```

虚继承的对象的构造方式

含有虚基类的对象的构造顺序与一般的顺序稍有区别:首先使用提供给最低层派生类构造函数的初始值初始化该对象的虚基类子部分,接下来按照直接基类在派生列表中出现的次序依次对其进行初始化。

例如,当我们创建一个 Panda 对象时:

- 首先使用 Panda 的构造函数初始值列表中提供的初始值构造虚基类 ZooAnimal 部分。
- 接下来构造 Bear 部分。
- 然后构造 Raccoon 部分。
- 然后构造第三个直接基类 Endangered。
- 最后构造 Panda 部分。

如果 Panda 没有显式地初始化 ZooAnimal 基类,则 ZooAnimal 的默认构造函数将被调用。如果 ZooAnimal 没有默认构造函数,则代码将发生错误。

虚基类总是先于非虚基类构造，与它们在继承体系中的次序和位置无关。

构造函数与析构函数的次序

一个类可以有多个虚基类。此时，这些虚的子对象按照它们在派生列表中出现的顺序从左向右依次构造。例如，在下面这个稍显杂乱的 TeddyBear 派生关系中有两个虚基类：<815 ToyAnimal 是直接虚基类，ZooAnimal 是 Bear 的虚基类：

```
class Character { /* ...*/ };
class BookCharacter : public Character { /* ...*/ };
class ToyAnimal { /* ...*/ };
class TeddyBear : public BookCharacter,
                  public Bear, public virtual ToyAnimal
                  { /* ...*/ };
```

编译器按照直接基类的声明顺序对其依次进行检查，以确定其中是否含有虚基类。如果有，则先构造虚基类，然后按照声明的顺序逐一构造其他非虚基类。因此，要想创建一个 TeddyBear 对象，需要按照如下次序调用这些构造函数：

```
ZooAnimal();          // Bear 的虚基类
ToyAnimal();          // 直接虚基类
Character();          // 第一个非虚基类的间接基类
BookCharacter();      // 第一个直接非虚基类
Bear();               // 第二个直接非虚基类
TeddyBear();          // 最低层的派生类
```

合成的拷贝和移动构造函数按照完全相同的顺序执行，合成的赋值运算符中的成员也按照该顺序赋值。和往常一样，对象的销毁顺序与构造顺序正好相反，首先销毁 TeddyBear 部分，最后销毁 ZooAnimal 部分。

18.3.5 节练习

练习 18.29：已知有如下所示的类继承关系：

```
class Class { ... };
class Base : public Class { ... };
class D1 : virtual public Base { ... };
class D2 : virtual public Base { ... };
class MI : public D1, public D2 { ... };
class Final : public MI, public Class { ... };
```

(a)当作用于一个 Final 对象时，构造函数和析构函数的执行次序分别是什么？
(b)在一个 Final 对象中有几个 Base 部分？几个 Class 部分？
(c)下面的哪些赋值运算将造成编译错误？

```
Base *pb;        Class *pc;        MI *pmi;        D2 *pd2;
(a) pb = new Class;       (b) pc = new Final;
(c) pmi = pb;            (d) pd2 = pmi;
```

练习 18.30：在 Base 中定义一个默认构造函数、一个拷贝构造函数和一个接受 int 形参的构造函数。在每个派生类中分别定义这三种构造函数，每个构造函数应该使用它的实参初始化其 Base 部分。

⟦816⟧ ## 小结

C++语言可以用于解决各种类型的问题，既有几个小时就可以解决的小问题，也有一个大团队工作数年才能解决的超大规模问题。C++的某些特性特别适合于处理超大规模问题，这些特性包括：异常处理、命名空间以及多重继承或虚继承。

异常处理使得我们可以将程序的错误检测部分与错误处理部分分隔开来。当程序抛出一个异常时，当前正在执行的函数暂时中止，开始查找最邻近的与异常匹配的 catch 语句。作为异常处理的一部分，如果查找 catch 语句的过程中退出了某些函数，则函数中定义的局部变量也随之销毁。

命名空间是一种管理大规模复杂应用程序的机制，这些应用可能是由多个独立的供应商分别编写的代码组合而成的。一个命名空间是一个作用域，我们可以在其中定义对象、类型、函数、模板以及其他命名空间。标准库定义在名为 std 的命名空间中。

从概念上来说，多重继承非常简单：一个派生类可以从多个直接基类继承而来。在派生类对象中既包含派生类部分，也包含与每个基类对应的基类部分。虽然看起来很简单，但实际上多重继承的细节非常复杂。特别是对多个基类的继承可能会引入新的名字冲突，并造成来自于基类部分的名字的二义性问题。

如果一个类是从多个基类直接继承而来的，那么有可能这些基类本身又共享了另一个基类。在这种情况下，中间类可以选择使用虚继承，从而声明愿意与层次中虚继承同一基类的其他类共享虚基类。用这种方法，后代派生类中将只有一个共享虚基类的副本。

术语表

捕获所有异常（catch-all）异常声明形如 (...) 的 catch 子句。一条捕获所有异常的子句可以捕获任意类型的异常。常用于捕获局部检测的异常，该异常将重新抛出到程序的其他部分并最终解决问题。

catch 子句（catch clause）程序中负责处理异常的部分。catch 子句包含关键字 catch，后面是异常声明以及一个语句块。catch 子句的代码负责处理异常声明中定义的异常。

构造函数顺序（constructor order）在非虚继承中，基类的构造顺序与其在派生列表中出现的顺序一致。在虚继承中，首先构造虚基类。虚基类的构造顺序与其在派生类的派生列表中出现的顺序一致。只有最低层的派生类才能初始化虚基类。虚基类的初始值如果出现在中间基类中，则这些初始值将被忽略。

异常声明（exception declaration）catch 子句中指定其能够处理的异常类型的部分。异常声明的行为与形参列表类似，其中的唯一一个形参通过异常对象进行初始 ⟦817⟧ 化。如果异常说明符是非引用类型，则异常对象将被拷贝给 catch。

异常处理（exception handling）管理运行时异常的语言级支持。代码中一个独立开发的部分可以检测并引发异常，由程序的另一个独立开发的部分处理该异常。也就是说，程序的错误检测部分负责抛出异常，而错误处理部分在 try 语句块的 catch 子句中处理异常。

异常对象（exception object）用于在异常的 throw 和 catch 之间进行通信的对象。在抛出点创建该对象，该对象是被抛出的表达式的副本。在该异常的最后一段处理代码完成之前异常对象都一直存在。异常对象的类型是被抛出的表达式的静态类型。

文件中的静态声明（file static） 使用关键字 `static` 声明的仅对当前文件有效的名字。在 C 语言和之前的 C++版本中，文件中的静态声明用于声明只能在当前文件中使用的名字。该特性在当前的 C++版本中已经被未命名的命名空间替换了。

函数 try 语句块（function try block） 用于捕获构造函数初始化过程发生的异常。关键字 `try` 出现在表示构造函数初始值列表开始的冒号之前（或者当初始值列表为空时出现在函数体的左侧花括号之前），并以函数体右侧花括号之后的一个或几个 `catch` 子句作为结束。

全局命名空间（global namespace） 是每个程序的隐式命名空间，用于存放全局定义。

处理代码（handler） 是"`catch` 子句"的同义词。

内联的命名空间（inline namespace） 内联命名空间中的名字可以看成是外层命名空间的成员。

多重继承（multiple inheritance） 有多个直接基类的类。派生类继承所有基类的成员。可以为每个基类分别设定访问说明符。

命名空间（namespace） 将库或者其他程序集定义的名字放在同一个作用域中的机制。和 C++的其他作用域不同，命名空间作用域可以定义成几个部分。我们可以打开并关闭命名空间，然后在程序的另一个地方重新打开并关闭该命名空间。

命名空间的别名（namespace alias） 为某个给定的命名空间定义同义词的机制：

```
namespace N1 = N;
```

将 `N1` 定义成命名空间 `N` 的另一个名字。命名空间可以含有多个别名，命名空间的原名和别名是等价的。

命名空间污染（namespace pollution） 当所有类和函数的名字都放置于全局命名空间时将造成命名空间污染。如果来自于多个独立供应商的代码都含有全局名字，则使用这些代码的大型程序很可能会面临命名空间污染的问题。

noexcept 运算符（noexcept operator） 该运算符返回一个 `bool` 值，用于表示给定的表达式是否会抛出异常。该表达式不会被求值，运算的结果是一个常量表达式。当提供的表达式不含 `throw` 并且只调用了做出不抛出说明的函数时，结果为 `true`；否则结果为 `false`。

noexcept 说明（noexcept specification） 表示函数是否会抛出异常的关键字。当 `noexcept` 跟在函数的形参列表之后时，它可以连接一个括号括起来的常量表达式，前提是该表达式可以转换成 `bool` 值。如果忽略了该表达式，或者表达式的值为 `true`，则函数不会抛出异常。如果表达式的值是 `false` 或者函数没有异常声明，则其可能抛出异常。

不抛出说明（nonthrowing specification） 该异常说明用于承诺某个函数不会抛出异常。如果一个做了不抛出说明的函数实际抛出了异常，将调用 `terminate`。不抛出说明符是不含实参或者含有一个值为 `true` 的实参的 `noexcept`。

◁ 818

引发（raise） 常常作为抛出的同义词。C++程序员认为抛出异常和引发异常基本上是等价的。

重新抛出（rethrow） 不指定表达式的 `throw`。重新抛出只有在 `catch` 子句内部或者被 `catch` 直接或间接调用了的函数内时才有效。它的效果是将其接受的异常重新抛出。

栈展开（stack unwinding） 在搜寻 `catch` 时依次退出函数的过程。异常发生前构造的局部对象将在进入相应的 `catch` 前被销毁。

terminate 是一个标准库函数，当异常未被捕获或者在处理异常的过程中发生了另一个异常时，`terminate` 负责结束程序的执行。

throw e 该表达式将中断当前的执行路径，`throw` 语句将控制权传递给最近的能够处理该异常的 catch 子句。表达式 e 将被拷贝给异常对象。

try 语句块（try block） 含有关键字 try 以及一个或多个 catch 子句的语句块。如果 try 语句块中的代码引发了一个异常，并且某个 catch 可以匹配该异常，则异常将被这个 catch 处理。否则，异常被传递到 try 语句块之外并继续沿着调用链寻找与之匹配的 catch。

未命名的命名空间（unnamed namespace） 定义时未指定名字的命名空间。对于定义在未命名的命名空间中的名字，我们可以不用作用域运算符就直接访问它们。每个文件有一个独有的未命名的命名空间，其中的名字在文件外不可见。

using 声明（using declaration） 是一种将命名空间中的某个名字注入当前作用域的机制：

```
using std::cout;
```

上述语句使得命名空间 std 中的名字 cout 在当前作用域可见。之后，我们就可以直接使用 cout 而无须前缀 std::了。

using 指示（using directive） 是具有如下形式的声明：

```
using NS;
```

上述语句使得命名空间 NS 的所有名字在 using 指示所在的作用域以及 NS 所在的作用域都变得可见。

虚基类（virtual base class） 在派生列表中使用了关键字 virtual 的基类。在派生类对象中，虚基类部分只有一份，即使该虚基类在继承体系中出现了多次也是如此。对于非虚继承而言，构造函数只能初始化它的直接基类。但是对于虚继承来说，虚基类将被最低层的派生类初始化，因此最低层的派生类应该含有它的所有虚基类的初始值。

虚继承（virtual inheritance） 是多重继承的一种形式，基类被继承了多次，但是派生类共享该基类的唯一一份副本。

作用域运算符（:: operator） 用于访问命名空间或类中的名字。

第 19 章
特殊工具与技术

内容

本书的前三部分讨论了 C++语言的基本要素，这些要素绝大多数程序员都会用到。此外，C++还定义了一些非常特殊的性质，对于很多程序员来说，他们一般很少会用到本章介绍的内容。

820

C++语言的设计者希望它能处理各种各样的问题。因此，C++的某些特征可能对于一些特殊的应用非常重要，而在另外一些情况下没什么作用。本章将介绍 C++语言的几种未被广泛使用的特征。

19.1 控制内存分配

某些应用程序对内存分配有特殊的需求，因此我们无法将标准内存管理机制直接应用于这些程序。它们常常需要自定义内存分配的细节，比如使用关键字 new 将对象放置在特定的内存空间中。为了实现这一目的，应用程序需要重载 new 运算符和 delete 运算符以控制内存分配的过程。

19.1.1 重载 new 和 delete

尽管我们说能够“重载 new 和 delete”，但是实际上重载这两个运算符与重载其他运算符的过程大不相同。要想真正掌握重载 new 和 delete 的方法，首先要对 new 表达式和 delete 表达式的工作机理有更多了解。

当我们使用一条 new 表达式时：

```
// new 表达式
string *sp = new string("a value");  // 分配并初始化一个 string 对象
string *arr = new string[10];        // 分配 10 个默认初始化的 string 对象
```

实际执行了三步操作。第一步，new 表达式调用一个名为 **operator new**（或者 **operator new[]**）的标准库函数。该函数分配一块足够大的、原始的、未命名的内存空间以便存储特定类型的对象（或者对象的数组）。第二步，编译器运行相应的构造函数以构造这些对象，并为其传入初始值。第三步，对象被分配了空间并构造完成，返回一个指向该对象的指针。

当我们使用一条 delete 表达式删除一个动态分配的对象时：

```
delete sp;              // 销毁*sp，然后释放 sp 指向的内存空间
delete [] arr;          // 销毁数组中的元素，然后释放对应的内存空间
```

实际执行了两步操作。第一步，对 sp 所指的对象或者 arr 所指的数组中的元素执行对应的析构函数。第二步，编译器调用名为 **operator delete**（或者 **operator delete[]**）的标准库函数释放内存空间。

如果应用程序希望控制内存分配的过程，则它们需要定义自己的 operator new 函数和 operator delete 函数。即使在标准库中已经存在这两个函数的定义，我们仍旧可以定义自己的版本。编译器不会对这种重复的定义提出异议，相反，编译器将使用我们自定义的版本替换标准库定义的版本。

821

当自定义了全局的 operator new 函数和 operator delete 函数后，我们就担负起了控制动态内存分配的职责。这两个函数必须是正确的：因为它们是程序整个处理过程中至关重要的一部分。

应用程序可以在全局作用域中定义 operator new 函数和 operator delete 函数，也可以将它们定义为成员函数。当编译器发现一条 new 表达式或 delete 表达式后，将

在程序中查找可供调用的 operator 函数。如果被分配（释放）的对象是类类型，则编译器首先在类及其基类的作用域中查找。此时如果该类含有 operator new 成员或 operator delete 成员，则相应的表达式将调用这些成员。否则，编译器在全局作用域查找匹配的函数。此时如果编译器找到了用户自定义的版本，则使用该版本执行 new 表达式或 delete 表达式；如果没找到，则使用标准库定义的版本。

我们可以使用作用域运算符令 new 表达式或 delete 表达式忽略定义在类中的函数，直接执行全局作用域中的版本。例如，::new 只在全局作用域中查找匹配的 operator new 函数，::delete 与之类似。

operator new 接口和 operator delete 接口

标准库定义了 operator new 函数和 operator delete 函数的 8 个重载版本。其中前 4 个版本可能抛出 bad_alloc 异常，后 4 个版本则不会抛出异常：

```
// 这些版本可能抛出异常
void *operator new(size_t);                    // 分配一个对象
void *operator new[](size_t);                  // 分配一个数组
void *operator delete(void*) noexcept;         // 释放一个对象
void *operator delete[](void*) noexcept;       // 释放一个数组

// 这些版本承诺不会抛出异常，参见 12.1.2 节（第 409 页）
void *operator new(size_t, nothrow_t&) noexcept;
void *operator new[](size_t, nothrow_t&) noexcept;
void *operator delete(void*, nothrow_t&) noexcept;
void *operator delete[](void*, nothrow_t&) noexcept;
```

类型 nothrow_t 是定义在 new 头文件中的一个 struct，在这个类型中不包含任何成员。new 头文件还定义了一个名为 nothrow 的 const 对象，用户可以通过这个对象请求 new 的非抛出版本（参见 12.1.2 节，第 408 页）。与析构函数类似，operator delete 也不允许抛出异常（参见 18.1.1 节，第 685 页）。当我们重载这些运算符时，必须使用 noexcept 异常说明符（参见 18.1.4 节，第 690 页）指定其不抛出异常。

应用程序可以自定义上面函数版本中的任意一个，前提是自定义的版本必须位于全局作用域或者类作用域中。当我们将上述运算符函数定义成类的成员时，它们是隐式静态的（参见 7.6 节，第 270 页）。我们无须显式地声明 static，当然这么做也不会引发错误。因为 operator new 用在对象构造之前而 operator delete 用在对象销毁之后，所以这两个成员（new 和 delete）必须是静态的，而且它们不能操纵类的任何数据成员。 〈822〉

对于 operator new 函数或者 operator new[] 函数来说，它的返回类型必须是 void*，第一个形参的类型必须是 size_t 且该形参不能含有默认实参。当我们为一个对象分配空间时使用 operator new；为一个数组分配空间时使用 operator new[]。当编译器调用 operator new 时，把存储指定类型对象所需的字节数传给 size_t 形参；当调用 operator new[] 时，传入函数的则是存储数组中所有元素所需的空间。

如果我们想要自定义 operator new 函数，则可以为它提供额外的形参。此时，用到这些自定义函数的 new 表达式必须使用 new 的定位形式（参见 12.1.2 节，第 409 页）将实参传给新增的形参。尽管在一般情况下我们可以自定义具有任何形参的 operator new，但是下面这个函数却无论如何不能被用户重载：

```
void *operator new(size_t, void*);             // 不允许重新定义这个版本
```

这种形式只供标准库使用，不能被用户重新定义。

对于 operator delete 函数或者 operator delete[] 函数来说，它们的返回类型必须是 void，第一个形参的类型必须是 void*。执行一条 delete 表达式将调用相应的 operator 函数，并用指向待释放内存的指针来初始化 void* 形参。

当我们将 operator delete 或 operator delete[] 定义成类的成员时，该函数可以包含另外一个类型为 size_t 的形参。此时，该形参的初始值是第一个形参所指对象的字节数。size_t 形参可用于删除继承体系中的对象。如果基类有一个虚析构函数（参见 15.7.1 节，第 552 页），则传递给 operator delete 的字节数将因待删除指针所指对象的动态类型不同而有所区别。而且，实际运行的 operator delete 函数版本也由对象的动态类型决定。

术语：new 表达式与 operator new 函数

标准库函数 operator new 和 operator delete 的名字容易让人误解。和其他 operator 函数不同（比如 operator=），这两个函数并没有重载 new 表达式或 delete 表达式。实际上，我们根本无法自定义 new 表达式或 delete 表达式的行为。

一条 new 表达式的执行过程总是先调用 operator new 函数以获取内存空间，然后得到的内存空间中构造对象。与之相反，一条 delete 表达式的执行过程总是先销毁对象，然后调用 operator delete 函数释放对象所占的空间。

我们提供新的 operator new 函数和 operator delete 函数的目的在于改变内存分配的方式，但是不管怎样，我们都不能改变 new 运算符和 delete 运算符的基本含义。

⌐823⌐ **malloc 函数与 free 函数**

当你定义了自己的全局 operator new 和 operator delete 后，这两个函数必须以某种方式执行分配内存与释放内存的操作。也许你的初衷仅仅是使用一个特殊定制的内存分配器，但是这两个函数还应该同时满足某些测试的目的，即检验其分配内存的方式是否与常规方式类似。

为此，我们可以使用名为 **malloc** 和 **free** 的函数，C++ 从 C 语言中继承了这些函数，并将其定义在 cstdlib 头文件中。

malloc 函数接受一个表示待分配字节数的 size_t，返回指向分配空间的指针或者返回 0 以表示分配失败。free 函数接受一个 void*，它是 malloc 返回的指针的副本，free 将相关内存返回给系统。调用 free(0) 没有任何意义。

如下所示是编写 operator new 和 operator delete 的一种简单方式，其他版本与之类似：

```
void *operator new(size_t size) {
    if (void *mem = malloc(size))
        return mem;
    else
        throw bad_alloc();
}
void operator delete(void *mem) noexcept { free(mem); }
```

19.1.2 定位 new 表达式

尽管 operator new 函数和 operator delete 函数一般用于 new 表达式，然而它们毕竟是标准库的两个普通函数，因此普通的代码也可以直接调用它们。

在 C++的早期版本中，allocator 类（参见 12.2.2 节，第 427 页）还不是标准库的一部分。应用程序如果想把内存分配与初始化分离开来的话，需要调用 operator new 和 operator delete。这两个函数的行为与 allocator 的 allocate 成员和 deallocate 成员非常类似，它们负责分配或释放内存空间，但是不会构造或销毁对象。

与 allocator 不同的是，对于 operator new 分配的内存空间来说我们无法使用 [824] construct 函数构造对象。相反，我们应该使用 new 的**定位 new**（placement new）形式（参见 12.1.2 节，第 409 页）构造对象。如我们所知，new 的这种形式为分配函数提供了额外的信息。我们可以使用定位 new 传递一个地址，此时定位 new 的形式如下所示：

```
new (place_address) type
new (place_address) type (initializers)
new (place_address) type [size]
new (place_address) type [size] { braced initializer list }
```

其中 *place_address* 必须是一个指针，同时在 *initializers* 中提供一个（可能为空的）以逗号分隔的初始值列表，该初始值列表将用于构造新分配的对象。

当仅通过一个地址值调用时，定位 new 使用 operator new(size_t, void*)"分配"它的内存。这是一个我们无法自定义的 operator new 版本（参见 19.1.1 节，第 727 页）。该函数不分配任何内存，它只是简单地返回指针实参；然后由 new 表达式负责在指定的地址初始化对象以完成整个工作。事实上，定位 new 允许我们在一个特定的、预先分配的内存地址上构造对象。

 当只传入一个指针类型的实参时，定位 new 表达式构造对象但是不分配内存。

尽管在很多时候使用定位 new 与 allocator 的 construct 成员非常相似，但在它们之间也有一个重要的区别。我们传给 construct 的指针必须指向同一个 allocator 对象分配的空间，但是传给定位 new 的指针无须指向 operator new 分配的内存。实际上如我们将在 19.6 节（第 753 页）介绍的，传给定位 new 表达式的指针甚至不需要指向动态内存。

显式的析构函数调用

就像定位 new 与使用 allocate 类似一样，对析构函数的显式调用也与使用 destroy 很类似。我们既可以通过对象调用析构函数，也可以通过对象的指针或引用调用析构函数，这与调用其他成员函数没什么区别：

```
string *sp = new string("a value");   // 分配并初始化一个 string 对象
sp->~string();
```

在这里我们直接调用了一个析构函数。箭头运算符解引用指针 sp 以获得 sp 所指的对象，然后我们调用析构函数，析构函数的形式是波浪线（~）加上类型的名字。

和调用 destroy 类似，调用析构函数可以清除给定的对象但是不会释放该对象所在的空间。如果需要的话，我们可以重新使用该空间。

 调用析构函数会销毁对象，但是不会释放内存。

825> ## 19.2　运行时类型识别

运行时类型识别（run-time type identification，RTTI）的功能由两个运算符实现：

- typeid 运算符，用于返回表达式的类型。
- dynamic_cast 运算符，用于将基类的指针或引用安全地转换成派生类的指针或引用。

当我们将这两个运算符用于某种类型的指针或引用，并且该类型含有虚函数时，运算符将使用指针或引用所绑定对象的动态类型（参见 15.2.3 节，第 534 页）。

这两个运算符特别适用于以下情况：我们想使用基类对象的指针或引用执行某个派生类操作并且该操作不是虚函数。一般来说，只要有可能我们应该尽量使用虚函数。当操作被定义成虚函数时，编译器将根据对象的动态类型自动地选择正确的函数版本。

然而，并非任何时候都能定义一个虚函数。假设我们无法使用虚函数，则可以使用一个 RTTI 运算符。另一方面，与虚成员函数相比，使用 RTTI 运算符蕴含着更多潜在的风险：程序员必须清楚地知道转换的目标类型并且必须检查类型转换是否被成功执行。

 使用 RTTI 必须要加倍小心。在可能的情况下，最好定义虚函数而非直接接管类型管理的重任。

19.2.1　dynamic_cast 运算符

dynamic_cast 运算符（dynamic_cast operator）的使用形式如下所示：

```
dynamic_cast<type*>(e)
dynamic_cast<type&>(e)
dynamic_cast<type&&>(e)
```

其中，*type* 必须是一个类类型，并且通常情况下该类型应该含有虚函数。在第一种形式中，e 必须是一个有效的指针（参见 2.3.2 节，第 47 页）；在第二种形式中，e 必须是一个左值；在第三种形式中，e 不能是左值。

在上面的所有形式中，e 的类型必须符合以下三个条件中的任意一个：e 的类型是目标 *type* 的公有派生类、e 的类型是目标 *type* 的公有基类或者 e 的类型就是目标 *type* 的类型。如果符合，则类型转换可以成功。否则，转换失败。如果一条 dynamic_cast 语句的转换目标是指针类型并且失败了，则结果为 0。如果转换目标是引用类型并且失败了，则 dynamic_cast 运算符将抛出一个 bad_cast 异常。

指针类型的 dynamic_cast

举个简单的例子,假定 Base 类至少含有一个虚函数,Derived 是 Base 的公有派生类。如果有一个指向 Base 的指针 bp,则我们可以在运行时将它转换成指向 Derived 的指针,具体代码如下:

826

```
if (Derived *dp = dynamic_cast<Derived*>(bp))
{
    // 使用 dp 指向的 Derived 对象
} else { // bp 指向一个 Base 对象
    // 使用 bp 指向的 Base 对象
}
```

如果 bp 指向 Derived 对象,则上述的类型转换初始化 dp 并令其指向 bp 所指的 Derived 对象。此时,if 语句内部使用 Derived 操作的代码是安全的。否则,类型转换的结果为 0,dp 为 0 意味着 if 语句的条件失败,此时 else 子句执行相应的 Base 操作。

 我们可以对一个空指针执行 dynamic_cast,结果是所需类型的空指针。

值得注意的一点是,我们在条件部分定义了 dp,这样做的好处是可以在一个操作中同时完成类型转换和条件检查两项任务。而且,指针 dp 在 if 语句外部是不可访问的。一旦转换失败,即使后续的代码忘了做相应判断,也不会接触到这个未绑定的指针,从而确保程序是安全的。

 在条件部分执行 dynamic_cast 操作可以确保类型转换和结果检查在同一条表达式中完成。

引用类型的 dynamic_cast

引用类型的 dynamic_cast 与指针类型的 dynamic_cast 在表示错误发生的方式上略有不同。因为不存在所谓的空引用,所以对于引用类型来说无法使用与指针类型完全相同的错误报告策略。当对引用的类型转换失败时,程序抛出一个名为 std::bad_cast 的异常,该异常定义在 typeinfo 标准库头文件中。

我们可以按照如下的形式改写之前的程序,令其使用引用类型:

```
void f(const Base &b)
{
    try {
        const Derived &d = dynamic_cast<const Derived&>(b);
        // 使用 b 引用的 Derived 对象
    } catch (bad_cast) {
        // 处理类型转换失败的情况
    }
}
```

19.2.1 节练习

练习 19.3: 已知存在如下的类继承体系,其中每个类分别定义了一个公有的默认构造函数和一个虚析构函数：

```
class A { /* ...*/ };
class B : public A { /* ...*/ };
class C : public B { /* ...*/ };
class D : public B, public A { /* ...*/ };
```

下面的哪个 `dynamic_cast` 将失败？

```
(a) A *pa = new C;
    B *pb = dynamic_cast< B* >(pa);
(b) B *pb = new B;
    C *pc = dynamic_cast< C* >(pb);
(c) A *pa = new D;
    B *pb = dynamic_cast< B* >(pa);
```

练习 19.4：使用上一个练习定义的类改写下面的代码，将表达式 `*pa` 转换成类型 `C&`：

```
if (C *pc = dynamic_cast< C* >(pa)) {
}
    // 使用 C 的成员
} else {
    // 使用 A 的成员
}
```

练习 19.5：在什么情况下你应该使用 `dynamic_cast` 替代虚函数？

19.2.2   typeid 运算符

为 RTTI 提供的第二个运算符是 **typeid 运算符**（typeid operator），它允许程序向表达式提问：你的对象是什么类型？

827 > typeid 表达式的形式是 `typeid(e)`，其中 `e` 可以是任意表达式或类型的名字。typeid 操作的结果是一个常量对象的引用，该对象的类型是标准库类型 `type_info` 或者 `type_info` 的公有派生类型。`type_info` 类定义在 `typeinfo` 头文件中，19.2.4 节（第 735 页）将介绍更多关于 `type_info` 的细节。

typeid 运算符可以作用于任意类型的表达式。和往常一样，顶层 const（参见 2.4.3 节，第 57 页）被忽略，如果表达式是一个引用，则 typeid 返回该引用所引对象的类型。不过当 typeid 作用于数组或函数时，并不会执行向指针的标准类型转换（参见 4.11.2 节，第 143 页）。也就是说，如果我们对数组 a 执行 `typeid(a)`，则所得的结果是数组类型而非指针类型。

当运算对象不属于类类型或者是一个不包含任何虚函数的类时，typeid 运算符指示的是运算对象的静态类型。而当运算对象是定义了至少一个虚函数的类的左值时，typeid 的结果直到运行时才会求得。

使用 typeid 运算符

通常情况下，我们使用 typeid 比较两条表达式的类型是否相同，或者比较一条表达式的类型是否与指定类型相同：

828 >
```
Derived *dp = new Derived;
Base *bp = dp;                          // 两个指针都指向 Derived 对象
// 在运行时比较两个对象的类型
```

```
if (typeid(*bp) == typeid(*dp)) {
    // bp 和 dp 指向同一类型的对象
}
// 检查运行时类型是否是某种指定的类型
if (typeid(*bp) == typeid(Derived)) {
    // bp 实际指向 Derived 对象
}
```

在第一个 if 语句中，我们比较 bp 和 dp 所指的对象的动态类型是否相同。如果相同，则条件成功。类似的，当 bp 当前所指的是一个 Derived 对象时，第二个 if 语句的条件满足。

注意，typeid 应该作用于对象，因此我们使用 *bp 而非 bp：

```
// 下面的检查永远是失败的：bp 的类型是指向 Base 的指针
if (typeid(bp) == typeid(Derived)) {
    // 此处的代码永远不会执行
}
```

这个条件比较的是类型 Base* 和 Derived。尽管指针所指的对象类型是一个含有虚函数的类，但是指针本身并不是一个类类型的对象。类型 Base* 将在编译时求值，显然它与 Derived 不同，因此不论 bp 所指的对象到底是什么类型，上面的条件都不会满足。

 当 typeid 作用于指针时（而非指针所指的对象），返回的结果是该指针的静态编译时类型。

typeid 是否需要运行时检查决定了表达式是否会被求值。只有当类型含有虚函数时，编译器才会对表达式求值。反之，如果类型不含有虚函数，则 typeid 返回表达式的静态类型；编译器无须对表达式求值也能知道表达式的静态类型。

如果表达式的动态类型可能与静态类型不同，则必须在运行时对表达式求值以确定返回的类型。这条规则适用于 typeid(*p) 的情况。如果指针 p 所指的类型不含有虚函数，则 p 不必非得是一个有效的指针。否则，*p 将在运行时求值，此时 p 必须是一个有效的指针。如果 p 是一个空指针，则 typeid(*p) 将抛出一个名为 bad_typeid 的异常。

19.2.2 节练习

练习 19.6： 编写一条表达式将 Query_base 指针动态转换为 AndQuery 指针（参见 15.9.1 节，第 564 页）。分别使用 AndQuery 的对象以及其他类型的对象测试转换是否有效。打印一条表示类型转换是否成功的信息，确保实际输出的结果与期望的一致。

练习 19.7： 编写与上一个练习类似的转换，这一次将 Query_base 对象转换为 AndQuery 的引用。重复上面的测试过程，确保转换能正常工作。

练习 19.8： 编写一条 typeid 表达式检查两个 Query_base 对象是否指向同一种类型。再检查该类型是否是 AndQuery。

19.2.3　使用 RTTI

在某些情况下 RTTI 非常有用，比如当我们想为具有继承关系的类实现相等运算符时（参见 14.3.1 节，第 497 页）。对于两个对象来说，如果它们的类型相同并且对应的数据成员取值相同，则我们说这两个对象是相等的。在类的继承体系中，每个派生类负责添加自己的数据成员，因此派生类的相等运算符必须把派生类的新成员考虑进来。

829 >

一种容易想到的解决方案是定义一套虚函数，令其在继承体系的各个层次上分别执行相等性判断。此时，我们可以为基类的引用定义一个相等运算符，该运算符将它的工作委托给虚函数 equal，由 equal 负责实际的操作。

遗憾的是，上述方案很难奏效。虚函数的基类版本和派生类版本必须具有相同的形参类型（参见 15.3 节，第 537 页）。如果我们想定义一个虚函数 equal，则该函数的形参必须是基类的引用。此时，equal 函数将只能使用基类的成员，而不能比较派生类独有的成员。

要想实现真正有效的相等比较操作，我们需要首先清楚一个事实：即如果参与比较的两个对象类型不同，则比较结果为 false。例如，如果我们试图比较一个基类对象和一个派生类对象，则==运算符应该返回 false。

基于上述推论，我们就可以使用 RTTI 解决问题了。我们定义的相等运算符的形参是基类的引用，然后使用 typeid 检查两个运算对象的类型是否一致。如果运算对象的类型不一致，则==返回 false；类型一致才调用 equal 函数。每个类定义的 equal 函数负责比较类型自己的成员。这些运算符接受 Base& 形参，但是在进行比较操作前先把运算对象转换成运算符所属的类类型。

类的层次关系

为了更好地解释上述概念，我们定义两个示例类：

```
class Base {
    friend bool operator==(const Base&, const Base&);
public:
    // Base 的接口成员
protected:
    virtual bool equal(const Base&) const;
    // Base 的数据成员和其他用于实现的成员
};
```

830 >

```
class Derived: public Base {
public:
    // Derived 的其他接口成员
protected:
    bool equal(const Base&) const;
    // Derived 的数据成员和其他用于实现的成员
};
```

类型敏感的相等运算符

接下来介绍我们是如何定义整体的相等运算符的：

```
bool operator==(const Base &lhs, const Base &rhs)
{
    // 如果 typeid 不相同，返回 false；否则虚调用 equal
    return typeid(lhs) == typeid(rhs) && lhs.equal(rhs);
}
```

在这个运算符中，如果运算对象的类型不同则返回 false。否则，如果运算对象的类型相同，则运算符将其工作委托给虚函数 equal。当运算对象是 Base 的对象时，调用 Base::equal；当运算对象是 Derived 的对象时，调用 Derived::equal。

虚 equal 函数

继承体系中的每个类必须定义自己的 equal 函数。派生类的所有函数要做的第一件事都是相同的,那就是将实参的类型转换为派生类类型:

```
bool Derived::equal(const Base &rhs) const
{
    // 我们清楚这两个类型是相等的,所以转换过程不会抛出异常
    auto r = dynamic_cast<const Derived&>(rhs);
    // 执行比较两个 Derived 对象的操作并返回结果
}
```

上面的类型转换永远不会失败,因为毕竟我们只有在验证了运算对象的类型相同之后才会调用该函数。然而这样的类型转换是必不可少的,执行了类型转换后,当前函数才能访问右侧运算对象的派生类成员。

基类 equal 函数

下面这个操作比其他的稍微简单一点:

```
bool Base::equal(const Base &rhs) const
{
    // 执行比较 Base 对象的操作
}
```

无须事先转换形参的类型。*this 和形参都是 Base 对象,因此当前对象可用的操作对于形参类型同样有效。

19.2.4 type_info 类

831

type_info 类的精确定义随着编译器的不同而略有差异。不过,C++标准规定 type_info 类必须定义在 typeinfo 头文件中,并且至少提供表 19.1 所列的操作。

表 19.1:type_info 的操作	
t1 == t2	如果 type_info 对象 t1 和 t2 表示同一种类型,返回 true;否则返回 false
t1 != t2	如果 type_info 对象 t1 和 t2 表示不同的类型,返回 true;否则返回 false
t.name()	返回一个 C 风格字符串,表示类型名字的可打印形式。类型名字的生成方式因系统而异
t1.before(t2)	返回一个 bool 值,表示 t1 是否位于 t2 之前。before 所采用的顺序关系是依赖于编译器的

除此之外,因为 type_info 类一般是作为一个基类出现,所以它还应该提供一个公有的虚析构函数。当编译器希望提供额外的类型信息时,通常在 type_info 的派生类中完成。

type_info 类没有默认构造函数,而且它的拷贝和移动构造函数以及赋值运算符都被定义成删除的(参见 13.1.6 节,第 450 页)。因此,我们无法定义或拷贝 type_info 类型的对象,也不能为 type_info 类型的对象赋值。创建 type_info 对象的唯一途径是使用 typeid 运算符。

type_info 类的 name 成员函数返回一个 C 风格字符串,表示对象的类型名字。对

于某种给定的类型来说，name 的返回值因编译器而异并且不一定与在程序中使用的名字一致。对于 name 返回值的唯一要求是，类型不同则返回的字符串必须有所区别。例如：

```
int arr[10];
Derived d;
Base *p = &d;

cout << typeid(42).name() << ", "
     << typeid(arr).name() << ", "
     << typeid(Sales_data).name() << ", "
     << typeid(std::string).name() << ", "
     << typeid(p).name() << ", "
     << typeid(*p).name() << endl;
```

在作者的计算机上运行该程序，输出结果如下：

i, A10_i, 10Sales_data, Ss, P4Base, 7Derived

> type_info 类在不同的编译器上有所区别。有的编译器提供了额外的成员函数以提供程序中所用类型的额外信息。读者应该仔细阅读你所用编译器的使用手册，从而获取关于 type_info 的更多细节。

832

19.2.4 节练习

练习 19.9：编写与本节最后一个程序类似的代码，令其打印你的编译器为一些常见类型所起的名字。如果你得到的输出结果与本书类似，尝试编写一个函数将这些字符串翻译成人们更容易读懂的形式。

练习 19.10：已知存在如下的类继承体系，其中每个类定义了一个默认公有的构造函数和一个虚析构函数。下面的语句将打印哪些类型名字？

```
class A { /* ... */ };
class B : public A { /* ... */ };
class C : public B { /* ... */ };

(a) A *pa = new C;
    cout << typeid(pa).name() << endl;
(b) C cobj;
    A& ra = cobj;
    cout << typeid(&ra).name() << endl;
(c) B *px = new B;
    A& ra = *px;
    cout << typeid(ra).name() << endl;
```

19.3　枚举类型

枚举类型（enumeration）使我们可以将一组整型常量组织在一起。和类一样，每个枚举类型定义了一种新的类型。枚举属于字面值常量类型（参见 7.5.6 节，第 267 页）。

C++包含两种枚举：限定作用域的和不限定作用域的。C++11 新标准引入了**限定作用域的枚举类型**（scoped enumeration）。定义限定作用域的枚举类型的一般形式是：首先是关键字 enum class（或者等价地使用 enum struct），随后是枚举类型名字以及用花括号括起来的以逗号分隔的**枚举成员**（enumerator）列表，最后是一个分号：

```
enum class open_modes {input, output, append};
```

我们定义了一个名为 open_modes 的枚举类型，它包含三个枚举成员：input、output 和 append。

定义**不限定作用域的枚举类型**（unscoped enumeration）时省略掉关键字 class（或 struct），枚举类型的名字是可选的：

```
enum color {red, yellow, green};       // 不限定作用域的枚举类型
// 未命名的、不限定作用域的枚举类型
enum {floatPrec = 6, doublePrec = 10, double_doublePrec = 10};
```

如果 enum 是未命名的，则我们只能在定义该 enum 时定义它的对象。和类的定义类似，我们需要在 enum 定义的右侧花括号和最后的分号之间提供逗号分隔的声明列表（参见 2.6.1 节，第 64 页）。

枚举成员

在限定作用域的枚举类型中，枚举成员的名字遵循常规的作用域准则，并且在枚举类型的作用域外是不可访问的。与之相反，在不限定作用域的枚举类型中，枚举成员的作用域与枚举类型本身的作用域相同：

```
enum color {red, yellow, green};       // 不限定作用域的枚举类型
enum stoplight {red, yellow, green};   // 错误：重复定义了枚举成员
enum class peppers {red, yellow, green}; // 正确：枚举成员被隐藏了
color eyes = green; // 正确：不限定作用域的枚举类型的枚举成员位于有效的作用域中
peppers p = green;  // 错误：peppers 的枚举成员不在有效的作用域中
                    // color::green 在有效的作用域中，但是类型错误
color hair = color::red;               // 正确：允许显式地访问枚举成员
peppers p2 = peppers::red;             // 正确：使用 pappers 的 red
```

默认情况下，枚举值从 0 开始，依次加 1。不过我们也能为一个或几个枚举成员指定专门的值：

```
enum class intTypes {
    charTyp = 8, shortTyp = 16, intTyp = 16,
    longTyp = 32, long_longTyp = 64
};
```

由枚举成员 intTyp 和 shortTyp 可知，枚举值不一定唯一。如果我们没有显式地提供初始值，则当前枚举成员的值等于之前枚举成员的值加 1。

枚举成员是 const，因此在初始化枚举成员时提供的初始值必须是常量表达式（参见 2.4.4 节，第 58 页）。也就是说，每个枚举成员本身就是一条常量表达式，我们可以在任何需要常量表达式的地方使用枚举成员。例如，我们可以定义枚举类型的 constexpr 变量：

```
constexpr intTypes charbits = intTypes::charTyp;
```

类似的，我们也可以将一个 enum 作为 switch 语句的表达式，而将枚举值作为 case 标签（参见 5.3.2 节，第 160 页）。出于同样的原因，我们还能将枚举类型作为一个非类型模板形参使用（参见 16.1.1 节，第 580 页）；或者在类的定义中初始化枚举类型的静态数据成员（参见 7.6 节，第 270 页）。

和类一样，枚举也定义新的类型

只要 enum 有名字，我们就能定义并初始化该类型的成员。要想初始化 enum 对象或者为 enum 对象赋值，必须使用该类型的一个枚举成员或者该类型的另一个对象：

```
open_modes om = 2;              // 错误：2 不属于类型 open_modes
om = open_modes::input;         // 正确：input 是 open_modes 的一个枚举成员
```

一个不限定作用域的枚举类型的对象或枚举成员自动地转换成整型。因此，我们可以在任何需要整型值的地方使用它们：

```
int i = color::red;   // 正确：不限定作用域的枚举类型的枚举成员隐式地转换成 int
int j = peppers::red;// 错误：限定作用域的枚举类型不会进行隐式转换
```

指定 enum 的大小

尽管每个 enum 都定义了唯一的类型，但实际上 enum 是由某种整数类型表示的。在 C++11 新标准中，我们可以在 enum 的名字后加上冒号以及我们想在该 enum 中使用的类型：

```
enum intValues : unsigned long long {
    charTyp = 255, shortTyp = 65535, intTyp = 65535,
    longTyp = 4294967295UL,
    long_longTyp = 18446744073709551615ULL
};
```

如果我们没有指定 enum 的潜在类型，则默认情况下限定作用域的 enum 成员类型是 int。对于不限定作用域的枚举类型来说，其枚举成员不存在默认类型，我们只知道成员的潜在类型足够大，肯定能够容纳枚举值。如果我们指定了枚举成员的潜在类型（包括对限定作用域的 enum 的隐式指定），则一旦某个枚举成员的值超出了该类型所能容纳的范围，将引发程序错误。

指定 enum 潜在类型的能力使得我们可以控制不同实现环境中使用的类型，我们将可以确保在一种实现环境中编译通过的程序所生成的代码与其他实现环境中生成的代码一致。

枚举类型的前置声明

在 C++11 新标准中，我们可以提前声明 enum。enum 的前置声明（无论隐式地还是显示地）必须指定其成员的大小：

```
// 不限定作用域的枚举类型 intValues 的前置声明
enum intValues : unsigned long long; // 不限定作用域的，必须指定成员类型
enum class open_modes;     // 限定作用域的枚举类型可以使用默认成员类型 int
```

因为不限定作用域的 enum 未指定成员的默认大小，因此每个声明必须指定成员的大小。对于限定作用域的 enum 来说，我们可以不指定其成员的大小，这个值被隐式地定义成 int。

和其他声明语句一样，enum 的声明和定义必须匹配，这意味着在该 enum 的所有声明和定义中成员的大小必须一致。而且，我们不能在同一个上下文中先声明一个不限定作用域的 enum 名字，然后再声明一个同名的限定作用域的 enum：

```
// 错误：所有的声明和定义必须对该 enum 是限定作用域的还是不限定作用域的保持一致
enum class intValues;
enum intValues;            // 错误：intValues 已经被声明成限定作用域的 enum
enum intValues : long;     // 错误：intValues 已经被声明成 int
```

形参匹配与枚举类型

要想初始化一个 enum 对象，必须使用该 enum 类型的另一个对象或者它的一个枚举成员（参见 19.3 节，第 737 页）。因此，即使某个整型值恰好与枚举成员的值相等，它也不能作为函数的 enum 实参使用：

```
// 不限定作用域的枚举类型，潜在类型因机器而异
enum Tokens {INLINE = 128, VIRTUAL = 129};
void ff(Tokens);
void ff(int);
int main() {
    Tokens curTok = INLINE;
    ff(128);                    // 精确匹配 ff(int)
    ff(INLINE);                 // 精确匹配 ff(Tokens)
    ff(curTok);                 // 精确匹配 ff(Tokens)
    return 0;
}
```

尽管我们不能直接将整型值传给 enum 形参，但是可以将一个不限定作用域的枚举类型的对象或枚举成员传给整型形参。此时，enum 的值提升成 int 或更大的整型，实际提升的结果由枚举类型的潜在类型决定：

```
void newf(unsigned char);
void newf(int);
unsigned char uc = VIRTUAL;
newf(VIRTUAL);                  // 调用 newf(int)
newf(uc);                       // 调用 newf(unsigned char)
```

枚举类型 Tokens 只有两个枚举成员，其中较大的那个值是 129。该枚举类型可以用 unsigned char 来表示，因此很多编译器使用 unsigned char 作为 Tokens 的潜在类型。不管 Tokens 的潜在类型到底是什么，它的对象和枚举成员都提升成 int。尤其是，枚举成员永远不会提升成 unsigned char，即使枚举值可以用 unsigned char 存储也是如此。

19.4 类成员指针

成员指针（pointer to member）是指可以指向类的非静态成员的指针。一般情况下，指针指向一个对象，但是成员指针指示的是类的成员，而非类的对象。类的静态成员不属于任何对象，因此无须特殊的指向静态成员的指针，指向静态成员的指针与普通指针没有什么区别。

成员指针的类型囊括了类的类型以及成员的类型。当初始化一个这样的指针时，我们令其指向类的某个成员，但是不指定该成员所属的对象；直到使用成员指针时，才提供成员所属的对象。

为了解释成员指针的原理，不妨使用 7.3.1 节（第 243 页）的 Screen 类：

```
class Screen {
public:
    typedef std::string::size_type pos;
    char get_cursor() const { return contents[cursor]; }
    char get() const;
```

```
        char get(pos ht, pos wd) const;
    private:
        std::string contents;
        pos cursor;
        pos height, width;
    };
```

19.4.1 数据成员指针

　　和其他指针一样，在声明成员指针时我们也使用*来表示当前声明的名字是一个指针。与普通指针不同的是，成员指针还必须包含成员所属的类。因此，我们必须在*之前添加 *classname*::以表示当前定义的指针可以指向 *classname* 的成员。例如：

```
    // pdata 可以指向一个常量（非常量）Screen 对象的 string 成员
    const string Screen::*pdata;
```

上述语句将 pdata 声明成 "一个指向 Screen 类的 const string 成员的指针"。常量对象的数据成员本身也是常量，因此将我们的指针声明成指向 const string 成员的指针意味着 pdata 可以指向任何 Screen 对象的一个成员，而不管该 Screen 对象是否是常量。作为交换条件，我们只能使用 pdata 读取它所指的成员，而不能向它写入内容。

　　当我们初始化一个成员指针（或者向它赋值）时，需指定它所指的成员。例如，我们可以令 pdata 指向某个非特定 Screen 对象的 contents 成员：

```
    pdata = &Screen::contents;
```

其中，我们将取地址运算符作用于 Screen 类的成员而非内存中的一个该类对象。

　　当然，在 C++11 新标准中声明成员指针最简单的方法是使用 auto 或 decltype：

```
    auto pdata = &Screen::contents;
```

使用数据成员指针

　　读者必须清楚的一点是，当我们初始化一个成员指针或为成员指针赋值时，该指针并没有指向任何数据。成员指针指定了成员而非该成员所属的对象，只有当解引用成员指针时我们才提供对象的信息。

837>　　与成员访问运算符.和->类似，也有两种成员指针访问运算符：.*和->*，这两个运算符使得我们可以解引用指针并获得该对象的成员：

```
    Screen myScreen, *pScreen = &myScreen;
    // .*解引用 pdata 以获得 myScreen 对象的 contents 成员
    auto s = myScreen.*pdata;
    // ->*解引用 pdata 以获得 pScreen 所指对象的 contents 成员
    s = pScreen->*pdata;
```

从概念上来说，这些运算符执行两步操作：它们首先解引用成员指针以得到所需的成员；然后像成员访问运算符一样，通过对象（.*）或指针（->*）获取成员。

返回数据成员指针的函数

　　常规的访问控制规则对成员指针同样有效。例如，Screen 的 contents 成员是私有的，因此之前对于 pdata 的使用必须位于 Screen 类的成员或友元内部，否则程序将发生错误。

因为数据成员一般情况下是私有的，所以我们通常不能直接获得数据成员的指针。如果一个像 Screen 这样的类希望我们可以访问它的 contents 成员，最好定义一个函数，令其返回值是指向该成员的指针：

```
class Screen {
public:
    // data 是一个静态成员，返回一个成员指针
    static const std::string Screen::*data()
        { return &Screen::contents; }
    // 其他成员与之前的版本一致
};
```

我们为 Screen 类添加了一个静态成员，令其返回指向 contents 成员的指针。显然该函数的返回类型与最初的 pdata 指针类型一致。从右向左阅读函数的返回类型，可知 data 返回的是一个指向 Screen 类的 const string 成员的指针。函数体对 contents 成员使用了取地址运算符，因此函数将返回指向 Screen 类 contents 成员的指针。

当我们调用 data 函数时，将得到一个成员指针：

```
// data()返回一个指向 Screen 类的 contents 成员的指针
const string Screen::*pdata = Screen::data();
```

一如往常，pdata 指向 Screen 类的成员而非实际数据。要想使用 pdata，必须把它绑定到 Screen 类型的对象上：

```
// 获得 myScreen 对象的 contents 成员
auto s = myScreen.*pdata;
```

19.4.1 节练习

练习 19.11：普通的数据指针与指向数据成员的指针有何区别？

练习 19.12：定义一个成员指针，令其可以指向 Screen 类的 cursor 成员。通过该指针获得 Screen::cursor 的值。

练习 19.13：定义一个类型，使其可以表示指向 Sales_data 类的 bookNo 成员的指针。

19.4.2　成员函数指针

我们也可以定义指向类的成员函数的指针。与指向数据成员的指针类似，对于我们来说要想创建一个指向成员函数的指针，最简单的方法是使用 auto 来推断类型：

```
// pmf 是一个指针，它可以指向 Screen 的某个常量成员函数
// 前提是该函数不接受任何实参，并且返回一个 char
auto pmf = &Screen::get_cursor;
```

和指向数据成员的指针一样，我们使用 *classname*::* 的形式声明一个指向成员函数的指针。类似于任何其他函数指针（参见 6.7 节，第 221 页），指向成员函数的指针也需要指定目标函数的返回类型和形参列表。如果成员函数是 const 成员（参见 7.1.2 节，第 231 页）或者引用成员（参见 13.6.3 节，第 483 页），则我们必须将 const 限定符或引用限定符包含进来。

和普通的函数指针类似，如果成员存在重载的问题，则我们必须显式地声明函数类型以明确指出我们想要使用的是哪个函数（参见 6.7 节，第 211 页）。例如，我们可以声明一

个指针，令其指向含有两个形参的 get：

```
char (Screen::*pmf2)(Screen::pos, Screen::pos) const;
pmf2 = &Screen::get;
```

出于优先级的考虑，上述声明中 Screen::*两端的括号必不可少。如果没有这对括号的话，编译器将认为该声明是一个（无效的）函数声明：

```
// 错误：非成员函数 p 不能使用 const 限定符
char Screen::*p(Screen::pos, Screen::pos) const;
```

这个声明试图定义一个名为 p 的普通函数，并且返回 Screen 类的一个 char 成员。因为它声明的是一个普通函数，所以不能使用 const 限定符。

和普通函数指针不同的是，在成员函数和指向该成员的指针之间不存在自动转换规则：

```
// pmf 指向一个 Screen 成员，该成员不接受任何实参且返回类型是 char
pmf = &Screen::get;          // 必须显式地使用取地址运算符
pmf = Screen::get;           // 错误：在成员函数和指针之间不存在自动转换规则
```

839> **使用成员函数指针**

和使用指向数据成员的指针一样，我们使用.*或者->*运算符作用于指向成员函数的指针，以调用类的成员函数：

```
Screen myScreen, *pScreen = &myScreen;
// 通过 pScreen 所指的对象调用 pmf 所指的函数
char c1 = (pScreen->*pmf)();
// 通过 myScreen 对象将实参 0，0 传给含有两个形参的 get 函数
char c2 = (myScreen.*pmf2)(0, 0);
```

之所以(myScreen->*pmf)()和(pScreen.*pmf2)(0,0)的括号必不可少，原因是调用运算符的优先级要高于指针指向成员运算符的优先级。

假设去掉括号的话，

```
myScreen.*pmf()
```

其含义将等同于下面的式子：

```
myScreen.*(pmf())
```

这行代码的意思是调用一个名为 pmf 的函数，然后使用该函数的返回值作为指针指向成员运算符（.*）的运算对象。然而 pmf 并不是一个函数，因此代码将发生错误。

 因为函数调用运算符的优先级较高，所以在声明指向成员函数的指针并使用这样的指针进行函数调用时，括号必不可少：(C::*p)(parms) 和 (obj.*p)(args)。

使用成员指针的类型别名

使用类型别名或 typedef（参见 2.5.1 节，第 60 页）可以让成员指针更容易理解。例如，下面的类型别名将 Action 定义为两参数 get 函数的同义词：

```
// Action 是一种可以指向 Screen 成员函数的指针，它接受两个 pos 实参，返回一个 char
using Action =
char (Screen::*)(Screen::pos, Screen::pos) const;
```

Action 是某类型的另外一个名字，该类型是"指向 Screen 类的常量成员函数的指针，其中这个成员函数接受两个 pos 形参，返回一个 char"。通过使用 Action，我们可以简化指向 get 的指针定义：

```
Action get = &Screen::get;              // get 指向 Screen 的 get 成员
```

和其他函数指针类似，我们可以将指向成员函数的指针作为某个函数的返回类型或形参类型。其中，指向成员的指针形参也可以拥有默认实参：

```
// action 接受一个 Screen 的引用，和一个指向 Screen 成员函数的指针
Screen& action(Screen&, Action = &Screen::get);
```

action 是包含两个形参的函数，其中一个形参是 Screen 对象的引用，另一个形参是指 840 向 Screen 成员函数的指针，成员函数必须接受两个 pos 形参并返回一个 char。当我们调用 action 时，只需将 Screen 的一个符合要求的函数的指针或地址传入即可：

```
Screen myScreen;
// 等价的调用：
action(myScreen);                       // 使用默认实参
action(myScreen, get);                  // 使用我们之前定义的变量 get
action(myScreen, &Screen::get);         // 显式地传入地址
```

 Note 通过使用类型别名，可以令含有成员指针的代码更易读写。

成员指针函数表

对于普通函数指针和指向成员函数的指针来说，一种常见的用法是将其存入一个函数表当中（参见 14.8.3 节，第 511 页）。如果一个类含有几个相同类型的成员，则这样一张表可以帮助我们从这些成员中选择一个。假定 Screen 类含有几个成员函数，每个函数负责将光标向指定的方向移动：

```
class Screen {
public:
    // 其他接口和实现成员与之前一致
    Screen& home();                 // 光标移动函数
    Screen& forward();
    Screen& back();
    Screen& up();
    Screen& down();
};
```

这几个新函数有一个共同点：它们都不接受任何参数，并且返回值是发生光标移动的 Screen 的引用。

我们希望定义一个 move 函数，使其可以调用上面的任意一个函数并执行对应的操作。为了支持这个新函数，我们将在 Screen 中添加一个静态成员，该成员是指向光标移动函数的指针的数组：

```
class Screen {
public:
    // 其他接口和实现成员与之前一致
    // Action 是一个指针，可以用任意一个光标移动函数对其赋值
    using Action = Screen& (Screen::*)();
    // 指定具体要移动的方向，其中 enum 参见 19.3 节（第 736 页）
```

```
        enum Directions { HOME, FORWARD, BACK, UP, DOWN };
        Screen& move(Directions);
    private:
        static Action Menu[];              // 函数表
    };
```

数组 Menu 依次保存每个光标移动函数的指针，这些函数将按照 Directions 中枚举成员对应的偏移量存储。move 函数接受一个枚举成员并调用相应的函数：

```
    Screen& Screen::move(Directions cm)
    {
        // 运行 this 对象中索引值为 cm 的元素
        return (this->*Menu[cm])();  // Menu[cm]指向一个成员函数
    }
```

move 中的函数调用的原理是：首先获取索引值为 cm 的 Menu 元素，该元素是指向 Screen 成员函数的指针。我们根据 this 所指的对象调用该元素所指的成员函数。

当我们调用 move 函数时，给它传入一个表示光标移动方向的枚举成员：

```
Screen myScreen;
myScreen.move(Screen::HOME); // 调用 myScreen.home
myScreen.move(Screen::DOWN); // 调用 myScreen.down
```

剩下的工作就是定义并初始化函数表本身了：

```
    Screen::Action Screen::Menu[] = { &Screen::home,
                                      &Screen::forward,
                                      &Screen::back,
                                      &Screen::up,
                                      &Screen::down,
                                    };
```

19.4.2 节练习

练习 19.14：下面的代码合法吗？如果合法，代码的含义是什么？如果不合法，解释原因。

```
    auto pmf = &Screen::get_cursor;
    pmf = &Screen::get;
```

练习 19.15：普通函数指针和指向成员函数的指针有何区别？

练习 19.16：声明一个类型别名，令其作为指向 Sales_data 的 avg_price 成员的指针的同义词。

练习 19.17：为 Screen 的所有成员函数类型各定义一个类型别名。

19.4.3　将成员函数用作可调用对象

如我们所知，要想通过一个指向成员函数的指针进行函数调用，必须首先利用.*运算符或->*运算符将该指针绑定到特定的对象上。因此与普通的函数指针不同，成员指针不是一个可调用对象，这样的指针不支持函数调用运算符（参见 10.3.2 节，第 346 页）。

因为成员指针不是可调用对象，所以我们不能直接将一个指向成员函数的指针传递给算法。举个例子，如果我们想在一个 string 的 vector 中找到第一个空 string，显然

不能使用下面的语句:

```
auto fp = &string::empty; // fp 指向 string 的 empty 函数
// 错误，必须使用.*或->*调用成员指针
find_if(svec.begin(), svec.end(), fp);
```

find_if 算法需要一个可调用对象，但我们提供给它的是一个指向成员函数的指针 fp。因此在 find_if 的内部将执行如下形式的代码，从而导致无法通过编译:

```
// 检查对当前元素的断言是否为真
if (fp(*it))                  // 错误: 要想通过成员指针调用函数, 必须使用->*运算符
```

显然该语句试图调用的是传入的对象，而非函数。

使用 function 生成一个可调用对象

从指向成员函数的指针获取可调用对象的一种方法是使用标准库模板 function（参见 14.8.3 节，第 511 页）:

```
function<bool (const string&)> fcn = &string::empty;
find_if(svec.begin(), svec.end(), fcn);
```

我们告诉 function 一个事实: 即 empty 是一个接受 string 参数并返回 bool 值的函数。通常情况下，执行成员函数的对象将被传给隐式的 this 形参。当我们想要使用 function 为成员函数生成一个可调用对象时，必须首先"翻译"该代码，使得隐式的形参变成显式的。

当一个 function 对象包含有一个指向成员函数的指针时，function 类知道它必须使用正确的指向成员的指针运算符来执行函数调用。也就是说，我们可以认为在 find_if 当中含有类似于如下形式的代码:

```
// 假设 it 是 find_if 内部的迭代器，则*it 是给定范围内的一个对象
if (fcn(*it))                  // 假设 fcn 是 find_if 内部的一个可调用对象的名字
```

其中，function 将使用正确的指向成员的指针运算符。从本质上来看，function 类将函数调用转换成了如下形式:

```
// 假设 it 是 find_if 内部的迭代器，则*it 是给定范围内的一个对象
if (((*it).*p)())             // 假设 p 是 fcn 内部的一个指向成员函数的指针
```

当我们定义一个 function 对象时，必须指定该对象所能表示的函数类型，即可调用对象的形式。如果可调用对象是一个成员函数，则第一个形参必须表示该成员是在哪个（一般是隐式的）对象上执行的。同时，我们提供给 function 的形式中还必须指明对象是否是以指针或引用的形式传入的。

以定义 fcn 为例，我们想在 string 对象的序列上调用 find_if，因此我们要求 function 生成一个接受 string 对象的可调用对象。又因为我们的 vector 保存的是 string 的指针，所以必须指定 function 接受指针:

843

```
vector<string*> pvec;
function<bool (const string*)> fp = &string::empty;
// fp 接受一个指向 string 的指针，然后使用->*调用 empty
find_if(pvec.begin(), pvec.end(), fp);
```

使用 mem_fn 生成一个可调用对象

通过上面的介绍可知，要想使用 function，我们必须提供成员的调用形式。我们也

可以采取另外一种方法，通过使用标准库功能 **mem_fn** 来让编译器负责推断成员的类型。和 function 一样，mem_fn 也定义在 functional 头文件中，并且可以从成员指针生成一个可调用对象；和 function 不同的是，mem_fn 可以根据成员指针的类型推断可调用对象的类型，而无须用户显式地指定：

```
find_if(svec.begin(), svec.end(), mem_fn(&string::empty));
```

我们使用 mem_fn(&string::empty) 生成一个可调用对象，该对象接受一个 string 实参，返回一个 bool 值。

mem_fn 生成的可调用对象可以通过对象调用，也可以通过指针调用：

```
auto f = mem_fn(&string::empty); // f 接受一个 string 或者一个 string*
f(*svec.begin());        // 正确: 传入一个 string 对象, f 使用.*调用 empty
f(&svec[0]);             // 正确: 传入一个 string 的指针, f 使用->*调用 empty
```

实际上，我们可以认为 mem_fn 生成的可调用对象含有一对重载的函数调用运算符：一个接受 string*，另一个接受 string&。

使用 bind 生成一个可调用对象

出于完整性的考虑，我们还可以使用 bind（参见 10.3.4 节，第 354 页）从成员函数生成一个可调用对象：

```
// 选择范围中的每个 string, 并将其 bind 到 empty 的第一个隐式实参上
auto it = find_if(svec.begin(), svec.end(),
                  bind(&string::empty, _1));
```

和 function 类似的地方是，当我们使用 bind 时，必须将函数中用于表示执行对象的隐式形参转换成显式的。和 mem_fn 类似的地方是，bind 生成的可调用对象的第一个实参既可以是 string 的指针，也可以是 string 的引用：

```
auto f = bind(&string::empty, _1);
f(*svec.begin());     // 正确: 实参是一个 string, f 使用.*调用 empty
f(&svec[0]);          // 正确: 实参是一个 string 的指针, f 使用->*调用 empty
```

19.4.3 节练习

练习 19.18：编写一个函数，使用 count_if 统计在给定的 vector 中有多少个空 string。

练习 19.19：编写一个函数，令其接受 vector<Sales_data>并查找平均价格高于某个值的第一个元素。

19.5 嵌套类

一个类可以定义在另一个类的内部，前者称为**嵌套类**（nested class）或**嵌套类型**（nested type）。嵌套类常用于定义作为实现部分的类，比如我们在文本查询示例中使用的 QueryResult 类（参见 12.3 节，第 430 页）。

嵌套类是一个独立的类，与外层类基本没什么关系。特别是，外层类的对象和嵌套类的对象是相互独立的。在嵌套类的对象中不包含任何外层类定义的成员；类似的，在外层类的对象中也不包含任何嵌套类定义的成员。

嵌套类的名字在外层类作用域中是可见的，在外层类作用域之外不可见。和其他嵌套的名字一样，嵌套类的名字不会和别的作用域中的同一个名字冲突。

嵌套类中成员的种类与非嵌套类是一样的。和其他类类似，嵌套类也使用访问限定符来控制外界对其成员的访问权限。外层类对嵌套类的成员没有特殊的访问权限，同样，嵌套类对外层类的成员也没有特殊的访问权限。

嵌套类在其外层类中定义了一个类型成员。和其他成员类似，该类型的访问权限由外层类决定。位于外层类 public 部分的嵌套类实际上定义了一种可以随处访问的类型；位于外层类 protected 部分的嵌套类定义的类型只能被外层类及其友元和派生类访问；位于外层类 private 部分的嵌套类定义的类型只能被外层类的成员和友元访问。

声明一个嵌套类

我们为 12.3.2 节（第 432 页）的 TextQuery 类定义了一个名为 QueryResult 的配套类，这两个类密切相关。QueryResult 类的主要作用是表示 TextQuery 对象上 query 操作的结果，显然将 QueryResult 用作其他目的没有任何意义。为了充分体现这种紧密的相关性，我们可以把 QueryResult 定义成 TextQuery 的成员。

```
class TextQuery {
public:
    class QueryResult;               // 嵌套类稍后定义
    // 其他成员与 12.3.2 节（第 432 页）一致
};
```

我们只需对原来的 TextQuery 类做一处改动，即将 QueryResult 声明成嵌套类。因为 QueryResult 是一个类型成员（参见 7.4.1 节，第 254 页），所以我们必须对它先声明后使用，尤其是必须先声明 QueryResult，再将它作为 query 成员的返回类型。类的其他成员没有任何变化。

在外层类之外定义一个嵌套类

845

我们在 TextQuery 内声明了 QueryResult，但是没有给出它的定义。和成员函数一样，嵌套类必须声明在类的内部，但是可以定义在类的内部或者外部。

当我们在外层类之外定义一个嵌套类时，必须以外层类的名字限定嵌套类的名字：

```
// QueryResult 是 TextQuery 的成员，下面的代码负责定义 QueryResult
class TextQuery::QueryResult {
    // 位于类的作用域内，因此我们不必对 QueryResult 形参进行限定
    friend std::ostream&
            print(std::ostream&, const QueryResult&);
public:
    // 无须定义 QueryResult::line_no
    // 嵌套类可以直接使用外层类的成员，无须对该成员的名字进行限定
    QueryResult(std::string,
                std::shared_ptr<std::set<line_no>>,
                std::shared_ptr<std::vector<std::string>>);
    // 其他成员与 12.3.2 节（第 432 页）一致
};
```

和原来的类相比唯一的改动是，我们无须在 QueryResult 内定义 line_no 成员了。因为该成员属于 TextQuery，所以 QueryResult 可以直接访问它而不必再定义一次。

在嵌套类在其外层类之外完成真正的定义之前，它都是一个不完全类型（参见
7.3.3 节，第 250 页）。

定义嵌套类的成员

在这个版本的 `QueryResult` 类中，我们并没有在类的内部定义其构造函数。要想为
其定义构造函数，必须指明 `QueryResult` 是嵌套在 `TextQuery` 的作用域之内的。具体
做法是使用外层类的名字限定嵌套类的名字：

```
// QueryResult 类嵌套在 TextQuery 类中
// 下面的代码为 QueryResult 类定义名为 QueryResult 的成员
TextQuery::QueryResult::QueryResult(string s,
                shared_ptr<set<line_no>> p,
                shared_ptr<vector<string>> f):
          sought(s), lines(p), file(f) { }
```

从右向左阅读函数的名字可知我们定义的是 `QueryResult` 类的构造函数，而
`QueryResult` 类是嵌套在 `TextQuery` 类中的。该构造函数除了把实参值赋给对应的数
据成员之外，没有做其他工作。

嵌套类的静态成员定义

如果 `QueryResult` 声明了一个静态成员，则该成员的定义将位于 `TextQuery` 的作
用域之外。例如，假设 `QueryResult` 有一个静态成员，则该成员的定义将形如：

```
// QueryResult 类嵌套在 TextQuery 类中，
// 下面的代码为 QueryResult 定义一个静态成员
int TextQuery::QueryResult::static_mem = 1024;
```

嵌套类作用域中的名字查找

名字查找的一般规则（参见 7.4.1 节，第 254 页）在嵌套类中同样适用。当然，因为
嵌套类本身是一个嵌套作用域，所以还必须查找嵌套类的外层作用域。这种作用域嵌套的
性质正好可以说明为什么我们不在 `QueryResult` 的嵌套版本中定义 `line_no`。原来的
`QueryResult` 类定义了该成员，从而使其成员可以避免使用 `TextQuery::line_no` 的
形式。然而 `QueryResult` 的嵌套类版本本身就是定义在 `TextQuery` 中的，所以我们不
需要再使用 `typedef`。嵌套的 `QueryResult` 无须说明 `line_no` 属于 `TextQuery` 就可
以直接使用它。

如我们所知，嵌套类是其外层类的一个类型成员，因此外层类的成员可以像使用任何
其他类型成员一样使用嵌套类的名字。因为 `QueryResult` 嵌套在 `TextQuery` 中，所以
`TextQuery` 的 `query` 成员可以直接使用名字 `QueryResult`：

```
// 返回类型必须指明 QueryResult 是一个嵌套类
TextQuery::QueryResult
TextQuery::query(const string &sought) const
{
    // 如果我们没有找到 sought，则返回 set 的指针
    static shared_ptr<set<line_no>> nodata(new set<line_no>);
    // 使用 find 而非下标以避免向 wm 中添加单词
    auto loc = wm.find(sought);
    if (loc == wm.end())
```

846 >

```
              return QueryResult(sought, nodata, file);        // 没有找到
        else
              return QueryResult(sought, loc->second, file);
    }
```

和过去一样，返回类型不在类的作用域中（参见 7.4 节，第 253 页），因此我们必须指明函数的返回值是 `TextQuery::QueryResult` 类型。不过在函数体内部我们可以直接访问 `QueryResult`，比如上面的 `return` 语句就是这样。

嵌套类和外层类是相互独立的

尽管嵌套类定义在其外层类的作用域中，但是读者必须谨记外层类的对象和嵌套类的对象没有任何关系。嵌套类的对象只包含嵌套类定义的成员；同样，外层类的对象只包含外层类定义的成员，在外层类对象中不会有任何嵌套类的成员。

说得再具体一些，`TextQuery::query` 的第二条 `return` 语句

```
return QueryResult(sought, loc->second, file);
```

使用了 `TextQuery` 对象的数据成员，而 `query` 正是用它们来初始化 `QueryResult` 对象的。因为在一个 `QueryResult` 对象中不包含其外层类的成员，所以我们必须使用上述成员构造我们返回的 `QueryResult` 对象。 〈847〉

19.5 节练习

练习 19.20：将你的 `QueryResult` 类嵌套在 `TextQuery` 中，然后重新运行 12.3.2 节（第 435 页）中使用了 `TextQuery` 的程序。

19.6 union：一种节省空间的类

联合（union）是一种特殊的类。一个 union 可以有多个数据成员，但是在任意时刻只有一个数据成员可以有值。当我们给 union 的某个成员赋值之后，该 union 的其他成员就变成未定义的状态了。分配给一个 union 对象的存储空间至少要能容纳它的最大的数据成员。和其他类一样，一个 union 定义了一种新类型。

类的某些特性对 union 同样适用，但并非所有特性都如此。union 不能含有引用类型的成员，除此之外，它的成员可以是绝大多数类型。在 C++11 新标准中，含有构造函数或析构函数的类类型也可以作为 union 的成员类型。union 可以为其成员指定 public、protected 和 private 等保护标记。默认情况下，union 的成员都是公有的，这一点与 struct 相同。

union 可以定义包括构造函数和析构函数在内的成员函数。但是由于 union 既不能继承自其他类，也不能作为基类使用，所以在 union 中不能含有虚函数。

定义 union

union 提供了一种有效的途径使得我们可以方便地表示一组类型不同的互斥值。举个例子，假设我们需要处理一些不同种类的数字数据和字符数据，则在此过程中可以定义一个 union 来保存这些值：

```
// Token 类型的对象只有一个成员，该成员的类型可能是下列类型中的任意一种
union Token {
```

```
// 默认情况下成员是公有的
    char    cval;
    int     ival;
    double  dval;
};
```

在定义一个 union 时，首先是关键字 union，随后是该 union 的（可选的）名字以及花括号内的一组成员声明。上面的代码定义了一个名为 Token 的 union，它可以保存一个值，这个值的类型可能是 char、int 或 double 中的一种。

使用 union 类型
848 >

union 的名字是一个类型名。和其他内置类型一样，默认情况下 union 是未初始化的。我们可以像显式地初始化聚合类（参见 7.5.5 节，第 266 页）一样使用一对花括号内的初始值显式地初始化一个 union：

```
Token first_token = {'a'};      // 初始化 cval 成员
Token last_token;               // 未初始化的 Token 对象
Token *pt = new Token;          // 指向一个未初始化的 Token 对象的指针
```

如果提供了初始值，则该初始值被用于初始化第一个成员。因此，first_token 的初始化过程实际上是给 cval 成员赋了一个初值。

我们使用通用的成员访问运算符访问一个 union 对象的成员：

```
last_token.cval = 'z';
pt->ival = 42;
```

为 union 的一个数据成员赋值会令其他数据成员变成未定义的状态。因此，当我们使用 union 时，必须清楚地知道当前存储在 union 中的值到底是什么类型。如果我们使用错误的数据成员或者为错误的数据成员赋值，则程序可能崩溃或出现异常行为，具体的情况根据成员的类型而有所不同。

匿名 union

匿名 union（anonymous union）是一个未命名的 union，并且在右花括号和分号之间没有任何声明（参见 2.6.1 节，第 65 页）。一旦我们定义了一个匿名 union，编译器就自动地为该 union 创建一个未命名的对象：

```
union {                         // 匿名 union
    char cval;
    int ival;
    double dval;
};  // 定义一个未命名的对象，我们可以直接访问它的成员
cval = 'c';                     // 为刚刚定义的未命名的匿名 union 对象赋一个新值
ival = 42;                      // 该对象当前保存的值是 42
```

在匿名 union 的定义所在的作用域内该 union 的成员都是可以直接访问的。

匿名 union 不能包含受保护的成员或私有成员，也不能定义成员函数。

含有类类型成员的 union

C++的早期版本规定，在 union 中不能含有定义了构造函数或拷贝控制成员的类类型

成员。C++11 新标准取消了这一限制。不过，如果 union 的成员类型定义了自己的构造
函数和/或拷贝控制成员，则该 union 的用法要比只含有内置类型成员的 union 复杂得多。

当 union 包含的是内置类型的成员时，我们可以使用普通的赋值语句改变 union 保
存的值。但是对于含有特殊类类型成员的 union 就没这么简单了。如果我们想将 union
的值改为类类型成员对应的值，或者将类类型成员的值改为一个其他值，则必须分别构造
或析构该类类型的成员：当我们将 union 的值改为类类型成员对应的值时，必须运行该
类型的构造函数；反之，当我们将类类型成员的值改为一个其他值时，必须运行该类型的
析构函数。

当 union 包含的是内置类型的成员时，编译器将按照成员的次序依次合成默认构造
函数或拷贝控制成员。但是如果 union 含有类类型的成员，并且该类型自定义了默认构
造函数或拷贝控制成员，则编译器将为 union 合成对应的版本并将其声明为删除的（参
见 13.1.6 节，第 450 页）。

例如，string 类定义了五个拷贝控制成员以及一个默认构造函数。如果 union 含
有 string 类型的成员，并且没有自定义默认构造函数或某个拷贝控制成员，则编译器将
合成缺少的成员并将其声明成删除的。如果在某个类中含有一个 union 成员，而且该
union 含有删除的拷贝控制成员，则该类与之对应的拷贝控制操作也将是删除的。

使用类管理 union 成员

对于 union 来说，要想构造或销毁类类型的成员必须执行非常复杂的操作，因此我
们通常把含有类类型成员的 union 内嵌在另一个类当中。这个类可以管理并控制与
union 的类类型成员有关的状态转换。举个例子，我们为 union 添加一个 string 成员，
并将我们的 union 定义成匿名 union，最后将它作为 Token 类的一个成员。此时，Token
类将可以管理 union 的成员。

为了追踪 union 中到底存储了什么类型的值，我们通常会定义一个独立的对象，该
对象称为 union 的**判别式**（discriminant）。我们可以使用判别式辨认 union 存储的值。
为了保持 union 与其判别式同步，我们将判别式也作为 Token 的成员。我们的类将定义
一个枚举类型（参见 19.3 节，第 736 页）的成员来追踪其 union 成员的状态。

在我们的类中定义的函数包括默认构造函数、拷贝控制成员以及一组赋值运算符，这
些赋值运算符可以将 union 的某种类型的值赋给 union 成员：

```
class Token {
public:
    // 因为 union 含有一个 string 成员，所以 Token 必须定义拷贝控制成员
    // 定义移动构造函数和移动赋值运算符的任务留待本节练习完成
    Token(): tok(INT), ival{0} { }
    Token(const Token &t): tok(t.tok) { copyUnion(t); }
    Token &operator=(const Token&);
    // 如果 union 含有一个 string 成员，则我们必须销毁它，参见 19.1.2 节（第 729 页）
    ~Token() { if (tok == STR) sval.~string(); }
    // 下面的赋值运算符负责设置 union 的不同成员
    Token &operator=(const std::string&);
    Token &operator=(char);
    Token &operator=(int);
    Token &operator=(double);
private:
```

```
enum {INT, CHAR, DBL, STR} tok;  // 判别式
union {  // 匿名 union
    char    cval;
    int     ival;
    double  dval;
    std::string sval;
};  // 每个 Token 对象含有一个该未命名 union 类型的未命名成员
// 检查判别式，然后酌情拷贝 union 成员
void copyUnion(const Token&);
};
```

我们的类定义了一个嵌套的、未命名的、不限定作用域的枚举类型（参见 19.3 节，第 736
页），并将其作为 tok 成员的类型。其中，tok 的声明位于枚举类型定义的右侧花括号之
后，以及表示该枚举类型定义结束的分号之前，因此，tok 的类型就是当前这个未命名的
enum 类型（参见 2.6.1 节，第 65 页）。

　　我们使用 tok 作为判别式。当 union 存储的是一个 int 值时，tok 的值是 INT；当
union 存储的是一个 string 值时，tok 的值是 STR；以此类推。

　　类的默认构造函数初始化判别式以及 union 成员，令其保存 int 值 0。

　　因为我们的 union 含有一个定义了析构函数的成员，所以必须为 union 也定义一个
析构函数以销毁 string 成员。和普通的类类型成员不一样，作为 union 组成部分的类
成员无法自动销毁。因为析构函数不清楚 union 存储的值是什么类型，所以它无法确定
应该销毁哪个成员。

　　我们的析构函数检查被销毁的对象中是否存储着 string 值。如果有，则类的析构函
数显式地调用 string 的析构函数（参见 19.1.2 节，第 729 页）释放该 string 使用的内
存；反之，如果 union 存储的值是内置类型，则类的析构函数什么也不做。

管理判别式并销毁 string

　　类的赋值运算符将负责设置 tok 并为 union 的相应成员赋值。和析构函数一样，这
些运算符在为 union 赋新值前必须首先销毁 string：

```
Token &Token::operator=(int i)
{
    if (tok == STR) sval.~string();   // 如果当前存储的是 string，释放它
    ival = i;                         // 为成员赋值
    tok = INT;                        // 更新判别式
    return *this;
}
```

如果 union 的当前值是 string，则我们必须先调用 string 的析构函数销毁这个
string，然后再为 union 赋新值。清除了 string 成员之后，我们将给定的值赋给与运
算符形参类型相匹配的成员。在此例中，形参类型是 int，所以我们赋值给 ival。随后
更新判别式并返回结果。

　　double 和 char 版本的赋值运算符与 int 赋值运算符非常相似，读者可以在本节的
练习中尝试使用这两个运算符。string 版本与其他几个有所区别，原因是 string 版本
必须管理与 string 类型有关的转换：

```
Token &Token::operator=(const std::string &s)
{
```

851

```
    if (tok == STR)                 // 如果当前存储的是 string，可以直接赋值
        sval = s;
    else
        new(&sval) string(s);        // 否则需要先构造一个 string
    tok = STR;                       // 更新判别式
    return *this;
}
```

在此例中，如果 union 当前存储的是 string，则我们可以使用普通的 string 赋值运算符直接为其赋值。如果 union 当前存储的不是 string，则我们找不到一个已存在的 string 对象供我们调用赋值运算符。此时，我们必须先利用定位 new 表达式（参见 19.1.2 节，第 729 页）在内存中为 sval 构造一个 string，然后将该 string 初始化为 string 形参的副本，最后更新判别式并返回结果。

管理需要拷贝控制的联合成员

和依赖于类型的赋值运算符一样，拷贝构造函数和赋值运算符也需要先检验判别式以明确拷贝所采用的方式。为了完成这一任务，我们定义一个名为 copyUnion 的成员。

当我们在拷贝构造函数中调用 copyUnion 时，union 成员将被默认初始化，这意味着编译器会初始化 union 的第一个成员。因为 string 不是第一个成员，所以显然 union 成员保存的不是 string。在赋值运算符中情况有些不一样，有可能 union 已经存储了一个 string。我们将在赋值运算符中直接处理这种情况。copyUnion 假设如果它的形参存储了 string，则它一定会构造自己的 string：

```
void Token::copyUnion(const Token &t)
{
    switch (t.tok) {
        case Token::INT: ival = t.ival; break;
        case Token::CHAR: cval = t.cval; break;
        case Token::DBL: dval = t.dval; break;
        // 要想拷贝一个 string 可以使用定位 new 表达式构造它，参见 19.1.2 节（第 729 页）
        case Token::STR: new(&sval) string(t.sval); break;
    }
}
```

该函数使用一个 switch 语句（参见 5.3.2 节，第 159 页）检验判别式。对于内置类型来 <852 说，我们把值直接赋给对应的成员；如果拷贝的是一个 string，则需要构造它。

赋值运算符必须处理 string 成员的三种可能情况：左侧运算对象和右侧运算对象都是 string、两个运算对象都不是 string、只有一个运算对象是 string：

```
Token &Token::operator=(const Token &t)
{
    // 如果此对象的值是 string 而 t 的值不是，则我们必须释放原来的 string
    if (tok == STR && t.tok != STR) sval.~string();
    if (tok == STR && t.tok == STR)
        sval = t.sval; // 无须构造一个新 string
    else
        copyUnion(t);  // 如果 t.tok 是 STR，则需要构造一个 string
    tok = t.tok;
    return *this;
}
```

如果作为左侧运算对象的 union 的值是 string 但右侧运算对象的值不是，则我们必须先释放原来的 string 再给 union 成员赋一新值。如果两侧运算对象的值都是 string，则我们可以使用普通的 string 赋值运算符完成拷贝。否则，我们调用 copyUnion 进行赋值。在 copyUnion 内部，如果右侧运算对象是 string，则我们在左侧运算对象的 union 成员内构造一个新 string；如果两端都不是 string，则直接执行普通的赋值操作就可以了。

19.6 节练习

练习 19.21：编写你自己的 Token 类。

练习 19.22：为你的 Token 类添加一个 Sales_data 类型的成员。

练习 19.23：为你的 Token 类添加移动构造函数和移动赋值运算符。

练习 19.24：如果我们将一个 Token 对象赋给它自己将发生什么情况？

练习 19.25：编写一系列赋值运算符，令其分别接受 union 中各种类型的值。

19.7 局部类

类可以定义在某个函数的内部，我们称这样的类为**局部类**（local class）。局部类定义的类型只在定义它的作用域内可见。和嵌套类不同，局部类的成员受到严格限制。

 局部类的所有成员（包括函数在内）都必须完整定义在类的内部。因此，局部类的作用与嵌套类相比相差很远。

在实际编程的过程中，因为局部类的成员必须完整定义在类的内部，所以成员函数的复杂性不可能太高。局部类的成员函数一般只有几行代码，否则我们就很难读懂它了。

类似的，在局部类中也不允许声明静态数据成员，因为我们没法定义这样的成员。

局部类不能使用函数作用域中的变量

局部类对其外层作用域中名字的访问权限受到很多限制，局部类只能访问外层作用域定义的类型名、静态变量（参见 6.1.1 节，第 185 页）以及枚举成员。如果局部类定义在某个函数内部，则该函数的普通局部变量不能被该局部类使用：

```cpp
int a, val;
void foo(int val)
{
    static int si;
    enum Loc { a = 1024, b };
    // Bar 是 foo 的局部类
    struct Bar {
        Loc locVal;                 // 正确：使用一个局部类型名
        int barVal;

        void fooBar(Loc l = a)      // 正确：默认实参是 Loc::a
        {
            barVal = val;           // 错误：val 是 foo 的局部变量
```

```
            barVal = ::val;          // 正确：使用一个全局对象
            barVal = si;             // 正确：使用一个静态局部对象
            locVal = b;              // 正确：使用一个枚举成员
        }
    };
    // ...
}
```

常规的访问保护规则对局部类同样适用

外层函数对局部类的私有成员没有任何访问特权。当然，局部类可以将外层函数声明为友元；或者更常见的情况是局部类将其成员声明成公有的。在程序中有权访问局部类的代码非常有限。局部类已经封装在函数作用域中，通过信息隐藏进一步封装就显得没什么必要了。

局部类中的名字查找

局部类内部的名字查找次序与其他类相似。在声明类的成员时，必须先确保用到的名字位于作用域中，然后再使用该名字。定义成员时用到的名字可以出现在类的任意位置。如果某个名字不是局部类的成员，则继续在外层函数作用域中查找；如果还没有找到，则在外层函数所在的作用域中查找。 ◁ 854

嵌套的局部类

可以在局部类的内部再嵌套一个类。此时，嵌套类的定义可以出现在局部类之外。不过，嵌套类必须定义在与局部类相同的作用域中。

```
void foo()
{
    class Bar {
    public:
        // ...
        class Nested; // 声明 Nested 类
    };
    // 定义 Nested 类
    class Bar::Nested {
        // ...
    };
}
```

和往常一样，当我们在类的外部定义成员时，必须指明该成员所属的作用域。因此在上面的例子中，Bar::Nested 的意思是 Nested 是定义在 Bar 的作用域内的一个类。

局部类内的嵌套类也是一个局部类，必须遵循局部类的各种规定。嵌套类的所有成员都必须定义在嵌套类内部。

19.8 固有的不可移植的特性

为了支持低层编程，C++定义了一些固有的**不可移植**（nonportable）的特性。所谓不可移植的特性是指因机器而异的特性，当我们将含有不可移植特性的程序从一台机器转移到另一台机器上时，通常需要重新编写该程序。算术类型的大小在不同机器上不一样（参见 2.1.1 节，第 30 页），这是我们使用过的不可移植特性的一个典型示例。

本节将介绍 C++从 C 语言继承而来的另外两种不可移植的特性：位域和 volatile 限定符。此外，我们还将介绍链接指示，它是 C++新增的一种不可移植的特性。

19.8.1　位域

类可以将其（非静态）数据成员定义成**位域**（bit-field），在一个位域中含有一定数量的二进制位。当一个程序需要向其他程序或硬件设备传递二进制数据时，通常会用到位域。

 位域在内存中的布局是与机器相关的。

855> 位域的类型必须是整型或枚举类型（参见 19.3 节，第 736 页）。因为带符号位域的行为是由具体实现确定的，所以在通常情况下我们使用无符号类型保存一个位域。位域的声明形式是在成员名字之后紧跟一个冒号以及一个常量表达式，该表达式用于指定成员所占的二进制位数：

```
typedef unsigned int Bit;
class File {
    Bit mode: 2;                    // mode 占 2 位
    Bit modified: 1;               // modified 占 1 位
    Bit prot_owner: 3;             // prot_owner 占 3 位
    Bit prot_group: 3;             // prot_group 占 3 位
    Bit prot_world: 3;             // prot_world 占 3 位
    // File 的操作和数据成员
public:
    // 文件类型以八进制的形式表示，参见 2.1.3 节（第 35 页）
    enum modes { READ = 01, WRITE - 02, EXECUTE = 03 };
    File &open(modes);
    void close();
    void write();
    bool isRead() const;
    void setWrite();
};
```

mode 位域占 2 个二进制位，modified 只占 1 个，其他成员则各占 3 个。如果可能的话，在类的内部连续定义的位域压缩在同一整数的相邻位，从而提供存储压缩。例如在之前的声明中，五个位域可能会存储在同一个 unsigned int 中。这些二进制位是否能压缩到一个整数中以及如何压缩是与机器相关的。

取地址运算符（&）不能作用于位域，因此任何指针都无法指向类的位域。

 通常情况下最好将位域设为无符号类型，存储在带符号类型中的位域的行为将因具体实现而定。

使用位域

访问位域的方式与访问类的其他数据成员的方式非常相似：

```
void File::write()
{
    modified = 1;
```

```
        // ...
    }
    void File::close()
    {
        if (modified)
            // …… 保存内容
    }
```

通常使用内置的位运算符（参见 4.8 节，第 136 页）操作超过 1 位的位域：　　　　856

```
    File &File::open(File::modes m)
    {
        mode |= READ;               // 按默认方式设置 READ
        // 其他处理
        if (m & WRITE)              // 如果打开了 READ 和 WRITE
        // 按照读/写方式打开文件
        return *this;
    }
```

如果一个类定义了位域成员，则它通常也会定义一组内联的成员函数以检验或设置位域的值：

```
    inline bool File::isRead() const { return mode & READ; }
    inline void File::setWrite() { mode |= WRITE; }
```

19.8.2　volatile 限定符

 volatile 的确切含义与机器有关，只能通过阅读编译器文档来理解。要想让使用了 volatile 的程序在移植到新机器或新编译器后仍然有效，通常需要对该程序进行某些改变。

　　直接处理硬件的程序常常包含这样的数据元素，它们的值由程序直接控制之外的过程控制。例如，程序可能包含一个由系统时钟定时更新的变量。当对象的值可能在程序的控制或检测之外被改变时，应该将该对象声明为 **volatile**。关键字 volatile 告诉编译器不应对这样的对象进行优化。

　　volatile 限定符的用法和 const 很相似，它起到对类型额外修饰的作用：

```
    volatile int display_register;    // 该 int 值可能发生改变
    volatile Task *curr_task;         // curr_task 指向一个 volatile 对象
    volatile int iax[max_size];       // iax 的每个元素都是 volatile
    volatile Screen bitmapBuf;        // bitmapBuf 的每个成员都是 volatile
```

const 和 volatile 限定符互相没什么影响，某种类型可能既是 const 的也是 volatile 的，此时它同时具有二者的属性。

　　就像一个类可以定义 const 成员函数一样，它也可以将成员函数定义成 volatile 的。只有 volatile 的成员函数才能被 volatile 的对象调用。

　　2.4.2 节（第 56 页）描述了 const 限定符和指针的相互作用，在 volatile 限定符和指针之间也存在类似的关系。我们可以声明 volatile 指针、指向 volatile 对象的指针以及指向 volatile 对象的 volatile 指针：

```
    volatile int v;        // v 是一个 volatile int
```

857

```
int *volatile vip;     // vip 是一个 volatile 指针，它指向 int
volatile int *ivp;     // ivp 是一个指针，它指向一个 volatile int
// vivp 是一个 volatile 指针，它指向一个 volatile int
volatile int *volatile vivp;

int *ip = &v;          // 错误：必须使用指向 volatile 的指针
ivp = &v;              // 正确：ivp 是一个指向 volatile 的指针
vivp = &v;             // 正确：vivp 是一个指向 volatile 的 volatile 指针
```

和 const 一样，我们只能将一个 volatile 对象的地址（或者拷贝一个指向 volatile 类型的指针）赋给一个指向 volatile 的指针。同时，只有当某个引用是 volatile 的时，我们才能使用一个 volatile 对象初始化该引用。

合成的拷贝对 volatile 对象无效

const 和 volatile 的一个重要区别是我们不能使用合成的拷贝/移动构造函数及赋值运算符初始化 volatile 对象或从 volatile 对象赋值。合成的成员接受的形参类型是（非 volatile）常量引用，显然我们不能把一个非 volatile 引用绑定到一个 volatile 对象上。

如果一个类希望拷贝、移动或赋值它的 volatile 对象，则该类必须自定义拷贝或移动操作。例如，我们可以将形参类型指定为 const volatile 引用，这样我们就能利用任意类型的 Foo 进行拷贝或赋值操作了：

```
class Foo {
public:
    Foo(const volatile Foo&); // 从一个 volatile 对象进行拷贝
    // 将一个 volatile 对象赋值给一个非 volatile 对象
    Foo& operator=(volatile const Foo&);
    // 将一个 volatile 对象赋值给一个 volatile 对象
    Foo& operator=(volatile const Foo&) volatile;
    // Foo 类的剩余部分
};
```

尽管我们可以为 volatile 对象定义拷贝和赋值操作，但是一个更深层次的问题是拷贝 volatile 对象是否有意义呢？不同程序使用 volatile 的目的各不相同，对上述问题的回答与具体的使用目的密切相关。

19.8.3 链接指示：extern "C"

C++ 程序有时需要调用其他语言编写的函数，最常见的是调用 C 语言编写的函数。像所有其他名字一样，其他语言中的函数名字也必须在 C++ 中进行声明，并且该声明必须指定返回类型和形参列表。对于其他语言编写的函数来说，编译器检查其调用的方式与处理普通 C++ 函数的方式相同，但是生成的代码有所区别。C++ 使用**链接指示**（linkage directive）指出任意非 C++ 函数所用的语言。

> 要想把 C++ 代码和其他语言（包括 C 语言）编写的代码放在一起使用，要求我们必须有权访问该语言的编译器，并且这个编译器与当前的 C++ 编译器是兼容的。

858 >

声明一个非 C++ 的函数

链接指示可以有两种形式：单个的或复合的。链接指示不能出现在类定义或函数定义的内部。同样的链接指示必须在函数的每个声明中都出现。

举个例子，接下来的声明显示了 cstring 头文件的某些 C 函数是如何声明的：

```
// 可能出现在 C++头文件<cstring>中的链接指示
// 单语句链接指示
extern "C" size_t strlen(const char *);
// 复合语句链接指示
extern "C" {
    int strcmp(const char*, const char*);
    char *strcat(char*, const char*);
}
```

链接指示的第一种形式包含一个关键字 extern，后面是一个字符串字面值常量以及一个"普通的"函数声明。

其中的字符串字面值常量指出了编写函数所用的语言。编译器应该支持对 C 语言的链接指示。此外，编译器也可能会支持其他语言的链接指示，如 extern "Ada"、 extern "FORTRAN"等。

链接指示与头文件

我们可以令链接指示后面跟上花括号括起来的若干函数的声明，从而一次性建立多个链接。花括号的作用是将适用于该链接指示的多个声明聚合在一起，否则花括号就会被忽略，花括号中声明的函数名字就是可见的，就好像在花括号之外声明的一样。

多重声明的形式可以应用于整个头文件。例如，C++的 cstring 头文件可能形如：

```
// 复合语句链接指示
extern "C" {
#include <string.h>          // 操作 C 风格字符串的 C 函数
}
```

当一个#include 指示被放置在复合链接指示的花括号中时，头文件中的所有普通函数声明都被认为是由链接指示的语言编写的。链接指示可以嵌套，因此如果头文件包含带自带链接指示的函数，则该函数的链接不受影响。

 C++从 C 语言继承的标准库函数可以定义成 C 函数，但并非必须：决定使用 C 还是 C++实现 C 标准库，是每个 C++实现的事情。

指向 extern "C"函数的指针

编写函数所用的语言是函数类型的一部分。因此，对于使用链接指示定义的函数来说，它的每个声明都必须使用相同的链接指示。而且，指向其他语言编写的函数的指针必须与函数本身使用相同的链接指示：

```
// pf 指向一个 C 函数，该函数接受一个 int 返回 void
extern "C" void (*pf)(int);
```

当我们使用 pf 调用函数时，编译器认定当前调用的是一个 C 函数。

指向 C 函数的指针与指向 C++函数的指针是不一样的类型。一个指向 C 函数的指针不能用在执行初始化或赋值操作后指向 C++函数，反之亦然。就像其他类型不匹配的问题一样，如果我们试图在两个链接指示不同的指针之间进行赋值操作，则程序将发生错误：

```
void (*pf1)(int);                      // 指向一个 C++ 函数
extern "C" void (*pf2)(int);           // 指向一个 C 函数
pf1 = pf2;                             // 错误：pf1 和 pf2 的类型不同
```

 有的 C++编译器会接受之前的这种赋值操作并将其作为对语言的扩展，尽管从严格意义上来看它是非法的。

链接指示对整个声明都有效

当我们使用链接指示时，它不仅对函数有效，而且对作为返回类型或形参类型的函数指针也有效：

```
// f1 是一个 C 函数，它的形参是一个指向 C 函数的指针
extern "C" void f1(void(*)(int));
```

这条声明语句指出 f1 是一个不返回任何值的 C 函数。它有一个类型是函数指针的形参，其中的函数接受一个 int 形参返回回为空。这个链接指示不仅对 f1 有效，对函数指针同样有效。当我们调用 f1 时，必须传给它一个 C 函数的名字或者指向 C 函数的指针。

因为链接指示同时作用于声明语句中的所有函数，所以如果我们希望给 C++函数传入一个指向 C 函数的指针，则必须使用类型别名（参见 2.5.1 节，第 60 页）：

860 >

```
// FC 是一个指向 C 函数的指针
extern "C" typedef void FC(int);
// f2 是一个 C++函数，该函数的形参是指向 C 函数的指针
void f2(FC *);
```

导出 C++函数到其他语言

通过使用链接指示对函数进行定义，我们可以令一个 C++函数在其他语言编写的程序中可用：

```
// calc 函数可以被 C 程序调用
extern "C" double calc(double dparm) { /* ...*/ }
```

编译器将为该函数生成适合于指定语言的代码。

值得注意的是，可被多种语言共享的函数的返回类型或形参类型受到很多限制。例如，我们不太可能把一个 C++类的对象传给 C 程序，因为 C 程序根本无法理解构造函数、析构函数以及其他类特有的操作。

对链接到 C 的预处理器的支持

有时需要在 C 和 C++中编译同一个源文件，为了实现这一目的，在编译 C++版本的程序时预处理器定义_ _cplusplus（两个下画线）。利用这个变量，我们可以在编译 C++程序的时候有条件地包含进来一些代码：

```
#ifdef __cplusplus
// 正确：我们正在编译 C++程序
extern "C"
#endif
int strcmp(const char*, const char*);
```

重载函数与链接指示

链接指示与重载函数的相互作用依赖于目标语言。如果目标语言支持重载函数，则为该语言实现链接指示的编译器很可能也支持重载这些 C++ 的函数。

C 语言不支持函数重载，因此也就不难理解为什么一个 C 链接指示只能用于说明一组重载函数中的某一个了：

```
// 错误：两个 extern "C" 函数的名字相同
extern "C" void print(const char*);
extern "C" void print(int);
```

如果在一组重载函数中有一个是 C 函数，则其余的必定都是 C++ 函数：

861

```
class SmallInt { /* ...*/ };
class BigNum { /* ...*/ };
// C 函数可以在 C 或 C++ 程序中调用
// C++ 函数重载了该函数，可以在 C++ 程序中调用
extern "C" double calc(double);
extern SmallInt calc(const SmallInt&);
extern BigNum calc(const BigNum&);
```

C 版本的 calc 函数可以在 C 或 C++ 程序中调用，而使用了类类型形参的 C++ 函数只能在 C++ 程序中调用。上述性质与声明的顺序无关。

19.8.3 节练习

> **练习 19.26**：说明下列声明语句的含义并判断它们是否合法：
> ```
> extern "C" int compute(int *, int);
> extern "C" double compute(double *, double);
> ```

862
小结

C++为解决某些特殊问题设置了一系列特殊的处理机制。

有的程序需要精确控制内存分配过程，它们可以通过在类的内部或在全局作用域中自定义 operator new 和 operator delete 来实现这一目的。如果应用程序为这两个操作定义了自己的版本，则 new 和 delete 表达式将优先使用应用程序定义的版本。

有的程序需要在运行时直接获取对象的动态类型，运行时类型识别（RTTI）为这种程序提供了语言级别的支持。RTTI 只对定义了虚函数的类有效；对没有定义虚函数的类，虽然也可以得到其类型信息，但只是静态类型。

当我们定义指向类成员的指针时，在指针类型中包含了该指针所指成员所属类的类型信息。成员指针可以绑定到该类当中任意一个具有指定类型的成员上。当我们解引用成员指针时，必须提供获取成员所需的对象。

C++定义了另外几种聚集类型：

- 嵌套类，定义在其他类的作用域中，嵌套类通常作为外层类的实现类。
- union，是一种特殊的类，它可以定义几个数据成员但是在任意时刻只有一个成员有值，union 通常嵌套在其他类的内部。
- 局部类，定义在函数的内部，局部类的所有成员都必须定义在类内，局部类不能含有静态数据成员。

C++支持几种固有的不可移植的特性，其中位域和 volatile 使得程序更容易访问硬件；链接指示使得程序更容易访问用其他语言编写的代码。

术语表

匿名 union（anonymous union） 未命名的 union，不能用于定义对象。匿名 union 的成员也是外层作用域的成员。匿名 union 不能包含成员函数，也不能包含私有成员或受保护的成员。

位域（bit-field） 特殊的类成员，该成员含有一个整型值以指定为其分配的二进制位数。如果可能的话，在类中连续定义的位域将被压缩在一个普通的整数值当中。

判别式（discriminant） 是一种使用一个对象判断 union 的当前值类型的编程技术。

dynamic_cast 是一个运算符，执行从基类向派生类的带检查的强制类型转换。当基类中至少含有一个虚函数时，该运算符负责检查指针或引用所绑定的对象的动态类型。如果对象类型与目标类型（或其派生类）一致，则类型转换完成。否则，指针

转换将返回一个值为 0 的指针；引用转换将抛出一个异常。

枚举类型（enumeration） 将一组整型常量命名后聚合在一起形成的类型。

枚举成员（enumerator） 是枚举类型的成员。枚举成员是常量，可以用在任何需要整型常量的地方。

free 是定义在 cstdlib 中的低层函数，负责释放内存。free 只能释放由 malloc 分配的内存。

链接指示（linkage directive） 支持 C++程序调用其他语言编写的函数的一种机制。所有编译器都应支持调用 C++和 C 函数，至于是否支持其他语言则由编译器决定。

局部类（local class） 定义在函数中的类。局部类只有在其外层函数内可见。局部类

863

的所有成员都必须定义在类的内部。局部类不能含有静态成员。局部类成员不能访问外层函数的非静态变量，只能访问类型名字、静态变量或枚举成员。

malloc 是定义在 `cstdlib` 中的低层函数，负责分配内存。`malloc` 分配的内存必须由 `free` 释放。

mem_fn 是一个标准库类模板，根据指向成员函数的指针生成一个可调用对象。

嵌套类（nested class） 定义在其他类内部的类，嵌套类定义在它的外层作用域中：在外层类的作用域中嵌套类的名字必须唯一，在外层类之外可以被重用。在外层类之外访问嵌套类需要用作用域运算符指明嵌套类所属的范围。

嵌套类型（nested type） "嵌套类"的同义词。

不可移植（nonportable） 固有的与机器有关的特性，当程序转移到其他机器或编译器上时需要修改代码。

operator delete 是一个标准库函数，用于释放由 `operator new` 分配的未指明类型的、未构造的内存空间。相应的，`operator delete[]` 释放由 `operator new[]` 为数组分配的内存。

operator new 是一个标准库函数，用于分配一个给定大小的、未指明类型的、未构造的内存空间。标准库函数 `operator new[]` 为数组分配原始内存。与 `allocator` 类相比，这两个标准库函数提供的内存分配机制更低级。现代的 C++程序应该使用 `allocator` 而不是这两个函数。

定位 new 表达式（placement new expression） 是 `new` 的一种特殊形式，在给定的内存中构造对象。它不分配内存，而是根据实参指定在哪儿构造对象。它是对 `allocator` 类的 `construct` 成员的行为的一种低级模拟。

成员指针（pointer to member） 其中既包含类类型，也包含指针所指的成员类型。

成员指针的定义必须同时指定类的名字以及指针所指的成员类型：

```
T C::*pmem = &C::member;
```

该语句将 `pmem` 定义为一个指针，它可以指向类 C 的成员，并且该成员的类型是 `T`，然后初始化 `pmem` 令其指向类 C 的名为 `member` 的成员。要使用该指针，我们必须提供 C 的一个对象或指针：

```
classobj.*pmem;

classptr->*pmem;
```

从 `classptr` 所指的对象 `classobj` 中获取 `member`。 <864

运行时类型识别（run-time type identification） 是 C++的一种特性，允许在运行时获取指针或引用的动态类型。RTTI 运算符包括 `typeid` 和 `dynamic_cast`，为含有虚函数的类的指针或引用提供动态类型。当作用于其他类型时，返回的结果是指针或引用的静态类型。

限定作用域的枚举类型（scoped enumeration） 是一种新的枚举类型，它的枚举成员不能被外层作用域直接访问。

typeid 运算符（typeid operator） 是一个一元运算符，返回标准库类型 `type_info` 的引用，表示给定表达式的类型。当表达式是某个含有虚函数的类型的对象时，返回表达式的动态类型；此类表达式在运行时求值。如果表达式的类型是指针、引用或其他未定义虚函数的类型，则返回指针、引用或对象的静态类型；此类表达式不会被求值。

type_info `typeid` 运算符返回的标准库类型。`type_info` 的细节因机器而异，但是必须提供一组操作，其中名为 `name` 的函数负责返回一个表示类型名字的字符串。`type_info` 对象不能被拷贝、移动或赋值。

联合（union） 是一种和类有些相似的类型。可以包含多个数据成员，但是同一时刻只能有一个成员有值。联合可以有包括构造函数和析构函数在内的成员函数。联合不能被用作基类。在 C++11 新标准中，联合可以含有类类型的成员，前提是这些类自定义了拷贝控制成员。对于这样的联合来说，如果它们没有定义自己的拷贝控制成员，则编译器将为它们生成删除的版本。

不限定作用域的枚举类型（unscoped enumeration） 该枚举类型的枚举成员在枚举类型的外层作用域中可以访问。

volatile 是一种类型限定符，告诉编译器变量可能在程序的直接控制之外发生改变。它起到一种标示的作用，令编译器不对代码进行优化操作。

附录 A
标准库

内容

本附录介绍了标准库中算法和随机数部分的一些额外细节。这里还提供了一个我们使用过的所有标准库名字的列表，列表中给出了每个名字所在的头文件。

在第 10 章中我们使用过一些较常用的算法，并且描述了算法之下的架构。在本附录中，我们将列出所有标准库算法，按它们执行的操作的种类来组织。

在 17.4 节（第 660 页）中我们描述了随机数库的架构，并使用了几个分布类型。库中定义了若干随机数引擎和 20 种不同的分布。在本附录中，我们将列出所有引擎和分布类型。

A.1　标准库名字和头文件

本书中大多数代码没有给出编译程序所需的实际#include 指令。为了方便读者，表
A.1 列出了本书程序用到的标准库名字以及它们所在的头文件。

表 A.1：标准库名字和头文件

名字	头文件
abort	`<cstdlib>`
accumulate	`<numeric>`
allocator	`<memory>`
array	`<array>`
auto_ptr	`<memory>`
back_inserter	`<iterator>`
bad_alloc	`<new>`
bad_array_new_length	`<new>`
bad_cast	`<typeinfo>`
begin	`<iterator>`
bernoulli_distribution	`<random>`
bind	`<functional>`
bitset	`<bitset>`
boolalpha	`<iostream>`
cerr	`<iostream>`
cin	`<iostream>`
cmatch	`<regex>`
copy	`<algorithm>`
count	`<algorithm>`
count_if	`<algorithm>`
cout	`<iostream>`
cref	`<functional>`
csub_match	`<regex>`
dec	`<iostream>`
default_float_engine	`<iostream>`
default_random_engine	`<random>`
deque	`<deque>`
domain_error	`<stdexcept>`
end	`<iterator>`
endl	`<iostream>`
ends	`<iostream>`
equal_range	`<algorithm>`
exception	`<exception>`
fill	`<algorithm>`
fill_n	`<algorithm>`
find	`<algorithm>`

续表

名字	头文件
find_end	<algorithm>
find_first_of	<algorithm>
find_if	<algorithm>
fixed	<iostream>
flush	<iostream>
for_each	<algorithm>
forward	<utility>
forward_list	<forward_list>
free	<cstdlib>
front_inserter	<iterator>
fstream	<fstream>
function	<functional>
get	<tuple>
getline	<string>
greater	<functional>
hash	<functional>
hex	<iostream>
hexfloat	<iostream>
ifstream	<fstream>
initializer_list	<initializer_list>
inserter	<iterator>
internal	<iostream>
ios_base	<ios_base>
isalpha	<cctype>
islower	<cctype>
isprint	<cctype>
ispunct	<cctype>
isspace	<cctype>
istream	<iostream>
istream_iterator	<iterator>
istringstream	<sstream>
isupper	<cctype>
left	<iostream>
less	<functional>
less_equal	<functional>
list	<list>
logic_error	<stdexcept>
lower_bound	<algorithm>
lround	<cmath>
make_move_iterator	<iterator>
make_pair	<utility>

867

续表

名字	头文件
make_shared	<memory>
make_tuple	<tuple>
malloc	<cstdlib>
map	<map>
max	<algorithm>
max_element	<algorithm>
mem_fn	<functional>
min	<algorithm>
move	<utility>
multimap	<map>
multiset	<set>
negate	<functional>
noboolalpha	<iostream>
normal_distribution	<random>
noshowbase	<iostream>
noshowpoint	<iostream>
noskipws	<iostream>
not1	<functional>
nothrow	<new>
nothrow_t	<new>
nounitbuf	<iostream>
nouppercase	<iostream>
nth_element	<algorithm>
oct	<iostream>
ofstream	<fstream>
ostream	<iostream>
ostream_iterator	<iterator>
ostringstream	<sstream>
out_of_range	<stdexcept>
pair	<utility>
partial_sort	<algorithm>
placeholders	<functional>
placeholders::_1	<functional>
plus	<functional>
priority_queue	<queue>
ptrdiff_t	<cstddef>
queue	<queue>
rand	<random>
random_device	<random>
range_error	<stdexcept>
ref	<functional>

868

续表

名字	头文件
regex	`<regex>`
regex_constants	`<regex>`
regex_error	`<regex>`
regex_match	`<regex>`
regex_replace	`<regex>`
regex_search	`<regex>`
remove_pointer	`<type_traits>`
remove_reference	`<type_traits>`
replace	`<algorithm>`
replace_copy	`<algorithm>`
reverse_iterator	`<iterator>`
right	`<iostream>`
runtime_error	`<stdexcept>`
scientific	`<iostream>`
set	`<set>`
set_difference	`<algorithm>`
set_intersection	`<algorithm>`
set_union	`<algorithm>`
setfill	`<iomanip>`
setprecision	`<iomanip>`
setw	`<iomanip>`
shared_ptr	`<memory>`
showbase	`<iostream>`
showpoint	`<iostream>`
size_t	`<cstddef>`
skipws	`<iostream>`
smatch	`<regex>`
sort	`<algorithm>`
sqrt	`<cmath>`
sregex_iterator	`<regex>`
ssub_match	`<regex>`
stable_sort	`<algorithm>`
stack	`<stack>`
stoi	`<string>`
strcmp	`<cstring>`
strcpy	`<cstring>`
string	`<string>`
stringstream	`<sstream>`
strlen	`<cstring>`
strncpy	`<cstring>`
strtod	`<string>`

869

续表

名字	头文件
swap	<utility>
terminate	<exception>
time	<ctime>
tolower	<cctype>
toupper	<cctype>
transform	<algorithm>
tuple	<tuple>
tuple_element	<tuple>
tuple_size	<tuple>
type_info	<typeinfo>
unexpected	<exception>
uniform_int_distribution	<random>
uniform_real_distribution	<random>
uninitialized_copy	<memory>
uninitialized_fill	<memory>
unique	<algorithm>
unique_copy	<algorithm>
unique_ptr	<memory>
unitbuf	<iostream>
unordered_map	<unordered_map>
unordered_multimap	<unordered_map>
unordered_multiset	<unordered_set>
unordered_set	<unordered_set>
upper_bound	<algorithm>
uppercase	<iostream>
vector	<vector>
weak_ptr	<memory>

870 >

A.2   算法概览

标准库定义了超过 100 个算法。要想高效使用这些算法需要了解它们的结构而不是单纯记忆每个算法的细节。因此，我们在第 10 章中关注标准库算法架构的描述和理解。在本节中，我们将简要描述每个算法，在下面的描述中，

- beg 和 end 是表示元素范围的迭代器（参见 9.2.1 节，第 296 页）。几乎所有算法都对一个由 beg 和 end 表示的序列进行操作。
- beg2 是表示第二个输入序列开始位置的迭代器。end2 表示第二个序列的末尾位置（如果有的话）。如果没有 end2，则假定 beg2 表示的序列与 beg 和 end 表示的序列一样大。beg 和 beg2 的类型不必匹配，但是，必须保证对两个序列中的元素都可以执行特定操作或调用给定的可调用对象。
- dest 是表示目的序列的迭代器。对于给定输入序列，算法需要生成多少元素，目的序列必须保证能保存同样多的元素。

- unaryPred 和 binaryPred 是一元和二元谓词（参见 10.3.1 节，第 344 页），分别接受一个和两个参数，都是来自输入序列的元素，两个谓词都返回可用作条件的类型。
- comp 是一个二元谓词，满足关联容器中对关键字序的要求（参见 11.2.2 节，第 378 页）。 〈871
- unaryOp 和 binaryOp 是可调用对象（参见 10.3.2 节，第 346 页），可分别使用来自输入序列的一个和两个实参来调用。

A.2.1 查找对象的算法

这些算法在一个输入序列中搜索一个指定值或一个值的序列。

每个算法都提供两个重载的版本，第一个版本使用底层类型的相等运算符（==）来比较元素；第二个版本使用用户给定的 unaryPred 和 binaryPred 比较元素。

简单查找算法

这些算法查找指定值，要求输入迭代器（input iterator）。

```
find(beg, end, val)
find_if(beg, end, unaryPred)
find_if_not(beg, end, unaryPred)
count(beg, end, val)
count_if(beg, end, unaryPred)
```

find 返回一个迭代器，指向输入序列中第一个等于 val 的元素。

find_if 返回一个迭代器，指向第一个满足 unaryPred 的元素。

find_if_not 返回一个迭代器，指向第一个令 unaryPred 为 false 的元素。上述三个算法在未找到元素时都返回 end。

count 返回一个计数器，指出 val 出现了多少次；count_if 统计有多少个元素满足 unaryPred。

```
all_of(beg, end, unaryPred)
any_of(beg, end, unaryPred)
none_of(beg, end, unaryPred)
```

这些算法都返回一个 bool 值，分别指出 unaryPred 是否对所有元素都成功、对任意一个元素成功以及对所有元素都不成功。如果序列为空，any_of 返回 false，而 all_of 和 none_of 返回 true。

查找重复值的算法

下面这些算法要求前向迭代器（forward iterator），在输入序列中查找重复元素。

```
adjacent_find(beg, end)
adjacent_find(beg, end, binaryPred)
```

返回指向第一对相邻重复元素的迭代器。如果序列中无相邻重复元素，则返回 end。

```
search_n(beg, end, count, val)
search_n(beg, end, count, val, binaryPred)
```

返回一个迭代器，从此位置开始有 count 个相等元素。如果序列中不存在这样的子序列，则返回 end。

872 > **查找子序列的算法**

在下面的算法中，除了 find_first_of 之外，都要求两个前向迭代器。find_first_of 用输入迭代器表示第一个序列，用前向迭代器表示第二个序列。这些算法搜索子序列而不是单个元素。

```
search(beg1, end1, beg2, end2)
search(beg1, end1, beg2, end2, binaryPred)
```

返回第二个输入范围（子序列）在第一个输入范围中第一次出现的位置。如果未找到子序列，则返回 end1。

```
find_first_of(beg1, end1, beg2, end2)
find_first_of(beg1, end1, beg2, end2, binaryPred)
```

返回一个迭代器，指向第二个输入范围中任意元素在第一个范围中首次出现的位置。如果未找到匹配元素，则返回 end1。

```
find_end(beg1, end1, beg2, end2)
find_end(beg1, end1, beg2, end2, binaryPred)
```

类似 search，但返回的是最后一次出现的位置。如果第二个输入范围为空，或者在第一个输入范围中未找到它，则返回 end1。

A.2.2 其他只读算法

这些算法要求前两个实参都是输入迭代器。

equal 和 mismatch 算法还接受一个额外的输入迭代器，表示第二个范围的开始位置。这两个算法都提供两个重载的版本。第一个版本使用底层类型的相等运算符（==）比较元素，第二个版本则用户指定的 unaryPred 或 binaryPred 比较元素。

```
for_each(beg, end, unaryOp)
```

对输入序列中的每个元素应用可调用对象（参见 10.3.2 节，第 346 页）unaryOp。unaryOp 的返回值（如果有的话）被忽略。如果迭代器允许通过解引用运算符向序列中的元素写入值，则 unaryOp 可能修改元素。

```
mismatch(beg1, end1, beg2)
mismatch(beg1, end1, beg2, binaryPred)
```

比较两个序列中的元素。返回一个迭代器的 pair（参见 11.2.3 节，第 379 页），表示两个序列中第一个不匹配的元素。如果所有元素都匹配，则返回的 pair 中第一个迭代器为 end1，第二个迭代器指向 beg2 中偏移量等于第一个序列长度的位置。

```
equal(beg1, end1, beg2)
equal(beg1, end1, beg2, binaryPred)
```

确定两个序列是否相等。如果输入序列中每个元素都与从 beg2 开始的序列中对应元素相等，则返回 true。

873 > ## A.2.3 二分搜索算法

这些算法都要求前向迭代器，但这些算法都经过了优化，如果我们提供随机访问迭代器（random-access iterator）的话，它们的性能会好得多。从技术上讲，无论我们提供什么类型的迭代器，这些算法都会执行对数次的比较操作。但是，当使用前向迭代器时，这些算法必须花费线性次数的迭代器操作来移动到序列中要比较的元素。

这些算法要求序列中的元素已经是有序的。它们的行为类似关联容器的同名成员（参见 11.3.5 节，第 389 页）。equal_range、lower_bound 和 upper_bound 算法返回迭代器，指向给定元素在序列中的正确插入位置——插入后还能保持有序。如果给定元素比序列中的所有元素都大，则会返回尾后迭代器。

每个算法都提供两个版本：第一个版本用元素类型的小于运算符（<）来检测元素；第二个版本则使用给定的比较操作。在下列算法中，"x 小于 y"表示 x<y 或 comp(x,y) 成功。

lower_bound(beg, end, val)
lower_bound(beg, end, val, comp)

返回一个迭代器，表示第一个大于或等于 val 的元素，如果不存在这样的元素，则返回 end。

upper_bound(beg, end, val)
upper_bound(beg, end, val, comp)

返回一个迭代器，表示第一个大于 val 的元素，如果不存在这样的元素，则返回 end。

equal_range(beg, end, val)
equal_range(beg, end, val, comp)

返回一个 pair（参见 11.2.3 节，第 379 页），其 first 成员是 lower_bound 返回的迭代器，second 成员是 upper_bound 返回的迭代器。

binary_search(beg, end, val)
binary_search(beg, end, val, comp)

返回一个 bool 值，指出序列中是否包含等于 val 的元素。对于两个值 x 和 y，当 x 不小于 y 且 y 也不小于 x 时，认为它们相等。

A.2.4　写容器元素的算法

很多算法向给定序列中的元素写入新值。这些算法可以从不同角度加以区分：通过表示输入序列的迭代器类型来区分；或者通过是写入输入序列中元素还是写入给定目的位置来区分。

只写不读元素的算法

这些算法要求一个输出迭代器（output iterator），表示目的位置。_n 结尾的版本接受第二个实参，表示写入的元素数目，并将给定数目的元素写入到目的位置中。

fill(beg, end, val)
fill_n(dest, cnt, val)
generate(beg, end, Gen)
generate_n(dest, cnt, Gen)

给输入序列中每个元素赋予一个新值。fill 将值 val 赋予元素；generate 执行生成器对象 Gen() 生成新值。生成器是一个可调用对象（参见 10.3.2 节，第 346 页），每次调用会生成一个不同的返回值。fill 和 generate 都返回 void。_n 版本返回一个迭代器，指向写入到输出序列的最后一个元素之后的位置。

使用输入迭代器的写算法

这些算法读取一个输入序列，将值写入到一个输出序列中。它们要求一个名为 dest 的输出迭代器，而表示输入范围的迭代器必须是输入迭代器。

```
copy(beg, end, dest)
copy_if(beg, end, dest, unaryPred)
copy_n(beg, n, dest)
```

从输入范围将元素拷贝到 dest 指定的目的序列。copy 拷贝所有元素，copy_if 拷贝那些满足 unaryPred 的元素，copy_n 拷贝前 n 个元素。输入序列必须有至少 n 个元素。

```
move(beg, end, dest)
```

对输入序列中的每个元素调用 std::move（参见 13.6.1 节，第 472 页），将其移动到迭代器 dest 开始的序列中。

```
transform(beg, end, dest, unaryOp)
transform(beg, end, beg2, dest, binaryOp)
```

调用给定操作，并将结果写到 dest 中。第一个版本对输入范围中每个元素应用一元操作。第二个版本对两个输入序列中的元素应用二元操作。

```
replace_copy(beg, end, dest, old_val, new_val)
replace_copy_if(beg, end, dest, unaryPred, new_val)
```

将每个元素拷贝到 dest，将指定的元素替换为 new_val。第一个版本替换那些 ==old_val 的元素。第二个版本替换那些满足 unaryPred 的元素。

```
merge(beg1, end1, beg2, end2, dest)
merge(beg1, end1, beg2, end2, dest, comp)
```

两个输入序列必须都是有序的。将合并后的序列写入到 dest 中。第一个版本用<运算符比较元素；第二个版本则使用给定比较操作。

875> 使用前向迭代器的写算法

这些算法要求前向迭代器，由于它们是向输入序列写入元素，迭代器必须具有写入元素的权限。

```
iter_swap(iter1, iter2)
swap_ranges(beg1, end1, beg2)
```

交换 iter1 和 iter2 所表示的元素，或将输入范围中所有元素与 beg2 开始的第二个序列中所有元素进行交换。两个范围不能有重叠。iter_swap 返回 void，swap_ranges 返回递增后的 beg2，指向最后一个交换元素之后的位置。

```
replace(beg, end, old_val, new_val)
replace_if(beg, end, unaryPred, new_val)
```

用 new_val 替换每个匹配元素。第一个版本使用==比较元素与 old_val，第二个版本替换那些满足 unaryPred 的元素。

使用双向迭代器的写算法

这些算法需要在序列中有反向移动的能力，因此它们要求双向迭代器（bidirectional iterator）。

```
copy_backward(beg, end, dest)
```

move_backward(beg, end, dest)

从输入范围中拷贝或移动元素到指定目的位置。与其他算法不同，dest 是输出序列的尾后迭代器（即，目的序列恰在 dest 之前结束）。输入范围中的尾元素被拷贝或移动到目的序列的尾元素，然后是倒数第二个元素被拷贝/移动，依此类推。元素在目的序列中的顺序与在输入序列中相同。如果范围为空，则返回值为 dest；否则，返回值表示从*beg 中拷贝或移动的元素。

inplace_merge(beg, mid, end)
inplace_merge(beg, mid, end, comp)

将同一个序列中的两个有序子序列合并为单一的有序序列。beg 到 mid 间的子序列和 mid 到 end 间的子序列被合并，并被写入到原序列中。第一个版本使用<比较元素，第二个版本使用给定的比较操作，返回 void。

A.2.5 划分与排序算法

对于序列中的元素进行排序，排序和划分算法提供了多种策略。

每个排序和划分算法都提供稳定和不稳定版本（参见 10.3.1 节，第 345 页）。稳定算法保证保持相等元素的相对顺序。由于稳定算法会做更多工作，可能比不稳定版本慢得多并消耗更多内存。

划分算法

876

一个划分算法将输入范围中的元素划分为两组。第一组包含那些满足给定谓词的元素，第二组则包含不满足谓词的元素。例如，对于一个序列中的元素，我们可以根据元素是否是奇数或者单词是否以大写字母开头等来划分它们。这些算法都要求双向迭代器。

is_partitioned(beg, end, unaryPred)

如果所有满足谓词 unaryPred 的元素都在不满足 unaryPred 的元素之前，则返回 true。若序列为空，也返回 true。

partition_copy(beg, end, dest1, dest2, unaryPred)

将满足 unaryPred 的元素拷贝到 dest1，并将不满足 unaryPred 的元素拷贝到 dest2。返回一个迭代器 pair（11.2.3 节，第 379 页），其 first 成员表示拷贝到 dest1 的元素的末尾，second 表示拷贝到 dest2 的元素的末尾。输入序列与两个目的序列都不能重叠。

partition_point(beg, end, unaryPred)

输入序列必须是已经用 unaryPred 划分过的。返回满足 unaryPred 的范围的尾后迭代器。如果返回的迭代器不是 end，则它指向的元素及其后的元素必须都不满足 unaryPred。

stable_partition(beg, end, unaryPred)
partition(beg, end, unaryPred)

使用 unaryPred 划分输入序列。满足 unaryPred 的元素放置在序列开始，不满足的元素放在序列尾部。返回一个迭代器，指向最后一个满足 unaryPred 的元素之后的位置，如果所有元素都不满足 unaryPred，则返回 beg。

排序算法

这些算法要求随机访问迭代器。每个排序算法都提供两个重载的版本。一个版本用元

素的<运算符来比较元素，另一个版本接受一个额外参数来指定排序关系（11.2.2 节，第
378 页）。partial_sort_copy 返回一个指向目的位置的迭代器，其他排序算法都返回
void。

　　partial_sort 和 nth_element 算法都只进行部分排序工作，它们常用于不需要
排序整个序列的场合。由于这些算法工作量更少，它们通常比排序整个输入序列的算法更快。

```
sort(beg, end)
stable_sort(beg, end)
sort(beg, end, comp)
stable_sort(beg, end, comp)
```

排序整个范围。

877 ⟩
```
is_sorted(beg, end)
is_sorted(beg, end, comp)
is_sorted_until(beg, end)
is_sorted_until(beg, end, comp)
```

is_sorted 返回一个 bool 值，指出整个输入序列是否有序。is_sorted_until 在输
入序列中查找最长初始有序子序列，并返回子序列的尾后迭代器。

```
partial_sort(beg, mid, end)
partial_sort(beg, mid, end, comp)
```

排序 mid-beg 个元素。即，如果 mid-beg 等于 42，则此函数将值最小的 42 个元素有序
放在序列前 42 个位置。当 partial_sort 完成后，从 beg 开始直至 mid 之前的范围中
的元素就都已排好序了。已排序范围中的元素都不会比 mid 后的元素更大。未排序区域
中元素的顺序是未指定的。

```
partial_sort_copy(beg, end, destBeg, destEnd)
partial_sort_copy(beg, end, destBeg, destEnd, comp)
```

排序输入范围中的元素，并将足够多的已排序元素放到 destBeg 和 destEnd 所指示的
序列中。如果目的范围的大小大于等于输入范围，则排序整个输入序列并存入从 destBeg
开始的范围。如果目的范围大小小于输入范围，则只拷贝输入序列中与目的范围一样多的
元素。

　　算法返回一个迭代器，指向目的范围中已排序部分的尾后迭代器。如果目的序列的大
小小于或等于输入范围，则返回 destEnd。

```
nth_element(beg, nth, end)
nth_element(beg, nth, end, comp)
```

参数 nth 必须是一个迭代器，指向输入序列中的一个元素。执行 nth_element 后，此
迭代器指向的元素恰好是整个序列排好序后此位置上的值。序列中的元素会围绕 nth 进
行划分：nth 之前的元素都小于等于它，而之后的元素都大于等于它。

A.2.6 通用重排操作

　　这些算法重排输入序列中元素的顺序。前两个算法 remove 和 unique，会重排序列，
使得排在序列第一部分的元素满足某种标准。它们返回一个迭代器，标记子序列的末尾。
其他算法，如 reverse、rotate 和 random_shuffle 都重排整个序列。

　　这些算法的基本版本都进行"原址"操作，即，在输入序列自身内部重排元素。三个

重排算法提供"拷贝"版本。这些_copy版本完成相同的重排工作，但将重排后的元素写入到一个指定目的序列中，而不是改变输入序列。这些算法要求输出迭代器来表示目的序列。

使用前向迭代器的重排算法

878

这些算法重排输入序列。它们要求迭代器至少是前向迭代器。

```
remove(beg, end, val)
remove_if(beg, end, unaryPred)
remove_copy(beg, end, dest, val)
remove_copy_if(beg, end, dest, unaryPred)
```

从序列中"删除"元素，采用的办法是用保留的元素覆盖要删除的元素。被删除的是那些==val或满足unaryPred的元素。算法返回一个迭代器，指向最后一个删除元素的尾后位置。

```
unique(beg, end)
unique(beg, end, binaryPred)
unique_copy(beg, end, dest)
unique_copy_if(beg, end, dest, binaryPred)
```

重排序列，对相邻的重复元素，通过覆盖它们来进行"删除"。返回一个迭代器，指向不重复元素的尾后位置。第一个版本用==确定两个元素是否相同，第二个版本使用谓词检测相邻元素。

```
rotate(beg, mid, end)
rotate_copy(beg, mid, end, dest)
```

围绕mid指向的元素进行元素转动。元素mid成为首元素，随后是mid+1到end之前的元素，再接着是beg到mid之前的元素。返回一个迭代器，指向原来在beg位置的元素。

使用双向迭代器的重排算法

由于这些算法要反向处理输入序列，它们要求双向迭代器。

```
reverse(beg, end)
reverse_copy(beg, end, dest)
```

翻转序列中的元素。reverse返回void，reverse_copy返回一个迭代器，指向拷贝到目的序列的元素的尾后位置。

使用随机访问迭代器的重排算法

由于这些算法要随机重排元素，它们要求随机访问迭代器。

```
random_shuffle(beg, end)
random_shuffle(beg, end, rand)
shuffle(beg, end, Uniform_rand)
```

混洗输入序列中的元素。第二个版本接受一个可调用对象参数，该对象必须接受一个正整数值，并生成0到此值的包含区间内的一个服从均匀分布的随机整数。shuffle的第三 879 个参数必须满足均匀分布随机数生成器的要求（参见17.4节，第659页）。所有版本都返回void。

A.2.7　排列算法

排列算法生成序列的字典序排列。对于一个给定序列，这些算法通过重排它的一个排列来生成字典序中下一个或前一个排列。算法返回一个 bool 值，指出是否还有下一个或前一个排列。

为了理解什么是下一个或前一个排列，考虑下面这个三字符的序列：abc。它有六种可能的排列：abc、acb、bac、bca、cab 及 cba。这些排列是按字典序递增序列出的。即，abc 是第一个排列，这是因为它的第一个元素小于或等于任何其他排列的首元素，并且它的第二个元素小于任何其他首元素相同的排列。类似的，acb 排在下一位，原因是它以 a 开头，小于任何剩余排列的首元素。同理，以 b 开头的排列也都排在以 c 开头的排列之前。

对于任意给定的排列，基于单个元素的一个特定的序，我们可以获得它的前一个和下一个排列。给定排列 bca，我们知道其前一个排列为 bac，下一个排列为 cab。序列 abc 没有前一个排列，而 cba 没有下一个排列。

这些算法假定序列中的元素都是唯一的，即，没有两个元素的值是一样的。

为了生成排列，必须既向前又向后处理序列，因此算法要求双向迭代器。

```
is_permutation(beg1, end1, beg2)
is_permutation(beg1, end1, beg2, binaryPred)
```

如果第二个序列的某个排列和第一个序列具有相同数目的元素，且元素都相等，则返回 true。第一个版本用==比较元素，第二个版本使用给定的 binaryPred。

```
next_permutation(beg, end)
next_permutation(beg, end, comp)
```

如果序列已经是最后一个排列，则 next_permutation 将序列重排为最小的排列，并返回 false。否则，它将输入序列转换为字典序中下一个排列，并返回 true。第一个版本使用元素的<运算符比较元素，第二个版本使用给定的比较操作。

```
prev_permutation(beg, end)
prev_permutation(beg, end, comp)
```

类似 next_premutation，但将序列转换为前一个排列。如果序列已经是最小的排列，则将其重排为最大的排列，并返回 false。

880〉 ### A.2.8　有序序列的集合算法

集合算法实现了有序序列上的一般集合操作。这些算法与标准库 set 容器不同，不要与 set 上的操作相混淆。这些算法提供了普通顺序容器（vector、list 等）或其他序列（如输入流）上的类集合行为。

这些算法顺序处理元素，因此要求输入迭代器。他们还接受一个表示目的序列的输出迭代器，唯一的例外是 includes。这些算法返回递增后的 dest 迭代器，表示写入 dest 的最后一个元素之后的位置。

每种算法都有重载版本，第一个使用元素类型的<运算符，第二个使用给定的比较操作。

```
includes(beg, end, beg2, end2)
includes(beg, end, beg2, end2, comp)
```

如果第二个序列中每个元素都包含在输入序列中，则返回 true。否则返回 false。

```
set_union(beg, end, beg2, end2, dest)
set_union(beg, end, beg2, end2, dest, comp)
```

对两个序列中的所有元素，创建它们的有序序列。两个序列都包含的元素在输出序列中只出现一次。输出序列保存在 dest 中。

```
set_intersection(beg, end, beg2, end2, dest)
set_intersection(beg, end, beg2, end2, dest, comp)
```

对两个序列都包含的元素创建一个有序序列。结果序列保存在 dest 中。

```
set_difference(beg, end, beg2, end2, dest)
set_difference(beg, end, beg2, end2, dest, comp)
```

对出现在第一个序列中，但不在第二个序列中的元素，创建一个有序序列。

```
set_symmetric_difference(beg, end, beg2, end2, dest)
set_symmetric_difference(beg, end, beg2, end2, dest, comp)
```

对只出现在一个序列中的元素，创建一个有序序列。

A.2.9　最小值和最大值

这些算法使用元素类型的<运算符或给定的比较操作。第一组算法对值而非序列进行操作。第二组算法接受一个序列，它们要求输入迭代器。

```
min(val1, val2)
min(val1, val2, comp)
min(init_list)
min(init_list, comp)
max(val1, val2)
max(val1, val2, comp)
max(init_list)
max(init_list, comp)
```

881

返回 val1 和 val2 中的最小值/最大值，或 initializer_list 中的最小值/最大值。两个实参的类型必须完全一致。参数和返回类型都是 const 的引用，意味着对象不会被拷贝。

```
minmax(val1, val2)
minmax(val1, val2, comp)
minmax(init_list)
minmax(init_list, comp)
```

返回一个 pair（参见 11.2.3 节，第 379 页），其 first 成员为提供的值中的较小者，second 成员为较大者。initializer_list 版本返回一个 pair，其 first 成员为 list 中的最小值，second 为最大值。

```
min_element(beg, end)
min_element(beg, end, comp)
max_element(beg, end)
max_element(beg, end, comp)
minmax_element(beg, end)
minmax_element(beg, end, comp)
```

min_element 和 max_element 分别返回指向输入序列中最小和最大元素的迭代器。
minmax_element 返回一个 pair，其 first 成员为最小元素，second 成员为最大元素。

字典序比较

此算法比较两个序列，根据第一对不相等的元素的相对大小来返回结果。算法使用元素类型的<运算符或给定的比较操作。两个序列都要求用输入迭代器给出。

```
lexicographical_compare(beg1, end1, beg2, end2)
lexicographical_compare(beg1, end1, beg2, end2, comp)
```

如果第一个序列在字典序中小于第二个序列，则返回 true。否则，返回 false。如果一个序列比另一个短，且所有元素都与较长序列的对应元素相等，则较短序列在字典序中更小。如果序列长度相等，且对应元素都相等，则在字典序中任何一个都不大于另外一个。

A.2.10   数值算法

数值算法定义在头文件 numeric 中。这些算法要求输入迭代器；如果算法输出数据，则使用输出迭代器表示目的位置。

882

```
accumulate(beg, end, init)
accumulate(beg, end, init, binaryOp)
```

返回输入序列中所有值的和。和的初值从 init 指定的值开始。返回类型与 init 的类型相同。第一个版本使用元素类型的+运算符，第二个版本使用指定的二元操作。

```
inner_product(beg1, end1, beg2, init)
inner_product(beg1, end1, beg2, init, binOp1, binOp2)
```

返回两个序列的内积，即，对应元素的积的和。两个序列一起处理，来自两个序列的元素相乘，乘积被累加起来。和的初值由 init 指定，init 的类型确定了返回类型。

第一个版本使用元素类型的乘法（*）和加法（+）运算符。第二个版本使用给定的二元操作，使用第一个操作代替加法，第二个操作代替乘法。

```
partial_sum(beg, end, dest)
partial_sum(beg, end, dest, binaryOp)
```

将新序列写入 dest，每个新元素的值都等于输入范围中当前位置和之前位置上所有元素之和。第一个版本使用元素类型的+运算符；第二个版本使用指定的二元操作。算法返回递增后的 dest 迭代器，指向最后一个写入元素之后的位置。

```
adjacent_difference(beg, end, dest)
adjacent_difference(beg, end, dest, binaryOp)
```

将新序列写入 dest，每个新元素（除了首元素之外）的值都等于输入范围中当前位置和前一个位置元素之差。第一个版本使用元素类型的-运算符，第二个版本使用指定的二元操作。

```
iota(beg, end, val)
```

将 val 赋予首元素并递增 val。将递增后的值赋予下一个元素，继续递增 val，然后将递增后的值赋予序列中的下一个元素。继续递增 val 并将其新值赋予输入序列中的后续元素。

A.3 随机数

标准库定义了一组随机数引擎类和适配器,使用不同数学方法生成伪随机数。标准库还定义了一组分布模板,根据不同的概率分布生成随机数。引擎和分布类型的名字都与它们的数学性质相对应。

这些类如何生成随机数的细节已经大大超出了本书的范围。在本节中,我们将列出这些引擎和分布类型,但读者需要查询其他资料来学习如何使用这些类型。

A.3.1 随机数分布

883

除了总是生成 bool 类型的 bernoulli_distribution 外,其他分布类型都是模板。每个模板都接受单个类型参数,它指出了分布生成的结果类型。

分布类与我们已经用过的其他类模板不同,它们限制了我们可以为模板类型指定哪些类型。一些分布模板只能用来生成浮点数,而其他模板只能用来生成整数。

在下面的描述中,我们通过将类型说明为 *template_name*<RealT>来指出分布生成浮点数。对这些模板,我们可以用 float、double 或 long double 代替 RealT。类似的,IntT 表示要求一个内置整型类型,但不包括 bool 类型或任何 char 类型。可以用来代替 IntT 的类型是 short、int、long、long long、unsigned short、unsigned int、unsigned long 或 unsigned long long。

分布模板定义了一个默认模板类型参数(参见 17.4.2 节,第 664 页)。整型分布的默认参数是 int,生成浮点数的模板的默认参数是 double。

每个分布的构造函数都有这种分布特定的参数。某些参数指出了分布的范围。这些范围与迭代器范围不同,都是包含的。

均匀分布

```
uniform_int_distribution<IntT> u(m, n);
uniform_real_distribution<RealT> u(x, y);
```

生成指定类型的,在给定包含范围内的值。m(或 x)是可以返回的最小值;n(或 y)是最大值。m 默认为 0;n 默认为类型 IntT 对象可以表示的最大值。x 默认为 0.0,y 默认为 1.0。

伯努利分布

```
bernoulli_distribution b(p);
```

以给定概率 p 生成 true;p 的默认值为 0.5。

```
binomial_distribution<IntT> b(t, p);
```

分布是按采样大小为整型值 t,概率为 p 生成的;t 的默认值为 1,p 的默认值为 0.5。

```
geometric_distribution<IntT> g(p);
```

每次试验成功的概率为 p;p 的默认值为 0.5。

```
negative_binomial_distribution<IntT> nb(k, p);
```

k(整型值)次试验成功的概率为 p;k 的默认值为 1,p 的默认值为 0.5。

泊松分布

poisson_distribution<IntT> p(x);

均值为 double 值 x 的分布。

884 **exponential_distribution<RealT> e(lam);**

指数分布，参数 lambda 通过浮点值 lam 给出；lam 的默认值为 1.0。

gamma_distribution<RealT> g(a, b);

alpha（形状参数）为 a，beta（尺度参数）为 b；两者的默认值均为 1.0。

weibull_distribution<RealT> w(a, b);

形状参数为 a，尺度参数为 b 的分布；两者的默认值均为 1.0。

extreme_value_distribution<RealT> e(a, b);

a 的默认值为 0.0，b 的默认值为 1.0。

正态分布

normal_distribution<RealT> n(m, s);

均值为 m，标准差为 s；m 的默认值为 0.0，s 的默认值为 1.0。

lognormal_distribution<RealT> ln(m, s);

均值为 m，标准差为 s；m 的默认值为 0.0，s 的默认值为 1.0。

chi_squared_distribution<RealT> c(x);

自由度为 x；默认值为 1.0。

cauchy_distribution<RealT> c(a, b);

位置参数 a 和尺度参数 b 的默认值分别为 0.0 和 1.0。

fisher_f_distribution<RealT> f(m, n);

自由度为 m 和 n；默认值均为 1。

student_t_distribution<RealT> s(n);

自由度为 n；n 的默认值均为 1。

抽样分布

discrete_distribution<IntT> d(i, j);
discrete_distribution<IntT> d{il};

i 和 j 是一个权重序列的输入迭代器，il 是一个权重的花括号列表。权重必须能转换为 double。

piecewise_constant_distribution<RealT> pc(b, e, w);

b、e 和 w 是输入迭代器。

piecewise_linear_distribution<RealT> pl(b, e, w);

b、e 和 w 是输入迭代器。

A.3.2 随机数引擎

标准库定义了三个类,实现了不同的算法来生成随机数。标准库还定义了三个适配器,可以修改给定引擎生成的序列。引擎和引擎适配器类都是模板。与分布的参数不同,这些引擎的参数更为复杂,且需深入了解特定引擎使用的数学知识。我们在这里列出所有引擎,以便读者对它们有所了解,但介绍如何生成这些类型超出了本书的范围。 ◁885

标准库还定义了几个从引擎和适配器类型构造的类型。`default_random_engine` 类型是一个参数化的引擎类型的类型别名,参数化所用的变量的目的是在通常情况下获得好的性能。标准库还定义了几个类,它们都是一个引擎或适配器的完全特例化版本。标准库定义的引擎和特例化版本如下:

default_random_engine

某个其他引擎类型的类型别名,目的是用于大多数情况。

linear_congruential_engine

`minstd_rand0` 的乘数为 16807,模为 2147483647,增量为 0。

`minstd_rand` 的乘数为 48271,模为 2147483647,增量为 0。

mersenne_twister_engine

`mt19937` 为 32 位无符号梅森旋转生成器。

`mt19937_64` 为 64 位无符号梅森旋转生成器。

subtract_with_carry_engine

`ranlux24_base` 为 32 位无符号借位减法生成器。

`ranlux48_base` 为 64 位无符号借位减法生成器。

discard_block_engine

引擎适配器,将其底层引擎的结果丢弃。用要使用的底层引擎、块大小和旧块大小来参数化。

`ranlux24` 使用 `ranlux24_base` 引擎,块大小为 223,旧块大小为 23。

`ranlux48` 使用 `ranlux48_base` 引擎,块大小为 389,旧块大小为 11。

independent_bits_engine

引擎适配器,生成指定位数的随机数。用要使用的底层引擎、结果的位数以及保存生成的二进制位的无符号整型类型来参数化。指定的位数必须小于指定的无符号类型所能保存的位数。

shuffle_order_engine

引擎适配器,返回的就是底层引擎生成的数,但返回的顺序不同。用要使用的底层引擎和要混洗的元素数目来参数化。

`knuth_b` 使用 `minstd_rand0` 和表大小 256。

索引

粗体页码指的是第一次定义该术语的页码，*斜体*页码指的是各章"术语表"定义该术语的页码。

C++11 的新特性

Symbols